Georg Christoph Lichtenberg

Gesammelte Schriften

Historisch-kritische und kommentierte Ausgabe

Herausgegeben von der
Akademie der Wissenschaften zu Göttingen
und der
Technischen Universität Darmstadt

Vorlesungen zur Naturlehre

Band 5

Georg Christoph Lichtenberg
Vorlesungen zur Naturlehre

Georg Christoph Lichtenberg

Vorlesungen zur Naturlehre

Notizen und Materialien zur Astronomie und Physischen Geographie

Herausgegeben von der
Akademie der Wissenschaften
zu Göttingen

WALLSTEIN VERLAG

Bearbeiter und Redaktoren dieses Bandes:
Albert Krayer (Kapitel XII, XIIIa)
Thomas Nickol (Kapitel XII [Kometen], XIII)

Die Lichtenberg-Edition wird als Vorhaben der Akademie der Wissenschaften zu Göttingen (Kommission für die Edition der naturwissenschaftlichen Schriften Lichtenbergs) im Rahmen des Akademienprogramms von der Bundesrepublik Deutschland und vom Land Niedersachsen gefördert.

Bibliografische Information der Deutschen Nationalbibliothek
Die Deutsche Nationalbibliothek verzeichnet diese Publikation in der Deutschen Nationalbibliografie; detaillierte bibliografische Daten sind im Internet über http://dnb.d-nb.de abrufbar.

www.wallstein-verlag.de
Druck: Hubert & Co, Göttingen

ISBN 978-3-8353-1308-8

Inhalt

Einleitung VII
Editorischer Bericht X
Siglen, Abkürzungen, Einheiten XV

XII. Vom Weltgebäude und der Erde überhaupt 1
1. Vorbemerkung 1
2. Texte 13

XIII. Von der Erde insbesondere 297
1. Vorbemerkung 297
2. Texte 315

XIIIa. Vom Höhenmessen durchs Barometer 535
1. Vorbemerkung 535
2. Texte 542

Kommentar 569
XII. Vom Weltgebäude und der Erde überhaupt . 569
XIII. Von der Erde insbesondere 738
XIIIa. Vom Höhenmessen durchs Barometer 930

Literaturverzeichnis 943
Verzeichnis der edierten Handschriften 1051

Inhalt

Einleitung VI
Dank XI
Siglen, Abkürzungen, Zeichen XV

Einleitung

Seine Vorlesung über „[die *Astronomie*,] die *physische Erdbeschreibung*, die *Meteorologie* und die *Theorie* der Erde" ließ Lichtenberg in ihrem vollen Umfang von vier Wochenstunden und als kostenpflichtige Veranstaltung erstmals im ‚Catalogus lectionum' für das Winterhalbjahr 1785/86 ankündigen.[1] Bis zu diesem Zeitpunkt hatte er mehrfach öffentlich über Teile dieser Materien vorgetragen, deren Darstellung die beiden letzten Abschnitte des von ihm zugrundegelegten Lehrbuches einnahm, der ‚Anfangsgründe der Naturlehre' seines Vorgängers Erxleben. Nachdem sein Plan für Winter 1779/80 noch vorgesehen hatte, die Astronomie im Rahmen des umfassenden physikalischen Vorlesungszyklus der Semester von Sommer 1778 bis Winter 1779/80 zu behandeln,[2] verteilte er in der Folgezeit den Stoff auf zwei Veranstaltungen. Die Vorlesung über Experimentalphysik, der er seine zunehmende Bekanntheit zu einem guten Teil verdanken sollte und aus deren Erträgen er sein schmales Grundgehalt wesentlich aufbessern konnte, hielt er von Sommer 1780 an als Privatkolleg gegen Gebühr und las im Winter 1780/81 erstmals über Astronomie, „diese edelste aller Wissensch.", in einer besonderen Stunde; denn „Sie gehört eigentlich nicht in ein Collegium über Exper. Physic", wie er in der Einleitung feststellt.[3] Vorgesehen hatte er, in dieser Vorlesungsstunde auch die „Theorie der Erde" zu erläutern, was indes bei der geringen Zahl der einzelnen Vorlesungstermine an der Stoffülle scheitern mußte, sodaß er im folgenden Sommer eine Fortsetzung der Veranstaltung unter Angabe des gleichen Themas ankündigte. Dreimal noch las er danach einstündig und öffentlich über Astronomie (Sommer 1781, Sommer 1782 und Winter 1783/84) und einmal über Erxlebens Abschnitt „Von der Erde insbesondere" (Sommer 1784), bevor er schließlich beide gemeinsam zu einer zweiten vierstündigen Privatvorlesung zusammenfaßte, die

---

[1] Catalogus 1785, XI; zit. nach der Übersetzung in den GGA (St. 150, 22.9.1785, 1509), in der die Astronomie fehlt.

[2] Vgl. GGA 1779, St. 111, 13.9.1780, 898.

[3] Vgl. unten S. 30,17–18.

er vermutlich von den frühen 90er Jahren an noch um die Erläuterung des Höhenmessens mit dem Barometer erweiterte.[4]

Die im Zusammenhang mit diesen Vorlesungen verfaßten und im Nachlaß überlieferten Texte sind, aufgeschlüsselt nach den einschlägigen Erxlebenabschnitten, zum überwiegenden Teil in den nachfolgend angegebenen Konvoluten enthalten:

12. Vom Weltgebäude und der Erde überhaupt	IX E (Bl. 1–6), IX F
13. Von der Erde insbesondere	VIII G 3 (Erdmagnetismus), IX B, IX D, IX E (ohne Bl. 1–6; IX C (Höhenmessen mit dem Barometer)

Diese Texte werden im folgenden unter dem Titel ‚Notizen und Materialien zur Astronomie und physischen Geographie' ediert und kommentiert. Mit der Veröffentlichung dieses fünften Bandes der ‚Vorlesungen zur Naturlehre' ist das Hauptziel dieser Ausgabe erreicht, Lichtenbergs nachgelassene Aufzeichnungen zu seinen physikalischen Vorlesungen in einer angemessenen Edition zugänglich zu machen.

Auch für den vorliegenden Band gelten die grundlegenden den Nachlaß betreffenden Ausführungen in der Einleitung zu Band 3 – allerdings mit einer wesentlichen Einschränkung bezüglich der ‚Büchelgen'. Im Falle der Experimentalphysik dokumentieren über weite Strecken nur die in ihnen festgehaltenen Listen von Stichworten und kurzen Sätzen den Gang der Vorlesung, und sie sind deshalb in den Bänden 3 und 4 die wichtigsten Textzeugen. Hingegen spielen die ‚Büchelgen' für die Astronomie und physische Geographie so gut wie keine Rolle; vielmehr hat Lichtenberg für diese Vorlesung nahezu durchgehend ausformulierte Texte hinterlassen. So wie Lichtenberg die ‚Büchelgen' der Serie K aus dem Sommer 1785 allen späteren Experimentalphysikvorlesungen zugrunde legte, hat er seine Ausarbeitungen für die vierstündige Lehrveranstaltung im Winter 1785/86 bei seinen weiteren Vorlesungen über Astronomie und physische Geographie benutzt.

[4] Vgl. auch die Vorbemerkungen zu den einzelnen Kapiteln.

Diese Manuskripte dienen im vorliegenden Band auch als Richtschnur für die Anordnung der auf Einzelfragen bezogenen Blätter aus den ‚Hefften', nicht wie bei den Bänden zur Experimentalphysik die Themenabfolge in Erxlebens Kompendium. Das ist besonders bedeutsam für die Astronomievorlesungen, die Lichtenberg nach eigenem Plan, ohne Rücksicht auf den Lehrbuchabschnitt „Über das Weltgebäude und die Erde überhaupt" eingerichtet hat, weniger für die Vorlesungen zur physischen Geographie, die weitgehend dem entsprechenden Abschnitt im Lehrbuch folgen. Detaillierte Angaben zur Anordnung sind in den Vorbemerkungen zu den einzelnen Kapiteln zu finden.

Editorischer Bericht

Zur Auswahl der Texte

Die in der Übersicht S. VIII genannten Konvolute aus den ‚Hefften' werden grundsätzlich vollständig ediert. Ausgenommen sind Blätter, die lediglich Ordnungsfunktion innerhalb des Nachlasses haben, nur einzelne unkommentierte Literaturangaben oder Abschriften enthalten oder von fremder Hand stammen, sowie Drucke. Gelegentlich anzutreffende fehlerhafte Zuordnungen werden korrigiert, und sachlich verwandte Texte aus den Konvoluten vermischten Inhalts werden auf die zuständigen Kapitel verteilt. Über Details unterrichten die Vorbemerkungen zu den einzelnen Kapiteln.

Zur Wiedergabe der Texte

Die Textwiedergabe ist, soweit nicht mehrdeutige Schreibung vorliegt, buchstabengetreu mit den folgenden Ausnahmen: Dittographien werden getilgt, eindeutige Verschreibungen verbessert, aufgrund von Textverlust oder Flüchtigkeit Lichtenbergs fehlende Wörter oder Wortteile in [ ] ergänzt. Abgesehen von den Ergänzungen wegen Flüchtigkeit werden die Eingriffe im textkritischen Apparat vermerkt. Das Kürzel [!] bei besonders ungewöhnlichen oder fehlerhaften Schreibungen zeigt an, daß es sich nicht um Versehen der Bearbeiter handelt.

Lichtenbergs Interpunktion wird beibehalten; in Ausnahmefällen werden Satzzeichen in [ ] ergänzt, wenn deren Fehlen zu Mißverständnissen führen könnte. Mathematische Operatoren werden getreu der Vorlage wiedergegeben. Zur Symbolisierung von Überträgen bei Additionen verwendete Punkte werden nicht wiedergegeben.

Lichtenbergs Handzeichnungen werden an den gehörigen Stellen reproduziert, in der Regel in Originalgröße, fallweise aber auch den Erfordernissen des Satzes angepaßt.

Lichtenberg schreibt in der Regel in deutscher Schrift. Die gelegentlich (vor allem bei Namen und Zitaten) verwendete lateinische wird durch eine Groteskschrift von der als Grundschrift gebrauchten Antiqua abgesetzt. Dies gilt auch dann, wenn in einem lateinisch geschriebenen Namen oder Zitat einzelne Buchstaben deutsch geschrieben sind. Mathematische Formeln und Symbole hat Lichtenberg in der Regel ebenfalls durch lateinische Schrift hervorgehoben. Sie werden, wie im modernen Buchdruck üblich, aus der *Kursiven* der Grundschrift gesetzt. Gelegentlich in diesem Zusammenhang vorkommende griechische Buchstaben werden beibehalten, solche aus deutscher Schrift werden durch eine Frakturtype wiedergegeben.

Die Verwendung von anderem Schreibmaterial als gewöhnlicher Tinte, d. h. Bleistift (L_B), Rötel (L_R) oder roter Tinte (L_{rT}) wird im textkritischen Apparat vermerkt.

Unterstreichungen werden nachgebildet, unterbrochene sowie Mehrfachunterstreichungen zusätzlich im Apparat nachgewiesen. Sie werden auf das gesamte Wort bzw. den Ausdruck ausgedehnt, den sie hervorheben sollen, es sei denn, die Hervorhebung bezöge sich nur auf einen Wortteil. Unterstreichungen, die erkennbar lediglich den Beginn eines neuen Absatzes kennzeichnen, werden nicht wiedergegeben; die betreffenden Absätze werden durch vertikalen Leerraum nach oben abgesetzt.

Abkürzungen durch Punkt oder Doppelpunkt bleiben unverändert und werden in der Regel im Abkürzungsverzeichnis aufgelöst; gleiches gilt für chemische und astronomische Symbole. Abbrechungszeichen wie zum Beispiel ʕ werden stillschweigend aufgelöst. Lassen sie mehr als eine Deutung zu, wird dies im Apparat vermerkt.

Unleserliche, von Lichtenberg unleserlich gemachte und verlorene Textteile werden durch „cruces" wiedergegeben: † für einen Wortteil, ††† für ein ganzes Wort, ††††† für eine Zeile; in den letzteren beiden Fällen wird darauf im Apparat hingewiesen. Unsichere Lesungen werden durch [?] gekennzeichnet.

Zusätze, sofern sie nicht durch ◂ ▸ im Text als solche kenntlich sind, Streichungen und Ersetzungen werden im Apparat verzeichnet. Offensichtlich belanglose Korrekturen wie gestrichene Wortanfänge, Wortbruchstücke etc. werden dabei nicht berücksichtigt.

Zusätze, ggf. abgekürzt, werden durch dem Lemma nachgestelltes *erg.* gekennzeichnet.

In ◂ ▸ werden in den Text solche Zusätze eingefügt, die aufgrund von Lichtenbergs Anweisung oder aus sachlichen Erwägungen eindeutig zugeordnet werden können, dem vorhandenen Satzgefüge aber nicht angepaßt sind.

Systematisch zur Unterstützung des Vortrags gesetzte Marginalien werden als solche dargestellt. Sonstige Zusätze am Rand des Textes werden unterhalb des betreffenden Absatzes in kleinerem Schriftgrad und mit Einzug wiedergegeben.

Gestrichenes wird im Apparat durch *davor gestr.*, *danach gestr.* o. ä. an das Bezugslemma angeschlossen. Als erledigt gestrichene Passagen werden dagegen im fortlaufenden Text in ⟨ ⟩ wiedergegeben.

Bei Ersetzungen folgt im Apparat auf das Lemma des edierten Textes nach *für* die ursprüngliche Fassung. Bei unvollständigen Änderungen wird der genaue Textbefund vermerkt. Auf welche Weise Lichtenberg eine Ersetzung vorgenommen hat (z. B. unter Wiederverwendung bereits vorhandener Wörter oder Wortteile) wird nicht verzeichnet, es sei denn, daß mehrere Stufen deutlich unterscheidbar sind. Änderungen innerhalb des ersetzten Textes werden im textkritischen Apparat durch Klammern bezeichnet: Einfügungen stehen in { }, Streichungen in ⟨ ⟩.

Nebenrechnungen werden im Zusammenhang mit den Texten wiedergegeben, zu denen sie gehören. Sind sie trivial, erfolgt lediglich ein Hinweis im Kommentar auf ihre Existenz und ihren Standort.

Die am äußeren Rand mitlaufende Seitenzählung beruht auf der bei der Archivierung vorgenommenen Foliierung des Lichtenberg-Nachlasses. Wenn Lichtenberg selbst eine Zählung vorgenommen hat, wird diese mit = angeschlossen. [ ] weisen auf die Wiederaufnahme einer Seite nach einem Einschub hin. Der Seitenwechsel der Vorlage wird durch | im laufenden Text angezeigt.

Durch Absätze gegliederte Vorlagen werden im Apparat in Fließtext verwandelt; jedoch wird das Absatzende durch //, das Zeilenende innerhalb von Rechnungen (etwa schriftlichen Additionen) und Listen durch / gekennzeichnet. Einfacher Zeilenwechsel wird nur ausnahmsweise vermerkt.

Um einen Eindruck vom Aussehen der Vorlagen zu vermitteln, waren bereits dem editorischen Bericht zu Teil 1 vier verkleinerte

Faksimiles von darin edierten Manuskriptseiten vorangestellt (VNat 3, XVII–XXIII), auf die hier verwiesen sei.

Kommentar

Die notwendigen Hinweise und Nachweise zum Verständnis der Lichtenbergschen Texte hält der mit Exponenten auf den Text bezogene Kommentar bereit, der sich an die edierten Texte anschließt. Dazu dienen neben den Gamauf-Bändchen die einschlägige zeitgenössische Literatur, vor allem die Erxlebensche ‚Naturlehre' und das ‚Physikalische Wörterbuch' von Gehler, und ebenso die von Lichtenberg zitierte ältere Literatur, ferner Lichtenbergs Briefwechsel und die Sudelbuch-Notizen.

Wo auch mit diesen Hilfsmitteln noch keine ausreichende Verständlichkeit zu erreichen ist, wird versucht, die angesprochenen Sachverhalte in heutige Sprache zu übersetzen. Dabei sind sich die Bearbeiter bewußt, daß dies in vielen Fällen nur unter Vorbehalt möglich ist, und daß sie in der zur Verfügung stehenden Zeit manches nur unvollständig, und das eine oder andere überhaupt nicht erschließen konnten.

Der Kommentar strebt keine weitergehende Interpretation und wissenschaftshistorische Einordnung der Texte an; moderne Forschungsliteratur wurde deshalb nur in Ausnahmefällen herangezogen, wo dies zum Textverständnis erforderlich war.

Die verwendete Literatur wird im Kommentar durch ein Kürzel aus Titelstichwort und Erscheinungs-/Berichtsjahr angegeben und im Literaturverzeichnis am Ende des Bandes nachgewiesen. Falls nicht besonders vermerkt gibt kursive Schrift Hervorhebungen in der zitierten Vorlage wieder; wie im edierten Text weist [!] besonders ungewöhnliche und fehlerhafte Schreibungen als originalgetreu aus. Übersetzungen fremdsprachiger Zitate stammen, soweit nicht anders angegeben, von den Bearbeitern. Wie im textkritischen Apparat werden Absatzwechsel in Zitaten durch // angezeigt; bei Texten in Versform werden die Verse durch / getrennt. Lichtenbergs Nachlaß wird, abgesehen von den Briefen, aus den Handschriften nach den obigen Regeln zur Textwiedergabe zitiert.

Sachverhalte, die innerhalb der Texte mehrfach erwähnt sind, werden möglichst beim ersten Vorkommen einer zusammenhängenderen Darstellung erläutert, in der Regel in den ‚Hefften'. Von weiteren Stellen wird entweder durch → Seite,Zeile auf die erläuterte Passage oder, falls ein umittelbarer Bezug gegeben ist, durch (Anm.nr.) auf die Erläuterung selbst verwiesen.

Register

Ein Gesamtregister für alle Bände der Ausgabe wird in Band 6 erscheinen. Bis zu dessen Veröffentlichung sei auf das in Band 1 abgedruckte Sachregister des Erxleben (ErxH, 855–882) sowie das Personenregister in Band 2 (GamN, 1019–1048) verwiesen, die aufgrund des parallelen Aufbaus von Erxlebens Lehrbuch, Gamaufs Nachschrift und den Bänden 3 bis 5 mit den ‚Notizen und Materialien' als vorläufige Erschließungshilfen genutzt werden können.

Dank

Das Zustandekommen des vorliegenden Bandes wurde wiederum durch die Finanzierung im Rahmen des Akademienprogramms möglich und durch die fortgesetzte Gastfreundschaft der Göttinger Staats- und Universitätsbibliothek befördert; dafür sei an dieser Stelle gedankt. Weiterhin gilt unser Dank einer Reihe von Wissenschaftlern aus der Akademie, insbesondere den Mitgliedern der das Unternehmen begleitenden Kommission. Klaus Beuermann (Astronomie), Ulrich Christensen, Klaus-Peter Lieb (Höhenmessen) und Gerhard Wörner (Geographie) prüften die Kommentare und halfen mit zahlreichen Verbesserungsvorschlägen. Wilfried Barner kontrollierte mit besonderem Augenmerk auf den edierten Text und den textkritischen Kommentar das druckfertige Manuskript und bewahrte uns vor einer Reihe von Fehlern, Inkonsistenzen und Mißverständlichkeiten. Martin Liebetruth von der Digitalisierungsabteilung der Bibliothek unterstützte uns durch die Anfertigung von Scans der Handschriften und von Abbildungsvorlagen. Auch unsere studentischen und wissenschaftlichen Hilfskräfte Sara Schlüter, Cäcilia Schröer und Ingo Trüter trugen maßgeblich zum Gelingen des Bandes bei.

Albert Krayer
Thomas Nickol

Siglen, Abkürzungen, Einheiten

Siglen der verwendeten Manuskripte und Drucke

A–L Lichtenbergs Sudelbücher [zit. nach den Handschriften, vgl. S. X–XI; Zählung nach SB].

AdB Allgemeine deutsche Bibliothek. Berlin/Stettin 1765–1792.

ADB Allgemeine Deutsche Biographie. Hrsg. durch die historische Commission bei der Königl. Akademie der Wissenschaften. Bd. 1–56. München [et al.] 1912.

ALZ Allgemeine Literaturzeitung. Halle 1785–1849.

BenA Johann Friedrich Benzenberg: Die Astronomie, Physische Geographie, Meteorologie und Geologie. Georg Christoph Lichtenbergs Vorlesung 1797/1798. Hrsg. und kommentiert von Hartmut Grosser. Göttingen 2004 (Lichtenberg-Studien, 13).

BL Bibliotheca Lichtenbergiana. Hrsg. von H. L. Gumbert. Wiesbaden 1982.

Bw Georg Christoph Lichtenberg: Briefwechsel. Hrsg. von U. Joost und A. Schöne. Bd. 1–5. München 1983–2004.

DycC Jakob Friedrich Dyckerhoff: Collegium über Naturlehre und Astronomie bei Georg Christoph Lichtenberg, Göttingen 1796/1797. Ein Skizzenbuch der Experimentalphysik. Hrsg., eingeleitet und kommentiert von Gunhild Berg. Göttingen 2011 (Lichtenberg-Studien, 15).

EP Excerpta Physica et Mathematica (SUB Göttingen, Ms. Licht VI 55). 98 Bl., datiert Bl. 10: 1793, Bl. 11–38: 1794–1799, Bl. 60–98: 1783–1790.

Erx³–Erx⁵ Johann Christian Polycarp Erxleben: Anfangsgründe der Naturlehre. Mit Zusätzen von G. C. Lichtenberg. Göttingen ³1784, ⁴1787, ⁵1791.

Erx⁶ Johann Christian Polycarp Erxleben: Anfangsgründe der Naturlehre. Mit Verbesserungen und vielen Zusätzen von G. C. Lichtenberg. Göttingen ⁶1794.

Erx⁴V „Verbesserungen und Zusätze“ in Erx⁴ (S. LV f.).

ErxH	Georg Christoph Lichtenberg: Vorlesungen zur Naturlehre, Bd. 1 (Lichtenbergs annotiertes Handexemplar von Johann Christian Polykarp Erxleben: »Anfangsgründe der Naturlehre«). Göttingen 2005 (= VNat 1).
GamN	Georg Christoph Lichtenberg: Vorlesungen zur Naturlehre, Bd. 2 (Gottlieb Gamauf: »Erinnerungen aus Lichtenbergs Vorlesungen«. Die Nachschrift eines Hörers). Göttingen 2008 (= VNat 2).
Gehler 1–5	Johann Samuel Traugott Gehler: Physikalisches Wörterbuch oder Versuch einer Erklärung der vornehmsten Begriffe und Kunstwörter der Naturlehre mit kurzen Nachrichten von der Geschichte der Erfindungen und Beschreibung der Werkzeuge begleitet in alphabetischer Ordnung. Bd. 1–5. Leipzig 1787–1795.
GGA	Göttingische Anzeigen von gelehrten Sachen. Göttingen 1753ff.
GMWL	Göttingisches Magazin der Wissenschaften und Litteratur, hrsg. von G. C. Lichtenberg und Georg Forster. Göttingen 1780–1785.
GTC	Göttinger Taschen Calender, verlegt von Dieterich 1776–1813, redigiert von Lichtenberg 1778–1799.
KR	Lichtenbergs Randbemerkungen in seinem Handexemplar (NL VI, 54) von: Johann Georg Krünitz: Verzeichniß der vornehmsten Schriften von der Elektricität und den elektrischen Curen. Leipzig 1769.
LB	Lichtenbergs Bücherwelt. Ein Bücherfreund und Benutzer der Göttinger Bibliothek. Bearb. von W. Hinrichs und U. Joost. Göttingen 1989 [zit. mit dem Ausleihdatum S. 43–98 oder mit dem Registereintrag S. 99–109].
LE	Lichtenberg in England. Hrsg. von H. L. Gumbert. Bd. 1: Einleitung und Text. Bd. 2: Erläuterungen und Register. Wiesbaden 1977.
LH	Hans-Joachim Heerde: Das Publikum der Physik. Lichtenbergs Hörer. Göttingen 2006 (Lichtenberg-

Studien, 14).

NL Nachlaß Lichtenberg (Naturwissenschaftliches v. a. in SUB Göttingen, Ms. Licht. VII–IX)

PhM Georg Christoph Lichtenberg's physikalische und mathematische Schriften = VS 6–9, 1803–1806.

SB Georg Christoph Lichtenberg: Schriften und Briefe. Hrsg. von W. Promies. Bd. 1–4. 1/2 K. 3 K. München 1967–1992.

Tgbr Lichtenbergs Tagebücher (zitiert nach der von U. Joost in Vorbereitung auf den Druck erstellten und freundlich überlassenen Transkription)

VN Vorlesungsnotizen 1780–1785 (Frag. 1792, 1795, 1797) (SUB Göttingen, Ms. Licht VII F 2); von Lichtenberg semesterweise von A bis L bezeichnet, danach die Büchelchen eines Semesters durchgezählt. Gewöhnlich datierte Einträge werden durch Angabe von Serie, Nummer und Datum, undatierte Notizen durch Angabe von Serie, Nummer und Blatt zitiert.

VNat 1– Georg Christoph Lichtenberg: Vorlesungen zur Naturlehre. Göttingen 2005– (Gesammelte Schriften. Historisch-krtische und kommentierte Ausg. Hrsg. von der Akademie der Wissenschaften zu Göttingen und der Technischen Universität Darmstadt). Ersch. Bd. 1, 2005 (= ErxH), Bd. 2, 2008 (= GamN), Bd. 3, 2007, Bd. 4, 2010.

VS 1–9, 1800–1806 Georg Christoph Lichtenberg: Vermischte Schriften (1. Ausgabe). Göttingen. Hrsg. von Ludwig Christian Lichtenberg und Friedrich Kries.

VS 1–14, 1844–1853 Georg Christoph Lichtenberg: Vermischte Schriften (2. Ausgabe). Göttingen. Hrsg. von Lichtenbergs Söhnen.

Abkürzungen

Die folgende Liste präsentiert die von den Bearbeitern sowie eine Auswahl der von Lichtenberg verwendeten Symbole und Abkürzungen. Fortgelassen wurden ad hoc gebildete Abkürzungen – häufig von Personennamen –, deren Bedeutung dem Kontext zu entnehmen ist, sowie Abkürzungen, die durch bloßes Weglassen einzelner Endbuchstaben (Sieh. für Siehe) oder zweifelsfrei zu ergänzender Wortendungen (Paris. für Pariser, engl. für englisch, Wirck. für Wirckung) gebildet sind. Auf genaue Wiedergabe der Interpunktion (Lichtenberg schreibt gelegentlich keinen Abkürzungspunkt oder einen Doppelpunkt) wird verzichtet. Die Auflösung wird in der Grundform angegeben, die Orthographie orientiert sich an Lichtenbergs regelmäßigem Gebrauch. Bei einigen lateinischen Fachbegriffen ist der zeitgenössische deutsche Ausdruck beigegeben.

a. St. = alten Stils
a. u. c. = ab urbe condita
Abb. = Abbildung
abgez. = abgezogen
Abh., Abhandl.= Abhandlung
Abdr. = Abdruck
Abst. = Abstand
Abth. = Abtheilung
acad., Acad. = Academia, academie, Academie, academy
achrom. = achromatisch
add. = additio
Aeq. = Aequator
aequ., Aequ. = aequatio, Aequation (Gleichung); Aequator
Aequin. = Aequinoctium
Akad. = Akademie
Alc. min. = alcali minerale (Soda)
allg., Allg. = allgemein
allg. Litt. zeitung = allgemeine Litteraturzeitung
an., An. = annus
Anm. = Anmer(c)kung
a͡o, Ao. = Anno
Aph. = Aphorismus
Apr. = April
AR = ascensio recta (Rektaszension)
Art. = Artikel
Asc. = ascensio
Asc. R. = ascensio recta (Rektaszension)
astron., Astron., astronom. = astronomisch, Astronomie
AT = Altes Testament
Atmosph. = Atmosphère
attract. = attractio
Aufl. = Auflage
Aufst. = aufsteigend
Aug. = August, Auguste
Aur. bor. = Aurore boreale (Nordlicht)
Ausg. = Ausgabe
Austr. = australis (südlich)
B. = Band; Baron; Beispiel
Bar., Barom. = Barometer
Bd., Bdch., Bde. = Band, Bändchen, Bände
Bearb. = Bearbeiter
begr. = begründet

beob., Beob. = beobachtet, Beobachtung
Berl. = Berliner
bes. = besonders
Beschr. = Beschreibung
Bestandth. = Bestandtheil
Bg. = Bogen
Bl. = Blatt
Bog. = Bogen
Bor. = borealis (nördlich)
bzw. = beziehungsweise
c. = capitulo, caput
ca. = circa
Cal., Calenb. = Calenberger
cap., Cap. = Capitel, capitulum
Capit^{n} = Capitain
Capt. = Captain
celeberr. = celeberrimus (hochberühmt)
Cels. = Celsius
Centrif. = Centrifugal
Chap. = Chapitre
Chev., Cheval. = Chevalier
Chym. = chymisch
cl. = clarissimus
Class. math. = classis mathematica
cm = Zentimeter
codd. mss. = codices manuscripti
col., Col. = columna, Columne
Comment. = Commentationes
Commentat. Soc. Reg., commentt. s. r. = Commentationes Societatis Regiae (Abhandlungen der Königlichen Gesellschaft)
Comp., compend., Compend. = Compendium
Congreg. = Congregation
Conjunct. = Conjunction
Cop., Copern. = copernicanisch, Copernicus
Copenh. = Copenhagen
Coroll. = Corollarium
corr. = correctio, corrigirt
correct. = correctio
corresp., Corresp. = correspondiren, correspondirend
cos = Cosinus
Cub. = Cubic
cuspid. = cuspidatus
Cyl. = Cylinder
^{d}, ^{D} = dies
d. = der, die, das; deutsch; den, dated; dies (lat.); diameter
D. = Deutsch; Dies (lat.); Doctor; Dominus
d. h. = das heißt
d. i. = das ist
d. s. = das sind
dass. = dasselbe
Dec. = December, Decembre
Decl., declin., Declin. = declinatio, Declination
Declinn. = declinationes
Def. = definirt
demonstr. = demonstrirt
dephl., dephlog. = dephlogistisirt
dergl. = dergleichen
ders. = derselbe
Dez. = Dezember
Di = Dienstag
diam., Diam. = Diameter (Durchmesser)
Diff. = Differenz
diff. AR, Diff. Assc. RR. = differentia ascensionum rectarum (Unterschied in Rektaszension)
Diog. Laert. = Diogenes Laertius
Diss. = dissertatio, Dissertation
Dn., D^{ni} = dominus, domini (des Herren)

Do = Donnertag
Dr., D^{r} = Doctor, Doktor; Drachme (Gewicht)
D^{re} = Doctore
dt., Dt. = deutsch
Duc. = Ducaten
e. a. = et alii
ebd., Ebd. = ebenda
ed., Ed. = edidit, Editio, edited
eigentl. = eigentlich
Einl. = Einleitung
elast. = elastisch
elecktr., Elecktr. = elecktrisch, Elecktricität
electr., Electr. = electricus, electricitas
Ellipt. = elliptisch
Encyclop. = Encyclopädie
entspr. = entsprechend
Eph., Ephem., Ephemer. = Ephemeriden, ephemerides
Equ. = eques
erg., Erg. = ergänzt, Ergänzung
Erkl. = Erklärung
ers. = ersetzt
Erxl.= Erxleben
etc. = et cetera
Eul. = Eulerschen
evtl. = eventuell
Ex. = Exempel, Exemplar
exclus. = exclusive
exp. = experimentum
Expl. = Exemplare
f. = [n-]fach; folgende; für
F. = Fuß
Fahr., Fahrenh. = Fahrenheit, Fahrenheitisch
Feb., Febr. = Februar
Feuersp. = Feuerspeiend
fig., Fig. = Figur, figura
finst. = Finsterniß
fl. = Florin (Gulden)
fol. = folio
Fr = Freitag
fr., Fr. = frantzösisch, Franckreich
frantz., Frantz., franz., Franz. = fran(t)zösisch
Frid. = Fridericus
Fried. = Friedrich
Gal. = Galiläus
Gall. = Gallilaeus
geb., Geb. = geboren, Geburt
Geb. = Gebirge
Geh. = geheim
gel., Gel. = gelehrt
gel. Anz. = gelehrte Anzeigen
geogr., Geogr., geograph. = geographisch, Geographia, Geographie
Gesch. = Geschichte
Geschw., Geschwind. = Geschwindigkeit
Geschwindd. = Geschwindigkeiten
gestr. = gestrichen
ggf. = gegebenenfalls
Goth. M., Goth. Mag., Goth. Magaz. = Gothaisches Magazin
Gött. = Göttingisch
Gött. gel. Anz. = Göttingische gelehrte Anzeigen (= GGA)
Gött. Magaz. = Göttingisches Magazin
Gotting. = Gottingensis
gr. = Gran, Groschen, groß
Gr. = Grad, Gran
grav., gravit. = gravitas (Schwere)
gℓ. = Groschen
h, ^{h}, ^{H} = hora (Stunde)
H. = Heft; Herr
H. M. = His Majesty
H. N. = Historia naturalis
Hamb. Magaz. = Hamburgisches Magazin
hann. = hannoveranisch

HE. = Herr
heil., Heil. = heilig
hepat. = hepatisch
Hies. = hiesig
HofR., Hofr. = Hofrath
holl. = Holländisch
Horiz. = Horizont, horizontal
Hr, Hrn. = Herr, Herrn
hrsg., Hrsg. = herausgegeben, Herausgeber
Hydrometr. = hydrometrisch
Hygrom. = Hygrometer
Hypoth. = Hypothese
ibid. = ibidem (ebenda)
Il. = illustris
I^{mi} = primi
inclin., Inclin. = inclinatio, Inclination
inclus. = inclusive
infl. = inflammabel (entzündlich)
Inquis. = Inquisition
insb. = insbesondere
insg. = insgesamt
Insp. = Inspecktor
Ion. = ionisch
Irregular. = Irregularität
ital. = italiänisch
J. = Jahr
Jahrb. = Jahrbuch
Jahrg. = Jahrgang
Jahrh. = Jahrhundert
Jan. = Januar, Januarius, January, Janvier
Jg. = Jahrgang
Jh. = Jahrhundert
jr. = junior
Jul. = Juli, Julius
Jun. = Juni, Junius
Jup. = Jupiter
K., Kap. = Kapitel; Königlich
Kat. = Katalog
Kaust. = kaustisch
Kayßerl. = Kayßerlich
kl. = klein
km = Kilometer
korr. = korrigiert
l. = liber
L. = liber; Lichtenberg; Lasius
l. c. = loco citato
Landg. = Landgraf
Las. = Lasius
lat. = lateinisch
Lat. = latitude, latitudo
li. = links
lib., Lib. = liber
Lip., Lipp. = Lipari, lipparisch
Litt. = Littera, Litteratur
Liv. = livres (Währung)
log., Log. = Logarithmus
Lond. = London, Londoner
Long. = longitudo, longitude
lt. = laut
Lud. = Ludwig
Lunistit. = Lunistitium
m = Meter
m. = macht; mit
M. = Metre; Minute; Mister, Monsieur; Monat
m. a. W. = mit anderen Worten
Mag. = Magazin
Magnet. = magnetisch
Maj. = Majestät
Marq. = Marquis
Mart. = Martius
math., Math., mathem. Mathemat. = mathematicus, mathematisch, Mathematik, Mathematiker
Max. = Maximum
med., Med. = media; Medicina
Mem. = memoire, memoirs
merckw., Merckw. = merckwürdig, Merckwürdigkeit
Merid. = Meridian

Meteorol. = meteorologisch
Mggſ. = Mariengroschen
Mi = Mittwoch
Mill. = Million
min, Min. = Minute
Mittelp. = Mittelpunckt
mittl. = mittlerer
mm = Millimeter
MM. = messieurs
Mo = Montag
modif. = modification
Mort. = mortuus
Mr., M^r^ = Mister, Monsieur
Ms., MS., Mspt(e)., mss., MSS. = Manuskript(e), manuscripta, manuscripts
multipl. = multiplicirt
N = Nord
n., N. = nach; note; Nummer, number
N. B., NB. = Nota bene
n. b. = nördliche Breite
NN = Nomen nescio
n. St. = neuen Stils
Nat. = Natur
Naturf. = Naturforscher
nehml. = nehmlich
Niederst. = niedersteigend
no., No., N° = numero
Not. = nota
Nov. = November, Novembre
Nov. Comm. Petrop. = Novi Commentarii [Academiae Scientiarum Imperialis] Petropolitanae
Nr. = Nummer
NT = Neues Testament
Num. = Nummer
num. rot. = numero rotundo (bei gerundeter Zahl)
O = Ost
o. = oben
o. g. = oben genannt
o. J. = ohne Jahr
o. O. = ohne Ort
O. W. M. = Obristwachtmeister
OberAmt. = OberAmtmann
Obristwachtm. = Obristwachtmeister
Obs., observ., Observ., obss. = observation, Observation, observationes
oct, Oct. = October, Octobre
öffentl. = öffentlich
Okt. = Oktober
Opp. = Opera
oppos., Oppos. = oppositio, Opposition
$\widehat{\text{ot}}$, $\widehat{\text{ots}}$ = nicht, nichts
p. = pagina, page; pars; par, per
P. = pars, partie; Pater, Père; Parallaxe
Par. = Pariser
parall., Parall. = parallaxis, Parallaxe
Petersburg. Comment. = Petersburger Commentationen
Pf. = Pfund
philos., Philos. = Philosophical, Philosophicus, Philosophus, Philosophie, philosophisch
Philos. Trans., Philos. Transact., Philosoph. Trans. = Philosophical Transactions
phys., Phys. = Physik, physique, physisch, physicus
pl., Pl. = planche
πμ = propria meditatio
pp = perge, pergite
Pr., Prof. = Professor
prackt. = pracktisch
pref. = preface
Primord. = Primordial
probl., Problema = problema

Prof. = Professor
prop., Prop., Propos. = propositio, Proposition
-q. = -que
Q. = Quartal
r. = recto; radius
R. = Recta; Ruthen; Revolution
rad., Rad. = Radius
re. = rechts
Reaum. = Reaumur, Reaumurisch
Rec.; Recens. = Recensent
Rectas, Rectasc. = Rectascension
Ref. = Referat
Reg. scient. Societ. = Regia scientiarum Societas
Regelmäßig. = Regelmäßigkeit
resp. = respektive
Rev. = Revolution; Reviewer
Revol. = revolutio, Revolution
Rez. = Rezension, Rezensent
rheinl., Rheinl., Rheinländ. = Rheinländisch
Ricc. = Riccioli
Roz. = Rozier
^{s}, ^{S} = Signum; Stunde
s. = sein; Sekunde; sie, siehe; sive
S. = Saint; Seite(n); Sekunde; Siehe; Stunde; Süd; Südlich
s. o. = siehe oben
s. u. = siehe unten
(und) s. w. = und so weiter
Sa = Samstag
Sa. = Santa
Saec. = saeculum
Sächs. = Sächsisch
Sat. = Satellit; Saturnus
Satell. = Satellit
Sc. = Science, scientia; Société
sc., scil. = scilicet
sec., Sec. = Secunde; secans
Sect. = sectio
seel. = seelig
Sek. = Sekunde
semid., Semid., Semidiam. = Semidiamter
sen. = senior
senkr. = senkrecht
sep. = separat
sept., Sept. = September, Septembre
seq(q)., sequ. = sequen(te)s, sequens
Sext. = Sextilis
sin., Sin. = Sinus
sin tot = Sinus totus
So = Sonntag
Soc. = Societät, Societas, Society
sog. = sogenannt
Sp. = Spalte
Sp. V. = Spiritus vini
spec., Spec., specif. = specifisch
Spt. = September
sqq. = sequentes
St = Stunde
St., S^{t} = Sankt, Saint; Stück; Stunde
st. v. = styli veteris (alten Stils)
Suppl. = Supplement
Synod. = synodisch
^{T} = Tag
T. = Tag; Tellus; Toise; tome, tomo,tomus; Teil
Tab(b). = Tabelle, tabula(e)
Taf. = Tafel
tang. = Tangens
teilw. = teilweise
temp. = temperata
Temp. = Temperatur, tempus
Th. = Theil; Thermometer
Theor. = Theorem
Ther., Therm. = Thermometer
Thlr. = Thaler
To. = tomus (Band)
torr. = torrida

trab., Trab. = Trabant
Tract. = Tractatus
Trans., Transact. =
  Transactionen, Transactions
trisphaer. = trisphaericus
Trop. = Tropicusu. = und
u. = und
u. a. = unter anderem
u. d. g., u. d. gl., u. dgl. =
  und dergleichen
u. ö. = und öfter
u. s. f. = und so fort
u. s. w. = und so weiter
ü. NN = über Normalnull
Uebers. = Uebersetzung
Uml. = Umlauf
uncorr. = uncorrigirt
ungez. = ungezählt
unterstr., Unterstr. = unterstreicht,
  unterstrichen, Unterstreichung
unvollst. = unvollständig
urspr. = ursprünglich
usw. = und so weiter
v. = von, vom; vor; versus, verse;
  verso
V. = Voigt
Var. = variatio, Variation
Veränd. = Veränderung
Verf. = Verfasser, Verfinsterung
verm. = vermehrt
vermutl. = vermutlich
versin = Versinus (Sinus versus)
vers., Vers. = versehen; Versuch
Verw. = Verwendung
Vf. = Verfasser
vgl., Vgl. = vergleiche
vid., Vid. = vide
viz. = namely
Vol(l). = Volume(s)
W = West
Wahrscheinl. =
  Wahrscheinlichkeit
Wiss., Wissensch. = Wissenschaft
Wittenb. =
  Wittenberg, Wittenbergisch
X^{ti}, X^{to} = Christi, Christo
z. = zum
Z. = Zeile
z. b., z. B. = zum Beispiel
z. E., Z. E., zE., ZE., z. Ex. =
  zum Exempel
zit. = zitiert
Zon. = Zona
zu. Ex., zum E. = zum Exempel
zus. = zusammen
&c. = etcetera
0♈ = 0° Arietis (Frühlingspunkt)
0♎ = 0° Librae (Herbstpunkt)
2d, 2^{d} = second
2da = secunda
2dly = secondly
3dly = thirdly
4., 4to = Quart, quarto
4thly = fourthly
5thly = fifthly
7bris = Septembris
8. 8vo = Oktav, octavo
12mo = duodecimo
† [gestorben]
° = Grad
′ = Minute; Fuß
″ = Sekunde; Zoll
‴ = Tertie; Linie
°C = Grad Celsius
°F = Grad Fahrenheit
°R = Grad Reaumur
△ = Dreieck
□ = Quadrat
⧉ = Würfel
£ = Pfund

▽ = Wasser
⊙ = Sonne, Sol; Sonntag
☽ = Mond, zunehmender Halbmond (erstes Viertel); Montag
○ = Vollmond
☾ = abnehmender Halbmond (letztes Viertel)
● = Neumond
☿ = Merkur; Mittwoch; Quecksilber
♀ = Venus; Freitag
♁ = Erde
♂ = Mars; Dienstag; Eisen; Einfügemarke
♃ = Jupiter; Donnerstag; Zinn
♄ = Saturn; Samstag
⛢, ♅ = Uranus
☽⊙ = Platin
♈ = Widder
♉ = Stier
♊ = Zwillinge
♋ = Krebs
♌ = Löwe
♍ = Jungfrau
♎ = Waage
♏ = Skorpion
♐ = Schütze
♑ = Steinbock
♒ = Aquarius
♓ = Pisces
☊ = aufsteigender Knoten
☋ = absteigender Knoten

Einheiten

In der Zeit vor der Einführung des metrischen Systems für Maße und Gewichte auf dem europäischen Festland zu Beginn des 19. Jh. existierte eine kaum überschaubare Anzahl von Einheiten. Lichtenberg verwendete eine ganze Reihe davon, ohne sich der Mühe der Umrechnung in ein bestimmtes System zu unterziehen, ja häufig ist überhaupt unklar, ob etwa eine Längenangabe in Fuß (bzw. Schuh) den französischen (Pariser), den rheinländischen oder den englischen Fuß zugrundelegt. Besonders groß ist die Unsicherheit bei den 6-Fuß-Maßen Klafter und Faden, die ein bestimmtes regionales Maß bezeichnen oder auch einfach übersetzte und nicht umgerechnete französische Toisen oder englische fathoms sein könnten. Die folgende Liste verzeichnet die in diesem Band vorkommenden Längen- und Hohlmaße unter Verzicht auf die unverändert gültigen revolutionären metrischen Längenmaße und auf abgeleitete Einheiten wie Cubicfuß, sowie Münz- und Gewichtseinheiten. Bei den physikalischen Einheiten werden die ungefähren metrischen Werte angegeben.[5]

Längenmaße

Linie, sächs.	1,965 mm
Linie, engl.	2,117 mm
Linie, franz.	2,256 mm
Dezimallinie, engl.	2,54 mm
Zoll, sächs.	2,358 cm (= 12 Linien)
Zoll, engl.	2,54 cm (= 12 Linien)
Zoll, rheinl.	2,617 cm (= 12 Linien)
Zoll, franz. od. Pariser	2,707 cm (= 12 Linien)
Fuß, hann. (Calenberger)	29,3 cm (= 1299/1440 Pariser Fuß)[6]
Fuß, röm.	29,57 cm
Fuß, engl.	30,5 cm (= 12 Zoll)
Fuß, rheinl.	31,4 cm (= 12 Zoll)
Fuß, franz. od. Pariser	32,5 cm (= 12 Zoll)
Cubit, engl.	45,7 cm (= 1½ Fuß)
Elle, Dresdner	56,6 cm (= 2 Fuß)

---

5 Die Angaben folgen in der Regel dem Sachregister der Ausgabe von Lichtenbergs Briefwechsel (Bw 5,2) bzw. Kahnt, Maße 1986.

6 Vgl. ErxH, 313; L. gibt dort auch 390/432 als Verhältnis an, was bei der angegebenen Zahl von Dezimalstellen auf den gleichen Wert führt.

Schritt, röm. (gradus)	73,9 cm (= 2½ Fuß)[7]
Yard, engl.	91,4 cm (= 3 Fuß)
Klafter, hann.	1,752 m (= 6 Fuß)
Faden, schwed. (famn)	1,78 m (= 6 Fuß)
Fathom, engl.	1,829 m (= 2 Yards = 6 Fuß)
Toise, engl.	wie Fathom
Toise, franz.	1,949 m (= 6 Fuß)
Lachter, Freiberger	1,985 m (= 87997/14400 Pariser Fuß)[8]
Rute, rheinl.	3,766 m (= 12 Fuß)
Knoten, engl. (knot)	15,43 m (= 1/120 Seemeilen)
Stadion, griech.	184,2 m (= 94,5 Toisen nach Gamauf)[9]
Stadion, röm.	184,8 m (= 625 Fuß à 29,57 cm)
Meile, röm.	1,478 km (= 8 Stadien = 5000 Fuß)
(Land-)Meile, engl.	1,609 km (= 1760 Yards)
Meile, ital.[10]	1,785 km
Seemeile, engl.	1,852 km (= 1/60 Äquatorgrad)
Meile, franz. (lieue)	4,452 km
League, engl.	4,828 km (= 3 Meilen)
Meile, astr.	6,381 km (= 860/1000 geogr. Meilen)[11]
Meile, deutsch (geogr.)[12]	7,419 km
(Land-)Meile, Calenberger	9,344 km (= 32000 Fuß)
Meile, schwed.	10,69 km (= 6000 Faden)

Hohlmaße

Pinte, Pariser	0,952 l
Cade od. Litre, franz. (ab 1793)	1 l

[7] L.s Angaben in Schritt erheben sicher den geringsten Anspruch auf Genauigkeit. Von den zahlreichen Schrittmaßen wurde daher hier mit dem klassischen römischen *gradus* ein mittleres angegeben.

[8] So L.s Gewährsmann Oppel, vgl. S. 340,28–29 und die zugehörige Anm. Bei anderen Autoren findet man für das Freiberger Lachter geringere Werte.

[9] Vgl. GamN, 666; die antiken griechischen Stadien zu 600 Fuß variieren sehr stark (etwa 165–196 m) je nach lokalem Fußmaß; das olympische etwa mißt 192,3 m).

[10] Von den zahlreichen italienischen Meilen ist hier die lombardische ausgewählt, die am besten zu L.s Angabe (ErxH, 313, Z. 21–23 am Rand) paßt, nach der 4 italienische einer deutschen Meile entsprechen.

[11] Vgl. S. 26,20–22 in Verbindung mit S. 149,6–8, mittlere Sp.

[12] Auch in den deutschen Territorien waren Meilen sehr unterschiedlicher Länge gebräuchlich. L. rechnet deren 15 auf einen Äquatorgrad, womit der angegebene Wert der hannöverschen Meile, die auch der rheinländischen und der späteren preußischen etwa entspricht, recht gut übereinkommt.

Münzen

Hannover:[13]

Dukaten (Gold)	2⅔ Thaler = 4 Gulden
Thaler (Silber)	1½ Gulden
Gulden (fl.; Silber)	16 Gutegroschen
(Gute-)Groschen	1½ Mariengroschen
Mariengroschen	

übriges Deutschland:

Carolin (Gold)	ca. 6½ Thaler

England:

Guinee (Gold)	21 Schilling
Pfund Sterling (Silber)	20 Schilling (L. rechnet 1 Pfund zu 6 Thalern)
Schilling (Silber)	

Frankreich:

Franc d'argent (ab 1793)	10 g Silber (ca. ½ Thaler)
Livre (Silber)	20 sous (L. rechnet 1 livre zu ¼ Thaler)
Sous (Silber)	

Gewichte

Centigravet, franz. (ab 1793)	0,01 g
Gran, franz. (grain)	0,0531 g
Gran	0,0609 g
Decigravet, franz. (ab 1793)	0,1 g
Gravet, franz. (ab 1793)	1 g
Drachme, hann.	3,654 g (= 60 Gran)
Drachme, franz. (gros)	3,824 g (= 72 grains)
Centigrave, franz. (ab 1793)	10 g
Lot, hann.	14,62 g (= 4 Drachmen)
Unze, engl. Handelsgewicht (ounce)	28,35 g
Unze, hann.	29,25 g (= 8 Drachmen = 480 Gran)
Unze, franz. (once)	30,59 g (= 8 gros = 576 grains)
Decigrave, franz. (ab 1793)	100 g
Pfund, Padua (libbra)	333,8 g[14]
Pfund Medizinalgew., hann.	350,8 g (= 12 Unzen)
Pfund, engl. (pound)	453,6 g (= 16 ounces)
Pfund Handelsgew., hann.	467,7 g (= 16 Unzen = 32 Lot)
Pfund, franz. (livre)	489,5 g (= 16 onces)
Grave od. Gramme, franz. (ab 1793)	1 kg

[13] Vgl. dazu GamN, XLVI, insb. Anm. 75.

[14] Vgl. Krünitz, Encyklopädie 85, 1802, 305 f. u. 112, 1809, 463 f.

XII. Vom Weltgebäude und der Erde überhaupt

XII.1 Vorbemerkung

Im Sommer 1778 hatte Lichtenberg begonnen, Vorlesungen über Physik nach dem Erxlebenschen Lehrbuch zu halten.[1] Eine Fortsetzung kündigte er im Vorlesungsverzeichnis für den folgenden Winter an. In einem Brief an Schernhagen heißt es dazu: „Nächsten Winter fahre ich auf eben die Weise fort, mit Optick, der Lehre von der Lufft und physischen Astronomie.“[2] Und ähnlich ließ er auch für Winter 1779/80 im Vorlesungsverzeichnis ankündigen: „Die *physische Optik u. Astronomie* will Hr. Pr. Lichtenberg Sonnab. um 1 Uhr öffentl. erklären.“[3] Für diese beiden Winterhalbjahre finden sich keine durch Datierung zuzuordnenden Vorlesungsmanuskripte oder -notizen. Mehrere Indizien sprechen jedoch, wie weiter unten ausgeführt werden wird, dafür, daß die unter Nr. 1 und Nr. 2 edierten Texte hierbei verwandt worden sein könnten, wobei sie den vorgetragenen Stoff sicher nicht vollständig enthalten. Schon aus Gründen der Ökonomie wird Lichtenberg diese Ausarbeitungen im ersten Jahrfünft der 1780er Jahre, in dem er die einstündige öffentliche Astronomievorlesung in unregelmäßigem Turnus mehrmals anbot (im Winter 1780/81, Sommer 1781, Sommer 1782 und Winter 1783/84[4]) weiterhin als Grundlage herangezogen haben. Dazu traten im Winter 1780/81 eine neue Einleitung (Text Nr. 3) und, verglichen mit den experimentalphysikalischen, relativ ausführliche Notizen in den ‚Büchelgen‘ der Serie B[5] (Text Nr. 4). Die fragmentarischen Aufzeichnungen in den Texten Nr. 5 und Nr. 6, die mit mehr oder minder hoher Wahrscheinlichkeit den Vorlesungen Sommer 1782 und Winter 1783/84 zuzuordnen sind, beschließen die Texte zu Lichtenbergs öffentlichen Astronomievorlesungen vor 1785 als ersten Block von Texten in diesem Kapitel.

---

1 Vgl. ErxH, IX.

2 Vgl. Bw 1, Nr. 516 [870]; [17.] Aug. 1778.

3 Vgl. GGA 1779, St. 111, 13.9.1779, 898.

4 Vgl. GGA 1780, St. 111, 11.9.1780, 905 f.; 1781, St. 37, 26.3.1981, 297; 1782, St. 33, 18.3.1782, 266; 1783, St. 150, 18.9.1783, 1505.

5 Zur Stellung der ‚Büchelgen‘ im allgemeinen vgl. VNat 3, X–XIII.

Im Winter 1785/86 ließ Lichtenberg die Vorlesung über Astronomie in einem vierstündigen Privatkolleg aufgehen, das zusätzlich zur Astronomie, der die ersten ungefähr drei Fünftel der Zeit gewidmet waren, die Physische Geographie, Meteorologie und Theorie der Erde umfaßte und das er fortan in jedem Winter anbot. Unter Verwendung einiger bereits vorliegenden Ausarbeitungen konzipierte er den astronomischen Teil der Vorlesung neu, und das dabei entstandene Manuskript, das er durch Korrekturen und Ergänzungen, teils auf zusätzlichen Blättern, auf dem aktuellen Stand hielt, diente als Grundlage für alle diese Vorlesungen. Als herausragender Textzeuge für Lichtenbergs gesamte astronomische Vorlesungstätigkeit ab 1785 ist dieses Manuskript in Text Nr. 7 unter Berücksichtigung all dieser Bearbeitungen ediert und bildet einen eigenen Textblock.

Den dritten Block machen schließlich die Notizen zu Einzelfragen aus, worunter neben Texten, die einzelne Sachverhalte betreffen, auch Notizen zu einzelnen Stunden späterer Vorlesungen begriffen sind. Sie sind der Abfolge der Themen in Text Nr. 7 entsprechend in den Abteilungen A bis J angeordnet, Notizen zum gleichen Gebiet jeweils chronologisch.

Diese Abteilungen lassen auch den Gang der Vorlesung erkennen, der hier in kurzen Worten umrissen sei. Lichtenberg eröffnet das Kolleg in Nachahmung von Montuclas Vorgehen mit einer Schilderung des Weges, auf dem die Menschen der frühen Hochkulturen möglicherweise zu ersten astronomischen Kenntnissen gelangt sein könnten, zur Überzeugung von der Kugelgestalt der Erde sowie auch des Himmelsgewölbes, zum Begriff der Ekliptik als dem jährlichen Weg der Sonne am Himmel, zum Zusammenhang zwischen Gestirnskonstellationen und Jahreszeiten und schließlich zur Erklärung der vielfältigen am Mond auftretenden Erscheinungen. Dann kommt Lichtenberg auf die Planeten insgesamt zu sprechen und auf die Systeme, die sich im Laufe der Zeit abwechselten oder miteinander bei der Erklärung der seltsamen Bewegungen dieser Himmelskörper konkurrierten (A), bis endlich Kepler mit seinen Gesetzen die richtige Beschreibung ersann. Daß damit gleichsam eine Karte des Sonnensystems mit den relativen Abständen gegeben war, zu der jedoch noch der Maßstab fehlte, erläutert Lichtenberg im

Anschluß daran, und wie in der Folge aufgrund der Entdeckung der endlichen Größe der Lichtgeschwindigkeit und mittels Messung der Sonnenparallaxe dieser Maßstab und damit die absoluten Größen und Entfernungen von Sonne und Planeten gefunden wurden (B). Als nächstes geht er auf die Figur der Erde und die verschiedenen Kampagnen zur genauen Bestimmung ihrer Größe mittels Messung der Längengrade ein (C) und kommt danach auf das Problem der Längenbestimmung zur See zu sprechen und auf die unterschiedlichen Bemühungen zu dessen Lösung (D). Es folgen Abschnitte über den Mond (E) und die Sonne (F), in denen sowohl von deren Größen und Bewegungen als auch von den neueren teleskopischen Beobachtungen gehandelt wird, sowie Ausführungen zu Chronologie und Kalender sowie zur Zeitgleichung (G). Anschließend wendet sich Lichtenberg den einzelnen Planeten (H) und – „etwas umständlicher […], weil ich weiß daß die Sache interessirt" – den Kometen (I) zu. Er bringt „Etwas von den Kräfften, womit dieses alles zusammen hängt", indem er von Newton und dessen quadratischem Abstandsgesetz der Gravitation handelt, von den darauf beruhenden Weltentstehungstheorien Kants und Herschels und den dadurch erklärbaren Phänomenen der Präzession der Äquinoktien und der Nutation der Erdachse. Den Abschluß der Vorlesung bilden endlich die Betrachtung der Fixsterne und Sternbilder, der Sternkarten und -globen und einige Ausführungen zur Eigenbewegung der Fixsterne und zu Herschels neuesten Arbeiten über Fixsternverteilung und den Platz der Sonne in der Milchstraße, über Nebelsterne, Novae und Veränderliche (J).

An dieser Anordnung änderte auch der Wechsel der Perspektive von der explizit historisch-genetischen zu der mehr systematischen Betrachtung wenig, wie ihn die Neufassung der Einleitung in Text Nr. 8 erkennen läßt. Hier hat Lichtenberg die traditionelle Einteilung in sphärische, theorische und physische Astronomie in seine Vorlesung eingeführt, die etwa auch sein Lehrer Kästner in seinen Anfangsgründen der Astronomie anwendete und die sich in den drei Abschnitten von Gamaufs ‚Erinnerungen aus Lichtenbergs Vorlesungen über Astronomie' wiederfindet.[6]

---

[6] Vgl. die Inhaltsverzeichnisse der genannten Schriften: Kästner, Anfangsgründe 2.2, 1781, [IX]–[XII], bzw. GamN, 577–580.

Übersicht über die in diesem Kapitel edierten Texte

Vorlesungen vor 1785

Nr. 1	IX F, 135–142r; 10r; 158r	
		Astronomie Montücla. T. I p. 145
Nr. 2	IX F, 111–112	Zur Attracktion
Nr. 3	IX F, 104–105	Zur Astronomie. [zur Vorlesung Winter 1780/81?]
Nr. 4	VII F 2, B 1, 7v–9r; 16r–16v	
	VII F 2, B 2, 4r–8r; 10v–12v	
	VII F 2, B 3, 7v–8r; 12v–13r; 17v–19r	
	VII F 2, B 4, 1r–2r	
	IX F, 167r	
	VII F 2, B 4, 4v–5r; 11r; 13v	
	VII F 2, B 5, 3v–4r; 6v–7r	
	VII F 2, C 1, 2r–3r	
		Publicum 2te Stunde [Vorlesung Winter 1780/81]
Nr. 5	IX F, 116r; 115	[zur Vorlesung Sommer 1782?]
Nr. 6	IX F, 132; 147–148; 114; 125r	
		[zur Vorlesung Winter 1783/84]

Die große Astronomievorlesung [Winter 1785/86]

Nr. 7	IX F,	1–2 u. 18v–17r (1–7 u. 9–10)
		109–110 u. 108 ([Bl.] I–II, [S.] III,2)
		143–146; 149–151 (a–g)
		121 („zwischen g und h“)
		152–153 (h–i)
	IX E,	3 („ad pag. i“)
		5; 4 (k, „Beylage zu k“)
	IX F,	158v–159 (16, ⟨17/18⟩ = l)
		162 (⟨19⟩/20 = m)
		160r, 161r (l^a, l^b)
		163; 193; 197–198 (⟨21⟩ = n – q)
		179–182 („Meeres-Länge“)
		208; 31/32; 205/206 (r–v)
		184/185; 207 („Von der Chronologie“ u. „Chronologie“)
		186–189; 190/191; 166 (w–z, aa–cc)
		168 („ad p. cc“)

169; 192; 45 (dd–ee, „ad ee“)
28; 33; 30 (ff, „Nota ad ff“, „Beylage zu (ff)“)
29; 43; 26; 14 (gg–hh, „Beylage zu S. hh)“, „Beylage zu hh.“)
46; 48–50; 53; 51–52 (ii–nn, „nach nn auf der ersten Seite unten“)
54–62; 70; 73; 71 (oo–yy, „ad (yy)“)
74; 72 (zz, „NB zu z^2. 2te Seite“)
75–79; 80 (a^3–e^3, „ad e^3“)
82–84; 81 (f^3–h^3, „ad c^3. Nutation“)
85; 86; 87–91; 93–95 (i^3–r^3)
Einleitung zum 2ten Theil der Physic.

Notizen zu Einzelfragen

A. Einleitung bis Planetensystem

Nr. 8	IX F, 106–107r	Anfang [Einleitung in die Vorlesung; Einteilung der Astronomie]
Nr. 9	VII N, 17	[Kreise an Himmels- und Erdkugel]
Nr. 10	IX F, 126r	2te Stunde [Kreise an der Kugel]
Nr. 11	IX F, 127	Ortus & occasus poetici [Schwierigkeit der Interpretation antiker Jahreszeitangaben]
Nr. 12	IX F, 128	Ptolemaeus [Ägyptisches System]
Nr. 13	IX F, 130r	Vorläufig zum Aegyptischen System
Nr. 14	IX F, 131r	Das sogenannte Aegyptische System
Nr. 15	IX F, 133r	Die Pythagoräer
Nr. 16	IX F, 134	Leben des Copernikus [zum Geburtsdatum]
Nr. 17	IX F, 124r	[Geozentrik nach Copernicus]
Nr. 18	IX F, 4r	[Irrtum Buffons]

B. Dimensionen des Sonnensystems

Nr. 19	IX F, 123, 122	Baxters Beweiß des Keplerischen Satzes, daß die Quadrate der Umlaufs-Zeiten sich verhalten wie die Cubi der mittleren Entfernungen.
Nr. 20	IX E, 1	[Parallaxe]
Nr. 21	IX E, 2	[Sonnenparallaxe und Venustransit]
Nr. 22	IX F, 9r	Durchgang der Venus

C. Figur der Erde

Nr. 23	IX F, 165r	Figur der Erde
Nr. 24	IX F, 119r	Ueber die Irregularität der Grade
Nr. 25	IX F, 8	Das Paradoxon [Tangentialebene an der Erdkugel]
Nr. 26	IX F, 7	[Gradmessung und französisches Maßsystem]
Nr. 27	IX F, 164r	Tafel für die Länge aller bisher gemessenen Grade des Mittagskreises in frantz. Toisen.

D. Breiten- und Längenbestimmung

Nr. 28	IX F, 172r	Theorem II. [Theorie des Sextanten]
Nr. 29	IX F, 194r	Länge.
Nr. 30	VII N, 8r	Greifswalde [seine Länge]
Nr. 31	IX F, 195r	Englische SeeMeilen
Nr. 32	IX F, 173r	Länge [Bemerkung zu Uhren]
Nr. 33	IX F, 174r	Genauigkeit der Uhren
Nr. 34	IX F, 183r	Uhr Stellscheibe

E. Mond

Nr. 35	VII N, 13r	[Berechnung des Monddurchmessers]
Nr. 36	IX F, 101r	ad §. 633. Not. [Vulkane auf dem Mond]
Nr. 37	IX F, 102r	ad §. 642. [Mondatmosphäre]
Nr. 38	IX F, 202	Einiges vom Monde [Exzerpt]
Nr. 39	IX F, 203–204	Ueber die Vulkane Bodens Jahrbuch 1792. [Vulkane und Selenographie]
Nr. 40	IX F, 120r	Ordnung des Vortrags in der Abendstunde. den 15 Dec. 91. [Mondberge]
Nr. 41	IX F, 199/201	[Varia zum Mond]

F. Sonne

Nr. 42	IX F, 154–156	Schröters Beob. über die ⊙ Fackeln und Flecken.

G. Zeitrechnung

Nr. 43	IX F, 15r	Franz. Calender
Nr. 44	IX F, 178/209	Das Tropische ⊙ Jahr
Nr. 45	IX F, 170	Tages Zeit. Ordnung des Vortrags

Nr. 46	IX F, 171	Tages Zeit.
Nr. 47	IX F, 176/177	heute den 10ten Jan.
H. Planeten		
Nr. 48	IX F, 34	[Übergang von Längenbestimmung zu Planeten]
Nr. 49	IX F, 35r	Gehörig einzutragen. [Literaturhinweise zu verschiedenen Planeten]
Nr. 50	IX F, 38–39	[Daten verschiedener Planeten]
Nr. 51	IX F, 27r	[Daten von Merkur und Venus]
Nr. 52	IX F, 99r	Einzutragen [falscher Venustrabant]
Nr. 53	IX F, 42r	Müntze. Avers. [Medaille zum Gedenken an Wargentin]
Nr. 54	VII O, 37r	Schröter Miscellen. [Jupiterdaten]
Nr. 55	IX F, 37; 40; 36; 12r; 41	Saturn.
Nr. 56	IX F, 13r	Ring.
Nr. 57	IX F, 44r	Verschwinden des Ringes.
Nr. 58	VII N, 10r	Uranus. [Position am 14. Jan.1792]
Nr. 59	IX E, 6r	1795. d. 15ten März [Uranuspositionen]
I. Kometen		
Nr. 60	IX F, 66	Comet, der 1789 erwartet wird.
Nr. 61	IX F, 68r	Dela recherche de la comète de 1532 et 1661, dont on attend le retour vers 1789 ou en des années voisines
Nr. 62	IX F, 67	ad §. 646. [für 1789 erwarteter Komet]
Nr. 63	IX F, 63–65r	[Kometen]
J. Fixsterne		
Nr. 64	VII N, 20	[Neue Sternbilder]
Nr. 65	IX F, 11	[Teleskope]
Nr. 66	IX F, 92r	Fixsterne
Nr. 67	IX F, 24–25r	Herschels Construction of the heavens.

Die Texte Nr. 1 und Nr. 2 werden hier an erster Stelle ediert, da sie, wie oben erwähnt, als Manuskripte für eine oder auch beide vor 1780 angekündigten astronomischen Vorlesungen betrachtet werden. Dem liegen folgende Beobachtungen zugrunde. Erstens spricht der Duktus in beiden Fällen für ein Vortragsmanuskript („Ich fahre also mit meinen Erläuterungen der Astronomie nach dem neulich erklärten Plan fort“ [s. 13,16–17]; „Erlauben sie mir, daß ich hierüber einmal ausschweife.“ [s. 28,22]). Zweitens bildete Text Nr. 1 ursprünglich mit einigen Blättern des unter Nr. 7 edierten Manuskripts[7] eine durch fortlaufende Seitenzählung (1–21) verbundene Einheit, die thematisch noch erkennbar die Reihenfolge des Abschnitts XII „Vom Weltgebäude und der Erde überhaupt“ in Erxlebens Kompendium widerspiegelt, in dem die „Nähere Bestimmung der Gestalt der Erde“ direkt auf die Erläuterung der Grundbegriffe der Astronomie folgt. Bereits vom Winter 1780/81 an wich Lichtenberg von dieser Ordnung ab, indem er auf die Grundbegriffe zunächst die Entwicklung der Weltsysteme und dann einige Detailinformationen zu Sonne, Mond und ihren (scheinbaren) Bahnbewegungen vortrug.[8] Drittens verweist Lichtenberg in Text Nr. 1 nicht, wie er es später zu tun pflegt, auf seinen Aufsatz im Taschenkalender für 1781 (Lichtenberg, Fortsetzung 1781) als Vorlage für die ersten Vorlesungsstunden, sondern auf dessen Vorbild, Montuclas ‚Histoire des Mathematiques‘. Und schließlich spricht für die frühe Datierung von Text Nr. 2 die Erwähnung von nur fünf Planeten; bereits im Juli 1781 erschien der Uranus, noch ohne Namen, als „der neue Planet“ in Lichtenbergs Liste zur Erläuterung der Titius-Bodeschen Regel.[9] Demnach wäre Text Nr. 1, verbunden mit den genannten Blättern aus Nr. 7, ein für eine frühe Vorlesung verfaßtes 21-seitiges Manuskript gewesen, an das sich noch die 4 Seiten von Text Nr. 2 zur physischen Astronomie anschlossen und das Lichtenberg später für die weitere Verwendung zerlegt und bearbeitet hat. Es enthielt auf den Seiten 1 bis 15 die aus Montucla (Histoire 1, 1758, 145–162) gezogenen Überlegungen zur Frühgeschichte der Astronomie, auf den übrigen sechs Seiten unter der Überschrift „Bestimmung der Figur der Erde und Grades Merid“ Nachrichten von Gradmessungen seit den Zeiten des Eratosthenes.[10] Um die beiden Teile

---

7 Nämlich NL IX F, Bl. 158v; 159; 162; 163r.

8 Vgl. Text Nr. 4 (Winter 80/81); einzelne Stunden aus VN C 1–3 (Sommer 81; nicht ediert); Text Nr. 6 (Winter 83/84); Text Nr. 7 (Winter 85/86).

9 Vgl. Anm. 537 in diesem Kapitel.

10 Die Signaturen lauten NL IX F, Bl. 135–141; 158r bzw. NL IX F, Bl. 158v–159; 162–163r.

getrennt weiterverwenden zu können, kopierte Lichtenberg den Text von S. 15 (NL IX F, Bl. 158r), soweit er ihn beibehalten wollte, auf ein leeres Blatt (NL IX F, Bl. 142), das er als 14.a zählte. Während er die vier Blätter mit dem Text des zweiten Teils durch eine Einreihung in die Haupt-Zählung von Text Nr. 7 als Bl. l, l[!], m, n und durch Nutzung der leeren Rückseite von Bl. n nahtlos mit diesem verband, blieb der erste Teil mit eigener Zählung für sich bestehen. Dies und die Tatsache, daß die im zweiten Teil behandelte Figur der Erde in den weiteren astronomischen Publica der Jahre bis 1785 keine Rolle spielte, die Frühgeschichte der Astronomie nach Montucla bzw. dem Taschenkalender aber regelmäßig vorgetragen wurde, ist der Grund, daß beide Teile in der Edition nicht wieder zusammengeführt werden. Die in dem ersten Teil, unserem Text Nr. 1, enthaltenen Überlegungen zur Entdeckung der Ekliptik als der jährlichen Bahn der Sonne über den Fixsternhimmel und der Entwicklung der ersten Planetensysteme finden sich, abgesehen von den entsprechenden Stichworten für die Vorlesung des Winters 1780/81 (s. 34,35–36,7), im Nachlaß kein weiteres Mal. Andererseits begegnen sie aber in Gamaufs Erinnerungen aus der Mitte der 90er Jahre. Deshalb liegt die Vermutung nahe, daß Lichtenberg den Abschnitt des Textes, der die Lücke zwischen der 2. und der 5. Stunde in dem Vorlesungsmanuskript für Winter 1785/86 schließen konnte (s. 75,14–15), dauerhaft weiterbenutzt hat. Darauf deutet auch das Auftauchen eines Studentennamens am Rand von S. 4 (NL IX F, Bl. 136v) hin: „Schmidt E[?] Lübeck“. Der einzige Lübecker Schmidt, der in der Matrikel für Lichtenbergs Göttinger Zeit nachzuweisen ist, war ein gewisser Georg Philipp Schmidt, Student der Theologie in den Semestern 1789 und 1789/90.[11] Der Text Nr. 3 ist sehr wahrscheinlich[12] und Nr. 4 aufgrund der Datierung sicher der Vorlesung von Winter 1780/81 zuzuordnen. Das als Nr. 5 abgedruckte Fragment wird aufgrund der für die Zeitgleichung angegebenen Zahlenwerte, die mit denen in Text Nr. 4 übereinstimmen und von späteren in Text Nr. 7 vorkommenden abwei-

[11] Nachmals bekannt als Lyriker; vgl. ADB 32, 18–19.

[12] Vgl. den ersten Absatz des Textes (30,6–23) und die zugehörige Anmerkung.

chen, als der im übrigen nicht greifbaren, für Sommer 1782 angekündigten Vorlesung zugerechnet. Zum Winter 1783/84 passen nämlich die in Text Nr. 6 anzutreffenden Datierungen, weshalb dieser die Texte zu den frühen Vorlesungen abschließt.

Zu Text Nr. 7, der Vorlesung von 1785/86 vgl. oben S. 2.

Text Nr. 8 als eine Neufassung der Einleitung eröffnet Abteilung A. Danach folgen die inhaltlich sehr ähnlichen Texte Nr. 9 und 10, die durch die Überschrift des letzteren als Notizen für die zweite Vorlesungsstunde angesehen werden können, und von denen dieser letztere aufgrund des darin vorkommenden Literaturhinweises als der jüngere eingeschätzt wird. Der Anordnung der Texte Nr. 11 bis 17 dient die Themenfolge der Vorlesung (für die Antike S. 19–20 und 22–26, für Copernicus und die Folgezeit S. 75–81) als Vorbild. Text Nr. 18 folgt, da in ihm noch von der Erdrotation die Rede ist. Buffon kommt in diesem Zusammenhang in der Vorlesung allerdings nicht vor.

Abteilung B beginnt entsprechend der Reihenfolge in der Vorlesung mit dem zum dritten Keplerschen Gesetz gehörenden Text Nr. 19. Von den inhaltlich zusammengehörigen Texten Nr. 20 und 21 steht Nr. 20 voran, da er die Sätze über die Parallaxen theoretisch betrachtet, während Text Nr. 21 zu einer Überarbeitung der Vorlesungsstunden über die Ermittlung der Sonnenparallaxe mittels des Venusdurchgangs gehört. Daran schließt sich Text Nr. 22 über die Voraussetzungen für einen solchen Durchgang an.

Die Anordnung der Texte Nr. 23 bis 26 in Abteilung C zur Figur der Erde folgt den durch die zitierte Literatur gegebenen Termini post quem. Als tabellarischer Überblick über eine Vielzahl historischer Gradmessungen ist Text Nr. 27 ans Ende gesetzt.

Von den in Abteilung D abgedruckten Texten ist die Theorie des Sextanten (Text Nr. 28) gemäß den Befunden im Vorlesungstext und bei Gamauf vornehmlich der Breitenbestimmung zuzuordnen und steht daher an erster Stelle. Text Nr. 29 gibt einen Überblick über die in der Vorlesung angesprochenen astronomischen Methoden der Längenbestimmung, insb. zur See, und eröffnet deshalb die Reihe der Texte zur geographischen Länge. Es folgt die vermutlich relativ frühe Notiz Nr. 30 über die Länge von Greifswald und sodann die Einzelaspekten der Koordinatenbestimmung gewidmeten Texte Nr. 31 (Vorstellung zweier Göttinger Sextanten und Erläuterung des Log) und Nr. 32 bis 34 (über Uhren).

In Abteilung E stehen die Einzeltexte über den Mond. Den Auftakt bildet eine Notiz zur Berechnung des Monddurchmessers (Text Nr. 35), der in der mutmaßlichen Reihenfolge ihrer Entstehung sechs Texte folgen (Nr. 36 bis 41), in denen einzelne Aspekte der physischen Beschaffenheit des Erdtrabanten behandelt werden.

Die der Sonne gewidmete Abteilung F besteht nur aus Text Nr. 42.

Abteilung G zur Zeitrechnung vereint Texte zum Kalender (Nr. 43), zur mittleren Tageslänge (Nr. 44 bis 46) und zur astronomischen Tageszählung (Nr. 47). Sie sind gemäß dem Auftreten der Themen in der Vorlesung, die drei Texte zur Tageslänge chronlogisch angeordnet.

Die Vorlesung ergänzende Texte über die Planeten bilden die Abteilung H. Sie wird eröffnet mit Text Nr. 48, einer Stichwortsammlung zu einem nicht näher bestimmbaren Vortrag, die mit einer Nachbemerkung zur Längenbestimmung beginnt, um dann auf die Besprechung der einzelnen Planeten zu kommen. Danach folgen die Texte Nr. 49 und 50 mit Nachträgen bzw. Stichworten zu den Planeten insgesamt (ausschließlich Uranus). An sie reihen sich die Texte an, die Informationen zu einzelnen (ausnahmsweise zwei) Planeten enthalten, primär geordnet nach der Abfolge der Planeten von innen nach außen: Merkur und Venus (Nr. 51), Venus alleine (Nr. 52), Jupiter (Nr. 53 und 54, in chronologischer Folge), Saturn (Nr. 55 bis 57, gereiht nach abnehmender Allgemeinheit), Uranus (Nr. 58 und 59, in chronologischer Folge).

Die vier Texte zu Kometen in Abteilung I, drei Exzerpte von Veröffentlichungen der Jahre 1786 bis 1788 (Nr. 60 bis 62) und eine umfangreiche Stichwortsammlung von 1796 oder später für den Vortrag (Nr. 63) sind chronologisch geordnet.

Den Abschluß bildet Abteilung J, die den Fixsternen gewidmet ist. Sie enthält wiederum in chronologischer Ordnung einen Text (bzw. was davon erhalten ist) über die von Hevelius eingeführten

Sternbilder (Nr. 64) und drei Exzerpte, einem über leistungsstarke Teleskope (Nr. 65) und zweien zu Herschels neueren Erkenntnissen über Nebelsterne zum einen (Nr. 66) und die Struktur der Milchstraße zum anderen (Nr. 67).

Die edierten Texte stammen fast ausschließlich aus dem Faszikel IX F des Lichtenberg-Nachlasses. Nicht berücksichtigt wurden die Blätter mit folgenden Signaturen:

IX F, 5r/v	Skizze bzw. Skizze und triviale Nebenrechnung unbekannten Zwecks.
IX F, 6r (v leer)	Detailzeichnung zu Watts „Engine with the double stroke“, einem speziellen Dampfmaschinentyp (vgl. VNat 4, 146 f.).
IX F, 47r (v leer)	Angaben zur Beobachtung einer Reihe von Himmelsereignissen der Jahre 1772 und 1773 in englischer Sprache; vermutlich Teil der Antwort eines unbekannten Korrespondenten auf eine Anfrage Lichtenbergs, ähnlich der an Bernoulli vom 4. Jan. 1773 (Bw 1, Nr. 119).
IX F, 86	Unbeschriftetes Blatt in Form zweier zusammenhängender verschieden großer Halbkreise mit gemeinsamem Mittelpunkt, entlang der Verbindungslinie geknickt und im geknickten Zustand mit einem kleinen Loch neben dem Mittelpunkt versehen; Zweck nicht ermittelt.
IX F, 175r (v leer)	Titel von Arnold, Account 1780 (vgl. unten 113,16–21).
IX F, 200	Gilt als Verlust.

XII.2 Texte

Vorlesungen vor 1785

Nr. 1 IX F, 135–141; 10r; 158r; 142r

Astronomie Montücla. T. I. p. 145 [1] 135r = 1

Die Natur des Menschen ist sehr geringe, er kan sehr wenig übersehen, und die meisten Menschen und alle unsere gemeine Leute halten, also die Erde für eine unermeßliche ebene,→ 71,29–31 über welcher dann das Sternen Zelt ruhte. Endlich entstunden neugierige Genies.→ 72,15–16

Hollenbergs Astronom, der glaubt die Welt sey eine solche Kugel→ 72,7

Der Weißgerber Frantz und seine Frau.→ 72,8

Die Griechen sahen den Canopus in Alexandria 7 Grade über dem Horizont. in Rhodus kaum mehr→ 74,11–14

Der Circkel ist die Linie die jeder am ersten probiren wird.

Meisters[?] gestümpfte Erde.[2]

Ich fahre also mit meinen Erläuterungen der Astronomie nach dem neulich erklärten Plan fort, und folge einer gewissen Hypothese der leichtesten Fortschreitung. Wenn man sie nicht für res facti ausgiebt, als Methode ist das Verstehen gewiß zu empfehlen, Methode und es ist der schicklichste Faden unser[e] Kenntniße darauf zu reihen.→ 71,13–27 Wir haben neulich einige Umstände betrachtet, die dazu konten beygetragen haben eine rundliche Figur der Erde zu vermuthen. Allein die vom Himmel geholten galten nur von Süden nach Norden. | Dieses nun erklärt |→ 74,4–16 auch unsere Dämmerungen sind im Sommer bey weitem nicht so lang und so schön, als sie in Stade sind, wo der Zapfenstreich deswegen erst um halb 10 des Abends geht um die Soldaten nicht bey Tage aus den Wirthshäußern zu treiben. Allein alles dieses gilt nur von Süden nach Norden, hätte der liebe Gott nicht einen Cylinder machen können? (Ein Elecktrisir Kugel?[3]) daß wir im Meer der Himmel wie auf einem Mastbaum geschwommen hätten ◂zumal da die Welt nach HE v Büffon aus einem würcklichen Schiffbruch entstanden ist[4]▸. Stellen Sie sich diesen Cylinder nun von

5 Die … Menschen] *für* Der Mensch **13** in … mehr] *erg.* L_B **19** *Rand* L_B
23 galten] *für* giengen **24** | Dieses … erklärt |] *L.s Abteilungsstriche*

Westen nach Osten gestreckt vor; das wäre eine herrliche Sache für die Leute die immer Länge und Breite mit einander verwechseln, das wäre alsdann leicht. Allein ausser dem daß die Menschen Schiffe nach allen Seiten [auf gleiche Weise aus den Augen verlohren, verschwanden ihnen auch, wenn sie selbst nach welcher Gegend auch immer vom Lande absegelten, die hohen Berge zuletzt,] und wurde[n] als[o] auch geneigt zu glauben, daß es sich überall so verhielte wie sie die Sterne in Absicht auf Süden und Norden gelehrt hatten. Hier zu komen nun noch die Finster-
135v nisse. Es ereigne sich ZE. eine | Mondsfinsterniß am Horizont, da bey andern der Mond ein beträchtliche Höhe hatte u. s. w. also merckten sie, daß auch die Erde von Westen nach Osten cylindrisch. Dieses hatte nun für einen eintzigen Ort einen sonderbaren Körper gegeben fig. 1.[5]  Allein die Ecken wollen wir schon herunter kriegen. Denn es galt ja von allen Stellen es war nirgends grade.

Was wird der Erfolg seyn, wenn einmal jemand eine tangirende Fläche bauen wolte, ein Aegyptischer König hatte dies wohl einmal gethan.[6]

Nun was ist denn das für ein Körper der nach allen Seiten cylindrisch ist?[7] Das ist und kann kein anderer seyn, als ein kugelförmiger. Die Kugel wollen wir eben nicht sagen. Freylich völlige Ueberzeugung konte so etwas nicht bewürcken, und wenn einmal ein muthwilliger Sophist hinter jene guten alten gekommen wär, so solte er ihnen ihre Erde wohl bald aus der Kugelform heraus disputirt haben. Es dauerte lange Zeit bis man die Welt recht rund kriegte. Sie wurde nachher umsegelt man hat ihre Krümmungen an verschiedenen Stellen gemessen und was manchen schon allein überzeugen konnte, wenigstens bey übrigens schwächern Argumenten war die Analogie mit den übrigen Himmels körpern. Jupiter, Mars, Venus die Sonne und der

---

2 mit einander] *für* immer[?] zusammen **4–7** auf … zuletzt] *erg. Bearb. in Anlehnung an Lichtenberg, Fortsetzung 1781, 11*: Denn daß diese Krümmung eben so von Osten nach Westen statt findet, wie von Süden nach Norden, das sahen sie schon ohne Unterschied an den Schiffen auf der See, und den Bergen die den absegelnden auf einerley Weise verschwinden, sie segelten nach welcher Gegend sie wollen. **11** bey … Mond] *für* sie bey den **13** bis **17,27** Dieses … Mond.] *etwa 4,5 S. des Ms. durch senkr. Strich u. daneben geschriebenes* ōt *gekennzeichnet* **20** nach … Seiten] *erg.* **31** Venus] *danach gestr.* und

Mond sind rund. Sie drehen sich um ihre Axen und ihr Umriß behält dieselbe Form, und beym Mond der uns immer dieselbe Seite zu wendet, beweisen es die Phasen, darin er erst Sichelförmig, dann ein halber Circkel wird, wenn die Erde in der Fläche liegt, die durch die Grenze des Schattens geht. Solten diese Körper alle rund seyn und unsere Erde, die mit in die Reihe gehört nicht? Jupiter ist wenigstens 1400mal größer, als unsere Erde. Das läßt sich nicht läugnen oder man muß anfangen das Einmal Eins zu | läugnen.[8] Die Erde wirft zu weilen ihren Schat- 136r
ten auf den Mond ihre Silhouette – – Und am Ende wenn es auf Kleinigkeiten ankomt, so kan man gantz offenhertzig bekennen, wir wissen es selbst noch nicht. Man sagt sie sey etwas platt gedruckt gegen die Pole, Orangenförmig[,] wie man dieses gefunden ist nicht sehr schwer zu verstehen, und soll unten gelehrt werden.[9] Allein daß dieses so allgemein und gnau wahr seyn soll, hat man mehr durch die Theorie als die Erfahrung bewiesen. Wenn die Erde gantz aus Wasser bestünde, so würde sie, wenn sie allein stünde eine vollkommene Kugel machen, einen Wasser Tropfen von 1720 Deutsche[n] Meile[n] im Durchmesser; fienge sich nun ein solcher Tropfen an zu drehen, so begreift jederman leicht daß sich ein solcher Tropfen unter dem Aequator erheben müste, indem da ein Punckt viel über 5000 Meilen in 24 St. zurücklegt, da die andern immer weniger zurücklegen je näher sie den Polen liegen, und endlich gar ruhen. Da nun die Erde um den Aequator herum meistens Wasser hat, das mit dem an den Polen zusammen hängt, so müste es da aufschwellen, weil es aber auch noch da bewohntes Land giebt, so ist es klar, daß das Land auch dort hoch seyn muß. Africa kan nicht bey *a* liegen wenn es bewohnt seyn soll, da würde es kühl genug seyn, sonder[n] es muß sich über *b* erheben. Sonderbar ist es allemal, daß so viel Wasser um den Aequator ist. Drehte sich die Erde einmal langsamer, so würde eine Menge Lande um den Aequa-

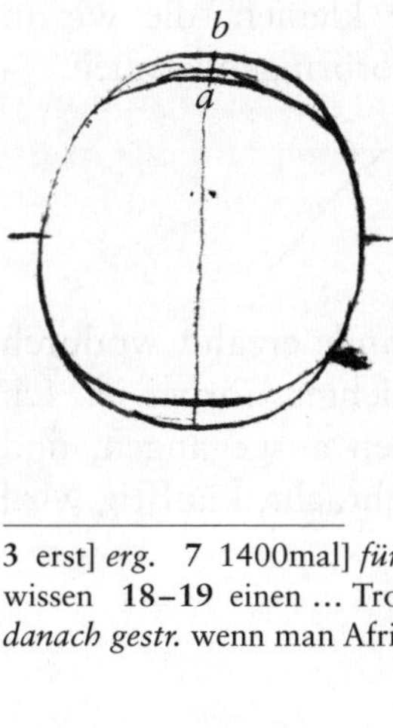

3 erst] *erg.* 7 1400mal] *für* tausendmal L_B 12 nicht] *danach streicht Bearb.* wissen 18–19 einen … Tropfen] *für* eine Kugel 23 immer] *erg.* 24 Erde] *danach gestr.* wenn man Afrika aus 26 weil] *für* da[?]

136v = 4 tor entstehen. Die Freundschafftlich[en] | Insuln in der Südsee,[10] und die Molukken würden eine Art von Schweitz werden, allein Island und Norwegen und Schweden würden verlohren gehen. So räsonnirt man aus der Theorie, allein ob sich alles gnau so in der Natur verhält bleibt noch immer eine Frage wir kennen nicht alle die Würckende Ursachen hierbey. Man hat gegen den Nordpol zu nur an einer eintzigen Stelle gemessen, nach dem Südpol zu gar nicht, unter dem Aequator auch nur an einer Stelle und in den mittleren Theilen der südlichen Halbkugel ist nur eine eintzige Messung vorgenommen worden das war die von de la Caille am Vorgebürge der guten Hofnung,[→ 247,29–30] und die stimmt nicht gnau mit den andern überein. Also unsere Erde konte gantz wohl aus zween halben Sphäroiden bestehen, die sich entweder ähnlich aber nicht gleich oder gleich und nicht ähnlich wären.[11] An der Taschen Uhr gewiesen. Auch könte sie noch andre Irregularitäten haben, die wir noch nicht kennen. Die Berge auf unserer Erde sind Irregularitäten, die nicht in Betracht kommen, sie sind geringer in Vergleichung der Erde, als ein Puder Klümpgen das von meinem Kopf auf diese Kugeln fällt. Kriegssekretär Ramberg der Chimborasso auf ein Globus auftragen will[.][→ 74,33–75,3] Allein die Frage ist kan es nicht Gebirge geben die wir nicht so nennen. Ich will mich erklären: Wer grose Wellen auf der See betrachtet hat, wird gefunden haben daß drey verschiedene Ordnung[en] sehr mercklich sind. Erst die grosen,
137r = 5 die mit Kriegs schiffen spielen, wie mit einem Ball | auf diesen wieder andere, die offt noch einem Boot gefährlich werden könten, und dann endlich auf diesen die kleinen, die wir in unsern Waschbecken oder Thee Tassen hervorbringen können.

Nun habe ich alle die vorzüglichsten Umstände erzählt wodurch es ausgemacht worden, daß Erde ein Kuglichter Cörper ist. Ich bin von den ersten und simpelsten Gründen ausgegangen, und habe die Sache bis auf die neusten hinausgebracht, künfftig wird

16 kennen] *für* ausgefunden **31** ein] eine *L*

noch mehr vorkommen.[(9)] Nun wollen wir einmal etwas anderes heraufholen und einmal von dieser Erde aufwärts schauen. Es ist schon bey uns eine[s] der herrlichsten Schauspiele, wenn man es so nennen kan, den gestirnten Himmel zu sehen allein versezen Sie sich nun einmal in jene heitern Gegenden von Asien und Afrika, denen die Astronomie ihre ersten Erweiterungen zu dancken hat. HE. Niebuhr Zeugniß.[(182)] Die Milchstrase weiß selbst die Fixsterne blincken nicht, und stehen wie auf schwartzem Grund.[→ 72,17–25] Es ist nicht in der Menschlichen Natur lange unaufmercksam zu bleiben. Die astronomischen Bauern,[→ 72,33] Ferguson,[(183)] mancher unter ihnen, der kranck war, so daß er eben nicht gantz weggewesen wird allerley auf dem Bett Vorhang gesehen haben. Mir gehts wenigstens so. Ich glaube ich wolte wohl eine Abhandlung über meinen BettVorhang schreiben, worüber mancher unter ihnen einschlafen solte.

Der berühmte Philidor, der gröste Schachspieler, der noch gelebt hat, hat sich seine Regeln bey einer Kranckheit auf seinem Bettvorhang oder der Bettdecke erfunden, davon der Ueberzug von der | geschachten Art war.[12] Was würde also ein neugieriger 137v = 6 bemercken müssen, der aus diesem Jammerthal und Kranckenlager hinauf nach diesem grosen Vorhang sähe. Er würde sehr Philidor bald finden, daß diese Sterne zwar unter sich einerley Lage behalten, daß nemlich drey die zum Ex. ein gleichseitiges $\triangle$ mit einander machen, eben dieses immer fort machen (zu weilen fand es sich anders und so wurden die Planeten entdeckt:) allein das $\triangle$ stund bald hier, bald da, bald dort, so wie die Sonne und der Mond. Sie giengen auf und unter. Allein an einer gewissen Gegend des Himmels Muste man einen besondern Umstand bemercken, es waren da Sterne die giengen nicht unter. Es ließ als wenn sie untergehen wolten sie strichen aber am Horizont her und kamen wieder herauf und giengen über den Scheitel, andere bey denen blieben noch weiter vom Horizont weg, ja einige schienen gar keine Bewegung zu haben und man muste dem Auge schon eine feste Lage gegen einen andern festen Punckt ZE.

1–2 wollen … und] *für* wollen wir **2** einmal von] *für* auf | Erde] *danach gestr.* stille **5** Asien] *für* Arabien **10–11** Die … Ferguson,] *erg.* **11** mancher] *für* Mancher **17** Regeln] *danach gestr.* au **18** oder … erfunden] *für* erfunden **29** unter] *danach erg.* L_B *u. wieder gestr.* L giengen **29–30** Es … sie[2]] *für* Sie ⟨strich⟩ thaten als wenn sie untergehen wolten einen Dachgiebel geben um aus zu finden daß sie sich bewegten. Sie sahen also daß alle Sterne Circkel um einen gewissen festen Punckt beschrieben, und daß so viele von den selben untergiengen rühre blos daher, daß ihre Entfernung von jenem festen Punckt gröser war, als von dem Horizont, sie musten also in 138r = 7 diesem Kreislauf sich verbergen und | zwar desto länger, je weiter sie von den festen Punckten ablagen, bis auf eine gewisse Gräntze, da sie wieder anfiengen Bogen aus kleinen Kreisen zu beschreiben, kurtz man muste bald anfangen zu glauben, die Sterne wären an der innern Fläche einer hohlen Kugel befestigt, in deren Mittelpunckt wir uns befänden, und die sich um 2 feste Punckte ungefehr in einem Tag von Morgen [nach] Abend herumdrehe. Diese Punckte nannte man mit in der Sphärik gebräuchlichen Wort die Pole, den einen den Arcktischen (von den Bären) und den andern weil er diesem gegen übersteht, den antarcktischen.[13]

Pole Arcticus et [*bricht ab*]

Nun wären wir auch mit dieser Kugel ins Reine, allein nun[?] kommen wir auf eine Kugel mit welcher ins Reine zu kommen nicht so sehr leicht seyn mögte und das ist die Sonne und ihre Bewegung. Man sah zwar die Sonne ebenfalls auf und untergehen, wie die Sterne, allein es ereigneten sich dabey die allerseltsamsten Umstände. Im Winter erhob sie sich nur gantz wenig über den Horizont und im Sommer stund sie ihnen fast über dem Kopf.

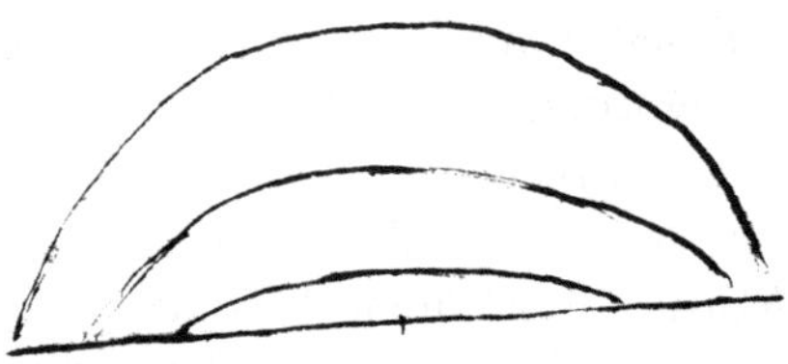

Wenn im Sommer ein Mann am Mittage mit einem eintzigen Schritt dahin tretten konte, wo der Schatten seines Kopfs hin fiel, so brauchte er im Winter 7 Schritte um dahin zu kommen. Wenn die Sonne im Frühling sich hinter einem gewissen Berg verkroch oder hinter ihm hervorkam, so that sie es weder im Sommer noch im Win- 138v = 8 ter, sondern ließ ihn | bald nördlich bald südlich liegen. Dieses zu erklären musten sie nothwendig der Sonne eine eigene Bewegung

9 anfangen ... glauben] *für* ⟨anfan⟩ mercken daß **14** *Rand* L_B **18** welcher] *für* der **19–20** und[2] ... Bewegung] *erg.* **25** Mann] *danach gestr.* mit ein **30** sondern] *danach gestr.* gieng bald na

beylegen. Auf dem Abweichungskreis erst (erklärt)[14] Dieses hielt aber nicht lange Stich und warum nicht (erklärt) Sterne die im Herbst mit Sonnen Untergang auf giengen, die stunden um dieselbe Zeit ein 4tel Jahr drauf schon sehr hoch am Himmel, noch weiter hinaus giengen sie bald hinter der Sonne her und endlich sah man sie gar nicht mehr. Noch einige Zeit hernach giengen sie wieder vor der Sonne her und immer länger vor der Sonne her bis sie endlich den Circkel gemacht hatten, und so lange vor der Sonne her kamen, daß diese erst untergieng wenn jene herauf kamen.

Bewegung der Sonne auf dem Abweichungskreis

acronyctus vespertinus
orthrinus matutinus.[15]

Daher die Ortus & occasus heliaci und ortus et occasus cosmici und ortus et occasus acronychi

definirt. man könte

1) ortus et occasus heliacus was
2)
3) } man könte cosmicus durch das übersetzen, was mit Sonnen Aufgang mit Tagesanbruch geschieht, und acronychus was mit ⊙ Untergang oder mit Einbruch der Nacht geschieht. Also ortus cosmicus eines der mit der auf gehenden Sonne auf[,] occasus cosmicus mit der auf gehenden Sonne untergeht. Ortus acronychus, der mit der untergehenden Sonne auf und occasus acronychus der der mit der Untergehenden Sonne untergeht.[16]

Also sahen sie bald [daß] die Sonne den Aequator unter einem schiefen Winckel durchschnitt. Alles dieses kam alle Jahr um dieselben Jahrszeiten ohngefehr wieder, daher haben viele Völker ihr Jahr darnach bestimmt, ja ehe man schreiben konte und da es so wenig Calender als Musenalmanache gab, bereitete man sich zu den FeldArbeiten auf diese Weise zu. Daher rührt noch der Aegypter ihr berühmten annus canicularis, welches um die Zeit angie[n]g, da sich der Sirius aus den Sonnen strahlen aufgieng heliace aufgieng wie man sagt, nemlich wenn man ihn des Morgends kurz vor der Sonne wieder gesehen werden konte, welches eine sehr merckwürdige Zeit für sie war, weil da ihr

---

1 *Rand* Abweichungskreis] *für* Meridian | Abweichungskreis] für Meridian 2 die] *danach gestr.* nun 3 Herbst] *für* Frühling | mit] *für* um 7 vor¹ … her¹] *erg.* 15 könte] *danach gestr.* cosm 19 mit Tagesanbruch] *erg.* 26 durchschnitt] *für* durchschnitten 33 aufgieng] *für* Aufgieng

139r = 9 Nil | überlief.[17] Die Sonne gieng also über den Aequator hinaus wenn man den Bogen zwischen der Stelle, wo sie im Sommer aufgieng und da wo dieses im Winter Geschah halbirte, so fand man, daß der Mittelpunckt mit der Stelle zusammen fiel wo sie um die schöne Jahrszeit und rund um die Tag und Nachtgleichen aufgieng. Die Sonne also lief den Himmel in einem Circle durch der schief gegen die übrigen geneigt war, das war ausgemacht ◂λοξος κύκλος hieß er bey den Alten lange vor Eccliptic.[!]▸;[18] alleine nun kam die schwerste Untersuchung wie lag der Circle in Absicht auf die Fixsterne? Die Sonne läßt keinen Pfad an der Holen Kugel zurück, woran man sehen könte, wo sie gewesen ist. Ja man kan auch die Sterne neben ihr nicht sehen, weil sie alles verdunckelt. In so fern ist die Bestimmung der Bahnen anderer Beweglichen Körper am Himmel, von denen ich bald reden werde, leichter, weil man die Sterne an denen sie vorbeystreichen sehen kan. dieses hat Schwierigkeiten, vermuthlich hat auch dieses die längste Zeit erfordert um es auf einen gewissen Grad von Gnauigkeit zu bringen. Wir wollen einmal sehen, wie man es hätte anfangen können. Nachdem bekannt geworden war, daß die Sonne ungefehr 365 Tage brauchte um Einmal herumzukommen, was war natürlicher als zu schließen, daß sie in einem halben Jahr an einem Ort stehen muste, der dem wo sie jezt ist grade nach dem Durchmesser entgegengesezt wäre. Also des Nachts um 12 Uhr muß der Punckt, wo die Sonne vor |
139v = 10 einem halben Jahr stund, auch im Meridian seyn. Dieses ist nun schon ein wichtiger Schluß gewesen, allein viel konte er doch nicht helfen, es musten noch andere vorhergehen. Anaximander[,] der Nachfolger des berühmten Thales in der jonischen Schule und seine Nachfolger hatten die Solstitien beobachtet, und dieses mit Hülfe eines Gnomons, dessen Erfinder eben dieser Anaximander ist. Was sind denn das für Instrumente? Künfftig will ich Ihnen einmal sagen, was man jezt unter den Astronomischen Instrumenten so nennt,[19] und jezt nur erwähnen was sie damals waren. Blose Stiffte deren Schatten man maß. ◂Man

1 hinaus] *danach gestr.* ⟨und eben so weit südlich⟩ und sie 2 zwischen] *für* von 5 die[1]] *danach gestr.* Scho 8 λοξος … Eccliptic.] *erg., Zuordnung durch Bearb.* 9 Circle] *danach gestr.* ? 17 längste Zeit] *für* gröste Ze 22 stehen] *für* erscheinen 28–29 der[2] … Schule] *erg.* 29 hatten] *danach gestr.* mit ihren Gnomonen 33 und] *erg.* 34–21,1 Man … Stillstand.] *erg., Zuordnung durch Bearb.*

beobachtete den Winter Sonnen Stillstand.▸ Blieb man also einmal im Sommer Solstitio auf. Und fand um 12 den Winter stillstands Punckt. Es war nun leicht zu schließen, daß die beyden Sternbilder die sich nun im Horizont befanden wo der Aequator einschnitt eben die seyn musten, wo denn die Sonne ein vierthel jahr vorher gestanden hat und $\frac{1}{4}$ Jahr drauf wieder stehen muste.[20] Die Globi armillares des Eratosthenes die Muthmassungen des HE. Montucla hierüber sind sehr sinnreich, man machte sich gewiß Instrumente.[21]

Den Versuch mit der rothen Dinte in der Glas kugel nachzuhohlen.[22]

Der Mond muste ohnstreitig den Leuten am aller seltsamsten erscheinen, sein Regelmäßig ab und zu nehmen seine Sichelförmige Krümmung bald nach der einen bald nach der andern Seite seine schöne runde Gestalt | Jezt erklären wir alles sehr leicht aus der Kugel gestalt desselben. Allein es kommt uns nur blos leicht vor, weil wir es wissen, so wie das wunderbare Taschen spieler stück, wenn es uns einmal bekannt ist. Wenn ich nach dem Ring des Saturns sehe so kan ich mir jezt kaum vorstellen, daß es Leute habe geben können, die es für etwas andres gehalten. Hierzu kam noch der sonderbare Umstand, daß sie nicht blos die vier Vierthel einmal des Monats sahen, sondern zuweilen bey hellem Himmel innerhalb 3 Stunden und drunter und drüber. Ich meine die Finsternisse. Daß man zu weilen den gantzen Discus sieht, so wohl bald vor als nach dem neuen Licht, und in den Mondfinsternissen war wohl die erste Veranlassung zu der Muthmaßung, daß er kein eignes Licht habe, zumal wenn man dabey endlich schließen muste, wo soll er sein Licht herhaben wenn er kein eignes hat, vom Globo terraqueo[23] gewiß nicht also von der Sonne, nun stimmten die Erscheinungen alle sehr gut mit der Voraussetzung überein. Er wendet sein Licht immer der Sonne zu. Seine Ründe. Die Platte Form und die Sphärische sind wieder die ersten die man probirt. Was für Erscheinungen lassen sich aus daraus herleiten  Erscheinungen wie die der Ringe des Saturns. Die Kugel. Hier muß eine halb mit Dinte geschminckte Phöbe vorgezeigt werden.[24] Die Finsternisse, zumal

Der Mond

140r = 11

Verwirrung durch Finsterniß.

17 es … ist] *für* wir es einmal wissen 22 3] *danach gestr.* bis 4 *danach irrig gestr.* Stunden 32 die[1]] *danach gestr.* ⟨eintzigen⟩ {wo[?]}

die Sonnenfinsternisse waren die erste auf deren richtige Erklärung man verfallen muste. Es war schwerer gleich auf den Schatten zu verfallen. Indessen aber, da man einmal gefunden hatte, daß er sein Licht von der Sonne habe, so war es natürlich von 140v = 12 einem dazwischen fallenden Cörper herzuleiten. Die Bahn | des Mondes mußte eine Neigung haben gegen die Ecliptic und warum. Was würden sich für Erscheinungen ereignen wenn die Neigung groß wäre?[25]

Neigung seiner Bahn. Knoten ☊ ☋

Fortrückung der Knoten. Die Finsternisse ereignen sich nicht an derselben Stelle des Himmels, sondern Ein Jahr drauf etwa nicht gantz <u>ein</u> Zeichen zurück. um[?] $\frac{12}{19}$. Erklärung der Knoten. Blieben die Knoten immer an derselben Stelle, so müsten die Finsternisse immer an der selben Stelle vorfallen. Wir wollen die Plejaden setzen. Hätte der Mond einmal während einer Finsterniß die Plejaden bedeckt, so müste er sie allemal bey jeder Finsterniß bedecken.[26]

<u>Die Planeten</u>

> Dieses sezte nun schon Kenntnisse und Verzeichnisse von Sternen voraus. Vor den Zeiten der Griechen zu Alexandria war wenig ausgerichtet. Nach dem Tode Alexanders zog Ptolemäus Soter und Ptolemäus Philadelphus eine Menge Gelehrter Griechen nach Alexandria, und ob sie gleich vorher in ihrem Vaterland mit leeren Speculationen beschäfftigt hätten, so wurden sie auf einmal nun unter dem Schutz so groser König[e] thätig, die Bibliotheck zu Alexandria, die sie antraffen, trug auch nicht wenig dazu bey. Vielleicht brachten sie ††† auch die Kenntnisse der Länder in Indien, die sie überwunden hatten mit. Sie fiengen an[,] hauptsächlich Aristill und Timocharis die Lagen der Sterne zu bestimmen. Ohne dieses ist alles nicht, ja nicht die Lage der Sterne verändert sich. Daher die Bestimmung der festen Circkel[27]

Man darf nur etwas den Himmel aufmerksam ansehen so wird man finden, daß die Sterne, die man so gantz für Dinge einerley Art hielt, es gar nicht sind, einige halten Ihre Stelle beständig, andere verändern sie sehr starck, wenn Mars sichtbar ist, so kan es dem unaufmercksamstem Beobachter nicht entwischen, daß er seine Stelle verändert. Hatte man einmal einen solchen Stern gefunden, so vermuthete man es von allen. So gieng es mit Jupiter und Saturn. Ihre Bahnen waren leicht zu bestimmen und

---

1–2 die[2] … man] *für* das erste worauf man **3** da man] daman *ändert Bearb.*
6 *Rand* L_B **27** Sie fiengen] *für* Man fie[?]

man fand, daß sie ebenfalls nicht sehr weit von dem Sonnenweg abwichen. Daß Saturn weiter von uns weg war als Jupiter und der wieder, als Mars war auch nicht schwer zu muthmasen, da die Circkel-Bewegung des erstern langsamer ist, als die des zweyten, und die wieder als des dritten. Auch daß Mars die Bahn der Sonne einschließt, war nicht so | schwer zu finden, da die Sonne 141r = 13
nur Ein Jahr braucht an dieselbe Stelle des Fixsternen Himmels ♄ 30 Jahre
zu kommen und Mars zwey. Die Meinungen waren auch hier- ♃ 11
über nie getheilt bey den Alten, alle Systeme stimmen hierin ♂ gegen 2.
überein, und im unsrigen findet die selbe Ordnung noch statt. Dieses sind die obern Planenten. hier nun ein System Gezeichnet ohne die unter Planeten.[28] Wir haben nur noch zwey übrig, deren bewegungen den Alten weit mehr Schwierigkeiten machen musten. ◂auch daß sie öffters so sehr stark zurückgehen muste frappiren.▸ <u>Denn</u> es ist nicht sehr schwer zu sehen daß sich etwas in einem Kreise bewegt, wenn ich mich innerhalb desselben befinde, allein wenn ich ausserhalb desselben, und zwar in der selben Ebne bin, so ist es schon viel schwerer. Planimetrie auf einem Bindfaden.[29] Die Venus stund bald hie bald da, bald war sie weg, und zu erkennen daß der Phosphorus einerley mit dem Hesperus war, erforderte schon gnauere Beobachtung. Man sah beyde niemals zugleich, sie glichen sich an Schönheit und Glantz, und die Linie die der Morgenstern von der Sonne ab beschrieb, hieng mit der zusammen, die der Abendstern gegen sie zu beschreiben hatte. Die Bahnen der Venus und des Merkur schließen die Erde nicht ein, das war klar, so bald man annimt sie beschrieben simple Circkel. Allein wo lagen nun die Mittelpunckte dieser Kreiße? Das war die Frage. Einige | unter den 141v = 14
Griechen lehrten, daß sie Kreise um imaginäre Mittelpunckte beschrieben, und diese imaginären Punckte wieder imaginäre Circkel um die Erde. diese hießen sie circulos deferentes.[30] (a)

ad p. 14a 10r

☽[31]

4 die[1]] *danach gestr.* Bewe **11–12** hier … Planeten.] *erg.* **14–15** auch … frappiren] *erg., Zuordnung durch Bearb.* **14** sehr] *danach gestr.* weit gien[?] **27–28** wo … Frage.] *für* weil man die Erde, als den Mittelpunckt ansah, um den sich alles drehte, so konte man darauf nicht verfallen oder nicht passiren lassen, wenn man darauf verfiel. Was that man? **31** (a)] *erg. oberhalb von* Einige *(24,12)*

(a) Hier muß besonders urgirt[32] werden, daß da sie die Geschwindigkeit des Umlaufs um die Erde zur Bestimmung der Distantzen von derselben gebrauchten, so war es nun eine große Frage die sie sehr verwirren mußten wo denn nun der circulus deferens hin solte gelegt werden weil die Mittelpunckte jener Bahnen eben die Geschwindigkeit haben die die Sonne hat, und folglich nicht weiter weg seyn konte[n] als sie.
Denn die Mittelpunckte der E[p]icyclen solte[n] eben die Geschwindigkeiten haben wie die Sonne, wo solte also nun der Circulus deferens hin?

[141v = 14] Einige machten sie beyde zu obern Planeten, ander[e] beyde zu untern, und eine dritte Classe endlich machte obere und untere zugleich daraus sezte die Venus über die Sonne und den Merkur

Ptolemaeus 140 Jahr nach Christi Geburt.

darunter. Die Mittlere Meinung die sie beyde zu obern Planeten macht herrschte noch zu Platos Zeiten.→ 229,7–23 Wie stellten Sie sich aber diese Sachen vor? Merkur und Venus wurden Trabanten von Majestäten, die nicht existirten und begleiteten ihren nicht existirenden Herrn durch die Himmel, so wie unser Mond die Erde.[33] Allein die bestimmte Elongation wie erklärten sie sich

Elongatio ☿ 28°–
——— ♀ 48°–
also nie drüber.

die? Daß die ♀ und ☿ nicht zu weilen um Mitternacht im Meridian stunden? Diese Einwürfe hoben sie mit vieler Leichtigkeit, sie sagten, sie bewegten sich mit der Sonne. Sie sehen hieraus wie sinnreich auch die falsche Philosophie ist, und wie sie, ehe sie sich ergiebt, sich aus einem Schlupfwinckel in den andern jagen läßt. ⟨Die Geschichte der menschlichen Irrthümer[34] ist eine sehr untröstliche Lectüre, für mich wenigstens, in solchen Fällen, wo es mehr als Wahrscheinlich ist, daß wir selbst noch im finstern tappen, ja wo es wahrscheinlich ist, daß die Mode, oder die Unmöglichkeit etwas neues zu sagen, uns wieder an den Anfang

---

2 Erde] *für* Sonne 4 verwirren] *für* verwickeln 9–11 *erg.* 11 Circulus] Circ⟨k⟩ulus *L (zunächst dt. Schrift)* 12 Einige] *im Ms unterstr., Absatz wegen Einfügung des auf Bl. 10r erg. Textes* 16 obern] *für* untern 21 bestimmte] *erg.* 28 ist] *erg.* 28–29 sie¹ … sich²] *für* sie sich ehe sie sich ergiebt 31 Fällen] *für* Dingen 33 daß] *danach gestr.* wenn endlich 34 Unmöglichkeit] *für* unmöglichkeit

des Labyrinths zurück sezte. Wer sich in einem Walde verirrt | hat wird wissen was es für ein unangenehmer Zeitvertreib ist an 158r die Wege zurückzudencken, die man den Tag über gemacht hat, = ⟨15⟩ l zumal wenn die Nacht einbricht und kein Stern leuchtet. Hingegen ist nichts angenehmer als eben den Irrzügen des menschlichen Verstandes nachzuspüren, wenn man sie einmal vom sichern Ufer betrachten kan, und zu sehen wie nah sie zuweilen der Wahrheit waren, daß man hätte glauben sollen, sie hätten sie nicht mehr verfehlen können, auf einmal sich wieder so entfernten, daß Jahrhunderte nöthig waren sie wieder zurückzubringen. Man findet hier die lehrreichsten Warnungen zur Behutsamkeit und Aufmunterung bey fruchtlosen Arbeite[n].⟩

⟨**NB** S. 15 liegt weiter hin in der Ordnung l.⟩

Die Pythagoräer oder viel[mehr] die Egyptier waren die ersten 142r = 14a die hierüber vernünfftige Gedancken hatten. Diese machten die Sonne zum Mittelpunckt dieser Planeten Bahnen. Man hat diesen Schritt unstreitig als einen der grösten und wichtigsten [anzusehen] und als den der endlich auf die wahre Lehre geführt hat. Denn man durfte nur mit diesem Gedancken im Kopf die Bewegung der obern Planeten ansehen, zumal die des Mars. Mars ist in seinen Viertheln 2 mal so weit weg als in seiner Opposition, weil sich die mittleren Entfernungen des ♂ und der ♁ von der ⊙

---

1 sezte.] *danach gestr.* Allein eben diese Geschichte 5 den] *erg.* 6 nachzuspüren] *für* nachzusehen 7 und] *erg.* | zuweilen] *für* einmal 13 *Auf Bl. 141v am Rand unten. Auf* S. 15 *stand ursprünglich der Absatz über das Pythagoräische System. Der Hinweis konnte gestrichen werden, nachdem L. die Textpassage von S. 15 auf das als 14a bezeichnete Bl. übertragen hatte.* 14–26,11 *leicht geänderte Abschrift der folgenden gestr. Passage auf Bl. 158r* Die Pythagoräer oder vielmehr die Aegyptier waren die ersten, die hierüber vernünfftige Gedancken hegten. Diese ⟨gaben⟩ machten die Sonne zum Mittel Punckt dieser Planeten Bahnen. Man hat diesen Schritt ohnstreitig als einen der wichtigsten und grösten anzusehen, und {als} den der endlich auf die wahre Lehre in diesem Falle geführt hat: Denn Man durfte nur mit diesem Gedancken im Kopf die Bewegungen der Oberen Planeten zumale des ♂ ansehen. Mars ist in sein Viertheln beynah noch 2 mal so weit weg von uns als in seiner Oppos., weil sich ⟨seine⟩{die} Mittlere{n} Entfernung{en} ⟨von der Sonne zu der von un⟩{desselben und unserer Erde ⟨wie 8 : 5⟩ von der Sonne} wie acht zu 5 verhalten. Das ist keine Kleinigkeit. Da man nun ⟨2⟩ einmal 2 Planeten um die Sonne hatte gehen lassen, so war es leicht, denselben noch einen und endlich alle hinzu zu thun, zumal da dadurch auf einmal eine Menge von Erscheinungen begreiflich wurden, die es sonst nicht anders als durch die gezwungensten Hypothesen wurden. {Hierauf folgt Blatt (a)} 17–18 [anzusehen]] *erg. Bearb. gemäß Vorversion* 20 obern] *für* untern 21 Viertheln] *danach gestr.* beynah

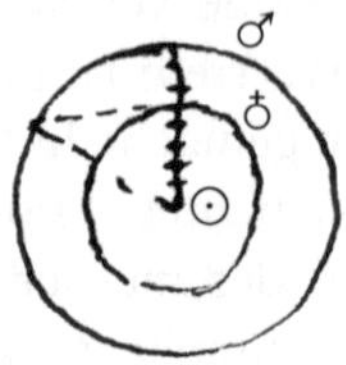

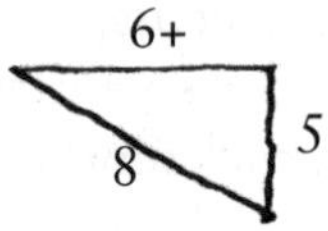

wie 8 zu 5 verhalten, das ist keine Kleinigkeit.[35] Da man nun also einmal zwey Planeten um die Sonne geführt hatte, so war es eben kein so schwerer Sprung mehr auch die andern darum zu führen, wir werden am Ende sehen, daß dieses das Tychonische System ist. und da wurden nun auf einmal eine Menge von Ersch[ein]ungen begreiflich, die wenn man sie anders erklären will, die absurdesten Voraussetzungen erfordern. Hieher noch Blatt (a) ☽.

Nr. 2 IX F, 111–112

111r <u>Zur Attracktion</u>

Wir haben vor einiger Zeit angemerckt, daß ausser Sonne und Mond noch 5 andere Körper öffters am Himmel erscheinen, die nicht wie die Fixsterne immer eine gewisse bestimmte Lage gegen sich und andere Sterne haben, sondern sie verändern, und die man deswegen Planeten oder Irrsterne genannt hat.[36]
Daß diese Körper nicht sehr klein sein können, sieht man schon daraus, daß sie auf der gantzen Erde einerley aussehen, und doch ist unsere nicht geringeres als eine Kugel die wie erwiesen worden ist 1720 Deutsche geograph. Meilen im Durchmesser hat.[37] Dieses erläutert mit Verschwindung von Bergschlössern, <u>Göttingen</u> ◂das Nestchen mit allen s. Herrlichkeiten.[38]▸, London pp) bey den Planeten merckt man nicht einmal einen Unterschied der Durchmesser der sich leicht mercken liese. Was hält also diese Massen? Wie sehr würden wir erschrecken und uns wundern, wenn wir ein Drey Groschen Stück in die Lufft schmissen, und es Circkel vor uns oder um uns beschriebe! Allein ist denn das dort weniger wunderbar. Ich dächte es solte es desto mehr seyn, je ungeheurer jene Massen sind, und je stärcker die Krafft seyn muß, die Körper in Ihrer Bahn zu halten. Die Sphäre der Alten, da die Fixsterne und Planeten in Crystallenen Kugeln steckten wie die Ameisen im Bernstein, Diese Kugeln rieben sich und das

---

10–11 Hieher … ☽.] *s. o.* 23,32–24,11, *wo der Text aufgrund der Markierung eingefügt ist* **24** das … Herrlichkeiten.] *erg., Zuordnung gemäß Unterstr.*

gabe eine vortreffliche Music, die sich aber von unser[er] dadurch sehr mercklich unterschied, daß man sie nicht hören konte,[39] ausser dem Wort primum mobile[40] ausser dieser unhörbaren Harmonie, die man noch zu weilen in unsern Dichtern antrifft ist von dieser Hypothese fast nicht mehr übrig. Nach dieser hat sich Descartes Hypothese von den Wirbeln. Von diesem kan man sagen er habe blos diese | Crystallene Sphären geschmoltzen, Nach 111v
ihm hat sich um die Sonne herum eine sehr feine Materie gesezt, deren specifische Schwere aber unterschieden war ohngefehr so wie in dem mundus elementaris.[41] In diesen Schichten hängen die Planeten und sind mit der jedesmaligen flüssigen Materie von einerley specif. Schwere. Diese holen flüssigen Kugeln drehen sich nun und reisen die Planeten mit sich fort, dieses sind die sogenannten und ziemlich berühmten Cartes. Wirbel, die Fontenelle in seinem Gespräche über die Mehrheit der Welten, so schön geschwazt hat.[42] So viel annehmliches diese Hypothese auch anfangs hat, so wenig hält sie Stich so bald man sie nur etwas näher beleuchtet. Einmal die Sonne nicht in der Mitte der Kreise. Warum Elliptisch, und wenn die Ellipt. Gestalt von dem äussern Druck kommt, warum sind die inneren nicht die rundesten? was giebt denn dieser Materie die Bewegung, ist es der Central Körper selbst, warum drehen sich die Planeten nicht in seinem Aequator; giebt aber die Materie dem Körper den Riß so streitet, es mit dem Keplerischen Gesetz. ◂Die □ der Uml. wie die ❒ der Distanz.▸ Endlich die Cometen, werfen alles ueber den Haufen.[43]

Was ist aber dann nun der Grund von diesem Allem. Hiervon war die Entdeckung unsern Zeiten und zwar dem grosen Sir Isaac Newton aufbehalten, dessen unsterblicher Ruhm sich grösten theils auf diese Erfindungen gründet. Es ist nemlich nach ihm die Krafft die alles in der Welt zusammen hält, das Bindungs Mittel, womit der Schöpfer alles in der Natur [bricht ab]→ 187,34–188,14 |
Also dieselbe Krafft die den Tropfen Quecksilber rund erhält ist 112r
einerley mit der welche die Erde und die Sonne rund erhält, und die welche den Mond an unsere Erde und alle Planeten, mit vie-

2 sie nicht] *für* sich 3 ausser … mobile] *erg.* 14 die] *davor gestr.* Ueber
22 Central] *erg.* 24–25 Die … Distantz.] *erg., Zuordnung durch Bearb.* 34 Erde] *danach gestr.* rund 35 Planeten] *danach gestr.* an die Sonne bindet

len tausenden von Cometen an die Sonne bindet,[44] ja die Krafft die leicht unsere Sonne und alle Fixsterne die wir sehen an einen andern uns unsichtbaren Körper anknüpfen könte Sie berühren sich nicht und das Band ist uns unbekannt, allein ist uns[?] denn das Band das diese Körper, die ich hier in der Hand habe, bindet, bekannter? Sehen sie einmal eine schöne Wolcke im Sommer an die etwas elecktrisch ist,[45] eine von den sogenannten Wollsäcken, wenn sie einige Meilen von uns über den Gebirgen im blauen Himmel hängt, das Auge hält sie für solider, als die Berge über denen sie schwebt. Wir halten vieles für eben und glatt was unter dem Mikroskop abscheulich aussieht. Das Beschriebene Papier die polirten Cörper. Die Wolcke ist ein subtiler leicht zu theilender Körper[,] Wasser etwas schwer zu Theilen, Quecksilber noch schwerer ein zäher Teig noch mehr, ein Mann kan eine Wachskugel breit drücken, die ein Kind rund lassen muß. Die polirte elecktrische Kette, die Funcken giebt, wenn kein Gewicht angehängt ist.[46] Stellen sie sich vor man könte die Körper in der Natur so vergrößern, daß ein Wassertheilchen, das nun eigentlich selbst kein flüssiger Körper ist, so wenig als ein Musketir ein Regiment, so groß aussähe als ein[e] 24 pfündige Canonen Kugel. Was mochten wir wohl da sehen?

Erlauben sie mir, daß ich hierüber einmal ausschweife. Wir würden vermuthlich finden, daß ein Quecksilber Tropfen einem System von Kugeln gleichen würde, die sich nicht berühren. Freylich müsten wir dazu andere Sinnen haben; Augen die eine Materie empfänden, die ZE. sich gegen das Licht so verhielte, wie das Licht gegen die Cörper die es zurückwerfen. Alsdann
112v würden wir vielleicht sagen die | Seele baue ihren Körper, so wie die Spinne ihr Netz oder die Raupe ihren Cocon.[47] Der Himmel wolte nun daß die Sonne mit ihren Planeten zusammen seyn solten ohne doch schon in den Abstosungs Kreis zu kommen[48]

Dieses ist nun die Krafft, die uns ebenfalls an der Erde hält, wenn sie nachliese so flögen wir alle in Staub dahin. Sie zieht das Pendel nach der Erde, erklärt, nach dem Mittelpunckt der Erde kan man im gemeinen Leben gantz gut sagen, aber strickte

---

1 von] *erg.* 5–6 die ... bindet,] *für* bindet die ich hier in der Hand habe
6 bekannter] *Dittographie* 19 ist,] *danach gestr.* sondern blos ein 25–26 die ... die] *erg.* 26 ZE.] *danach streicht Bearb.* die | verhielte] verhielten *ändert Bearb.*

ist es nicht mehr wahr so bald die Erde ein plattes Sphäroid ist.→ 106,28–107,2

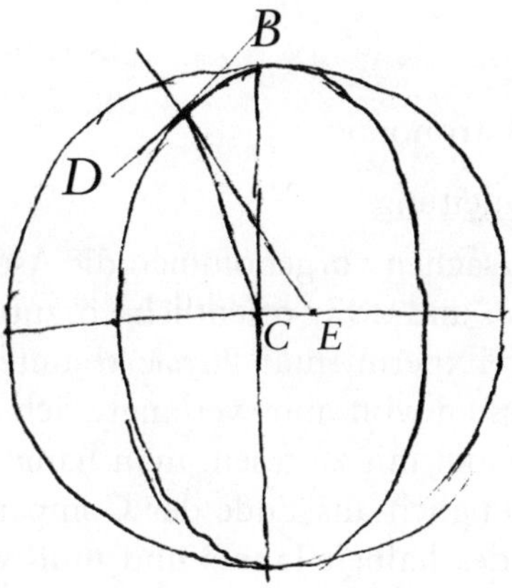

Würckung auf unserer Erde ist augenscheinlich, wenn eine grose Masse an der Seite selbst so müssen die Penduln leiden. Bouguer, Maskelyne am Schehallien im Perthshire[49]

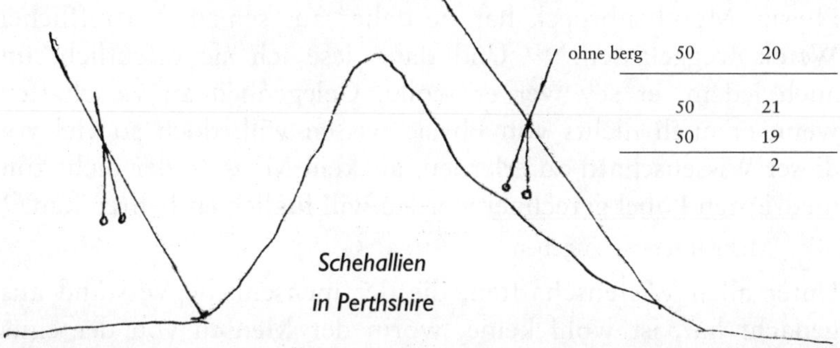

Nun die Ebbe und Fluth. Erst mit einem Körper der um einen Punckt lauft an einer Spiral Feder 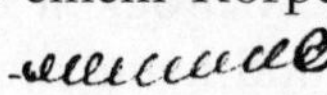 in einer Horizontalen Fläche, dann in einer Verticalen (noch besser einen Magneten)[50]

Pater Fourniers Terzian Fieber.[51] Es fehlen nur noch die Frauenzimmer Kranckheiten[52]

Man hat auch dieses durch Geister erklärt. Leonhard Lessius [53]

---

10 in] *für* auf

Je mehr unsere Kenntniß der Körper welt zu desto mehr verengern sich die Gränzen des Geisterreichs. Gespenster.[54]

Nr. 3 IX F, 104–105

104r = 1 Zur Astronomie.

<u>Einleitung</u>

Ich habe mir aus zweyerley Ursachen vorgenommen die Astronomie in einer besondern Stunde, und zwar öffentlich vorzutragen; einmal damit ich sie von der Experimental Physic trennte, und ich, wenn jemand einen cursum von mir verlangte ich nicht genöthigt seyn möchte sie allemal mit zu lesen. man hängt diese edelste aller Wissensch. gemeiniglich ans Ende der Compendien, und so kommt sie ans Ende des halben Jahres und muß wie es gemeiniglich den Artickeln am Ende geht die Sünden des Zuhörers sowohl [als] des Professors tragen, wenn sich der verspätet hat, auf diese Weise erhält sie wenn man doch etwas weniges von ihr sagen will, doch eine angemessenere Anzahl von Stunden. <u>Sie gehört eigentlich nicht in</u> ein Collegium über Exper. Physic. Muschenbroeck hat sie daher aus seinem vortrefflichen Werck weggelassen.[(851)] Und dann lese ich sie öffentlich, um auch jedem, er sey wer er wolle, Gelegenheit zu verschaffen, wenn er auch nichts von Physic wissen will, doch so viel von dieser Wissenschafft zu erlernen, als kein Mensch, der nicht zum <u>niedrigsten Pöbel gerechnet</u> werden will füglich entbehren kan.[55]

Mehr Interesse zugeben

Unter allen Wissenschafften, die der menschliche Verstand ausgedacht hat, ist wohl keine, worin der Mensch von der einen Seite <u>größer</u> erscheint und keine die ihn von der andern wieder so sehr in seiner Nichtigkeit und Unbeträchtlichkeit darstellt, als die Astronomie und keine die uns mit so erhabenen, großen und

---

6–31,8 Ich … werfen.] *als erledigt gestr.* L_B **9** ich[1]] *danach gestr.* nicht genöthigt würde **10–11** diese … Wissensch.] *für* sie **12–13** und[2] … geht] *für* wo der Fleiß vieler Zuhörer zu erschlappen anfängt, und über das muß [muß *von Bearb. gestr.*] sie da noch **13–14** des … sowohl] *erg.* **17** <u>Sie</u> … <u>in</u>] *unterstr.* L_B **19** lese … öffentlich] *für* habe ich sie öffentlich gelesen **20** verschaffen,] *danach gestr.* doch wenigstens **23** <u>niedrigsten</u> … <u>gerechnet</u>] *unterstr.* L_B | will] *danach gestr.* entbeh **24** L_B **27** Seite] *für* seite | <u>größer</u>] *unterstr.* L_B **28** und … darstellt] *für* darstellt **29** Astronomie] *danach gestr.* . Ich sage in seiner Größe

hinreißenden, entzückenden Ideen von unserm Schöpfer erfüllt. Man muß rasen, sagt Young, wenn man Astronomie studiert hat und Gott nicht mit Inbrunst anbetet.

an undevout astronomer is mad.[56]

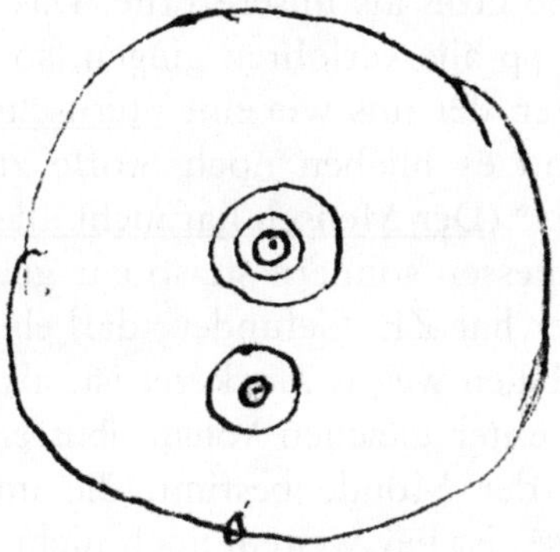

Ich sage der Menschliche Geist erscheint nirgends größer als in dieser Wissenschaft, um dieses zu zeigen wollen wir nur einmal ein[en] flüchtigen Blick über das Gantze werfen. Wir wissen nunmehr, daß wir auf einer Kugel wohnen, die wenigstens 1720 Deutsche Meilen dick ist, deren Fläche wenigstens | 9 Millionen Quadrat Meilen beträgt wovon $6\frac{1}{2}$ Million Wasser und $2\frac{1}{2}$ Land sind auf welchem sich ungefähr 1000 Millionen Menschen herumtummeln. Dieser ungeheure Klumpen fliegt mit einer Geschwindigkeit fort, wogegen die Geschwindigkeit einer Canonen kugel und selbst die Geschwindigkeit des Schalles nur sehr gering ist. In jedem Pulsschlag eine Deutsche Meile. Wie viel Pulsschläge lang sind wir wohl hier beysammen gewesen? Wir wollen setzen eine Viertheistunde, und dan[n] auf jede Secunde einen Pulsschlag rechnen in einer Viertheil Stunde sind 900 Secunden, also haben wir während als ich die Ehre hatte sie hier bey mir zu sehen zusammen eine Reise von 900 Meilen gemacht; in anderthalb Stunden würden 5400 machen[?], also den gantze[n] Umfang der Erde.[57]

104v

Geschwindigkeit womit er fliegt

Diese Reise geschieht um die Sonne, einen Feuer ball, der wenigstens eine Million mal größer ist, als die Kugel, die wir bewoh-

---

1 , entzückenden] *erg.* L_B **3** Gott ... Inbrunst] *für* keinen Gott *Änderung* L_B **6** Menschliche Geist] *für* Mensch **8** flüchtigen Blick] *unterstr.* L_B **9** daß ... Kugel] *unterstr.* L_B **13** Dieser ... fliegt] *unterstr.* L_B **14** *Rand* L_B **22** machen] *erg.* L_B **22–23** also ... Erde.] *für* da der gantze Umfang der Erde nur 5300 beträgt

nen, also eine Million solcher Kugeln zusammen geballt und angesteckt, würden ohngefehr eine Sonne geben. Diese Reise machen wir nicht allein wir haben Gesellschaffter, worunter ich jezt nur den Saturn und den Jupiter nennen will, Saturn ist etwa 1200 und Jupiter 1500 mal so groß als unsere Erde. Das heißt, wenn Saturn, Mars, die Erde pp alle verlohren gingen, so könte man sie alleine aus dem Jupiter, der uns wie eine <u>Sternschnuppe</u> aussieht wieder herstellen und es blieben noch Stoffe zu 200 Kugeln übrig wie unsere Erde.[58] ⟨<u>Der Mensch hat nicht allein</u> die Größe aller dieser Kugeln gemessen sondern sie so gar gewogen Masse und ihr[e] Massen bestimt[,] er hat ZE. Gefunden, daß eben der 105r Jupiter, so | viele Millionen Meilen weg ist, lockerer ist, als unsere Erde, d. i. weniger Masse unter gleichen Voluminibus enthält. Ja er hat sogar die Massen der Monde bestimt, die um den Jupiter schweben.[59] <u>Doch dieses</u> ist bey weitem noch nicht alles.⟩ <u>So groß auch</u> der Circkel ist, den unsere Erde beschreibt, nemlich Parallaxe des Sirius 42 Millionen Meilen wenigstens, so hat doch der Sirius keine Parallaxe oder eine von einer Secunde. was heißt das? (Parallaxe etwas erklärt→ 237,4–14) Und was folgt daraus? Dieser ungeheure Circkel ist ein Punckt; es ist, als wenn ich die <u>Jacobi Kirchthurm Spitze</u> bald von dieser, bald von der andern Seite eines Nadel knopfes betrachte. Was folgt da für ein Entfernung für den Sirius Maasstaab gröser daraus? <u>Hier muß</u> ich den Maasstab größer nehmen. Mit einem Wort folgendes: wenn sie annehmen, daß eine Canonen-Kugel in einer Secunde durch 600 Pariser Fuß fliegt, so würde eine solche Kugel 6 Millionen Jahre zubringen.[60] <u>Durchmesser</u> dieses Raums, und doch ist Sirius wahrscheinlicher Weise der nächste. <u>Er hat</u> sein eigen Licht und ist vermuthlich wieder ein solcher <u>74 bis 75</u> Millionen Fixstern verzeichnisse Feuer ball wie unsere Sonne, der nicht vergeblich leuchtet, der seine Planeten und Cometen um sich hat, und solcher Sterne sind unzählige. <u>Wenn</u> sie in den Fixsternen-Verzeichnissen nur einige tausende antreffen, so muß man deswegen nicht dencken, daß

---

7 <u>Sternschnuppe</u>] *unterstr. u. am Rand markiert* L_B 9 <u>Der</u> … <u>allein</u>] *unterstr. u. am Rand markiert* L_B 9–15 <u>Der</u> … alles.] *gestr.* L_B 11 *Rand* L_B 13 d. i.] *erg.* 15 <u>Doch dieses</u>] *unterstr.* L_B 17 *Rand* L_B 18 oder … Secunde] *erg.* 20–21 <u>Jacobi</u> … <u>Spitze</u>] *unterstr. u. am Rand markiert* L_B 22 ein] *danach gestr.* Größe für die Si 23 <u>Hier muß</u>] *unterstr. u. am Rand markiert* L_B | *Rand* L_B 26 <u>Durchmesser</u>] *unterstr.* L_B 28 <u>Er hat</u>] *unterstr. u. am Rand mit einer Zeigehand markiert* L_B | vermuthlich] *für* gewiß 29 *Rand* L_B 31 <u>Wenn</u>] *unterstr.* L_B 32 daß] *für* das

das alle sind.→ 216,32–217,9 Gerechter Gott! in der Milchstrase (ein einfältiges Wort für einen der grösten Gegenstände, von denen der Mensch weiß.) stehen sie so dicht, daß der Mond tausende bedeckt. Ja man hat mit gutem Grund gemuthmaset, daß es dergleichen Circkel mehrere | giebt. 105v = 4

Herschels 116000 Sonnen. 1300 Nebelsterne jezt 2300 (1789) hat HE. Herschel Entdeckt→ 217,14–218,9

Infußions Thiere[61]

Und nun sehen sie dieses hat der Mensch alles ausgefunden, durch Stückgen Glas, die er auf Staub abschliff, und an Messing bleche befestigte auf die er Striche zog. Und was das alles noch für den Menschen Ehren voller macht, ist daß nicht wie bey andern Entdeckungen hier der Zufall ins Spiel kommt, sondern alles ist durch die ausserste Anstrengung seiner Kräffte, und durch den Mechanismus der tiefsinnigsten Rechnungen bestimmt worden. So viel von der Größe, worin sich hier der Mensch zeigt.[62] Allein nun bedencken sie von der andern Seite, was für ein vielbedeutendes Geschöpf das da seyn muß, und wie viel Ursache der hat, von Größe, von Herrschafft der Welt zu sprechen, dessen gantzer Wohnplatz selbst, den er doch kaum halb kennt, und wovon noch kein Sterblicher Je ein Vierthel der Oberfläche gantz besessen hat, dessen Wohnplatz selbst sich gegen, den Theil des Gantzen, den wir übersehen sich verhält, (fürwahr), wie der Tropfen, der an einer Nadel spitze hängen bleibt, gegen den Ocean. Ich will die Vergleichung nicht weiter treiben. Es ist vielleicht schon zu viel geschehen. Was die Andacht anbetrifft mit der dieses jeden Gefühlvollen Menschen erfüllen muß, so kan ich in einer solchen Versammlung noch kürtzer seyn. Ich glaube es wird niemand unter ihnen seyn, der nicht wenigstens dunckel die Frage gethan hat: Was muß das für ein Herr seyn der dieses alles gemacht hat.

Dieses sieht der Mensch durch Sand. oder Spiegel Metall

Nicht Zufallen sondern Anstrengung

Tropfen gegen den Ocean

Ich glaube nicht daß ich nöthig habe in einer Versamlung wie dieser

---

1 Gerechter Gott!] *unterstr. u. ! erg.* L_B 1–2 ein einfältiges] *unterstr.* L_B 6–7 *auf Bl. 105r unten* 6–7 jezt … Entdeckt] *erg.* 8 *auf Bl. 105r am unteren Rand* L_B 9 *Rand* L_B 9–26 Und … geschehen.] *als erledigt gestr.* L_B, *Streichung der letzten beiden Sätze wieder ungültig gemacht* 9 *Rand* oder … Metall] *erg.* L_B 10 Staub] *für* Sand 14 *Rand* L_B, *mit Doppelstich markiert* L_B 20 gantzer] *erg.* 21–23 Je … des] *Zeigehand am Rand in Höhe dieser Zeilen* 24 (fürwahr)] *danach gestr.* L_B fürwahr | *Rand* L_B 24–25 spitze … Ich] *Doppelstrich am Rand auf Höhe dieser Zeile* 25 will die] *unterstr.* L_B

Nr. 4

VII F 2, B 1, 7v–9r; 16r–16v
VII F 2, B 2, 4r–8r; 10v–12v
VII F 2, B 3, 7v–8r; 12v–13r; 17v–19r
VII F 2, B 4, 1r–2r; 4v–5r; 11r; 13v
VII F 2, B 5, 3v–4r; 6v–7r
VII F 2, C 1, 2r–3r
Einfügung: IX F, 167r (Zifferblatt Äquinoktialsonnenuhr)

B 1, 7v <u>Publicum 2te Stunde ☿ den 8 Nov.</u>

Wir sind neulich auf der grosen Wiese[63] stehen geblieben mit dem gantzen himmlischen Heer über uns.
Bey uns ist dieses schon kein kleiner Anblick aber in den Gegen-
8r den, [in] denen die Astrono[mie] | ihre ersten Incremente gehabt hat ist alles sehr viel besser.
Niebuhrs Zeugniß.[(182)] Der Sternen Himmel ist da ihr Bett himmel

Es geht einem recht durch die Seele, wenn man sieht, daß jene glücklichen Gegenden von Barbaren bewohnt werden, bey denen Verachtung von Künsten ein Glaubens Artickel ist.

Unsere Observatoria in Europa liegen über die Hälffte vom Jahre in Nebel vergra[ben] und die merckwürdigsten Erscheinungen gehen offt verlohren. Das Genie aber ist nicht an jene Gegenden gebunden
Was musten diese Menschen thun, was musten sie bemercken. Gleiche Distantz. Auf und untergehen.
Die Pole.
Nun auch mit dieser Kugel aus dem groben.[64]
Allein nun kommen wir auf ein Paar Kugeln womit wir nicht so leicht fertig werden werden, die Sonne und ihre Bewegung, und der Mond

Ich werde bey anderm nicht so umständlich seyn, bey einigen ist es nöthig roh[?] zu zeigen worauf es ankommt, wenn ich Ihnen Zeige[?] wie man vielleicht vermittelst aufgerichteter Stangen und einem Paar Ringen, die Bahn der Sonne verzeichnet hat, so lernt [*bricht ab*][65]
Des Sommers können wir mit einem eintzigen Schritt an den Schatten unsers Kopfs tretten im Winter brauchen wir 7.

14–15 Der … himmel] *erg.* **21–22** Das … gebunden] *erg.* **24** Gleiche … untergehen.] *erg.* **27** ein Paar] *für* eine

Wenn die Sonne im Frühling sich hinter einen Berg verkroch.→ 18,27–30 |

Vielleicht vermutheten sie auf dem Meridian. 8v

Dieses hielt nicht Stich.

Sterne, die aufgiengen wenn die Sonne untergieng, stunden ein vierthel Jahr nachher wenn sie untergieng schon sehr hoch→ 19,1–10

ortus heliacus[66]

aquosus Orion[67]

als man so wenig Calender als Musen Almanache hatte.→ 19,26–30

annus Canicularis in Egypten, war merckwürdig für sie, weil da ihr Nil überlief.→ 19,30–20,1

Der Punkt, wo sie in der Schönen Jahrzeit untergieng lag in der Mitte, zwischen dem Sommer und Winterpunckt

Die Sonne lief also den Himmel schrag durch λόξος κύκλος[(18)]

Allein nun kam die schwerste Frage[:] wie lag der Circkel, an welchen Sternen gieng er vorbey?

Am Himmel alles bestimmt, wie die Reise Routen auf Erden.

Als bekant war, daß sie nach ohngefehr 365 herum kam, was war die natürlichste Voraussetzung→ 20,19–25

Man hatte mit Gnomonen die Solstitia beobachtet→ 20,27–21,7

Der Mond

Sein Ab und zunehmendes Licht seine | sichelförmige Gestalt, 9r

Die verschiedene Form seiner Licht Gestalten muste sie nicht wenig [ver]wi[rr]en

Er nahm ab und diese Abnahme bemerkt[en] sie zu weilen.→ 21,11–35

Die Sonnenfinsternisse waren leicht

Die ☽ Mondfinst. schwerer, indessen da man einmal wuste, daß er sein Licht von der Sonne hatte, so war es nicht mehr schwer auf ein[en] Cörper zu rathen.→ 21,35–22,5

Die Planeten.

Wie fand man sie?→ 22,30–23,2

[…]

---

10 man] *danach gestr.* weder

16r = 27 <u>Publicum 3te Stunde</u> ☿ d. 15 Nov.

Ich habe neulich die Sache bis auf das Egyptische.→ 25,14–18

Viele Pythagoräer und selbst der divinus Plato hatten ein weit absurderes

Das Ptolomaische: von Ptolomäus, der 140 Jahr nach X^{ti} Geb. lebte.→ 228,24–229,4

Opus magnum→ 229,24–27

Allein schon 450 Jahr vor X^{to} hatten Philolaus, und Nicetas anders gedacht. Sie liesen sich die Erde um ihre Axe drehen, und zugleich um die Sonne, und alle andere Planeten um die Sonne[68]

Der Mond muste nun nothwendig um die Erde gehen, warum?

Dieses System findet man schon sehr schön beschrieben in Seneka Quaest nat. Lib VII.→ 58,27–59,10

Dieses ist das was Copernikus, der die unüberschwänglichen Absurdidäten[!], dieser Systeme einsah[,] endlich annahm, es mit neuen Beweisen unterstüzte, es gründete und nun wird es stehen so lange die Welt der Ersche[in]ungen es so meisterhafft darstellt. |

16v Es wird angenehm seyn nach dem Plan den ich erwählt habe zu unter suchen, wie man darauf gekommen ist. Es ist nicht wahr, daß man so darauf gekommen ist aber es giebt ein[en] herrlichen Faden ab, das was ich zu sagen habe drauf zu reihen→ 71,13–27

Die Sonne wird nicht größer und nicht kleiner, man mag seyn wo man will

Eben so Distantzen der Sterne[69]

Das Amthauß in Wehnde[70]

Solte sich ein so ungeheurer Körper und so viele Millionen anderer, solten sich die um die Erde herum drehen.

Ich habe deswegen meines ehmaligen Präceptors

Allein das hilft nichts. Die edle Einfalt.

Die Edle Einfalt in den Wercken der Natur hat nur zu offt ihren Grund in der edeln Einfalt dessen der sie beobachtet.

Es ist wahr wir führen kein Feuer um den Braten, aber führen auch den Braten nicht ums Feuer, und der Braten auf dem wir wie Maden herum wühlen, wird ums Feuer gedreht.

---

3 Viele] *davor gestr.* Ptolomäus. 9 Erde] *danach gestr.* dre 32 Einfalt] *für* Kurtzsichtigkeit 33 Feuer] *für* Braten 35 wie] *danach gestr.* die

Meine Wege sind nicht eure Wege steht irgendwo in der Bibel[71]
Was für uns gemacht ist übersehen, das Auge ist gemacht um zu sehen.
Allein. Blüthe, Kinder, das Leiden der Tugendhafften, ohne Offenbahrung[,] die Sonnenthierchen
Meine Katze
Die simple Einrichtung in der Stube.[72]

[…]

<u>Publicum 4te Stunde</u> ☿ <u>den 22ten Nov.</u> B 2, 4r = 7

Vor 8 Tagen Ihnen gezeigt und zwar mit so starcken Gründen, als sich ohne Rechnung nur thun liese, daß die Erde sich um ihre Axe drehe.
kurtz wiederholt. Grösere Cörper, ja die Sonne selbst dreht sich.[73]
Die Abnahme der Schwere unter dem Aequator[74]
Und endlich die Absurdität der Fixstern Umdrehung alles würde aus einander fliegen. Mit dem schnelleren Umdrehen um unsere Erde erläutert.
Ich zeigte Ihnen hierauf die Simplicität des Copern. Systems
Jezt will ich zu der andern Bewegung der Erde schreiten, und versuchen ob man sie eben so darthun kan

Vorher aber muß ich Ihnen das Tychonische erklären
Tycho konte das Ptolomäische nicht annehmen Warum Er fand aus einer beobachtung gantz richtig, daß ihm Mars näher gewesen als die Sonne→ 80,20–21 (und andere Schwierigkeit
Ich muß noch einmal erinnern Tycho war einer der grösten Männer.
Er verbesserte also das Aegyptische
Wie entsteht das Tychonische System aus dem Aegypt? ga[ntz einfach. Ma]n darf nur die 3 Obern P[laneten um] die Sonne führen[75]
das Copernikani[sche konnte er nicht] annehm[en obwohl sich die] ††† | Historie sehr gut daraus erklären läßt. Und warum? 4v/5r = 8/9
weil es der heil. Schrifft widerspräche, denn übrigens hat der

1 Meine … eure] *für* Deine Wege sind nicht unsre 4–5 ohne Offenbahrung] *erg.*
19 zeigte Ihnen] *dazwischen Tintenfleck* 25 (und … Schwierigkeit] *erg.*
29–33 ga[ntz … †††] *Papierverlust*

grose Mann gar wohl die edle Simplicität des Cop Syst. eingesehen und nennt den Copern selbst den grosen Cop. (50 Jahr vorher hatte Cop das seine.)

Es widerspräche der Bibel

Er sah die Simplicität ein[76]

Josua hat gesagt Sonne stehe stille, und in der Bibel kommen andere ähnliche Stellen vor.

Josuah: Sonne stehe stille

Wenn es sein Ernst war, so war es ein sehr armseelig frömmelnder Schluß

Wenn das Tycho's Ernst war so war es pp

Wir die wir alle glauben die Sonne stehe still pp sagen sie geht.

Wir alle sagen so

Wenn die 2 grösten Astronomen, des Abends beym Untergang die Sonne sich nicht bewegen sähen, so würde einer zum andern sagen: die Sonne steht stille

2 grose Astronom[en] gehen Spatziren

Der Mond tritt hinter dem Jac Thurm hervor, sagte ich der Jacobi Thurm ist auf die Seite gewichen: so würde ich selbst in einer Astron. Gesellschaft nicht für gantz richtig im[?] [Kopf]

Der Mond tritt hinter einer Wolcke hervor, der Jacobi Thurm.

J[osua konnte nich]t den Sprachgebrauch / [haben wie] wir. Was würde das / [Heer gedacht ha]ben, wenn er gesagt / [hätte: Erde stehe] stille. Sie würden / [dencken] ††††† †euden[?] / ††††† †den.[77]

Josua den Sprachgebrauch

Sie würden denck[en] |

5v/6r = 10/11 Die neusten Bibel erklärer, ein Triumph.

Triumphlied, ein Opus supererogationis[78]

Hier fällt mir der Arzt ein: put her horizontally.

put her horizontally[79]

Tycho selbst sagt von den Planeten sie stehen still

planeta stationarius:[80]

---

1 edle] *danach gestr.* Ein 19 selbst] *danach gestr.* unter † 20–25 [Kopf] … †den.] *Papierverlust* 27 denck[en]] *Papierverlust*

Bey dieser Gelegenheit muß ich die Catholische Kirche gegen einen Vorwurf retten, den man ihr macht.[81]

Gallilaeus wurde den 22 Jun 1633 von der Inquisition zu Rom zum Gefangniß verdammt, weil pp

Gallilaeus in Inquis.

Es geschah von einer kleinen Congreg. aus Neid. Er war der Erfinder der Fernröhre, hatte zu erst mit die Jup. Trab. gesehen. Gesetze der Bewegungen.[82]

Neid gegen den Erfinder

Gallilaeus hatte eine Strafe verdient. Er hatte auf Zureden des Cardinal Bellarmin gelobt, nichts zu schreiben, was die Einfältigen, wirr machen können, und er hielt nicht Wort.

Er hielt nicht Wort

Man muß sich gantz in jene Zeiten versetzen, wenn man hierüber mit Billigkeit richten will. Die Einfalt glaubte damals die Bibel lehre Astronomie. Das Menschliche Geschlecht un[d die Nat]ionen haben ihre Kindheit[83]

Einfalt zu schonen

Mit dem Jüngling anders als mit dem Kind

††† †glich

†††††

[Die Catholische] Kirche hat so etwas [nie gelehrt] †††

die Cath. Kirche al[s Kirche] |

HE. de la Lande führt eine Stelle aus einem Brief an.[84] 6v/7r

HE. de La Lande eine Stelle aus einem Brief von einem wichtigen Mann

Nun zum Beweiß, daß sich die Erde um die Sonne dreht.

Die Erde um die Sonne

Die Retrogradation, das Still stehen und das zurückgehen

Retrogradation

Wie erklärten es die Ptolomaiker.

16–17 un[d die Nat]ionen] *Papierverlust, Erg. gemäß VN C 3, 9r:* Man muß bedencken das menschliche Geschlecht hat seine Jahre der Kindheit. **20–23** ††† … Kirche]] *Papierverlust, Erg. gemäß VN C 3, 9r:* Die Catholische Kirche, als Kirche hat so etwas nie gelehrt. **24–40,12** HE[1] … gezeigt] *Haupttext als erledigt gestr.* **24** an.] *danach gestr.* // Nun[?] die Retrogradation

Ptolomaiker hierüber

Epicyclen
In der Opposition und Conjunction langsamer.

1te Irregularität

Epicyclen

2te Irregular.→ 228,24–229,4

Dieses Abscheulige sah Copernikus ein. Er laß also alles was über das Weltgeb. war geschrieben worden.

Copernikus sah dieses ein

Seneka. Quaest nat. L VII. Cap. 25 & 26.→ 58,27–59,10

Seneka

Wie Natürlich nach dem Copern. mit der Maschine gezeigt.[85]

alles natürlich nach dem Copern.

Allein auch Tycho's System thut [diesen a]llen ein Gnüge und ††† sinn reich.
††† ††† mit einem / †††††

mit Tycho kommt† ††† / aus[?] ††††† |

7v/8r = 14/15 Die Cometen Wege werden Regelmäßig, dieses war vorher ein Einwand von Tycho.→ 61,7–11

Cometen Wege

Allein die Bewegung des Lichts ist ein gantz unwiderleglicher Beweiß.

Römers Entdeckung 16 Minuten später.[(88)]

[...]

10v/11r <u>Publicum</u> 5te Stunde ☿ den 29ten Nov.

Das Zurückgehen und Stille stehen nach dem Tychonichen System.

Wie Tycho die Epicyclos erklärt

Vielleicht mit einem Reif erklärt[86]
Ein Einwurf des Tycho brahe war auch der, daß nach dem Copernikus die Fixsterne gar zu weit weg seyn müsten.

Einwurf Tycho's

Fixsterne zu weit ab.

14–17 [diesen ... †††††] *Papierverlust* **18** Die] *davor gestr.* Bewegung des Lichts //

Es müste ein leerer Raum seyn

ein leerer Raum.

Antwort, es könten einmal noch Planeten da seyn, und Cometen sind gewiß da.→ 81,11–13

Indessen noch einen andern Beweiß der in Absicht auf die jährliche Revolution der Erde eben das ist, was die Abnahme der Schwere unter dem Aequator.

Die Bewegung des Lichts.

1) Jup. Trabant. 1 Tag 18 Stund = 42 Stund.→ 62,19–24

1725 fieng Molyneux an mit einem 24 Schuhigen Tubus das γ Draconis zu beobachten, es geschah blos die jährliche Parallaxe zu bestimmen. Ma[n] bemerkte eine Veränderung, die immer großer wurde. Allein es war grade die e[ntgege]n gesezte Richtung.

[Durch ein Wa]ncken der Erd Achse [nicht erklärbar we]il die Gleich weiten | vom Pol, nicht gleiche Veränderung litten 11v

1727 fuhr Bradley fort mit einem Instrumen[t], das nur $12\frac{1}{2}$ Fuß hatte aber einen grosen Bogen[87]

Römers Entdeckung 1675.[88]

Der Durchmesser beträgt 114° 35′ 29″ oder 412,529″. Also so weit lauft das Licht während die Erde nur 40″ zurücklegt nemlich beydes in 16′ 15″

also geschwindigkeiten wie 40 : 412529 = 1 : 10313→ 62,24–28

Herrn de la Landes Beyspiel [von] der Röhre und dem Hagel.[89]

Also die Erde dreht sich um die Sonne

Was hält sie aber bey der Sonne?

Versuch. Mit dem Rad[90]

Lächerlich Hypothese. Geister Cartesius.[91]

Newton hat den vortrefflichen Einfall.

Erzählung→ 189,15–33

Der Mond beschreibt etwa 33‴ seine Bahn in einer Secunde, der Sinus versus dieses bogens $\frac{1}{240}$ Fuß das ist 3600 mal weniger, als ein [Körper an der] Erde, da er nur [60 Semidia]meter weg ist pp.→ 190,3–190,31

[So ließe sich auch die Entf]ernung des [Mondes finden.] |

---

5 der in] derin *ändert Bearb.* **13–15** e[ntgege]n … we]il] *Papierverlust*
33–35 [Körper … finden.]] *Papierverlust* **35** *erg., danach (auf 12v) gestr.* So ließe sich auch die Entfernung des Mondes finden.

12v = 23 […]

14v <u>Publicum 6te Stunde ☿ den 6ten Dec.</u>

Ich bin neulich mitten in dem Beweiß stehen geblieben
Das Schiff noch einmal Winckel von 45°→ 83,29–84,10
der Durchmesser beträgt 114° 35′ 29″ oder 412529″, während als[o] die Erde nur 40″ zurücklegt nemlich beydes in 16′ 15″.
Also von der Sonne ohngefehr in 8′ (in Parenthesi wie also die Entdeckung zu verstehen:)
Das Schiff, unsere Erde, bewegt sich also nur durch 40′ Fuß wenn die Canonenkugeln, das Licht, durch 412529 geht, das heißt durch 1, wenn das andere durch 10,313 geht.→ 62,24–28

Nun den Triangel gezeichnet; der Winckel beträgt gerade 20″ und eben so viel sind die Sterne voraus, wenn sie ihre Strahlen rechtwincklich auf unsere Erde schießen.

Je spitzer der Winckel wird desto kleiner wird die Distantz, um die er voraus ist, endlich gar = 0→ 84,11–28
Verschiedene Verhältniß der Sterne in ihrer Lage. Am Pol der Ecl. O in der Ecliptick —→ 84,29–85,15
Dieses heißt in den Catalogis fixarum[92] die Aberration des Lichts
I[n der Ec]l. stehen alle die Sterne / [die] ††† würden wenn die Erde / †††††

15r Es ist also nun von allen Seiten klar die Erde, so gut als alle übrige Planeten drehen sich um die Sonne.

Allein was ist denn nun die Krafft
Wenn wir an uns selbst denken wir bewegen uns in einer sec. durch ohngefehr 900 Fuß→ 60,29–30
Das thut das Stück Bley nicht[93]
Was hält uns? Die Schwere
Also was hält den Mond?
Das leichte Springen.
Die Schwere hält den Mond und hält alles bey der Sonne.
Dieses ist die Muthmassung des grosen Newton.
Die Geschichte erklärt $\frac{1}{240}$ des Pariser Fußes.→ 190,3–190,31
Kepler Gesetz.→ 90,1–10

20–21 *Papierverlust* 22 Es] *davor gestr.* Schnellwage // das Monochord // Herons brunnen // 25 wir²] *danach gestr.* werden | einer] *danach gestr.* 1″ †

Ein Planet der um die Erde nahe herumgeht, an der Oberfläche braucht 1 St. 24 Min[94]

[...]

<u>Publicum 7te Stunde ☿ den 13 Dec.</u> B 3, 7v

Nun auf die Entfernungen der Planeten.
Wie ist man zu diesen Kenntnissen gelangt.
Und es ist wohl leicht zu erachten, daß zwischen dem Satz die Sonne ist so groß wie ein Zinnener Teller, und dem sie 1 Million mal Gröser als unsere Erde, mancher brave Zwischen Satz hat erfunden werden müssen.→ 87,17–24
Ich übergehe, alle die Schlüsse wodurch man das falsche gefunden hat, und will mich dem wahren nähern, wie hat man die Distantz der Sonne von der Erden gefunden.
Wie verfährt der gemeine Feld messer? → 91,32–92,2
In wiefern lässt sich dieses bey der Sonne an bringen.
Parallaxe erklärt→ 237,4–14
da sie sich ändert
erst zu beyden Seiten des Aequators, dabey muß man die breiten der Örter gnau kennen.[95]
Die Tägliche Bewegung.
ein geringer Fehler im Bogen macht dan sehr viel in Zeit.
Nun den Durchgang des Merkurs und der Venus durch die Sonne |

1 St. 24.→ 43,1–2 1874→ 92,19 8r
$8\frac{1}{2}$ Sec. 24309 Semidiam.
gegen 21 Millionen Meilen.→ 96,13–16

Die Passagen seit 1629 merckwürdig
Kepler aus sein Rudolphinischen Tafeln. sagte voraus daß 1631 ein Durchgang der ♀ und des Merkurs erfolgen würde.
Die vom Merckur erfolgte würcklich den 6 Nov.
Die ♀ solte den 6[t] Dec kommen; sie kam aber nicht, Kepler starb schon den 12 Nov. und sah also die Unrichtigkeiten seiner Tafeln nicht; sie ging über der Sonne weg.

---

13 gefunden.] *danach gestr.* // Hier muß ich das Wort Parallaxe erklären.
24–26 *am oberen Rand*

Sein Tod hätte uns fast um den Durchgang von 1639 verlohren. Kepler hat sie zu Südlich gesezt. Horox berechnete sie nach Landsberg, und fand einen Durchgang.
Den Durchgang der ♀ durch die Sonne nach Röhl. Halley wars, der den Nutzen zeigte.[→ 92,9–93,11]
Keplers Gesetz etwas früher[→ 90,1–10]
Saturn = 100 von der Sonne
☿ = 4
♀ = 4 + 3 = 7
♁ = 4 + 6 = 10
♂ = 4 + 12 = 16
= 4 + 24 = 28 nichts *
♃ = 4 + 48 = 52
♄ = 4 + 96 = 100 wie oben.
[*]würde in $4\frac{1}{2}$ Jahr herumlaufen.[→ 91,17–27]

[…]

12v Publicum 8te Stunde ☿ den 10 Jenn.

Wo wir eigentlich stehen. Bey Erzählung der Mittel, deren sich die Menschen bedient haben zu einer gnauen Kenntniß der Distantzen gekommen sind.
Ich muß eine kleine Wiederholung machen um das Hauptverfahren und das schönste unter allen zu verstehen
☿ 87 Tage = $\frac{1}{4}$ Jahr +
♀ 224 = $\frac{5}{6}$ [!] Jahr[→ 150,3–4]
Nun haben wir eine Charte, wozu uns aber der Maasstab fehlt.[→ 91,28–31]
Ich habe ihnen wo ich nicht irre einige Methoden angegeben.[→ 43,14–19]
Parallaxen Hierbey gleich von der Parallaxe der Planeten
sie verhalten sich wie die Sinus der Abstände vom Scheitel
Sie verhalten sich verkehrt wie die Entfernungen.[→ 237,16–239,3] |
13r Habe ich die Summen von Parallaxen so müssen Sie darnach vertheilt werden

---

4–5 Halley … zeigte.] *erg.* 15 *erg.* 29 Hierbey … Planeten] *erg.* | Planeten] *danach gestr.* // Hat man die Su 30 Scheitel] *danach gestr.* // Eben so verhalten sich auch die Summen 2er Parallaxen und die Differentzen. 31 *erg. gegenüber auf Bl. 13r* 32 die] *danach gestr.* Differentzen 2 mal so müssen

Nun zum Durchgang der ♀ durch die Sonne nach Röhl, erst auf einer Seite der Erde dann auf der anderen
Halley's Entdeckung. 4 parallaxen[→ 94,8–95,34]
Da nun der Unterschied zwischen dem Durchgang am Mittelpunkt der Erde, kaum wohl 20 Minuten dauren setzen sie nur die ☉ Parall 10 Secunden, so käme auf 1″ P. 2 Min Zeit fehlte man um 1 Secunde in Zeit, so fehlte man nur um den 120-Theil der Parallaxe. u. sw.[→ 96,6–10]
$8\frac{1}{2}$ Sec. wurde sie gefunden
Diese giebt 24,309 Semid oder gegen 21 Millionen Meilen[→ 96,13–16]
Nun Saturn 100
☿ 4
♀ 4 + 3 20
♁ 4 + 6 60
12[→ 91,17–27] 10) 1200 (120

a͡o 1874 wieder einer[→ 92,19]

[…]

<u>Publicum 10te Stunde ☿ d. 17 Jenner</u> 17v

neuste Sonnen Parallaxe $8\frac{1}{2}$ Secunde. 24309 Semidiameter der Erde, das ist etwa 21 Millionen meilen[→ 96,13–16]
Etwas von Meilen
6,544,040 Toisen mittler Durchmesser der Erde.
Grad des Aequators oder vielmehr grösten Kreises einer Kugel, die diese Durchmesser hätte
57107,5 Toisen. mit 6 multiplizirt
15) 342645 Pariser Fuß also die geograph. Meile gnau
22843.[279]

Nun rechnet man aber gemeiniglich 24000 Pariser Fuß auf die Deutsche Meile, allein die Calenb. Meile ist 32000 Fuß, diese betragen den Cal. Fuß zum Pariser gerechnet wie 667 : 734 ohngefähr 29,123 französische Fuß.[280] also unsere hiesigen Meilen sind sehr lang und wir solten es wohl fühlen, wenn wir nicht die schönen Chaussees hätten |
Der Engländer und Irrländer. Eure Stationen sind aber auch verteufelt lang. Ja das ist wahr aber sie sind dafür viel schmaler als die englischen. 18r

<u>Sonne</u>

Die gnaueste Bestimmung des Jahrs ist

365^{T} $5.^{S}$ $48' 45'',5$ nach dela Lande.[→ 132,27]

Man sezt der Bequemlichk. wegen

365^{T} $6^{S.}$

also 11′ 15″ zu groß, dieses betragt in 131 Jahren einen Tag also in 393 3 Tage oder in 400 Jahren 3 Tag. 1600. ein Schaltjahr 1700 keines. 1800 kein 1900 nicht 2000.[96]

So ist der Fehler verbessert

Das übrige ist mehr Chronologisch[97]

Sternen Zeit[→ 138,1–139,21]

Sonnen Zeit[→ 139,22–142,10]

mittlere Sonnen Zeit

Aequation der Zeit + – giebt die Mittlere Zeit.

2 Sonnen

Zeiger treffen zusammen	Zeiten treffen zusammen
15 April	10 Feb.
15 Jun	15 May
31 Aug	26 Julii
24 Dec.	2 Nov

und hier ist auch die groste Aequ.

10 Febr + 14′ 40″ 26 Jul + 6′ 2″

15 May – 4′ 1 3 Nov – 16′ 14″ |

18v Unsere Uhren gehen zu Ende Dec. alle Tage 29 bis 30 Secunden zu früh jezt 20″.

<u>Thesis</u> Die Tage sind im Sommer kürtzer als im Winter[98]

Die Sonne. Millionen mal größer als unsere Erde.[→ 124,14–24]

25 Tage 12 St. 20′ von Abend gegen Morgen. (Umdrehung)

bald nach Erfindung der Fern Gläßer 1611. Sind sie von 2 Leuten en[t]deckt worden von Joh Fabricius zu Wittenberg und von Scheiner zu Ingolstadt entdeckt worden[99]

Galiläus disputirt es ebenfalls.[100]

Sie sind umständlich in einem Buch beschrieben, das er Rosa Ursina nennt Es heißt Rosa Ursina von einem Hertzog Bracciano

---

6 131] *für* 331 7 393] *für* 493 15 *erg.* 24 zu¹ … Dec] zu Ende Dec.] *für* jezt 26 Sommer … Winter] *für* Winter kürtzer als im Sommer 34 Bracciano] *danach gestr.* dem das Buch dedicirt ist, und der

aus dem Hauße der Orsini und der eine Rose in s. Wappen hat dedicirt ist. 1626 angefangen zu drucken und 1630 geendigt[101] Weil aber einige glaubten es sey sündlich in der ⊙ Flecken zu sehen so gab Welser ein Augspurger 1612 Scheiners Briefe heraus unter dem Nahmen Apelles post Fabulam[102] heraus. |

Einige für Dampf. 19r

Andere für Kohle

Für Inseln Ebe und Flut

Planeten.

Östreichische und Bourbonische Sterne

Unvollkommene Cometen[103]

Bode

Wilson→ 49,29–33

Ich. Wasserspeyende Berge, Winterlandschafften. Negative und positive Stellen.→ 49,34–50,4

[…]

<u>Publicum 11te Stunde ☿ den 24 Jenn.</u> B 4, 1r = 1

Die Tägliche Irregularitäten

Die zwo Sonnen

Die Zeiger treffen zusammen		Wahre Stunden und Mittle gleich
15 April		10 Febr.
	60 Tage	
15 Junii		15 May
	77 Tage	
31 Aug		26 Julii
	115	
24 Dec.		2 Nov
	112	

Man muß also seine Uhren nicht heraus ziehen, wenn man ein Observatorium besieht

Es geht nur an den Tagen an, wo die beyden Sonnen zusammen treffen

Allein der Astronom bekümmert sich nicht einmal darum, ob seine Uhr gnau mittlere Zeit weißt oder nicht

24 März ist 23 59′ 42″

---

1 Orsini] *für* Ursini 2 1626 … geendigt] *erg.* 35–48,2 *für* der 24. Dec ist etwa um 20″ länger als 15 Junii

20 Dec. 24 0′ 30″
Also Dec > März 48″
Warum macht man aber keine Uhren, die die wahre Zeit weisen?
Es hat Leute gegeben, die es unternommen haben
Es ist aber ein höchst einfältiger Einfall. |
1v Höchstens eine Taschenuhr für einen Printzen. Warum? – –
Die Sonnen Uhren zeigen die wahre Zeit.
Einige Begriffe von der Aequinoktial-Uhr.[104]

IX F, 167r

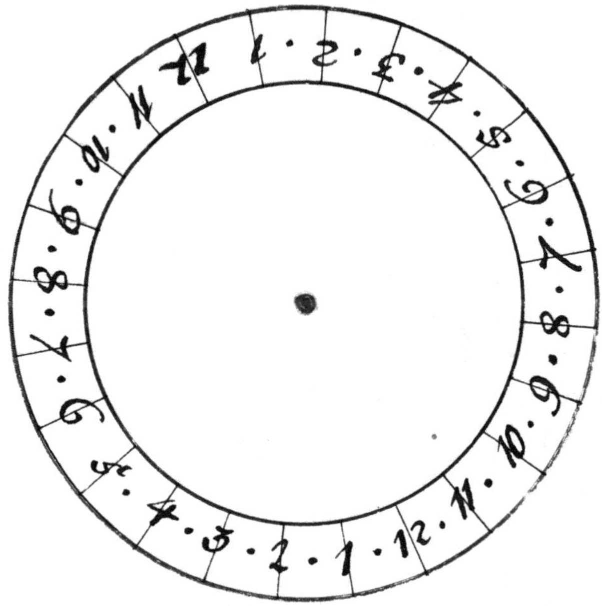

[1v] Sonne millionmal gröser als ♁→ 124,14–24
Als man sie anfieng zu betrachten 1611. Joh Fabricius zu Wittenb und hauptsächlich Scheiner zu Ingolstadt Flecken.
Galiläus disputirt[(100)]
Scheiner in s. Rosa ursina (weil sie einem Hertzog Bracciano aus dem Hause Orsini dedicirt ist, der eine Rose in s. Wappen führt.) 1626 angefangen und 1630 geendigt, beschreibt sie vortrefflich.[(101)] Vorher Aber 1612 schon hat Welser ein Augspurger

---

3 Zeit] *danach gestr.* anze 4 es] *danach gestr.* th 11 Fabricius] *danach gestr.* Flecke | zu Wittenb] *erg.*

Scheiners Briefe bekannt gemacht und zwar unter dem Titul Apelles post Tabulam, weil es sündlich schien Flecken in dem Quell des lichts und dem irrdischen Bild der Gottheit zu sehen
Dampf
Kohlen
Für Inseln, Ebbe und Flut
Planeten
unvollkommene Cometen
Östreichische und Bourbonische Sterne[(103)]
Wiedeburgs abscheuliche Lehre[105] |
Bodens Theorie 2r
Wilson.→ 49,29–33
Meine Wasserspeyende Berge, Neptune
Winterlandschafften
negative und positive Stellen.→ 49,34–50,4

Aus den Flecken ist gefunden worden daß sich die Sonne in 27 T. 12 20′ von Abend gegen Morgen drehe.

<u>Der Mond</u>

Er läuft in 27 T. 7 St. 43′ 5″.
periodischer Monat.
29 Tage 12 St. 44′ 3″
Synodischer
der Sonnen Monat = $\frac{\text{Jahr}}{12}$
30 T. 10 St. 29′ 5″ → 122,26–31

Flecken.→ 118,15–119,12

[...]

<u>Publicum 12te Stunde ☿ den 31 Jenn</u> 4v
(versäumt) gehalten den 14 Febr

HE. Wilsons Trichter
Er hat auch sehr offt wenn ein Flecken zu gieng in der Nachbarschafft andere entstehen sehen.
Wenn man das Verschwinden der Atmosphäre ausnimmt, so sind die Wolcken keine gantz unwahrscheinliche Me[i]nung.[106]
Wie leicht es ist noch neue Theorien hinzu zu dencken pp ich habe drey dazu erdacht:

---

28 *erg.*

1) Wasser speyende Berge
2) Winterlandschafften von der Sonne
3) negative Stellen, wo die Sonne anstatt zu geben, zurücknimmt.[107]

Im Calender habe ich es vorgetragen. Die Physiognomik ist indessen etwas bengelhafft angefallen worden. Ich meine mit Bengelhafft gar nichts weniger und nichts mehr als blos mannlich, denn dieses ist die alte Bedeutung des Worts.[108]
Man hat auch Fackeln in der Sonne wollen gesehen haben, worunter man helle Flecken versteht, weise Stellen. Ich habe nie
5r etwas gesehen, was mich als ein weiser Fleck sonderlich | frappirt hätte.[109]

von den Jahrs zeiten→ 147,25–30
und den Eintheilungen der Erde in Climata.→ 146,23–147,5

<u>Nächst dem vom Monde</u> [110]

Sein Umlauf zwischen 27 und 28 Tagen
periodische mensis periodicus
gnau 27. 7 St. 43′ 5″
Synod. 29 Tage 12 St. 44′ 3″
der Sonnen Monat. 30 T. 10 St. 29′ 5″ $\frac{365}{12}$ → 122,26–31
Wir laufen nicht um den Mond
auch der Mond schließt die Sonne nicht ein.
Seine Eccentrische Bahn
Ellipse
Er ist aber ausserdem ein sehr unregelmäßiges Geschöpf.
die Excentricität ist nicht einerley
sie ist größer in den Syzygiis als in den Quadraturen[111]

Seine Apsiden Linie hat nicht immer dieselbe Lag[e] sie bewegt sich in etwas mehr als $8\frac{3}{4}$ Jahren herum.
mensis anomalisticus 27. 13 S. 18′ 35→ 123,2–4

Seine Knoten Linie bewegt sich in 19 Jahren herum
mensis Draconticus. 27 T 5 S. 5′ 36″ [112]

vid. unten 14 Febr

[…]

1 Wasser speyende] *für* Feuerspeyende 7 weniger … mehr] *für* mehr oder weniger al 28 sie bewegt] *Dittographie* 30 *erg.*

noch zur 12 St. des publici ☿ den 14 Febr. vid. oben den 31 Jenner 11r
Ungleichheit seines Durchmessers
Horizontaler Durchmesser.
Also eigentlich kleiner am Horizont
[...]

Publicum 13 St. ☿ den 21 Febr. 13v

Von dem Nutzen der Theorie beym Mondlauf. Euler, Clairaut d'Alembert[113]
Mayers Tafeln.→ 111,6–26
Etwas von der Meeres Länge
Breite,→ 108,4–7 Länge definirt→ 108,13–18
Schwierigkeit sie zur See zu finden→ 109,8–12
Das Log. 1 St : 30″ = 5280 : knot→ 112,9–20
die Uhren.→ 112,21–32
Harrison.→ 114,36–116,7
Parallax 1° 1′ 30″ wenn sein Durchmesser 33′ 36″
57′ 26″ wenn er 29′ 28″[114]

[...]

Publ: 14 Stunde ☿ den 28 Febr. B 5, 3v
Den Stunden Cirkel
Die Meeres Länge durch ♃ Trab.→ 110,13–21
durch den Mond, den Hadleyischen Sextanten.[115]
Parallaxe 1° 1′ 30″ wenn s. horizontal Durchmesser 33′ 36″
und 57′ 26″ wenn er 29′ ist.
Der Mond $\frac{1}{50}$ unserer Erde
Gröse am Horizont
Warum?
Utrecht
Scheveningen.[116]
Matier, Zinner Teller, Mühlenrad.[117]
Im Mikrometer kleiner
Winckel von 45°.
Smith, das was man die $\frac{1}{2}$ nennt kaum das 4tel.[118]
Aussehen durch Tubos.→ 118,15–20

---

23 horizontal] *erg.* 31 kleiner] *für* dasselbe 33 die $\frac{1}{2}$] *für* das 4tel

Das Umdrehen des Mondes um s. Axe.[119]
Def. was ist umdrehen.
Es heißt unstreitig jede Weltgegend |
4r Jemand auf dem Absatz herum; im Sechseck.
den Compaß.
den Meilen messer[120]
Die Mehrheit der Stimme, Circkel
Des Monds Bahn gegen das Unendliche.
HE. Gardiner.[(129)]
Libratio. Das Tägliche hängt von der Parallaxe des ☽ ab. und findet folglich nicht im Mittelp. der Erde statt. Röhl § 510, 511.[121]

Es giebt aber auch eine, die im Mittelpunkt der Erde noch bleibt,
die Schwingung nach der Breite.
die <u>Schwanckung in der Länge</u>
weil er sich gleichförmig um seine Axe dreht, und wir nicht im Mittelp. s. Bahn stehen.[122]

Noch einen Umstand vom Gewölbe des Himmels 

[…]

6v <u>Publicum 15 Stunde ☿ den 7ten März</u>

Eine Erscheinung die mit der Vergrößerung des ☽ Zusammenhang hat .
Was Smith hierbey gefunden hat.→ 123,21–124,2

Noch etwas von den Vulcanen auf dem Mond.→ 119,16–24 Hevels und Ricc. Charten.[(364)]

Bianchini.

Im Plato Blitze gesehen.→ 120,13–14
Der Mond wendet uns immer <u>Eine</u> Seite zu
Folge. Er sieht uns im Zenith.→ 260,22–29
Reisen mögen geschehen.[123]
Doch nicht gantz eine Seite.
Schwanken.
Die Tägliche libratio diurna
nach der Breite
nach der Länge→ 52,10–16
Umdrehung um die Achse.[(119)] |

---

4 Jemand] *davor gestr.* im 6E

Was ist drehen. 7r

Gardiner.[(129)]

künfftig noch etwas mehr über das Drehen. vielleicht etwas von Schutdorfs 2tem Orrery.[124]

[...]

Publicum ♄ *den* 12ten May 1781. C 1, 2r = 1

Ich habe dieses Collegium, an einem sehr unrechten Ort geschlossen. Astronomie Theorie der Erde. Nicht allein in der Astronomie geschlossen, sondern mitten in der Lehre vom Monde, und selbst in der Lehre vom Monde habe ich in einer Abtheil. geschlossen.

Das heißt gewiß am Unrechten Ort

Diejenigen Herren die schon gehört haben pp.

ich würde in den Fehler verfallen in den der Verfasser Verville des Moyen de Parvenir der fängt sein Buch mit Car pp an und das Wort Car kommt hernach nie wieder vor.[125] Ich möchte am Ende mit Car anfangen, und weil das halbe Jahr kurtz ist, so möchte ich doch wieder mit Car aufhören, also dem[?] wollen wir vorbeugen.

Die Umdrehung des ☽ um seine Achse[126]

Der Mond nur eine Seite

cum grano Salis.[127]

Es ist aber sehr beynah wahr

Dreht sich der Mond um seine Achse oder dreht er sich nicht?

Freylich ein Wortspiel[?][→ 54,8–13] |

Was heisst sich drehen? 2v

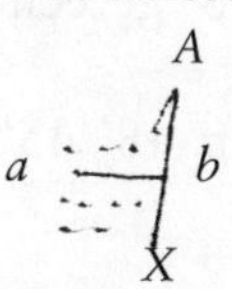

wenn die Linie *ab* sich immer parallel bleibt

An der Tafel

Am Globus

Was heißt ein Mensch dreht sich

Die Bewegung der Axe thut nichts

Das um gehen des Walles[128]

---

14 Verville] *erg.* 31 *erg.*

Drehte sich der Mond nicht um seine Achse was würden die Folgen seyn?
Die Libration ist würcklich so was.
Die Billiard Kugel am Faden mit Zeichnungen

das Polygon 

die Mehrheit der Stimmen

Gardiners Geschichte.[129]

Schluß. <u>Verba</u> valent sicut num[mi];[130] aber nicht jeder darf doch Müntzen prägen, also auch nicht jeder den seinigen jede Bedeutung geben, man muß also sehen was recht ist, und da ist es gewiß auf unserer Seite.
Es giebt hier Grade im Recht haben und wir haben Gewiß die Grosten von unsrer Seite. |

3r Libratio.
diurna
in Latitudinem
in Longitudinem.→ 52,10–16

Nr. 5 IX F, 116r; 115

116r Was ich in der lezten Stunde gethan habe.
Die Sonne ist etwa 21 Million Meilen von uns weg
die Meile zu 22843 oder etwa 23.000 Pariser Fuß gerechnet.→ 97,23–24
Die Erde läufft um sie herum in 365 Tagen 5 Stunden 48′ 45″ → 132,21–31
Was ein Tag heißt. Sonnen tag, Sternen-Tag: Meridian
Allein hier ergiebt sich ein merckwürdiger Umstand

---

4 mit Zeichnungen] *erg.* | Zeichnungen] *danach gestr.* die Billiard Kugeln die sich den[?] **12** haben²] *danach gestr.* die

die zwey Sonnen. Woher das kommt. Sie erlauben mir nun wieder des Josua seine populäre Sprache zu sprechen.[131]

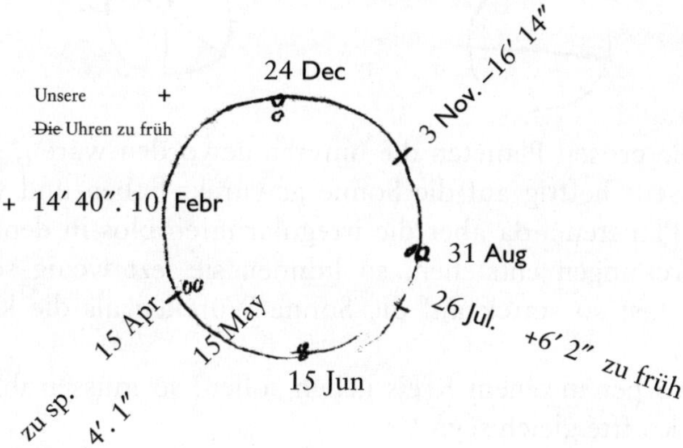

Den 24 März ist der Tag
23ᴴ 59′ 42″
den 20 Dec. 24 0 30
48″ im Winter länger als im Sommer
eine Thesis zum Disputiren.

Also unsere Uhren zeigen das nicht,
Man muß sich also hüten wenn man auf eine Observation geht, daß man nicht nach seiner Taschen Uhr sieht, ◂daher das Blättchen→ 118,12▸ oder sie gar darnach stellt. Der Astronom bekümmert sich darum nichts.→ 47,33–34
Die Sonn Uhren zeigen die wahre Zeit. Etwas von der Aequinoktial Uhr.[132]
können Uhren verfertigt werden, die immer die Wahre Zeit zeigen.
Ja allerdings aber nur um einmal einen grosen Herrn etwas vorzumachen und etwas aufzuhängen.[133]

365
1,8
2920
365
657,0 [134]

---

12 seiner … sieht] *für* der Uhr sieht

115r Sonnuhren.[135]

Wenn die grosen Planeten die unteren geworden wären, so würden sie sehr hefftig auf die Sonne gewürckt haben und weniger auf die Planeten[.] da aber die irregularitäten blos in dem Exceß der Würckungen entstehen, so konnen sie jezt wenig schaden, weil sie fast so starck auf die Sonne Würcken als die klein[en] Planeten.
Wenn Körper in einem Kreis gehen sollen, so müssen ihre Centrifugal kräffte gleich seyn.[136]
Wird Geschwindigkeit noch einmal so groß und es soll ein Kreis bleiben so müssen die Central Kräffte viermal so groß seyn (Centrif. Maschine)[137]

Ellipsen. ⊙ im Winter näher→ 126,30–127,12

Hingegen müssen ihre Schweren abnehmen wie die Entfernungen wenn die Geschwindigkeiten in verschiedenen Circkeln gleich seyn sollen.[138]

Wird der Körper in so angestosen, daß seine centrifugal Krafft

geringer ist als seine Schwere so senckt er sich innerhalb des Circkels, allein es wird in der höhern Mechanick demonstrirt, daß seine Geschwindigkeit in der Bahn schneller zu nimmt als die seyn müste ihn in einen Circkel zu treiben.
Obgleich die Schwer Krafft in dem Obern Theil ein Uebergewicht über die Centrifugal Krafft hat, so kommt doch endlich diese über jene hinaus und der Planet fangt sich an zu entfernen.[139]
Der Grose Comet von 1680 und 1681. hat nach Halley eine Um laufs Zeit von 575 Jahren. wir[d] also etwa im Jahr 2255 wieder kommen, →164,27–29 zu der Zeit wird man gewiß Newtons Nahmen wieder nennen, und da er unserer Erde so sehr nahe war, so

---

1–2 *vermutl. ältere Schicht, da mit anderer Tinte geschrieben, jedoch nicht gestr. u. daher ediert; in der Vorlage folgt die Skizze nach* Planeten. *(56,8) gehört jedoch sicher nicht zu dem neuen Text* **5** aber] *für* nur **6** schaden] *für* Schaden **21** in … Bahn] *erg.* **22** als] *danach gestr.* seine Schwere

kan er ihr noch näher kommen, und dieses wird durch das Studium unterhalten.

Der 1680, war der Sonne 166mal näher als die Erde, hatte eine 115v
2000 mal grösere Hitze als dies weißglühende Eisen angenommen[en], und hätte 50000 Jahre gebraucht zu kühlen, wenn er so groß als unsere Erde gewesen wäre,[→164,29–34] sein Schweif so lang als die ⊙ von der Erde * [140]

Der von 1607 und 1682 kam a͡o 1758 wieder zu erst durch den grosen Halley berechnet.[→164,11–17] Der von 1661 wird im Jahr 1789 erwartet.

Der Schweif breitet sich immer mehr aus vieles folgen ihm einiges entfernt sich von ihm, und konnen das Labsal für die Planeten werden. Was hat man von ihm zu halten? Vielleicht doch Dünste.

Sehr viel sehr gnaues wird man nie hoffen können, weil sie gar weit von der Sonne weggehen, wo sie sehr konnen gestört werden von einander selbst. und dann gehen sie durch die Atmosphäre der Sonne, wo sie ebenfalls ein sehr starcken Widerstand leiden. Der a͡o 1680 war nur $\frac{1}{6}$ des Sonnendurchmessers von ihr[?] entfernt, wird ihr immer näher kommen bey 2te Rev. und hinein fallen und dem grosen Ball Nahrung geben. Newton glaubt das der Stern in der Cassiopoea der im Nov. 1572. stund, habe eine solche Zuschürrung erhalten.[141] nach 16 Monaten gieng er wieder aus.

Eben so der Stern am rechten Fuß des Serpentiarus[!] im Jahr 1604 der 16 Monate Stund und hell war wie Jupiter.[→ 219,10–22] Seneka.[→ 167,25–169,28]

Ebbe und Fluth [142]

Man nehme an die Erde fiele nach dem Mond.

erstlich den Fall ohne merckliche Cohäsion der Theil oder Gravitation gegen einander.

Nehmen wir nun eine Centrifugal bewegung im Monde an ◂bey den Bahnen des ☽ und die Erde trifft eben das ein▸ so bleibt alles einerley.[143]

3–7 *erg., Einfügemarkierung * ohne Gegenstück* 9–10 Der … erwartet.] *erg.* 9 wird] *danach gestr.* erst 11 vieles … ihm] *erg.* 13–14 Vielleicht … Dünste.] *erg.* 15 sehr] *erg.* 32–33 bey … ein] *erg. oberhalb des Absatzes, Zuordnung durch Bearb.*

Sehr schön wenn man ersten den Zug betrachtet als wäre er auf alle Theile des ☽ einerley[,] als dann das übrige addirt und subtrahirt.
Es ist also nicht so wohl der Zug des Mondes, als die Differentz der [*bricht ab*][144]
Newton hat bewiesen, daß die Fluthen sich verkehrt verhalten wie die Cubi der Entfernungen.[145]
Daher folgen sich auch 2 Springfluthen nie offenbar.
Die gröste Springfluthen sin[?] [*bricht ab*]

Nr. 6 IX F, 132; 147–148; 114; 125r

132r = (A) In der lezten Stunde bis auf das Egyptische.→ 25,14–18 <u>Pythagoras</u> und viele seiner Schüler ◂gegen 500 Jahr vor Christi geburt▸ hatten ein weit absurderes nemlich das Potolomäische[!]. das von einem sehr viel neuern Astronomen Ptolomäus der 140 nach X^{to} schrieb. Es bekam den Nahmen, weil sein Almagest. das eintzige vollständige Astronomische Werck ist, das wir von den Alten haben.→ 229,25–27
Sein System erklärt.
Allein die Inegalitäten.
durch Epicyklen→ 228,24–229,4
Dieses kam dem Corpenikus[!] abgeschmackt vor. Allein man muß nicht glauben, daß er der erste war. Es hat alte und neuere Schrifftsteller vor ihm gegeben.
Cicero berichtet nach dem Theophrast. daß Nicetas gelehrt habe die Erde drehe sich um ihre Axe und Plutarch erzählt vom Philolaus einem Schüler des Pythagoras 450 Jahre vor X^{ti} Geburt, daß er gelehrt habe die ⊙ stehe in der Mitte.→ 230,21–231,25 Ein[e] vortreffliche Stelle im Seneka. Quæst. nat. L. VII. C. 25 u 26.

---

1 auf] *erg., davor streicht Bearb.* in **4–5** Es … der^{2}] *erg.,* **12** gegen … geburt] *erg., Zuordnung durch Bearb.* **15–22** sein … erste] *am Rand neben diesen Zeilen offensichtlich nicht zugehörige triviale Nebenrechnungen aus älterer Schicht* **27–59,4** der … Seite] *am Rand neben diesen Zeilen zwei offensichtlich nicht zugehörige Skizzen aus älterer Schicht, die erste wiedergegeben unten* 146,23–27, *die zweite im wesentlichen identisch mit der oberen auf Bl. 149v* (84,22–29)

Es hat Philosophen gegeben die gesagt haben: ihr irrt wenn ihr glaubt daß es Sterne gäbe, die vor und rückwärts gehen, diese wunderliche Bewegung kan in dem himmlischen Cörpern selbst nicht statt finden; sie gehen nach der Seite zu nach welcher sie geworfen sind, halten in ihrem Lauf nicht inne, sie ändern ihre Richtung niemals; warum aber scheinen sie dann doch zu weilen zurückzukehren? Daran ist die ⊙ die Ursache |
Ihre Bahnen oder Kreise sind auf eine solche Art gestellt. daß sie 132v
uns zuweilen betrügen, eben so wie man zuweilen glaubt ein Schiff stünde stille das doch mit vollen Segeln segelt.[146]

Also Copernikus wie half sich der hier aus? höchst vortrefflich. Erklärt. Das ist nun das vortreffliche Welt System.→ 76,16–78,23

Tycho. Erfand 50 Jahre nach des Copernikus seinem das seinige. Erklärt wie er sich aus den Epicyclis half.→ 40,27–30 hier kommt man nicht mit ihnen aus. Konte das Copern. nicht annehm

Tycho war ein vortrefflicher Mann, vielleicht ein größerer Astronom als Copernikus. Einer der ersten Beobachter die je gelebt haben.→ 79,10–18 Was Kepler von ihm hat.→ 80,15–19

♄ = 100
<u>199. Se</u>mid. der Erde.[147]
4 ☿
4 + 3 ♀→ 91,17–27

Allein das ist doch alles noch nicht gnug, wir müssen also alles aufsuchen um diese Dinge noch independent von andern[?] zu beweisen.

Beym Umwältzen der Erde die Canonen Kugel die Stille steht und wogegen das Bastion anrennt→ 82,25 |

<u>Vierte Stunde.</u> 147r = (B)

Tycho selbst sagt: planeta stationarius planeta retrogradus. Er hätte also nur seine eigne Sprache prüfen sollen.→ 38,22–33

<u>Umdrehung der Erde um ihre Axe.</u>

Wenn man die ungeheuren Massen bedenckt deren Gröse doch schon Tycho kannte, die sich um unserer Erde herum drehen müssen.

---

12 System] *danach gestr.* // Wir stehen hier. Simples Gesetz. 13 des … seinem] *für* dem sein 32 deren Gröse] *für* die | doch] *davor gestr.* man

Wenn wir sehen, daß sich andere Körper um ihre Axe drehen, die so sehr viel voluminöser sind, als unsere Erde.→ 80,27–81,4

Wenn man bedenckt, daß wenn man dort wohnte der Himmel uns eben so erscheinen müste, als uns, daß nun alle diese unbegreifliche Dinge so sehr begreiflich werden. welcher venünfftige Mensch wird noch zweifeln konnen

Allein dazu kommen noch die gantz entschieden Versuche mit dem Pendel.

Richer der 1670 nach Cajenne geschickte wurde machte zu Paris sein Pendel 36″ 8‴,52 lang zu Cajenne schlug es ihm zu langsam er must um 1,25‴ abkürzen.[148]

Göttingen 36″ 8‴,71.

Sie haben vielleicht etwas von der Würckung der Wärme gehört, das Pendul vorgezeigt.[149]

Er ist nicht so starck daß er sich bey Fluidis äusser[n] kan.[150]

Allein das ist die Ursache nicht man findet das alles heutzutage beständig noch.

Auch haben die Französischen Mathematicker, die in diesem Jahrhundert nach dem Pol giengen und die das wohl zu corrigiren wusten, eben das gefunden.[151] |

147v Allein wir wollen nun einmal sehen, was denn das für herrliche Argumente sind, die man diesen lehren entgegen sezt.[152]

Der Augenschein, die Deekschuyte[153]

So müsten wir des nachts auf dem Kopfe stehen, unsere Reisen haben uns völlig davon über zeugt.[154]

Ein Stein könne nicht an den Boden des Jacobi Thurms fallen.

Auch davon haben uns die Schiffe das Gegentheil belehrt.[155]

Diese Lehre gehört eigentlich in die Physic. Ich will sie doch mit nehmen.

5 : 3 der Aequator 5400 Meilen wir also $\frac{3}{5}$ davon. Das ist etwa 900 Fuß in einer Secunde.

Die Canonen Kugel gegen den Wall.→ 82,7–32

Umdrehung um die Sonne.

Die Fixsterne. müsten sich anders sehen lassen ist nichts.

---

1 daß] *danach gestr.* unsere 4–5 unbegreifliche] *erg.* 5–8 begreiflich … Pendel] *am Rand daneben erg. u. gestr.* Ein Wechsel auf einen Kaufmann im Jupiter, wenn man ein so nützliches Collegium läse. 18 die[2]] *danach gestr.* na 28 nehmen] *danach gestr.* // Das Billiard[?] vielleicht. 29 5400] für 5300

Die Fixsterne müsten ungeheuer groß seyn weil er die 3ter Größ[e] gleich 1er Minuten sezte. Das ist nicht wahr, die größten hab[en] kaum 1e Secunde.[(223)] Tycho

700mal weiter weg als Saturn.
ein leerer Raum das ist nichts.
Planeten und Cometen können da seyn.→ 81,11–13

Die Cometen wären nicht afficirt, das wäre ein starckes Argument. Ihre Bahnen werden entsezlich verzerrt. Cassini hielt so gar einmal deswegen einen Cometen für 2. | jezt ist es eines der herrlichste[n] Argumente für die Umdrehung.[156] 148r = (C)

Sonderbar ist es, daß schon Tycho eine Krafft zwischen der Sonne und den Planeten vermuthet hat, die sie an sich zöge, also über den Saturn hinaus und doch soll diese Krafft unsere Erde nicht afficirn[157]

Etwas von den Kreisen am Himmel.→ 225,23–32

<u>Ecliptick.</u>

Nun Bewegung des Lichts.

<u>5te St. den 6 Dec.</u>

Ich bin in der Lehre von der Bewegung des. Lichts stehen geblieben Daß sich das Licht allmählich fortpflanzt, ist ausgemacht. Wie hat dieses ausgemacht werden können. Es ist eine von den Sinnreichsten Entdeckungen auf die der menschliche Verstand je gefallen ist, und ist also wohl der Mühe werth, daß wir uns etwas gnauer darum bekümmern.

Wie verfährt man, wenn man die Geschwindigkeit einer Sache messen will.

Bach[158]

Schall.[159]

Beym Licht geht das nicht.

Das Licht geht so schnell. daß es in etwas mehr als 16′ = also in 1000″ 42000000 Meilen durchläuft das giebt etwa, das giebt nicht einmal $\frac{1}{24}$ ◂930000 mal geschwinder als der Schall beynah eine Millionmal▸ einer Sekunde für den gantzen Durchmesser unserer Erde, und was wolte man dann für das Grund Signal annehmen |

---

21 allmählich fortpflanzt] *erg.* **31** in²] *erg.*

148v Der grose Römer ◂Kam 1671 mit Picard nach London blieb 10 Jahr zu Paris 1681 Prof der Math. zu Copenhagen▸, den ich weil mir ein mal gesagt worden daß er von deutscher Abkunfft sey, in e[i]nem sehr patriotischen Gedicht ein Deutschen genannt hab.[160] Er ist eigentlich 25. 7bris 1644 zu Aarhus in Nordjütland gebohren. Er machte die Entdeckung 1675. † 19 7bris 1710. Am 28 Oct. 1728 verbrannten alle s. Mspte zu Kopenhagen.[161]
Kempfenfeld.[162] ein Schwede.
Wie? Das verdient beherztigt[!] zu werden.
Erstlich vom Schall, *a* eine Canone die alle Minute einen Schuß thut *AB* = 60000 Fuß so braucht der Schall eine Minute durch

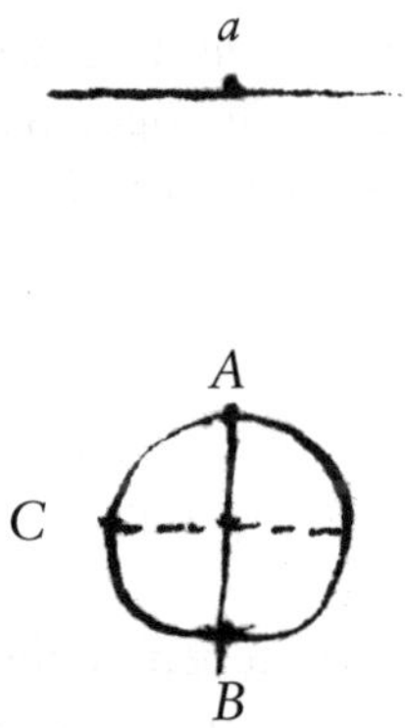

AB zu gehen. Nun soll ein Schiff von *A* durch *C* nach *B* gehen in einer Stunde mit einer gnauen Uhr. so würde das Schiff in *C* den 30ten Schuß um $\frac{1}{2}$ Minute später hören, und den 60ten in *B* um eine gantze Minute. So etwas ereignet sich aber bey den Jupiters Trabanten finsternissen, deren Umlaufs Zeiten gnau bekant sind. Nemlich der erste Jupiters Trabant bewegt sich in 42$\frac{1}{2}$ Stunden um den Jupiter und die Finsternisse kommen in *B* um 1000 Sec. später, das heißt das Licht lauft in 1000 Sec. ◂16′ 15″ = 975″▸ 42000000 Meilen. 114°. 35′ 29″ macht den Diameter des Circkels aus so viel durchläuft das Licht etwa in 1000 Zeit Secunden, allein wie viel durchläuft die Erde in 1000 Secunden? Antwort nur 40″ ihrer Bahn wie verhalten sich aber 40″ : 114° 35′ 29″ Antwort = 40 : 412,529 oder wie 1 : 10,313. Nun auf das Schiff. → 83,30–84,10 Allein dieses ist grade die Tangente von 20″.[163]
Dieses nun auf die Circkel im Pol der Ecliptic angewandt, und auf die graden Linien in der Eclipt. ○ — → 84,11–85,20
Allgemeine Schwere. Licht Elecktricität,[164]

5 25 7bris] *erg. L*$_B$*, mit Tinte nachgezogen* | Aarhus] *für* Coppenhagen *L*$_B$*, mit Tinte nachgezogen* | in Nordjütland] *erg.* **6** 19 7bris] *erg. L*$_B$*, mit Tinte nachgezogen*
10 Erstlich … Schall,] *erg.* | Canone] *für* Cannone **12** *AB*] *für* A bis[?] B **14** in C] *erg.* **16** und] *danach gestr.* ††† | den 60ten] *erg.* **17** Jupiters] *danach gestr.* Finster
21 und] *danach gestr.* da kommen etwa 1000 S **23** 1000 Sec.] *oberhalb erg. u. gestr.* eigentlich 967″ = 16′ ⟨7″⟩{15}″ **24** 114°. 35′ 29″] *oberhalb erg.* 114 35′ 29″
25 das Licht] *für* die Erde **28** 40 : 412,529] *oberhalb erg. L*$_B$ 40 : 412592
1 : 10,313] *oberhalb erg. L*$_B$ 1 : 10313 **30** im Pol] *für* in

Der Mond durch läuft in einer Secunde 33‴ seiner Bahn davon ist der sin versus $\frac{1}{240}$ eines Pariser Fußes, das ist 3600 mal we-[n]iger als ein Körper an der Erde da er nur 60 Semid. der Erde weg ist, so folgt dieses aus der Abnahme der Schwere→ 190,3–31 |

den 13 Dec. 114r = (D)

Wir haben nun zuerst gesehen, daß unsere Erde wenigstens rundlich ist und nicht wie ein Brett aus gedehnt, daß sie sich um ihre Axe dreht, und daß sie um die Sonne läuft und nicht im Mittelpunckt des Systems steht. Ich habe ihnen auch erklärt was das Band ist, das unser System hält. Wir müsse[n] Nägel Stricke Stangen gebrauchen. Der Schöpfer braucht das nicht. Er hat uns mit Ketten an die Sonne angekettet die unzerbrechlicher sind, als Stahl und Eisen und Demant und doch sie ausser halb dem Kreiß unserer Sinne gelegt. Wenn jemand ein mal von einem Weltkörper wo keine Schwere wäre auf unsere Erde käm er würde glaube[n] er wär da gehext und angebannt.→ 187,16–29

Dieses alles in 6 Stunde.

Die Methode ist etwas Eigen. Sie werde[n] sich wundern ich habe ausser dem Wort Eccliptic wenige gebraucht, nichts von Declination Diese Wörter gehören auch eigentlich nicht inn eine physische Astronomie, die eigentlich sich nicht damit abgibt wie man Himmel mißt, sondern wie man das bereits gemessene gebrauchen soll die Phänomene zu erklären und ihre Ursachen anzugeben.[165]

Nun komme ich auf einen neuen Artickel, nemlich die Bestimmung der Absoluten Größ[e] dieser Kreise die wir um die Sonne beschreiben Die Frage ist, wie weit ist die Erde von der Sonne, und wie ist man zu diesen Kenntnißen gelanget.

Sie können leicht dencken, daß von dem Satz: Die Sonne sey so groß als ein zinnener Teller Biß zu dem sie ist Million mal größer nicht als ein Zinn Teller, sondern als unsere Erde, mancher brave Schluß gemacht werden muß.→ 87,17–24 |

Wie bestimmen die Geometer die Distantz eines Ort zu dem sie nicht kommen können? Umständlich gezeigt, das geht nicht.→ 91,33–92,2 114v

---

2–3 das … Erde¹] *erg.* 6–7 wenigstens … und] *für* wo 13 und³] *Dittographie*

Den Mond dazu genommen wenn er halb voll ist, ist gar nicht genau[→ 92,7–8]

Etwas von Parallaxe. Ist gar kein Astronomisches Wort es gehört eigentlich in die Optic. Der Sehe winckel ein Objeckt Warum hat so viel mit Parallaxen in der Astronomie zu kramen. Weil wir uns nicht in den Mittelpunckten befinden.[→ 237,4–15]

Nun mehr das Keplerische Gesetz.

Eine der grösten Entdeckungen die in der Astronomie gemacht worden sind. 1618 d. 15 März.

Die Quadrate der Umlaufs Zeiten verhalten sich wie die Cubi der Entfernungen.[166]

Ex. Jupiters Umlauf $4332\frac{3}{8}$ Tage Erde etwa $365\frac{1}{2}$ Tag[.] Quadrate 18769473 und 133407 das ist etwa wie 140693 : 1000

Die Mittleren Entfernungen wie 52 : 10 Davon sind die Würfel 140608 und 1000, ist das nicht ausserordentlich? wa[s] ist die folge denn wir können uns jezt eine Charte machen. Denn die Umlaufs Zeiten lassen sich so leicht betrachten. <u>Man darf nur mehrere</u> zusammen nehmen.[→ 90,15–20]

Allein hier fehlt der Maasstab. Wer hat nun den gewährt Der Durchgang der Venus durch die Sonne. Dieses ist nun ein höchst merckwürdiger Umstand.

Die Durchgänge der Untern Planet[en] erst seit 1629. Dieser grose Mann [*bricht ab*][→ 92,9–18] |

125r Den. 10. Jenner.

Ich bin neulich bis an den Uranus gekommen, da wir nun zu andern Cörpern übergehen wollen, die nicht so sehr in unserer Nachbarschafft bleiben so muß noch etwas von den Linien sagen, darin sie sich bewegen. Etwas von der Ordnung warum die Grosen Oben.[167]

Wir haben von Circkeln geredet, und in der That weichen sie auch nicht sehr von Circkeln ab.

Daß sie nicht in Circkeln gehen fällt so sehr in die Augen, daß es nur ein sehr unachtsamer übersehen kan. Die Sonne scheint groser. So ebenfalls der Mond.

Also wenn wir in Circkeln gehn, so kan Sonn der Mittelpunckt nicht seyn. Sie können nicht concentrisch seyn wegen Mars.

28–29 Etwas … Oben] *erg.* **34** Mond.] *danach gestr.* // Mars in Opposition. ⟨niemals so⟩ nicht immer einerley Gröse.

Nimmt man Circkel an so passen die über Erscheinungen nicht.
Die Erde im Winter näher.[168]
Eigentlich ist es nur ein Fall, wo er einen Circkel ist
Wenn ein Cörper anders gestosen wird.

Er nähert sich dem Cörper mit Geschwindigkeiten die Schneller wachsen als wie die mit denen er Circkel beschreiben könte folglich bekommt er also endlich die Überhand über diese. und entfernt sich auf eben die Weise wieder Die Rechnungen sind nicht von den leichtesten aber auch nicht von den schwersten. Seine Geschwindigkeit an der Stelle ist viel zu starck um [*bricht ab*] [169]
Dieses wird uns nur weiter führen. Sie sehen also darin nichts unmögliches daß Körper in langen Elipsen gehen.
Schon lange Zeit hat sich die Menschen schrecken lassen
Hevel muthmasete daß sie Parabolischen Ursprungs waren, noch nicht in den Brennpunkt. Dörfel Prediger zu Plauen. 1680.
Newton[170]

10–11 Seine … um] *erg.* 12 Dieses] *davor gestr.* Es ist kaum möglich daß mehrere Körper um den selben Mittelpun //

Vorlesung Winter 1785/86

Nr. 7

IX F, 1–2 u. 18v–17r (1–7 u. 9–10)
IX F, 109–110 u. 108 (Bl. I–II, S. III,2)
IX F, 143–146; 149–151 (a–g)
IX F, 121 („zwischen g und h“)
IX F, 152–153 (h–i)
IX E, 3 („ad pag. i“)
IX E, 5; 4 (k, „Beylage zu k“)
IX F, 158v–159 (16, ⟨17/18⟩ = l)
IX F, 162 (⟨19⟩/20 = m)
IX F, 160 (l^a)
IX F, 163; 193; 197–198 (⟨21⟩ = n – q)
IX F, 175; 179–182 („Meeres-Länge“)
IX F, 208; 31/32; 205/206 (r–v)
IX F, 184/185; 207 („Von der Chronologie“ u. „Chronologie“)
IX F, 186–189; 190/191; 166; 168 (w–z, aa–cc, „ad p. cc“)
IX F, 169; 192; 45 (dd–ee, „ad ee“)
IX F, 28; 33; 30 (ff, „Nota ad ff“, „Beylage zu (ff)“)
IX F, 29; 43; 26; 14 (gg–hh, „Beylage zu S. hh)“, „Beylage zu hh.“)
IX F, 46; 48–50; 53; 51–52 (ii–nn, „nach nn auf der ersten Seite unten“)
IX F, 54–62; 70; 73; 71 (oo–yy, „ad (yy)“)
IX F, 74; 72 (zz, „NB zu z^2. 2te Seite“)
IX F, 75–79; 80 (a^3–e^3, „ad e^3“)
IX F, 82–84; 81 (f^3–h^3, „ad c^3. Nutation“)
IX F, 85; 87–91; 93–95 (i^3–r^3)

1r = 1 Einleitung zum 2ten Theil der Physic.

den 31 Oct. 1785.

Die Physic ist in unseren Tagen von der einen Seite durch eine so grose Menge von Entdeckungen bereichert worden, ohne daß von der andern durch die Ausfindung des Hauptstammes aus dem diese Mannigfaltikeit sproßt das Studium mancher Theile derselben sonderlich erleichtert worden wäre, daß man beym Vortrage, wenn man nicht gar darüber hinlaufen will, sehr Ursache hat, für die Zeit zu sorgen.
Ich habe deswegen schon seit mehreren Jahren im Lesecatalogo, nicht Physic überhaupt zu lesen versprochen, sondern blos Experimental Physic, oder diejenigen Sätze aus der Naturlehre vorzu-

---

28 ist] *für* hat | Tagen] *für* Zeiten **28–29** so grose] *für* solche **31** mancher Theile] *erg.* **33** Vortrage,] *danach gestr.* derselben † möglich

tragen die sich theils durch Versuche unmittelbar, theils durch die alltäglichsten Erfahrungen des gemeinen Lebens hinlänglich erläutern liesen, und doch hielte es mir schwer auch nur da durch zu kommen.

Es musten also nicht allein einige Capitel, die in den gewöhnlichen Compendiis der Physic vorkommen gantz wegbleiben, zum Beyspiel die Astronomie, woraus sich dennoch ohne große Mathematische Kenntnisse vorauszusetzen eine Menge von Dingen verständ|lich machen lassen, die jedem Manne von Erzie- 1v = 2
hung nicht allein in der Gesellschafft unentbehrlich sind, sondern die ihm auch selbst eine der grösten Unterhaltungen gewähren, deren, ich glaube nicht zu viel zu sagen, der menschliche Geist fähig ist;

Ferner blieb weg die allgemeine Betrachtung des Körpers den wir bewohnen;

Die Betrachtung seiner Figur und wie man nach und nach zu der Kenntniß derselben gelangt ist.

Die Beschaffenheit seiner ungeheuren Wasserbehälter, der Meere und der Periodischen Bewegungen in demselben seine muthmaßliche innere Beschaffenheit, und den daraus hergeleiteten Ursprung der mannigfaltigen Quellen, der Ströhme, der Vulcane und der Erdbeben.

Ferner die nähere Kenntniß des dünnen und feinen Meeres, das über unsern gantzen Wohn-Ort in eine Tiefe ausgegossen ist, die sehr viel beträchtlicher ist, als die des Wassermeeres, ich meine des Lufftmeeres. Die Revolution in dem selben.

Die Winde, Nebel und
Wolcken,
Donnerwetter,
Regen,
Hagel Schnee und Thau.

Ferner lehrt uns die Vernunfft allerley über den wahrscheinlichen Ursprung der Gebirge und der jetzigen Form des trocknen unserer Erde. Ob wir gleich hiervon sehr wenig gewisses wissen, | so 2r = 3

---

3 auch … da] *erg.* 19–22 seine … Erdbeben.] *erg.* 23 das] *für* daß 25 die] *erg.* 31 Hagel] *danach gestr.* und 33 trocknen] *danach gestr.* auf

ist es doch gut einmal zu hören, was vernünfftige Menschen darüber gedacht haben.

Ein vernünfftiger Mann solte über alles eine Meinung haben, wo er zu zweifeln anfängt solte er wenigstens sagen können warum er zweifelt. Und wo er glaubt es sey alles ungewiß, wo er sich nicht entschließen kan etwas zu behaupten, solte er doch wenigstens die Gründe anzugeben wissen, warum er es nicht kan und nicht mag. Auch hiervon, von diesen Ungewißheiten wird etwas vorkommen. – Da aber sehr scharfsinnige Menschen hier ihren Verstand und Einbildungskrafft aufgeboten haben, etwas zu schaffen, das sich wenigstens hören läßt, so kan auch dieses wieder zur Repetition von nützlichen Sätzen dienen.

die Ungewißheiten lehrreich

Wenn man alles bedenckt, was in der Experimental Physic nicht mit genommen werden kan, (in der Experimental Naturlehre), so mögte man fast fragen, was wird denn nun da tracktirt. Wenn man die Sache so vorstellt, so solte man fast glauben, man vergäße über der Kenntniß der Natur, den Himmel und die Erde, und da freylich befände man sich in dem Fall des Gascoigners der sagte, er wäre zu Paris gewesen, es hetten aber so viele Häu-
2v = 4 ßer da gestanden, daß er die | Stadt nicht habe sehen können.[171]

Allein das ist nicht. Ich kan und darf mich zwar nicht darauf einlassen ihnen den Unterschied aus einander zu setzen zwischen diesem und dem andern Collegio[172], und führe nur kurtz dieses an:

In den XI ersten Capiteln des Compendii,[173] die ich in dieser Stunde nicht tracktire, werden die Versuche gezeigt, und die Erfahrungen angeführt, aus denen man die Gesetze nach und nach entwickelt hat, nach welchen sich die Erscheinungen in der Natur überhaupt richten, und Anwendungen auf die Ereignisse gemacht die uns am nächsten angehen, nahe um uns her liegen.

die allgemeinsten Gesetze mit den Anwendung[en] auf das was uns am nächsten liegt

1 einmal] *danach gestr.* gehört 4 er[2] … können] *für* er wissen 13 man … bedenckt] *für* Sie dieses alles bedencken 21 darf] *für* will 26 die[1]] *danach gestr.* Erf 29 überhaupt] *erg.* | und Anwendungen] {⟨und⟩} [*gestr. u. wieder gültig gemacht*] ⟨zugleich die⟩ ⟨{ohne deswegen gleich Anwendungen}⟩ Anwendungen 30 nahe … her] *unterstr.* L_B 31–32 *für* das allgemeine, Was allen Cörpern zukömmt, und zugleich werden Anwendungen gemacht auf Dinge L_B

Es wird also da von den Eigenschafften des Cörpers, nicht des Mondes oder Jupiters sondern des Cörpers überhaupt gehandelt, es mag nun das eine Flinten kugel oder eine Sonne seyn. Es wird da vom Gleichgewicht der Körper gehandelt, ohne uns darum zu Bekümmern, ob dieses ein Paar Planeten oder ein Paar Pfund-stücke sind, vom Gleichgewicht flüssiger Körper ohne uns wieder darum zu bekümmern, ob das Barometer Röhren, Weingläßer oder Weltmeere sind. |

Von der anziehenden Krafft der Körper gegen einander und 18v=5 ihren verschiedenen Verwandtschafften, das man eigentlich den Webe Stuhl der Natur nennen könnte.

Von der Lufft, die uns umgiebt, und den merckwürdigen analogen elastischen Flüssigkeiten mit denen sich jezt die gantze physische gelehrte Welt beschafftigt.

Vom Licht und seinen Verhältnissen gegen andere Körper daher.

Die Optick

Dioptrick und

Catoptrick.

Vom Feuer und seiner Würckung der Wärme, worin man heut zu tage so weit gekommen ist, ein Fluidum, ohne das wir, so wie ohne die Lufft, nur wenige Augenblicke leben können. Es werden die Quellen angezeigt, wie die Natur Wärme ohne Sonne und Flammen überall zu entwickeln weiß, und überall entwickelt.

Ferner die mannigfaltigen Elecktrischen Erscheinungen, und die magnetischen mit deren Vorträge man gantz bequem ein gantzes halbes Jahr anfüllen könte.

Von allem dem kömmt hier schlechterdings nichts vor.

Was ist es aber was hier vorkömmt? |

Weiter nichts, als die Anwendung von allem dem, auf das große 18r = 6 Weltgebäude überhaupt mit Erzählung dessen, was es eignes hat, und auf unserer Erdkugel im gantzen genommen.

Weil aber die Materie hier und da ohne diese Grundlehren, trocken ausfallen könte so bin ich willens, so viel es die Zeit verstattet auch in diesen Stunden, wo es nöthig ist, die nöthigen

Damit es nicht zu trocken ausfalle

---

1 Cörpers] *danach gestr.* überhaupt 9 einander] *danach gestr.* da 12–13 analogen] *danach gestr.* Flü 14 gelehrte] *erg.* | beschafftigt] *danach gestr.* Vom Li 19 seiner Würckung] *erg.* 30 große] *erg.* 31 überhaupt] *erg.* 33 *Rand* L_B

Versuche beyzubringen; Nur werden sie mich gütigst ents[ch]uldigen, wenn ich hier und da etwas als bekannt voraussetze, was vielleicht manchem Herrn, der das erste Collegium nicht gehört hat, nicht bekannt ist. Dafür kan ich nichts.

Ich wende mich nun mehr zur Sache selbst, der Astronomie. oder zu der Lehre vom Weltgebaude überhaupt.

Unter allen Wissenschafften, die der Verstand des Menschen bearbeitet hat, ist noch schwerlich eine die ihn von der einen Seite in einem gläntzendem Licht zeigt, und von der andern auch seiner Unbedeutlichkeit und in seinem Nichts so darstellt, als die Astronomie. und also auch schon von der Seite Stoff zu einer Menge von moralischen Betrachtungen giebt. Ich sage in seiner Größe, wenn man bedenckt, daß ein Geschöpf, das selten über 6 Fuß hoch wird, ja zuweilen mit samt seinem Perspektiv | [*fehlen S. 7f.*]

17v – 9 ich in der Bibel von Wundern lese Z.E. daß Todte erweckt worden sind, so kan der Beweiß nicht anders als schwer zu führen seyn, weil so etwas heutzutage nicht mehr geschieht. Hingegen in der Astronomie ist das gantz anders: Kein Mensch wird läugnen können, daß es wenigstens einige Menschen geben müsse die Lauf von Sonne und Mond so gut kennen, als den von einer Taschen Uhr, weil sie auf Jahrhunderte voraus sagen können, wann eine Finsterniß vorfällt, und zwar auf Minuten.

Auch muß ja selbst, der tiefsinnigste Calculateur wieder glauben, nemlich den Beobachtungen. Ja mancher berühmte Rechner hat bei seinen Rechnungen den scheinbaren Durchmesser eines Gestirns auf Treu und Glauben angenommen, der sicherlich nicht im Stand gewesen wäre ihn selbst zu messen.

Uranus von Leuten berechnet, die ihn nicht gesehen haben.

Copernikus soll den Merkur nicht gesehen haben.[174]

Also es wäre grausam, alle die vortrefflichen Menschen, die nicht im Stand sind die Rechnungen der Astronomen von Grund aus zu prüfen, von diesen Kenntnissen auszuschließen, durch die Religion so sehr unterstüzt wird, die ein[e] recht eherne Mauer wider den Aberglauben sind.

---

1 gütigst] *erg.* 7 Verstand … Menschen] *für* Menschliche Verstand 8–9 ihn … zeigt] *für* ihm so viel Ehre bringt als die Astr 10 so] *erg.* 19 anders:] *danach gestr.* Jederman

Ich werde Ihnen zu seiner Zeit demonstriren, daß Ziehen pp.→ 194,3–8

Also, ich werde beweißen, und wo der Beweiß zu weitläufftig oder zu schwer werden würde, erzählen | was von den berühm- 17r = 10 testen Männern ausgemacht worden ist.

So enge aber auch die Gräntzen sind, die ich mir hier setze so sollen sie doch finden, daß ich einige Sachen so demonstriren werden, als es selten an Orten geschieht, wo man die Sachen sogar allein und ex professo[175] tracktirt.

Etwas vom Compendio.[176] |

Calender 1781 p. 3.[177] 109r = I

Astronomie selbst.[178]

Die beste Methode die Sache vorzutragen, ist nach der Meinung der grösten Kenner[179] die, welcher vermuthlich die Menschen bey der ersten Entdeckung gefolgt sind und haben folgen müssen.

Hier verläßt uns freylich die Geschichte offt Allein man will auch damit gar nicht sagen, daß die Menschen so gegangen seyen, sondern es soll nur eine Methode abgeben.

Wer ihr treu bleibt kan sich nicht verirren denn wer den Fortgang einer Wissenschafft so vorträgt, wie wahrscheinlicher Weise nach und nach eine Horde arabischer oder chaldäischer Hirten darauf gekommen ist, wird natürlich nichts annehmen können, was nicht dem gemeinsten Verstand einleuchtet.

Man will damit gar nicht sagen, daß es würcklich so zugegangen sey. Die Geschichte verläßt uns hier, und wir wissen nur weniges aber dem ohngeachtet bleibt es eine vortreffliche Methode.

Nicht sagen, daß es würcklich so zugegangen sey

Unsere Erde Eine Kugel

Unsere Leibes-Länge, und selbst die Höhe gemeiner Berge ist so gering, daß wir von der gekrümmten Fläche nur sehr wenig über sehen können. Wir halten deswegen unsere Erde für eine Ebne. Das ist der Glaube | aller gemeinen Menschen und des Pöbels 109v überhaupt, sowohl des vornehmen als des niedrigen.

---

5 Männern] *danach gestr.* fest 7 sollen] *für* werden 20 wer] *danach gestr.* eine Wi[?] 22 oder chaldäischer] *erg.* 25 Nicht … sey¹] *Rand* L_B 28 Unsere¹ … Kugel] *erg.*

Viele wissen zwar, daß die Erde eine Kugel ist, allein sie wissen es auch leider nur und begreifen es nicht

Verbindung von Empfindung mit dem Hören sagen

Wenn man die Vorstellungen solcher Menschen sehen konte man würde öffters über die Art lächeln müssen, mit der sie das, was sie die Empfindung lehrt mit dem verbinden, was sie blos von hören sagen haben.

Hollenbergs schönes Beyspiel. Trieb zur Sicherheit

Weißgerber Frantz[180]

Die Erde erschien also dem Menschen flach und der Himmel oben drüber gestürzt wie das Glas über das Zifferblatt einer Taschen Uhr.

Lange gedauert

Das mag lange genug gedauert haben, da dieses System jezt noch so vielen Menschen gefällt die doch täglich in die Gesellschafft der unterrichteten kommen.

Gewöhnliche Umständ[e] gute Köpfe

Endlich machten gemächliche Umstände einen guten Kopf aufmercksam.[181] |

110r = II

wo?

Alles dieses wird bezweifeln wenn man bedenckt, wo Astronomie Ihren Ursprung genommen hat.

Heiterkeit Asien Afrika

In innern Theile von Asien und Africa wo fast Jahr aus Jahr ein ein reiner Himmel ist.

Traurige Betrachtung für unsere Observatoria Ein $\frac{1}{2}$ Nebel, und Wolcken

Milchstraße

Dort ist alles heiter, die Milchstrase sieht weiß aus, die Fixsterne stehen brennend und Still am schwartzen Firmament

Niebuhr

Niebuhr.[182]

Hitze

Dazu kam noch daß, die Hitze der dasigen Gegenden das Volck zwang manche Feld Arbeiten des Nachts zu unternehmen, bey denen man noch gute Muße hat aufwärts zu blicken.

Uhr und Calender

Was konte da anderes geschehen, das Uhr werke des Himmels muste Ihnen bald, zur Uhr und zum Calender dienen.

Noch tägliche Beyspiel

Wir sehen ja noch täglich Beyspiele unter uns, die wir Uhren haben.

Astronom. Bauern

In allen Ländern giebt es Astronomische Bauern.[183]

---

3 *Rand* L_B 7 Trieb … Sicherheit] *erg.* 12 *Rand* L_B | dieses System] *für* es 14 *Rand* L_B 18 *Rand* L_B 19 *Rand* L_B 23 *Rand* L_B 25 *Rand* L_B 26 *Rand* L_B 28 denen] *danach gestr.* Man † | Muße] *für* Muse L_B 29 *Rand* L_B 31 *Rand unterstr.* L_B

Ja die gemeinsten Dorf Mädchen wissen, daß wenn die Gluckhenne[184] des Abends aufgeht, und die Spinnclubs mit ihren Herrlichkeiten bald ihren Anfang nehmen. |

Bey einem solchen Schauspiel ist es den ruhigen Menschen unmöglich gleichgültig zu bleiben. 110v

Philidor[→ 17,16–19] Philidor.

Das erste war wohl, dieses, daß die Sonne, die heute aufging, eben die war, die gestern untergegangen war. Denn daß täglich eine andere käme, oder wie der Gascogner muthmasete, sich des Nacht wieder heimlich zurück schliche, war wohl nicht zu glauben[(171)] Sonne dieselbe ⊙ geht nicht des Nachts zurück

Dieses lehrte ihn, daß die Ebene nicht unbegränzt sey.

Andere die östlich und westlich gewesen waren sagten eben das, es sey dort wie hier Andere die westlich und östlich gewesen

Dieses konte schon auf eine Runde der Erde führen, die dem Himmel parallel liefe. führt auf die Ründe der Erde.

Nach einigen leichten Beobachtungen wurde diese[s] gewiß.

Die Schiffe Schiffe

wie sie verschwinden. nicht wie ein Vogel oder ein Inseckt

Dieses hörten sie von entfernten Orten, sahen es hinter sich und vor sich |

<u>2.te Stunde.</u>[185] 108r = III,2

⟨Ich habe gestern allerley Beob. angeführt die den Menschen noch auf die Muthmassung gebracht haben mehr kan man es nicht nennen, daß die Erde eine Kugel oder besser ein Kugelichter Cörper sey.⟩

<u>Taschen Calender 1781.</u>[(177)]

⟨Ich habe dafür erstlich die Begränztheit der Ebene angeführt und daß Leute, die von Osten oder Westen komen, alles eben so sehn.⟩

Die Schiffe, wie sie verschwinden.

Noch besser die Berge und Städte man <u>verliehrt das Nahe</u> eher als die Fernen, welches gar nicht seyn könte, so müste uns das entfernte eher verschwinden, als das nahe.

---

2 Spinnclubs] *für* Spinnstunden 2–3 mit … Herrlichkeiten] *erg.* 7 heute] *erg.* 9 *Rand* L_B 18 *Rand* L_B 22 Stunde] *re. daneben erg. u. gestr. (vgl. 70,24–30)* (Noch etwas von dem Glauben. Copernikus den Merkur nicht gesehen. Uranus berechnet von Leuten die ihn nicht gesehen 23 allerley] *danach gestr.* Ur

Wenn ich über einen rundlichen Berg gehe pp
so sehe ich leicht daß dieses keine ebne ist

Auch die Bewegung der Sonne und des Mondes trugen dazu bey.

Von Süden nach

Noch weiter, wenn die Menschen von Süden nach Norden Reißten, so verschwanden ihnen Sterne, gegen Süden und andere, die sie in ihrem Leben nicht gesehen hatten kamen ihnen zum Vorschein.

Sterne nicht mit allmähligem Licht

Und das nicht mit allmähligem Licht, sondern auf einmal, wer da nicht darauf verfällt, daß er auf einem Bogen einhergeht, der muß würcklich ein sehr stumpfer Mensch seyn.
So sahen die Griechen zu Alexandr. den Canopus einen merckw. Stern im Schiff $7\frac{1}{2}°$ (15 mal Sonn[en] Durchmesser) über die Horizont, hingegen kamen sie nach Rhodus, nördlicher, so konten sie ihn kaum noch von der Spitze der Berge sehen.[186]

108v = III,3

Giengen Sie südlicher zum Ex. noch Syene, so sahen Sie | den Stern immer höher. Also Krümmung von Norden nach Süden

Krümmung von Westen nach Osten

Ist es also nicht eine sehr vernünfftige Frage zu fragen wenn uns die Sonne tief steht, so steht sie andren vielleicht noch höher, eben so wie wir[?] den Canopus[;] also ist auch die Erde eben so von Osten nach Westen gekrümmt. Die Schiffe und Berge lehrten das schon zum Theil.[187]

⊙ und Monds finsternisse.

Und nun wurden sie gar darin noch von den Sonnen und Mondfinsternissen bestärkt einige sahen eine Sonnenfinsternisse am Horizont, die den andern in einer beträchtlichen Höhe vorging. Auch ereignete sie sich nicht um dieselbe Zeit. ZE.

NB.

So gelangte man sicherlich zu den ersten rohen Vorstellungen von der Kugelgestalt der Erde, die nachherige Zeitalter. Beobachtung ander[er] Planeten, Umseglu[n]gen Messung ausser allem Zweifel gesezt haben, wovon wir künfftig handeln werden.

> Hinzu kommen in späteren Zeiten, die Betrachtungen das die ⊙ ☽ und alle Planeten Rund sind, ja das unsere Erde einen Schatten auf den Mond wirft, so wie er von einer Kugel geworfen wird.

Sie werden sich nicht durch die Berge abschrecken lassen. Chimborasso. Chimborasso. 3217 Toisen oder 19302 Pariser Fuß verglichen mit einem Grade des Aequators auf dem Globo, also

---

4 *Rand* L_B **8** *Rand* L_B | mit … Licht] *unterstr.* L_B **17** *Rand* L_B **22** *Rand* L_B
34 Chimborasso[1]] *dreifach unterstr.* **34–75,1** Chimborasso[2]. … Meile.] *erg.*

kaum was wenigsten[?] über $\frac{3}{4}$ d. Meile. 75 mal der Jacobi Thurm. Konte von Ramberg nicht auf den Globus getragen werden.

Soviel nun von der ersten Kugel.

Wie sah es aber mit dem Himmel aus

Dencken Sie sich nun den schönen Himmel wieder von dem ich gestern gesagt haben, wo jeder Stern hell hinter den Horizont hingeht.→ 72,19–25

 [188]

also <u>Die</u> Erde eine Kugel steht fest und hat ein Kugel um sich

Die Astronomen haben noch andere Ursache den Himmel sich als eine Kugel zu dencken[189]

Ist dieser Erklärt, alsdann einige Wörter [*bricht ab*][190] |

☽ <u>5te Stunde den 7 Nov. 1785.</u> 143r = a

Wir haben in der lezten Stunde, von dem Egyptischen System gehandelt, wobey schon 2 Planeten um die Sonne gehen, ich habe es deswegen einen großen Gedancken genannt, weil, da schon 2 Planeten um die Sonne giengen, konte man nicht auch den Mars

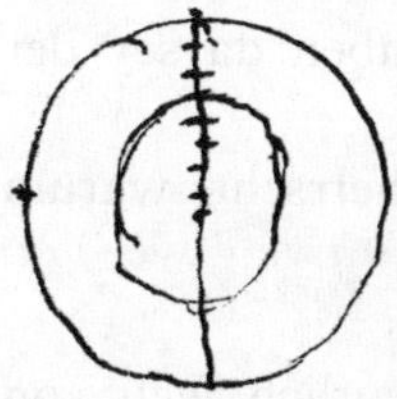

um die selbe gehen lassen. Hiezu hatte man würklich die gröste Ursache. Erklärt. ♂ ist in seiner Opposition fast halb so weit es als in den viertheln, und in der conjunction gar wie 3 : 13. Dieses ist zu arg um es aus den ohnehin lächerlichen Epicyclis zu erklären.→ 25,14–26,10

Dieses fiel endlich dem Canonikus zu Frauenburg in Poln. Preussen. dem Nicolaus Copernikus[‡] auf. Ja schon andere Leute haben es gefühlt. Der <u>ruchloß</u> klingende Ausspruch des König

1 kaum] *danach gestr.* ³ 10 also] *erg.* | *erg.* 22 Opposition] *für* Conjunction halb] *für* noch einmal *davor gestr.* ein 23 13] *für* 8 26–27 Frauenburg … Preussen] *für* Frauenberg

Alphonsus von Castilien ist daher sehr bekannt. Er sagte wenn ihn Gott bey der Schöpfung zu Rath gezogen hette.[191]

[‡]gebohrn zu Thorn 19 Febr. 1472.
viel Liebe zur Mathem.
studirte Medicin und wurde Doctor derselben zu Cracau, in seinem 23ten Jahre gieng er nach Bologna, wo er sich einige Zeit aufhielt. Lehrte auch Mathematik zu Rom † 1543 im May.

Jöcher sagt er den 19 Febr. gebohrn und an seinem Geburts tage den 24 May gestorben das sind 2 starke Schnitzer.[192]

Allein wir wollen das Ptolomäische System deswegen nicht tadeln. Hätten es diese Leute nicht erfunden, so hätte es ein anderer erfunden, es ist eine sehr morsche und zerbrechliche Staffel auf der Leiter auf der man zur Wahrheit gestiegen ist, aber allemal eine sie muste da seyn, das System ist nach dem sinnlichen Schein eingerichtet, von dem wir allemal ausgehen.[193] |
143v Er fand die Absurditäten,[194]

Er redete und probirte nicht in den Tag hinein, sondern er räsonirte.

Er schloß so die Erde ist rund. Es ist eine der simpelsten Formen Die Flüssigkeiten nehmen diese Form von selbst an. Wir sehen sie auch an der Sonne und an dem Mond[195]

de Revol. orb. coelestium 1543.[196]

Er sprach schon von dem Zug, alles fällt auf die Erde zu, was ich von ihr aufhebe, und daher ist sie rund. Allein die Sonne und der Mond sind es auch. Also könnt ihr nicht schließen, da wo alles hinzufällt, muß der Mittelpunkt der Welt seyn, denn begebt euch in Gedancken auf den Mond und die Sonne, so würdet ihr es eben so finden, also würdet ihr auch dort glauben da sey der Mittelpunkt der Welt.
Also da die Schwere auf allen diesen Cörpern herrscht, warum sollen wir die Erde zum Mittelpunckt annehmen.
Dieser Gedancke ist ihm gantz eigen.[197]
Ferner, sagt er, die Fixsterne müssen ausserordentlich Weit von uns weg seyn, denn wir sehen immer die Hälffte der gantzen Kugel oder viel mehr der grösten Kreiße. Also ist unsere Erde die doch so groß ist nur ein Punckt, in dieser ungeheuren hohlen

---

3–9 *erg.* 3 19 Febr] *erg.* 19 ⟨Jan.⟩{Febr.} 7 im May] *für* an seine[m] Geburtstage [an seine[m] *irrig nicht gestr.*] 21 coelestium] *für* terrestrium 31 *am Rand mit Doppelstrich markiert* 34 oder … Kreiße] *erg.* | Erde] *danach gestr.* nur

Kugel, und ist sie einmal nur ein Punckt, wer will wissen, wie weit sich jener Umfang erstreckt. Also solte sich das alles um die unbeträchtliche Erde drehen ◂und bey der Geschwind. die alles haben müste immer gleiche Distantz halten man muß freylich nicht auf die edle Einfalt der Natur schließen.→ 36,31–32 Sie haben Sie deswegen an gläßern[en] Hohlkugeln angehefftet. Die Planeten hatten wieder ihre eigne Kugeln.▸, da man alles so leicht erklären kan, wenn man annimt daß sich dieses unbeträchtliche Dinge um seine Achse | dreht.[198] 144r = b

Ferner da ☿, ♀ Um die Sonne gehen, was hindert uns alle die kleinen ebenfalls um diesen gros- und Hellen Körper, der allen ihr Licht giebt herumlaufen zu lassen und unsere Erde ebenfalls. Dadurch werden alle die Epicyclen gehoben.

So entstund das System, das eintzige wahre, und der Nahme des grosen Mannes, der es erst eigentlich etablirt wird so lange dauern, als die große Maschine selbst. Es ist wahr was die Umdrehung der Erde um ihre Axe und um die Sonne anbetrifft so haben sie schon Nicetas von Syracus und Philolaus gelehrt. 450 Jahre vor unserer Zeitrechnung.[199] Eigentlich Aristarch von Samos wie HE. Prof. Eberhard Neue vermischte Schrifften Halle 1788. 8vo S. 67. unwidersprechlich dargethan hat.→ 230,21–231,25 Sie[he] Compendium 4te Auflage am Rande.[200] Copernikus verschweigt es auch nicht, daß er den Alten vieles zu dancken habe, allein wer in des großen Mannes Wercken nur die ersten Blätter lesen will, wird finden daß der Mann, mit einer Art davon verspricht, die zeugt, daß er alles selbst gedacht hat, und hätte erfinden können, wenn es noch nicht erfunden gewesen wäre.

Auch hat er seine Meinung so vertheidigt, daß man glauben solte sein Kenntnisse hätten sich weiter erstreckt, als für den damaligen Zeitraum möglich war: Und dieses ist das wahre Zeichen des Genies.

Als man ihm einwendete die parallaxin annuam antwortete er grade zu. Die gantze orbita ist ein Punckt.[201]

4–5 man … schließen] *erg.* **8** erklären kan] *Dittographie* **16–18** Es … gelehrt] *am Rand durch senkr. Strich markiert* **18** Syracus] *danach gestr.* gelehrt **19** 450 … Zeitrechnung] *erg., Zuordnung durch Bearb.* **19–22** Eigentlich … Rande.] *erg.* **20–21** Neue … 67.] *erg.* **25** einer] *danach gestr.* gewissen Sicherheit und **30–31** Und … Genies.] *erg.* **32–33** *am Rand durch senkr. Strich markiert* L_B **32** parallaxin annuam] *unterstr.* L_B

Es ist für wahr kein Wunder, daß das Cop. System widerspruch fand. Er lehrte etwas was gantz gerade dem sinnlichen Schein entgegen ist. Er konte sich also nur den Beyfall der Dencker versprechen, aber wie viel sind deren? unter 100 kaum einer zumal in einem so barbarischen Zeitalter. Indessen wenn dergleichen Menschen überhaupt etwas bedencken könten, so würden sie billiger seyn. Wir leben in beständigem Streit mit dem Zeugniß unsrer Sinne. Wir sind alle Augenblick Copernikaner[202]

Regenbogen
Newton[203] |

144v Nun wollen wir einmal sehen wie es sich nun mit den Epicyclis verhält.

Hier Bodens Orrery [204]

Um die Zeit der Conjuncktion gehen die Planeten schnell vorwärts; um die Zeit der Opposition rückwärts.[205]
Das ist nun dieses System gantz im rohen Zustand.
Der große Mann konte einiges im ungleichen Lauf der Sonne und der Planeten nicht erklären weil man gar zu sehr an die Circkelbewegung gebunden war, er verfiel wiederum in Epicyclos.[206] Dieses ist ein kleiner Fleck auf dem Ruhm dieses großen Mannes, allein einer kan nicht alles thun.
So will ich das Copernicanische System stehen lassen. Wir werden es aber sehr ausprobiren.
Nun kömt Tycho. 50 Jahre nach dem Copernikus.

Copernikus † 1543
Tycho gebohrn 1546

Er konte das Ptolomäische nicht annehmen.→ 80,20–21
B. 2. p 7→ 37,23–25

6te Stunde ♂ 8 Nov.

Nach dem Copernikus kam Tycho Brahe in Schonen im Jahr 1546 ◂Den 13 Dec. schon in s. 13 Jahr studirte er in Coppenhagen und die ⊙finsterniß den 21 Aug 1560 frappirte ihn so, daß er auch so etwas machen wolte. voraussage lern[en]▸ gebohren, der solte nun ein Jurist werden, so wie Copernicus ein Mediciner. nach Leipzig 1562 Allein es war unmöglich ihn zum

---

25 Copernikus] *davor gestr.* Cop. † 30 Brahe] *danach gestr.* zu Knudstrup
35 nach … 1562] *erg. am unteren Rand, Zuordnung durch Bearb.*

Juristen zu machen, sein Hang zur Astronomie war unüberwindlich. | Er blieb zu Leipzig, wo er studirte gantze Nächte auf lernte 145r = c
die Sterne vermittelst eines Globi kennen, der nicht größer war als eine Faust. Maß von Anfang die scheinbaren Distantzen der Sterne mit einem Circkel, den er ans Auge hielt und hernach auf ein Maasstab trug. Nach der Hand verbesserte er die Instrumente sehr, und er hat sich erst der sehr großen bedient[207]

Er starb, den 24 Oct. 1601 zu Prag. und 1609 wurden erst die Ferngläser erfunden.

Tycho war ein ausserordentliches Genie, und man sagt nicht zu viel, wenn man ihn einen der grösten pracktischen Astronomen aller Zeiten nennt. Er war ein viel größerer Astronom als Copernikus, der eigentlich mehr Philosoph, als wenigstens Praktischer Astronom war.[208] Es fehlte bis auf seine Zeiten an detaillirten datis, man hatte genug in Astronomie geträumt, allein facta und facta selten
Beobachtungen waren selten, und diese hat er in einer großen Menge gegeben, so daß die großen Aufklärung[en] in der Astronomie sich eigentlich von diesem großen Manne herschreiben. Zumal wenn man die Unvollkommenheit der Uhren und der Uebrigen Instrumente bedenckt muß man erstau[n]en. Er bediente sich noch häufig der Quecksilber Uhren.[209] Seine Augen

Was er gethan hat kan man schon aus diesem Werck sehen.[210]

König Friedrich der 2te begünstigte ihn ausserordentlich er schenkte ihm nicht allein ein Landgut auf der Insel Huen im Sund, wo er das berühmte Observatorium Uranienburg baute, sondern ihm auch den Bau selbst, der sich auf 100000 Thaler belief zu gut that. Nach dem Tode des Königs übel behandelt ging er nach Rostock, von da wurde er von HE. von Ranzau nach Wandsbek, von da von Kayser Rudolph dem 2ten nach Prag.

Nun hafftet auf seinem Ruhm der bekannte Fleck daß er das Copernicanische System nicht für wahr erkannt, und weil er in diesen Irrthum verfallen ist, den jezt so viele Mezchen[211] zu beurtheilen im Stande sind. Weil selbst auf niedern Schulen offt verächtlich von dem Tychonischen System von Lehrern gesprochen wird, und einem die Leute zu wenig von den unsterblichen

8 den … Prag.] *für* wo ich mich recht erinner 1601 **11** pracktischen] *erg.*
13 wenigstens Praktischer] *erg.* **14–16** detaillirten … Beobachtungen] *Unterstr.* L_B
15 hatte] *für* hat | *Rand* L_B **20–21** Er … Augen] *erg.* **26–29** Nach … Prag.] *erg.* L_B **34** von Lehrern] *erg.*

145v Verdiensten des Mannes sagen | so hat man gewöhnlich keine sonderliche Begriffe von den Verdiensten dieses Mannes. Allein das ist sehr unrecht verfahren, es kommt mir eben so vor, als wenn junge Leute[,] Tertianer, wenn man den König von Preußen aus daß er schlecht Latein, quot verbos tot ponderes,[212] oder bey Newton blos von der Apocalypse[213] beurtheilen wolte. jezt schwächt sein System die Vorstellung von seinen übrigen Verdiensten Zu seiner Zeit war es umgekehrt, sein erstaunlicher Ruf und seine ausserordentlichen Verdienste, machten daß das Copernicanische System sehr merklich verlohr. Der berühmte Rothmann, Astronom des Landg. Wilhelm IV von Cassel, der selbst einer der thätigsten Beobachter seiner Zeit war, war ein Copernicaner gieng auf die lezt zum Tycho und wurde von ihm bekehrt.[214] Das Copern System verlohr starck, und es hätte nicht viel gefehlt, so wäre es wieder in Vergessenheit gerathen. Allein es muste Kepler kommen, der es in sein volles Licht stellte und zwar hat der Himmel es gewolt, daß dieses durch Beobachtungen geschehen muste die Tycho selbst gemacht. Auf diese Art hat sich die Wahrheit am Tycho gerochen.[215]

Warum er das Ptolomeische nicht annehmen konte, Er sah den Mars näher als die Sonne. Bey der opposition von 1582.[216]

Ehe ich etwas von seinen Bewegungsgründen sage, die er hatt es zu verlassen, will ich kurtz sagen was das Tychonische System eigentlich ist. Es ist das Egyptische, verbessert.→ 37,28–31 Hierdurch erhielt er eine sehr simple Erklarung des Stillstehen pp.→ 40,27–30
Seine Klagen waren.[217]
1) Es sey nicht wahrscheinlich daß eine so plumper Körper als die Erde um die Sonne laufe und sich noch dazu um seine Axe drehe. Dieses ist der schwächste Einwurf. Er selbst hielt schon den Jupiter für 14 mal so groß als die Erde und die Sonne auch

---

2 Begriffe … den] *erg.* 4 Tertianer] *erg.* 4–6 den … wolte] *für* vom König von Preußen redet etwa blos die Schlacht bey Kollin anführen wolte, oder bey Newton blos von der Apocalypse 6–19 jezt … gerochen.] *erg.* 7 Vorstellung] *für* Begriffe 11 Rothmann] *unterstr.* L_B 12 selbst] *erg.* 16 Kepler] *unterstr.* L_B 20 das] *danach gestr.* Tychon 22–26 *durch eine Art öffnender eckiger Klammer am li. Rand zusammengefaßt; oberhalb der ersten Zeile die Anweisung* Dieses muß ans Ende NB. *erg., wobei die von L. beabsichtigte neue Textabfolge unsicher ist; möglicherweise ist der Hinweis durch die Wiederaufnahme des Themas ‚Ägyptisches System' zu Beginn der nächsten Seite bereits umgesetzt* 24–25 Hierdurch … pp.] *erg.* 25 er] *danach gestr.* sei 30–81,1 und … größer] *erg.*

für größer. (Progymnasmata. P. II. p. 95.).[218] Die Umdrehung um die Axe ist sehr natürlich.

Tycho hielt die ⊙ für 140 größer als die Erde.,[219] dem war das Umlaufen derselben zu verzeyhen. Aber daß 60 Jahre nach ihm Ricciolius kam, der die Sonne schon 38,600 mal größer als die Erde annahm,[220] es noch glauben konte ist kaum begreiflich. Indessen ist doch auch dieses wahr, sie konten damals alles erklären und man könte immer sagen, es ist eine Frage ob die Mechanik des Himmels dort oben dieselbe sey. wie auf unser[er] Erde.

II) Cometen reimte sich nicht. aber das ist nicht wahr.[221]
2) Ein anderes wäre der Leere Raum, von dem man jezt weiß, daß er den Cometen dienen könne. Was bedeutet denn der Raum zwischen dem Mars und Jupiter.[222]
3) Sinnreich ist der Einwurf von der Größe der Fixsterne. die viel größer seyn müsten, als die Erdbahn. Heutzutag hat man gefunden daß das Licht gröstentheils falsch ist, sie sind Punckte, wo her rührt das?[223] 4) seine Frömmigkeit B.[2] p. 8→ 37,32–38,33
5) Andere zusammen gesezte Bewegung.→ 82,7–32 |
Nur was ist denn nun das System das er an die Stelle schob. 146r = d
Das verbesserte Egyptische. Erklärt→ 37,28–31

Wie er den Epicyclis Gnüge thut→ 40,27–30

E‡† Hauptgrund seiner Frömmigkeit; er war würcklich ein sehr frommer Mann.
B 2.→ 37,32–38,33

Noch einen Einwurf gegen das Cop. System von dem Schießen in die Höhe.
B 1.→ 36,27–37,7

Es ist immer besser in diese Irrthümer zu verfallen, als in die die von der fälschlichen Einsicht in die Einfalt der Natur herrührt. Prorektor Frey.→ 36,29–32

Galilaei 22 Jun 1633.
Inquisition
Es geschah von einer kleinen Commission aus Neide.
Er hatte dem Cardinal Bellarmin versprochen.
Als Kirche hat es die Catholische Kirche gelehrt.→ 39,1–26

Alsdann, auf Richer.→ 60,7–11

3–9 *auf Bl. 146r am Rand* **5** 38600] *danach erg. u. gestr.* 0 **10** II) … nicht.[1]] *erg.* aber … wahr.] *erg.* **31–35** L_B **33** *darunter schriftliche Nebenrechnung* 16*60=960+15=975

7. Stunde. ♃ den 10 Nov. 85.

Tycho hätte sich um so weniger sollen durch Josuas Ausdruck verführen lassen sollen, da er sich selbst des Ausdrucks planeta stationarius pp bedient. Hätte er also nur seine eigene Sprache geprüft, so würde ihm die von Josuah sehr verständlich gewesen seyn.[→ 38,22–33]

Noch einen Einwurf, den man dem Copern. Syst. macht ist, dieses daß kein Stein könte an den Fuß eines Thurmes fallen, von des Gipfel ich ihn herab würfe. Wenn man der gleichen Leute ohne sich sonderliche Mühe zu geben widerlegen wolte, so dürfte man Ihnen nur den Mast und das Ballspielen anführen.

146v Erklärt Allein, man kan es sehr gut erklären. Etwas von | dem Motu composito auch die Versuche mit dem <u>kleinen Billiard</u>, und Kästners <u>Brettchen</u>.[224]

alsdan wieder zurück auf das Schiff und Mast.

spielen mit einer Orangen in einer Kutsche. Schlittschuhe[.] wir haben uns nicht darum zu bekümmern[,] nur die schwer Krafft

Nun mit dem Jacobi Thurm.

Man muß sich vorstellen der Jacobi Thurm

> Jacobi Thurm etwa 250′ hoch da wo man noch stehen kan, ein Körper braucht etwa 4″ herunter zu [fallen]

Man hat dem ungeachtet den Versuch angestellt

> NB 5400 Meilen Aequator
> 5 : 3. Also wir etwa 900 Fus
> Bastion[225]
> Moutier
> 24 Pfünder 12 ℔ Pulver
> 1) 1800′. Südwestlich
> 2) 2202′. Oestlich NB.
> 1) 51″ aus
> 2) 53″ —
> 28″ tiefe Löcher in die Erde.[226]

B. 1. lezte Seite.[→ 36,27–37,7]

Nun fernere Beweiße. (das Umdrehen der andern.

Spharoidische Gestalt der Erde.

---

10 zu geben] zugeben *L*, *trennt Bearb.* **16–17** Schlittschuhe … Krafft] *erg.* **21** 4″] *für* $1\frac{1}{2}$ [?] Sec. **35** Gestalt] *für* Gestallt

Tausend Umstände geben es zu erkennen, daß die Erde in ihrem ersten Zustand flüssig war, davon kömmt künfftig etwas vor.[227] Wäre sie es aber auch nicht, so enthält sie doch Flüssigkeiten. also die Erde unter dem Aequator höher.

Der Jupiter über 1400 mal gegen 1500 mal größer als unsere Erde, dreht sich in 9^h. 56′ um seine Axe. Verhältniß der Durchmesser 13 : 14 bey der Erde etwa 200 : 201. Also um $\frac{1}{201}$ Theil ist die Axe kleiner Das können wir nicht sehen.[228]

Bouguer 178 : 179
Klügel 187 : 186.
(Klügel Astron. p. 81.)[229]

Wie man dieses gefunden hat kömt vor.
Richer Pendel. 1671.[→ 60,7–11] B. 1 lezte Seite.[→ 36,27–37,7]
Umdrehung um die Sonne. (andere Planeten
Epicycli. um $1\frac{1}{4}$ Linie verkürtzen |

was hier fehlt ist aus (C) genommen.[→ 61,20–62,16] liegt unten nach Litt: o[230] 149r = e

In der lezten Stunde. Von dem Kreis der 60000 Fuß im Durchmesser hat, wo man den Schall unten um eine Minute später hört, noch etwas umständlicher.[→ 62,10–16] Nun wuste man, daß die Jupiter trab. Verfin unten um etwa 1000 Sec, und in den ZwischenZeiten verhältnißmäßig später vorfallen, als die Rechnung gegeben hat. Dieses zu erklären hatte Römer den grosen Einfall. anzunehmen das Licht pflantze sich allmählig fort, und zwar gienge es in 1000 Secunde durch die Erdbahn. Nimmt man dieses an so läßt sich alles erklären. Geht aber das Licht so, so habe ich in der lezten Stunde gezeigt, daß sich die Geschwindigkeit der Erde in ihrer Bahn zu der des Lichts verhalten müsse wie 1 : 10313. Nun Uebergang

Ist aber dieses richtig, bewegt sich das Licht so, so können auch die Fixsterne unmöglich stille zu stehen scheinen, sondern sie müssen eine scheinbare Bewegung haben und was für eine. Dieses zu erklären, wollen wir uns nun wieder einmal ein Schiff dencken. viereckigt; mit Meridianen auf dem Boden. Auf dieses Schiff werde von Mittag aus, aus einer Canone geschossen genau auf dem Meridian, so daß die Kugel[n] durch beyde Wände durchschlagen.

---

5 1400] *für* 14 20 wuste man] *für* hat man bemerckt

1) Wenn das Schiff stille steht.
2) Wenn es sich so geschwind bewegt als das Schif.

$$a\beta : ac = 1 : 1;$$

3) das schiff nur halb so geschwind: so wird

$$ab : ac = 1 : 2.$$

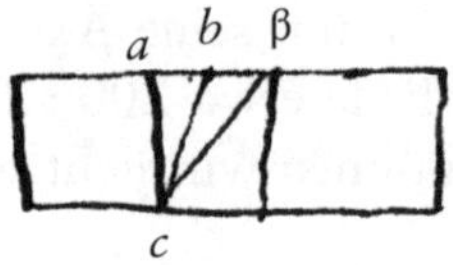

Um wie viel wird er seine Canone falsch stellen |
149v Wenn aber nun die Kugel mit der Geschwindigkeit des Lichts durch die Wände schlüge um wie viel würde sich der Schiffer irren. um 20″.
Nun nehmen Sie aber statt der Canone ausserhalb die Fixsterne an, und statt der innern Canone einen Tubum so würde also natürlich der Mann, dem wir jezt den Honorabeln Tietul von Astronomen geben wollen würde seinen Tubum in dem Fall um 20″ voraus stellen.
Wie der Tubus einen Circkel von 40″ im Diam[?] beschreibt. Mit einem Fleck an der Decke erläutert.

> Fälle zu betrachten
> Wäre die Erdbahn eine Grade Linie rückwarts und vorwarts?
> Ware die Erd[bahn] eine Flache Ellipse u.s.w. **NB.**[231]

Allein aus dem was ich von dem Schiffe gesagt habe, werden Sie finden, daß der Mann immer seinen Tubum minder falsch stellen wird je mehr er gegen die Gegend zu segelt, wo der Stern steht. Mit einer Zeichnung erläutert. ja segelt er gar darauf zu, so wird er ihn richtig halten. Die Folge daraus. Liegt ein

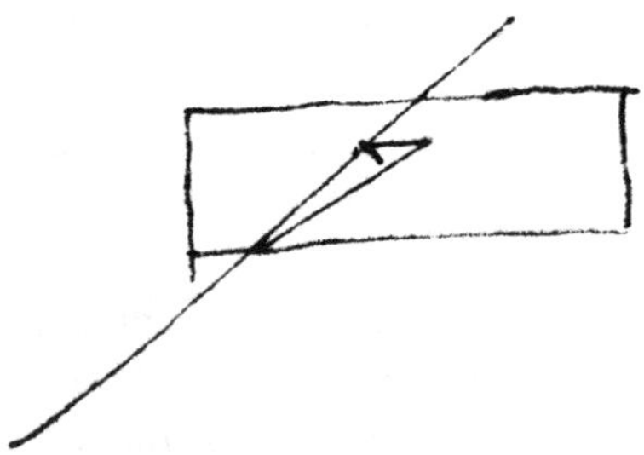

3 *erg.* 5 *erg.* 9 um … viel] *für* wie 12 Canone] *erg.* 16–17 *Am Rand gestr. Zeichnung, anhand derer L. ursprünglich wohl die scheinbare Bewegung eines Sterns bei einer Erdbahn in Form eines Achtecks erläutern wollte* 17 erläutert.] *danach gestr.* // Als den *danach gestr.* L_B Wäre unsere Erdbahn ein Quadrat so würden die Sterne {im Pol der Eclip.} Quadrate zu beschreiben scheinen

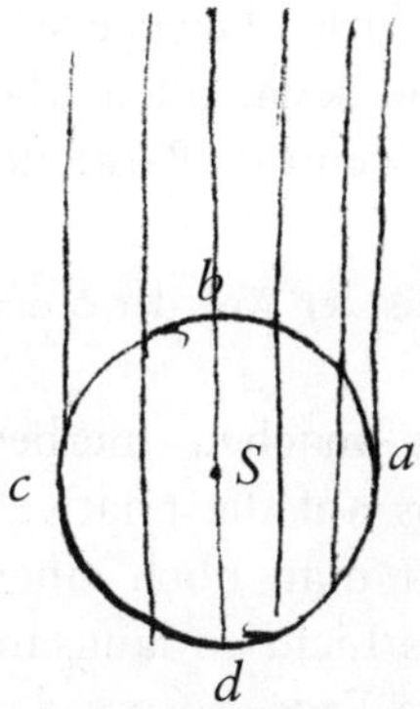

Stern in der Ecliptic, und schießt seine Strahlen nach den gezeichneten Richtungen, so wird er ihm $\frac{1}{4}$ Jahr vor der opposition bey *a* stille zu stehen scheinen in der wahren Stelle, bey *b* in der opposition sieht er ihn 20″ voraus. bey *c* sieht er ihn wieder am wahren Ort folglich muß nun der Stern wieder zurü[ck]gegangen sey[n]. von *a* bis *c* durch *b* befindet sich der Stern immer östlich von seiner wahren Stelle und von *c* bis durch *d* immer westlich. |

Mit einem Wort. Wenn sie die Erdbahn auf die unendlich entfernte Kugel so projiciren daß sie ihren Radius 20″ geben, so wird sie kleine Kreiße und Ellipsen darstellen in deren Mittelpunckt jedes mahl der Wahre Ort des Sterns ist. 150r = f

Dieses ist eine nothwendige Folge davon wenn das Licht sich allmählig fortpflanzt, wenn die Erde sich um die Sonne dreht und wenn sie sich mit der Geschwindigkeit dreht. Dieses ist was in den catalogis Fixarum[(92)] Aberration heißt, und was eine verdrießliche Rechnung erfordert.

Die Sache, daß die Sterne sich so drehen, ist zu erst von Picard bemerkt worden, als er nach Uranienburg geschickt ward um dessen Lage zu berichtigen, hernach von Molineux in Kew, und endlich von dem großen Bradley zu Greenwich, der auch den Einfall hatte es mit Römers Entdeckungen zusammen zu hängen und sich die Unsterblichkeit zu verschaffen. Das ist es nun was aberration heißt.

Man hielt es von Anfang für Parallaxe, allein das kan nicht seyn, wenn sie bedencken wie sich die Sache verhält. Was ist Parallaxe? Es ist eigentlich der Winckel, den zwene Lichtstrahlen an einem Objekt machen unter denen dasselbe, in zwey verschieden[en] Standpunckten gesehen wird, oder auch, mit andern Worten der Winckel unter welchem die Standlinie bey dem Objekt erscheint an deren Enden es beobacht wird.

4–5 scheinen … Stelle] *erg.* **7** wieder] Dittographie **8** *a … b*] *für b* bis *c* **13** Radius 20″] *für* Durchmesser 20″ **14** kleine … darstellen] *für* in kleinen Kreißen und Ellipsen b **16** wenn] *danach tilgt Bearb.* sich **19** catalogis Fixarum] *für* Astronomischen Tafeln *davon irrig nicht gestr.* schen Tafeln **21** *Rand* L_B | Picard] *unterstr.* L_B **23** Molineux] *unterstr.* L_B **31** auch] *danach gestr.* der **32–33** bey … Objekt] *erg.*

150v Mit einem △ erläutert. Nun angenommen die Erde | bewege sich in einer geraden Linie, so wird alles dasselbe seyn, allein das Objekt entfernt sich vom Scheitel, da es sich wenn es Parallaxe wäre, demselben nähern müßte.

Bey den 20″ wird nothwendig voraus gesezt. das der Weg der ♁ den Strahl rechtwinklig durchkreutze.

Die Verschiedenen Distantzen der Fixsterne machen hierbey keinen Unterschied. Denn es kommt hier blos auf die relativen Geschwindigkeiten [an.] Ja vielleicht entdeckt man noch einen Unterschied. Gäbe es einen Stern von dem das Licht so langsam käme, daß es nicht schneller gienge als unsere Erde, so würden wir ihn im 45° von seinem wahren Orte sehen; stünd er im Pole der Eclipt. so würde er uns als ein Planet erscheinen, der sich um den Pol der Ecliptic drehte in einem Kreis, dessen durchmesser 90° wäre. Daß indessen unter den vielen Irregularitäten keine hieher gehört kan man daher sehen. weil sich nicht jährlich †††
Hier haben Sie also einen unumstößlichen Beweiß von dem Umdrehen der Erde um die Sonne. Was würden die Alten, wenn sie so etwas erkannt hätten nicht für Kreischen erfinden, die die Fixsterne beschreiben. Alles das hängt so vortrefflich zusammen.

Hier sind nicht blos 3 Zeugen, sondern mehrere Tausende und mit einem Herschelschen Teleskop wird sich die Anzahl sehr vervielfältigen lassen.

Planet um den Pol der Ecliptic→ 86,9–15

verschiede[ne] Farbe[n][232]

Sterne entstehen und vergehen.→ 219,3–23

<u>10te St. den 15 Nov. 85</u>

Der Zusammenhang der Schlüsse ist der:[233]
Als man den Lauf. der Jup. Trabanten bestimmen wolte fand einer eine sehr merckwürdige Irregularität. Diese Erklärte Römer vortrefflich, wenn er annahm: das Licht brauche 16 Min durch den Durchmesser der Erdbahn zu gehen. Hieraus allein war schon gewissermassen, daß die Erdbahn einen Durchmesser einer Bahn hat, das heißt, daß sie eine Bahn um die Sonne hat. Allein

---

5–6 L_B 8–9 Denn … Geschwindigkeiten] *erg.* 15–16 Daß … †††] *erg.* 16 weil … †††] *erg.* 21–23 *Am Rand parallel zum vorhergehenden Absatz; die erste Zeile (*Hier … blos*) umrandet; zwischen den ersten Zeilen der Absätze doppelter Markierungsstrich* 24–26 L_B 33 Erdbahn] *für* Erde

das war noch nicht genug, wir haben bewießen, daß wenn das Licht in 16 Minuten den weg macht, | so ist es eine völlig 151r = g geometrische† Richte[?] Folgerung Die Fixsterne müssen kleine Circkel und Elipsen von 40″ im Durchmesser. Am Pol der Eclipt. sind es Circkel näher nach der Ecliptic werden diese Circkel zusammen gedrückt, Ellipsen, so daß ihre grösten Axen immer 40″ behalten, ihre kleinen aber von 40″ bis 0 abnehmen und daß zwar gnau im Verhältniß der Sinuum ihres Abstandes von der Eclipt. oder des sin ihrer Breite.

Schall eben so dann, wenn wir einen bestimmten Ort hören können pp.

Bey den Planeten muß eine Aberration statt finden

Wie verhielt es mit dem Licht à 8 Minuten von der Sonne.

Dieses fand nun Bradley gebohrn 1692. † 1762 zu Greenwich, wo er Astronom der Nation war aberration nutation, und vortreffliche Observationen über den Mond[234]

Nun haben wir noch zu betrachten, wie ist man zu dem Begrif von der wahren Distantz der Sonne, so weit es bis jezt in des Menschen Kräfften gelegen hat, zu gelangen gekommen. Denn zwischen dem Glauben, das sie wie ein zinnener Teller groß sey, und unserm gegenwärtigen, daß sie Millionen Mal größer nicht als ein zinnener Teller, sondern als unsere Erde sey dazwischen können sie leicht vermuthen, mag mancher schöne Schluß gemacht worden seyn.

Cosmotheoria Iuvenilis. wieweit dieses getrieben werden kan. Baxter.[235]

Ich will Ihnen nur die Sache kurtz erzählen. Unser großer Landsmann Kepler, der zu Wiel[!] im Würtenbergischen den 27 Dec. 1571 gebohrn war ◂partus septimestris ein 7 Monats Kind▸ und zu Tübingen Mathematic unter Mästlin studirte einem frühen Vertheidiger des Copern. Systems, hat sich schon gantz früh in s. 25 Jahr mit den Verhältnissen der himmlischen Körper beschäfftigt, darüber geschrieben und diese seine Favorit-Idee hat ihn

---

4 Pol] *für* pol 8–9 von der Eclipt.] *für* vom Pol ; *oberhalb von* Pol *erg. u. gestr.* der Eclipt. 9 sin] *für* cos | Breite.] *danach gestr.* Es ist also überaus leicht die Aberration der 10–11 dann … pp.] *erg.* 14–16 gebohrn … Mond] *erg.* L_B 28 1571] *für* ⟨17⟩1671 | partus … Kind] *erg., Zuordnung durch Bearb.* 31 mit] *Dittographie*
32 darüber geschrieben] *erg.* | diese … hat] *für* hat diese Idee als | hat] *danach gestr.* er

auch nie verlassen.[236] Durch sein Werck Mysterium Cosmographi-
151v cum wurde er dem Tycho | bekannt, dem er es zuschickte, und der ihm seinen Beyfall gab und mit ihm correspondirte, und ihn endlich nach Prag an den Hof des Kayser Rudolph berufen ließ, mit dem Titul als Kayserlicher Math. und einer Pension. Tycho, der die feurige Einbildungs Krafft des jungen Keplers der immer auf die Ursachen hinaus wolte sah, rieth mehr zu observiren ehe er auf die Ursachen dächte. War aber mit Mittheilung seines Schatzes von Beob. sehr karg gegen Keplern, der sich auch deswegen gegen Mästlin beklagte Indessen starb. Tycho. und Kepler kam in den Besitz aller seiner Papiere. Woraus er nach der Hand nach einer 18jährigen Arbeit die berühmten Rudolph. Tafeln verfertigte, die den Nahmen von dem Kayßer haben, dem sie dedicirt sind.[237]

121r zwischen g und h. (Zur Note am Rande.)
Astronomische Tafeln[238] sind nemlich Tabellen worin man, schon für gewisse Hauptpunckte von ZeitUmständen vorgerechnet findet, was nöthig zu wissen ist, um daraus andere Herzuleiten, welche die Tafeln nicht unmittelbar enthalten können, und wodurch die Mühe erspart wird, das was zur vorhabenden Rechnung erfordert wird, in jedem Falle besonders auszufinden. Bis auf Keplers Zeiten hatte man keine als 1) die Ptolemäischen die in dessen Almagest enthalten sind.[239] Aber ihre elende Beschaffenheit wurde sehr früh eingesehen. König Alphonsus von Castilien, der Tadler der Schöpfung,[240] verbesserte sie schon um das Jahr 1252, und zwar wie man glaubt durch einen Juden Isaac Hazan und soll 400000 Duc. darauf verwandt haben. Alphonsinische Tafeln. Hierin entdeckten Purbach und Regiomontanus auch wieder Fehler. Auch Copernicus hat Tafeln in dem Buche, das Sie neulich[→ 76,21] gesehen haben, sie sind aber wenig in Gebrauch gekommen, sondern vielmehr die aus einer Vergleichung aller dieser entstandenen Reinholdischen Tafeln Tabulae Prutenicae (Preussischen) a͡o 1551. zum ersten mal gedruckt,[241] und
121v gerade diese sind | diejenigen, deren Fehler Tycho de Brahe mit

6–7 der[2] ... wolte] *erg.* 11–14 Woraus ... sind.] *erg.* 16 Tabellen] *für* Verzeichnisse 17 für ... ZeitUmständen] *erg.* | Hauptpunckte ... ZeitUmständen] *für* Zeiten und Umstände 22 Ptolemäischen] *danach gestr.* in 30 sie] *für* Sie 32 aller] *für* der 33 (Preussischen)] *erg.*

dem Circkelknopf auf der Nase, wovon ich neulich→ 79,4–6 sagte ausgefunden hat. Er versuchte selbst bessere Tafeln, kam aber damit nicht weiter als die, die man für Sonne und Mond in s. Progymnasmatibus sieht.[242] Zwantzig Jahre nach Tycho's Tode also 1621 kamen Longomontanus Tafeln theils auf Tycho's Observation, theils eigne Theorie sich gründend heraus,[243] und diese Wurde[n] endlich durch die Rudolphinischen des Kepler 1627 verdrängt.[244] Von Rudolph II. Er ist so bescheiden sogar sie noch dem Tycho zu zuschreiben, aber da offenbar seine Elliptische Theorie schon darinnen herrscht, so sind sie sicherlich seine eignen, oder wenigstens würde Tycho das nicht haben leisten können, was er gethan hat. (Franckf. Encyclop. Vol. 2. p. 85) Landsberg.[245]

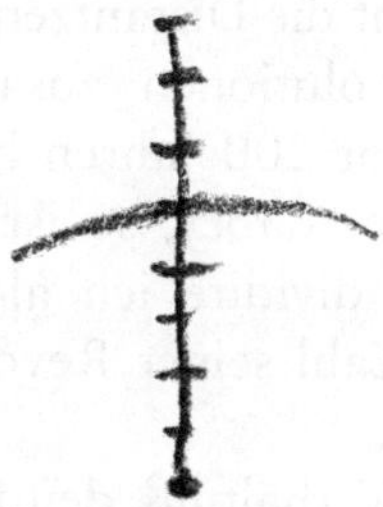

$$\frac{D.M}{T^2} = \frac{d.m}{t^2}$$

$$DMt^2 = dmT^2$$

$$6.2.\tfrac{1}{4} = 3\ 1\ 1\ |$$

† 1631 [151v]
geb. 1571
60

Ich übergehe hier seine erstaunlichen Verdienst[e] um die Optic und die Refracktion der himmlischen Körper, und um die Lehre von der Gravitation der Körper gegen einander. Er sagt schon der Mond und die Erde würden gegen einander fallen; wenn sie nicht durch eine Krafft gehalten würden die er freylich noch eine thierische nennt, aber doch auch etwas einer Thierischen analoges. er erklärte daraus die Ebbe und Fluth, nennt die Erde einen Magneten und die Sonne einen viel größeren Magneten.[246]

23 der^{1}] *danach gestr.* Sch **24–27** wenn … analoges.] *erg.* **26** doch auch] *erg.*

Was wir hier hauptsächlich gebrauchen ist das Große Gesetz bey der Umdrehung der Planeten um die Sonne, welches man das Keplersche nennt, und das schlechter Dings niemand ignoriren darf, der nur den mindesten Schein von Astronomie haben will[,] das man ausgemacht hat so wie man das Gesetz des Falles der Körper ausgemacht hat <u>denn</u> es sind auch Körper die von verschiedenen Höhen fallen: Nemlich die □ der Revol. verhalten sich wie ❒ der mittlern Entfernung, dieser Satz ist durchaus wahr, und Newton hat nachher demonstr. daß sie sich nicht
152r = h anders bewegen | können.[247] Dieser Satz ist von unermeßlichem Nutzen, Weiß ich jezt die UmlaufsZeit eines Planeten, so weiß ich auch seine Mittlere Distantz von der ⊙ und umgekehrt. Nun wie genau können nicht die UmlaufsZeiten beobachtet werden und wie schwer sind nicht die Distantzen zu messen.

Man kan mehrere Revolutionen zusammen rechnen. Gesezt Tycho habe den Mars vor 200 Jahren bey einem Stern gesehen, jezt sehen wir ihn wieder dabey, so ist indessen der Mars 100 mal herum gekommen, dividire ich also die gantze Zwischen Zeit mit 100 oder der Zahl seiner Revol. dividiren, so hat man die Sache äusserst genau.

Um ihnen das schöne Verhältniß deutlich zu machen wird es nicht undienlich seyn ein Paar Exempel zu geben.

Jupiter läuft etwa $4332\frac{3}{8}$ Tage um, die Erde etwa in $365\frac{1}{4}$ davon sind die Quadrate

18769473 und 133407. = 140603 : 1000 [248]

Die mittleren Entfernungen wie 52 : 10
davon die Würfel 140608 : 1000.
Distantz des <u>Uranus</u>

$$1^2 : 83^2 = 1^3 : x^3 \text{ also } x^3 = 83^2 \text{ und } x = \sqrt[3]{83^2}$$

) 6|889 (19
1
3) 5,889
27
243
729
5859. also 19 mal so weit von der Sonne als wir.[249] |

5–7 das¹ … fallen] *erg.* 6 <u>denn</u>] *dreifach unterstr.* 15 Revolutionen] *für* Distantzen 25 140603] *für* 140693

Der Mond würde wenn er an der Erde einher gehen solte, nur wenige Minuten, (etwa 4) gebrauchen müssen um nicht liegen zu bleiben.[250] 152v

Das Keplersche Gesetz giebt uns nun $60^3 : 1^3 = 27^2$ Tage : x^2

	27	
	27	
	189	
	54	
$27^2 =$	729	Tage
	24	in Stunden verwe[chselt]
	2916	
	1458	
	17496	Stunden
	60	
	1049|760	Minuten
	$216000 = 60^3$	

Giebt man dem Saturn 100 oder der Erde 10.
so bekomt

☿ = 4
♀ = 4 + 3
♁ = 4 + 6
♂ = 4 + 12
= 4 + 24
♃ = 4 + 48
♄ = 4 + 96
♅ = 4 + 192. = 196, dieses mit der Entfernung der Erde = 10 dividirt gibt 19,6 [251]

Allein damit wissen wir noch nichts von der eigentlichen Größe. Es ist wie mit einer Landcharte.

Habe ich aber eine so habe ich alle. Wenn wir also eine wüsten zumE. die von der Sonne.[252]

Wie kan man die Distantz der Sonne messen.

Wie die Feldmesser. (Länge und Breite und etwas über die Terminos Technicos, sie da anzubringen, wo man sie braucht.→ 63,19–25)

Messung aus einem Standpunkte
Pacecho. Mayer.[253]
Kugeln auf dem Kirchthurm[254]
Lambert mit dem Grenadier?[255]

---

2 4] *für* 3 **5–16** L_B **17** oder … 10] *erg.* L_B

Allein der Durchmesser der Sonne ist es eigentlich was wir wissen wollen.

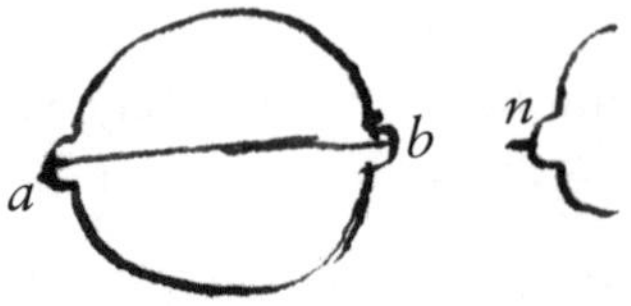

Durchmesser des Kirchenknopfes von *a* nach *b* = 2′ 0″ $2\frac{2}{5}'''$ Pariser.
Die scharfe Kante *n* mit gerechnet = $\frac{3}{4}$ Zoll 2′ 0″ $11\frac{2}{5}'''$.[256]

<u>♃ den 17 Nov. 85.</u>
Noch etwas von der Entfernung der Sonne durch den Mond wenn er halb voll ist.[257]
Allein über alles geht der Durchgang der Venus und des Merkurs durch die Sonne. Eine Erscheinung, die sich sehr selten ereignet, und deswegen man die erstaunende Anstalt machen mußte um ihn nicht zu verliehren[258] |
153r = i Vorher muß ich etwas von diesem Durchgang sagen
Die Betrachtung diese Durchgänge von ♀ und ☿ hat nur seit <u>1629</u> die Betrachtung der Astronomen auf sich gezogen.
Damals war es Kepler, der es wagte, nach seinen Rudolphinischen Tafeln eine Passage der ♀ und des ☿ für <u>1631</u> vorauszusagen

a͡o 1874 den 8ten Dec. wieder ein Durchgang der ♀ durch die Sonne.
Dann 2004. den 7 Junii
2012 wiederum Jun.
und 2117 den 10 Dec
(vid P. Mayer opus p. 54)[259]

Die Astronomen sehr aufmercksam
Merkur erschien den 6 Nov. 1631 ◂in s. 60ten[?] Jahr.▸ Gassendi zu Paris und Remus Quintanus zu Ingolstadt beobacht[et]en ihn[260]
Aber für die ♀ waren Keplers Tafeln nicht vollkommen genug, sie solte den 6. Dec kommen kam aber nicht nachdem Kepler schon den 15 Nov. 1631 gestorben war.[261]

Neigung der ♀ Bahn gegen die Ecliptik = 3° 23′ 20″ (Röhl p. 17)
Umlauf der ♀ 224 16 Stunden 48′ 20″. (Röhl p. 23)[262]

---

9 Venus] *danach gestr.* dur **19** den 8ten Dec.] *erg.* **21** *erg.* L_B **25** 1631] *erg.* in … Jahr.] *erg., Zuordnung durch Bearb.* **29** 1631] *erg.* **30** 17)] *danach gestr.* L_B // Jahr 365. 6 St. {[L_B:] 5 H} 9′. 10″

Er konte also seine Tafeln nicht verbessern, und dadurch wäre die Welt fast der Erscheinung beraubt worden, denn 1639, da die ♀ wieder nahe kam, gaben sie seine Tafeln zu tief, und nach ihr gienge sie vorbey. Kein Mensch verbesserte die Tafeln. Indessen berechnete glückseliger Weiße ein junger Engländer Horox einige Stellen des Planeten nach Landsbergs weit unvollkommneren Tafeln, und er erschien nach diesen in der Sonne. Er gab seinem Freunde Crabtree Nachricht, und man sah sie würcklich den 4ten Dec. | gesehen. Hieraus nun die vortrefflich 153v
Methode Horox dachte wenig davon es war dem großen Halley aufbehalten.[263]

Eine Methode die Entfernung der Sonne von der Erde zu finden ohne getheilte Instrumente, ohne die Länge und ohne die Breite der Oerter zu kennen, und das so erstaunlich viel genauer.[264] Das ist doch etwas, was man wenigstens dem Nahmen nach kennen muß. Und dabey läßt sich ein Begrif davon so leicht geben daß wenn es jemand schwer wird, so kan es blos daher rühren, daß ihm die ersten Anfangsgründe der Astronomie und Geometrie unbekannt sind.

Hier nothwendig von Parallaxen.

Wäre die Erde ein Punckt pp.

Parallaxen überhaupt. SehungsWinckel der Standlinie.

Warum hat man so viel mit Parallaxen zu thun ◂weil die Erde kein Punkt ist.▸ in der Astronomie. tägliche jährliche[265]

Was ist horizontal Parallaxe. Wenn ich diese weiß so weiß ich die Entfernung der ⊙ Es kan sehr leicht erwiesen werden, daß sich die Parallaxen verhalten wie Sinus der Distantzen vom Scheitel. Also kan immer die Horizontal Parallaxe aus der andern gefunden werden es ist immer der Winckel den der Semidiameter der Erde am Objekt macht.[266]

auch daß sich die Parallaxen caeteris paribus, bei gleichen Distantzen vom Scheitel→ [238,10–239,3]

Einig[?] Lehrsatz. 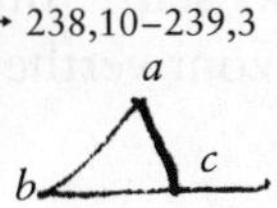

$c = a + b$ folg[en]
$a = c - b$ und $b = c - a$

25–26 weiß[2] … ⊙] *für* auch **28–30** Also … macht.] *erg.* **33–34** [*Abb.*] … *a*[2]] *erg.*

Wiederum wenn ich die Verhältniß zwoer Größ. weiß und ihren Unterschied so kan ich die Größen selbst finden

$$x : y = a : b \quad x - y = d$$
$$x = \frac{ay}{b} \; ; x = d + y$$
$$y = \frac{bd}{a-b}$$ → 95,14–27

(Hieher Röhls Figur.[267]) |

IX E, 3r ad pag. i

pag. 79 [268]

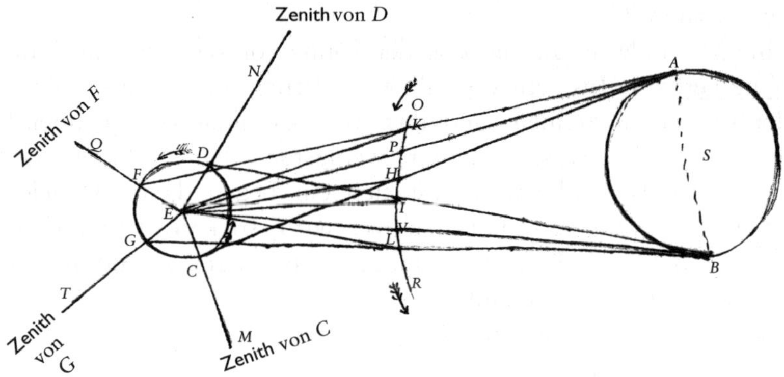

p = parall. ♀ – ⊙
dC = durationi Transitus ad Centrum Telluris
dS = dur. ad Superfi[ci]em T. + ⊙ obversam
dΣ = dur. Tr. ad Wardehus.[269]

$$\mathrm{d}C - \mathrm{d}S = 2p.$$
$$\underline{\mathrm{d}\Sigma - \mathrm{d}C = 2p.}$$
$$\text{(add.) } \mathrm{d}\Sigma - \mathrm{d}S = 4p.$$

die Unterschied der Dauern in S und der in Σ.[270]

Wenn man die Differentzen der Parallaxen kennt, und ihre Verhältnisse so kann man die Parallax. selbst finden. nachdem sie vermittelst des Abstandes vom Horizont vertheilt sind.

$x : y = m : n$
$x - y = p$

3 *unterhalb gestr.* $x + y : x - y = a + b : a - b$ 8 pag. 79] L_B, *für* Röhl †††
11 Transitus] *erg.* 16 add.] *für* subtr. 21–95,12 L_B, *li. u. unterhalb der Zeichnung*

$x = p + y \quad \frac{ym}{n}$
$p + y =$
$np + ny = ym$
$np = ym - ny$
$= (m - n)y$
$y = \frac{np}{m-n}$

$4 : 3 = 12 : 9$
$4 - 3 : 12 - 9$

$x : hx = \sin x : \sin \text{tot}$
$y : hy = \sin x : \sin \text{tot}$

$x : hx = D : d$

$x : y = hx : hy \qquad y : hy = D : d$
[*bricht ab*] |

$x - y = d \qquad x = y + d$ 3v
$\frac{x}{y} = e \qquad x = ey$

$y + d = ey$
$d = ey - y = (e - 1)y$
also $y = \frac{d}{e-1}$
und da $x = ey$ so ist
$x = \frac{de}{e-1}$

$x : y = 3 : 1$
$x - y = 7$
$e = 3$
$d = 7$
$y = \frac{7}{2}$
$x = \frac{21}{2}$

$x - y = \frac{21}{2} - \frac{7}{2} = \frac{14}{2} = 7$.[271] |

♀ den. 18 Nov. 1785 IX E, 5r = k

Noch etwas von der Röhlischen Figur Hauptsächlich wegen des langsamer und spätern Eintrettens. Das sind also die Zeit in Bogen verwandelt, nach der Bewegung der Venus, so kent der Bogen alsdenn 4 Differentzen die nun nach den Abständen vom Scheitel vertheilt werden so bekomme ich 4 Zahlen, wie man weiter davon Gebrauch machen kan.[272] Halley berechnete, den

Unterschied der Dauer zu 17′, und nahm die Parallaxe der Sonne zu 12,5″ an. Würde also um eine Zeit Secunde gefehlt, so afficirte dieses nur die Sonnen Parallaxe um $\frac{1}{80}$ einer Secunde, und würde um 2 gefehlt nur[?] um den 40ten und so weiter hieraus erhellt der erstaunliche Vortheil, der hieraus erhalten wird.[273]

Er kan aber 20′ dauern. Es kommen also wenn die Parallax 10″, ist auf 1 Secunde Parallaxe 120 Secunden in Zeit.
Fehle ich also eine Zeit Sec. so fehlt ich erst um $\frac{1}{120}$ einer Secunde Parallaxe pp also nur um den 1200ten Theil der gantzen Parallaxe. Es ist nichts größeres zu Hoffen. als etwa ein Comet.[274]

Welches sind die besten Oerter? Antw. die wo die Erscheinung am längsten dauert.
Auf diese Weise hat man nun gefunden, daß die Parallaxe der Sonne $8\frac{1}{2}$″ ◂ $8\frac{6}{10}$ ▸ beträgt. S. die Beylage zu k Das ist etwa in ihrer mittlern Distantz 24309 ◂23984▸ Semid. der Erde das ist etwa 21 Million Meilen.[275] Nun können wir ordnen. +

Parallaxe der ⊙ = 8,5 giebt 20,856000 Mei†
= 8,6 20,604000.[276]
8,7

Distantz des ☿
Merkur berechnet.
10 : 4. = ♁ : ☿.→ 91,17–21

England in Otaheite und der Hudsonsbay auch am Nordcap.
Schweden zu Cajaneburg in Finnland Planmann
Franckreich der Abbé la Chappe in Calyfornien
Daenemarck P. Hell in Wardhus in Lappland
Mayer zu Petersburg.[277]

IX E, 4r (Beylage zu k)

Sonnen Parallaxe

Litt. Zeitung. N° 321. 1794.[278]

Euler	8″,68	Dela Lande Ed. III N° 2150.
Hell	8″,70	Beyträge zur prackt. Astron. IV Band Breßlau. 1794.
Lexell	8″,63	(Comment. Petrop. T. 17.)
de la Lande	8″,60	(Astronomie N 2151.)

5 erhalten wird] *für* erhellt 6 also] *danach gestr.* auf 9–10 Es ... Comet.] *erg.*
14 $8\frac{6}{10}$] *ohne Streichung oberhalb des ursprünglichen Werts erg.* L_B | S. ... k] *erg.*
15 23984] *ohne Streichung oberhalb des ursprünglichen Werts erg.* L_B

Pingré 8″,80 (ibid)
Hornsby 8″,78 (Philos. Trans. Vol. 61)
Sejour 8″,81 (Traité analytique T. 1. 1786
Fixlmillner 8″,54, oder 8″,66 nach den neusten Untersuchungen (Acta Cremif. 1791) das Mittel aus diesen 8 Bestimmungen ist 8″,70 also Pater Hells. Das so wie die Mittel Distantz der ⊙ = 23708 Erdhalbmesser = 20 Millionen und 376000 deutschen Meilen. Die weitesten Gräntzen sind also zwischen 8″,54 und 8″,81 (alles wohlüberlegt, sagt der Recensent.[)] oder der Abstand zwischen 20,855000 und 20,031000 Meilen so daß die gantze Ungewißheit innerhalb diesen Grenzen Nur 800000 deutsche Meilen beträgt (für den Astronomen eine Kleinigkeit!!)

16 mal die Distantz des ☽ von der ♁ |

20855000 größte Distantz 4v
<u>20376000</u> mittlere.
579000[!] (11 mal die Distantz des Mondes von der Erde.

Also den Mond zu 50000 D. Meil |
E[t]was von Meilen, ob es gleich noch etwas zu früh ist, so muß [5r] ich doch sagen, was das für meilen sind.
Mittler[er] Durchmesser der Erde. 6,544040 Toisen
Grad des Aequators 57107,5 Toisen. mit 6 multiplicirt 342645, dieses mit 15 dividirt giebt 22843 fr. Fuße auf die Meile.[279] man rechnet gewohnlich 24000 Pariser Fuß | auf die deutsche. Meile, 5v allein unsere Calenberg. Meile beträgt 32000 Calenb. Fus. als[o] nach der Verhältniß von Cal : Paris = 667 : 734 etwa 29,123 franz. Fuße.[280] Duplats Verhältnis giebt = 662 : 734

Duplat in s. Werck über den Chaussee-Bau giebt die Verhältniß von C : P = 1299 : 1440. S. G. p. 146.[281]

der Irländer.→ 45,35–37

Etwas von andren Methoden die Parallaxe der ⊙ durch die Venus bes[t]immen

Warum Merkur nicht?
Er ist fast mehr als noch einmal so [*bricht ab*] [282]

---

17 11] *für* 115 28 Duplats. … 734] *erg.*

<u>Figur der Erde.</u>

Daß sie eine Kugel sey anzunehmen rechtfertige[n] uns 1000 Dinge, von denen ich schon neulich geredet habe, und die ich nicht wiederholen will.→ 73,7–75,4

⟨Man rechnet dazu die bequeme Figur, das ist aber ein böses Argument, daß eigentlich, daß aber gemeiniglich nicht gut gebraucht werden kan, bis man erst weiß, daß sich die Sache so verhält.
Eine Scheibe, oder sonst ein anderer Körper nur Festigkeit.⟩

Ring des Saturns

Indessen Mondsfinsternisse
Allein zur völligen Ueberzeugung zu gelangen, das hat Schwierigkeiten.

Nur ein Beyspiel  wie würde das uns scheinen. Das mögte einigen geübten Herren doch Nachdencken verursachen.[283]

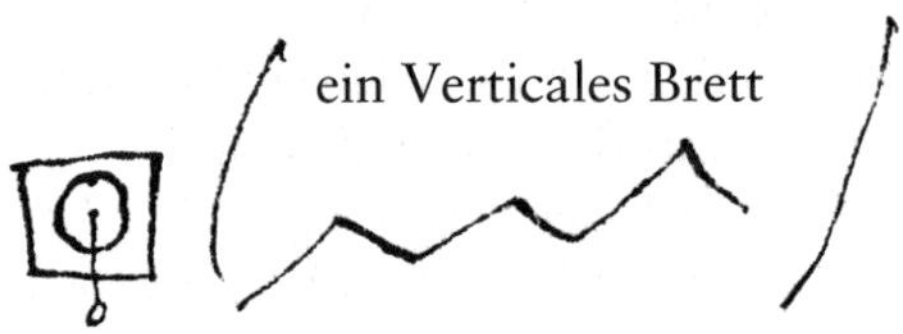

Erstlich mit einem
Wiederum wie man einen Wald mit der Bussole auf nimmt einen Elliptischen.→ 99,4–5

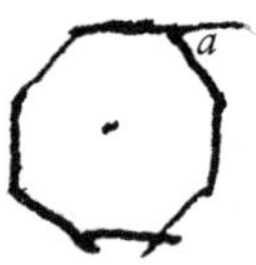

a = 67½

Die Methode ist deswegen auch vortrefflich weil die Berge kein[e] Aenderung darin. Sie ändern das Pendul.→ 29,4–6 allein uns unmercklich
Nun auf die Messung des Meridians. |

5–9 Man. … Festigkeit.] *als erledigt gestr.*

158v = 16

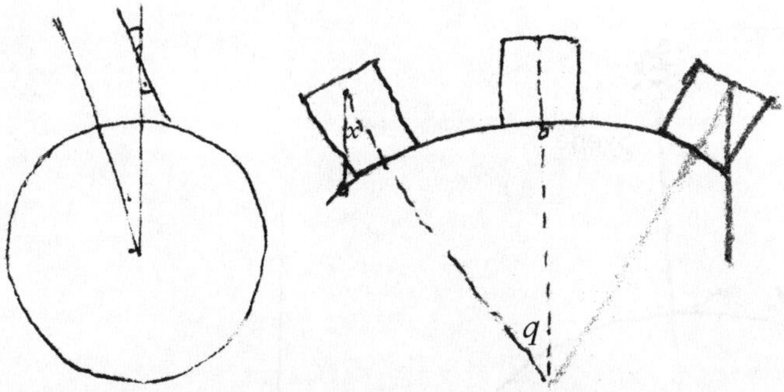

Hier vorher die Bestimmung einer Krümmung durch eine Setzwage und wie man bey einer grosen Kugel verfahren konte[284] Mit einer guten Magnet Nadel lassen sich ebenfalls horizontalen[?] Figuren Umfang bestimmen. Wälder.[285]

<u>Bestimmung der Figur der Erde und Grades Merid</u>[286]

Eratosthenes 240 Jahr vor unserer Zeitrechnung, einer der grösten Genies seiner Zeit, er war ein Dichter, Redner Mathematicker und Philosoph. Es ist eben der, der die Globos armillares in dem Porticus zu Alexandrien errichtete. Dieser that zuerst etwas zur Bestimmung der Gröse der Erde. Vorher war alles wüste. Einige gaben ihr einen Umfang von 400 000 Stadien einer zu 625 Fuß gerechnet. Eratosthenes fand, daß die Sonne zu Syene in Egypten auf die Boden der Brunnen schien, und daß alle Perpendiculär aufgerichteten Stiffte 150 Stadien umher keinen Schatten warfen, wenn die Sonne bey der Sommer Sonnenwende im Meridian stund. Nun gieng er ein Jahr nachher um dieselbe Jahrs-Zeit nach Alexandria, das fast unter einerley Meridian mit Syene etwa 5000 Stadien davon entfernt war, und da verfuhr er folgender massen (die Geschichte mit seinem Kugel Segment[287]) er fand den Bogen $AB = \frac{1}{50}$ die Peripherie folglich 250 000

um Archimedes Zeit

15 150 … umher] *erg.* 16 bey … Sonnenwende] *für* im Krebs und 20 Segment)] *danach gestr.* das er in Alex

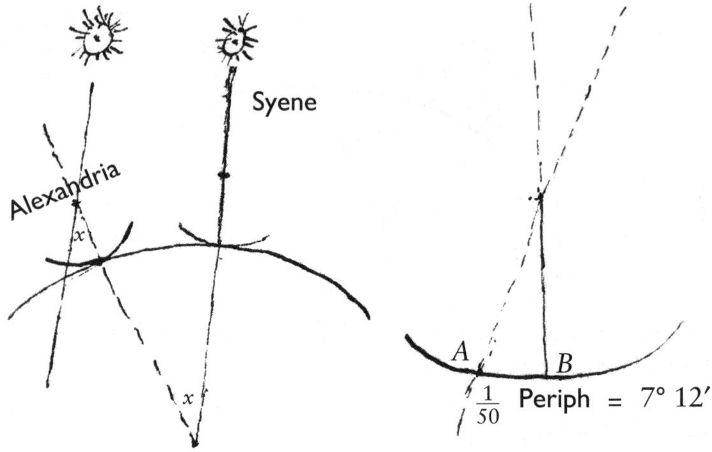

Possidonius Ein Coaevus des Cicero machte ähnliche Bestimmungen |

159r = l. ⟨17⟩ Es ist derselbe, der eine Beobachtung gemacht hat, deren schon einmal erwähnt habe,→ 13,12–13 und es ist auch dieselbe Beobachtung die auch hieher gehört. Nemlich er fand, daß der Stern Canopus im Schif zu Rhodus auf dem Horizont her strich, hin[ge]gen zu Alexandria sich $7\frac{1}{2}$ Grad darüber erhob.[(186)] Die Entfernung der beyden Orter sezt er zu 5000 Stadien dieses giebt für den Umfang der Erde 240000 Stadien[288]

Um die Mitte des 9ten Jahrhunderts stellten die Araber in Mesopotamien unter der Regierung des Almamon sehr genaue Messungen an allein ihre Resultate helfen uns nichts, da wir sehr dunckle Begriffe von ihren Maasen haben.

1550 Fernel ein berühmter Arzt des 16ten Jahrunderts war der erste in den neuern Zeiten anfing einen Grad des Meridians zu messen, er reisete von Paris nach Amiens zu so lange fort bis daß er gnau einen Grad mehr Polhöhe hatte, als zu Paris, den Weg maß er mit den Umwendungen seines Wagen Rades, und er berechnete daraus den Grad des Meridians zu 56746 Toisen, da man nun aus HE. Maupertuis Messungen weiß, daß der mittlere Grad des Meridians etwa 57108 Toisen und der kleinste 56625 beträgt,[289] so daß also Fernels Grad zwischen den mittleren und den kleineren fällt. Eine Gnauigkeit, die man mehr einem Zufall als dem

---

7 zu] *Dittographie* **11** stellten] *davor* wurden [*dieses streicht Bearb.*] ⟨in Ar⟩
11–12 in Mesopotamien] *erg.*

Verfahren desselben zu zu schreiben hat, denn das ist abscheulich. Wenn man die Sache recht betrachtet, so sieht man, daß bisher noch keine rechte Messung des Grades eines Meridian

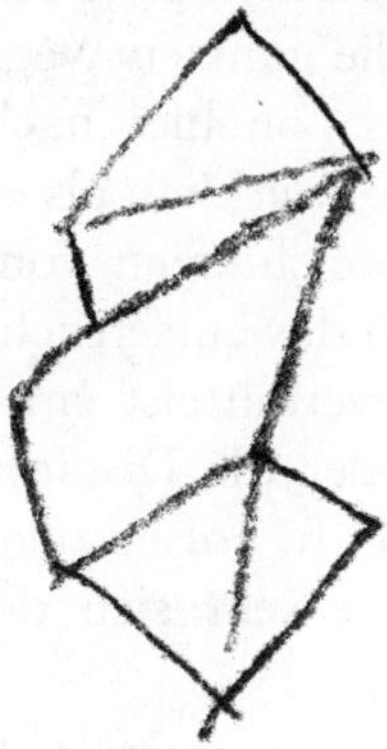

angestellt worden war, dieses war dem Vergangenen Jahrhundert aufbehalten, und zwar dem berühmten Snellius ein niederländi- 1615
scher Naturforscher der in Holland ein Verfahren gebrauchte, das auch noch jezt | als das 159v = ⟨18⟩
vorzüglichste angesehen wird, und dessen sich auch die frantz. Mathematicker bedient haben. (Beschreibung seines Verfahrens mit den Triangeln). Dieses that er zwischen Alcmaer und Bergen op zoom ◂Leiden sagt Wargentin Schwed. Abh. T. 12. p. 6.[290]▸, und er schloß daraus die Länge des Grades von 55021 Toisen. Sein Verfahren hat er in seinem **Eratosthenes Batavus** beschrieben, den er 1617 heraus gegeben.[291]

⟨Hierauf maß **Picard** ums Jahr 1671 wieder einen Grad zwischen Paris und Amiens und fand ihn von 57060 Toisen. Weil Picard mit der grösten Gnauigkeit ◂seine Basis maß er 2mal und fand sie auf dem hinWeg 5662 Toisen 5 Fuß und auf dem Herweg 5663 Tois. 1 Fuß **Mem. de l'acad. T. VII.**[292]▸ verfahren war, so merckte man wohl, daß sich Snellius muste geirrt haben, er soll auch selbst seinen Fehler eingesehen und seinen **Erastothenes Batavus** umzuarbeiten willens gewesen seyn, er maß seine **Basis** noch einmal und alle die Winckel seiner Triangel, und verlängerte sogar seinen Meridian. Starb aber ehe er die Verbesserung selbst vornehmen konte. Seine Papiere aber erhielt der berühmte Muschenbroeck, der alles mit unermüdetem Fleiß durchrechnete und fand den Grad 57033 Toisen, die von der Picardischen kaum um 30 Toisen unterschieden sind.[293]

Auch **Blaeu** maß einen Grad bald nach **Snellius** mit groser Sorgfalt. und einem Secktor von 14 Fußen. Sein Werck ist nie erschienen. Picard aber hat es gesehen und versichert, daß die Messung nur 60 Rheinländische Fuße von der seinen differire.⟩

---

6 *Rand erg. L*$_B$ 6–7 ein … Naturforscher] *erg.* 13–14 Leiden … 6.] *erg., Zuordnung durch Unterstr.* Bergen op zoom 16 seinem] *für* dem 18–35 Hierauf … differire.] *als erledigt gestr.* 24 eingesehen] *danach gestr.* haben 25 willens gewesen] *für* versprochen 29 alles] *danach gestr.* dur 32 Grad] *danach gestr.* mit

1635 In England war um dieselbe Zeit Richard Norwood ◂Er that es weil man damals noch 300000 englische Fuß von den Schiffern auf einen Grad gerechnet ward blos weil Ptolomäus sagt 300000 griechische Fuß machen einen Grad. Man konte unter gewissen
162r = m Umständen 1 Grad in 5 fehlen.[294]▸ der | maß die gantzen Wege
⟨19⟩ von London nach York das ist gut so weit als von hier nach Hamburg mit der Kette, und hielt sich so nah am Meridian als er konte, wo das nicht gieng so maß er die Abweichungen vom Meridian vermittelst der Boussole, und was noch das entsetzlichste war alle die Erhöhungen und Vertiefungen vermittelst eines Niveaus, alsdann die Polhöhen beyder Örter oder die Distantz ihrer beyden Parallelen. Er fand den Grad 57300 fr. Toisen oder 366720 englische Fuß[295] woraus man sieht wie sehr sich die Schiffer bisher geirrt hatten.

S. den Extrait des Operations, qui ont été faites pour la mesure de la Terre. in den Oeuvres de Maupertuis. (Norwood. The Seamans practice.)[296]

160r = l[a] Röhl T. 2. p 184.[297]

Eratosthenes 240 Jahre vor X[to] ist der erste von dem man hierin etwas bestimmteres weiß. Er glaubte Syene und Alexandria läge unter einem Meridian hielt ihre Distantz für $\frac{1}{50}$ von dem gantzen Umkreiße und 5000 Stadien lang, daraus schloß er also den Umfang der Erde 250000 Stadien, allein das hilfft nichts man ist schon vor langen Zeiten über die Größen der Stadien ungewiß gewesen.→ 99,7–21

Eben so suchte Posidonius, die Distantz zwischen Rhodus und Alexandria aus dem Canopus einem Sterne im Schiff. er fand sie $7\frac{1}{2}$ Grad. und sezte die Distantz ebenfalls zu 5000 Stadien fand aber den Umkreis 240000 Stadien→ 100,2–10

Nachher sind keine Messungen bekannt geworden, als bis etwa um das Jahr 800 nach X[to] da ein Arabischer Caliph Almamon einen Grad messen ließ, diese sollen ihn 56 Meilen gefunden haben, was aber diese Meilen eigentlich sind, weiß man so wenig gnau als die Stadien.→ 100,11–14

Da nun endlich im 16ten Jahrhundert die Wissenschafften wieder auflebten, so kam ein großer Französischer Arzt Fernel pp. l[b]. |

161r = l[b] Wargentin Schwed. Abhandlungen T. 12. p. 5.[298]

12–14 Er … hatten.] *erg.* **19** 240] *für* 400 **28** 5000] *für* 500000

Fernel ein Frantz. Arzt 1550 von Paris nach Norden bis er einen Grad höher war. Nach Umwendungen seines Rades, berechnete die kleinen Abweichungen des Weges, und fand

<u>56746</u> Toisen.

trifft zum erstaunen zu bis auf 440 Toisen[299]
(ein holl. Naturf.) <u>Snellius</u> 1615 fieng die Sache zu erst mathematisch an und seiner Methode hat man sich nachher durchaus bedient. zwischen Bergen op Zoom und Alkmar, und dann zwischen Leiden und Alcmar
Dieses gab. (Eratosthenes batavus)

<u>55021</u> Toisen

sehr fehlerhafft weil vermuthlich seine Instrumente nichts taugten→ 101,2–31

<u>Norwood</u> 1635, der nichts von Snellius Messung wuste stellte mit unglaublicher Mühe eine neue an. Die Engländer ◂Seefahrer▸ hatten nemlich bis dahin immer 300000 englische Fuße auf den Grad gerechnet, und zwar weil Ptolemäus, der 140 nach Xto der nie eine Messung angestellt blos vorgegeben daß 500 Stadien auf den Grad giengen oder 300000 griechische Fuß. Norwood (The Seamans practice) fand aber 366720 englische Fuß[(295)]

m. <u>57300</u> Toisen.
Ricciolius. (Heffte) <u>62900</u> Toisen.→ 103,24–29
Picard — <u>57060</u> Toisen.→ 104,1–5 |

Ricciolius (vid. Picard mesure de la Terre) war mit der gantzen Welt und allen diesen Messungen unzufrieden und unternahm 1654 eine mit der die gantze Welt nicht zufrieden war und bis jezt noch ist. Er bediente sich einer sehr verwickelten Methode von der es noch nicht einmal erwiesen, ob sie theoretisch richtig ist, und fand 62900 Toisen.[300] Die Ungewißheit war also sehr groß. <u>Es wurde</u> die Unterstützung der Grosen dazu erfordert. Ludwig der XIV. der niemals eine Gelegenheit vorbey ließ die Welt von sich reden zu machen, wenn es ohne viele Gefahr und Anstrengung geschehen konte, befahl also 1670 seiner neu er- [162r = m ⟨19⟩]

<u>Unterstützung der Großen</u>

1670 neue Acad

6 (ein … Naturf.)] *erg.* | 1615] *erg.* 10 (Eratosthenes batavus)] *erg.* 14 1635] *erg.*
24 Ricciolius] *davor gestr.* Picards Messung doch noch irrig befunden. //
24–25 der … und[1]] *erg.* 26 nicht zufrieden] *für* gleich sehr unzufrieden 33 *Rand* L_B

richteten Acad es zu thun.[301] Picard unternahm es nach Snellius Methode und maß einen Grad zwischen Malvoisine und Amiens, Picard den er 57060 fand. Weil des Mannes Instrumente sehr gut waren, sie hatten Fernröhre Mikrometer pp so glaubte man nunmehr die Sache sey entschieden. Allein die Freude war bald vorbey. 1672 kam Richer von Cayenne einer Insel zurück die nur 5 Gr. Nord von der Linie liegt. Sein Pendel das er in Paris gnau nach mittlerer Zeit gestellt hatte, hatte <u>148</u> Schwingungen in 24 Stunden weniger gethan.→ 60,7–11 So führte endlich eine Pendel-Uhr auf die Gestalt der Erde. Nemlich man erfuhr nunmehr, daß die Erde sich gantz gewiß drehte sie wahrscheinlich auch keine Kugel sein könne, wie man angenommen hatte.

Huyghens $\frac{1}{576}$ Theil grö[ßer]
Newton $\frac{1}{230}$.[302]
unter dem Aequator [in] einer Sec. durch 1600 [Fuße] [303] |

162v = 20 Also schon von der Seite allein hätte man können eine neue Messung der Erde für nöthig find[en]. Allein auch gegen Picards seine liese sich doch noch aussetzen. Der Bogen war zu klein 1 Grad 23 Minuten. Man fehlt ohngefehr um 100 Fuß wenn man eine Secunde fehlt. Allein wer will so richtig observiren, man kan auf jeder Seite um 4 fehlen, das macht, angenommen daß die Fehler entweder alle + oder alle – sind. 800 . 360′ das ist 288000 ◂nemlich an jeder Seite um 4″ gefehlt giebt 8″, also für jeden Grad 800. Fuß das ist für die gantze Erde 288000▸ also muste ein gröserer Bogen genommen werden. Picard war selbst mit seinen Polhöhen nicht recht zufrieden. Es befahl also 1684 Lud der XIV noch einmal seine Academisten. Man arbeitete bis 1718 da man die Mittagslinie durch gantz Franckreich verlängerte, und sie gieng von Dünkirchen durch Paris bis Collioure in der Grafschafft Roussillon und betrug 8 Gr. 31$\frac{1}{5}$ Minute Cassini Vater und Sohn, de la Hire[,] Maraldi, es geschah auf die Snelliussche Art mit Triangeln. <u>Sie theilten es</u> weißlich in 2 Stücke. Warum? Um die Figur der Erde zu bestimmen.

---

7 Nord von] *für* ⟨g⟩ nördlich vom **7–8** das … hatte,¹] *erg.* **10–12** Nemlich … hatte.] *erg.* **11** die] *Dittographie* **13–15** grö[ßer] … [Fuße]] *Papierverlust* **23–24** nemlich … 288000] *erg., Zuordnung durch Bearb.* **27** XIV] *für* 14 **29–30** in … Roussillon] *erg.*

Hier kan vieles aus Wargentins oben angeführten Abhandlung beygebracht werden.[304]

Und hier fand man wider alle Vermuthen die Nördlichen Grade 56960 Toisen und die Südlichen 57097 Hieraus ergab sich daß die Axe der Erde $\frac{1}{95}$ länger sey als der Durchmesser des Aequator.

Newton beharrte, Cassini zog ein Perpendicul von St Malo bis Strasburg und fand seine Meinung bestättigt.[305]

Newtonianer beharrten. Jupiter $\frac{1}{13}$ [306]

Der Streit ist keine Kleinigkeit, denn unter der Lat von 45° beträgt es der Unterschied auf $8\frac{1}{2}$ Grad eine Schwedische Meile oder ohngefehr 5500 Toisen, se|gelte also ein Schiffer nach Cas- 163r = n ⟨21⟩ sinis Rechnung und eine Sandbank läge $8\frac{1}{2}$ Grad vor ihm westlich, so könte er, wenn Newton recht hat, schon darauf stosen wenn er glaubt er wäre noch eine Schwedische Meile davon. Es war also wieder soviel wie o͡ts.

Also Lud. XV zum grösten Ruhm. 1735 eine der grösten Unternehmungen, die je für die Wissenschafften unternommen, wurde es ist ihr kein gleichzusetzen als die unter unserm König zu unter suchen ob noch gegen den Südpol ein Land sey.[307]

Godin, Bouguer und de la Condamine Jussieu Couplet, und Juan und Ulloa <u>Aequator</u> und zwar Quito

Quito in der Provintz Quito, die in Peru liegt im südlichen Amerika
Sie hatten südwärts von Quito ein Bogen von 3° 7′ 1″ gemessen.

Maupertuis, Clairaut, le Camus und le Monnier, Outhier der Schwede Celsius. Pol nemlich Torneå ◂kleine Stadt in West Bothnien an der Spitze des Bothnischen Meerbusens.▸ und dem berge Kittis.

Die mathematischen Notablen

Die am Pol fanden nun daß <u>Newton</u> recht hatt. Die Grade wurden gröser.

Sie prüften den frantzösischen Grad, mit eben den vortrefflichen Instrument, und fan[d]en[?] nach der neuesten Astronomie (Aberration 1727) die Picard noch nicht kante Fehler.[308]

---

13 Rechnung] *für* rechnung | und] *danach gestr.* ⟨gl⟩ dächte von[?] $8\frac{1}{2}$ Grad wäre[?]

15–16 Es … o͡ts.] *erg.* 21–22 Jussieu … Ulloa] *erg.* 22 und¹] *erg.* | und² … Quito] *erg.* 25 Outhier] *für* und 26–27 nemlich … Kittis.] *erg.* 27 dem berge] *erg.* 31 Grad,] *danach gestr.* und 33 1727] *erg. unterhalb von* Aberration

Nun kammen[!] auch die vom Aequator zurück, die sich bis 1744 beschäfftigt hatten

Grad unter dem Pol 57422 Toisen eigentlich an der Stelle wo sie gemessen hatten (66° 19′) 57422. Toisen

beym Aequator 56753 —— Der Peruanische Grad beträgt 321 Toisen weniger als der Frantz. und 669 weniger als der Lappländische.[309]

HE. v. Condamine nach seiner Rechnung nur 3 Toisen weniger

also etwa $\frac{1}{178}$

Der Unterschied zwischen dem Durchmesser des Aequators und der Axe oder den beyden Axen der Ellips[e] beträgt etwa 10 Meilen die Meile zu 22,828 Pariser Fuß Der Mittlere Durchmesser 6,544,040 Toisen |

163v Nach der Hand hat man wiederholt[310]

Hieher kömt nun was Seite 3 in den Hefften über Erxlebens XIII Capitel steht.[311]

Man verfiel dabey gleich auf die Ellipse, und fand, daß wenn man die Lä[n]ge nur von 2 Graden in verschieden[en] Distantzen vom Aequator hatte, daß man daraus die Größen der Axen der Ellipse finde könte.

Das Mittel aus 8 verschieden[en] Verbindungen von 2 Graden giebt die Verhältniß 202,4 : 203,4

Wenn man aber die italienischen Messungen wegläßt 215,3 : 216,3 welches auch derjenigen Verhältniß sehr nahe kömmt, die man den entferntesten nemlich der Lappländischen findet, denn diese ist 214,2 : 215,2 [312]

Wie falsch der Ausdruck ist, die Körper fallen nach dem Mittelpunckt der Erde. 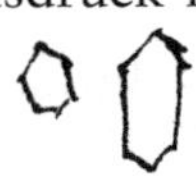 Es kan 19 Min ◂Wir haben hier in Göttingen die Ehre eine der Grösten Abweichungen zu haben.▸ betragen der Winckel zwischen VerticalLinie und Semid.

---

3 Pol] *für* Aequator | 57422] *für* ⟨56741⟩57438 *die letzten Ziffern* 22 L_B *oberhalb* ⟨38⟩ 3–4 eigentlich … Toisen] *erg.* 5 beym Aequator] *für* Unter dem Pol | 56753] *für* 56741 5–7 Der … Lappländische.] *erg.* 8–9 *erg.* 11–12 zwischen … Ellipse] *erg.* 12 etwa] *erg.* 22 8 … Graden] *für* allen 26 findet] *erg.*

Wie wenig das noch ausgemacht ist, was die Erde für eine Figur habe. Der Satz es giebt keine Antipoden.[313]

Von den Wellen überhaupt es giebt kleine und große. Es könte Thäler von großen Strecken geben.→ 16,21–28

Von den Abtheilungen der Erde.

läßt sich in 3erley Rücksicht betrachten. #

1) als Kugel überhaupt und
2) Lage gegen die Sonne
3) Nach der Beschaffenheit ihrer Oberfläche aus Land und Wasser besteht.

Die 3te Abtheilung in Land und Wasser gehört für das 13 Capitel

Hieher aber gehört die erste.

Es ist aus der Sphärick bekannt, daß die bequemste Eintheilung einer Kugel durch Kreiße geschieht, wodurch die Abschnitte derselben | begränzt werden. 193r = o

Was ist Kugel Abschnitt. Es sind ihrer zwey.[314]

Was ist Höhe des Abschnitts

Kugelscheibe. zwischen parallelen Ebenen

Zone→ 146,13–22

Axe des Parallel Kreises; Axe der Kugel in Hinsicht auf diese Parallele.

Der gröste Parallel Kreis der Aequator

Pole.

Eben[en] durch die Axe stehen auf den Parallel-Kreisen senckrecht

Distantz von Pol und Aequator

Dadurch wird, die Lage der Parallelen gegeben.

Inhalt der Zone der Cylinderfläche gleich[315]

---

2 Der … Antipoden.] *erg.* 5 Von] *davor gestr.* Ehe ich weiter gehe muß ich nothwendig etwas von der Abtheilung der Zeit sagen. // 6 läßt] *davor gestr.* Unsere 3erley] *für* 2erley | betrachten] *für* abtheilen | #] *Verweiszeichen ohne Gegenstück* 8 2 … Sonne] *erg.* 9 3] *für* 2 | Nach … ihrer] *für* Als eine Kugel der 11 3te] *für* 2te 24 Eben[en]] *für* Kreise 24–25 Parallel-Kreisen] *für* Parallelen Kreisen

Anwendung auf die Kugel

ErdAxe, Weltaxe. Aequator (die Fixsternen Kugel der Erde Parallel.)
Breit. Was ist Breite und Polhöhe sind einerley, gezeigt

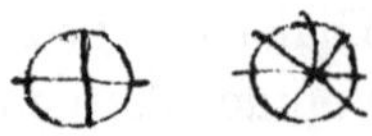

Wie wird die Breite gefunden? Sterne auch die Sonne. Zur See. Spiegel Sextant[316]
Serson's Methode, so heißt der Engländer, der den Krauß[e]l gebraucht.

Serson Röhl 2. p. 51 künstlicher Horizo[nt][317]

Gentleman's Magazine 1754. p. 446. Schiff Victory.[318]

K. p. LXXVII[319]

Die Länge.
Die Breite eines Orts ist nicht hinlänglich seine Lage auf der Kugel bestimmt anzugeben.
Ich muß, weil hier kein Anfang und End ist nothwendig einen Anfang machen
Es giebt nur einen Aequator aber unzählige Meridiane.
Hierzu giebt die Zeit ein vortreffliches Mittel[320]
Sonne um die Erde umständlich
Verlust der Stunden wenn man der Sonne nachsegelt[321]
Wie läßt sich hieraus die Länge finden.[322]
Man muß wenn die Oerter sehr entfernt sind ein Objekt nehmen was hoch liegt, sind sie nicht weit entfernt, so kan man dazu
193v Gegenstände | in der Atmosphäre Gebrauchen oder auch auf hohen Gebirgen Pulver anzünden. Ist es weit, so muß man die Gegenstände am Himmel suchen dort sind die Gipfel auf denen die Begebenheiten sich ereignen müssen, auf daß wir sie sehen.

St.				
1	15°			
1 Sec.	15′	und	4 Min	1 Gr.
1 Min.	15″	–	4 Sec.	1 Min.[323]

Es muß eine Begebenheit seyn die man an allen Ort[en] auf einerley Weise zu gleicher Zeit sieht so wie die Racketenschlag. Solche Begebenheiten sind nun die Mondsfinsternisse, unseres so wohl als des Jupiters. Die Sonnenfinsternisse und Fixstern

8–9 *erg.* 26 es] *Dittographie*

Finsternisse durch den Mond, und endlich was auf denselben Gründen berührt[!] Distantzen der Fixsterne vom Mond.
Wie wird dabey verfahren? wie bey der Rackete.
Nun auf dem Land geht es nun alles recht gut da, wo man es, zur Verbesserung der Geographie gebraucht; übrigens kan eine Stadt sehr gut bestehen, Wen sie die Länge ihres Ortes nicht weiß. Es giebt viele große Städte, ja selbst von Observatoriis ist es öffters noch nicht gnau berichtigt. Allein die See ist der Ort. Das ist es am nöthigsten und zu gleich am schwersten. Das ist traurig.
Man hat daher schon längst die gröste Belohnungen darauf gesezt.
<u>Den 28. Nov. ☽.</u> Wir haben in der lezten Stunde von der Länge gehandelt.
Die Breite noch einmal definirt.→ 108,4–7 Länge Differentia meridianorum. umständlich. Die Zeit ist dazu ein vortreffliches Maas.

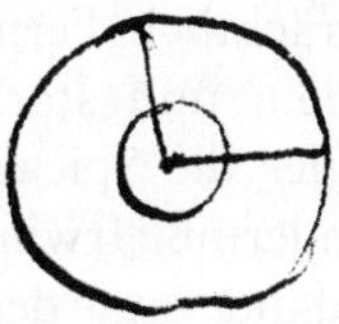

Noch einmal erklärt, und den Verlust des Tages, wenn man der Sonne nachsegelt→ 108,13–21 Es ist keine Secunde im gantzen Tag zu denken die nicht irgend ein Volck haben, solte, oder ein Schiff haben würde wenn es da gienge lezte Posaune.[324] Noch mals von den Zeichen.→ 108,23–109,2 Ein Erdbeben das man durchaus Mittags um 12 hätte, wäre ein umlaufendes[325] |
Schon 1598 versprach Philipp der III.^{te} von Spanien ansehnliche 197r = p
Belohnung. Auch der Hertzog von Orleans Regent von Fr. 1722 100000 Livres.

Petersburg.	47.°	59′
Götting	27°	34
	20°	25′

1 St. 20′
1 40″
1 — 21 40″.

15° = 1^h
5° = — 20
25′ = 100″ = 1. 40″
1. 21 40″

In Holland sezte man eine Preiß von 100000 fl.

---

13 <u>Den</u> … <u>☽.</u>] *erg.* | in … Stunde] *für* gestern 27 100000 Livres] *erg.*

Allein die Engländer zeichneten sich vorzüglich aus nemlich unter Regirung der Königin Anna 1714

10000 Pfund auf einen Grad
15000 —— $\frac{2}{3}$ Grad. 40′
20000 Pf. auf einen halben Grad.[326]

Die Logleine kurtz.[→ 251,8–13]

Der Mond, Die Uhren.[327]

Auf der See wo es vorzüglich nöthig ist da fallen die meisten Mittel weg. An Sonnen und Mondsfinsternisse werden sie dabey schwerlich gedencken. Denn wie offt fallen die vor. Wenn sie vorfallen, so bedient man sich ihrer allerdings. allein da kan man keine Pfähle einschlagen.[328]

Die Jupiters Trabanten Verf. und Entfinsterung sind zwar häufiger zu sehen, wenn der Jupiter sichtbar ist, allein 1) der Jupiter ist ein Paar Monate im Jahr nicht sichtbar, da er der Sonne so nahe ist, also was will man da machen? 2) könne die Jupiters Verfinsterungen nicht deutlich gesehen ohne beträchtlich Fernröhre nicht gesehen werden. Macht man sie klein und stark vergrößern, als ZE. die guten Achromatischen oder die Spiegel Telesk.,[329] so ist das Schwancken ein ewiges Hinderniß. Irwins Seestuhl.[330] Maskelins Urtheil.[331] Man verfiel daher auf den Mond.

Vom Log[→ 251,8–13]

Vorzüge, er ist zwar auch eine beträchtliche Zeit des Jahres unsichtbar, aber die Zeit seiner Unsichtbarkeit ist mehr vertheilt, auch kan man am Tage seine Distantzen von der Sonne nehmen. u. s. w. |

197v Erklärt Der Mond durchlauft in einem Tag zwischen 13 bis 14 Grade, dieses ist ein sehr beträchtlicher Schritt, der In einer Stunde mehr als einen halben Grad in seiner Bahn, das ist ohngefehr die Länge seines Durchmessers, könte ich also seine Distantz von einem Stern jedesmal um den 60ten Theil seines Durchmessers gnau messen ◂Das ist der Weg, den er in einer ZeitMinute durchläuft. so hätte ich alsdann die Länge auf 15 Minuten im Bogen richtig weil 1′ Zeit 15 im Bogen beträgt.▸, und die Tafeln

---

8 ist] *erg.* 13 Verf.] *danach gestr.* sind 15 ein Paar] *für* einige 16 machen?] *danach erg. u. gestr.* auch kan er am Tage nie gesehen werden. 24–27 *erg.*
31 Durchmessers] *danach gestr.* eine Minute[?]

wären ebenfalls richtig gnug um seinen Ort mit der Gnauigkeit anzugeben, so wäre der Sache geholfen.[332]
Versehen dabey. Parallaxe.[333]
Sie müssen mir hier nicht einwenden, daß ja da wieder Astron. Observation wäre. Ja, aber das sind Distantzen[334]
Die Mayerschen Tafeln
Unser großer Mayer ◂gebohren zu Marbach im Würtenbergischen den 17ten Febr 1723. † zu Göttingen den 20 Febr. 1762 Also 39 Jahr alt.▸, der sich schon in seinen Jungen Jahren mit der Theorie des Monds abgegeben berechnete nach des Großen Eulers Theoria Lunae[335] Tafeln, die er nachher durch seine gnauen Beobachtungen verbesserte.
Diese Tafeln erschienen zuerst in den älteren Comment. der hies. Soc. im IIten Theil, und der Abbt Hell ließ in seinen Ephem. für 1763 nachdrucken.[336] Im IIIten Theil dieser Comment. zeigte Mayer die Anwendung zur Findung der Meereslänge,[337] ohne an eine Prämie zu dencken und führte Hernach die Sache weiter aus, diese weitere Ausführung findet sich nicht in den Comment.

Mit Mason's Verbesserungen sind sie zu London 1787 erschienen und so finden sie sich in dem neuen de la Lande.[338]

Unser Herr Geheimd. Justitz-Rath Michälis war der, der ihn zu erst auf den Gedancken brachte, dieser wegen Anspruch auf einen Preiß zu machen. Herr Mayer sandte seine Schrifften nach England und arbeitete an der Verbesserung seiner Tafeln. Nach seinem Tod wurden | diese Tafeln nach London geschickt, und seine Erben erhielten eine Belohnung von 3000 Pfund. HE. HofR. Kästner merkt in den Schwed. Abhandlung[en] 1765. 27ter Band. an Es sey dieses ein Geschenck gewesen, daß die Erben großentheils dem Glück zu dancken haben in Göttingen zuseyn.[339] HE. Best und v. Hinüber. Euler bekam nur 300 Pfund.[340] 198r = q
Mein Memorial schreiben.[341]
Man hat nun im Nautical Almanac, und die grosen Tafeln die Sache sehr bequem gemacht.

7 Unser großer] *erg.* 7–9 gebohren … alt.] *erg. am Rand, Zuordnung durch Bearb.*
16 Findung der] *erg.* 17 eine] *für* die 21 Geheimd Justitz-Rath] *für* HofRath
26 Pfund.] *danach gestr.* Meinen geringen Antheil 28 Geschenck] *für* Glück
30 HE. … Hinüber] *erg.*

Allein die Sache mit dem Mond hat doch auch Ihre Schwierigkeiten
Der Mond ist nicht immer sichtbar, es ist nicht immer helle wo der Mond steht, und es ist ein gar kleiner Strich, der eigentlich gebraucht werden kan. Dazu kömt die immer noch etwas verwickelte Rechnung, wenn sich auch leicht darin jemand eine Fertigkeit erwirbt, so ist das verrechnen häufig eine höchst unangenehme Sache.

Mayers Mondstafeln vorgezeigt. Als dann vom **Log** gehandelt.

120 : 1 = 5280 : 44′

(Wie sich verhalten 120 halbe Minuten zu eins, so die engli[s]ch Meilen. zu x) oder wie sich verhält $x : \frac{1}{2}{}' = 5280$: zu der gesuchten Zeit.

Denn wie sich verhält 120 halbe minuten zu 1er so verhält sich die englische Meile = 5280 zu 44. also so viel mall[?] 44 Fuß in der $\frac{1}{2}$ Minute durchlaufen werden so viel Meilen werden in einer Stunde durchlaufen.[342]

1 St. : 5280 = $\frac{1}{2}{}'$
264|0 (44

Die Frage ist. wie viel müste ich in einer $\frac{1}{2}$ Min. laufen wenn ich [in] einer Stunde eine Meile laufen wolte. → 251,8–13

Daher die Uhren. Umständlich beschrieben. Die Zeit muß man freylich immer die Zeit an Ort und Stelle wissen, allein das thut man mit Beobachtungen, so offt man nur kan ja in Zwischen Zeiten ist auch das **Log** sehr gut zu gebrauchen, denn es betriegt nicht immer.
Habe ich nun eine gute Uhr. Die nach dem Meridian von wegen einem bekanten Ort gestellt ich will setzen das Observatorium von Greenwich, so weiß ich ja wie viel Uhr es in Greenwich ist.

den Umstand von der Zeit um die Erde herum daß keine Secunde gedacht werden kan, die nicht[?] ein Meridian

198v Weiß ich nun die neue Zeit hier, so ist die gantze Länge | gegeben. Daher sehr frühe auf Uhren.

11–16 *erg., der zweite Absatz steht getrennt u. ist durch Markierung irrig der zuunterst stehenden Marginalie* den ... Meridian *(112,29–30) angefügt* **12** verhält] *danach gestr.* ⟨30″⟩ $\frac{1}{2}$ **17–18** *L*B **19–20** *erg.* **22** die Zeit] *erg.* **26** Habe] *für* Hätt[?]

Etwas vom Log.→ 251,8–13
Log book, Sir Hugh Palliser, und Kepple.[343]

Gemma Frisius.→ 113,23–25
Metius.→ 113,26–28
und Hauptsächlich Dr Hooke und der berühmte Huyghens, und auf das Meereslänge angewendet, allein da der leztere zu früh mit dem Ministerio in Streit gerieth, so wurden keine Versuche gemacht.

Harrison's book, die Stelle
Crommwell's Rede.[344]

Er entdeckte seine Griffe nie, allein in s. Philosoph. Collections, in sein[en] Cutlerian Lectures und in den Transact. sind so viele Wincke enthalten, daß gewiß die Künstler daraus geschöpft haben.→ 113,28–114,2 Nun die Blätter. (Meeres Länge, von Arnold.) |

<u>Meeres-Länge</u>[345] 179r

Neuerlich London 1781 hat HE. Arnold ein Werck herausgegeben: An account kept during thirteen months in the Royal observatory at Greenwich of the going of a Pocket Chronometer, made on a new construction by J. Arnold, having his new invented Balance spring, and a compensation for the Effects of Heat and cold in the Balance. Published by Permission of the board of Longitude.[346] Vorher eine Geschichte der Sachen:
Gemma Frisius ◂Eigentlich Reinerus Gemma. heißt blos Frisius weil er zu Dockum in Frießland gebohren war[,] Mathemat. und Medicus geb. 1508 † 1555.▸ war der erste der Uhren vorschlug nach ihm Metius ◂Metius Adrian ein Holländer aus Alcmaer geb. 1571. † 1635. sein Bruder Jacob soll der Erfinder der Fernröhre seyn.▸; Hooke und Huygens disputirten sehr wer von Ihnen den Pendulum Spring zu erst an Taschen Uhren gebracht hätte. Jeder sagte der andere habe von ihm gestohlen. Beyde machten eine Anwendung auf die Meeres Länge, allein da ersterer mit dem Ministerium vor der Zeit in einen Dispüt gerieth, so wurden nie öffentliche Versuche angestellt, auch hat er nie seine Griffe entdeckt, indessen sind in s. Wercken, als sein[en] Philosoph.

---

11 Er] *davor gestr.* In dess **16** London 1781] *erg.* **18** Chronometer] *für* micrometer **23–25** Eigentlich … 1555.] *erg. am Rand, Zuordnung durch Bearb.* **26** Adrian] *erg.* **34** als] *für* wie[?] den

Collections, seinen Cutlerian Lectures und in den Transact so viele Wincke, daß gewiß die Künstler sich der selben bedient haben.[347] 1714 in der Regierung der Königin Anna paßirte eine Ackte, die demjenigen 20,000 Pfund versprach der ein Mittel entdecken würde, wodurch ein Schif nach einem Westindischen Hafen segeln könte, ohne 30′ Minute in s. Länge zu irren. Henry Sully |
179v war der erste, der darauf arbeitet. Er gieng nach Wien, wo er 1714 einen kleinen Tracktat über Taschen Uhren herausgab ◂ist der Wohl zu haben?▸. Bald darauf gieng er nach Paris, wo er 1716 der Acad. der Wiss. eine Taschen Uhr überreichte, die sehr gut gieng, und soll hauptsächlich eine Fricktion, wo nicht sehr vermindert, doch gleichförmig gemacht haben. Er starb zu Bourdeaux 1728. Nach Sully haben hauptsächlich Julien le Roy und Berthoud in Franckreich ihre Gedancken auf diese Entdeckung gerichtet. Aber die grosen Wercke, die man von Ihnen hat enthalten nur wenige Facta und die in einem Schwall von Worten versteckt. Die Wercke worin man von ihren Bemühungen Nachricht finden kan, sind hauptsächlich

1) Berthoud. Eclaircissement sur l'invention pp. des nouvelles machines proposées en France pour la determination des Longitudes en Mer sur la mesure du tems. 4to

2) Journal du Voyage de M. le Marq. de Courtanvaux sur la Fregatte l'Aurore pour essayer plusieurs Instrumens relatifs à la Longitude. Paris 4to 1768

3) Voyage fait par Ordre du Roi en 1768 par Mr Cassini fils. 1770

180r 4) Voyage fait par ord d. R. en 1768 et 69 | pour eprouver les Horloges marines inventées par M. Ferd. Berthoud, par Fleurieu. 4to II Tom 1773.

5) Voyage fait par O. d. R. en 1771. et 72 pour verifier l'Utilité de plusieurs meth. et instr. servant à detérm. la Lat et la Long. Par Mess. Verdun de la Crenne, Le Chevalier de Borda et Pingré 4to II Tom. 1778.

Nutzen der Preiße. (Graf von Brühl)[348]

Berthouds Instrumente haben sich besser bewiesen als Le Roy's.[349]

1726 1726 fieng John Harrison ◂ein Mann aus Barrow in Lincolnshire, sein Vater Zimmermeister und Tischler, seine höltzernen Uhren, mit Waltz statt der Zähne sein Grid iron pendulum.[350]▸ an sich mit der Sache abzugeben. 1736 wurde eine (Time Keeper) probirt, und zwar in einer Reise nach Lisbon hin und her. Sie erhielt vielen Beyfall und H. erhielt öffentliche Aufmunterung, und Hofnung den Preis zu erhalten. Er machte noch 2 Time Keepers, welche alle 2 besser waren. Der 2te wurde 1739 fertig. Sie gieng 10 Jahre so richtig, daß er Copley's Medaille[351] 1749 erhielt. Die dritte wurde 1758 fertig 1761 eine vierte ◂diese stehen zu Greenwich.▸, womit sein Sohn William auf dem Schiffe Deptford eine Reise nach Jamaica that. Die Länge dieser Insul durch die Uhr differirte um 1′ (minute)[352] von der Astron. Bestimmung. Als die Uhr nach England kam, gegen Ende des März 1762. so hatte sie nur $1' 54''\frac{1}{2}$ in Zeit geirrt oder $28\frac{5}{8}{}'$ in Länge.

1′ Zeit = 15′ im Bogen |

Nun machte HE. H. Anspruch auf den gantzen Preiß von 20,000 180v
£. Aber einige von der Commission für die Länge hatten Zweifel, wegen der Lage von Jamaica, und dann konte die Uhr während der Zeit sehr starck gefehlt und sich am Ende wieder hergestellt haben.

Nun machte er den Runden Time keeper.[353]

William H. that noch eine Reise im März 1764 Die Zeit wurde in Portsmouth berichtigt durch equal Altitudes.[354] In der Mitte des May kam er nach Barbadoes, als er sie da wieder mit equal Alt. berichtigte, zeigt sie die Differenz der Länge = 3^h. 55′ 3″. Die wahre Länge aber ist 3^h 54′ 20″ folglich war der Fehler der Uhr = 43″ in Zeit oder 10′ 45″ Grad.

Zeit		Bog
1″	=	15″
4″	=	1′

Diesem Zufolge erhielt HE. H. 10000 Pfund, und das Versprechen die andere Hälffte zu erhalten, wenn andere Künstler solche Uhren machen könten. Diese lezte Uhr schickte man nach Greenwich, wo sie unter HE. Maskelyne probirt wurde. Man fand Ihren Gang nicht sonderlich, und das war betrübt, indessen führte H. an, daß er, ehe dieses Trial angieng, Versuche mit der Uhr gemacht habe, die davon Ursache | seyn könten. Bald darauf 181r
wurde die Commission mit HE. Kendall einem von den Receivers

7–8 diese ... Greenwich.] *erg. am Rand, Zuordnung durch Bearb.* 17 gefehlt] *danach gestr.* haben

der Entdeckungen von HE. H.,[355] auch eine zu machen, und diese gieng besser als die Harrisonsche und besser als irgend eine andere, (die von Arnold ausgenommen). Diese nemlich die Harrisonsche Uhr[356] hat die Reise mit Capt. Cook gemacht unter Aufsicht des HE. Wales in den Jahren 1772, 73, 74 und 75. Sie gieng so gut, daß das Unterhauß dem HE. Harrison die andere Hälffte bewilligte. (Sie hirüber HE. v. Zachs Brief.[357]

Schwierigkeiten
Spiral Feder
Eisen
Gold
Platina del Pinto[358]

Diesem Zufolge versprach das Unterhauß 1774 von neuem, den Personen die eine Uhr machen würden, die sich auf noch nicht bekante Principien gründete, und auf einer 6monatliche[n] Reise die Länge auf 60 Geographische Meilen = 1° des grösten Circkels angäbe; 5000 £ = 30000 Thaler[,] $\frac{2}{3}$°, oder 40 Meilen 7500 = 45000 Thaler, $\frac{1}{2}$° = 30 Meilen 10000 Pfund = 60000 Thaler. (Man kan würcklich ohne lächeln nicht daran dencken, daß eine so erleuchtete Versammlung, als das Unterhaus von England eine Preis Aufgabe so abfassen kan, daß dadurch allen Streitigkeiten Thür und Thor geöffnet wird. Es ist offenbar, daß die Meilen nichts mit der Frage zu thun haben. 60 Meilen können in gewissen Lagen 180° in Länge betragen. Meine Taschen Uhr hier könte der Frage genüge thun, wenn man sich nahe gegen den Pol zu machte. Es ist ihnen gegangen wie es dem berühmten Stryck gegangen seyn soll, der ein Buch von Cautelen bey Testamenten geschrieben, und selbst bey seinem Tod ein
181v Testament verfertigt | haben soll, wobey sich die Erben unter dem Schatten der Flügel Ihrer Advocaten, in die Haare gekommen seyn sollen.)[359] So ist HE. Arnolds Uhr gröster Fehler 38′ Minuten am Aequator, dieses beträgt nur etwa 25 Meilen beym Canal von England.

3–4 nemlich … Harrisonsche] *erg.* **6** andere] *danach gestr.* Hauß dem HE. H. die andere *u. dazu am Rand bemerkt* $\frac{1}{2}$ κερας d. 1ten Jun 1781. **8–12** L_B **17** = 30000 Thaler] *erg.* **18** = 45000 Thaler] *erg.* **18–19** = 60000 Thaler] *erg.* **19** würcklich] *erg.* **28** und] *danach gestr.* ein **29** sich] *danach gestr.* alle

HE. Arnolds Uhr gieng vortrefflich in allerley Stellungen

Horizontal, mit dem Glas oben			+	1″,72 im Tag
Glas unten – – – –			+	2″,83 ———
Vertical	XII	oben	+	0″,35 ———
———	VI	———	+	3″,85 ———
———	IX	oben	+	0,29 ———
———	III	oben	+	0,35 ——— [360]

Es kostet so viel Gnauigkeit viel Mühe, und dem ohngeachtet ist es nicht sehr nöthig, da bey einem Schiff eine solche Verschiedenheit in der Lage nie statt finden kan
Der gröste Unterschied von Gang überhaupt bey dieser Uhr während der gantzen Zeit von 13 Monaten war = 6″,96 nemlich vom 8ten Oct. und 26 Dec. und der gröste Unterschied zwischen 2 Tagen war 4″,11 und zwar vom 26ten auf den 27ten Dec: Dieses gäbe die Länge bis fast auf eine Minute, und also mit so vieler Gnauigkeit als die Breite gemeiniglich gefunden werden kan. Dieses ist die beste Uhr unter allen, die je gemacht worden ist, wenn sie nur noch auf der See gut geht. (Hofnung dazu ist da, denn sie hat sich auf dem Land besser gehalten, als die andern auf dem Land) und andere Künstler ähnliche machen können. Dieses ist ein Hauptumstand, denn | einmal konte so etwas ein 182r glücklicher Zufall seyn, oder HE. Arnold könte Griffe besitzen die er selbst nicht erklären oder andere lehren könte, und für solche Maschinen giebt das Publikum kein Geld aus.
Nach HE. v. Zach sollen jezt 1794 die besten von einem gewissen Künstler Howell verfertigt werden. Es kostet eine 100 Guineen.[361] |

Vom Monde. §. 628. p. 605.[362] 208r = r

Ehe ich nun die Gründe unserer Zeitrechnung mitnehme, muß ich den Mond betrachten, von dem ein Theil dieser Zeitrechnung abhängt, und der unsere Erde so nah angeht, ja der gleichsam eine Familie mit ihr ausmacht, so daß es keinen schicklichern Ort giebt von dem Mond zu handeln, als da man mit der Erde fertig geworden ist. Es wird sich dabey allerley sagen und sich

mit der Erde fertig

8 so … Gnauigkeit] *für* dieses 15 fast] *erg.* 25–27 *erg.* 28 §. 628. p. 605.] *erg.* L_B 32 Familie] *Unterstr.* L_B 33 der Erde] *Unterstr.* L_B | *Rand* L_B 34 sagen] *danach gestr.* lassen

manche Ausdrücke erklären lassen, die uns bey den übrigen Beobachtungen nützlich seyn werden. Ist dieses geschehen so werde ich alsdann unsern gemeinschafftlichen Weg um die Sonne betrachten, dieses giebt uns den begriff vom Jahr, so wie der Mond auf den vom Monat, und die umdrehung der Erde um ihre Axe auf den vom Tag führt, dessen wahre Beschaffenheit aber nicht erkannt werden kan ohne deutliche Begriffe von der Umdrehung von der Erde um die Sonne zu haben, und wenn ich dahin komme so werd. sie sehen, wie nützlich diese Betrachtungen im Lauf selbst des gemeinsten Lebens sind, in dem man ohne sie nicht im Stande ist den Gang einer Uhr zu beurtheilen und das runde Zettulchen in der Capsel seiner Taschen Uhr zu verstehen.[363]

Mit dem blosen Auge

Durch die Ferngläßer sieht der Mond zum Erstaunen rauh und uneben aus, alles wimmelt von hellen und dunckeln Flecken darauf. Etliche sind sehr groß und unregelmäßig, erscheinen als Flecke im eigentlichen Verstand wie ein Schmutz, dergleichen 208v sehen wir mit blosen | Augen und ein Theil von ihnen macht das aus was der gemeine Mann, den Man im Mond nennt.

Es sind dieses Ebenen, das heißt nicht sehr von seiner Kugelfläche abweichende Gegenden im Mond, die das Licht weniger zurückwerfen, als die übrige Masse. Wäre es Wasser so ließe sich die Sache erklären, den[n] da das Wasser nicht alle Lichtstrahlen zurückwirft sondern eine Menge einnimmt und selbst die die es zurückwirft, wenn es stille steht so regelmäßig zurückwirft, daß man das leuchtende Bild nur in gewissen Punckten sehen kan. So scheint ein Spiegel, den ich im freyen ins Dunckle lege immer Schwartz, wenn ich auch das stärckste licht nahe bringe, so lange mein Auge nicht so steht, daß ich die Fackel in dem selben sich abspiegeln sehe, allein wäre auch der Mond ein vollkommener sphärischer Spiegel wäre, so läßt sich erweißen, daß das Sonnen bild, daß er uns zurück schicken würde so klein ◂4″ bis 5″▸ und in so divergirenden Strahlen zu uns kommen würde, daß wir das

10 selbst] *erg.* L_B | sind,] *danach gestr.* da 20 der … Mann] *für* wir 21 Es sind] *Unterstr.* L_B | das heißt] *für* oder doch 23 Wäre] *Unterstr.* L_B 27 kan.] *danach gestr.* Es läßt sich al | So] *Unterstr.* L_B 33 4″ bis 5″] *erg. am Rand, Zuordnung durch Bearb.*

Püncktchen kaum sehen würden. (Der Planet zwischen Mars und Jupiter ein sphärischer Spiegel)

Auch scheinen sie nicht Wasser seyn zu können denn sie haben nicht einerley Farbe, sondern es finden sich permanente Schattirungen darauf auch Streiffen, die nicht vergehen. Aber etwas den Ebnen nah kommendes scheinen es dennoch zu seyn warum? Mir kömmt es vor als wenn es eine dunckele Materie | die einmal 31r = s
im Flüssigen Zustand gewesen und hernach erhärtet wäre. Vielleicht läßt sich eine Muthmassung finden, die dieses erklärt. Die übrigen Flecken sind theils weiße Spitzen, theils winckelförmige Vertiefungen, theils von einer Gestalt, die die größte Aufmercksamkeit verdient.

Die Charte vorgezeigt

Man hat 2erley Nahmen
Hevel. Länder und Berge. Ricciolus Nahmen[364]

<u>Die Circkel.</u> Mit den Punckten darin.
Ich habe ihrer eine große Menge gezählt. Vulkane Umständlich. Vesuv. **Monte somma** und **Ottajano**, der Feuersp. Berg auf der Insel **Vulcano** auf den Liparischen Insuln. Sehen förmlich so aus
Meine Beobachtung in Oxford[365]
Es ist wahr sie sind sehr groß, allein der Mond ist ein Cörper, der sehr große Revolutionen erlitten hat, die Berge auf ihm sind sehr viel höher als die auf unsrer Erde, ohne Rücksicht auf seinen geringern Durchmesser zu nehmen.[366]

Monds wahrer Durchmesser = 465 d. Meilen.
à 3807 **Toisen** eine deutsche Meile.

Hevel $\frac{1}{13}$ ◂**Gall.** $\frac{1}{10}$ ▸ des ☽ halbmessers. $\frac{2}{3}$ d. Meilen hoch. – HE. Schröter hat nahe bey dem Plato einen Berg gefunden der wenigstens 1 deutsche Meile hoch ist.

Chimborasso nur 3217. **p.** 610 [367]

3 <u>Auch</u>] *Unterstr.* L_B | Wasser] *für* wasser 5–6 etwas ... kommendes] *für* Ebnen 7 dunckele Materie] *für* Materie w 15 Hevel.] *danach gestr.* ††† 18 Vesuv.] *danach gestr.* Volcan† 24 nehmen.] *danach gestr.* // Es scheint also, als 27 **Gall.** $\frac{1}{10}$] *erg. oberhalb von* des ☽ halb *Zuordnung durch Bearb.*

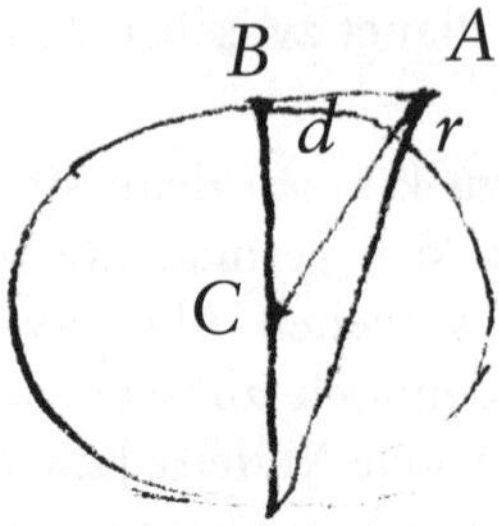

BC : *BA* = rad tang *d* [368]

Man sieht helle Punckte weit in sein Schatten hinein, woraus man die Größe der Berge berechnet hat. Diese wären vortrefflich zu Bestimmung der Längen auf der Erde zu gebrauchen, wenn der Mond sich schneller um seine Axe drehte. Wie? – Ich habe öffters acht gegeben, habe aber nie einen verschwinden oder einen entstehen sehen.

Um Vulcane anzunehmen braucht man auch nicht grade Feuer zu setzen. Sie würden freylich den Nahmen Vulcan nicht mehr | 31v = s² verdienen, allein in verbis simus faciles.[369] Und nun könten die großen Flecken das ausgelaufene seyn. Ja Herr Herschel hat sogar in den neuesten Zeiten einen brennenden Punckt im dunckeln Theil gesehen. Halley will blitzen gesehen haben, auch Bianchini hat einen Blitz durch den Flecken Plato fahren gesehen. und endlich Don Ulloa, derselbe der mit den Frantzosen in Peru war hat bey der Sonnenfinsterniß im Jun 1778 ein Loch durch den Mond gesehen.[370]

Alles dieses zusammen könten die ersten stamina[371] von einer gantz neuen Lehre über diesen seltsamen Körper seyn, wo sich vielleicht die Nachwelt wundern wird, daß wir nicht besser die Sache gerathen haben. Wäre er eine durchsichtige auf allerley Art gesprungene Glasschlacke so ließe sich manches erklären[372]

Atmosphäre? hat der Mond eine? Man kan kühn behaupten, daß er entweder gar keine hat oder eine so sehr dünne. Beweiß umständlich, keine Wolcken; keine Dämmerung, nichts. Verglichen mit der Dämmerung auf unserer Erde.[‡] Allein die merckwürdige Beobachtung von Baumann, mit dem Jupiter.[373] Auch wenn das ein Feuer war und nicht blos ein Abspiegel der Sonne

---

6 oder] *für* und **11** seyn] *für* Seyn **19** seltsamen Körper] *für* Sonnenkörper **22** Art] *danach gestr.* zers **23** Atmosphäre?] *Unterstr.* L_B **27–28** Baumann … war] *Doppelstrich am Rand etwa auf Höhe dieser Zeile*

auf einer ebenen Spiegel Fläche so läßt sich nach dem jetzigen Zustand unserer Physic nicht gedencken.

[‡]Diese Umstände haben sich sehr geändert. Siehe die Beylage.[374]

Ist er bewohnt? Davon wissen wir nichts, unsere Werckzeuge sind zu schwach Kunstwercke darauf zu entdecken und noch viel weniger, lebendige Geschöpfe | Da indessen das belebte nur 32r = t
allein eines Genusses[?] fähig ist, so ist es wahrscheinlich.

Man muß aber nicht mit allzu großem Vorwitz die Wercke Gottes beurtheilen wollen. Man solte sagen der Mond ist zu einem gewissen Zweck da. Denn wir wissen bereits so viel von der Welt, daß wir sagen könne[n] es ist nichts ohne Absicht da, die Absicht angeben zu wozu, kan offt in Vorwitz aus Arten. In dem unermeßlichen Gebäude ist der Mond was ein Tropfen im Weltmeer ist, der ohne bewohnt zu seyn, dient andern das Gleichgewicht zu halten, obgleich hundert Dachziegel Lustgarten von Moos für kleine Insekten seyn können so sind es nicht alle Dachziegel, aber jeder Dachziegel hilfft <u>decken</u> und <u>schützen</u>.[375]

Dachziegel Lustgärten für Inseckten (Moos.)

Der Mond treibt Mühlen.[376]

So viel wir vom Mond wissen, so hilfft er uns bey unserm Umlauf um die Sonne. Wir müssen unsern lieben Mond schlechterdings als einen Theil unserer Erde ansehen. Er macht ein Stück mit uns aus, was sich eigentlich in einer Kreisartigen Linie in einem Jahr um die Sonne dreht ist daher nicht der Mittelpunckt der Erde, und nicht des Mondes, sondern der gemeinschafftliche Schwerpunckt in welchem Man Erde und ☽ als vereint ansehen kan, einen imaginären Planeten der die Masse von beyden hat.

Kein Mensch würde läugnen, daß der Mond ein Theil von uns sey, wenn Stangen dahin giengen, allein die <u>gehen</u> hin pp[377]

Zwey Körper kann sich an keinem Band drehen, ohne sich um sein[en] Schwerpunkt zu drehen, denn da | dreht er sich wie um 32v
seine Axe.

Auch sehen[?] die Mondbewohner

---

5 schwach] *danach gestr.* leben 8 großem Vorwitz] *für* großer Verwegenheit 15 Lustgarten] *danach gestr.* fur 16 für] *für* und 20 bey] *Dittographie* 23 Linie] *danach gestr.* um 24 daher] *erg.* 34 *am oberen Rand*

Versuche mit der Schwung Maschine.[378]

Ich könte die Schwung Maschine forttragen, und sie bewegt sich würcklich um die Erde [379]

Also der Mond dient uns nun jezt schon um unsern Lauf zu reguliren
Er leuchtet unsere Nächte zwar mit einem mäßigen Licht aber eines das hinreicht für die zu sehen die sehen wollen, ohne deswegen die Pflantzen und Blumen zu stöhren.
Er bringt Ebbe und Fluth zu wege.
Er wendet uns ohngefehr immer dieselbe Seite zu
(Hier das Bleystifft F auf der zweyten Seite.[380])

<u>Mondumd[r]eh[u]ng</u> [381]

Nochmal erläutert

Ein Ding kan sich im Kreiß drehen, kan sich 10, 5, <u>2</u> <u>1</u> mal
Billardkugel

Der Meilen Zeiger[(120)]

Anwendung auf die Beurtheil[un]g der Wercke des Schöpfers.→ 121,8–17

Der Mond dreht sich um unsere Erde, es[?] könte sich die Erde um den Mond drehen. Das würde aber sehr große Veränderungen machen, und[?] der Sonne.[382]

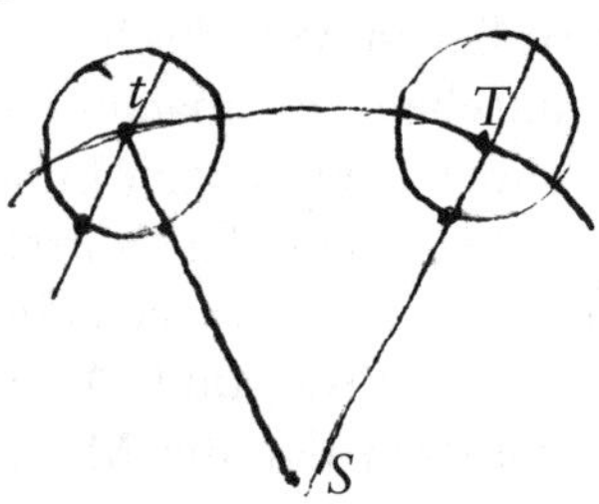

⊖ Sternen Monat (periodischer)
$27^{D.}\ 7^{h}\ 43'\ 12''$
⊖ Die Sterne verändern ihre Länge monatlich um 4″, diese zu durchlaufen braucht der ☽ 7″ Zeit.
Tropischer # Monat
$27^{D}\ 7^{h}\ 43'\ 5''$
von einer Länge bis wieder zur gleichen, oder in Rücksicht auf die Äquinoctialpunkte.

synodischer Monat. $29.^{T}\ 12.^{St}\ 44'\ 3''$
Sonnenmonat $\frac{365}{12} = 30.\ 10.\ 29'\ 5.$

2–3 *auf Bl. 32r unten* **4–5** *am Rand auf gleicher Höhe, durch 122,23–25 u. 123,5–6 überschrieben:* 15 42 / 31 24 // 16 14,3 / 32 28,6 *L_B, mutmaßlich betreffend die scheinbaren Halb- u. Durchmesser der Sonne, vgl.* 126,30–32 **21–29** *für* Periodischer Monat $27^{D}\ 7^{h}\ 43'\ 12''$ *vgl. dazu die Note in GamN, 722* **23–25** *am Rand* **24** monatlich] *für* täglich *L_B* **26** Tropischer] *für* Periodischer **27** 5] *für* 12 **30** synodischer] *für* Periodischer **31** *erg.*

Draconticus 27.^{D} 5^{h} 6′ 56″
anomalisticus 27.^{d} 13^{h} 18′ 35″[383]

weil die Apsiden linie in 8 Jahren 309^{T} 8.^{h} 37′ 30″ gantz herum kömmt[384]

Libration Röhl T. 1. p. 375
diurna §. 511. in Lat. §. 513 in Long. § 514–519.[385]

Winckel seiner Bahn mit der Ecliptic etwa (im Mittel) 5.° 8′ 31″ bald mehr bald weniger (9′)[386]

Er scheint uns bald groß bald klein

Dieses ist ein sicheres Zeichen daß wir nicht im Mittelpunckt der Bewegung stehen. Hierbey müssen sie nicht einwenden, daß ich vorher schon gesagt hätt, daß der Mittelpunkt der Bewegung eigentlich der Schwerpunckt sey.[→ 121,23–28] Dieses gehört nicht hieher, das meine ich nicht, den alsdann hätten wir doch noch gleiche Entfernung.

Parallaxe 1° 1′ 32″ größte
und Parallax = 54′ 2″ kleinste
Entfernung 63,62 semid. ♁ gröst
—————— 55,87 klein[387]

noch[?] seine mittlere Bewegung in einer Sec. 3132 Fuß paris[388] |

Man muß dieses gar nicht mit dem Verwechseln, daß wir den 205r = u
Mond offt so groß aufgehen sehen. Das ist blos optischer Betrug. Entschuldigung

Er ist etwa 15000 Meilen von uns.[389]

Was ist scheinbare Größ[e].[390]

Einen Menschen halb so groß in der doppelten Entfernung.

Wir halten Dinge für entfernter von denen wir wissen, daß sie weit weg sind.

Der Mond macht einen gewissen Winckel an unserm Auge.

45°. NB.

1–4 *erg. am unteren Rand, Zuordnung durch Bearb.* 7 (im Mittel)] *erg.* | 5.° 8′ 3″] *für* 5 $\frac{1}{2}$ [?] Grad 11 einwenden] *für* sagen 16 32″ größte] *für* 30″ wenn sein Durchmesser = 33′ 36″ 17 54′ 2″ kleinste] *für* 57′ 27″ wenn sein Durchmesser = 29′ 28″. 18 semid. ♁] *erg.*

Wir halten nach Schattirungen den Himmel nicht für eine halbe Kugel, sondern für zusammen gedrückt[391]

Der Mond im Horiz. näher[392]

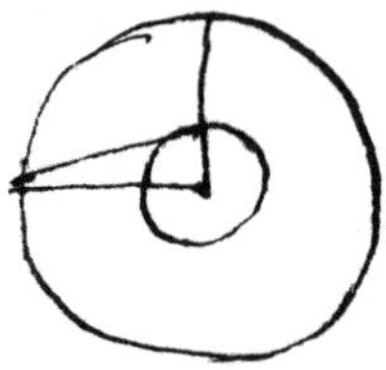

Scheveningen

Vom Mikroskop.[393]

See bey Scheveningen.[394] Eine Mücke mit einem Habicht oder Adler.[395]

Die Sonne

Der hellste Körper am gantzen Himmel, aus dem Licht Wärme und Leben unaufhörlich auf uns und eine noch nicht gezählte Menge von andern WeltKörpern herab ströhmt. Nach der neulich angegebenen Parallaxe, macht der Semidiameter unser[er] majestätischen Erde, an der Sonne nur einen Winckel von 8″,6 Secunden. Dieses giebt eine Entfernung von 21 Million Meilen,→ 96,13–16 und wen man dieses mit ihrem Scheinbaren Durchmesser gehörig vergleicht, einen Körper der 1,448000 mal größer ist als unsere Erde.[396]

Nimmt man den mittlern Durchmesser der ☽ Bahn, und beschreibt damit eine Kugel, so würde die 1,700000 groß wer[den], allein beschriebe man die Kugel mit des Mondes
205v geringster Entfernung, so würde sie nur 1,200000 | mal größer seyn als die Erde.[397] Dieses rechtfertigt meinen neulich gebrauchten Ausdruck von der Größe der Sonne, da ich sie mit der Mondbahn verglich.[398]

Kepler glaubte 1607 den Merkur in der Sonne gesehen zu haben. Es fand sich aber nachher daß er es nicht konte gewesen seyn.[399]

Als man die Sonne bald nach Erfindung der Fernröhre nemlich ão 1611 betrachtete, so fand man, daß sie der reine leuchtende

---

6–7 Eine ... Adler.] *erg.* **9** dem] *danach gestr.* W **10** uns] *für* uns *mit Binnen-s* **11** Welt] *erg.* **13** 8″,6] *für* $8\frac{2}{3}$ **15** und] *danach gestr.* eine Solidität von **16** 1,448000] *für* 1,400000 **18** ☽ Bahn,] *danach gestr.* so **21** würde sie] *für* würden wir **28–125,1** der ... war] *für* das reine Licht war

Cörper nicht war für den man sie vorher gehalten hatte. Zwey Männer Scheiner zu Ingolstadt, und Fabricius zu Wittenberg, beyde Deutsche entdeckte sie ohngefehr zu gleicher Zeit. Fabricius aber nicht zu Wittenberg, sondern bey seinem Vater zu Ostell in Ostfrießland. Ich habe beyder Schrifften angeführt.[400]

Es ist merckwürdig, daß man sie nicht eher gesehen hat, drey meine[r] Freunde.[401]

Scheiners Buch heißt Rosa Ursina, von einem Hertzog Bracciano aus dem Hause Orsini, der einen Bären ◂Rosa ist die Sonne▸ in Wappen führt und dem es dedicirt ist. Es wurde 1626 angefangen und 1630 im Druck vollendet, wo sie alles bey sammen finden können.[402]

Den 7 Oct. 1787 Morgends um 9 Uhr sah ich einen Flecken bey Nebel mit blosen Augen, und Klindworth 2.

Von Anfang hatte man nicht Hertz frey von solchen Dingen zu reden. Daher gab Welser ein AugsPurger zu erst Scheiners Briefe heraus unter dem Titul Apelles post Tabulam[403]
Period. Umdrehung 25. Tage 14 Stunden 8′ synod. $27^{T.}$. $12^{St.}$ 20′
Der Aequator der Sonne ist gegen die Ecliptick in einem Winckel von etwa 7° 30′ geneigt,[404]

Wären es Körper wie etwa Trabanten, so würde sich eine Verschiedenheit in der Zeit zeigen, es verhält sich aber bey den unzähligen immer einer wie der andere, und das von einer so unzähligen Menge die man beobachtet hat

Man hat sie für allerley gehalten, wie man sich leicht vorstellen kan, da die Sache so sehr weit von uns weg, wo also durch Versuche nichts entschieden werden kan, und jeder ein Recht hat seine Meinung zu behaupten, | solange das was er sagt den Beob- 206r = v
achtungen nicht gerade zu widerspricht.
Wolcken.
Felsen
Steinkohlen aus der Mitte[405]

3–5 Fabricius … Ostfrießland.] *erg.* **9** einen Bären] *für* eine Rose | Rosa ist die Sonne] *erg. am Rand, Zuordnung durch Bearb.* | in] *danach gestr.* seinem **13** bey] *für* im **15** Von] *davor gestr.* Allein **16** Scheiners] *für* scheiners **18** *für* Umdrehung 25. Tage 14 Stunden 8′ | 8′] *erg.* L_B, *mit Tinte nachgezogen* **19** Der Aequator] *für* die Axe

Wilsons Meinung HE. Prof. Kratzenstein Seit 1779. Wilson 1776. HE. Pastor Schüle will dieses schon 1771 entdeckt haben. Goth. M. II, 1, 34 [406]

Bodens und HE. Rector Fischer in den Berliner Ephemeriden für 1791.[407]

Wasser Vulcane, oder etwas was das Sonnenfeuer auslößt

negative Stelle, wo die Sonne wieder einnimt, was sie an den positiven weggiebt.→ 49,34–50,4

Schröter Bodens Jahrbuch 1797[408]

Landmarschal Hahn ibid. 1795.[409]

<u>Zodiacal Licht.</u>

Von Cassini 1683 im März entdeckt[410]

Ein Licht, das der Sonne folgt, und ein Schein wie die Milchstraße hat. Man sieht es am besten im Frühling des Abends vom Ende des Februars an, bis über die Mitte des Märtzes, und eben so des Morgens im Herbst, wo die Ecliptick in der es sich befindet einen sehr grosen Winckel mit dem Horizont macht, und also folglich es sich sehr starck von der Dämmerung entfernt auch die Zeit der kürzesten Dämmerung in jene Zeiten fällt.

Sonnen Aequator macht einen Winckel von $7\frac{1}{2}$ Grad mit der Ecclipt.

Es offt 50° bis 60° ja bis 100° Grad Läng in der Ecliptic fort und am Horizont wo es am Breitesten scheint, 8° bis 9°. auch wohl beträchtlich größer

Unter dem Aequator, wo die Ecliptick zuweilen senckrecht auf dem Horizont steht, und nie sehr starck gegen den selben geneigt ist, wo die Dämmerungen sehr kurtz sind, ist es am besten zu sehen. Was es ist? Es gehört gewiß mit zu der Sonne Es könte eine Art von Atmosphäre seyn. u. s. w. [411]

Nun Erxleben §. 612. Chronologie.[412] |

206v Betrachtet und mißt man den Durchmesser der Sonne im Winter, so findet man ihn 32′ 36″, und im Sommer 31′ 31″ nach dela Lande, das ist wie 1956 : 1891.[413]

---

1 HE. … 1779] *erg.* 1–3 HE. … 34] *erg.* 4–5 und … 1791] *erg.* 6 Wasser] *davor gestr.* HE. Wiedeburg // 9–10 *erg.* L_B 19 auch … fällt.] *erg.* 21 ja … 100°] *erg.* 22–23 auch … größer] *erg.* 24 die] *danach gestr.* Sonne am[?] ze 25 und] *danach gestr.* so

Da nun d. scheinbar[en] Größen der Körper sich verkehrt verhalten wie ihre Entfernungen, so läßt sich schließen, daß die Erde einmal weiter von der Sonne weg seyn müsse, als das andre mal, also kan sie unmöglich in einem Kreise um die Sonne gehen, dessen Mittelpunckt die Sonne ist, es bleiben also nur zwey Fälle möglich, entweder die Erde geht in einem Kreiß dessen Mittelpunckt die ⊙ nicht ist, oder sie geht in einer ander[n] krummen und geschlossen[en] Linie die kein Kreis ist.

Eccentricität $CS : CA = 1689 : 100000$ [414]

Das lezte hat sich wahr befunden, nemlich sie geht in einer Ellipse in deren einem Brennpunckte die Sonne steht. Dieses hat Kepler entdeckt.[415]

Begriffe von der Ellipse, Eine verzeichnet.

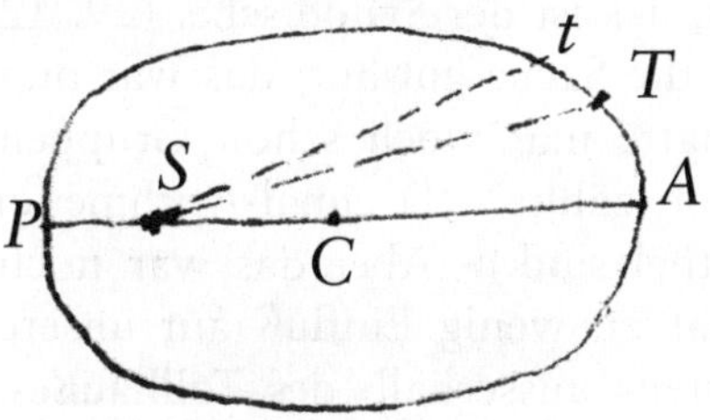

Aphelium *A* } Apsides
Perihelium *P* }

Linea Apsidum *AP*

Eccentricitaet *CS*

Ferner hat Kepler ausgemacht, daß die Räume die der Radius vector *ST* überstreicht.[416] Also ungleichförmiger Gang in der Bahn.

Anomalia media. Der Ausschnitt *TSA* von ∠*tSA* wenn *At* der mittlere Bogen ist der dem mittlern Winckel zugehört[417]

——— vera auch coaequirte Der Winckel des Ausschnitts an der ⊙

Der Unterschied *TSt* der wahren Anomalie von dem Winckel wenn die Erde in gleichen Zeiten gleich[e] Winckel beschriebe heißt die Gleichung Aequatio orbitae, prostaphaeresis.[418] Aus der Mittlern Anomalie die wahre zu finden die Keplersche Aufgabe. | Also die Erde läuft in einer Ellipse um die Sonne in deren eine[m] 186r = w
Brennpunkt die Sonne steht, und zwar, ist ihre Bewegung ungleich.

1 d. … der] *für* die 3 einmal] *für* zu weilen 20 *ST*] *erg.* 20–21 Also … Bahn.] *erg.* 22–24 Der … zugehört] *erg.* 25 auch coaequirte] *erg.* 25–30 Der … Aufgabe.] *erg.* 25 Winckel] *danach gestr.* an der 27 *TSt*] *erg.* 29 orbitae] *erg.*

184r

Von der Chronologie[419]

Um diese wichtige Sache gehörig einzuleiten, will ich wieder der alten Methoden→ 71,13–27 bedienen. Tag und Nacht sind für uns so scharfe Abtheilungen, die sich so sehr einprägen, daß wir nothwendig unsere Zeit nach Tagen zählen müssen. Also wurde gewiß gleich anfangs nach Tagen gezählt, so geht es bey den Ausgebildetsten wie bey den rohesten Nationen. Hierin ist nichts zu ändern. Allein dieses Maas ist zu klein für beträchtliche Zeiten, und verwirrt. Bedencken sie was würde geschehen, wenn wir anstatt die Jahre von Christi Geburt zu zählen, die Tage zählen wolten das würde schon über 600,000 Tage seyn. So etwas geht nicht.[420] Der Himmel hat uns ausserdem grösere Maasse so nah gelegt, daß sie auch die wildesten Völcker nicht übersehen können, den Mond umständlich, das ist der Synodische. (29. 12 Stunde) (bald 29^{T} bald 30^{T} hob die Sache gut auf) das war nun schon eine Erleichterung nun hatte man doch schon Gruppen von Tagen die man zusammen zählte. (Decimal-Arithmetic) ◂(Wochentage weil sie die Vierthel sind.)▸ Aber das war noch nicht hinlänglich. Der Mond hat zu wenig Einfluß auf unsere gewöhnliche Geschäffte, wenigstens ausserhalb des Tollhaußes.
184v Sondern man mußte sehr bald finden, | daß die Sonne zu gewissen Zeiten, in unserm Clima wo die Calender geworden sind, bald hoch bald niedrig stund, die Jahreszeiten regulierten. Auch das ist von keinem Volck übersehen worden. Und unsere Sonne regulirt das Jahr, so wie sie den Tag regulirt.→ 19,25–20,6

Diese gab nun ein größeres Zeitmaas, das gröste, was wir haben, denn unsere Jahrhunderte sind nicht so wohl größere Zeitmaaße, als vielmehr künstliche Summen, die die Menschen nach Ihrer Decimal Arithmetic gemacht haben. Hier sind alle Völcker eins.

Indessen da man die Monate eher aufsumirte ehe man das Sonnenjahr hatte, so kam man zu kurtz Man gab nemlich (und das muste man) den Monaten Wechselsweise 29 und 30 Tage, aber dieses Jahr wurde um 11 Tage zu kurtz. (◂= 12 mal den Synod. Monat)▸ eigentlich 354 Tage 8. St. 48.′ 34,7)[421]

---

12 grösere] *für* kleinere 15 (bald … auf)] *erg.* 16 Gruppen] *für* Bündel 18 (Wochentage … sind.)] *erg. am Rand, Zuordnung durch Bearb.* 34 eigentlich] *erg.*

Was muste der Erfolg seyn? Wenn die Sonne am Höchsten stand, so waren im nächsten Jahr noch 11 Tage nöthig um das Jahr zu vollenden

Ein Jahr

Das muste in die Augen fallen. Man legte also einige Tage zu und machte das Jahr = 360, und da andere Völcker das Mondenjahr beybehielten, so entstund hieraus der Unterschied zwischen Sonnen- und Mondenjahr | Da man nun nach dieser neuen Ver- 185r
besserung noch die Monate beybehalten wolte, so entstunden hier die Sonnen-Monate, in 30 Tagen. (Denn 12 × 30 = 360) und vermuthlich gründet sich darauf unsere Abtheilung der Ecliptic in 12 Zeichen, jedes zu 30°,

Aber das war noch nicht hinlänglich

Man fand, daß man alle Jahre um 5 Tage zurück blieb. Man legte also dem Jahr noch diese 5 Tage zu. Aber auch dieses war noch nicht hinlänglich sondern das das tropische Jahr

365 5St. 48′ 54″ Cassini
— — — 45 Dela Lande[422]

so muste man nothwendig alle Jahre 5 St 49 Minute zurückbleiben.

Dieses hatte Cäsar von den Aegyptiern erfahren, daß nemlich alle 4 Jahr fast um einen Tag zu kurtz wurden. Also rechnete man fast einen vierthel Tag nicht. Dieser betrug in 4 Jahren fast einen Tag. Es wurde also fest gesezt daß alle vier Jahre das Jahr um einen Tag länger seyn solte. Das heißt man zählte einen Tag nicht. |

Dieses ist der [dies intercalaris] der Römer, bissextilis. bissextilis 185v
heißt er weil dieser Tag nach dem 24 Febr. eingeschaltet wurde. Der heißt aber sexta calendarum Martii, und zweymal gezählt bis sexta Calend. Martii[423]

Dieses ist die Julianische Jahr, auch vulgo der alte Styl.

Division mit 4.

Allein offenbar rechnete man da 11′ 11″ zuviel,[424] dieses hatte also den entgegengesezten Erfolg

Es beträgt etwa in 4 Jahren 45′. also in 128 Jahren einen Tag, das heißt in 128 Jahren nimmt man gerade das Gegentheil, nem-

---

27 der¹] *danach gestr.* annus intercalaris 31 Jahr … Styl.] *für* Periode

lich Vorher hatte man zu wenig genommen, und muste zusetzen, jezt nimt man zu viel und muß daher wegnehmen.

(Hieher nun was in den ordentlichen Hefften steht)[425]

Da ich nun so weit bin, so will ich noch einiges kurtz anführen was einige andere Seltsamkeiten unseres Calenders erklärt

Romulus gab dem Jahr 10 Monate, wovon 4, 31 und die übrigen 30 Tage u. s. w.[→ 131,19–132,6] Siehe Röhl T. II.[426] |

207r Röhl. II. p. 225.

Chronologie[427]

Die Umdrehung der Erde gab die Tage[→ 128,3–8]

Der Mond die Monate. zu 29 und 30 Tagen.[→ 128,12–17]

Die Wochen gab ● ☽ ○ ☾

Benennung der Tage ♄ ♃ ♂ ⊙ ♀ ☿ ☽ beherrscht der ♄ den ersten Tag das ist die erste Stunde desselben, so kommt die Sonne auf die Erste Stunde des folgenden Tages.[428]

Der Ackerbau brachte uns das Jahr.[429]

Mit diesem die Monate verglichen, fand man daß etwa 12 darauf ging[en] und diese synodischen à 29 und 30 Tage zusammen gerechnet gab nun ein Monden Jahr von 354 Tagen, das war aber um 11 Tage zu klein. Dieses wurde endlich mercklich. Man legte zu und gab ihm 360; andre Völcker behielten das Monden Jahr bey, daher der Unterschied zwischen ⊙ und ☽ Jahr. von 354. – im ersten wurde nun der Monat 30 Tage lang, daher die 12 himmlische Zeichen à 30° und die Eintheil. des Circkels in 360[→ 129,5–12]

Auch diese Verbesserung reichte noch nicht zu, es wurden also noch 5 Tage zugelegt und dadurch fehlt man nicht um völlig 6 Stunden, die man zu wenig nahm. Es wich also etwa alle 4 Jahre um ein Tag ab.

Diese lernte Cäsar von den Egyptiern und zwar von Sosigenes um also dem abzuhelfen legte man allemal dem 4ten Jahr einen Tag zu, dieses Jahr hieß annus intercalaris oder bis Sext. der 24 Febr sexta calendarum Martii, und also bis sexta[(423)]

Es war von Anfang große Verwirrung darin, wenn man ein größers Jahr fand, so behielt man den Nahmen, des vorhergehenden

---

1 wenig] *für* viel | zusetzen] *für* wegnehmen 3–7 *erg.* 27 5] *für* 6 28 Jahre] *danach gestr.* etwa

Umlaufs im Worte bey. Man hat Spuren von Jahren von 3 bis 4 Monaten, und darauf gründen sich Verwirrungen in der Chronologie, die vielleicht nie zu heben seyn möchten.[430]
Ja als die Chaldäer und Egyptier schon entdeckt hatten, daß das Sonnenjahr 365 Tage hatte, blieb man doch noch bey den alten 360 Grade so wie es jezt geht. Das läßt sich nicht anders machen der Mensch bleibt sich überall gleich.[431] |

(Für uns ist noch merckwürdig.) 207v
Romulus hatte 10 Monate verordnet. Vier von 31 und 6 von 30. Martius, Aprilis, Majus, Junius. quintilis, sextilis September, Oct. Nov. December, daher hatte das sonderbare Jahr 304 Tage. Wenn es herum war, so ließ mans laufen, bis die rechte Zeit kam.

31
4
124
180
304

Numa sezte daher noch 2 Monate den Jan. und Februarius zu und erhielt ein Jahr von 355 Tagen[432] und corrigirte durch allerley Einschaltungen. Da diese Einschaltungen schwer wurden so wurde der Oberpriester dazu gewählt, und man konte Tage kaufen.[433] Cäsar hatte sich dieser Streiche bedient, und kannte die Fehler gut. Daher er darauf bedacht war sie zu verbessern, als er es nicht mehr nöthig hatte sich ihrer zu bedienen
Er berief den Sosigenes von Alexandria, damals hatte man 67 Tage verlohrn. Um nach des Numa Verordnung das Jahr auf die Winter Sonnenwende zurückzubringen ließ man damals das Jahr 445 Tage[434] lang werden dieses ist das 46 vor unserer Zeitrechnung, das daher das Jahr der Verwirrung heißt; daß das darauf folgende aus 366 es so immer das 4te bestehen solte
Sosigenes hatte zwar den Cäsar bewogen bey seinem Jahr nicht auf die Mondjahre zu sehen. Allein um dem Volcke zu schmeicheln fieng er doch mit dem Neumond an, der damals 8 Tage nach der Winter Sonnenwende einfiel, und daher schreibt sich noch unser seltsamer und unsinniger Anfang des neuen Jahres.

---

1 im … bey.] *für* bey

Cäsar gieng vorsichtig zu Werck und es ist nicht wahrscheinlich daß er selbst den Julius so genannt, sondern Antonius sein Mitconsul nach seinem Tode. Quintilis in Julius, und der Senat nach der Schlacht bey Actium, den vom Sextilis in August verwandelt hat. Nero, Domitian und Commodus wolten auch aber es gieng ihnen nicht durch. |

[186r = w] Wir wollen nun nicht mehr sagen, die Erde drehe sich um die Sonne sondern wir wollen dem Sprachgebrauch getreue verbleiben und sagen die Sonne gehe in einem Jahr in der gegen den Aequator schräg liegenden Ebene um die Erde, und zwar in einer Ellipse.

Es giebt mehrere Arten von Jahren in der Astronomie, wie wir auch Monate gesehen haben.→ 122,21–123,4 Darunter ist für uns das Sonnenjahr besonders zu mercken. Es ist das Sonnenjahr diejenige Zeit die verfließt, da die Sonne bey einem Umlauf gnau einerley Lage gegen uns am Himmel zu haben scheint.

Ich will mich erklären. Ecliptic in 360 Grade wo man immer 0 vom FrühlingsnachtgleichenPunckt an. Was ist Länge?[435] Das Tropische Sonnen Jahr also wo die Sonne gnau gleiche Länge hat. Ex. vom Aequinotial[!] Punckt her geholt.

Das Sonnen jahr ist also die Zeit die verstreicht zwischen zween nächst auf einander folgenden Augenblicken, da die Sonne nach einem eintzigen Umlauf die selbe Länge hat. In der gnauen Angabe seiner Dauer sind die Astronomen nicht gantz eins, jedoch nur in Kleinigkeiten verschieden.

Cassini	365	$5^{h.}$	48′	54″
HE. dela Land	365	—	—	45,5 [436]

Nach den neusten Bestimmungen vid Zach. p. 36.[437]

Annus Trop.	365.	5^{h}	48′	48″,016.
sidereus.	—	6^{h}	9′	14″,946.
Unterschied		-	20′	26,930

9–10 der … Ebene] *für* dem schräg liegenden Circkel 15 die¹] *danach gestr.* zwischen zween {auf eine[?]} Zeitpunckten 18 an.] *danach gestr.* dieses hei 18–20 Das … geholt.] *erg.* 19 Tropische Sonnen] *für* bürgerliche 22 nächst] *erg.* 22–23 nach … Umlauf] *erg.* 23 hat] *danach gestr.* , es pflegt auch das tropische Jahr genannt zu werden 28–31 *erg.*

Das Bürgerliche Sonnenjahr Jahr ist das Sonnenjahr nach 186v
gantzen Tagen gerechnet, die dem Astronomischen am nächsten kommen.

Nimmt man nur statt 365 5 St. 48′ 45″ u. s. w. die Runde Zahl 365. 6 Stunden an.

so würde sich folgendes ereignen. Erklart.

Dieses ist Das Julianische Jahr. ◂wie die Schaltjahre berechnet werden.▸ vom Julius Cäsar der ihm durch ein[en] Aegypt. Astronomen Sosigenes diese Einrichtung hat geben lassen. Vorher war alles in Verwirrung aus List der Priester mehr als aus Dummheit.→ 131,21–31 Auf diese Weise machen also 4 Julianische Jahre 365 × 4 + 1 = 1461 Tage; hingegen 4 Astronomische Sonnenjahre *) nur 1460. 23St. 15′. sind[?] Der Unterschied beträgt 45′ in jeden 4 Jahren also in 32 × 4 oder 128 Jahren Grade einen Tag, weil 45 × 32′ einen Tag machen.

*	365T	5St.	48′	45″
				4
	1460	23	15	00
abgez von	1461			
			45′	

Unterschied zwischen 4 Julianischen und 4 Astron.

Dieser Fehler häufte sich nun sehr auf endlich wurde Pabst Gregorus[!] XIII aufmercksam darauf im Jahr 1582, man warf also nach dem 4ten Oct. dieses Jahres 10 Tage weg und zählte gleich den 15ten und man traf die Einrichtung daß um diesen Fehler zu vermeiden 1700, 1800 1900 keine Schaltjahre seyn sollen.

Weil nemlich alle 128 Jahr ein Tag zu viel würde, wie vorher alle 4 Jahre einer zu wenig, so sind in 3 . 128 = 384 Jahren 3 Tage zu viel, die man auf diese Weise wegnimmt, da man aber dieses nun von 400 Jahren weg nimmt, so nimmt man zu wenig weg, und es wird sich wieder ein Fehler zeigen, der aber in 3200 Jahren etwa einen Tag beträgt. Gregorianischer Calender.

Dieses ist nun der Gregorianische Calender. Der Julianische 187r = x
heißt auch der Alte Styl, und der Gregorianische der neue.

1–7 Das … ist] *erg.* **1** Sonnenjahr[1]] *erg.* **4** Zahl] *danach gestr.* an so[?]
7–8 wie … werden.] *erg. am oberen Rand, Zuordnung durch Bearb.*
12 365 × 4 + 1 = 1461] *für* 365 × 4 = 1460 **22** sich] *danach gestr.* en
27–28 alle[2] … Jahre] *erg.* **30** von] *danach gestr.* 30 | so] *Dittographie* **34** neue.] *danach gestr.* Die

⟨Die Veränderung war so sehr wichtig nicht, in 1200 Jahren erst 10 Tage. Dieses war so viel nicht werth als die erstaunende Verwirrung die in einem Reich entstehen muste, das nicht durchaus das Ansehen des Pabstes erkennt. Wenn mein Nachbar sagt es ist der 21 und ich sage es ist der 10te, das kan nicht ohne die gröste Unordnung in Handel und Wandel in allen Geschäfften zu verursachen abgehen. Ob also gleich die Protestanten von Anfang nicht folgen wolten, da der Vortheil nicht viel werth war, da zumal auch die astronomischen Rechnungen etwas dadurch gestöhrt wurden, in dem das schöne Gesetz der Schalttage des Julianischen Jahres unterbrochen ward.⟩
So gaben Sie denn doch um fernern Unheil und Verwirrung vorzubeugen nach. Nemlich mit dem Anfang dieses 18ten Jahrhunderts entschlossen sich die Versammelten deutschen protestantischen Reichsstände, den gregorianischen Calender und sogenannten neuen Styl anzunehmen.[438] Und darin thaten sie recht ◂weil es doch eigentlich nicht Caprice war, sondern würcklich etwas vernünfftiges zum Grunde hatte▸. Ich setze darin einen Hauptvorzug der Protestantischen Lehre (ich greife hierin keines Menschen Meinung vor, und noch weniger werde ich mich unterstehen irgend eines Menschen Lehrmeinung in
187v Religions sachen wozu er erzogen worden ist, | lächerlich zu machen, da behüte mich der Himmel vor. Ich bin ohnehin überzeugt, daß die weisesten und aufgeklärtesten aller Christlichen Seckten vor Gott nur eine Religion bekennen. Das übrige ist mehr Theologie als eigentlich Religion. Ich glaube, sage ich, daß dieses ein Hauptvorzug unserer Seckte ist, daß sie sich nicht nach den Rathschlüssen von Versammlungen zurichten hatten, die zwar aus gantz guten Leuten mögen bestanden haben, aber doch gewiß aus Leuten, die weniger wußten, als wir heutzutage wissen. Also wenn ich mich nicht gantz und gar irre so ist ein wesentliches Stück unserer Lehre immer fortzuschreiten, so wie das Menschliche Geschlecht an Erkenntniß zunimmt. Denn es ist gewiß nicht sehr weiße gehandelt, den Menschen in Religions sachen Feßeln anzulegen, während man ihm von der andern

---

1–11 *als erledigt gestr. L*$_B$ **3** die] *danach gestr.* entstehen **5** der[1]] *danach gestr.* 10 **13** Nemlich] *danach gestr.* zu **17–18** weil … hatte] *erg. am Rand, Zuordnung durch Bearb.* **25** Das] *für* Daß **32** immer fortzuschreiten] *für* sich immer mehr aufzuklären

Seite Studium der Naturlehre und Philosophie frey erlaubt. Der Despotismus in der Religion fällt von selbst übern Haufen so bald er sich nicht auch zugleich über die Philosophie erstreckt. Man kan den Kindern bis in das 10, 11te Jahr weiß machen, daß der Storch die Kinder brächte, oder daß sie aus dem Rheinsbrunnen vom Heinberge geholt würden,[439] aber länger nicht. Daß diesen[!] Wachsen in der Lehre | unserm Lehrbegriff wesentlich 188r = y
sey sieht man schon daraus daß wir gar die Lutheraner nicht mehr sind, die wir gleich nach Luthers Zeiten waren, und es läßt sich auch nach den beständigen Fortschritten, die der Mensch in der Erkenntniß thut nicht anders erwarten. Es sizt zwar hier und da noch mancher alter Knasterbart, der nicht mit fortwill, weil er zu alt und zu träg ist, allein, diese sterben weg, und das Menschliche Geschlecht wächßt seinem Großen Zweck immer mehr entgegen.

Also die Protestanten gaben hier nach, und das war recht sie konten es, hätten wir einen infallibles Oberhaupt gehabt, so hätten wir heute noch den 29 November[440] und wer weiß ob nicht in manchen Gegenden Mord und Todschlag entstanden wäre.

26 Nov
7 Dec.
1796
heute den 19 Dec. (st. v. den 8ten Dec.)
nov veteris
⟨Dec.
7 26 Nov⟩
27 Dec. (1794)[441]
⟨24 Dec.[442]⟩
⟨den 29 Nov.⟩
⟨den 27 Nov.⟩
$\frac{7}{18}$ Dec.
heute 8 Dec. 1794
27 Nov. st. v.
27 Nov.
8 Dec

---

3 über] *danach gestr.* Phi **13–14** das … wächßt] *für* der Mensch wachst **17** infallibles Oberhaupt] *für* Pabst | gehabt,] *danach gestr.* oder irgend einen Rathschlu **18** 29 November] *gestr. u. durch Unterpungieren wieder gültig gemacht, oberhalb gestr.* ††† ††† **20–21** L_B **31** L_B

Franzosen heute 18 Frimaire.[443]

Im Jahr 1752 nahmen ihn die Engländer an, diese musten nun schon 11 Tage herauswerfen. ◂Sie zählten nach dem 20ten Aug. so gleich den 1 Sept.[444]▸ Das Volk wolte es nicht leiden, give us our eleven days pp[445] 1753 Schweden, und nun ist in der christlichen Welt kein Volck mehr daß ihn nicht angenommen hat, als die Russen. Warum dieses Volck noch nicht nachgefolgt ist sehe ich nicht ab; daß es unter der jetzigen Glorreichen Regierung[446] nicht geschehen ist, zeigt wenigstens daß große Hindernisse da seyn müssen, die wir in der Ferne nicht beurtheilen können, noch auch zu beurtheilen nöthig haben.

bis 1752 fieng sich in England sogar das Jahr mit dem 25ten März (Verkündigung Mariä an)[447]

6 alt / 17 neu April in der Handlung eingeführt.[448]

Wenn ich sage die Protestanten hätten den Gregorianischen oder
188v neuen Calender angenommen, so ist dieses von jener | Zeit nur allein von dem Herauswerfen der 11 Tage geschehen. Allein in einen andern Umstand nicht – daher nannten die Protestanten ihren Calender nicht den neuen sondern den verbesserten. Worin bestand dieses

Das war die Berechnung des Osterfestes

Gräntzen der Ostern
22 Märtz
25 April→ 137,10–11

Nemlich das Nicäische Concilium ◂unter Constantin dem Großen[.] Nicäa heutzutage Isni† in Bithynien in Asien[.][449] ão 325▸ hatte verordnet daß das Osterfest jedesmal solte gefeyert werden an dem Sonntage der nach dem ersten Vollmonde käme, der nach der Frühlings Nachtgleiche einfiele. Fiele aber dieser Vollmond selbst auf einen Sonntag, so solten erst den ☉tag nachher Ostern gefeyert, und das aus der wichtigen Ursache, weil es sich für Christen nicht schickt mit den Juden zugleich Ostern zu haben.

Also das Gossen recht.

---

7 ist] *danach gestr.* kan **18** 11] *für* 10 **31** selbst auf] *für* auf **34** haben.] *danach gestr.* // Man sieht hieraus was für Kindische Rathschlüsse selbst Concilien fassen können. [*am Rand:*] jetzt begegnen sich blos die feindlichen Urketten.

Was hatten nun die Protestanten dagegen einzuwenden?
Dieses.
Der Machtspruch des Nicenischen Concilii sezte nemlich etwas gantz widersinniges voraus, nemlich es sezte voraus daß auf der gantzen Erde um die selbe Stunde Vollmond wäre.[450]

> Das lezte Plenilunium war diesen Morgen um 12^{h} 26 [451]

Sie berechneten die Vollmonde auf einer rohe Art nach der Cyclischen Reihung aus den Epackten. (lassen die Stunde unachtig[452]

> Die Ostern können nicht später fallen als den 25 April und nicht früher als den 22ten März

Da ereignete sich eine meschante Sache aͦ 1724. fiel der Vollmond nach dem Uranienburger Meridian und den Rudolphinischen Tafeln den 8 April um 4 Uhr 33 Min 10″ Sonnabend Die Catholicken erst den 9ten April. Dieses ereignet sich 1744. | und 189r = z
1778 würde es wieder gekommen seyn. Die Ferien bey den Reichsgerichten. Die Dritte Feyertags Andachten. Die Prügeleyen wurden verdoppelt Daher haben sich im Jahre 1776 die Protestantischen Stände dahin vereinigt die Ostern künfftig mit den Catholicken zu feyern, und den Gregorianischen Calender unter dem Nahmen eines allgemeinen Reichs-Calenders an zu nehmen.[453]
Sternen Revol 23^{h}. 56′ 4″ mittlere Zeit.
Die Sonne wenn sie gleich förmig gienge würde in eine[m] Tag 59′ 8″ zurücklegen
Diesen Bogen zurückzulegen braucht die Erde 3′ 56″. → 268,19–34

> Ueber den Unterschied zwischen Sternen Zeit und tempus I^{mi} mobilis S. Fischers Abhandlung in Bodens Jahrbuch. 1795. p. 113. und was er selbst dabey im Jahrbuch für 1796. erinnert.[454]

Wir haben bisher von dem großen Maaß der Zeit gehandelt, wodurch man die Dauer der Königreiche und der Staaten und ihrer Beherrscher ausmißt. Wir kommen jezt zu einem kleinen Maas, das uns bey unsern Verrichtungen offt sehr viel wichtiger ist, und womit man die Dauer des Ruhms manches Schrifftstellers ausmißt, nemlich Tage und Stunden.

---

6 lezte] *für* gestrige | war] *danach gestr.* Plen *danach streicht Bearb.* war
8–9 lassen … unachtig] *erg.* 15 Dieses … 1744.] *erg.* 23 Revol] *für* Zeit

So wie wir zu jenem großen Maas den Umlauf der Erde um die Sonne, das Sonnen-Jahr gebrauchen, so bedienen wir uns zu dem kleinern, der Umdrehung der Erde um ihre Axe. Und dieses ist wegen der großen Regelmäßigkeit dieser Umdrehung ein vortreffliches Maas. Aller Fleiß und Sorgfalt der Astronomen durch 189v die gnauesten | Instrumente unterstüzt haben noch keine Irregularitäten darin bemercken können. Dieses ist aber keine Folge, daß nicht welche da seyn könten, sie dürfen nur sehr klein seyn, diese könten sich aufhaufen oder nur sehr allmählig zunehmen. Ursachen, die so etwas bewircken könten giebt es wohl. – Dieses gehört nicht hieher.

Ein gewisses Merckmal. Will man also die Umdrehung der Erde um ihre Axe zum Zeitmaase gebrauchen, so muß man ein gewisses Merckmahl haben, einen Zeiger, an dem man sehen kan wann sie einmal herum gekommen ist.

Ein unendlich entfernter Punckt Gäbe es nun einen unendlich entfernten Punckt, so ist aus dem, was ich vom Umdrehen gesagt habe klar, daß ein solcher Punckt vortrefflich dazu wäre.

Man dürfte nur lange Röhre bevestigen, eine Stange eine Ebne und s. w. Umständlich.

Allein solche unendlich entfernte Punckte giebt es unzählige, die Fixsterne. Man hat also die Wahl und kan sich daher solche aussuchen. ZE. im Aequator. Meridian hat darin Vorzüge, wegen der Refracktion

Dieses wäre also ein Tag, den die Astronomen sehr wohl kennen, er heißt bey Ihnen Sternen Tag, auch **dies primi mobilis**, weil man die Sternen Kugel **Primum mobile** hieß.[455]

> Es ist ein Unterschied zwischen Sternzeit und **Tempus primi mobilis**. Bodens Jahrbuch 1795. **p.** [1]13→ 137,27–28

Hätte man eine gnau Uhr, und sie darnach einmal gestellt, so würde sie allezeit 24 Stunden zeigen wenn der Stern wieder hinter dem Meridian durchgeht.

190r = aa Allein sie werden bald sehen, was das für Verwirrungen | machen würde.

Stern im Orion Gesezt wir nähmen dazu den vorangehenden Stern im Gürtel des Orions ein Stern der 2t[?] Größe der jezt beynah im Aequator

---

10 Dieses] *davor gestr.* Das[?] 15 gekommen] *erg.* 30 Uhr … gestellt] *am Rand gestr.* Eine Uhr so gestellt 35 vorangehenden] *für* mittlern

steht.[456] Dieser gehe heute gnau um 12 Uhr des Mittags also mit der Sonne durch den Meridian, so wird er morgen 4 Minuten eher kommen, in 2 Tagen 8 Minuten also in 15 Tagen eine Stunde früher, und so fort, wir würden also jezt die Tage um eine Stunde früher anfangen, also in 12 mal 15 Tagen würden wir um Mitternacht, die Tage anfangen zu zählen und so fort.

15
<u>12</u>
30
<u>15</u>
180.

Mit einem Wort die Sterne auch die glänzendsten nicht ausgenommen sind für uns ein viel zu unwichtiges Dinge unsere Geschäffte darnach zu Reguliren, sie können auch überdas eine große Zeit des Jahrs über nicht gesehen werden. Für das Jahr lasse ich sie gelten, da sind sie aber nur in so fern brauchbar als sie uns einiger massen andeuten, wo die Sonne in ihrem Jahrlichen Lauf steht und also gleichsam die Minuten Zeiger für den Stundenzeiger der Sonne. Bey Tagen brauchen wir diese Hinweißungen nicht, die Sonne zeigt sattsam wo sie in ihrem Tagebogen stehe. Wir brauchen am Tage diese Hinweißung nicht

Also wir müssen nothwendig die Sonne zum Maasstab unserer Tage machen, wenn sie auch noch so unregelmäßig gienge man müßte sich lieber mit kleinen Einschaltungen behelfen. Nothwendig die Sonne Dieses ist ein so natürliches Verfahren, daß auch die wildesten Völcker ihm ohne weitern Unterricht folgen, Alle Volcker und wenn der Philosoph so etwas bemerkt wenn er auch die trifftigsten Gründe darwider hätte, welches | aber nicht ist, so muß er es mitmachen, so wie 190v den Sprachgebrauch. ⟨Daher ist keine mir bekannt gewordene Sprache, die nicht einerley Wort hätte für dies[457] die Zeit von 24 Stunden, oder eine Umdrehung der Erde und für dies in so fern der Nacht entgegen steht.⟩

NB habe ich vorher schon gesagt[458] und ist blos deswegen durch gestrichen.

Ja selbst die Völcker folgen diesem Gebrauch, (wenn man anders Italiäner Gebrauch nennen kan, was eigentlich Anord[n]ung der Natur ist) die sonst die absurdeste Art die Tage zu zählen haben ZE.

---

20 sattsam] *danach gestr.* genug 22 Also] *danach gestr.* wenn †

die Italiäner, diese fangen, die östreichische Lombardey ausgenommen, ihren Tag mit Untergang der Sonne an zu zählen.

neuern Römer

Wenn mich also der heutige Römer um 1 Uhr des Winters invitirt, so ist das etwa um 5, und 1 Uhr im Sommer kan 9 Uhr seyn.

Juden

Die Juden gaben der Nacht 12 und dem Tag 12 Stunden, das ist etwas besser, als die Italiäner aber immer äusserst abgeschmackt, den dadurch wurden selbst in ihrem Palästina die Stunden ungleich im Sommer die Tagesstunden länger als die Nachtstunden pp Diese leztere Zählart paßt nur für Völcker unter dem Aequator oder den Tropicis, da ist es nicht unrecht, man sieht also wo sie diese Rechnung herhaben mögen.

Astronomen

Wenn wir die Sonne erkennen wollen

Wenn wir also die ⊙ für die Königin des Tages erkennen müssen, wie haben wir es anzufangen?

Wir nennen die Zeit einen Tag die Verstreicht zwischen zween Durchgängen der Sonne durch den Meridian weil die Sonne eine beträchtliche Größe hat, so sezt man dafür | den Mittelpunckt.

191r = bb

Also wenn die Sonne an einem Tage über dem Horizont ihre größte Höhe erreicht hat, so sagen wir es sey 12 um Mittage, und da fängt der Astronom seinen Tag an, im bürgerlichen Leben, geschieht dieses 12 Stunde[n] vorher. Vermuthlich weil man die Geschäffte des Lebens die an einem Licht-Tag geschehen auch auf das selbe datum bringen wolte; der Astronom hingegen hat eben so wichtige Ursachen seinen Tag um die Mitte des Licht-Tages anzufangen, da er diesen Anfang beobachten kan, den andern aber nicht.[459]

Dies civilis

Er zählt wie der Italiäner auf 24.

Also wir rechnen unsere Tage nach der Sonne[,] allein so bald wir dieses thun, so sind unsere Tage keine Umdrehungen der Erde mehr um ihre Axe, sondern etwas drüber, etwa 4 Minuten in Zeit. ◂Keine periodische sondern ein synodische Umdrehung▸ Denn weil die Sonne des Jahrs einmal um den gantzen Himmel läufft so rückt sie täglich 59′ 8″ im Bogen ◂im Mittel genommen, auf dem Aequator gezählt.▸ fort, diesen nachzukommen braucht die Erde ohngefehr 3′ 56″ (Erklärt mit den Fixsternen und der Sonne). Folglich nennt man die Zeit da diese

---

3 der] *danach gestr.* Ita **14** nennen] *danach gestr.* nemlich **23–24** die … Licht-Tages] *für* Mittag **29** ihre] *für* unsere **30** Keine … Umdrehung} *am Rand erg.* L_B, *Zuordnung durch Bearb.* **34** 3′ 56″] *für* 4 Minuten

gleichförmige Sonne, diese mittlere Sonne, einmal herum kömt 24 Stunden, so heißt diese Zeit mittlere Zeit, ein mittlerer Sonnen Tag, tempus medium, und davon gehen auf den Sternen Tag 23^h, 56′ 4″

Eine Uhr also zeigt mittlere Zeit, wenn sie in einem Sternen Tag 23^h, 56′ 4″ zeigt, so kan man also | auch die Uhren nach den 191v Sternen Reguliren.→ 269,15–29

Allein unsere Sonne legt nicht alle Tage diese 59′ 8″ von westen nach Osten zurück, dieses geschieht ◂Hauptsächlich, weil nemlich die Planeten Venus Jupiter Mars und der Mond darin einen Einfluß haben können.▸ aus 2 Ursachen,

1) bewegt sie sich vermöge der Ellipse in der sie geht im Apogaeo langsamer als im Perigaeo[460]

2) bewegt sie sich gegen den Aequator geneigt Dieses trifft vorzüglich um die Tag und Nachtgleichen. Also wenn sie sich auch da eine beträchtliche Strecke in ihrer Bahn bewegte, so kömt dieses doch hier nicht gantz in Betracht, denn wir reden hier nur im strengsten Verstand von einer Bewegung von Abend gegen Morgen oder dem Aequator parallel, also da muß die Bewegung in ihrer Bahn noch zerfällt werden. Erläutert. Senckrecht auf dem Aequator.[461]

> Ein Theil ihrer Bewegung entfernt sie nicht vom Meridian, der andere entfernt sie davon.

Sie sehen also daß eine Sonne, die sich Regelmäßig jeden Tag 59′ 8″ auf den Aequator gerechnet hin bewegt, eine gantz andere Zeit geben muß, als eine die dieses nicht thut. Die wahre Sonne zu Anfang des Jul nur 57′ 11″ und zu Anfang des Jenner 61′ 11″ Sie sehen aber auch da die eine Sonne bald geschwind bald langsam geht, jener regelmäßigen bald nachgehen bald vorlaufen muß.

Die Zeit welche die nicht gleichförmig gehende Sonne | die 166r = cc wahre Sonne zeigt, heißt die Wahre Sonnen Zeit und ihr Tag der wahre Sonnentag

---

11 aus] *davor gestr.* hauptsächlich **26–27** Die … 61′ 11″] *erg.* **27** und] *danach gestr.* im J

Also was ist wahre Sonnenzeit? Diese weisen die Sonn[en]uhren.
(Etwas von Sonnen Uhren)[135]
———————— mittlere Zeit
———————— Sternen Zeit.

Die Zeitgleichung, ist eine Größe die zu der wahren Zeit addiert, oder von ihr abgezogen, die mittlere Zeit giebt.

Im gemeinen Leben haben wir, wie Sie leicht einsehen werden, blos mit wahrer Sonnenzeit zu thun, denn wir sehen nur die wahre Sonne, und die wahre Sonne leuchtet uns allein und macht uns unsere Tage.
Die mittlere Sonne Zeit ist eine künstliche Zeit eine Erfindung der Astronomen, die andere darnach zu schätzen, von unendlichem Nutzen. Es ist eigentlich nur das, was wir Zeit nennen können, denn Zeit kan man sich nicht anders, als gleichförmig gedencken, daher auch Newton und andere das wahre Zeit nennen, was wir jezt mittlere nennen, Hingegen tempus apparens was wir wahre nennen apparent Time.[462]

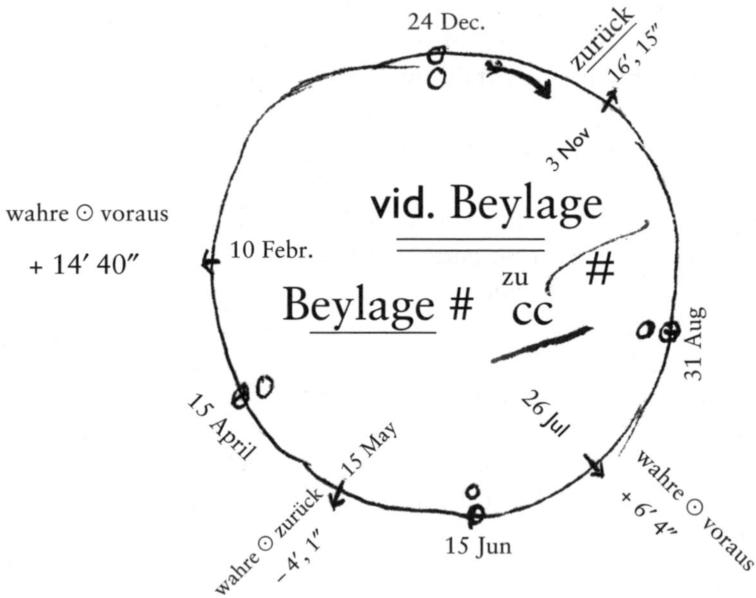

11 ist] *danach gestr.* nur[?] 13–17 Es … Time.] *erg.* 16 tempus] *erg.*

<u>NB</u>

In der Bahn <u>voraus</u> heißt in Absicht des Meridians <u>zurück</u>, also kömmt den 10ten Februar die mittlere ⊙ 14′ 40″ früher an den selben, und wenn es nach der wahren 0^{h} ist, so ist es nach der mittlern bereits 0^{h}. 14′ 40″.

Wir wollen uns dencken die beyden Sonnen, eine gleichförmig auf dem Aequator, die andere die wahre in der Ecliptic stünden den 24 Dec. da die Sonnen in ihrem Perigäo[(460)] ist beysammen so ist die wahre Zeit und die mittlere einerley, allein da die wahre Sonne jezt sehr geschwind läufft so komt sie am nächsten Mittage vor: also wenn wir nach der mittleren Sonne den 25ten Dec. Mittag haben, so | ist der von der wahren noch nicht da, die 166v ist in dessen etwas vorgerückt, und zwar so viel, als der Unterschied zwischen der wahren und mittleren Fortrückung in einem Tag beträgt, etwa 34″ in Zeit, dieses wächst nun immer fort, weil die wahre Sonne immer mehr gewinnt, obgleich im Verhältniß immer von Tag zu Tag weniger bis den 10 Februar, da die wahre Sonne 14′ 40″ Voraus ist. Nemlich in der Bahn sie komt aber dafür später in den Meridian→ 143,2–5

Nun laufen sie einander in gleichen Distantzen nach, das heißt, der Wahre Sonnen tag und der mittlere sind einander gleich, obgleich die Zeiger sehr verschieden sind.

Nun fängt die mittlere Sonne an vorzulaufen. pp (Nach der vorstehenden Figur erklärt)

Sie sehen also die Zeiger der <u>mittleren</u> und <u>wahren</u> Zeit-Uhr treffen zusammen den 24 Dec pp.

Die Zeiten hingegen in Absicht der Dauer der Tage den 10 Febr. pp.[463]

Der Unterschied zwischen dem <u>Stand der Zeiger</u> einer Uhr die wahre Zeit zeigt und einer die die mittlere Zeit[,] heißt die Zeitgleichung. Aequatio Temporis, und zwar ist die in den Astronomischen Calendern angegebene Zeitgleichung, die Zeit die ich von der wahren Zeit abziehen oder zu der Wahren hinzu addiren muß um die mittlere zu finden.[464]

---

3 früher] *für* später 8 Perigäo] *für* Apogäo 10–11 am … Mittage] *erg.* 11–12 den … Dec.] *erg.* 13 etwas] *für* ⟨auf⟩ {über einen Grad} 14–15 in … Tag] *erg.* 18–19 Nemlich … Meridian] *erg.* 33 abziehen] *für* ab

Von Taschen Uhren etwas→ 145,32

Man muß seine Uhr nicht nach Uhren auf dem Observatorio stellen.→ 145,33–34

NB

Nach der mittleren Zeit sind alle Tafeln der Astronomen berechnet. |

168r Beylage # zu cc #.
ad p. cc)

Mittlere Zeit. Zeitgleichung.

Die Zeitgleichung ist eigentlich der Unterschied zwischen der Rectascension der wahren Sonne, und der Rectascension der erdichteten mittleren Sonne, das ist sehr offenbar, also *AR* ⊙ vera – *AR*.⊙ med = aequationi temporis im Bogen.[465] da aber *AR* ⊙ med immer gleich ist der Long. ⊙ med (denn es ist ja gleichviel welchen Bogen ich gleichförmig theile, denn der Ecliptik oder des Aequators, da sie von einerley Punckt gezahlt werden.) so ist auch aequ. temporis = *AR* ⊙. ver. – Long. ⊙ med. (Röhl I. §. 264. p. 203 seqq[466]). Nun ergiebt sich, daß jezt (obgleich die änderung nicht groß ist, sie rührt von dem Fortrücken des Apogäri[?] her[467]) den 24 Dec. 15 April, 15 Jun. 31 Aug. die Wahre Rectascensione und die mittlere Länge einander gleich sind, so stehen sie zu gleicher Zeit im Meridian[468] (NB es wird hier nicht gesagt, daß die Rectascension des Punckts der mittlern Länge, der mittlern Rectasc. gleich sey, sondern, daß die mittlere Länge und die mittlere Rectascension einander gleich seyn. Denn gleich Grade auf der Ecliptic schneiden nicht gleiche Grade auf dem Aequator ab, obgleich wenn die mittlere Länge der ⊙ = 50° ist ihre mittlere Rectasc. auch = 50° ist, aber dem 50ten Grade der Länge correspondirt nicht der 50te der Rectascension.)
(Hierin liegt der Grund alles Zweifels von πμ und ist auf gelößt.[469] |

168v Zeitgleichung. 2.

Die mittlere ⊙ läuft alle Tage 59′ 8″,3 auf dem aequator fort.→ 267,15–17 Die Wahre bald weniger als diese Größe bald mehr. Wenn man die Sonne zum Beyspiel am 24 und 25 Dec.

7 zu cc #.] *erg.* L_{rT} **21** Länge] *erg.* **23** des Punckts] *erg.* **30–31** *erg.*

1794 beobacht[et] so wird man die Änderung ihrer Rectascension = <u>1° 6′ 40″</u> finden da die mittlere nur[?] 59′ 8″. Vergleicht man die Beobachtungen vom 24 Dec. mit der vom 31: so würde die wahre Sonne einen Weg von 7° 45′ 45″ gemacht haben, hingegen die mittlere in der Zeit nur 7 × 59′ 8″ = 6° 53′ 56″
Hingegen vergleicht man die Rectascension vom 14 März bis zum 15 so ist die Veränderung gerade 59′ 8″.
und vom 5ten Aug bis den 6ten macht sie gar aus <u>57′. 33″</u>.

<u>Nun NB.</u>

Erhellt aus dem vorher gehenden, die Rectas. der mittlern Sonne mach[!] seyn was sie will, oder die Beyden ⊙ ⊙ mögen beysammen gewesen seyn, wo sie wollen: so ist so viel gewiß. Die Zeit gleichung ist = Asc. ⊙ ver. – media aber, Asc. R. ⊙ med. = Long ⊙ med.
Zu merken daß die Long. ⊙ med. und vera nicht gerade gleich sind wenn die wahre ⊙ im 0♈ steht.[470] |
Nun aber können ja nur gleichförmige Uhren verfertigt werden. 169r = dd
Dieses ist das größte Meisterstück menschlicher Kunst, dahin solten die Leute arbeiten, die Ehre in Mechanischen Wercken suchen, so etwas ließe sich den Wercken der Schöpfung gleich setzen. Allein noch kein Sterblicher hat bis jezt eine Uhr machen können die in einem Jahr nicht eine Minute abgewichen hätte. Die Materialien sind nicht unser Werck

den 24ten März der Tag 23$^{\text{St.}}$ 59′ 42″ mittlere
den 20 <u>Dec. 24 30</u>
48″.

1″ den Tag 365″ im Jahr = 6′ 5″.

Was ist alles der Plunder von Kempelens Schachspieler Ein elender Betrug, den wen man ihn weiß jeder Handwerksbursche spielen kan.[471] Eben so mit den Maschinen des <u>Droz</u>.[472] Allein hier wäre wahre Ehre ein zu legen.
Nun von den Taschen Uhren und von den Zettelchen.[473]

Ist es uns um astronomische Gnauigkeit zu thun, so muß man Regelmäßig[en] Gang haben$_{[,]}$ sonst, am besten nach der Stadt Uhr.[474]

1–2 Rectascension] *davor erg. u. gestr.* wahr 2 <u>1° 6′ 40″</u>] *Unterstr.* L_B 8 <u>57′. 33″</u>] *Unterstr.* L_B 10 die] *danach gestr.* mittlere 13 Asc.[1]] *davor gestr.* diff. | aber] *Dittographie* 14 med.] *danach gestr.* // A ⊙ v – A ⊙ m = æqu. T.; A ⊙ 15 gerade] *erg.* 16 0♈] *für* ♈0 23 Die … Werck] *erg.*

Kann man auch Uhren machen die wahre Zeit zeigen?[475] Ja für große Herren, die unnützen Fleiß belohnen wollen und Dinge kaufen die sie nicht verstehen. Es ist das abgeschmackteste. Dieses Gesetz ist ja auch ein festes.

Uebrigens zeigen die Sonnuhren die wahre Zeit

Etwas von Sonnen Uhren.[(135)]

Ehe wir nun die Erde verlassen, wird es nicht undienlich seyn etwas von den Zonen und Climatibus zu sagen. Von der verschieden[en] Erleuchtung und die Wärme wovon erstere der Sonne allein, und leztere größten theils zu komt, hat man Anlaß genommen die Erde in gewisse Striche abzutheilen die man Climata nennt[476]

169v Neige der Ecliptick 23° 28′ 20″. Heise Zonen | woher. sie verhält sich zur gantzen Erdoberfläche wie 2 : 5 wie die Erde erleuchtet wird von der Sonne? allemal die Hälffte. Wie daher die Kalten Zonen entstehen. Die Sonne geht ihn[en] nicht unter. Diesen Vorzug haben einige mehr andere wenige[r] alle Länder die weniger als 23° 28′ 20″ vom Pol abliegen. Breite 66.° 31′ 40″. Beyde Calotten verhält sich zur Oberfläche wie 1 : 12.

Gemäßigte Zonen. ⊙ nie im Scheitel alle Tage auf und unter[,] beyde Zonen wie 519 : 1000

also. temperatae : torridae : frigidae wie 6,5 : 5 : 1.[477]

Länge der Tage. Unter dem Aequator alle Tage gleich lang weil da Parallelen halbiert werden durch den Horiz

Vom äquator ab nicht mehr halbiert, an den Globis gezeigt.

$13\frac{1}{2}$ Stund bis zu $10\frac{1}{2}$ St.[478]

Hierauf gründet sich die Eintheilung in Climata

Vom Aequator bis zum Polar Kreis wächst der Tag von 12 Stunden bis zu 24. Sucht man nun vom Aequator an die Parallelen auf wo der Tag eine halbe Stunde länger wird, so entstehen 24 Zonen, Diese pflegt man Climata zu nennen.

Vom Polar Kreis an bis an den Pol wächst der längste Tag von 24 Stund bis zu 6 Monaten, da theilt man in Climata, wo die

---

4 Dieses] *für* Das 8 Zonen und] *erg.* 8–9 Von … verschieden[en]] *für* Die 19 Beyde Calotten] *für* Eine solche Calotte 22 6,5 : 5 : 1.] *oberhalb erg.* L_B 65 50 10 31 an] an. ⟨Sucht m⟩ *Punkt streicht Bearb.*

Tage einen Monat länger werden. Dadurch entstehen 30. Climata auf jeder Halbkugel und 60 auf der gantzen Erde. Das erste vom Aequator an liegt bey 8° 33′ 55″ der Breite, das erste im Polar Circkel 67° 22′ 23″ ohne die Strahlen brechung zu betrachten. | 8° 33′ 55″ 67° 22′ 23″

Nichtigkeit der mechanischen Kunststücke. → 146,1–3 192r = ee

Von den verschieden[en] Lagen des Mittags Schattens

Periscii, (Polar länder) wie sie gefunden werden. Ascii, Amphiscii bald Süd bald Nord, Heteroscii.[479]

quorum alterum latus umbram facit. Ernesti.[480] (besser vielleicht Monoscii πμ)

Mittagskreiß. Gleiche aber entgegen gesezte breite in einerley Mittagskreiß Antoeci Deutschland hat nicht die Ehre Antoecos Gegenwohner zu haben, blos Fische Südwärts vom Cap. Perioeci Nebenwohner einerley breite aber entgegen gesezte Mittagskreise, fällt für Deutschland jenseit Kamtschatka wieder in die See. entgegen gesezte Breite und entgegengesezte Mittagskreise Antipodes Gegenfüßler wiederum Fische, Neuseeländer
Ein sehr respecktables Volck, das sich unter sich selbst auf frißt. Wir als ihre Antipoden, essen uns einander nicht Gottlob, wir schlachten uns blos.

Antoeci gleiche Tageszeiten und entgegenges. Jahrsz.

Perioeci entgegenges. Tages zeiten, und gleiche Jahrs zeiten

Antipodes En[t]gegengesezte Jahrs und Tagszeiten.

Jahreszeiten, in der gemäßigten Zone, wann fangen sie an

Etwas von ♈, ♉ ♊ ♋ ♌ ♍ ♎ ♏ ♐ ♑ ♒ ♓ nach den Bildern, und den Theilen der Länge.[481]

Unter der Linie 2 mal Sommer, 2 mal Winter.
Die andern in der heißen Zone haben unvollkommene Jahreszeiten.
Diese Eintheilung ist leicht, allein mit der grösten Hitze und Kälte hat es mehr auf sich, und ist sehr schwer a priori zu entscheiden.

---

3 8°[2] … 55[2]] *Rand* L_B 4 67°[1] … 23[1]] *Rand* L_B 6 *erg.* 9 bald[1] … Nord] *erg.* 12–13 in … Mittagskreiß[2]] *erg.* 14 Gegenwohner] *erg.* 15 Nebenwohner] *erg.* 18 Gegenfüßler] *erg.* 20 essen] davor gestr. thun[?] 28 Unter … Linie] *für* In der heißen 31 Hitze und] *erg.*

Obgleich die Sonne nicht warm seyn mag, ja wahrscheinlicher Weiße es nicht ist, so richtet sich doch die Wärme grösten theils nach ihr, und da haben wir zu betrachten hauptsächlich

die Stärcke der Perpendicular Strahlen. wie der Sinus der Höhe

die Licht Menge ebenfalls wie der Sinus der Höhe

also zusammen, wie die □ □ der Sinum der Höhe[482]

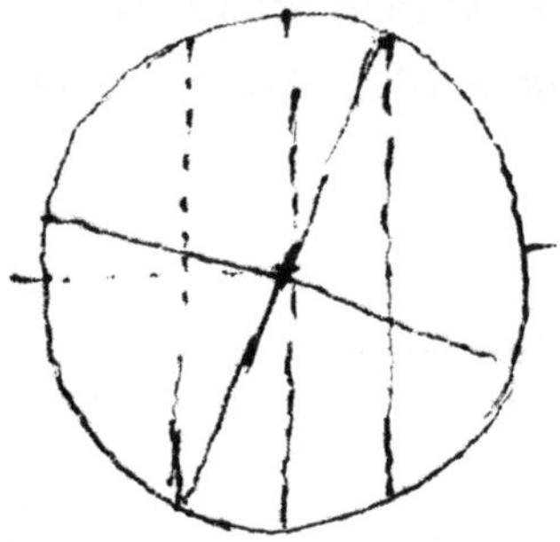

Die Erfahrung stimmt schlecht damit überein, ob dieses der Fehler [der] Theorie ist, oder der Modification durch andere
192v Umstände ist | schwer auszumachen

Die Größe der Wärme richtet sich nach der Dauer der Tage. Erklärt, die Erde fängt an heiser zu werden, so bald die Nacht nicht mehr das raubt, was der Tag gegeben hat.

So nach 2 Uhr die gröste Hitze zu Tage und im August die groste Wärme.

So wird der Mensch erst weise, wenn seine Kräffte anfangen abzunehmen.

Hierzu kommen Beschaffenheit des Erdreichs, Inseln Wälder, Höhe der Orte, Quito unter dem Aequator ist kühl. Thäler könn[en] zum En[t]setzen Heiß werden.

Noch unbekannte Ursachen. Crawfords Theorie.

Italien. Virgil. Williamson. Rozier. T. I. p. 435 sehr treffend von der Cultur von Ungarn Pohlen pp.[483]

1 mag] *für* kan

Obere, untere. <u>Nun von den übrigen Planeten</u>.[484]

<u>ad ee.</u> Klügel p. 126 [485] 45r

<u>Tafel für die Planeten</u>

	Scheinbarer Durchmesser in der mittlern Entf. der ⊙ von der ♁. (wenn sie so weit von Erde abstünde als ⊙ in der mittlern Entfernung.	wahrer <u>Diameter</u> in astron. Meilen 1000 auf dem Semid. der ♁.	<u>Körperlicher</u> <u>Inhalt</u>
⊙	31′ 57″,00	|222907 = diam| 111453,5 = rad	1384462
☿.	6″,90	|802 = d.| 401 = r.	$\frac{1}{15}$
♀	16″,55.[‡]	|1924 = d| 962 = r	$\frac{73}{82}$.[*]
♁.	17″ 20	|2000 = d.| 1000 = r	1
♂	8″,94	|1040 = d| 520 = r	$\frac{9}{64}$
♃	3′ 6,82	|21723 = d| 10861,5 = r	1281
♄.	2′ 51″,71	|19966 = d| 9983 = r	995
Ring ♄.	6′ 40″,65	|46589 = d| 23293,5 = r	— — —
♁. ♅	1′ 14″,52	|8865 = d| 4332 $\frac{1}{2}$ = r	80
☽	4″,70.	|546 = d| 273 = r.	$\frac{1}{49}$.

[‡] (Schröter 16,7) Herschel 18,79 Gött Anz 1796. 2tes St.[486]

[*] HE. Herrschel jetzt größer.[487]

	Umlaufs Zeit Sternen Jahr	mittl. Entfernung von der ⊙ 10000	Neigung der Bahn
☿.	87.^{T} 23.^{h} 15.′ 43″	3871.	7°. 0′ 0″
♀	224. 16. 49.′ 10″	7233	3° 23 25
♂	686. 23. 30′ 35″	15237	1° 51 0
	(1 Jahr 322 T.)		
♃	4332. 14. 27′ 11	52028	1°. 18 56.
	(11 Jahre 315)		
♄.	10759. 1. 51 11	95407.	2° 29 56
	29 J. 167 T.		
⛢.	30689. 18. 14	191836.	0 46′ 20.
	84 J. 8. T. richtig |		

[192v] Der nächste und kleinste unter den uns bekannten Planeten. Er ist 14 mal kleiner als unsere Erde. und $2\frac{1}{2}$ der ⊙ näher als unsere Erde $\frac{5}{2}$. mal ◂8 Millionen Meilen von der Sonne▸, also die Erleuchtung $\frac{25}{4} = 6\frac{1}{4}$ mal größer als bey uns, oder als wen 6 und $\frac{1}{4}$ Sonne am Himmel stünden. Er vollendet seinen Lauf in etwa 88 Tagen. und ist wegen seiner Nähe an der Sonne schwer zu sehen. Dazu komt noch, daß er wenn er sich der Sonne gläntzend nähert er so ausserordentlich weit von uns entfernt ist. 29 Millionen Meilen. Wenn er nahe ist nur 13, aber als dann
28r = ff kehrt er uns die dunckle Seite zu. Nächstes Jahr | 1786. zeigt er sich im April im Widder im Sternbilde Am 4ten May ereignet sich mit ihm ein merckwürdiger Umstand wir werden ihn in der Sonne sehen. Den Eintritt zwar nicht aber doch den Austritt, und wenn die Sonne aufgeht werden wir ihn darin erblicken, und er wird uns über drey Stunden sichtbar seyn.[488] Von seiner Umdrehung um die Axe weiß man nichts $6\frac{7}{10}$ Meilen in einer Secunde 156 mal geschwinder als der Schall.[489] Zusammenkünffte selten, ☿ 7°. ♀ 3° 23′ Neigungs[490]

Ricciolus führt in Alm. eine alte Lebens Beschr. Carl. des Grosen 808 in der sonne. er kan es aber auch o͡t gewesen seyn.[491]

1607 sah Kepler einen Sonnflecken, hielt ihn für den Merkur[(399)]

---

14 der ⊙] *erg.* 15 8 … Sonne] *erg., Zuordnung durch Bearb.* 19 sehen.] *danach gestr.* Nächstes Jahr wird er gleich im Anfang in der Abenddämmerung unter der ♀ einige Minuten zu sehen seyn. Eben so wieder im Anfang des May unter der Venus im Stier, und in der Mitte des Decembers wiederum in der Abenddam.[?] 20 ist] *für* seyn wird 27–29 Von … Schall.] *erg.* 29 156] *für* 256
29–30 Zusammenkünffte … Neigungs] *erg.*

28° Elongation
kleinste 18°.→ 272,7–8

Nota ad ff ☿ Jahrbuch 1789 p. 203[492] 33r

HE. Bode hatte den Durchgang 1786. 4 May nach de la Landes Tafeln, weil der Eintritt 1782. 12 Nov mehr übereintraf als mit den Halleyschen.

Austritt zu Berlin solte erfolgen 8h. 25′
Nach Halley und Mayer 9 58
erfolgte aber 9h. 22

also gab La Lande den Austritt 57′ [zu früh] das ist sehr viel und die Halleyschen um 36′ zu spät an
Copernikus nicht gesehen[(174)]
Kein Planet, sagt Mästlin, hat so eine complicirte Bewegung[,] er ist sagt er so schwer zu fixiren, als der Merkur der Chymisten[493]

Die Venus fast von gleicher Größe oder sehr wenig kleiner als [28r = ff] unsere Erde lauft in 224 Tagen um die Sonne, sie über 15 Millionen Meilen von ihr entfernt und das Licht auf ihr doppelt so starck als auf der Erde. Da sie uns nun zu weilen bis auf 6 Millionen Meilen nahe kommt, so läßt sich der Glantz begreifen den sie hat. ◂(zeigt sich jezt des Morgens in der Dämmerung Jan. 1787.▸ Von ihren Durchgängen durch die ⊙ habe ich umständlich gehandelt und gezeigt, wie sich die Parallaxen der Sonne mit großer Genauigkeit dadurch finden lassen.→ 92,9–96,27

47° Elongation.

Sie ist merckwürdig wegen verschiedener Streitigkeiten, wozu sie Anlaß gegeben hat. Die Umdrehung um ihre Axe fand Cassini 23 St. 20′ ◂Bode▸ und Bianchini 24 Tage.[494]
Erläutert, mit der Uhr.[495] Es ist noch nicht ausgemacht, und wird auch vermuthlich sobald noch nicht ausgemacht werden. Jezt Schröter→ 152,3–10 Die Flecken sind sehr schwer zu sehen es wird ein sehr reiner Himmel erfordert, und vortreffliche Werckzeuge. Ich habe nie welche darin selbst mit vortrefflichen Werckzeugen sehen können.

---

2 kleinste 18°] *erg.* 10 gab] *für* nach de 12 *erg.* 13–14 *erg.* 15 fast … oder] *erg.* 17 von] *danach gestr.* der 20–21 zeigt … 1787] *erg., Zuordnung durch Bearb.* 27 Bode] *erg. oberhalb von* 23 St. 20′ 28 Uhr.] *danach gestr.* // Trabant 29–30 Jezt Schröter] *erg.*

30r Beylage zu (ff). Auch das neue Werck des Herr Schröter.[496]

Venus.

HE. OberAmt. Schröter meldet der Königlichen Societät in einem Schreiben datirt den 14 Jan. 1792. daß er nun endlich die Revolution der Venus um ihre Axe bestimmt habe. Er giebt sie aus einer Periode von 731 Tage an zu: 23 Stunden 20′ 59″,4 oder numero rotundo zu 23 Stunden 21 Minuten. Bianchini, der sie zu 24 Tagen 8 Stunden angab hat also Unrecht, hingegen nähert sich Cassini der Wahrheit sehr da er sie zu etwa 23 Stunden angab.[497] Umdrehung und Atmosphäre Philos. Trans 1792. Berl. Jahrbuch 1795. Auch hat Schröter nunmehr Herausgegeben Cythereiographische Fragmente. Erfurt 1793. 48 S. 4to.[498]

Auch hat er einen Berg gemessen und ihn 21362 Toisen hoch befund[en] das sind $5\frac{3}{5}$ Deutsche geogr. Meilen hoch gefunden. Auch befinden sich die meisten und Höchsten Venus Gebirge auf der südlichen Halbkugel wie beym Monde.[499]

Auch hat er da eine Dämmerung bemerkt, die er auf $15\frac{1}{2}$ Grad gesäzt. S. gött. gel. Anz. 1790. 111 St. Berliner Jahrbuch 1793 S. 251. und Jahrbuch 1795. p. 209. 211.[500]

Ungleichheit auf Ihrer Oberfläche. Jahrb. 1793 p. 136.[501]

Kleinste Entfernung von der ⊙ zur größten wie 72 : 73 also fast ein Kreis.[502]

[28r = ff] Vom Trabanten – das ist eine seltsame Geschichte.[503]

Cassini zu erst 1672 den 25 Jan. Er sah ihn wieder 1686 den 28 Aug. HE. Horrebow in Copenhagen. Der berühmte Short 1740 den 3ten Nov. HE. Montaigne in Jahr 1761, HE. Rödkier zu
28v Copenh. 1764, in dem selben Jahr HE. Montbarron | zu Auxerre. Aus diesen Beobachtung[en] berechnet HE. Lambert. Mem de Berlin 1773.[504]

Die Neigung seiner Bahn $63° \frac{3}{4}$
Länge des Knotens 0^S. 16°
Länge seines Apogäi 4^S 13°
Scheinbare Größe der grosen Axe seiner Ellipse
aus der ⊙ gesehen 26′
Aus der Erde gesehen 19′

1 Auch … Schröter.] *erg.* **10–12** Umdrehung … 4to.] *erg.* **14** geogr. Meilen] für Meilen **17–20** *erg.* **34** aus … gesehen] *erg.*

Zeit der Revol. 11 Tage.
Entfernung 64 Semid. der Erde

1761, 1769 konte er nicht in der Sonne stehen auch 1769 auch nicht. Allein 1753 hätte er darin stehen können und Lambert berechnete er würde 1777 den 1 Jun. darin stehen[505] er ist aber nicht erschienen.

Erxleben §. 638.[506]

Es ist also nicht ausgemacht. Und in der That man weiß nicht was man davon dencken soll.
Dafür streitet, daß solche geübten Manner, als Cassini Short und andere ihn gesehen haben.

HE. dela Lande sagt Short den er 1763 gesprochen habe hätte selbst an kein[en] Trab. mehr geglaubt sondern an einen andern Planeten der sehr dunkel wäre und den man selten zu sehen bekäme; blos um sich nicht so plötzlich zurückzuziehen.[507]

Darwider ist daß ihn so viel andere vortreffliche Männer die Venus gewiß beobachtet haben nicht gesehen haben In 100 Jahren nur diese wenige Personen.
Ja daß einige Astronomen zE. Wargentin gerade um die Zeit da ihn der andre (Montaigne) gesehen haben will nicht sah.

HE. Wargentin im 3ten Bande der neuen schwed. Abhandlungen sagt er habe auch einen achrom. Tubum der immer einen Venus Trabanten zeige, er könne ihn aber wenn er den Tubum drehe überall herum führen. Dela Lande. Ed. 3. §. 3077.[508]

Allein darwider läßt sich wieder einwenden wir kennen die Natur aller Trabanten noch nicht. Gesezt er sey sehr dunkel drehe sich sehr langsam um seine Axe Wargentin habe schlechtere Werckzeuge und einen ungünstigeren Himmel gehabt. u. s. w.
Pater Hell Wiener Ephem. 1766 erklärt ihn für ein Bild der Pupille.
HE. Inspecktor Köhler aus einem schief gestellten Achromatischen Objektiv.[509] |
Aber dagegen wieder vieles. Solten so vortreffliche Männer sich haben durch so etwas hinter gehen lassen. 29r = gg

19 gerade] *danach gestr.* zu 25 kennen] *für* können 27–28 Wargentin … gehabt.] *erg.*

Warum haben sie nicht um andre Gläntzende Sterne ähnliche Erscheinungen gesehen und hauptsächlich warum sahen sie den Trabanten nicht immer.
Ich denke man thut am besten man suspendirt sein Judicium. Behutsamkeit im laugnen.[510] Physiognomische Reisen.[511] Es ist so unmöglich, als daß sich der Mensch über die Wolcken erheben könte.
Mars in 1 Jahr 321 Tagen 16 Stunden (um die Axe 24^{h}. 40′) jezt so roth im Osten December 1795.[512] Er ist von der Sonne 32 Million[en] Meilen entfernt Um seine Axe in 24 Stund[en] 40 Min. ◂♂ $3\frac{1}{3}$ mal kleiner als ♁.▸ Sein licht um die Helffte Schwacher. In seiner Zusammenkunfft 53 Million[en] und in Opposition. 11 eilf Million[en] von der Erde. ◂Der erste obere Planet▸ Daher hat er auch selbst den Tycho von der Unwahrheit des Ptolomäischen Systems überzeugt, denn der sah ihn näher als die Sonne.[→ 80,20–21] Er ist merckwürdig wegen seiner Excentrischen Ellipse, die zuerst Keplern auf die Ellipsen geführt hat.[513]

Gröster Abstand von der ⊙ zum kleinsten 17 : 14[514]

Nach Herrn Herschels Entdeckungen, hat Mars ebenfalls eine zusammen gedrückte Figur und seine Axe verhält sich zum Durchmesser seines Aequators etwa wie 15 zu 16 ◂und doch ist er so klein, und dreht sich so langsam um seine Axe.▸, HE. H. will auch etwas von einer Atmosphäre gesehen haben. Er hat auch überdas ist die Neigung seines Aequators gegen seine Ecliptic 28° 42 minuten. Alle diese Umstände zeigen, daß seine Lage (die eintzige größere Distantz von unserer Sonne abgerechnet,) nicht so sehr von unserer verschieden ist.[515] – Ueber eine von HE. Landmarschal Hahn bemerkte sonderbare Erscheinung auf ihm nebst einer Zeichnung S. Berliner Ephemeriden 1797.

---

8 1 Jahr] *erg.* | 321] *für* 322 8–9 jezt … 1795.] *erg.* 9 December] *für* November 11 ♂ … ♁.] *für* er ist etwas über 3mal kleiner als unsere Erde *Zuordnung durch Bearb.* 12 53] *für* 52 13 11] *für* ⟨11⟩ 3 | eilf] *erg.* 13–14 Der … Planet] *erg., Zuordnung durch Bearb.* 14 Tycho] *danach gestr.* verführt 16 seiner] *danach gestr.* sehr 17 die[1] … hat.] *erg.* 18 17 : 14] *für* = 17 : 14. 19 Entdeckungen] *danach gestr.* die noch nicht so gemein bekannt sind 21 16] *danach erg. u. gestr.* Herr Herschel wird doch wohl nicht den Mars beobachtet haben, da er nicht voll war. 21–22 und … Axe.] *erg., Zuordnung durch Bearb.* 23 etwas … einer] *für* eine kleine 25 zeigen] *erg.* 27–155,2 Ueber … Fig 5.] *erg.*

S. 251. – Eine Kugel von gelblicher Farbe war der Kern, darum ein weißlicher Ring. Auch eine Ausbeugung <u>Fig 5.</u>[516]

Jupiter der gröste unter allen Planeten, so groß ◂gegen 1500 29v
eigentlich 1479. mal größer als ♁▸, daß man alle übrigen Planeten daraus bauen könte, und wohl noch Masse zu hundert solchen Kugeln wie unsere Erde übrig behielt. vollendet seinen Lauf in eilf Jahren 314 Tag[517] um die Sonne von der er auf 108 Millionen Meilen entfernt ist. ◂er legt fast 2 Meilen in einer Sekunde in seiner Bahn zurück.[518] bey seiner Zusammenkunfft mit der ⊙ 129 Mill. und oppos. 87. Mill. Meilen von uns entfernt.▸ Weil er 5 mal weiter von der ⊙ weg ist als ♁, so ist sein Licht 25 mal schwächer, und dem ungeachtet sieht er uns ausnehmen[d] gläntzend aus. So groß dieser Körper auch ist, so schnell dreht er sich um seine Axe nemlich in 9 St. 56′, so daß also ein Punckt seines Aequators über 13 000 Fuß in einer Secunde zurücklegt, daher sind seine Durchmesser so mercklich verschieden wie 13 : 14. Was ihn vor den bisher behandelten Planeten auszeichnet sind Seine Streiffen und seine Trabanten.

Seine Streiffen sind dunckle Zonen von veränderlicher Zahl, Farbe und Gestalt, man hat ihrer zuweilen 8 gezählt alle parallel zuweilen 7, dann wieder 2 und endlich gar nur einen, gewöhnlich sieht man ihrer drey, was sie sind ist gäntzlich unbekannt HE. Schröter muthmaßt daß sie so etwas seyn wie unsere Wolcken.[519]

> sie theilen sich und formiren öffters rundliche Flecken, die sich wieder verlieh[ren]

Seine Trabanten haben Simon Marius (Mayer, der Nahme Mayer hat schon offt in der Astronomie brillirt) entdeckte sie im Jahr der Erfindung der Fern Röhre 1609, Galiläus 1610, ersterer nannte sie sidera brandenburgica, weil er in brand. Diensten war, Gal. Sidera Medicea. Lustig ist die Geschichte die ein Cöllnischer Capuciner Shyrlæus de Rheita aufbrachte, der 1642 noch 5 neue Trabanten entdeckt haben wolte; er war gewaltig bekümmert wie er sie nennen solte. Der Pabst ging vor und nach Urban VIII

3–4 gegen ... ♁] *erg., Zuordnung durch Bearb.* **4** eigentlich 1479.] *erg.* **7** eilf ... Tag] *für* 11 Jahren ⟨313⟩⟨{312} Tagen {15 Stunden}⟩{322} **8–10** er ... entfernt.] *erg., Zuordnung durch Bearb.* **9** zurück] *danach gestr.* Neigung seiner Bahn nur etwa 3 Grade. **10** Meilen] *erg.* **23–24** HE. ... Wolcken.] *erg.*

43r = hh nannte er sie planetas Urbanoctavianos | um dem Kayßer ein Compliment zu machen Ferdinandotertios und endlich gar Cölln zu lieb Agrippinos. Allein die gantze Ehre wurde bald zu Wasser, nemlich es waren keine Trabanten sondern Fixsterne, so bald Jupiter seine Lage veränderte so bliebe diese Garde zurück. Es ist ein bößer Ruhm einen solchen Nahmen in der Gesch. der Wissenschafft zu haben.[520]

Mit den Zahlen ihrer Distantzen und Umlauffs Zeiten will ich sie nicht auf halten sie stehen in allen Büchern und auch im Compendio §. 635 p. 613 Ed. 6.[521]

Ich merck nur noch an daß der scheinbare Semidiameter der Bahn des entferntesten etwa $8\frac{1}{2}$ Minuten ist also der Durchmesser 17 etwa halb so breit als der Mond, so weiß man, wo man sie zu suchen hat, wenn man sie mit blosen Augen etwa sehen wolte. Möstlin und Liberkühn wollen sie mit blosem Auge gesehen haben.[522]

Monde Wargentins geschichte→ 276,22–29

Man sieht sie zuweilen deutlicher als zu andern Zeiten, wenn gleich alle Umstände gleich sind, daraus hat man geschlossen, daß sie große Flecken haben und sich um ihre Axe drehen. Sie sind sehr viel größer als unser ☽, ja größer als Merkur und einer darunter ist nicht geringer als der 8te Theil unserer Erde.

Ueber die Umdrehung S. die Beylage #

26r # Beilage zu S. hh)

Jupiter.[523]

Axe : Diam Aeq = 13 : 14.
bey d[?] Erde 177 : 178
Seine Streifen gehen dem Aequator quoad sensum[524] parallel.
Cassini der die Rotation 9 St. 55 bis 9^h. 56 setzt hat dem ungeachtet andere von 9 St. 50, 9 St. 51. 9 St. 53.

Maraldi 9^h. 55′ 48″

Hershel 9^h. 54 56″.

HE. Oberamtman Schröter dessen Hauptverdienst hierin liegt hat nun gar welche von 7 St. 7′; 7 St. 36′; 8 St. 1. 9 St. $50\frac{1}{2}$; 9 St. 55. 11″ 9 St. $55'\frac{1}{2}$; 9 St. 55′, 57″.

---

10 p. 613 Ed. 6.] *vermutl. erg.* 17 L_B 27 bey d[?]] *erg.* 29 55 … 56] *für* 57′

Viele Vergleichungen, von hellen so wohl als dunckelen Flecken in verschieden[en] Distantzen vom Aequator, bezeugen daß alle diese Veränderungen gröstentheils atmosphärisch sind.
Indessen geben doch 242 Revolutionen eines weißen Flecks, die alle nahe an die Cassinische fallen nemlich 9 St. 55′. 33″
Seine Eccliptic macht nur einen Winckel von etwa 3° daher die beständige Tag und Nachtgleiche.
Es hat also wohl alles mit unserm beständigen Ostwinde zwischen den Wende Kreißen und unsern Monssons etwas ahnliches
Wir können also unmöglich die Umdrehung daraus schließen.
Herschel beobachte[te] Umdrehung 9^h. 54–56.[525]

Nächst dem kömt Saturn, der seltsamste Planet am gantzen Himmel, und bis 1781 der äusserste des Systems, er ist gegen 1000 ◂eigentlich 1030.▸ mal größer als unsere Erde und von der Sonne etwa 199 Million[en] Meilen ab. UmlaufsZeit etwa 30 Jahre. §. 625 Erxl[526] ◂Neigung seiner Bahn $2\frac{1}{2}$ Grad→ 150,9▸ Umdrehung um seine Axe 10^h. 16′ 0,44″.→ 275,10–12 Er wird von 7 Monden begleitet, wovon Hugenius den 4ten a͡o 1655 entdeckt hat, die 4 Ubrigen hat Cassini entdeckt, nemlich den 3ten a͡o 1671; den 5ten 1672 und die beyden innersten zuletzt nemlich a͡o 1684. ◂gezählt 7 6 1 2 3 4 5 der 6te steht 3 seiner halbmesser von ihm ab, der 5te 57 halbmesser. Siehe Beylage ‡→ 159,3–14▸ Sie sind sehr viel schwerer zu sehen als die | vom Jupiter, welches sehr begreiflich ist, da der Planet noch einmal so weit weg ist als Jupiter und die Sonne dort hundert mal ◂eigentlich 90 mal.▸ schwächer scheint, als bey uns; zumal sind der erste und 2te schwer zu erkennen, wegen ihrer grosen Nähe am Körper selbst, der dritte ist der gröste und wird am Häufigsten gesehen. Daher hat man auch noch keine Finsternisse bey Ihnen beobachtet.

[43r = hh] 43v keine Finsternisse

Das was ihn so äusserst merckwürdig macht ist ein sehr dünner aber breiter Ring. Galiläus hatte ihn gleich im Jahr 1610 entdeckt, aber sich wegen der grosen Veränderlichkeit des Körpers sehr falsche vorstellungen davon gemacht. So wie verschiedene

---

11 *erg.* L_B **13** 1781] *für* auf unsere Tage | gegen] *für* etwas über **14** eigentlich 1030.] *erg., Zuordnung gemäß Unterstr.* **15–16** UmlaufsZeit … Erxl] *erg.* **16** Neigung … Grad] *erg., Zuordnung durch Bearb.* **17** Umdrehung … 0,44″.] *für* Von der Umdrehung um seine Axe weiß man nichts. **18** 7 Monden] für ⟨4[?]⟩{5} **21–22** gezählt … ‡] *erg., Zuordnung durch Bearb.* **21** 7 6] *für* 6 7 **25** eigentlich … mal.] *erg., Zuordnung gemäß Unterstr.*

andere Astronomen. Es war dem grosen Hugenius aufbehalten seine wahre Gestalt aus zu machen.[→ 278,6–17]

Der Ring ist nach Herschel heller und weißer als der Saturn[→ 282,21–22]

axt ♄ : Diam Aeq.
11 : 10.[527]

Kant.[→ 279,7–8]

Der grose Diam. des Ringes verhält sich zum Diameter des Saturns wie 7 : 3 der leztere ist 20″ also der Ring 46″. und seine Breite ist seiner Distantz vom Saturn ohngefehr gleich also etwa 13″[→ 283,1–5] (Neigung des Rings gegen die Ecliptic 31°. 30′ : 17°. ♓ und ♍[528]

Wie er also muß gezeichnet werden, nicht wie er im Erxleben steht.

[529]

3erley Ursachen seines Verschwindens.[→ 283,12–21]

Was ist nun das? Einige haben geglaubt es sey eine unzählige Menge von Trabanten recht gut. Wenn es ein fester Körper ist, so können wir es auch so nennen. In den neusten Zeiten hat HE. Messier helle Punckte darauf gesehen, auch auf dem Planeten selbst etwas dunckeles aber seine Umlaufs Zeit ist dem ohngeachtet nicht bekant[530] ◂Neigung seiner Bahn = $2\frac{1}{2}$ Grad▸, auch Streifen hat man durch ein großes Teleskop. von 12 Fußen gesehen, concentrische Ringe. Könte eine eingefallene Erde seyn, Brücke um die Erde. Lockerheit des Jupiters, der Erde. Magnet.[531] Fischen im Soliden[?] Wasser.[532] |

14r ‡ Beylage zu hh.

Saturn

Wenn sich der Ring, wie man sagt in $10\frac{1}{2}$ Stunden (10^h. 22′, 15″) herum dreht und sein Radius sich zu dem des Saturns verhält wie 7 : 3, so durchlauft ein ausserster Punckt desselben in 24

10–11 (Neigung … ♍] *erg.* **10** des Rings] *erg.* **15** Verschwindens] *danach gestr.* // erstens von der Sonne nicht beschienen. 15 Tage; // {zwar beleuchtet aber} von von der Erde nicht gesehen. in den Knoten. // Erde im Schatten. **18** hat] *danach gestr.* man **21** Neigung … Grad] *erg., Zuordnung durch Bearb.*

270,000 Meilen. Da ein Punckt des Aequators unserer Erde nur 5 400 durchläuft.[533]

<u>Trabanten des Saturns</u>

Bodens Jahrbuch 1793. p. 113.[534]
und Seite 239.[535]
<u>den 6ten</u> entdeckte Herschel
am 28ten Aug. 1789.
Umlauf. 32 Stunden 50′.
} durch sein 40füßiges mit 160maliger Vergrößerung Bode. 1793. p. 114(534)

<u>den 7ten</u> am 17ten September 1789. Der innerste.
Umlauf 23 Stunden 45′.

Erxleben §. 636. Druckfehler. Abstand 27′ ließ 27″. NB.[536]

NB

In seiner gantzen Erzählung (Jahrbuch 1793. p. 239(535)) heißt nun der 2te von innen der 6te und der innerste der 7te). |

<u>Der neue Planet</u>.[537] 46r = ii

Ueber den neuen Planeten selbst alles §. 591. p. 576 der neusten <u>Ausgabe</u>. von den Trabanten. §. 637.b. p. 617.[538]

Wurde von <u>Fried. Wilhelm Herschel</u> einem gebohrnen Hannoveraner am 13 März 1781 zu Bath in England zwischen den Hörnern des Stiers entdeckt, und zwar in der Milchstraße; <u>Er erkannte</u> ihn sogleich daran, daß er durch sein Instrument, welches damals ein 7 Füßiges Newtonisches Spiegelteleskop gar mercklich vergrößert wurde, da die Fixsterne, aus bekannten Ursachen eher verkleinert werden. Nach einigen Tagen bemerckte er eine Bewegung an ihm von $\frac{3}{4}$ Min im Tage und endlich gar von $3\frac{1}{2}$ Min. da er nun vollkommen rund erschien ohne Nebel und ohne Schweif, so zeichnete er sich sehr von den Cometen aus, nach der Hand hat man auch bemerckt, daß sein scheinbarer Weg sich nicht mit einer Cometen Bahn reimt sondern sich dem Circkel sehr nähere. In Deutschland hat ihn HE. Bode zuerst gefunden, dann HE. Professor Mayer. zu Mannheim. Mich hat es geschmerzt, daß ich mich nicht eher nach ihm umgesehen hatte. Ich fand ihn nemlich gleich den ersten Abend, da ich ihn suchte, schwieg aber stille, bis ich mich nach einigen Tagen überzeugt hatte, daß er seinen Ort verändert hatte. Meine Beob-

---

1 ein … Erde] *für* unsere Erde 5 und … 239.] *erg.* 27 sehr] *danach gestr.* aus
31 zu Mannheim] *erg.*

achtung, die ich nachher angestellt habe, sind in hiesigen Gel. Zeitungen bekannt gemacht.[539] Er erscheint durch einen nicht viel vergrößernden Tubum einem Stern der 6ten Größe gleich, daher ist wenig daran zu sehen und, wer seine Bewegung zu bemercken keine Gelegenheit hat, kan sich nicht überzeugen, 46v daß er ein Planet | sey, man könte ihm jeden beliebigen Stern dafür zeigen denn das Funckeln ist auch bey so kleinen Fixsternen nur schwach.

Jezt da man überzeugt war, daß der Stern ein Planet sey, war die Frage haben ihn nicht die Astronomen vorhergesehen, da er im Thierkreiße und zwar sehr nahe an der Ecliptic zu finden ist. Eine Gegend die die Astronomen vorzüglich interessiert. Mayer hat ein Verzeichniß von 1000 Zodiacal Sternen (eigentlich 998) gemacht und ihn würklich gesehen† es ist der 963 S. 72 (Opp. ined.)[540] ◂von Flamsteed und Le Monnier siehe Compendium 4te Ausgabe p. 530▸[541] Dieses sezte die Astronom[en] in den Stand nun s. Bahn auch elliptisch zu berechnen. Dieses that zu erst HE. Mechain ein sehr thätiger frantz. Astronom aus eignen Beobachtungen als er eben nach seiner Bestimmung Mayers Stern berechnete, so fand er einen Fehler von $\frac{1}{2}$ Grad, nach ihm hat sie HE. de la Place berechnet sie stehen in der Conn. des tems 1786. und Berlin. Eph. 1787. p. 140.[542] Tafeln für die Bewegung des Uranus in der Conn. des tems 1787 und Berl. Eph. 1787. p. 187.[543] Auch HE. Prosperin in Upsal hat Elemente berechnet.[544] (von de Lambre siehe Goth. gel. Zeitungen Beylage zum 101ten Stück. 1789. 19 December.[545]

1784
† 1756. 25 7bris
28.
28) 83 (3 [546]
84

400 eigentlich 379 Million Meilen von uns weg.[547]

Man hat gefunden, daß er s. Lauf in etwas mehr als 83. Jahren (nemlich 83 Jahren 122 Tagen) vollendet und etwa 80 mal größer ist als die Erde[548]

---

4 Bewegung] *danach gestr.* nicht **9** Jezt] *Doppelstrich am Rand auf Höhe des Absatzanfangs* **15–16** von … 530] *erg., Zuordnung durch Bearb.* **20** sie] *danach gestr.* ein[?] ††† **25–26** (von … December.] *erg.* **32** eigentlich 379] *erg.* L_B

Von dem Nahmen muß ich noch etwas sagen.[549]
HE. Herschel nannte ihn Georgium Sidus, dergleichen Ehrennahmen halten sich aber gar nicht. HE. Herschel hatte | dieses schon 48r = kk aus der Geschichte der Astronomie wissen können, woher es kommen mag weiß ich nicht.
In Edinburgh haben ihm einige den Nahmen Minerva gegeben, getauft steht sogar in dem Bericht, aus dem ich dieses nehme (Berlin. Eph. 1788. p. 143).[550] Nemlich die Venus habe ihren Nahmen ihrer Schönheit und dem Glantz zu dancken. Mars seiner feurigen Röthe wegen also dieser Stern soll Minerva heißen, weil er sich so lange bescheiden verborgen gehalten

Das Alterthum hat eine gewisse †††igkeit auf jene Menschen geworfen

Mich wundert daß niemand an die Juno gedacht hat, denn daß zwischen Ihrem Gemahl und Ihr noch ein dritter sich befindet, das wäre grade den Sitten unserer Zeit am angemessensten gewesen, nur freylich war es der Schwieger-Vater. und das ist den Sitten unserer Zeit nicht sehr angemessen.[551]
Die Franzoßen sind dieses mal erkenntlicher gegen deutsches Verdienst gewesen als gewöhnlich und haben ihn gradeweg Herschel genannt, so steht der Nahme in der Connoiss. des Tems 1789.[552]

Der Nahme des Herrn Bode er sey nun schicklich oder nicht wird wahrscheinlicher Weiße Eingang finden. Er nennt ihn Uranus.
Uranus war nach den Fabeln der griechischen Dichter ein König der uralten Atlantier und einer der ersten Erfinder der Sternkunde, also deswegen verdient er schon diesen Nahmen. Man hielt ihn auch für den Vater Saturns, so wie der bekanntlich der Vater Jupiters war. Also folgte hier ein gantzes Geschlecht Und der Planet verlöhre sich so in den Räumen des Himmels für unsere Augen, wie die Geschichte | desjenigen von dem er den 48v Nahmen führt in die dunckeln Zeiten der Geschichte.

---

1 *daneben am Rand gestr.* Er steht jezt unter dem Sterne κ kappa in den Zwillingen 3–5 dieses … nicht.] *daneben am Rand gestr.* Poczebut der Poniatowskische Stier // der jetzige König hat sich es verbeten. 11 bescheiden] *erg.* 17–18 und … angemessen] *erg.* 23 er … nicht] *für* ist unstreitig der schicklichste und

Bodens Buch, sehr empfohlen.[553] Trabanten. Summe aller Planeten und Trabanten = 21.[554]

Von den Trabanten des Uranus siehe Vorrede zur 4ten Ausgabe S. XXXIV.[555]

Zeichen ♅. Platina del Pinto.[556]

Da man aber nun das neue Metal darnach benannt hat Uranium so wird er auch wohl das Zeichen desselben tragen.[557]

Die Neigung ihrer Bahn gegen die Eccliptik ist nach de la Lande (T. III p. 210 neue Ausgabe) = $89\frac{1}{2}$ aber HE. Herschel hat noch nicht bestimmen können nach welcher Seite zu, sie geneigt sind. Denn dieses sezt voraus das man wissen muß, ob sie vor oder Rückwärtsgängig sind, welches bey der Neigung sehr schwer zu bestimmen.[558] Folgen, wenn unser ☽ so läge. S. auch Wurm p. 47 (Herschel Trans. 1788.[559]

Von den Cometen. §. 644 im Compendio

Es zeigen sich zuweilen Sterne von seltsamer Form wie in ein[en] Nebel gehüllt, und zuweilen von einem Schweif begleitet, daß man ehmals mit Haar verglich, und Ihnen daher Nahmen von Haarsternen, Cometen gegeben hat. Diese Sterne haben wegen des ungewöhnlichen ein sehr großes Aufsehen erhalten. Sie wurden schon in den alten Zeiten, als Vorboten merckwürdiger Begebenheiten, Krieg Pestilenz, Tod vornehmer Herren,[560] und wenn es nichts merckwürdiges gab, so suchte man es sehr sorgfältig auf, und es [ist] merckwürdig was für dienstfertige Leute die Cometen zu jeder zeit gefunden haben.

Sie sind sehr im Cours gefallen.

Begebenheit. Ein Persischer Gesandter.[561] Selbst Cicero scheint sich haben hinreißen zu lassen De nat. Deor. Lib: 2 Cap 5 sagt er: tum stellis iis quas graeci cometas nostri cincinnatas vocant, quae nuper bello Octaviano magnarum fuerunt calamitatum praenuntiae.[562] Tacitus sezt doch vulgo hinzu Annal. Lib 14 Cap. 22 Sidus cometes effulsit de quo vulgo opinio est, tamquam mutationem regis portendat.[563]

Die Meinungen über diese seltsamen Erscheinungen sind unzählig weit mehrere als bey andern zweifelhafften Dingen in der

---

1 Trabanten.] *erg.* 1–2 Summe … 21.] *erg.* 8–14 *erg.* 11 muß] *für* müsse 20–21 wurden] *danach gestr.* als 23 merckwürdiges] *erg.* 26 Sie … Cours] *für* Ihr Cours ist sehr 31 Cap. 22] *erg.*

Naturlehre, eben weil sie so allgemein interessirten | und weil 49r = ll mancher glaubte er könte über Cometen etwas schreiben, der sonst über nichts zu schreiben wußte. Scheibel führt ein Mspt von 18 Blättern an, worin 1800 Cometographen verzeichnet sind (de la Lande T. III. p. 213 Nouvelle Ed)[564] Aristoteles Meteororum Lib. 1. Cap. 7. rechnete sie mit unter die Ausdünstungen aus unserer Erde die sich entzündeten.[565] Ja selbst unser große Landsmann Kepler in seinem ausführlichen Bericht von dem Cometen von 1607 lehrt ein gleiches[566] und der berühmte Hevel, der vielerley über die Cometen geschrieben hat eben diese Meinung ergriffen und mit einigen neuen Gründen unterstüzt daher denn sehr viele übertratten. ◂er sagt nemlich, alle Cometen, die man bey uns gesehen hat, verschwanden ehe sie untergiengen.▸[567]
Allein es ist kaum zu begreifen, wie so große Männer sich haben können irre führen lassen, da schon im 16ten Jahrhundert Tycho de Brahe so augenscheinlich demonstrirt hat, daß sie gantz unmöglich in unserer Lufft seyn können ◂(Feuerkugeln etwa 10 bis 15 Meilen hoch[568]▸, ja daß sie gewiß weiter als der Mond wären. Er zeigte nemlich daß man sie an sehr entlegnen Orten immer bey eben dem selben Fixstern gesehen haben, ausserdem würde durch das meteorische gar nichts erklärt, als etwa das neblichte und leuchtende; Ihre Dauer hingegen da sie öffters halbe Jahre gesehen werden und ihr steter Lauf gar nicht.[569]
Mit einem Wort es sind Körper, die wenn sie irgend Producte einer Atmosphäre sind, es wenigstens nicht von unserer noch der andern Planeten sind, sondern eher von der Sonne in deren Atmosphäre wir so gut hängen als sie.
Nachdem man sie gnauer beobachtet, fand man daß sie stationär und Rückgängig wurden[570] wie die Planeten, also | überhaupt 49v sich so verhielten, daß es wohl der Mühe werth war sie als solche zu betrachten, und nun weiß man mit großer Zuverlässigkeit, daß es Körper sind die sich um unsere Sonne drehen so wie wir, nur mit dem Unterschied, daß sie nicht in Circkeln oder sehr runden Ellipsen gehen, sondern in sehr länglichen.[571] ◂oder

1 eben] *davor gestr.* we 3–5 Scheibel … Ed)] *erg.* 12–13 er … untergiengen.] *erg., Zuordnung durch Bearb.* 17–18 (Feuerkugeln … hoch] *erg., Zuordnung durch Bearb.* 22 hingegen] *erg.* 25–26 noch … Planeten] *erg.* 34–164,2 oder … gehören.] *erg., Zuordnung durch Bearb.*

die wenn sie auch Sternschnuppen sind, wenigstens solche sind die nicht zu unserer Erde, sondern zur Sonne gehören.▸
Man hat ihre Bahn bestimmt und ihre Wiederkehr voraus gesagt, dieses hat der groß Halley gethan
Nemlich aus einigen Beobachtungen, angenommen daß sie in einer Ellipse gehen kan man bestimmen Ort etwa Ihre[r] Sonnen-
Elemente Nähe. Ihren Winkel, den die Bahn mit der Ecliptick macht, und den Ort ihres Knotens Man nimmt also an, daß, da über haupt keine zween verschiedene Körper sich in einerley Linie am Himmel bewegen, daß der der eben diese Lage hat eben derselbe sey, so hat Halley vorausgesagt der Comet der ‡ 1682 gestanden im Jahr 1758 wieder kommen würde und das geschah auch würcklich.

‡ 1531
76
1607
75
1682
76
1758 [572]

Palitsch ein astronomischer Bauer in Sachsen fand ihn zu erst.[573]
Man hat bereits ein Verzeichniß worin wo ich nicht irre der am 7 Jenner 1785. von Herrn Mechain und Messier entdeckte, der 71te ist. ◂Seit ão 837. sind nun mehr 1791 glaube 75 keine doppelt gezählt berechnet▸[574] einige kommen etliche mal vor, darin steht ein Comet der ebenfalls etliche mal vorkömmt, der seinen
50r = mm Lauf etwa alle | 128 Jahr seinen Lauf vollendet, der im Jahr 1661 gestanden hat und also im Jahr 1789 wieder kommen soll.[575]

1835 und 1848 erst wieder einer erwartet[576]

Einige entfernen sich ausserordentlich von der Sonne, der große 1680 hat nach Halley eine Umlaufs Zeit von 575 Jahren[577] wird also im Jahr 2255 wieder kommen. Er war der Sonne 166 mal näher, als die Erde[578] ◂also der Durchmesser der ⊙ auf 83°.[579]▸ und hätte nach Newton eine 2000 mal größere Hitze annehmen müssen als glühendes Eisen und würde sich, wenn er so dicht und groß gewesen wäre, als unsere Erde, erst in 50000 Jahren abkühlen.[580]

---

6 Ort etwa] *erg.* 7 und] *davor gestr.* Umlaufs-Zeit *davor streicht Bearb.* ihre
9 Linie] *für* Ebne 18 Palitsch] *für* Palitz | astronomischer] *erg.* 19 worin] *für* von 71, worin 20 und Messier] *erg.* 21–22 Seit … berechnet] *erg., Zuordnung durch Bearb.* 21 ão] *erg.* | 1791] *erg.* 25 soll] *für* wird

Ich werde mich zwar etwas umständlicher in die Cometen Geschichte einlassen, weil ich weiß daß die Sache interessirt, allein in die Absurditäten, die viele der Alten und neuen davon geträumt haben kan ich mich nicht einlassen. Es ist fast nichts, das nur einiger massen von einer Wolcke und einem Nebel gilt, das man nicht von den Cometen behauptet hatte.

Der gröste Thor darunter ist unstreitig ein gewisser Fortunius Licetus, der ein Buch de cometa annorum 1652, 1653 geschriebt[!]. Er macht grade weg die Feuersäule, welchen den Kinder Israeel[?] durch die Wüste geleuchtet dazu. Warum nicht gar die Wolckensäule am Tage auch? Noch schöner die Wolcken die die Apostel bey der Verklärung Christi um gab, und die Sterne, die auf die Erde fallen werden.[581] Sie sehen aus diesen Proben [*bricht ab*]

Wir wollen die Hauptsächlichsten Unterschiede betrachten von den Planeten.

Ist die erste tangential Krafft, der Cent[r]ipetal Krafft gleich, so geht sie im Circkel, dieses thut kein eintziger Planet.

wäre sie wie $1 : \sqrt{2}$ oder $1 : 1{,}4142$ gewesen, in einer Parabel. $1 : \sqrt{2} + x$ Hyperbolisch. Hingegen $1 : \sqrt{2} - x$ so daß $\sqrt{2} - x > 1$ und kleiner als $\sqrt{2}$. giebt unzählige Ellipsen.[→190,32–191,16]

Was geschieht, wenn die Tangential Krafft = 0 ist = < 1 pp.[→191,15–16] gradlienigt, kan sie nicht seyn, als in dem Falle, da eine von beyden Kräfften = ∞ wäre oder = 0. wäre. |

Diese Ellipse ist bey der ♀ fast völlig ein Circkel, etwas mehr bey 50v
der Erde, noch mehr be[y] ♃ und ♄, noch mehr beym ♂ und sehr starck beym ☿, bey den Cometen am aller grösten

Also dieses macht keinen Unterschied

Es mag ihnen unstreitig wohl bekommen. Ihren[?] Einrichtung erfordert es, der Hering wandert mehr wie, die Karpfen, und die Schwalben mehr wie die Sperlinge.

Ihre Lage gegen die Ecliptic auch nicht

Ihr Schweif, auch unsere Erde hat eine Atmosphäre

Corona des Nordlichts, Erde wenn sie der Sonne näher kömt[?]

Ausdünsten des Eise[582]

---

2 daß] *danach gestr.* sie inter 3 in] *erg.* 4 ich] *danach gestr.* nicht 5 das] *für* daß 13–14 Sie … Proben] *erg.* 15–16 von … Planeten] *erg.* 21 und kleiner als $\sqrt{2}$.] *erg.* 24 =[1]] *erg.*

Dichtigkeit ist freylich sehr gering

Der 1680 gieng sehr nahe zur Sonne man hat kein Derangement bemerckt

> 166mal näher als die Erde und die Sonne einen Winckel von 83°.→164,29–30
>
> Lubienitz. T. II p. 292.[583]

Der 1454 gieng sogar zwischen dem Monde und der Erde durch, und doch hat man nicht bemerckt, daß er einen mercklichen Einfluß gehabt hätte.

> Der Comet von 1454. ist zwischen dem Mond und der Erde durch gegangen, Er soll ihn würcklich verfinstert haben.[584]
>
> Für die Berechnung wenigstens HE. Euler aus Kirchs[?][585] Beobachtung fand den von 1744 hyperbolisch
> aus gnauer Beobachtung von Paris Elliptisch[586]
>
> Schwierigkeit dieses zu bestimmen mit der graden Linie durch 2 Punckte auf einem Reisbrett[587]
>
> Der Comet von 1680, dem man gemeiniglich einen Umlauf von 575 Jahren zu schreibt, lauft nach HE. Eulers Rechnung in $170\frac{1}{2}$ Jahr um pp.[588]

Der 1770 war nicht viel weiter weg, als der Mond[589] Ich habe ihn selbst beobachtet,[590] er gieng unglaublich geschwind Er hat nichts gethan. nicht einmal in Ebbe und Fluth. Dieser Comet hat sich über das noch sehr merckwürdig durch einen Umstand gemacht, so daß es micht freut ihn gesehen zu haben. Er verhielt sich in seiner Bahn so, daß man daraus eine Ellipse schloß, die er in $5\frac{1}{2}$ Jahr durchlaufen müste. Allein solten wir einen Cometen, der alle $5\frac{1}{2}$ Jahre seinen Umlauf vollendet, sich nicht öffter zeigen. Man glaubt zwar, er habe weil er sich in 1767 sehr nahe beym Jupiter habe befinden müssen, und noch mehr in 1779 so
53r = nn sey er sehr gestöhrt worden,[591] allein da kein Körper | gestöhrt werden kan, ohne wieder zu stöhren, so sieht man wenigstens, daß seine Masse nicht sehr grose gewesen seyn kan weil man nicht die mindeste Veränderung in dem Lauf der Satelliten des Jupiters gefunden hat.

> Die Theorie ist vortrefflich, allein die Beobachter fehlen, zumal bey solchen neblichten Sternen, die man scharf fassen kan.

---

11 gegangen] *danach gestr.* wie man dieses zu verstehen hat. Wäre er vor dem gekommen, das würde uns sehr viel gelehrt haben. **15** graden] *erg.* **22** gethan] *danach gestr.* Dieser **26** solten wir] *für* solte man

Etwas von dem was zum Beweiß der Umlaufs der Erde um die Sonne bey tragen[592] und gegen die Cartesischen Wirbel.[593]

Meine Meinung über die Dichtigkeit. Sie kömmt mir sehr gering, und der Kern verdächtig vor. Ich habe 2 entdeckt ohne Nachricht davon zu haben.[594]

Ihre Anzahl mag ausserordentlich seyn. Mit ziemlichen Grad von Gewißheit läßt sich darthun, daß man seit dem Anfang unsrer Zeitrechnung bis 1783 380 gesehen hat. ◂Lubinietz hat 415 und hört mit dem von 1665 auf. Pingré bringt sie auf 380. Berliner Tafeln T. I. stehen 450 im Pilgram (II) 502. (von mir selbst in beyden gezählt)▸[595] Nimmt man nun die hinzu, die gestanden haben mögen, wovon in der Geschichte nicht vorkommt, daß nur eben so große Menge am Tage mag vorbeygegangen seyn, ferner, daß eine unschöne Menge in dem südlichen Gegenden gestanden haben, wo wir nicht hinsehen können, so wird man leicht, den Umstand negligiren können, daß mache darunter 2 mal mögen gestanden haben. Ehe ich mich nun auf eine größeres Detail einlasse, über das, was man von diesen Körpern zu dencken hat, so lassen Sie uns einmal sehen, was ein gewisser Schrifftsteller, der bereits verstorben ist ich meine Seneka.

Seneka, Beylage |

Seneca 51r

Cometen

(Nach nn auf der ersten Seite unten

Seneka in dem siebenten Buch seiner Quaest natural.[596]

„Man hat geglaubt, die Cometen wären keine Gestirne, weil sie nicht die gewöhnliche Ründe andrer himmlischen Cörper haben allein blos das Licht was sie um sich verbreiten ist die Ursache von ihrer länglichen Figur; der Cörper des Cometen selbst ist rund. Auch angenommen, das sie eine andre Figur hätten, ist es deswegen gleich ausgemacht, daß sie von verschiedener Natur sind? Die Natur schafft nicht alles nach einem eintzigen Model, und man verkennt sicherlich Ihre Macht und Ausdehnung, wenn man glaubt sie schaffe alles über eins; die Mannigfaltigkeit in

8–11 Lubinietz … gezählt)] *erg., Zuordnung durch Bearb.* 13 mag] *für* mach 19 was] *gestr. u. durch Unterpungieren wieder gültig gemacht* 25 Seneka … natural.] *eingerahmt* 26 die … Gestirne] *für* daß die Cometen keine Gestirne wären 28 sich] *danach gestr.* ausbr

ihren Wercken ist es eben, was ihre Gröse zeigt. Man kennt freylich Ihren Lauf noch nicht, und weiß noch nicht ob sie regelmäßig wiederkehren werden, weil ihre Erscheinung zu selten ist; allein Ihr Gang ist eben sowenig ohne Ordnung als der Gang der Planeten, oder so wie etwa der von Lufftzeichen ist, die der Wind verweht. Man beobachtet Cometen von sehr verschiedener Form; Aber ihre Beschaffenheit ist immer dieselbe, und es sind ungewöhnliche Sterne, die von einem ungleichen Licht umgeben sind. |

51v Sie zeigen sich zu allen Zeiten, und in allen Gegenden des Himmels aber hauptsächlich gegen Norden. Sie sind wie alle himmlischen Cörper ewige Wercke der Natur. Der Blitz und die Sternschnuppen sind Feuer unserer Atmosphäre, vorübergehend, und zeigen sich nur in ihrem <u>Fall</u>. Die Cometen haben ihre Bahn, die sie durchlaufen, sie entfernen sich freylich, aber sie hören nicht auf zu seyn. Man pflegt einzuwenden: wenn es Planeten wären, so müsten sie sich immer im Thierkreis befinden. Allein wer hat denn den Thierkreis zur Gräntze der himmlischen Bewegungen festgesezt? und wer will den Bewegungen der himmlischen Cörper Gräntzen setzen?

Ist nicht der Himmel frey von allen Seiten. Ist es nicht der Größe der Natur weit angemessener, mehrere Bewegungen fest zu setzen und dieses in verschieden[en] Bahnen, als alles auf eine eintzige kleine Gegend des Himmel zurückbringen? In diesem herrlichen Werck der Natur sehen wir tausend Sterne funckeln, die unsere Nächte verschönern. Sie lehren uns, daß der Himmel
52r durchaus mit Cörpern erfüllt ist | Warum solten nur fünfe(*) sich bewegen, und alle übrigen ruhn? Man könte hier fragen warum sind es aber nur 5 deren Lauf man bisher beobachtet hat?

<u>Note</u>

(*) Vermuthlich war der Verfasser kein Copernikaner, und von dem Planeten des HE. Herschel konte er noch nichts gehört haben.

Antwort. Es giebt viele Dinge, von denen wir wissen daß sie existiren, aber die Art wie? wissen wir nicht. In uns wohnt ein

---

5 oder] *erg.* 7 immer] *erg.* 18 Thierkreis] *danach streicht Bearb.* zum 19 festgesezt?] *unterhalb des ? ein + wie eine Einfügemarkierung, dem aber kein Text zugeordnet werden kann* 29 deren … man] *für* die man *letzteres versehentlich nicht gestr.* 33–34 von … existiren] *für* deren Existentz uns zwar bekannt ist

Geist der handelt und uns antreibt, wir wissen aber weder was das ist, noch wie er würckt. Also müssen wir nicht erstaunen, daß wir die Gesetze der Bewegung der Planeten noch nicht wissen, die wir so selten sehen, und daß wir weder den Anfang noch die Dauer von Gestirnen kennen, die aus einer so unermeßlichen Distantz herabsteigen. Es ist noch nicht viele Jahrhunderte her, daß Griechenland die Sterne gezählt und ihnen Nahmen gegeben hat, und es giebt noch viele Nationen, die ausser dem simpeln Anblick des Himmels nichts haben, und nicht einmal wissen warum der Mond verfinstert wird. Und Es ist noch nicht sehr lange her, daß Wir es wissen.

Der Tag wird dereinst kommen, da das was Uns hier jezt verborgen ist mit Deutlichkeit eingesehen werden wird. Ein Jahrhundert, auch wenn man alle seine Zeit daruf verwandte, würde vielleicht nur wenig für so grose Entdeckungen seyn |

Und wir widmen von der geringen uns verliehen[en] LebensZeit 52v
noch den grösten Theil dem Laster. Man studirt bey uns nur, wenns keine Specktakel [gibt], oder wenn uns der Regen vom Spatziren gehen abhält. Die Namen der Schauspieler weiß man, und die von Philosophen vergißt man. Es wird ein Tag kommen da die Nachwelt erstaunen wird, daß uns so deutliche und augenscheinliche Dinge entwischt sind. Man wird zeigen, in welche Himmels Gegenden sich die Cometen verliehren, warum sie sich verliehren, und wie viel ihrer sind, und wie groß?

Unsere Nachkommen werden neue Wahrheiten finden.[597]

Laßt uns uns mit denjenigen Gnügen, die bereits entdeckt sind. Und laßt nicht darüber erstaunen, daß Dinge, die so tief liegen, so spät enthüllt werden. |

Von der Atmosphäre der Cometen.[598] 53v

Atmosphäre. Darin der Kern, bald weißlich bald gelblich.[599] Die Atmosphäre ist sehr dünne man hat, Fixsterne ziemlich nahe dadurch gesehen.

Schweif und Atmosphäre sehr dünne

5 aus] *für* von 6 ist … her] *für* sind noch nicht 1500 Jahre 10 Und] *erg.* 16 widmen … der] *für* theilen die 17 bey uns] *für* in Rom 26 mit] *für* an | die] *danach gestr.* wir | sind.] *danach gestr.* Nec miremur tam tarde erui quae tam alte jacent. 27 laßt] *danach gestr.* uns | tief] *danach gestr.* verborgen 28 enthüllt] *für* entdeckt 30 Atmosphäre] *davor gestr.* Schweif 33 Schweif … dünne] L_B

Densitas.

Dieses findet bey unserer Erde nicht statt, man sieht es bey den ☽ finsternissen, wie früh schon das Licht abnimt.[600]

ausserordentlich subtil.

Barba, cauda

Schweif, Bart, warum dieser Nahme, bey allen trifft man ihn nicht an.[601]

Apianus

Ursache davon. Peter Apianus eigentlich Bienewitz hat zu erst die Entdeckung gemacht, daß der Schweif. immer der Sonne entgegen gesezt ist, also nach der Seite hinsteht, wo der Schatten des Cometen hinfallen würde,[602] ich sage nicht, daß es der Schatten sey, denn, da der Schweif immer breiter wird, so würde pp.

warum rundlich? – non caudati

Ist dieses wahr, so läßt sich erklären, warum manche rundlich erscheinen. wenn auch schon einige ohne Schweif erscheinen, so sieht man doch es ist die Regel.[603]

Man hat dabey Abweichungen bemerckt.[604]

curvatura

Man verspürt daran öffters eine Krümmung der von 1769 hat sie sehr mercklich.[605] Refracktion kan es nicht seyn; warum nicht?[606]

recta, cometa in plano ecclipt versante

Es ist also etwas wesentliches. Man will bemerckt haben daß der Schweif immer alsdann grade erscheine, wenn wir uns in der Ebene der Bahn der Cometen uns befinden.[607]

Dieses (nemlich die Krümmung) ist sicherlich nicht leicht zu erklären |

54r = oo

Die Schweife verändern ihre Größe mercklich, in ihrer Annäherung zur Sonne sind sie gewöhnlich klein, welches auch zugleich mit von ihrer Distantz von der Erde herrührt, und von dem Winckel den er macht,[608] allein alles dieses abgerechnet wächst er sehr an in dem er gegen die Sonne anrückt und diejenige Cometen, die zwischen der Erde und der Sonne durchgehen gemeiniglich sehr starck. Ja es ist merckwürdig, daß der Schweif gemeiniglich am großten ist, einige Zeit nach dem er durch sein Perihelium gegangen ist, und dann, daß wenn der Comet auf seiner Retour caeteris paribus einen größeren Schweif bey gleichen Distantzen und gleichen Lagen hat.[609]

immer mehr das[?] einander[?] je näher der ⊙. cauda major post transitum per perihelium

6 Apianus] *für* Appianus **11** *Rand* L_B **12** wenn] *danach erg. u. gestr.* †††
18 *Rand für* [L_B:] Grade wenn die Erde in der Ebne der Bahn **21** (nemlich … Krümmung)] *erg.* **25** herrührt,] *danach gestr.* allein **27** *Rand* L_B **32** Schweif] *danach gestr.* hat **33** und … Lagen] *erg.*

Ursache dieses leitet uns auf die Erhitzung oder sonstige Einwürckung der Sonne auf den selben.[610]
Es werde zu gleicher Zeit an verschieden Ort der Erde, weder gleich hell noch gleich lang gesehen. Den von 1769 sahe man zu London 43° Grade lang, 55° zu Paris, von 60° Graden auf der Insel Bourbon, ja den 11ten September sogar von 97° auf der selben Insel.

Longitudo.

daraus läßt sich einigermassen auf ihre absolute Größe schließen den Schweif von 1769 schäzte Pingré dem Durchmesser der Erdbahn gleich.[611]

Eines der merckwürdigsten Phänomene bey dem Cometen schweife wäre dies schießen und unduliren, das man in den selben bemerckt haben will, so wie beym Nordlicht Ich muß gestehen, daß ich immer nicht viel auf dergleichen Beobachtung gerechnet habe. Es sind zwar berühmte Nahmen darunter. Aber da nur HE. Pingré in seiner Cometographie, sagt er habe es selbst gesehen, und er zwar ein Man ist, dem man den Ruhm eines guten Beobachters und eines Zweiflers | nicht absprechen 54v
kan; so muß man es wohl glauben.[612]

Unduliren. motus undulatorius.

Aber was kan das seyn. Ich wünsche man hätte die Beobachtungen recht gnau Beschrieben. Unter Undulation, wie beym Nordlicht dencke ich mir nicht das Schießen der Strahlen, sondern ein gewisses Wallen[613] Dieses durch lauft in weniger als einer Secunde offt von Horizont bis gegen das Zenith. Ist es bey den Cometen eben so welche erstaunlich[e] Geschwindigkeit. Wir kennen keine Materie von einer solchen Geschwindigkeit, als die des Lichts, das Licht aber selbst kan es beym Cometen nicht seyn, denn das Licht sehen wir nicht von der Seite, erklärt[,] sondern es muß etwas seyn, das es reflektirt. der Grund liegt vermuthlich in unserer Atmosphäre.

Es müste eine[?] wellenförmige Bewegung oder vielmehr Veränderung in den Theilen selbst vorgehen.[614]

Meinungen von dem Dunst und Schweif.

Der gantz abgeschmackten erwähne ich nicht, und gantz abgeschmackt nenne ich diejenigen, die sich auf Begriffe von Come-

abgeschmackte ōt erwähnt

12 *Rand* Unduliren] L_B 17 gesehen,] *danach gestr.* so 18 Beobachters] *Unterstr.* L_B | Zweiflers] *Unterstr.* L_B 25 Geschwindigkeit] ge⟨w⟩{s}ehwindigkeit[?] 27 selbst] *erg.* 29 sondern … reflektirt.] *erg.* 29–30 der … Atmosphäre.] *erg.*

ten gründen, deren Unwahrheit völlig demonstrirt ist. Was hat sich mit solchen Dingen abzugeben?

Wenn einmal erwießen ist, daß das Nordlicht nicht von dem Widerschein der Heeringe herrührt, was brauche ich noch zu wieder legen daß es falsch sey, das undulirende und schießende im Nordlicht und die Coronae ††† von hüpfen der Heeringe herzuleiten[615]

Tycho und Cartesius, erklären den Schweif aus dioptrischen und catoptrischen Gründen. Tycho und seine Anhänger glauben die Strahlen giengen durch den Cometen durch wie durch ein Brenn Glas.

Fehler hierbey, wir sehen die Lichtstrahlen so wenig hinter einem Brennglase als vor dem selben, auch werden sie ja nicht concentrirt, sonst müste der Schweif immer heller werden, je weiter er vom Cometen wegkömmt

> Wäre es auch ein Hohlglas so sieht man nicht im mindesten ein, warum die Strahlen jenseit des Glases sichtbarer seyn sollen als diesseits.[616]

55r = pp Cartesius Meinung ist, es sey das Licht des Cometen selbst, | das zu uns käme,[617] das ist eine unbegreifliche Meinung, ich sehe ein daß sie falsch ist, und wolte würcklich gerne widerlegen wenn sie recht zu verstehen möglich wäre. ich glaube aber kaum, daß sie ein Mensch recht verstehen wird.

Ich habe würklich nachgedacht um einen Sinn hinein zu bringen. vermuthlich hat er sich die Sache so gedacht: Finger auf fettigen Spiegel, Spinnweben in den Stoppeln, Mond im Wasser. Allein da liegen aber die Dinge gantz anders. bey dem fettigen Spiegel, ist es nicht das Bild im Spiegel was die seltsame Gestalt macht, sondern das Licht selbst ausser dem Spiegel, eben so bey den Stoppeln und den Wellen des Sees bey Monde im Horizont.[618] Sehen wir in einen gantzen Kegel hinein, pp. so würde es ein lichter Circkel werden oder ein Halo.[619]

Beym Kometen verhält es sich anders

Der Comet ist nach Cartesius die Ursache selbst, und da kan kein Schweif entstehen zumal da das brechende oder reflektiren-

---

1 gründen] *für* Gründen **3–4** dem … Heeringe] *für* den Heeringen **6** und … †††] *erg.* **18** diesseits] *für* jenseits L_B **21–22** sie[2] … wäre] *für* ich {sie} nur recht verstünde {und sie recht zu verstehen möglich wäre.} **31–32** so … Halo.] *erg.* **32** Halo.] *danach gestr.* // Auch ist dieses nicht

de Mittel durchaus einerley Lage gegen unser Auge hat. Warum? Weil er im Centro aller dieser Körper liegt, folglich Schweife überall seyn müssen.[620]

Ist aber der Komet nicht der Mittelpunkt des fluidi reflectentis, so müste jeder Fixstern ein[en] Schweif haben der neben dem Cometen steht.[621]

Mairans Meinung[622] vorgetragen, sie ist vielen Schwierigkeiten unterworfen. Einige Cometen haben große Schweife, ob sie gleich, wenn sie der ⊙ am nächsten sind, noch einmal so weit weg sind als, die Erde, andere befinden sich zur Zeit der stärcksten Größe ihres Schweifes gar nicht in dem Plano des Zodiakal-Lichts.[623] Warum zieht es sie nicht ebenfalls nach den Polen.

> Und warum zieht es sich nicht bey andern Planeten eben so in Schweifen, und warum giebt es solche Irrsterne, die keine Schweife haben? |

Ich übergehe hier noch einige andere Meinungen, und wende 55v
mich gleich zu denen, die die gröste Wahrscheinlichkeit für sich haben, und von denen man eine nach dem jetzigen Zustande der Wissenschafft ergreifen muß.

> Durch Elecktricität, der allgemeine Scherwentzel.
>
> Ich habe mich viel mit Elecktricität abgegeben, allein je deutlicher ich darin sehen lerne, desto mehr komme ich von jener Thorheit ab. ein Million Meilen langer Strahlenbüschel, im leeren Raum würde sie sich ausbreiten.

Die erstere ist wo nicht von HE. Euler erfunden ◂Denn man findet sie schon völlig in Claude Comiers (eines Coaevi von Hevelius) Buch das betitult ist La nature et présage des comêtes▸[624] doch von ihm angenommen und vorgetragen worden in Mem. de Berlin 1746.[625]

Die andere ist von Newton,[626] wovon aber auch schon etwas in des Hevelius Meinung vorkömt[627]

Daß die Cometen Körper sind, die aus einer Materie bestehen die gegen die Wärme, oder wenn jemand dieser Ausdruck zu terrestrisch klingen solte, gegen die Einwürckung der Sonne sehr empfindlich ist. Dieser Satz ist nicht aus der Lufft gegriffen, keine Romanhaffte Hypothese, sondern der Augenschein lehrt

3 müssen.] *danach gestr.* Auch mü 19 Durch] *erg.* 29 aber auch] *erg.* 34 ist[1]] *für* sein solte

es, sie breiten sich mehr aus, und ihr Schweif, der vorher klein war, wird, alle Distantzen in Betracht gezogen, ungeheuer groß.

Deswegen läßt sie der Schöpfer vielleicht sich so lang von der ⊙ entfernt aufhalten, weil sie vermuthlich zerstöhrt werden würden wenn sie lange bey der Sonne blieben.

Jemehr sich aber ein solcher Körper ausbreiten, desto mehr vermindert sich die Schwere der Theilchen gegen den Körper selbst sie kommen also so hoch daß sie dem Stoß der Lichtstrahlen folgen, und hinter ihr fortgetrieben werden[628]

<u>Dieses</u> ist nun kurtz die Eulersche Hypothese, wogegen ich nur 2 Dinge zu erinnern finde, die einem etwas Bedencklichkeit verursachen können.

So kan der Schweif aus einander gehen  |

56r = qq Nemlich daß das Licht körper fortstoßen könne, davon wissen wir gar nichts, und zumal Körper, die noch groß und dicht genug sind es zu reflecktiren. Was man vom Brennspiegel anführt ist viel zu roh, man will da sich Sonnenstaubchen und Amianth Fäden,[629] und der Himmel weiß, was noch mehr sich bewegen gesehen haben. Daß wärme in den kleinen Körperchen, sich der benachbarten Lufft mittheilen, und so Bewegung hervor bringen kan, daran zweifelt kein Mensch, der Zug in Caminen, die kleinen Papirnen Schnecken die man auf die Öfen stellt, sind lauter solche Bewegungen die von der Wärme herrühren, daß aber ein Lichtstrahl etwas fort stosen könne, davon wissen wir nichts.[630]

Jedoch die Präcaution gebraucht, von welcher ich (Calender 1787 p. 118) rede. Das ist nemlich die Meinung von der strahlenden Hitze und ähnlichem.[631]

Für das 2te ist es zu verwundtern, daß HE. Euler dieses annimmt, da nach ihm das Licht eine blose Modification des Aethers ist,

---

8 dem] *danach gestr.* Ein 11–12 die … können] *für* die [*irrig nicht gestr.*] mir aber so starck vorkommen, daß ich für meine Person diese Hypothese nie annehmen werde 13 L_B 14 Nemlich] *danach gestr.* wir 22 Öfen] *für* Öffen[?] 26–27 Das … ähnlichem.] *erg.*

und also das Licht die Theilchen eines Cometen so wenig fortstoßen kan, als der Schall den Nebel oder die Sonnen stäubchen[,] s. Opuscula worin er seine Theorie des Lichts vorträgt, sind ebenfalls 1746 erschienen.[632]

Ich wende mich nun zu der 2ten.

Nimmt man an, daß der Raum zwischen den Planeten durchaus mit einer sehr subtilen Materie angefüllt sey ◂die immer gegen die Sonne zu dichter werde.▸, und diese Voraussetzung ist sicherlich nicht ungereimt, sie ist von den grösten Physikern angenommen worden. Euler 400 Million mal dünner als die Lufft.[633] Licht ist ja ohne hin schon da, und was ist dann die Ursache der Schwere? Ist aber dieses, so dürfen wir nur annehmen die Materie des Cometen werde durch die Einwürckung der Sonne in Theilchen aufgelöset die specifisch leichter sind, als die sie umgebende Materie, ist nun jene Materie gegen die Sonne schwer, dadurch steigen sie von der Sonne auf wie etwa der Dampf, auf unserer Erde von einer Fackel, oder wie Rauch von einem Küchen-Feuer, oder wie etwa die Lufftbälle, Es könte wohl gar einmal auf den Einfall | kommen sich in einem solche 56v
Lufftball zu erheben. Also sie sehen dieser Gedancke ist der Newtonische.[634]

Warum verliehrt er sich nicht: Der Aether könte etwa kein Auflösungsmittel seyn.

Ist die Materie Verlohren. Nach Eulers Hypothese wohl gewiß, denn ich sehe nicht wo das Stoßen aufhören will. Hingegen bey Newtons läßt sich noch einige Permanentz gedencken denn es ist begreiflich, daß die Krafft, womit die Dünste aufsteigen, endlich noch mit dem Zug des Cometen ins Gleichgewicht komme auch könten die Theilchen sich wieder präcipitiren und herab regnen.[635]

Ob sich die Sache so verhält ist eine andere Frage. Es ist alles was Menschen thun können. Eine Physic für die Engel lesen wir nicht.[636]

3–4 s. … erschienen.] *erg.* 7–8 die[1] … werde] die … werde.] *erg., Zuordnung durch Bearb.* 14–15 die[1] … Materie[1]] *erg.* 22 Aether] *für* Dampf 25 Hingegen] Hingegegen *korrigiert Bearb.* 31 Ob] *davor gestr.* Es ist

Wir kennen unzählige Würckungsarten ōt

Freylich kennen wir gewiß unzählige Würckungsarten in der Natur nicht, und es ist bey so schweren Dingen immer sehr wahrscheinlich daß keiner Recht hat.

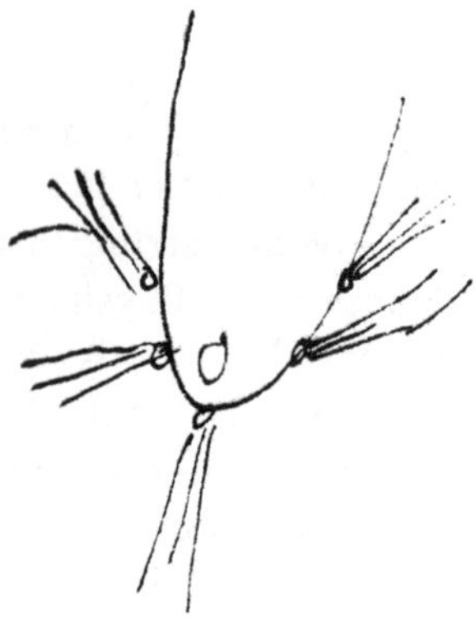

Das gekrümmte im Schweif erklären übrigens beyde recht gut. Auch was das Abweichen von der Schattlinie des Cometen angeht.

> Alles das hängt vortrefflich zu sammen, denn unten ändert sich die Schattenlinie in ihrer Lage am stärksten.[637]

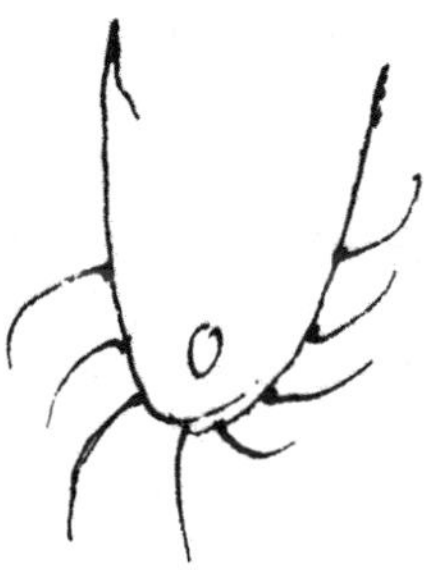

Die Krümmung des Cometen Schweifes erstreckt sich immer dahinaus wo er hergekommen ist, also ist er folglich vor seiner Sonnen Nähe gegen die Bahn zu und nach dem selben von der Bahn abgekrümmt. Man kan sich die Sache wie ein speyendes Feuer-Rad gedencken, dessen Schweife bey umdrehen desselben sich eben so verhalten. Der von 1774 theilte sich fast wie ein Fächer, als er im Perihelio war.[638] Was Ihr Licht an | betrifft, so sind die Meinungen der Gelehrten, noch so ziemlich getheilt, indem einige dafür halten sie werden von der Sonne erleuchtet, und das sind wohl die meisten, andere sie haben ihr eigen Licht und seyn gleichsam wie in einem Brand begriffen. Einige wollen Phasen darin gesehen haben allein recht entscheidende Beobachtungen giebt es nicht; es läßt sich auch so schließen, daß wenn sie kein eignes Licht haben so wird die dunckle Seite von dem Schweif beträchtlich erleucht werden müssen. Auf von der starcken Dämmerung. Dieses alles wartet noch für seine Bestimmung glückliche Zufälle ab. Man hat Nachrichten von Cometen in den Alten, die so hell machten, daß die Körper Schatten warfen stärcker als vom Monde.[639] Eines dergleichen der 146 Jahre vor unserer Zeitrechnung gestand hat gedenckt Seneka:[640] Ob er also gleich kein **Coaetaneus** vom

57r = rr

---

1 *Rand* L_B | kennen] *für* können **23** noch] *erg.* **24–25** sie … erleuchtet] *erg.* **28** auch] *erg.* **29** daß … haben] *für* haben die Cometen ihre Phasen, so haben sie kein eignes Licht, haben sie aber **30** Seite] *danach gestr.* so erle

Seneka war, so ist doch glaublich, daß sich Seneka um gnaue Nachricht bemüht habe. Auch sieht man hieraus einiger Massen was ihn vielleicht zu seinen vortrefflichen Gedancken mag verleitet haben. Denn wenn solche Cometen angegangen kommen pp.

⟨auch sogar bey der frantz. Revolution
Bey der Trennung von Amerika
beym Tod Fried. des zweyten
den neuen Planeten wolte keiner verkündigen⟩[641]

Die allgemeinen Betrachtungen über das Lesen alter Schrifftsteller zumal der Physiker. Man muß nicht dencken, die Bücher sind schon 1000 mal gelesen, darin steht nichts neues mehr, gar nicht. 1) wer sind die Leute, die sie gelesen haben, und wenn auch dieses nicht wäre, obgleich das Objeckt einerley bleibt, so andert sich doch das Subjekt.[642] Fräncklins Oel-Historie, steht nicht allein in einem neuern Dichter, sondern mit deutlichen Worten im Plutarch de placitis Philosophorum steht ein eigenes Capitel Mare oleo sedari[643]

Cardanus.[644] |

Vieles wird die Zeit noch ausmachen. Vielleicht tretten einmal wieder vor die Sonne oder den Mond, oder sie gerathen in den Schatten eines Planeten oder sie beschatten einen Planeten pp. Oder wenn auch nur ein eintziges mal, wieder ein so großer kame, daß ihn HE. Herschel mit seinem Groben Geschütz[→218,10–16] beschießen könte, so würden wir große Sprünge thun 57v

Vielleicht einmal in den Schatten eines Planeten.

Hevelius sagt von dem vom Jahr 1652 er sey so groß gewesen als wie der Mond,[645] ist dieses richtig so würde ein solcher die Sonne völlig verfinstern können. Man hat sich auch dieses Umstands schon bedient TotalFinsternissen zu erklären, welche bey Schrifftstellern vorkommen, und wo unmöglich nach dem Lauf der uns bekannten Natur keine vorfallen konte, auch die beym Todte X^{ti} hat man daraus erklären wollen.

Die Frage ist nun, was hat man denn allenfalls von diesen seltsamen Geschöpfen zu hoffen oder zu fürchten. Entscheiden läßt sich hierüber schlechterdings gar nicht, allein ich glaube immer,

---

1 sich Seneka] *für* er sich 10–18 Die … sedari] *geschweifte Klammer am äußeren Rand* 15 steht] *danach gestr.* schon 21 *Rand* L_B 23 Oder] *Doppelstrich am Rand auf Höhe des Absatzanfangs* 29 Total] *erg.* 31 die] *für* den 34 hoffen … fürchten] *für* erwarten

mehr zu hoffen als zu fürchten

wir haben mehr von ihnen zu hoffen als zu fürchten. ◂überhaupt scheinen die Sachen steter zu werden es giebt solche große Revolutionen nicht mehr.▸ <u>Sie</u> haben uns soweit sich unsere Geschichte erstreckt noch nichts gethan, wo gewiß die meisten Cometen die es giebt eine oder mehr male ihre Aufwartung gemacht haben, was haben wir für Ursache zu vermuthen, daß sie uns in den nächsten 6000 Jahren mehr thun werden. Nicht die mindeste. Ja keinem eintzigen anderen Planeten und seinen Trabanten.[‡] Zu wünschen wäre es die Menschen, die Menschen mögten hinführo eben so ängstlich besorgt seyn sich selbst nicht 58r = ss mehr die Kehlen abzuschneiden, als sie es | der unschuldigen Cometen wegen sind, so würden wir glücklich leben.

[‡] 3 Uranus
8 Saturn
5 Jupiter 21.
1 Mars
2 Erde Planeten
1 Venus
1 Merkur[646]

beständig so sind sie Uhrwerck

verdampfen sie so sind sie nichts

Ersatz aus Analogie

Seit den Zeiten, da die astronom. Kentnisse gestiegen sind haben die Cometen sehr vieles von ihrer Furchtbarkeit verlohren, man hat gezeigt, daß sie entweder beständige Planeten sind, die so gut Theile des großen Uhrwercks sind als unsere Erde und die übrigen Planeten, oder sind sie nicht beständig verdampfen sie endlich und kommen nicht mehr wieder oder halten sich nur einige Revolutionen durch, so werden sie wenigstens dadurch noch unschädlicher, wo sie nicht gar durch diese Auflösung dem Weltsystem heilsam werden und dadurch auf eine Weise der allmählige Abgang wieder ersezt wird, so wie etwa der Regen, den Verlust an Feuchtigkeit wieder ersezt, den die Erde erlitten hat.(635) Da die Natur sich durchaus ähnlich ist, und sich alles verlohrne wieder rekrutirt, so läßt sich schon aus der Analogie schließen daß so etwas auch in unserm Sonnensystem und im gantzen Weltgebäude statt finden werde ob es nun die Cometen sind, die

---

1 *Rand L_B* **1–3** überhaupt … mehr.] *erg., Zuordnung durch Bearb.* **4** die meisten] *für* alle **8–9** Ja … Trabanten.] *erg.* **9** Menschen,] *danach gestr.* und zumal die sogenannte Beherrscher der **13–19** Uranus … Merkur] *Wörter teilw. unvollst., durch Bearb. erg.* **18** 1] *für* 2 **21** *Rand L_B* **24** verdampfen[2] … nichts] *Rand L_B* **32** Ersatz … Analogie[1]] *Rand L_B* | aus … Analogie] *für* a priori **34** es nun] *für* nun dieses

dieses leisten, läßt sich freylich nicht bestimmen. Sie sehen aber so etwas sehr ähnlich

Vielleicht wäre man in der Furcht vor dem Anrennen eines Cometen an unsere Erde noch nicht so weit gekommen (denn von Ihren Vorbedeutungen und Verkündigungen rede ich nicht,) wen nicht ein gewißer Mann Whiston[647], auf den desperaten Einfall gekommen wäre, aus der gantzen Naturgeschichte der Erde eine Drama zu machen, worin die Cometen die spielenden Personen | sind. Zum Glück agiren sie so, daß eine wahre Farce daraus 58v
geworden ist, und HE. Whiston von Sachkundigen für eben ein solchen Mann gehalten wird, wie eben der HE. Superintendens Ziehen.[(715)] Whiston war ein sehr gelehrter Mann, aber sicherlich ein Physikalischer Schwärmer und folglich ein schlechter Physiker, Der Dramatis Personarum in seiner Farce sind 4.

Er war Newtons Nachfolger im Lehramt zu Cambridge und zwar auf Newton's Vorschlag selbst.[648]

Erstlich beweißt er, daß unsere Erde ein Comet gewesen, und alsdann ein Planet geworden sey,[649] und das mit einer Umständlichkeit als hätte er hinter den Coulissen gestanden. Ich will sie mit den Absurditäten nicht aufhalten – Ist das nicht entsezlich. Man hat heutzutag so viel mit Erklärung des gewissen und des wahrscheinlichen zu thun, daß man seine Zeit wegwirft wenn man sie solchen elenden Traumereyen von gelehrten Müßiggängern schenckt.

Sobald die Erde ein Planet war, lief sie in einem Kreiß um die Sonne[650] und drehte sich nicht um ihre Achse und die 6 Schöpfungs-Tage wurden 6 Jahre.[651] das hat der Oeconomische Mann gethan, um Zeit zu gewinnen, denn unstreitig muß es einem allmächtigen Wesen sehr viel leichter seyn, einen verwüsteten Cometen in 6 Jahren in Ordnung zu bringen, als in 6 Tagen.

Der zweyte Comet, dramatis persona, komt nur schräg durch die Erdbahn durch, unter einem Wincke[l] 24 bis 25 Graden, und giebt unsrer Erde einen solchen | Schneller, daß sie nun anfängt 59r = tt
sich in 24 Stunden um ihre Axe zu drehen.[652] Dieses ist nun

---

4 so] *für* zu 6 Mann] *erg.* | Whiston] *dazu am Rand erg. u. gestr.* Swift. Sing Ditton and Whiston 7 gantzen] *danach gestr.* Physic des Welt 13–14 Physiker,] danach gestr. und ein {noch} schlechterer Calculateur 14 Dramatis] *für* Dramatis 17 gewesen] *danach gestr.* sey 19 gestanden.] *danach gestr.* Ist 23 sie] *erg.* elenden] *erg.* 26 und¹] *erg.* 26–27 und² … Jahre.] *erg.*

schon eine sehr nette Supposition, da wir bey dem Cometen von 1454 der zwischen dem Mond und unsrer Erde durchgegangen nicht das mindeste bemerckt haben.→166,7–11 Er hatte müssen an den Montblanc oder den Chimborasso anstoßen, sonst würde es schwerlich gegan[gen] seyn.

> Ich glaube der Gott der den Cometen gegen die Erde warf, oder gehen hieß, konte auch die Eerde sich drehen heisen.

Nun kömt der dritte Comet, und der macht den[?] meisten Lärmen, vermuthlich ist es auch der, der den HE. Whiston zuerst auf den gantzen Gedancken gebracht hat, und weswegen er auch am meisten bekannt ist.[653] Nemlich der brachte die Sündfluth, Merckwürdig war es, daß dieser gar die Erde nicht in ihrem Lauf stöhrte, auch ihre Umdrehung um die Axe weder auf hielt noch beschleunigte, sondern er ließ blos sein Wasser auf die Erde, und schlich sich wieder weg.[654] Dieses Wassers war keine geringe Menge, denn damals bedeckte es die Erde nicht weniger als auf 5 englische Meilen hoch.[655] Dieses verkroch sich aber nach und nach wieder und heutzutage haben wir noch die deutlichen Spuren, an der See, woraus man denn zugleich die saltzigte Natur der Cometen erkennen kan.[656]

Die gantze abgeschmackte Träumerey würde gar kein Aufsehen gemacht haben, wenn der Mann nicht nachgerechnet und gefunden hätte, daß der große Comet von 1680 von dem man glaubt, und zu glauben einigen Grund hat, daß er alle 500 etliche 70 Jahr wieder kome grade um die Zeit der Sündfluth etwa gestanden hätte.[657]

Allein nicht zu gedencken, daß es mit dieser Periode noch gar
59v seine | vollkommene Richtigkeit noch nicht hat,[658] ich habe so
Euler 170½ Jahre gar, wo ich mich recht erinnere angeführt, daß HE. Euler eine gantze andere Periode heraus gebracht hat.→166,17–19 Was dieses nicht schon für Dinge sind. Allein Whiston ist noch viel ärger geschlagen worden und völlig mit seinen eignen Waffen, man hat nemlich dem Schwärmer nachgerechnet und gefunden, daß der Comet um die Zeit der Sündfluth, der Erde nicht einmal so nahe

---

11 Sündfluth,] *danach gestr.* und zwar **12** gar] *danach gestr.* nichts that | Lauf] *danach gestr.* weder **13** weder] *für* nicht **15** Dieses] *danach gestr.* wa **16** es] *für* sie **18** wieder] *erg.* **19** man] *erg.* | saltzigte] *für* Saltzigte **23** der] *danach gestr.* Com **24** 70] *für* 50

gekommen ist, als er ão 1680 war,[659] und da liegt also der gantze schöne Plunder auf einmal. NB
Ich hätte vorher noch sagen können, wo der Schweif das Wasser bekommen soll.[660] Newton sagt an einem Ort ein Cubic Zoll Lufft könne den gantzen Raum zwischen dem Saturn erfüllen,[661] und es ist die Frage ob wenn der Cometen Schweif Wasser ist nicht ein Cubicfuß hinreicht, den gantzen Cometen Schweif da[r]zustellen.
Endlich läßt er nur noch am Ende ein recht heisen Cometen an die Erde anrennen, der sie dann verbrennt und damit sind wir am Ende.[662]
Es ist gewiß Jamer Schade, daß man jezt solche Dinge wissen muß, und doch könte in jedem Kopf da etwas besseres stehen. Was will am Ende daraus werden Wenn man nicht blos das lernen soll, was große Männer vernünfftig gelehrt, sondern auch was sie getraumt haben.
Ein ähnlicher Träumer ist HE. von Büffon: Wahrlich ich muß den großen Mann um Vergebung bitten, daß ich | ihn einen Traumer nenne, er ist sehr weit über das Lob erhaben, das ich ihm bey legende[!] Könte, seine Verdienste um die Naturlehre und Natur Geschichte sind sehr groß, und wenn ein Mann von Verstand, dessen Kopf schon seine Haushaltung für sich zu führen gelernt hat, manchmal über seine gewagten Gedancken die Schultern zückt, so geben sie doch immer Stoff zum weiteren Nachdencken, und sind unendlich viel mehr werth, als die trockene Wahrheit des Compilators, der mich gröstentheils nur lehrt was ich schon weiß. Für einen Anfänger ist Büffon nicht. 60r = uu
Seine Lehre gehört hieher, wegen der Gefahr.
Ein Comet kommt geschossen und zackert[663] die Sonne auf (sillonne[664])
Sie werfen aus dem GlasKlumpen (der Sonne)[665] die Planeten heraus, die leichteste steigen am weitesten.[666] Die schweren bleiben in der Nähe, und s. w.
Erstlich was würde aus dem pflügenden Cometen geworden seyn?[667] und dan läßt sich erweißen, daß alle das wieder herein fällt, weil die ⊙ im Brennpunkt der Linie stehen muß.[668]

---

3 Wasser] Wass/ser *korrigiert Bearb.* 21 Natur] *erg.* 24 so] *Dittographie*

Aber wo kommen dan die Cometen her? sie sind erschaffen. Gut, so wollen wir lieber gleich die Planeten auch erschaffen seyn lassen. |

60v Zwey berühmte und große Schrifftsteller, Mathematicker Physiker und Astronom von hohem Range haben die Furcht geäussert, es könte ein Comet auf die Erde anrennen, sie in Stücken schlagen er würde zwar selbst darüber zu Grunde gehen, allein die Trümmer würden alsdann einen neuen Weltkörper formiren, sie würden in einander fließen wie 2 Tropfen Wasser.[669] Maupertuis und DelaLande. – selbst wenn er uns sehr nahe käme, so würde die Flut schon ungeheure Verwüstungen anrichten können, das würde alle 24 Stunden 2 mal geschehen. Er hat selbst

6mal näher als ☽ eine Flut von 2000 Toisen

nachgerechnet, daß wenn einer[?] etwa 6 mal näher wäre als der ☽. und eben so viel oder noch mehr Masse hätte so könte es leicht seyn, daß sich das Meer, 2000 Toisen über sein gewöhnliches Niveau erhübe. Wenn, der Schweif eines Cometen[,] glaubt HE. de la Lande in s. Reflexions sur les Cometes. 1773. p. 22, 24. die Erde berührte, wenn er gleich nicht uns so naß damit machte als Whiston annimmt, so könte er doch einen meschanten gifftigen Dunst über unsere Erde verbreiten sie mit phlogistischen Dämpfen oder inflammabler Lufft anfüllen, wo bey wir sehr übel fahren möchten.[670] Wer weiß was der Nebel anno 1783 war.[671] Mich wundert, daß noch niemand die herrliche Idee gehabt diesen Nebel durch einen Cometen zu erklären. Es könte würcklich gewesen. HE. de la Lande will daher auch würcklich nicht so gantz, für Fabeln halten, was die Geschichte von allerley Vorfällen erzählt, die die Erscheinung nach sich gezogen.[672] Auch die Kriege erklären sich recht leicht, denn bey übler Witterung verdaut man übel, und wo man übel verdaut, da kömmt es leicht zu Ohr

61r = vv Feigen, und was sind Schlachten | anderes als große Ohrfeigen.

4–5 Zwey … haben] *für* Ein berühmter und großer Schrifftsteller, ein Mathematicker und Physiker und Astronom von hohem Range hat 4 berühmte … große] berühmter und großer *korrigiert Bearb.* 5 und Astronom] *erg.* 9–10 Maupertuis und DelaLande.] *erg.* 13 einer] *erg.* | *Rand* L_B 16–17 glaubt … 24.] *erg.* 25 de la Lande] *für* v. Maupertuis 27 die[2]] *Dittographie* | nach … gezogen] *erg.*

30 Ohrfeigen.] *danach gestr.* // Wer ⟨sich⟩ Vergnügen daran findet zu sehen was die Cometen für Unheil gestifftet haben, dem will dieses Büchelchen hier empfehlen. Es sind zwey kleine Folianten. Lubienitz. Ein Beyspiel kan auch nicht schaden. ⟨Ich will einen⟩ Ich will das 1454, wo sie wissen daß ein Comet zwischen der Erde und dem Mond durchgegangen ist. Die Stelle aus Lubienitz vorgelesen: Daß ⟨der M⟩ die

Pole verändern

Käme ein Comet der Erde nahe so konte er die Pole verändern, und wir in Göttingen könten unter die Pole oder unter den Aequator zu liegen komen, da waren alle Calender unrichtig,[673]

Maupertuis ☽ stehlen

Ja Maupertuis glaubt noch gar ein Comet könte uns den Mond stehlen, und da kamen wir freylich um den Mondschein;[674] unsere Erde könte selbst ein Comet oder gar ein Trabant von einem solchen Geschöpf werden, und er nähme uns mit auf seine weite Reise, das wir vermuthlich sehr übel empfinden würden.[675]

sonderbahrer Anblick von ♂. ♀ stehlen

Eben dieses könte auch andern Planeten geschehen und er meynt es müste ein gantz cürieuser Anblick für uns seyn, zu sehen, wenn einmal ein solcher <u>Raubvogel</u> uns den Mars oder die Venus wegholten.[676] Er könte uns auch gute Dienste erzeigen, er könte unser Mond werden, ja der Mond könte ein solcher Raubvogel gewesen seyn, der sich aber in der Größe des Raubes geirrt hat und anstatt die | Erde zu fangen, von ihr gefangen worden ist[677]

der ☽ ein Raubvogel

61v

Was das Aufeinanderstoßen angeht, so ist es freylich in sich eben so wenig unmöglich, als daß in einer Schlacht zwey Flinten Kugeln auf einander stoßen. Allein was müste geschehen Einer von den Knoten, grade in die Erdbahn fallen. umständlich erklärt[.] daß dieses nicht eintreffen werde, sagt HE. **Sejour ◂Essai sur les Comètes. à Paris** 1785. 8.▸ läßt sich das Unendliche gegen 1 setzen.[678] Man braucht kein Rechner zu seyn um dieses zu beweißen oder zu verstehen. Erklärt. Wäre auch nur 1 Million Nieten gegen einen Treffer, welche Unwahrscheinlichkeit!

Auch ist unter allen bis jezt berechneten Cometen nicht ein eintziger Comet, der so liegt. Es kommen zwar einige dieser Lage nahe nach der Berechnung, und da die Lagen der Knoten einer gewissen Veränderung unter worfen sind, welches auch schon bey den Planeten statt finden.[679] Ja da Planeten auch ihr Perihelium verändern so könte sich <u>vielleicht</u> noch[?] die lange Ellipse nach und nach so verschieben, daß seine Bahn in die von[?]

Bürger zu Lüneburge ihren Magistrat abgesetzt haben. ⟨Mich wundert nur daß ⟨in Genf⟩ da es <u>Genf</u> in der Stadt von Philosophen ⟨so oft[?]⟩ viel ärger her gieng nicht etwa auch einen Comet **negatif** oder **representant** gehört hat.⟩

1 die Pole] *erg.* 5 freylich] *erg.* 10 *Rand für* [*L_B*:] Raubvogel der Mars oder ♀
11 <u>Raubvogel</u>] *Unterstr L_B danach gestr.* der 13 der[2] … Raubvogel[1]] *Rand L_B*
20 umständlich erklärt] *erg.* 28–29 der[2] … gewissen] *für* der 32 in … von[?]] *erg.*

unsere[r] Erde fiele. Das ist wahr das könte vielleicht geschehen, allein mein Pr[ä]c[ep]tor auf der Schule hat mich schon die vortrefflichste Antwort auf diese Vielleichte gelehrt, und das ist die Antwort vielleicht auch nicht. Denn wenn ma[n] [a]uch alle diese Dinge veränderlich sezt, wer will sagen, ob nicht grade das alles besser wird.

Versuch mit den Drathen.[680]

Der Uebeln Fälle sind nur ein einziger und der günstigen unzählige man kan wiederum das U[n]endliche gegen 1 verwetten, und 62r = ww ist das nicht wahre Alte Weiber-Furcht zu | vermuthen, daß grade das fürchterliche eintreffen werde.

Aber das ist bey weitem noch nicht alles, sondern wenn auch würklich der Knoten der Cometen Bahn, in die Erdbahn einschnitte. Muß denn unsere Erde grade an der Stelle seyn HE. Séjour hat bewiesen, daß sich 752730 gegen 1 verwetten ließe, daß dieser Cometen nicht etwa nicht auf die Erde stoßen, sondern daß er ihr nicht einmal auf 13000 frantz. Meilen nahe kommen werde.[681] Nun bedencken sie noch, daß man das unendliche, oder jede ungeheure Zahl, die man sich nur dencken will gegen 1 verwetten kan, daß gar kein Comet existirt, dessen Bahn unsere Erdbahn schneidet.

Hat denn der Comet so viel Masse

Ferner gesezt, daß nun auch der Comet der Erde bis auf jene 13000 Meilen nahe käme, so hat HE. dela Lande berechnet, daß er die See auf 2000 Toisen erheben würde, das würde freylich eine entsezliche Flut werden, die sehr weit über den Hartz weggehen könte.

Jeder gemeine Mensch wird fragen ist da auch Wasser genug da eine Fluth von 2000 Toisen hervor zu bringen, natürlich ein Teich der keine 20 Ruthen tief ist kan ja keine Wellen schlagen die Mastbaums Höhe haben.

Hierbey wird aber vorausgesezt, daß sich der Comet sehr lange in dem Zenith desselben Orts verweile. HE. Sejour hat berech-

---

3 diese] *für* dieses 4 ma[n] [a]uch] mauch *L* 5 wer] *danach gestr.* ⟨weiß⟩{war[?]} [*dieses streicht Bearb.*] auch nicht 8 Der … günstigen] *für* Des Uebeln Falles ⟨†††⟩ ist nur ein einziger und der günstigen sind 9 und] *danach gestr.* da 11 eintreffen] *für* eintretten 13 der[2]] *für* des 19 jede] *danach gestr.* Zahl d 20 existirt] *danach gestr.* der 22 L_B 25 erheben würde] *erg.* | würde[2]] *danach streicht Bearb.* eine 29 Teich] *danach gestr.* oder selbst ein See kan

net, daß wenn die See eine frantz. Meile tief wäre so würde der Comet 10 Stunden und 52′ Minuten Zeit brauchen, diesen Effeckt hervor zu bringen.[682] Diese Dauer hängt blos von der tiefe des Wassers allein ab. Die Sache läßt sich leicht übersehen Diese Fluth ist gewissermassen ein Fallen nach dem Cometen zu und zwar ein sehr langsames, denn wenn das Wasser sich 12000 Fuß erheben soll, so muß es doch erst angelaufen kommen, und dieses erfordert Zeit. Wäre das Meer 2 Meilen tief, so | würde 62v
die Würckung 8^h. 25′ Zeit erfordern, allein wär der Comet in diesem seinem Perigaeo auch 13000 Meilen nah, ◂aber er steht ja nicht stille.▸ so würde er nach den günstigsten Umständen für die Anhäufung. doch in einer Stunde der Comet schon über 16000 Meilen weg seyn und in 2 Stunden 24768 Meilen, ferner würde er nach einer Stunde 23°$\frac{1}{4}$ von dem Zenith des ersten Orts abstehen, und in 2 Stunden 27$\frac{1}{2}$ Grad, ◂also gleichsam selbst wieder zurückführen was er herbey gezogen hat▸ alles dieses würde die Würckung ausserordentlich vermindern.

Bey einer andern Hypothese, würde sich der Comet in einer halben Stunde bis auf 32569 Meilen entfernt haben, und sein Corresp. Punckt wie 81° 27′ abliegen. Alle übrigen Hypothesen fallen zwischen diesen beyden.

Alle übrigen Voraussetzungen halten ein Mittel zwischen diesen[683]

Was die Schweif historie betrifft so habe ich mich schon hinlänglich darüber vorher erklärt, der Ausfluß könte schädlich seyn, er könte aber auch günstig seyn. Ja wenn die Cometen die Pestilentz und das Unheil, mit Ihren Schwäntzen angerichtet haben, warum haben die Alten dann solche Begebenheiten bey Cometen angemerkt, deren Schweife uns nie erreichen konten.

> Ich weiß nicht warum man von Dingen, von denen man nichts weiß und die eben so gut nützlich als schädlich seyn können gerade immer glauben will daß sie schädlich sind.

Wem ist unbekannt, daß die Alten und das gemeine Volck an manchen Orten noch jezt ähnliche Dinge von den Sonnen und

---

3 Diese] *von Bearb. korrigiert aus* Dieser *danach gestr.* Effeckt herv **3–4** der … allein] *für* dem Cometen allein **5** gewissermassen ein] *für* ein *dieses streicht Bearb.* **10–11** aber … stille.] *erg., Zuordnung durch Bearb.* **15–16** also … hat] *erg.* L_B, *Zuordnung durch Bearb.* **32** glauben] *für* furchten

☽finsternissen glaubt.[684] Man deckt die Brunnen zu, und treibt das Vieh nach Hauß. |

70r = xx Was den Umstand anbetrifft, daß unsere Erde sich schneller drehen könte, so ist nach dem was die jetzige Mechanik vermag gar nicht wahrscheinlich, allein was die Veränderung der Pole angeht, so ist nach dem Geständniß der grösten Calcülatoren, die einen großen Theil ihrer LebensZeit auf diese Dinge verwendet haben. Kein Principium der Mechanick jezt bekannt, woraus so etwas nur im mindesten erweißlich, wäre (Pingré T. II. p. 183.)[685]

<u>Schneller drehen nicht wahrscheinlich</u>

<u>Pole Verrücken kein Principium bekannt</u>

Alles, was ein solcher Comet thun könte, wäre vielleicht die Neigung der Ecliptic gegen den Aequator etwas verändern könte, so etwas thun schon jezt die Planeten, zumal Jupiter und Venus, allein die Astronomen, sind darüber noch sehr getheilt und über die Größe ist gar nichts ausgemacht.

Winckel der Ecliptik.

Der Mond thut so etwas <u>Gewiß</u>, man pflegt diese Würckung die Nutation zu nennen, diese hebt sich aber auf. und so könte, das auch bey den Planeten ebenfalls gesch[eh]en und so auch den Cometen.[686]

Endlich nun gar was das Cometen werde von unsrer Erde das fortschleppen des Mondes, und unsrer Erde angeht so sagt HE. Pingré HE. Sejour habe sie mit einem eintzigen Trait d'Analyse alle vernichtet.[687] Ich will sie allso damit nicht auf halten. |

70v Vom Saturn hat man bemerckt daß sein 2 Revolution zwischen 1701–1760 um $6\frac{1}{2}$ Tage kürtzer waren, als sie nach den Halleyschen Tafeln hätten seyn sollen.[688] Man weiß die Ursache nicht. HE. dela Lande, der eignes Mem. in den Pariser Mem 1765 darüber gegeben hat [schreibt es] eine[m] Cometen zu.[689] Alleine hätte ein Comet ihn beschleunigt, so hätte man wohl vermuthen sollen, das würde durchaus Stich halten, allein seine Revolution zwischen 1716 und 1775 war wieder sehr nah dieselbe.[690]

<u>HE. Bode</u> über die Lage und Auftheilung aller Planeten und Cometen im Weltraum. Enthält ein Charte von 26 Rheinländ. Zollen im Durchmesser und die Bahnen von 72 Cometen.

<u>Lambert</u> coßmologische Briefe. rechnet auf 4000.[691]

---

3 den Umstand] *für* die Umstände 5 die … Pole] *für* das verändern[?] der L[?] 16 diese] *danach gestr.* N 21 Trait] *für* Tr†it 24 sie] *danach gestr.* hätten 25 sollen.] *danach gestr.* HE. 32 von] *Dittographie*

Wir wollen uns also gantz trösten, da uns die Einsicht des Menschen in die Natur, so viel Gründe zur Sicherheit giebt, die bey dem der ein Allweißes und Allgütiges Wesen erkennt, von unendlichem Gewicht seyn.
Und durch das Vertrauen auf dessen Güte und Weißheit wir das wenige ersetzen müssen was unsren Einsichten hierin noch abgeht.
Lubienitz. Pingré.[692]
Die Theorie giebt uns eine unendliche Sicherheit und das wenige was Ihr abgeht, oder die kleine Furcht, die doch noch überbleiben könte, muß wahrhafftig bey jedem, vernünfftigen Menschen, auf ein wahres Nichts herab setzen. |

Etwas von den Kräfften womit dieses alles zusammen hängt. 73r = yy

Der Mensch bedient sich, wenn er Dinge verbinden [will], der Ketten und des Leims, wenn er das Weltgebaude in Modellen darstellen will, so werden die Elfenbeinernen Planeten auf Messing drat gespießt und drehen sich, vermittelst messingener Sternräder und Getriebe um eine messingene im Feuer vergoldete Sonne, und das gantze Treibt man durch ein Gewicht, oder wohl gar durch eine Kurbel, wie an einem Raritäten[!] Kasten.
So hat es der Schöpfer nicht gehalten. Hier sind keine Ketten und keine Messingene Stangen, keine Stern Räder, keine Gewicht und die Kurbel, woran etwas gedreht, und noch wenig sehen wir die Hand die das alles dreht. Und doch dauert dieses große Werck, alle die erhabensten Wercke menschlicher Kunst aus, sie veralten aber es bleibt wie es ist. Hierüber müssen wir etwas sagen. Ich werde hauptsächlich dazu mich des Monds bedienen.
Die Alten waren mit ihren Soliden Sphären bald mit der Sache fertig, in diesen Sphären sassen die Planeten, wie die Ameisen im Bernstein und wurden eben so fort transportirt.→ 26,32–27,5 Die Cometen aber haben diese Sphären so ziemlich zerbrochen und Lufft gemacht.[693] Bis auf den großen Newton war alles Dunckel- die Alten Newton

5 durch … das[2]] *für* aus dessen Güte und Weißheit wir das im [*3 Wörter irrig nicht gestr.*] Vertrauen | Weißheit] *für* Wissenheit **9–12** *erg.* **11** jedem,] *danach gestr.* ich will nicht sagen Christen sondern bey jedem **16** bedient sich] *für* braucht **27** aus] *erg.* **28** etwas] *danach gestr.* weniges **31** Planeten,] *danach gestr.* darin

heit hierin so wie in vielen andern Dingen in der Physic, durch ihn wurde alles aufgeklärt, so daß fast alles, was man jezt in diesen Dingen noch thun übrig hat, lediglich darauf hinausläuft, von den großen Wahrheiten, die er entdeckt hat schickliche Anwendung zu machen, welches, wegen der sich kreutzenden |
73v Wirckungen nicht selten sehr schwer ist, aber auch hierin hat er schon das meiste geleistet, so daß dadurch wenn man dieses weiß, der verwegen klingende Gedancke des Dichters entschuldigt wird, der von Newton sagte, die Natur war in Finsterniß gehüllt, und Gott sprach Newton werde und es ward licht.

All nature's laws were
hid in night
And God said Newton be
and all was light.[694]

71r ad (yy)

Isaac Newton.[695]

Geborn zu Woolstrope in Lincolnshire am Christtage 1642. aus einem Geschlecht wovon eine ältere Linie große Güter in Lincolnshire hatte. in s. 12ten Jahre wurde in die Schule zu Grantham gethan, allein er war kaum 2 Jahre da, als ihn seine Mutter schon wieder wegnahm, damit er sich angewöhnen mochte sein Vermögen selbst zu verwalten. Allein das gieng nicht; er lag so über den Büchern, daß ihn die sehr vernünfftige Mutter wieder nach Grantham schickte wo er hergekommen war. In seinem 18 Jahr bezog er die Universität Oxford. Die Mathematischen Wissenschafften trieb er mit erstaunlichem Eifer und Fortgang, er fieng nicht mit dem Euclid an, Euclids Elemente hat er schon gleichsam mitgebracht und er verstund ihn schon ehe er ihn gelesen hatte, der Anblick der Lehrsätze gab ihm auch schon den Beweiß. Er nahm dem nach gleich des Cartesius Geometrie und Keplers Optic, und es läßt sich erweißen, daß er seine großen Geometrischen Entdeckungen schon in seinem 24 Jahr gemacht und zu seinem unsterblichen Wercke seinen Principiis und seiner Optic den Grund gelegt hatte. Im Jahr 1669 danckte sein Lehrer Barrow ihm zum Besten ab, wodurch er Prof. der Math. wurde.

---

6 sehr schwer] *für* schwer | hat] *erg.* 7–9 dadurch … wird] *für* der ⟨fo⟩ wenn {man} dieses nicht weiß, verwegen klingende Gedancke des Dichters 9 sagte] *erg.* 17 in Lincolnshire] *erg.* 23 sehr] *erg.* 27 er[1]] *danach gestr.* konte

Er war ein eifriger Vertheidiger ihrer Rechte, als Jacob der 2te sie angriff. Im Jahr 1696 ward er Müntzwardein und endlich Münzmeister, welches eine sehr einträgliche Bedie[n]u[n]g[696] ist. Nach dieser Zeit beschäfftigte er sich wenig mehr mit Mathematic und Philosophie[.] Aufgabe von den Trajectoriis Leibnitz.[697] |
1701. war Mitglied vom Parlament für Cambridgeschir.[?] und 71v
1703 Präsident der Königl. Societät.
1705. Ritter (von der Konig Anna)
Bis in s. 80tes Jahr war seine Gesundheit dauerhafft. [Verlor] am 1727 den 28 Märtz alle[n] Verstand und starb am 30ten eben dieses Jahrs im 85 Jahre seines Alters.
Grabschrifft im Niceron p. 126.[698]

Seine Umstände müssen doch zuweilen schlecht gewesen seyn Birch Vol: III. p. 178.[699]

Man sagt er sey einmal an einem schönen Herbst-Abend in s. [73v] Garten einsam spaziren gegangen so sey ein Apfel von einem hohen Baum herab gefallen der Mond stund eben sehr hoch am Himmel. Die Stille des Abends ◂machte in ihm einen dunckel schlafenden Gedancken sensibel▸ und [d]er Schlag den der Apfel auf die Erde that, verbunden mit dem Anblick des Mondes vor seinen Augen, brachten in ihm die Frage hervor: warum fällt der Mond nicht eben so auf die Erde wie dieser Apfel, der wenn er auch noch hundert mal höher gehangen hätte gefallen seyn würde? Ja wenn ein solcher Baum des Erkenntnißes für die Astronomie bis an den Mond reichte so würde wohl ein Apfel auf die Erde fallen.
Hier dachte er nun das könte wohl daher rühren, weil der Mond sich so schnell fort bewegte. Denn die Kreite fällt, wenn sie sich aber zugleich fort bewegt fällt sie nicht. Sie würde endlich gar nicht fallen. Die Frage war nur balanciren sich die Kräffte die die ihn fallen machen, und die ihn verhindert. Hier muste erst ausgemacht werden wie starck die Krafft ist, den Mond an die Erde zu treiben.[700]

---

10 Märtz] *für* März **13–14** *erg.* **16** Garten] *danach gestr.* spatziren **18–19** machte … sensibel] *erg., Zuordnung durch Bearb.* **19** [d]er] *danach gestr.* schl **23–24** gefallen … würde?] *erg.* **24–25** für … Astronomie] *erg.* **27** weil] *für* daß **29** fällt … nicht¹] *erg.*

seine Voraus Setzung über die Abnahme, verkehrt wie Quadrat das Quadrat der Entfernung (umständlich).[701] |
74r = zz Nun ist der Mond in s. mittleren Distantz etwa 60 Semidiameter der Erde von uns weg, wie wird also dort die Krafft der Schwere beschaffen seyn. Hier an der Erde, wo wir 1 Semidiameter der Erde vom Mittelpunckt entfernt sind, in welchem wir alles als vereint dencken können. fallt ein Körper in einer Secunde dur[ch] 15,625 Rheinländische Fuß,[702] wir wollen setzen 15 Pariser. wie tief wird er dort in einer Secunde fallen.

NB <u>Zu Erxleben</u> VI Ausg. <u>p 633. §. 658.</u>[703]

$$60^2 : 1^2 = 15 : \frac{15}{60^2}$$

also $\frac{15'}{3600}$ wie viel also in einer Minute. Weil sich die Räume verhalten wie die □ □ der Zeiten, so sagen wir wieder wie 1″ : 60²: $\frac{15}{60^2}$: 15. Also da wo der Mond steht, fällt ein Körper in einer Minute erst so tief als hier in einer Secunde.

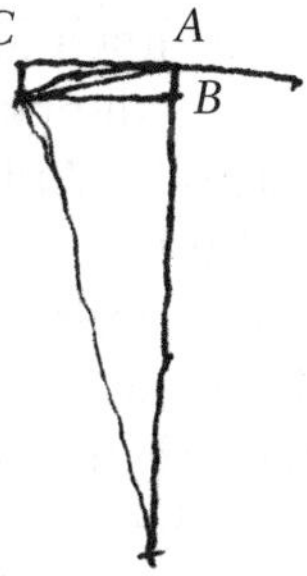

Nun[?] fällt [der Mond] in einer Minute. durch *AB* = 15′, nur treibt ihn eine Krafft so starck daß er am Ende der Minute der Erde nicht näher ist, so lauft er in einem Kreiß und kan nicht fallen. *AB* ist aber der Sinus versus des Bogens *AC*. Wäre nun der Sin. versus des Bogens den der Mond in seiner Bahn in einer Minute beschreibt = 15′, so könte er nicht fallen, und Newton hätte die große Sache gerathen. Nun ist der periodische Monat 27^T. 7^h 43, machen wir also die Regel de Tri[704][:] wie sich verhalten (27^T. 7^St. 43 = 39343 Minut) 27^T. 7^St. 43′ : 360° = so verhält sich 1 Minute Zeit : zu dem Bogen den der Mond in
15 Fuß einer Minute zurücklegt. Dieses sind 39″ im Bogen. Wäre nun
74v der Sin versus dieses Bogens 15′ so | hätte alles seine Richtigkeit, und so verhält es sich würcklich[705] Newton hat also die gantze Ursache entdeckt, und das Geheimniß ist auf geschlossen.

Der Mond geht zwar nicht in einem vollkommen[en] Kreis um die Erde, allein da diese Linie nicht ausserordentlich viel von dem Circkel abweicht, und er die Veranlassung zur Entdeckung

---

1 verkehrt … Quadrat] *erg.* 2 das] *für* Vom 10 VI Ausg.] *erg.* 16 Nun[?]] *danach gestr.* ††† | in] *erg.* | einer] *für* der 20 *AC*] *AB ändert Bearb.* 26 (27^T. … Minut)] *erg.*

war, so pflegt man ihn dazu gewöhnlich zu nehmen, und dann gründet sich die elliptische Bewegung vollkommen auf eben die Gründe nur mit der Rücksicht, daß wenn die Centralkräffte sich = sind, so geht der Planet in einem Circkel, verhält sich die vis centrip. zu der Centrif. wie 1 : einer Zahl die größer ist als 1 und kleiner als $\sqrt{2}$ ist so giebt es Ellipsen (wir betrachten nur hier den Anfang in den Apsiden) so wird es Ellipsen, die immer länger werden, jemehr sich die lezte Zahl der $\sqrt{2}$ nähert desto länger wird die Ellipse ist sie würcklich = $\sqrt{2}$ so ist es eine Parabel, und der Planet oder Comet kömt nicht wieder. und da es nur eine einzige $\sqrt{2}$ giebt, so sehen sie daß alle diese Bahnen sich einander ähnlich sind. Ist die Krafft größer als $\sqrt{2}$ so werden es Hyperbeln, und da eine Zahl ohne Ende über die $\sqrt{2}$ hinaus wachsen kan, so werden die Hyperbeln immer flacher, und nähern sich der Graden Linie selbst an ihrem Scheitel unendlich. Ist sie kleiner als eins, so fallen sie in Spiral linien.[706]

#

NB. zu Z.[2] 2te Seite # 72r

Man nimmt dazu den Mond, weil er die Veranlassung war, denn er ist seiner übrigen Irregularität wegen einer von den schlechtesten. Die Bahnen der Jupiters und Saturnus Trabanten, der Venus und der Erde dem Kreisen sehr viel näher. Indessen wenn man des Mondes mittlere Entfernung nimmt, die auch hier schon nicht mehr, die zwischen seiner größten und kleinsten seyn darf. Denn die Schwere des ☽ gegen die Erde wird meistens durch die Sonne vermindert (Klügel Astron. p. 143) daher, was man hier mittlere Entfernung nennt, schon nicht mehr das Arithmetische Mittel zwischen seiner kleinsten und größten Entfernung ist, sondern eine etwas größere seyn muß.[707] Alles dieses sind Umstände, die schon hier Schwierigkeiten machen. Indessen dient es immer, die große Entdeckung zu erklären. Wenn es auf Präcision an kömt: so muß man bedencken, daß selbst Newton nicht alles zu entwickeln im Stande war, das haben nach ihm erst Euler, D'Alembert und andere→ 51,7–8 gethan worunter auch unser Mayer→ 111,6–26 gehört. Mehr kan hier nicht vorgebracht werden. Es wird sogar in dem was man angewandte Math. nennt nicht mit genommen.

Ich kan nur dieses anführen, daß in dem Falle da die Kräffte sich wie 1 : 1 verhalten ein Kreiß wird[,] wie 1 : $\sqrt{2}$ eine Parabel[,] wie

2 Bewegung] *erg.* **9–10** und … wieder.] *erg.* **16** linien] *danach gestr.* Also
25 meistens] *danach gestr.* ver **26–27** nicht mehr] *für* das nicht mehr ist, was
32 das] *für* daß

$1 : \sqrt{2} - x$ so daß immer $\sqrt{2} - x < \sqrt{2}$ und > als 1 ist eine Ellipse[,] in allen übrigen eine Hyperbel wird.[708]

[74v] 75r = a³ Also wenn man etwas über die Entstehung dieses großen unermeßlichen Gantzen zu dencken wagen darf, | so könte man sich die Sache so dencken.

Von Anfang wäre alle Materie so ziemlich gleichformich gemischt gewesen wenigstens nicht nach ihren Specifischen Schweren. Punckte die am stärcksten zogen, ballten plotzige Kugeln um sich her. Die kleineren Kugeln stürtzen in die größeren hinein, und machten sie noch größer andere die durch ihre Bewegung hier bey eine solche Geschwindigkeit empfangen hatten, daß wie 1 : 1 war pp.

Daher konte noch manche Knöpfe herrühren, die auf der Erde sitzen.

Nun wäre es mit diesem Zusammenstürtzen so weit gekommen, so um unsere Sonne herum noch grade die übrig geblieben wären, die die gehörige Geschwindigkeiten haben.

Ob dieses ineinander Stürzen nun aufhören werde, ist gar nicht ausgemacht, beym Monde wenigstens finden sich eine gewiße Säcular Irregularität, die immer auf eine Seite fällt, und die sich nicht aufhebt, des Mond seine Bahn fängt sich also an zu verengern. Finden die Körper einen Widerstand im Aether, so kan es auch nicht anders seyn.

Dieses ist ein Gedancke von Kant.[709] Wie Sonnen entstanden sind. latente Hitze durch Mischung. Es könte also alles Sonnen gewesen seyn, die nun mehr erkaltet sind. Artig ist es doch das Büffon annimt, die Erde sey glühend gewesen und nach und nach erkaltet, auch Leibnitz in einer Schrifft die er Protogaea nennt.[710]

Tiber friert nicht mehr zu, ist gegen diese voraus setzung.[711]

Bey dieser Gerinnung in Klumpen sind nun eine Menge solcher 75v großen Feuerklumpen entstanden, die wir | Fixsterne nennen,

Das sind nun die unzähligen Sterne, die man in einer heitern Winternacht, wo kein Mond scheint, erblicken und die man

---

8 ballten] *für* wurden *danach gestr.* sich **14** Nun] *davor gestr.* Ob diese **23** Dieses … Kant.] *erg.* **24** latente … Mischung.] *erg., Zuordnung gemäß einzelner Einfügemarkierung im Text* **31** Fixsterne] *für* Sonnen | nennen,] *danach gestr.* das sind nun

sobald als man weiß, was sie sind, nicht ohne Entzücken und Andacht anschauen kan.

Sie ziehen ebenfalls alle einander, und man hat in den neuern Zeiten sehr starcke Bewegungen in ihnen bemerckt, die entweder nach einem gewissen Mittelpunckt des Zugs hingehen, oder vielleicht ebenfalls kleine Bogen krummer Linien sind. die Circkel Ellipsen Parabeln und Hyperbeln um einen Cörper Beschreiben den wir noch nicht kennen. Er brauchte nicht zu leuchten pp.[712]

Diese Betrachtungen sind freylich gewagt, aber schön und ich habe immer gefunden daß Person[en], die hieran keinen Gefallen finden Stumpfe Köpfe sind.

Dieses alles sind nur Betrachtungen, womit wir einen Theil der künfftigen Woche beschäfftigen werden. Ich werde, alsdann nicht allein, das wissenwürdigste von den Fixsternen anzeigen, sondern auch bey jeder Gelegenheit Sie Ihnen kennen lehren. Ich muß zwar offenhertzig bekennen, daß ich auf Schulen die Sternbilder besser gekannt habe als jezt vielleicht, so wie man vieles von der klein[en] Geographie wieder vergißt, wenn man älter wird. Alles hierin gnau zu kennen ist auch gantz unnöthig und selbst eine schädliche Ueberladung des Gedächtnißes, wie das Auswendiglernen der Sinustafeln ◂besser das große ein mal eins, oder gar $\frac{1}{2} \cdot \frac{1}{2}$ ist $\frac{1}{4}$[713]▸, man muß sich nur im vorgegebenen Fall sich zu finden wissen, das ist alles was der Astronom nöthig hat und noch viel mehr kan sich der eigentlich[e] Laye damit begnügen. |

⟨Ich habe sie in den lezten Stunden mit einem Traum unterhalten, wie man sich die Entstehung dieses unermesslichen Weltgebäudes gedencken könne,→ 192,3–193,11 solche Träume sind unschuldig und angenehm, und wenn man bey allen Voraussetzungen, die man macht sich nicht von den Vorschrifften einer vernünfftigen Physic entfernt, sogar nützlich und eine Uebung für den Geist. Ich sage dergleichen Träume sind unschuldig. Der Schwärmer träumt öffters über Dinge, worüber sich die Vernunfft schon erklärt hat so hat zum Ex. HE. Sack in seinem Newton Travesti, Dinge geträumt und auch hier und da gerech- 76r = b³

---

8 den wir] *für* die wir 19 und] *danach gestr.* eine 20 Gedächtnißes,] *danach gestr.* denn wenn es der Astr 21–22 besser … $\frac{1}{4}$] *erg., Zuordnung durch Bearb.*

26–194,9 Ich … machen] *als erledigt gestr.*

net, daß einem die Haare zu Berge stehen, wenn man welche hat.[714]

Un[d] HErrn Ziehens Träume sind der tollste Unsinn auf den der menschliche Wahnwitz in wissenschaftlichen Dingen je gefallen ist, wenn sie die Erfahrungen hören werden, worauf sich der Mann zu stützen glaubte, die aber freylich wenige Menschen Beurtheilen können, so werden sie über die Thorheit des Mannes erstaunen.[715] Ich werde vermuthlich morgen darauf kommen oder wohl gar schon heute die Vorbereitung machen.⟩

Also nach diesen angenehmen Träumen noch etwas weniges fortzuführen, so waren als[o] unsere jetzig[en] Planeten, und Cometen, diejenigen Körper, die sich nun nach dieser allgemeinen Vereinigung noch erhalten haben, und sich noch Jahrtausende erhalten werden

Die Cometen könten aus einem leichteren Stoff der sich an der gräntze sammelte nach und nach sich gesammelt haben, daher
76v sie aus dieser ungeheuren | Höhe herunter stürtzen. Freylich haben wir noch keine Cometen um Planeten gesehen, allein es wäre nur eine Frage vielleicht, ob nicht welche um ander Plan[e]te[n] laufen.[716]

Die übrigen großen Punckte, die nun ihr Licht und Wärme absetzen, wie unsere Sonne sind nun noch unzähliger geworden und das sind die leuchtenden Punckte, die sich uns bey einer heiter Nacht, wo sie von keiner Dämmerung geschwächt werden sich am schönsten ausnehmen, diese nennt man Fixsterne, stellas fixas, weil sie nemlich an der Himmelskugel wie fest geheftet sitzen, und ihre Lage unter einander nicht ändern. Man hat sie der Bequemlichkeit wegen nach ihrer Größe abgetheilt und nennt sie Sterne der ersten, 2ten. dritten pp. Größe so geht es bis zur 8 und 9 in den Catalogis fixarum[(92)] und HE. Herschel redet nun gar von welchen von der 12ten Größe.[717]

Allein so wie es bey Schätzungen überhaupt von Größen geht, wo keine Brüche gedultet werden, so geht es auch hier. Bäume pp[718] es giebt keine $5\frac{1}{2}$.^{te} Größe und da kan der eine eine solche

4 Wahnwitz] *für* Verstand 5 Erfahrungen] *für* Gründe 6 zu … glaubte] *für* stützt 10 etwas weniges] *für* weiter 15 Die] *davor gestr.* Noch etwas von dem erkalten. 18 wir] *danach gestr.* k 26 fest] *danach gestr.* sitz 28 wegen] *danach gestr.* die Sterne ⟨der⟩ von verschie 32 Allein] *davor gestr.* Mir wird | von … geht] geht von Größen {geht} *anführendes* geht *streicht Bearb.*

Sonne zur 5ten, der andere zu 6ten rechnen. ◂vielleicht weil wir keine $\frac{3}{4}$ Größe haben▸ α im Adler, wurde ehmals von den Alten zu den Sternen der 2ten Größe gerechnet, jezt allgemein zu Sternen der ersten Größe gerechnet.[719]

Von den Augen. Mir wird schon sehr schwer Sterne der 7ten Größe zu sehen, wenn die Nacht sehr heiter und dunckel ist. Der Uranus erscheint wie einer von der 6ten, und den | habe ich nie 77r = c³
mit blosen Augen sehen können, doch habe ich ihn auch nie noch im Meridian beobachtet.

Ich sage sie seyn an der Kugel wie angehefftet, das ist aber nicht im strengsten Verstand wahr.

Hier von der FortRückung der Nachtgleichen d³.ı.→ 197,14

Aberration haben wir schon gehandelt, diese ist blos scheinbar. Sterne die sehr nahe beysammen stehen werden davon Gleich stark afficirt, allein andere mercklich. Ein Stern der im Pol der Ecliptick steht, kan zuweilen 40″ näher am Scheitel stehen, als ein halbes Jahr nachher. Diese[?] habe ich umständlich→ 83,30–87,16

Allein es giebt eine andere sehr merckwürdige Bewegung der Fixsterne, die entweder gantz reel, oder wenn Scheinbarkeit mit unterläuft, doch gewiß zum Theil reel ist, davon wusten die Alten gar nichts, es ist dieses eine Frucht der neuern Astronomie und der verbesserten Werckzeuge. Und gewiß wird die Nachwelt hieraus einen neuen Theil der Astronomie machen, und unser großer Tobias Mayer ist auch der, darin sich auf andere Beobachtung stützend das erste und beste bisher geleistet hat.[720]

Fixsterne Erxleben §. 666. p. 639 Ed. VI.[721]

Hierbey muß ich nothwendig einige Wörter erklären die ich noch nicht erklärt habe, weil ich es gar noch nicht nöthig gefunden habe, und andere kurtz wieder holen.

Declinatio, Rectascensio. Longitudo.[722]

Nun aus dem Mayerschen Catalogus.[723]

TaschenCalender 1785. p. 92.[724]

1–2 vielleicht … haben] *erg., Zuordnung durch Bearb.* **2** ehmals] *danach gestr.* zu **3** den] *erg.* **6** heiter] *danach gestr.* ist **12** *erg.* **14** stehen] *für* Stehen **16** steht] *für* absteht | Scheitel] *für* Aequator **17–18** umständlich] *am Rand neben dem Ende des Absatzes gestr.* Hier von Nutation **24–28** machen … muß] *für* machen. // Hierbey muß **33** Taschen] *erg.*

Arcturus, Sirius, Aldebaran, Capella, Procyon, Castor Rigel, Athair und viele andere[725]

Man hat immer anfangs Bewegung[en] für reel gehalten die 77v scheinbar waren, | Wie wäre es, wenn auch diese Bewegung blos scheinbar wäre?[726]

Mayer glaubte nicht, daß diese Bewegung scheinbar sey. Bäume im Walde. pp Das ist sehr wahr aber grade das hat man jezt bemerckt.[727]

nicht unserm Sonnensystem.

HE. Herschel bemerckte dieses

Sein Schreiben an HE. de la Lande wurde in das Journal de Paris eingerückt, und veranlaßte HE. Prevost in Berlin einen gebohrnen Genfer, ähnliche Beobachtungen über Mayers Catalog an zu stellen.[728]

keiner wuste von des andern Bestimmung etwas

Er machte Suppositionen und traf mit Herschels Voraussetzungen überein, und zwar geht der Weg, von einer Stelle im Eridanus, nach der Nördlichen Cron zu.[729]

Unter allen beobachteten Sternen sind 29 bey denen die Veränderung so beträchtlich ist, daß gar kein Zweifel übrig bleibt, und unter diesen 29 sind 22, die beweißen daß diese Bewegung nach dem λ Herkules zu gehen.

Dieses ist HErrn Herschels Meinung und Weg.[730]

Auch zeigen sich gantz vortreffliche Umstände Sirius und Arckturus sind die gröste[n] Fixsterne also aller Wahrscheinlichkeit nach die gröste[n],[731] aber ihre Bewegung[en] sind sehr ungleich, weil Arckturus eine bessere Lage für diese Bewegung hat.

Alderbaran ist groß, aber liegt unvortheilhafft bewegt sich daher wenig. Pro[c]yon ist kleiner liegt aber besser, bewegt sich daher 78r = d^3 schneller, weil seine günstigere Lage [ersetzt] | was durch seine Entfernung abgeht.

Das λ der Fische liegt sehr vortheilhafft, und ob es gleich nur ein Stern der 4ten Größe ist, so ist seine Bewegung, für den großen Abstand sehr beträchtlich[732]

Auch muß man bedencken, daß die beobachtungen nicht zu dieser Absicht angestellt sind, sondern man nahm sie wie man sie kriegte

---

3 anfangs] *danach gestr.* die 13 ähnliche] *danach gestr.* Entde 23 *erg.*
33–34 für … beträchtlich] *erg.*

Castor ein Doppelstern. Pollux Bewegung schneller[733] Schrifften. Beyde mir von den Verfassern geschenckt.[734]

Prevost Mem de Berlin für 1783 Herschel Trans. Vol 73.[735] NB

Hierüber hat Erinnerungen gemacht. HE. Wurm in Berliner Ephem. 1795. p. 175. so schon dieses alles Klingt, so hat man denn doch neuerlich wichtige Einwendungen dagegen gemacht. HE. Triesnecker und Wurm. Und es scheint als ob die Ursache noch verborgen ware.[736]

Was HE. Herschel gethan hat, er hat Doppelsterne aufgesucht und in der vortheilhafftesten Lage. Vorzüge dieser Methode.

Zone um den Aequator	20° breit.	150 Doppel-
Colur der Nachtgleichen	———	70
——— Solstitien	———	120 [737]

Nun kome ich auf eine für den Physiker und Astronommen[!] sehr wichtige scheinbare Veränderung der Lage der Fixsterne. ı. Die Astronomen, die Lage der Sterne gegen einander und ihre Orte auf der Kugel jeden Augenblick gebrauchen, haben sich bemüht, ihre Lage so scharf als möglich zu bestimmen. Die Bequemste Art ist, deren man sich auch auf der Erde bedient, nemlich durch Entfernung vom Aequator auf beyden Seiten, und dann von einem gewissen merckwürdigen Punckt entweder im Aequator selbst, oder sonst einem merckwürdigen Punckt, eine Insel ferro[,] → 202,12 das anrechnet was man auf der Erde Länge[,] am Himmel Recktascension grade Aufsteigung nennt.[(722)] Da nun die Ecliptic den Aequator in zween Punckten schneidet, so ist es sehr schicklich gewesen diese mer[ck]würdige Punckt dazu zu nehmen, und zwar.

Wie bestimmt man die Lage von Punckten auf einer Kugel. Ruht sie gantz, so ist alles willkührlich (Sekten) dreht sie sich aber so werden eine Menge von Dingen dem Verstand so nahe gelegt, daß sich die Sekten sehr vermindern müssen. Zwey Kugeln[,] eine einem entfernten Freund, mit ähnlich liegenden Punckten, und ich wolte nun eine[n] neuen darauf tragen und es ihm beschreiben wie hätte ich das anzufangen. Hatte ich Punckte nummerirt pp. durch 2 Punckte gelegt.

Ich sage man hat die Fläche des Aequators zu bestimmung der Lage gewählt wegen der Bequemlichkeit, denn eigentlich | ist die 78v
Ebene des Aequators so bald wir zu den großen Erschein[u]n-

---

1 Pollux … schneller] *erg.* 14 ı.] *Sprungmarkierung, vgl. 195,12* 21–22 eine … ferro] *erg.* 28 sie] *erg.* 31 eine[n]] *danach gestr.* ähnlich 33 durch … gelegt] *erg.* 36 zu den] *für* in [*dieses streicht Bearb.*] die

g[en] des gesamten Systems übergehen, eine gar unbeträchtliche Ebene. Wir konnen, die Länge eines Planeten und der Sonne berechnen, ohne uns um die Lage ihrer Aequatorn zu bekümern, daher müssen so bald Erscheinung[en] für das große ausgemacht werden sollen, alles auf eine viel wichtigere Ebene und das ist die Ebene der Erdbahn, die Ecliptic reducirt werden. Es wäre daher freylich besser, wenn wir den Aequator, der Sonne gebrauchten der alle angeht, da würden aber Sekten entstehen. Allein die Lage der Sterne gegen die Ecliptic zu bestimmen durch Beobachtung, das wäre ein lacherliches unter nehmen. Ursache, wegen der Veränderung ihrer Lage Nonagesimus.[738]

Man verfährt also so: man bestimmt die Lage des Sterns gegen den Aequator sucht den Winckel den die Ecliptick, mit dem Aequator macht, welches ebenfalls nicht geschehen kan ohne die Lage der Sonne gegen den Aequator zu wissen, so läßt sich die Latitudo und Long. eines Sterns berechnen.

Es ist eine sehr gemeine Aufgabe der sphärischen Astronomie. Wenn Rectas. Declin. Amplit. Eeclipt.[!] gegeben sind. Die Lat. und Long. zu finden.[739]

Allein hier ereignet sich ein sehr merckwürdige Erscheinung der Aequator verändert seine Lage in Absicht der Sterne beständig, und zwar so starck, daß man etwas gnauer Beobachtung, zumal für Sterne, die für diese Umstände ungün[st]ig liegen, keinen Catalogum fixarum[(92)] von heute an in 4 Wochen brauchen kan.
79r = e^{3} Man hat | aber das Gesetz entdeckt, und daher in den Tafeln angegeben. (es erstreckt sich bey manchen über 20″ in einem Jahr. ◂für die Declination▸) und das was in den lat. Catalogis Variatio annua in den deutsch[en] jährliche Veränderung heißt. Umständlich.[740]

Mit einem Wort es läßt[741] als wenn sich die Durchschnittspunckt des Aequators mit der Ecliptic ohne den Winckel zu ändern, den beyde mit einander machen, herumführten, in der Quart[742] von Osten nach Westen und zwar mit einer mittleren Geschwindig-

4 daher] *danach gestr.* reducirt man 6–8 Es … entstehen.] *erg.* 7 Sonne] *für* sonne 16 und Long.] *erg.* 22 und zwar] *für* das ist 23 ungün[st]ig] ungün⟨stl⟩ig 24 an] *erg., danach gestr.* bis | in … Wochen] für morgen 26 angegeben] angege-/geben *L, korrigiert Bearb.* | über] *für* auf 27 für … Declination] *erg., Zuordnung durch Bearb.* 28 Veränderung] *für* Abänderung 29 Umständlich.] *danach gestr.* // Dieses ist nun

keit, von etwa $50\frac{1}{3}''$ ◂dieses ist die mittlere[;] nachdem die Sterne liegen kan sie 66″ und mehr betragen.▸ in einem Jahr, es kömt also in 25,740 Jahren einmal herum, das macht in nicht gantz 71 Jahren einen Grad.

in 12 298 Jahren wird Lucida Lyrae sehr nahe an dem Pol zu s[t]ehen kommen etwa 3 Grad davon ab.[743]

Der Polarstern steht 1° 52′ vom Pole ab und nähert sich ihm noch 330 Jahre etwa. und nach 13000 Jahren wird er über 47° vom Pole abste[hen][744]

Umständlich nun gezeigt ◂in Absicht der Ecliptic bleibt alles bis auf den Anfang der Länge einerley.▸ wie die Veränderung der Sterne in Absicht auf den Aequator sich verändert es kan auf 47 Grade betragen.[745]

Die Veränderung ist aber so unschuldig, als, wenn wir die Grade der Länge und der breite anders zählten

Zurückgehen der Nachtgleichen ad e^3. 80r

Kästner in einem Brief an Nikolai allg. Deutsche Biblioth., Band. 96. p. 308 drückt sich darüber folgendermassen aus:[746]

Bekannter massen kömt das Rückgehen der Nachtgleichen darauf an: die Axe um welche sich die Erde dreht, ändert nach und nach ihre Lage, trifft also verlängert am Himmel, nach und nach unter andern Sternen ein. So ändert sich die Beziehung der Sterne auf unsere Erde, Länge Rectascension Declination, wenn sich in den Sternen selbst nichts andert. Die Erde schreibt dem Himmel zu was allein von ihr herrührt, wie moralisch die Bewohner der Erde auch thun.

In meiner dritten astronomischen Abhandlung 488 u. f. T habe ich die Sache im Zusammenhange mit der Sphäre vorgetragen.[747]

Der Weltpol – eigentlich die Stelle des Erdpols am Himmel, rückt immer gegen die Ordnung der Zeichen. Sezt man die Schiefe der Ecliptick unveränderlich, welches freylich nicht völlig wahr ist, man nimmt für wahr an, wovon die Unwahrheit nicht allzu starck in die Sinne fällt, so beschreibt der Weltpol um den

---

8 47°] *für* 57°[?] **11** Anfang] *verkürzt, von Bearb. erschlossen* | einerley] *verkürzt, von Bearb. erschlossen* **12** es] *Dittographie* | 47] *für* 57 L_B **25–26** die … auch] *bei Kästner* auch die Bewohner der Erde oft **29** Himmel] *danach streicht Bearb.* rückt **32** ist] *danach gegenüber Kästner ausgelassen* aber in der Welt der Erscheinungen ist nichts völlig wahr,

Pol der Ecliptic einen Kreis und ändert so seine Lage gegen die Sterne, deren Lagen unter sich und gegen die Sonne man ungeändert annimmt ... wiederum nur eine Wahrheit für die Welt der Erscheinungen.[748]

Für unsere Zeit nähert sich der Weltpol dem Sterne, welchen wir den Polarstern nennen, wird ihm etwa nach 330 Jahren am nächsten seyn, alsdann entfernt sich der Pol von ihm nach und nach so weit, daß die künfftigen Erdbewohner diesen Stern nicht mehr Polarstern nennen werden, weil er nach 1300 Jahren über 47° vom Pole oder eigentlich der Pol von ihm komt. (Das muß wohl 13000 heißen)[749]

$$\begin{array}{r} 19 \\ \underline{19} \\ 171 \\ \underline{19} \\ 361. \end{array}$$ [750]

[79r] Was gehen uns die Fixsterne an. Sie haben uns gelehrt daß diese Veränderung vorgeht, ohne sie würden wir es nicht einmal gemerckt haben.

Hätte ich ein Zimmer mit 360 Fenstern pp. und drehte mich.

Ware die Ecliptick in Gestalt einer feurigen Linie und der Aequator auch am Himmel gezeichnet und weiter nichts, so wüsten wir noch gar nichts von den Veränderungen. Ja die Sache könte von Wichtigkeit werden, wenn die Fixsterne einen Einfluß auf unsere Erde hätten.

Es ist also eigentlich gar keine Veränderung in Absicht unserer Lage gegen die Sonne vorgegangen.

––– Ich kehre mein Gesicht gegen ein anderes Fenster

Das gantze dreht sich, aber wir drehen uns ja auch täglich also wir erleben in Rücksicht auf den Meridian in 24 Stund[en], und diese macht Tag und Nacht[,] etwas tausend mal stärcker, als wir im Jahrtausend in Absicht auf die Declination erleben.[751] Da
79v sinckt die | Capella erst recht und erhebt sich recht.

Nun auf Ziehens Geschichte. Die Capella erhebe sich.

Ich habe neulich→ 194,3–8 von dem Aufsatz über Herrn Ziehens Thorheiten, in der Eile eine ueberschlagen, nemlich sein Aufsteigen der Capella im Meridian des NiederRheins.

---

2 die] *bei Kästner* unsre **17** diese] *danach gestr.* ††† **18–19** ohne ... haben.] *erg.* **23–25** Ja ... hätten.] *erg.* **30–31** und ... Nacht] *erg.*

Erklärt, er ist würcklich fürchterlich, hierin ist gar kein Menschenverstand, denn die Sterne gehen durch alle Meridiane der gantzen Welt.[752]

Von einer Seite des Zeniths.[753]

Wir kehren ja jede Stunde unsere Köpfe andern Fixsternen zu was kan das schaden daß wir sie nach Jahrtausenden noch andern zu kehren.

Uranus steht jezt im Bilde des Krebses, aber im 17ten Grade des Zeichens des Löwen ♌ 17. (Jan: 92.)[754]

Und was ist dann der Meridian des NiederRheins? In meinem Vaterland lauft der Oberrhein so ziemlich von Süden nach Norden, allein gleich unter Mayntz wendet er sich und lauft nach Westen und Nordwesten. Was ist also der Meridian einer Linie die sich von Osten nach Westen erstreckt. Es ist wahrer Unsinn, so wie ein Kind Kunstwörter zusammen sezt.[755]

Hätte er gesagt die Capella erhübe sich in der Ecliptic von Bovenden,[756] so hätte er nichts tolleres sagen können.

Und einem solchen Mann glaubt man, der nicht einmal die Wörter versteht in denen er spricht? Das heiße ich wahres Babel.[757] Worte und Wörter Babel.

Aber was sind auch das für Leute, die ihm glauben? Die Antwort ist nicht schwer und daher übergehe ich sie.

Noch einmal erklärt was eigentlich die Veränderung ist Umständlich. ◂*Hierbey kan nun von dem Beschreiben des Circkels des Weltpols um den Pol der Ecliptic gesprochen werden→ 199,27 und von dem Stern in der Leyer→ 199,5–6▸ Also es ist ein unschuldiges Drehen, wobey alles das, was sich dreht in der selben Lage unter sich selbst bleibt, und nur seine Lage gegen Punckte verändert, die uns in der Welt Gottes nichts angehen, gegen die Fixsterne. Ja, wenn einem einmal von dem | Drehen in der Welt zu schwindeln anfangen will, so haben wir gantz andere Ursache und vor Schwindel zu fürchten als dieses Drehen, wovon jezt die Rede ist. 82r = f³

Die Sonne dreht sich um ihre Achse. Wir drehen uns um die Sonne und durchlaufen in einem Jahr einen Kreis, der 42 000 000

---

13 einer] *für* eines 17 Bovenden] *für* Kerstlingeröder Feld [Feld *streicht Bearb.*]
19 wahres] *erg.* 23–25 *Hierbey … Leyer] *erg., Zuordnung durch Bearb. mangels Einfügemarkierung im Text* 27 sich … und] *für* ⟨bleibt⟩ gegen die Dinge bleibt

Meilen im Durchmesser hat. Ja was noch ärger ist, unsere Erde dreht sich in 24 St um ihre Axe ◂und da erhebt sich die Capella erst recht.[758]▸ und wir laufen blos dieser Geschwindigkeit wegen in einer Secunde hier in Göttingen einen Weg von 900 Fußen durch.→ 60,29–30 Nicht zu gedencken, was sich kaum ohne Schrecken aussprechen läßt, daß wir des Mittags um 12 auf den Beinen, und Nachts um 12 auf den Köpfen stehen.

Das heiße ich mir doch Drehungen,

Da die von der hier die Rede ist, weiter nichts als die Veränderung einer imaginären Linie, und auf uns so wenig Würckung hat, als wenn wir heute die Grade der Länge auf der Erde von dem Pic von Teneriffa und morgen von der Insel Ferro oder vom Hainberge an zählen.[759]

Nun da ich auf den Physischen Grund dieser Erscheinung komme, so muß ich etwas von dem sagen, was man Knoten der Bahnen in der Astronomie nennt, dieses habe ich zwar schon mehr als einmal gesagt,[760] allein hier müssen die Begriffe mehr generalisirt werden.

Eigentlich sind es lauter Begriffe, die schon in jedem gesunden Menschenkopf, so wie überhaupt Vernunfftideen schlafen, sie
82v dürfen nur in Wirckung gesezt werden, sensibel | gemacht werden.

Wenn man von Ebenen in der Geometrie so wie in der Astronomie spricht so versteht man immer unendliche darunter so lange man nicht ausdrücklich dabey erinnert, daß sie begränzt sey, und doch ist es selbst alsdann allemal dabey nöthig, um sich die Sache allgemein, das ist philosophisch zu dencken, sich immer bey jeder begränzten Ebene die unendliche zu dencken wovon die begränzte ein endliches Stück ist.

Der Winckel, den zwey grade Linien die sich schneiden, mit einander machen, wird von 2 Unendlichen Linie formiert, die allemal in einer und derselben Ebne liegen, dencke ich mir in der selben Ebene noch eine grade Linie, die mit keiner von beyden

---

1–2 unsere … sich[1]] *für* wir drehen uns **2–3** und … recht] *erg., Zuordnung durch Bearb.* **5** Nicht … gedencken] *am Rand Doppelstrich u.* NB **6** Schrecken] *danach gestr.* nicht **11–13** Länge … an] *Doppelstrich am Rand auf Höhe dieser zwei Zeilen* **14–15** Nun … was] *dreifacher Strich u. Schlangenlinie* L_B *am Rand auf Höhe dieser zwei Zeilen* **26** selbst alsdann] *erg.* **26–27** die … sich] *Doppelstrich am Rand auf Höhe dieser Zeile* **32** einer] *danach gestr.* Ebne | dencke] *für* lege erstern Parallel ist, so entsteht das Dreyeck, ein Endliches Stück der unendlichen Ebene, dessen Figur durch die Verhältniß der Seiten oder der Winckel bestimmt wird.

Zween Ebenen, man dencke sie sich wie man will, sind sich entweder parallel oder schneiden sich. Ein Satz der gemeinen Geometrie, den hier zu erweißen nicht nöthig ist. Nun den Horizont, was er ist, und umständlich von Norden an eingetheilt.[761] Knoten der Ebnen, eines Karten blattes, Haußes, Dachs. Knoten-Linie eines Karten blatts wech[?] zu rücken u. s. w.[762]

Erstlich ein Körper der sich in [ein]er Ebne dreht.

Nun auf den Mond.

Die Ecliptick ist also nur eine solche Ebene, jede ebene in der Welt, die nicht mit ihr parallel ist, | schneidet sie also, der Durch- 83r = g^3
schnit ist also eine Knoten linie, da man die Ebene der Ecliptick sich als ein Circkel denckt, der in seine 360 Grade getheilt, wo 0 im Frühlings Nachtgleichen Punckt steht; so kan man nun die Lage einer jeden Ebne gegen die Ecliptick angeben. Entweder sie licht mit ihr parallel, oder sie schneidet sie. (Einige Erinnerungen wegen der Parallel-Kreiße am Himmel wie das zu verstehen ist.[763]). Also ein jedes Karten blatt hat seine Knoten linie pp die vorwerts geht.

Nun geht aber der Mond ja auch in einer bestimmten Ebene, (so will ich es jezt noch nennen, sie werden gleich die Nöthige nähere Bestimmung hören) und zwar in einer Ebene die nicht in der Ecliptic liegt, denn sonst hätten wir alle Neumonde eine Central Sonnen und alle Vollmonde eine Central Mondfinsterniß, folglich ist diese Ebne gegen die Ecliptick geneigt, folglich schneidet sie die Ebne in eine[r] graden Linie, dieses ist die Knoten Linie da nun diese Ebne die unendlich Entfernte Kugelflache des Himmels in einem Kreis schneidet, so schneidet natürlich, die Knotenlinie diesen Kreiß in 2 Punckten, dieses sind nun die Knoten selbst.

Nun sey der Tisch die Ecliptick. Die Knoten Linie gezeichnet. Hiergegen ist nun die ☽ Bahn etwa um $5\frac{1}{6}$ Grad geneigt. → 123,7–8

---

3 oder ... Winckel] *erg.* 9 blatts] *für* blats | wech] *aus* weg | zu rücken] *für* zu [*streicht Bearb.*] rückt | u. s. w.] *danach gestr.* / ⟨Beyge⟩ bewegte sich: (Dieses ist nun ein Haupt Umstand) / Ein Korper 13 ist,] *danach gestr.* hat also 17 Ebne] *erg.* 23–24 nähere] *erg.* 25 Neumonde] *für* neumonde 33 Hiergegen] *für* Hierüber

Wäre also die Erde allein, so sähe man nicht den mindsten Grund, warum sich diese Knoten linie ihre Lage verändern sol-
83v len. Allein hier ereignet sich ein Haupt|Umstand, der Mond wird nicht blos von der Erde gezogen sondern auch von der Sonne die sie sich etwa 320 mal[764] so weit von der Erde als der ☽ befindet. Wie dieser Zug geschieht. Hier haben wir nun 3 Körper ☉ ☽ und ♁, die sich so bewegen, daß sie leider Gottes nur alle 14 Tage einmal in der selben Ebne liegen. Liegen Sie aber nicht in einer, so entsteht eine sehr merckliche Veränderung.
Wer auch gar keine Geometrie vertsteht, wird einsehen müssen, daß es sich nun nicht mehr so verhalten kan, als es sich verhielt wie keine Sonne da war.

Denn setzen Sie der Mond käme auch hier über die Ecliptic hervor mit dem besten Vorsatz nach jenen Knoten zu zu gehen. so kan er gantz unmöglich den Knoten Punckt dort wieder erreichen.
Er bekömt eine Schwere gegen das Planum der Ecliptic zu. Die Krafft ist gering, hier, wo der Mond am höchsten ist, ist sie am stärcksten. Er muß früher in diese Ebne einfallen.
Nun eine HauptVorstellung: Der Mond ändert seinen Knoten punckt nicht auf einmal, sondern alle Augenblicke. Er ist in jedem Punckt seiner Bahn anders als er am Anfang war, nach dem nun der gemeinschafftliche Zug der Erde und der ☉ eine größere Schwere gegen das Planum der Eccliptic giebt.

Also ist auch die ☽ Bahn keine Ebene.

So weichen nun die Knoten zurück. etwa in 18 Jahren 224 Tagen. also alle Jahre 19° ungefehr. warum? blos weil, seine Bahn
84r = h³ nicht in die Eccliptic fällt, und die drey | Cörper die sich ziehen, nicht immer in die Ebne fallen, auf [die] wir hier alles reduciren.
Sie werden sich wundern, daß ich hier vom Mond gehandelt habe und ich wolte erklären, warum die Nachtgleichungs Punckte zurück weichen.
Es ist aber völlig einerley.

---

2 linie] *danach gestr.* oder diese Kn 3–4 Umstand … gezogen] *Doppelstrich am Rand auf Höhe dieser Zeile* 10 gar] *danach gestr.* nicht 11–12 sich[2] … wie] *für* war, wie 13 über … Ecliptic] *erg.* 20 Nun] *Doppelstrich am Rand auf Höhe des Absatzanfangs* | HauptVorstellung] *für* Hauptvorstellung 26–27 etwa … ungefehr.] *erg.* 29 die[1]] *für* eine

Dencken sie sich den Mond im Aequator, seine Bahn in der Fläche des Aequators, und ihn selbst an unsere Erde durch ein sichtbares festes Band befestigt und unsere Erde drehte sich in 27 Tagen einmal um, so würde sich völlig etwas ähnliches Ereignen, die Knoten des Aequators würden eben so zurück weichen müssen wie sie [*bricht ab*]. Wegen der Absoluten Größe sage ich nichts.

Dieses frühere Einschneiden rührt nicht [*bricht ab*]

Nun die Sphäroidische Gestalt der Erde, wie sie mit Monde zusammen hängt, und als Monde gedacht werden muß, die von der Erde sehr starck gezogen werden von der Sonne viel weniger. Bey diesen Monden ereignet sich nun eben das, ihre Knoten weichen zurück, so wie die Knoten aller Planeten.[765]
Das heißt ein[?] Praecessio Aequinoctiorum aber Retrogradatio punctorum Aequinoctialium.
Verrückung der Sternbilder pp.[766]
Noch einmal kurtz wiederholt. Warum die Knoten des Mondes zurück weichen. Man konte sagen das wird den Winckel sehr vermindern. Das ist wahr der Winckel verändert sich auch und | sozusagen alle Augenblicke anders, allein zusammen falle[n] 84v können die beyden Ebenen nie, weil die Bestimmung dieses Winckels schon von diesen Kräfften mit abhängt. Der Zug des Mondes gegen die Ecliptic, ist eben so ewig würckend als der Zug gegen die Erde und die Sonne, und wenn die Sonne weggenommen würde, so würde der Winckel sich unstreitig etwas öffnen. So wie etwa wenn ich ein Korckkügelchen über einen Korckkugel nicht electrisirten und dann über einen electrisirten Tisch schwänge pp.[767]
Wäre unsere Erde ein[e] Kugel bis an den Mond vollkommen rund und gleich dicht, so könte dieses wieder auf den Mond nichts würcken.[768]
Nun Anwendung auf unsere Erde, erstlich mit einer Blosen Scheibe, oder die Monden als Knöpfe auf dem Aequator.→ 205,9–13 Sie hängt auch vom Mond ab.→ 206,8–14

---

1 Dencken] *Doppelstrich am Rand auf Höhe des Absatzanfangs* 2 Erde] *erg., danach gestr.* gantz 3 und] *danach gestr.* drehte | Erde] *erg.* 11 viel weniger] *für* mehr 12 diesen] die⟨dise[?]⟩ diesen 32 auf] *Dittographie* 33–34 auf … Aequator] *erg.* 34 Sie … ab.] *erg.*

Nun Vorrückung der Nachtgleichen.

Sie ist auch des ☽'s wegen ungleich zuweilen 58″ im Jahr und dann wieder nur 43″. ersteres wenn ☊ ☽ in 0 ♈ und lezteres wenn er in 0 ♎ ist.

Hier von der Nutation.

81r ad c³. Nutation[769]

Auch Deviation, Wancken der Erdaxe.

Eigentlich wird die Fortrückung der Nachtgleichen, oder das Rückwärtsgehen der Knoten, des erhabenen Ringes der Erde, durch den Mond und die ☉ hervorgebracht, da das Rückwärtsgehen der Knoten der Mondsbahn allein durch die ☉ bewirckt wird. Die Wirckung der Präcession ist also eine zusammen gesezte und zwar hat der Mond den größten Antheil nehmlich 34″ da das Gantze etwa $50\frac{1}{3}$″ beträgt, der Mond aber hat bey seiner Bewegung eine so verschiedene Lage gegen den Aequator, daß er die Präcession bald um eine kleine Quantität hindert bald befördert, so daß man die Sache nicht besser aus drücken kan als wenn man sich vorstellt, in dem die Erdachse den großen Kreis um den Pol der Ekliptik beschreibt beschreibt sie alle 18 Jahre 224 Tage einen kleinen Kreis von 18″ um den eigentlichen mittleren Pol. Dieses ist die Nutation, wodurch die Schiefe der Ecliptik [sich ändert], weil der Weltpol in dem einen Fall 9″ näher in dem andern 9″ weiter von dem Pole der Ecliptik fällt, als der mittlere.

[84v] Wenn man den Stern Mesarthim am Ohre des Widder als den ersten Stern rechnet, von dem man bey Benennung der Sternbilder angefangen hat, so hat der jezt eine Länge von 30 Graden 23′ oder $30\frac{1}{3} \times 72$ [≈] 2200 [770]

Mesarthim ist Chaldäisch ein pluralis wie[?] und heiß[t] eigentlich die 12 Gestirne des Thier kreiß, man hat den Widder so benannt, weil er gleichsam die gantze Heerde anführt.[771]

Hätte man aber gar von α im Widder angefangen, der hat jezt eine Länge von fast 35 Graden, macht 2520 Jahre aus. Hier aus erfolgt schon das erstaunende Alterthum, dieser Bilder, wovon man die ältesten den Chaldäern zu dancken sind, nach Ihnen

---

12 eine] *danach gestr.* sehr **17** besser … drücken] *für* anders aus dru **34** schon] *danach gestr.* ein

haben sich die Egypter, Phönicier Griechen und Araber ausgezeichnet, und neue Sternbilder hinzugethan. Mit der Geschichte dieser | Bilder, die nun sehr bearbeitet worden ist, vorzüglich von 85r = i^3 de la Lande im 4ten Theil seiner Astronomie von Abbé Pluche in s. Spectacle de la nature im 4ten Theil (auch deutsch), ferner Bailly dessen Buch ich mehr male angeführt habe, und endlich kan ich für das gemeine Leben kein besseres Buch empfehlen, als Herrn Bodens, Anweißung zur Kenntniß des gestirnten Himmels, was in diesem nützlichen Buch steht solte wohl jeder Gelehrte wenigstens wissen.[772]

Die Geschichte der Sternbilder interessirt, den eigentliche[n] Astronomen wenig oder gar nicht, mehr den Philologen und allenfalls den Chronologen, obgleich hier sehr viele Dunckelheit herrscht. Die Absicht und Bedeutung ist wohl sehr mannichfaltig. <u>Ein</u> großer Theil war für jene Völcker in den heisern Erdstrichen, wo man vieles was wir bey Tage verrichteten[!] auf die Nacht einschränckte, und welche durch den heitersten Himmel begünstigt ward. Viele darunter waren Calender für jene Völcker Calender; zu der Zeit, da es noch keine gedruckte gab.,[→ 19,26–20,1] andere hatten ihren Ursprung <u>großen Begebenheiten</u> zu dancken und große Begebenheiten; noch andere wurden erfunden große Personen zu verewigen. Bey große Personen sehr vielen hat die Absicht fehl geschlagen, man hat die Bilder Absicht gefehlt ohne ihre Bedeutung zu kennen, in den neuern Zeiten hat man viele hinzugethan[773]

Am verständlichsten sind noch die Bilder des Thierkreißes, daher ich etwas davon sagen muß.

Den Thierkreis pflegt man diejenige Zone am Himmel zu nennen, durch deren Mitten ohngefehr die | Eccliptic hinstreicht, 85v und innerhalb welcher die Bahnen aller bekannten Planeten liegen. <u>Der</u> neue Planet stimmt auch darin mit den alten überein, er hält sich sehr nah an der Eccliptick nur seine beyden Trabanten nicht, von seinen 4 übrigen Trabanten ist mir noch nichts bekannt. Sie sind:

Sunt Aries, Taurus pp.[774]

---

1 die] *danach gestr.* Babylon **14** Absicht und] *erg.* **18** *Rand L_B* **19** gedruckte] *danach gestr.* und ges **20** *Rand L_B* **21** *Rand L_B* **22** Bilder] *für* Nahmen **23** *Rand L_B* **23–24** in … hinzugethan] *erg.* **27** Thierkreis] *danach gestr.* am Himmel **31** sehr] *für* ungemein **31–33** nur … bekannt.] *erg.* **32** seinen] *für* den

Er heißt der Thierkreiß nach HE. HofR. Kästner, weil pp.[775]

Vermuthlich sind die Chaldäer die Erfinder davon. Sie fiengen ihr Jahr mit der Frühlings Nachtgleiche an.
Da nun ihr Reichthum in ihren Heerden bestund, und die Schaafe Kühe und Ziegen nach einander ihre Jungen warfen, so bezeichneten sie die Frühlings Sternbilder damit. Widder, Stier, Ziege (das waren die Zwillinge anfänglich.
Die Sonnen ihren Höchsten Punckt nun geht sie zurück, daher der Krebs, der bald als See- bald als Landkrebs abgebildet wird
Die darauf folgende Hitze, wurde durch die Hitze des grimmigen Löwen dargestellt, so ist es auch bey uns noch.
Die Erndte wurde durch eine Schnitterin dargestellt, und das ist die Jungfrau mit der KornAehre in der Hand (spica Virginis.)

Wenn man 9 Monate nachdem Phöbus bey ihr war, weiter zählt so kommen die Zwillinge, das macht diese Jungfrau sehr verdächtig.

Die Waage Aequinoktium auctumnale
Die Kranckheiten des Herbstes stellte der gifftige Scorpion vor
Die nunmehr eintrettende Jagd der Schütze
87r = k³ Nun nahmen die Tage wieder zu, die Sonne stieg | auf, dieses war der Steinbock der den Felsen heranzuklimmen strebt,

Der nunmehr folgende Regen des Februars war der Wassermann, auch der neuFrancken ihr pluvios ist ein Theil des Februars er fängt sich mit dem 19 Febr. an und endigt sich den 21 März, da ihr Germinal anfangt→ 266,34–35
und endlich der Fischfang am Ende des Winters die Fische
Ausser diesen 12. waren den Alten bekant und kommen beym Ptolemäus vor. 21 Sternbilder in der Nördlichen Halbkugel, und 15 in den südlichen,(239) mit deren Nahmen, die sie in HE. Bodens Buche umständlich finden, ich sie nicht aufhalten will.[776]

Ptolemaus 21 Nördlich 15 Südlich

Die neuern haben sehr viel hinzu gethan, theils an Stellen welche die Alten nicht beobachten konten und nicht interessirten, den die neuern haben ohnstreitig gantz andere Absichten bey ihren Sternbildern gehabt nemlich alle Sterne unter gewisse Bilder zu ordnen um sie desto bequemlicher aufzuzählen. Die Alten hatten große Lücken gelassen selbst zwischen den Merckwürdigsten Sternbildern.

die neuern andere Absicht

---

14 nachdem … war,] *erg.* 22–24 auch … anfangt] *erg.* 32 *Rand* L_B 34 um … aufzuzählen] *erg.*

Die Reisen nach den Südlichen Gegenden haben uns 12 neue Sternbilder zugezogen.

Tycho de Brahe und Hevel haben welche zu gesezt. Endlich hat de la Caille bey seinem berühmten Auffenthalt am Cap. von 1751–54 noch 14 südliche hinzu gethan, von denen wir aber hier nur die wenigsten (NB die unterstrichenen) zu sehen bekommen. 1) Die Bildhauer Werckstätte, 2) den Chym: Ofen 3) die Pendel Uhr 4) das Rhomboidische Netzchen 5) den Grabstichel 6. die Staffeley 7) den See|Compaß 8. die Lufftpumpe 9. der See 87v
octant (der dem Südpol am nächsten steht. 10 der Circkel le compas 11. das Lineal und Winckelmas 12. das Teleskop. 13. das Mikroskop. 14. der Tafelberg.

In die leere Stelle hat man in den neusten Zeiten noch immer welche eingeflickt. HE. le Monnier zwischen die Cassiopeja und den Pol das Lappländische Rennthier, und Poczobut zu Wilna in die Milchstraße nicht weit vom Sobieskischen Schild den Poniatowskyschen Stier. dem lezten König von Polen zu Ehren, der sich aber diese Ehre verbeten haben soll.[777]

> gantz kürtzlich HE. de la Lande den Mauer Quadranten.[778]
>
> Hier von Friedrichs Ehre
> und Herschels Teleskop.[779]

In den neuern Zeiten hat es Menschen gegeben übrigens nicht verdienstlose, die geglaubt haben, es sey Christen nicht anständig, die meschanten unglaubigen heidnischen Bilder zu gebrauchen. Unter andern Schiller in s. Coelum stellatum Christianum das Schiller
zu Augsburg 1627 herauskam. Auch Schickard versezt die merckwürdigsten biblischen Personen und die der catholischen Kirche an den Himmel; Beym Schiller sind unter andern der Thierkreis die 12 Apostel, und aus dem Widder wird der Apostel Petrus, und aus dem Stier oder dem Ochsen gar den heil. Andreas.

Weigel ein gewiß um die Astronomie nicht wenig verdienter Mann, hat es noch besser zu machen geglaubt, vielleicht eine gute Pension zu erhalten und hat in s. Coelo heraldico. die Wap-

---

5–6 von … unterstrichenen)] *für* die wir aber hier nicht 17 lezten] *für* jetzigen von Polen] *erg.* 25 *Rand* L_B 26 Schickard] *am Rand erg. u. gestr.* Schickard L_B 27 Personen] *danach gestr.* an den Himmel 34 in s. Coelo heraldico] *erg.*, *Zuordnung gemäß einzelner Einfügemarkierung im Text*

88r = l3 pen der Hohen Potentaten genom|[men;] der Schwan, den ich neulich einigen Herrn zeigte sind die Churschwerdter, der Orion der Kayßerliche doppelte Adler.[780]

Alle diese Possen sind vergessen, man führt sie nur noch an, wenn [man] einmal Lust hat in dieser Wissenschafft sich ein freundliches Gesicht zu machen, und die Wercke solcher Männer sind jetzo Bilderbücher für Kinder.

Großen pracktischen Nutzen haben diese Betrachtungen immer, nemlich den daß man lernt, sich verewigten Gebrauchen, und Volcks anordnungen nicht entgegen zu setzen in Dingen, wo die Veranderung wenig Vortheil schafft.

Orthographie.[781] Die Dinge können, als Speculation nützen, oder wenigstens sind sie nicht so verächtlich alsdann. Allein solche Veränderungen einführen zu wollen verräth entweder Stoltz oder Unverstand.

Von einigen Hülfsmitteln die Sterne kennen zu lernen

Sternen Verzeichnisse, worin sie nach Ihren Declination und Rectascension verzeichnet sind, sind ein gutes Hülfsmittel, wo man Zutritt zu einem Observatorio, oder wenigstens mit einem Quadranten und einer Mittelmäßig guten Uhr versehen ist. Ein höltzerner ist dazu gut genug. HE Oberamtmann Schröter zu Lilienthal bey Bremen pp.[782]

Wie man da verfährt.

> Man zählt gewöhnlich 15 Sterne der ersten Größe, andre 19, aber die Vier: athair im Adler, Denebola im Löwen, α in der Wasserschlange und der Helle im Schwantze des Schwans können kaum dahin gezählt werden Athair noch am meisten[783]

Mit der Geschichte und den Tituln solcher Catalogen will ich sie nicht aufhalten. Wer die Geschichte interessirt muß sich schon sehr mit Astronomie beschäfftigt haben [und] wird sie ohne hin zu finden wissen in de la Lande's Astronomie auch in HE. HofR. Kästners Angewandter Mathematik nach der neusten Auflage findet man hinlängliche Auskunfft.[784] |

88v Catalogos[!] selbst, und sehr bequem zum Gebrauch eingerichtet finden sich in des Abbt Hell Ephemeriden.[785] Allein die die alles entbehrlich machen sind des HE. Bode seine neuen. Und ich

3 doppelte] *erg.* 6–7 , und ... Kinder] *erg.* 9–10 verewigten ... nicht] *für* nicht verewigten Gebrauchen, und Volcks anordnungen 29–30 interessirt ... haben] *für* wissen will 35 finden] *für* findet

rathe sie Ihnen vor allen andern an; sie kosten 6 Thaler mit den sehr accuraten Bildern, von denen hernach.[786] Die Berlinischen Tafeln. wo der I^{te} Theil alles was die Fixsterne angeht vortrefflich beysammen enthält.[787]

Mayers Cat. Fixarum Zodiacalium, worin auch der Uranus steht. habe[n] sie schon gesehen[→160,12–15, 195,32–196,2], mehr sage ich hiervon nicht. HE. Kochs Lange[n] und Breite[n] in Bodes Eph. 1790.[788]

das 2te Hülfsmittel sind die Globi. Sie sind gemeiniglich theuer wenn sie groß und gut sind und sind sie klein so sind sie nicht zu gebrauchen. Hier sind ein Paar englische, unter 10 bis 12 Thaler sind sie schwerlich gekaufft.[789] Sehr vortreffliche verkaufft Adams in London sie kosten aber 120 Thaler, dergleichen sind das schöne Paar die sie auf der Bibliothek sehen. Da stehen sie gantz am unrechten Ort HE. HofR. Kästner solte Sie reclamiren, sie gehören auf das Observatorium.[790] von den Schwedisch Akermannischen. Die Grosen 25 Ducaten, (etwas drüber) bis an Ort und Stelle in Gottingen. Sie sind vortrefflich aber die Messing Arbeit, wahres Schlosser zeug. Es giebt auch neuere von einer mittleren Größe die auf der Bibliothek sind, und Verbesserungen enthalten sollen.[791]

Adams Gebrauch vom Aequator[792]

Große kan jemand, der ihren Gebrauch kennt, schon vortrefflich zur Sternen Kenntniß nützen. Wie?[793]

Sie haben aber für Anfänger das Unbequeme und zwar unvermeidlich unbequeme, daß sie die Sternbilder verkehrt (eigentlich nicht oben mit unten verwechselt, sondern nur das rechte lincks zeigen). Man gewöhnt sich aber unglaublich leicht daran, sich inwendig in die Kugel hinein zu dencken.[794]

Unter Aufsicht des HE. de la Lande sind zu Paris welche heraus gekommen, die sehr vortrefflich seyn sollen. Ich habe sie nie gesehen. Ich habe aber die Segmente dazu für HE. Oberamtman | verschrieben. Kommen sie noch zu rechter Zeit an pp[795] Mit 89r = m^3
Vergnügen zeige ich an, daß HE. Bode Willens ist ein Paar völlig

---

1 andern] *Dittographie* 2 denen] *danach gestr.* HE. 2–4 Die … enthält.] *erg.*
10–11 und^2 … gebrauchen] *erg.* 14 Bibliothek] *danach gestr.* stehen
16–21 von … sollen.] *erg.* 17 Akermannischen] *für* Acellischen[?] | bis] *erg.*
25 Unbequeme] *danach gestr.* d

ähnliche mit Verbesserungen und Zusätze heraus zugeben. Der Globus terrestris wird sehr dabey gewinnen da die dela Landischen lange heraus sind, als Capt. Cooks lezte Reise.[796]

> Gantz kürtzlich (1791 Jenner) wurde ein Paar von Nürnberg aus von Frauenholtz und Schiller angekündigt sie sollen zusammen 18 Thaler kosten, Hell rühmt sie sehr aber seine Zeichen stehen auch darauf.[797]

Die wohlfeilsten und zugleich die besten Hülfsmittel, wenigstens Sterne kennen zu lernen, sind die Charten, deren gantze Geschichte eben so wenig hieher gehört, als die der Catalogorum. Ich will Ihnen also ebenfalls nur einige der vorzüglichsten anzeigen, die ich zum Glück selbst besitze.
Bayers Uranometrie AugsPurg 1603. seine Buchstaben, haben das seltene Glück gehabt, von allen Nationen anerkannt zu werden.[798] Copernikus, Kepler, Mayer, Bayer, Scheiner und Fabricius (Sonnenflecken)[799] Flamsteed Atlas coelestis 12 Thaler[800]
Bodens nach Fortin.[801]

Doppelmayersche Atlas mit s. lat. Buchstaben.[802]

Bodens Anleitung zur Kenntniß des gestirnten Himmels.[803] Vaugondy's Charten, hat HE. Prof. Funck zu Leipzig etwas verkleinert nachstechen lassen, ihr Durchmesser ist 16 Rheinl. Zolle sie haben aber den Vortheil, daß sie die Sternbilder an der hohlen Seite zeigen.[804]

Senex Zodiacus Stellatus.[805]

Zimmermanns und Funcks Sternen Kegel. Nebst dem Buch dazu.[806]
Diese Kegel haben eine sehr bequeme Projektions Art nemlich der radius der Basis ist ihrer Höhe gleich, daher sie an der Spitze rechtwincklich sind und in die Kugel passen.
Wie sie gebraucht werden pp.
Das sicherste Mittel ist der mündliche Unterricht, wer den haben
89v kan, soll ihn ja nicht versäumen. Der mündliche | Unterricht hat zwar überall seinen Werth, allein hier gantz vorzüglich, wenn er versteht sich unter freyem Himmel gegeben wird. Man kan da in einer Stunde mehr lernen, als durch eigenen Fleiß in einem hal-

---

12 AugsPurg 1603] *erg.* 15 Flamsteed … Thaler] *erg.* 20 nachstechen] {nach}stechen

ben Jahr, und vielleicht noch mehr, wenn ich die üble Witterung mit dazu nehme und den Zwang, den man sich anthun muß.
Ich werde deswegen von jezt an keine Gelegenheit vorbey lassen Ihnen den nöthigen Unterricht hierüber zu ertheilen Ich habe sie schon auf Schulen und zwar für mich kennen gelernt, ich kan mich nicht erinnern, daß ich in Göttingen etwas dazu gelernt hätte.
Daß ich alle Sternbilder gleich erkennen solte, dafür gebe ich mich nicht aus, es wäre das unnützeste Studium von der Welt, genug wenn man nur den gantzen Himmel herum alle die Hauptsachlichsten Kennt, Hauptsächliche nenne ich die, die sich durch Sterne der ersten und zweyten Größe starck auszeichnen, auch noch die in denen die von der dritten nicht selten sind, und dann die Sternbilder des Thierkreißes. Diese kenne ich und dieses sezt mich in den Stand, wenn ein Comet in einem unbeträchtlichen Sternbild erscheint gleich in wenigen Minuten mit Hülfe eines klein[en] Planiglobii coelestis,[807] das Sternenbild anzugeben, worin er steht und dann mit Vergleichung eines bessern Atlasses wie ZE. die Bodische Himmels Charten.→ 210,35–211,2 Denn auch nur alle Stern bis zur 3ten Größe mit Nahmen nennen zu können, das wäre ein eben so | preißwürdiges Bemühen, als die Sinus 90r = n^3
tafeln ◂besser das große einmaleins▸ auswendig zu lernen, denn zu der Zeit, wenn die Sache mit einer solchen Gnauigkeit gebraucht ist noch soviel anderes zu thun, wogegen diese geringe Mühe verschwindet.

Nutzen der Astrognosie

Nun einiges allgemeine über die Fixsterne, und dann etliche Anmerckungen über einige insbesondere.[808]
Die Fixsterne verrathen sich gemeiniglich durch eine flimmerndes Licht da die Planeten mit einem stillen Schein leuchten, woher rührt dieses.
Hier vorher etwas von ihrer Scheinbaren Größe
Wer Distinctionen liebt dem könte ich hier eine sehr nette recommendiren, nemlich man könte die scheinbare Größe der Fixsterne abtheilen in die wahre scheinbare, und die scheinbare scheinbare, oder die scheinbare vom 2ten Grad.

---

10 herum] *danach gestr.* so weit 18 dann] *danach gestr.* noch 28 einige insbesondere] {einige ins}besondere 30 stillen] *danach gestr.* sche

Allein was nur scheinbar scheinbar, das ist wahr. Was ich sagen wolte ist folgendes die eigentliche scheinbare Größe der Fixsterne, d. i[.] der Winckel den der Durchmesser eines Fixsterns an unserem Auge macht ist ausserordentlich klein, und wohl bey den grösten ‡ noch keine Secunde, also noch o͡t der 1860te Theil des ⊙ Diam. (Die ⊙ = 31′ gesezt.) Ein solcher Winckel ist aber so klein, daß wir gantz füglich in Praxi annehmen können es ist gar keiner, also ein solcher Körper würde kein merckliches Bild auf unserer retina machen, und unsichtbar seyn. Wir sehen auch würcklich die Fixsterne gar nicht ihrer Größe wegen, sondern blos der Lebhafftigkeit wegen womit das Licht das aus diesem Punckt kömt. Von der ausserodentlichen Kleinheit kan uns überzeugen, daß ein Fixstern in einer kaum merckbaren Zeit vom
90v Monde bedeckt | wird da die Venus die 50 secund[en] im Durchmesser hat, wohl unter den vortheilhafftesten Umständen, wohl $1\frac{1}{2}$ Minute Zeit braucht ehe sie gantz bedeckt wird.[809]

[‡] den Wega in der Leyer fand Herschel = 0,3553
Aldebaran = 1″,76
Capella = 2″,5
Bode Jahrb. 1786. p. 187.[810]

Dieses geschah mit einer 6000 maligen (6450) Vergrößerung, wodurch dieser Stern einen Winckel von 38′,10″ machte

S. Schubert Berl. Jahrb. 1796. p. 113.[811]

hatte Capella 1 Parall. von 1″ so war sie 268 mal großer als die Sonne.[812]

Die Größe des Louis d'or

in die Hand[?] drückt.

Der Stich der feinsten Nadel und der Biene

Dieser eintzelne Strahl stürzt also mit der großen Lebhafftigkeit ins Auge, die benachbarten Theile der retina die gantz in Dunckelheit und ungespannt liegen empfangen einen Theil der Erschütterung mit, und daher kömt das Gablichte ◂bey Tage verliehrt sich das sehr.▸ in der Figur der Sterne das wir auch bey der Venus und dem Jupiter und sehr entfernten Lichtern bemercken, das ist es was uns die Fixsterne so sehr vergrößert bringe

12 Von der] *Doppelstrich am Rand* 17–25 *auf Bl. 90r am Rand* 17 fand] *danach gestr.* doch 32–33 bey … sehr.] *erg., Zuordnung gemäß Unterstr.* 33 bey] *von Bearb. geändert aus* beym *danach gestr.* sehr entfernten Lichte 34 Jupiter] *danach gestr.* bemercken 35 das ist] *Doppelstrich am Rand*

ich einen Tubum darauf, der den Durchmesser will ich setzen etwa 50 mal vergrößert, so vergrößert er die Fläche 2500 mal, und doch wird kein neues Licht erzeugt, folglich wird nun die Nervenfaser die vorher das Licht empfinge, nur noch $\frac{1}{2500}$ empfangen, die Verblendung läßt nach es fangt sich nun an eine eigentliches Bildchen zu formiren, und die eigentlich scheinbare Größe kömt zum Vorschein, daher werden die Fixsterne kleiner, wenn man starcke vergrößern gebraucht. Nicht als wenn die Fixsterne verkleinert würden pp.

Bey den Planeten Venus Mars Jupiter findet etwas ähnliches statt.[813]

Woher rührt denn nun die Scintillation? Diese hat ihren Grund lediglich in unserer Atmosphäre. Das Funckeln nimmt daher immer ab je höher man in der Atmosphäre aufsteigt oder je wärmer und trockner die Lufft ist. ◂Auch[?] HE. Saussure auf den Alpen[814]▸ I[n] Arabien stehen alle Fixsterne da ohne zu funckeln,[→ 72,23–25] hingegen fängt bey uns öffters die Venus, wenn sie ein recht lebhafftes Licht hat zu funckeln an, wenn sie sich einem heitern Horizont nähert. Es ist unstreitig weiter nichts als eine veränderte | Strahlenbrechung, die durch die vorbey- 91r = o^3 segelnden Dunst- und Wassertheilchen hervorgebracht wird, sie ist so klein, daß wir sie bey einem deutlich erkannten Objekt nicht mercken würden, allein auf der starck in einem Püncktchen gereizten Nerven Faser wird sie mercklich, deswegen merkt man auch kein Funckel mehr oder wenigstens nicht mehr so starck so bald das Bild anfängt sich der Deutlichkeit zu nähern. Auch können daher große erleuchtete Körper nicht funckeln es müste die[?] Refracktion gar starck verändert werden. Denn das gantze Funckeln bey ihnen sich als dann in ein kochendes Wallen am Rande verwandeln würde ◂sie heben sich auf▸ und der Hauptgegenstand einerley Lage gegen uns behielt, doch sieht man auch den Rand der Sonne öffters wie Kochen, und das ist auch die Ursache von dem Flimmern der Venus beym Untergang zu weilen.[815]

Planeten funckeln machen

Wenn man Planeten funckeln machen will wie muß man es anfangen. Draussen kalt und eine heiße Stube. Das habe ich offt gesehen. Den Mond sogar.[816]

---

4 nur] *Dittographie* 18 sich] *danach gestr.* dem H 22 starck] *für* Starck *danach gestr.* gereizt 29 sie … auf.] *erg., Zuordnung durch Bearb.* 34 *Rand* L_B

Farben bey dem Funckeln.[817]

HE. Herschel hat sogar ein Zittern bemerckt[818]

Nun was sind die Fixsterne und haben sie ihr eignes Licht oder nicht.
Hier muß vornehmlich betrachtet werden, was wir von ihren Entfernungen wissen.
☉ Parallaxe. $8\frac{1}{2}$ Secunden was ist das? 860 Deutsche Meilen.[819]
Wir drehen uns in einem Kreis von 42 Millionen Meilen und doch verrücken sich die Fixsterne nicht, sie haben also entweder keine Parallaxe oder eine sehr geringe nemlich wohl zu mercken.
91v Bey der Sonne war von Parallaxis | diurna die Rede hier ist es annua.[820]

Ueber die Parallaxe der Fixsterne eine Abhandlung von HE. Schubert in Bodens Jahrbuch 1796. p. 113.

NB. IV^{te} Ausgabe von Erxleben. p. 590.[821]

Da es aber ausgemacht ist, so gut als irgend ein Satz in der Geometrie, daß sich die Erde um die Sonne dreht, was ist die Folge? die Erdbahn ist ein Punckt.[822]
Man will beym Sirius eine Parallaxin annuam von 1 Secunde bemerckt haben. Setzen wir sie so ergiebt die Rechnung, daß der Sirius 210,000 solcher Semid. der Erdbahn enthalten,[823] davon jeder zu 21000000 Meilen gerechnet,[→ 96,13–16] ist das □ von 21 mit 10 Nullen oder 4″,410,000′,000,000 Meilen.
Man rechnet daß eine Canonen Kugel 25 Jahre fliegen müste um nach der Sonne zu kommen. Da nun der Hundsstern wenn er eine Parallax von 1 Secunde hatte 210,000 mal so weit ist, als die Sonne, so muß man dieses mit 25 multipliciren. Das giebt 5,250,000. Sehen sie das ist gewiß, dieses kan man mit der Gewißheit behaupten mit der sich überhaupt von Geometrischen Dingen reden läßt, denn es ist sehr wahrscheinlich, daß Sirius diese Parallaxe $\widehat{\text{ot}}$ hat.[824]
Also glauben sie wohl, daß die Fixsterne ihr Licht von unserer Sonne haben konnen, da Saturn schon so elend leuchtet, und Uranus bey der geringsten Vergrößerung sehr verliehrt. Kein vernünfftiger Mensch wird so etwas behaupten.

7 860 … Meilen.] *erg.* **13–15** *auf Bl. 91r* **16** ist] *erg.*

Wo sollen sie es also her haben? Von einer anderen Sonne? Wo solte die stehen, die nicht allein die Fixsterne von der einen Seite, sondern auch diame|traliter gegen überstehende, so erlauchtet, 93r = p[3] die müste uns auch erläuchten. Also haben sie ihr eigen Licht. Solche Körper nennen wir Sonnen, also alle Fixsterne sind Sonnen. Und da das Licht gewiß nicht vergeblich ausströhmt, so leuchten sie gewiß ihren Planeten nun da freylich muß einen ein Schwindel befallen wenn man nur einen Winckel dieses Gebäudes überdenckt.

In der Milchstraße, dem Gürtel, den sie allerseits kennen stehen sie so dicht pp.[→ 33,1–5]

Er ist fast ein großer Circkel der Kugel, nicht völlig. Milton nennt sie den Weg mit Sonnen bepudert.[825]

HE. Herschel hat in einem Raum von $\frac{1}{4}$ Grad 588 gezählt dieses dauerte mehrere Minuten fort, so daß in einer vierthel Stunde 116000 Sonnen vor seinen Augen vorbeygiengen.[826] Was muß das für ein Herr seyn pp. und was ist der Mensch, der das weiß, verglichen mit dem Affen oder dem Elephanten.

Nach einer andern Schätzung giebt er alle zusammen auf 75 Million an.[827]

Wenn ich Ihre Einbildungskrafft erhizt habe, so bin ich Ihnen auch eine Kühlung schuldig, und das will ich mit einem der frostigsten Gedancken thun, den ein Mensch je gehabt hat, und der große Mann war Gottsched. pp.[828]

Nun etwas von HE. Herschels Gedancken[‡] (Taschen Calender 1786)[829] Er hält alles was wir übersehen für einen solchen Nebelstern. Ja er hat so gar auf eine sehr Wahrscheinliche Voraussetzung, daß die Fixsterne gleichweit von einander stünden ein Verfahren gegründet die Figur dieses Nebelsterns zu bestimmen. und davon eine Section gezeichnet. VerfahrungsArt | gegründet ein Secktion dav[o]n zu machen. 93v

[‡] Völlig ähnliche Gedancken haben Lambert in coßmologischen Briefen. Kant in seiner Theorie des Himmels[830]

<u>Der Mensch</u> in einer Nebelschicht oder Wolcke[→ 294,21–23]

---

2 stehen] *für* Stehen 29 ein] *danach gestr.* Inst 32–35 *auf Bl. 93r*

Die Secktion beträgt im Kupferstich $10\frac{5}{8}$ Zolle. und von diesen die Distantz des Sirius von uns oder von der Sonne, (denn auf eine solche Haarbreite von 21 Million Meilen kömmt nichts an) um $\frac{1}{80}$ Theil eines Zolles beträgt, und folglich um $\frac{1}{850}$ Theil des Gantzen ist.

Nun hat HE. Herschel durch seine vortrefflichen Instrumente die gantze Milchstraße in helle Punckte aufgelöset. ◂und da sind gewiß Sterne der 40ten 50ten 60ten Größe.▸ Allein er hat noch 2300 solcher Sterne entdeckt, die sich nicht auflösen lassen[831]

⟨In diesen Tagen habe ich in der Gothaischen Zeitung gelesen, daß er an einem Teleskop arbeitet, dessen großer Spiegel 4 Fuß im Durchmesser und 40 Fuß Brennweite haben soll, und wozu der König 1500 Carolinen hergeben wird. Dieses Instrument, wenn es zu Stande, so wird es gewiß die grosten Aufschlüsse gewähren, und ich glaube ich werde mich nicht enthalten können meine dritte Tour nach diesem glücklichen Land zu machen.[832]

Auch hat er bereits 9 Körper entdeckt von 40″ im Durch messer die viel zu helle sind um Nebelsterne zu seyn, und doch von viel zu wenig geschwächtem Licht bey der Vergrößerung um sie für erleuchtete Körper zu halten.[833]

Wenn ich alles so zusammen nehme, was dieser ausserordentliche Mann schon gethan hat, und was er aller Wahrscheinlichkeit nach noch thun wird, so freut es mich, daß mein Leben in seine Zeit fällt, ich habe ihm selbst einmal geschrieben, daß ich glaube
94r = q³ er werde uns | noch einen Planeten geben.[834] Nicht zu gedencken was er noch künfftig über den Ring des Saturns und überhaupt über die physische Beschaffenheit der Himmelschen Körper ausmachen wird zumal bin ich begierig auf den Mond. Da er unsrer Erde so nahe ist, zu ihr gehört, so könte er leicht von der selben Masse seyn und wenn das Erkalten seine Richtigkeit hat so könten wir allenfalls daran sehen, was endlich aus unser Erde werden wird.⟩

Er hat würcklich Veränderungen darauf entdeckt. Berl. Jahrbuch 1789.[835]

7–8 und … Größe] *erg., Zuordnung durch Bearb.* **9** 2300] *für* 1300 **10–32** In … wird] *als erledigt gestr.* **12** Durchmesser] *danach gestr.* hat | haben soll] *für* hat **17** bereits 9] *erg.* **23** nach] *danach gestr.* nicht

Nun will ich noch von einigen besonderen Erscheinungen der Fixsterne handeln und hernach das Gantze beschließen.

Es sind öffters neue Sterne gesehen worden. Ein gewisser Fortunio Liceti ein berühmter Arzt hat zu Padua 1656 einen eigen Tracktat de novis Astris geschrieben, wo man alles zusammen antrifft was die Alten von neuen Sternen gesagt haben. Er sagt ZE. daß Cuspianus im Jahr 389 einen neuen Stern im <u>Adler</u> gesehen habe, der 3 Wochen geleuchtet hätte wie die Venus, und wieder verschwunden wäre. Und dergleichen hat man mehrere. Allein der berühmteste, auch weil er schon in die Zeiten einer besseren Astronomie gefallen ist, ist der von 1572 ◂(die Bluthochzeit)[836]▸. Er erschien in der Cassiopea etwa im November, erschien gleich von Anfang sehr helle, er wurde endlich so helle, daß er den Sirius bey weitem übertraf, ja so gar am Tage gesehen werden konte. Er hatte weder Parallaxe noch scheinbare Bewegung. Auch hat man seit dem nichts wieder von ihm gesehen. Es könte leicht seyn, daß es eine Sonne gewesen wäre, die | Nah- 94v
rung erhalten hätte. Tycho de Brahe hat hierüber einen eigenen Tracktat geschrieben.[837]

Ein ähnlicher Stern erschien auch im Schlangen-Mann, den man im October 1604 zu erst sah, er verschwand wieder im October 1605. wovon Kepler besonders geschrieben hat[838]

Dergleichen Sterne sind mehrere aufgezeichnet.

Nachst diesen, von denen man noch lange Zeit nichts weiter gehört hat, giebt es welche die Veränderlich sind[,] erscheinen sich verliehren und wieder kommen.

Einer der merckwürdigsten darunter ist der Stern o micron im Wallfisch. Er erscheint öffters 14 Tage von der 2ten nach andern von der Dritten Größe, als dann nimmt er ab und ist zuweilen lange Zeit gar nicht sichtbar, auch sind die Zeiten des Anwachsens seines Lichts nicht immer gleich.

Dergleichen Sterne finden sich drey im Sternbild des Schwans,

Es giebt dergleichen mehrere, womit ich sie nicht ermüden will.

Andere haben an Größe ab, andere zugenommen wenn nicht hier die Schätzung trügt.[839]

---

4 ein … Arzt] *erg.* 7 <u>Adler</u>] *Unterstr.* L_B **11–12** (die Bluthochzeit)] *erg., Zuordnung durch Bearb.* **18–19** Tycho … geschrieben.] *erg.* **22** wovon … hat] *erg.* **33** womit … will.] *erg.*

Mittewochen Sonnabend. Music der Sphären.

Ich wende mich viel mehr gleich zu einem der merckwürdigsten, zumal da von ihm noch wenig oder nichts in den größeren und bekannten astronomischen Wercken anzutreffen ist, die jederman ohnehin gleich nachschlägt, so bald von solchen Dingen die Rede ist, und dieser ist Algol, im Perseus, jezt sehr schön sichtbar, ein Stern von der zweyten Grö|ße, wenn er sein vollkommenes Licht hat.[840] Er soll einer der ersten seyn, den ich Ihnen bey der ersten Gelegenheit zeigen werde; neulich da ich mich nach ihm umsah erkannte ich ihn kaum und muste einige mal [nach] den Abbildungen laufen um mich zu überzeugen. Denn er verändert sein Licht schnell.

95r = r³

Die Aufmercksamkeit, die dieser Stern neuer Zeits auf sich gezogen hat, hat man einem Engländer Nahmens Goodricke einem jungen Herrn von Stand aus York zu dancken, der seine Abwechselungen für sich im Jahr 1783 bemerckte.[841] Allein der erste ist er gewiß nicht, im de la Lande steht schon, daß Montanari ihn zu verschiedenen Jahrszeiten von verschiedener Größe gesehen habe.[842]

Allein so wie viele Dinge wieder einer Auffrischung bedürfen so war es auch hier, und hat man die gröste Regelmäßigkeit darin entdeckt, und es kan seyn, daß dieses nun ein Fingerzeig wird über die übrigen wechselnden Sterne etwas vernünfftiges zu sagen.

Sehr viel hat [man] einem gewissen HE. Beigel zu dancken, der sich jezt in Dresden bey dem Minister von Stutterheim aufhält, und Herrn Vicarius Wurm in Ober-Ensingen im Wirtenbergischen zu dancken. Lezterer zumal hat dafür so gar schon allgemeine Tafeln berechnet, die auf immer taugen und nach den man nun künfftig, diese Erscheinung vorhersagen und in den Astronomischen Calen|dern anzeigen wird.

95v

Im Berl. Astronomischen Jahrbuch 1788. p. 183 und 190. stehen diese allgemeinen Tafeln sowohl als auch die Erscheinungen des Algols durchs gantze Jahr.[843]

---

3 wenig ... nichts] *für* nichts 11 den] *danach gestr.* Cata 14 einem¹ ... Goodricke] *für* ⟨einem⟩{zwey} Engländer Nahmens {Piggot und] Goodricke 14–15 einem² ... York] *erg.* 16 im ... 1783] *erg.* 25 Beigel] *danach gestr.* in[?] 25–26 zu ... aufhält] *gestr. u. wieder gültig gemacht* 26 aufhält,] *danach gestr.* dieser hat aus des HE. Grafen von Brühl Beobachtungen 32 1788 ... 190.] *erg.*

Die Periode der Verfinsterungen ist nach HE. Wurms Beobachtungen am gnauesten von 2 Tagen 20 St. 49′.

eigentlich $2.^{D}$ 20^{H} 48′ 59″,2

nahe an der 4ten Größe[844]

In der Connoissance de Tems pour 1792, die Méchain heraus giebt wird von HE. de la Lande diese Umlaufs Zeit doch nur auf 2^{D}; 20^{H} 49′ 2″ angegeben.[845]

So wird er ZE. den.	6 Febr.	5.St.	8′	Morgens
	9 ——	1	57	Morgen
	11 ——	10	46′	Abends

verfinstert erscheinen.[846]

	D	h	′	″			
1792	0	22	47	1		45	
	22	22	31	52	= 8 Revol.	24	42
	22	21	18	53		21	24
	2	20	48	59			18
den 26 Jan. 1792	25	18	7	54	diesen Morgen 6 Uhr.[847]		

1792	0.	22	47	1″
3	0	7	51	38
1795	1	6	38	39″
8	22	22	31	52
	24	5	10	31
	2	20	48	59
den 27 Janner 1795. 2 Uhr nachmittags	27	1	59	30

	D	h	′	″	
1796.	2	7.	8	31	
8 R	22	22	31	52	
	25	9	39	23	
1	2	20	48	59	
	28.	6	28	22	Morgen abend 6. Uhr.[848]

Ursache. Planet. Linsenformig Maupertuis, Flecken wohl das wahrscheinlichste. Auch wohl Veränderung des Lichts, und seine Scheidung in dem[?] Sonnen Körper selbst.

Ueber den kleinen Stern beym Algol der auch, seine Verfinsterungen erleidet S. Jahrbuch 1796. 193–195 auch 1791. p. 219	} von Schröter.[849]

Astronomie geendigt ♀. den 27 Jan: 1786.

14 24] *für* 23 **15** 22] *irrig statt* 23 *Fehler pflanzt sich fort* **17** 54] *irrig statt* 52 **29** 9] *für* † | 9 39] *irrig statt* 5 40 *Fehler pflanzt sich fort* **33–34** Auch … selbst.] *erg.* **38** auch … 219] *erg.*

Notizen zu Einzelfragen

Nr. 8 IX F, 106–107r

106r
Anfang[850]

Da ich bey dem Anfange dieses Collegii füglich voraus setzen kan und gewisser massen voraussetzen muß, daß bey weitem der grösere Theil meiner H[e]rrn Zuhörer, entweder den ersten Theil gantz, oder wenigstens in diesem halben Jahr die Einleitung zu demselben mit angehört hat, so habe ich beym Anfang diese Collegii wenig vorlaufiges zu erinnern. Etwa blos dieses: Daß es nicht von mir aus interessirten Absichten geschieht, daß ich den Vortrag der Physic in zwey verschieden Collegia zu zertheilen. – Nein! Es ist vielmehr jederman mit dem ich darüber gesprochen habe, so gerecht gewesen einzugestehen daß es nicht blos billig, sondern, daß es nothwendig sey die Astronomie und die Lehre von der Erde als ein Gantzes betrachtet und die Lehre von den großen Veränderungen im Dunstkreise zu trennen. – Denn es ist natürlich, daß da hier vieles von den Lehren der allgemeinen Physic, zumal bey den besondern Betrachtung der Erde ja ich möchte fast sagen, da von allem Gebrauch gemacht wird, was in dem ersten Theil vorkömmt, so konten also diese Theile nicht anders als am Ende des Buches vorgetragen werden.

Dadurch geschah es dann, daß grade die Capitel der Physic die die erhabensten Kenntnisse enthalten, nicht der Physic allein sondern überhaupt der erhabensten, deren der Geist des Menschen fähig ist an das Ende des halben Jahres zu stehen kamen, wo sie die Sünden beyder Partheyen, der Zuhörer und des Lehrers büßen musten, der eine wurde zuweilen müde, oder reißte ab und der Professor der sich beengt fand, und dem Üebel vor beugen wolte, machte die Sache durch Dupliren und Eilen noch
106v schlimmer. | Diesem wird dann doch nun auf diese Weiße vorgebeugt.

4–8 Da … beym] *für* Ich habe bey dem 4 füglich] *erg. L*$_B$ 9 es] *für* ich 10 interessirten Absichten] *für* blosem Muthwillen 11 zertheilen] *danach gestr.* , um von der einen Seite die Unkosten, und von der andern die Einnahmen zu vermehren 12 Nein!] *erg.* | vielmehr] *für* auch 16 Denn] *Unterstr. L*$_B$ 18 bey] *für* in Betrachtung] *für* Betrachtungen | Erde] *danach gestr.* vieles ja ich möchte 20 diese] *danach gestr.* erhabene 23 Kenntnisse] *für* Lehren

Vielleicht wäre es besser gewesen die Astronomie gantz weg zu lassen, da sie sich die angewandte Mathematic diesen Theil der Physic mit Recht vorzüglich eigen gemacht hat, und würcklich ist ein großer Thiel derselben weiter nichts als höhere Mechanic, wo alles, wenn man einmal gewisse Gesetze als wahr annimmt das übrige bloß höhere Geometrie ist. – Daher ein Musschenbroeck aus seinem großen Physikalischen Werck das gewissermassen für die Zeit da es geschrieben war alles gleichsam erschöpfte, die Astronomie weggelassen hat.[851]

Allein da es ausgemacht ist, daß sich von dieser Erhabenen Wissenschafft sehr vieles, was kein Mann von Erziehung ignoriren darf, ohne höhere Geometrie und tiefen calcül bloß durch gesunden Menschen Verstand, freylich hier und da mit etwas Anstrengung desselben vortragen lassen, wovon ich Ihnen wie ich hoffe in diesen Stunden Gelegenheit haben werde Proben zu geben, ja da ferner ohne einige Astronomische Kenntnisse vorauszusetzen würklich Meteorologie, die doch noch nicht in die angewandte Meteorologie Mathematic aufgenommen worden ist, und nicht dahin aufgenommen werden kan, weil vieles zum rechnen noch nicht reif ist, gar nicht gelehrt werden kan: so ist allemal der Mühe werth einmal einen Versuch zu machen. Hierbey muß ich noch über das erinnern, was ich auch in den Prolegomenis zum andern Theil sage,[852] da der Geometer den Beobachtungen | glaubt und 107r glauben muß, die er selbst nicht angestellt hat, kan man nun nicht in vielen Fällen und nach seiner Lage, den Resultaten der Rechnung glauben. Wir thun ja so etwas beständig bey der Geschichte[?], wo unser Glaube auch durch die Prüfer wieder unterstüzt wird.

Astronomie was sie ist? Sie ist der Theil der Physic worin von dem Weltgebäude gehandelt wird, man betrachtet darin die Größe Bewegung und Entfernung der Weltkörper und das was wir sonst von ihren Eigenschafften wissen.

4 höhere] *für* eine L_B 6 höhere] *erg.* 8 für die] *für* zu der 10 von] *für* in 12 höhere Geometrie] *für* große Einsichten 15 Proben … geben] *für* zu zeigen 17 Meteorologie[2]] *Rand L_B mit Bleistiftumrahmung* 22 was … Prolegomenis] *andeutungsweise gestr. L_B* 25 Resultaten] *für* ⟨Schlüs⟩ Folgerung de 27 wo] *danach gestr.* wir 28 wird.] *danach gestr. L_B* // Über das Compendium heute den 4ten Nov. den Bogen M. 29–32 Sie … wissen.] erg.

Eintheilung in Sphärische, Theorische. und physische.

Sphärische die Erscheinungen, so wie sie in die Sinne fallen, als auf einer Kugel

Theorische (Theorie, Speculation) Betrachtung über das wahre Verhalten

Physische, die Ursachen von allem dem.

Dieses sind die Schnitte, die der menschliche Geist bey allem thut, was er untersucht. und ich glaube dieses wird auch anfänglich der beste Weg seyn, nachdem wir unsern Vortrag einrichten. Ich werde also dem Compendio nicht sehr treu bleiben, das auf einen andern Fuß eingerichtet ist.[853]

Man betrachtet darin die Größe Bewegung und Entfernung der Welt Körper und was man sonst noch von ihren Eigenschafften weiß.

Nr. 9 VII N, 17

17r Das Gestrige kurtz dargestellt, an der Himmelskugel.[854]
die beyden Pole, den Aequator. Nördliche, Südliche Hälffte.
An dieser grosen Kugel scheint die Sonne auch zu stehen. Den sie wird alle 24 Stunden mit ihr herum geführt.
Aber ob sie sich gleich so führen läßt, so befolgt sie doch noch ihren eignen gang. dadurch entsteht ein neuer leuchtender Cirkel Die Ecliptic.

23 8 28
22 21 34
46 54[855]

Theilen wir nun den Bogen bis zum Aequator in 9 gleiche Theile so bekommen wir noch 8 Kreiße.[856]
Diese bestimmen die Declinationen der Sterne. Südliche und Nördl, auch mit + und –.
Aber dieses ist nicht hinlänglich einen Ort genau zu bestimmen. Denn jezt weiß ich nur den Parallele.
Aber nun muß ich ja anzugeben wissen in welchem Punckt dieses Kreise der Stern stehe. Hier muß nun ein Anfang seyn, da ist nun

1 Sphärische, … physische.] *für* physische, Sphärische, Theorische. **12–14** *erg.* *L*B
17 Nördliche, … Südliche Hälffte.] *erg.* **31** Parallele] *für* Kreiß *danach streicht Bearb.* den *danach gestr.* man auch Abweichungs-Kreis nennt

keiner merckwürdiger als der Durchschnitt der Ecliptic mit dem Aequator
Abweichungs Kreiße.(14) |
Umständlich nach Mayers Tafeln.[857] 17v
Nun die Erde concentrisch gedacht so entstehen, eben solche Kreiße wie an der Himmels Kugel.
So entstehen Pole der Erde
Aequator der Erde
So entstehen abweichungs Kreiß der Erde, die man da Meridiane nennt.
Allein was wird da aus den Rectasc.
Hier fällt der Durchschnittspunkt weg[858]

Nr. 10 IX F, 126r

2te Stunde[859] 126r

Gestern von der Kugel. Es verhält sich alles gleichförmig in 24 Stunden
Warum eine Kugel? Eigentlich dem bloßen Auge scheint wir halten gemeiniglich, das was dem Horizont naher liegt für entfernter.[860] Aber genauere Vergleichungen rechtfertigen diese Darstellung noch mehr. Gleichseitige Triangel.→ 17,19–27 Diese Kugel muß sehr entfernt seyn. Warum? Wir befinden uns also in dem Mittelpunckt→ 18,9–13
An dieser Kugel hat man sich nun mehrere Kreiße gedacht, die wir nach und nach wollen kennen lernen.
Aequator. Südliche Nördliche Halbkugel. Parallelen. Pole. was sie sind. Declination eines Sterns. Nördlich Südlich. 0. 1 2 3 [861]
Kugel mit einer Ebene geschnitten ein[?] Kreis. größter Kreis
Was ist Horizont? also ein grösster Kreis. Was sind die Pole des Horizonts? Scheitel Kreis. Höhe eines Sterns.
Die Lagen der Parallelen gegen den Horizont; sie schneiden immer an der selben Stelle ein Jahr aus Jahr ein, auch die Sterne die [auf] ihnen[?] stehen.
Fixsterne.

---

6 an der] ander *L*, *trennt Bearb.* **15** Gestern] *davor gestr.* Es verhält sich alles so als we **21–22** Wir … Mittelpunckt] *erg.* **25** Südliche … Halbkugel] *für* Pole was sie sind **29** Horizonts?] *danach gestr.* Höhe eines[?]

Burja S. 33 §. 16 den Abweichungs kreis falsch definirt. Er verwechselt ihn mit dem Parallelen und dem Tage kreis.[862]

Nr. 11 IX F, 127

127r <u>Ortus & occasus poetici</u>[863]

Der mathematische Theil der Aufgabe ist der leichteste, es wird weiter nichts erfordert, als einige leichte Kenntniß der Himmels Kugel, und etwas Sphärische Trigonometrie, allein der historisch critische Theil ist sehr schwer. Hauptsächlich deswegen, weil bekanntlich die Römer den Griechen blindlings gefolgt sind.[864] Haben also ihre Dichter zum Ex. den Calender des Hesiodus[865] gebraucht so kan das bey denen die zu den Zeiten des August gelebt haben ein Unterschied von fast 1000 Jahren machen (Hesiodus lebte 950 Jahre vor Christi Geburt.[866] und in 1000 Jahren können grose Veränderungen vorgehen.[867] Es wäre doch wohl wiederum übereilt gehandelt wenn man alle Römer hier über einen Kamm scheren wolte. Es könte seyn daß sich zE. Virgil in seinen Georgicis, die er zum Unterricht seiner LandesLeute schrieb, einen neuern Calender gebraucht hätte.[868]

Petavius in variis Dissertationibus als in Doctrina temporum.[869]

Bainbrigii Canicularia Oxoniæ 1648 sehr rar.[870]

Gemini Elementa astronomiae.[871]

Ovid in sein[en] Libris fastorum[872]

de La Lande in seiner Astronomie im 8ten Buch.[873]

Bailly Histoire de l'Astronomie ancienne et moderne. IV. Bände, wovon der erste ancienne enthält.[874]

Wiederum müssen zu weilen noch andere Untersuchungen angestellt werden. Z.E. Polybius erzählt, die Ursache des Untergangs der Römischen Flotte im ersten punischen Kriege sey gewiesen[!], weil die damaligen Consuln sich wider den Rath erfahrner Steuermänner sich zwischen dem Aufgang des Orions und des grosen Hundes eingeschifft hätten, diese Zeit aber fällt ohngefehr zwischen den 26 Junii und 26 Julii, die allzeit stürmisch gewesen wäre[875]

---

10 Haben] *danach gestr.* so 13 Geburt.] *danach gestr.* Und doch wäre es wohl nicht rathsam schlichtweg 23–25 *erg.*

Allein so viel ich weiß so ist das auf unserer Halbkugel grade die beste Jahreszeit zum Seefahren. |

Die Hern Russen Lieflander und Curländer 127v

Der Sommertag der Schiffer. Es kan zwar zu allen Jahreszeiten ein Sturm entstehen, der eine Flotte ruiniren kan, allein, wo blos von Wahrscheinlichkeiten die Rede ist und seyn kan, wie bey solcher Expedition pp Der Winter ist die Zeit der Stürme und hyems heißt im lateinischen daher beydes.

Hippocrates redet in s. Abhandlung von der Lufft ebenfalls vom Untergang und Aufgang der Plejaden des Arckturus und des Hundsterns.[876] Für die damaligen Zeiten war es auch rathsam den Leuten die Jahrszeiten auf solche Weise zu bezeichnen, den die Priester in deren Händen das Calender Wesen damals war, schalteten und walteten mit den Jahren wie sie wolten und es ihr interesse mit sich brachte.→ 131,9–23 So wie man von einem nunmehr verstorbenen Professor erzählt, der wenn er vor dem Collegio noch etwas zu thun hatte, den Küster bitten ließ, das Perpendicul an der Stadtuhr etwas einzuhalten.[877]

Gottlob, daß wir nun einen so einfältigen und fürwahr armseligen Calender nicht mehr nöthig haben. Heutzutage würde Hippocrates vielleicht gesagt haben, die beste Zeit nach Pyrmont[878] zu reisen wäre die Zeit zwischen dem Aufgang des Orions und Hundssterns.→ 226,30–32 Wir haben es jezt kürtzer wir sagen der Julius ist die beste Zeit

Doch haben sich die Hundstage bey uns noch erhalten.[879]

Wie können diese Aufgaben mit dem Globo aufgelöset werden. Ueberhaupt erklärt, etwas von der Polhöhe Sphaera obliqua, recta und Parallela. Ecclipticí. Nun die Auflösung der Aufgaben[880]

Bücher.

3 Russen] *erg.* 8 lateinischen] *danach gestr.* sowohl Winter als 9 redet] *danach gestr.* häufig 13 das … Wesen] *für* der Calender 14 sie] *danach gestr.* es 17 Küster] *für* Thürmer 22 reisen] *für* reißen | wäre] *danach gestr.* um 27 Polhöhe] *erg.*

Nr. 12 IX F, 128

128r

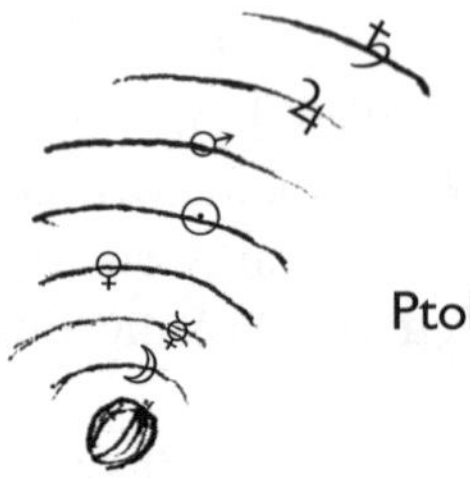

Ptol.

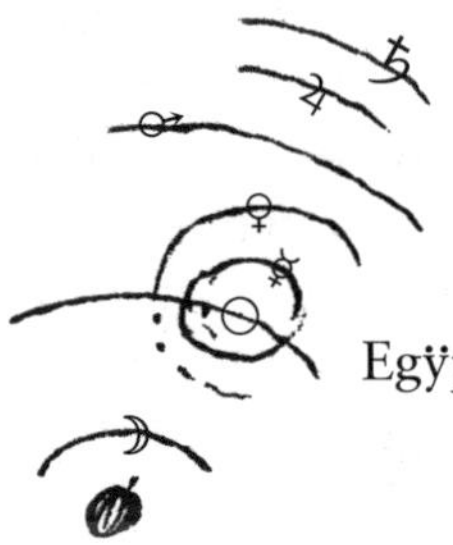

Egÿpt.

Ptolemaeus

140. nach X^{ti} Geburt. Pythagoras 540 J. vor X^{to} und einige seiner Schüler hatten es schon, obgleich unter seinen Schülern einige andere vortreffliche waren.[881] Indessen muß man den Werth des Mannes nicht immer so schlechtweg nach der Annäherung an die Wahrheit schätzen, sondern man muß zugleich auch sehen wie er sich dabey genommen[!] hat.

System der Egyptier. Sie hatten überhaupt sehr große Verdienste um die Astronomie, und daß man ihnen nicht alles zu schreibt rührt daher, daß Hipparchus und Ptolomäus eine Menge vortreffliche Beobachtungen zu Babylon gefunden haben, die die Egyptier nicht hatten. Nächstdem findet sich unter den Alten Vitruv (Architect. Libr: IX cap 4) der sich sehr bestimmt für dieses Egypt. System erklärt. Martianus Capella der im 5ten Jahrhundert lebte hat in seinem Satyricon ein eigenes Capitel: Quod tellus non sit centrum omnium planetarum.[882]

Dieses thut den Irregularitäten des Vorwärts und Rückwärts gehens sehr gut genüge, allein für die Ubrigen Planeten war doch vieles zu erklären übrig. Wie halfen sie sich da? Vermittelst der Epicyclen. Was sind dieses für Circkel? erklärt. Allein das ist noch gar nicht die Absurdität allein. Die Bahn hieß der circulus deferens. Aber um alle Irregularitäten zu erklären, musten sie annehmen, daß der Mittelpunckt des Epicycli nicht gleichförmig auf dem deferenten fortgieng aber gleichförmig auf einem andern zu gehen schien der mit dem deferente zwar gleichen Durchmesser aber einen andern Mittelpunckt hatte, der auf der Apsiden-Linie lag dieser hieß der aequans. Denn die Erde lag nicht in der

---

3–4 540 … X^{to}] *erg.* **16** und] *Dittographie* **26** erklären] er klären
30 Mittelpunckt] *danach gestr.* nicht **34** dieser … aequans] *erg.*
34–229,4 Denn … aufzuhalten.] *erg.* **34** Erde] *für* Sönnen[!]

Mitte des Circkels. Es gab also da 4 punckte | 1) Mitt[el]punkt 128v der Erde. 2) Mittelpunckt des circuli deferentis. 3) des circuli æquantis 4) des Epicycli. Die Absurditäten verdienen aber nicht sich länger dabey aufzuhalten.[883]

Nr. 13 IX F, 130r

Vorläufig zum Aegyptischen System[884] 130r

Merkur und Venus machten die größte Schwierigkeit. Warum?[→ 23,12–28] Man hatte zum Maasstabe die Zeiten des Umlaufs genommen. Wo solte man also die hinsetzen, die immer bey der Sonne blieben?[→ 24,1–11]

Anzunehmen, daß sie in dem selben Kreis liefen und durch die Sonne durch hin und her schwankten, war nicht möglich. Also einen Ort musten sie erhalten. Und da gab es hauptsächlich 2 Classen, die erste

Erde. ☽, ☉ ☿ ♀. u. s. w.

Die zweyte, die Ptolemäus für die älteste hält,[885] ☽. ☿. ♀ ☉ u. s. w.

Zur ersten gehören der Pythagoräer Timäus, Plato und Aristoteles

zur zweyten, Makrobius, Archimedes, Plinius und Ptolemäus.[886]

Es gab noch so gar einige die die ♀ tiefer sezten als den Merkur ja sogar welche, die sie auf verschiedene Seiten der Sonne sezten.[887]

Wir bleiben hier bey dem Ptolomäus stehen. Er schrieb 140 Jahre nach X^ti^ Geburt, und hat uns das eintzige vollständige Wercк über die Astronomie hinterlassen. Er nennt es μεγ[ά]λη σύνταξη, constructio magna. Alma gest in der Arabischen Uebersetzung.[888]

Nun sein System erklärt mit den Epicyklen und circulis deferentibus.[→ 228,24–229,4]

---

1 Circkels] *für* Cyrckels 13 es] *danach gestr.* drey Cl

Nr. 14 IX F, 131r

131r <u>Das sogenannte Aegyptische System</u>

Ich habe schon die Schwierigkeiten erinnert, die Merkur und Venus machten.→ 23,12–28

Wenn man Einmal die Umlaufs Zeiten zum Maasstabe der Entfernungen machte so muste befremden, daß diese Planeten mit der ⊙ giengen.→ 24,1–11

Dieses war ein großer Fortschritt[889]

Man weiß nicht eigentlich wer ihn gethan hat.

Vitruv Lib IX. 4: Macrobius 4te Saec in seinem Commentar über Ciceros Somnium Scipionis, und Martianus Capella in s. Satyricon de nuptiis philologiae et Mercurii haben deutlich diese Lehre. Macrobius schreibt den Gedancken den Aegyptiern zu: sein Zeugniß ist aber sehr unbestimmt, indem er sagt (Schaubach. p. 4) Plato habe sein System von ihnen genommen, und doch gehört Plato zu dem oben ( )→ 229,14–15 genanten ersten ☽ ⊙ ☿ ♀ . u. s. w.[890]

Indessen unter dem Nahmen des Aegyptischen wird es gewöhnlich vorgetragen und so hat es auch de La Lande.[891]

Nr. 15 IX F, 133r

133r <u>Die Pythagoräer</u>[892]

Die Meinung, daß diese die Sonne in die Mitte gestellt ist nicht neu (Eberhard p. 72) denn sie redeten von einem Centralfeuer, das sie die Wache Jupiters nannten, und man glaubte dieses sey die ⊙ selbst. Sie war dem Copernikus und Keppler sehr willkommen, ihre damals noch gefährliche Meinungen zu unterstützen und ihr das Ansehen des Alterthums zu verschaffen.[893]

Was Philolaus der Pythagoräer von einem Umdrehen der Erde um die ⊙ sagt ist gewiß bloß vom Centralfeuer zu verstehen, das bey ihm etwas von der ⊙ verschiedenes war.

Plutarch selbst und Stobaeus, der sein Erläuterer ist (Eberhard. p. 74) sagen, daß das Central feuer nicht die ⊙ sey, sondern die ⊙ selbst drehe sich um das Centralfeuer.[894]

---

10 4te Saec] *erg.*

Central Feuer in der Mitte.

Um dieses drehen sich die 10 göttlichen Körper

* Himmel

♄

♃

♂

♀

☿

☉

☽

♁ Erde

(♁) gegenErde.

(Eberhard p. 74)

Ja Plutarch sagt Placit. Philos. III 13,[895] ausdrücklich daß Philolaus der Pythagoräer gelehrt habe. ☉ ☽ und Erde drehen sich um das Centralfeuer.

Ja Plutarch (Eberhard p. 75.) de Facie in Orbe Lunae, und in Quaest. Plat. giebt den Aristarch von Samos an.[896]

Hieher Archimedes Arenarius Cap. I. u. s. w.[897]

Am aller wenigsten ist es Niketas oder Hiketas von Syrakus, denn die Stelle des Cicero auf die man sich beruft (Quaest acad. IV. 123) geht blos auf die Umdrehung um die Axe.[898]

Aristarch von Samos wird von den vorzüglichsten Schrifftstellern in die Zeiten des Plato gesezt, also gewiß neuer als Pythagoras und Philolaus[899]

Nr. 16 IX F, 134

Leben des Copernikus[900] 134r

Sein Geburts Jahr wird sehr verschiedentlich angegeben, welches sonderbar scheint, bey dem Leben eines der merckwürdigsten Männer aller Zeiten.[901]

Indessen da die Männer, die die merckwürdigsten aller Zeiten werden sollen, nicht mit einem heil. Schein gebohren werden, so hat man sich nicht darüber zu verwundern

Weidler in s. Hist. Astronomiae p. 342. 19 Jan 1472 [902]

Gassendi ebendas.[903]

---

17 Plutarch] *danach gestr.* selbst 24–25 Pythagoras … Philolaus] *für* Philolaus 31–33 da … verwundern] *für* die Männer, die die merckwürdigsten aller Zeiten werden sollen, werden nicht mit einem heil. Schein gebohren.

Dela Lande, wenigstens in s. Alten Ausgabe eben das. (die neue habe ich nicht bey der Hand.)[904]

Allein in einem Buche von dem größten Ansehen hierin, in Zernekens Thornischer Chronick wird das GeburtsJahr nicht allein sondern sogar Stunde und Minuten angegeben 1473. 19 Febr. 4 Uhr. 48′ Nachmittag.[905] Ein sorgfältiger Vater vielleicht.

Am meisten vergeht sich Büsching 1472. 19 Jan. und sagt, dieser Geburts tag stünde auf s. Monument in der Johannis Kirche zu Thorn. Ich habe dahin schreiben lassen, auf dem elenden Denckmal steht gar kein Geburts Jahr. Inschrifft aus Kriesens Brief. N° 1. Es ist nicht publica auctoritate[906] gesezt von gewissen D^{re} Med. Melchior Pyrnesius. Es hat ausserdem noch andere Fehler. Der Sterbe Tag wird angegeben nemlich der 4te aber der Monat 134v mit Sternchen, das Jahr 1543 | und das Alter zu 73 Jahren. zieht man die 73 von 1543 ab so kömmt 1470 für das Geburts heraus, welches abscheulich ist.[907] Man dencke sich überhaupt den Charackter eines Mannes, der ein Monument sezen läßt, den Monatstag angiebt, und den Monat nicht.

Jöcher giebt zwar das Geburts Jahr und Tag, 19 Febr. 1473 richtig an sagt aber er war 1543 an seinem Geburtstage den 24 May gestorben[908]

Büsching begeht vermuthlich eine Verwechselung. Im Jahr 1766 ersuchte Fürst Jablonowsky den Magistrat um einen schicklichen Platz. für ein Monument (Kries Brief N° 2) das er dem Cop. wolte setzen lassen. Das Monum. kam an es gefiel aber nicht. Es kam in die Holtzkammer des Rathhauses doch soll[,] wo es ad interim aufbewahrt wird. Dieses enthält die Jahrzahl 1472.[909] (natürlich weil Gassendi sie hat.

Bailly hat die wahre.[910]

Nr. 17 IX F, 124r

124r Tycho Brahe.

Ricciolius 60 Jahre nach ihm hielt die ⊙ schon für 38600 mal groß, und doch glaubte er noch [*bricht ab*]→ [81,3–6]

Sein Almagestum Novum ist ein Meisterstück von Scharfsinn wie man dergleichen Dinge aus Epicyclis erklären kan.

---

15 von] *Dittographie* **19** Tag] *danach streicht Bearb.* richtig an

Ein Beweiß wie solche Hypothesen können gehoben werden wenn ein scharfsinniger Kopf.

Selbst der Umstand, daß ♂ näher kam als die ⊙ wusten sie zu erklären[911]

Longomontanus Tycho's Schüler[912]

Die edle Einfalt der Natur in edler Einfältigkeit der Menschen gegründet.

Meilen messer.[913]

Dinge am Himmel hätten andere Gesetze befolgen können wie an der Erde. Meine Wege sind o͡t eure Wege.[914]

Sonnen und Mondsfinsternisse konten sie mit der Präcision, als sie damals beobachtet werden konten, auch berechnen

Hier zu kam noch, daß selbst Copernikus nicht gantz frey von Eipicyklen[!] war, wegen der Irregularitäten, die er an der Sonne und den Planeten bemerckte wegen der Elliptischen Umlaufs.[→ 78,17–20]

Man sieht also das Copernikanische System muste noch andere Unterstützung erhalten

Dieses hat es nun auch so kräfftig erhalten, daß nur allein ein Unsinniger an der Wahrheit desselben zweifeln kan.

Wie etwas neues, eine Neue Schwierigkeit entdeckt wurde.[915]

Nr. 18 IX F, 4r

HE. Buffon (deutsche Uebers. der Allgem. Naturgesch. T. 1. 4r
p. 219) irrt sehr wenn er glaubt, daß wenn sich die Erde nicht um die Axe des Aequators drehte, diejenigen Bewohner, die der Achse zu nächst wohnten, die Fixsterne langsam sich durch den Meridian zu bewegen scheinen müsten[916]

Dem Verfasser der Anmerckung T. III p. 168 hätten doch wohl die Bonnetischen Würmer bekannt seyn müssen.[917]

28–29 Dem … müssen] *erg.* 28 p. 168] *erg.*

Nr. 19 IX F, 123, 122

123r (Baxter Cosmotheor: puerilis T. II. p. 28)

Baxters Beweiß des Keplerischen Satzes, daß die Quadrate der Umlaufs-Zeiten sich verhalten wie die Cubi der mittleren Entfernungen.[918]

---

1) Centripetal-Krafft ist diejenige Krafft, mit der der Cörper sich dem Mittelpunckte nähert und sie verhält sich verkehrt wie die quadrate der Entfernungen von demselben.

2) Centrifugal-Krafft ist die Krafft, mit der der Cörper sich von dem Mittelpunckt zu entfernen strebt, oder womit er sich in seiner Bahn hält, wenn er nach dem Mittelpunckt gezogen wird.

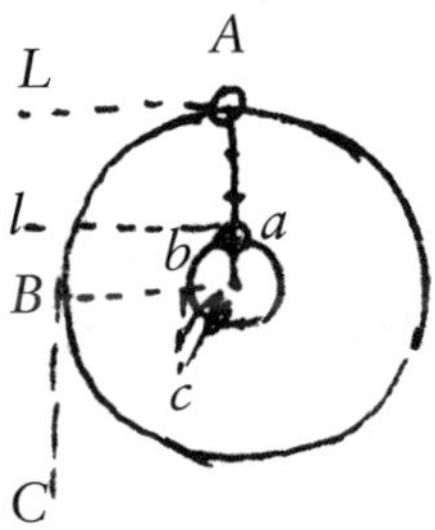

Nun wollen wir setzen ein Cörper *A* bewege sich in einem Kreiße, und zugleicher Zeit ein andrer *a* in einem kleinern Kreiße, deren Diametri = 1 : 4 sind so verhalten sich ihre Centrifugal Kräffte wie 1 : 4. Das ist, wie ihre Geschwindigkeiten: *a* hat nemlich $\frac{1}{4}$ der Geschwindigkeit von *A*, und doch wird es nicht öffter abgebogen von seinem Weg, als der *A*. Denn wie *A* nach *B* kömmt, so ist *a* in *b* erstere hat die Richtung *BC*, letztere die von *bc*, welche mit ihrer anfänglichen *AL* und *al* rechte Winckel machen, folglich ist einer so viel als der andere von seiner Bahn abgebracht worden: also in dem Falle verhalten sich die Centrifugal-Kräffte wie die Geschwindigkeiten. Wenn also die Abbeugungen von der Graden Linie in gleichen Zeiten gleich viele sind, so verhalten sich die Centrifugal Kräffte wie die Geschwindigkeiten

Nun soll aber der innere Planet noch ein mal so geschwind herum kommen, was wird da seine Centrifugal Krafft seyn, oder was für eine Krafft wird nöthig ihn zurückzuhalten. Es ist klar,
123v daß weil seine | Geschwindigkeit noch einmal so groß ist so muß die Krafft noch einmal so groß seyn, weil er aber auch noch einmal so offt von seinem Weg abgelenckt werden muß, weil er

---

12 hält] *für* erhält **17** = 1 : 4] *für* wie eins zu 4 **25** worden:] *danach gestr.* da nun *A* eine vier mal so große Geschwindigkeit hat als *a* **29** Geschwindigkeiten] *danach gestr.* // *a* wird gleich starck abgebogen, die ziehenden Kräffte sind gleich

zwey Circkel beschreibt, so muß die Krafft auch in dieser Rücksicht noch einmal so groß seyn, das heißt sie muß 4 mal so groß. (Wäre er in einem noch einmal so großen Circkel herum gelaufen, in der Zeit er den kleinen durchlauft, so wäre zwar die Geschwindigkeit doppelt gewesen aber nicht die Mengen der Einbeugungen, folglich wäre auch die Centrifugal Krafft nur doppelt gewesen) Hieraus erhellt daß die Centrifugal Kräffte wachsen wie Quadrate der Umlaufs-Zeiten.[919]

Nun komme der äussere Planet in der Zeit = 1 herum wie offt wird sich der nähere Planet umdrehen müssen um sich dort zu erhalten, nemlich in einer Distantz = $\frac{1}{4}$ Aus der Lehre von der Attracktion folgt, daß seine Centripetal-krafft 16 mal größer, folglich ist seine Centrif. Krafft wenn er zu gleicher Zeit mit dem entferntern herum kömt um 64 zu kleiner weil sie nur = $\frac{1}{4}$ des aussern ist. Sie muß also 64 mal größer werden, dieses geschieht aber, wenn wir ihn 8 mal herum laufen lassen, dadurch wird seine Centrifugal-Krafft um 64 mal größer, wie wir gesehen haben, und nun lauft er ohne wegzufliegen oder in den Mittelpunckt zu stürtzen ordentlich fort. Nun sind aber die Distantzen = 1 und 4, die Umlaufs Zeit 1 : 8

Cubi der erstern = 1 : 64
□ der leztern = 1 : 64.

Also das Keplersche Gesetz. |

3–7 (Wäre … gewesen)] *Unterstr. durchbrochen* 5 die] *Dittographie* 7 Kräffte] *danach gestr.* Wa 9 der[2]] *für* einer 10 der] *danach gestr.* Plan *danach gestr.* kl 12 folgt] *für* fliegst | seine] *danach gestr.* Anziehung 13 seine … Krafft] *für* sie 15 also] *danach gestr.* um 21 Cubi] *für* □ 21–23 *re. davon nicht abgeschlossene schriftliche Berechnung unklaren Zwecks:* 36 × 5 : 110 = 1,5[?]

122r Beweiß eines Hülfssatzes im Baxterschen Beweise.[920]

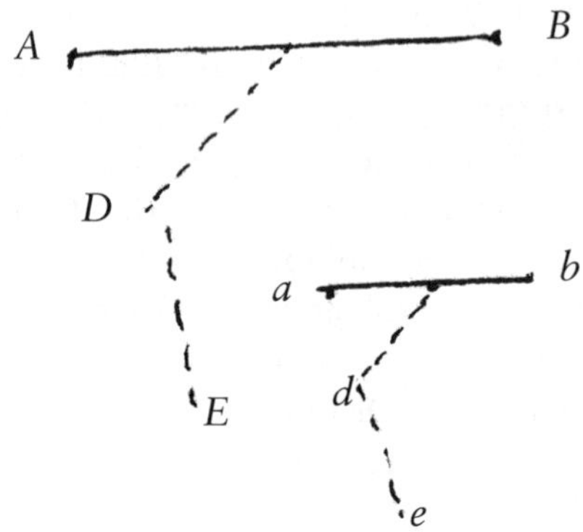

Es bedarf keines Beweises, daß bey gleicher Masse, sich die Centrifugal-Kraffte verhalten wie die Geschwindigkeiten, wenn alle übrige Umstände gleich sind. Durchlauft der Körper *K* den Raum *AB*, währe[nd] *k* den von *ab* durchlauft und sind die Raume wie 2 : 1 so sind die Geschw. wie 2 : 1. und den in *AB* zurückzuhalten wird eine noch einmal so viel Krafft erfordern als den in *ab*, weil er in der selben Zeit noch einmal so viel thut. (Wir haben kein andere Art eine Krafft zu schätzen. Eben dieses wird noch wahr bleiben, wen die Krafft den Körper von seinem Wege ab nach *D*, die andere nach *d* biegen sollen, Wenn nur der eine nicht öffter und nicht stärcker abgebogen werden soll. Eben so ist es auch bey 2 Abbiegungen. Bey jeder Abwiegung[!] muß die Krafft erneuert werden. Sind aber zum B. die Geschwindd. gleich aber der Abbeugungen bey der einen noch einmal so viel als bey der andern: so ist noch einmal so viel Krafft bey der ersten nöthig als bey der andern. Denn es ist ebenfalls wieder wahr, was wir oben bey der Geschwind. gesagt haben: Die Krafft muß in der selben Zeit noch einmal so viel thun. |

122v Plan des Vortrags bey Baxters Beweiß.

Beharrungs Vermögen (Trägheit) ruht. Bewegt sich.[921]
Es wird eine noch einmal so große Krafft erfordert, einem Körper eine noch einmal so große Geschwind. zu geben.

12 seinem] *für* ihrem **17** der Abbeugungen] *für* die Abbeugungen sind

Nr. 20 IX E, 1

1720 [922] 1r
172,000

Man versteht unter <u>Parallaxe</u> in der Optic, einen jeden Winckel, welchen zwo Linien, in welchen ein Punckt aus verschiedenen Orten gesehen wird, an diesem Puncte einschließen. – Es fällt in die Augen, daß aus einem solchen Puncte der Abstand der Oerter, unter eben diesem Winckel gesehen werden müsse, und so ist die Scheinbare Größe der Distantz der beyden Orte, auf welche sich die Parallaxe bezieht und die Parallaxe eine und eben dieselbe Größe. Warum so häufig in der Astronomie von Parallaxen? Deswegen weil wir uns nirgends in dem Mittelpunckt der Bewegungen befinden, und also Regelmäßigkeit in diese Bewegung zu bringen sie aus dem rechten Standpunkt betrachten müssen. Daher kamen die seltsamen Vorstellungen der Alten, von der Bewegung der Planeten um die Sonne.[923] Ja da unsere Stadt gleichsam wiederum als ein Planet angesehen werden, der einen Kreis, wo nicht um den Mittelpunckt der Erde, doch um einen andern Punckt beschreibt, so müssen die Bewegungen naher Körper sehr dadurch verstellt werden. Mond. Mars selbst noch, daher man so gar diese Irregularitäten genuzt hat, die Entfernung desselben oder seine Parallaxe zu bestimmen.[924]

<u>Verhältniß der Parallaxen</u>
des selben Körpers in verschieden[en] Abständen vom Scheitel

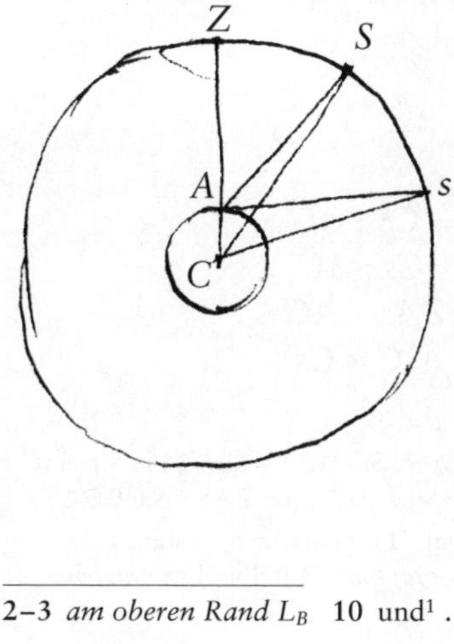

$$\sin ZAS : \sin ASC = CS : AC$$

2–3 *am oberen Rand* L_B 10 und¹ … Parallaxe²] *erg.* 24 des … Scheitel] *erg.*

Sin. Abst. v. Scheitel : Sin Parallax.

= Abst. vom Centro : zum Semid. der Erde

Da nun diese Verhältniß beständig ist. So ist für ein anderes Paar

$$\text{Sin. } ZA\mathfrak{S} : \text{Sin } A\mathfrak{S}C = \text{Sin } ZA\mathfrak{S} : \text{Sin } A\mathfrak{S}C$$ [925]

oder permutando[926]

$$\text{Sin } ZA\mathfrak{S} : \text{Sin } ZA\mathfrak{S} = \text{Sin } A\mathfrak{S}C : \text{sin } A\mathfrak{S}C$$ |

1v Das ist[:] Die Parallaxen des selben Weltkörpers, verhalten sich wie die Sinus der Abstände vom Scheitel, oder wie die Cosinus der Höhe über den Horizont, welches einerley ist.

<u>Verhältniß der Parallaxen verschiedner Körper in</u> demselben Abstand vom Scheitel, aber ungleichen Entfernungen vom Mittelpunkt.

Ihre Sinus verhalten sich verkehrt, wie die Enfernungen vom Mittelpunkt

Wie daraus die Entfer[nu]ng hergeleitet wird.

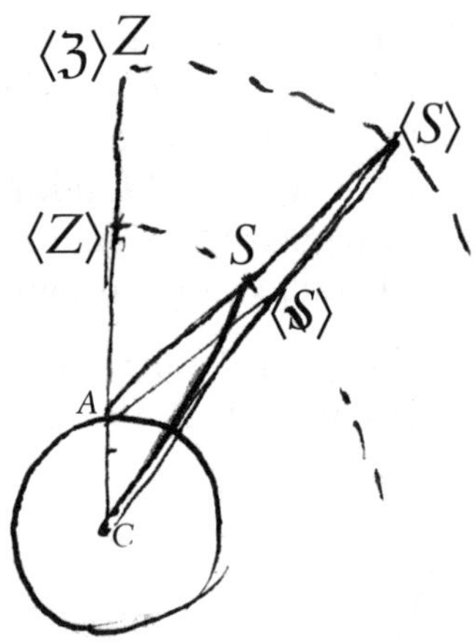

$$\text{Sin } ZAS : \text{Sin } ASC = CS : AC$$
$$\text{Sin } ZAs : \text{sin } AsC = Cs : AC$$

aber $$\text{Sin } ZAS \times AC = \text{Sin } ZAs \times AC$$

also auch $$\text{Sin } ASC \times CS = \text{Sin } AsC \times Cs$$

3 Da nun] Danun *L, trennt Bearb.* 4 *für* Sin. ℨ𝔄𝔖 : Sin 𝔄𝔖ℭ = Sin *ZAS* : Sin *ASC* [*Fraktur für deutsche Lettern der Vorlage*] 6 *für* Sin. ℨ𝔄𝔖 : Sin *ZAS* = Sin 𝔄𝔖ℭ : Sin *ASC* [*Fraktur für deutsche Lettern der Vorlage*] **11** demselben Abstand] *für* derselben Höhe **12** vom] *danach erg.* vom *Dittographie* | Mittelpunkt.] *danach gestr.* Sie verhalten sich

und folglich Sin ASC : Sin $AsC = Cs : CS$
Oder bei gleichen Höhen verhalten sich die Sin. der Parallaxen verkehrt wie die Entfernungen vom Mittelpunckte.
Entfe[rn]ung der Sonne durch den Mond.[(257)]
wenn ich die Parallaxe eines planeten weiß

Nr. 21 IX E, 2

[*Beginn fehlt*] Zeit und Winckel, zu vergleichen um zu allem 2r
präparirt zu seyn.
Es giebt bey der Lage der Oerter noch eine andere Lage der Orter und der Passage Chorde, da namlich die Linie *DB* auf die andere Seite der *EB*[?] fiele; allein es ist hier nicht nöthig dieses zu betrachten, da man die Orte auf der Erde wählen kan und also die günstigsten wählt.[927]

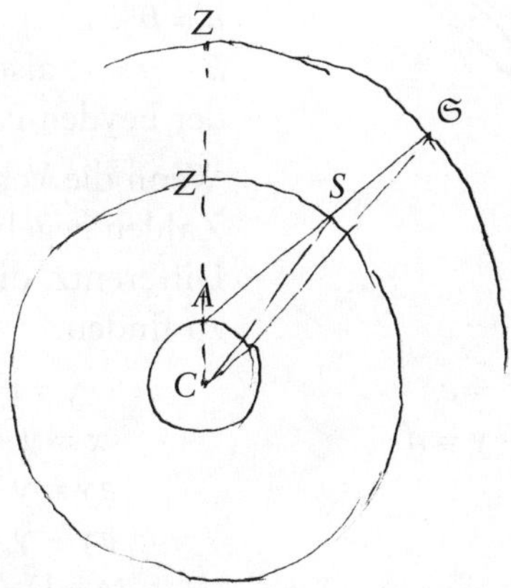

$$\text{Sin ZAS : Sin ASC = CS : AC}$$
$$\text{Sin ZA}\mathfrak{S}\text{ : sin A}\mathfrak{S}\text{C = C}\mathfrak{S}\text{ : AC}$$
$$\text{Sin ZAS} \times \text{AC = Sin ZA}\mathfrak{S} \times \text{AC}$$
folglich $$\text{Sin ASC} \times \text{CS = Sin A}\mathfrak{S}\text{C} \times \text{C}\mathfrak{S}$$
folglich $$\text{Sin A}\mathfrak{S}\text{C : Sin ASC = CS : C}\mathfrak{S}$$
oder die Parallaxen verhalten sich verkehrt wie die Abstände vom Mittelpunkt. Wenn drey gegeben sind kan ich die 4te finden.[928] |

3 verkehrt … die] *für* wie die 5 *erg.* L_B | planeten] *für* Sterns

2v Plan für den 29 Nov. 92. abends[929]

Nochmals erklärt was Parallaxe sey. in der Astronomie, alsdann

Erstlich deutlich ausgemacht, daß sich die sin der Parallaxen eines und eben desselben Weltkörpers, verhalten wie die Sinus der Abstände vom Scheitel, womit ich neulich nicht fertig wurde.→ 237,23–238,9

2) daß sich bey gleichen Distantzen vom Scheitel die sin der Parallaxen unterschiedener Weltkörper verhalten, verkehrt wie ihre Abstände vom Mittelpunckt.→ 238,10–239,3

3) Was Horizontalparallaxe sey. wie sie aus den übrigen gefunden wird. Warum so wichtig, weil es mit andern Worten die Entfernung des Weltkörpers ist.[930]

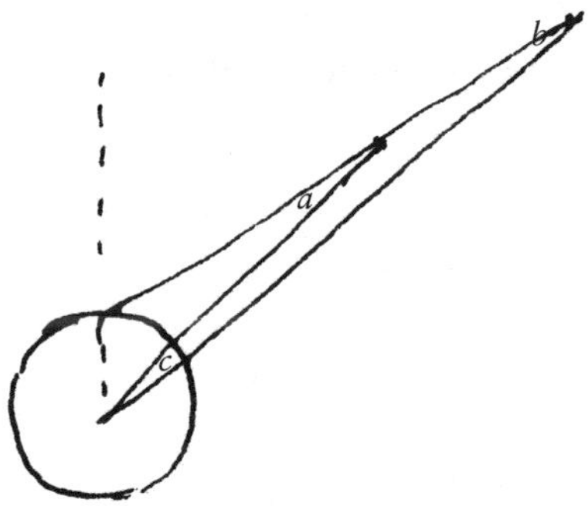

$a = b + c$

$a - b = c$. also die Differentz der beyden Parallaxen

Wenn die Verhältnisse 2er Zahlen gegeben ist und ihre Differentz. die Zahlen selbst zu finden.

$$\frac{x}{y} = e \qquad x - y = d$$

$$x = ey$$
$$x = y + d$$
$$ey = y + d$$
$$ey - y = d$$
$$(e-1)y = d$$
$$y = \frac{d}{e-1}$$

Ex. $x : y = 5 : 4 \qquad d = 9$

$$\frac{x}{y} = e = \frac{5}{4} = 1 + \frac{1}{4}$$
$$e - 1 = \frac{1}{4}$$
$$\frac{d}{e-1} = \frac{9}{\frac{1}{4}} = 36. = y$$
$$x = d + y = 9 + 36 = 45. = x.$$

Nun giebt das Keplersche Gesetz die Verhältniß der Distantzen und die Passage der Venus giebt die Differenzen der Parallaxen.[931]

Nr. 22 IX F, 9r

<u>Durchgang der Venus.</u> 9r

Durch eine leichte Rechnung ergiebt sich, daß wenn die Venus auf der Erde in der Sonne gesehen werden soll die heliocentrische Gräntze in der Länge nicht über 1° 49′ und in der Breite nicht über 6′ 27″ seyn darf. Zu der Länge gehören alsdan auch die von 178°. 11; 181° 49′. 358°. 11′

Winckel der ♀ Bahn mit Ecliptic = 3°. 23′ 20″

Nun läuft die Erde nach de la Caille in 365 Tagen 6 St. 9′. 10″

Die ♀ in 224 Tagen 16 St. 48′ 20″

Um die Sonne. Es ist also alle 1 Jahr 218 T. 16 St. 12′, 16″ eine Zusammenkunfft. oder 215° 30′ 52″, von dem nächst vorhergehenden punckt, oder weil die Knoten der Venus jährlich um 32″ zurückgehen um 215° 31′ 24″ von dem Vorhergehenden entfernt, so läßt sich also die Sache leicht abzählen.[932]

Zusammenkunfft der Uhrzeiger. bey XII Uhr sind beyde beysammen, das nachste mal kommen sie jenseit I zusammen, das 2te mal noch mehr jenseit II. 3) noch weiter jenseits III. also ist wieder XII die eilffte zusammenkunfft also ist die erste Zusammenkunfft nach einer Stunde + $\frac{1}{11}$ eine Stunde = 1 Stunde + 5′ 27″. 16‴ 21^{IV}. 49^{V} 5^{VI}. 27^{VII}.

während der Minuten Zeiger einmal herum kömt, durchläuft der Stunden Zeiger $\frac{1}{11}$ einer Stunde pp.

---

12 Zusammenkunfft.] *danach gestr.* und weil die Knoten der Venus alle Jahre um 32″ zurück gehen, so ist **18** II] *für* III **19** XII] *für* zwölf **20** nach] *für* in Stunde[1]] *danach gestr.* bl[?]

Nr. 23 IX F, 165r

165r <u>Figur der Erde</u> [933]

HE. Prof. Klügel hat die Sache noch am neusten mit großem Fleiße untersucht (Bodens Jahrbuch 1788. p. 208)[934] und die kleinsten Abweichungen gefunden. Wenn man den Halbmesser der Krümmung beym Pole = 3303045, beym Aequator = 3251249 und in der Mitte = 3271589 sezt, so wird der Mittlere Grad der Breite = 57100. T.

So wird der Halbmesser des Aequators = 3279991 T.
halbe Axe der Erde = 3262447 –
Verhältniß beyder = 187 : 186. –
Größe eines Grades auf dem Aequator = 57247 –
Groß ——— auf dem Mittleren Umfang = 57173 –
Mittlerer Radius der Erdkugel = 3275790 –
$\frac{1}{15}$ eines Grades des mittleren Umf = 3811,6 Toisen oder 23661 Rheinländische Fuß.

Es könte auch seyn daß unsere Erde ein elliptisches Sphäroid oder nahe ein solches wäre, nur daß die Axe desselben von der Axe der Umdrehung etwas verschieden wäre. Ursprünglich mögen beyde gleich gewesen seyn, allein bey einer großen Revolution könte sich der Schwerpunckt des Erdkörpers verrückt haben. Ist das Cap ehemals von dem Aequator entfernter gewesen, als jezt, so läßt sich begreifen, warum der Grad auf dem Cap so groß ist, als es auf der Nördlichen Hälffte einer in der Breite von 47° ist. –

Bey den in Piemont und in Ungarn gemessenen Graden ist, wenn kein Fehler vorgegangen, eine besondere Gestalt der Erdfläche die Ursache der Abweichung.[935]

Irregularitäten bey den Parallaxen dadurch[936]

Nach Klügels Verhältniß würde auf Einem Globo von 250′ Durchmesser der Unterschied 1′ 4″ betragen.[937]

---

29 *dadurch überschrieben* Irregularitäten der ††† Parallaxen verschied[en] *L_B*

Nr. 24 IX F, 119r

Ueber die Irregularität der Grade 119r

Dela Lande 3e Ed. §. 2703)[938]

Es können auch locale Umstände das Pendel verzogen haben, die Nachbarschaft von Bergen. z.B.

Bouguer fand es beym Chimborasso um 8″ verrückt Man schlägt die Masse des Berges 7400 Million mal kleiner als die Erde, aber wenn man von dessen centro gravit. nur 1800 Toisen ab, das ist 1900 mal näher steht als am Centro grav. der Erde, so wird seine attract. = $\frac{1}{2000}$ der Erde, und diese Krafft wäre im Stande eine 13 mal größere Würckung hervor zu bringen als Bouguer bemerckt hat. Aber der Berg ist auch ein Vulkan und sehr ausgehölt.[939]

Die Italienischen Grade sind alle viel zu klein. P. Boscovich fand den seinigen = 56979 T. da er nach der Ellipt. Hypoth. aus dem Peruvian. und Polar Grad = 57124 hätte seyn sollen.[940]

M. Cavendish glaubt auch das die Amerikanischen Grade hätten können, durch das Meer verkürzt werden, da das Pendel weniger nach der Meer als der Landseite gezogen würde. Boscovich schlug vor zu S. Malo hohen zu nehmen bey niedrigem Wasser und dann bey hohem, weil dort offt die Fluten auf 50 Fuß steigen.[941]

Schehallien ist eigentlich 5″,8. S. Philos. Trans. 1775. p. 500 und Journal des sav. 1776. p. 722)[942]

Nr. 25 IX F, 8

8r

<u>Das Paradoxon</u>[943]

Die Sekante von einem Grad für den Radius von 10000000 ist = 1,0001523

Setzen wir nun nur mit Klügel den mittleren Halbmesser der

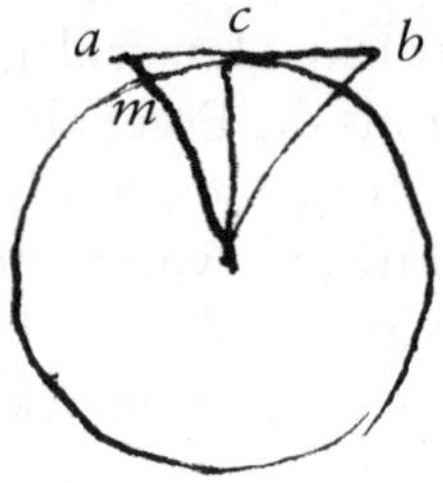

Erde = 3275790 Toisen pp.→ 242,14

<u>1523</u>
9827370
6551580
16378950
<u>3275790</u>
4989028170

So müste man, wenn man eine Ebene auf der Erde anlegen wolte, die einen Grad im Durchmesser hätte, rings herum einen Wall auf werfen, dessen innere Böschung, eine Tangenten Ebene der Erde, und an 500 Toisen hoch wäre. Würde man darauf Kegeln oder mit Canonen Kugeln schießen wolte, so würden sie alle wieder zurück kommen, und eine Kugel, die man in *a* abrollen ließe würde in *c* mit einer Geschwindigkeit ankommen, die so groß ist, als wäre sie durch *am* also 3000 Fuß hoch gefallen wäre, das ist sie würde mit einer Geschwindigkeit in *c* ankommen in einer sekunde durch 450 Fuß zu gehen., eine Canonen Kugel könte einem immer ein Bein abschlagen.[944]

Auch von der abgestümpften Erde.[945] Davon muß aber vorher gehandelt werden.

Hierauf. Was von der Richtung nach dem Mittelpunckt der Erde gesagt worden und den Antipoden.→ 106,28–107,2 |

8v 2|50 (16 [946] 24(600|000 Fuß[947]

	2|50 (16 [946]	24(600|000 Fuß[947]	
	<u>1|</u>	48	25.
2)	1 50	120	
	1 56		

---

16 der Erde] *für* wäre **24** abschlagen.] *danach gestr.* Hierzu würde sie $13\frac{1}{2}$ ″ gebrauchen und in den nächsten $13\frac{1}{2}$ Sekunden wieder nach *b* steigen.

30–245,9 *auf der oberen Hälfte der S., die Rechnungen in der li. Sp. aus früherer Verw. des Bl.*

$x^2 16. = [11 \cdot]\ 32000$ [948]

3 20 00
32
35|20|00 (592
25 148 [950]
10) 10 20 (
9 91
118) 29 00
22 64

$\frac{1}{289}$ unter dem Äquator.[949]

Erst etwas von den Parallaxen.[951] Das Applatissement. ◂Suppl. Bode 1. p. 240▸ $\frac{1}{300}$ Delaland $\frac{1}{230}$ Newton.[952] Sie verhalten sich also wie 300 : 230. 5 : 3,83. (Nach Klügel $\frac{1}{187}$.→ 242,11)
Nun von [der] französischen Messung es sind 12° gemessen word[en] selbst einer bis Mallorca, ein Triangel der 100000 Toisen zur Seite hat. etwas 25 Deutsche Meilen.[953] Hieraus folgt nun was in den Hefften steht.[954]

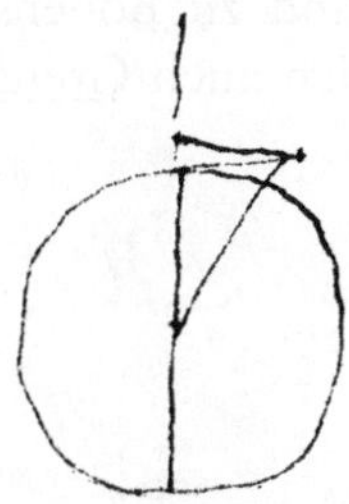

Hierauf etwas von der abgestümpften Erde, und der Horizontalen Ebenen. S. die andere Seite dieses Blattes.→ 244,2–29

Hierauf Umdrehung der Erde. Ihr Aequator,
Wie giebt es sich mit dem schiefen Cirkel mit der Ecliptick.

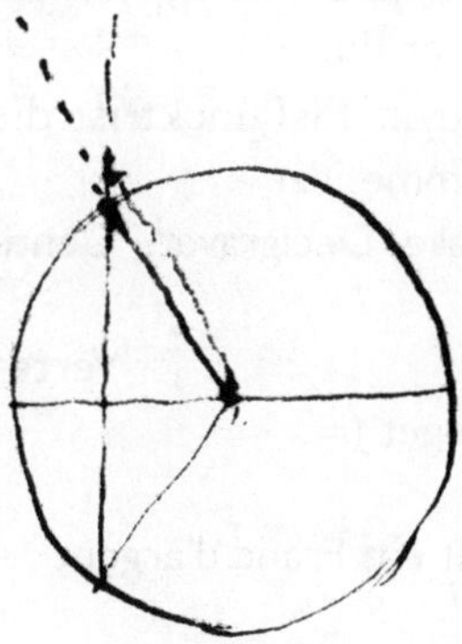

Alsdann Polhöhe. Breite eine[955]

17–22 *Die Skizzen zwischen den Rechnungen auf der oberen Hälfte der S., Zuordnung durch Bearb.* 20 Aequator,] *danach gestr.* Polhöhe Breite

Nr. 26 IX F, 7

7r Auszug aus einem Schreiben des Herrn de la Lande an mich datirt Paris den. 1 Dec. 1792.

Nos travaux de la meridienne avancent. Mr de Lambre et mon neveu Le Francois de la Lande ont deja un degré de Triangles aux environs de Paris et Mr Mechain un degré aux environs de Barcelone il s'occupe du grand Triangle de Mallorca qui aura cent mille Toises de coté.[956]

Der 10,000000^te Theil von 90° Graden soll nemlich ihr neues Maas ausmachen, dieses ist der Mètre ⁺

57173 Mitlern Grad.
90

$$\frac{1}{10\text{ Million}} = 0{,}5145570 = \frac{5}{10}\text{ Toise.}$$

Hierüber steht vieles in dem ersten Supplementband zu Bodens Jahrbuch, am Ende. Vorzüglich p. 242. S. vorzüglich auch Grens neues Journal der Phys. T. III. p. 424.[957]

+ der gantze Quadrant beträgt 5′,132,430 Toisen.

1	Meter also	3′ 0″ 11‴,44
$\frac{1}{10}$	M = Decimetre	= 0 3″ 8,344
$\frac{1}{100}$	M = Centimetre	=
$\frac{1}{1000}$	M = Millimetre	=

(Ein cubischer Decimetre[,] hieß sonst Cade jetzt Litre[,] ist die Einheit der Körper Maaße Pinte = 1 $\frac{1}{20}$ Parißer Pinte

Das Gewicht dieser Pinte destill. Wassers beym EisPunckt ist die Einheit der Gewichte und heißt Grave[,] Gramme jezt

deciGrave, Centigrave | Gravet = $\frac{1}{1000}$ Grave Decigravet, Centigravet

Verte |

7v Ein Silberstück, das den $\frac{1}{100}$ eines Grave wieget (=

Gros Grains

2 44,41 = 188,41 grains Markgewicht ist ein Franc d'argent

5 de la Lande] *erg.* 15 zu] *für* von 23 hieß … Litre] *erg.* 25 dieser Pinte] *erg.* 26 Gramme jezt] *erg.* 27 |] *so bei L*

Nr. 27 IX F, 164r

Tafel 164r
für die Länge aller bisher gemessenen Grade des Mittagskreises in frantz. Toisen.[958]

Nahmen der Beobachter	Jahr der Beob.	Oerter und Gegenden	Grad der Breite		Länge eines Grades in Toisen
Fernel	1550	Paris und Amiens	49°. 20′	Nord.	56746
Snellius	1615	Holland	52° 2′	—	55021
wiederholt und v. Musschenbroeck berechnet					57145 [959]
Norwood	1635	zwischen London und Yorck	$51\frac{1}{2}$°–53°	— —	57300 [960]
P. Riccioli	1654	Berg Serra Paterni bey Modena	44° 34′	—	62900 gantz unrichtig
Picard	1671	Paris und Malvoisine	48° 50′	—	57060. eigentlich $57057\frac{1}{2}$ [961]
Cassini	1683 –1701	Amiens und Dünkirchen	50 27	—	57092. berichtigt 57097 [962]
Maupertuis & Cassini	1739 –1740	Paris und Amiens	49 20	—	57074
Cassini	– – –	Rodez, Bourges	46. 14	—	57040
—	– – –	Bourges, Paris	47 28	—	57071
—	– – –	Perpignan – – –	44 33	—	57048
—	– – –	– – – – – – – –	45 0′	—	57028 [963]
Bouguer & la Condamine	1736 –1742	Peru – – – –	1° 20′	Südlich	56753
Maupertuis	1736 –1737	Lappland (Torneå)	66° 20′	Nördlich	57422
La Caille	1752	Vorgebürg der guten Hofnung	33° 18′	Südlich	57037
P. Beccaria	1768	Turin	44° 44′	Nördlich	57138 [964]
P. Liesganig	1768	Ungarn	45 57	—	56881.
P. Boscovich	1752	bey Rom	43° 0	—	56979
Mason & Dixon	1764 –1768	Pensylvanien	39. 12′	—	56888.
Liesganig	1768	Wien	48. 43′	—	57086.

7 56746] *für* 57300 **31** 57138] *für* 57069

Nr. 28 IX F, 172r

172r **Theorem II.**[965]

$\angle m = 2n.$

1) $q' = n + x'$

$q' + q + p = x' + x + m + p$

2) $2q + p = 2x + m + p.$

$-p \qquad -p$

$2q = 2x + m$

$2q = 2n + 2x \quad (1)$

also $2x + m = 2n + 2x$

und $m = 2n.$ Q. E. D.

Fig: 2

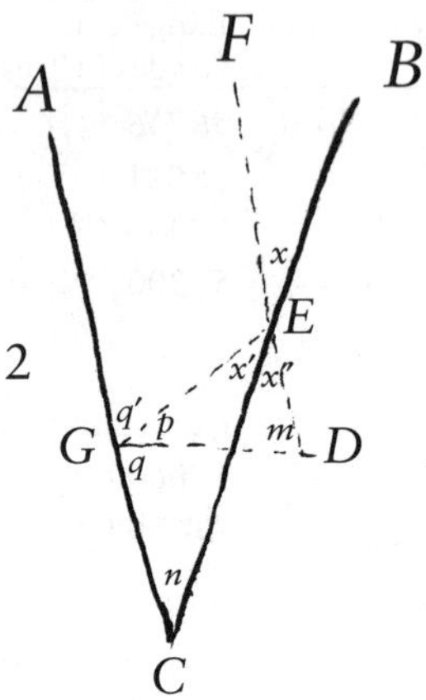

⟨Auch so

$(2q + p = 2x + p + m)$

oder $2q = 2x + m$

$q' = x + n$ also

$2q = 2x + 2n$ und daher

$2x + m = 2x + 2n$

$-2x \quad = -2x$

$m = 2n.$⟩

Auch so

$x'' + m = q + n$ folglich (aus dieser Gleichung)

hierbey ist $a - x'' = m - n$

p unnöthig $q' - x = n$ also $m - n = n$

und folglich $m = 2\ n$, Q. E. D.

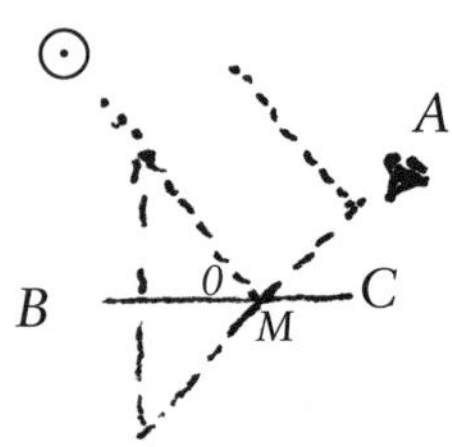

Theorem I.

Wenn ein Gegenstand ⊙ Strahlen auf den Spiegel *BC* schickt, wovon einer nach meinem Auge in *A* kömt so ist der Winckel den der Strahl mit dem Spiegel macht $\frac{1}{2}$ so groß, als der, den der reflecktirte Strahl mit dem Strahle selbst macht, oder am Auge selbst, wenn dessen Entfernung vom *M* in Vergleich der Entfernung des Gegenstandes für nichts zu achten.

21–25 *erg.* **21** so] *danach gestr.* $q' - x' = n$ **26–249,6** *erg.* **27** ein] *danach gestr.* unendlich entfernter | auf] *für* nach

Theorem II. Fig. 2.

Wenn von einem entfernten Gegenstand ein Strahl nach einer 2maligen Reflexion von plan spiegeln nach meinem Auge kömt: so ist der Winckel den der Strahl mit dem Gegenstande selbst an mein[em] Auge D macht doppelt so groß als der den die Spieg[el] mit einander machen.

Nr. 29 IX F, 194r

Vorher Serson ould.[966] 194r

Länge.

Allgemein auf dem Lande. allgemein erklärt. Erdbeben. Lissabon liegt 1^h. 16′ westlich von Göttingen.
Rakete. Monds flecken.
Jupiters Trabanten.
⊙ Finsternisse. Zeit der Conjuncktion, wo die Mittelpunckte am nächsten waren, oder auch blos die Entfernung der Mittelpunckte.→ 108,13–109,8

Zur See. Das Log.
Kurtze Gesch. Eintheilung in Knoten einer = $\frac{1}{120}$ einer englischen Meile = 50′,78 englisch→ 250,30–31
$\frac{1}{2}$ Minuten Glas.[967]
Fehler, die es hat. Ströhme.[968]

Himmel. Mond. Jupiters Trabanten. Bergspitzen des ☽. Man kan da keine Pfähle einrammen und Bulletins anschlagen.[969]
Schwungstuhl von Irwin 1760(330)
Auch HE. Prof Kratzenstein[970]
von Fyot. von frantz. See officiren untauglich befunden[971]
Rochons Fernrohr. mit 3 Hülfs Gläsern.[972]

Mondes Distantzen.[973]

Allgemeine Erläuterung. Der Mond in seiner Mittlern Bewegung legt in einer Stunde Zeit 32 Min seiner Bahn zurück, also in einer Minute $\frac{1}{2}$ Minute im Raum. Nun geben die Mayerschen Monds tafeln die Stelle des Mondes auf $\frac{1}{2}$ Minute im Raum richtig ◂Das ist auf 1 Minute in Zeit▸ an, und man kan eine

2 Wenn] *danach gestr.* ich **10–11** Erdbeben. ... Göttingen.] *erg.* **12** Rakete.] *erg.* **18** Kurtze Gesch.] *erg.* **32** auf] *danach gestr.* ein

Distantz auf 1 Minute richtig observiren. Kan ich nun auf eine Minute richtig observiren: so würde ich, falls der Ort richtig wäre die Länge auf 15 Min im Bogen richtig sey[n]. oder wäre das Versehen doppelt[,] um $\frac{1}{2}$ Grad.

Zeit	Raum[(323)]
$1^{h.}$	15°
1′	15′
1″	15″
$1^{h.}$	15°
4′	1°
4″	1′

Nr. 30 VII N, 8r

8r Greifswalde[974]

HE. de la Lande	43′ 46″ = 10° 56′ 30″
Ein Mittel aus dieser und Röhls lezten Beobachtungen	44′ 22″ = 11° 5′ 30″
Aus der ⊙ Finsterniß 1 April 64 durch HE. Röhl	45′ 3″ = 11° 15 45″
——————— 16. Aug 65	44 58 = 11° 14 30
neuster Brief.	45′ 10″ = 11° 17 30[975]

Hier differiren die Längen eines Observatorii worauf beständig beobachtet wird und welches bleibend ist[976] von der kleinsten zur größten. 0° 21′ 0″ im Bogen[977]
die beyden äussersten aus den besten um 0° 12′ 0″.[978]

Nr. 31 IX F, 195r

195r Englische SeeMeilen

Die Landmeile	5280. Fuß	
Die See Meile 60 auf den Grad	6053	— praeter propter 6000

Sie rechnen 60 auf einen Grad es ist also grade eine Minute. Dieses giebt 50′,78 (47,64 Pariser)[979]
Kimm heißt eigentlich der sichtbare Horizont, daher Tiefe der Kimm für 24′, 5 Min. 3″ [980]

29 praeter … 6000] *erg.* 32 heißt] *erg.*

Troughton's Instrument dient einen Winckel von 160° zu messen faßt also 80° im Bogen. Der Limbus ist von 10 zu 10 Minuten getheilt, die gantzen Zahlen des Nonius geben einzeln Minuten 1, 2, 3 ... pp da aber diese wieder 6 Unter Abtheilungen haben, so giebt ein Theil des Nonius 10 Sec.[981]

von Cary's 5 Zölligen geben eintzelne Theile des Nonius $\frac{1}{2}$ Min.[982]

$\frac{1}{2}$ Min

$120 : 1 = 6000 : x$

$\frac{6000}{120} = \frac{600}{12} = 50'. = 1$ knot.[983]

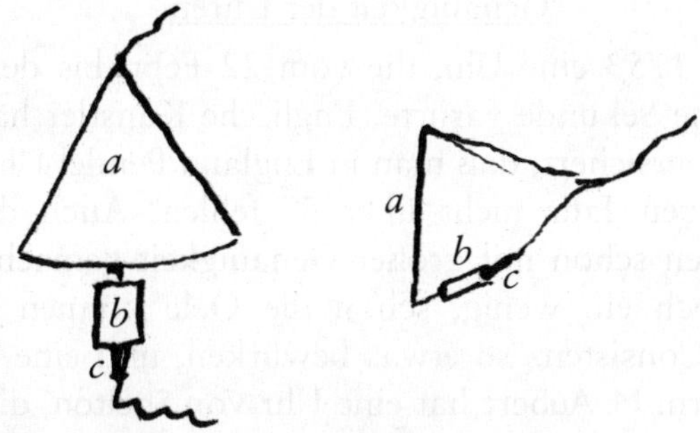

<u>Log 6 bis 7</u> Zolle hoch.

Das Pflöckchen *c* wird durch die Gewalt herausgerissen.[984]

4) 78 ($19\frac{1}{2}$

13 60

<u>60</u>

40) 780 18 40 : 39 20

19

1

40 ~~780~~) 780 (20 4~~0~~ 39 . 20′ = 1

39 78~~0~~

40″ des Non

39 des Limbi

$\frac{39}{40}$ $\frac{30'}{40}$ 180~~0~~ <u>39 60</u>

45″ 234~~0~~ 5 [985]

---

4 Unter Abtheilungen] *davor gestr.* unter ab 6–7 *erg.*

Nr. 32 IX F, 173r

173r <u>Länge</u>

Die Uhren sind immer theuer, und sind dem Zufall unterworfen, es müssen daher mehrere seyn.
Es fehlt noch an einem Oel das sich mit der Zeit nicht verdikt.

Nr. 33 IX F, 174r

174r Dela Lande T. II. p. 651. §. 2465.[986]

<u>Genauigkeit der Uhren</u>

Short besaß 1753 eine Uhr, die vom 22 Febr. bis den 6ten May nicht um eine Sekunde variirte. Englische Künstler haben Herrn de La Lande versichert, daß man in England Pendel Uhren mache, die im gantzen Jahr nicht über 5″ fehlen. Auch die Taschen Uhren werden schon mit großer Genauigkeit gemacht. Er zweifelt aber noch ein wenig, schon die Oele können durch ihre Veränderte Consistenz so etwas bewürken, und eine solche Präcision hindern. M. Aubert hat eine Uhr von Shelton, die die am[?] äussersten Temperaturen von England nur um eine Sekunde des Tages variirte Der Graf v. Brühl eine von Mudge, die nur $\frac{1}{2}$ Sekunde variirte. Emery 2 Pendeluhren die gantze 3 Monate dieselbe Sekunde schlugen. alle. Allein de la Lande glaubt sie haben sich durch den Boden die Schwingungen mitgetheilt. – Auch die Taschen Uhren, Chronometer sind sehr vervollkomt worden. Emery und Arnold haben welche gemacht, die auf einer Reise von 50 Deutschen Meilen nicht um eine Sekunde abwichen.

Nr. 34 IX F, 183r

183r <u>Uhr Stellscheibe</u>

Meine Uhr[987] thut in einer Minute 300 Schläge also 5 in einer Secunde. Drehe ich nun die Stellscheibe so, daß die Uhr in 24 Stunden eine Minute geschwinder geht, so muß sich die Zahl der Schläge. die sie vorher thut zu denen, die sie thun soll wie 1440 : zu 1441 das ist, jeder Schlag den sie that muß sich zu dem

---

12 über] *für* um **30** sie^{1}] *danach gestr.* thut zu den

Verhalten den sie thun soll wie 1440 : 1441. Da nun jeder Schlag $= \frac{1}{5}$ Secunde ist so muß der neue $= \frac{1441.}{1440}\ \frac{1}{5}$. Secunde seyn Das heist er muß um $\frac{1}{1440} \cdot \frac{1}{5}$. Secunde größer seyn, als der alte. Das ist $\frac{1}{7200}$.

Halle druckt sich sehr gut aus, wenn er sagt, wer von seiner Uhr rühmt, daß sie Wochen lang genau mit der Sonne gienge, der hat gewiß eine sehr schlechte Uhr.[988] Solches lob.

$$\begin{array}{r} 24 \\ 60 \\ \hline 1440 \end{array}$$

$$\begin{array}{r} 300 \\ 60 \\ \hline 18000 \end{array}$$

Nr. 35 VII N, 13r

13r

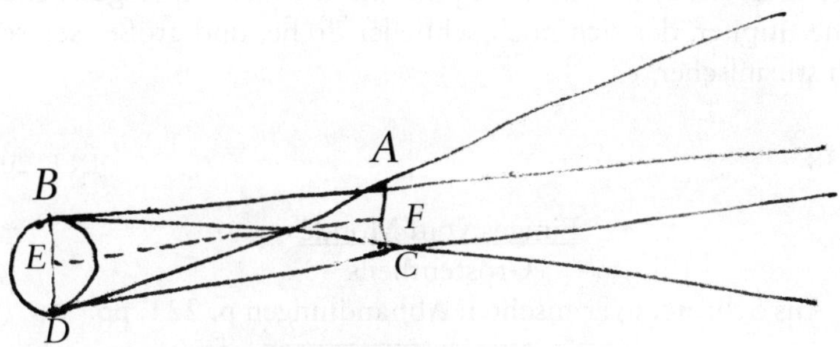

BD = 1720 deutsche Meilen.
EF = 50000 ——————— = *BA*.
∠ *ABF* = 16′
50000 : tang. 16′
rad : tang. 16′ = 50000 : *FA*. = rad. Lunae[989]

Nr. 36 IX F, 101r

ad §. 633. Not.[990] 101r

Schröters leuchtender Mondfleck den er am 26 Sept. 88. Morgens zwischen 4–5 gesehen war etwa 5″ im Durchmesser und lag etwa 1′ 16″ bis 20″ vom südwestlichen Rand des Plato ab nahe

---

8–13 L_B

am Rande Maris imbrium. Derjenigen ähnlich, die Herr Herschel am 4ten May 1783 an der Stelle des Aristarchs beob. Erstere nach Mayer Charte 45° Nordlicher Breite und ersten Grad westlicher Länge in die Merckwürdige Bergkette am[?] Mari imbrium, die er auch in seinen Beyträgen besonders beschrieben,[991] aber trotz seiner häufigen Beobachtung dieser Berggegen[d] nie einen Lichtfleck wahrgenommen hat.

Nr. 37 IX F, 102r

102r ad §. 642.

Als am 22^{t} Oct. 88. HE. Rath Fischer bey mir war[992] äusserte er einige besondere Gedancken über den Mond: er giebt ihm eine sehr dünne Atmosphäre, glaubt aber, daß die Heiterkeit von der langsamen Umdrehung herrühre, indem sich da alles besser setze, und vielleicht alle Präcipitation wie der Thau geschehen könne. Jupiter, der sich noch schneller drehe, und größer sey sey noch stürmischer.

Nr. 38 IX F, 202

202r Einiges vom Monde

Gröstentheils

Aus Schröters vermischten Abhandlungen p. 221. pp.[993]

Es ist wohl gewiß, daß der Mond ausserordentlich Revolutionen erlitten hat, und wir werden gewiß auf allerley seltsame Dinge gerathen, wenn man wie jezt angefangen ist fortfährt nicht blos General Charten und Planiglobia[(807)] sondern Special Charten zu verfertigen, und daß sich Menschen damit beschäfftigen Charten von eintzelnen kleinen Flecken unter verschieden[en] Lagen zu machen. Hally und der Ritter Louville sahen Blitze 1715 bey der Total ☉ finst. Ulloa, und der Pater Beccaria hält dieses Loch für ein Vulcan, und sagt seine Neffen hatten bey der Totalen ☽ Finsterniß. 1772. im Oct. im Copern. einen Vulcan gesehen. Im May 1783 Herschel bey Gelegenheit einer Bedeckung eines Fixsterns einen Vulcan an der Stelle des Aristarch und im April 1787

3 und] *Dittographie* 10 Oct.] *für* Feb 19 *erg.* 26 Charten] *für* Carten

2 Tage nach dem Neumonde 3 leuchtende Punckte. Diese beobachtung bestättigte sich im May darauf, und HE. D[r] Girtanner war Augenzeuge. Diese Sach[!] auch der Herr Graf v. Brühl schon mit einem 4 füssigen Achromatischen Fernrohr, ihr Durchmesser erschien wenigstens 4 Secunden.

HE. Schröter ließ[t] mit seinem 7 F. Teleskop durch die 100malige Vergrößerung eine i[h]m gantz unbekannte Schrifft welche eine Decimal Linie groß war, auf 1500 Fuß, ja er konte noch sogar die Pünctchen über dem i sehen wenn die Lufft nicht flimmerte. Da Herr Schröter helle | Gegenstände sehr als Pünktchen erkennt wenn sie 30″ bis 35″ und von einander ihrer Figur nach unterscheidet, wenn sie an seinem Auge einen Winckel von 2′ 30″ machen, so kan er mit seiner 210-maligen Vergröserung schon Gegenstände unterscheiden, die 0,17″ im Durchmesser haben. ◂p. 227▸ Nimmt man also des Mondes grösten scheinbaren Durchmesser zu 33′ 32″, und seinen wahren zu 465 Deutschen Meilen jede zu 3807 Toisen gerechnet, so entdeckt er also Gegenstände = 1 Püncktchen die auf dem Monde 149 Toisen = 894 Fuß im Durchmesser haben ◂NB; wenn der ☽ eine Elevation von 30 bis 35 [994]▸, und ihrer Figur nach wenn sie 624,6 oder 3749 Pariser Fuß im Durchm. haben. – Steht der Mond höher so ist alles noch einmal so leicht, und er würde schon Gegenständ wie Pünktchen erkennen, die 447 Fuß im Durchmesser hätten, wenn er eine nochmal so starcke Vergrößerung gebrauchte 202v

Nr. 39 IX F, 203–204

4200-
3807
393→ 260,10–12 203r

<u>Ueber die Vulkane Bodens Jahrbuch 1792.</u>[995]

Die andern Flecken Seen.

Schon 1715 bey der großen ⊙ Finsterniß, wolten der Ritter Louville und Halley im Monde blitze gesehen haben, andere schon

---

1–2 beobachtung] *danach gestr.* besteht 2 D[r]] *erg.* 6 ließ[t]] *für* sieht 7 eine] *danach gestr.* Handschrifft in einer 10–11 als Pünktchen] *für* deutlich 11 wenn … 35″] *erg.* 11–12 ihrer … nach] *erg.* 15 grösten] *danach gestr.* Durch 19–20 NB … 35] *erg., Zuordnung durch Bearb.* 22 noch … leicht] *für* sehr viel besser 31 1715] *für* 1706 | großen] *danach gestr.* Mond

vorher 1706. HE. Liefmann ein Arzt zu Budissin – Ein Neffe des P. Beccaria wolte leuchtende Puncte in der Mondsfinsterniß 1772 gesehen haben. Bey der ⊙ Finsterniß 1778 bemerckte der Spanische Admiral Don Ulloa (der selbe der pp→ [120,15–16]) einen sehr hellen Fleck in dem Monde bey der Total Verfinsterung, umständlich. Bianchini's Erscheinung im Plato. Herschel im May 1783. in der duncklen Mondscheibe bey dem Aristarch ◂Hevels Porphyrites, Aristarch[996]▸. Eigentlich ein Frauenzimmer, bey Gelegenheit einer Bedeckung eines Fixsterns.[997] Hierauf wieder im April 1787. und dieselbe Erscheinung wieder im May.

Endlich nun auch HE. Graf. v Brühl, die Astronomen zu Paris Ritter Angos zu Malta, HE. Bode zu Berlin und vorzüglich HE. Oberamtmann Schröter zu Lilienthal. Ja einige gieng[en] so weit daß sie sogar die Lava wolten erkannt haben.

Also Vulkane; diese Meinung hat von Anfang etwas, das sich empfiehlt, die Hohen Berge, die vielen Crateres pp. Allein bey näherer Betrachtung verliehrt sich dann doch vieles wieder.

Einmal kan man nicht behutsam genug in seinem Urtheil seyn, über ein Körper seyn der sich so sehr von unserer Erde unterscheidet Die Mexicaner hielten die spanischen Schiffe für große Wasservögel und als sie näher kamen waren es Landvögel und zwar eine gantz mechante Species. – Forsters Basalte auf der Südsee Capt. Cook.[998]

1) Man sieht nicht wohl ein wie Feuer auf dem Monde brennen könne, da er etwa gar keine Lufft um sich hat, (wenigstens doch nur eine nur sehr dünne), die einem so starcken Feuer, das man
203v so weit sehen könne | Nahrung zu geben im Stande wäre. Es müste denn doch erst gefragt werden. Ist es nicht eine andere Art von Entwicklung des Lichtes, eine andere Art von Phosphorescenz, etwas Elecktrisches vielleicht, oder so etwas wie unser Nordlicht?[999] und am Ende ist es nicht ein Reflektirtes Licht hauptsächlich das von unserer Erde.

Etwas vom Erdschein auf dem Monde. umständlich.

Diese lezten Muthmaßung hat viel wahrscheinliches.

---

1 HE … Budissin] *erg., Zuordnung gemäß Einfügemarkierung im Text u. ErxH, 689*
19 von] *danach gestr.* dem **22** eine] *für* von einer *danach gestr.* mech
25–26 wenigstens … nur] *für* oder wenigstens

die Vulkane zeigen sich immer nur bald nach dem Neumonde, oder kurtz vor dem selben, in einer Entfernung davon von 2, 3, 4 bis 5 Tagen, alsdann nicht mehr, also blos zu der Zeit, da das Licht von unserer Erde sehr groß ist.
Alsdann verliehren sie sich, ohne daß man sähe warum, wenn es Feuer wäre, denn die eigentliche Nacht des Mondes bleibt einerley, ja der Erdschein vermindert sich, sie müsten also heller erscheinen, allein das Erdenlicht nimt ab., welches vermuthlich die Ursache davon ist.
Endlich, so werden diese Erscheinungen immer schwächer je stärckere Vergrößerungen man gebraucht. Dieses ist blos eine Erscheinung des reflektirten Lichts, aber nicht der Lichtquellen.

Bode 1792. p. 117 [1000]

Im neuen Licht des ☽ leuchtet ihm die Erde, wenn man blos nach der Fläche rechnet fast 14 mal stärcker, als der Mond uns in seinem vollen Lichte, und wenn wir den Mond einige Tage vor und nach dem neuen Lichte erblicken, möchte er noch immer 10mal stärcker von uns erleuchtet seyn – Mit 10 Spiegeln auf einem Ort hin blenden. – Nur der Mond keine oder eine geringe Atmosphäre wodurch alles sehr erhöhet wird.[1001]
Die Von der ☉ erleuchteten Spitzen der ☽ Berge leuchteten uns so helle wie wenn es Feuer wäre, solte also würckliches Feuer schwächer leuchten, da jenes Sonnen Licht bloß reflecktirtes ist?
Was für ein Feuerschlund von Aristarch, der mehrere Meilen dick seyn müste! |
Wie sehr einen auch auf unserer Erde Mondlicht auf weiß zwischen duncklen Gegenständen betrügen kan.[1002] 204r

Das faule Holtz ist ein erbärmliches Licht.[1003]

Nun von den andern Flecken. Wasser ist es nicht. Spharischer Spiegel wird ein Bild von 4″ bis 5″ zeigen.→ 118,15–119,9

<u>Ubrige Bemerckungen</u>

Es zeigen sich Veränderungen auf dem Monde, wenigstens ist es gewiß daß man manche Stelle einmal nicht so deutlich, als ein ander mal [sieht] unter übrigens gantz gleichen Umständen. – Auch sah HE. Schröter (Bode 1792 p. 185) einen Lichtfleck

---

2 selben] *für* Vollmonde 17 immer] *danach gestr.* sta 19–20 Nur … wird.] *erg.* 23 bloß] *für* bloses 33 einmal] *erg.* 33–34 ein … mal] *für* sonst

leuchten, dann matter werden, dann gantz verschwinden und wieder kommen, während andere Lichtflecke ungeändert blieben. Auch glimmte ein zweyter auf. Das es vom Erdenlicht her kommen könne läugnet HE. Schröter nicht, doch glaubt er können zugleich noch andere Zufällige Ursachen mitwürcken Vorgänge in der Atmosphäre des ☽ oder in <u>unserer</u>[1004] Diese Flecke sind vorzüglich merckwürdig, weil sie offenbar Beweise einiger dem Monde eigne Veränderungen sind.
Farben. Das konte auch eine Art von Vegetation seyn.
<u>Von den übrigen</u> Blitzen. Stelle in Bodens Jahrbuch 1789. p. 246. Was. HE. v. Hahn und HE. Schröter gesehen steht. Jahrbuch 1793. p. 248. sqq. nebst HE. Bodens Muthmassungen. Vielleicht könte es nicht schaden zuweilen mit starck vergrösernden Tubis in den freyen Himmel sehen.[1005]
Am 27. Aug. 1788. entdeckte HE. Schröter beym Hevelius. (N° 88 auf. Schröt. Mayersche Charte.[1006] Rechts zwischen 0–10 nach unten:) einen Crater von $1\frac{1}{2}$ Deutschen Meilen im Durchmesser, der 24 Oct. 1787. noch nicht da war. Im Mari Crisium ein Berg den HE. S. immer für länglich erkante und gezeichnet hatte, der den 2ten Nov. 1788 noch immer so da war am 14 und 15 als einen eintzeln <u>rundlichen</u> Berg mit scharfen Schatten, mit einer Crater ahnlichen Einsenkung von $\frac{3}{4}$ Meile Durchmess. Am 2ten Nov. war er wieder eben so länglich wie vorher. Taschen Cal. 1792. p. 114.[1007]

204v Hevelius (Joh) eigentlich Hevelke geb. den 28 Jan 1611 zeichnete und arbeitete selbst. 1630–1634 in England Bürgermeister 1651, aber schon seit 1640 trieb er Astronomie mit großer Vorliebe, und zwar vornehmlich dan[?] Observation.
1641 observator[i]um. Er verfertigte selbst Tubos.
Ein Quadrante von $6\frac{3}{4}$ Fuß im Rad. worauf man Theilungen von 5 sec. vermittelst einer fast Vernier artige Einrichtung sehen konte. Machina coelest[i]s
Sein Selenographia 1647. ein großer Band in folio
Auch von Sonnenflecken
Cometographia 1668. fol
Machina coelestis T. 1. 1673. II. 1679.

15–24 *erg.*

der 2te Theil sehr rar weil er am 26 Sept. 1679. Brand alles verlohr
Seine viele Schrifften enthalten alle wenig versprechende Titul und viele Sachen
Louis XIV. eine Pension
starb 28. Jan: 1687.[1008]

Intelligenz. Blatt der allg. Litt. zeitung N° 163 1790. 3ter Dec.[1009] Dantzig den 15 Nov. 1790. Am 3ten dieses wurde auf Befehl und Kosten des Königs von Polen im großen Vorsaal des altstädtischen Rathaußes des berühmten Hevels Büste aufgestellt. Sie ist in Bronze von <u>Ditrich</u> zu Warsaw gegossen, und ruht auf einem kleinen runden Fußgestell von weißem Marmor, das größere 4eckige, ist hier gearbeitet und von braunroth und weißem Granit. Auf einer schwartzen in Gold gefaßten Tafel in der Wand steht die Inschrifft <u>Stanislaus Augustus Rex</u> Monumentum hoc Ioanni Hevelio erigi fecit a͡o D^{ni} MDCCLXXXX.

Nr. 40 IX F, 120r

Ordnung des Vortrags in der Abendstunde. den. 15 Dec. 91.[1010] 120r

---

Wenn man den Mond mit blosen Auge betrachtet. Hierbey die Cassinische Charte.[1011] Was man da erblickt. Sogenannte Maren[?]. pp.
Braucht man aber nur mäßige Perspective, so zeigt sich der seltsamste Anblick. Wie?
Ein Körper, der wenn Berge und Thäler Merckmale großer Revolution sind, Revolutionen erlitten hat, welche die von unserer Erde gar weit übersteigen. Er ist mit Gebirgs Ketten eintzeln Bergen pp gleichsam übersäet.
Ja es giebt dort eine Art von Thälern, wenn man es noch so nennen kan wovon sich auf unserer Erde gar keine Spur findet. Die Vertiefungen kurtz am Globo erklärt.[1012]
Die Berge sind dort von einer erstaunlichen Höhe. Man würde schon die Berge dort hoch nennen können, wenn sie auf blos die Verhältniß zum Monddurchmesser hätten, wie etwa der Chim-

boraço zu den von unserer Erde. Allein das ist nicht. Der Mond ist auf 50 mal kleiner als unsere Erde (sein Diameter nur $\frac{3}{11}$ von dem unserigen) und doch giebt es Berge die Höher sind als der Chimboraço. Ja auf der Erde ist keine eintziger Berg, der eine Deutsche Meile hoch wäre über die See.
Der höchste Berg der Welt 3217 Toisen hoch, das ist ein beträchtliches weniger als eine Deutsche Meile = 3807 Toisen 3811 nach Klügel→ 242,15[,] unter den Gemessenen im Monde sind jezt schon 7 Spitzen, die alle über eine Deutsche Meile hoch sind. Ja die Berge die Schröter, Leibnitz und Dörfel nennt sind auf 4200 Toisen hoch, also auf 393 Toisen höher als eine Deutsche Meile.[1013]
Wie ist man nun zu diesen Höhen gelangt. Verfahren nach Hevel umständlich.→ 261,1–22
Hernach auf die Vertiefungen. Darunter eine die Schröter Bernoulli nennt, die fast eben so tief unter der Mondsfläche liegt, als der Chimborasso hoch ist.[1014]
Nachricht von diesen Vertiefungen Umständlich. Götting Magazin. 2 Jahrg. 1 Stück.[1015]
☽ Diam. 465 Deutsche→ 255,15–17

Nr. 41 IX F, 199/201

199r Noch ein Umstand was das einmalige Umdrehen um seine Axe[1016] merckwürdig macht ist auch der Anblick, den für unser einen unsere Erde auf dem Mond haben müste. – Wir haben nichts ähnliches
Unsere Erde steht ihm gantz unbeweglich. Den mittleren im Zenith den andern um eine gewisse beständige Größe vom Horizont entfernt. und der gantze Fixstern Himmel dreht sich ihnen in 27 Tagen hinter diesem festen Körper hier herum. Es wird auch da keine Ebbe und Fluth seyn können, die ohnehin auf dem Mond geringe seyn muß weil sein Durchmesser gegen 4 mal kleiner ist, als der der Erde. – Dahingegen unsere Fluthen schon müsten sichtbar seyn ZE. bey den Watten.[1017] Pharao und sein Heer.[1018]

---

8 3811 ... Klügel] *erg.* 20 ☽ ... Deutsche] L_B 22 das] *danach gestr.* Um

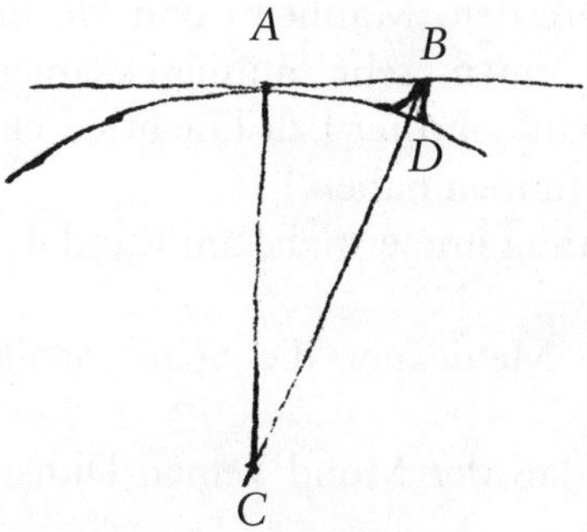

Von den Bergen. Wie sie gemessen werden. AB nach Hevel $= \frac{1}{13}\,AC.$[1019]
Dieses läßt sich also leicht so berechnen
für den radius = 1 ist
$\frac{1}{13} = 0{,}07692$. Dieses gehört einem Winckel von 4° 23′ zu
Nun ist die Sekante des Winckels von 4° 23′ = 1,002933 = 1,0029

also $BC = 1{,}0029$
$\underline{AC = 1{,}0000}$
$BD = \frac{29}{10000}\,AC = \frac{1}{344}$

1720
$\underline{3}$
) 5160 ([1020]

Nun enthält der Mond Durchmesser 465 Deutsche Meilen jede zu 3807 Toisen, (der Halbmesser $232\frac{1}{2}$) Dieses gäbe den Berg 2571 Toisen hoch,[1021] da der Chimborasso 3217 ist. Sezt man aber mit Galilaeus $AB = \frac{1}{10}\,AC$[1022] so wird der Winckel $C = 5°\,43'$ und die Secante = 1,005 also $B = \frac{5}{1000}\,AC$ = das ist = 4423 Toisen[1023] welches die Deutsche Meile zu 3807 Toisen gerechnet, 616 Toisen höher ist als eine Deutsche Meile, da der Brocken überhaupt nur 476. Toisen über die Meeres Fläche erhaben ist.[1024] 199v

<u>NB</u> kleinere Masse und folglich höher.[1025]

Es ist alles äusserst uneben, sogar das, was man durch die gemeinen astronomischen Tubos auf den lichten Stellen als eben erblickt ist es nichts weniger: HE. Schröter hat kaum eine Stelle finden können, die 5 Meilen groß, und ihm gantz eben geschienen hätte[1026]

<u>Etwas</u> ebener sind die grauen Flecke. Warum? Wie weiß man dieses, und doch hat man jezt durch die großen Perspective, auch da gesehen, daß nicht allein alles von kleinen weisen Flecken wimmelt, sondern, daß auch selbst gantze Strecken zwar eben aber doch gegen den Horizont geneigt scheinen.

Ich habe neulich von den Vulcanen geredet, die Herr Herschel. im May 1783 schon gesehen, vorzüglich aber im April 1787,

---

7 0,07692] *für* 0,07615 8 23′] *für* 21′ 10 23′] *für* 21′ | 1,002933] *für* 1,002889
11–13 *re. Sp. erg.* L_B **17** aber] *erg.* | Galilaeus] *für* Gallilaeus **23** folglich] *erg.*

und die man nach der Hand in Dresden, Manheim und Gotha gesehen hat, und hauptsächlich einen sehr aufmercksamen
201r Beobachter in dem HE. Oberamtman Schröter | zu Lilienthal ein sehr aufmercksamen Beobachter gefunden haben.[1027]
Was davon zu halten. (Die Erleuchtung immer nahe am Rande!
Sind es Vulcane?
Man Muß sehr behutsam gehen. Mexicaner die Span. Schiffe.[→ 256,20–22]
Es brennt kein Feuer ohne Lufft (daß der Mond keinen Dunstkreiß habe
Indessen wie es sich erhalten und erzeugen konte.
Vielleicht
Baumanns Beobachtung vom Jupiter.[(373)]
erklärt sich auch die heitere Witterung vielleicht aus der langsamen Umdrehung.[→ 254,10–16]
Vielleicht etwas elektrisches, Nordschein.[→ 256,24–31] Cometen Schwäntze[(582)]

Erst Entschuldigung wegen der gestrigen Zahl bey den Mondbergen.[1028]
Von Herrn Amtman Schröter. Dieser vortreffliche Man, der 2 Teleskope von Herschel gearbeitet besizt ein 4 füßiges und ein 7 Füßiges besitzt. mit der 100 fachen vergrößerung des leztern kan er beyliegende Schrifft auf 1500 Fuß lesen und im Mond wenn er hoch steht mit einer 420f. Vergrößerung Gegenstände von 447 Fuß entdecken[→ 255,6–24]
Man fängt jezt den Mond an zu beobachten,
(Hier vielleicht etwas von Herschels Teleskop.[1029])
Nun seinen Brief.[1030]
Als dann Mayers Bemühungen umständlich. Charten, Special Charten Segmente.[1031] – – –
Vom Dunstkreiß – Umfang des Monds pro diametro 465 Meilen à 3807 Toisen ist = 1460,1 deutsche Meilen
Grad des Aequators = 4,05 (ohngefehr Verhältniß der Durchmesser

---

14 erklärt] *davor gestr.* daher 14–15 vielleicht … Umdrehung.] *erg., danach gestr.* mit einem Wort wir ††† 24–26 und … entdecken] *erg.* 28 *erg.*

also 18° = 73 Meilen à 3807 Toisen da HE. Schröter schon 447 Fuß er|blickt. 201v

Nun[?] die Sonne ein halben Grad, den gantzen Grad = 4,05 Meilen der halbe = 2,02. = 7690 Fuß.

Ueber die Atmosphäre des Mondes HE. Schröters Entdeckungen stehen in den Göttingischen gel. Anz. 1792. St. 86. Er schäzt sie auf 226 Toisen. Wenn man den Mond Semid. auf 234 geogr. Meilen sezt. Sie erstreckt sich auf dem Monde von der Licht gräntze senkrecht ab bis dahin wo sie dem dortigen Erden lichte gleich wird auf $10\frac{1}{3}$ geograph. Meilen. Taschen Calender 1793. S. 92.[1032]

$232\frac{1}{2}$ Berliner Ephem. 1795.[1033]

Nr. 42 IX F, 154–156r

Schröters Beob. über die ⊙ Fackeln und Flecken. Erfurt 1789. 4to.[1034] 154r

---

Nebst meinen eingestreuten Bemerckungen.

(Rousseau sagt, das Kind, das nur seinen Vater kennt, kennt auch den nicht recht.[1035] Das gilt von Beobachtung der benachbarten Himmelskörper. Wir können uns durch sie kennen lernen.)

Von Anfang that man viel seit 1722 nur mehr zur vergnügenden Speculation.

Die Herschelschen Teleskope haben auch da aufgeräumt.

S. 5. sagt HE Schröter, Cassini habe die ⊙ nicht convex gesehen.[1036] Dieses ist Misverständniß. Convex sehen kan man sie nicht, auf der Vorder Seite, schließen, daß sie convex sey kan man. (Er gesteht so was selbst S. 60)[1037]

Hugenius bezweifelt die Fackeln, und glaubt man habe darunter nichts anders verstanden, als helle Flecken innerhalb der dunckeln da doch Scheiner, Cassini und Hevel sie alle gesehen hatten.[1038] S. 7.

Herr Schröter hat die ⊙ nie ohne diese hellen Flecken gesehen. S. 8.

Das angelaufene Glas ist ihm 2mal von der Hitze zersprungen. 9.

5–11 *erg.* 12 232 … 1795] L_B 29 (Er … 60)] *erg.*

Er theilt die Fackeln in 2 Classen

1) solche die innerhalb der Gräntze der linckeln Flecken und der Nebel liegen

2) solche welche auf der reinen hellen ⊙ Scheibe in die Augen fallen.

Die ersten sind sehr bekannt, sie entstehen und verändern die
Form der schwartzen Flecke offt innerhalb weniger Stunden. Sie
verdienen den Nahmen von Fackeln nicht, denn die Herschel-
schen Teleskope zeigen, daß es blos Zwischenräume sind. Doch
154v merckt er aus | drücklich an, daß es auch eigenlich hellere Flecke,
S. 10. als die Sonnen fläche auf den linckeln geben. Er empfiehlt diese
Beobachtung den Naturforschern. (vermuthlich will er damit zu
verstehen geben, daß es vielleicht Entzündungen des Linckeln
seyen)
S. 11. 1) Eintzeln; 2) Sammlungen 3) und Andere
Die eintzelnen nie über 8″ groß. Er hat einen sehr hellen gegen
Fig 3. 4. 5 4 Monate beobachtet, der also sehr gut diente die Rotation zu
bestimmen.
S. 12. Sehr interessant sind die Sammlungen. Er findet sie seit 1785, da
er aufmercksam darauf wurde beständig.
S. 15. Sie formiren Landschafften. Er sagt selbst es könne hier noth-
wendige Imagination im Spiele seyn. Es macht gleichsam die
S. 16 Sonnen fläche dem ☽ ähnlich. Die Landschafft[en] sehen aus wie
die Gegend um Tycho, und dann ist der Nahme Fackeln sehr
unschicklich man sieht da offenbar Berge und Thaler
S. 18. 19. Er sah linckle Flecken mit weißen Ringen und es kam ihm vor,
als ob der schwartze Fleck tiefer wäre als der weiße Wall.
S. 23 Auch diese Erscheinungen, die er Lichtschattirungen nennt,
155r finden | sich um den Aequator der ⊙ herum.
S. 24. Alle diese Licht adern Licht flecken, Schattirungen und schein-
baren Landschafften sind durchaus am Rande deutlicher, als
gegen die Mitte zu ja sie werden offt da gantz unsichtbar und
wieder sichtbar wenn sie sich dem westlichen Rande nähern.
26. Unter günstigen Umständen in der Atmosphäre und starcke ver-
größerung scheint die gantze ⊙ offt wie marmorirt, rauh und
gestippt; zuweilen wieder nicht. |

---

13 Entzündungen] *danach gestr.* se **21–22** nothwendige] erg. **35** offt] *erg.*

Schröters ⊙ Flecken. 155v = 4
Dritter Abschnitt.

Die ⊙ hat eine Atmosphäre; die dunckeln Flechen sind, wo nicht alle doch zum Theil Verdichtungen darin. Mairan Zodiakal-Licht[1039] §. 43.

Gründe § 45. ebenfalls. Sie finden sich auch um den Aequator gewöhnlich nicht 20° an beyden Seiten. Höchst selten gegen die Pole. Dem Aequator Parallel, wie beym Jupiter. ⊙ und ♃ haben die größte Schwung Krafft beym ♃ 6 mal größer als bey der Sonne, daher bey leztem noch unterbrochene Streifen. §. 44.

Dunckele Flecken werden deutlicher gegen die Mitte der ⊙ die Lichtflecke gerade umgekehrt. NB §. 47.

Die hellen Flecken sind vermuthlich wahre Erhabenheiten entweder auf dem festen Körper der ⊙ selbst, oder auch in ihr Atmosphäre (denn wie sehr gleichen nicht unsere weißen Wolcken den Bergen, in der Mitte der ⊙ konten sie vielleicht leichter durch gesehen werden πμ) das leztere ist das wahrscheinlichste §. 48.

12 Sätze über die Beschaffenheit der ⊙. § 49.

1) ein dunckler Körper, der sich um s. Axe dreht auch wohl fort bewegt. 2) eine eigene Atmosphäre, die sich mit ihr fort bewegt. 3) hat die ⊙ wahrscheinlich eben so wenig ein eignes Licht, als die übrigen Planeten, sondern das Licht ist durch die gantze Schöpfung verbreitet, leucht aber erst, wenn es seine gehörige Bestimmung dazu erhält. Euler. 4) Wegen der ungeheuren Masse der ⊙ verdichtet sich diese Materie nicht an ihr als an irgend einem andern himmlischen Körper und daß es dort so starck zu leuchten anfängt liegt in einer uns unbekannten Krafft der Sonne | oder auch in ihrem Umschwung, dem man ja so gar vor Entdeckung der ⊙ Flecken schon die Revol. der Planeten zuschrieb. 156r = 5
5) Es ist also kein Feuer-Meer. Er hält den Unterschied zwischen Atmosphäre und Himmels Lufft mehr für ideal, als real. Glaubt auch nicht daß sich durch Schwingungen fortpflantzen, sondern auf eine mehr materielle Art, worüber er sich aber nicht deutlich erklärt. Ubrigens glaubt er mit Recht, was auch das Licht sey, so [sey] es etwas mehr als blos Gegenstand des Gesichts. Es könne sich mit andern Materien verbinden so gut als die Lufft pp.

---

6 Aequator] *danach gestr.* nicht über 10 leztem] *für* erstem 29 die] *danach gestr.* Um

6) und 7) Es verbindet sich mit den Atmosphären der übrigen Planeten, wenigstens den nachst[en]. Ist troz seiner Dichtigkeit doch sehr fein bey der Sonne und vermischt sich dort mit der ⊙ noch eigenthümlichen Atmosphäre. Es kan das Nordlicht machen, nach Mairan[1040] 8) kan die eigenthümliche Atmosphäre eine solche Decke um die ⊙ bilden die uns die Sonne zuweilen matt sehen lassen. 9) Die Atmosphäre der Sonne hat wahrscheinlich ein Ab und Zunehmen wie dieses Cassini und Mairan auch beym Zodiakal Lichte bemerckt haben.[1041] Das übrige ist leicht aus dem Vorhergehenden zu folgern.

§. 50 Vom Zodiakal-Lichte[1042]

§. 51 Daß die Atmosphäre der ⊙ für sich leuchtet erhellt aus Beobachtungen der Central ⊙ Finsternisse, wo man das Matte Licht immer sieht wenn auch ⊙ gantz über und über bedeckt ist.

Nr. 43 IX F, 15r

15r Franz. Calender [1043]

Ihre Zeit Rechnung fängt sich an mit dem 22 Sept. 1792.
Von da bis 1793 heißt erstes Jahr der Republik.
Von da bis 1794 2tes Jahr ———
——— — 1795 das 3te Jahr.
Sie haben 12 Monate jeder von 30 Tagen.
und jeden von 3 Decaden, das macht 360 Tage.
Die 5 übrigen heißen sansculotides
17, 18, 19, 20, 21 Sept.

Alle 4 Jahre einer mehr, der κατ' ἐξοχην la Sansculotide heißt, wo sie von neuem schwo[eren] de vivre et de mourir libre.[1044] Ihre 12 Monate sind

		(fängt an)	
Vindemiaire	Weinlese Monat.	22 Sept.	3 endigen sich in
Brumaire	Nebel monat	22 oct.	aire
Frimaire	Reifmonat	21 Nov	
Nivos	Schneemonat	21 Dec.	3 in
Ventos	Windmonat	20 Jan.	os [1045]
Pluvios	Regenmonat	19 Febr.	
Germinal	Keim-Monat	21 März	3 in

1 und 7)] *erg.* 4 Es kan] *für* so[?] kan es [*letzteres tilgt Bearb.*]

Floreal	Blüthenmonat	20 April	al
Prairial	Wiesenmonat	20 May	
Messidor	Aernte Monat	19 Junii	3 in
Fervidor[1046]	Hitzemonat	19 Julii	dor.
Fructidor	Fruchtmonat	18 Aug.	

Nr. 44 IX F, 178/209

Das Tropische ⊙ Jahr[1047] 178r

nach Cassini	=	$365.^{T.}$	$5.^{St.}$	48′ 54″
nach dela Lande	=	$365.^{T}$	$5^{St.}$	48′ 45″,5
nach den neusten Bestimmung des Herrn von Zach		$365.^{T}$	$5^{St.}$	48′ 48″,016.
Das siderische		365.	$6^{St.}$	9′ 14″,946.
Unterschied		—	—	20′ 26,930.

Die ⊙ durchläuft also im Tropischen Jahr 360°. wie viel an einem Tage? Antwort:

$365.^{T}\ 5^{St.}\ 48'\ 48'' : 360 = 1^{Tag} : 59'\ 8''$

Diesen Bogen zu durchlaufen braucht die ⊙ 3′ 56″ 32‴ (in tempore primi mobilis) Also ist der Mittlere ⊙en Tag in tempore I^{mi} mobilis [$24^{St.}$ 3′ 56″ 32‴]→ 269,17–21

Mittlerer ⊙ Tag. mittlere Sonne.

Wie viel beträgt nun der Sternen Tag in mittlerer ⊙ Zeit? Antwort.

$360\ 59'\ 8'' : 24\ St = 360 : (23^{St.}\ 56'\ 4'',1)$

also kommen die Sterne nach einer mittleren ⊙ Zeit Uhr alle Aben[d] zu früh um

3′ 56″→ 268,19–34

Was ist wahre Zeit.→ 141,8–142,2 |

Bogen 209r

1^{H}	=	15°
1′	=	15′
1″	=	15

15°	=	1^{H}	Zeit
1°	=	4′	
1′	=	4″	

12 Das] *danach gestr.* syde 18 Diesen] *davor gestr.* Mittlere ⊙ mittler ⊙en tag was? // 29–36 L_B

Nr. 45 IX F, 170r

170r **<u>Tages Zeit. Ordnung des Vortrags</u>**

Was ist der Tag? Die Zeit von einer Rotation der Erde.

Wie erfährt man die? Unendlich entfernte Punckte. Meridian. erster Stern im Gürtel Orions→ 138,12–139,6

Nennt man diese Zeit den Tag; Ihren 24ten Theil Stunde so hat man Tempus I^{mi} mobilis. Man nannte es auch Sternen Zeit und heißt so in unzähligen Büchern. Man unterscheidet aber jezt zwischen Tempore primi mobilis.→ 137,27–29 Der Unterschied ist zwar ausserst gering, aber er ist doch da; und muß also gemerckt werden.[1048] Es soll noch in dieser Stunde geschehen.

Aber nach den Fixsternen können wir unsere Tage nicht zählen.

Warum nicht?

Die Fixsterne auch die hellsten, sind zu unbedeutend im bürgerlichen Leben. Die rohsten Völcker sowohl als die weisesten müssen die Tage nicht nach Umläufen der Sterne, sondern nach der Sonne [zählen]→ 139,12–29

Aber eine Revolution der ☉ ist keine Revolution.

Wie. Die ☉ macht den gantzen Kreis am Himmel = 360° im Tropischen Jahr = 365 T. 5 Stunden 48′ 48″ wie viel wird sie in einem Tage machen? Das ist Regel detri[1049]

$$365^{T.}\ 5^{St.}\ 48'\ 48'' : 360 = 24^{St} : 59'\ 8''$$ im Bogen.

Wenn die Sonne gleichförmig von Westen nach Osten fort gienge.

Dieser Bogen braucht um durchzugehen noch 3′ 56″ 32‴

Nun ist die Zeit die zwischen 2 Durchgängen dieser Mittlern ☉ verstreicht = 1 Mittlerer Sonnen Tag, also der mittlere Sonnen Tag 3′ 56″ 32‴ länger (in tempore I^{mi} mobilis) als der dies primi mobilis selbst.[1050] Eine Uhr aber, die zwischen 2 Durchgängen der mittlern ☉ 24 St. weißt, weißt mittlere ☉ Zeit. Wie viel wird also eine Uhr die mittlere ☉ Zeit weißt in einem Tage primi mobilis weisen? Antwort

$$360°\ 59'\ 8'' : 24 \text{ Stunden} = 360° : (23^{Stund}\ 56'\ 4'',1)$$

also kommen die Sterne um mittlere Zeit zu früh 3′ 56″ täglich.

---

3 Rotation] *für* Revolution 5 erster … Orions] *erg.* **14–15** im bürgerlichen] *für* für unser bürgerliches **16** Umläufen] *danach gestr.* sondern **19** = 360°] *erg.* **22** 24St] *für* 1^{Tag} L_B **26** ist] *danach gestr.* aber

Nr. 46 IX F, 171

Tages Zeit. 171r

Stundenwinckel. erklärt. Ist derjenige Winckel, den der Abweichungs Kreis eines Gestirns[(14)], mit dem Meridian gegen Westen macht. Sein Maas der Bogen des Aequators, der zwischen diesen Kreißen enthalten ist. (Abstand vom Meridian)
Wahre Sonnen Zeit, ist der Abstand der Sonne vom Meridian in Zeit verwandelt à 15° auf 1 Stunde.
Die Wahre Sonne geht nicht gleichförmig.→ 141,8–142,2 Denckt man sich eine gleichförmige, die in gleichen Zeiten immer gleich[e] bogen am Himmel fortrückte.
Eine Uhr weiset tempus I^{mi} mobilis wenn sie bey jeder Revolution der Erde 24. Stunden weist. Es heißt auch Sternen Zeit eigentlich tempus I^{mi} mobilis weil Sternen-Zeit noch was anderes sagt.→ 137,27–29 Da die mittlere Sonne auf dem Aequator in 365 T. 5 St. 48′ 48″, 360 Grade durch lauft so durchlauft sie an einem Tage 59′ 8″ in ihrer Bahn. Da nun die Uhr die Tempus I^{Mi} mobilis weist, während sich der Bogen von 59′ 8″ noch durch den Meridian schiebt 3′ 56″ 32‴ = 3′ 56,533 braucht, so zeigt eine Uhr für Tempus I^{mi} mobilis an einem mittleren ⊙ Tage 24St. 3′ 56.″ 32‴,[1051] also sind die Mittleren Sonnen Tage größer als die Tage der ersten Bewegung in der Verhaltniß von 24.$^{St.}$ 3′ 56″,5 : 24. oder auch in der Verhältniß von 360 59′ 8″ : 24.[1052] oder 360° 59′. 8″ geben einen mittleren Sonnentag, was geben 360°. oder der Bogen da sich der Aequator durch schiebt. |
Die Antwort ist 23$^{St.}$ 56′ 4″,1 um so viel weiset also die mittlere Sonnen Uhr bey einer Sternen Revolution, das ist 3′ 55″,9 weniger als die Sternen Uhr, oder um so viel kommen die Sterne allen Abend früher. Wenn also Ihre Uhr so steht, daß ein Stern heute um 9^h. 26′ 53″ hinter einen Thurm tritt, so müste er morgen etwa um 4′ weniger, das ist um 9^h 22′ 53″ dahinter tretten als dann geht sie nach mittlerer Sonnen Zeit der Dauer nach aber noch nicht dem Gange nach, das heißt die Zeiger müssen nach der Sonne vermittelst der Zeitgleichung gestellt werden. 171v

13–15 eigentlich … sagt] *erg.* **19** = 3′ 56,533] *erg., danach gestr.* durchlau
26 Die Antwort] *für* Die Zahl | die] *danach gestr.* ⊙ **32** geht … mittlerer] *für* weißt sie mittlere

wahre Zeit nennen die Engländer apparent time scheinbare Zeit, und die mittlere die wahre, Newton wenigstens sonst auch mean time.[1053]

Nun von der Sternen Zeit, wenn Sternen Zeit etwas mehr sagen soll als eine gewisse bestimmte Geschwindigkeit einen gewissen Gang der Uhr, so müssen die Zeiger auch eine gewisse bestimmte Lage haben.[1054] Aber sonst hat er keine Vorrechte: es ist also wohl besser daß man einen Punckt dazu nimt, der für die Astronomen höchst Interessant ist, und das ist unstreitig das 0♈. Dieses weicht aber zurück alle jahr etwa um 50″,3 (HE. de Lambre neuerlich gar um 50″,13.[1055]) Dieses macht den lezten Sternen Tag etwas kürtzer als den ersten.[1056] Auf einen Mittleren ☉ Tag gehen von dem ersten 24^{h}. 3 56″,533
von dem lezten —— – ——,556 Prof Fischer Bodens Jahrbuch 1795. S. 115[?].[1057]

Nr. 47 IX F, 176/177

176r <u>heute den 10ten Jan.</u>

Diesen Morgen z. Ex. um 8 Uhr schrieb der Astronom.
Jan: 9. XX^{h}.
Wir Jan. 10. VIII^{h}.

Man kan aber nicht sagen: die Astronomen hätten erst den 9ten gehabt wenn wir schon den 10ten gehabt hätten, denn der Astronom zählt nur gantze Tage und wir zählen den laufenden Tag.
Weil nun der Astronom heute um Mittag seinen 9ten anfängt, so pflegt man wohl gar zu sagen, der Astronom fienge sein Datum um 12 Stunden später an, weil wir schon 12 Stunden vorher den 9ten anfiengen. Aber das ist eine gantze falsche Vorstellung man solte sagen der Astronom fang seinen Tag um 12 Stunden <u>früher</u> an.
Die Astronomen zählen die Tage wie wir die Stunden

Wir schreiben heute den 5 Jenner 4 Uhr. Nachmittag also eigentlich den 5 Jenner + 16 Stunden

17 10ten] *für* 9ten 18 Morgen] *danach gestr.* schrieb | z. Ex.] *erg.* 19 9.] *für* 8. 20 10.] *für* 9. 21 9ten] *für* 8ten 22 schon] *erg.* | 10ten] *für* 9ten

der Astronom schreibt 1797. 5. 4 er ist also würcklich schon im 6ten begriffen.

Der Astronom sagt nicht: wir haben den 5ten sondern wir haben 5 Tage im Januar.

25 177v
73
98
49
25
24
25
49
98

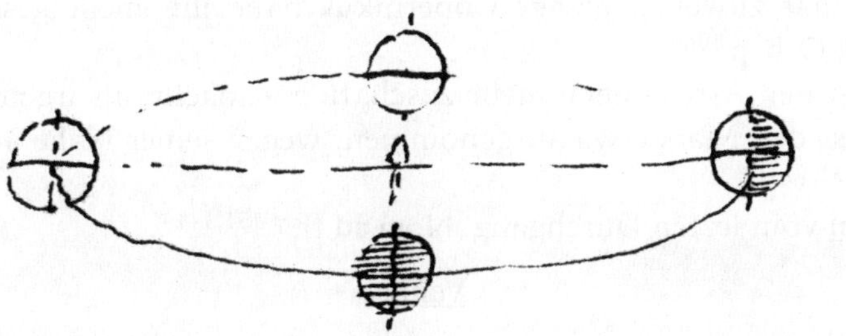

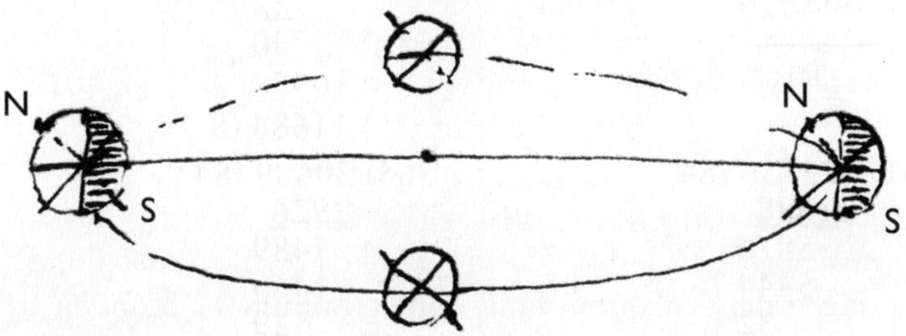

1 5. 4] *für* V. ⟨†⟩{4.} St.

Nr. 48 IX F, 34

34r Noch ein Paar Worte, über die Längenfindung.[1058]
Bücher.
Nun auf das Weltsystem.
Klügels Tafel.→ 149,2–150,12
⊙ und s. w.
Merkur aus der selben. Seine gröste Elongation 28° zu weilen nur 18.
Eine starcke Ellipse: 3 : 2.[1059]
Er ist dem bloßen Auge selten sichtbar[,] die neuern Astronomen sehen ihn nun den grösten theils des Jahres fast täglich.
Bewunderung der Alten.
Man hat zuweilen gesagt Copernikus habe ihn nicht gesehen. Revol. Orb. p.[1060]
Er hat den Astronomen mehr zuschaffen gemacht, als irgend ein Planet, den Mars etwa ausgenommen, wegen seiner Nähe an der ⊙.→ 151,13–14
Zettul vom lezten Durchgang. Nota ad ff.→ 151,3–14

Venus

Klügel.

34v $\frac{32}{1461}$ Jahre[1061]

$365\frac{1}{4}$
———
$\frac{1461}{4}$

1461) 122756 (84
11688
5876
5844
32
24
128
648
1
786
4
) 3144 (

$365\frac{1}{4}$
32
730
10958
) 11688 (8

365) 30689 (84
2926
1489
1460
29
24
116
588
1
365) 714 (

---

11 fast] *erg.* **16–17** an der ⊙] *erg.*

Nr. 49 IX F, 35r

Gehörig einzutragen. 35r

♀.

Schröter über ihre Dämmerung Bode Jahrbuch 1795. p. 211. 209.[→ 152,17–19]

Ungleichheit derselben Oberfläche Jahrb. 93. p. 136.[→ 152,20]

Umdrehung um die Axe. Schröter: Gött gel. Zeitungen 1792. 25tes Stück und HE. HofRath Kästner angew. Math. Vorrede. zur 2ten Abtheilung. Ausgabe 1792.[1062]

Atmosphäre. Gött. Gel. Anz. 1792. 77 St.[1063]

♄.

Entdeckung der neuen Trabanten. Jahrbuch 1793. S. 113 auch S. 239.

Abplattung. Jahrb. 1793. p. 95.

♃.

Abplattung aus Rotations Zeit und Umgekehrt. Jahrbuch 93. p. 95 [1064]

Nr. 50 IX F, 38–39

♀. 38r

Größe neulich.

Ihre Entfernung etwa 15 Mill. Meilen, oder genauer[,] die von Erde 10000 genannt[,] 7233.[→ 150,4] Kleinste zur Größten 72 : 73[→ 152,21–22]

Umlaufs Zeit. Klügel.[→ 150,4]

Neigung der Bahn (ibid.)

Woher ihr Licht.

Umdrehung um ihre Axe.

der große Cassini schon 23^{h}. 20′

Bianchini (vortreffliches Werck.) 24 Tage 8 St.[→ 151,26–27]

Schröter nun mehr (S. das Blatt)[→ 152,3–10]

Berge. (S. Beylage.).[→ 152,13–16] und Schröter Schrifft englisch[1065]

Dämmerung. ibid.[→ 152,17–19]

---

9 zur] *erg.* 12 neuen] *erg.* 21 etwa] *für* über | genauer] *erg.*

Schröters Cythereiographische Fragmente→ 152,11–12
Aphroditotopographische[!] Fragmente[1066]
Ihr Trabante. Heffte.→ 152,23–154,7
Diese Heisen die untern Planeten.

♂ der erste obere.
Größe $\frac{9}{64}$ der Erde. in der mittler[en] Entfer[nung] 8″,94→ 149,20
Entfernung etwa 32 Mill. oder in 10000 ♁. 15237→ 150,5 11 Million in oppos. 53 in Conjunct.→ 154,12–13 Daher auch Tycho die Unwahrheit des Ptolemaischen Systems geschlossen→ 80,20–21
Umlaufs Zeit <u>Klügel</u>→ 150,5
Neigung der Bahn. —— |
38v Um seine Axe um 24 Stund 40′→ 154,10–11

Auch um diesen Planeten hat HE. Herschel große Verdienste

Axe zum diam aequ. 15 : 16 obgleich seine Umdrehung nicht schnell und er dabey so klein ist

Auch will er eine Atmosphäre bemerckt haben

Auch eine Neigung <u>seines</u> Aequators gegen seine Bahn, seine Ecliptik. von 28.° 42′.
Also die größere Entfernung abgerechnet nicht sehr von unsren Umständen verschied[en]→ 154,19–27
Kepler de motu ♂ [1067]

(♃)

Größe. Erxleben p. 602.[1068] Klügel 1281. | 3′ 6″,82→ 149,22 der größte unter allen Planeten.
Entfernung auf 108 Mill. | 10000; 52028.→ 150,7

Umlaufs-Zeit, 2 Meilen in einer Sec.→ 155,6–9

Neigung der Bahn.→ 150,7
So groß er auch ist, so schnell dreht er sich um seine Axe, wenn man anders hierin auf gewißheit hoffen darf. Cassini 9ʰ 55 bis 56.′
Herschel 9ʰ 54–56.→ 157,11
Schröter, Beylage.→ 156,24–157,10
Umlaufs Zeit, Neigung seiner Bahn. |

---

4 *erg.* 20 Also] *davor gestr.* Minute 24 |] *so bei L.* 26 |] *so bei L.*
27 <u>Umlaufs-Zeit,</u>] *danach gestr.* Neigung der Bahn 31 56.′] *danach gestr.* // Schröter, Beylage 34 Umlaufs] *davor gestr.* Neigung der Bahn

♄ 39r

Der seltsamste und wegen seiner seltsamen Form merckwürdigste Planet am gantzen Himmel. bis 1781 der äusserste.

Größe zu weilen zu 1030, 1000, vielleicht am genausten 995.

Entfernung von der Sonne 199 Millionen Meilen nach 10000 Theilen 95407

Abplattung Beylage (C)→ 281,29–30

Neigung 2° 29′ 50″

Umlaufs Zeit <u>Klügel</u>[1069]

Umdrehung um seine Axe lange unbekant, jezt durch Herschel entdeckt. zugleich mit 5 Streiffen. die Umdrehung ist 10 St. 16′, 0″,44. Erxleben 617 §. 637^{a}.[1070]

Die Streiffen stehen nicht im Compendio.

Die Abhandlung steht in Philos. Trans.act. Vol. LXXXIV for 1794.[1071]

Man weiß jezt, daß er 7 Trabanten um sich hat. Es waren ihrer lange 5. Siehe Beylage A. wie sie Herschel zählt.→ 277,7–31

Merkwürdig die <u>Rotation</u> des 5ten die genau seiner Umlaufs Zeit gleich ist. $79^{D}\ 7^{h}\ 47'$.[1072]

Sie sind sehr viel schwerer zu sehen, als die vom Jupiter, sehr begreiflich. Er ist noch einmal so weit von der Sonne weg als ♃ und 10 mal so weit als <u>wir</u> daher sein Licht 100 mal geringer als bey uns und 4 mal als bey ♃ |

<u>Ring. S. Beylage B.</u>→ 278,4–281,15 39v

und dan das übrige.

Nr. 51 IX F, 27r

27r

3
<u>2</u>
5 $2\frac{1}{2}$

---

3 bis … äusserste.] *erg.* 6 95407] *für* 191836 7 Abplattung … (C)] *erg.* 24 *am unteren Ende des Bl. kopfstehend, offenbar aus ursprünglicher Verw., gestr.:* Noch einiges nachzuholen. / Kurtz Chronologie. / Astronomischer Tag. §. 611. Erxleben. p. 592. Druckfehler / Climata. §. 602. S. 586. / Die Berechnung ihrer Oberfläche steht. §. 598. p 583.

Merkur.

Seine Bahn mit der Eclipt. ein Winckel von 7°[(490)]
Seine Elongation nur 28° zuweilen gar nur 18
Seine größte Distantz von der ⊙ ist von der kleinsten fast wie: 3 : 2[(1059)]

Venus

Ihre Eccentricität sehr geringe, gröste zur kleinsten Entfernung von der Sonne wie 73 : 72. Also fast ein Circkel.[(502)]
Göttingische gel. Anz. 1790 – 111tes St. HE: Oberamtmann Schröter
Berge 4,17 Meilen der Durchmesser der ♀ zu 834 Meilen gerechnet. (860 unserer Erde.) (Dämmerung – HE. Schröter ebenfalls von $15\frac{1}{2}$ Grad. S. Berl. Jahrbuch 1793. 251.[1073]

Nr. 52 IX F, 99r

99r Einzutragen[→ 153,31–32]

Astronomie
Wie der falsche Venus Trabant noch auf eine andere Weise als Pater Hell gelehrt entstehen könne nemlich durch schiefe Einsetzung des Objecktiv Glases lehrt HE. Inspecktor König aus Dresden im Wittenb. Wochenblatt 1777. 50 St.[1074]

Nr. 53 IX F, 42r

42r Müntze. Avers.[1075]

Petrus Wargentin Equ. auratus
intr[?] C. G. Fehrman.

Revers.

Sublimiora jam curat.

secretario suo per annos XXXIV meritissimo Reg. acad. Sc. St. 1783.

Nr. 54 VII O, 37r

<u>Schröter Miscellen.</u> 37r
p. 7. Jupiters Abplattung 11 : 12,01 also = $\frac{1}{12}$.
p. 8. mittlere Rotat. ♃ 9.ᴴ 55.′ 17″,6[1076]
In Industrie[?] Schule geleh[?] [bricht ab][1077]

Nr. 55 IX F, 37, 40, 36, 12r, 41

(A.) 37r

<u>Saturn.</u> (<u>Trabanten</u>)

Generalia. von dem Blatt überschrieben ad <u>ee.</u> → 149,2–150,12 Dieses ist Klügels Tabelle
Bis 1781. der äusserste Planet.
Merckwürdig durch Trabanten und Ring.

<u>Trabanten.</u>

Lange nur 5.
den 4ten <u>Hugenius</u> aō 1655.
die 4 übrigen Cassini
den 3ten aō 1671
den 5ten 1672 Rotation = 79ᴰ. 7ʰ. 47′.
} <u>UmlaufsZeiten</u> Zeiten. Erxleb §. 636.[1078]
und die beyden neuesten zulezt 1684.
<u>Wie sie gezählt werden</u>
Den 6ten HE. Herschel am 28. Aug. 1789
Umlauf 32ʰ. 50 (vermuthet schon, Aug 1787)
Den 7ten am 17 Sept. 1789 der neueste
Umlauf 23ʰ. 45′.
Die Entdeckung geschah durch eine 160 malige Vergrößerung seines 40 Füßers. → 218,10–16 S. Bodens Jahrb. 1793. p. 114.[1079]
Auf der 2ten Kupfer Tafel steht das System abgebildet.[1080]

Wie sie gezählt werden.
von Herrn Herschel wenigstens.

 7 6 1 2 3 4 5.

Comp. §. 637. p. 616.[1081] |

---

9 dem … <u>ee.</u>] *für* ee 9–10 *erg.* 14 nur] *erg.* 16 übrigen] *danach gestr.* Hugen

37v 85
2
170 (2′ 50″ [→ 280,1–3] |

40r (B)

Saturn (Ring)

Die seltsamste Erscheinung am Himmel, die uns die Fernröhre haben kenn[en] gele[h]rt[?]
Von Galiläus a͡o 1610 entdeckt, aber wegen desselben Veränderlichkeit machte er sich wie mehrere Astronomen sehr falsche Vorstellungen davon.
Hugenii Systema Saturnium vorzuzeigen mit den Abbildungen. Es war dem großen Hugenius aufbehalten die Sache zu entwickeln.[1082]
Es ist wunderbar, was man sich für Vorstellungen machte Galilaeus schrieb er habe Saturnum triformem gesehen. Endlich sah er ihn gar rund, und gab seine Beob. auf. Gassendi sagt es käme ihm vor als [ob] ♄. 2 kleine Kugeln bey sich hätte.
Hevel Selenogr. p. 44 sagt er begriffe nichts von allem dem
In s. Diss. de Saturni facie unterscheidet er ein Sat. Monosphaericum, trisphaer., sphaerico cuspid. Sphærico ansatum, Elliptico ansatum diminutum, elliptico-ansatum plenum
Roberval rieth auf au[f]steigende Dünste[1083]
S. die Beylage (ad B)[→ 279,16–280,20] bey welcher zu mercken ist, daß die dortigen scheinbaren Größen so angegeben sind, wie sie erscheinen würden wen ♄. in der Entfernung der ☉ stünde. |
40v Der Ring ist äusserst dünne, so daß ausser Herrn Herschel noch niemand seine Dicke gesehen hat. Er schätzt sie auf $\frac{1}{3}$ bis $\frac{1}{4}$″, das wäre etwa für die Dicke des Ringes 215 deutsche Meilen. Dieses auch nach ihm der Durchmesser des kleinsten Trabanten, seines 7ten.[→ 282,23–283,3]
Cassini fand 1715 einen schwartzen Streiffen auf dem Ringe. Schort wolte mehrere gesehen haben.[1084]
Aber Herschel sah ebenfalls nur einen eintzigen schon seit 1778 hat diese Beobachtungen nachher her mit unermüdeten Fleiß und seine große Telesk. fortgesezt da man dann endlich den Satz we-

---

6–7 die[1] … gele[h]rt[?]] *erg.* **17** als] *danach streicht Bearb.* hatte **19** er] *erg.* **29–30** Dieses … 7ten.] *erg.* **35** Satz] *danach gestr.* zur

nigstens zu sehr großer Wahrscheinlichkeit gebracht hat, daß es zwey gantz concentrische Ringe sind.[1085]
<u>Der</u> Ring ist weißer als der Saturn, der ins gelblich fällt.→ 282,21–22
Sieh die Beylage ad (B) #→ 279,16–280,20 und ⊕→ 281,1–15
Umdrehung des Rings 10 St. 32′ 15″ (Klügel p. 50)[1086] Herschel aus 300 Revolution 11.^{H} 15′ 12″ (Philos. Trans. Vol 80.)[1087]
<u>Kant</u> Naturgesch. des Himmels S. 87. giebt sie auf 10 Stunden. (Jahrbuch 1794. p. 257.)[1088]
Wenn sich der Diameter des Rings zu dem des Saturns wie 7 zu 3 verhält, so wird ein ausse[rer] Punckt des Rings in 24 Stunden 270,000 deutsche Meilen durch laufen müssen: da unser[e] Erde nur 5400 durchläuft.[1089]
Neigung gegen seine Bahn 30°. gegen die Ecliptick. 31° 30′
Knoten 5^{S}. 17 und 11^{S}. 17. ♍ und ♓[1090] Verschwinden.→ 283,12–21 |

(ad B) #. 36r

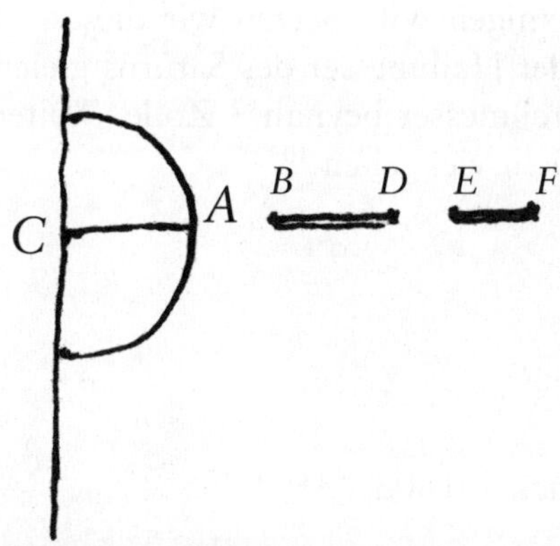

(Sein scheinbarer Durchmesser von der Erde gesehen in einer mittlern Entfernung ist = 20″ eigentlich 18″ [1091] hieraus können dann[?] die übrigen Größen vermöge folgender Zahlen gefunden werden.)

---

3 *erg.* 5–6 Herschel … 80.)] *erg.* 8 257] *für* 256 10 ausse[rer]] *erg.* 13 *erg.* 18 Sein] *danach gestr.* wa 19 eigentlich 18″] *erg.*

Halbmesser des Saturns *CA* = 85″ Secunden (wenn er die mittl. Entfernung der Erde von der ⊙ NB hätte)
Zwischenraum zwischen Saturn und Anfang des Rings *AB* = 56″ ———
Gantze Breite des Ringes, <u>als Eins betrachtet, oder *BF*</u> = 56″ ———
Breite des Innern Ringes *BD* = 38″ ———
Zwischen-Raum zwischen beyden Ringen *DE* = 5″ ———
Breite des Äussern Ringes *EF* = 13″ ———

Dünne genug kan der Ring nicht gemacht werden. Ich dächte von Karten Papier (etwa $\frac{1}{3}$ oder $\frac{1}{4}$ Secunde (nicht nach diesen Maasen sondern würcklich)
Damit alles recht kenntlich wird, so ist *DE* als der kleinste Theil wohl die Hauptsache, worauf man zu sehen hat wenn man Deutlichkeit mit <u>Wohlfeile</u> vereinigen will. Setzen wir diese = 1
36v Linie Pariser Maas | so würde der Halbmesser des Saturns gleich = 1 Zoll 5 Linien, also der Durchmesser beynah 3 Zolle. Weiter dünckt mich dürfen wir wohl nicht viel gehen.[1092]

85
85 $9\frac{1}{2}$
19) 170
2
19) 340 ([1093]

Vom Winckel.
ein halbes Jahr auf ein Seite dunckel. 1803.[→ 283,14–17]
Ring heller.[→ 282,21–22]
Rotation des 5t[en] Sat. 79T. 7St. 47′[→ 275,18–19]
Aufgehalten bey der occultation[→ 281,22–25]
Seltsame Aussichten und Umstände.
An den Polen nicht sichtbar. Berechnung[?] u. s. w.[→ 282,1–14]
Wie entstanden?[→ 158,23–25] |

13–14 (nicht … würcklich)] *für* nach obigem Maaße **15** wird] *für* würde | ist] *danach gestr.* wohl **26–33** Vom … entstanden] L_B **27** dunckel] *erg.* **29** 7] *für* 17

Saturns Ringe ad B ⊕ 12r

Der innere Durchmesser des kleinsten Ringes 5900 Theile.
Der äussere – 7510 ——
Der innere Durchmesser des größten Rings 7740 ——
Der äussere – 8300 ——
Breite des inneren Rings – – – – – – – – – – – – 805 ——
Des äusseren – – – – – – – – – – – – – – – – – – – 280 ——
Breite des Zwischen raumes – – – – – – – – – – 115 ——[1094]
Rotation des 5ten Satell. $79^{\text{T.}}$ $7^{\text{St.}}$ $47^{\text{Min.}}$[→ 275,18–19]

Herschels Abhandlung von der Umdrehung des Rings steht im 80ten Band der Transact. zwischen dem 28 Jul. und 24 Dec. 1789 hat er 300 Revolution[en] gemacht, das sind 149 Tage. Dieses giebt 11 St. 15′ 12″[1095] in den Zeitungen stund 10^{h}. 22′ 15″[1096]
Die Umdrehung betrifft den schmalsten Ring.
Seine Dünne |

(C) 41r

Saturn

Atmosphäre. Flecken

Herr Herschel hat Streifen und Flecken darauf gesehen seit dem April 1775. abgebildet in Bodens Jahrbuch 1793. Tab: II. Fig. 10. 11. Es folgt daraus daß er sich in eben der Richtung dreht wie Jupiter. Er hält es auch für Atmosphärische Wirckungen. Auch bey den occultationen der Trabanten durch den ♄ geschah eine Verweilung. Diese gieng beym 7ten bis auf 20′. beym 6ten auf 14 bis 15 Minuten.
Die Axe der Umdrehung steht auf der Ebene des Rings senckrecht also liegt der Ring im Aequator. Denn so wie der Ring sich öffnet so krümmen sich die Streiffen.[1097]

Abplattung nach Bugge 2 : 3. Berl. Eph. 1793. p. 96 [1098]
Herschel 10 : 11.[1099]

Umdrehung des <u>5</u>^{ten} um seine Axe (rotatio) 78^{T} 7^{h}. 47′.[→ 275,18–19]
♍ 17.° ♓ 17.° oder $5.^{\text{S}}$ 17 und $11.^{\text{S}}$ 17°.[→ 279,14]
Herschel hält den Ring für weißer (heller) als den Saturn selbst.[→ 282,21–22]

---

1 ad B ⊕] *erg.* 2 kleinsten] *für* schmalsten 4 größten] *für* breitesten
19–20 seit … 1775] *erg.* 31–32 *erg.*

Was für ein Anblick dieses auf dem Saturn seyn muß. Unter den Polen des ♄ sieht man den Ring natürlich nicht weil er sonst unendlich breit seyn müste. Es läßt sich leicht berechnen in welchem Grad der Breite man anfängt den Ring zu sehen. Denn

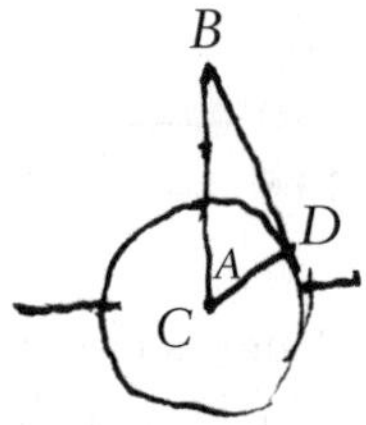

nach dem vorhergehenden ist *CB* = 85 + 112 = 197 und *CD* = 85.→ 280,1–7
also *CB* : *CD* = rad : cos *x*.

1.9294189
<u>11.</u>
11.9294189
<u>2.2944662</u>
8.6349527 = Log.[cos] 87° 32′.[1100]

Also ist doch nur ein kleiner Polar-Kreis, wo er unsichtbar ist, denn man sieht ihn bis auf die Breite 87°. 32′. |

41v Nun noch einige Spiele der Einbildungskrafft.[1101]

Nr. 56 IX F, 13r

13r Bodens Jahrbuch 1793. p. 240

<u>Ring.</u>

Schon im Junius 1778 bemerckte Herr Herschel durch eine gutes 10 Füßiges Teleskop die Trennung der Ringe.

Der Ring stärcker erleuchtet als der Planet selbst. Bey starker Vergrößerung fällt der Saturn ins gelbliche, der Ring bleibt weiß.

Er hat den Ring nie gantz verschwinden sehen. Den 29 Aug. 1789 sah er den 3ten Trabanten so stehen, daß er ihn mit der Dicke des Ringes vergleichen konte, er schäzte ihn $\frac{1}{3}$ oder $\frac{1}{4}$ desselben. Den Trabanten selbst auf 1″ dick.‡

Den Durchmesser des kleinsten Trabanten des 7te sezt er auf 1000 englische Meilen (250 deutsche) und so ohngefehr die Dicke des Ringes. Daß er diesen Trabanten zu beyden Seiten der Schiefe des Rings gesehen, könnte von einer Strahlenbrechung herrühren, so daß damals der Trabant dicker <u>erscheinen</u> muste, als der Ring, ob er gleich an sich nur eben so dick seyn könte.[1102]

---

2 des ♄] *erg.* | natürlich] *erg.* 2–3 weil … müste] *erg.* 20 Ringe] *danach gestr.* // Auch bemerckte er dunckle Streifen und Schatten auf der südlichen Halbkugel

‡ ♄. 20″ im Durchmesser, dieses sind nach Bode 10 Diam. ♁ also 1″ = $\frac{1}{2}$ Diam ♁ $\frac{1}{4}$″ = $\frac{1}{8}$ 1720 d. Meile = 215. für die Dicke des Rings.

Diameter des Rings : Diam ♄ = 7 : 3 = 46″ : 20″ scheinbar; Breite des Ringes 13″ Abstand vom ♄ = 13″

Sezt man den Durchmesser des Saturns 10 Durchmesser der Erde so ist die Breite des Ringes $3\frac{3}{8}$; der Durchmesser des Rings $23\frac{1}{2}$. Zwischen Raum zwischen Saturn und Ring $3\frac{3}{8}$. Abstand vom Saturn 5375 deutsche Meilen.[1103]

Umdrehung des Rings 10^{h}. 22′ 15″→ 281,13

Nr. 57 IX F, 44r

Verschwinden des Ringes. 44r

Es giebt 3 Ursachen

1) Wenn dessen Ebene durch die Sonne geht und das Geschieht im 17° der Jungfrau und der Fische.
   das lezte mal am 20ten Oct. 1789.
   das nächste mal den 17ten Jun 1803
   das 2te mal 6ten April 1819.
2) Wenn die Ebne durch unser Auge geht
3) Wenn wir auf der Schatten Seite stehen.

Dela Lande Ed. 2da. T. III. p. 442)[1104]

<u>In der</u> größten Oeffnung wird er von der Mitt[e] 1796 bis Mitte 1797 erschein[en] wo als dann bestimmt werden können wird ob man Fixsterne durch die Henckel sehen kan. Sie[he] Berl Ephem 1798. p 96.[1105]

---

4 scheinbar] *erg.* 22 von … Mitte²] *für* im Jahr 24 durch … Henckel] *für* dadurch

Nr. 58 VII N, 10r

10r Uranus.

Den 14 Jan. 1792.[1106]

Asc. Recta Ur. 140. 33.′ γ♊. 96° 14

Declin. 16.° 12 Bor. 9′ Variat.

Asc. R. 96° 23. Declin 16° 35

16° 12

23

140° 33′

96 23

44° 10.

44° = 2ʰ 56′

10′ = [40″]

2ʰ 57.′ und zwar ist des Sterns Declin 23′ kleiner als die des γ♊.[1107]

Nr. 59 IX E, 6r

6r 1795. d. 15ten März[1108]

AR α♌ 149° 10′

Declin — 13° 2′ Bor.[1109]

Uranus. den 15 Martii ☉

AR. Urani 152.° 33.′

Declin. 12° 10.′

Diff. Assc. RR. = 3° 23′ in Grad.[1110]

— Declinn. = – 52′ quibus declin. α♌ major. est. declin Urani.[1111]

3° = 12′ Temp. 23

23′ = 1 32″ 4

13′ 32. diff. AR. α♌. & Urani in tempore, quo α♌. praecedit.[1112] 92

13 10′ =] *danach gestr.* † 17 d. 15ten März] *erg.* L_B, *mit Tinte nachgezogen*
26–28 23 … 92] *Nebenrechnung in der Vorlage auf der unteren Blatthälfte,* L_B

♄. <u>1795. den 21. März</u>[1113]

AR. Urani = 152. 18′
Declin = 12 15′ 13° 2 α ♌
<u>12 15,</u>
152 18 57 differenz in Declin. α ♌ major[1114].
<u>149. 10′</u>
3. 8

3° = 12′ $\frac{1}{2}$. nachher[,][1115] nur um 57′ südlicher also im Tubo oben

Nr. 60 IX F, 66

<u>Comet, der 1789</u> erwartet wird. 66r

Maskelyne's Aufsatz darüber.

Philos. Transact. Vol 76. p. 426.[1116]

Weil Halley in seiner Synopsi Astronomiae cometicae die zuerst in den Philos. Trans. von 1705 und nachher 1749 mit seinen astron. Tafeln erschienen ist den Cometen von 1531, 1607, 1682. für 1759 voraus sagte,[1117] und in der ersten Ausgabe die Vermuthung äusserte, daß der Comet, den Apian 1532 und Hevel 1661 gesehen haben, auch wohl der selbe seyn könte,[1118] welches er aber aus der 2ten Auflage wegließ,[1119] so haben die Astronomen geglaubt er könne wohl um 1788 oder 1789 wieder kommen.
Der Zwischen Raum zwischen seiner Erscheinung von 1532 im Perihelio nach Apian und 1661 betragen 128 Jahr 89 Tage (1 Stunde 29′) (weil nemlich 32 Schalttage darunter sind) addirt man diese Zeit + 11 Tage wegen des neuen Styles zu der Zeit der lezten Erscheinung im Perihelio und es wäre sonst alles richtig so würde er den 27 April um 1 Uhr 10′ 1789 wieder im Perihelio seyn.
Man hatte aber schon beym dem Cometen von 1759 gefunden, daß er vom Jupiter und Saturn würde gestöhrt werden, daher es

---

1–9 <u>1795.</u>.... oben] *L_B* **19** 1532] *danach gestr.* zuerst geseh **22** geglaubt] *danach streicht Bearb.* es könten *danach gestr.* wohl die **23–24** im Perihelio] *erg.* **25** 29′)] *danach gestr.* addirt man

auch erst Clairaut war, der eigentlich die Wiederkunfft des Cometen gnau berechnet,[1120] die Halley nur Roh angegeben hatte. So sezte ihn Cläraut seine Wiederkunfft zum Perihelio auf
66v die Mitte des Aprils, er kam | aber schon um die Mitte des Mertz, welches eine wahre Kleinigkeit in einer so schweren und delicaten Sache ist[1121] – Allein freylich hat hier auch das Glück grade einen der vortheilhafftesten herbey geführt, denn seine UmlaufsZeit ist noch kurtz, ja die von Uranus ist schon um einige Jahre größer.[1122]
Eben so ergiebt es sich, daß auch der jetzige Comet vom Saturn und Jupiter [gestört wurde] als er sich ihren Bahnen in den Jahren 1682 und 1663 näherte. Dieses könte nun freylich eine große Veränderung machen.
HE. Maskelyne hofft vieles von der Preißfrage der Frantzosen Dieses ward ihm sehr übel genommen von der Nation und sie hat auch in gewisser Rücksicht Recht, und zwar wurde ihm die Nachricht von HE. Mechain gegeben, der hernach den Preiß erhalten hat.[1123]

Nr. 61 IX F, 68r

68r

Dela recherche de la comète de 1532 et 1661, dont on attend le retour vers 1789 ou en des années voisines par M. Pingré

(Connoiss. des Temps. pou[r] 1789. p. 299.)[1124]

Dieses ist vermuthlich der Aufsatz, dessen sich HE. Bode in seinen Ephem. bedient hat.[1125]

HE. Olbers Aufsatz. (Math. Magazin. 1787. p. 430. IV^{tes} St)[1126]

Der eintzige bisher vorausgesagte und auch erschiene[ne] ist der von 1759.
Jetzt erwartet man wieder einen von dem manche Astronomen etwas zu decisiv gesprochen haben. Erscheint er nicht, so hat es

7 der] *danach gestr.* schönst 8 ist^{1}] *danach gestr.* gro 12 und] *Dittographie* 14 der Frantzosen] *erg.* 20 recherche] *für* retour 31 manche] *für* die

ziemlich Zeit bis wir wieder einen Erwarten können, nemlich erst 1835 und 1848.[→164,26]
Die Berechnung nach der Ellipse nennt HE. Olbers mit Recht einen astronomischen Luxus. Die Umlaufs Zeit ist wichtig zu wissen, wenn man je etwas will zuverlässiges ausmachen.[1127]

Nr. 62 IX F, 67

ad §. 646. 67v

Ueber den Cometen
den man zu Ende 1788 oder zu Anfang 1789 erwartet,
aus der Gothaischen Zeitung gezogen. 1788. 92 St.[1128]

Der Comet ist der, den Hevel 1661 und vielleicht Apianus 1532 beobachtet hat. Astronomi certant. Als Halley 1705 einen Auszug s. Cometographie herausgab und seine Meinung von der Wiederkunfft des Cometen von 1682, welcher ihm derselbe mit dem von 1531 und 1607 zu seyn schien vortrug, so sezte er hinzu, daß er geneigt sey zu glauben der Comet von 1532 und 1661 von Heveln beob. seye einerley.[1129] Indessen seye Apians zu ungewiß um etwas daraus zu schließen.[1130] In einer neuen Ausgabe von der Cometographie, spricht er von der Wiederkunfft des ersten mit größerer Zuverlässigkeit, schweigt aber von dem 2ten Gantz.[→285,15–21] Indessen haben die Astronomen nach Halleys Tafeln[1131] noch immer vermuthet daß beyde Cometen nur einer wären, der einen Umlaufs Zeit von 128 bis 129 Jahren hätte. Daher gab die Königliche Acad. zu Paris für 1782 [auf], die verschiedenen Umlaufs Zeiten dieses Cometen so viel als möglich aus einander zu setzen. Den Preiß gewann HE. Mechain das Resultat seiner Abhandlung war es seyen nicht Beweise genug vorhanden wären um für Identität beyder Cometen zu stimmen.[1132] Er findet die Elemente gar sehr verschieden. Zur | 67r
Vergleichung kan folgendes dienen.[1133]

---

9 1788] *für* 1789 **11** Apianus] *für* Appianus *danach gestr.* 17 **13** Meinung] *danach gestr.* vortrug **17** Apians] *für* Appians **20** schweigt] *erg.*

Elemente des ersten cometen, den man vorausgesagt hat.

Im Jahr	Länge des ☊ aus der ☉ gesehen	Neigung der Bahn	Ort der ☉ Nähe	Abstand in der ☉ Nahe
1531	$1^{Z.}$ 19° 25′	17° 56′	10^{Z}. 1° 39′.	0,56700
1607	1 20 21	17° 2′	10 2 16	0,85912
1682	1 20 48	17° 42′	10 1 36	0,58327
1759	1 23 49	17° 38′	10 3 15	0,58380
				Bewegung Rückwärts
		<u>für den jezt erwarteten</u>		
1532	$3.^{Z}$ 29 8	42° 27′	4^{Z} 15 44	0,61255
1661	2 21 54	33 1	3 25 16	0,44272
				Vorwärts
				v. Zach.

<u>Siehe auch.</u> Bodens Eph. 1790. p. 185 sequ.[1134]
Man rechnet auch noch die mittlere Zeit[1135] der Passagen durch sein Perihelium zu den Elementen, also 5. St. dazu fügt man noch ob er vorwärts oder rückgängig war.
directus
retrogradus.[1136]

100 39
100 91
100
100
55 502
36[?][1137]

Nr. 63 IX F, 63–65r

63r Die Kometen beständige WeltKörper

1 : 1 Kreis
1 : √2 Parabel
1 : √2 + x Hyperbel
1 : √2 – x jedoch > als 1. Ellipse

---

9 Bewegung Rückwärts] *re. der Tab. von oben nach unten* **13** Vorwärts] *re. der Tab. von oben nach unten* **16** mittlere] *erg.*

Warum kein bekannter Körper im Kreise geht.[1138]
Schwierigkeit ihre Bahnen genau zu berechnen
Euler den von 1743 und 44 nach Kirchs Beobachtungen Hyperbolisch, nach genauern elliptisch[→166,12–14]
Der große von 1680 gewöhnlich 575 Jahr[,] nach Eulern $170\frac{1}{2}$ Jahr.[→166,17–19]

Sonderbarkeit und Unschädlichkeit

Der 1680. der ⊙ 166 mal näher als unsere Erde
Die ⊙ ein Winckel von 83°.[→166,2–5]
Wenn so groß und so dicht als unsere Erde 50000 Jahre sich abzukühlen.[→164,32–34]
Atmosphäre in Schurr[?][1139] verwandelt.[(635)] |
Wir unbedeutend 63v
Der 1454 (Lubienitz. T. II. p. 292) Lüneburger.[→166,6]
1770 selbst gesehen. Nicht einmal Ebbe und Fluth
Durch einen Umstand merckwürdig
Er müßte ein Ellipse durchlaufen in $5\frac{1}{2}$ Jahren
Solte so einer sich nicht offter zeigen?
Er soll 1767 und noch mehr 1779 dem Jupiter sehr nah gewesen seyn.[→166,20–34]
Meine Meinung von ihrer Dichtigkeit. Ich habe 2 Entdeckt ohne Nachricht davon zu haben[→167,3–5]
Ihre Anzahl mag sehr groß seyn
Lubienitz 415
Pingré bringt sie auf 380.
Berliner Tafeln T. I. 450
P. Pilgram. (T. II) 502. (p. 321)[→167,6–11] |
Quid pro quo[1140] verbessert. Es war nicht der von 1454, sondern von 1540, der den Schatten auf den Mond geworfen, nicht zwischem dem Monde durchgegangen. Er kam so zwischen Sonne und Mond zu stehen, daß sein Schatten, auf den Mond fiel.[(583)] 64r
Der Im Jahr 1770 stund, von dem ich sagte war der Erde am nächsten.[→166,20]

Jezt 85. berechnet. Der lezte ist der von HE. Dr Olbers in Bremen am 31. Märtz 96 Entdeckte und berechnete ist der lezte.[1141]
Vieles wird sich berichtigen lassen, wenn einmal

---

14 1454] *danach gestr.* gieng sogar zwischen dem ☽ und Erde durch 35 96] *erg.*

1) einer vor die Sonne träte, auch Bestimmung der Parallaxen,[→96,9–10] oder wenn die Erde ihren Schatten auf einen würfe.

2) Einer beständig verfolgt werden könte |

64v Nachtrag zur Eul. Theorie Calender 1787.

So wie sich Wärme der Schwere entgegen ausbreitet so konte es auch das Licht gerade linigte Bewegung hervor bringen bey andren Verbindungen; (strahlende Hitze.)[1142]

Der lange Winter ist ihm nöthig den Thau wieder aufzunehmen.

6mal ◂13000 fr. Meilen▸ so nah als der ☽ und eben so viel Masse, so konte er das Meer auf 2000 Toisen über sein Gegenwärtiges Niveau

Wenn sein Schweif die Erde berührte[,] üble Verdauung. Bataillen[1143]

Nebel von 1783. Dadurch erklärt[→182,22–25]

Er könte die Pole verändern[→183,1–3]

Ja Maupertuis er könte uns den Mond stehlen

Der Mond könte einer gewesen seyn

Also da hatten wir den Raubvogel selbst gefangen geraubt.[→ 183,4–16] |

65r Was das aufeinanderstoßen betrifft.

Nicht gantz unmöglich. Flinten Kugel in der Schlacht.

Was müßte geschehen? Knoten in die Erdbahn

Sejour (Essay sur les comètes a Paris 1785) Das unendliche gegen 1.[→183,17–25]

Auch ist keiner unter den bekannten, der so liegt; einige Nahe, das ist wahr Verrücken der Knoten.[→183,26–30]

Vielleicht auch nicht?

Ja wenn nun auch das der Fall wäre, müssen wir denn da seyn?

Séjour 752730 : 1 verwetten, daß wir nicht 13000 frantz. Meilen nahe wären.

nun die Lotterie erst 100 Millionen, da 752730 Nieten.[→184,12–21]

Wenn er aber auch so nahe käme so konte er doch die Flut nicht machen, auch wenn das Meer ein[e] fr. Meile tief wäre, denn

2–3 oder … würfe.] *erg.*

dazu gehört Zeit. er würde 10 Stund[en] 11′ Zeit gebrauchen dazu.[1144] in 1 Stunde 16000 Meilen entfern[t]
2 —— 24768 und in 2 Stunden schon
27° vom Zenith[→185,12–15]

Nr. 64 VII N, 20

Zwischen dem großen Bären und dem Löwen der kleine Löwe. 20r
Der Sternen leere Raum zwischen Zwillingen an einer und dem großen Bären und kleinen Löwen an der anderen Seite ist der Luchs

Unter dem Schwantze des großen Bären die Jagdhunde der zunächst am Schwantze Asterion der an andere Chara. Der helle Stern über dem Halse der Chara, cor Caroli II und unter Chara kömmt Coma Berenices.

Mit dem Cepheus vom Pol ab nach der Länge gerechnet liegt die Eidexe zwischen Schwanen Schwantz und Cassiopea. nach dem Pegasus zu.

Zwischen α ♈. und Algol in der Mitte die Triangel und Fliege, die Fliege nach den Pleijaden zu.[1145]

Eidechse 20v
Friedrichs Ehre[1146]
Herschels Uranus entdeckt
Flamsteed in der Mitte zwischen der V spitze und den Plejaden 1690 23 Dec.[1147]

Nr. 65 IX F, 11

Mem. de Paris. pour 1787. p. 24. (Memoires).[1148] 11r
Man hatte geglaubt man würde die Vergrößerung der Teleskope nie weiter als 200 bis 300 bringen. Jezt hat sie Herschel auf 3 bis 6000 gebracht. Er erwartete freylich nicht durchaus Deutlichkeit aber es ist schon genug zu wissen, daß etwas da ist.[1149]

3–4 und … Zenith] *erg.* 8 und … Löwen] *erg.* 19–23 Eidechse … Dec] L_B

Die Idee von wegnehmen des kleinen Spiegels ist nicht neue. p. 26 in der Note führt HE. de la Lande an, daß sich im VII Band der Instrumenten Beschreibung der Acad. und noch in der Instrumentsammlung der selben ein solches Teleskop. Es wurde aber so wie es erschien auch verworfen, weil sie würcklich bey kleinen Teleskopen nichts taugt.[1150]

Abbé Rochon hat die Uranus Trabanten mehr als einmal durch ein 22 Füßiges Gregorianisches Teleskop gesehen, das ein berühmter Künstler Carrochez, der Spiegel aus Platina mit vielem Glück verfertigt, wieder ausgebessert hat (Es ist vermuthlich das Noëlsche zu la Muet πμ) Er rühmt den Künstler, der durch 2 Spiegel erhalten habe was HE. Herschel nur durch einen gekont habe.[1151]

Ueber die Vergrößerung von Herschels Teleskopen steht ein Aufsatz in <u>Schröters</u> Beytrag zu den neusten Astron. Entdeckungen aus dem Englischen. p. 248.[1152] |

11v 1720
3
11) 5160 (469 [1153]
44
76
66
100

Nr. 66 IX F, 92r

92r <u>Fixsterne</u>

<u>Philos. Trans Vol. 79.</u>

Im zweyten Theil dieses Bandes steht nun HE. Herschels <u>2tes</u> Tausend von Nebel sternen, die er alle für gantze Systeme hält.[1154] Er erweißt nach der Lehre vom Wahrscheinlichen, daß dort Punckte seyn müssen, die alles versammeln. Dieses ist auch würcklich ausser allem Zweifel, die länglichen sind Strohme von Sternen die sich nach jenem Mittelpunckt hin ergießen. (Es ist als wäre alles einmal durch einen Stoß zerstreut und sammelte sich

---

9 der] *danach gestr.* die

nun wieder wie ausgegossenes Quecksilber in tropfen zusammen lauft.[→ 27,33–28,4] πμ) Dieses ist alles sehr deutlich in den 2300 Nebelsternen zu bemercken, die er jezt gesehen hat. Er folgert aus allen diesen Erscheinungen mit Recht, daß die gantz runden von gleichförmigem Licht die ältesten sind, und daß wir so schon die gantze Geschichte gleichsam übersehen könten, so wie ein junger Mensch das gantze Verhalten des Menschen in seinen verschieden[en] Stufen von Wachsthum und Abnahme sehen kan, und wenn er auch gleich nur ein paar Jahre selbst lebte, denn es ist einerley ob ich, denselben Menschen vom Zustand [des] Säuglings bis zu dem des Greises beobachten oder ob ich täglich Kinder, Jünglinge, Menschen vom Mittel Alter Männer und Greiße sehe.[1155] Sehr schön! (Es dürfte als[o] jezt nur einmal eine Merckliche Veränderung an einem solchen Sterne einen planetary nebula zeigen[1156] so könte man auch auf die übrigen schließen, dieses kan noch sehr viel weiter genüzt werden πμ). HE. Herschel citirt hier eine Schrifft von sich Theoretical view – Formation of Nebulæ – Form I. Philos. Trans. Vol 75. p. 214.[1157]

Nr. 67 IX F, 24–25r

Herschels Construction of the heavens.[1158] 24r

Die hohle Kugel ist eine schlechte Vorstellung ob wohl in vieler Rücksicht nützlich.

Sein 20 Füßig Teleskop verwandelte die Milchstraße auf einmal in Punckten. Hauptsächlich beobachtete er die Gegend um die Hand und Keule des Orion.

> (Herschels Teleskop von 7 Fuß 200 Guineen mit Gestell Mikrometer und allem; 10 Fuß 600 Guineen und eines 20 etwa 2500 bis 3000 Guineen. S. Magellan im Bodens Jahrbuch 1788. p. 164.)[1159]

Er fand in dem Felde von 15 Min. hier und da gezählt, bald 110, 60, 70, 90, 70 und 74 und einmal in einem der leersten 63 Sterne. Im Durchschnitt 79 für jedes Feld. Ein Streiffen 15° lang und 2 Breit wird also auf 50000 Sterne enthalten.

4–5 gantz … von] *für* rundlichen von 11 bis] *danach gestr.* in 15 zeigen] *für* Zeigen | übrigen] *danach gestr.* S 27–29 *am unteren Rand* 31 70[1]] *für* 67

Das waren aber blos die Deutlichen. Er vermuthet noch 2 mal so viel die er nur zu weilen wie aufflimmern sah.

Viele von den in Connois. des tems für 1783 und 84 angegebenen Nebel flecken lößten sich ihm auf.[1160]

Er sah Nebelflecken um andere, die wie Trabanten ließen.[(741)] (Deutsch p. 10) andere wie Fächer oder elektrische Büschel aus einem hellen Punckte, andere Cometen artig. Sie scheinen alle in Schichten zu liegen.

Wie sich durch Aichung (gage) die Stelle der Sonne in der Sternschicht, die wir Milchstraße nennen finden läßt. p. 17. seqq.[1161]

Sinnreiche Muthmaßung daß der Zug unseres Sonnensystems nach den Knoten der Milchstraße hingeht, der eine Knoten soll beym Cepheus und Cassiopea, der andere beym Skorpion und Schützen liegen. Der Nebenzweig der Milchstraße sey nicht viel kleiner als ein Halbkreis und ist eine nothwendige Folge aus |
24v dem Umstand daß sich 2 Schichten durchkreutzen  wie er es aufgezeichnet hat.

Wäre die Milchstraße würcklich ein Ring so sieht man nicht, warum grade unsere Sonne dieses Vorrecht haben soll mitten in dem Ringe zu stehen. So aber haben alle Sonnen Systeme Milchstraßen. die ausgenommen die am Ende stehen. Erläuterung durch eine Nebelschicht etwa 50 Fuß breit und 1000 Fuß lang worin Personen stehen.

Von seiner Sterneiche (star gage) Er zählt immer 10 Felder, voll nahe bey sammen, und dividirt mit 10 oder schneidet eine Ziffer ab ZE. er hat in 10 Zählungen 985 sterne gefunden, so ist die Aiche 98,5, und so nahm die Eiche immer zu wie er der Milchstrase näher kam.

So kan die Figur der Schicht bestimmt werden, denn so wie die Aiche zu nimmt, wird der Radius länger. Das ist leicht.

Hieher was vom Zuge nach den Knoten steht (auf vorhergehender Seite)[→ 294,11–17]

Er bemerckte offt ehe er auf Nebelflecken stieß gantz leere Stellen durch sein herliches Teleskop, auch fand er einen Nebel-Grund und Boden ehe er auf eigentliche Nebelflecken stieß.

Den Beschluß machen Muthmaßungen über die Sternschichten des Krebses und des Haars der Berenize. Von lezterer glaubt er

---

7–8 Sie … liegen.] *erg.* 22 Nebelschicht] *danach gestr.* so dick daß sie sich vielleicht um den ganzen Himmel herum erstrecke. Er getraut aber noch nichts bestimmtes darüber zu sagen Die Teleskope seyn noch in ihrer Kindheit. schreibt er 1784.[1162] |

2te Abhandlung. (Deutsch p. 25) 25r

Man verfällt hierbey in 2 Fehler. 1) Phantastische Ausschweifungen und Weltenbau nach belieben, wie Cartesius, die freylich am Ende selbst zusammen fallen. 2) Häufung von Beobachtungen ohne Schlüsse daraus und muthmaßliche Vorstellungsarten. Er wünscht nicht gern in den lezten Fehler zu verfallen.

1te Form

Die Sterne sind ungleich, sie sammeln sich um den stärcksten. p. 27.

2te Form. p. 28.

Wo einige wenige Sterne etwa einander näher stehen, da giebt es andere Formen.

3te Form p. 29

Aus den Verbindungen der vorigen Formen entstehen Hacken, Zweige die wieder zusammenziehungen veranlassen.

4[te] Form

So können auch Sternen haufen wieder andere bilden, wo das von Sternen haufen gielt was vorher von einzelnen Sternen gesagt worden war.

Er glaubt (p. 120) daß sich auch Neb[e]l schichten Zerstreuen können und muthmaßt daß unsere Schicht so dünne sey[n] könne von dem Haupt har der Bernice her. auch grade im Pol der Milchstraße gegenüber fand er etwas ähnliches nur nicht so dicht wie die Coma.

Im Skorpion findet sich eine große leere Stelle und gleich dabey die Sterne sehr dicht. p. 121. Auch eben das hat er noch bey einem andern bemerkt.

Er hat 2300 bemerkt (p. 155)[1163]

Nebelflecke von 5′–6′ im Durchmesser er noch deutlich sehen kan hat 600 Sirius Weiten weggesezt.[1164]

6 und … belieben] *erg.*

XIII. Von der Erde insbesondere

XIII.1 Vorbemerkung

Lichtenberg hatte sich schon im Wintersemester 1780/81 vorgenommen, seine einstündige öffentliche Vorlesung über Astronomie mit einem Abschnitt über „Theorie der Erde“ zu schließen.[1] Weil er zum Ende dieses Kurses gerade erst „mitten in der Lehre vom Monde“ war,[2] setzte er die Vorlesung über Astronomie im Sommersemester 1781 fort. Es ist nicht sicher, ob Lichtenberg, wie beabsichtigt, „nach ihrer Beendigung die *Theorie der Erde*“[3] zu dieser Zeit gelesen hat. Zumindest haben sich keine Aufzeichnungen erhalten, die sich einem solchen Vortrag zuordnen lassen, und im ‚Büchelgen‘ C für das Sommersemester 1781 sind nach dem 27. Juli keine Astronomievorlesungen mehr vermerkt.

Erst im Sommersemester 1784 bietet Lichtenberg eine einstündige öffentliche Vorlesung über den dreizehnten Abschnitt des Lehrbuchs von Erxleben, „welcher *von der Erde* insonderheit handelt“, an.[4] Den datierbaren Ausarbeitungen (Nr. 1 und 2), die Lichtenberg dieser Vorlesung zugrunde gelegt hat, ist zu entnehmen, daß er die Unterabschnitte „Physische Geographie“ und „Meteorologie“ zumindest bis zu den sog. wäßrigen Lufterscheinungen unter Einschluß der Gewitter und des Blitzschutzes behandelt hat. Ein im Wintersemester 1785/86 angelegtes Manuskript (Nr. 3) enthält dann auch Ausarbeitungen für den noch fehlenden Unterabschnitt „Theorie der Erde“. Zuerst in diesem Wintersemester und dann – außer 1789/90 – in allen weiteren Wintersemestern seiner Lehrtätigkeit trägt Lichtenberg den Abschnitt „XIII. Von der Erde insbesondere“ in einer vierstündigen Vorlesung jeweils nach der Astronomie vor.

Lichtenbergs Aufzeichnungen zu den Vorlesungen über diesen Abschnitt lassen sich formal in die dem Vortrag zugrunde gelegten Ausarbeitungen (Texte Nr. 1–3) und ergänzende Notizen einteilen. Außer Text Nr. 2, einem Abschnitt im ‚Büchelgen‘ J, enthalten die Ausarbeitungen auf einer Folge von numerierten Folioblättern in vollständigen Sätzen den behandelten Stoff.

---

[1] Volborth, Vorlesungen 1780, 905 f.

[2] Siehe S. 53,9–10.

[3] Volborth, Vorlesungen 1781, 298.

[4] Volborth, Vorlesungen 1784, 570.

Die Notizen (Nr. 4–121) sind, wie die ‚Heffte' bei den vorigen Lehrbuchabschnitten (vgl. VNat 3 und 4), meist ergänzende Informationen, die selten mehr als eine Seite umfassen. Ausnahmen sind die Texte Nr. 14–17, 24, 70, 78 f., 101 und 102 mit mehr oder weniger ausführlichen Vorbereitungen auf besondere Vorlesungsstunden und Nr. 65–67, 80 und 111, bei denen es sich vermutlich um Notizen und Entwürfe für Veröffentlichungen handelt. Da den Vorlesungsaufzeichnungen und auch Gamaufs ‚Erinnerungen' (vgl. GamN = VNat 2) zu entnehmen ist, daß sich Lichtenberg bei den Vorträgen zum Abschnitt „XIII. Von der Erde insbesondere" im Gegensatz zur Astronomievorlesung nach der Themenabfolge in Erxlebens Lehrbuch gerichtet hat, sind seine im folgenden edierten Notizen entsprechend angeordnet. Bei jedem Themenkomplex werden, soweit vorhanden, bloße Literaturnotizen vorangestellt, allgemeine und umfassende Texte kommen vor solchen, die Sonderfragen behandeln. Liegen zu Einzelheiten mehrere Notizen vor, werden sie mit der ältesten beginnend in chronologischer Folge wiedergegeben.

Übersicht über die in diesem Kapitel edierten Texte

Vorlesungsausarbeitungen

Nr. 1 IX E, 40–41; 38; 36; 34–35; 30; 29; 42–43; 45–46; 57; 56; 23r; 24r; 25–26
VII C 6, 16–17
IX D 2, 3–7; 9–11r
Pläne der Vorlesungen über Erxlebens 13tes Capitel. angefangen ♄ den 15 May 1784.

Nr. 2 VII F 2, J 3, 8v–10r; 15r–16r; 17v–19r
Publicum den 4^{tn} Sept. [1784]

Nr. 3 IX D 11, 3; 6r; 4; 6v–8
IX D 1, 31–32; 41r; 33–38
IX B, 11–12; 3
ad Erxleben §. 763 von einer Grundwärme [Winter 1785/86]

Notizen

A. Physische Geographie

A.1. Die Oberfläche der Erde im Ganzen betrachtet[5]

Nr. 4	IX F, 118r	Deutsche Meilen
Nr. 5	IX E, 37v	London Chron. 1786. Oct. 10 und Oct. 14.

A.2. Vom Meere

Nr. 6	IX E, 33r	[Salzigkeit des Meeres]
Nr. 7	IX E, 31 f.	ad §. 676. / Versuche der Saltzigkeit der See.
Nr. 8	IX E, 33v	Farbe des Meeres

A.3. Von den Ungleichheiten auf dem Trockenen

Nr. 9	IX E, 44r	Berge
Nr. 10	IX E, 65r	Berge.

A.4. Von den kleinen Gewässern auf der Erde

Nr. 11	IX E, 22r	Geyßer

A.5. Innere Beschaffenheit der Erde

Nr. 12	IX E, 22v	[Vergleich der Mächtigkeit der bekannten Erdschicht mit dem Erddurchmesser]
Nr. 13	IX E 54v-55r	Ganggebürge des Hartzes [1786]
Nr. 14	IX E, 50–53r	Gebirgsarten nach Werner.
Nr. 15	IX E, 58–60; 48–49r	Einleitung Gebirge
Nr. 16	IX E, 47	Wiederholung. für den 25 Febr. 94.

A.6. Richtung des Magnets nach den Weltgegenden

Nr. 17	VIII G 3, 15	Magnet. 1 Stund.
Nr. 18	VIII G 3, 22r	Magnet Nadel
Nr. 19	VIII G 3, 19r	Seecompaß
Nr. 20	VIII G 3, 26r	Mr Mcculloch's patent Sea-Compass
Nr. 21	VIII G 3, 6r	Magnet Nadel überhaupt
Nr. 22	VIII G 3, 5r	Erfindung der Magnet Nadel und Ihrer Eigenschafft.
Nr. 23	VIII G 3, 2–3r	Erfindung der Magnet Nadel

5 Die Zwischenüberschriften der Übersicht wurden dem Inhaltsverzeichnis von Gamauf (GamN, 805–807) entnommen.

Nr. 24	VIII G 3, 16–17	Plan für die Stunde. 4–5 den 14 Febr. 92.
Nr. 25	VIII G 3, 11v; 11r; 10v; 10r; 9v; 9r	Annotationes phys: math et Philos.
Nr. 26	VIII G 3, 7r	Declination
Nr. 27	VIII G 3, 4r	[Anzahl von Messungen der Deklination auf den Weltmeeren nach Buffon]
Nr. 28	VIII G 3, 18r	Ueber die Magnetischen Linien auf den Charten.
Nr. 29	VIII G 3, 12r	Halley's Pole
Nr. 30	VIII G 3, 20r	Declinations Nadel
Nr. 31	VIII G 3, 24r	Magnet.
Nr. 32	VIII G 1, 35	Ueber die Intension der Magnetischen Kräffte
Nr. 33	VIII G 1, 36r	Magnet. Stärcke des Strohms der Materie
Nr. 34	VIII G 3, 21r	Tägliche Veränderung der Declination
Nr. 35	VIII G 1, 37r	Einzutragen
Nr. 36	VIII G 3, 25r	ad §. 707. / Tägliche Abweichung.
Nr. 37	VIII G 3, 13r	Magnet Nadel Inclination.
Nr. 38	VIII G 3, 23r	Inclinations Nadel

B. Meteorologie

B.1. Vom Luftkreise

Nr. 39	IX E, 27r	Vom Einfluß des Mondes auf das Barometer. / ad §. 714.
Nr. 40	IX E, 61	Einige allgemeine Betrachtung[en] bey Gelegenheit der Winde.
Nr. 41	IX E, 62	§. 716 / Vom Winde
Nr. 42	IX E, 64r	Vom Regelmäßigen Ostwinde zwischen den Wendekreißen.
Nr. 43	IX E, 21r	Noch einige Erinnerungen
Nr. 44	IX E, 67	Anemometer
Nr. 45	IX E, 68r	Woltmanns Hydrometr. Flügel
Nr. 46	IX E, 66r	ad §. 719.

B.2. Von der Ebbe und Fluth

Nr. 47	IX D 2, 1r	Ebbe und Fluth
Nr. 48	IX D 2, 2r	Ebbe und Fluth

B.3. Von den wässerichten Lufterscheinungen

Nr. 49	IX D 3, 1–3r	Ausdünstung, Thau.
Nr. 50	IX D 2, 8r	ad §. 727
Nr. 51	IX D 3, 4–5r	§. 729. / Sätze und Fragen vom Thau
Nr. 52	IX D 3, 6r	Thau
Nr. 53	IX D 3, 7r	§. 731. / Vom Reif (Givre).
Nr. 54	IX D 3, 8	§. 732.
Nr. 55	IX D 3, 10	Nebel 1783 §. 733
Nr. 56	IX D 3, 11r	§. 733.
Nr. 57	IX D 3, 9	§. 732. 733.
Nr. 58	IX D 3, 12r	Nebel §. 733.
Nr. 59	IX B, 14r	Erdbrand in Island §. 733.
Nr. 60	IX D 3, 13r	§. 734 / Sätze und Fragen über Wolcken
Nr. 61	IX D 3, 15	§. 735. / Sätze und Fragen von dem Regen
Nr. 62	IX D 3, 14r	Nebel
Nr. 63	IX E, 44r	Zum Regen
Nr. 64	IX E, 10r	Hyetometer.
Nr. 65	IX F, 19	[Phänomen des Hagels]
Nr. 66	IX F, 20r	[Hagelwetter]
Nr. 67	IX F, 21	[Entstehung des Hagels]
Nr. 68	IX D 3, 16r	§. 736 / Vom Hagel.
Nr. 69	IX D 3, 17r	§ 737. / Sätze und Fragen vom Schnee

B.4. Vom Gewitter

Nr. 70	IX D 5, 1r	Blitz und Donner. Einleitung
Nr. 71	IX D 5, 2	Blitz und Donner
Nr. 72	IX D 9, 1r; 2–3r	Richmanns Tod.
Nr. 73	IX D 4, 1r	Zur EntstehungsArt des Gewitters gehörige Bemerckungen
Nr. 74	IX D 4, 2r	Wie entstehten[!] die Gewitter
Nr. 75	IX D 4, 4r	[Winkler und Franklin]
Nr. 76	IX D 8, 1r	Ereignisse bey Donnerwetter
Nr. 77	IX D 2, 1v	[Ableiter auf Lichtenbergs Gartenhaus]
Nr. 78	IX D 6, 2r; 1	Gewitter Ableiter.
Nr. 79	VII G, 1–2r	[Gewitter und Blitzableiter]
Nr. 80	VII C 3, 11	[Leitung des Blitzes]
Nr. 81	IX E, 7r	Wasserhosen. Typhones durch Elecktr.

B.5. Von andern glänzenden Lufterscheinungen

Nr. 82	IX D 10, 9r	Nordschein durch die Elecktricität
Nr. 83	IX D 10, 1r	Nordlicht überhaupt
Nr. 84	IX D 10, 2r	Nordlicht.
Nr. 85	IX D 10, 7	Nordlicht durch Elecktr. aus Wilke.
Nr. 86	IX D 10, 10r	Nordlicht. §. 759.
Nr. 87	IX D 10, 3–4	Nordlicht.
Nr. 88	IX D 10, 5	Meine Theorie.
Nr. 89	IX D 10, 6	Nordlicht. §. 759.
Nr. 90	IX D 10, 11r	Nordlicht auf Magnet Nadel. §. 760.

B.6. Von der Witterung

Nr. 91	IX D 11, 1r	Bücher zur Witterungslehre überhaupt
Nr. 92	IX D 11, 11–12	Witterung.
Nr. 93	IX D 11, 2, 16r	[Kirwans Formel]
Nr. 94	IX D 11, 15r	Witterung. Kirwan.
Nr. 95	IX D 11, 13r	Schneelinie
Nr. 96	VII E 10, 20r	Schnee linie.
Nr. 97	IX D 11, 9r	Steigen und Fallen des Barometers
Nr. 98	IX B, 9	Halleys Barometer Regeln
Nr. 99	IX D 11, 10r	Witterungs Proph.: (Ungewißheit)
Nr. 100	IX D 11, 14r	Witterungs-Prophezeyhungen

C. Theorie der Erde

C.1. Von der Entstehung der Erde

Nr. 101	IX D 1, 19–20	Theorie der Erde / Ordnung des Vortrags
Nr. 102	IX D 1, 21–22r	Allgemeine Beobachtungen
Nr. 103	IX D 1, 29r	Theorie der Erde überhaupt
Nr. 104	IX D 1, 30r	Das Hauptsächlichste von HE. v. Redens zu Clausthal Theorie der Erde
Nr. 105	IX D 1, 44r	Thier knochen
Nr. 106	IX D 1, 23–27	Hauptsächliche Theorien der Erde
Nr. 107	IX D 1, 2–3	Kants Theorie der Erde.
Nr. 108	IX D 1, 14–15	Theorie der Erde. (Hutton und Williams.)
Nr. 109	IX D 1, 4–6	HE. DeLucs 2te Theorie.
Nr. 110	IX D 1, 16	Theorie der Erde / Miscellanea.
Nr. 111	IX D 1, 39	Theorie der Erde für den Calender.
Nr. 112	IX B, 5r	Elephanten in unsern Gegenden

Nr. 113 IX B, 6	Alter der Welt.
Nr. 114 IX D 1, 8–12r	DeLuc.
C.2. Von den Vulkanen	
Nr. 115 IX D 1, 43r	Vulcane
Nr. 116 IX E, 20r	§. 786
Nr. 117 IX B, 7r	§. 787.
Nr. 118 IX B, 13	Vulkane
C.3. Vom Erdbeben	
Nr. 119 IX D 1, 42r	Verwüstungen Erdbeben
Nr. 120 IX B, 8	Erdbeben.
Nr. 121 IX B, 2r	Abnahme des Meer Wassers

Lichtenberg stellt in der für die Vorlesung im Sommersemester 1784 verfaßten Ausarbeitung (Nr. 1)[6] zuerst sein Programm vor, das dem Stoff des dreizehnten Abschnitts im Kompendium entspricht. Jedoch zeigen die Ausarbeitungen und die Notizen, daß Lichtenberg Schwerpunkte, wie z.B. den Erdmagnetismus und die Mineralogie, gesetzt hat, die zumindest bisweilen verhältnismäßig ausführlicher als im Lehrbuch und in Gamaufs Aufzeichnungen behandelt wurden. So konnte er vermutlich den relativ übersichtlichen Inhalt seiner Vorträge der nach Behandlung der Astronomie noch verfügbaren Zeit anpassen.

Lichtenberg beginnt den ersten Unterabschnitt, die *Physische Geographie*, mit Bemerkungen zu Größe und Form der Erde. Dieses schon in der Vorlesung zum zwölften Abschnitt von Erxlebens Lehrbuch eingehend behandelte Thema wird nur kurz wiederholt. Dazu gehört Text Nr. 4, eine Notiz über die Ableitung der deutschen Meilen, eines Wegemaßes. Es folgt eine Übersicht der Kontinente. Die Notiz Nr. 5 zur voraussichtlichen Nutzung Australiens durch England als Kolonialmacht zeigt, daß Lichtenbergs geographische Interessen über die in seiner Definition der Physischen Geographie (Nr. 1, S. 315,16–17) gezogene Grenze hinausreichen.

In den Vorlesungen zum Meer geht Lichtenberg auf die Eigenarten des Mittelmeeres und die Tiefen der Weltmeere ein. Besonders wichtig sind ihm offenbar die Herkunft des Salzgehalts des

---

6 Als spätere Einschübe sind, auch an den Wasserzeichen, NL IX E, Bll. 23 f. zu erkennen.

Meerwassers (Nr. 6 f.) und das Meeresleuchten (Nr. 8), das er aus eigener Erfahrung kennt.

Bei der Betrachtung der Gestalt des festen Landes sucht Lichtenberg nach Regelmäßigkeiten des Verlaufs der Gebirge und macht Notizen zu den Höhen bekannter Berge (Nr. 9 f.).

Er bespricht dann kritisch Meinungen über die Herkunft der fließenden Gewässer, macht Angaben zur chemischen Zusammensetzung von Quellwassern und eine Notiz über Geysire (Nr. 11).

Die Geringfügigkeit der dem Menschen bekannten Tiefe der Erdkruste im Verhältnis zum Erddurchmesser demonstriert Lichtenberg mit einem eindrucksvollen Vergleich, den er in einer Notiz (Nr. 12) variiert. Mit dem Schichtenaufbau der Erdkruste, den er mit einer von Lasius vorgezeichneten Skizze der Schichtenfolge zwischen Göttingen und dem Brocken veranschaulichen kann (Nr. 13), leitet Lichtenberg über zu den Gebirgsarten, die er nach Werners System erklärt. Dieses Thema handelt er zumindest 1791, 1792 und 1794 unter Vorweisung von Gesteinsproben ab (Nr. 14 f.). Außerdem haben sich dazu Notizen für eine Vorlesungsstunde im Wintersemester 1793/94 erhalten (Nr. 16).

Sehr eingehend stellt Lichtenberg dann, beginnend mit einer Zusammenfassung der Grundlagen der Lehre „Von der magnetischen Kraft", den Erdmagnetismus und seine Wirkung auf die Magnetnadel dar, wozu er ein besonderes ‚Hefft' angelegt hat. Auf eine Notiz zur thematischen Überleitung vom Schichtenaufbau der Erdrinde zum Erdmagentismus (Nr. 17) im Rahmen der Vorlesung, die nur mit Hilfe des Wasserzeichens auf die Zeit nach 1788 datiert werden kann, folgen Einzelheiten zur Lagerung von Magnetnadeln in Meßinstrumenten (Nr. 18) und in Seekompassen (Nr. 19 f.). Daran schließen sich Notizen zur Geschichte der Erfindung der Magnetnadel: Den Wasserzeichen des Papiers zufolge sind die Texte Nr. 21 und 22 vor 1788 entstanden; Text Nr. 21 geht voran, obwohl er auf einer jüngeren Quelle, dem 1787 erschienenen ersten Band von Gehlers Wörterbuch, beruht als der Auszug aus den „Göttingischen Anzeigen" von 1765 (Nr. 22), weil Lichtenberg letzteren offenbar als eine Ergänzung zu Nr. 21 betrachtet. Den Auszug aus Forsters

Übersetzung (1785) von Swinburns Reisebeschreibung (Nr. 23) hat Lichtenberg dem Wasserzeichenbefund zufolge erst nach 1788 angefertigt. Der „Plan“ für eine Vorlesung am 14. Febr. 1792 (Nr. 24) beginnt mit der Erfindung der Magnetnadel und leitet dann über zum Problem der „Abweichung“, d.h. der magnetischen Deklination und Inklination, mit Hinweis auf eine Aufzeichnung (Nr. 25), die Lichtenberg während seines zweiten Englandaufenthalts zu Beginn des Jahres 1775 in Kew angefertigt hat. In der Notiz Nr. 26 geht es um die Veränderung der Deklination in der Zeit seit Beginn regelmäßiger Messungen in London und Paris, in Nr. 27 um die Zahl von Messungen der Deklination auf den Weltmeeren und in den Texten Nr. 28 und 29 um die vermeintliche Lage der magnetischen Pole, von denen Nr. 29 mit Rücksicht auf den Inhalt und auf das Wasserzeichen als jünger zu bewerten ist. Die Texte Nr. 30 und 31 enthalten Notizen über Deklinatorien, Geräte zur Messung der magnetischen Mißweisung. In Nr. 32 und 33, die beide wohl um 1779 entstanden sein dürften, notiert Lichtenberg Gedanken zur Messung der Kraft des Erdmagnetismus. Die Texte Nr. 34–36 betreffen die tägliche Variation der magnetischen Deklination: Nr. 34 enthält Lichtenbergs eigenen, aber wenig konkreten Gedanken für die Erklärung des Phänomens; die Reihenfolge von Nr. 35 und 36 ergibt sich aus dem Alter der Veröffentlichungen, auf die sich Lichtenberg in diesen Texten bezieht. Schließlich sind Nr. 37 und 38 Notizen zur magnetischen Inklination und ihrer Messung.

Danach beginnt der zweite Unterabschnitt des Abschnitts „XIII. Von der Erde insbesondere“, die *Meteorologie*. Lichtenberg geht aus von der Lufthülle der Erde, ihrer Mächtigkeit und der Messung ihrer Veränderungen mit Hilfe des Barometers, wozu er etwas von Woltmanns Beobachtungen über den Einfluß des Mondes notiert (Nr. 39). Hieran schließt sich die Entstehung der Winde, vor allem der stetigen, als einer Folge des Einflusses der Sonne auf die Erde. Unter den Notizen finden sich dazu „allgemeine Betrachtungen“ (Nr. 40), die dem Wasserzeichenbefund zufolge nach 1788 entstanden sind; ein Auszug aus einem die gesamte Meteorologie umfassenden Mémoire Senebiers aus dem Jahr 1787 (Nr. 41), das Lichtenberg auch für andere

Aspekte auswertet; ein Auszug aus einem 1790 erschienenen Werk von Hube (Nr. 42) und – vermutlich vom WS 1792/93 – Stichpunkte zur „Unbeständigkeit der Winde in unserem Clima“ (Nr. 43). Es folgen zwei Texte zu Anemometern (Nr. 44 f.) und eine Notiz über eine Ballonfahrt (Nr. 46), die ebenfalls einen Rückschluß auf die Windgeschwindigkeit erlaubt.

Die Einwirkung des Mondes zeigt sich vor allem in dem Phänomen von Ebbe und Flut und ihren Folgen, den Meeresströmungen. Zwei zugehörige Notizen (Nr. 47 und 48) sind in der aus dem Wasserzeichenbefund geschlossenen Reihenfolge angeordnet.

Ein Hauptgebiet der Meteorologie sind die sog. wäßrigen Lufterscheinungen oder Meteore. Auf deren Grundlage, auf Verdunstung („Ausdünstung“), geht Lichtenberg in seinen Vorlesungsausarbeitungen recht ausführlich ein, weniger auf das Phänomen des Taus (unter Einschluß von Erscheinungen aus dem Bereich der belebten Materie: Mehl- und Honigtau), für das er jedoch mehrere Notizen sammelt: Der Text Nr. 49 geht wegen seines allgemeinen Charakters voran, obwohl er den Verweis auf ein Exzerpt enthält, das nicht vor dem April 1790 angefertigt worden sein kann. Es folgen zwei Notizen nach Senebiers schon erwähntem Mémoire von 1787 über Verdunstung (Nr. 50) und über Tau (Nr. 51) und Bemerkungen zum Tau (Nr. 52), die Deluc 1791 veröffentlicht hat. – Beim Thema Tau endet das erste zusammenhängende Vorlesungsmanuskript (Text Nr. 1).

Nur Notizen haben sich zu Reif (Nr. 53) und Nebel (Nr. 54) erhalten. Letzteren behandelt Lichtenberg unter Einbeziehung des „Höhenrauchs“, der mit den ganz Europa beeinflussenden Folgen der Laki-Katastrophe 1783 von besonderem Interesse war: Nr. 55 enthält Angaben zu Schriften, die noch unter dem Eindruck oder sogar während des Phänomens entstanden sind; die Texte Nr. 56 und 57 gehen teilweise oder ganz auf Senebiers Mémoire von 1787 zurück, Text Nr. 58 enthält Angaben zu bemerkenswert langdauernden Nebelerscheinungen, und in Text Nr. 59 geht es um die Laki-Katastrophe selbst, die schließlich als Ursache des „Höhenrauchs“ von 1783 erkannt wurde.

Lichtenbergs Vorlesungsunterlagen setzen sich fort mit Stichpunkten zu den Vorlesungen am 4., 11. und 18. Sept. 1784 in einem von seinen ‚Büchelgen' (VII F 2, J 3 = Text Nr. 2). Es geht um Wolkenbildung, Regen, Hagel, Schnee und Gewitter und um den damit zusammenhängenden Blitzschutz. Wiederum nach Senebiers Mémoire macht Lichtenberg Notizen zu Wolken (Nr. 60) und Regen (Nr. 61); Nr. 62 ist eine nach Erscheinen der sechsten Aufl. von Erxlebens Lehrbuch (1794) entstandene Notiz zu Nebel und Regen; Nr. 63 enthält einen Gedanken Lichtenbergs über den Zusammenhang zwischen Niederschlag und Quellen, und Nr. 64 ist eine Notiz zu einem Regenmesser (Hyetometer). Die Texte Nr. 65 bis 67 sind vermutlich Vorarbeiten zu einer Publikation Lichtenbergs über den Hagel im „Neuen Hannöverischen Magazin" von 1793; auf diese Veröffentlichung bezieht sich der Schluß der Notiz Nr. 68, deren Hauptteil wiederum ein Auszug zum Hagel aus Senebiers Mémoire von 1787 ist. Aus diesem Mémoire notiert Lichtenberg außerdem „Sätze und Fragen zum Schnee" (Nr. 69). – Lichtenbergs Interesse an den Phänomenen des Gewitters und am Blitzschutz zeigt sich auch am Umfang der zu diesem Thema hinterlassenen Notizen. Sie beginnen, in der Anordnung für diese Edition, mit einer allgemeinen Einleitung (Nr. 70). Daran schließen sich Franklins Theorie vom Blitz (Nr. 71), ein authentischer Bericht über den Tod des bei seinen Untersuchungen der Luftelektrizität vom Blitz erschlagenen Physikers Richmann (Nr. 72) und zwei Notizen (Nr. 73 f.) über die Entstehung des Gewitters, von denen Nr. 73 nach dem Wasserzeichenbefund als älter und Nr. 74 zusätzlich wegen des Hinweises auf die vierte Aufl. von Erxlebens Lehrbuch (1787) als jünger anzusehen ist. Es folgt eine weitere Aufzeichnung zur Theorie Franklins (Nr. 75), die jedoch Ergänzungen aus der Zeit nach 1788 enthält. Etwas außerhalb steht der von den Naturforschern nur kurze Zeit diskutierte sog. „returning stroke" (Nr. 76). – Die älteste Notiz zum Blitzschutz ist eine Skizze des 1780 von Lichtenberg auf seinem Gartenhaus errichteten Ableiters (Nr. 77). Text Nr. 78 war, der Diktion zufolge („[…] ich will Ihnen meine Meinung sagen […]"), für eine Vorlesung gedacht und ist nicht vor Ende 1784 entstanden. Ebenfalls als Grundlage für eine Vorlesung hat der nach 1790 entstandene Text Nr. 79 über Gewitter und Blitzschutz gedient. Zeitlich nicht eingeordnet werden konnte ein Textfragment (Nr. 80), das vielleicht eine Vorarbeit für eine beabsichtigte Veröffentlichung oder für ein Gutachten gewesen ist. – Zu den sich in Erxlebens Lehrbuch anschließend behandelten Wirbelstürmen (§ 756) hat sich nur eine Notiz erhalten (Nr. 81).

Hingegen gibt es zum Nordlicht, einem damals in unseren Breiten gerade häufig beobachteten Phänomen aus dem Bereich der sog. glänzenden Lufterscheinungen, eine umfangreichere Materialsammlung. Nr. 82 bis 84 enthalten Notizen zu Arbeiten über Nordlicht, die bis einschließlich 1780 erschienen sind. Text Nr. 85 ist ein Auszug aus der schwedischen Originalausgabe eines Werks von Wilcke. In Nr. 86 geht es um die Zahl der zwischen 1701 und 1780 in der Gegend um Berlin beobachteten Nordlichterscheinungen. Es folgen zwei vermutlich um 1791 entstandene Texte: Nr. 87 mit der Beschreibung der Phasen eines Nordlichts und Stichpunkten zu verschiedenen zeitgenössischen Erklärungsversuchen und Nr. 88 mit einer Darstellung von Lichtenbergs eigener Erklärung. Um Sonderfragen, um die Seltenheit von Nordlichterscheinungen im 17. Jh. (Nr. 89) und um magnetische Einflüsse des Nordlichts (Nr. 90), geht es in zwei weiteren Notizen.

Die zweite zusammenhängende Ausarbeitung (Text Nr. 3) für seine Vorlesungen über den XIII. Abschnitt von Erxlebens Lehrbuch hat Lichtenberg offenbar im März 1786 begonnen.[7] Im Rahmen der vierstündigen Vorlesung im WS 1785/86 hatte Lichtenberg die Vorlesung über den Abschnitt XII (Astronomie) am 27. Jan. 1786 abgeschlossen[8] und in den folgenden Vorlesungsstunden vermutlich die physische Geographie und die Meteorologie behandelt, soweit das für die einstündige Vorlesung im Sommersemester 1784 vorbereitete Manuskript (Text Nr. 1) reichte. Das neue Manuskript (Text Nr. 3) beginnt (von Lichtenberg foliiert von 1 bis 4) mit Ausarbeitungen zur „Witterung", d.h. zum (meteorologischen) Klima. Zu diesem Thema gehören die Notizen Nr. 91 mit bibliographischen Angaben und Nr. 92 bis 94 mit Aufzeichnungen über die Theorie Kirwans zur Berechnung der mittleren Temperatur einer geo-

---

7 Siehe S. 376,17.
8 Siehe S. 221,39.

graphischen Breite, von denen Nr. 92 vermutlich auf Kirwans Originalveröffentlichung von 1787 zurückgeht, während Nr. 93 eine freiere Bearbeitung ist, in der Lichtenberg Kirwans Namen nicht erwähnt. Nr. 94 enthält nur einzelne Gedanken und bezieht sich auf die 1788 erschienene deutsche Übersetzung von Kirwans Schrift. Nr. 95, mit einem Verweis auf die vierte Aufl. von Erxlebens Lehrbuch (1787), enthält außer Notizen zur Höhe der Schneelinie noch Stichpunkte zu den abschließenden Themen in der Vorlesung über Witterung, während es sich bei Nr. 96 (mit einer Erwähnung der Schneelinie) um eine Notiz für Eintragungen in das Sudelbuch L handelt, das Lichtenberg seit 1796 geführt hat; außerdem steht auf dem Blatt der Name eines Hörers aus dem Sommersemester 1798. Zum „Steigen und Fallen des Barometers" gibt es zwei Notizen, von denen Nr. 97 nach dem Wasserzeichenbefund älter ist als Nr. 98. Zur Begründung der Reihenfolge zweier Texte zur „Wetterprophezeihung" (Nr. 99 und 100) finden sich keine typischen inneren oder äußeren Merkmale; Nr. 100 enthält jedoch einen Bezug auf ein 1793 erschienenes Buch.

Daran schließt sich in Lichtenbergs Manuskript (Nr. 3) die Ausarbeitung für die Vorlesung zur *Theorie der Erde*. Der erste Teil (von Lichtenberg paginiert 4 bis 20) beginnt mit der Darstellung der Theorien Kants und einiger älterer Autoren, die durch Kant, nach Lichtenbergs Ansicht, überholt worden sind. Daran schließt sich die von ihm selbst bevorzugte Theorie Delucs, so wie dieser sie zuerst in dem 1779 erschienenen fünften Band seiner „Lettres physiques et morales" aufgestellt hat. Der zweite Teil des Manuskripts (von Lichtenberg paginiert 21 bis 25) ist dem Wasserzeichenbefund zufolge jüngeren Datums aus der Zeit ab 1788. Lichtenberg behandelt darin Vulkanismus und Erdbeben, also Themen, die unter dem Einfluß der sich zu dieser Zeit schnell entwickelnden Geologie standen.

Die Einleitung zu den Vorlesungen über die „Theorie der Erde" hat Lichtenberg noch zweimal variiert; wobei die „Ordnung des Vortrags" (Nr. 101) nicht vor 1791 entstanden ist, dem Jahr des Erscheinens der Rezension, der Lichtenberg die Kenntnis der Arbeit Huttons verdankt (vgl. Nr. 108). Der Text „Allgemeine Beobachtungen" (Nr. 102) kann wegen der Erwähnung von

Franklins Theorie (vgl. „48.“ in Text Nr. 106) nicht vor 1793 verfaßt worden sein.

Lichtenbergs ergänzende Notizen zur „Theorie der Erde“ beginnen mit einer frühen Literaturnotiz (Nr. 103), der Aufzeichnung der Ansichten des Clausthaler Berghauptmanns K. F. von Reden (Nr. 104), die zugleich das einzige Zeugnis für dessen Besuch bei Lichtenberg am 9. Juni 1781 ist, und einer weiteren Literaturnotiz (Nr. 105). Die drei Texte stammen aus einer Zeit, in der Lichtenberg sich nur beiläufig mit diesem Themenkomplex befaßt zu haben scheint. Es folgt als Text Nr. 106 eine umfangreiche Zusammenstellung von Theorien über die Entstehung der Erde und über die Prozesse, die zu ihrer aktuellen Gestalt geführt haben. Lichtenberg hat diese Liste dem Wasserzeichenbefund zufolge nicht vor 1788 begonnen, über eine längere Zeit geführt und ergänzt, denn Gamauf, der die „Geogonie“ im Wintersemester 1795/96 hörte, gibt eine – von ihm chronologisch geordnete – frühere Fassung dieses Textes wieder, in der die letzten Einträge Lichtenbergs in Nr. 106 fehlen. Die Zusammenstellung hat einen mehr bibliographischen Charakter. Lichtenberg scheint seine Kenntnis der Theorien überwiegend Rezensionen verdankt zu haben. Anders als die Überschrift „Hauptsächliche Theorien der Erde“ vermuten läßt, hat er weder eine Auswahl unter den ihm bekannt gewordenen Theorien getroffen, noch hat er sie kritisiert oder systematisch geordnet. Er nennt allerdings in dem schon erwähnten Text Nr. 102 zumindest ein allgemeines Einteilungskriterium, das auch auf seine Zusammenstellung anwendbar gewesen wäre.

Auf diese Liste folgen mehr oder weniger umfangreiche Notizen zu einzelnen Theorien. Es beginnt mit einer eng am Text von 1785 bleibenden Zusammenfassung von Kants „Ueber die Vulkane im Mond“ (Nr. 107). Daran schließt sich eine Kritik der Prinzipien Huttons (Nr. 108) nach der 1791 erschienenen Rezension des Buchs von Williams, die Lichtenberg zufolge einer Erwähnung in einer Einleitung (Nr. 101) vermutlich in seine Vorlesung einbezogen hat. Besonders ist Lichtenberg an der weiteren Entwicklung von Delucs Theorie (Nr. 109) gelegen. Deshalb macht er sich auch Notizen zu der Kontroverse zwischen Deluc und La Métherie in den Heften vom Dezember 1791 und

Januar 1792 der von La Métherie herausgegebenen „Observations sur la Physique“ (Nr. 110) und beginnt mit einer Sammlung eigener Gedanken zu dem Thema (Nr. 111), die vermutlich eine Vorarbeit für „Einige Betrachtungen über die physischen Revolutionen“ im Göttinger Taschen Calender für 1794 bildet. Es folgen zwei Auszüge aus dem 28. Brief von Deluc an La Métherie (Nr. 112 und 113). Schließlich exzerpiert Lichtenberg noch die aktualisierte Fassung von Delucs Theorie aus den ersten vier von Delucs Briefen an Blumenbach (Nr. 114), deren deutsche Übersetzungen von 1793 bis 1794 im Gothaischen Magazin erscheinen.

Das Thema Vulkanismus beginnt Lichtenberg mit einer kleinen Sammlung von Literaturnotizen (Nr. 115), die er nicht vor 1783 angefertigt haben kann, und zwei Auszügen aus 1787 erschienenen Schriften (Nr. 116 f.). Notizen nach dem Lexikonartikel im 1791 erschienenen vierten Band von Gehlers physikalischem Wörterbuch zusammen mit einer Einteilung der Vulkane nach Forster (Nr. 118) könnten Lichtenberg für entsprechende Ausführungen in der Vorlesung gedient haben.

Zu Erdbeben findet sich in den Notizen außer einer bibliographischen Angabe (Nr. 119) noch ein überwiegend auf den entsprechenden Artikeln in Nachschlagewerken (Gehler, Krünitz, Deutsche Encyclopädie) beruhender Text (Nr. 120).

Den Schluß bildet, wie in Erxlebens Lehrbuch, ein Text zur Frage, ob die Wassermenge der Weltmeere beständig abnimmt (Nr. 121). Lichtenberg hat dazu eine Stelle in Forsters "Beobachtungen" gefunden, die, so wie Lichtenberg es bevorzugt, zu keiner Entscheidung zwingt: entweder ist der Meeresspiegel gesunken, oder das Festland hat sich gehoben.

Die edierten Texte stammen überwiegend aus den Faszikeln VIII G 3, IX B, IX D und IX E des Lichtenberg-Nachlasses. Nicht ediert aus diesem Zusammenhang wurden folgende Stücke:

VIII G 3, 8r	Mitteilung von Christian Ramus an L., spätestens Februar 1791; vgl. die zu S. 420,2–3 gehörige Anm. – Ediert: Bw 1829a.
VIII G 3, 14	Tabula Totius Orbis Terrarum Exhibens Declinationes Magneticas prout Observatae sunt

	Anno 1744. una cum Ventis Generalibus. In: Musschenbroek, Dissertationes 1729; vgl. die Anm. zu S. 351,28–31. – Druck.
IX D 1, 17 f.	„Meteorologische Beobachtungen. / des Barometers und Reaumurischen Thermometers von dem Monat Julius. [und September] 1778. auf der Sternwarte zu Wien und in Gotha, des Morgens um 8. Uhr.“ Zwei synoptischen Tabellen, vgl. die Anm. zu S. 377,33–34. – Stichvorlagen?
IX D 7, 1 f.	„Gewitter Beobachtungen an der Wetterstange mit dem Ableiter auf dem Landhause.“ St. Petersburg?, September? 1784. – Ediert: Bw 1304.
X D 9, 4r	Zu einem Umschlag gehöriges Bl., enthält von L.s Hand folgende durchgestrichene Stichworte: „Elecktricität. / Condensator / Elecktrophor / Leidensche Flasche.“; außerdem zwei Bleistiftskizzen zum Pendel.
IX D 12, 1 f.	Darstellung einer in St. Petersburg beobachteten Haloerscheinung (mit der Abschrift der zugehörigen Erklärung nach „St. Petersburgische Zeitung. No. 20. Dienstags, d. 11. Merz 1785“); vgl. ErxH, 795,1–3 (Randbemerkung). – Druck.
IX E, 8 f.	Robert Townson an L., Göttingen, Juli 1794? – Ediert: Bw 2420.
IX E, 28	Gatterer, Johann Christoph: Natürliche Klassifikation aller Meere. (Weltkarte in Mercator-Projektion; kolorierter Kupferstich, vgl. die Karte Nr. 3 in dem Atlas „Gatterer's kleine Special-Karten“, SUB HSD 4 GEOGR 189 RARA.) Mit Aufschrift von L.s Hand „zu §. 24.“ (von Gatterer, Abriß 1775). – Druck.
IX E, 64v	Berechnung der Anzahl der Tage zwischen Frühlings- und Herbstäquinoktium auf der Nord- und Südhalbkugel; vgl. die Anm. zu S. 442,4.
IX E, 70 f.	Exzerpte aus Guericke, Experimenta 1672, als Vorarbeit zur Copernicus-Biographie – Edition geplant.

IX E, 72–83 Escher von der Linth, Hans Conrad: Geognostische Uebersicht der Alpen in Helvetien. In: Bibliothek der schweizerischen Staatskunde Erdbeschreibung und Litteratur, 1 (1796), 10. St., October 1796, S. 857–878. (In L.s Nachlaß als Korrekturbogen ohne Paginierung. Zu Escher, der bei L. 1787/88 Experimentalphysik sowie Astronomie und physische Geographie gehört hatte, vgl. LH 199–201.) – Druck.

Außerdem befindet sich im Faszikel IX E folgendes Blatt, das ein allgemeines Prinzip zu betreffen scheint, dessen Wirksamkeit L. wohl in mehreren Bereichen der Experimentalphysik vermutet hat:

IX E, 39r

39r

vom leichten zum Schwerern.

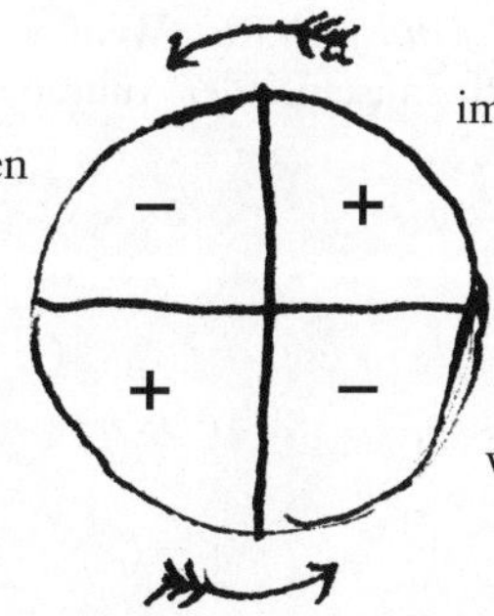

immer leichter und leicht vom Schwe[re]n zum leichten

Vom Schwern imm[er] zum leichten

vom Leichteren zum Schwerern.

Billiard kugel, Seifenblase elecktrische Röhre.
Eiserne Kugel eisern Ring. Magnet.

Kommentar:
vom leichten…Schwerern: *Meint L. die Drehbewegung einer hinsichtlich ihrer Dichte bzw. Ladung oder Polarität inhomogenen Kugel um eine Achse, oder deuten die Pfeile Richtungen von Kräften an? Der Zusammenhang mit den folgenden Stichworten ist unklar.* – Billiard kugel: *Vgl. L.s Sudelbuchnotiz L 807:* „Da in der Bewegung so viel Unbegreifliches ist, und ich sehe daß sich ein Körper bewegt wenn ein andrer ruht, so kan ich mir ja eben so leicht dencken daß ich den andern gegen diesen bewegt hätte, bey übrigens gleicher Quantität Motus. Eine Billiard-Kugel gegen die Erde zu stoßen erfordert nicht mehr Krafft, als die Erde gegen die Billiard Kugel zu bewegen, wenn nämlich die Quantitates motus einander gleich gesezt werden." – Seifenblase elecktrische Röhre:

Vgl. die Sudelbuchnotizen A 229: „Eine Seiffenblase, die angezogen wird, zum Exempel von einer elecktrischen Röhre bekommt eine Eyförmige Gestalt, die lange Axe ist der Röhre zugekehrt, eine solche Gestalt bekommt ohngefähr der wässerigte Theil unserer Erde gegen den Mond zu [...].“ *Oder geht es um Kohäsion, wie in der Sudelbuchnotiz J 1989:* „Baco's vortreffliche Regel: N. O. Lib. I. Aphor. 88. Was uns in einem Falle frappirt, achtet man in andern gar nicht. Beym Holz wundert sich kein Mensch daß es zusammenhangt, bey den Seifenblasen hingegen. Er hätte auch Magnet und Eisen nennen können. Solche Sachen aufzusuchen ist die beste Art die Natur zu erklären.“ – Eiserne Kugel eisern Ring. Magnet: *Zu denken ist an die aus Uffenbachs Sammlung von L. übernommenen Hilfsmittel für magnetische Experimente (NL VII Q 2, 51v):* „Verschiedene hole Eiserne Kugeln, Ringe und anderes zu magnetischen Experimenten.“ *Vgl. VNat 4, 351,21 f. und die zugehörige Anm. 69 (ebd., 761). Vgl. auch die beiden folgenden Sudelbuchnotizen mit weiteren Gedanke L.s zur Kohäsion; J 1595:* „Wenn ich eine eiserne Kugel aufhebe, so brauche ich blos ihr Gewicht zu überwinden für die Kräffte womit die Theile zusammen halten brauche ich nicht zu sorgen. Wenn wir auch diese Krafft hergeben solten so möchte die Krafft des stärksten Menschen nicht hinreichen nur ein Hagel Körnchen zu formiren.“ *Und J 1950:* „Wenn einmal die Theile einer eisernen Kugel mit der Krafft auseinander führen, was würde daraus werden?“

XIII.2 Texte

Vorlesungsausarbeitungen

Nr. 1 IX E; 40–41, 38, 36, 34–35, 30, 29, 42–43, 45–46, 57, 56, 25–26. VII C 6; 16–17. IX D 2; 3–7, 9–11r mit Einfügungen aus IX E; 23r, 24r

Pläne der Vorlesungen über Erxlebens 13tes Capitel. angefangen ♄ den 15 May 1784.[1] IX E, 40r = XIII. Erde. 1.

Nachzusehen Röhl T. 2. Abschnitt III. p. 112.[2]

Damit Sie nicht zu viel, aber auch nicht zu wenig von diesem Collegio erwarten, so will gantz kurtz den Plan von dem entwerfen; was ich abzuhandeln gedencke.

Das erste wird seyn eine allgemeine Eintheilung der Erde und eine physische Geographie

Physisch[3], weil wir uns weder in die politische Verfassung der Länder noch ihre Abtheilung einlassen wollen,

ich setze vielmehr diese Voraus, blos um Wörter zu haben, die Gegenden zu bezeichnen.

allgemein wird sie seyn, weil wir uns in keine besondere physische Beschaffenheit der Länder einlassen wollen,

Es wird hier nicht untersucht werden ob ein Land viel oder wenig Sand viel oder wenig Mineralien, was für Versteinerungen ein Land hat, sondern es wird hier nur blos betrachtet, was es überhaupt für eine Beschaffenheit mit den Mineralien hat und wie sie liegen, ob sie im Granit, Kalck oder Sand angetroffen werden. Von den Versteinerungen, wie solche Familien von Seethieren auf das trockne und auf eine solche Höhe haben kommen können.

Also physisch, nicht politisch oder statistisch wird diese Geographie seyn

sie wird allgemein Physisch seyn und nicht in das | besondere gehen. 40v

---

14–15 Eintheilung … eine[2]] *erg.* **16–17** der Länder] *erg.* **18** ich … vielmehr] *für* doch setze ich **20** weil] *davor gestr.* dam | uns] *danach gestr.* nicht

Es wird erst die Figur der Erde und Ihre Gröse betrachtet, und kurtz die Mittel angezeigt werden wie man zu diesen Kenntnißen gelangt ist

Alsdann sollen Anmerckungen über das feste Land und die Berge, ihr Streiche[n], die Höhen der vornehmsten und Methoden sie zu messen[4] angegeben werden. Es wird das vornehmste der Magnetischen Erde vorkommen.

Eben so werden über das Meer allgemeine betrachtungen angestellt[.] Es wird von der Ebbe und Fluth von den Ströhmen gehandelt und von andern Erscheinungen auf dem Meer. und in demselben.

Sind wir da fertig so werden wir uns über die Erdfläche erheben, und da die verschiedenen Bewegungen in der Lufft, die Winde nemlich betrachten, und alle die übrigen Lufftererschein[un]g[en] die Natur der Wolcken, des Donnerwetters des Schnees und Hagels, des Regenbogens, und des Nordlichts. Hierbey wird das wichtigste der Meteorologie vorkommen.

Ist dieses abgethan so wird alsdann von der Entstehung der Erde gehandelt werden, das will sagen das was wir von dem Ursprung ihrer gegenwärtigen Form mit einigem Grad von Gewißheit sagen könten

Den Beschluß soll alsdann das machen was wir von dem Untergang der Erde muthmasen können, und sind wir alsdann auf den Untergang der Erde gekommen, so soll auch dieses Collegium seinen Untergang erhalten. |

41 r = XIII. E. 2 Der Plan ist nicht klein, indessen glaube ich doch, daß wir in 20. Stunden recht fertig werden können.

Daß der Klumpen worauf wir wohnen rund ist, anzunehmen haben einige Leute geglaubt rechtfertige uns schon die bequeme Form. Es ist dieses eine sehr bequeme Art zu räsoniren, die aber gemeiniglich nicht eher gut gebraucht werden als bis man sie nicht mehr nöthig hat, nemlich wenn man schon weiß, daß die Sache sich so verhält.

---

1 betrachtet] *danach gestr.* werden **6–7** Es … vorkommen.] *erg.* **10–11** und[2] … demselben.] *erg.* **15–16** des[2] … Hagels,] *erg.* **17** der] *danach gestr.* Me Meteorologie] *davor gestr.* gantzen **24–25** dieses … erhalten.] *auf dem unteren Rand von Bl. 41r erg.* **28–30** anzunehmen … Form] *für* rechtfertigen uns schon eine Menge von Dingen, wenn man auch nicht unmittelbar zur Rechnung schritte

Ich sehe nicht ein warum die Erde nicht grade eine solche Scheibe seyn könte, als wie sich der Bauer denckt.
Hätte Gott eine Scheibe von Demant oder aus einer Materie, deren Cohäsion so starck gewesen wäre, daß sie nicht von der Anziehenden Krafft aller übrigen hätte können überwunden werden, so wäre sie so geblieben; sie hätte sich um einen Durchmesser oder um eine Axe drehen können, ob sie uns so würde geschienen haben das ist eine andre Frage.

der Ring des Saturns

Sich zu üben dencken sie sich einmal die Erde wäre ein Würfel von Metal, wie würde sich dieses verhalten?

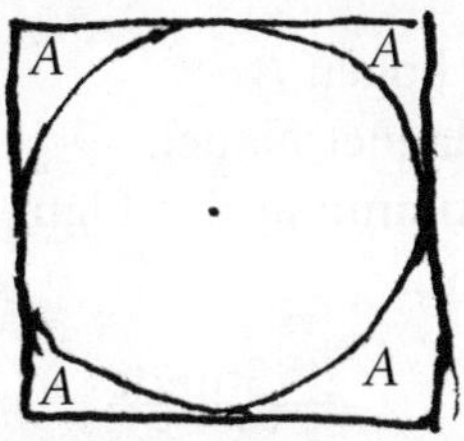

Ich habe zuweilen gedacht wenn man ein Stück von der Erde abhiebe, was es da geben würde.

5 |

Daß die Erde rund sey davon überzeugen uns nunmehr ausser 41v
den Messungen:

1) Das verschwinden der Schiffe, (nicht wie ein Lufftball)[6]
2) das verschwinden der Vorländer, wenn man die entfernten Berge noch sieht.
3) das Verhalten der Sterne hauptsächlich.
4) die Analogie mit andern Weltkörpern
5) die Monds finsternisse

hat man einmal ausgemacht, daß die Erde eine Kugel ist, so ist es bald ausgemacht wie groß sie ist.
worauf sich endlich alles richtige gründet was man von der Sache weiß.

---

6 sich] *danach streicht Bearb.* können **16** davon] *erg.* **18–21** *Zählung erg.* **22–25** *erg.*

Da es bey einer genauen Untersuchung des physischen Zustandes der Erde sehr auf die Kenntniß der Figur und Gröse ankommt, so ist es wohl der Mühe werth zu untersuchen wie man darauf gekommen ist.

Erst mit der Setzwage einen Eckigten Körper vertical

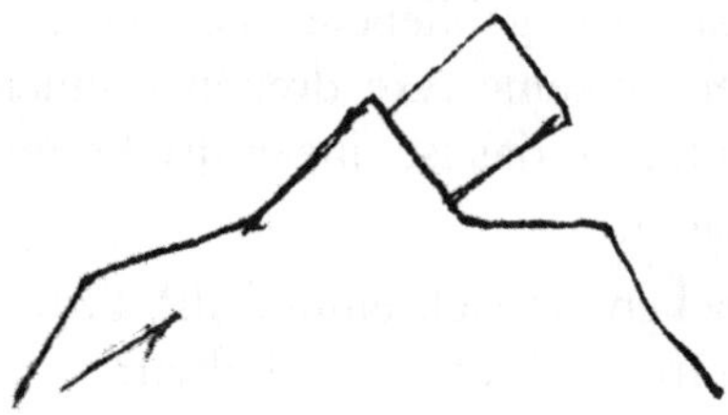

Eben so einen Brücken bogen

so mißt man mit der Magnet Nadel.

Hier bey was von Bestimmung der Figur der Erde in den astronomischen Hefften steht.[7]

2te Stunde

Den Versuch mit dem Schwungtisch[8]

Es war also nöthig mehrere Grade zu messen

Dieses noch mit der Setzwage und Magnet Nadel deutlich gemacht. |

38v = XIII. E. 3. Der gemessenen Grade sind immer noch wenige.[9]

Ausser dem Piccardischen in Franckreich und des von Snellius in Holland, den Musschenbroeck verbessert. hat man folgende genaue.

Gatterer Geographie. p. 31.[10]

den Bouguer und la Condamine in Peru

de la Caille am Cap.

Mason und Dixon in Pensylvanien.

P. Boscovich und P. Maire um Rom

Beccaria in Piemont.

Cassini de Thüry im südlichen Franckreich

Cassini und de la Caille bey Paris

P. Liesganig in Ungarn

Derselbe in Osterreich

---

2 und Gröse] *erg.* 3 werth] *danach gestr.* dieses

und Maupertuis zu Torneå. (man muß nicht sagen Tornea auch nicht Abo[11])

Aus diesen Beobachtungen ergiebt sich zwar sehr richtig eine Platt gedruckte Gestalt. Aber sie passen noch nicht in eine Regelmäßige Linie, also im strengsten Verstand ist die Figur der Erde noch nicht bestimmt

Da der gantze Unterschied nur etwa 10 Meilen[12] beträgt, so würde dieses bey einem Globo von 50 Füßen = $\frac{1}{5}$ des Jacobi Thurms, etwa 1 Zoll betragen, um welche die Axe der Erdkugel kleiner ist als der Durchmesser des Aequators. Also die übrigen wird man noch weniger bemercken

Warum die Berge. keine Änderung darin machen.

Chimborasso. im Südlichen Amerika. 75 mal der Jac. Thurm[13]

HE. Kriegs Sekretär Rambergs Geschichten. Puder. Bergwerck. Kleister Tiefe[14] |

Etwas von den nöthigen Circkeln 38r

Pole. Aequator Breite, Länge. Ecclipti. Trop. Climatibus.[15]

Alsdann von Meilen[16]

Ich muß sie noch einmal erinnern (Zusatz 1786.)

Der mittlere Grad des Meridians, hat 57108,8 Toisen. Dieses giebt für eine geogr. Meile 22842 Pariser Fuß, die Calenberger Meile enthält 32000 Calenb. Fuß, das sind 29122 Pariser, also die Calenberger zur geographischen ohngefehr wie 29 : 23.

Die gemeine mittlere deutsche Meile wie 24 : 23.[→395,3–15]

Solche Meilen hält nun der Durchmesser der Erde 1719.[17] Jezt hat man denn doch einen deutlichen Begrif.

<u>Oberfläche der Kugel.</u>

Nimmt man nun diesen Durchmesser an so kan man den Inhalt der Oberfläche finden.

vier mal der gröste Circkel. der Umfang × diameter.[18]

Dieses angenommen, beträgt die gantze Oberfläche der Erde 9,288,000 geogr □ Meilen.[19]

---

1 Maupertuis] *danach gestr.* am 1–2 (man … Abo)] *erg.* 7 10] *für* 3[?] 10–11 Also … bemercken] *erg.* 11 bemercken] *danach eine Zeile gestr.* <u>Etwas von Meilen</u> 14–15 *erg.* 17 Länge.] *danach gestr.* Tropicis 24 Die] *daneben am Rand gestr.* Erinnerung wegen 25 1719] *für* 1720 30 der … diameter.] *erg.* 32 9,288,000] *über der Ziffer* 9 *steht* I

NB (Flavius)
Eigentlich wenn man $\frac{1}{15}$ eines Grades 1 Meile(16) nennt so bekömmt der Umfang der Erde 5400 der Durchmesser 1719 Oberfläche 9282060 □ Meil. wenn sie lauter Meer wäre.[20]

Erinnerung wegen der Quadrat Meilen.
Ein Fehler in den sogar der scharfsinnige Verfasser der Reisen durch Deutschland[21] verfallen ist.
Die deutsche geogr. Meile verhält sich zur englischen wie 4 : 1. allein die □ Meile wie 16 : 1.[22]

Davon ist nach des Holländers Struyck Berechnung $\frac{2}{3}$ Wasser (Inleiding tot de algemeene Geographie)[23] und folglich wären nur 3,096000 festes bewohnbares Land.[24]

Zimmermann in Geograph. Gesch des Menschen 3ten B. p. 27. hat die verschieden[en] Berechnungen mit einander verglichen und für die noch unbekannten Länder eine Kleinigkeit hinzu gethan und Land zum Wasser = 2186082 : 6070696 gefunden ohngefehr = 10 : 27. Otto I. p. 7.[25]

Dieses feste bewohnbare Land, enthält drey grose Landmassen (HE. Prof. Erxleben sagt 2)[26] |
36r = XIII. 4. Die erste dieser Massen liegt gantz Oestlich vom Meridian der Insel Ferro eine von den Canarischen Inseln ohngefehr 20° westlich von Paris. Ich sage ohngefehr weil da eigentlich gar keine Insel liegt.[27]
Dieses gantze feste Land an einem Stück, ob es gleich bey Cairo (Kahira) und Suez sehr schmal ist, begreift die gantze alte Welt. Europa, Asien und Afrika, lezteres als eine halb Insel. Hierauf folgt die zwote grose Masse, Amerika im Westen; dessen Entdeckung sehr viel älter ist, als man gemeiniglich glaubt. Columbus gegen Ende des 15ten Jahrhunderts ◂(1492.)▸ wird gemeiniglich für den ersten Entdecker gehalten. Allein es ist nun wohl ausgemacht, daß es die Normänner schon 700 Jahre vor ihm gekannt haben. Siehe Sprengels Entdeckungen in der Geographie.[28]

1–4 *mit Einfügezeichen zwischen* Erde *u.* 9,288,000 *erg.* 2 man] *danach gestr.* den mittlern Grad des Aequators 5 Erinnerung] *mit doppelter Anstreichung davor hervorgehoben* 8 deutsche] *danach gestr.* Meil 12 3,096000] *über der Ziffer* 3 *steht* I 13 3ten … 27.] *erg.* 21–22 westlich … Paris.] *erg.* 25 schmal] *für* dünn 27 dessen] *für* deren 29 Columbus] *für* Cabessus[?] 32–33 Siehe … Geographie.] *erg.*

Die Entdeckungen der Normänner sagt Gatterer (Kleine Geographie S. 686)[29] sind nicht in Umlauf gekommen, noch von Bestand gewesen

ob es (Amerika) gantz Insularisch ist un[d] sein unbekannter Norden mit dem unbekannten Norden Asiens zusammen hängt muß noch entdeckt werden ibid.

Die Dritte liegt in der Südlichen Gegend der ersten und ist bereits 1616 von den Holländern entdeckt worden. Die westliche Küste ist bald darauf immer wieder von Holländern und Engländern befahrn worden. Der grose Capt. Cook war der erste der die Östliche Küste berichtigte, seinen <u>Entdeckern</u> zu Ehren hat es im Jahr 1644 den Nahmen von <u>Neuholland</u> erhalten .

Forsters Observations S. 1. seqq.[30]

Es giebt an Größe Europa wenig oder nichts nach. (es enthält 143000 □ Meilen Europa 171814 —[31] Es ist bis jezt wenig geachtet, allein es wird vielleicht alsdann gesucht werden wenn Despotismus und christliche Serail Intrigue | gescheuten Leuten, 36v die alte und neue Welt werden verleidet haben.→395,17–29

Die Südwestseite ist noch wenig beschifft und man klagt allgemein über Mangel an süssem Wasser und Ströhmen, beydes wird sich finden, wenn man es näher kennen wird. (ein groses niedriges flaches Land ist unmöglich weil es die See überwältigen wird; Berge <u>erhalten</u> das feste Land; Ströhme setzen das u. s. w.[32]

◂<u>Wie</u> wenn einmal ein fremdes Schiff an Holland anlandete▸

Alles übrige rechnet man für Insuln

Dieses war alles sehr gemein. Nun ein etwas allgemeineres, und etwas sehr frappantes, daß wir bey Betrachtung der Veränderung der Erde nicht aus der acht lassen müssen.

Diese Bemerckung rechtfertigt den Gedancken Neuholland mit zum festen Land zu rechnen. Alle Südwärts gerichtete Spitzen des festen Landes haben eine ausserordentliche Aenlichkeit. Alle Spitzen sind erhaben und haben östlich Inseln und formiren nach Westen zu einen grosen Busen. Dieses kan unmöglich zufällig seyn.

---

3 (Amerika)] *erg.* 9 Der] *für* C[?] 13–14 (es … —] *erg. in Form einer zweizeiligen Tabelle* 14 Meilen] *erg.* 15 alsdann] *erg.* | wenn] *danach gestr.* christlicher 18–19 allgemein] *erg.* 20–23 (ein … u.s.w.] *erg.* 21 niedriges] *erg.* 26 ein] *danach gestr.* allge 29 Diese Bemerckung] *für* Dieses 29–30 Diese … rechnen.] *erg.* 32 Inseln] *danach gestr.* . Africa das Cap

Amerika ☞ Amerika hat die Andes, die Cordilleras zu denen der eben erwähnte Chimborasso gehört

Der Busen an der Westlichen Küste ist sehr mercklich

Ostwärts von der Südspitze liegt das Feuerland, Statenland und die Falcklandischen Inseln.

Afrika. ☞ Afrika bildet Nordwärts vom Aequator einen grosen Busen, und hohe Felsen am Cap, die Nordwärts aufstreichen.

Gegen Osten liegt Madagaskar. |

34r Asien ☞ Asien endigt sich in Süden am Cap Comorin, einer sehr hohen Felsenspitze, das äusserste Glied der Gebirge von Gatté. Jenseits Cambaya gegen den Sindstrohm oder Indus liegt ein Busen der dem vorerwähnten völlig ähnlich sieht, und östlich von Cap Comorin liegt die Insel Ceylon

Neuholland ☞ Neuholland läuft in eine sehr hohe Felsen Spitze aus, die an Gebirge anhängt die ebenfalls nach Norden streichen. Neuholland gleicht Afrika fast völlig. Ostwärts von Neuholland ist Neuseeland.[33]

NB Grönland und Island kan noch hinzugethan werden.

3te Stunde den 12ten Junii

Ich habe in der lezten Stunde mit der wichtigen Beobachtung geschlossen wegen der Land spitzen. Kurtz wiederholt.

Das trockne Land enthält nun die 5 Welttheile Europa, Asien Africa an einem Stück, Amerika das getrennt ist, und Australien. (Die Insel Welt. Polynesien Gatterer p. 162.[34]

Woraus besteht Australien? Auf der Charte gezeigt.→(37)

Ober Australien
Neuholland, die größte aller Inseln
Papua Neuguinea, Neu Brittan[ien], Neu Irland, Neu Hannover
Neu Caledonien erst auf Forsters Reise entdeckt.
Unter Australien. das Heil. Geistland was für ein Nahme!
Charlotte, die neuen Hebriden, die Freundschafftlichen Neu Seeland
Die Inseln der Königin. Die Gesellschafts Inseln darunter das berühmte Otaheite

Papua ◂hieher die Anmerckung, daß Papua noch auf den Forsterschen Charten getrennt, ob er gleich der erste war, der es mit

6 bildet] *für* hat | einen … Busen] *für* grose Gebirge **19** den … Junii] *für (ungetilgt:* den*)* 29ten May 84. Tag vor Pfingsten **20** in … Stunde] *für* heute vor 8 Tagen **24** *erg.*

Neu-Guinea zusammen zu hängen angerathen.[35]▸ das Land der Papus hängt mit dem sogenannten Neuen Guinea zu sammen. Societäts Inseln warum so genannt?[36]

Etwas von der Projecktion dieser Charten.[37] |

Jenseits des Wendekreises des Steinbocks. Neuseeland 34v

Das feste Land erhebt sich auch selbst in seine sogenannte Ebnen. Nürnberg nach Hamburg.[38]

Die Erde ist noch viel unregelmäßiger, als der gemeine Mensch glaubt.

Das Wasser muß die niederen Stellen einnehmen

Der schöne Mechanismus. Wolcken, See.

Aus diesen Ungleichheiten ergiebt sich die seltsame Form. Die kleineren und gröseren Meerbusen

Etwas von der sinnreichen Art auf Charten die Höhen vorzustellen, durch die Gräntzen der Wasser spiegel.[39]

<u>im 674</u> §.[40] das Mittelländische Meer ist eine der Merckwürdigsten. Eingang zwischen Abila und Calpe[41], sonst keine sichtbare Verbindung mit dem Atlant.

der beständige Strohm.

Es enthält etwa 20000 Quadratmeilen.[42]

Die Breite ist etwa 1 Meile sezt man den Strohm 200 Fuß tief, und seine Geschwindigkeit $\frac{1}{2}$ Meile in einer Stunde so wird im Jahr 567,648000—— Millionen Cub Fuß Wasser hinein geführt, welches die See um 22 Fuß höher machen müste. Der Po giebt 10000 Millionen Cub fuß an einem Tage nun fallen noch 8 andre hinein, darunter der Nil allein 70 mal mehr Wasser geben soll als der Po, gebe er aber auch nur 30 mal so viel

<u>Verdünstung erklärt es nicht</u>

Der Regen beträgt kaum 12 Zoll weniger als die Ausdünstung. solte auch alles wegdünsten, so müste der Mittel. see mit Saltz angefüllt seyn.

Wir wollen also setzen 30 Fuß höher, wo komt das hin. (Bergman Geogr. T. 1. p 354. seqq[43]

<u>Büffon</u> glaubt 2 Ströhme fänden nicht statt es sey wider die Hydrostatischen Gesetze.[44]

14–15 *erg.* 16 das] *für* Ein 17–18 sonst … Atlant.] *erg.* 22 und … Stunde] *erg.* 23 567,648000] *über der Ziffer* 7 *steht* II | Millionen … Fuß] *erg.* 25 an … Tage] *erg.* 27 als … viel] *erg.* 29 weniger] *für* mehr

Es ist aber nicht an dem. Licht an der Thüre eines geheizten Zimmers. Wolcken züge.[45]

> Das Wasser im atlantischen Meere ist nicht so saltzig. steht höher und fließt ab.
> Kircher, führt aus dem Abul Assen an Amed Abdallah habe im Jahr 720 der Hegira (1342) einem Meerschwein einen Schild angehängt[46]

Waitz führt an, daß im Jahr 1712 ein Holländisches Schiff in der Meer Enge in Grund gebohrt wurde, dessen Trümmer vor eini-
35r gen | Tagen fand man Tonnen und anderes Werck weit gegen
= XIII 6. Westen $\frac{2}{3}$ Meilen.[47]

(Die Ostsee die jezt 3650 □ Meilen beträgt hat 3 Ausflüsse den Sund, grosen und klein[en] Belt, da ströhmt sie beständig durch in das große Meer

Im Sund findet sich offenbar ein solcher Unterstrohm [der] dem obern entgegen gesezt ist, man hat es mit Eimern versucht die man mit Canonen Kugeln beschweerte. Die Boote. wurden dem obern Strohm durch die Krafft des untern entgegen gezogen. (Bergman I. p 353)[48]

Tiefe

Nach versuchen die Marsigli in seiner Hist. phys. de la mer anführt S. 11. (eilf) ist die mittelländische See gegen die frantz. Küste hin auf 1500 Toisen tief gefunden worden.[49] Gewöhnlich findet man 360 bis 900 Fuß. Gegen den Aequactor mag die Tiefe wohl sehr groß seyn. HE. Dr Forster erzählt in sein[en] observations im dritten Abschnitt daß sie am 5 Spt. 1772 in 0°. 52′. S. Breite ◂also fast unter dem Aequator▸ mit 250 Toisen 1500 Fuß keinen Grund gefunden.

am 8^{tn} Febr 1773. im 48° S. Breite Ost wärts von Mauritius Insel (isle de France mit 210 Klafftern = 1260 Fuß[50]

ja im Bothnischen Meerbusen, hat man gar keinen Grund finden können[51]

Bedencklichkeit dabey wenn man Grund findet, oder zu finden glaubt. Die Stricke schwimmen im Wasser.

Hydrostatische Anmerckungen. Versuch mit Bindfaden

---

2 Wolcken] *unterstr.* L_B 5 führt] *davor gestr.* daß **11–13** *erg.* **14–15** dem … ist] *für* der ins grose Meer fällt **17** durch … untern] *erg.* **29** = 1260 Fuß] *erg.* L_B **32** Bedencklichkeit] *für* Schwierigkeit

Auch können Ströhme die Linie sehr biegen[52] 

Schwierigkeiten beym Seefahren, dieses zu thun das Schiff muß eingehalten werden, es muß in den Wind gelegt werden, dazu ist die halbe Mann schafft nöthig. Selbst der grose aber mürrische Cook war nicht immer zu bewegen. Societäten müsten Schiffe ausrüsten konn[en]. Forster. Deutsch. p. 45)[53] | Büffons Regel von der Tiefe der See aus dem Ufer zu schätzen[54] 35v
hat demnach Forster unrichtig befunden.

§. 676. Saltz und Bitterkeit

Das Meer wasser ist Saltzig.
Die Absicht scheint nach einigen zu seyn, daß es nicht faule und die Welt verpeste. es ist aber nicht. So wie wenig Saltz die Verdauung befördert, so befördert es auch die Fäulniß.
eigentlich fault auch das Wasser nicht, sondern die Thierischen Theile darin und das ist nöthig.[55]

1000 : 1030 spec. Schwere in unsern Gegenden.[56]

Wasser von 60 Fahrenheit Graden lößt $\frac{1}{3}$ seines Gewichts Saltz auf, nun findet man Seewasser von $\frac{1}{7}$ bis zu $\frac{1}{40}$ also bey weitem nicht saturirt. und nicht einmal tauglich zum Versieden.[57]

Selbst aus dem Todten meer.

Das Saltz, das darin ist, ist wie in allen gesaltzenen Wassern sehr gemischt. Doch prädominirt unser sogenanntes Küchen Saltz. Allein man findet darin ein Glaubersches. Alc. min. Vitriol Selenit. (Kalck mit Vitriol), Saltzasche das ist weise Magnesia in Saltzsäure aufgelöst Bitterkochsaltz (Saltzsäure mit der Bittersaltz Erde.).[58] Der Geschmack ist äusserst unangenehm, zumal an der Oberfläche, tiefer soll es reiner seyn,[59] so daß es auch mit süssem Wasser verdünnt, zum Kochen auf Schiffen gebraucht werden kan.
Es ist nicht zu trincken, und man stirbt deswegen an Durst auf der See. Graf Mars[ili] ließ Brod damit backen, das Anfangs blos

11 nach einigen] *erg.* **12–15** es ... nötig.] *mit Einfügezeichen vor* Die Absicht *erg.* **17–19** *erg.* **20** L_B **24–25** Saltzasche ... aufgelöst] *erg.* **24** in] *für* mit **25** Bitterkochsaltz] *für* Bittersaltz **27** es[1]] *danach gestr.* † **31–326,2** Graf ... 76.] *erg.*

Saltzig schmeckte, nach 2 Tagen war es ōt mehr zu essen. Otto p. 76.[60]
Versuche es zu versüssen. Man glaubte es gienge nicht wegen eines Erdhartzes das darinn sey. Es ist aber nichts Macquer hat es versucht. (Wört[er]buch Art. Seewasser)[61]

nach Bergman entdecken die sorgfältigsten Versuche <u>kein</u> Fett. Geographie. p. 365.[62]

Es ist an den Polen weniger Gesaltzen, als in den südlichern Gegenden.[→396,2–3]
Die Flüsse machen einen grosen Unterschied.[63]

<u>Woher? Saltz</u>

Woher kommen denn die Alcalischen Saltze in den Pflantzen.

Es sind da gewiß Saltzberge. Wie auf dem trocknen
30r = XIII. 7 warum nicht saturirt, das erstreckt sich nicht weit | wie man mit Versuchen zeigen kan.

Es können Saltz bäncke seyn
wo keine Bewegung ist, ist die Auflösung langsam. Bergman fand in einem 2 Fuß hohen Glas, worin wenig Saltz gethan ward, die Auflösung sey gering obgleich die Wärme auf 60° Fahrenh. war.

Der häßliche Geschmack kan theils daher rühren, daß die Ströhme das Spühlicht der Welt enthalten, das nicht sehr tief fällt, und daß so viel Körper faulen, die oben schwimmen.
Mit den Flüssen kan es nicht dahin kommen, weil es sonst zu nehmen müste. Halley der glaubt es kame aus den Flüssen hinein gründet darauf eine Muthmassung das Alter der Welt zu bestimmen.[64]

so mußte auch der Genfer See gesaltzen[65]

Lustig ist die Meinung eines gewissen Herrn de Maison-neuve im Rozier. Novembre 1778, der glaubt es komme von der Ebbe und Fluth her. <u>weil</u> die kleinen Seen kein Saltz haben[66]

Klipstein äusserte doch auch bey seinem hierseyn die Meinung, daß vielleicht durch die Bewegung manche Körper durch einen unbekannten Mechanismus zu Saltzen verarbeitet werden könnten.[67]

---

8 als] *danach gestr.* an 12 denn] *erg.* 16 Saltz] *für* Eis 20 theils] *erg.*
24 Halley] *danach gestr.* hat daraus 27 L_B 28 de] *erg.* 30 <u>weil</u> … haben] *erg.* L_B
31 Klipstein] *für* Langsdorf

Indessen ist das Eis süß. Wenn man es auch nicht aus den Eis Inseln herleiten zu können glauben solte, d[as] manche aus den Ströhmen ableiten. Die See gefriert ja. Man hat ja nicht blos Eismeere, und gegen Norden so wohl als Süden wurden die fernern Unternehmungen der Seefahrer deswegen abgebrochen, sondern man hat, würckliche Versuche angestellt.

Auch gefrorener Urin soll nicht saltzig schmecken

Higgins und Nairne. Die Versuche scheinen gegen einander zu laufen. Man fand aber das Eis des erstern sehr cellulös und in den Bläschen stund Saltz wasser. Nairne erhielt solides Eis, und das gab vollkommen süßes Wasser.[68]

Meine Versuche, den 15 u. 16 Dec. 1788, wovon einen Theil HE. Ritter Landriani und Herrn HofR. Gmelin[69]

Das leuchten vorgetragen und erklärt, ich habe es selbst nur ein eintziges mal in meinem Leben gesehen, ob ich gleich einmal fast 8 Tage auf der See gewesen bin.[70] Wann und wie es aussah. Ich will nicht sagen, daß es alles von Inseckten herrührte, allein es ist ausgemacht, daß einiges zu verläßig von Inseckten herrührt.[71] Der Abt Dicquemare hat | hat einmal, da die See fast gantz zu 30v glühen schien das Wasser gantz voller kugelthierchen gesehen, die das Leuchten hervor brachten, an andern Orten schienen sie zu den Skolopendern[72] zu gehören, und leuchteten in den Articulationen. Ja der Abbe Dicquemare hat so gar einen Vortheil für die Meeres lauge aus diesen Thierchen zu finden gehofft. ◂Rozier August 1778▸[73] Was <u>ich</u> gesehen habe im Julius 1773 auf der Rhede von Helgoland.

Andre von faulen Fischen[74]

le Gentil[75]

Elecktricität, dieses ist mir am wenigsten wahrscheinlich.[76]

<u>Ueber das trockne</u>

Von den Rücken des Hohen landes ohne die Berge.
Gatterers N[77] das ich auf Bodens Plain Globe[78] eingezeichnet habe.

---

3 Ströhmen] *danach gestr.* herleiten zu können glauben mogt **4** Norden] *danach gestr.* zu[?] **7** *zum Teil über eine ältere Randbemerkung [L_B] geschrieben:* Das Eis im Urin soll nicht saltzig schmecken **10** stund] *danach gestr.* Wa **14** vorgetragen und] *für* erklärt, und **20** das] *für* daß

Diese Lehre so angenehm sie auch an sich selbst seyn mag, läßt sich ohne Charte[79] oder eine grose Zeichnung an der Tafel nicht verstehen, womit ich sie nicht auf halten will. Es scheint von Anfang schwer und fast unmöglich sich in die mannichfaltigen Richtungen der Gebirge zu finden. Man muß sich aber über Kleinigkeiten wegsetzen, so wird man bald gewahr daß die gantzen Gebirgs Ketten von Süden nach Norden streichen, so sind [die] ungeheueren Andes im südl. Amerika die gröste Gebirge in der Welt, eben ein solche Bergkette findet sich in Guinea

freylich auf gnau bestimmte Richtungen kan man hier nicht rechnen.

Der Atlas in Afrika, der von Abend gegen Morgen streicht muß einen nicht irre machen, denn er ist würcklich nur ein kleiner Ast von einer unvulcanischen Bergkette, die gantz Afrika von Süden nach Norden durch schneidet, vom Atlas an bis an das Vorgebirg der guten Hofnung.

Chur in Graubünden 1980 Pariser Fuß

Basel 1000 |

29r = XIII. 8 (das sogenannte Sevo Gebürge)[80] Die Norwegischen Gebirge streichen eben so

Im mittäglichen Asien geht eine Kette vom Cap Comorin an trennt Malaban vom Coromandel,[81] geht durch das mogolische Gebiet bis in den Caucasus, von da in das Land der Calmücken, und so fort bis an Eismeer.

Auch die Gebürge von Indostan und Siam[82] laufen so

Alle Schweitzer=Alpen im Walliser Land, Bündten Savoyen, Piemont und Tyrol, bilden eine Kette, die sich von Norden nach Süden bis ans mittellandische Meer erstreckt

Auch die [Gestalt der] Landspitzen scheint hiermit zusammen zu hängen.→321,29–322,18

Ich hatte neulich noch Grönland vergessen→322,18

Alle die kleineren kann man als Ramificationen[83] ansehen von den Grosen. Die Äste, nur einige zu verfolgen, so gehen die Alpen nach Italien und machen das Appenin-Gebürge das Böhmische und Sudetische Geb. Gräntze zwischen Böhmen und Bayern

---

11 der] *davor gestr.* nur[?] | von] *erg.* **15** Hofnung.] *danach ein Absatz gestr.* In Europa lauf eine Bergkette von Spanien aus durch Franckreich Deutschland **16–17** *erg.* L_B **18** (das ... Gebürge)] *erg.* **19** so] *danach gestr.* so wie[?] **21** mogolische] *für* mongolische **32–329,7** Die ... Fichtelberg] *erg.*

und der Oberpfaltz, man kan es durch Saltzburg und Oestreich verfolgen, dadurch es ein Zweig der Alpen wird; an der andern Seite theilt es sich, geht mit vielen Nasen und Krummungen mitten durch Deutschland, Vogtland, Thüringen Francken Hessen die Wetterau Braunschweig Hannover, in die Fürstenthümer Grubenhagen und Anhalt. Es heißt über haupt das Hercynische Gebürge (Hartz) in Francken der Fichtelberg.[84]

Der gröste Berg in der gantzen Welt ist ein Vulcan gewesen

Die Zeit seiner Ausbrüche ist unbekannt, Chimborasso 1° 29′ Süderbreite in der Provintz Quito im südlichen Amerika reicht hoch 3220 Toisen→(13)

das sind mit 6 multipl. sind 19 320 Fuse also den Jacobi Thurm = 250 Pariser Fuß gesezt 77 mal so hoch als der Jacobi Thurm[85]

2) Cayambe-orcou – – – 3030
3) der Antisana Vulcan im Jahr 1590 3020 Toisen
4) Coto paxi Vulcan, 1533, 1742, 1744 2950 Toisen.[86]

Der Mont blanc in Faussigny nach de Luc 2391 Tois. nach Saussure 2446 nach Fatio Duilliers Geometrischen Messungen 2187 Tois.

der Pic von Teneriffa 2070 nach Chevalier Borda + nach Heberden 2396 Toisen.[87]

unser armseliger Brocken von dem Man so vielen Lärm macht liegt 531 über Hannover 475,89 Toisen über Göttingen und 545,89 über das Meer.

Indem Göttingen 70 Toisen oder 420 Fuß über der Meeres Fläche (etwa 12mal so hoch als der Thurm) liegt. (Höhen Messung, geometrisch nivellirt Barometer.) |

Sonnabend. den 3 Julii. 29v

Noch etwas von der Vergleichung des Piks mit dem Montblanc am Rande des Compendii

---

5 die[2]] *Dittographie* **9–10** 1° 29′ Süderbreite] *erg.* **14** *erg.* **15** 3)] *erg.* **16** 4) *erg.* **17** in Faussigny] *erg.* **17–19** nach[2] … Tois.] *erg.* **20** 2070] *für* ⟨19⟨60⟩{31}⟩⟨{27}⟩ **20–21** nach … Toisen.] *erg.* **21** Toisen.] *danach* ꞓ[?]; *danach ein Absatz gestr.* Etwas von der Höhen Messung und dann der Uebergang zum Ursprung der Quellen. **23** 531 … Hannover] *erg.; danach gestr.* 531 **26** (etwa … Thurm)] *erg.*

Von dem Ursprung der Flüsse

Die Leine entspringt auf dem Eichsfelde noch ehe sie nach Hannover kommt nimmt sie die Innerste auf und fällt bey Botmer in die Aller, und die Aller unter Verden in die Weser. Die Innerste kommt vom Hartze und fließt Hildesheim vorbey. Die Aller kommt aus dem Magdeburgischen und fließt Celle vorbey.
Die Schwierigkeit formirt.
Nach Mariottes Berechnung fließen Jährlich 100000 Millionen Cubicfuß durch Paris in der Seine.
Was mag nicht der Rhein Die Donau, die Wolga, ja der ungeheure Amazonen fluß, den man fast ein ströhmendes Meer von süßem Wasser nennen mögte, fortführen?

Lulofs p. 296[88]

Unter den Alten haben Aristot. Plato Epicur, Vitruv, Seneka Plinius darüber geschrieben, unter den neuern Skaliger Cardanus Agricola Dobrzensky van Helmont, Guilelmini Lidiat, Davity, Cartesius, Papin, Gassendi Perrault, du Hamel Amdala, Scottus, Rohault, Palissi, Mariotte, Halley, Lulofs und Kühn, Bergmann.[89] Hier haben wir Griechen und Römer, Engländer, Deutsche, Holländer Frantzosen und Schweden. und Italiäner.
Nach Aristoteles sind die Berge Schwämme, wo sich das Regen wasser in sammelt.[90] Hierin steckt also schon die Meinung von Mariotte und Halley. Doch glaubt er auch, daß sich die Lufft in Wasser inn den Höhlen verwandeln. Seneka glaubte die Erde sogar verwandle sich in Wasser[91]
Vitruv Regen und Schnee.[92] nun vollig Erxleben § 688. trifft Leimen[93] an, Granit anderes Gestein.
Das ist nun die Haupt Meinung und die das groſste Gewicht hat. Mariotte hat sie hauptsächlich sehr erläutert und unterstüzt.[94] Es fällt nemlich Jährlich Schnee und Regen wasser genug alle Ströhme zu unter halten.[95] Es fallen in der Gegend dort 15 bis 17 Zoll hoch Wasser,[96] (Hyetometer Ombrometer)[97] also fallen auf eine Quadrat Toise 15 . 5184 = 77760 Cubic Zoll

---

2–7 *re. Sp.* 2–3 noch ... kommt] *erg.* 3 bey Botmer] *für* unterhalb Verden 4 unter] *für* ohnw 7–10 Die ... Rhein] *li. Sp.* 11 ströhmendes] *für* flie 16 Guilelmini] *erg.* 17 Perrault,] *erg.* | Amdala] *erg.* 18 Kühn,] *erg.* 22 in] *davor gestr.* dar 24 inn] *davor gestr.* ver 26 688.] *danach gestr.* Dabey kommen auf die 27 Leimen] *unsichere Lesung* 28 nun ... groſste] *für* eine Meinung die viel

6 x 12 = 72 [98]
72
144
504
5184

oder 45 | Cubic Fuß. in der Zeit von einem Jahr setzen wir nun die frantz. Meile 2300 Toisen so hat die Quadrat meile 5,290,000 □ Toisen 42r = XIII. 9.

also darauf. 45 mal diese Zahl = (A) 238,050,000 Cubicfuß[99] Wasser, auf eine frantz Quadrat Meile.

Die Flache innerhalb welcher die Seine ihr Wasser empfa[n]gt ist 3000 Frantz Quadrat meilen. also die Menge Wasser die darauf fällt = 3000 . A = 714,150 Millionen Cubic Fuß; sezt man nun das Wasser das unter dem Pont Royal durchfließt. zu 100000 Millionen Cub. Fuß.[100] so sieht man, daß 7mal mehr Wasser fällt als die Seine giebt.

Hiervon muß freylich abgerechnet werden was verdunstet

solte es nicht unter irdische Ströhme geben? NB

Auch merckt man doch, daß die Brunnen weniger wasser geben, wenn es lange nicht geregnet hat. Man findet in dem wüsten Arabien und in Afrika, in den Gegenden, wo es wenig regnet wenig Flüsse.[101]

Die Sache ist vortrefflich und gewiß liegt hier wo nicht alle, doch gewiß der größte Theil der Wahrheit.

Perrault und de la Hire sind dagegen.

Er grub ein Becken von 4 □ Zoll das 6 Zoll tief war in die Erde,[102] schief und eine Röhre in einen Keller, eine andere von 64 □ Zoll, nur 8 Zoll tief.

vom 12 Junii bis zum folgen[den] 29 Febr. (Schaltjahr) gar kein Wasser aus der Röhre, nachher etwas weniges nach langem Regen und Schnee.

Lulofs p. 298

1–5 = … 5184] *daneben eine gestr. Multiplikation von* 144 □″ *(falsch statt des Quadrats von 72) mit* 15 **8** 5,290,000] *über der ersten Ziffer* I **9** (A)] *erg.* 238,050,030] *über der dritten Ziffer* I **10** , auf … Meile.] *erg.* **12** Frantz] *erg.* **20–22** Man … Flüsse.] *erg.* **26** von] *unsichere Lesung* | von … Zoll[1]] *erg.*

Mariotte hierauf. Man kann von bebauter Erde nicht auf die wilde, sich selbst überlassene Schließen.[103] Das Wasser kan sich da Gänge machen so wie es sich wege für die Flüsse macht. ◂Es geht durch Röhren und nicht durch lockere Erde gleichförmig, das Wasser bildet sich Canäle.▸ Es giebt Höhlen, wo es bestän- 42v dig | tröpfelt, wenns regnet, und Bergwercke, wo die Leute immer beym Regen Naß werden. Selbst de la Hire kan dieses nicht läugnen und bringt ein Beyspiel bey.[104]

Gegen Mariottes Meinung bringt Sedileau bey: In England und Schottland falle nicht halb so viel Regen und Schnee, als die Flüsse ausführen. Sedileau baut auf einige Sätze, die Ricciolus in der Geogr. reform: vorgetragen hat, und rechnet selbst nicht viel darauf. Dieses hatte HE. Erxleben nothwendig sagen müssen.[105]

Freylich eine Menge Brunnen geben Wasser, immer einerley es mag regnen oder nicht, Jahr aus Jahr ein. allein das ist kein Einwurf, diese können ihr Wasser aus Reservoirs erhalten die voll genug sind. In dem Kessel zu Hamburg bey der Wasserkunst, wird man keinen Mangel verspüren wenn auch gleich die Alster um 6, 8 Fuße sincken solte.[106]

Endlich will man wissen, daß Quellen aus den Höchsten Bergen entspringen sollen; dieses, kan ich nicht läugnen wünschte ich aufgeklärt. Ich glaube es nicht.[107]

Halley, den man immer mit Respeckt nennen muß, befriedigte die Hypothese von Schnee und Regen auch nicht.[108] Es steigen nach seiner Berechnung 3mal mehr Dünste auf ◂Es kann ein Thau fallen Nebel, an den Bergen sich niederschlagen. Es käme 43r doch aus der Lufft▸, als der Regen und Schnee | betragen. Er =XIII. 10 glaubt also, daß auch die Kälte der Berge das aufgelöste Wasser präcipitiren könne. 800 Yards 2400 Fuß über der See, auf der Insel St Helena, wurde ihm alles naß, der Thau[109]

Auf dem Landgute des HE. de Raet (Koxhorn heißt das Gut) bey Wassenaer. Das Wasser aus den Dünen, es hört bey trockner Witterung auf. fängt aber wieder zu laufen an, lange vorher ehe es regnet. (Lulofs p. 304)[110]

---

11 die] *für* des 24 Hypothese] *für* Meinung 25–27 Es ... Lufft] L_B *für* allein das 3mal mehr, ist eben ein Beweiß, daß es sich irgendwo sammelt. 28 das] *für* die Luf[?] 30 , der Thau] *erg.* 31–34 *daneben am Rand gestr.* noch ein Beweiß dafür für Regen und Schnee. 31 heißt ... Gut] *erg.*

Zum allgemeinen Ursprung der Quellen mag nun dieses freylich wohl nicht dienen, kan aber bey den partiellen nicht vergessen werden.

Vielleicht ist der Thau die Ursache.

Descartes,[111] und Woodward[112] aus der See durch Dünste, heise Wasserquellen giebt es, das ist wahr, und wenn das Wasser kocht, so werden sie 1600 mal | leichter als die Lufft[113] und 43v könnte also, wenn es so fortginge auf 16 englische Meilen in die Höhe steigen. Aber in diesem Durchgang was leiden sie nicht durch die Erkältung, selbst in der freyen Lufft.

Dieses ist aber nun alles falsch befunden worden, denn die Dämpfe des kochenden ▽. sind höchstens noch einmal so leicht als die Lufft
Es kann eine Art von Thau formirt werden
aber doch auch Destillation

Man hat Beyspiele daß Brunnen aufgehört haben zu laufen, wenn benachbarte Höhlen geöffnet worden sind.

Es ist nicht gantz ungültig

Die Carthäuser 2 Meilen von Pariß hatten eine Mühle (Lulofs p. 307 unten)[114]
Varenius und Derhamn. Haar Röhrchen.[115]

aus der See.

Kircher mit seiner Gipssäule,[116] ist ein Wind beutel. Lulofs hat alles versucht.
auch Perrault.

Es erforderte eine auserordentliche Zeit

bleyerne Röhre mit Sand 4 Linien tief unter Wasser in 24 Stunden 18 Zoll.[117]

---

3 werden.] *danach ein Absatz gestr.* Man wendet zwar die Alpen ein von denen im Winter alles mit Schnee bedeckt ist, und kein Regen nieder fällt, sondern der Schnee bleibt liegen. der kan nicht herab laufen, allein nach HE. Delucs Bemerckung ist offt das Eis 600 Fuß dick, und er sagt sehr schön, wer einmal die Gle<d>{t}scher gesehen, der könne der Welt den Lauf des Rheins, der Ahrne, der Donau und des Po. auf Jahrhunderte garantiren. Es schmelzt unten fort. // Ob also dieses gleich ein Einwurf gegen Halleys Meinung seyn mag, so ist es keiner gegen Mariottens. 5 und Woodward] *erg.* 7 1600] *für* 14000 12 des ... ▽.] *erg.* 14 aber] *davor gestr.* das[?] 20 Derhamn] *unsichere Lesung* | Haar Röhrchen] *für [versehentlich nicht getilgt:* Haar*]* Rohrichgen 22 beutel] *für* bäutel

Bey den Haarröhrchen verhalten sich die Höhen verkehrt wie die Durchmesser.

Nimmt man an, daß das Wasser in einem haar Röhrchen von $\frac{6}{100.}$ Zoll. auf $\frac{61}{100}$ Zoll steige so müste es da es auf dem Tafelberg 1857 Fuß hoch quillt das ist 22284 Zoll. $\frac{1}{608853}$ Zoll im Durchmesser seyn. Das lehren die Mikroskope nicht.[118] |

45r Was ist also nun die wahre Ursache?

= XIII. 11. Regen und Schnee und Eis gewiß ist die Haupt Ursache.

Man sieht dieses aus der gantzen Anordnung der Natur, Wolcken; Es regnet für Pflantzen aber auch für Thiere. Ich glaube daß sich alles derweil erklären läßt, die Ströhme haben Cisternen, und eb. weil diese Cisternen da sind, sind diese Ströhme, ohne sie würden wir nichts von ihnen wissen.

weil die Geschöpfe aber ausser der Regenzeit Wasser haben müssen, so wird es in Cisternen bald gefroren, bald flüssig auf gespart, und ihnen[en] nach und nach gegeben

Halley hat aber auch recht.[119]

Auch hier und da Cartesius.[120]

intermittirende Quellen[121]

von unsren neulichern Ueberschwemmungen. Wo rührten die her. Von der grosen Kälte und dem ungeheuern Schnee, der gefallen war., Die Erde ist hart, und laßt kein Wasser ein
im Frühwinter 1784. harter Frost und dann Plötzliches Thauwetter.

Nach HE. DeLuc's Bemerckung (Modification § 155 pp) nehmen aber Flüsse, die ihr Wasser von niedrigen Bergen[122] erhalten, den Winter über zu, wie ZE. die Seine, hingegen die grosen, die von den Höchsten Gebirgen kommen nehmen im Winter ab, dieses läuft sehr gegen die Hypothese derer, die die Ströhme aus unter irdischen Dünsten wie in Destillir Gefäßen erklären wollen,[123] es müste da alles im Winter sehr viel stärcker von statten gehen. Das ist aber nicht, auf den Hohen Alpen fällt vom October bis in den März blos Schnee, der auch nicht wieder aufthaut, die Regenbäche werden kleiner und viele hören gantz auf, das fort-

---

2 Durchmesser.] *danach gestr.* Nim 3–5 Nimmt … Zoll.] *daneben am Rand gestr.* Man kann auf einen Zoll 600 Haarbreiten (50 auf eine Linie) oder den Durchmesser eines solchen Röhrchens 100mal kleiner als der von einem Haar seyn, d. i. es müssen Röhrchen seyn, der 10000 in ein Haar gesteckt werden können, so etwas bemerken wir durch kein mikrosk. // Was würde da nicht das Saltz stocken. // das fest helt
23 *erg.* 24 pp] *erg.*

laufen der übrigen wird noch durch das untere Eiß das mit der wärmeren Erde in Verbindung ist und schmilzt unterhalten.[124] Im März ist die Witterung schon Warm genug den untern Schnee[125] zu schmeltzen, im April schmilzt er schon an der gantzen Mittagsseite der Gebirge durch dringt den Untern erreicht endlich den Felsen, und trennt die Verbindung. Dieses ist die | Lauwärme[126]. Wenn die Abweichung der Sonne am grösten 45v wird, da fängt es überall an zu schmeltzen, das untere Eis kommt zum Vorschein, zerplazt und giebt der Sonne immer mehr Spielraum, da fließt das Wasser so häufig, daß HE. DeLüc sagt man müsse nur in den Alpen gereiset seyn um gleich einzusehen, daß nichts anderes als Schnee und Eis die Quellen des Rheins, der Donau, der Rhone und des Po's seyn könne.[127]

Hallers Stelle: und sich in Wolcken gießen.[128]

Solten nicht Ströhme unter der Erde laufen können. Wenn man brunnen gräbt, so läuft das Wasser gleich zusammen, solte das nicht auch in den Ströhmen selbst statt finden, das Wasser, das sie führen kommt ja nicht alle aus deren ersten Quellen, sondern es wird durch Ströhme vermehrt, dieses kan ja auch unter der Erde statt finden. Zwar nicht in gantz gediegenen Wasser Adern

Die Seen sind solche sichtbaren Cisternen
Ich dencke immer es geht unter der Erde nicht anders zu, als auf der Erde

Einige Quellen hören gantz lange auff bey sehr nassen jahren, die gemeiniglich unfruchtbar sind, laufen sie, man heißt sie daher Hungerquellen.
Andere laufen bald starck bald schwach.
Hierbey der Sipho erklärt.[129]
Der bekannte Zircknitzer=See in Nieder=Crain, ist bey nasser Witterung leer und bey trockner voll.[130] Man spricht schon viel von ihm, es wird seiner in allen Compendiis der Physic gedacht, und von dem Eichner=See im Badenschen, S. Sanders Kleine Schrifften B. 1. 28) schweigt man.[131]

---

1 das[1]] *für* daß | das[2]] *für* daß **6** Dieses] *für* das **12** die Quellen] *für* die Ursa **18** deren] *für* den **27** laufen … schwach] *für* intermittiren

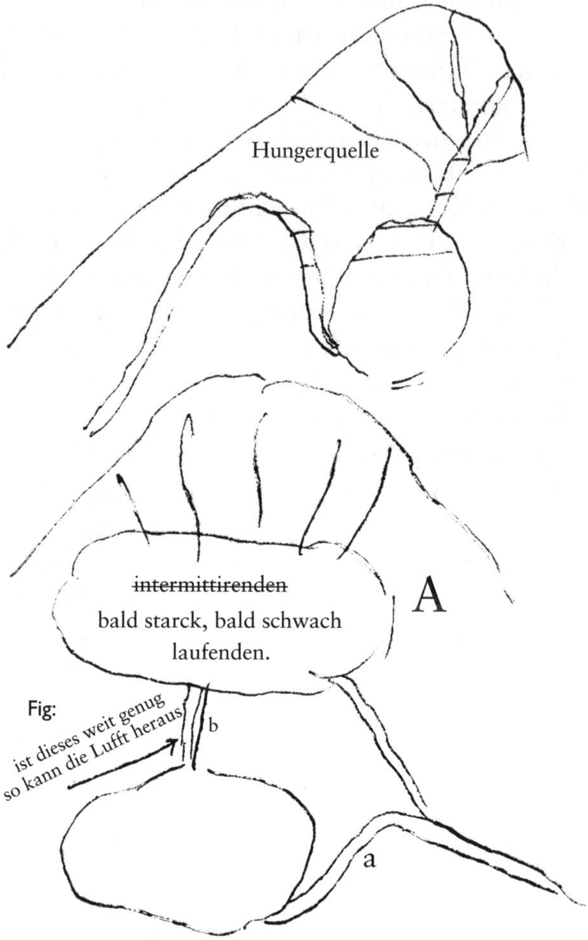

muß bey *a* stärcker ablaufen als bey *b* zu. *A* = 0 gesezt giebt die intermittirende Quell[132] |

46r =XIII. 12. Der weise Mechanismus, den man nicht genug bewundern kan
Man hat Mühlen, wo man das Wasser schon wieder hebt.
Alle unsere Mühlen sind Dampf Maschinen, das Wasser wird in Dämpfen gehoben. Die Windmühlen selbst nicht ausgeschlossen.
Unsere gantze Welt ist eine Dampfmaschine.

Bisher haben wir von dem Ursprung der Quellen gehandelt jezt will ich noch etwas von ihrem Gehalt sagen.[133]

---

5 hebt.] *danach zwei Absätze einer früheren Textschicht gestr.* Feder kriege. // Politische und physische Abrundung.

Eigentlich vollkommen Reines Wasser mögte es wohl in der freyen Natur gar nicht geben denn in der freyen Natur giebt es keine reine Gefäße. Das reinste, das man in der Natur findet, ist das Regen und Schneewasser, das man frey auffängt, und nicht durch Dachrinnen, durch die sich auch öffters noch ander Regengüsse ergießen, es ist zumal als dann sehr rein, wenn es lange geregnet hat, also Göttingen vorzüglich gut dazu. Allein dieses selbst hat noch fremde Theile bey sich, welches man daran erkennt, daß es am Ende fault, da nun das eigentliche Wasser nicht fault, sondern nur die fremden Theile in dem selben, so erkennt schon daraus die Mischung, ist aber dieses Wasser nicht rein, das nur den kurtzen Weg, durch ein ziemlich einfaches Element nimmt, so läßt sich leicht schließen, wie wenig rein das übrige seyn muß, daß viele Meilen theils über theils unter der Erde fort läuft. ◂(Erklärung des Wortes rein es ist nicht Schmutz.▸ Da trifft es Saltze und Erden an, die sich bald mehr bald weniger mit ihm verbinden. Das reinste Wasser muß die Kunst bereiten durch Destillation, und auch bey der Destillation muß man schon behutsam verfahren, man muß nicht das erste und nicht das lezte [nehmen]

Durch ein einfaches Element

Die Verbindungen sind hauptsächlich zweyerley:

1) Die blos Mechanische Vermischung. Kreite Wasser, so sieht unsere Leine nach langem und starckem Regen röthlich aus. Dieses sezt sich, und dieses ist es was man im gemeinen Leben gewöhnlich Unreinlichkeit nennt.

Das Kalckwasser hierbey

2) Die wahre Chemische Auflösung, das ist eine völlige, innige Vereinigung des Körpers mit dem fluido, die durch Zeit und Ruhe nicht geschieden werden kan, man müßte denn Mittel dazu gebrauchen und dieses ist das Kochen, oder Abrauchen, und Erkälten. |

Ich würde zu weit läufftig werden, wenn ich auch nur die hauptsächlichsten unter den fremden Materien mit nehm[en] wolte, 46v

2 freyen[1]] *erg.* 2–3 denn … Gefäße] *erg.* 3–4 in … das[2]] *für* hat ist der 5 durch die] *für* wo sie 9 Ende fault] *unterstr.* L_B 17–19 Das … lezte] *erg.* 24–25 , und … nennt.] *erg.* 26 Das … hierbey] L_B 32 Ich] *davor ein Absatz gestr.* Dieses an unserm Brunnen Wasser gezeigt mit Weinstein Oel.

die man in den verschieden[en] Wassern antrifft. es gehört dieses auch mehr für die Chemie, als die Physic.

Nur einige unser gemeines Trinckwasser hier in Göttingen enthält sehr viel einer reinen Kalck oder auch vielleicht Bittersaltz Erde.[134] Versuch.

Alle Wasser sind mehr oder weniger, mit einer Lufft Säure gemischt. Sie giebt unserm Wasser Schmackhafftigkeit. Sie ist das geistiche Leben der Mineralwasser ohne sie schmeckt es erbärmlich. Es kan davon soviel annehmen als es selbst groß ist, und lößt Kalck, Magnesia, ja selbst Eisen auf, daher die sogenannten Stahlwasser. Versuch auf der Lufftpumpe mit Seltzer Wasser[135]

An dem woran öffters unsere Berg-Leute den Tod athmen, daran trincken wir uns gesund.

Umgekehrt dasselbe Seltzer Wasser wieder gestärckt im Parkerschen Glas.[136]

für 3 gʃ. Bier gut zu machen kostet 8 mggʃ. es befördert doch wenigstens den Geldumlauf.

Die harten Wasser, lösen keine Seifen auf. warum, weil sie Säuren enthalten, die das Alkali der Seifen an sich reisen. Auch kochen sie die Hülsenfrüchte nicht gahr, brechen sie nicht, weil das kochen, Erde aus ihnen nieder schlägt, die die Hülsenfrüchte bedecken sollen[137] – Bergman Geogr. T. I. p. 297.

hingegen verbindet sich der fettige Theil mit den Erden und macht ein Pflaster artiges Wesen |

57r = XIII. 13. Haben die Wasser mercklich viel von beygemischten Theilen, daß als Artzneyen gebraucht werden können, so pflegt man sie auch Gesundbrunnen zu nennen.

Man theilt sie

a) in kalte

b) in warme.

Unter den kalten Gesundbrunnen sind merckwürd[ig]e

1) der Pyrmonter

2) der Selterser

---

8 schmeckt] *für* ist **12** An dem] *für* Das | athmen,] *für* trincken, **14** gestärckt] *danach gestr.* durch Kreite und Vitriol Spiritus **16** für … Bier] *für* Bier für 3 gʃ. **25** mercklich] *davor gestr.* wenig oder **28** Man theilt] *im Ms.* Mantheilt **31–339,1** Unter … Spaawasser] *daneben am Rand gestr. nicht abgeschlossene Umrechnung von 70 °R in °F; ob sie sich auf eine bestimmte warme Quelle bezieht, ist unklar*

3) das Spaawasser
HE. Bergmann hat gefunden, daß 1) $\frac{1}{9}$ Fixe Lufft 2) $\frac{3}{8}$, und 3) $\frac{1}{4}$ fixer Lufft enthalten.
Die Verschiedenheit im Geschmack rührt von andern Dingen her. So ist im Seltzer Wasser Kochsalz, mit ein wenig mineral. Laugensaltz und Magnesia
im Pyrmonter, Bittersaltz, Magnesia, Gips und Eisen
Spaa Eisen, Kalck, Magnesia, Gewächs Laugensaltz und etwas Thon.[138]
Unter den warmen zeichnen sich aus.
Die Aachner
das zu Kaysersbad bey Aachen
Wisbaden[139] Island wimmelt davon siehe die andere Seite
Sie enthalten gemeiniglich Schwefel. Die Natur thut es, er sezt sich ann. Sind nicht hart, sonder[n] man kan sie sehr gut zum Waschen gebrauchen, weil sie ein Laugensaltz enthalten.[140]
Sie haben allerley Grade von Wärme von den mässigen bis zum Kochen.
Setzen gemeiniglich sehr viel erdigtes ab und überziehen daher die Sachen leichter als die Kalten Wasser.[141] |
In Island wimmelt alles von heisen Quellen. wo mehrere 18′ bis 24′ hoch steigen, bey Reikum springt es noch jezt 50 bis 60 Fuß hoch, ehmals viel höher 57v

Bergmann Geogr. T. I p. 287.

Allein die vornehmste ist bey Haukedal, wo der so genannte Geyser in einem Umfange von einer halben Meile 40 bis 50 kochende Quellen hat. Einige springen Hell andere trüber andere weiß wie Milch und noch andere Blutroth, vermuthlich rührt ersteres von einem Thon lezteres von feinem Ocher her.
Die Gröste liegt in der Mitte springt durch eine Röhre von 19 Fußen im Durchmesser zuweilen 92 Fuß Hoch.[142]
Ursache des Feuers.
Hier ist die Frage wie es entsteht, und wie es unterhalten wird.

---

13 Island … Seite] *erg.* 14 Schwefel] *danach gestr.* obgleich die Kunst ihn nicht gut davon scheiden kan | er sezt] *im Ms. mit Silbentrennstrich* er-setzt 15 ann] *unsichere Lesung* 21 mehrere] *für* manche

Ein Pfund Eisenfeil }
1 Pfund Schwefel } Teig.
1 Pfund Wasser }
entzündet sich endlich

von jedem 25 Pfund genommen und in einen mit Leinen zugebundenen Topf gethan. erhebt nach 3 offt nach neun Tagen erst die Erde, und bricht am Ende wohl gar in eine Flamme aus.

Bergman T. II. p. 182.

Davon findet man aber Massen im Schwefel kies der sich zuweilen in Bergwercken zu Tage entzündet.
Man hat grose Ursache diesen Schwefel kies für den Grund alles unterirdischen Feuers zu halten. Denn in allen Materien, die die 56r = XIII. 14 Vul|kane aus werfen findet sich Eisen. Der Schwefel seltner allein er wird durch das Feuer decomponirt.

Der Geruch der Dünste zeigt dieses sattsam, auch der Selenit der Allaun und Vitriol, der sich da findet.

Das Feuer kan unterhalten werden durch tausend Dinge in der Erde Steinkohlen Berghartze, Berg Peche. Alaun Schiefer[143] Die dephlogistisirte Lufft nicht zu vergessen.

Die Lufft kan unmöglich gantz aus dem innern der Erde ausgeschlossen werden. Ist aber einmal etwas Feuer da, so kan leicht eine Dephlogist[is]irte Lufft entwickelt werden.
Wer weiß ob da nicht verka[l]ckungen entstehen und wieder Reducktion, so wie in der Lufft, Dünste Wasser und Wasser Dünste werden.

Erdbeben. Dünste pp.[144]

Schichten

Auf der Oberfläche ist uns vieles unbekannt wieviel mehr im innern. Die tiefsten Gruben zum Cuttenbergen in Böhmen 500 dortige Lachter oder 3056 Fuß (Oppel Marcksch. § 558.)[145] und diese befinden sich noch meistens in Bergen.[146]

---

11 alles] *danach gestr.* Feuer **18** Alaun Schiefer] *erg.* **27** im] *für* innern[?] **28–29** zum … 3056] *für* gehen nur auf 630 Toisen d.i. 3780 **29** (Oppel … 558.)] *erg.*

ad XIII. 14. 23r

Tiefen.

Die größten Tiefen der Gruben in Schemnitz betragen 200 Toisen, allein nach HE. Noda's[!] Beobachtungen liegen die größte dieser Gruben noch 286 Toisen höher als Wien[147] Schober fand in den Polnischen Saltzgruben von Wilitschka und Bochnia $110\frac{1}{2}$ Toisen unter der Erdfläche den gewöhnlichen Barometer Stand am Meere 28″ 1‴;[148] von hier nach Osten zu scheint sich die Erdfläche immer zu erheben bis auf Tibet in Asien, wo wahrscheinlich die höchste Pläne auf dem Erdboden ist.

Der Schacht der Grube Thurm Rosenhof nahe bey Clausthal ist 261 Toisen tief, und die tiefste Grube auf dem Hartz, und ihr Boden liegt doch noch 5–6 Toisen höher als die Ostsee. aber 80 Toisen tiefer als Göttingen. S. Lasius p. 39.[149]

Dieses beträgt mehr als den 13175 Theil des Durchmesser Kugel ◂halbmesser 6000▸[150] Gedencken Sie sich ein Buch von so vielen Blättern, Globus. [56r]

Das compend. 4te Auflage hat 402 Blätter.[151] 400 ist in 6000 . 15mal enthalten.

Innere der Erde XIII. §. 14 [152] 24r

Von mittelmäßig feinem Papier gehen 325 Blätter auf den Pariser Zoll, also auf den Fuß 3900, also ist das Papier $\frac{1}{3900}$ des Durchmessers des damit überzogenen Globi von einem Fuß. Setzen wir also den Durchmesser der Erde = 1720 geographische Meilen,[153] so correspondiren $\frac{1720}{3900}$ unsrer Kruste der Dicke jenes Papiers = $\frac{44}{100}$ einer deutschen Meile. Wir wollen statt dessen $\frac{1}{2}$ Meile setzen. Nun bedenke man wo sind die Gruben, die eine halbe Meile tief sind? (Hieher die Heffte). Innere Beschaffenheit der Erde! Ein Globus der ein Dintenfaß und eine Sandbüchse ist, wie ich von jemanden gehört habe. Milben im Papier. Epidermis. Allein in den Theorien der Erde will man auch nur die Veränd[er]ungen der Oberflache angeben. |

Horizontale, kan man Lagen nennen also dahin alle schwebenden Gänge der Bergleute [56r]

Flötze

---

17 mehr … Durchmesser] *für* kaumਪ 12000. Theil der 22 §. 14] *danach gestr. nicht zugehörige Nebenrechnung (*506 : 460 *u.* 35 : 460*), vermutl. aus früherer Verw. d. Bl., u. gestr. Nebenrechnung zu den folgenden Zeilen (*325 × 12 = 3900*)*

Flötze heisen in der Sprache des Bergmanns abwechselnde Schichten von Erden und Stein Arten.
Die Fletze der Erde, kömt vor statt fläche,
Das Gefletz in der Kirche, wo der gemeine Mann steht
Flötz soll, so viel als der Flur in Bayern bedeuten
am gemeinsten ist es im Bergbau, wo es so viel als Schicht bedeutet.[154]
Bergman T. I. p. 176.

Gemeiniglich ist es Sand Kalck und Thon was abwechselt.

Amsterdam. 1616. 16 Jun.

DammErde Garten Erde }	7 Fuß	
Torf	9	Aus des Varenii
Thon	9	Geographia generali
Sand	8	p. 79.[155]
Erde	4	
Thon	10	
Erde	4	50 [156]
Sand auf dem die Pfähle der Stadt eingerammt wurden	10	
blauer Thon	2.	
weiser grober Sand	4	

dürre Erde 5, feine weise Erde 1; Sand 14, Thon und Sand vermischt 8 ◂hier steht im Varenius argillae arenariae 3. arenae cum argilla mixtae 5.[157]▸ mit Schnecken vermischter Sand 4, Thon 102; Sand 31 zusammen 232 Fuß |

56v Specifische Schwere ist es nicht

Es ist also nicht alles durch eine eintzige Auflösung geschehen.

Wohl in der selben Schicht
Dieses sind schwer zu erklärende Dinge, ihre Erklärung gehort auch nicht eigentlich daher, sonder mehr in eine Theorie der Erde, die erst künfftig abgeha[n]delt wird.[158]
Ich komme nun auf das innere der Gebirge
eine Lehre die ich nicht gern unterbrechen wolte.
Ich komme wohl bey der eigentlichen Theorie der Erde noch einmal darauf zurück.

---

6 als] *danach gestr.* gemeine **10** DammErde] *erg.* **11–13** *re. daneben gestr. Nebenrechnung zur Gesamtdicke, bei der L. wegen der falschen Zwischensumme von 50, oben S. 342,17, auf* 231 *kommt* **17** 50] *für* 40 **25** 232] *darunter gestr. Anm.* Ich finde nur 222

Gebirge über die Gantze Erde. Sie geben die hohen Cisternen ab, die das Wasser über die Erde fort verbreiten, wenn die Wolcken ruhen.

Selten Einzeln. Hauptstämme, Äste, Zweige.

Sie sind an sich sehr verschieden. Jedoch folgende zu mercken
1) Granit.
2) Einfache Thon und Gang gebirge
3) — körniche Kalck gebirge
4) Flötz gebirge
5 Vulkanische Gebirge.[159]

In Ursprüngliche und angeschwemmte mit HE. Kirwan,[160] es ist aber besser mit HE. v. Veltheim die angeschwemmten sehr zu unterscheiden, weil sonst alles zu sehr zusammen geworfen wird.[161]
Ursprüngliche wären die aus Granit bestehen.
Die angeschwemmten
1) Die einfachen Thon und Gang Gebürge
2) Die einfachen Kalck Gebirge
3) Die Flötz gebürge
und endlich konte man noch die Vulcane hinzuthun.

Die höchsten Gebirge sind Granit dahin gehört in Europa die Alpen und Pyrenäen in Asien das Uralische Gebürge und der Caucasus und in Amerika die Andes[.] er formirt die Knochen der Gegenwärtigen Erde. Er findet sich nicht in Schichten, sondern immer in zusammen hängenden Klumpen. Niemals oder sehr selten finden sich in ihm bauwürdige Gänge in den niedrigen findet sich zuweilen ♂ u ♃, hingegen die Crystalle; schlechterdings keine Versteinerungen, überhaupt keine Spur von Organischem. auch auf den höchsten Gipfeln keine Kalch oder Thon|schicht,[162] 25r
es scheint also daß diese bey allen Veränderungen hervor geragt = XIII. 15.
haben und vor der grosen Revolution gewesen.

Doch giebt es auch unter den hochsten Alpen, die kein Granit sind, so ist ZE. das Wetterhorn kein Granit sondern Kalch.[163] und so viele andre. Man findet im Granit. Quartz Feldspat und Glimmer und Schörl.[164]

---

1 Cisternen] *für* Kessel 5 Jedoch … mercken] *erg.* 14 Ursprüngliche] *für* Urschein[?] 16 einfachen] *erg.* 20–22 dahin … Andes] *erg.* 25–26 in^{2} … ♃] *erg.* 27 überhaupt … Organischem.] *erg.* 29–30 es … und] *für* diese haben also bey allen Veränderungen hervor geragt und sind

Theils auf, theils neben diesen Granit gebirgen laufen die einfachen Thon oder Ganggebirge fort. Sie bestehen aus einem feinen Gemisch von Thon, erde Sand (Klügels Encycl. T. II p. 517[165]) sonst Thonschiefer, Gneiß (einem blättrigten Gemisch aus Quarz und Glimmer und andern Theilen N° 9 Porphyr N° 5, 6, 7; Serpentinstein N° 8; Glimmerschiefer N° 10; Thonschiefer 11, 12. Dieser Schiefer unterscheidet sich von dem Schiefer der Flötzgebürge [da]durch daß lezterer immer mit Kalck Sand bituminösen Theilen gemischt ist. ZE. N° 16 ist ein Bituminöser Mergelschiefer, der Kupferhaltig ist.[166]

Sie unterscheiden sich durch die gröstentheils <u>horizontalen</u> Schichten. Offt sind sie durch grose Klüffte geformt, die von einer Gewalt herzurühren scheinen.

Diese Klüffte (bergmännische <u>Gänge</u>) haben gröstentheils eine Perpend. Richtung. Fallen (Horizont) Streichen (Weltgegend) und enthalten die Metalle die Schwerern mehr nach dem Aequator, die leichtern nach den Polen

Auch in den Gang gebirgen sind keine Versteinerungen und Abdrücke.[167]

Ueber und neben diesen liegen die einfachen körnigen Kalckgebirge. Da hin gehört der ◂N° 13. aus Crotendorf im Erzgebirge▸ <u>Marmor,</u>[168] Diese zeigen zu erst die Versteinerungen, aber nie in Familien, sondern nur eintzeln, und nie etwas von Vegetabilien, oder Landthieren, wenigstens selten.[169]

Aus und neben diesen, die <u>Flötzgebürge</u>. Sie bestehen aus sehr abwechselnden Lagen von allerley, Kalckstein Thon, Schiefer u.s.w. Dahin der Alaun und Kupferschiefer, Steinkohle Stein Saltz, der Saltzquellen und warme Bäder[170]

Flötze in der Bergmannssprache, abwechselnde Schichten von allerhand Erden und Steinarten.

30, 31 Kalckstein. Kalckstein N° 33; 34 mit Grau-Feuerstein, Glasstein. Brauner dichter Kalckstein. 35, Stein-Kohle N. 39 Sandstein N° 41.[171]

---

3 Thon, erde] *für* Thon erde | (Klügels … 517) *mit einfacher Linie umrahmt*
3–10 (Klügels … ist².] *für* u.s.w. 8 bituminösen] *für* hartzi 22 Marmor,] *danach gestr.* und unser Marmor endl. 23–24 und … Landthieren] *für* auch keine Landthiere 23 etwas] *erg.* 24 wenigstens selten.] *für* nie etw[?] 31–32 Glasstein] *für* 35 32 Brauner … 35,] *erg.*

Die Flötz gebirge liegen am Fuße jener ältern, zu Anfang steil gelehnt, hernach horizontaler, die Materien liegen nicht immer nach der eigentlichen Schwere, sondern die | schwerern offt über 25v
den leichtern. Sie enthalten eine grose Menge von Muscheln, unter Vegetabilien und Landthieren Die erstern grade in solchen Bäncken, wie in der See. So daß also die Flötz gebürge wohin unser Hainberg gehört der Boden der See gewesen seyn müssen. Auch findet man in den Flötzgebirgen der nördlichen Länder südliche Produckte an. aber um[ge]kehrt nicht.[172]

Siehe des weiteren in Klügels Encycl. T. II. p. 521 seqq.

Sie finden sich nicht durch aus in dieser Ordnung sondern die jüngern sind öffters von den ältern überdeckt, und ruhen auf ihnen

Die Vulkane durchbrechen alle. Das Granitgebirge ausgenommen, wovon man wenigstens noch nichts zuverlässiges weiß[.] Ihr Kessel liegt tiefer als die Gang gebirge aber doch nicht unter dem Granit.[173]

Die Betrachtung der Vulkane gehört weiter hin.[174]

Alles dieses ist nur das Papier des Globus. Tiefer unten wird uns sehr merckwürdig, der Magnet.

Unsere Erde ist ein Magnet. (Sie können keine umständliche Abhandlung hier erwarten weil der Magnet schon tracktirt ist.[175]

Vom Magneten.

Der Magnet ist ein Stein, der über die gantze Erde verbreitet ist. Eine Eisen Miner. Norwegischer, Westindischer

Er hat die Eigenschafft, daß er das Eisen an sich zieht Versuche mit den Ringen und dem Kräusel[176] Versuche mit dem Eisen feil staub.[177]

Er thut dieses aber nur an gewissen Enden die pflegt man seine Pole zu nennen. Wie man sie findet.[178]

Sie theilt sich dem Eisen mit, dieses erleichtert die Versuche sehr.[179] |

Freundschafftliche, Feindschafftliche Pole.[180] 26r

Die Direcktion. = XIII. 16.

---

2 gelehnt] *für* gelecht[?] 6–7 wohin … gehört] *erg.* 8 nördlichen] *für* südlichen 12 ruhen] *für* ruhend 15 wenigstens] *erg.* 21–22 (Sie … ist.] *erg.* 25 Norwegischer Westindischer] *erg.* 26 das] *für* daß 26–27 Versuche … Kräusel] *erg.* 31 Eisen] *danach gestr.* †

So wohl in Absicht des Meridians, als der Vertical-Linie.[→346,8–10]

Den Magneten mit dem kleinen Stückchen drat[181]

Den grosen auf dem Bogen Papier. mit dem Feilstaub darauf, und die Linien betrachtet.

Eben so verhält es sich mit unsrer Erde. Wenn man statt des Feilstaubs bequeme Cörper aufhängt die sich frey bewegen können, so verhalten Sie sich eben so.[182]

Die Declinations Nadel. erstlich simpel daß sie Nach Norden steht

Die Inclinations Nadel ———— daß sie sich neigt.

Auch verhält sich unsere Erde sonst noch als Magnet

mit den Eisen die lange stehen.

Die Stange des Antheaume.

Das simple Klopfen.[183]

Abweichung Variatio hier 19°, 57′, 57″ Grad (Begrif von Mittags Linie[184]

Inclinatio. (Seekompaß. Nutzen.

Declinations Charten. Wie sie dienen könen den Seefahrern Selbst die <u>Länge</u> zu finden

Die Charte von Dunn.[→423,4–8] Was ist Länge. Erklärung beyder Pole.

Mayer[185] nimt an daß sich im innern der Erde ein Magnet mit zween Polen befinde einer davon ist dem nördlichen Weltpol, der andere dem südlichen näher, so daß eine grade Linie durch diese Magnetischen Pole gezogen die Erde im nordlich[en] die andre im südlichen Hemisphario schneidet, er nimt ihn so klein an, daß
26v er in Absicht der gantz Erde für nichts zu [rechnen][186] | und daß die anziehenden Kräffte sich verkehrt verhalten wie die Cubi der Entfernungen.

> Die anziehende Krafft der Theilchen eintzeln kann sich wie die □ □ der Entfernung verkehrt verhalten, allein die Total krafft kann jedem andern Gesetz folgen. keines thue aber denen Beobachtungen mehr ein Genüge. als die verkehrten Cubi

---

1 Vertical-Linie.] *danach ein Absatz gestr.* Dieses giebt uns zu allerley Bemerckungen Anlaß, die ich heute nicht trennen[?] will. **15** 19°, 57′, 57″] *für* $16\frac{3}{4}$

15–16 (Begrif … Linie] *erg.* **17** (Seekompaß Nutzen.] *erg.* **28** sich … wie] *für* abnehmen in | verkehrt] *erg.*

Der Magnet ist der Erde nicht concentrisch sondern steht jezt ohngefehr den 7 theil des Semidiameters der Erde von ihrem Mittelpunckt ab, also etwa 120 geogr. Meilen; sie wächst jährlich um den tausendsten Theil des Semid., also etwa um eine deutsche Meile

Die Linie durch den Mittelp[.] der Erde und des Magneten schneidet die Erde in einer Lange von 201° von ferro aus.[187] Die Breit[e] 17° Nördlich. fallt also der Einschnitt in das Stille Meer zwischen Asien und Amer. seine Länge nimmt jährlich 8′ ab seine Breite 14 Zu 5) . – – .[188]

Declin

	Theorie			Beob.		
Paris	14	2′	W.	14–16	0.	W.
Berlin	12	2	W.	12	40	–
Upsal	11	24	–	9½	–	–
Thorneå	9	45	–	7	30	
Peterb.	9	44	–	5	0	
Cap	18	1	W	17	30	
Louisburg	19	54	–	17	0	
Quito	7	36		8	–	

Inclin

Paris	71°	9	N	73	0	N
Berlin	71	46	N.	71	45	N.
Thorneå	75	38	N	77	0	N.
Cap.	42	47.	S.	41 /. 44		S.
Quito	34	48.	N.	17.	0	N. [189] |

Vom Lufftkreise. §. 711.

VII C 6, 16r = XIII. 17.

Von der Höhe der Lufft haben wir schon einmal gehandelt wir können weiter nichts thun, als daß wir eine sehr geringe Höhe des Quecksilbers annehmen. Das Verfahren habe ich gezeigt. Die Höhe des Quecksilbers im Barom. = 0 zu setzen hilfft zu nichts, denn da würden wir eine unendliche Höhe bekommen. Das laßt sich nicht gedencken; es muß vielmehr eine Stelle geben,

3 120] *für* 12⟨3⟩{4} 10 Zu 5)] *unsichere Lesung*

wo ihre Elasticität, mit ihrer Schwere ins Gleichgewicht kömmt. Sie ist endlich. Wo davon wissen wir sehr wenig gewisses. Wir haben sie neulich, da wir das Quecksilber $\frac{1}{16}$ Linie hoch sezten 9 Meilen hoch gefunden.[190]

28″ enthalten 5376 sechszehntheile eine[r] Linie davon ist der Logarithme = 3,7304,593
nimmt man 100thel[!] von Linien so enthalten 28″ = 336‴ war 33600 davon der Log = 4.5263393.[191]

Eben das lehren ohngefehr die Dämmerungen. Wie? Die mit Punckten bezeichneten Winckel sind sich gleich (Parall) allein das Trapez. *afbc* hat bey *b* und *a* rechte Winckel folglich machen auch die Winckel *f* und $c = 90$ und also ist der Winckel $acb = ecd$, wenn also der Semid[iameter] der Erde = *R* ist, so ist $1 : \frac{\sec acb}{2} = R : fc$ folglich $fc = R \,.\, \frac{\sec.\, acb}{2}$; oder wenn $acb = \phi$ so ist. $R \,.\, \frac{\sec.\, \phi}{2} - R = (\frac{\sec \phi}{2} - 1) \,.\, R.$ = Höhe der Lufft. Wenn namlich die Lufft allein das Licht zurück wirft.

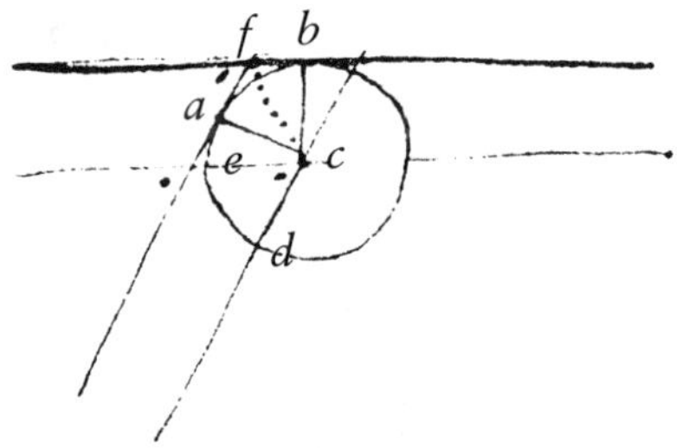

Wenn man also die Tiefe der ⊙ unter dem Horizon weiß pp[192]

Daß aber dieses ein sehr elendes Mittel ist, fällt in die Augen. Es kan auch *f* noch durch die Dämmerung erleuchtet werden.[193]
Auch läßt sich gar nicht erwarten, daß die Lufft überall und zu
allen Zeiten einerley Höhe haben soll. Unter dem Aequator wird
16v sie durch die Schwungkrafft und die Hitze erhoben | an den
Polen durch einen geringeren Grad von beyden vermindert und
<u>verdichtet</u>, ein Umstand den man schon bey Berechnung der
Mondsfinsternissen in Betracht zieht.[194]

---

7 336‴] *im Ms.* 336″ **9–10** mit … Winckel] *für* ⟨puncktir⟩ Wincke **14** folglich] *davor gestr.* folchl **18** der ⊙] *erg.* **19** Daß] *davor gestr.* Sie sehen.

§. 714.

Ich weiß nicht wie HE. Professor Erxleben sagen kan, daß theoretisch betrachtet der Mond keinen Einfluß auf das Barometer haben könne.[195] Es wäre vielmehr unbegreiflich, wenn er es nicht hätte. Er hat es auch würcklich, es beträgt bey übrigens gleicher Lufftmasse, wenn man den Mond unendlich entfernt das Barometer auf 28 Zolle sezt ohngefehr $\frac{1}{16}$ Linie um welche das Barometer höher steht, wenn der Mond im Horizont, als wenn er im Zenith ist,[196] und noch mit dem Umstand, daß wenn der ☽ im Horizont alsdann steht, das Barom[eter] höher als 28″ steht, natürlicher[weise] weil der Mond jezt Lufft über uns aufhäufen, die von der unteren Lufft getragen werden muß.

Die Verfasser, die um den berühmten Preiß von 1746 bey der Acad. zu Berlin concourirt haben den Alembert gewann, sind alle darin eins, daß etwas im Barometer vom Mond abhänge obgleich die Resultate verschieden sind.[197]

Wo die Resultate so sehr verschieden ausfallen, da ist es am besten die Erfahrung zu hülfe zu nehmen, und dieses hat der berühmte Toaldo in seinem Saggio meteorologico gethan nicht in dem Buch, welches ich citirt habe, dieses gehort an einen andern Ort und hat gefunden, daß die Barometerhöhe bey 571 Lunis apogaeis, um 14,31 Zoll größer wäre, als die Höhen bey eben so viel Lunis perigaeis; diese | gäbe für den mittlern Unterschied etwa 17r = XIII. 18. $\frac{1}{4}'''$ um welche die Barom. Höhe im Apogaeo des Mondes größer ist, als die Perigäische.

Ja Toaldo examinirte noch jedes Jahr besonders und fand daß unter 40 Jahren nur 13 eine Ausnahme machten und unter diesen nur 3 etwas beträchtlich waren welches durch andere Ursachen bewürckt worden seyn kann, Ja was hier bey noch sehr merckwürdig ist, ist der Umstand daß in den 13 Jahren grade das Apogäum des Mondes sich beym Aequinoctio befand, ein Umstand den Lambert schon vor Toaldo aus eilfjährigen Beobachtungen des Doppelmayer heraus gebracht hatte.[198]

26–33 *am re. Rand mit einer nach li. offenen geschweiften Klammer zusammengefaßt u. bezeichnet mit* wegzulassen

Von den Winden.

Wir wissen wohl überhaupt was der Wind ist. Nemlich eine bewegte Lufft, allein was die ersten Ursachen angeht, sowohl seiner Entstehung überhaupt, als seiner veränderlichen Richtung von der einen und sonderbaren Regelmäßigkeit in der andern darin ist noch sehr viel dunckel.

Vermuthlich ist die Sache deswegen schwer, weil der Ursachen gar zu viele seyn können. Ware die gantze Erde mit einem Hohen Wasser-Meer übergossen, und wäre keine Lufft oben darüber, so würde dieses Meer sich ziemlich Ruhig halten, alle Ströhme in demselben würden von Ebbe und Fluth abhangen, die sich bald würden bestimmen lassen. In der That wären alsdann Sonne und Mond die eintzigen Ursachen, Nun lassen Sie
17v aber Land und Vorgebürge | entstehen, so wird die Bewegung des Meeres schon verwickelter werden. Denn nun wird das Wasser beym Zufließen sowohl als beym abfließen an die Landspitzen anstosen und nach dem dieses in einem Winckel geschieht zurückgestosen werden und Ströhme in der See machen, die dem Schiffer offt so sehr gefahrlich sind, und deren Mannigfaltigkeit sich in das unendliche erstreckt. Dieses sezt also schon eine gnaue Kenntniß des Terreins voraus und doch weiß man noch so wenig sicheres von der Natur der Ströhme auf der See, obgleich hier das Terrein weiter nichts thut; als blos eine Gegen Mauer abgiebt. (Freylich können hierbey die Winde nicht mehr übergangen werden, weil diese ebenfalls die Ströhme schon verwirren.)

Bey der Lufft wird nun alles sehr viel verwirrter. ◂Fräncklins sonderbare Bemerckung. Später da, wo er her bläßt▸[199] Denn sie folgt nicht allein als flüssiges Wesen den gewöhnlichen Gesetzen der flüssigen Materie, sondern sie hat auch noch ihre eignen als ein sehr elastischer Körper, als ein Körper der äusserst empfindlich gegen Hitze und Kälte, ein Körper dessen Elasticität durch die Wärme sehr vermehrt wird, wenn er eingesperrt ist, und der sehr ausgebreitet wird, wenn er nicht eingesperrt ist. Dazu kommt noch, daß er so viele fremde Körper aufnehmen kan, die ebenfalls seine Elasticität mercklich afficiren, sowohl wenn er

---

8 einem] *Dittographie* 9 und] *davor gestr.* so würden 33 der] *erg.*

dieselbe aufnimmt, als wenn er sie fallen läßt. Die Stürme mit denen die Donner|wetter ankommen umständlich. IX D 2, 3r =XIII. 19.

Wir wollen nun einige besondere Winde betrachten. Zuerst den Morgenwind unter der Linie, den die Frantzosen Vent alizé nennen[.] es weht nemlich zwischen den Wendekreisen auf dem freyen Meere immer ein Wind von Osten nach Westen.[200] Halleys Erklärung von der Sonne, warum auf der Südlichen Halbkugel Süd östlich und auf der Nördlich Nord östlich ist. Stünde die Erde stille, so würde sich dan die Lufft von allen Seiten hinziehen, so da aber die Sonne selbst sehr schnell nach Westen fortgeht, und dieses giebt ihm die schräge Richtung.[201]

Descartes und Rohault. Man hat geglaubt es rühre daher, daß die Lufft der Erde nicht so schnell folgen könne. Allein alsdann müste er gnau östlich zwischen den Tropicis seyn Das ist er nicht, und dann läßt sich erweißen, daß so wie die Erde die Lufft mit sich um die Sonne nimt, so reißt sie auch endlich mit um ihre Axe, die niedrigste Schicht würde dieses sehr bald erreichen[202]

Allein die Abänderungen sind öffters zum Erstaunen Auf die Küste von Guinea weht fast immer ein westlicher Wind, wegen der unbändgen Hitze im innern von Afrika, wo der Zug hingeht, weiter ab im Atlantischen Meer finden sich die erstaunlichsten Windstillen, könten dieses nicht die Stellen seyn, wo sich die beyden Winde balanciren, der Vent alizé von Osten und der andre von Westen.[203] Man hat sich dieses eben nicht vorzustellen, als 2 Winde die gegen einander rennen, man kan es auch wenn man will, eigentlich aber hat man sich die Sache | so vorzustellen, daß 3v jedes Lufft theilchen von zwey Kräfften getrieben wird.

Die Passat winde, Monsoons Mussons,[204] wo sind sie, sie wehen immer nach den heisen Gegenden zu. (Musschenbroecks Magnet. Charte) hier muß etwas Regelmäßiges in den Ländern selbst eintreffen.[205] etwa Vom Aufthauen, erhitzen der Länder oder aufsteigen der Dünste.

---

2 umständlich.] *danach ein Absatz gestr.* Ja wir kennen bey weitem noch nicht alle Umstände, kann nicht Phlogistication und Dephlogistication die Elasticität der Lufft vermindern und vermehren? Nicht zu gedencken was Elecktricität thun kann.
4 die] *danach gestr.* Engländer Trade wind [*u. versehentlich nicht getilgt:*] und die
5 zwischen … Wendekreisen] *für* grade unter der Linie unter 9 Erde] *für* Sonne
19 wegen] *davor gestr.* und weiter ab im A 25 man[1]] *davor gestr.* ⟨d⟩ nein, die Urs.
31 etwa] *erg.*

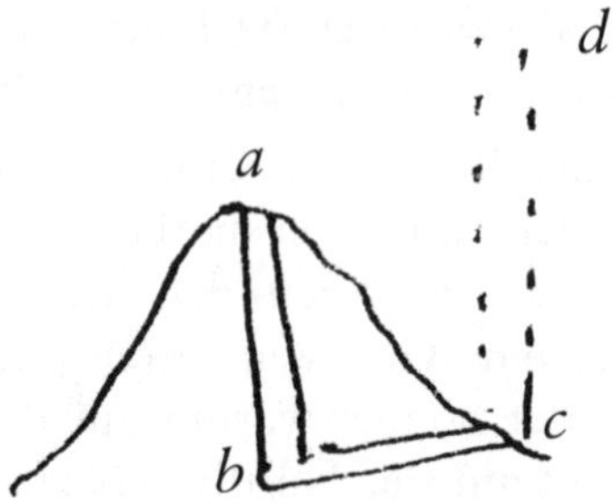

Schacht und Stollen. Im Sommer geht der Wind nach *abc* weil *abc* kühler ist als *cd* folglich bekömt die Lufft säule *ba* pp ein Übergewicht und die Lufft ströhmt aus *c* aus. Hingegen im Winter wenn es kalt ist, ist *ba* respective wärmer, und *ba* pp leichter als *cd* und die Lufft ströhmt bey *a* aus.[206] Es ist zwar dieses ein sehr rohes Beyspiel aber mit den Passat winden muß es eine ähnliche Beschaffenheit haben. Nur daß, was hier in der Verticalen Richtung vorgeht, sich hier in der horizontalen ereignet, und dieses wird sich jeder gute Kopf gleich dencken können, die Passatwinde streifen nur auf Meeren die Länder in der Nähe haben

Auch ist immer um die Tage und Nachtgleiche eine stürmische Zeit, wenn nemlich die Sonne allmählig anfängt Länder und Gegenden zu bescheinen, die sie [in] einem halben Jahr o͡t beschienen hat.[207]

4r = XIII. 20.

Ebbe und Fluth.

Die Ebbe und Fluth, oder das zweyfache an und ablaufen des Meeres in 24 Stunden, wo es frey und offen ist, hat bis auf Newtons Zeiten, recht der Physic zum Trotz existirt, man hat vieles entfernte sehr richtig erklärt, und diese Erscheinung, die so äusserst frappant ist nicht blos wegen ihrer Größe an sich selbst, sondern wegen ihrer Regelmäßigkeit war unerklärt. Man sagt Aristoteles habe sich aus Desperation, weil er sie nicht erklären können hineingestürzt.[208] ◂Eigentlich in den Euripus eine Meerenge zwischen Euböa und Böotien im Archipelagus. Es gründet sich diese Sage auf einige mißverstandenen Stellen in den Dichtern▸[209] Das glaube ich nun nicht, sondern ich glaube es ist dem

10 gute] *erg.* 19 in … Stunden] *erg.* 25–28 Eigentlich … Dichtern] L_B

grosen Manne gegangen, wie es noch an jedem Tage jedermann zu Ritzebüttel oder beym neuen Werck[210] gehen könte, wenn er auch die Geschichte von Pharao und s. Heer[211] und dem Tode des Aristoteles hundert mal gelesen hätte. Vermuthlich hat er sich zu weit gewagt. Eine kleine Anhöhe kan eine Insul werden.

Das einathmende Thier.[212]

Jezt ist die Erklärung der Ebbe und Fluth der Triumph der Newtonischen Philosophie geworden.[213] Nicht blos die Bewegung der Planeten um die Sonne wird daraus klar – sondern es muste nothwendig auch dieses daraus folgen wenn Newton Recht hatte.

Die Erde ein großer Wasser Tropfen. So lang alle Theile gleich starck gezogen werden, so kan der Tropfen seine runde Figur nicht andern ◂Die Mechaniker nehmen daher einen Punckt an.▸ eine Seifen blase, die einen Strohm hinunter Schwimmt, oder durch die Lufft fliegt ändert | ihre Figur nicht, und wenn sie sie 4v ändert, so gehen die Theile nicht mit gleicher Geschwindigkeit dieses ist dünckt mich ein Grundsatz gegen den niemand etwas einwenden kan.

Wir haben gesehen, daß die Erde gegen den Mond gravitirt, da sie schwer ist. Wären nun alle Theile gleich schwer, und die Bewegung um den gemeinschafftlichen Schwerpunckt liese nach, was würde geschehen? Die Erde würde gegen den Mond und der Mond gegen die Erde fallen und ihre Figur, wenn sie auch gleich Flüssig wäre, würde nicht geändert werden.

Kugeln die in einem Kreiß auf einem Plano inclinato[214] liegen werden immer in einem Kreiß bleiben wenn sie fallen. NB. NB.

Allein da die Erde beträchtlich groß ist, da ihr Durchmesser der 30te Theil der gantzen Entfernung des ☽ ist; so kan sich die Sache unmöglich mehr so verhalten denn, wenn *a* und *b* zugleich anfangen zu fallen so kann es kein Circkel mehr bleiben. Denn *a* ist näher beym Monde und fällt schneller als *b*. Wäre nun gar keine Cohäsion und die Theile der Erde wären o͡t schwer gegen einander, so würde das Ding immer ablanger[!] werden. Wie etwa ein Circkel von Kugeln der nicht auf einem Plano inclinato lage son-

1 wie] *danach gestr.* es dem Pharao mit seinem Heer gegangen ist, und [*u. versehentlich nicht getilgt:*] wie | Tage] *danach gestr.* einem **27** bleiben … fallen] *für* fallen **33** und] *davor gestr.* so wür[?]

dern auf einer krummen Fläche  seine Figur verandern würde.

Setzen wir die Entfernung vom Mond *l* bey $c = 60$:[215] so ist; wenn der Mond über *a* steht die Entfernung von $a = 59$ und bey $b = 61$ und die Schweren verhalten sich in *a*, *c*, *b* wie $\frac{1}{59^2} : \frac{1}{60^2} : \frac{1}{61^2}$ [216]
Mit der Erleuchtung erläutert[217]

Der erste fall[e] in der ersten Secunde dur[ch] 2′ der andere durch 16′ wie wircklich geschieht, und ihre Distantz sey Anfänglich = 10 was wird ihre Distantz in 5″ seyn[218]

Aber unser Umdrehen ist ja nur ein Fallen. |
5r = XIII. 21. Dieses ist dünckt mich so klar, daß es jederman begreifen kan, und wer es nicht versteht, dem muß nothwendig etwas in den Principiis fehlen
Es ist also nicht die Action des Mondes überhaupt die dieses hervor bringt sondern die Differenz der Action auf die entgegen gesezten Seiten. Dieses geschieht wenn die Erde in einer graden Linie fiele.

---

3 Entfernung vom] *für* Schwere gegen den | *l*] *erg.* L_B 5 *c*] *davor gestr. b* $\frac{1}{59^2} : \frac{1}{60^2} : \frac{1}{61^2}$] *für* $\frac{1}{59^2} : \frac{1}{60^2} : \frac{1}{61^2} : \frac{1}{60^2}$ 9 was] *Dittographie* 17 Seiten] *für* seiten
17–18 Dieses … fiele.] *erg.* 17 die Erde] *für* der Mond

Nun aber ist ja erwiesen worden, daß das Umdrehen des Mondes um die Erde oder der Erde um den Mond ein beständiges Fallen ist, so muß eben dieses statt finden denn der Mittelpunkt *c*, wird sich weniger von seiner Tangente entfernt haben, als das Ende *a*, und das Ende *b* weniger, als der Mittelpunckt, so, daß also $\beta\alpha > ba$ seyn wird.[219]

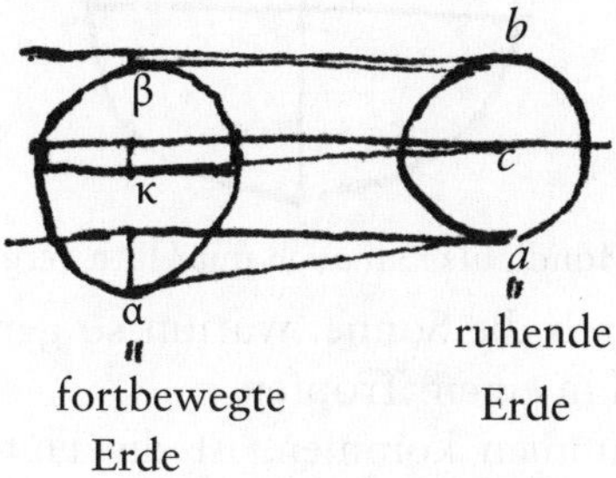

Man kan also die Sache mit Newton so ansehen, als wenn alles mit der Krafft gezogen würde, mit welcher der Mittelpunckt gezogen wird, alsdann addirt man den Ueberschuß nach dem Mond zu, bey α und addirt ihn aufwärts bey β. (NB).[220]

eine geschleuderte Blase die Oval wird[221]

Nun die Erde noch ruhend dargestellt und den ☽ langsam darum herum; nun in den Wasser ball einen Erdball hinein gedacht, um den Mond darum herumgeführt, so wird das Wasser auf dem Land steigen müssen. Dieses Umständlich.[222]

Ruhte die Erde, so würde die lange Axe des Sphäroids immer durch den Mittelpunckt des Mondes gehen. Da aber die Erde sich sehr schnell um ihre Axe dreht so | fällt in die Augen, daß 5v
nunmehr das Wasser nicht mehr die gröste Höhe unter dem Mond erreichen kan, Es wäre ein Wunder wenn es geschähe, denn setzen Sie diese Kugel würde nun sehr langsam gezogen, so sehen sie leicht ein, daß die Kugel ihre gröste Höhe nicht unter dem Mond erreichen kan, weil sie von 2 Kräfften getrieben wird. S. fol. 22.2. (♂.)[→358,4–9]

Die Schiffer rechnen die Fluth alle Tage 48′ später[223]

---

4 c] *erg.* 13–14 und … herum] *erg.* 17 Sphäroids] *für* Ellipsoids 24 erreichen] *davor streicht Bearb.* er

es sind aber eigentlich 50′ weil bey jener Rechnung der synod Umlauf des Mondes[224] = 30 Tage num. rot. gesezt wird, der eigentlich nur 29 Tage 12 St. 14′; 3″ beträgt.[225]

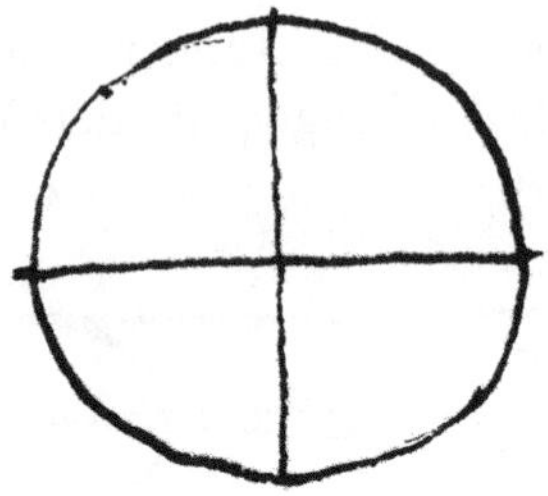

Irregular. des Mondlaufs kan auch mit Fluth verglichen werden

Von der Fluth durch die Sonne. warum so gering?[226] der Mond macht keine Fluth in einem Tropfen.

Wenn beyde zusammen kommen, ist die Fluth am grösten, sie heißen daher Spring fluthen, das geschieht im neuen Licht, und im vollen.[227]

Springfluth in  und ; Nipfluth oder todte Fluth in  und 

Es ereignet sich aber nicht unmittelbar im neuen Licht und vollen, sondern einige Tage nachher, dieses ist sehr leicht zu erklären.[228]

Sie haben gehört, daß die heiseste Stunde des Tages im Sommer ist nicht die, da die Würckung der Sonne am stärcksten ist, das ist um 12 Uhr sondern nachher. Ursache. Eben so auch mit der heisesten Jahres Zeit.[229] Denn eine Krafft die geringer ist als eine andere ist ja des wegen noch keine kleine

Es ist auch eben so beym Menschen die Gröste Geistes vollkom-
6r menheit, die aus Erfahrung und Ver|gleichung entspringt ist auch
= XIII. 22. am stärcksten, wenn die Kräffte schon wieder abnehmen.

Wie hängt dieses mit Ebbe und Fluth zusammen, so: würde ☉ und ☽ zernichtet so würde die Fluth deswegen nicht aufhören,[230] so wenig als die Wogen des Meeres sich legen, wenn der Sturm auf hört. Also kömt die zweyte hinzu pp bis endlich Sonne und

---

1 synod] *erg.* 5 L_B 15–19 *daneben am Rand nicht zugehörige Nebenrechnung* $x^2 + 2x + 1$ / [–] x^2 / [=] $2x + 1$ 20 auch] *danach gestr.* mit den 22 abnehmen.] *danach gestr.* Ja weil da andre stöhrende Kräffte abnehmen, so wachst nur alles desto ⟨schneller.⟩ mehr. 23 zusammen,] *für* zusammen?

Mond so weit von einander treten, daß sich die beyden Wellen zu starck stöhren.

höchste $10\frac{1}{2}$ Fuß in der recht offenb[?] See niedrigste 7.[231]

Der Perigaeische Mond vermehrt die Fluthen, denn obgleich die Differentzen der Distantzen von *a* und *b* gleich sind, so verhält es sich doch mit dem den Differentzen der Quadrate anders, auf welche hier alles ankömt.[232]

	Diff.	□	Diff.
1		1	
	1		= 3
2		4	
	1		= 5.
3		9	

Also je näher die Erde dem Mond kömt desto mehr werden die näheren Theile im Verhältniß mit den ferneren gezogen.

Daher können zwey große Springfluthen einander nie unmittelbar folgen, weil wenn der Neumond Perigäisch ist der Vollmond apogäisch wird. |

Wenn der Mond im Pol stünde, so würde gar keine Fluth 6v
seyn.[233]

Wenn der Mond weit vom Aequator absteht so ist die Eine Fluth immer größer, als die andere, nemlich die, da der ☽ über dem Horiz. ist die gröste, ist leicht zu erklären. Zu Bristol beträgt der Unterschied 15″ zu Plymouth 1 Fuß.[234]

	Springfl.	Vierthel
zu St Malo	50′	15′
Bristol	42	25′[235]

Sie kommen alle Tage etwa $\frac{3}{4}$ Stunden später. weil der Mond, wegen seiner eignen Bewegung etwa alle Tage so viel später an

---

3 L_B | niedrigste] *davor gestr.* Ebb 4–7 *daneben am Rand L_B Nebenrechnung:* $10^2 = 100$ / [–] $9^2 = 81$ / [=] 19. ; *darunter gestr.* 61 / 60 / 59 4–15 *dazu am unteren Seitenrand* $\begin{matrix}25:9\\16:4\end{matrix}$ $\begin{matrix}5^2:3^2\\4^2:2^2\end{matrix}$ $\begin{matrix}61^2:59^2\\60^2:58^2\end{matrix}$ $\begin{matrix}\frac{1}{59^2}:\frac{1}{61^2}\\\frac{1}{58^2}:\frac{1}{60^2}\end{matrix}$ L_B 5 von … *b*] *erg.* 10 3] *für* 4×1 12 5] *für* $2\frac{1}{4}\times 4$ 15 gezogen.] *danach ein Absatz von L_B gestr.* Newton hat bewießen, daß die Fluthen sich {verkehrt} verhalten wie die Cubi der Distantzen des ☽ ; *am re. Rand mit nach li. offener geschweifter Klammer zusammengefaßt u. als [ebenfalls von L_B gestr.:]* wegzulassen. *bezeichnet.* 25–27 *über z. Teil gestr. L_B* 28 Sie] *davor gestr.* ♂

den Meridian tritt.[→355,26–356,3] Die Sonne macht hierin einen kleinen Unterschied. Sie beschleunigt bald und verspätet bald.[236]
Wie Insuln sehr weit vom Land eine geringe Flut haben[237]

(♂)[→355,25] Es ist aber nicht gleich auf großen Meeren nur $2\frac{1}{4}$ St z.E. im heißen Erdstriche. Am Cap $2\frac{1}{2}$ St. an der West Küste von Franckreich 3 St. St Malo 6. St. pp.

Von Cuxhaven nach Hamburg zu kommen braucht die Fluth 6 Stunden, also hat man Fluth in H. wenn in Cuxh. Ebbe ist Hube. Briefe. T. I. p. 143.[238]

Die Seen müssen sich wenigstens 90° von Westen nach Osten erstrecken, wenn sie volle Flut haben sollen
Warum ferner in kleinen Meeren keine Fluth entstehen kan.

In der Ostsee bemerckt man sie doch, ich habe es bey der belagerung von Stralsund unter Seckendorf, in einer Ordre gelesen. Siehe auch Titii disp. de vestigiis fluxus et refluxus in mari baltico, praesertim ad Vistulae ostium. Vitebergae 1760.[239]

Flut im Mond 10mal größer. Allein so wie er jezt steht, gar keine.[→358,22–24]
Lufft Fluthen. Rozier Julius 1785.[240]
gröste Nähe des Mondes zur grösten Ferne = 7 : 8.[241] |
(7r = XIII 23) Noch etwas von der Fluth, wenn der Mond im Pol stünde.[242]
Fluth auf dem Mond. So wie es jezt ist kan keine seyn vielleicht hat er seine seltsame Umdrehung daher erhalten, daß er gegen unsere Erde länglich ist.

Von den Ströhmen. Bergmann p. 382 T. I.

Erxleben 4te Auflage am Rande p. 599.[243]

Bey einer solchen Beschaffenheit des Wassers, daß der Regelmäßigen Flut, und den Regelmäßigen Winden unterworfen ist, läßt sich es nicht anders dencken, als daß bey landspitzen und Land-Engen das wasser angetrieben werden, und Ströhme verursachen wird.
Man kan sich dieses auf einer Caffee Tasse erläutern. Die Umstände sind nicht aufzuzählen. Man findet sie in den Schrifften der Reise beschreiber. Nur einige Beyspiele
Vom grünen Vorgebürge nach Fernando Pao ◂(eine Portugisische Insul, sie heißt auch Insula Ferdinandi)▸[244] geht ein so

---

4 (♂)] *danach gestr.* S. fol. 21.2 oben 8–9 Hube ... 143.] *erg.* 10 wenigstens] *danach gestr.* von 30 das] *für* daß 35 Pao] *für* [*versehentlich nicht getilgt*] Paö[?]

starcker Strohm von Westen nach Osten, daß ein Schiff in dieser Richtung in einem Tage 60 Meilen gehen kan, zur Rückreise braucht es 6 bis 7 Wochen.

Zwischen dem Vorgebürge der guten Hofnung und Madagascar ist ein so hefftiger Zug von Nord Ost nach Nordwest,[245] daß HE. Eckeberg, der berühmte schwed. Seefahrer berichtet er habe mit einem Lauf von 84 Meilen in 24 Stunden nicht eine Minute im Bogen dagegen gewinnen können.

Eben, so kan auch das Verdunsten unter dem Aequator einen Strohm verursachen, auch das saltzigere Wasser unter dem Aequator, den obgleich lezteres eine geringere Höhe gebraucht, so strohmt doch das leichtere als solches dahin[246] (κερας) |

Am besten wird dieses durch die Strohme in den MeerEngen 7v
zwischen den Inseln erklärt

Und aus den Wirbeln, der Malstrohm oder Moske-Strohm, an der Küste von Norwegen in dem 68 Grad der Breite. Hier entsteht ein Strohm zwischen Inseln, die die Lofodden heißen der 6 Stunden nach süden und 6 Stunden nach Norden fließt und einen Wirbel mit einem Zug macht, der den Seefahrend[en] gefährlich werden kan. Er soll einen Trichter von 2 Faden Tiefe verursachen; er wird aber Hauptsächlich deswegen gefährlicher, weil er gegen Klippen und saichten Grund führen kan. Die Sache ist gar nicht schwer zu erklären, wenn etwas dabey noch schwer ist, so rührt es daher, weil man das local nicht gantz kennt, denn nichts ist gemeiner, als daß durch ein und Ausströhmen ein Wirbel entstehen.[247]

Merckwürdige Nachrichten über diesen Strohm stehen in P. Hell's Ephemeriden für 1791. p. 326.[248] Es ist nicht viel werth. S. Erxleben VI^{te} Ausgabe. p. 694.[249] |

Von den Wässerigten LufftErscheinungen 9r = XIII. 24)

§. 727

Unsere Lufft besteht nach den besten Versuchen etwa aus $\frac{9}{33}$ Theil[250] fast $\frac{1}{4}$ dephlog. aus $\frac{1}{16}$ fixer und also fast aus $\frac{11}{16}$ phlogistischer Lufft.[251]

---

17 Lofodden] *über* [*versehentlich nicht getilgt*] Lofodden 25 Ausströhmen] *für* ausströhmen

Sie enthält ausserdem eine Menge von andern Dingen. Unsere Stuben sind voll davon, mechanisch vermischt.
Ein Würfel Marmor[252]
Papier im Schorn stein in die Höhe, wo ein Wind aufwärts geht.
Wie die Asche bey Feuer, bey Vulcanen, bis Constantinopel[253]
Der Saame der Pflantze, die Moose liegen auf dem Jacobi Kirchthurme
Schwefel Regen / Stade[254]
Gossamer.[255]

Ausdünstung.

Wie es zugehe. Aller Wahrscheinlichkeit nach haben diese Körper eine große Anhänglichkeit an die Feuer-Materie. Ihre Verbindung ist so beschaffen, daß weniger Feuermaterie nöthig ist sie zum zweyten mal zu schmeltzen.
Warum schmeltzen Körper? Talg leichter als Bley
Es ist nur wenig Feuer Materie nöthig sie aus ihrer Verbindung zu setzen, die wir die natürliche nennen. In Dünste verwandelt werden, ist nur ein zweytes schmeltzen.[256] |
9v Die Wasser Dämpfe schmeltzen aus dem Wasser, so wie das Wasser aus dem Eis, dabey verschlucken sie eine große Menge Feuer Materie, zu denen sie also eine Große Affinität haben müssen
Bley schmilzt an der Sonne nicht, weil die Wärme nicht schnell genug zuströhmt und immer die benachbarte Körper wieder das meiste rauben.
Also warum verdunsten Flüssigkeiten? Einmal wenn die Ihnen zugeführte Wärme hinreicht sie zu schmeltzen, und dann scheint die Lufft sie auch auf zu lösen. Vielleicht findet, wie HE. v. Saussure vermuthet, die lezte Auflösung nie ohne die erste eigentlich so genannte Verdampfung statt.[257]

> nach Hales (vegetable Staticks) Eine Sonnen blume von $3\frac{1}{2}$ Fußen dünstete in 12 Stunden $1\frac{1}{4}$ Pfund aus Ein Mensch etwa 24 Stund 2 Pfund.[258]

Manche Oele dünsten daher gar nicht aus,[259] weil die nöthige Schmeltzung durch die Wärme nicht vorgegangen ist, und sie

---

16 ihrer] *für* einer **17** die natürliche] *für* natürlich **34** Manche] *li. davor ein schräger doppelter Strich zur Hervorhebung des Absatzes*

sehr erhizt werden müssen ehe die auflösende Krafft der Lufft auf sie würcken kan. Es scheint eine gewisse Ausdehnung nöthig um der Lufft einen Angriff zu verschaffen, so wie überhaupt alle Auflösungs Mittel stärcker würcken, wo die Wärme dazu kommt

Die Ursache ist leicht ein zu sehen: jede Ausbreitung eines Körpers in einem größern Raume ist verbunden, mit einer Trennung der Theile, die zumal an der Oberfläche mercklich werden, und dem Menstruo mehr Oberfläche darbieten muß. So hat Bergman längst geglaubt, daß sich manche erdigten Mittel Saltze blos deswegen im Wasser nicht auflösen lassen, weil sie dem Wasser nicht oberflache genug darbieten.[260] |

§. 728. 10r =XIII. 25)

Dabey habe ich gar nichts zu erinnern. Als etwa dieses daß die wässerigen Dünste uns nur deswegen die häufigsten erscheinen 1) weil die Flüssigkeiten welche die Natur, frey so wohl, als in den Körpern versteckt, meistens wässeriger Natur sind, weil sie sich auch am leichtesten wieder niederschlagen. Bey den andern ist die Niederschlagung nicht so leicht. Wegen ihrer erstaunlichen Schmeltzbarkeit ist es nicht sehr wahrscheinlich, daß sie bald sich wieder präcipitiren, wenn sie einmal in Auflösung gegangen sind, sie müsten sich denn mit dem Wässerigen starck verbinden, und so gemeinschafftlich niederfallen.

Nun sind die Angaben der Schrifftsteller in Absicht der Ausdünstung verschieden.[261]

Atmometer, Atmidometer[262]  oder besser an der Waagschale eine bestimmte Fläche

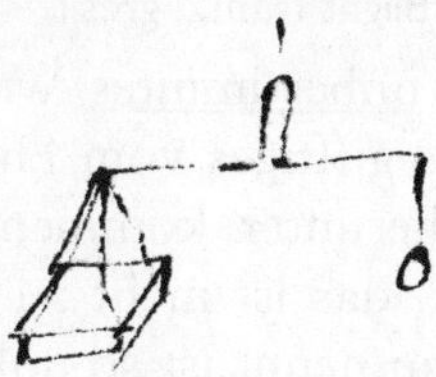

Damit die Vogel nicht daraus saufen, ein weitlaufftiges Dratnetz.[263]

---

1 die] *danach gestr.* Lufft 6 Die] *li. davor ein schräger dreifacher Strich zur Hervorhebung des Absatzes* 8 Theile] *davor gestr.* äussern 10 erdigten Mittel] *erg.* 15 deswegen] *danach gestr.* ⟨d⟩ caeteris paribus 16–17 1) … sind] *erg.*

<u>§ 729.</u>

Die Bläsgen, dadurch legt der Schöpfer die Wasserbehälter in höher Lufft an, den die Lufft kan nur <u>10 Gran</u> im Cubicfuß auflösen.

Wenn die Lufft ihre Auflösende Krafft durch irgend eine Ursache verliehrt, so fallen sie nieder, das heißt man schon im gemeinen Leben thauen, wenn nemlich die Wärme noch groß genug ist, das Wasser flüssig zu erhalten, sonst heißt es reif. Sehr merckwürdig. Glas bethaut, Metall nicht. Du fays silberner Becher auf Porcellan, und Porzellan auf Silber.[264] Die sehr merckwürdige Erscheinung daß Glas nicht mehr bethaut wird so bald es belegt wird. HE. Saussure muthmaset hierbey etwas elecktrisches.[265]
Ich habe schon mehrmals gesagt, daß ich gegen alle die Erklärungen aus der Elecktricität mißtrauisch geworden bin. Es könte
10v auch blos von einer stärckern | Leitung und von Affinitäten herrühren. Das Glas könte die Wärme starcker leiten, oder seine specifische Wärme konnte sehr viel größer seyn als die von der Lufft, dadurch wird warme Lufft gleich sehr kalt, wenn sie an kaltes Glas kommt. Hingegen konnte die specifische Wärme des Metals in der Mitte liegen.[→453,1–6]

Gersten seine Geschichte, etwas von seinem Gedicht die Nacht.[266]

Thau auf Pflantzen steigt zum Theil auf zum Theil fällt er.[267]

Es ist eigentlich ein Regen ohne Wolcken,[268] man pflegt ihn nicht so zu nennen, indessen weiß man doch von Regen ohne Wolcken,[269] schnee ohne Wolcken ist sehr gemein.[270]

Dieses muß erst nach dem Mehlthau kommen
<u>Reif.</u> <u>Nebel</u>

Vom <u>Mehlthau</u>.

englisch Blight frantz. gresil

Ist ein sehr <u>unbestimmtes</u> Wort, die alten glaubten es fiele zuweilen etwas gifftiges vom Himmel. Es kan unstreitig etwas mit dem Thau herunter kommen, was den Pflantzen und Thieren schädlich ist, das ist nicht zu läugnen. Allein was man gewöhnlich Mehlthau nennt ist so unbestimmt daß sich wohl schwerlich eine allgemeine Ursache wird angeben lassen.

Sonnenfinsterniße

---

8 silberner] *für* metallener **31** etwas[1]] *danach gestr.* vom Hi

Man findet, daß Blatter verschrumpfen, das heißt Mehlthau auf
andern zeigt sich ein klebrigter Safft. | den nennt man auch 11r
Mehlthau, auch wenn er süßlich schmeckt Honigthau

Manche blatter werden wie mit einem weißen Schimmel überzogen auch das heißt Mehlthau und mag wohl hauptsächlich der gantzen Classe den Nahmen gegeben haben.

Und endlich findet man eine Menge kleiner Inseckten, nahmentlich die so genannten Aphides[271] auch das wird Mehlthau genannt.

Einige darunter machen einen Schaum um sich herum sich zu verbergen, oder ihre Verwandlung zu begünstigen.

Von allen hier ist nichts vom Himmel gefallenes wie man schon daraus sieht daß es nicht alles trifft nicht einmal alle Blatter des selben Baumes oder der selben Pflantze.

> Man solte dencken es müste die Spitzen der Bäume eher treffen als die untern Blätter, aber gar nicht.

Er hat vermuthlich in einer kräncklichen Beschaffenheit der Pflantzen seinen Grund. Gegen den Mehlthau im Hopfen räth man Schweine mist, es könte seyn, daß dieser Mist der Pflantze sehr günstig ist sie gesund erhält und daher, die Kranckheiten verhindert, die die Inseckten nach sich ziehen.[272] So bleibt das Moos von gesunden baumen weg und faßt die Kräncklichen an,

So soll auch das Beschneiden gegen den Mehlthau gut seyn. Auch das bluten. Vermuthlich weil der größere Zufluß des Saftes den Thieren nicht günstig ist.

So hat man ihn durch Entblößung von Erde, und durch binden der Zweige hervorgebracht. (Dr Hill)[273]

---

2 auch] *erg.* 5–6 und … haben.] *erg.* 22 an,] *danach erg. u. gestr.* bey einer Unreinlichkeit, die mit Mangel an Gelde, dem großen Nahrungssafft verbunden ist, erzeugen sich ebenfalls Inseckten. 26 durch[2]] *erg.* 26–27 binden … Zweige] *für* bin

Nr. 2 VII F 2, J 3, , 8v–10r, 15r–16r, 17v–19r

8v <u>Publicum den 4^{tn} Sept.</u>

Vom Aufsteigen der Dünste noch kurtz wiederholt

Eine Lehre, die viele Schwiergkeiten hatten, und durch den übel angebrachten Fleiß mancher Hypothesenmacher noch schwerer geworden ist

Dämpfe

Dünste durch Auflösung

Pracipitation

Wolcken

Wie sie hängen bleiben { wie Staub vom Winde
in der Höhe gehalten (nichts[?])

Es sind Bläschen
Man hat sie in den Wolcken selbst gesehen HE. von Saussure[274]
Womit sind diese Bläschen gefüllt

Das ist freylich noch nicht ausgemacht wie vieles in der Natur.

entweder mit einer leichten Lufft

mit Feuer Materie
oder mit der Elecktricität[275]
Dieses ist sehr wahrscheinlich. |
9r alle Dünste erzeugen Elecktricität
Man darf kühn behaupten alle Wolcken sind Donner wetter, es sey Winter oder Sommer, sie sind nur dem Grade nach unterschieden.
Was wir so nennen
Die Drachen zeigen das allemal[(296)]
daß Bläschen entstehen.
Was ist Auflösung. Umständlich
Niederschlag was ist das.
Wenn sich nun das Wasser niederschlägt. was geschieht

Bläschen, allein wie ist das möglich
Freylich ich kan den Mechanismus nicht erklären.
Allein ist es wunderbarer als die Crystallisation.

---

5 schwerer] *für* finstrer **21** Dünste] *davor gestr.* Wolcken **23–24** unterschieden.] *danach eine Zeile gestr.* Drac

Ich begreife eines so gut als das andere.

Also der erste Niederschlag Wolcken.[276]
So hängen sie nun die majestätischen Lufftgebäude.
Die Mongolfierschen Kugeln[277]
Die wohlthätigen Wasser behälter
Was für eine Weißheit des Schöpfers. Durch ein so leichtes Fluidum |
Es heißt den Marmor zu einem Pallast durch die Lufft zu führen. 9v

Das waren die Wolcken.
Diese Bläschen können nun zerplatzen.
1) entweder wenn eine warme Lufft s. zu sehr erweitert
2) wenn Winde sie zu starck antreiben auch gegen einander[278]
3) wenn ihnen durch eine uns unbekannte Ursache ihre Materie breche[?]
ZE. Elecktr. bey schweren Donnerschlägen.
Als dann giebt es Regen.

Zuweilen werden auch diese wieder aufgelöset,[279] das Geschieht wenn

Es will regnen und kan nicht.
Der Regen
Hagel.

Diese Lehre hat grose Schwierigkeit, und ich getraue mir zu behaupten,
Schwierigkeiten
Es hagelt im Winter nie
Ja es hagelt in der Nacht nicht
die geringe Ausnahme, kann uns nicht hindern die Regel | fest zu setzen 10r
Es ist allemal die Lufft sehr elecktrisch.
Wie kan es erklärt.
Durch verdunsten entsteht Kälte
Der Hagel ist von Anfang klein vergrösert sich in der Lufft

hier ist eine Lücke.[280]
gefrieren die Blaschen noch ehe sie sich in grose tropfen verwandeln können, so entsteht Schnee

---

13 ihre] *danach gestr.* El.

bey diesem ist die Figur sehr merckwürdig. Zuweilen geschieht der Niederschlag anders

der Thau umständlich
Lufft
Pflantzen[→448,20]

Was er bedeckt.
Du Fays zwey Versuch[e]
Porzellan auf Silber
Silber auf Porzellan[→362,8–9]
Du Fay's vortrefflicher Versuch mit der belegten Platte.[281]
der Reif.
die Höhe der Wolcke zuweilen kan 1000 Toisen
Doch hat man sie 400 Toisen über dem Chimborasso = 3217 Toisen[→460,25–28]
der Rauch der Vulcane noch 800 Toisen hoher.[282] |
[…]

15r = 27 <u>Publicum ♄ den 11 Spt.</u>

vom Hagel zu Mühlhausen Sundgau. zwey Herren.[283]
das macht keine Ausnahme von der Regel. der Winter ist die Nacht des Jahres.[284] Gewitter 1555.[→369,22]
Vom Donnerwetter, das man besser Blitzwetter hiese.:[285]
15v Es sind Wolcken gemeiniglich sehr | schwer aussehend, so dick, daß sie wenn sie gegen Sonnen Untergang ankommen, offt eine gäntzliche Nacht machen.

Sie schießen nach intervallis kürtzer oder länger, Strahlen.

Die zuweilen nach andern benachbarten Wolcken horizontal hinfahren, zu weilen, aber nach der Erde schießen da wir denn sagen das Gewitter habe eingeschlagen.
Seltsame Begriffe, die man sich davon gemacht. Jupiter.[286]

Hohlspiegel in den Wolcken.[287]
Wenn ein junger Anfanger in der Physic so etwas behauptete, so ware er auf Lebens Zeit ruinirt.

Heut zu tage wissen wir es gewiß Die Wolcken sind weiter nichts als elektrisirte Wolcken.[288]

1–2 Zuweilen … anders] *erg.* **31** in … Physic] *erg.* **34** Wolcken.] *danach eine Zeile gestr.* Richmann de Romas die Drachen

Einige Begriffe von Elecktricität.
An der Röhre[289]
An dem Conducktor.[290]
Gleich die Verstärckung[291], Zündung[292].
Auf diese Weise kan man Thiere tödten.[293] |
Glas platte geladen.[294] 16r
zwey verschiedene Elecktricitäten[295]
geladene Lufftschicht.
daß die Wolcken elektrisch sind, Richman Francklin de Romas[296]
So sind die Wolcken die obere Belegung,[297]
Kommt nun ein hoher Gegenstand dazwischen, so bricht die Materie aus.[298]
Sie zieht sich hauptsächlich nach Metallen. Menschliche Körper, Feuchtig-[*bricht ab*][299]
Ableiter.
Käfig[300]
Heckingham bey Norwich.[301]
Vorsichts Regeln.
Secunden zählen[302]
nicht nahe bey Metallen
in der freyen Stube mitte
ja den Drat vermeiden[303]
das ist alles was man thun kan[304]
trifft es einen lieber Gott, es ist gewiß der sanffteste Tod.[305]
Meine Geschichte[→369,3]
die mit den Leuten auf der Weender Strase.[306]
Vorurtheil wegen des löschens.[307] |
[…]

Publicum ♄. 18 Sept. 17v = 30
Von der Entstehung der Donnerwetter.
die Wolcken reiben sich, Erwärmung.[308]
hier bey etwas weniges von positiver und negativer Elecktricität
die Figuren[309]
Dalibar und de Lor[→470,8–15]
Francklin im Junius 1752.

9–10 *erg.* 32 *erg.* 34 die Figuren] *erg.* 35–368,1 *erg.*

Richmann 6ten Aug 1753.[→367,9]
die Dünste. <u>Volta</u>[310]
Warum im Sommer mehr als im Winter.

vielleicht größere Trockenheit der Lufft oder feinere Auflösung.
Die Kalte der Lufft kan auch den Uebergang hindern
Daher wenn die Gewitter im Winter kommen, so kommen sie sehr schwer.[311]
Nun wenn sie steht. Die beyden Platten.
Die Erde wird negativ elecktrisirt
Würckung auf die Spitze und auf den Knopf.
Wie es sich weiter verhält es wird wie ein Drach. elecktrisirt[(296)] |
18r = 31. wie dieses zugeht.[312]
Also die spitzen Ableiter <u>nichts zu sparen</u>
Stumpfendiandianer[!], und SpitzEndiander[!]. Satire. des Swifft mit den Eyern.[313] Wilson. Purfleet:[314]
Spitz gewiß, die Wolcken von Baumwolle.[315]
an die Höchste Stelle. auch in die Richtung der Donnerwetter.[316]
Beyspiel an der UniversitätsKirche[(926)]
Nur nichts gespart

Heckingham.[→367,18] } Nutzen Graf Orsini
von Rosenberg[317]
Schiffen.[(941)]

Nun einige Verhaltungs Regeln.[→367,19–24]
Erstlich muß man sich ein wenig auf den Strich der Winde verstehen lernen. Das Rollen ist nicht gefährlich[318]
Die Gewitter die Näher kommen kommen [nicht] alle zu einem.[319]
Wenn ich den Pedel sehe die Strase herauf gekommen, so muß ich auch nicht gleich glauben, er wolle mich citiren.
Dazu hilfft das Secunden zahlen vortrefflich
Der Blitz den ich sehe, hat mich nicht getroffen |
18v = 32) wenigstens <u>wird</u> er mich nicht tödten und der wo man noch Eine eintzige Secunde zählen kan, hat sicherlich mein Haus nicht getroffen ja eine <u>halbe Secunde</u> beträgt schon 500 Fuß und

---

7 schwer.] *danach eine Zeile gestr.* Wie weiter[.] sie wird, wie ein Drache elektrisirt, so **11** verhält] *für* verhellt **13** <u>nichts zu sparen</u>] *erg.* **20–22** *re. Sp. erg.*
21 Heckingham.] *darunter als zweiter Eintrag in der li. Sp. gestr.* Purfleet.

$\frac{1}{4}$ Secunde eine Zeit, die schon sehr viele Menschen für nichts achten. 250.

Ich bin einmal keine 20 Schritte davon gewesen.[320] Umständlich Aufzustehen ist rathsam

Die Fenster zu verschließen ist gar nicht nöthig, ja es ist gut sie offen zu halten.

sich entfernt von allem Metall zu halten

Die Furcht ist nicht blos moralisch sondern auch physisch, daher man Mitleiden mit solchen Personen haben mus

Der Durchzug.

Es ist lächerlicher das Fenster vor dem Blitz zu zumachen, als vor einer 24 Pfündigen Kanonen Kugel.

Ferner bedencken sie während der Zeit ich in Göttingen bin es sind 20 Jahre. sind 4 bis 5 Menschen ermordet worden und 2 vom Gewitter getödet[321] |

und diese 2 sind vielleicht in einem gantzen Jahrhundert die eintzigen 19r = (33

Wieviel an Sommerwesten[322] im October und dan Nachts, des September

Ja mir sind 3 oder gar 4 Beyspiele bekant von Leuten, die sich todt getanzt haben.[323]

Seit 1555. 4 Tage vor Neujahr weiß ich kein Beyspiel[324]

---

7 *erg.* 22 Beyspiel] *danach gestr.* (Erdbeben.

Nr. 3 IX D 11, 3; 6r; 4; 6v–8; IX D 1, 31r–38v; IX B, 11–12; 3 mit Einfügungen aus IX D 1, 41r

IX D 11, 3r = 1

ad Erxleben §. 763 von einer Grundwärme aus Mairan.[325]

Wenn die Sonne schräg aufscheint, so treffen denselben Fleck weniger Strahlen, und allemal in der Verhältniß des Sinus des Einfalles Winckels AB werde senkrecht von der Sonne beschienen, so sey ihre Meng[e] AB Sinus inclin. wird die Ebene in C erhoben so ist der Neigungs Winckel = DAC und die Menge der Strahlen, die auf $AC = AB$ fällt = AB . Sin EAF.

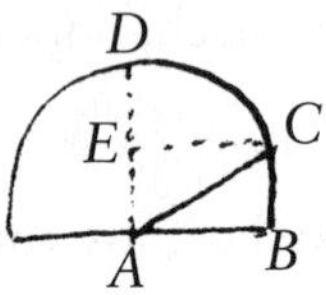

u.s.w. Mit der Stärck[e] verhält es sich eben so, also wie das □ des Sin des Neigungs Winckels[.][326] Auch ist die Sonnenhöhe noch wegen der Atmosphäre in Betrachtung zu ziehen. Die Dauer der Tage, bey nicht allzu spitzem Einfalls Winckel.[327] Die Sonne ist im Winter etwa gegen eine Million Meilen näher[328]
besondere Umstände,[329]
1) reinere Lufft Unter dem Aequator wird die Lufft sehr mit Dünsten überladen, wenn die Sonne am höchsten steht, und Regen erquicken sie, ihre angenehme Jahreszeit und die heiterste ist, wenn die ☉ am niedrigsten steht.[330]
Größere Höhe. Schnee schmilzt auf hohen Bergen ôt, Quito.[(1032)] Die Schweitz und Savoyen haben das nemliche geogr. Clima, aber ein sehr verschiedenes physisches mit den südl. Provinzen Franckreichs[331]
See. England ist das Land in welchem man eine längere Zeit des Jahres ohne Unbequemlichkeit in freyer Lufft seyn kan, als in irgend einem Land. Das Meer ist im Sommer kälter und im Winter wärmer als die Lufft. In Schweden ist die gröste Kälte beym Nordwestwinde da es hingegen in dem angräntzenden Norwegen dabey thaut, ein sehr merckwürdiger Umstand, der sich aber leicht erklären läßt wenn man bedenkt, daß Norwegen diesen wind von der See, Schweden aber von den Gebirgen erhält.[332]

---

8 Sinus] *davor gestr.* cos. *a* 16 gegen] *davor gestr.* eine 18 Unter] *davor gestr.* 2) 22 Schnee] *davor gestr.* Quit 23 haben] *danach gestr.* fast 29 Schweden] *für* schweden

Nach HE. Wargentin, der es von HE. Hellant hat fällt die gröste Kälte beym Nordcap und Wardehus, alle mal mit Südwind ein. Hingegen in Schweden thaut es wie bey uns beym Südwind. Schweden hat sein weit glücklicheres Clima als andre nördliche Gegenden, hauptsächlich seiner Lage gegen die See zu dancken.[333] |

Länder die zwischen Hohen Bergen, Wäldern und Seen einge- 3v schlossen die des Winters zu frieren sind hingegen einer großen Kält[e] aus gesezt. Daher die große Verschiedenheit der Kälte in Sibir[ie]n und der großen Tartarey auch in Canada, verglichen mit Ländern, die unter gleichem Grad der Breite liegen. Eine Kälte, die in Schweden sehr ungewöhnlich ist, ist in Petersburg schon gantz gemein. Ja in Jeniseisk stieg die Kälte am 16 Jenner 1735 auf ein Grad der fast alle Vorstellung übersteigt 157 Grade unter 0 Fahrenheit pp.[→495,6] Quebeck liegt 2 Grade näher beym Aequator als Paris, und doch gantz ausserordenlich viel kälter[,] Astracan liegt ebenfalls südlicher als Paris, und doch da 1709 das Thermometer zu Paris, das 100 Grade zwischen Gefrier und Siedpunckt zählt, auf 20 Grade unter 0 fiel so fiel es in Astracan auf $30\frac{1}{2}$[334]

Auch ist es gewiß daß manche Gegenden eine größere Wärme annehmen ein offenes steinigtes Land mehr, als ein [von] Wäldern bedecktes, bergichtes[.][335] Daher rühren wohl in Afrika die heißen Winde her die ordentlich zum Versengen sind und selbst noch in Sicilien den fü[rch]terlichen Sirocco[→439,32] machen.

Giebt es ein Central feuer? Wenn man darunter ein Feuer versteht, das inwendig in der Erde beständig brenne, oder daß unsere Erde ehmals gantz geglüht habe nun noch inwendig fortglühe, so mögte sich solches schwerlich erweisen lassen. Allein wenn man sich auch nicht auf bestimmte Erklärungen einläßt, so kan nicht geläugnet werden, daß die täglich[e] Erfahrung lehrt, daß die Erde irgend einen Quell von Wärme in sich haben müsse, es könte diese Folge eines chemischen Processes, und Erzeugung und Zerstöhrung geschehe.[336]

Denn die Sonnen wärme so wohl, als die Winter Kälte dringen nie tief in die Erde[→495,1–3] | und dem ungeachtet findet sich im- 6r = 2

---

2 und Wardehus] *erg.* 10 auch] *davor gestr.* verglichen mit 18 Thermometer] *davor gestr.* Cels. 33 chemischen] *davor gestr.* Phlo

mer eine gemäßigte Wärme in den Tiefen der Erde, und im Seewasser,[337] Ueberhaupt aber wenn die Wärme[338] von Anfang der Schöpfung einen gewissen Grad von sensibler Wärme[339] bekommen hat, und die Wärme Materie schwer ist, so könte sich auch die Summe, erhalten.[340] Allein es ist erwiesen, daß Wärme ohne Sonne entwickelt wird, in unseren Körper[341] und daß dieses in unserer Erde geschieht sehen wir an den warm[en] Bädern und den Vulkanen.[342]

Die Sonne ist ja nicht allein warm, und die Flammen auch nicht, so wie es zu weilen an Wasser fehlt. pp.[343]

Vom steigen und fallen des Barometers.

Erklärt welches seine Erscheinungen sind. kurtz.
Die Sachc ist schwcr, und nach dem Eingeständniß der besten Physicker noch nicht erklärt. – Hier ist noch ein campus amplissimus[344] etwas zu leisten. HE de Luc recensirt 16 Hypothesen und ist mit keiner zufrieden,[345] die 17te ist Musschenbroecks die aus allen zusammengesezt ist,[346] seine eigene, daß der Druck der Lufft durch die Dünste vermindert werde so lange sie in elast. Gestalt da sind. halt eben so wenig stich.[347]

Marchese Poleni hat zu Padua unter 1000. ◂eigentlich unter 1175 Regen in 12 Jahren nur 758. bey denen das Bar. gefallen wäre.▸ vorhersagungen der Barom. nur 645 wahr befunden. Saussure p. 355.[348] van Swinden zu Franecker völlig = .[349]

Leibnitz umständlich es könte nach ihm nie[?] regnen wenn das Barometer hoch steht.[350]
Halley glaubt die Lufft werde durch die Winde verdichtet und abwärts gedruckt aufgehäuft, und aussere. bey entgegen gesezte[n] winde[n] ist dieses noch deutlicher.[351]
Gersten grade das Gegentheil.[352] (De Luc Garsten. auch der Uebersetzer.
er glaubt es entstehe ein Zittern das die Elasticität vermindere.[353]

Indien le Gentil[354]

HE. Saussüre, der sich für die Winde und die Wärme erklärt ist am Ende doch zweifelhafft und erwartet noch eine Erklarung. Er

9 die Flammen] *für* das Feuer 15–19 HE ... stich.] *erg.* 24–25 umständlich ... steht.] *erg.* 27 aufgehäuft,] *erg.* | aussere] *danach gestr.* mehr Elasticität 27–28 bey ... deutlicher.] *erg.* 29–30 (De ... Uebersetzer.] *erg.*

fragt warum fällt das Barometer nach Horsleys und van Swindens Beobachtung in England und Holland bey dem trockenen Ostwind, und steigt bey dem feuchten Westwind[355]

Die Wärme und kalte, wenn eine Säule sich zusammen zieht so fließen die anderen zu.[356]

6 Linien ☿ corresp. 11 Zoll Regen Wasser das gäbe eine Ungeheure Menge Regenwasser in Genf fallen nur 29 das Gantze Jahr.[357]

Dr Garden Veränderung der eigenthümlich[en] Schwere der Lufft. woher kömmt aber die?[358] Das Dan[.] Bernoullische vom Ausdringen der Lufft aus der Erde. 2 Zoll ☿ das ist $\frac{1}{14}$ der Atmosphäre.[359] |

Bey den Veränderungen des Barometers kan man nicht genug 6v
bedencken, daß man nur allzu offt, die Würckung mit der Ursache verwechselt; ZE. man sieht trübe Witterung als die Ursache des Fallens des Barometers an, vielleicht einen Versuch mit der Lufftpumpe. Zunder[?]. Ein schnelles Fallen des Bar. bedeutet Sturm, allein sie können beyde von einem herruhren.

zu 2 mit <u>Bleystifft</u>. beym steigen und Fallen des Barom. 4r
Ich habe gestern von den Schwierigkeiten gehandelt, die das steigen und Fallen des Barom. hat. Es einer eintzigen Ursache zuzuschreiben, als etwa der Menge der Dünste in der Lufft das fallen, und ihrem Niederschlag das steigen, oder umgekehrt (denn es giebt Vertheidiger von beyden Meinungen.)[360] davon kan einen der Umstand ab halten daß es zwischen den Wende Kreißen fast gar keine Veränderung leidet. Denn wo giebt es hefftigere Regengüsse und zu andern Zeiten wieder heitere Tage als in jenen Gegenden.[361]
Doch scheint ausgemacht zu seyn daß die Winde vorzüglich Einfluß auf das Barometer haben, <u>oder wenn man will die Ursache der Winde</u>, da liegt eben vermuthlich der Chemische Grund, von dem ich so offt geredet habe, so begreift man leicht, daß, da, wo der Wind hinfährt, wo er eine stehende Lufft antrifft ihn diese Anfangs wie eine Mauer vermittelst ihrer trägheit wieder stehen wird also an seine horizontale Geschwindigkeit zu verliehren er wird aufwarten getrieben verdichtet die andere, oder erhebt sich über dieselbe, vergrößert die Säule und macht das Barometer steigen. <u>Dieses</u> wird desto mercklicher wenn zwey Winde

10 Dan] *erg.* 19 Barom.] *danach eine Zeile gestr.* ad. 2. 21 eintzigen] *davor gestr.* eignen 37 verdichtet] *davor gestr.* fließt 39 Dieses] *dreifach unterstr.*

gegen ein ander wehen in entferntern Gegenden, und in der Mitte der Block ruht. Eben so Verdünnung.[362]
Vorzüglich muß man dabey bedencken, daß wir nicht blos von den Winden an der Erde reden. Er kömt freylich auch in Betracht, aber der in der Höhe der ist es hauptsächlich, wo alles sehr viel hefftiger her geht.

HE. v. Sauss. konte sich offt kaum gegen ein Wind halten, der unten gantz mässig war, und doch ist da die Masse schon viel geringer.[363]

Die Lufft Segler Blanchard in 2 Stunden von Dover nach Boulogne das sind wenig gerechnet 4 Deutsche Meile.[364] Nach HE. Smeaton Beobachtung geht aber ein gemeiner starcker Wind, noch kein Sturm, 35 englische Meilen[365] etwa 7 deutsche in einer Stunde. Wie viel mehr in der Höhe. 4v – Ferner Wärme und Kälte. Vielleicht ist aber dieses | keine neue Erklärung, sondern nur die Ursache jener Winde. Auch können sie durch andere uns unbekannte Ursachen, eine Phlogistisirte Lufft wird vermindert ohne specifisch schwerer zu werden (Scheele).[366]
Kommen wir nun mit diesen Betrachtungen zwischen die Wende Kreiße, so fängt es doch gleich an ein wenig zu tagen. Es ist dort alles sehr viel gleich formiger, ich will nicht sagen eben ruhiger sondern die Veränderungen sind nicht so plötzlich, das ist wohl gewiß,
Etwas von dem Unterschiede Sinuum der Höhe[(326)]
Aequator streicht fast über lauter Meere, wo also die alles Regelmäßiger ist, und Regelmäßige Compensationen statt finden.
Wie wenig ueberhaupt das Barometer mit dem Regen zusamm. hängt Sie[he] Marchese Poleni von Swind.[→372,20–23] Seite 2. worin dieser Bg. liegt.

[6v] Nun etwas von den Witterungs prophezeyhungen.

Unsere Erde ist eine Maschine, es geschehen keine Wunder darin, jede Eräugniß hat ihren Grund in vorhergehenden, und alle gründen sich am Ende auf allgemeine Eigenschafften der Körper. Dieses ist wohl ausgemacht und wer es läugnen wolte, müßte nicht verstehen was man fragte (Ich werde hiervon etwas frey reden.) könten wir nicht am Ende Witterung voraus sagen lernen? Gantz gewiß, so lange wir nicht in das mikroskopische gehen, worin sich unser Verstand verwirrt und verliehrt

5 in²] *Dittographie* 12 Smeaton] *für* [*versehentlich nicht gestr.*:] Smeatons gemeiner] *davor gestr.* beträchtlich

Wir wissen im Winter ist es kalt und im Sommer warm, die Bäume werden ihre Blätter im December gewiß verliehren, das können wir voraus sagen. Das ist der große Gang des Gesetzes, allein hierin finden sich verwebt, Regen Schnee, größere Wärme größere Kälte, Winde Nebel, das sind subordinirte Bestimmungen die unser mit 5 Sinnen begabter Körper empfindet, und weil sein Wohlbefinden und seine Gemüthlichkeit damit verbunden ist sehr gnau und strickt bemerckt. Wir sind zu empfindlich gegen diese Erscheinungen, die das große Gesetz nur wenig afficiren.

Ob es im März heute regnet, morgen schneyt, dann stürmt u.s.w. verändert den Theil der großen Linie, die den März ausmacht gar nicht.

Sie werden mich gewiß verstehen lernen.

Was ich eigentlich sagen wolte ist: Die Veränderungen die wir in der Witterung jedes Monats bemercken, die zuweilen grose sind ◂(NB Der astronomische Quell der Wärme ist einerley, woher die Mannigfaltigen Jahre.)▸ | sind es blos für unsere kleinlichen, 7r = 3 empfindlichen Körper, für das große Gesetz müssen sie gantz geringfügig seyn, weil sich alles erhält, obgleich das kleine so sehr wechselt, daß man glauben solte alles müste darüber zu Grunde gehen.

Manches zarte Inseckt kan die 4 Jahrzeiten an den 4 Seiten eines Baumes finden.[367]

Wir betrachten also alles unter dem Vergrößerungs Glas, der Philosoph solte sich gewöhnen (und das ist Abstracktion,) alles das unter dem Verkleinerungs Glas zu betrachten.[368]

Daher glaube ich, so viel ich jetze von der Sache verstehe, es wird nichts aus allen unsern meteorologischen Beobachtungen fürs erste werden. Nützlich können sie allemal seyn, allein nicht eher bis man tausende zusammen binden und für eine ansehen kan.

Der Philosoph nennt schönes Wetter, was der bauer schön nennt. Er glaubt es nicht.

---

6 und] *erg.* 9 das … Gesetz] *für* den großen Fortgang 11 im März] *erg.* 14 Sie] *davor zur Hervorhebung der Zeile ein waager. Doppelstrich* 23 zarte] *erg.* | den] *Dittographie*

(Ausschweifung auf die Barometrischen, wegen Nivellirung von Deutschland).
Um das, was ich hier meine noch mehr zu erläutern dencken Sie sich wir beobachteten den Mittelpunckt des Mondes

→409,24

◂NB.▸ Mit einem Wort wir glauben, weil diese Dinge uns wichtig sind, so seyn sie wichtig für das Gesetz des Großen, das aber ist gar nichts und gantz unphilosophisch. Ein Insect das in meinen Stuben vom Fenster nach dem Ofen kriecht könte leicht alle Jahreszeiten empfinden, von denen ich nichts mercke.→375,23–24
Dencken Sie sich ein mal ein Inseckt, das da auf das Große schließen wolte.
7v Man hat, mit falscher Philosophie die Meteorolo|gie mit der Astronomie vergleichen wollen, das ist nun gar entsezlich.[369]
Die himmlischen Begebenheiten beobachten wir alle mit dem Verkleinerungsglas, wir übersehen alles mikroskopische.

den 31. März 86.

Ja wir können das, was hier allein bemerckenswerth ist nur allein sehen, wären wir der Sache näher könten wir statt auf Secunden zu achten tausendtheilchen von Secunden beobachten, so wären wir Vermuthlich noch in derselben Ungewißheit, in der wir mit unserer Meteorologie sind.

oder wenn tausendtheilchen von Sekunden, Jahre für uns wären,

Und dann was zeigen denn unsere Barometer. Therm. Hygrom. an? Eine blose Kleinigkeit
Es ist als wenn man aus dem Schornstein observirte.[370] Indessen läugne ich gar nicht den Nutzen, aller dieser Bemühungen, aber sie zu nützen wird ein unendlich größerer Kopf erfordert, als der der Leute ist, die sie anstellen.

NB NB.
Retorte. Bauch in Americka Schnabel über Europa weg Vorlage in Sibirien.[371]

Unsere Beobachtungen sind viel zu kleinlich, u.s.w.

---

6 Mit] *daneben zur Hervorhebung des Absatzes ein waager. Doppelstrich* 7 aber] *erg.* 18 das,] *danach gestr.* (κερας) 30 L_B 31–32 *am li. Rand durch einen senkr. Doppelstrich* L_B *hervorgehoben* 31 Bauch … Americka] *erg.*

Um das Gesetz zu entdecken, verdien[en] glaube ich die Himmlischen Körper vorzügliche Rücksicht. zumal der Mond, der uns so nahe ist und der schon Ebbe und Fluth in unserm Meere hervorbringt.

Die Veränderungen in der Erde von denen wir so gar nichts wissen haben gewiß grösten Einfluß darauf. |

Hier muß ich Ihnen eine Tafel geben die Toaldo aus Capt. Cooks 8r = 4
Reise (der Forsterschen) gezogen hat, und solche können auf etwas führen.

Rozier. Jun 1779.

	Verändert die Witterung	nicht verändert	Verhältniß. der Wahrscheinl.
Neumonde.	38.	3	13 : 1
1. vierthl	28	9	3 : 1
vollmond	36	4	9 : 1
leztes vierthel	29	8	$3\frac{1}{2}$: 1
Apogee.	32	8	4 : 1
Perigee	36	4	9 : 1
Aufst. Aequin.	29	10	3 : 1
– Niederst.[!]	29	9	3 : 1
Lunistit. Bor.	32	8	4 : 1
– Austr	32	6	5 : 1 [372]

P Pilgramms Buch.[373]

Es scheint also hieraus klar, daß der Mond Einfluß auf unsere Witterung hat. (Pater Hells System vom Barometer: (es steht an einem Ort wo man es nicht leicht sucht nemlich im Leipziger Magazin 1783 1^{tn} Stück p. 98 in einem Schreiben des HE. Frantz Paulla von Schranck, über 2 weiße Nordlichter (was aber keine waren).[374] P. Hell rühmt sich 28 Jahre Versuche angestellt zu haben er will gefunden haben, daß seine Veränderungen aus regelmäßigen und irregulären bestehen, die erstern könten von den himmlischen Körpern herrühren. Die andern, erklärt er nicht es sind Geheimnisse.[375] Man müste die <u>Folge</u> auf einander sehr bemercken, die <u>Linie</u> empfohlen zur Construcktion.[376] Unter das Verkleinerungs Glas Gebracht. |

---

8 der] *für* die 11 Verhältniß.] *danach gestr.* Krafft zu[?] 12 der Wahrscheinl.] *erg.* 27 p. 98] *erg.* 33 auf einander] *erg.*

8v = 4)

ad Erxleben. §. 773.

Entstehung der Welt.

Warum soll man nicht eben so gut rückwarts wie vorwärts erklären können.[377]

Es könte zwar lächerliche Präsumtion im Menschen scheinen in die Werckstatt Gottes zu schauen und dessen Verfahren bey Erschaffung der Welt richten zu wollen, allein da unser geometrisirender Gott sich selbst gewissen Gesetzen unterworfen zu haben scheint, oder mit andern Worten der Materie gewisse Eigenschafften eingeprägt, durch welche nun mehr alles sich Maschinen mäßig fort bewegt. Da Ferner die Physic nur von einem eintzigen Wunder weiß, und dieses Wunder ist die Entstehung der Materie selbst:[→499,25–27] so ist es würcklich eine des Physikers gar nicht unwürdiges Bemühen einmal zu sehen, ob man die Entstehung des Weltgebäudes so wie wir es jezt sehen, nicht nach eben den Gesetzen etwa erklären könne nach denen wir dessen Fortgang und die Erscheinung in dem selben erklären. Der unermeßliche Raum mit Sonnen durch pudert, wie sich Milton von der Milchstraße ausdrückt[378] könte schon eine zwote Scene seyn, so wie unsere Berge mit Versteinerungen wohl sicherlich eine 2te, wo nicht eine 100te Scene sind.

Die Physic erkennt kein Wunder, als die Schöpfung selbst.

Wer will sagen welches das erste Stadium ist.

Dieses ist gewiß ein sehr unschuldiges Bemühen. Aus diesem Gesichtspunckt hat man dünckt mich die Theorien zu betrachten von denen wir jezt reden wollen.

NB

Ich sehe nicht ein wenn wir die Entstehung einer Wolcke mechanisch erklären, warum wir nicht die Entstehung einer Welt mechanisch erklären wollen.[→499,27–30]

Kein Mann hat meiner Meinung nach hierin einen größeren Gedancken gehabt, als Herr Kant, ich habe davon schon in der Astronomie und wo ich nicht irre ziemlich umständlich geredet, und muß hier noth|wendig etwas davon wiederholen.[379] Sein System welches er in der Berliner Monatschrifft für das Jahr 1785. 1 Theil S. 199.[380] u.s.w. hauptsächlich vorträgt begreift

IX D 1, 31r = 5)

5–21 *der Absatz ist durch zwei waager. Doppelstriche am Rand hervorgehoben*
6 zu schauen] *erg.* **7** richten … wollen] *erg.* **14** gar] *erg.* | unwürdiges Bemühen] *für* unwürdige Untersuch **15** so] *davor gestr.* ohne Wund **16** nach denen] *für* so wie **25** NB] *danach ein doppelter Schrägstrich zur Hervorhebung* **31** und[1] … umständlich] *erg.* **33** welches] *davor gestr.* daß **34** 199 u.s.w.] *für* 210

gewisser massen alle die besten unter sich, die sich göstentheils spätere Scenen zu ihren Geschichten gewählt haben.

Nach ihm war alle Materie nicht die Todte ohne Form, sondern schon mit ihren Formen und Kräfften begabt wie ein Dunst durch den unermeßlichen Raum zerstreut. ◂Die Feuer Materie herrschte die alles auseinander trieb war in Flüßigkeit versteckt und verlohren.▸ Aber nachdem sie ihre Kräffte erhielt, so naherten sie sich einander, aus kleinen Kugeln wurden größere u.s.w. Was muß aber nach Crawfords vortrefflicher Theorie geschehen, wenn nun ein Dunst gerinnt, den wir uns ohne Wärme nicht gedencken können?[381]

Es muß wie bey der Vitriol Sauren Lufft Wärme entstehen, die desto größer seyn muß und sich desto länger erhalten muß, je größer diese Klumpen sind. Eine Menge von specifischer Wärme, die nicht sensibel war, wird jezt sensibel. (Daher einige dieses latente Hitze nennen) so konten Sonnen entstehen.[382]

Wie wenn ich rauchenden Salpeter Geist mit etwas Vitriol Oel gemischt in ein wesentliches Oel gieße. Hätte Büffon dieses gewußt, er hätte vielleicht die Fungos die da entstehen für Planeten erklärt, es ist viel vernünfftiger, als seine Kometen.[383]

Ein solcher Klumpen wurde nun auch unsere Erde die wir | uns 31v = 6 nun als einen Brey vorstellen müssen, der aus allem Wasser der Atmosphäre und allen Erden, Saltzen u.s.w. gemischt im Augenblick seiner Entstehung seine Figur erhielt. Diese Masse war sehr heiß, und viele Dämpfe im innern eingeschlossen, die nach und nach die Rinde des vertrockneten Breyes durch brachen, und dadurch zu den Gebirgen Anlaß gaben,[384] Die hölen verstopften sich endlich, wie die gröste Wärme nachgelassen hatte, und durch permanente Fluida verschlungen worden war, daraus entstunden die Becken die nun theils die Reservoire der Flüsse geworden sind theils nun mehr das Weltmeer ausmachen. bey diesen Erhärtungen giengen die Crystallisation des Granits vor, der nun der Welt die Knochen gab, und theils durch das Anspülen der See, theils auch durch Einstürtze mancher Gewölbe können sich die Flötzgebürge angesezt haben.[385]

---

4 begabt] *für* vergab 5 Raum] *danach erg. u. gestr.* wie ein Dunst 6 die … trieb] *für* und trieb alles auseinander 18 ein] *davor gestr.* Oe 24 erhielt] *davor gestr.* enth[?]

Beym Monde finden wir Ersche[in]u[n]gen die dieses sehr rechtfertigen. (Schröters Beob. zu Ex)[386]

Beym Mond werden wir ähnliche Beschaffenheiten gewahr. Selbst bey der Sonne, wo noch öffters solche Ausbrüche geschehen.

Sehen Sie, dieses ist in wenigem das vortreffliche System des Herrn Kant, das alle Aufmercksamkeit verdient. Ich habe zuweilen mehr gesagt, als HE. Kant um ihn zu erläutern, zuweilen aber auch weniger.

Nun wollen wir einmal einen flüchtigen Blick auf die übrigen werfen, die, ich getraue es mir zu behaupten o͡t so schön sind,
32r = (7 denn sie ent|halten nicht mehr als das Kantische und gehen weniger tief aus.

Cartesius Meinung, die mit einem völlig willkührlichen Satz anhebt, und die sie in 775 §. des Erxleben lesen können,[387] verdient keine aufmercksamkeit. Sie wird selbst so starck von Kants Theorie umgriffen, daß sie gantz darin verschwindet.

Leibnitzens verdient des großen Nahmens wegen vorzüglich Aufmercksamkeit, steckt aber auch mit in der Kantischen.

Theodicée § 244, 245. Act. Erud. 1693 vorzüglich in seiner Protogaea.[388]

Er nimmt an, daß da, als Gott das Licht von der Finsterniß schied, die Erde gebrannt habe, (warum gebrannt? das erklärt Kant.)[(1144)] Durch das Verbrennen sey die Rinde Glasartig geworden, woraus der Sand entstanden, der durch Verbindung mit den Saltzen die verschiedenen Erden hervor gebracht habe. ob dieses Chemisch richtig sey will ich nicht behaupten. Nach Erkaltung der Rinde sey ◂konte nicht auch vorher Feuer zusammen fließen.▸ das Wasser zusammen geflossen habe sich mit den Feuerfesten Laugensaltzen[389] vereint und das Meer gemacht. – Das Meer habe das meiste bedeckt, die Rinde sey gebrochen, so erklärt er sehr schön Berge, Versteinerungen. Doch schreibt er vieles noch einer allgemeinen Ueberschwemmung zu.

Lulofs p. 356.[390]

Burnet ein scharfsinniger Mann der sehr gut schreibt nimmt in s. Telluris Theoria Sacra[→505,5–6] an, daß aus Ursachen, die bey wei-

12 enthalten] *davor gestr.* beweis | als … Kantische] *erg.* 23 gebrannt?] *für* gebrannt, 26–27 ob … behaupten.] *erg.* 35 der … schreibt] *erg.* 36 Telluris] *erg.*

tem so tief nicht hergeholet sind, als die Kantischen, die Erde endlich eine Rinde erhalten habe, gantz ohne Berge, hoch oben war die Lufft, | hierauf kamen die ölichten, und dann das Was- 32v = 8)
ser[,] aus der Lufft sezten sich erdigte Theile und formirten die Rinde, die endlich ausgetrocknet bey der Sündfluth im Jahr der Welt 1656 zerbrach und die Ueberschwemmungen hervorbrachte. Auch nahm er an, daß damals Ecliptic und Aequator zusammen gefallen.[391] Wenn Sie seine Widerlegung, zumal in Rücksicht auf die Mosaische Geschichte lesen wollen, so kan ich Ihnen kein besseres Werck empfehlen, als Lulofs Kenntniß der Erdkugel übersezt von <u>Kästner</u> p. 358 oder §. 409.[392]

Siehe Beylage A.

<u>Beylage.</u> 41r

A) Burnet scheint nur die Sündfluth haben erklären zu wollen, ohne sich darum zu bekümmern daraus den gegenwärtigen Zustand unserer Erde herzuleiten. – Es ist ein Cabinet-System. Wie konte ein vegetabilisches Leben, und ein Leben der Thiere bestehen ohne Berge

de Luc Lettres françois. T. I. p. 246 (arabiques)[393]
Burnet 1681.[→505,5–6]

B) Die schweeren Theile, die sich nach und nach aus dem Cometen Schweif gesezt hatten sancken endlich unter und die Erde wurde benezt.[?][394] Also es ist alles Kantisch hier ist nur die Erde ein Comet, wie aber ward der Comet? |

Von Whistons Meinung,[395] der gröstentheils alles aus Cometen [32v = 8)]
herleitet ◂Ja die Erde selbst zu einem Cometen macht.▸ habe ich schon bey den Cometen gehandelt.[396] Sie greift ebenfalls bey weitem nicht so tief ein als die <u>Kantische</u> die selbst die Cometen unter sich begreift.

<u>Linnäus</u> ◂Oratio de Telluris habitabilis incremento[→505,27–29]▸ fängt seine Schöpfungs Geschichte mit – einem botanischen Garten an, eine <u>Hohe</u> Insel um alle Kräuter und Inseckten nach allen Climatibus zu fassen. Das Meer nehme ab, ist s. Favorit Hypothese.[397] ◂In Schweden hat man sogar die Zeit berechnen wollen, in welcher Schweden vom Wasser frey geworden.[→533,8–9]▸ Allein, daß das Meer abnehme überhaupt ist nicht einmal erwießen, es nimmt auch an andern Orten zu. <u>Corallen</u>. (Forster)[398] so könte

---

29 begreift] *im Ms.* begreeift[?] 30 Linnäus] *danach gestr.* (mich wundert das HE. Erxl. dessen nicht erwähnt.) 34 die … wollen] *für* berechnen wollen die Zeit

das gantze weiter nichts als eine particuläre Veränderung des 33r = 9 Bodens seyn, oder | wohl gar die Wirckung einer geheimen Ebbe und Fluth deren Eigenschafftten wir noch nicht kennen. Hiervon ist bis jezt noch nichts auszumachen.

Woodward der ebenfalls sein System erfunden hat die Würckungen der Sündfluth zu erklären nimmt wie Burnet und Whiston auch in der Mitte der Erde Wasser an, er läßt, wie sie die Cruste bersten, um es erst heraus und gleich darauf wieder herein zu lassen.[399] Vor der Sündfluth war es eine weit bessere Erde.

Allein bey diesem Zerbrechen hat Woodward wenigstens gethan als wenn er Gebrauch von den Beobachtungen machte, allein er ist zuweilen seltsam genug. Das Buch, von dem hier die Rede ist, ist sein Essay towards the natural history of the Earth.[→505,9–11] Er war ein seltsamer Mann. Ich muß Ihnen eine kleine Nachricht von ihm aus Uffenbachs Reisen geben. Er war sehr galant, empfing die Leute immer im größten Staat, und betrachtete sich immer dabey im Spiegel.[400]

Auch bey ihm ist die Erde eine Wasserkugel, welche von einer äussern Cruste umgeben wird. Feuer ist beständig zwischen beyden in der Arbeit. Das Wasser wird durch dieses Feuer beständig gehoben, über die Erde, ja bis in die Gebirge, und formirt so die Quellen Er läßt es in die Lufft überfließen, um dadurch die Veränderungen des Barometers hervorzubringen. Also ein completes System das alles erschöpft.[401]

Nun sagt er, bemercken wir in der Erde die Regelmäßigen lagen, 33v = 10) wo alles nach der spec. Schweere übereinander liegt. | Dieses, sagt er bemercken wir, es ist aber o͡t wahr daß wir es bemercken. Er geht also von einem falschen Satz aus. Und nur um dieses zu erklären, Nimmt er an bey der Sündfluth habe Gott, diese schöne Cruste zerbrochen das war eins, das sind die Brunnen der Tiefe.

2) habe er die Cohäsion der Körper aufgehoben und zwar nur der unorganischen,[402] denn die Thiere und Pflantzen erhielten sich durch die Verflechtung ihrer Fibern. ◂Denn allen Diluvianern hat es immer die gröste Schwierigkeit gemacht zu erklären

---

5–6 der … erklären] *erg.* 9 Vor … Erde.] *erg.* 10 hat Woodward] *für* ist Woodward den Beobachtungen treuer geblieben, als seine Vorgänger, und würcklich hat er

wie die Muscheln in die Berge gekommen sind. Woodward fühlte diese Schwierigkeit und hilfft sich mit der allgemeinen Auflösung aller Körper.▸[403] Was das für Zeug ist. So entstund denn ein Brey, in diesem Brey fiengen nun die Theilchen nach ihrer Spec. Schwere zu sincken ◂Thiere und Pflantzen nahmen ihre Stellen in den gleich schweren ein.▸[404] und was Mann nicht erwarten solte machen dem ohngeachtet eine neue Cruste um den feuchten Abgrund. Diese erste Cruste bricht aber bald wieder um dem noch zurückgebliebenen Wasser die Thore zum Abgrund zu öffnen welches denn zu ströhmt und in seinem Rückzug die Berge und die Meere und Seen formirt. Es ist also da eine Communication zwischen dem Abgrund und dem Meer. Durch ferner[e] Spalten entstunden andre Communicationen im festen Lande, wodurch denn die innere Wärme das Wasser in die Höhe trieb, theils aber auch durch permeable Strata, daher entstunden denn die Quellen, wie vor der Sündfluth und es kam alles bald wieder in den Gang, aber nicht wieder so vollkommen als vor der Sündfluth, daher denn das kürtzere Alter der Menschen.[405]

Sie sehen, was das im Gantzen für ein abscheuliges System ist | Er ruft ein Wunder zu Hülfe um die Körper aufzulößen, und 34r = (11
doch halten sich thiere und Pflantzen durch Fibern.[406] Ist die Sache ein Wunder, so sieht man nicht ab warum Gott die Muscheln hat erhalten wollen, und welches ist dann der festeste Körper die Muschel oder Hammer der sie zerschlägt, und zwar sehr viel leichter zerschlägt, als unzählige unorganische Körper.

Auch würden die Muscheln geschwinder sincken, als das in Staub verwandelte Gold

Feengeschichte und 1000 und eine Nacht, sind sehr viel angenehmer. Die Leute sagen mir doch, daß sie mich nicht betriegen.

Ich will hier mit dieser Hypothese abbrechen, und rede nicht von mehreren andern, die nicht fester stehen. Man könte ein Monat darüber lesen. Ich verweise Sie viel mehr auf Lulofs Kenntniß der Erdkugel und Hauptsächlich HE. DeLucs Briefe, die im frantz. 6 Bände ausmachen, die aber HE. Dr Gehler auf zwey concentrirt

4–5 die … Schwere] *für* schweren an am tiefsten **11** formirt] *erg.* **20** um] *erg.*
28–29 *Absatz am Rand durch 6 sich kreuzende Striche hervorgehoben*
30–384,2 *Absatz am Rand durch 7 sich kreuzende Striche hervorgehoben*
31 mehreren] *davor gestr.* denen

hat.[407] Der Auszug ist sehr gut gerathen, indessen ist doch auch gewiß das Detail hier und da nöthig scheint.

Verdienste des HE. DeLuc um diese Materie seine große Erfahrung, seine ausserordentliche Aufrichtigkeit das Buch enthält eine vortreffliche Sammlung von Thatsachen. Nun was denn sein System.[408] HE. DeLucs System steht gewisser massen gantz für sich allein, alle andern verliehrn sich in Träume, der eine minder absurd als der andere, und worunter mir das Kantische eine von schonsten scheint, und da fängt er unter allen allein da an wo unläugbare Fackta ihn leiten.

Er sucht die Ursachen der Veränderungen auf der Erde,[409] der Berge ZE. auf der Erde Hier leitet ihn blos die Erfahrung und Beobachtung wo ihn diese verläßt steht er still. ◂Das ist die Philosophie des Baco, der sagt: Non fingendum aut excogitandum, sed experiendum quid natura faciat aut ferat▸[410] Es ist möglich und
34v = 12) wir | sehen es würcklich in tausend Fällen täglich daß das Feuer Berge erheben kan. Finde ich bey andern Spuren eines Feuers, solcher lagen pp. gut so sage ich der Berg ist vom Feuer[411]

Ich finde Schichten, Horizontal oder wenig davon abweichend, ich sehe auch neue Würckung[en], die ähnlich sind. Gut da ist ein Berg vom Wasser, angethürmt.[412]

(coquilles) Muscheln

Allein was soll ich von den Ursprünglichen Gebirgen sagen, ich finde nichts in ihrer Zusammensetzung, das mir im mindesten ihre Natur erklärt. Sie haben eine Beschaffenheit ZE. der Granit, der sich durch keinen bekannten Proceß erklären läßt, also da stehe ich still, denn es sind doch Romane, die ich schaffe

Wenn gleich die Chymie ihre Bestandtheile angiebt,[413] wo hat sie die Natur hergenommen, wo lagen die Magazine des einfachen? Wir wissen nicht wie die Natur zusamm[en]sezt. Ich gehe nur von Umständen aus die ich erklären kan und die hinreichend sind uns von der Gegenwärtigen Form unserer Erde einen Begrif zu geben. Wie Granit entstanden seyn kan, weiß ich nicht, eine Form muste doch die Erde haben. Sie sind für mich was für die

6–10 HE. ... leiten.] *erg.* 11–12 die ... ZE.] *für* den Ursprung der Berge
18 lagen] *unsichere Lesung* 19 Schichten] *für* schichten 23–27 *Absatz durch 3 Striche am Rand hervorgehoben* 27 schaffe] *unsichere Lesung* 28–385,5 *Absatz durch zwei Doppelstriche am Rand hervorgehoben* 29 die Natur] *für* sie Magazine] *davor gestr.* Einfa 31 Umständen] *für* Punckten

Geschichte die Zeiten sind die jenseits aller documente liegen. Allein nun giebt es documentirte Veränderungen, wovon ich Ursachen erkenne, dieses wird nun ein Gegenstand philosophischer Untersuchung. (Solche wo wir wohl im kleinen ahnliche Veränderung sehen)[414]

ich halte mich blos an das documentirte

Also unser festes Land wimmelt von | Versteinerten Muscheln, diese sind durch eine Ursache dahin gelegt worden. 35r = 13)

Sie stecken tief in bekannten Massen, diese Massen müssen daher weich gewesen seyn. Alle richtig

Sie finden sich in Schichten. Die Horiz. oder wenig inclinirt sind, weich und Horizontal das war das Wasser

T. V. p. 2. p 457

Man findet Primord. Stücke darin, diese waren also schon da, ehe diese Betten und Lagen entstunden.

Diese Stücke sind rundlich, sie sind also abgerollt durch das Wasser, dieses ist ein langwieriger Proceß, also müssen diese Wasser lange gestanden haben.

Dieser Bodensatz des Wassers formirt Hohe Berge[415] Die Wasser müssen also tief gewesen seyn, und sie haben lang daran gearbeitet

Wir finden in diesen Bergen eine ungeheure Menge von Muscheln, bald von einer Art bald von mehrern pp. ◂Die in gantzen Familien da sitzen, die Alten bey den jungen▸[416] Alles führt dahin unser festes Land war der Boden eines Meeres (dieses läugnet auch heut zu tage kein vernünfftiger Mann mehr)

Wir finden See Thiere die jezt nur in entfernten Ländern anzutreffen sind. Die Veränderungen können also nicht sehr langsam geschehen seyn, denn sonst würden sich die Thiere mit fortgezogen haben, und sie würden sich noch an unsern Küsten befinden.

Man findet Thiere versteinert, die man gar nicht mehr in der Natur antrifft, gewiß würde doch sich irgend eines dem Menschen einmal gezeigt haben, es muß also eine Veränderung vorgegangen seyn, die auch | im Stand war Especen zu zerstöhren 35v = 14)

Wir finden noch Sandhügel von ungestöhrter Form, also kan auch der Abzug des Meeres nicht mit Ungestüm geschehen seyn.

3–4 ein … Untersuchung] *für* philosophisch **26** See] *erg.* | jezt nur] *für* nur jezt
31 versteinert] *davor gestr.* , die

Wir finden eine Menge von Vulcanen, die nicht mehr brennen, und von deren Brand keine Geschichte spricht[417]

> von Göttingen bis an das nächste Ufer vom Rhein 50 Vulcane!! (Blumenbach)[418]

Sie haben Spuren von See auf sich, die wir an den noch brennenden o͡t bemercken, sie waren also von der See bedeckt.
Ja Spuren von Brand und von See wechseln ab
sie haben sich also geformt, als unser festes Land noch See war.
Die Basalte finden sich nur da[,] er hält sie für regelmäßig geborstene Laven[419]
Die trocknen Stellen beziehen sich mit Pflantzen, diese faulen pp. und macht die DammErde.
Dieser Ueberzug der Sand hügeln ist in allen Distantzen vom Meer gleich dick, also sind sie ohngefehr zu gleich[er] Zeit verlassen worden.

> Die Beweiße sind durch das gantze Buch verbreitet

Der Niveau des Meeres verändert sich nicht mehr weil gleich wo man Garten Erde antrifft, sie die gewöhnliche Dicke hat.

> p. 465. |

36r = 15) Ferner man findet unter den Muscheln, Pflantzen und Theile von Erdthieren, also gab es vorher ein Land pp[420]
Manche kennen wir, freylich die meisten nicht, andere gehören gantz andern Gegenden, also müssen sie sich unter Umständen befunden haben die jetzt o͡t mehr eintreffen.
Resultat. Das Alte feste Land ist ein gesuncken und das Meer ist dahin gelaufen.[421]
Ich glaube daß dieser Hauptsatz so demonstrirt ist, als nur irgend ein Satz in dieser Lehre demonstrirt werden kan.
Die Lufft sanck natürlich mit. Gipfel die vorher noch bedeckt waren mit einer Dammerde wurden hernach frey davon und mit Schnee und Eis bedeckt, sie rückten naher an die Oberfläche. Don Ulloa fand auf den Cordilleren in der Provintz Wanca-Velica,

---

2 Brand] *davor gestr.* Eru 5 noch] *erg.* 8 also] *erg.* 14 zu … Zeit] *für* gleich schnell 19 p. 465.] *daneben ein Absatz gestr.* Was die Zeit anbetrifft um welche sich die Veränderungen ereignet[?], so giebt kein simpleres Mittel sie zu schätzen, als die Suturen, des angespühlten Landes mit dem alten festen Land, und alles zeigt, daß so gar undenckliche Zeiten o͡t seyn können. 28 in … kan.] *erg.* | demonstrirt … kan.] *Dittographie* 32 auf … Cordilleren] *erg.*

wo er Gouverneur war con[c]hilien in einer Höhe von 2200 Toisen (diese Nachricht die ich zu setze steht wiederum wo man sie nicht sucht in Le Gentiles Voyages aux Indes Orientales. T. I. p. 75.)

steht aber vermuthlich auch in Don Ulloa's Werck.[422]

HE. Deluc nimmt verschiedene Gewölbe über einander an und die Veränderung nicht gantz Plötzlich, dadurch konte das Meer gewisser massen den gröstentheil der Erde überschwemmen und eine Menge von Inseln machen[423] Er nimmt Etagen von Gewölben

So konten sich Saamen erhalten, die an die Inseln anschwammen, auch viele Thiere. Hernach vereinigten sich die Inseln, und so gieng es zum fernern Leben fort.[424] Ich muß gestehen. Ich sehe nicht ein was man dagegen sagen will. |

Es ist kein Schritt darin der nicht mit der Stärcke erwießen, mit 36v = 16) der man überhaupt nur in diesen Dingen erweißen kan.

Das eintzige Hypothetische ist, daß er das alte feste Land auf mehrere Etagen von Gewölben sezt. allein die gantze Theorie ist nicht auf diese Gewölbe gebaut[.] Auf einem Gewölbe hat es gewiß gestanden, denn wie hätte es einbrechen können, die mehreren nimmt HE. de L. nur deswegen an, um den sanffteren Abfluß des Meeres zu erklären, denn sonst müsten wir stärckere Spuren von gewaltsamer Verwüstung erblicken. Wer aber die Beweiße sehen will, der muß sein gantzes Werck lesen.

Die Sand Hügel befinden sich noch jezt nicht weit von der See.[425]

Woher kommen die Knochen der Landthiere? Antwort das alte feste Land hatte Elephanten und eine Menge dieser Thier knochen wurden von den Ströhmen nach dem Meer getrieben so gut wie die Pflantzen Wir finden Knochen von unbekannten Thieren auch das ist sehr leicht zu begreifen. Ein festes Land das sinckt kan Thiere enthalten, die nicht entrinnen können. Auch kennen wir die Natur der Ausartung noch nicht, wenigstens nicht auf den Grad, daß wir voraussagen könten, was aus den Thieren werden würde, die wir jezt haben wenn sie andere Lagen auf unserer Erde bewohnten[426] | ZE. Was für ein Unterschied 37r = 17)

---

14 Es] *davor gestr.* Ich habe Ihnen neulich HE. DeLucs Hypothese gegeben sie werden gesehen haben, daß Sie in sehr hohem Grad vernünfftig. **16** feste] *erg.* **17–18** allein … gebaut] *erg.* **24** Sand] *erg.* **29** sinckt] *unsichere Lesung*
30–34 Auch … bewohnten] *durch einen Doppelstrich am Rand hervorgehoben*

zwischen dem Afrikaner und dem südlichen Amerikaner von der einen und dem südlichen Asiaten von der andern, von denen der Afrik. eingeschlossen wird? Was würden nicht für Revolutionen in Absicht des Menschen geschehen, wenn das stille Meer Land würde?

Wenn unsre jetzige See Land würde was würde man da nicht finden? Würde alles auch unter den Graden der Breite angetroffen seyn, unter denen es gewachsen ist.

Auch habe ich schon vor mehrern Jahren gedacht, daß vielleicht eine solche Revolution in dem Lauf der Dinge gegründet seyn könte. Das Meer erhält allen Dünger der Welt. Nach Jahrtausenden kan alles dahin abfließen. Wie wenn nun es nöthig wäre, dieses wieder herauf zu bringen. Daß überhaupt dieses die lezte Revolution sey und daß nun alles ruhe will mir nicht recht einleuchten. Man will zwar vermittelst der Anziehenden Krafft der Berge gefunden haben, daß die Erde nicht weiter hohl sey.[427] Diese Schlüsse sind aber sehr unsicher, den wie leicht könte durch die größere Dichtigkeit der Materie in der Tiefe die mindere Einwürckung der Hölen ersezt werden. Hier scheint nichts ausgemacht.[428]

Nun über die Uebereinstimmung alles dieses mit der Bibel.

Wir besitzen ein Buch, das wir die Bibel nennen, das für jeden unpartheyischen Menschen schon seines hohen Alters wegen
37v = 18) Verehrung verdient, in | diesem Buch sind Nachrichten hierüber enthalten. Wie reimen sich diese mit dem was eine geläuterte Physic lehrt?

Sie werden mercken daß ich hier auf die Erzählung Mosis ziele.

Wenn Mosis Geschichte etwas wahres enthält, woran ich nicht zweifle, so ist es leicht zu begreifen daß seine Erzählungen, für einen großen Theil unserer Physiker haben problematisch erscheinen müssen. Denn würcklich war unsere Kenntniß der Körperwelt und ist es noch, äusserst unvollständig. Wie kann man daraus eine Erzählung beurtheilen, die eine Offenbahrung seyn soll. So lange wir noch nicht am Ende sind, so lange wir

---

9–20 *Absatz durch drei Striche am Rand hervorgehoben* **18** größere] *erg.* | in … Tiefe] *erg.* **19** Hier] *davor unkenntlich gemacht* (etwas κερας den 6. April 86).
21 Nun … Bibel.] *durch einen Doppelstrich am Rand hervorgehoben*
28 Geschichte] *für* geschichte **34–389,2** So … müssen.] *erg.*

noch täglich ausbessern müssen, können wir nicht ein System daraus widerlegen, das wir als sehr ächt erkennen müssen.

Wie können dergleichen Systeme als man geschmiedet hat den Moses widerlegen, da sie sich selbst widerlegen?

Gesezt unsere Physic führte am Ende zu etwas wahrem, (und das hoffe ich zu Gott,) wie müste uns dieses jezt aussehen? Ich glaube fast wie Irrthum. Man darf nur um sich hiervon zu überzeugen die alten Systeme mit den neueren vergleichen.

Also so lange wir noch wissen, daß wir im finstern tappen, müssen wir nicht über Erzählungen richten wollen, für die wir Ehrfurcht haben müssen, und deren Ungereimtheit eben so scheinbar | seyn kan, als einem Cartesianer die Newtonische 38r = (19 Physic scheinen mögte.[429]

Bedencken Sie nun. Moses spricht von einer Flut wodurch das gantze menschliche Geschlecht zerstört worden sey, darüber wird von vielen neueren Philosophen gelacht, aber so wie man über Dinge lacht, die man nicht versteht.

Da wir aber für ein so altes sich durch alle Zeiten erhaltendes Geschichtbuch, schon blos seines Adels wegen Achtung haben müssen, da uns noch andere Umstände unserer Religion lehren, daß es wichtige Wahrheiten enthalte. Wenn nun endlich gar die tiefste Physic das sorgfältigste Studium unserer Erde, auf ähnliche Begebenheiten führt, so wird dieses die größte Unterstützung für die Bibel selbst. —

Nun aber führt HE. D. Luc's System so natürlich auf eine solche Veränderung in der Erde, daß wenn wir auch keine Bibel gehabt hätten, wir dennoch darauf hätten verfallen müssen. Eine[!] großes nicht allzu schnelles Verschwinden des alten festen Landes und ein Entstehen des neuen. Ein neuer Himmel und eine neue Erde, ist alles so sehr nach de L. System wahr, als es in der Bibel wahr ist, alles führt auf eine | solche Veränderung hinaus. 38v = 20)

Was will man weiter?

3–4 *durch einen Doppelstrich am Rand hervorgehoben* 5–8 *durch einen Doppelstrich am Rand hervorgehoben* 6 jezt] *erg.* 7 fast] *erg.* | Irrthum] *für* Falschheit 18–24 *durch einen Doppelstrich am Rand hervorgehoben* 22 tiefste] *davor gestr.* Physic 25–31 Nun ... eine] *durch einen Doppelstrich am Rand hervorgehoben* 26 daß] *davor gestr.* als wenn | auch] *erg.* 28 alten] *erg.* 30 System] *danach erg. u. gestr.* um so m

Also Mosis[!], da er von der Sündfluth spricht, redet völlig wie unsere gnauste, tiefste und beste Physic.

So weit sind wir von der Sündfluth an richtig.[430]

Was die Entstehung der Welt betrifft, wie etwas aus Nichts werden kan, davon wissen wir nichts, ja wir würden es nicht einmal begreiffen, wenn man es uns sagte,

Am Anfang schuf Gott Himmel und Erde das ist der würdigste Anfang. Genug uns von dem Ursprung von einem höhern Wesen zu überzeugen, über den wir nicht hinaus dringen müssen, und doch genug unsern Fleiß zu üben, indem alles mit seinen eingeprägten Gesetzen nach dem ersten Ursprung unserm Fleiß überlassen ist.[431]

Also so weit unsere Archive und Documente reichen, so weit ist Mose richtig, was in aller Welt, können wir für Gründe haben das übrige zu bezweifeln.[432]

Was die Erde vor der Sündfluth war wissen wir nicht. Moses erzählt blos und erklärt nicht

IX B, 11r = 21) Hier kan der Physiker mit s. Hypothesen | eingreifen. Es wird ebenfalls alles richtig seyn.[433] Tage hat er bey seiner Schöpfung nicht gemeint, denn am 4^{tn} wurde erst die Sonne erschaffen, es scheinen andere Revolutionen gewesen zu seyn, nach denen auch alsdann die gemessen werden, die nach Erschaffung der Sonne gezählt sind.

Ob mir gleich wo nicht alle doch viele Träumereyen hierüber bekannt sind, so will ich sie damit gar nicht aufhalten. Es ist die leereste Beschäfftigung, die man sich dencken kan.

Von der Entstehung der Welt wissen wir nichts wir müssen also darin einem alten Buch glauben, das uns von so vielen anderen Seiten verehrungswürdig ist, und worin einige haupt Relationen, durch die ausgesuchteste Physic bestätigt werden.

Da Nun Moses und unsere Physic so schön zusammen treffen, was für Ursache haben wir seine übrigen Erzählungen in Zweifel zu ziehen. Es wäre wenigstens ein sehr seltsames Verfahren einem Manne der eine seltsame Geschichte erzählt die wir wahr befunden haben nun zum Danck die übrigen nicht zu glauben.

1–2 *durch einen Doppelstrich am Rand hervorgehoben* 6 sagte,] *danach gestr.* es würde uns klingen wie drey Ewigkeiten. 10–11 mit … Gesetzen] *erg.* 22 alsdann] *für* also[?] 24 wo] *davor gestr.* alle 31–35 *durch einen Doppelstrich am Rand hervorgehoben*

Uebergang zu den Vulcanen
Die Veränderungen auf der Erde rühren nicht alle von grauen Zeiten her. Die Merkwürdigsten werden durch Durchbrüche der See und die Vulcane hervor gebracht Durch einen solchen Durchbruch ist der Dollert bei Emden in neuern Zeiten entstanden (1277) wahrscheinlich ist die gantze Zuyder | See ein bloser solcher Einbruch und neuer, obgleich die Schrifftsteller sehr in der Angabe der Zeit differiren So ging im Jahr 1421 in Holland ein großer Erdstrich der die Doortsche Maart hieß mit 72 Dörfern unter, und jezt steht da ein See. 11v = 22)

Lulofs. p. 379 §. 428.[434]

Vorzüglich merkwürdig sind hierbey die Vulcane. die über die gantze Erde verbreitet sind.
Man theilet sie ein in noch thätige, in der Abnahme begriffene, und in gantz todte.
Unter den Geschäfftigen zeichnen sich in Europa Etna, Vesuv und Hekla aus. Der erste ein Gebirge, 10036. Fuß hoch und auf 180 Italiänische Meilen im Umfange[435]

Monte novo nicht weit Puzzolo. entstand 1538 in 48 Stunden. HE. Ferber bestimmt seine Hohe zu 2400 Fuße und seinen Umfang 3000. 20 Personen, die am 2tn Tage hinein schauen wolten verlohren ihr Leben.[436]

Diese sind sehr würcksam, und theils vor der großen Periode und theils nachher, aber doch meistens vorher hat ihnen unsere Erde wichtige Veränderung der Form zu dancken.
1720 den lezten December ereignete sich der seltsame Vorfall bey den Azoren oder flämischen Inseln, Man bemerckte nemlich ein hefftiges Erdbeben, und den folgenden Tag stiege zwischen St. Michael und Tercera eine neue Insel hervor in der Breite von 38.° 29; anfänglich war sie nur wenig über das Wasser erhaben, sie wurde immer höher, so daß man sie endlich schon auf 8 bis 10 Meilen Sehen konnte Sie hatte eine Meile im Umfang[.](453) Ja Hamilton hat erwießen, daß die Campagna felice ein Vulcanisches Produckt sey.[437]

Lulofs § 137[438]

---

8 ging] *danach gestr.* jezt 32–34 Ja … sey.] *erg.*

Ihre allgemeinen Eigenschafften sind, es werden Erdbeben und ein poltern in der Erde vorher verspürt, es zeigt sich ein Rauch des Nachts Licht, dieses nimmt immer zu endlich ergießt sich öffters aus der Obern Oef[n]u[n]g oder auch wenn die Säule zu
12r = 23) schwer und die Seitenwände zu | zu schwach sind, eine geschmoltzene anfangs weiß und endlich roth glühende Masse, die man Lava nennt. Von Anfang fließt sie schnell alsdann etwas langsamer und da kan [man] offt darüber hingehn

Diese Laven ergießen sich so häufig zu weilen daß sie beym Aetna offt mehrere Meilen lang und breit sind, die See kochen machen und Vorgebürge verursachen, Ist sie Flüssiger, vielleicht nicht so häufig und die Krafft groß so erweckt sie das gröste Schauspiel das feurige Erscheinungen in der Natur gewähren können. Im August 1779 stieg sie auf 3 mal die Höhe des Vesuvs der 3700 Fuß hoch ist, also auf 11100 Fuß. Blitze Zickzack. Gewitter die wieder hinein schlugen sehr merckwürdig.[439]

Mit solchen Feuer speyenden Bergen ist nun ehmals ein großer Theil des festen Landes bedeckt gewesen, davon zeugen, die Laven, die PuzzolanErde und die Tufo's,[440] die man überall findet, und Hauptsachlich die Basalte die Plinius schon sehr schön beschreibt Basaltes ferri coloris et duritiei,[441] womit Deutschland in manchen Gegenden gantz überströhmt ist. Dransfeld.[442] Es ist nach den gnausten Untersuchungen, weiter nichts als eine halb verglaßte sehr solide Lava, die starck Eisenhaltig ist, und vom Magnete gezogen wird auch funcken am Stahl gibt[443] die beym Erkalten nach dem sie gut gekocht war und hauptsächlich nach dem sie einen regelmäßigen Boden antrifft in sehr schone und Regelmäßige Körper an schießt. Es ist nicht sowohl eine Crystal-
12v = 24) li|sation, als ein Zerspringen.[444] Eine der schönst[en] Ueberreste sind die unter dem Nahmen Giants Causeway, Chausée des geans in Irrland bekannt ist,[445] Man findet sie hier bey Dransfeld, am Niederrhein, zum Erstaunen. Cöllens Mauern und Pflaster soll gröstentheils daraus bestehen, auch die Ecksteine, an den Häußern.

Ein Steinbruch bey Unkel daher heißen sie auch Unckel-Steine[446]

---

8 hingehn] *danach gestr.* werden sie 20–21 die … duritiei] *erg.* 20 schon] *Dittographie* 21 Basaltes] *erg.* 24–25 die … gibt] *erg.*

Man findet sie hauptsächlich bey den alten erloschenen Vulkanen, aber auch doch auf neueren erloschenen, wenn es nicht alte. Ja der berühmte Hamilton will sogar solche Stück auf dem Vesuv gesehen haben.[447]

Wahrscheinlich haben aber die meisten Ihren Ursprung unter der See gehabt.

Denn das See Wasser scheint dazu nöthig um das elastische Fluidum zu erzeugen.

Wo sie von der See weit weg sind ruhen sie, oder die Materie erhizt noch unsere Quellen und brennt Kalcke, die fixe Lufft hergeben.[448]

Ursache:

Ist wie alles Unterirrdische, oder alles was in Werckstätten vorgeht, die wir nicht besuchen konnen schwer. Lemery's Versuch 50 ℔ Eisenfeil 50 Schwefel, etliche Fuße vergraben.[449]

Allein es ist bald vorüber. |

Gegen den Lemeryschen Versuch läßt sich einwenden, daß HE. 3r = 25)
Abt Soulavie der eine schöne Naturgeschichte des südlichen Franck[reich,][450] gezeigt hat daß der Schwefel nur eine Nebensache ist.[451]

Ricupero der aufmercksamste Beobachter des Aetna, hat gegen HE. Saussure 1773 zu Catanea in Loco behauptet der Aetna werfe am Ende immer Schwefelkiese aus. (Pyrites). Dieses frappirte HE. S. er ließ sie sich zeigen und siehe war eine Schörlart 6 Eckigte Crystallen am Bruche Glasicht und halbdurchsichtig. Sein Buch ist noch nicht heraus darin wird der Irrthum vermuthlich von neuem erscheinen. Schlechte Mineralogen. Eben den Irrthum hat auch la Torre in s. Werck über den Vesuv begangen. da er Schörle für Markasiten hielt.[452]

So viel ist ein[mal klar, es] scheinet eine Masse unter der Erde zu brennen oder sich doch in einem sehr hohen Grad von Erhitzung zu befinden. Wie? das getrauen sich die erfahrensten Leute hierin nicht zu bestimmen.

Hierher die Erdbeben wohl allein. Canäle, als die neue Azore entstand brannte der Pico von Teneriffa.[453]

Alles Abnehmen des Seewassers ist verdunstung.

---

12 *durch drei Striche am Rand hervorgehoben* 18 Abt] *erg.* 18–19 der … Franck] *erg.* 22 1773 … Loco] *erg.* 31–32 oder … befinden.] *erg.*

Es ist zwar wahr, alle Schalthiere haben Kalck und Kalk im
trockensten Zustand enthält wasser und Lufft und eine Erde,
dadurch würde viel fixirt aber es ist immer natürlicher anzu-
3v nehmen ein weg und | zu spielen. Unterschied zwischen einem
Teich und der See.

Notizen zu Einzelfragen

Nr. 4 IX F, 118r

Deutsche Meilen→319,18–24 118r

Nach Herrn Klügels genauer Vergleichung aller Beobachtungen (Bodens Jahrbuch 1788. S. 208) beträgt ein $\frac{1}{15}$ Grad des mittlern Umfanges der Erde. 3811,6 Toise Das ist 23661. Rheinl. Fuße.
Größe eines Grades des Äquators = 57247 T. franç.[454]
$\frac{1}{15}$ derselben = 3816,4. = 22898
Nach HE. du Plat in s. Werck über den Chaussee-Bau ist der Calenberger Fuß zum Pariser = 1299 : 1440.
Die Calenberger Meile = 2000 Ruthen = 32000 C. Fuß
Diesem nach wäre $\frac{1}{15}$ des Grades des Aequators =
23878 Calenberger Fuß
etwa 23661 Rheinländische Fuße welche die gemeine deutsche Geograph. Meile ist.[455]

Nr. 5 IX E, 37v

London Chron. 1786. Oct. 10 und Oct. 14.[456] 37v
zwey verschiedene Blätter.

Ein gewisser Herr Matra[457] ein Officiant bey der Schatzkammer zu London schlug der Regirung 1786 vor die Missethäter nach Botany Bay in Neuholland zu transportiren (New south Wales) welches sehr wichtig werden kan, wenn man nur allein den Anbau des Neuseeländischen Flachses (Phormium tenax des HE. Forsters)[458] gedenckt; Sein Faden ist so vortrefflich, daß man glaubt es konnte wohl nach seinen verschiedenen Graden von Bearbeitung zugleich die Stelle unseres Hanfes, Flachses und unserer Seide vertretten, man hat nachgerechnet, daß ein Anckerthau von 10 Zoll im Umfang von dieser Pflantze gearbeitet einem hänfenen von 18 Zollen an Starcke gleich komme.→321,14–17
Der Nahme Botany-Bay verführt uns wenigstens den Fruchtbau dieses Districktes von Neu Holland[459] [*Text bricht ab*]

---

5 $\frac{1}{15}$] *erg.* L_B **19** Schatzkammer] *danach gestr.* sch **20** 1786] *erg.* **24** glaubt] *für* sagt

Nr. 6 IX E, 33r

33r Die Saltzigkeit ist unter dem Aequator größer als in größern Breiten, doch soll sie an den Polen wieder zunehmen.[460]
Marsigli Saltzigkeit oben, zu der unten wie 62 : 72 ist nicht möglich, weil man für das untere Wasser eine Saltzigkeit erhalten würde, die nahe an Saturation steigt.[461]
HE. Bladh (neue Schwed. Abhandlungen 2 B. S. 112) hat vielmehr gefunden, daß bey 50 Faden Tiefe kein Unterschied ist.[462]
Versüssung durch Destillation

Otto. p. 84.
Dr Lind Essay on diseases incident to hot climates: im Anhang.[463]
Irving erhielt für seine Erfindung von der Nation 4000 Pfund. Forster Bemerckungen S. 51. 52. auch.
Otto l. c.[464]

Nr. 7 IX E, 31 f.

31r <u>ad §. 676.</u>

<u>Versuche der Saltzigkeit der See.</u>

Wenige Gegenstände der Naturgeschichte unsrer Erde sind mit so vieler Sorgfalt behandelt, und eben so wenige mit so geringem Glück und so weniger Zuverlässigkeit entschieden worden. Schon vor Aristoteles wurde die Frage ventilirt, und er selbst gesteht, daß sie seine Fähigkeiten übertreffe. Der Folianten-Schmierer Kircher sagt, er habe 33 Autoren consulirt und sagt am Ende, die Wogen des Meeres könnten nicht mannigfaltiger seyn, als die Meinungen hierüber. Man sieht leicht, daß sich unmittelbar durch Versuche hierüber nichts aus machen läßt.[465] Ja hätte man Beobachtungen von Zeiten des Aristoteles her, da wäre etwas zu thun, vielleicht sähen wir jezt einen Unterschied. Nichts kan einen mehr aufmuntern, als ein solcher Gedancke, Beobachtungen für die Nachwelt auf zu zeichnen. Röderer's Academien. pp[466] jeder hält sich freylich für zu gut für eine solche Arbeit. Gut so hole man die Menschen dazu von der Küste von Guinea wie zu den Zuckerplantagen, oder erziehe die Waißen knaben dazu – –

---

6 nahe … steigt] *für* die Saturation übersteigt 33 dazu] *davor gestr.* zu

Freylich es gehört Kenntniß der Sache dazu. Und die Leidenschafften der Menschen gehen mehr auf das Gegenwärtige Je weiter einer hinausdenckt, desto größer ist er. – Halley glaubte das alle Flüsse mehr oder weniger See Saltz enthalten, so müste nach und | nach, da sie alle hinein fließen; das Seewasser evaporirt 31v ergießt sich wieder über Land in die See, die große Vorlage, worin sich das Saltz sammelt.[467] Alle[i]n nicht blos der Genfer See,→326,23–27 sondern die ungeheuren Seen Ontario und Erie im Nördlichen Amerika sind süße. Andere Mem. de Berlin 1760. schließen aus dem Sal Gemmae, welches man an so vielen Orten so häufig findet, daß der Boden der See daraus bestehe und glauben, daß ohne ein[en] solchen beständige[n] Nachtrag, die See schon längst süß seyn müsse, wegen der vielen Ströhme die sich herein ergössen.[468] Watson Chemical Essays der gegenwärtige (1788) Bischoff von Llandaff beweiset sehr gut daß die erste Ursache nicht hinreiche[469] (dahin gehört das bekannte Argument, daß die inländischen Seen nicht saltzig sind,[470] wie ZE. der Genfer und Bodensee; und bey dem zweyten sieht man nicht gut ein warum die See nicht längst schon saturirt ist (Hiegegen hat Bergmann sehr gute Gründe beygebracht.) Boyle vereinigt beyde Meinungen, und ist daher denen Schwierigkeiten beyder ausgesezt.[471] Bischoff Watson sezt aber vortrefflich hinzu daß diese Meinungen alle voraussetzen, daß die Wasser anfänglich süß gewesen wären, als sie die Erde in ihrem chaotischen Zustand bedeckten; aber das ist ja eine res facti, die nicht erwiesen ist, vielleicht ist also die Saltzigkeit der See etwas was gar keine | causam secundariam hat oder verträgt. Und in Wahrheit dehnen 32r wir unsere Speculation zu weit aus, wenn wir sie auf jene Urzustände der Dinge ausdehnen wollen.[472]

Bernardinus Gomesius (Gomez) sagt in einem sehr sinnreichen Tracktat über das Saltz, das Wasser sey anfangs so gewesen.[473] Es ist wahr diese Meinung scheint den Knoten mehr zu zerhauen, als zu lösen, allein etwas Aufmercksamkeit auf die Phänomene giebt ihr Gewicht. Einige Fische leben im süssen Wasser, andere im Süssen und im Saltzigen, die meisten aber im Saltzigen allein und können gar nicht im süssen subsistiren. Nun mag man

---

7–9 Alle[i]n … süße.] *erg.* 14 Chemical Essays] *erg.* 34 Einige] *für* Wenige
36 allein] *davor gestr.* und

annehmen die See wäre durch die Ströhme gesaltzen worden (Halley) oder ihre Saltzigkeit rühre von dem rock salt her, oder von beyden zugleich (Boyle) so muß sie allezeit lange sehr süß gewesen seyn, was wurde aus den Fischen?[474]
Diese Meinung, daß das Saltz diesem Elemente wesentlich sey ist auch die des Grafen Barbieri von Vicenz. Seine Abhandlung ist übersezt: in Vermischten Beyträge zur phys. Erdbeschreibung VI. Band.[475]
Wie kömt denn das Laugensaltz in die Büchen und in die Bircken?[476] |
32v Auch sind ja die Bestandtheile der Saltze noch nicht bekannt.[477]
Ja man kann schlechtweg sagen, da vermuthlich, wie aus andern Gründen erhält, unsere Erde wo nicht gantz doch gewiß auf eine große Tiefe im Wasser aufgelöset war, woraus dann nachher die festern Theile durch Niederschlag und Crystallisation gebildet worden sind. Da, sage ich, eine solche Auflosung schon von einer anderen Seite erhellt, so ist es unmöglich daß das Wasser frey von Saltzen seyn konte. Man kan also sagen alles eigentliche Urgewässer war ursprünglich gesaltzen, daß unsere Bäche und Quellen keines haben, das ist leicht zu übersehen, wir trincken lauter destilirtes Wasser, das heißt Regenwasser und doch nehmen unsere Quellen offt sehr bald wieder etwas an. Also es gar nicht zu verwundern, daß der Hauptstock des Wasser gesaltzen ist. Vielmehr ist der herrliche Mechanismus zu bewundern, durch den es für uns gereinigt wird. Daß es aber grade das Kochsaltz ist, darüber kan der Mensch nicht richten. Vermuthlich waren das erste Wasser vor dem großen Niederschlag sehr viel mehr gemischt. Flußspath (Razumovsky).[478] Merckwürdig ist, daß das Kochsaltz so unzähligen Geschöpfen zum Leben nöthig ist. Ja es ist das eintzige Mineral, das der Mensch scheißt,[→522,3–4]
Doch will ich damit nicht alle Untersuchung hemmen. Ein Pfund Seewasser in der Spanischen See enthält gewöhnlich 2 Loth Saltz, eines aus der Ostsee kaum ein halbes, woher dieses? Dieses ist auch nach der Theorie vom Steinsaltz schwer, warum commu-

---

9 Wie] *davor gestr.* Ich scheue mich daher gar nicht zu sagen **11** *erg* L_B
24 bewundern] *für* verwundern

nicirt es nicht?[479] Ist es größere Hitze, oder sonst ein Erzeugungs Proceß? (Skepsis. über all das beste?)

Nr. 8 IX E, 33v

Farbe des Meeres 33v

Da wo ihm nicht offenbar färbende Theile mechanisch beygemischt sind, wie in einigen Gegenden das Laich der Fische wo es zu weilen weiß erscheint, ◂roth von Würmern▸[480] so ist [es] grün so wie ich es selbst offt gesehen habe. In Gefäßen klar, auch in Pfützen auf dem neuen Werck. Ja zwischen den Westindischen Inseln (Otto I p. 51) wo es von keinem Strohm getrübt wird ist es offt so klar, daß dem Beobachter eine Tiefe von mehre[re]n Faden offt läßt, als wären es nur einige Fuße. Man scheint in einer Lufft zu schwimmen, daher Personen offt schwindlicht werden, weil man Pflantzen Steine Seeigel Meersterne und dergleichen liegen sieht.[481]

In großen Tiefen sehr weit vom Lande soll es offt dunckel blau erscheinen.

Halley bey seiner berühmten Taucher Geschichte fand den obern Theil seiner Hand roth in der Sonne, den untern grün, wie dieses Newton erklärt. (Otto. I p. 55, 56.)[482]

Saltzgehalt.

Lavoisier. in 40 Pf. Meerwasser von Dieppe.

8 Untz.	6 Dr.	32 gr.	Kochsaltz
	4	26 gr.	Glauber und Epsomsaltz.
1 Untze	5	10 –	Kochsaltz mit KalchErde
1 –	–	– –	mit BitterErde.

Lavoisier Chemische Schrifft. 2 B. S. 143.[483]

Sparrmanns stehen in schwed. Abhandl. für 1777.[484]

---

9 zwischen] *für* in

Nr. 9 IX E, 44r

44r <u>Berge</u>

Die hochsten betragen noch nicht $\frac{1}{1000}$ des halbmessers der Erde Das ist noch nicht $\frac{1}{10}$ Linie ein[e]s Globi von 2 Schuhen.[485]
Die BergCharte, die ich hatte, ist von Pasumot. Journal de Physique Sept 1783.[486]
Auf Herrn Lentins Charte ist aus Versehen der Montblanc 54. kleiner als der Pic von Teneriffa 50.[487]

Nr. 10 IX E, 65r

65r <u>Berge.</u> §. 685.

In den Leipziger Sammlungen zur Physic und Naturwissenschaften. B. III 4te Stück steht eine Abhandlung über die Höhe der Berge. S. 467 – 478.[488]
In der allgemeinen D. Bibliothek 76. B. p. 159. wird davon gesagt
Von den Pyrenäischen vermissen wir die Houle de Marboré, den Mont perdu, den Vigernade, den Selgevaille[489], den Maladotté den Pic de Midi von Baroges, den Breche de Roland, die alle schon gemessen und höher sind als der Canigou; (wo?)
auch sind die Verbesserungen, die Saussure in der Bestimmung der Höhe einiger Savoyischen und schweitzerischen Gebürge angegeben hat, nachzutragen.[490]

Nr. 11 IX E, 22r

22r <u>Geyßer</u>

HE. Black zu Edinburg hat das Wasser chemisch geprüft. (La Metherie Observ. sur la physique T. XLIII und deutsch. in Gren's neuem Journal. Hefft I. p. 41)[491] und in 10000 Gran Wasser gefunden

hepat. Gas, eine sehr geringe Quantität (mehr durch den Geruch angegeben als Maaße)
Kaust. Min Alkali – – – 0,95 Gr.
Thon Erde – – – – 0,48 –

19 wo] (wo?)] *davor gestr.* auch

KieselErde – – – – – – – 5,40 "
Kochsaltz (Muriate de Soude) 2,46 "
Glaubersaltz (Sulfate de Soude 1,46 "

Bergmann glaubt das heiße Wasser löse allein die KieselErde auf, und wircklich verändern sich gläserne Gefäße in denen man lange Wasser kochte. All[ein] HE. Black erinnert mit Recht, daß im Glase die KieselErde mit dem Alkali verbunden sey. Der Liquor silicum lößt sich ganz auf.[492]
HE. Klaproth hat nunmehr eben dieses Wasser untersucht. S. dessen Chemische Abhandlungen.[493]

Nr. 12 IX E, 22v

773 22v
559
214
107
107
214
18
232) Blätter hat das durchschossene Compendium 3tr Theil
6500 (28 mal[494]
464
1860
1664
7
9
9
8
4
10
4
2
4
5
1
14
8
4
102
3$_7$1
232 →342,10–25

2 (Muriate de Soude)] *erg.* 3 (Sulfate de Soude] *erg.* 40 232] *für* 222

Nr. 13 [495] IX E 54v–55r

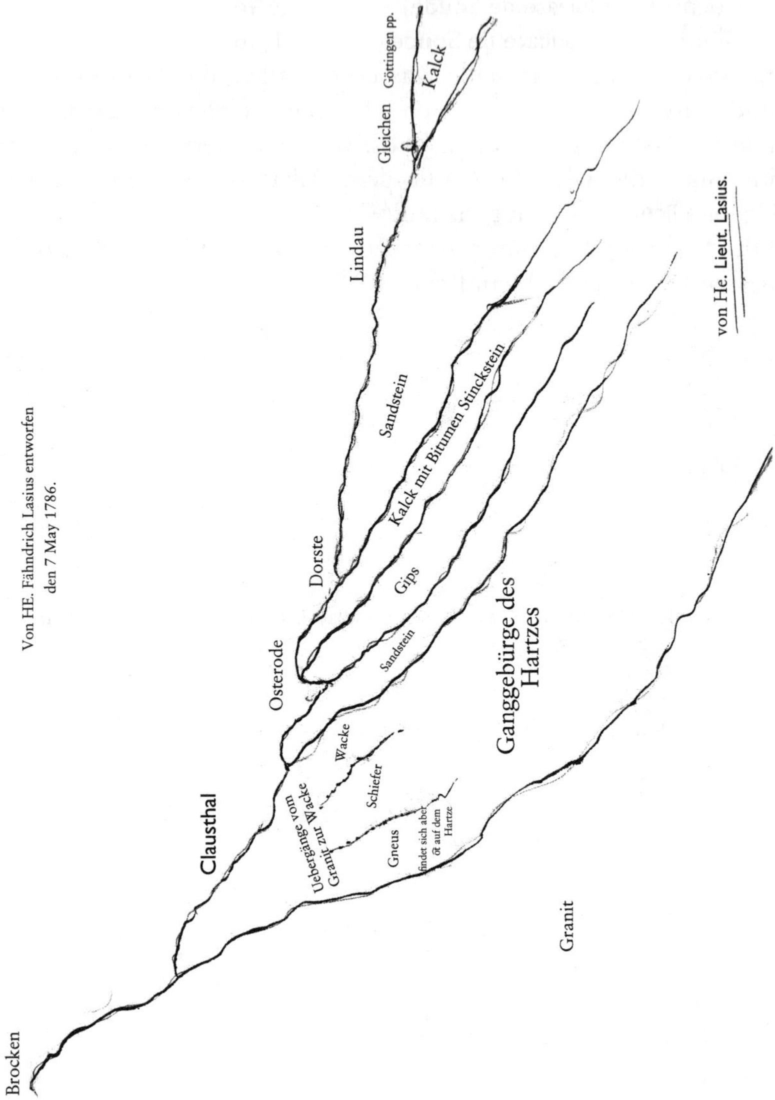

Nr. 14 IX E, 50–53r

Gebirgsarten. nach Werner. 50r = I)

Kurtze Classif. und Beschreibung der verschiedenen Gebirgsarten Dresden 1787. 4to 28 Seiten.[496]

So sehr mannigfaltig die Steinarten zu seyn scheinen, welche die Gebirge zusammen setzen, so findet man doch bey nahrer Untersuchung, daß es so gar viele nicht sind vermuthlich kennen wir schon den grösten Theil. In den entferntesten Welttheilen sieht es eben so aus wie in dem unsrigen.

Sie lassen sich in Rücksicht auf die Natur und Entstehung der Gebirge die sie ausmachen unter 4 Haupt Abtheilungen bringen

A) Uranfängliche Gebirge.
B) Flötz-Gebirge.
C) vulcanische Gebürge.
D) aufgeschwemmte Gebirge.

} A, B und D gehen öffters allmählig in einander über. Es giebt A, die man mit eben dem Rechte zu B und B die man zu D nehmen könte. Nach ihrer Entstehungsart in dem ungeheuren Zeit Raume ist es auch nicht anders möglich.[497]

A.) Uranfängliche Gebirge.

Allgemeiner Character

Sie sind von der ältesten Entstehung, und tragen alle Zeichen von der Entstehung auf dem Nassen Wege an sich. 1) Sie sind unter allen 4 Arten die ausgezeichnetesten und bestimmbarsten. – 2) der gröste Theil ist gemengt und wenige sind einfach und ihre Theile gehören meist zu dem Thon und Kiesel Geschlecht.[498] – 3) Sie wechseln selten in den Gebirgen, wo sie sind mit andern Lagen und Bergarten ab. So besteht ein Granit Gebirge durch aus aus Granit, ein Porphyr Gebirge durchaus aus Porphyr und so die übrigen. Die wenigen gegentheiligen Fälle sind als Ausnahmen von der Regel anzusehen. Daher nennen einige | Schrifftsteller, diese Gebirge Einfach, und sie haben als dann nicht Unrecht, Herr W. aber verwirft das Wort wegen seiner Zweydeutigkeit, und zieht Uranfänglich vor, weil es auch noch den Vorzug 50v

---

13–16 *urspr. arabische Zählung in li. Sp.* **15** und … D[1]] und … D] *erg.* **22** 1)] *erg.* **24** 2)] *erg.* **29** wenigen] *erg.* **31** und] *davor gestr.* HE. **32** verwirft] *davor gestr.* zieht

hat, daß es wie bey den 3 Übrigen Arten sich auf die Entstehung der Hauptart bezieht. – 4) Sie liegen <u>jederzeit unter</u> den übrigen Gebirgs Arten, und machen die unterste Hauptgebirgsart aus[499] und 5) Sie enthalten keine Versteinerungen. Dahin rechnet er

‡1) Granit führt Metalle besonders ♂ ♃

‡2) Gneiß Bestandth. des Granits. Dickschiefrig faßrig. Granate. Kalcklagen, offt älter als mancher Granit.[500] fast alle Metalle in ihm.

‡3) Glimmerschiefer, allerley Arten von Erzen. Granat häufig.

+4) Thonschiefer. Metallen reich

5) Porphyrschiefer gantz leer von Metallen

5) NB Mit Diesem Wort und Kieselschiefer bezeichnet HE. Werner was man sonst <u>Hornschiefer</u> nannte welches er gantz verbannt hat (N° 5 ist also wohl im Voigt)[→344,5]

6) Porphyr zuweilen Metalle zuweilen auch in Flötz über[gehend][501]

6) Lasius. 67. 68. 69[502]

7) Basalt. Hornblende Crystalle und Chrysolith Körner

7) Trapp kann vom Basalt nur an der Lagerstätte unterschieden werden, im Trapp ist noch immer ein Streichen zu bemercken, im Basalt nicht oder Säulen[(529)]

8) Mandelstein, selten Metalle, zuweilen Ur. zuweilen Flötz.

8) L. 56. 57. 58[503]

+9) Serpentinstein gantz Metall leer.

9) L. 61. 62. 63. 64. 65. <u>60 mit Asbest</u>[504]

+10) Uranfänglicher Kalckstein, ohne Versteinerungen hier und da Metalle.[505]

10) Voigt. 13[→344,21–22]

<u>+11)</u> Quartz Gebirge als Bergart gantz Metalleer

11) Lasius 43, wenn sich endlich aus den Thon und Quartz mischungen der Thon gantz verliehrt. Uebergang Lasius 73.[506]

---

5 führt … ♃] *erg.* **6–8** Bestandth. … ihm.] *erg.* **9** allerley … häufig.] *erg.* **10** Metallen reich] *erg.* **11** gantz … Metallen] *erg.* **12** und Kieselschiefer] *erg.* **15–16** zuweilen¹ … über[gehend]] *erg.* **17** 6) … 69] *L$_B$, mit Tinte nachgezogen* **18** Hornblende … Körner] *erg.* **22** , selten … Flötz.] *erg.* **23** 8) … 58] *mit Tinte über L$_B$* Lasius 56. 57. <u>58</u> **24** +9)] *unterstr. L$_B$* | gantz Metall leer.] *erg.* **25** L. … <u>Asbest</u>] *L$_B$, mit Tinte nachgezogen u. Unterstreichung hinzugefügt* **26–27** ohne … Metalle.] *erg.* **29** als … Metalleer] *erg.*

‡12) Topasfels eine äusserst seltene Gebirgs Art, besteht aus Topas, Quartz schwarzem Stangen Schörl und Steinmarck. Im Erzgebirge ohnweit dem Städchen Auerbach, macht sie ein ganzes Stück Gebirge aus. Vielleicht ist dieses der eintzige Topasfels, den man kennt. noch nicht bekannt, daß sie Metal führen.

Unter diesen sind + einfache in HE. W. Verstand; ‡ gemengt mit untereinander verwachsenen Theilen, und die übrigen gemengt mit einer Hauptmasse. |

<u>B. Flötzgebirgs Arten</u> 51r = II

<u>allgemeiner Character</u>

Sie sind 1) alle von neurer Erzeugung als die erstern, und es ist HE. W. wahrscheinlich, daß die Entstehung der erstern nach und nach in diese zweyten übergegangen ist. Gantz vorzüglich charackteristisch sind 2) die denselben enthaltenen heufige Versteinerungen, besonders von Seethieren und Seepflantzen.[507] 3) sind sie mehr <u>Kalck und thonartig</u>, da die erstern mehr <u>Kiesel und thonartig</u> waren. 4) Sind sie mehr einfach im Wernerischen Verstand, (in ihrer Substantz) selten gemengt[,] hingegen in dem selben Gebirge wechseln sie häufig mit mehrern Lagern und <u>Flötzen</u>, wovon sie den Nahmen haben ab. Von diesen Gestein arten ist immer eine die wesentlichste und Charackterisirende, von welcher HE. Werner auch allemal die Gattung benannt hat. 5) Sie sind bey weitem nicht so leicht bestimmbar, als A. doch zeichnen sich einige hinlänglich als besondere Gattungen aus.

1) Flötz Kalckart. Kalchflötze

1) V. 19 mit etwas Thon. 30. 31. 32–35[→344,31–32] 32 hat Abdrücke[508]

2) Sandstein Arten

2) Lasius 79–84.[509] V. 41.[→344,32–33]

3) Steinkohlen flötzarten

3) V. 39[→344,32]

4) Kreide Flötzarten

5) Steinsaltzflözarten

1–5 eine … kennt.] *erg.* 5–6 noch … führen.] *erg.* 12 1)] *erg.* 28 Arten] d*avor gestr.* Flötz 29 2 … 84.] L_B *mit Tinte nachgezogen*

6) Gyps ———

6.) V 20. 21. 23 bis – 26[510]

7) Eisenthon ———

Doch giebt es auch Flötzarten, die sich nicht füglich unter die vorhergehenden bringen lassen, daher als besondere Flötzarten betrachtet werden müssen. Diesen gehört zu weilen der Mandelstein der Thonschiefer und der Basalt zu, dieses macht die oben erwahnten Uebergänge. |

51v C) Vul[k]anische Gebirgs Arten allgemeiner Charackter

Hier hat HE. Werner gewaltig aufgeräumt? Er theilt sie ab in

1) ächt vulkanische und

2) Pseudovulkanische.

Ächt vul[k]anische sind die ihre gantze Entstehung dem Feuer zu verdancken haben, hingegen die dem Feuer nur ihre Umänderung verdancken, und sich durch oder bey Erdbrände erzeugt haben, nennt er Pseudovulkanisch.

Sie zeichnen sich durch ein theils trocknes, ausgedorrtes bläsigtes und Schlacken ähnliches Ansehen aus. Sie scheinen meist thonartig.

Ächt vulkanisch.

1) ächte Laven von grauer, rother und schwartzer Farbe mit offt kleinen eingemengten 8seitigen Crystallen, die alle Mineralogen Schörle nennen, die W. aber für Hornblende hält

schwartze Lave V. 42 (Basalt)
poröse Lave V (43 – 51.)

Hornblende Cryst. V. 46.[511]

2) Bimsstein, schwartz und weißer

3) vulkanischen Aschen, von Erdigtem Ansehen mit kleiner Lava und Bimsstein Stücken vermengt. Wenn sie lange gelegen haben und zusammen gebacken sind, so heißen sie vulkanische Tuf, Traß. Der Bimsstein ist nach ihm der untrüglichste.

3) Vogt 52.[512]

---

2 bis] *erg.* 11 aufgeräumt?] *für* aufgeräumt. 23 kleinen] *davor gestr.* eingemengten 24 W.] *für* er 28 weißer] *für* weis 30 lange] *davor gestr.* zusamm

Das äussere der ächt Vulkanischen Gebirge ist gemeiniglich sehr unordentlich, die eintzelne Berge meist Kegel förmig, Crater u.s.w.

<u>Pseudo Vulcanische</u>

1) Lava ähnliche Erdschlacken, von schwartzer auch wohl rother Farbe und großbläsigtem Ansehen

vermuthlich V. 51.[→406,26]

2) der Porcellan Jaspis, von mancherley Farben von aufgerissenem geborstenem Ansehen

2) Dazu konte das löchericht Stück im Vogt gehorn[513]

3) allerley halb gebrannte Thone |
HE. W. hält sie für durch Erdbrände von Kohlen flötze umge- 52r = III
wandelte Flotzgebirge zu, von denen sie auch noch das Ansehen haben, ja man findet sogar in einigen noch Abdrücke von Pflantzen, z.E. im Porcellan-Jaspis, welches vermuthlich vor seiner Umwandlung Thonschiefer war, in welchen sich häufig Pflantzen Abdrücke finden. HE. W. hat sich durch die Erfahrung überzeugt, daß die meisten Mineralogen fast aller Nationen bisher den <u>Basalt</u>, einen Theil des <u>Porphyrschiefers</u>, <u>Porphyr</u> und <u>Mandelsteins</u> L. 56. 57. 58.[→404,23] (lezten zumal unter dem Nahmen vulkanischer Tuf) unter die Laven versezt haben. Der Mandelstein kan besonders trügen, wenn die in den Löchern enthaltenen rundlichen weichen Steinchen ausgewaschen sind. Er will gefunden haben, und niemand wird ihm den Ruhm eines genauen Beobachters absprechen, daß alle die nemliche genannte Steinarten, unter den übrigen völlig ähnlichen Umständen mit den Flötzgebirgen vorkommen. Zumal wurde er durch seine im Jahr 1777 im Böhmischen Mittelgebirge angestellte Beob. überzeugt, wie durch Erdbrände dergleichen Verwandlungen hervorbringen können. Er schließt endlich mit den Worten, daß er <u>keinen</u> Basalt für Vulkanischen, sondern alle für nassen Ursprungs ansehe, und hat diese Meinung nach her im Bergmännischen Magazin. Dec. 1788. Märtz 1789, May 1789 sehr starck und so viel ich davon einsehe mit nicht geringem Uebergewicht gegen Herrn

---

12 hält sie] *für* schreibt die | von … flötze] *erg.* 15 z.E.] *davor gestr.* die v[?] 18 fast] *erg.* 20 L. … 58.] *erg.* 23 weichen] *davor gestr.* St 25 nemliche] *erg.* 32 Magazin] *für* Journal 33 und] *davor gestr.* mit

Voigt vertheidigt.[514] (Siehe mein Buch J. p. XIII.)[515] Davon zu einer anderen Zeit mehr.

D. Aufgeschwemmte Gebirgsarten allgemeiner Character

Die Erzeugung der drey lezten Gebirgs Arten fällt nach HE. W. so ziemlich in einerley Zeitraum, doch kan man die leztere ziem-
52v lich | als die neuste ansehen. Sie bestehen fast gantz aus Theilen zerstöhrter uranfänglicher, Flötz- ja sogar vulkanischer Gebirge die in meist horizontalen Lagern von verschiedener Dicke (Mächtigkeit) übereinander liegen. Er macht davon 2 Gattungen.

a) Seiffengebirgs Arten

b) Gebirgs Arten des niedrigen Landes.

a) Seiffengebirge bestehen aus Kieseln (großen und kleinen Steingeschieben) Gruß und Sand, und zuweilen auch Thon und Leim alles durch einander gemengt, bald in abgesonderten Lagen. Sie kommen gemeiniglich in den tiefen Thälern der Hochgebirge vor. – Sie enthalten offt Zinn und Gold sand. Eisenstein geschiebe und Edelsteine aber keine Versteinerungen.

b) Gebirgsarten des niedrigen Landes. Es ist äusserlich gemeinigl. gantz Platt oder wellicht und Hüglicht und man kan es wieder abtheilen in

1) Sandland

Die Sandlager sind zuweilen zu Sandstein verhärtet, man findet darin See Conchilien zuweilen, auch Alaun Erden, oder die sogenannten erdigte Alaun Erze

2) Leimland

Aus Laim und Thonlagen, in den erstern zu weilen Eisen nieren vorkommen.

3) Torf und Bituminöse Erden, Moorland,

Diese wechseln auch mit schwachen Sandschichten ab. |

---

7 Sie] *davor gestr.* Er theilt | Theilen] *davor gestr.* zerstöhrten **9** Lagern] *für* Lagen **10** übereinander liegen] *für* abwechseln **16** tiefen] *für* Tiefen **26** Leimland] *für* Laimland[?] **27** in … weilen] *davor gestr.* worin zu w

Mineral-Systeme. 53r

Äussere Kennzeichen -- 16
Constituirende Theile -- 6 [516]

Werner hat 54 Farben und 21 Brucharten Mongez S. XXXIV[517]

Nr. 15 IX E, 58–60; 48–49r

Einleitung Gebirge[518] 58r

Was wir hier das innere der Erde nennen ist meist nur das innere der Gebirge.

Die Gebirge sind besser beobachtet worden, theils anderer Absichten wegen, theils ihrer Form selbst wegen, weil sie über die eigentliche Fläche erhaben sind. Der lezte Umstand sezt uns in den Stand, ohne zu graben, Schichten zu erkennen, und dadurch mit einem Blick zu weilen zu übersehen, was sonst ohne große Mühe und Kosten nicht erlangt werden könte, namlich das was man so prächtig das innere der Erde nennt.

Ja man kan sagen, daß die Gebirge, die so unerschüttert stehn würcklich etwas von dem innern der Erde sind, das hier unserm Anblick hervor steht, und daß alles, was in den Ebnen daran liegt, mehr oder weniger in den Vertiefungen zusammen geschlemmtes Zeug ist.

(und was wir das innere der gleichen Erde nennen ist offt nichts als das spühlicht eben dieser Gebirge, so daß wir im Grunde nichts kennen als die Gebirge. Die Damm Erde etwa abgerechnet.)

(hier vom Mittelpunckt des ☽.  →376,5

Je häufiger etwas abwechselt, desto weniger scheint es zur Bestimmung des Hauptzugs in der Linie zu dienen so geht es durch alle Wissenschaften durch. Wer deswegen über die Entstehung unser[er] Erd kruste (so solte man allemal sagen) nicht Erde, zusammenhängendes sagen will. der muß sich auch hier blos um das allgemeine bekümmern. Der Mineraloge, oder besser der Fossilien Kenner (oryckto gnoster) bekümmert sich um tausend Kleinigkeiten die den Geologen nichts angehen. Geologie ist eigentlich die Lehre | von der physischen Beschaffenheit der Erde 58v = 2

26–27 so … durch] *erg.* **32** den … angehen] *für [versehentlich nicht getilgt* uns*]* nichts angehen

im Gantzen, und vorzüglich so weit eine Kenntniß derselben nöthig ist ein[e] Geogonie (auch Geogenie wie man will) oder eine Theorie der Entstehung unsre Kunst darauf zu gründen.[519]
Dazu dienen denn nun vorzüglich die Gebirge die wir nun näher von Kennen lernen.
Es ist schon gesagt worden, daß die großten Gebirge der Erden in ungeheuren streckcken, die bald von Süden nach Norden bald von Westen nach Osten streichen zusammen hängen, und dieses führt sehr natürlich auf die Muthmaßung, daß was auch von andern niedrigen Bergen und Ebnen dazwischen liegen mag, in der Tiefe wieder zusammen kommen.

mercklicher Unterschied in Absehung der Zeit

Unter diesen Gebirgen findet sich ein sehr mercklicher Unterschied, der sich hautpsächlich auf die Zeitfolge ihrer Entstehung gründet So daß einige gleichsam die Basin der übrigen ausmachen, gleichsam die Grundfeste das Knochen Gebäude der

Muskeln auf den Knochen

Erde, auf denen nun die andern wie Muskeln auf den Knochen aufliegen, und vom Wasser abgesezt scheinen. Die ersten pflegt man Ursprüngliche Gebirge, Urgebirge zu nennen, weil einige glauben die Erde habe gleich anfangs daraus bestanden, das sich

59r = 3

denn doch nicht erweißen läßt | daher es besser ist sie lieber mit den mehrsten Grund Gebirge zu nennen. Die andern heißen

Abwechselungen in Grundgebirgen nicht

Flötzgebirge, von Flötzen-Schichten, weil man da Abwechselungen findet. Dergleichen sich in den Grund Gebirgen nicht finden, daher diese auch noch besonders einfache Gebirge genannt werden diese Fl. Geb. heißen auch angeschwemmt Gebirge.
Hierzu kömt noch eine dritte Classe, die ihren Ursprung dem Feuer zu dancken haben die Vulkanischen und Herr Werner thut noch eine 4te hinzu die er aufgeschwemmte nennt, das sind die allerneusten, obgleich nach ihm die Zeit der Entstehung der drey lezten nicht weit von einander fallen.
Allein obgleich die Geologen sich alle zu diesen Abtheilungen, etwa die 4te Wernerische Classe ausgenommen, bekennen, so finden sich doch bey der Anwendung selbst einige Abweichungen

---

6–11 *der Absatz überdeckt einen flüchtig gezogenen Kreis, der drei Punkte umschließt; li. neben dem Absatz mehrere Punkte, von denen drei, die sich in einer Flucht befinden, von kleinen Kreisen umgeben sind; alles* L_B **10** andern] *danach gestr.* Ber **12** *Rand* L_B **16** *Rand* L_B, *bis auf die Unterstreichung mit Tinte nachgezogen* **22** *Rand* L_B **24** diese] *für* sie **25** diese … Gebirge] *erg.* **28** 4te] *unterstr.* L_B

die aber doch das gantze nicht mercklich afficirn. So theilt z.Ex. HE. von Veltheim eben so wie Kirwan alle Gebirge in Uranfängliche und angeschwemmte, sezt aber in die erste Classe den Granit gantz allein für sich, und theilt die angeschwemte[n] ab in 1) einfache Thon und Ganggebirge 2) Einfache Kalckgebirge und 3) Flötzgebirge.[(161)] Hier machen | also, wie man sieht, die Flötz- 59v = 4 gebirge nicht Die 3te Classe aus sondern sind blos das 3te Glied einer Unterabtheilung der zwoten Classe. Voigt hingegen und Werner rechnen beyde die einfachen Thon und Ganggebirge und die einfachen Kalckgebirge mit zu den Uranfänglichen Grundgebirgen,[520] und machen aus den Flötzgebirgen eine eigene Classe. Man sieht bald, daß diese Verschiedenheit auf einer Hypothese beruht, und HE. von Veltheim die einfachen Thon und Ganggebirge pp. eben so für angeschwemmt ansieht wie die andern Flötzgebirge und einige sehen auch so aus. Nimmt man aber zum Charackter eines Grundgebirgs an die beträchtliche Höhe desselben, sein Meilenlanges ununterbrochenes Fortlaufen, und das sie sehr selten eintzeln bestehen, ferner ihre Einfachheit in eine offt unergründliche Tiefe hinab, an, so kan man den Nahmen von Grundgebirgen, den einfachen Thon und Ganggebirgen und einfachen Kalckgebirgen pp nicht absprechen. Auch sind sie gantz unstreitig sehr viel älter, als die sogenannten Flötzgebirge, die an ihnen auf und an liegen. Ich will daher denen leztern | folgen. 60r = 5
diese Grundgebirgen enthalten in Spalten die sich in ihnen befinden, wovon die kleinern Klüffte und die größern Gänge heißen. allerley Mineralien, die als fremdartig angesehen werden müssen. Als Quartz, die Spatharten und vorzüglich die Erze, und dieser Gänge wegen, heißen sie auch Ganggebirge, ein Wort das wir oben gehabt haben, und keine Versteinerungen.
Zu dieser Classe gehört nun vorzüglich der Ehrwürdige Granit. Aus dem wahrscheinlich das Hauptfundament unsrer Kruste besteht. Die Höchsten Gebirge über die gantze Erde bestehen gröstentheils aus ihm,[→343,31–32] man findet aber auch sehr

---

3 sezt aber] *für* Macht aber **9** Ganggebirge] *für* Kalckgebirge **14** pp.] *erg.* andern] *danach gestr.* die **15** und … aus] *erg.* | Nimmt] *unterstr.* L_B **19** hinab] *erg.* **20–21** und^2 … Kalckgebirgen] *erg.* **20–21** einfachen] *erg.* L_B **21** Auch] *für* Ich will[?] **23** leztern] *erg.* | folgen.] *danach gestr.* Der Charackter dieser Uranfänglichen Grundgebirge ist. **24** diese … enthalten] *für* Zu diesen Grundgebirgen gehören **29** haben, … Versteinerungen.] *für* haben. ; *Unterstr.* L_B

niedrige davon, aber wo er ist, ist nichts was jener Muthmaßung zuwider lief. Dahin gehört der gröste theil der Alpen des Carpathischen Gebirgs, der Pyrenäen des Uralischen und des Sewogebirges,[→328,18] ◂der Kaukasus und die Andes▸ auch unser lieber Brocken gehört mit dazu.

V. 1. 2. 3. 4.[521]
L. 1–5. 6. 8. 9. 10. 11. 12[522]
N° 12 eine Seltenheit des Hartzes zwischen Saalbändern von Trapp.

Er ist wie die meisten uranfänglichen Gebirge gemischt und seine Bestantheile fallen deutlich in die Augen. Sie sind Quartz, Glimmer und Feldspath. Zu weilen finden sich andere Dinge noch ein gemischt zu weilen fehlen auch einer der gewöhnlich, das sind
60v = 6 aber blos geringe | Ausnahmen. Es finden sich in ihm schlechterdings keine Versteinerungen. Die Geschichte mit der Kamm-Muschel ist gut erzählt in der Frankf. Encyclop. 13 Band. p. 236. Hof Cammer Rath Habel zu Wißbaden mit dem Zeugniß von Geh. Cammer Rath Cartheuser.).[523] Er führt in dessen in s. Gängen Metall vorzüglich Eisen und Zinn Kobold, Kupfer. Crystalle vortrefflich. Man will Schichten in ihm bemerckt haben, man weiß aber nicht wie tief sie sich erstrecken mögen.

vielleicht regenerirter Granit. Lasius 10.[→412,7] Nein! Es soll gar kein Granit seyn sondern ihm nur ähnlich sehen.

Gneiß Gneiß hat die Bestandtheile des Granits doch prädominirt der Glimmer, und der Feldspath ist darin offt schwer zu finden.[524] Er hat mehr bestimmte Textur als der Granit. Herr Werner sagt er sey offt älter als der Granit. Er ist die Reichste Fundgrube für die Metalle[.] Auf dem Hartze ist er nicht aber das gantze Sächsische Erzgebirge besteht fast daraus.[525]

V. 9.[→344,5]

Porphyr | Thon die hauptmasse | Quartz und Feldspath | Glimmer

Ein sehr dichtes Thonartigtes Gestein, worin sich ebenfalls Quartz und Feldspath befindet, auch zu weilen Glimmer, aber Thon ist die Hauptmasse, er ist also zwar gemischt aber nicht so, wie der Granit und Gneiß. Er führt auch zuweilen Metalle, und geht zuweilen in Flötze über. Aus ihm bestehet fast der gantze Thüringer Wald, ein Theil des Hartzes.[526]

2–4 Alpen … Sewogebirges] *Unterstr. L_B* 5 Brocken] *unterstr. L_B* 8 *erg.* 18–19 Kobold … vortrefflich.] *erg.* 31 *Rand* Thon die hauptmasse] *dreifach unterstr.* 35 Thüringer Wald] *unterstr. L_B*

V. 5. 6. 7.→344,5
L. 67. 68. 69.→404,17

Er enthält große Massen Jaspis, der eigentlich weiter nichts ist, als ein seines Quartzes und Feldspats beraubter Porphyr Jaspis Porphyr minus Quartz und Feldspath

L. 28. 30. 32
34. 35. Bandjaspis[527] |

Glimmerschiefer ist überhaupt eine in Deutschland seltne Gebirgs Art. Sie besteht aus übereinander gelegten Glimmerblättchen. Herrn Vogt kennt keinen Ort, wo er gantze Berge ausmachte als die Gegend um Ruhla bey Eisenach. Zuweilen enthält er auch Quartz und dann nähert er sich dem Gneiße. Nach Herrn Werner enthalt er alle Arten von Metallen und Granaten häufig. 48r = 7 Glimmerschiefer

V. 10.→344,6

Thonschiefer. Hat etwas Flötz artiges, und man hat auch verkießte Seekörper und Pflantzen abdrücke in ihm gefunden, und Kalckstein mit Versteinerungen in ihm. Allein er bildet sehr hohe und zusammen hängende Gebirge, führt Erze, und ist überhaupt reich an Metallen. Thonschiefer

V. 11. 12.→344,6
L. 22. Wechselt mit Grauwacke.
24. mit Trapp wechselnd Andreasbürger Erzgänge
no 26 enthält diesen Trapp allein er ist fast ein Jaspis[528]
Trapp hauptbestandtheil Thon, Schiefer kan man ihn nicht nennen, weil er nicht blättrig ist, und Jaspis nicht weil er noch zu grobkörnig ist meistens wenigstens. Lasius p. 128 pp[529]
29. 31. 33[530]

Grauwacke Hat viel Flötzartiges. Indessen besteht ein großer Theil des Hartzes daraus und reiche Erzgänge. Man findet auch Abdrücke von Schilf in ihr. Sie besteht aus kleine Körner worunter Quartz und Hornstein am kenntlichsten sind. Grauwacke grès gris

V. 14.[531]
L. 13. 14. 15. 16. 17
19. mit Schiefer abwechselnd
20. mit Schieferbrocken
21. mit Abdrücken von Schilf.[532]

---

3 *Rand* L_B 6 35.] *erg.* 9 er] *für* sie 23 *mit Einfügezeichen nach* mit Trapp, *S. 413,22, erg.* 24–26 *mit Einfügezeichen nach* diesen Trapp, *S. 413,23, erg.*
28 *Rand* grès gris] *erg.*

Serpentinstein

Serpentin stein. Ist sehr bekannt. Man findet ihn nie in Flötzgebirgen. Er ist gantz Metal leer. Die Bitter Saltz Erde prädominirt in ihm. Lasius. p. 162.

V. 8.[→344,5–6]

L. 61. 62. 63. 64. 65. 60 mit Asbest.[→404,25] |

48v = 8
Marmor

Marmor oder körniger Kalckstein. Man findet ihn offt in den Grundgebirgen, zwischen Gneiß ja gar dem Granit. Man muß ihn also zu den Urgebirgen rechnen. Ohne Versteinerungen und Metalle.

V. 13.[(168)]

L. (86–94.)[533]

dichter Kalchstein

Dazu rechnet nun auch noch HE. Voigt den dichten Kalckstein. Er liegt zuweilen unter dem Thonschiefer.

N° 13.a V.[→344,20–22]

Hierzu sezt nun noch Werner

Porphyrschiefer

Basalt.

Mandelstein, den HE. Vogt mit zu dem Porphyr zählt

L. 56. 57. 58.[→404,23]

Die QuartzGebirge, die einige nicht als eigene wollen Gelten lassen S. Vogt p. 15.[534]

und den Topasfels.

Flötzgebirge

Ihr Charackter ist. das sanffte Wellenfrömige in ihrem Bau. Ihre deutliche Merckmale eines neuen Ursprungs. Ihre häufig wechselnden gröstentheils Horizontale Schichte, die Menge der Versteinerungen vorzüglich von Seethieren, auch sind sie mehr Kalck und Thon artig, da die andern mehr Thon und Kiesel artig sind. Sie sind mehr einfach im Wernerschen Verstand[535]

Rothe Todt liegendes

Das rothe Todte liegende.

V. 15. 16.[536]

2–3 Die … 162.] *erg.* **6–7** in … Grundgebirgen] *für* unter dem Thonschiefer **8–9** Ohne … Metalle.] *erg.* **14** 13.a V.] *für* 13.c 13.b. 14 **19** *durch Einfügezeichen* Mandelstein *in der vorigen Zeile zugeordnet* **20–21** , die … 15.] *erg.* **25** Ihre] *danach gestr.* gr **30** *Rand* Todt] *für* todt

Trümmer der Grundgebirge, ist vielleicht die Grundlage aller Flötzschichten | sie heißt so weil es gemeiniglich viel rothes in 49r = 9
sich hat. Es giebt davon gantze Berge, Der Herzberg und Kaulberg bei Ilefeld. Es streichen Eisen und Braunsteins Gange darin. (so hat man überhaupt das Anliegen zu verstehen). Dahin gehören die Breccien, der Pudding stone. Die rundlichen Steine sind durch eine thonigte Substantz zusammengebacken. Die Stücke sind durchgehends Theile und Producte von Grundgebirgen, worin immer die der Gegend nächstliegenden Prädominiren, spätere Gebirgs Arten findet man nicht in ihnen. zu Ex. Gips, bituminösen Kalckstein pp. wiewohl doch auch keine Versteinerungen.[537]

1) Bituminöser Mergelschiefer

1) V. 18[(166)]

2) Gips.

2) V. 20. 21. 22. 23. 28[538]

3) Stinckstein.

3) V. 27[539]

4) Sandstein.

4) V. 28. 29[540] Las. 79–84. 82 hat Abdrucke von Muscheln.[→405,29]

5) Thon mit Kalck (Mergel).

5) . 36[541]

6) Steinkohlen.

6) V. 39[→344,32]

7) Bituminöses Holtz.

7) V. 60[542]

8.) Steinsaltz.

8. V. – – –

Vulkanische.

1) schwartze dichte Lave (Basalt).

1) V. 42[→406,25]

2) Poröse Lave.

2) V. (43–51)[→406,26]

1–2 Trümmer … Flötzschichten] *erg.* 2 gemeiniglich] *für* immer 3–5 Der … darin.] *erg.* 6 Die] *für* Sie 20 Las. … Muscheln.] *erg.*

3) Bimsstein.

3) V. 53–54[543]

4) Vulkanische Asche.

4 V. 52.→406,33

5) Horn schiefer.

5) V. 55.[544]

Nr. 16 IX E, 47

47r Wiederholung. für den 25 Febr. 94.

Granit. Es könte leicht seyn, daß er ein zusammen hängendes Gewölbe um die gantze Erde ausmachte.

Auf ihm die Thon und Gang Gebirge, Thon ist das Haupt Ingredienz, mit der sich mehr oder weniger Kiesel Erde verbindet[.] auch sind sie mehr oder weniger Schiefer. Grauwacke ein Gemenge von Quartz und Thon mit Glimmer zu weilen sehr mannigfaltig.

Hierauf der dichte Kalchstein, bald schuppig bald körnig

Hieran die Flötzgebirge, von Fletz (Fläche). Die Schichten wechseln mehr ab. Sie sind gemeiniglich sehr wenig gegen den Horizont geneigt ja öffters gantz horizontal. Sie verliehren sich in das Flache Land, das ebenfalls seine kleinen Flötze hat, die durch Ströhme und Seen abgesezt worden sind. Etwas von der Flache zu beyden Seiten.

Hierzu die Vulkane

Granit.

Auch Gänge aber sehr unterbrochen. Edle Metalle nicht Zinn Eisen, Kobolt, Kupfer. Krystalle vortrefflich. Keine Spur von Versteinerung.

Einfache Thon und Ganggebirge

Man findet sie zwar geschichtet, Unterschiede von Lagen. offt schiefricht, aber einfach in Rücksicht auf das Gantze durchaus immer dasselbe. Sie enthalten die reichsten Erz Gänge.

13–15 Grauwacke ... mannigfaltig.] *erg.* **23** Hierzu ... Vulkane] *erg.*

Die einfachen Kalchgebirge

schuppig mit crystallinischem schimmernden Korne salinischer Kalckstein und Marmor, der andere körnig; in dem erstern nie Versteinerungen, wohl aber im leztern, Muscheln fester gepackt und mehr zerstöhrt. Erze finden sich in beyden, aber doch auch im ersten | weniger. 47v

Nr. 17 VIII G 3, 15

Magnet. 1 Stund. 15r

Alles bisherige betraf nur die Rinde die Dicke des Papiers[→341,23–30]

Eine Erscheinung, die uns etwas tieferes lehrt.

Der Magnet eine Eisenminer über die gantze Erde verbreitet. hat sich schon in dem Alterthum durch eine Eigenschafft bekannt gemacht. Er zieht das Eisen, und Theilt sie dem Eisen selbst mit.[545]

Dieses Eisen zieht er nicht an allen Enden sondern nur zwey meist einander gegen über liegen[de] Stellen.

Wie diese Stellen gefunden werden[546]

Sie richten sich nach den Welt Gegenden |

Wer diese Entdeckung zuerst gemacht hat ist wenigstens nicht bestimmt bekannt.[→420,9–422,25] 15v

Nr. 18 VIII G 3, 22r

Magnet Nadel 22r

Sie sollen so wenig Friction haben, als möglich, und folglich so leicht als möglich

Nicht zu breit seyn warum  [547]

Diesem Fehler hat man vorzubauen gesucht indem man sie auf die scharfe Kante gelegt. Klindworts Versuch. Auch HE. Brander verkaufft schon solche und hat sie in der Beschreibung des Inclinatorii beschrieben.[548]

---

13 Alterthum] *davor gestr.* frü 15 mit.] *danach ein Absatz gestr.* ⟨Eine⟩ {Die} Entdeckung daß er sich gegen Norden wende ist die nützlichste 17 Stellen.] *danach ein Absatz gestr.* Pole warum 24–25 und … möglich] *erg.* 28 scharfe] *für* Scharfe 28–30 Auch … beschrieben.] *erg.*

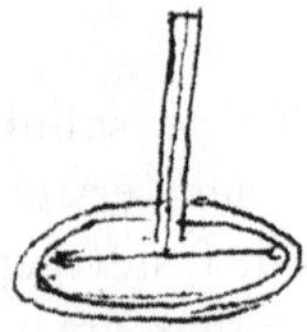

Man [hängt] sie an ungezwirnte simpeln Seidenfäden, so wie sie aus der Raupe kommen, davon man einige zusammenklebt gemacht. Man befestigt den Faden in einer Kupfernen Röhre. Dieses ist der Vorschlag des HE Coulomb eines französischen Ingenieurs der auch einen Theil des hier auf gesezten Preises erhalten hat. HE. v. Swinden erhielt den andern Theil.[549] S. die nächste Seite.[→433,2–23]

Nr. 19 VIII G 3, 19r

19r Seecompaß

Sie werden sehr nachläßig verfertigt HE. Knight ließ sich so genannte armirte Rosen aus allen Ländern schickten
sie taugten alle nicht, ein eintzig ausgenommen, die zu Marseille verfertigt war.[550]

Nr. 20 VIII G 3, 26r

26r

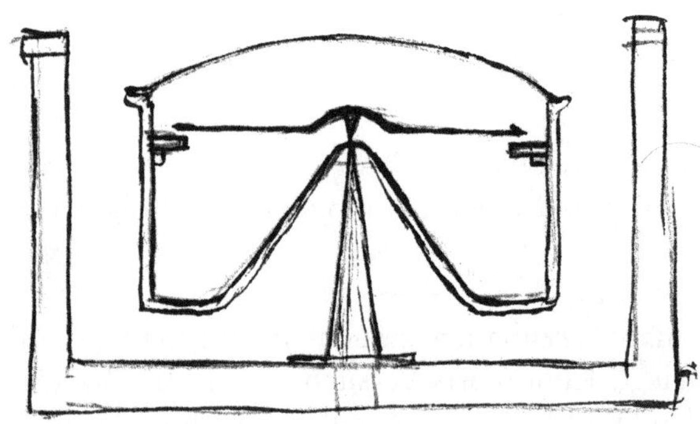

Mr Mculloch's patent Sea-Compass[551]

16 *li. Zeichnung* L_B, *mit Tinte nachgezogen*

Nr. 21 VIII G 3, 6r

Geschichte Magnet Nadel überhaupt (Erfindung) 6r

Im 12tn Jahrhundert brauchten sie schon die Franzosen, damals hiesen sie marinettes. Dieses Volck hat die Ehre daß auf den See kompaßen der Nordpol über mit der Französischen Lilie bezeichnet wird. Hertzoge von Anjou Könige von Neapel.
Ein Französischer Dichter Guyot de Provins, der sich am Hofe des Kayßer Friderich im Jahr 1181 zu Mayntz aufhielt hat folgendes davon gesungen:

Icelle étoile ne se muet,
Un art font qui mentir ne puet
Par vertu de la marinette
Une pierre laide, noirette
Ou li[552] fer volontiers se joint[553]

Diese Verse finden sich in Fauchet ◂eigentlich in seinem Traité des noms et sommaire des oeuvres de 127 poëtes françois vivans avant l'an 1300.[554] Pronvins[!] Eine Stadt im Lande Brie im Stiffte Sens. Guyot ein Provensalischer Dichter.▸[555] Antiquités de la France; Perrault Parallele des Anciens et Modernes. T. 3.[556] und beym Gassendi Lib. X. Diog. Laert: T. 1. p. 193, der Auch das Argument von der Lilie hat.[557]

Die Italianer geben ihren Flavius Gioïa an, der aber erst um das Jahr 1302 eine construirt haben soll.[558] Andere: Marco Paolo ◂zu Anfang des 13tn Saec▸ oder ander[e] Venetianer haben sie von den Chinesern erhalten, die jedoch selbst heutzutag noch sehr weit darin zurück. Für den Gioya ist ein alter Vers

Primu dedit nautis usum magnetis Amalphis.[559]

Nr. 22 VIII G 3, 5r

Erfindung der Magnet Nadel und Ihrer Eigenschafft. 5r

In den hiesigen gelehrten Anzeigen 1765. 46. St. p. 371 [560] wird von HE. Wilcke's Abtritts Rede geredet, die vom Magneten handelte. Es wird gesagt, die Richtung nach dem Nordpole müssen die Nordmänner lange vor dem Gioja gewußt haben, da schon

2 (Erfindung)] *erg.* 6 Hertzoge … Neapel.] *erg.* L_B 21 Flavius] *durch* Johannes *ers. L, dieses dann gestr. u.* Flavius *durch Unterpungieren wieder gültig gemacht* L_B
28 und … Eigenschafft.] *erg.* 32 Nordmänner] *für* Nordländer

Arius Froda ◂Arius gebohren 1068 gestorben 1148▸ ein Dichter um das Jahr 1800 (soll vermuthlich 800 heisen ◂Nein sondern vermuthlich 1000.▸[561]) eines Steines gedenckt, den die Nord-Männer auf ihren Seefahrten zu ihrer Leitung mitnahmen. Die tägliche Bewegung hat Tachard in Siam zuerst gefunden.[562]
Schon im 16 Jahrhundert erfuhren die nach Norden schiffenden die inclination, auch die nach Süden schiffenden

Nr. 23 VIII G 3, 2–3r

2r **Erfindung der Magnet Nadel**

Swinburns Reisen durch beyde Sicilien. Uebersezt durch HE. Forster zu Halle. Hamburg 1785. 2 Bände. Enthält im 2ten Bande S. 189[563] eine herrliche Nachricht über diese große Erfindung Es ist eine Note von Forster. Swinburn im Text fängt schon 187. an.
Swinburn selbst giebt, wie gewöhnlich den Flavius Gioja aus Pasitano einem Dorfe bei Amalfi für den Erfinder an gantz zu Anfang des 14 Jahrh. etwa 1302.[→419,21–22] Er theilte ihn in 8 Theile. Andere geben ihn den Chinesern unter andern Buffon, der in s. Epoques de la Nature sagt die Chineser hätten ihn schon vor 4000 Jahren gehabt, wenigstens die Eigenschafft gekannt, ohne davon Gebrauch in der Schiffahrt zu machen. Ja er sezt hinzu Homer in s. Odyssee sage die Griechen hätten den Compaß bey ihrer Tour nach Troja gebraucht. Das ist eine starcke Behauptung. HE. Swinburn selbst hat diesen Theil der Odyssee sorgfältig durchgegangen, ja einige s. Freunde von denen er sagt, daß sie den Homer beynah auswendig können haben vergeblich eine solche Stelle gesucht.[564] Andere die Araber, bey denen heißt aber der Compaß buzola das offenbar das italiänische buzzola ein Büchschen ist, wo[h]er auch das frantz. boussole. Allein so wohl Vincentius Bellovacensis (Vincent de Beauvais) als Albertus Magnus. Grot. ersterer in s. Speculo historico T. II. L. 8. c. 19[565] und lezterer in s. Tract. de mineralibus Lib. 2. Tract. 3 cap 6 führen eine Stelle aus einem Buche des Aristoteles von dem Steine an die
2v nicht mehr vorhanden | ist. Die Stelle lautet so: Angulus Magnetis

---

1 Arius² … 1148] L_B **3–4** NordMänner] *für* Nordländer **16–17** gantz … 1302.] *erg.* **31** Grot.] *erg.* **32** lezterer] *für* Albertus Magnus

cujusdam est, cujus virtus convertendi ferrum est ad Zoron hoc est Septentrionem, et hoc utuntur Nautae. Angulus vero alius magnetis illi oppositus trahit ad Ason id est polum meridionalem. Et si approximes ferrum versus angulum Zoron convertit se ferrum ad Zoron, et si ad oppositum angulum approximes, convertit se directe ad Ason.[566] Es ist nun freylich höchst wahrscheinlich, daß die gantze Stelle untergeschoben ist, denn sonst wäre die Sache gewiß bekannter und müste sich in andern Schrifften gewiß etwas finden, da das utuntur nautae gar zu schlechtweg gesagt wird.[567] Allein HE. Forster sagt mit Recht da Vincentius Bellovacensis ums Jahr 1244 schrieb und etwa 1262 oder 64 gestorben ist, Albertus Magnus aber 1206 oder gar 1193 gebohren und 1280 starb. so beweißt diese Stelle gewiß das der Compaß den Schiffern schon ums Jahr 1245 etwa bekannt gewesen die Nahmen Zoron und Ason sind zwar fremde und weder Griechisch noch Ebräisch noch Syrisch noch Arabisch HE. F. meint sie könten verschrieben seyn und Nord und Sor (soll wohl heißen Sud also auch verschrieben)[568] geheißen haben. Die Lilie verrathe ◂Dieses nicht, sondern Gioja ◂Gioja lebte im 14 Jahrhundert▸ sezte sie dem damaligen Königen von Neapel aus dem Haus Anjou zu Ehren auf die Nadel (Amalfi im Neapolitanischen.)▸[569] ohnehin frantz. Ursprung und Gioja habe sie etwa nur verbessert, oder den Gebrauch erleichtert |

Die Erfindung der Declination läßt sich bis auf a͡o 1269 zurück- 3r
bringen. Gehler Abweichung p. 16.[570]

Guyot von Provins einer Stadt in der Landschafft Brie in der Diöces von Sens ein alter frantz. Dichter des 13[tn] Jahrhunderts hat ein Satyrisches Gedicht geschrieben unter dem Titul La Bible de Guyot, worin die Laster aller Stände geschildert werden,[571] und einen Roman von der Rose, in letzterem stehen die Verse worin die Polarität des Magnet deutlich vorkömmt. Das Werckzeug heißt da Marinette. Die Verse stehn auch im Gehler Art. Compaß. p. 522.

1181 war er am Hofe Frid. I zu Mayntz.→419,7–20

11–12 Albertus … aber] *für* der lezte etweder[?] 19 Gioja[2]] *für* Er 23 erleichtert] *für* erläutert 24–25 L_B 31 Polarität … Magnet] *für* Magnetnadel 34 L_B | war er] *erg.*

Nr. 24 VIII G 3, 16–17

16r Plan für die Stunde. 4–5 den 14 Febr. 92.

Noch ein kleiner Nachtrag zur Gesch. der Magnet Nadel. von Arius Froda. Nachricht von Wilcke.[→419,29–31] und Ramus[(561)] von Arius Frode dem Polyhistor und Dichter, denn man muß wissen, im Mittel Alter zu den Zeiten der Minnesinger und Provensal Dichter gab es in dem Kalten Island Dichter von sehr glühender Phantasie. und auf Ihre Sagen gründe[t] sich ein Theil der ältesten Dänischen und Schwed. Geschichte Dieser Arius Frode geb. 1068 † 1148. hatte ein großes Werck vitas Regum Norvegiae geschrieben das verlohren ist man [hat] nichts von ihm mehr übrig, als ein klein Tractat von Island der den Nahmen führt schedae arii Polyhistoris.[572] in diesem kömt von dem Magnet nichts vor, da doch von den Entdeckungsreisen der Norweger geredet wird. In einer andern alten Chronick genannt Landnamåbok von mehrern Verfassern wird erzählt, daß sich die Nordischen Land Entdecker dreyer Raben bedient hätten, wie Noah, dabey wird gesagt, daß sie noch nicht den Gebrauch der Magnet Nadel gehabt hätten Der Verfasser ist † 1334.[573] Die eigentlich Systematische Entdeckung von Amerika hat man der Nadel zu dancken, denn daß die Normänner lange vorher da waren, würde man ohne diese syst. Entdeckung nicht gemerckt haben.[574] |

16v Hierauf Anthéaulme.[575]

Geschichte. der Abweichung

  England

  Franckreich.[→429,9–430,5]

Schwierigkeiten hierbey

Axe der Nadel.[(547)]

Merckwürdige Versuche des HE. O'brien in den Transact. of the Royal Irish acad. Vol. 2. Excerpte. p. 99[576]

Man hat dazu eigene Instrumente die man Declinatoria nennt.

Wilcke. Schwed. Abhandlungen. XXV. B.[577]

---

6 im] *davor gestr.* zu 16 Norweger] *für* Isländer 27 Geschichte.] *danach gestr.* Engl 34 Declinatoria nennt.] *für* Declinationsnadeln nennt.

Branders Buch recensirt im 41tn Band der allg. deutsch B[578]
Fontana. Rozier. T. IX. p. 109.[579]
Coulomb.[580]
Nun die Halleyschen Linien; sie sind von ihm auf 1700 gestellt. (Charten)
Muschenbroeck.[581] Lambert. Berliner Ephemerides für 1779. Funck. Reiche Sammlung Büffon[582]
Dunns. Anwendung auf die Meeres Länge.[583]
Tägliche Variation[584] |
Inclinatio 17r
Wilkens Neigungs Charte. Schwed. Abhandlungen. B. 30.[585]
Theorie.
Feilstaub.[586] |
Provins→419,7–20 17v
Nadel in Richmond→424,30–429,2

Nr. 25 VIII G 3, 11v; 11r; 10v; 10r; 9v; 9r

<u>Annotationes phys: math et Philos.</u> 11v = 1

In Wilsons Observations upon Lightning and the method of securing buildings from its Effects in a Letter to Charles Frederick London. 1773. werden die Spitzen Ableiter verworfen. Man muß den Blitz nicht locken. Das allmählige Ableiten ist eine leere Einbildung. Baume thun es ohnehin. Stumpfe Ableiter sind besser, sie locken nicht, und wenn es einschlägt thun sie eben die Dienste wie die Stumpfen.
Die Ableiter an der Pauls Kirche sind stumpf. Es schlug der Blitz in die Pauls Kirche im Märtz 1772 that dem Gebäude keinen schaden.[587] Fräncklin selbst gesteht, daß mit Bley gedeckte Häußer sicher wären.[588] In dem selben Werck steht eine Nachricht von dem entzündeten Pulver vorrath zu Brescia, es war nicht viel in einer Nachricht steht nur von 400 Pfunden.[589]
Anmerckungen des HE. Dr Demainbray zu Birds method of dividing astronomical instruments.[590] Aus dem Exemplar auf Kö-

---

5 *erg.* 7 Funck … Büffon] *erg.* 8 Länge.] *danach eine Zeile gestr.* Eben so auch die inclination. 14–15 L_B 17 math:] *Doppelpunkt erg.* 25 der Blitz] *für* da 29 dem] *danach gestr.* Pu 32 dividing] *danach gestr.* mathematical instru

niglichem Observatorio von mir abgeschrieben d. 27 Dec: 1774.[591]
p. 2. Neben den ersten Absatz nemlich Zeile 1–8.[592]
Mr Bird claims as his own what he distinguishes by italic characters[593] – This standard of inches with a Nonius to $\frac{1}{1000}$ of an inch was constructed by Mr Jonathan Sisson in 1735 and was then divided by Mr John Bird in May in the said Year, which scale Mr Jonathan Sisson found exacter than Diagonals for laying of chords
S. 2. bey die 6te Zeile vom Ende: Error (roth) 17,279,047 [594]
S. 3. Neben die 14te Zeile vom Ende. 85°. 20′ is too long a bisection as heat and cold even one persons breath dilate or contract Metals in 4 or 5 minutes so as to distort the radius and Arc: How Mr Bird chuses this long chord when the shorter 21° 20′ answers the purpose with less danger of the effects of dilatation & contraction, is surprising?[595] HE. Demainbray sezt ein Fragezeichen.
S. 7. Zeile 11 von Oben.[596] The Methods here laid down are the same Mr Graham taught Mr Jonath. Sisson who shewed them to Mr Bird in adjusting Mr Campbells mural Quadrant $173\frac{4}{5}$ then finished of 4 foot radius. |
11r Error 64–54 = 10 = 10°. 30′
Seite 12. bey Zeile 15: 10°: 30′ read – 66. 40
Zeile 16. 10 30′ --- read – 66 40.
Zeile 18. 10°. 30′ —— read. – 66° 40.′[597]
Seite 13. Zeile 6. This Manner of dividing the Scale of a Nonius, was of the late Mr Jon. Sissons invention[598]
S. 13 Zeile 17. Diagonals are not to be trusted by reason of the difficulty of drawing straight lines true.[599]

Mr Demainbray remarks and observations on the variation and dipping of the needle. the underlined lines are my own remarks.

The magnetical Azimuth or Declination of the magnetical needle East or West, from the true meridian, shew Variations at different Hours of the Day→423,9

Observations should be constantly taken at noon. The same Variation will not be found at other hours of the Day (: this is no reason for making the observations only at noon. Mr D. supposes that the variation needle is placed in an observatory, and that that observatory is only, like his, visited about Noon.

As the magnetic Line does not run truely through the points of a magnetical needle, on both the surfaces of the needle: the surfaces must be inverted and the pointing of each surface noticed (: One half of this proposition is false and the other badly expressed. the magnetic line may run through the axis of the needle, and there is no doubt but needles might be made, whose axis would coincide with the magnetic line. Further to say that the magnetic line does not run through the same points on both surfaces of the needle is downright Nonsense. What is the same point on both surfaces? does he call the same point the two points | opposite one another, or corresponding 10v = 2
one another in both the surfaces of the needle, considering the needle as a prism, as he really seems to do, he is the wrong, the magnetic line does run through the same points on both the surfaces. He meant to say, that the magnetic line does commonly make an angle with the axis of the needle which is found by turning the needle, and putting the upper side under most, just as the line of collimation in quadrant is rectified by observing the same star near the Zenith once with the Limb to the East and another time with the same to the West.

When the Variations of both surfaces are taken, add their sums together and the half of such an addition gives the mean Variation. (It is not the mean variation but the true one, which is the mean between the two Variations shewn by the Index (the point of the needle).

Thus when the compasses were made for the Royal Observatory at Richmond

I found on the 17 of December 1770 that one side

of the needle gave	20°	36	West	at Noon
the other	21	52	–	
Sum	42	28		
mean Variation	21	14	West	

---

3 only] *erg.* | that[1]] *danach gestr.* all 8 One] *davor gestr.* Very ba 14 call] *für* mean by 17 he[2] … wrong] *für* it is false 18 does] *danach gestr.* not 28 two] *davor* to *vom Bearb. gestr.* | shewn] *davor gestr.* sch

NB I apprehend the Nonius Double division for both sides to be as regular as the size will permit. and to be depended on within two minutes

And I have repeated Convictions, that the meridian is truely settled (he should have added:▸ by Mr Jeremiah Sisson though I generally use to say it had been done by myself

Dipping of the needle

Before the dipping of the needle be decided, the friction rollers must be properly put in motion,[600] to be sure of the direction of the magnetic line on both surfaces of the needle (again) |

10r The needle must be inserted and both surfaces tried.

Thus when the Instrument for the measure of the dipping of the needle was first made for the Royal observatory at Richmond. I found on the 17^{the} of December 1772. to be (as near as I could Judge that day at noon 73 degrees. The following variations are the best credited

Years of Obs.	Names of observers	°.	′ East				
1580	Barrows	11.	5 –				
1622	Gunter	6.	0 –	42	Years at	7	Minutes P. Year
1634	Gellibrand	4.	5 –	12	Years at	$9\frac{1}{2}$	Minutes p Year
1657	Bond	0.	0 –	23	—	$10\frac{1}{2}$	—
1672	Halley	2.	30 West				
1692	Halley	6.	0 –	35	—	$10\frac{1}{3}$	—[601]
1722	Graham	14	13 –				
1745	Graham	17′.	0				
1746	Graham	17	30				
1748	Graham	17.	40.	56	Years	$12\frac{1}{4}$	—[602]

According to the mean of the above Observations, the Variations of the compass, westward has been about 28 degrees 45 minutes in 168 Years which nearly answers to one degree in six Years.

---

5 he … added:] *erg.* 24 West] *danach gestr.* 15 — 10 — 32 Years.] *darunter* 1 *[Stunde, entsprechend]* 15° *[der täglichen Erdrotation]* $\frac{1}{60}$ *u. als Nebenrechnung das Produkt* 900[″] *aus der Multiplikation von* 15″ *mit* 60

Richmond	17 Dec. 1770.	
One side of the needle.	20° 36	West
other side	21 52	–
	42. 28	
mean Variation	21. 14.	W. at Noon
Richm.	17. Dec. 1771.	
one side of the needle	21. 55.	
other side	20 45	
	42. 40	
mean Var.	21. 20.	
Richmond	17. Dec. 1772.	
One side of the needle	21. 12	
other Side	22. 20	
	43 32	
mean Var:	21. 46	
Richmond.	17. Dec. 1773.	
one side – – –	21. 20	
other	22 30	
	– 43 50	
mean Var.	21 55 |	
Richmond	1774 d. 17 Dec:	9v = 3
One side.	22. 10	
other side	22. 0	
	44 10	
mean	22. 5	

		Variation	
1770	Richmond	21° 14	West
1771	Richmond	21. 20	
1772	Richmond	21 46	
1773	Richmond	21 55	
1774	Richmond	22. 5.	

There are 26 Years elapsed since M[r] Grahams last observation in 1748 that brought the Variation to $12\frac{1}{4}$ per Year. Until the last Richmond Observation in 1774 that increases the westward Variation by 4° 25 in 26 Years which would reduce the Variation to nearly $10\frac{1}{5}$ minutes per Year.
But the above is submitted by D. Demainbray.

27 West] *erg.*

The four differences between the Richmond Observations are
1770–1771 6′
1771–1772 26
1772–1773 19
1773–1774 10.

Error of the Index

in the first observation	38′
in the second ––––	35′
in the third	34
in the fourth	35.
in the fifth	5.

the very great difference of the Error of the index in the 5th Observation makes me inclined to think it to be erroneous. For tho' the declination of the needle be variable yet I never heard of the direction of the magnetic line in the same needle being so.
on Dec: the 17th 1774 we had full moon.
and on Dec 11th 1773 the ☽ was but 4 days old |

9r Before the Year 1676 the dipping of the needle was 75; In the Year 1776 called the dipping 73.° 47.[603]
The Transactions of our London Royal society called the dipping or Inclination of the magnetic needle 74 in the beginning of the present century[604]
In the Year 1748 Graham called the dipping $73\frac{1}{2}$ [605]
On the 17th of Dec: 1772 the dipping was judged to be at the Royal observatory at Richmond 73.° 3.′
On Dec: the 17th 1773 at Noon

One Side of the needle	72° –	45′
Other Side –	73	10
	145	55
mean dipping	72	$57\frac{1}{2}$

Kew
d. 2 Jan: 1775

on 17th Dec: 1774. at noon

One side of the needle	72°.	40′
other side ––	73.,	0.
	145,	40°
mean dipping:	72	50.°

13 it … erroneous] *für* that it is erroneous 30 dipping] *davor gestr.* Inc 31 *davor gestr.* during five[?] at

Error of the index = 10′
which agrees tolerably well.

Nr. 26 VIII G 3, 7r

Declination

7r

Man glaubt gemeiniglich Roger Baco habe sie zu erst entdeckt, und Sebastian Schott, daß sie an verschiedenen Orten verschieden sey.[606] Dieses ist ungewiß. Ein gewisser Crignon gab 1532 eine Abhandlung über die Abweichung heraus. (vid. Histoire de l'acad. de Paris 1712)[607]

Mr Burrows fand sie in London um das Jahr 1580
11° 15′ ostlich

Gunter	1622	=	6°		East
Gellibrand	1634	=	4°	5′	East
Bond	1657	=	0		
Dr Halley	1672	=	2°	30′	West
——	1692	=	6°		west.
Graham	1722	=	14°	13′	mit den gnausten Instru-
——	1745	=	17	0	menten
——	1746	=	17°	30′	
Idem	1748	=	17°	40′.[→426,20–29]	

zu Richmond Demainbray 1774. 22° 5′[→427,31]

Paris auf der Sternwarte

1550	8°	0′.	östlich	– – – –	7′	des Jahres
1580	11.°	30	———	– – – –	7′	–
1610	8°	0	———	– – –	6′	–
1640	3°	0	———	–	6′	–
1664	0°	40	———		20′	–
1666	0°	0.	London abgebrannt			
			Acad. der Wiss. zu Paris gestifftet			
			Nun westlich	– – – –	14′	–
1700	8	12	Westlich	– – – –	15′	–
1710	10	50	———	– – –	15′	–
1720	13	0	———	– – –	13	–[608]
1730	14	25	———	– –	$8\frac{1}{2}$	–
1740	15	45	———	– – –	7.	
1750	17	15	———	– –	9.	[609]

1 Error] *davor gestr.* Lichtenberg // In the first observation | 10′] *für* †; *danach gestr.* // In the second – – – – 19 Idem] *davor gestr.* unknown 1766 = 15° 16° 18°.

1777 den 10 Sept. zu Paris
mit einer Boussole und Teleskop. 20° $25\frac{3}{4}$ Min
Abt Rochon und Le Monnier (Loix du Magnetisme T. II p. 4 [610]
Am 11^{tn} Oct 1779 zu Brest durch den Abbt Rochon
22° 37′.[611]

Nr. 27 VIII G 3, 4r

4r <u>Hemisphere Boreal mer atlantique</u> Nombres des observ.
Declinaison à l'Est -- 504.
Hemisphere <u>austral</u> Mer atlantique
Declinaison à l'Est --- 654.
Hemisph. <u>Boreal</u> mer des Indes
Declinaison à l'Est. --- 68.
Hemisph. <u>Austral</u> Mer des Indes
Declinaison à l'Est ---- 378.
Hemisph. <u>Boreal</u> mer pacifique
Declinaison à l'Est. ---- 1094.
Hemisph. Austral Mer Pacifique
declin à l'Est ---- 579 NB weil
aber in meinem Exemplar der Bogen F[612] fehlt so ist dieser Artickel so wohl, als der folgende unvollständig doch erhellt aus den Tables des matieres, daß 5 Seiten fehlen, also nach einem Mittel etwa <u>(100) obs</u>[613]
Sum 3377

<u>Inclinaison</u>

Hemisphere Boreal mer atlantique
hier fehlen wahrscheinlich ---- (40)[614]
<u>gezählte</u> auf dem Anfang des Bogens G[615] ---- <u>104</u>
S. 144

Aus Büffon Mineralogie T. V.[616]

7 Nombres des observ.] *für* Nombre d'observ. 20 dieser Artickel] *für* diese Num
23 100] *für* 150

Nr. 28 VIII G 3, 18r

Ueber die Magnetischen Linien auf den Charten. 18r
Hauptsächlich Declination

Vid. Ephemer: pro 1779.→423,6

In Le Monnier Loix du Magnetisme findet sich ebenfalls ein Planiglobium worauf wenigstens die Linien von 0 Declin und 0 Inclination sehr schön nach neusten Beobachtungen bis auf 1778 angegeben sind. Auch findet man die beyden Pole angegeben. Man könnte sie daraus auf einen Globus zeichnen.[617]

Die Hauptkrafft hat man schon längst einem Ausströhmen zugeschrieben[618]
Die Erde sey ein groser Magnet der seine Pole habe.[619]
Die Observation[en] gaben daß der Nördliche Pol, der Hudsons Bay nördlich läge, die Nadeln richteten sich nemlich dahin.[620]
Allein was ist die Ursache der Variationen, warum stund die Nadel vor hundert Jahren östlich.
Halley nahm 4 Pole an 2 Beweglichen und 2 unbeweglichen
1683 legte er den Amerikanischen auf einen Meridian, der durch Californien etwa in 75 Grad nördlicher Breite liegt und 120° östlich von London. Der Revolution gab er 700 Jahr. Philips 370; Bond 600, Whiston 1920.[621]

Hierüber sehe man hauptsächlich die 2 Abhandlungen des HE. Lambert und die von HE. Euler alle 3 in den Mem de Berlin annee 1766.[622]

Was Halley bewog 4 Pole anzunehmen, war weil er bald fand, daß die Linien, in denen die Declination Null ist, keine Meridiane sind.[623] Allein HE. Euler erinnert dagegen mit Recht daß es unnöthig sey man darf nur die Pole der Magneten einander nicht grade gegen über setzen, so entstehen solche Linien wie wir sie auf der Erde bemercken.[624] Hätte man einmal gnau gefunden, wo diese Pole auf der Erde lägen, so würde dieses alsdann eine blose Geometrische Aufgabe werden.
und wenn man einmal so weit ist, so werden sie unstreitig zur Findung der Meeres Länge die herrlichsten Dienste leisten.[625]

Ziehen und abstoßen können in eine Linie und nach einer Richtung fallen.[626]

---

17 4] *für* 3 | 2¹] *für* einen 19 nördlicher] *für* südlicher 24 er] *irrtümlich vor* weil *erg., korr. Bearb.*

Von der Nadel, die sich selbst wegen der Declination corrigirt. Es ist deswegen unmöglich weil zwey verbundene Nadeln ein eintzige machen, die an verschiedenen Punckten hängt es wird eine Kette.[627]

Nr. 29 VIII G 3, 12r

12r

Halley's Pole

So sezte er sie 1683.

Nordliche

1) Im Meridian von der Landspitze von Cornwall. 7 Grade vom Nord pol nach Cornwall zu — beweglich nach westen
2) Mitten durch Californien 15° vom Nordpol nach Californien zu

Etwa in 90 Jahren 46 Grade das gäbe etwa 700 Jahre für die gantze Umlaufs Zeit

Südliche

1) 20 Grade ostwärts von der Magellanischen Straße und 16° vom Südpole — beweglich nach westen
2) 120 Grade östlich von London und 20° vom Südpole.[(621)]

Des jüngern Eulers Pole

Sie befinden sich auf meinen kleinen Globis mit  bezeichnet, der eine nicht weit vom Halleyschen unbeweglichen[→432,12–13] 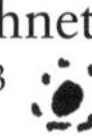 der andere unter Neuseeland 40° vom Pol.[628]

Wo la Lande den Nordpol hinsezt. S. Excerpt. p. 183.[629]
13° vom Nordpol. 110° westlich von Paris.

---

6 Pole] *daneben eine nicht zugehörige Nebenrechnung* 125 *[–]* 63 *[=]* 62 7 L_B
9 Im Meridian] *unterstr.* L_{rT} 11 beweglich] L_{rT} 12 Mitten … Californien] *für* 120 Grade von Lond 18 20 Grade] *unterstr.* L_{rT} 20 beweglich] L_{rT} 27 den Nordpol] *für* die Pole

Nr. 30 VIII G 3, 20r

<u>Declinations Nadel</u> 20r

HE. Wilcke beschreibt in den Schwed Abhandlungen für das Jahr 1763. Band XXV p. 154. der deutschen Uebers. einen neuen Abweichungs Compaß, womit die Abweichung der Magnet Nadel vom Norden ohne Mittags Linie gefunden werden kan. Es ist ein bequem eingerichteter Compaß, der am Ende einer Regel einen Stifft hat der oben ein durchlöchertes Scheibchen dreht, durch welches das Sonnenbild fällt.,(577) Alles beruht also auf correspondirenden Sonnenhöhen.

Eine Abhandlung von le Monnier über die Verbesserung steht in den Pariser Mem. pour 1773. Paris 1777.[630]

Dem Declinatorio soll nach des Recens. ◂Diese Recension ist überaus gut und lehrreich abgefaßt, und alle Tugenden einer guten Inclinations Nadel aufgezeichnet.▸ von Branders Declinatorio Allg. d. Biblioth. B. 41. p. 544(578) Fontana die Crone aufgesezt haben, wobey Rozier T. IX p. 109(579) citirt wird.

Branders Buch heißt: Beschreibung eines Magnetischen Declinatorii und Inclinatorii nebst der Anweisung zum Gebrauch. Augspurg 1779. 8.(548)

In den Mem: presentés T. VIII steht 1 Abhandlung von HE van Swinden und im IXten eine von HE Coulomb sur la meilleure construction des boussoles de Decl: et sur les Loix des Var: diurnes.(549)

Nr. 31 VIII G 3, 24r[631]

<u>Magnet.</u> 24r

Ueber die Abweichung der Magnet Nadel finden sich sehr schöne Untersuchungen und Beobachtungen des HE. Cassini im Rozier. Avril und May 1792: De la Declinaison et des revolutions de l'aiguille aimantée observées à l'observatoire Roy. de Paris depuis l'an 1667 jusqu'a 1791 — De l'influence de l'Equinoxe du Printems & du Solstice d'eté sur la Marche de l'aiguille. p. Mr Cassini.[632]

---

3 HE.] *davor gestr.* Schwed. Abhan **11** von le Monnier] *erg.* **21** steht 1] *für* stehen 2 **22** im IXten] *erg.*

Nr. 32 VIII G 1, 35

35r Ueber die Intension der Magnetischen Kräffte

Gedancken

Mit dem Zeiger, der Wage. Wie konte die Thermometer-Röhre dabey gebraucht werden. Die scharfe Nadel; die flache Nadel, in Wasser Spiritus Vini. – Dabey Barometer, Thermometer, Stand der Sonne und des Mondes. Wind Nordlicht.
Ein Silberfaden an einem Thurm recht lang. Es müste zugleich ein Bleygewicht angebracht seyn, um die Veränderung zu messen die von der Bewegung des Punckti Suspensionis herrührt.[633]

Die Schwingungen der feinsten und besten Nadeln. Hauptsächlich die Zeit der Dauer von verschiedenen Zahlen an mit der Terzien Uhr, und dann dieses mit der Nadel am Pendel verglichen.[634]

Hätte man eine recht gute schwingende Nadel so könte man vielleicht ausmachen ob fremde Körper Glas u.d.gl. die Würckung hindern. Denn offenbar ist doch vieles darin angenommen auf treu und Glauben. Musschenbroeck hat dieses vermuthlich ausgemacht.[635]

Eine Nadel, die nicht das Hütchen, sondern den Stifft trägt, in Dresden.[636]
Feilstaub hoch herunter zu pudern um zu sehen ob er sich in eine Ellipse nach Nordwesten legt. Dieser Versuch müste unter dem Aequator angestellt werden.[637] In unsern Gegenden mogte wegen der starcken inclinatio nicht viel Kluges heraus kommen.

Nachzuschlagen

Den Scarella.[638] Die Schwed. Abhandlungen. Hamb. Magaz. Die Petersburg. Comment. Die Liste der Pariser. Muschenbroeck.[639] Branders Buch zu lesen über die inclinations Nadel.[(548)] Im Le Monnier steht etwas von der Intension durch Schwingungen.[640] |

22 ob er] *von Bearb. für* ober

35v

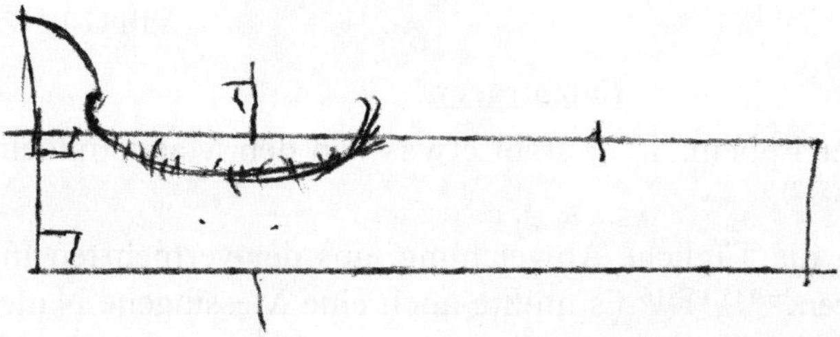

[641]

Nr. 33 VIII G 1, 36r

Magnet. Stärcke des Strohms der Materie 36r

Hier ist hauptsächlich Daniel Bernoulli's Preisschrifft sur la meilleure methode de construire les boussoles d'inclinaison nachzusehen.[642]

HE. Saussure hat diese Stärcke zu Messen gesucht, durch ein eignes Instrument, das, so viel ich weiß noch nicht beschrieben ist.[643]

Man kan Sie auch aus der Dauer der Oscillation derselben Nadel durch gleiche Bogen messen.[(640)]

Auch wenn man feinen Feilstaub hoch herunter puderte und die Ellipse bestimmte, zumal unter dem Aequator.→434,22–24

Nr. 34 VIII G 3, 21r

Magnet. Tägliche Veränderung der Declination 21r

Könte man sie nicht aus der Verschieden Stärcke verschiedener Ströhme herleiten.[(640)] Es könten Ursachen seyn, die den Magnetismus zuweilen schwächten, so wie Elecktricität ihre Feinde hat. (πμ)

Man müste nothwendig mit verschieden Instrumenten an einerley Ort observiren ob sie einander gleich sind.[644]

Nr. 35 VIII G 1, 37r

37r Einzutragen

In den Berliner Ephem. 1779 steht etwas von den Magnetnadeln von Lambert.[(582)]

Wie liese sich die Tägliche Abweichung, aus der vermehrten Intension erklären.[→435,15–16] Es müßte auch eine Messingene Nadel gemacht werden oder eine von Zinn.

HE. Wales's Bemerckung, die ich im Calender 1780 beschrieben habe, wegen der Abweichung der Magnet Nadeln.[645]

Nr. 36 VIII G 3, 25r

25r ad §. 707.

Tägliche Abweichung.

Ich nehme dieses aus dem Critical Review. Appendix zum LXV Band 1788. p. 559. (vermuthlich ist es da aus Rozier genommen? gewiß, und zwar steht sie im May 1787.

P. Cotte machte 1787 zu Laon 4423 Beobachtungen

Coulomb's Nadel hatte eine Regelmäßige tägliche Variation

sie decliniret von Norden abwärts von morgen um 9 bis Nachmittag um 2, und von 3 des Nachmittags bis 6 Uhr des Morgens kehrt sie wieder zurück. Von 7 bis 8 des Morgens, und um 6 des Nachmittags sezte es einige Irregularitäten: Diese Regelmäßige Veränderung ist ebenfalls (sezt der Rec. hinzu) in Holland und Engelland bemerckt worden und ist nun wohl ein gäntzlich stabilirtes Factum in der Naturlehre.[646]

Nr. 37 VIII G 3, 13r

13r Magnet Nadel Inclination.

Pieces, qui ont remporté le prix de l'acad: Roy des Sciences en 1743. 1746. sur la meilleur maniere de construire les boussoles d'inclinaison, et sur l'attraction de l'aimant avec le fer.[647]

---

5 liese] *für* laßt 14 es da] *für* dieses 15 gewiß … 1787.] *erg., davor gestr.*) | sie] *danach gestr.* da

Nach HE. Wilckens Charte die man in Le Monnier's Loix du Magnetisme Paris 8vo 1776. findet ◂eigentlich im 30^{tn} Band der Schwed. Abhandlungen.▸[648] durchkreuzt der magnetische Aequator den Aequator der Erde unter dem 53° Grad östlicher Länge von Teneriffa unter einem Winckel von etwa 25 Graden und seine gröste Südliche Abweichung ist um die Gegend dieses Ersten Meridians in 14° Südlicher Breite.[649]

Bey uns ist sie zwischen 72 und 73 Grade und am Cap Horn, das in 55° Grad der Breite liegt hat sie ungefehr dieselbe

man hat sie mit der Schärfe voran gestellt um die Bewegung zu vermeiden.

Zu Paris hat man 3 verschiedene. $71\frac{1}{2}$° 72°. $72\frac{1}{4}$°

HE. Le Monnier's ohnstreitig die gnauste giebt 72° 30′

HE. Bernoulli findet zu Basel 72°.[650]

Nr. 38 VIII G 3, 23r

<u>Inclinations Nadel</u> 23r

HE. Nairne's Beschreibung von den beyden, die er für the Board of Longitude gemacht hat steht in Philos. Transact Vol. 62. p 476.(600)

HE. de Luc erzählte mir, daß HE. le Sage nicht glaube, daß die Figuren des Feilstaubs beym Magneten von dem Stoß der Materie herrühre. Er soll dieses mit einer kleinen Maschine bewiesen haben aus Messing und Eisen, die sich hätte beständig drehen müssen; sondern daß die Theilgen viel mehr selbst magnetisch würden und daher einander auf diese Art anzögen.[651]

Wenn sie sich beugen so wird der Schw. punckt verändert. Unter dem Aequator und den Polen hat es nichts zu bedeuten, alle überall sonst.[652]

---

1 Nach] *darüber eine Zeile gestr.* HE. Saussure hat s **2** eigentlich] *für* auch
6 Südliche] *erg.* | dieses] *für* des **8** und^{2}] *für* aber | am] *davor gestr.* hat erst
14 findet zu] *für* in

Nr. 39 IX E, 27r

27r Vom Einfluß des Mondes auf das Barometer.

ad §. 714.

HE. Woltmann zu Cuxhaven ein sehr fleißiger und geschickter Beobachter hat aus 12 bis 13 observationen, folgende Resultate erhalten.[653]

Es scheint:

1) Daß das Barometer steige wenn der ☽ sich in den aufsteigenden Zeichen und daß es falle, wenn er in den absteigenden sich bewegt. (Soll vermuthlich heißen, daß es caeteris paribus höher und tiefer alsdann stehe.
2) Daß das Barom. beym Neumond oder 4 Tage darnach am höchsten stehe, von da bis 4 Tage nach dem ersten vie[r]thel falle; dann wieder steige und 4 Tage nach dem Vollmonde am höchsten stehe, abermals bis 4 Tage nach dem lezten vierthel falle und gegen Neumond steige
3) Daß das Barom. im Perigäo am höchsten und Apogaeo am niedrigsten stehe (dieses ist aus 25 observ. geschlossen)
4) Daß das Barom. am höchsten stehe wenn der Mond in den Knoten, besonders im aufsteigenden steht um[!] am niedrigsten, wenn er die gröste Breite besonders südliche[654] Hat.

Nr. 40 IX E, 61

61r Einige allgemeine Betrachtung[en] bey Gelegenheit der Winde.

Man muß erstlich gewisse zuverläßige Aussichten sich zu verschaffen suchen. Diese geben

1) die Ostliche Winde zwischen den Tropicis
2) die Passat winde[655]

Hie ist stäte Wärme, und dort Abwechselung der Grund. Bey dem lezten ist es freylich noch nicht so ausgemacht, aber es doch höchst wahrscheinlich

Dieses mit der Lichtflamme erläutert in der Thüre[→324,1–2]

---

8 wenn … sich] *erg.* 19 das Barom.] *für* der Mond 24 zuverläßige] *erg.*

Also Abänderung in der Wärme und Kälte, bringt gewiß Winde hervor. Ist dieses wahr, so sehen wir schon wie Winde auf dem festen Lande auf ähnliche Weise entstehen können.

Schatten einer Wolcke schon. Die Kühle zieht sich nach der erhiztesten Stelle hin, und so bald so etwas entsteht, so darf man in physischen Dingen gar an kein Gleichgewicht mehr dencken. 3 Billiard kugel auf einander zu stellen ist nach den principiis der Statick möglich aber physisch unmöglich hin[ge]gen 2 Biliard Kugeln so auf einander zu stellen, daß ihr[e] in eine Linie fallende durchmesser einen Winckel mit dem Horizont machen ist statisch unmöglich, also physisch. Da giebt es also sogleich einen Zug nach einer Seite und der Wind da wo große Stille herrscht, da ist dieses ein Zeichen daß die Uebergänge nicht plotzlich sind.[656]

Nun die Veränderungen der Vents alizés nahe bey Länder oder auf ländern. Die Große Stille auf der Westlichen Küste von Afrika bey Guinea.

Was da für Gefahr ist.[657]

See winde und Landwinde bey den Inseln. Die See ist da so etwas wie die Keller (beständige Temperatur)[658] |

Also wir sehen hier hauptsächlich Mangel an Gleichgewicht, als 61v

Ursache. Dieses kan aber noch durch mehre Ursache entstehen.

Das Aufsteigen der Dünste.

Zersetzung der Lufftarten, zu Wasser, das vielleicht einerley ist.[659]

Andre Arten von Zersetzungen. Dahin die fürchterliche Stürme in den Westindischen Inseln

Wie ein Sturm eher an dem Orte seyn kan, wo er hingeht als an dem wo er herkommt nach Fräncklin.[→350,27–28]

Ferner können auch Veränderungen der Lufftarten seyn, die ebenfalls in Zersetzungen durch Mittel aus der Erde, ihren Ursprung nehmen dahin 4 Windarten

Sirocco
Harmattan
Samum oder Samyel
und Chamsin.[660]

Was wäre nicht darum zu geben, wenn man Eudiometrische Versuche darüber hatte.[661]

---

9 in … fallende] *für* gemeinschafftliche 33 *für* Hermattan

Nr. 41 IX E, 62–63r

62r **§. 716**

Vom Winde (Senebier Roz. Mai 1787. p. 338.)

Die Frage was er überhaupt ist? ist im gantzen nicht aufgelößt. Man hat sich nur auf besondere Fälle eingeschränckt.
Die hefftigen Stürme um die Antillen sind vielleicht, Ausbrüche entwickelter Lufft aus den Eingeweiden der Erde. Aber warum wüten sie offt lange?[662]
Alles dieses gilt auch von dem, was man Verdichtung der Dämpfe, entstehendem Vacuum pp. wie kan dadurch mehr, als ein kurtzer Windstoß erzeugt werden?[663]
(vielleicht so:

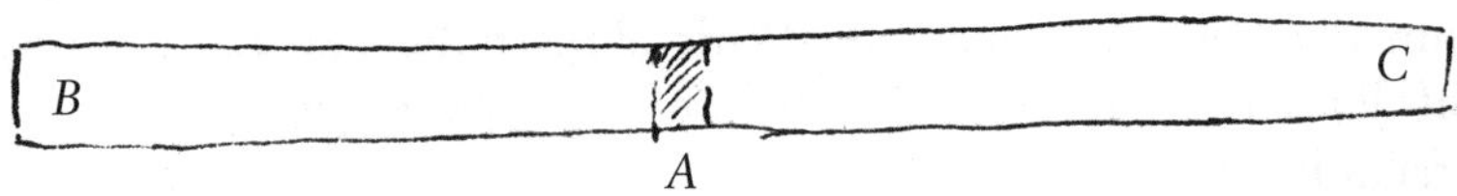

Wenn bey *A* das eigentliche Ferment entsteht, so stürzt die Lufft von allen Seiten zu allein locale Umstände verstatten kein vollkommenes Gleichgewicht. *A* wird also gewiß nach einer Seite *B* getrieben werden, und auch diese Lufftmassen in den selben Zustand setzen, dadurch entsteht endlich der Strohm von *C* nach *B* und so muß es nothwendig erfolgen, was Francklin bemerckt hat, der Wind muß an den Ort später gewesen seyn von denen er herbläßt, als wo er hinfährt.[→350,27–28]
Bey Stürmen, die mehrere Tage dauern giebt es denn doch Abwechselungen von Stärcke, dieses ist sehr merckwürdig.[664] (Es scheint selbst dieser Art etwas im kleinen Statt zu finden, denn wie könten sonst die Zweige und Hälmchen oscilliren. πμ) Es scheint das steigen und fallen von Wellen zu seyn[.] Befindet sich

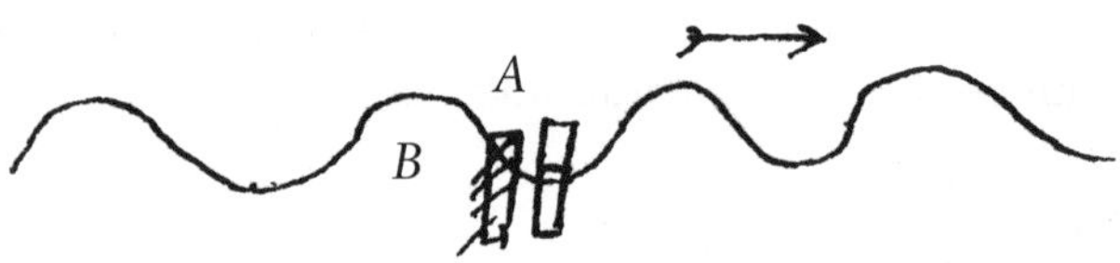

ein festgemachter Körper bey *A* so wird er gewiß einen stärckern Stoß erleiden wenn die Welle *B* auf ihn zustürzt als wenn er hinter ihr hervorkömmt. Auch kan er sich in einer Gegend höher

---

4 Die] *für* Von der

hinauf erstrecken, als in der andern. Denn so wie in der obern Lufft Winde her[r]schen können, während in der untern keine sind, so kan | auch der umgekehrte Fall statt finden und kan 62v
zwängen in engere Pässe die Geschwindigkeit verstärcken und umgekehrt. Wir wissen von den inneren Bewegungen der Flüssigkeiten und zumal der elastischen viel zu wenig πμ)

Die Landwinde, wenn sie nicht sehr hefftig sind erstrecken sich nicht sehr weit[665] (Solte nicht zuweilen eine Kreißförmige Bewegung statt finden, so wohl horizontal als vertical? πμ)

Die <u>Regelmäßigen</u> Winde müssen erst studirt werden, (als dann darauf die Aequationen der Localität durch + und –[666] in Richtung so wohl die Stärcke gehörig getragen werden, sonst wird nichts ausgemacht werden. πμ).

Alles was man von Mischung der kältern Lufft mit der Wärmeren sagt, ist nicht hinreichend die Sache zu erklären[667]

Eben so wenig scheint die Erzeugung der Dämpfe so etwas zu vermögen, oder die Elecktricität,[668] (jedoch die erstern noch mehr weil sie Wärme verschlucken, und bey ihrer Zersetzung wieder hergeben πμ)

Die häufigsten Winde jeder Gegend solten angemerckt werden, diese könten für das Land, das werden, was zwischen den Tropicis die beständigen Winde. sind, weht nun der <u>gemeine Wind</u> nicht, so müsten die Umstände wohl aufgezeichnet werden.[669] (1787 der merckwürdige Ostwind als ich auf dem Garten wohnte er fieng allemal einige Stunden nach Sonnen Aufgang an und legte sich mit Sonnen Untergang, dieses kan ich mir doch nicht anders gedencken als so

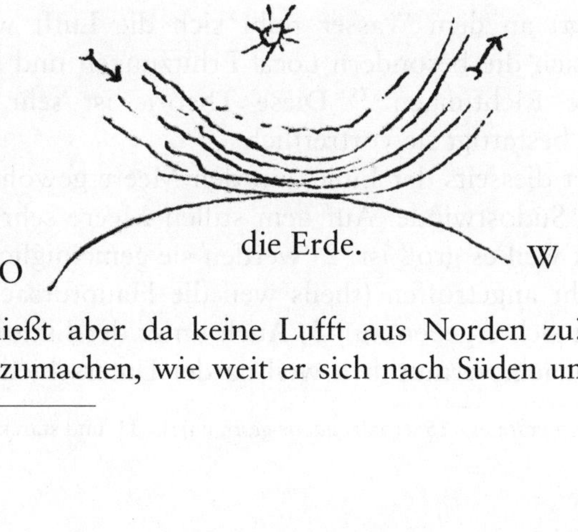

Warum | fließt aber da keine Lufft aus Norden zu? Es wäre 63r = 2
wichtig auszumachen, wie weit er sich nach Süden und Norden

9 πμ] *erg.*

erstreckt. Er war wo ich nicht irre um Himmelfahrt 1787. wenigstens blies mir an diesem Tage der Wind ein Fenster ein. Ich glaube auch es war derselbige von dem ich vorher redete πμ)

Nr. 42 IX E, 64r[670]

64r Ø[671]

Vom Regelmäßigen Ostwinde zwischen den Wendekreißen. Hube p. 335 Cap. 58.[672]

HE. H. widerlegt eigentlich die gemeine Halleyische Mei[n]ung im vorhergehenden Capitel. (57. Cap.[673] Der Unterschied der Temperatur der Lufft ist von dem Aequator an nach Süden und Norde[n] zu starcker als von Westen nach osten, denn die 90 Grade von Osten bis ins Zenith durchläuft sie 6 Stunde, und so eben von Zenith nach Westen. aber in das Zenith von den andern kömt sie gar nie (NB) Die Folge ist also daß dort die Lufft überhaupt ein specifischere Leichtigkeit erhält und nach den Polen zu abfließt, also muß nothwendig die schwere Kältere Lufft von Seite nach dem Aequator hin fließen. Indem aber diese Lufftmassen immer in kleinere und kleinere Breiten kommen, so bleiben sie immer etwas in Absicht der Erdflache gegen Westen zurück ◂wenn die Lufft gantz stille stünde, der hefftigste Ostwind▸[674], und daher entsteht ein Ostwind. Ueber dem festen Lande theilt die Reibung, die Berge u.s.w. der Lufft bald die nöthige Geschwindigkeit mit, besonders wenn sie langsam fließt zwischen den Wende kreißen hingegen ist wenig Land, (Afrika ausgenommen wo auch diese Winde die grösten Abweichungen erleiden μπ) an dem Wasser reibt sich die Lufft wenig. Auch erzeugen sich die besondern Local Erhitzungen und schmeltzungen eigene Richtungen.[675] Diese Theorie ist sehr schön, die Erfahrung bestattigt sie vortrefflich

Man findet diesseits der Linie, auf den Meere gewöhnlich Nordost jenseit Südostwinde. Auf dem stillen Meere sehr regelmäßig und starck weil es groß ist. 2) werden sie gemeiniglich nach dem Lande nicht angetroffen (theils weil die Hauptursache wegfällt, theils neue sich ergeben πμ). 3) Auch unter der Linie unmittelbar lassen Sie nach, vermuthlich weil da der Unterschied der Wärme

---

2 blies] *danach gestr.* er 15 erhält] *davor gestr.* ha[?] 32 und starck] *erg.*

sehr gering ist.[676] Andere Abänderungen, die diese Winde erleiden erklärt HE. Hube im folgenden recht gut, aus dieser Theorie

Nr. 43 IX E, 21r[677]

Noch einige Erinnerungen 21r

Ueber die Unbeständigkeit der Winde in unserem Clima. Die Ursache ist nicht schwer

Unter dem Aequator ist die groste Regelmäßig.

Fast gar keine abstechenden Jahrs Zeiten. die ⊙ immer.

Die Tage immer gleich lang und den Nächten gleich.

Endlich noch das ungeheure stille mehr und überhaupt fast lauter See.

wenn man die Mitte von Afrika ausnimmt.

Hingegen bey uns die groste Veränderlichkeit. Tag und Nacht ungleich Von der einen Seite die warmen Winde von der andern die Kalten.

Die Nachbarschafft innlandischer Meere

Die Wälder von Nordamerika und das kalte Siber[ie]n. →371,9–11

Die ⊙ die die Pole $\frac{1}{2}$ Jahr nicht bescheine.[678]

Nr. 44 IX E, 67

<u>Anemometer</u> 67r

Hierbey kommt es hauptsächlich an auf

1) Genauigkeit in Bestimmung der Krafft
2) Leichtigkeit in der Bewegung des Windzeigers
3) Einfachheit in der Zusammensetzung
4) Bequemlichkeit
5) Dauerhafftigkeit.

HE. Abbt Mayer zu Manheim soll nach HE. Böckmanns Bericht ein sehr vortreffliches Model von einem Anemometer haben. das von einem Künstler zu Creutznach erfunden ist. Die Einrichtung ist sehr einfach, es zeichnet Die Richtung und Stärcke des Windes von Stunde zu stunde Mechanisch auf. Meteorol. Ephem. 1779. p. 34.

HE. Böckmann verspricht eben daselbst Nachricht von einem des HE. de Demenge, und dann von einer eignen.[679]

13–14 Tag … ungleich] *erg.* **29** erfunden] *für* verfer

HE. von Dahlberg zu Erfurt hat eines beschrieben und der dortigen acad. vorgelegt. Der Aufsatz ist auch besonders gedruckt[680]

Aus Anemometern, die wie das Bouguersche, Wilckische[681] und s.w. die Stärcke des Stoßes angeben, hat man nichts weiter zu thun als die Höhe einer prismatischen Lufftsäule zu suchen, deren Basis die gestosene Fläche, und deren gewicht diesem Stoße gleich wäre. Denn in der Hydrodynamik wird erwießen, daß die Geschwindigkeit eines solchen Fluidi so groß ist, als die welche der Fallhöhe zu komt die jenen Prisma zu komt. Setzen sie der Stoß betrage $5\frac{1}{5}$ Pfund, so darf man nur unter suchen wie hoch eine Lufftsäule ist der Basis 1 □′ die $5\frac{1}{5}$ wiegt. Man wird finden daß der Cub. Fuß Lufft = 1,4 Untzen[682] gesezt diese Höhe = 60′ wird, der Wind wird also eine Geschwindigkeit eines Körpers
67v haben, der durch 60 Fuß gefallen ist. Wie groß | Diese. ◂in t'' fällt der Körper durch $t^2 . 15'$ also $t^2 . 15' = 60$ giebt $t = \sqrt{\frac{60}{15}} = 2''$▸ Antwort: Die Zeit die er braucht t ist $= \sqrt{\frac{60}{15}} = \sqrt{4} = 2''$. Er bekomt eine Geschwindigkeit gleichförmig in 2 Sekunden durch 120 Fuß zu gehen das heißt in einer durch 60.[683] Hier finden sich aber Schwierigkeit die Erfahrungen geben Resultat zwischen der einfachen höhe für[?] den [Stoß] und das doppelte.[684]

S. Kästner über das Oertelsche Anemometer. Goth. Magaz VI. 3. 87, 88. Auch seine Hydrodyn. §. 316 seqq.[685]

Man hat auch Anemometrographen dergleich Leupold. Theatr aërostat. T. 22 und d'Ons en Bray Mem de Paris 1734. p. 123.[686] vorschlagen – Auch HE. v. Dalberg hat einen Versprochen, ich weis aber ōt ob er sein Versprechen erfüllt hat. S. Goth. Magaz. I, 1 176.[687]

5 prismatischen] *erg.* **11** die] *davor gestr.* und **14–16** in … = 2″] *um diese Rechnung, auf dem freien unteren Seitendrittel verteilt, folgende Notizen bezüglich der Fallzeiten bei verschiedenen Fallhöhen* L~B~ $\sqrt{2}$ / 1 15 $t = \sqrt{\frac{30}{15}}$ / t $t^2 . \langle 15 \rangle = \frac{90}{\{15\}}$ $t^2 = \sqrt{\frac{30}{15}}$ [*Wurzelzeichen erg., Exponent irrtümlich nicht gestr.*] $t^{\langle 2 \rangle} = \sqrt{\frac{90}{15}}$ [*Wurzelzeichen erg.*] $t = \sqrt{6}$ 〉

Nr. 45 IX E, 68r

Woltmanns Hydrometr. Flügel[688] 68r

Der Kreis, in welchem der Mittelpunckt der Flügel umlauft ist 10 Fuß, oder die Längen Ruthen von der Axe bis zum Mittelpunckt der Flügel = 19,1 Zoll. Die Ruthen sind von Stahl glatt polirt, an der Axe 2‴ an dem Flügel 1‴ dick. Die Flügel von hartem Holtze, dünn und poliert. $2\frac{1}{2}$″ hoch und 6″ breit. Das Rad 6″ im Durchmesser. Nun müssen die Flügel so gestellt werden, daß sie die Geschwindigkeit der Fluidi haben durch die sie bewegt werden. Dieses geschieht der Bequemlichkeit des Beobachtens wegen. Der simpeln Theorie nach, da denn Körper so beschaffen wären, wie sie bey der allgemeinsten Betrachtung angenommen werden müsten die Flügel mit der Axe einen Winckel von 45° machen; so ist ein etwas größerer Winckel nöthig, der sich am Besten durch Die Erfahrung bestimmen läßt. bey HE. Woltmann machen sie einen Winckel von $48\frac{1}{2}$ Grad.
Das Werckzeug wird nun, nachdem man die Flügel etwas geölt hat um die Friction zu vermindern, durch ein stehendes Wasser langsam geführt. Hat man z.B. eine Strecke von 200 Fuß abgemessen, so muß sich der Flügel 20 mal umdrehen während die Maschine den Weg von 200 zurück gelegt hat. Denn als dann haben die Flügel ebenfalls 200 Fuß im Kreise gemacht. Art die Stellung immer wieder zu treffen. findet man mehr Umdrehung so muß der Winckel kleiner, find man weniger so wird er größer gemacht.

Nr. 46 IX E, 66r

ad §. 719. 66r

Die schnellste Reise, die Blanchard gemacht hat, war die, die er mit dem Chevalier Epinard von Lille aus am 26 Aug 1785 machte wenigstens hat er den weitesten Weg da gemacht. Er ließ sich nemlich nach einer Zeit von 7 Stunden zu Serdain in Champagne nieder, das sind 30 Meilen.[689] Rechnet man die Meile zu 24000 Fuß, so bringt es etwa 30 Fuß in einer Secunde. Die englischen

7 poliert] *danach gestr.* Das Stirnrad 6″ Durchm 30 da] *erg.*

Pferde, die ich habe laufen sehen liefen 42′ nach einer mittleren Geschwindigkeit

Nr. 47 IX D 2, 1r

1r

Ebbe und Fluth

Das vortrefflichste was darüber ist geschrieben worden, ist die Abhandlung des HE. de la Lande im 4tn Theil seiner Astronomie, wo man alles beysammen findet. Sonst haben Daniel Bernoulli, MacLaurin und Euler darüber geschrieben und die Acad. zu Paris hat den Preiß getheilt.[690]

Sie steigt zu St Malo zu weilen auf 46 Fuß[→357,26] in dem stillen Meer niemals über 3.[691]
Sie findet sich in Seen und Flüssen[692]
im Amazonen Strohm, dem größten Strohm in der Welt erstreckt sie sich auf[693]

Nr. 48 IX D 2, 2r

2r

Ebbe und Fluth

Es kömt hier sehr viel daran dem Anfänger auf die Gesetze aufmercksam zu machen, wodurch das Aufsteigen des Wassers zu beyden Seiten sich an die gewöhnlichen und mehr bekannten Gesetze der Bewegung anschließt.[694] Es finden sich aber dergleichen im gemeinen Leben genug. In einem festen Gefäße *A* mit Quecksilber nimmt, das Quecksilber die Form des Gefäßes an,

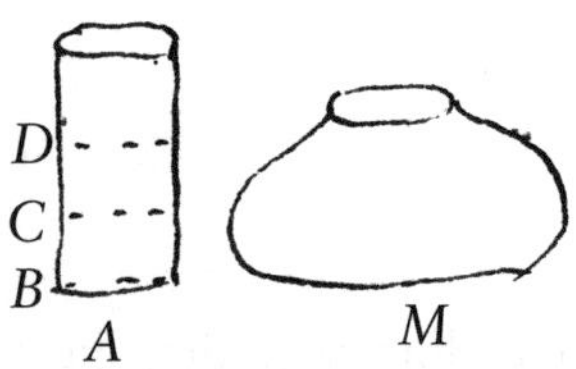

obgleich *B* stärcker gedruckt wird als *C* und *C* stärcker als *D* u.s.w. Hingegen wäre das Gefaß aus Federharz, so würde es die Figur *M* annehmen. Auseinander reissen kan deswegen das Quecksilber das Gefäß M nicht, allein die Theile können auch nicht so bleiben, als sie waren, wie blos Lufft darinnen war. Eben so ein Tropfen Quecksilber; in der freyen Lufft bleibt er rund, wenn er auf dem Tische liegt, so wird er platt, denn die oberen Theile die vorher wie jeder andre nach dem Mittelpunckt des selben getrieben wurden, genießen jezt die

14 auf] *Text bricht ab* **21** festen] *erg.*

Unterstützung der Schwere. Mit einem Wort, daß die Wasser kugel der Erde rund gedacht werden muß gründet sich allein auf die Voraussetzung daß alle Tröpfchen gleich starck gegen den Mittelpunkt gezogen werden. so wie man dieses nicht mehr ann[i]mt, so kan auch die Kugelform nicht mehr wahr bleiben. Zerreißen wird sie deswegen noch nicht. Ein elastischer eiserner Ring kan sich nicht so um einen Magneten drehen, wie er sich um einen andern Stein dreht.

Nr. 49 IX D 3, 1–3r

<u>Ausdünstung, Thau.</u> 1r = a

<u>Allgemein.</u>

Das Wasser Meer. Independent von dem giebt es ein Wärme Meer, (Feuer Materie) wir leben und weben in ihm. Es ist aber sehr vom Himmel temperirt. Wie uns eine Haut umgibt, die unsere Nerven sichert so ist dieses Feuer überall für uns gedämpft, (latent). So wie das Wasser Saltz, so lößt dieses Feuer eine Menge von Dingen auf, und unsere Lufft ist eine solche Auflösung. Vorzüglich merckwürdig sind die <u>Dämpfe</u>. Die Feuer Materie scheint ein Fluidum zu seyn. Das aus einer eigenen Substanz mit dem Lichte verbunden. Dämpfe wie sie entstehen? Wie sie sich in der Lufft erhalten, wie sie sich ausbreiten, so entsteht ein Dampf-Meer, das in dem Lufft Meer enthalten ist. Hätte dieses Meer keinen Abgang, so würde es beständig zu nehmen. (NB hier muß vorher von dem Größe der Evaporation gehandelt werden. Sie ist ungleich im May Junius und Julius am stärcksten und von 4 bis $5\frac{1}{2}$ Zoll. Im December und Januar zu weilen nicht über $5'''$. Doch finden sich auch da große Abweichungen nach Bergmans Angabe verdunstete im Jahr 1739 am Ende des Junius in nicht völlig 4 Tagen 1 Zoll, das würde im Monat auf 8 Zollen betragen. Der Mensch 68 Loth. Davon 13 aus den Lungen in einem Tage. (Von den Pflantzen Siehe Excerpte. S. 32.)[695] nach <u>Keil</u> 31 Untzen davon kommen 6 auf die Lunge.[696]

Wie dieses gemessen wird <u>Atmidometer</u>, <u>Atmometer</u>. Das Richmannische steht im Gehler abgebildet.[697] <u>Sanctorius</u>[698]

---

3 Tröpfchen] *davor gestr.* gleichsta **16** So] *für* so **28–29** nicht völlig] *erg.*
31 nach] *davor gestr.* Hubes 31 Untzen

Dieses Dampf Meer würde nun sehr zu nehmen, wenn es nicht einen Abfluß gäbe, und diese Rückwege wollen wir nun nach und nach betrachten.

Der <u>Thau</u> ist diejenige unsichtbare Feuchtigkeit, die nach Untergang der Sonne besonders in den Wärmeren Jahreszeiten, bey stillem und klarem Wetter, die Körper in freyer Lufft die Körper mit mercklichen Tropfen überzieht. – Man glaubte vor dem er käme von den Sternen her und einige hießen ihn
1v Sternenschweiß, und daher haben ihn die | Alchymisten häufig Gebrauch von ihm machten. Man glaubte von Anfang er fiele blos, das ist aber nicht. Wenigstens alle fällt er nicht das ist aus gemacht hauptsächlich. In Leiden sah ihn MusschenBrock auf alles fallen, in Utrecht schon nicht mehr, da fiel er nicht mehr auf Gold Silber Zinn, Bley Eisen wenn es polirt war.[699]

Hiebey Gersten und Du Fay.[700]

Er riecht öffters, und hat einen mercklichen Geschmack, er greift offters die Metalle an, ja er hat so gar nach einige[r] Erfahrung dem Glas ein Regenbogen farbiges hautchen mitgetheilt, das sich nicht vertilgen ließ.[701] Siehe von einer Säure Excerpte. p. 112.[702]

Er ist zum Theil ein wahrer Pflantzen Schweiß.[703]

Paeonia[704]

Er scheint auf zu steigen, und fällt auf tiefer stehende Platten eher als auf höhere, weil nemlich die Lufft mehr Dämpfe enthält und bey gleicher Erkältung, oder auch schon eine Schwächere Erkältung hinreicht eine Precipitation hervor zu bringen. Die Feuchtigkeit der Lufft ist so beschaffen, daß es nun blos auf hygroskopische Affinitäten ankömt um sie ihr zu rauben. Denn ich kan mir gar nicht vorstellen, daß nicht die Lufft auch eine hygroskopische Substantz seyn solte. Wird aber die Differentz sehr starck, so fällt er freylich auch.[705] Es ist sehr schwer zu erklären warum er nicht auf die Metalle fällt[706] Selbst die Farben machen Unterschied nemlich die Pigmente Musschenbrock nahm höltzerne äusserst trockne Schächtelchen diese bestrich er mit allerley Farben, sezte sie auf dem selben Tisch des Nachts auf eine Messing Platte aus, und in zwey Stunden, hatte das mit Cin-

---

19 Siehe … 112.] *erg.* **21** *am oberen Blattrand; danach in derselben Zeile das gleiche Wort noch dreimal teils mit einem spitzen u. teils mit einem stumpfen Gegenstand in das Papier eingedrückt* **26** der Lufft] *erg.* **35** mit] *davor gestr.* Cin

nober bemahlte. 7. Auripigment 8, Massicot (Bleygelb, Minium flavum) 6, Grünspan 13. Berliner blau 10, Florentiner lack 6, Kienruß 13, Bleyweiß 5. und die unbemahlte 14 Gran thau eingefangen.[707] |

Nebel, Regen. 2r = b

Wenn der Wind geht thauet es nicht,[708] bey gedeckten Nächten thaut es auch nicht, da ist es auch gewöhnlich warm, weil die Entstehung der Wolcken die Wärme ersezt, oder die Wolcken ein schlechter leiter sind für die Wärme der Erde. So ist es nie sehr kalt wenn es trübe ist.

In unsern Climatibus soll es auf der offenbarn See, wenig oder nicht thauen. Vielleicht eben deswegen, weil cæteris Paribus das Wasser nicht so starck ausdünstet, als feuchte Körper, Thiere Pflantzen pp. Zwischen den Wende kreißen thaut es hingegen sehr starck. Weil da die Wärme größer ist.[709]

Auch kan es in der Höhe vielleicht deswegen nicht so starck thauen weil da schon ein Dampf verwandlungs Proceß in Lufft vorgeht.[710]

In Stadten thaut es nicht so starck wie im freyen.[→452,29–32] In Stadten ist es aber auch nie so kühl des Nachts im Sommer, als im freyen.

Drosometer.[711]

Hier von dem Mehlthau und Honigthau.[→362,28–363,27]. Diese Betrachtungen gehören mehr in eine specielle Naturgeschichte zur Physiologie oder eigentlich in die Pathologie der Pflantzen.

Nebel.

Es ist eine vortreffliche Bemerckungen von DeLuc, daß man nicht so bald man eine kleine Entdeckung in seinem Cabinet gemacht hat, alles in der Natur daraus erklären will.[712] Die Beobachtungen des Großen in der Natur haben uns auch da schon einige fixe Punckte gegeben, die uns die Versuche im Cabinet nicht wieder zerstöhren können.

Auf den Bergen findet sich eine Trockenheit, die auf der Plaine gantz unerhört ist Idees §. 543.[713] Ja es wird da öffters mit der

3 Kienruß] *für* Ruß 11 In] *Absatzwechsel wegen Unterstr. im Ms.* 17 in Lufft] *erg.* 28 in] *für* auf 30 des] *davor gestr.* in

Nacht trockner, welches ebenfalls auf der Pläne nicht geschieht, dieses kan von einem sincken der höhern Lufft herkommen.[714] Der Thau giebt nur wenig wieder, und dann giebt auf einmal der Regen eines eintzigen Tages uns die Evaporation eines gantzen Monats. §. 549.[715] Idées I.[716] Lufft kan von ihrer Feuchtigkeit 2v nur auf 2 Art[en] be|freyt werden, durch den Beytritt eines trocknern Körpers, diese Einwürkung ist immer nur sehr local und trägt nichts zu Erklarung dieser Phänomene bey, und 2) die Abnahme der Wärme, da die Dämpfe über ihr Minimum von Distantz gezwungen werden.[717] ◂Nebel wie er entsteht. oben über der Oberfläche schneit er sich aus.▸ Alles dieses erklärt den Regen nicht, es regnet, wenn es wärmer und wenn es kühler wird, bey Nacht und bey Tage u.s.w.[718] – Gegen die Warmen Winde wird §. 569. 570 pp vortrefflich eingewandt, wenn man sie auch <u>saturirt</u> annimmt, so hat freylich der kalte weniger Feuchtigkeit, als der warme, wird also der Warme erkältet so muß das Wasser fallen., allein diese Erkältung erwärmt ja den andern, der alsdann mehr Wasser halten kan.[719] ◂nach dem Regen zeigt die Luft wieder Trockenheit▸[→450,27–29] Man kan auch nicht sagen, daß die fortdauernde Ausdünstung nun beständig die Saturirte Lufft überladen könte.[720] Es ist wahr die Ausdünstung dauert fort, während die Lufft ihr Maximum von Feuchtigkeit hat, das wird nun aber eine blose gelinde Destillation, ein Nebel oder ein Thau (wie erk[l]ären aber die Herren die Fortdauer der Ausdünstung bey Saturirter Lufft?[721] Das ist ein Argumentum ad hominem § 572.[722])

Ja, wenn nicht der Regen unmittelbar das Hygrometer trifft so findet man wohl gar, daß die Hygrometer auf das trockne zu gehen.[723] Ueber haupt sich nur eine Lufft zu dencken, die von der Zona torrida saturirt die Reise bis zu uns macht ist eine abgeschmackte voraussetzung,[724] die man nur aus Schertz sezt um dem Gegner alles nur mögliche einzuräumen[725] Auf dem Gletscher Büet[726], wehte ein Südwind, im Thal stund das Thermometer auf $23\frac{1}{2}$ Grad oben auf +6 und doch war die Lufft noch $66\frac{1}{2}$ Grad von der grösten Feuchtigkeit entfernt also

---

4 uns] *für* mir[?] **10–11** Nebel ... aus.] *am oberen Blattrand* **21** überladen könte] *für* überladet[?] **27** Ja] *Beginn des Absatzes li. am Rand mit einem waager. Strich hervorgehoben, darüber u. darunter* L_B NB

selbst | bey dieser Kühle sehr trocken und doch erfolgte ein Platzregen, der mit Sturm Donner und Hagel eingeleitet auf 18 Stunden anhielt.[727] Hier komme mir einmal einer mit Destilliation[!].[728] Zumal wenn man bedenckt, daß selbst nach Saussure bey +16 Reaum und 27″ Barom ein Cub. Fuß Lufft saturirt nur 10 Grane Wasser enthält, und daß diese Quantität noch viel geringer ist wo die Lufft dünner wird, und daß die Lufft NB nicht alles hergiebt sondern nur das was sie nicht halten kan.[729] 3r = (c)

Nr. 50 IX D 2, 8r

Rozier May 1787. ad §. 727 8r

HE. Senebier merckt an, daß uns unsere bisherigen meteorologischen Beobachtungen nichts lehren, als die special Geschichte von 3 bis 4 Cubicfuß Lufft in der Zeit 3 bis 4 Minuten innerhalb 24 Stunden.[730]

Merckwürdige Veränderungen in ältern Zeiten in den Geschichtbüchern und Chronicken auf zu suchen, merckwürdige Fruchtbarkeit der Jahre, Kälte pp Ausrottung der Wälder, Nordamerica[731]

Man hat noch wenig betrachtet was Centrifugal krafft der Lufft in verschiedenen Distantzen für Einwürckung auf ihre Dichtigkeit und Schwere hat. Unter dem Aequator verändert sich die Hitze wenig, und die Schwungkrafft ist die stärckste. Daher verändert sich das Barometer wenig[732]

Warum vermischt sich die Wärme in Lufft nicht, so wie etwa wenn ich Wasser von verschiedenen Temperaturen zusammen gieße.[733] Bey den Meeren findet sich schon größere Regelmäßigkeit.

HE. Senebier sezt die atmosphärische Lufft = $\frac{1}{5}$ reiner und $\frac{4}{5}$ moffete[734]

Inflammable Lufft findet sich in den höheren Regionen gar nicht.[735] Hauptsächlich müste man die schnellen und hefftigen Veränderungen in der Atmosphäre recht bewachen und beleuch-

1 bey] *am oberen Blattrand Überschrift wiederholt* Nebel Regen 2 Hagel] *danach gestr.* fo 3–4 Destilliation] Destilli⟨tat⟩{ation} 5 und … Barom] *erg.* 6 diese] *danach gestr.* Men[?] 12 die] *für* ein 22 stärckste.] *für* schwächste.

ten, vielleicht finden sich einmal glückliche Umstände, die uns zu dem Mechanismuß führten.[736]
Schwere, Elasticität, Dichtigkeit, Wärme, Elecktricität, Bewegung der Lufft, wo die verschiedenen Wässerige Dünste und Gasartige Ausflüsse enthalten wohl hauptsächlich den Grund der Veränderungen in der Atmosphäre, allein wir müssen auch immer bedencken, daß wir nur so weniges noch kennen.[737]

Nr. 51 IX D 3, 4–5r

4r

§. 729.

Sätze und Fragen vom Thau Senebier (Roz. Mai 1787. p. 333

Eine sehr merckwürdige Erscheinung, für den Physiker.
Er steigt und fällt, die Lufft saugt Feuchtigkeit auf, und läßt welche fallen.
Er scheint ein dünner fast unsichtbarer Nebel zu seyn
Warum macht er so naß, ohne die Lufft undurchsichtig zu machen? und wenn er so sehr vaporisirt ist, daß er nicht undurchsichtig macht, warum näßt er so sehr, [738]
In wie fern ist Elecktricität damit im Spiel?[739]
Warum bemerckt man bey sehr trocknen Tagen, bey heisen bedeckten Nächten keinen Thau, da man gar nicht einsieht warum die Lufft alsdann nicht eben so gut das Wasser fallen lassen könte[740]
(Solte nicht die Anhänglichkeit der Lufft an das Wasser veränderlich seyn[,] solte sie nicht können gestärckt werden, auch könten deswegen die heisern bedeckten Nächte keinen Thau geben, weil die Wolken schlechte Leiter der Wärme sind, und also die Lufft, weil die Wärme nicht entfliehen kan, mehr Wasser halten kan. πμ)

In den Städten thaut es wenig. das Pflaster und die Häußer können doch nur den aufsteigenden hindern, aber nicht den fallenden[741] (vielleicht doch dadurch daß mehr Wärme aufsammeln πμ)[742]

---

7 nur … noch] *für* so vieles noch nicht 17 sehr,] *danach gestr.* und, da er so durchsichtig ist warum steigt er nicht 19–22 *Absatz am Rand durch einen waager. Doppelstrich hervorgehoben* 19 heisen] *erg.* 20 Nächten] *für* Tagen 25 Nächte] *danach gestr.* wen 26 die … schlechte] *für* der Nebel ein schlechter 31 doch] *erg.*

Ist die Elecktricität Ursache davon, daß Glas und Porcellan bethaut werden polirte Metalle nicht[743] (aus du Fay's Versuch erhellt fast so etwas πμ) (Es könte auch hier wieder eine Verschiedenheit der Leitung statt finden. Dieses Leiten verdient überhaupt einmal im allgemeinsten Sinn genommen tracktirt zu werden. πμ)[→362,9–15] |

NB 4v

(πμ) Es ist gar kein beweiß, daß wenn der Thau von unten auf entsteht, er deswegen grade aufsteige. Wenn Feuchtigkeit in der Lufft enthalten ist, so dependirt gewiß ihre Pracipitation von einem Mangel an Wärme wenigstens im allgemeinen, allein da gewiß die untere Lufft mehr enthält und zwar sehr viel mehr, als die obere, so kömt es auf das Gesetz des Zusammenhangs an, wie viel unten pracipitirt wird, und eine äusserst geringe Erkältung kan unten sehr viel mehr pracipitiren als oben. Ja das oben kan auch selbst durch einen geringen Lufftzug zu weilen verweht werden.

Es könte also das fallen des Thaues einem Aufsteigen ähnlich sehen, weil das Fallen blos von unten auf geschieht

Selbst bey dem Regen hat man etwas ähnliches bemerckt; die untern Schüsseln enthalten mehr Wasser als die obern[.] Dr Heberden Philosoph. Trans. Vol 59 fand die Quantität des Regens am Hauß Unten 22,608 Zoll oben auf dem Tache[?] 18,139 Auf dem Dache der Abtey Westminster 12,099.[744]

Aus Herrn Pictets (Tom. I. p. 184 vo[r]herige und folgende) Erfahrungen[745] erhält augenscheinlich, daß die Erde warm ist, alsdann folgt eine kalte Schicht, und dann wieder eine warme. Dieses sehr frappante Phanom[en] ist ausgemacht, er glaubte sonst auch die abend Kühle von oben käme[.] Sein Thermometer von 5 Fuß höhe über der Erde und das von 75′ am Mastbaum stunden so: ersteres heiße *A* das obere *B*. Morgens *A* tiefer als *B*; eins 5‴ von der Erde stund noch tiefer als *B*, aber das eingegrabene war sehr viel höher als alle. Die Erde ist also wie ein Ofen auf welchem eine Schicht kalter Lufft ruht. Er versuchte es in

4 finden] *danach gestr.* π | Dieses Leiten] *für* Diese Leitung 14–15 Erkältung] *für* Kalte 19 auf geschieht] *im Ms.* auf- / geschieht 21 mehr] *für* weniger 21–24 D^r^ … 12,099.] *erg.* 29 abend … käme] *für* kälte kame von oben 30 von²] *erg.* 31 tiefer] *für* hoher

mehreren Gegenden, auch 700 Toisen über dem Meere. er fand überall dieselben Resultate.[746] 2 bis $2\frac{1}{2}$ Stunden nach Sonnen Aufgang war alles $A = B$, nun wurde A größer durch die Würckung der Sonnenstrahlen auf die Erde, und A geht über B 5r hinaus bis diese Nach laßt | werden sie beyde wieder gleich und so fort.[747] HE. Pictet erklärt dieses aus der Evaporation.[748] Ich muß aber gestehen, es scheint mir etwas gezwungen. Genug, wie er auch selbst sagt, daß das Phanomen wahr ist (p. 184. §. 140.)[749] Denn wenn es Evaporation thut so sieht man nicht warum Die Lufft sich so hoch erkälten soll, und doch noch Dampfe annahme da sie doch beym Thau saturirt ◂Nein! sie braucht beym Thau nicht saturirt zu seyn, weil der durch Hygroskopische Affinität fällt, oder sich zeigt.▸[750] ist, sondern es scheint hier noch einen andern Grund zum erkälten vorhanden zu seyn. Vielleicht entstehen Lufft Arten.

Nr. 52 IX D 3, 6r

6r <u>Thau</u>

De Luc <u>second</u> paper on Hygrometry. § 28. (p. 18)

Er bemerckte mit allerley Arten von Hygrometern[751]

1) Wenn auf einem heiteren und warmen Tag, ein heiterer und stiller Abend folgt, so wird das Gras offt naß, wenn das Hygrometer auf 50 oder 55° Grade steht.[752] Dieses kan die gantze Nacht dauren.
2) Nimmt der Thau zu, so daß schon hohe Pflantzen und Sträucher nach und nach naß werden, so rückt das Hygrometer nach und nach auf 80. fort, glaß Platten und mit Oelfarbe angestrichene Körper werden naß, aber während der Zeit wird noch kein Metall naß, auch manche Sträucher und Baume noch nicht,[753] und auch dieses kan so gantze Nachte fort dauren.
3) Wenn endlich der Thau sein Max. erreicht so geht endlich das Hygrometer von 80 auf 100 und zuweilen ein wenig weiter,

5 werden] *das Ende von Bl. 4v u. der Beginn von Bl. 5r sind durch eine Einfügemarke (Raute) miteinander verbunden; auf Bl. 5r am oberen Rand Aufschrift* <u>Thau</u>
10 warum] *danach gestr.* in der erkalten **20** auf] *für* nach **24–25** und Sträucher] *erg.* **32** weiter] *danach gestr.* §. 27.

(wovon er im 8[tn] und 9[tn] §. geredet)[754] aber alsdann wird auch jeder solide Körper naß.[755]

Nr. 53 IX D 3, 7r

§. 731. 7r

Vom Reif (Givre). Senebier Roz. Mai 1787 p. 336)

Er scheint ein gefrorner Thau, also evaporirt, das Wasser noch während es friert[756] (Boerhave hat aber schon angemerckt, daß um getrenntes Wasser gefrieren zu machen nur 33° Fahr[en]heit nöthig sind, selbst wenn es nur durch Einsaugung in Leinen getrennt ist. Man sehe HE. Wedgwoods artige Folgerungen daraus wider Lavoisier's und la placès Versuche (Philos. Trans. for the Year. 1784. p. 380 seqq)[757]

Dieses alles zu erklären ist hinlänglich zu bemerken, daß das Wasser, als bloßer Humor (das beste Wort, principe hygrogène) sich unter sehr mannigfaltiger Gestalt zeigt Wasserdampf, Wasser, Eis, Eisdampf[758]. (wenn dieser Ausdruck schicklich ist.)

Nr. 54 IX D 3, 8

§. 732. 8r

Wenn die Nebel Tropfen wären so würden sich Regenbogenfarben darin zeigen. Es sind Bläschen.[759]

Es ist aus unzähligen und unbezweifelten Erfahrungen und Versuchen bekannt, daß Blaschen nur dann entstehen, wo die Feuchtigkeit, oder das erst Produckt der Ausdünstung plötzlich ihr Maximum überschreitet.[760]

Schönes Schauspiel das die Nebel an der Oberfläche geben erzählt DeLuc. (Ideeen[!] B. 2. p. 59 deutsch)[761] sie zerstreuen sich oben und doch bemerckt man keine Vermehrung der Feuchtigkeit

Sie entstehen in der Erde, wo die Temperatur der Lufft und der Erde in einer solchen Verhältniß stehen, daß die Ausdünstung für die Temperatur der Lufft zu starck wird. In allen Nebeln ist das Hygrometer auf dem Sättigungs punckt[762]

---

13 alles] *erg.* 25 an der] *im Ms.* ander

Es scheint ausser der Blosen Kälte noch eine eigene Ursache vorhanden zu seyn, (nemlich das was die Präcipitation der Lufft zu Wasser, verursacht.[(828)]
Einige riechen.[763] Machen das Eisen rosten, und sind elecktrisch.[→459,9–11] Sie können zu allen Zeiten entstehen und man findet sie auch zu allen Zeiten des Jahres. Doch im Herbst und Frühling haufiger, als im Sommer[764]
Sie[he] beyliegende Beobachtung ad §. 733.[765] (mehr Chemisch zu untersuchen.

Zuweilen zeigen sich Nebel, die einen beträchtlichen Geruch haben, wenn sie vor die Sonne treten, ihr ein rothes ansehen geben, gar nicht auf das Hygrometer würcken, und daher auch trockne Nebel heißen Höhen Rauch,[(784)] Heide Rauch, Sonnenrauch.[766] Nach HE. v. Saussüre ist er immer in der Lufft, wenn ihn nicht wässerich Dünste binden, Daher ist er immer ein Zeichen guter Witterung vielleicht die Folge davon.[767] |
8v Herr Senebier nennt ihn ein neues Element der Meteorologie.[→458,4] der ão 1783 war vorzüglich merckwürdig. Doch hat man auch schon mehrere aufgezeichnet.[768] Siehe Hefte.[→456,27–458,4]
Hier vom Erdbrande in Island. aus der Anmerckung zum Compendio,[769] und den Hefften aus Pennant.[→460,2–11]

Francklin glaubt unsere Erde könte wohl, Feuerkugeln und andern Materien bey ihrem schnellen Umlaufe um die Erde begegnen.[770]

Nr. 55 IX D 3, 10

10r Nebel 1783[771] §. 733

Christ von der merckwürdigen Witterung des Jahres 1783.[772]

> Michael Torcia an den Prof. Toaldo zu Padua von dem Höhenrauch des Jahrs 1783 zu Neapel und in Calabrien. D. Merkur 1784. April.[773]

HE. v. Beroldingen von dem Nebel 1783.[774]

8–9 (mehr … untersuchen.] *erg.* 13 heißen] *danach gestr.* Es ist sehr ele

Von der Entstehung und der Beschaffenheit des Nebels in unsern Gegenden. Wien und Prag 1783.[775]

Im 6te Stück der Provintzial Blätter Gorlitz 1783.[776]

Im Deutschen Merkur 1783. October[777]

Im Leipziger Magazin, worin von Montgolfier steht[778]
Toaldo osservazioni meteorologiche sulla nebbia 1783.[779]
Im Gothaischen Magazin. 2te B. 2tes St.[780]

Ueber Erdbeben und Nebel 1783 Jena. von J. E. B. Wiedeburg. enthält 1) Geschichte der Erdbeben 2) Muthmaßungen über dieselbe 3.) Vorschläge sie zu verhüten 4) Geschichte der Nebel 5) Vorschläge sie zu verhüten. Es enthält einen sonderbaren Gedancken daß die Egyptischen Pyramiden Egypten vor Erdbeben sichern konte Egyptus minime quatitur[781] sagt schon Plinius. HE. W. schlägt auch solche Pyramiden vor. Ich dächte doch die Berge wären Pyramiden genug.[782] |
Toaldo's Witterungs Lehre für den Feldbau. 2te Auflage. Berlin 1783[783] 10v

Nr. 56 IX D 3, 11r

§. 733. 11r

Meinungen über den Nebel 1783. finden sich in dem physikalischen Tagebuch für Freunde der Natur. (1ter Jahrgang) herausgegeben von Lorentz Hübner. Saltzburg 1784. Er giebt auch seine eigne Meinung. Er glaubt er habe von einer allgemeinen Revolution des Erdballs hergerührt.[784]

Senebier ebenfalls hierüber in den Mem de la Sc. Meteorologique de Manheim pour 1783. ist vermuthlich die im Buch angeführte Abhandlung[785]

Senebier (Roz. Mai 1787). Den trocknen Nebel hat HE. v. Saussure immer in heiterer Lufft gefunden,[786] nach dem Regen. Er ist immer ein Zeichen von bevorstehender guter Witterung. Er ist nicht immer so starck, als 1783 aber er ist nichts desto weniger immer da, nur wird er vom Regen niedergedrückt, auch hindert ihn alles Wässerigte in der Lufft. er verändert nichts in den übri-

1 der Beschaffenheit] *für* den Ursachen 32–33 auch … Lufft.] *erg.* 33 in den] *Dittographie*

gen meteorologischen Phänomenen, er schein[t] sehr elecktrisch. Er ist im Sommer reichlicher als im Winter. Zuweilen sieht man ihn aber auch gar nicht. Woher kömmt er, was ist seine Absicht? HE. Senebier nennt ihn ein neues Element der Meteorologie.[787] (Ist er etwas beständiges, so könte er gar leicht von unterirdischem Brand herrühren, dessen Dämpfe sehr nöthig sind. Dieses verdient viele Aufmercksamkeit. πμ)

Nr. 57 IX D 3, 9

9r = 1 §. 732. 733.

Sätze und Fragen über den Nebel. Senebier. Rozier May 1787.

Die Lufftpumpe[788]

Verdienen vorzüglich die Aufmercksamkeit des Meteorologen. Es kommt alles darauf an, alle Wege zu kennen, wie Wasser in die Lufft kommt.[789]

Er besteht wohl gewiß aus Bläschen, er kan unter dieser Form Aufsteigen (Füchse brauen[790]) auch sich aus Dünsten zu dieser Form niederschlagen.

Warum findet man sie im Sommer so wohl, als im Winter? Es muß also ausser Wärme und Kälte noch eine dritte Ursache geben.
Warum stellt sich das Gleichgewicht von Feuchtigkeit in der Lufft nicht her? sondern ist an einem Ort feuchter als am andern. Die Lufft ist also wenigstens ein schlechter Leiter für die Feuchtigkeit
Auf den höchsten Bergen findet man Staubschnee.
Man findet Nebel in Spitzbergen, wenn die Sonne am längsten über dem Horizont ist, und eben so auf der Küste von Coromandel in der Regen Zeit

Woher kömt es, daß die Sonne die in unsern Gegenden die Nebel zerstreut es gegen die Pole zu nicht thut, und nicht an der Küste von Coromandel[791]
Daß es in der Höhe immer so kalt ist, zeigt wie schlecht die Lufft die Wärme fortpflanze. Hieher gehört des Chevalier Thomsons Mem in den Transactionen für 1786 (wo ich nicht irre)[792]

12–14 *erg.*

Der Nebel benezt die warmen Thiere in der Höhe so gut als die kalten Steine.[793] (Solte das nicht daher rühren, daß unter dem Nebel zerbrochene Bläschen herabfallen? πμ)

Man muß nothwendig die Umstände mehr studiren unter denen Nebel entstehen und vergehen[794]

Lufft worin Nebel hängen präcipitiren das Kalchwasser viel eher und schneller, als die reine Lufft

Sie riechen zu weilen

Die gegen die Pole sollen das Eisen nicht rosten machen

Die hingegen auf der Küste von Coromandel sehr leicht.

Viele sind sehr elecktrisch, aber sind sie es alle? |

Man solte die Nebel mehr chemisch untersuchen[→456,8–9] 9v

Die Würckung der Nebel auf verschiedene Pflantzen,[795] die botanischen Gärten wären dazu vorzüglich geschickt. Kranckheiten

Nr. 58 IX D 3, 12r

Nebel §. 733. 12r

Im 6tn Band der Schrifft[en] Naturforschender Freunde befinden sich einige Bermerckungen hierüber von K. L. Kronau. Sie gehen von 1701–1780. Unter Nebel versteht der Verf. solche, welche wenigstens einige Stunden nach Aufzug der Sonne anhalten und einige Stunden vor ihrem Untergang entstehen, und sich durch Dichtigkeit, allgemeine Verbreitung und starcken Geruch merck-lich machen; solchen hat man in diesen 80 Jahren gehabt

im November 290
im Dec und Jan. 239
im Junius 4[796]

Nebel wie der aō 1783, wurden wahrgenommen im Jahr 1547, 1652, 1661, 1730, 1756, 1766 aber doch niemals so lang anhaltend als aō 1783.[797] HE. de la Lande im Journal de Paris. bemerckt, daß es 1764 eben so gewesen sey, und schließt daraus auf den Monds Knoten Umlauf. S. die Franckfurter Encyclop. Art. Höhenrauch.[798] Franckl. in den Manchester Memoirs Vol II. N° 19. auch Goth. Mag. IV. 2. 114.[799]

---

16 Nebel] *danach gestr.* und Nordlicht 29 im … Paris.] *erg.*

Nr. 59 IX B, 14r

14r **Erdbrand in Island §. 733.**

Schöne Nachrichten davon finden sich in Pennant's Supplement to the arctic Zoologie. Die Lava formirte einen Feuer See von 15 englische Meilen lang und 7 breit, am Rand war sie 16 bis 20 Lachter (96 bis 120 Fuß hoch). Hügel die darüber hervorragten wurden zusammen geschmoltzen. 21 Dörfer wurden zerstohrt 12 Flüsse völlig auf getrocknet. 2 Inseln auf geworfen. Der Nebel war so starck daß man die Sonne selten sah. pp.[800]
Eigentlich, wie Stephenson sagt, 5 größere Flüsse und 11 kleinere wurden aufgetrocknet.[801]

Nr. 60 IX D 3, 13r

13r **§. 734**

Sätze und Fragen über Wolcken (Senebier Roz. May. 1787 p. 332)
Sie sind durch den Sprachgebrauch vom Nebel getrennt, sonst nicht.[802]
Man sieht sie zuweilen plötzlich entstehen.[803]
Steigen sie sencken sie sich? ziehen sie sich einander? werden sie von den Bergen angezogen, oder blos aufgehalten?[804]
Ihre Formen[805] (hierüber HE. Prof. Meister Gött. Magaz. 1 Jahrg. 1tes St. S. 38 vortrefflich)[806]
Warum sind sie nicht nur rundlich
Die leichten und Hohen Wolcken regnen nie, die starck regnenden sind allezeit niedrig.[807]
Bouguer hat sie auf 500 Toisen über dem Chimboraço gesehen[808] aber welches ist die Grentze ihrer Elevation (der Chimboraço ist 3217 Toisen hoch.[→319,13] Das wären also für jene Wolcken 3717 Toisen.

9 war] *danach gestr.* öffters **20–21** Gött. ... 38] *erg.*

Nr. 61 IX D 3, 15

§. 735. 15r

Sätze und Fragen von dem Regen
(Senebier Roz. Mai 1787 p. 334.)

Wie viel Ursachen hat man nicht über den Regen ausgedacht! Verdünnung der Lufft, Erkältung derselben, Verlust ihrer Schwere, Elasticität Wärme, Elecktricität und Feuchtigkeit der Lufft! Sind es chemische Operationen, Zusammen Drückung der Lufft wider etwas das widersteht. Macht das, was die Wolcken hervor bringt auch den Regen, wenn es weiter fortwürckt. – Wenn auf irgend eine Weise viel dephl. Lufft zerstöhrt wird kan dieses Regen machen? weil das Wasser sich besser mit dieser verträgt, als mit der phlogistischen?[809]

Da gemeiniglich vor dem Regen Wärme vorhergeht, solten die Dämpfe ihr Feuer absetzen und auf diese Weise Wärme machen? Woher kömt aber nachher die schöne Kühle[810] (Es kan irgend ein Leiter für die Wärme entstanden seyn πμ)

Ist das Mitwürcken der Elecktricität beym Regen scharf erwiesen? Was macht daß die Dünste in trockner Lufft ihre Elecktricität verliehren und in der feuchten Lufft, wo doch die Dünste elecktrisch seyn müssen, auf gleiche Weiße

Warum verwandeln sich die Wolcken nicht auf einmal in Regen?

Warum sind die Tropfen nicht dicker?

Der Regen hat viele locale Ursachen, diese müsten nothwendig untersucht werden. Warum regnet es nur selten auf der Küste von Perou und 300 lieues in die See, da es zu Quito starck thaut und fast beständig regnet. (hier Aegypten, Arabien diese Orte müsten untersucht werden. πμ). In Jamaica giebt es eine Gegend wo es des Jahres kaum 40 mal regnet, da es einige Meilen davon fast Jahr aus Jahr ein regnet.

Warum sind alle westliche Küsten regnerischer als die östlichen |

Wenn ein Zusammenhang zwischen Regen und Fallen des Barometers ist, regnet es auch in Verhältniß des Fallens mehr oder weniger? Wo nicht was ist es das diese Verhältniß hindert. 15v

---

8 Zusammen … der] *für* Druck der **9** wider] *davor gestr.* ge **18** das … der] *für* die Verbindung mit **26** und] *Dittographie* **27** Arabien] *danach gestr.* πμ) **31** östlichen] *danach gestr.* (Dieses widerspricht aber doch der Bemerckung von Peru oben πμ) **33** regnet es] *für* warum regnet es nicht

Ist die Evaporation dem Regen Proportional? Wo nicht ließe sich dadurch etwas ausmachen was die Pflantzen davon behalten. Was ist für eine Verbindung zwischen der Quantität und Qualitaet des Regen wassers.[811] (Es ist bekant, daß es bey anfangendem Regen gemeiniglich mit allerley Unreinigkeiten [vermischt ist]

Woher kommt es, daß wenn man Regen an der Erde und in einiger Höhe auffängt, oben allezeit weniger gefunden wird als unten? πμ Erklärungen darüber aber nicht sehr befriedigende stehen irgendwo in den Manchester Mem. Auch giebt an der selben Stelle Fräncklin seine Me[i]nung.[812]

Es ist merckwürdig, daß Regen zu allen Zeiten des Tages[813] und des Jahres in unsern Climaten entsteht.[814]

Nr. 62 IX D 3, 14r

14r Nebel

gestern vergessen des trocknen Erwähnung zu thun. p. 701. Ed. VI.[815]

Wolcken warum sie nicht verdunsten? Es scheint fast so etwas zu seyn als wie das Verbrennen, wie die Lichtflamme.[816]
Figuren der Wolcken von Meister.[→460,20–21] Schrifft angeführt. p. 704 oben.
Wolckenfiguren, Schneefiguren.[817]
Hier und da kein Regen: Jamaica die Küste von Peru; Arabien Aegypten. Die westlichen Küsten Regnerischer als die östlichen;[→461,25–30] Magnet Nadel.

Regen.

Man hat ihn bisher als die bloße Prepos Inversa[818] der Verdampfung erklärt. Was ist das? Umständlich. Das ist es nun nicht.[819] Warum? Hygrometer. Ist es das nicht, nun wolan, so muß man läugnen daß das Thermometer ein Maaß für die Wärme ist. Gut bey der Wärme hat man gezeigt, daß sie latent werden kan (umständlich)[820] Nun muß man zeigen, daß Feuchtigkeit für das Hygrometer latent werden kan. Dieses ist geschehen, mit einer

---

18–19 Es … Lichtflamme.] *erg.* 27 Prepos] *erg.* 28 nun] *erg.* 31 sie] *für* Wärme

Präcision, deren sich wenige Untersuchungen rühmen können. – Hier ist nun der Scheide-weg. Aufgelößt? was ist Lufft. Zeigt uns das. Wenn ich sage daß Etwas in Wasser auf gelößt sey, so muß ich ihm das reine Wasser zeigen. Dieses ist doch wahrlich offenbar. Wer hat dieses je gethan? Kein Mensch.[821]
Man sagt: das Wasser werde in der Lufft aufgelößt. vermuthlich so wie man sagt Eis werde in warmem Wasser aufgelöst. Es ist nicht wahr.[822] Freylich similia illustrant non probant. Yorik.[823]

Nr. 63 IX E, 44r

Zum Regen 44r

Zum Regen muß man noch den Thau gesellen, und die Zersetzung der Wolcken. Allein wie differirt das vom Regen? Man will damit nur die lächerliche Idee bestreiten, daß es in Haar Röhrchen aufsteige, oder in Hohlen hinauf destillirt werde.[824] Die Reservoire. Es brauchen eben nicht gerade Höhlen zu seyn.[→332,14–19] Die Berglaute unten sollen das Regenwetter verspüren.[→332,5–8]

Nr. 64 IX E,10r

Hyetometer. 10r

HE. Prof. Böckmann beschreibt das seine in den Carlsruher meteorologischen Epheremiden vom Jahr 1779. p. 30.[825]

Nr. 65 IX F, 19

Wie[826] an einem heißen Sommertage aus einer Wolcke, also aus einem bloßen Nebel, der von oben von der Sonne beschienen und unten einer offt beträchtlich erwärmten Erde und Lufft zugekehrt ist, in so kurtzer Zeit, eine solche Menge von Eis herabfallen kan, daß dadurch ein großer Strich landes einige Fuß hoch bedeckt wird, ist freylich eines der schwersten Probleme der Meteorologie, so wie das Phänomen an sich eines der größten und merckwürdigsten der gantzen Naturlehre.[827] Indessen seit dem HE. DeLuc nicht durch Zufall sondern durch 19r

---

16 Berglaute unten] *im Ms.* Berglauteunt†

richtige Schlüsse aus sichern Beobachtungen auf den großen Gedancken geleitet worden ist, daß die aufsteigenden Dünste in der Atmosphäre in wahre Atmosphärische Lufft übergehen, und daß also der Regen umgekehrt eine Zersetzung dieser atmosphärischen Lufft sey, fängt es auch in diesem dunckeln Revier der Physik an wenigstens zu dämmern. Dieses zu zeigen will ich nur die Haupt Glieder einer eintzige[n] Gedancken-Reihe, die sich auf den großen Satz des HE. DeLüc stützt und nach der Auflösung dieses verwickelten Problems hinführt hieher setzen.[828] [Für
19v etwas mehr als] einen bloßen Winck | gebe ich sie nicht aus.

1) Was uns bey dem Phänomen des Hagels so sehr frappirt ist hauptsächlich die große Kälte die nöthig ist eine solche Menge Wasser und zwar mitten im Sommer in Eis zu verwandeln. Weniger frappirt die Menge Wasser selbst, nicht weil ihre Erklärung leichter ist, sondern weil Regengüsse häufiger sind als Hagelwetter. Im Grunde ist eines so schwer oder so leicht, (wie man will zu erklären als das andere.
2) Wenn ich in einer Kälte worin das Fahrenheitische Thermometer 70 Grade unter dem Gefrier punckt stünde also ungefähr das Quecksilber gefröre ein Talglicht anzündete, so würde das licht wenn anders nur die Lufft rein wäre gantz abbrennen.

Wie in einer Lufft die unsere Thermometer als warm oder doch nicht als sehr kalt angeben große Kälte, in einer sehr . Warmen, wo Kälte ist, kalte wo Warme

man kennt die direckten Processen, die umgekehrten. Wir haben schon sehr deutliche begriffe über die Entstehung der Hitze in der Kälte; der Feuchte in der Trockenheit. chemisch.

3 wahre] *für* würckliche **4** dieser] *für* der **5** sey,] *danach gestr.* ist **6** zeigen] *für* beweißen | nur] *für* wenigstens **7** eintzige] *erg.* **8–9** auf … hinführt] *für* mit ⟨jenem⟩ dem großen Satz des HE. DeLüc anhebt und {sich} nach der Auflösung dieses verwickelten Problems hinzieht in möglichster Kürtze **10** einen] *davor gestr.* Für etwas mehr als | Winck] *Kustode am Ende von Bl. 19r für* Wincke *am Anfang von Bl. 19v* **11** ist] *danach gestr.* die **13** und zwar] *erg., davor gestr.* in Eis | verwandeln.] *danach* ⟨Um d⟩ ⟨⟨Woher die⟩ ⟨{⟨wie eine⟩ solche} Menge Wasser entstehe ⟨f⟩ aus⟩ **15** Regengüsse] *danach gestr.* und Wolckenbrüche **18** in] *erg.* | in … worin] *für* in ⟨einem Zimmer in welchem⟩{in ⟨bey⟩ einer Kälte ⟨bey welchem⟩ worin} **19** 70] *für* 50 | stünde] *für* steht **23** als warm] *für* für Warm **26** umgekehrten] *für* indireckten **28** chemisch.] *danach eine Zeile durch Auswischen der Tinte gelöscht* es kann mehrere geben

Nr. 66 IX F, 20r

Wolcke[829] herabfallen (denn alle Hagelwetter gehen niedrig) glaubt Herr DeLüc nun nicht mehr. Das Wetter, wobey er diese Beobachtung anstellte, war fürchterlich; auch da wurde der Tag in Nacht verwandelt, wie zu Beverungen[830] (*). Vieles wird die Aëronautik hier leisten können, wenn sie nöthige Verbesserungen erhält, woran doch wohl hier und da in der Stille gearbeitet wird. Selbst Blanchard hätte schon manches thun, wenigstens Commissionen übernehmen können, wenn ⟨man sich auf diesen Lufftball von Menschen je[?] verlassen könnte; allein leider soll dieser Lufftball von Menschen noch schwerer zu einem sichern⟩ Zweck zu steuern seyn, als der seidene an dem er sich jezt für Geld aufknüpfen läßt.[831] 20r

* Idées sur la Météorologie T. II. §. 642.[832]

Nr. 67 IX F, 21

Wir wundern uns, wenn wir in einer warmen Lufft eine Eiskälte plötzlich entstehen sehen, und sehen es mit vieler Gleichgültigkeit an, wann in einer Eiskalten Lufft eben so plötzlich eine Hitze entsteht die Metalle schmeltzt. Jede Lichtflamme in einem kalten Zimmer ist ein Phänomen, das nicht um ein Haar weniger wunderbar ist, als die Entstehung des Hagels, man merckt dieses nur nicht so weil die erste Erscheinung alltäglicher ist. Wenn im Sommer ein Strich Landes mit herabfallendem Eise bedeckt wird, so staunt jedermann und fragt wo mag die Kälte hergekommen seyn. Brannte aber einmal eine Stadt oder ein Wald bey einer Kälte ab, wobey das Quecksilber gefröre, so fragt niemand, wo ist in der großen Kälte die Hitze hergekommen.[833] Und doch scheint nichts leichter als hier auf den Gedancken zu gerathen, solte der eine Proceß nicht blos das Umgekehrte des andern seyn. Der mit der Hand gedrückte Schwamm macht naß und frey- 21r

---

4 da] *erg.* 5 wird] *für* würde 9 man] *davor gestr.* ⟨dieser Mensch⟩ {man diesen} 10 je[?]] *erg.* 10–11 soll … Lufftball] *für* ist er selbst 16 einer] *danach gestr.* nicht sehr 18–19 eben … schmeltzt] *für* eine Hitze die Metalle schmeltzt eben so plötzlich entsteht 19 entsteht] entstehtt *ändert Bearb.* 23 Strich] *davor gestr.* Distri 24 mag] *für* kömt 27 in … hergekommen] *für* ⟨die Hitze ⟨hergeko⟩ in der großen Kälte hergekommen⟩ {in der großen Kälte ⟨die große⟩ {die} Hitze hergekommen}

gelassen saugt er das Wasser wieder auf und macht trocken.[834] Giebt es also Körper die bey ihrer Zersetzung eine Menge von Feuerwesen fahren lassen so ist wohl nichts natürlicher als daß sie es bey ihrer Zusammensetzung ande[r]n Körpern geraubt haben.[835] Geschieht diese Zusammensetzung plötzlich so muß in der Nähe eine Kälte entstehen, eben so natürlich als bey der Zersetzung die Hitze. Der Grad der Hitze so wohl als der Kälte hiebey richtet sich 1) nach der Quantität der zersezten oder entstehenden Materie, 2) nach dem Grad der Schnelligkeit mit der
21v der Proceß fortgeht und 3) nach dem Leitungs vermögen | der anliegenden Körper für die Wärme. Ich habe so eben einige Beyspiele von plötzlich entstehender Hitze in der Kälte gegeben, ich füge diesen noch ein drittes hinzu, theils weil es eben wegen seiner mindern Gemeinheit sich dem im Dencken ungeübten mehr aufdrängt, theils aber auch weil es sich an unsern Gegenstand näher anschließt und in so fern vorzüglicher ist. Wenn man selbst bey der strengsten Kälte eine Ochsenblase mit 3 Theilen infl. Lufft und 1 Theil dephlog. füllt, und diese Lufft mit einem elecktrischen Funcken anzündet, so zerspringt die Blase mit großer Gewalt. Was hier diese Gewalt ausübt, sind, wie man aus andern Versuchen weiß, erhizte Wasser dämpfe. Hätten diese Wasserdämpfe blos die Hitze des kochenden Wassers gehabt, so würde[n] sie die Blase nicht haben zersprengen konnen, allen falls sie blos etwas aufblasen, wenn sie noch einige Falten gehabt hätte, dieses erhält aus dem was man von der Krafft der Dämpfe des siedenden Wassers weiß. Da sie aber die Blase nicht blos etwas mehr aufblasen, sondern sie mit großer Gewalt zersplittern, ja da sogar eine Flamme entsteht, so kan man mit Sicherheit annehmen, daß die Hitze sehr viel größer gewesen seyn müsse als die Hitze des kochenden Wassers;[836] Da man bey der gewöhnlichen elecktrischen Lampe dünnes Bley leicht schmeltzen kan, und diese Flamme der Art nach mit jener einerley ist, so erhellt hieraus, daß aus zwey Lufftarten, die bis auf den Gefrierpunckt des Quecksilbers kalt sind, blos durch ihre Verwandlung

---

1 wieder] *davor gestr.* au 2 Zersetzung] *für* Zerstöhrung 5 Zusammensetzung] *für* Beraubun[g] 8 Quantität ... zersezten] *für* Menge des entstehenden 14 dem] *danach gestr.* ungeübten 17 selbst] *erg.* 21 weiß,] *danach gestr.* W 25 hätte,] *danach gestr.* da sie aber dieselbe nicht blos stärcker | von ... Krafft] *erg.* 28–29 Sicherheit] *davor gestr.* sich 32 diese ... jener] *für* dieses Feuer mit jenem

in Wasserdampf eine Hitze entsteht, die fähig ist Bley zu schmeltzen, und bey diesem Proceß brauch[t] nichts vor zu gehen [*Text bricht ab*]

Nr. 68 IX D 3, 16r

§. 736 16r

Vom Hagel. (Senebier Roz. Mai 87. p. 336 seqq)[837]

Wie kömmt es, daß Lufftschichten unter 0 Reaum. sich nicht mit denen in Temperatur vermischen, die 20° darüber warm sind? Denn so heiß ist es öffters beym Hagel und die Wolcken niedrig. Es giebt, wie Senebier sagt, Hagel-Körner, die inwendig Wasser haben, ist diese Erfahrung richtig?[838] πμ.

(Hierbey fällt mir immer ein: Ist die Lufft zu allein[!] Zeiten ein gleich starcker Leiter der Wärme oder nicht? Ist sie es nicht was sind die Umstände, die ihre leitende Krafft bestimmen? Hieraus wird sich vieles in der Natur erklären lassen. Hieher Cheval. Thomson's Abhandlung[(792)] πμ)

Vom Hagel ist noch anzumercken die schöne Beobachtung die Stephenson anführt (in dem im compendio citirten Buch über den Erdbrand in Island) daß bey jedem Ausbruche des Vulcans Hagel von der Größe von Sperlings Eyern gefallen sey.[839] Bey der Lehre wie Kälte entsteht könen auch Darwin's vortreffliche Erfahrungen genüzt werden.[840] – Als dann zum Beschluß die schöne Stelle aus HE. DeLuc's Briefen an La Metherie (Gren T. IV. p. 290.)[841]

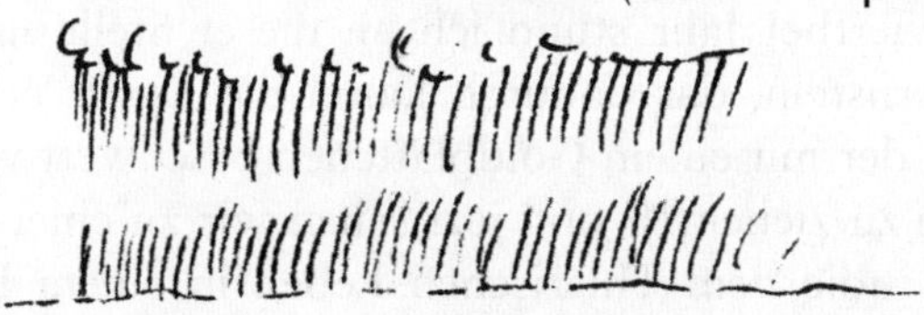

Auch meine Beobachtung zu Darmstadt und zu Hannover.[842]

Auch meine Betrachtung, die ich vom Eisapparat hergeholt habe.[843]

8 Temperatur] *im Ms.* Tempera- / ⟨vermi⟩ tur

Nr. 69 IX D 3, 17r

17r §. 737.

Sätze und Fragen vom Schnee (Senebier. Roz. Mai 87 p. 336.)[844]

Es ist gefrorner Regen.

Wenn Verlust der absoluten Wärme der Dämpfe die Ursache des Regens wäre so müste es im Winter häufiger regnen, als im Sommer, und wäre es blos Verlust der relativen, so würde es im Winter weniger regnen, aber in unsern Climaten, ist die Menge des herabfallenden Wassers in beyden Jahreszeiten ziemlich gleich.

Ist der Schnee immer elecktrisch?

Es ist erwiesen, daß kein Salpeter in ihm ist.[845] – Die Sterne sind die Folgen von dem 60° gradigten, das sich bey den Crystallisationen des Wassers durch aus zeigt. (Er zeigt Winckel von 60°, 120° und grade Linien also Winckel von 60; 2 x 60 und 3 x 60, 4 x 60°, 5 x 60, 6 x 60 pp. πμ)

(Die Campher Solution könte schön dazu gebraucht werden. πμ)[846]

Wenn er wie subtiler Staub fällt ist seine specif Schwere vermuthlich zu groß um sich gehorig zu ziehen[847]

Nr. 70 IX D 5, 1r

1r Blitz und Donner. Einleitung

Es ist eine mit der angenehmsten Betrachtungen.

Vor einem vierthel Jahr stund ich an dieser Stelle und rieb ein Stückgen Bernstein, das dadurch kaum die Krafft erhielt, einen Seidenfaden der mit einem Goldblättchen beschwert war, aus der Vertikallinie zu ziehen,[848] und jezt sehen wir zu einer Krafft vergrößert, die ◂die dem Thierischen Leben in einem Punckt von Zeit ein Ende machen▸ mocht ich sagen mit Eichen und Kirchthürmen spielt wie mit Stoppeln, und dieses noch unter Umständen die für unsere Sinne zum Theil die schrecklichsten, und zum Theil die prächtigsten und erhabensten sind, deren sie überhaupt fähig sind. Und die erhabensten Dichter des Alterthums haben ihrem Jupiter[→366,29] nichts größer[es] in die Hände zu geben

13 Er] *für* Es **15** πμ] *erg.* **26** Vertikallinie] *für* Mittagslinie **30** und] *danach gestr.* die **32** Alterthums] *davor gestr.* Alther

gewust, als den Donnerkeil, gleichsam als das Sinnbild von Stärcke und macht, und unausweichbarer Züchtigung.

Nr. 71 IX D 5, 2

Blitz und Donner 2r

Vor Fräncklin hat man schon eine Analogie zwischen Blitz und Elecktr. beobachtet hauptsächlich Nollet Leçons de Phys. Vol. 4. p. 34.[849] Dr Fräncklin schlug vor spitze Stangen aufzurichten die Materie herunter zu ziehen. Er stellte ehe er wuste, daß man seine Vorschlag[e] an andern Orten ausführt, alle Erscheinung des Blitzes durch die Elecktricität, und durch den Blitz alle Erscheinungen der Elecktricität. Die Würckung der Spitzen ist ebenfalls seine Erfindung.[850] Aehnlichkeiten von Francklin zwischen beyden bemerckt.

1) Figur des Funckens
 beym Elecktrophor. zumal, wenn es herunter schlägt[851]
2) der Blitz trifft die höchsten Örter, wenn sie gut ableiten
3) Blitz folgt dem stärckstem Ableiter, so wie die elecktrische Materie
 Schlag durch einen mit Drat umwickelten Menschen[852]
4) beyde zünden sie
 beym Terpentin Oel. Harzstaub. Dünste.[853]
5) beyde schmeltzen. kan gezeigt werden auf dem Papir der Belegungen[854]
6) beyde zerreißen und zerstören Körper
7) beyde schlagen Thiere blind, Tauben Hunde[855]
8) beyde tödten Thiere[856]
 Geruch.[857]
10) beyde kehren die Pole des Magneten um oder geben der Nadel eine Polarität.[858]
11) endlich bewieß er es zu erst durch Drachen, und stellte am Ende des Schlüssels alle möglichen Experimente an. Es war ein Drache der aus einem blosen höltzernen Kreuz mit einem grosen seiden Schnupftuch bestand, er ließ ihn mit seinem

---

5 schon] *folgt Dittographie* hat man 6–7 Leçons … 34] *erg.* 8–9 seine] *für* seinen 21 beym] *davor gestr.* das haben sie 27 *erg.*

Sohn gantz allein steigen. Dieses war im Junius 1752, ein Monat später als einige Franzosen ähnliche Versuche in
2v Franckreich ge|macht hatten von denen er damals nichts wuste und nichts wissen konte.[859]

Conducktors.[860]

Das schöne Experiment mit den 3 Wolcken aus Baumwolle. (Priestley p. 183 (engl. Ed.)[861]

Dallibard und Delor in Franckreich. Der erste errichtete zu Marly La Ville eine Stange von 40 Fuß an einer hohen Stelle. Er hatte sie in ein Schilter Hauß gesezt und isolirt. Diese zog Körper und gab Funcken

Acht Tage darauf beobachtete HE. De Lor dieses in seinem eigenen Hauß, auf den Befehl Louis XV. der groses Vergnügen dabey bezeugt haben soll. HE. de Lor's Stange war gegen 100 Fuß hoch.[862]

Der Berühmte Büffon trat hinzu[863]

HE. le Monnier mit dem Sprachrohr (Priestley p. 331.[864]

Nun fiengen erst die Engländer an HE. Canton und Bevis, bemerckten auch die + – in denWolcken.[865]

Eben so wie jezt mit dem Lufftball. 1784.[866]

Richmann. Erschlagen den 6^{tn} Aug 1753. Sokolow war bey ihm.[867]

Mr Brown zu Hammersmith am 30^{tn} Sept 1795 erschlagen[868]

Unter allen Versuchen mit dem Drachen sind die von HE. Romas die merckwürdigsten. Er hat sie zu Nerac in Gascogne angestellt, und zwar im Jul. und August 1753. Auf mehrere Füße spürte er die Spinnweben, allein er glaubte 5 Fuß dick würde der Drat geleuchtet haben. 780 Fuß war die Schnur lang und der Drache erhob sich etwa 550 Fuß.

Mem. presentés a l'acad. Tom: II. p. 393.[869]

---

8 Dallibard] *für* Dalibard 9 an … hohen] *davor gestr.* auf einer hohe
18–19 *Abschnitt durch einen waager. Doppelstrich am Rand hervorgehoben*
21–22 Sokolow … ihm.] *erg.* 23 L_B 25 angestellt,] *für* angestellt.
26–29 und^{1} … Fuß] *erg.*

Nr. 72 IX D 9, 1r; 2–3r

Richmanns Tod.[870] | 1r

Richmann aus mündlichen Nachrichten des HE. Prof. Kratzenstein 2r = 1)

Am 9 Sept. 1780[871] besuchte mich HE. Professor Kratzenstein. Und gab mir folgenden Bericht von Richmanns Tode. Am 6. Aug. 1753[872] war HE. Prof. Richmann mit HE. Prof. K. in der Versammlung der Academie zu Petersburg, von da wolte er nach dem Marckt, denn in Petersburg ist es Mode, daß die Männer statt der Weiber einkaufen. Doch sagte er: er müste erst nach Hauß, weil er den Kupferstecher Sokolow bestellt habe ihm etwas zu weisen, was zu einer Zeichnung, die er von einem Elecktrischen Apparat machen solte, nöthig wäre, nemlich die Schatten.[873] HE. Richmann hatte auf seinem Hause nicht so wohl einen Conducktor, als einen LufftElecktricitäts Weiser errichtet.[874] Nemlich in einer kleinen Lucke auf dem Dache seines kleinen höltzernen Hauses[875] hatt er an einem Seidenfaden einen Drat befestigt[876] der über das Dach weg, unten in sein Haus gieng. Über den Seidenfaden hatte er eine Art von geflochtenem Becher, die man in Petersburg zu trockenen Sachen gebraucht, gehängt.[877] Vom Dach gieng der Drat herunter über einen Gang dann über ein Fenster über einer Thür, woraus er eine Scheibe aus genommen hatte, nach einem Schranck der so hoch war als Richmanns Kinn,[878] auf diesem Schranck Stund eine Art von Becher-Glas mit etwas Messing Feilstaub (die Leidensche Flasche war damals noch in ihrer Kindheit.)[879] in dieses hieng der Drat.

An den Drat hatte er ein Elecktrometer angebracht einen ziemlich grosen Quadranten von Holtz aus dessen Mittelpunckt ein Faden herab hieng, und dieses | ist das Instrument, das Sokolow 2v
zeichnen solte.[880] So wollen wir nun einmal die Sache stehen lassen. HE. Professor Kr. fuhr auf der Newa nach seinem Hause, und Sah bey übrigens hellem Himmel eine schwartze Donnerwolcke etwa 40 Grade über dem Horizont, also in einer ziemli-

---

6 Bericht] *für* bericht 6–7 Am … Richmann] *für* HE. Prof. Richmann war 9 Männer] *für* Weiber 10 Weiber] *für* Männer 19 Über] *davor gestr.* Um den Se von] *danach gestr.* Bech[?] 22 ein¹] *für* das 28 An] *für* an

chen Entfernung.[881] Auf einmal bemerckte er am Ufer eine blaue etwa 2 Fäuste dicke Flamme entstehen mit einem so erschütternden Knall, daß ihm die Ohren gellten, der Matrose fiel zurück und rief: Gott steh uns bey. Nach einer kurtzen Zeit landete HE. Kr. gleich kam ihm ein Bote entgegen mit der Nachricht, er mögte nach Prof. Rich. kommen, der wäre vom Dache gefallen. Er holte nur seine Aderlaß Instrumente und einige andere nöthige Sachen, und lief hin. Er fand aber den Prof. Richmann auf dem Canapee liegend todt, und aus den grösten Oeffnungen, die er machte floß kein Blut mehr[882] .. Nun wieder zu Richmann selbst aus Sokolows Erzählung. Richmann wieß dem Sok. die Einrichtung, und weil es in der ferne donnerte, so warnte S. den R. Dieser sagte aber der Faden würde kaum abgestoßen und es habe gar keine Gefahr.[883] Auf einmal fuhr ein blaulicher Feuer Ball aus dem Apparat Richmann gerade auf die Stirne Sokolow,
3r = 2 der ihm | zur Rechten stund wurde umgeworfen und der glühende Drat hatte ihm ein Loch in den Rock gebrannt, als er wieder zu sich kam fand er den gantz Gang voller Rauch und lief ohne sich umzusehen auf die Strase und rief der Wache Lärmen zu machen es würde wohl Feuer im Hause seyn. Indessen Sprang auch die Frau Prof. zu, und fand ihren Mann todt auf dem Coffer mit dem Kopf gegen die Wand gelehnt. HE. Prof Kr. glaubte der Blitz habe erst kurz vorher ehe er in Richmanns Kopf gefahren, den Drat erreicht. Es waren verschiedene Ständer zerschmettert.[884] Richmann hatte vor dem Kopf einen runden rothen Fleck von der Größe eines grosen Thalers, der den folgenden Tag fast wie Pergamen wurde. Am Gehirn war keine sichtbare Verletzung. Die Arteria aspera[885] war hinten an der weichen Seite einen Zoll lang auf geschlizt, und der Blitz schien Zickzack immer von Richmann nach dem Schranck und vom Schranck nach Richmann gefahren zu seyn, auf den Beinen fand man weise Püncktchen als wenn man Pulver abgebrannt hätte und ein Tartarus vitriolatus[886] sitzen geblieben wäre. Daß er mit gnauer Noth habe können in den Sarg gebracht werden, weil sein Körper fast von einander gefallen, wie in einigen Relationen auch noch in

16 zur] *auf dem oberen Blattrand* Richmann **21** todt] *für* Tod **27** Am] *für* Im **32–473,2** ein … war] *auf sieben Zeilen durch Papierabriß am li. Rand verlorene Zeilenanfänge hat L. jeweils am Ende der vorhergehenden Zeile erg.* **34** fast] *erg.*

Priestley's Geschichte der Elecktricität steht, ist falsch.[887] Richmann war von Geburt ein Liefländer, und etwas hagerer Mann, von mittlerer Größe.

Nr. 73 IX D 4, 1r

Zur EntstehungsArt des Gewitters gehörige Bemerckungen 1r = 26

Merckwürdig ist des HE. Beccaria Bemerckung, daß sein Ableiter obgleich mit der Erde in Verbindung, dennoch Funcken gegeben habe. Priestley. p. 349.[888]
Lufft und Turmalin vergleichen.[889]
Vielleicht ist es ein Laden der Lufft. Lufft kan würcklich geladen werden Wilcke de Electr: contrariis p. 96 Man kan dieses auch am Elecktrophor zeigen.[890]
Ueber den Donner Wilck[e] Schwed. Abhandlungen B. 21.[891]

Nr. 74 IX D 4, 2r

Wie entstehten[!] die Gewitter 2r
man glaubte die Seewolcken seyen elecktrisch.[892] Fräncklin aufgegeben. Er kommt wieder auf das Reiben an Bäumen zurück, was noch kein Mensch erfahren hat.[893]
Volta. Dämpfe immer + warum zuweilen –[→368,2]
werden wolcken wie Turmalin elecktrisch.[→473,9]
nichts.
welches ist das Wahrscheinlichste? der chemische Proceß wie beym Regen[894]
Die Wolcken sind auch im Winter elecktrisch so wie sie im Winter naß sind, aber jenes ist nicht das Gewitter, so wie dieses nicht der Regen.[→368,3–7]

§ 750.

Ein elecktrischer Funcke. Er trifft hohe Gegenstände,[(312)] doch nicht immer; sie müsten leitend seyn. Feders Straße.[895] Bäume. p. 668. IVte Ausgabe.[896]

3 von … Größe.] *erg.* 8 Priestley … 349.] *erg.* 11 Wilcke … 96] *erg.*
15 Gewitter] *danach eine Zeile gestr.* Volta 25 jenes] *für* das

Würckungen §. 751. Schnelle Tödung,[897] Meine Geschichte→369,3
Weißbinder[898]
kalter Schlag.
kaltes Schmeltzen p. 664 IVte Ausgabe.[899]
Donner. Alle die Schwierigkeiten Excerpte p. 100[900]
Wasser zersezt.[901] Mein Donner beym Jacobi thurme[902]
Blitze ohne Donner. §. 752.[903]

Nr. 75 IX D 4, 4r[904]

4r Eigentlich ist Winckler gewiß der erste der bestimmt von der Sache redet. In s. Abhandlungen von der Stärcke der elecktr. Krafft des Wassers in gläsernen Gefäßen 1746. Leipzig.[905]

1) Figur
2) die höchsten Gegenständ[e]
3) die besten Leiter
4) brennt und sengt
5) schmelzt

Hopkinson Spitze[906]
Troostwyck p. 16.

6) zersplittert
7) blind
8) nimt die Vergoldung weg
9) zerstöhrt das thierische Leben
Turkey 10 Pfunden
10) Magnet zerstöhrt. und Pole umgekehrt[907]

Dalibard 1752 10. May zu Marly la ville[908]
Francklin im Junius[909]
Bisher hatte man einige Eigenschafften der Gewitter durch Elecktricität dargestellt jezt fehlte noch daß man umgekehrt. pp.[910]
Die Spitzen NB gaben die Veranlassung
Troostwyck. p. 16.[911]
Ein Thurm der zu Philadelphia gebaut werden solte hielte ihn ab.[912]

7 Blitze] *für* Gewitter 25 zu … ville] *erg.* 27 der Gewitter] *für* des Blitzes 30 NB] *für* No

Nr. 76 IX D 8, 1r

Ereignisse bey Donnerwetter 1r

Etwas wie den returning stroke des Lord Mahon[913] hat doch schon Bergmann bemerckt. Philos. Transact. Vol 53 für das Jahr 1763. Entfernte Personen sind zu Boden gefallen und haben den Schlag bemerckt.[914]

Nr. 77 IX D 2, 1v

1v

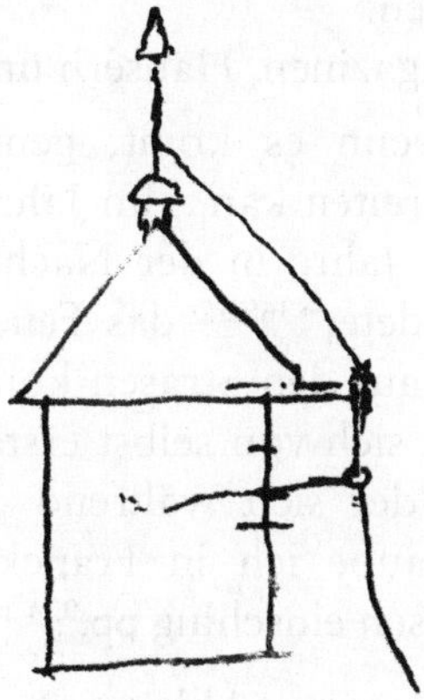

[915]

Nr. 78 IX D 6, 2r; 1

Gewitter Ableiter. 1. 2r

Hauptschrifften

HE. Reimarus vom Blitze.[916]

Wilcke in den Schwed. Abh. T. 32 bringt einige Bemerckungen bey, sind die schon von HE. Reimarus gebraucht?[917]

In den Actis der Pfältzischen Acad. der Wiss. Tom. IV kommt allerley hieher gehöriges gute vor. von HE. Hemmer, er legt eiserne Schienen über die Schornsteine, schraubt die Kupfernen Spitzen ein, und macht die Leitung von Nagelschmiede Eisen.[918]

Die Vorurtheile bekämpft. Man widersezt sich nicht dem Willen Gottes, wenn wir uns der Mittel zu unserer Erhaltung bedienung[!], die uns die Vernunfft lehrt, welche uns eben der Gott gegeben hat.[919] Die Thiere laufen nach ihren Höhlen und Nestern, wenn es regnet, und jeder dichte baum ist ein Ableiter für den Regen, unsere Tächer auch. Wir Deichen die Strohme, und wenn man nicht in Cuxhaven, so sehr kostbare Ableiter gegen die Elbe angelegt hätte, so könte einmal bey einem Sturm aus Nordwesten ein groses Land untergehen.[920] Die Pocken inoculation.[921] Auch haben sehr ansehnliche Geistlichen hierüber geschrieben, unter andern der vortreffliche Abbt Felbiger zu Sagan,[922] der selbst einen Blitz Ableiter bey der Kirche dort angebracht hat.[923]

Ihr unermeßlicher Nutzen.

Bey Kirchen, Pulver Magazinen, Häusern und Schiffen

Das Feuer entsteht, wenn es komt, gemeiniglich bey einem Sturm, der es sehr ausbreiten kan[.] Im Jahr 1556, schlug 3 oder 4 Tage vor dem neuen Jahre in der Nacht der Blitz in unsern Jacobi Thurm und zündete;[→369,22] das Feuer wurde bis auf den Hainberg geführt, und auf den Strasen konte man wie am Tage lesen. Das Feuer breitet sich von selbst erstaunlich aus. Ich habe jemanden gesprochen, der sich während der Krönung Kayßer Frantz des I. 1745 glaube ich in Franckfurt befand, da das Gewitter in Sachsenhausen einschlug pp.[924] |

1r <u>Gewitter-Ableiter. 2.</u>

Wie sind sie einzurichten?

Spitz oder stumpf. Der Streit ist neuerlich mit groser Hitze geführt, und was selten unter den Umständen geschieht entschieden worden und zwar für die Spitzen. vid. Götting. Taschen-Calender für 1779. und das Deutsche Museum.

Francklin und Nairne. spitz. Wilson stumpf.[(314)]

Wie sie zu führen sind?

Ja alles Eisen-werck in Verbindung damit gebracht.

Vorfall mit dem Pulver-Thurm zu Purfleet, auf welchem ein Ableiter gesezt war, und zwar von einer Commission, wobey selbst Fräncklin zugegen gewesen. Allein die Arbeiter hatten nachher Eisenwerck in die Nähe gebracht, ohne Vorwissen der Commission[(314)]

---

9 bey … dort] *erg.* 10 hat] *danach gestr.* Ih 14–18 Im … lesen.] *erg.* 15 in[1] … Nacht] *erg.* 18 von selbst] *erg.* 27 und … Museum] *erg.*

HE. Swift in Greenwich schlägt vor sie oben pyramidalisch zu machen. Sie solten von Kupfer seyn weil dieses ein besserer Leiter ist als Eisen. HE. Forster erwähnt dieses HE. Swifts in seinem Brief an mich über Blitzableiter[925]

Fernere Sinnlichmachung. Ein Gebäude in der Stadt müste zur Erläuterung gewählt werden zum Exempel hier die Universitäts Kirche. Ich bin vor einiger Zeit des wegen zwar nicht höchsten Orts, doch vom zweyten wegen eines Gutachtens befragt worden, und ich will Ihnen meine Meinung sagen, so können Sie bey Ihren Spatziergängen davon urtheilen und vergleichen.[926]
Gewitter meisten[s] von Süden, Südwest, West und Nord west.[927]
Warum?
Warum Personen offt glauben sie kämen aus Osten.
Wie ich den Ableiter führen würde.[928] |

Im Journal Encyclop. Août 1780 T. V. P. III. p 502 steht eine ausführliche Nachricht von den sonderbaren Wirckungen die ein Strahl am 14 Aug 1779 auf die mit einem Ableiter versehene Kirche notre Dame in Genua geäußert.[929] (was ist das?) 1v
Sogar über die Strohdächer hat man sie mit Glück geführt. Am 23^{tn} Aug. 1782 schlug der Blitz auf eine solche Scheune zu Catelnbogen $\frac{3}{4}$ Meilen von Bützow, wo HE. Prof. Hecker einen Ableiter auf HE. Reimarus Angabe über eine[!] Strohdach auf einem Bret geführt hatte. Vid. Altonaer Beytrage zum Postreuter 1782. N° 75.[930]

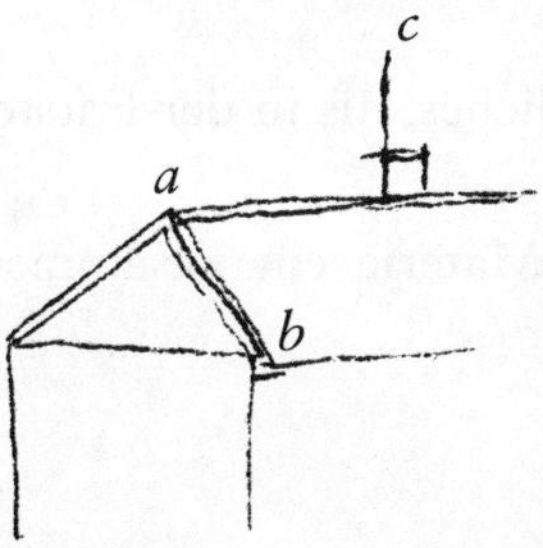

◂NB▸ Im 72 Band der Philos. Trans. P. II. geben HE. Nairne und Blagden umständliche Nachricht von der Entzündung des armen Hauses zu Heckingham bey Norwich durch den Blitz am 17 Junii 1781. ob es gleich mit 8 spitzen Ableitern versehen war. Die First so wohl als die Ecken *a b* waren mit Bley verwahrt[,] bey *b* fieng es an zu brennen, und das Bley war zurück gerollt[,] bey *a* fand sich aber auch Spuren von Schmeltzung von *c* bis *a* war $42\frac{1}{4}$ Fuß.[931]

---

5 Fernere] *am Rand gestr.* Hauptschr 5–6 zur Erläuterung] *erg.* 29 am … 1781.] *erg.* 31 die] *Dittographie*

Beweiß, daß das Glockenläuten bey gewittern mehr schädlich als nützlich sey nebst einer allgemeinen Untersuchung ächter und unächter Verwahrungs Mittel gegen Gewitter, von Joh. Nepomuc Fischer. München 1784. 8.[932]

Nr. 79 VII G, 1–2r

1r col. 1 Gewitter
Lufft El.
Es ist beständig Elecktr. in der Lufft
Phänomene. Volta so gar Flaschen damit geladen.[933]
Besondere Gesetze Morgens fast 0 und wenn die ⊙Hitze am stärcksten ist, am stärcksten. Wie beym Magneten.[934] Die ⊙ also Sommer, Tag.
Wie kommt sie dahin
Fräncklin zurückgenommen.[→473,16–18]
Volta Verdampfung[(310)]
  Es ist nicht hinreichend
  Es müste bey jedem Regen seyn.
  Es sind zu wenig Dämpfe in der Lufft
  und da der Regen sich nicht aus den Dämpfen erklären läßt,
Man hat sie als eine geladene Lufft schicht erklärt
Allein wie ist es möglich eine Wolcke zu Laden, die an Bergen anliegt, die offt mit andern Nebeln zusammen hangt, und die regnet?[935]
Man sieht also hier fast so viel unbegreifliches, als in der Entstehung des Hagels[→463,23–30]

Es ist also wahrscheinlich daß die El. Materie ein zusammen geseztes Wesen ist[936] ¦

1r col. 2 <u>Vorsicht.</u>

Zählen von Sekunden[→367,20]

Und dann die Furcht, sie ist doch wahrlich sehr ungegründet.

Ich weiß zwar, daß Räsonnement wenig eingreift

Die Furcht ist bey vielen Menschen nicht blos moralische, sondern phys. Ursprungs.[→369,8–9]

---

1 Beweiß] *davor ein Stern als Verweisungszeichen*

Fenster offen.

Wenig Ursache zur moralischen

Den Donner fürchte ich immer eine Hauptsache

Macht der Musik Canonen bey einem HE Gott dich loben

Die Wilden fliehen mehr vor dem Knall, als der Kugel[937]

Ein Gewitter das nicht donnerte würde wenig geachtet werden.

Hingegen wenn die Faulfieber die rothe Ruhr, so schwartz über die Berge hergezogen kämen was würde man da nicht zittern?[938]

Eigne Gefahr ist in den meisten Stadten gering

Ich habe viel über die Hälffte meines Lebens in Göttingen zu gebracht, und die hatten der Sache entgehen können, wenn sie hübsch nach Hauß gegangen wären[→369,13–15]

Hingegen haben sich mehrere zu todt gefallen beym Baden sind 3 ertruncken |

Fürchtet man den Tod seiner Frau wie viel werden unter uns seyn die sie auf dieses 1v col. 1

Fürchtet man Verlust seines Vermögens durch Feuer, so kan man wieder so sagen.

Ja wenn man die Gefahr durch Donner ausdrückte.

Und endlich wenn einen den[n] das Gewitter trifft[→367,25–27]

Seine Sinne aber gewiß ist auch hier, die Gefahr sonst viel größer sie zu verliehren.

Nun Blitz ableiter

Käfig.[(300)]

Nach der gewöhnlichen Methode

Spitz. Fräncklins 3 Wolcken[(315)]

Zum Experimentiren.

Allein nun auf eine neue Lehre.[939]

Wegen der Gefahr.

Die Fälle durch erzählt ¦

bey Häußern in Straßen unnütz, so lang sie nicht auf jedem Saustall.[940] 1v col. 2

Blattern Einimpfung im 90 Jahr.[(923)]

bey Schiffen.[941]

---

13 haben] *davor gestr.* sind

Bäume wie? Liste davon.[(896)]
Canonen.[942]
Glocken läuten.[→478,1–4]

Die vergoldeten Spitzen[943]
ja so gut und Starck als möglich, weil ein Blitz ihn zerstöhren kan.[944]

Blitzableiter mit einer Lösch Anstalt.[945]
Zu Halberstatt. 1790.[946]

Non fingendum aut excogitandum, sed experiendum quid natura faciat aut ferat[(410)] |

2r Vom gestrigen Kurtz. Man muß die Natur nachahmen.
Siena

Auf dem Lusciariberg in Kärnthen
Graf Orsini von Rosenberg.[947]

returning stroke.[(913)]

Blitze an der Erde.
Blitze von unten herauf.
  Es kan Betrug seyn
  Es kan unten und oben etwas seyn.
  Es kan auch würcklich statt finden

Nr. 80 VII C 3, 11

11r Was wir von dem Blitze mit großer Zuverlässigkeit wissen, ist 1), daß er wenn er eine Strecke von zusammenhängendem Metal erreicht er diese nie verlaßt[.] Hat diese Strecke Metal zum Beyspiel ein Drat eine Verbindung mit der Erde, so folgt ihm der Blitz bis dahin, und seine gantze Würckung hat ein Ende. Geht der Drat nicht zur Erde so wird der Blitz entweder durch die Lufft nach der Erde springen oder wenn andre Gegenstände nah sind zu diesen überspringen und das so lange, bis er die Erde erreicht hat. Ja selbst wenn diese Strecke Metall nicht zusammenhangend

---

15 *erg.* 22 Was] *davor zwei Zeilen gestr.* So wenig ⟨man⟩ Gewißes man noch zur Zeit von der Entstehung der Gewitter weiß | wir … 1)] *für* man von der Natur des Blitzes mit völliger Gewißheit weiß, ist | großer] *für* der größten 23 er[1]] *danach gestr.* elecktrischer Natur ist und daß der stärckste Strahl 28 nah] *für* da 30 selbst wenn] *für* wenn

ist aber ihre Theile nur so liegen, daß der Blitz beym Ueberspringen von einem zum andern [an] der Erde immer, gebracht wird, so folgt er ihr ebenfalls nach.

Wenn der Blitz auf seinem Wege von der Wolcke nach der Erde eine zusammenhängende Strecke Metall antrifft, so folgt er ihr unablässig; hat dieses Metall mit der Erde Verbindung so folgt er ihm in die Erde und seine gantze Wirckung hat ein Ende. Dieser Satz leidet keine Ausnahme. Was man zuweilen für Ausnahmen gehalten, waren keine sobald man die Sache näher untersuchte. Wenn der Blitz von einer Strecke Metal ab nach einer andern sprang so fand es sich daß die Verbindung der erstern mit der Erde unvollkommen, wenigstens nicht so | vollkommen mit der 11v
Erde verbunden, als die andere. Obgleich das Einschlagen des Blitzes weiter nichts ist als ein plötzlicher Uebergang derjenig[en] elecktrischen Materie der Wolcke [die] die Wolcke nicht mehr fassen kan, in die Erde, so würde doch der starckste Blitz, wenn er nur etwa 2 Fuß von der Erde ein Meilen langen Metalstreiffen anträffe, eher diesem folgen würde, als den noch kleinen übrigen Weg von 2 Fußen durch die Lufft machen. Dieses gilt auch selbst noch von unterbrochenen MetalLeitungen, wenn nämlich keine andere Leitung in der Nahe ist die vollkommener wäre als die unterbrochene metalische. So weiß man daß der Blitz an Gebäuden immer von Metal zu Metal gesprungen ist bis er endlich die Erde erreichte. Wären die eintzelnen Stücke Metal durch Metal verbunden gewesen, so würde alles ohne Schaden abgegangen seyn, so aber zerstorte der Blitz was zwischen den Metallen liegt oder zündet es wohl gar. Wenn ein Haus das mit einer metallenen Dachrinne versehen ist, vom Blitze getroffen wird so wird er von dem Punckt an unschädlich als er die Dachrinne erreicht hat, voraus gesezt, daß die Rinne ein Rohr hat, das nach der Erde geht. – Ferner weiß man aus unzähligen Erfahrungen daß wenn die Strecke Metal z. Beyspiel Eisenblech oder Bley u.s.w. [*Text bricht ab*][948]

---

1 aber] *für* und **6–7** er ihm] *für* ihm der Blitz **14–16** derjenigen ... Erde] *für* der elecktrischen Materie in die Erde **21** Leitung] *davor gestr.* zusammenhängende **24** Wären] *davor gestr.* Allein war **27** Haus] *danach gestr.* mit einer Dach | einer] *danach gestr.* Dachrinn

Nr. 81 IX E, 7r

7r Wasserhosen. Typhones durch Elecktr.

Beccaria Elettricismo artificiale e naturale p. 206.[949]

Sie sind sehr offt mit Blitz und Hagel begleitet und entstehen nur in den Monaten, wo es Donner wetter giebt. Man hat zuweilen blitze um sie herum gesehen. Das Herablassen der Wolcke, und das Entgegensteigen der See sieht einer elecktrischen Attracktion sehr ähnlich. Wilcke de Electr. contrariis. p. 142.[950]

Eine Wasser hose und ein Wirbelwind differiren nur darin, daß der eine über der See, der andere über Land steht.

Boscovich's Nachricht von dem Wirbelwind zu Rom den 11^{tn} Jun 1749 steht im Monthly review 1750. December. Er kam von der See, denn man konte seiner Spur von Ostia nach Rom folgen.[951]

Nr. 82 IX D 10, 9r

9r Nordschein durch die Elecktricität

Meine Theorie vom Turmalin hergenommen.[→487,24–488,37] Die Sonne erleuchtet als dann die Erde in 24 Stunden gantz.

Francklins Theorie steht Roziers Journal von 1779. Junius und Sammlung zur Physik und Natur Geschichte II. B. 2 St. S. 249 und im 2^{tn} Theil seiner Schrifften.[952]

Irrlichter und Sternschnuppen

Beccaria hat sie sehen auf einen Drachen zu schiesen.[953]

Das Entzünden der Dünste um ihn herum.

Volta sur l'air inflammable des marais, erklärt die Irrlichter daraus, nemlich er glaubt, daß sie der elecktrische Funcken zünde.[954]

---

8 Wilcke ... 142.] *erg.* 12 Monthly] *für* Monthley 18–20 Roziers ... Schriftten.] *für* irgendwo in Roziers Journal von 1779. 23 der] *danach gestr.* Lu

Nr. 83 IX D 10, 1r

Nordlicht überhaupt 1r

HE. Prof Böckmann (Ephemeriden 1779 p. 37.) hat im Jahr 1779 23 Nordlichter aufgezeichnet und beobachtet aber bey keinem Spuren von dessen Einwürkung auf die Magnet Nadel gefunden, ob sie gleich 8 Zoll lang und sehr empfindlich ist.[955]

HE. Cepede hierüber Rozier 1778 april 348.[956]

Nr. 84 IX D 10, 2r

<u>Nordlicht.</u> 2r

<u>Bücher</u>

Pater Hell.[957]

HE. Pastor Barhow Beobachtungen, die er zu Oereland ohnweit Drontheim angestellt. Franckfurt und Leipzig 1751. 8vo[958]

Wilckes Buch[959]

In Roziers Journal Jun: 1779 steht Fräncklins Theorie, er erklärt schon die Cronen durch ausströhmende Wolcken.[960] (Die Crone im Zenith von Gottingen 1770 sah meiner pos. Figur sehr ähnlich πμ)[961]

HE. van Swinden wird ein groses Werck darüber herausgeben.[962]

Fränklins Theorie im 2^{tn} Theil seiner Schrifften.[→482,18–20]

Nr. 85 IX D 10, 7

<u>Nordlicht durch Elecktr.</u> aus Wilke.[963] 7r

Fräncklin war ebenfalls der erste.[964] Man hat grose Ursache etwas zu vermuthen von der Art, alles ist voller elecktrischer Materie. Die Drachen, solte sich dieses nur allein als Gewitter äussern, der Blitz ist ein Funcke, die Strahlen des Nordlichts könten Büschel[965] seyn. Die Blitze die man zu weilen über Feuer speyenden Bergen sieht, und der Schein, den man zu Nachtzeit über diesen Bergen sieht sind nichts als abgeleitete Elecktricität. Die sogenannten Schneefeuer, und der Schein den man um die Nordischen Eisberge sieht, ist vermuthlich nichts als Elecktricität von welcher die gantze Natur voll ist. Allein mehr als alles dieses der Nordschein selbst hat so viele Aehnlichkeit mit einigen elecktrischen Erscheinungen, daß man gleich darauf verfällt. Nichts in der Welt, sagt Klingenstierna kan dem Nordlicht mehr gleichen als die Elecktricität, wenn man sie durch den leeren Raum durchläßt,[966] in der Höhe wird aber die Lufft dünner. (Das leuchtende Barometer.[(956)] Ueber dem Aequator am wärmsten, höchsten und trockensten, um die Pole am niedrigsten, dichtesten aber wegen der beständigen Kälte ebenfalls trocken. Aber zwischen diesen beyden Strichen findet dieses nicht statt (in der Zona temperata) da sind viele Dünste, die sich von den wärmeren Gegenden nach den kälteren ziehen, (ein Beschlagen) bis endlich in der kalten Zone sie wieder frieren und nieder fallen. Also Eis Region, Wasser Region, und die Warme Region, diese ist die gröste. Die mittlere wird die Ableitende seyn. Ueber das Strichwasser und dessen Circulation, sagt HE. Wilcke sehr viel schönes in der Note. p. 50. diese können am meisten im Herbst und Winter streichen[967] |

7v Man kan und muß die Lufft als ein ungeheures Ladungs Glas[(294)] ansehen. Oben das Leere unten die Erde (Belegungen) verliehrt nun die Lufft etwas nach der Erde zu so muß die Ober Fläche ebenfalls etwas verliehren, und so schießen die Bürsten in das Vacuum. Dieses geschieht an den Polen desto leichter, da sie mit Dünsten, wie mit Gebürgen angefüllt sind, die die Lufft Lagen dünner machen. Hinge[ge]n ist am Aequator die Lufft sehr trocken es kan sich alles besser laden, ohne verlust, und sich aufhaufen daher entstehen die grosen Donner wetter, Wasser hosen, Orkane die an den Pol[en] seltner sind.

HE. Wilcke merckt an daß das Nordlicht nicht allein haufiger gegen die Amerikanische Seite ist, sondern daß auch der Bogen eine beständige Westliche Abweichung hat, und daß dieses sehr mit Halleys Magnet System[968] sehr überein kommt welches doch auf gantz andern Gründen beruht.

---

5 in] *davor gestr.* frey in der Lufft 20 nach] *davor gestr., vermutl. aus früherer Verw. des Bl.* der Vers wird wird wie manch.[?] 22 an den] *für* am 23 Gebürgen] *für* Bergen 25 besser] *davor gestr.* geschwin 27 an den] *für* Am 28 das] *für* das [*mit Binnen-s*]

Nr. 86 IX D 10, 10r

Nordlicht. §. 759. 10r

Schrifften der Naturforschenden Freunde zu Berlin VI. Band eine Abhandlung von K. L. <u>Kronau</u>.

Nordscheine zählt der Verfasser von 1701–1780, 262. Davon die meisten im October und Märtz vorkommen. Die Witterung daraus vorher zu sagen häl[t] der Verfasser für unsicher.[969]

Nr. 87 IX D 10, 3–4

<u>Nordlicht.</u> 3r

Es kommt schon sehr häufig bey den Alten vor. Aristoteles, Livius, Plinius, Seneka,[970] werden sehr deutlich und unzählige Schrifftsteller der uns nächsten Jahrhunderte.

Allein die eigentliche Epoque der genauen Beobachtung und das Interesse der besseren Physiker schreibt sich vom 6 May 1716, wo man ein sehr großes fast über gantz Europa gesehen hat.[971]
In manchen Gegenden sieht man es fast alle Abend, als in Lappland, Grönland, Island in andern ist es seltner, zumal in den südlichen Gegenden von Europa.
Der Anblick den es gewährt ist sehr mannigfaltig.
Offt ist es ein stilles weißes Licht das auf dem Nordlichen Horizonte ruht, und sich aufwärts verlihrt wie Morgen oder Abend röthe, daher auch der Nahme Aurora borealis.[972]
Diesem Licht folgt alsdann offt eine Art von Dunst oder Rauch, als wenn sich ein Schlund in jener Gegend des Himmels eröffnete, bald darauf ordnet sich jener Nebel in eine Art von Circkel Segment, das mit einem hellen Bogen umgeben ist, das Mittel dieser Bogen weicht allzeit etwas gegen Westen ab, zuweilen sind es auch mehrere Bogen 2–3. die innen durch einen weniger dunckeln Zwischen|raum getrennt sind. Von diesen Bogen gehen offt 3v
eine Menge Strahlen aus, völlig von der Form der Cometenschwäntze, zuweilen sehr bleich, zuweilen röthlich, zuweilen Blauroth mit grünlich begleitet. Durch diese Streiffen sieht man die kleinsten Fixsterne durch, zumal wenn man Erleuchtungs Gläser gebraucht.[973] Diese Strahlen kommen aber auch von

---

14 vom] *danach gestr.* J

andern Theilen des Himmels, und durchfahren ihn auf mannigfaltige Weiße. Zuweilen kommen sie auch von Süden herauf und vereinigen sich mit ihm in eine Art von Crone, die gemeiniglich etwas südöstlich vom Zenith liegt, als dann hat es seinen höchsten Grad von Schönheit erreicht; die Crone verliehrt sich bald, es wird alles schwächer der schwartze Bogen verschwindet, es bleibt nur noch ein heller stehen, der ebenfalls verschwindet und gewöhnlich noch vorher ehe der Tag anbricht.

Zuweilen sieht man ein seltsames Schwingen oder auflodern in dem Gantzen licht, zuweilen nur eintzelne Strahlen, auch schwartze oder rothlich braune Wolcken, zuweilen ist der gantze Himmel roth, wie zum Beyspiel a͡o 1737 und 1769.[974]

Hieher nun die Verschiednen Zeichnungen[975] und die Erzahlung von Gmelin im Hube p. 298.[976]

> Mairan. frantz. Mem. Deutsch. T. 9.[(981)]
> Rost in Vol. IV. Dissert.[977] |

4r <u>Ursache.</u>

Einige halten es für Entzündungen schweflicher und phosphorischer Dünste. Das konte man sich vorstellen[,] was thut der Schwefel nicht[978]

Andere für ein blos emphatisches Meteor, so pflegt man die zu nennen, die blos von Brechungen oder Reflexionen des ☉ oder ☽ Lichtes abhangen, als z.B. der Regenbogen, die Parhelie und coronae.[979]

Einige haben das Magnetische Fluidum dabey genüzt.[(968)]
Euler glaubt es sey die Materie der Cometen Schwäntze.[980]

Mairan, der eines der vollständigsten und sinnreichsten Wercke[981] darüber geschrieben hat, glaubt es entstehe aus einer Vermischung der Sonnen Atmosphäre (des Zodiakal Lichts) mit der Atmosphäre der Erde.[982]

> Er macht eine zum Theil <u>Cosmische</u> Erscheinung daraus, nemlich die zu unserer Erde nicht als Kugel für sich sondern auch als Theil des Systems gehört. Kurtze Darstellung davon giebt Fontenelle. Frantz. Mem. Deutsch T. 9. p. 539 seqq[983]

Andere Elecktrisch und dahin gehören die meisten.[984]
Libes für Salpeter Säure[985]
Kirwan für ein Abbrennen der infl. Lufft. mit der Elecktricität.[986]

Mairan fanden das Cron 200 bis 300 frantz. Meilen Hoch.[987]

den Punckt, wo ein Theilchen Materie gleich Schwer gegen Sonne und Erde ist sezt er auf 60000 frantz. Meilen von der Erde, also alles was der Erde naher kömt[988]

Pater Hell in Appendice ad Ephem. Anni 1777.[(957)]

Franklin's.[(960)]

Magnet Nadel.[989]

Wir wissen zu wenig von dem eigentlichen Ursprung der Elecktr. und Magnet

wie wenn die Erde ein Turmalin wäre?[990] Was würden wir da nicht sehen? |

Bandioli[!] sopra l'aurora boreale. Padoua 1791 in 8vo ist recensirt 4v in Zimmermanns Annalen der geograph. und Stastit.[!] Wiss. 2^{tn} Jahrg. 1791. 2tes St. p. 121.[991] Sie ist auch elecktrisch. nur daß er sehr auf das gefriren der Dünste rechnet, wodurch ihre el. Capacität sehr vermindert wird. – Bey der Gelegenheit wird noch 3er Hypothesen gedacht. Des P. Savioli, der ebenfalls die Sonnenstrahlen und die Eis Massen gebraucht,[992] der des Herrn Hervieu, der die seinige auf den vermeinten Zufluß der El. Flüssigkeit zu den Polen [baut], die in einer vermuthlichen Antipathie gegen den Wärmestoff ihren Grund hat.[993] Die Dritte ist die von Libes.→486,36

Nr. 88 IX D 10, 5

Meine Theorie.[994] 5r

Gehler führt sie an Art. Südlicht[995]

Die Erde ist ein Magnet, der wenigstens seine 2 Pole hat, das ist so aus gemacht, als es ausgemacht ist, daß die Erde überhaupt 2 Pole hat um die sie sich dreht.

Wäre die magnetische Materie ein Gegenstand des Gesichts oder leuchtete sie, so ist es nicht unwahrscheinlich, daß sie uns so etwas darstellen könte als wie das Nordlicht und Südlicht. Halley hat einen solchen Gedancken (Philos. Trans. N° 349.)[(968)] allein unser Nordlicht kan wohl die magnetische Materie selbst nicht

---

1 Mairan] *davor gestr.* Halley | das Cron] *für* Bogen | frantz.] *für* deutsche

6 Franklin's.] *erg.* L_B 12 l'aurora] *Dittographie*

seyn, man müste auch wohl ein Leuchten bey den Magneten bemercken,[996] und dan müste zwischen Nordlicht und Magnet eine stärckere Verbindung seyn, als man bis jezt beob. hat.[(989)]

Ich nehme an die Erde sey ein elecktrische[r] Körper so wie sie ein magnetischer ist. Elecktr. Materie ist überall, so wie magnetische, obgleich immer gewisse Umstände nöthig sind, wenn sie sensibel werden soll. Stäbe gestrichen, und Röhren gerieben.

Sage ich nun die Erde sey ein Magnet, ohne etwas abgeschmacktes, ja selbst ohne etwas falsches zu sagen, so kan ich dünckt mich auch sagen die Erde sey ein Turmalin, ohne abgeschmackt zu seyn. Unser Heinberg ist nicht magnetisch, ob es gleich die Erde ist, eben so braucht der Heinberg auch kein Turmalin zu seyn, obgleich die Erde als einer betrachtet wird.[997] Mit einem Wort ich sage damit nichts anderes, als daß in der Erde oder in einem großen Theil derselben die elecktrische Materie durch Wärme vertheilt werden kan, und daß die Pole dieses Turmalins
5v eben so liegen ohngefehr wie die des | Magneten. Der Turmalin wäre also eine Art von Magnet dessen Ausflüsse unter gewissen Umstände sichtbar würden.

Man hat so viele Analogien zwischen der El. und Magn. entdeckt.[998] Das Anziehen der ungleichnahmige[n] Pole ließe sich mit Flaschen nachmachen. Das + elecktr. in – Atmosphäre[.] Das condensatorische. Das Elecktrophorische. Solte also wenn die Erde ein elecktrischer Körper ist, nicht auch sich etwas zeigen können, was der Polarität correspondirte, zu mal da wir dieses schon bey dem Turmalin sehen?

Erwärmung um die Tag und Nachtgleichen[999]

Wachsthum der Pflantzen (hat sich nicht bestättigt)[1000]

Ja wenn nun gar der Magnet und der Turmalin einerley wäre, denn der Turmalin wird vom Magneten gezogen pp.[1001]

Warum solte die Erde so wie sie Eigenschafften des kleinen natürlichen Magneten zeigt nicht auch Eigenschafften des kleinen Turmalins zeigen können?

Als die Erde noch weich war kan die Sonne manches durch Vertheilung bewürckt haben, das nachher nicht wieder zurück kehren konnte. So wie sie jezt noch Wärme und Kälte vertheilt. Das Eis und Schnee an den Polen sind etwas polarisches.

---

9 selbst] *erg.* **14** sage] *davor gestr.* glaube

Nr. 89 IX D 10, 6

Nordlicht. §. 759. 6r

Allg. Deutsche Bibl. Band 68. p. 179. Bey Gelegenheit von Cramers im Compendio angezeigtem Buche[1002]

Das Nordlicht hat, wenn man den Gassendus ausnimmt, der zu erst einen Versuch machte das von ihm 1621 gesehene aus natürlichen Ursachen zu erklären,[1003] die Naturkündiger erst seit 1716 beschäfftigt.[→485,13–15] Bis dahin war es eine so seltne Sache, daß Halley dieser unermüdete Beobachter des Himmels in der Beschreibung dieses N.L. (Philos. Trans. N° 347) aus drücklich sagt es sey dieses in s. 60^{tn} Jahre das erste daß er selbst gesehen habe.[1004] Desto gemeiner sie nachher geworden sind (warum?) desto mehr hat man Erklärungen erhalten. Alle Erklarungen trifft der Umstand warum nicht eher? gesehen.[1005] (πμ HE. Cramer nimmt die infl. Dünste zu Hülfe,[1006] es kömt aber da nichts heraus das gradlinigte Schießen ist allzu merckwürdig.[1007] Warum nicht am Südpol – Jezt sieht man in den Nordländern beynah in jeder hellen <u>Nacht</u> (Rec. sagt <u>Winternacht</u>, Sommer Nachte giebt es da nicht πμ)[1008] ein Nordlicht. Im vorigen Jahrhundert aber sah Fried. Martens 1671 (wer ist der Martens? Ein Hamburger Schiffs Balbier. Der 1675 eine spitzbergische und Grönländische Reise heraus gegeben hat.[1009] Die Frage ist ob er in einem Winter da war, sonst bewiese sein Stillschweigen gar nichts.[1010] Es muß also nothwendig nachgesehen werden. Gehler erwäh[n]t dieses Stillschweigens auch.[1011]) in Grönland wo er doch alle Merckw. so genau aufzeichnete, nicht ein eintziges.[1012] (Das Nordlicht ist also würcklich eine Sache, die die gröste Aufmercksamkeit der Physiker verdient, hier nimmt offenbar etwas in der Welt zu, es wird gemeiner, freylich giebt es offt etliche kalte Jahre und nasse hinter einander, daß sich aber die Sache so geschwind und | mit so schleuniger Abwechselung 6v wieder herstellt, verbirgt manches, hier ist etwas Dauerndes πμ). Warum am SüdPol so selten?[1013])

---

14 πμ] *erg.* 16 heraus] *danach gestr.*) 18 Sommer] *für* die Sommer na 20 Fried.] *erg.* 21–25 Ein … auch.] *erg.* 23 Winter] *danach setzt L. die Ergänzung auf Bl. 6v fort* 30 Jahre] *danach gestr.* hin | und] *danach gestr.* feu[?]

Nr. 90 IX D 10, 11r

11r <u>Nordlicht auf Magnet Nadel. §. 760.</u>

Rozier May 1787.

Der P. Cotte hatte eine Declinations-Nadel von Brander, die so träg war, daß sie sich öffters in gantzen Monaten nicht veränderte, dem ungeachtet aber gieng sie am 23 März 1786 nach einem Nordlicht plotzlich von 21° 23′ auf 21° 59′ (zu Laon. wo?) über, dahin gegen Die feinsten Variations Nadeln der HE. Coulomb und HE Fortin die sonst die täglichen Veränderungen vortrefflich zeigen, keinen Unterschied angaben. Dieses bestattigt HE. v. Swinden's Meinung sehr, daß das meiste auf die Nadeln ankomme.[1014]

Nr. 91 IX D 11, 1r

1r <u>Bücher zur Witterungslehre überhaupt</u>

HE. Achard schlägt werckzeuge vor zur Lufft Elektricität und waßrigten Meteoren. Mem. de l'acad Roy. de Sc. de Berlin für 1780.[1015]

Ein Auszug aus van Swinden's Buch steht. Rozier 1778 Oct.[1016]

Nr. 92 IX D 11, 11–12

11r <u>Witterung.</u>

Kirwans Formel ◂Es ist die Mayersche. Opp. p. 4. Compend. Ed. VI. p. 743.▸ ist $x - y \sin\phi^2$ für die mittlere Temperatur wenn .x die mittlere unter dem Aequator und $x - y$ unter dem Pol und ϕ die Breite ist.[1017] Nun geben die besten Beob. die mittleler[!] Temp. unter 40° Breite = + 62 Fahrenheit und unter 50° = + 52,9 daraus läßt sich x und y finden nemlich unter dem Aequator ist die mittlere = + 84 und die des Pols + 31.[1018] Dieses ist mit Recht auf der freyen See genommen.[1019] Das locale muß nun freylich hier eingetragen, werden. Was die Wärme verändert ist. hauptsächlich

4 eine] *Dittographie* 9 HE] *erg.* | die[1]] *davor gestr.* kein 23–24 und[2] … ist] *für* ist 26 finden] *für* findet man

1) die Höhe über dem Horizont der See.
2) Alles was die Ausdünstung vermehrt, als Wälder pp.
3) Lage und Streichen hoher Gebirge.[1020]

weil aber dieses Locale einerley bleibt auch der cosmische Quell derselbe ist und es dennoch kalte und Sommer und warme Winter giebt, so hat man dieses in andern Dingen zu suchen, und das sind die Winde von denen man noch so wenig gewisses weiß, und die von Umständen abhängen vielleicht in unserer Erde, die sich unter keine Regel bringen lassen. So entstehen trübe und kalte Sommer und folglich Kalte Winter schon allein aus dieser Quelle. Regengüsse verursachen große Ausdünstung.[1021]

Halley sezt die Krafft der ⊙ bloß dem Sinus der Höhe simpel

proportional. 8 9 10 11 12 1 2 3 4 Stund.

Die Area dieser Curve ist die Warme für diesen Tag.[1022]

Mayer giebt die obige Formel. Er sagt wenn x und y die Bedeutungen haben, wie oben, so sey $(x-y)\sin\phi^2$ die Mittlere Temperatur für die Polhöhe ϕ.[1023] Dieses lasse sich leicht erweisen.[1024]
Ich dencke so: Wenn wir annehmen die Sonne stünde im Aequator und in einem Meridian stille so würde sich in einer gegebenen Zeit über die gantze | Erde eine gewisse Wärme verbreiten. 11v
Die sich nicht nach Halley's sondern nach den von mir oben angegebenen Regeln wie $\sin\phi^2$ verhalten müßte.[→370,5–13] (Diese Regel hat also Mayer angenommen) und so mit allen darzwischen liegen[den] Orten. Dreht sich nun die Erde, so wird jeder Parallel eine Warme erhalten, die sich wie $\sin\phi^2$. verhält. Nehmen wir nun das gantze halbe Jahr zusammen, nämlich den Gang der ⊙ vom Aequator nach dem Sommer Solst. und wieder zurück zum Aequator so werden sich die Summen aller dieser Wärmen in jedem Parallelen auch wie $\sin\phi^2$ verhalten.

Hätte man nun den absoluten <u>Unterschied</u> zwischen den mittleren Wärmen unter dem Aequator und Pol; wäre der gegeben, so ist klar, daß wenn sich der Wachsthum der Wärme nach $\sin\phi^2$ richtet, die Modification dieser Differentz auch wieder von dem

4–5 auch … ist] *erg.* 12 simpel] *erg.* 20 Wärme] *davor gestr.* wa 28 so] *davor gestr.* und 29 in] *davor gestr.* eben

Quadrat des Sinus abhängen müste. (Lion aber doch klar). Es wird also die Wärme für jede Breite $=(x-y)\sin\phi^2$. seyn.[(1023)] Diese aber weiß man nicht, sie lassen sich aber durch zwey Gleichungen finden.[→490,24–27] – Man nimmt diese Differenz an, um die absolute Große des Fortgangs zu bestimmen; (die Einheit aus zu machen, denn ohne dieses müste man ja <u>Fahrenheitische</u> Grade mit sinibus multipliciren. Wir müssen ja wissen wie das Ding abnimt <u>absolute</u>.)

12r Was läßt sich nun ferner auf Rechnung bringen. Die Distantz der ⊙ vom Sommer sonnen Stillstand. Dieses hat Mayer gethan, die gröste Hitze ist bey uns, wenn sie <u>30°</u> über diesen Punckt hinaus ist. Nach dem Aequator hin nimt diese Distantz ab.[1025] Mayer macht eine billige Voraussetzung.[1026] – Ferner der Abstand vom Mittagskreise im Tage[1027] und endlich die Höhe der Örter.[1028] Hier ist allein Bouguers Beobachtung zum Grund gelegt.[1029] Der Gedancke von der Schneelinie ist vortrefflich Es ist eine Fundamental Erfahrung.[1030] Ich meine eine, die mit in die Haupt Gleichung gehört, wenn wir Gleichungen über diese Dinge machen wollen. 2400 sezt Mayer er läßt sich nicht auf eintzelne Toisen ein (2434). An der Gräntze von Zon. temp. & torr. = 2100. und in dem mittlern Europa 1200 (Bouguer in Franckreich 15 bis 1600 Toisen.)[1031] Man hat allerley Zweifel gegen diese Linie erregt. Aber das sind welche, die die feste Linie der Erde <u>auch</u> treffen. Es ist ein Zeichen daß die Linie des Schnees noch nicht die Linie des Beständigen ist.[1032] |

12v

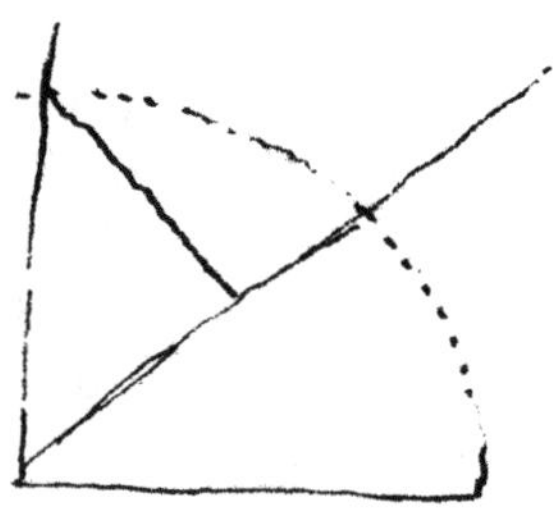

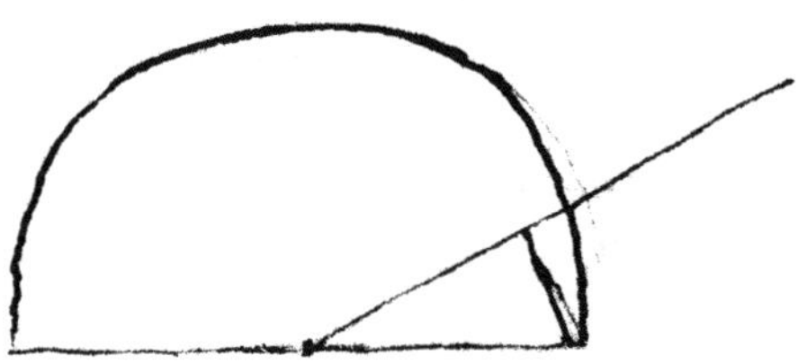

1 Lion] *durch das* L *ein senkrechter Strich* 5 die[1]] *für* den 8 <u>absolute</u>] *dreifach unterstrichen* 17 Fundamental] *für* primitive

Nr. 93 IX D 11, 2. 16r

Die Formel $x - y \sin\phi^2$ gründet sich darauf:[→490,21–24] 2r
Da die Wärme, welche die Sonne auf einer vollkommnen Kugel hervor bringt sich nach dem Quadrat des Sinus des Einfalles Winckels richtet,[→370,5–13] so sieht man, daß wenn sie von dem Aequator nach den Polen zu abnimmt, dieses in einer gewissen Verhältniß mit Sinibus oder cosinibus der Breite stehen müssen, wenn die Sonne im Aequator steht. Entfernt sich die ⊙ von dem Äquator gegen Norden, so ereignet sich etwas ähnliches auch bey diesen Lagen. Da sich nun diese Lagen völlig compensiren durch ihre Abweichung gegen Süden[1033], so sieht man daß am Ende eine mittlere Wärme entstehen müsse, die sich nach den Abständen der ⊙ vom Scheitel richte, so daß man die gantze Mittlere Einwirckung dem Sinus der Breite proportional setzen kan. Denn was der Nördlichen Hälfft[e] zu viel geschieht, wenn die ⊙ in *B* steht, geschieht ihr zu wenig wenn sie in *C* steht und vice versa der Südlichen Hälffte Da nun über all die Erwärmung eine Function des Sinus des Einfalls Winckels seyn wird, und dieses Jahr aus Jahr ein so geht, so begreift man, ohne Figur, daß da der Stand im Aequator, der

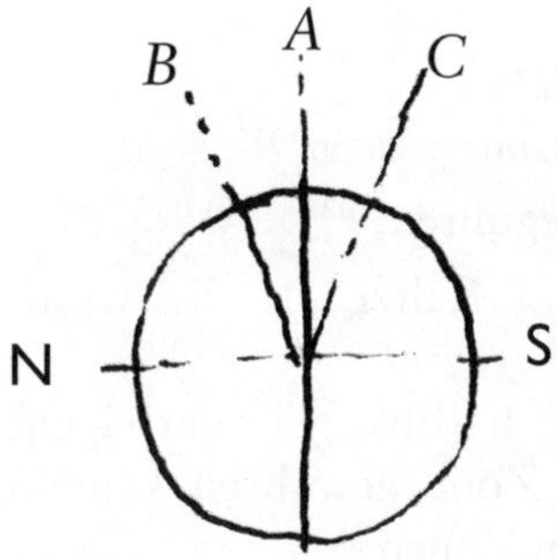

mittlere Abstand | vom Scheitel für alle Orte in der Welt ist, so 2v
wird auch jene mittlere Wärme eine Function des Sinus oder cosinus vom Abstand der Orte vom Aequator seyn. Ist also die mittlere Warme unter dem Äquator

$= x$; die an den Polen

$= x - y$ Das ist.

$= x$ um eine gewisse größe $= y$ vermindert, so wird man nun .y das Vom Aequator bis zum Pol veränderlich ist, so aus drücken müssen und zwar durch das Quadrat des Sinus oder cos. der Breite, daß der Ausdruck. sich für den Aequator in x und für den Pol in $x - y$ verwandelt. Wir wollen setzen beyde Größen x und y seyen gegeben, also mit Mayer[1034] zu reden es sey der mittlere

---

3 Wärme, … auf] *für* Wärme der Sonne bey 22 und] *davor gestr.* so
31–32 .*y* … drücken] *für* die Function so aus drücken

Stand des Thermometers unter dem Aequator $= m$ unter den Polen $= m - n$ so muß n nun so durch das Quadrat des Sinus der breite modificirt werden, daß sich der Ausdruck für den Aequator in m und für den Pol in $m - n$ verwandelt. Dieses kan aber nicht anders geschehen, als durch $m - n \sin\phi^2$. Dan setzen wir ϕ oder die Breite $= 0$ so wird der Ausdruck $= m$ setzen wir aber $\phi = 90$ und folglich $\sin\phi = 1$. so verwandelt sich der Ausdruck in
16r $m - n$. Dieses | ist also Gerade der Ausdruck, durch welchen die Wärme vom Aequator nach den Polen abnimmt, und zwar nach einem Gesetz, das von dem Quadrat des Sinus der Breite abhängt, wie es seyn muß. Ist nun $\underline{m}$ so wohl als $\underline{n}$ unbekannt, aber man hat dafür, zwey Beobachtungen in gewissen Breiten so kan man daraus m und n finden.→490,24–27

Nr. 94 IX D 11, 15r

15r <u>Witterung. Kirwan.</u>

Schrifften 3ter Theil nach Crells Uebersetzung p. III. pp.[1035]

Die Sonne mag wohl ein Hauptgesetz reguliren.[1036]

Die östlichen Küsten der Länder sind Kalter als die westlichen.[1037]

Aus der Hitze der südl. Länder unserer ha[l]bkugel oder eigentlich unserer sogenannten temperirten Zone gewähren keine[n] Schluß auf die Beschaffenheit der heißen Zonen[1038]

Nr. 95 IX D 11, 13

13r <u>Schneelinie</u>

Die Schneelinie ist nach Bouguer unter dem Aequator 2434 Toisen hoch, auf der Gräntze der heißen und gemäßigten Zone 2100, in Franckreich 1600 bis 1500.[1039] In Island ist schon der Hekla ein Schneeberg, und an den Polen berührt sie die Erde.[1040]

2–3 der breite] *erg.* 6 oder … so] *für* = 0 so

Jakutsk 62° 2′ n.b[1041] fand Gmelin die Erde am Ende des Junius nur um 3 Fuß aufgethaut und die Archive der Stadt bezeugen, daß man erst nach 91 Fußen auf unaufgethaute Erde komme.[1042]
Bergen in Norwegen 60° Lat
Drontheim – 63° –
Jeniseisk 16 Januar 1735. 157° unter 0.[1043]
Grad der Breite; frey von Bergen und Wäldern
Höhe Schnee linie
Alsdann, Wälder, Seen.[1044]
Winde[.] englische Ordnung der Monate. p. 677[1045]
Central Feuer[(336)]
Steigen und Fallen des Bar[1046]
Fratris Tabb.[1047]
Witterungs Prophezeyhungen[1048]
Blos der Schaum des innern. Ein ewiges Hinderniß.[1049] Die ⊙ nach Herschel.[1050] |
$a \sin \phi^2$; $b \sin \phi^2$; $c \sin \phi^2$; $d \sin \phi^2$ [1051] 13v

Nr. 96 VIII E 10, 20r

Schnee linie. 20r
Erkältungs Lini[e] in der Erde
Lufft kein Leiter der Wärme
Wasser kein Leiter der War
Quid nunc?
Die Vernunfft wenn sie auf End Ursache in der Welt stößt, scheint mir nicht viel besser dran zu seyn, als wenn sie auf ein Dictat des Hertzens geräth.
NB. NB. NB. Der hinterste Satz muß voran.
werdet wie die Kindlein[1052]
Brédé.[1053]

1–3 *mit Tinte über L*$_B$ Jakutsk / Gmelin am Ende / des Junius nur 3 Fuß / gethaut und {dass[?]} die Archive der / Stadt bezeugen, so werden[?] jezt noch 91 Fusse unaufgethaute / Erde kommen 1–5 *erg.* 10 Winde] *im Ms. vom Folgenden durch einen senkr. Strich abgetrennt* 29 *von fremder Hand*

Nr. 97 IX D 11, 9r

9r Steigen und Fallen des Barometers

Elasticität ist wohl ein Haupt Umstand dabey. Denn, wenn die Lufft elastischer wird, und dieses kan durch Ursachen geschehen die ihre Schwere nicht im mindesten vermehren, so muß dieses durch eine neue Krafft, die den Trägen Körper in Bewegung sezt, allein diese Krafft kan nicht ohne Unterstützungs punckt würcken, es drückt also die Lufft auf beyde die Atmosphäre wird gehoben, oder die Feder Krafft stüzt sich gegen die träge Masse an; dieses ist ein Haupt umstand.

Nr. 98 IX B, 9

9r Halleys Barometer Regeln[1054]

1) das Barometer steht gewöhnlich niedrig, bey stiller Witterung die sich zum Regen neigt
2) bey heiterem und anhaltender guter Witterung ist es gewöhnlich hoch
3) Bey starcken Winden und Stürmen, wen[n] sie auch nicht mit Regen verbunden sind, steht es am aller niedrigsten[1055]
4) Es steht am höchsten bey Ostlichem und nordöstl. Wind alles übrige gleich gesezt.
5) Bey stiller starker Kälte gewöhnlich hoch
6) Nach einem großen Sturm, wo es sehr niedrig gestanden hat steigt es gewöhnlich sehr schnell
7) je nördlicher vom Aequator desto größer ist die Veränderung.
8) Zwischen den Tropicis und nahe dabey beträgt die Veränderung sehr wenig[1056] zu St Helena $\frac{3}{10}$ Zoll. zu London $2\frac{1}{2}$ zu Petersbur[g] $3\frac{1}{2}$.[1057]

Hierzu kommen noch:
Wenn das Barom. bey heiterer Witterung hoch steht, so wird es nicht leicht trüber werden, ohne daß es vorher zu fallen anfängt. Allein es kan zu fallen anfangen und die Witterung noch heiter bleiben.[1058] Eben so, wenn es bey schlechter Witterung tief steht,

---

28 Hierzu] *davor zwei Zeilen unkenntlich gemacht u. gestr.* Die Hollmannischen / ††† ††† †wetter† 30 vorher] *erg.*

so wird es nicht leicht besser werden, das Barom muß vorher steigen, aber es kan steigen und es bleibt noch einige Zeit schlechtes Wetter.

Endlich habe ich selbst häufig bemerckt, | daß, wenn im Som- 9v
mer, das Barometer nach anhaltender heiterer und warmer Witterung zu fallen anfängt und sich der Himmel sehr bald darauf trübt nicht leicht ein Gewitter entsteht. Hält aber die heitre Witterung, bey diesem Fallen, noch einen oder mehrere Tage an: so erfolgt gewöhnlich ein Gewitter.[1059]

Nr. 99 IX D 11, 10r

Witterungs Proph.: (Ungewißheit) 10r

Wir solten uns nicht so wohl darauf einschräncken vorher bestimmen zu wollen, was schönes, als was gutes Wetter sey. Denn die Schönheit des Wetters, lieber Gott, ist so verschieden, als der Begriff von der Schönheit selbst. Alles Wetter ist gut, im höchsten Verstand aber nicht alles Wetter ist schön[.] Güte und Schönheit darin werden nach gantz verschiedenen Grundsätzen beurtheilt und selbst die Güte von uns nicht mehr nach festgesezten Regeln. Der eine nennt ein Jahr gut, wenn der Wein, ein anderer wenn das Korn gedeiht, aber wie können das Maasstäbe für das große Gesetz und den großen Mechanismus des Universums abgeben? Daher wäre Die Meteorologie für die wilden Schweine, und den braunen Kohl. viel leichter Diese würden sehr viel billiger seyn, und alles simpler werden, als für den sich an tausend mannigfaltige Häckchen anschließenden Menschen.

So bald wir aber die Dependentz zwischen Gutem und Schönem zwischen gutem und angenehmen angeben wollen, da finden sich unübersteigliche Schwierigkeiten hier wie überall. In Physiognomick so gut als Meteorognomick.

---

1 das] *für* der 4 selbst] *davor gestr.* häu 6 darauf] *erg.* 7 Hält] *davor gestr.* so sehr man auch 9 gewöhnlich] *davor gestr.* der Uebergang 13 schönes] *danach gestr.* Wetter | sey] *erg.* 15 ist] *Dittographie* 15–16 im ... Verstand] *erg.* 17 nach] *für* aus 18–19 und ... Regeln] *erg.* 21 für] *davor gestr.* werden? 22 Daher wäre] *erg.* 23 viel leichter] *erg.*

Nr. 100 IX D 11, 14r

14r

Witterungs-Prophezeyhungen

Gatterer nennt sie, und entschuldigt den Ausdruck und nennt sie allesamt Lügenpropheten, das sind sie gewiß.[1060] Allein ich fürchte nur allzu sehr, daß eben diese Lügen Propheten nur deswegen irren, weil sie sich mit Bestimmungen von Dingen abgeben, die von unzähligen Ursachen abhängen, und daß die weiseren Menschen nur in so fern mehr hoffen können, als es ihre Absicht nicht ist, sich in dieses detail einzulassen.
Eine Meteorologie für den brau[n]en Kohl zu schreiben müste dünckt mich nicht sehr schwer seyn, und für die wilden Schweine, aber für den Menschen,. Allein für den Menschen der jeden Tag, da die Sonne scheint für schön hält wenigstens der Mensch im ersten Rang, das Jahr für schlecht hält, wenn der Weinwachs elend ausfällt, und dessen Feinheit im Beobachten sich blos nach seinen Interessen richtet, da eine Witterungslehre zu schreiben ist wohl unmöglich.

8 weiseren] *für* Weißeren

Nr. 101 IX D 1, 19r–20v

19r

Theorie der Erde

Ordnung des Vortrags

Es könte Verwegenheit scheinen über die Entstehung der Welt zu urtheilen.

Indessen das Ursachen-Thier, ◂Der Ursachensucher.▸ der Mensch (Ameisen Bär) läßt sich dadurch nicht abschrecken.[1061]

Es lebt ein thätiges Principium in uns, das uns umtreibt überall zu erklären und Gründe zu suchen. Dieser Trieb hat Ubung und Vervollkommnung unsers Geistes zum Zweck

Es belebt uns ein Principium Vervoll-kommnung

Er läßt sich nicht unterdrücken und muß auch nicht unterdrückt werden, und gewiß ist die Entstehung der Welt, oder besser vielleicht die Entstehung der jetzigen Form nicht sowohl unserer Erde, als unserer Erdkruste ein sehr würdiger Gegenstand unsere Kräffte zu üben. Er ist unerschöpflich und alle Hoffnung endlich zu einem gewissen Ziel zu kommen ist doch noch nicht so gantz abgeschnitten, weil wir der Sache selbst nahe sind.

nicht zu unter-drücken

Nie hat sich der Geist der Critick und Philos. stärcker gezeigt als bey dunckeln Stellen von Büchern, wo man Sinn und Ordnung vermuthen aber nicht gleich finden konte. Wäre die Bibel ein simples leicht geschriebenes Buch, so würden wir vielleicht in allen Kenntnissen, die offt sehr weit von dem eigentlich Religiösen abliegen gewiß sehr weit zurückseyn.

Geist der Critik bei schweren Stellen

Bibel

Bücher die zuerst leicht werden, werden nach und nach schwer.

Nimmt man in der Natur nur ein eintziges | Wunder an. Nemlich die Entstehung der Materie mit allen ihren Kräfften überhaupt,[→378,11–13] so sehe ich nicht ein was es unphilosophisches in sich hat, einmal zu versuchen, ob wir nicht die Entstehung unserer Erde etwa so erklären können so wie wir die von einer Wolcke erklären.[→378,25–28] Nemlich einen gewissen Zustand so einfach als möglich annehmen, alsdann aber auch nichts weiter, sondern so bald dieser festgesezt ist nun mehr nach allgemein eingestandenen Gesetzen und Eigenschafften der Materie dasjenige Herleiten, was man eigentlich erklären wolte.[1062]

19v

Nicht anders als die einer Wolcke

---

8 *Rand* L_B 12 *Rand* L_B 16 Ziel] *davor gestr.* Zweck zu 18 *Rand* L_B | Geist … Philos.] *für* menschliche Geist 22 *Rand* L_B 30 *Rand* L_B 34 wolte] *für* solte

Behaglichkeit

Man findet dabey eine gewisse Behagligkeit, man fühlt daß der Geist seine Pflicht erfüllt und das Ursachenthier kommt nicht eher zur Ruhe.

Was hilfft alles Aufsuchen von Thatsachen

Ferner was hilfft alles Aufsuchen von Thatsachen, wenn man sie nicht zu verbinden sucht. Wir müssen freylich Thatsachen haben sie sind die Basis der Wissenschafft, aber nicht die Wissenschafft selbst. Warum studiren wir denn? Gewiß nicht um ein Chaos von Sätzen in unserm Kopf auf zu häufen, sondern nach den Gesetzen unseres Denckens zu verbinden und zu Ordnen.

Sie sehen hieraus was also zu einer vollkommnen Theorie der Erde erfordert wird. Vollkommen wäre die, die von einer ausserst simplen Voraussetzung aus gienge, und daraus nach allgemeinen eingestandenen Gesetzen und Eigenschafften der |
20r Materie und der Bewegung den Gegenwärtigen Zustand unserer Erdkruste so erklärte, daß wir ohne Erdichtung auf Erdichtungen zu haufen durch den natürlichsten Fortschritt der Schlüsse, endlich auf den Gegenwartigen Zustand geführt würden ohne daß ihm [ein] eintziges Factum widerspräche und auch keines unerklärt bliebe.

> Zu sagen wir können von diesen Dingen nichts wissen das heißt doch fürwahr sich aus lauter Vernunfft zum Affen erniedrigen.

Eine solche Theorie giebt es freylich noch nicht, allein dieses ist das Ideal, und diejenige wird die vollkommenste unter den Gegenwärtigen seyn, die sich ihm am meisten nähert.

Die meisten von denen, wovon ich die Verfasser genannt haben[!] gehen von Voraussetzungen aus die an sich schon zusammen gesezt sind, oder nehmen gar Wunder zu Hülfe, oder verfallen in die abgeschmacktesten Dinge. **Woodwards** Aufhebung der **Cohaesions** Kraffte[(406)] **De Maillets** Vögel.[1063] Absalom[1064]

> Gesetze der Natur sind schwerlich verlohren gegangen

Auch verleitet manche die gar zu große Aengstlichkeit womit sie an den Erzählungen Mosis hängen zu früh zu Absurditäten. Vernünfftiger wäre es gewesen einmal die Bibel ruhen zu lassen, und zu sehen ob man nicht am Ende dadurch selbst auf die Vorfälle geleitet wird von denen Mose spricht. Dieses ist das Verfahren

---

1 Behagligkeit] *für* Ruhe **4** *Rand* L_B **11** erfordert] *davor gestr.* erfolg **15** ohne] *danach gestr.* neue **23** unter] *davor gestr.* seyn die **25** Verfasser] *davor gestr.* Nahm

des Herrn DeLuc und ein wahres Meisterstück, worüber sich selbst die aller unbeugsamsten Orthodoxen freuen konnen, ich meine die so gar glauben die Bibel lehre Physik.[→389,25–32]

Noch andere nehmen Ursachen von Würckungen an, die zwar in sich nichts unmögliches enthalten, die aber | doch den Thatsachen 20v = 4) widersprechen. Dahin gehört vorzüglich der häufige Gebrauch den viele von dem unterirrdischen Feuer machen. Das geht zu weit wir finden die Spuren von Schmeltzung nicht die einige annehmen. Wir haben freylich Vulkane aber das sind locale Kleinigkeiten, selbst vorausgesezt, aber nicht zugegeben, daß die Basalte alle Vukanischen Ursprungs wären.[(515)]

Doch nun zur Sache.

Lulofs Kenntniß der Erdkugel empfohlen zur Beurtheilung der meisten.

Das Kantische (Heffte, Theorie der Erde S. 4 Entstehung der Welt). Es kan bey allen genüzt werden, wenn man weit ausholen will[→378,1–380,9]

Zur Probe das Leibnitzische S. 7. Burnet, ibid.[→380,18–381,8]

Hutton auf einem eignen Blatt.[→513,18–515,34]

Nun HE. de Luc. hier hauptsächlich seine verschiedenen Bemühungen. (S. Heffte S. 11).[→384,3–389,32] Erster Versuch in den Briefen. Hier begnügt er sich, wie er selbst im 8tn Brief an La Metherie sagt (Gren V. B. p. 96.) mit folgenden 4 Punckten. 1) Unser festes Land ist Meeres Grund gewesen 2) Die See ist nicht durch langsame Operation weggekommen 3) Daß sie durch eine Revolution die sehr bestimmt[en] Charackter hat unser festes Land zur Trockne gekommen. 4) daß diese Revolution nicht sehr alt ist, und dabey widerlegt [er] alle merckwürdigen Hypothesen vor ihm[1065]

---

10 vorausgesezt] *davor gestr.* eingestand | aber] *davor gestr.* da **16–17** Es … will] *erg.* **19** auf … Blatt.] *erg.* **20** HE.] *erg.* **25** weggekommen] *davor gestr.* entstanden **28** merckwürdigen] *erg.*

Nr. 102 IX D 1, 21r–22r

21r

Allgemeine Beobachtungen.
Unmittelbar nach der ersten Einleitung.

Wir bemercken auf unserer Erde Berge. Woher kommen diese? Bey einem Körper der so deutliche Spuren von Flüssigkeit an sich trägt. Warum haben sich diese Erhabenheiten nicht auch abgerundet, und an die sphäroidische Form angeschmiegt? Dieses ist eine Hauptfrage. Um diese haben sich auch alle, die über diese Lehre geschrieben haben, vorzüglich bekümmert, und das war sehr recht. Denn eine Theorie, die diesen Haupt-Umstand nicht erklärt, wird in allem andern zurückbleiben.

Alle mir bekannt gewordén[en] Theorien der Erde[1066] lassen sich unter zwey Haupt-Rubriken bringen.

A) solche die zwar nicht mit widersinnigen aber doch mit bloß willkührlich angenommen[en] Voraussetzungen anheben, und aus denselben so gut sie können, mit bald mehr bald minderem Glück, so wie es der jedesmalige Scharfsinn des Mannes
21v mit sich bringt, die jetzige Form der Kruste unserer | Erde deduciren. Zu diesen gehören die meisten denn es ist dem Menschen sehr schmeichelhafft so zu commandiren, und das Verstehen ist auch das schicklichste für den Stuben sitzer auf dem Thron. Dahin gehören ◂aber mit sehr verschiedenem innern Werth.▸. Cartesius, Burnet, Whiston, Leibnitz, Linné, Woodward Francklin und unser vortrefflicher Kant, wenn er nicht viel mehr als selbstständig und als Vermittler zwischen dieser und der folgenden Classe betrachtet werden muß.

B) in solche die hier mit Recht den umgekehrten Weg einschlagen. Die Form der Kruste gnau beobachten, und daraus auf die nächsten Ursachen schließen, von diesen wieder auf andere nächste, und so rückwärts.→378,3–4 In diesem Rückwärts schließen giebt es nun wieder, wie man leicht dencken kan, sehr verschiedene Gräntzen; so wie es auch leider Unterschiede in der Genauigkeit der Beobachtungen giebt. Zu diesen gehören Dr Hutton, v. Saussüre, La Metherie, Dolomieu und DeLuc.

---

14 doch] *erg.* **15** willkührlich] *davor gestr.* an **16** denselben] *für* denen **21** schicklichste für] *für* beste fur **24** Francklin und] *für* pp. und NB **26** muß] *davor gestr.* k **28** der] *davor gestr.* unserer | daraus] *erg.*

Obgleich auch hier die Grade der Genauigkeit und der Treue gegen den ersten Vorsatz wieder einen | gar mercklichen 22r
Unterschied machen.

Unter jenen steht Herr Kant oben an. So wie unter diesen Herr DeLüc.[→384,3–389,32]

Ich werde mich also nun hauptsächlich auf diese beyden einlassen, nicht als wenn ich damit andern vorgreifen wolte, sondern weil sie beyden als Muster dienen können. Nun <u>Kants</u> Theorie. pp.[→511,2–513,3]

Nr. 103 IX D 1, 29r

<u>Theorie der Erde überhaupt</u> 29r

Ueber das was Bailly von der Atlantis des Plato sagt, steht eine gute Critic in dem Journal de Paris 1780. N° 272 Fortsetzung N° 278.[1067]

Ueber Whitehurst' Inquiry into the original state of the Earth steht im Journal des Sc. Octobre 1779.[1068]

Nr. 104 IX D 1, 30r

Das Hauptsächlichste von 30r
HE. v. Redens zu Clausthal Theorie der Erde,
so wie er mir sie am 9^{tn} Junii 1781 zu Weende erzählt.[1069]

Die Erde ist Anfangs gantz mit Wasser umflossen gewesen. Dieses ist in die Kiese[1070] eingedrungen, diese Mischung hat sich entzündet, dadurch wurde der Boden gehoben, und so entstunden die höchste[n] Gebirge die über die See hervorragten. Dieses waren wahre Vulcane; Diese warfen eine Menge heisen Kalches in die benachbarte See, der precipitirte sich und die benachbarten Fische, die dann getödet wurden[.] In die Ritzen setzten sich die Erze an, und das sind die Gebirge, die der Bergmann bearbeitet. Das übrige sind unsere Kalckgebürge, in denen die Versteinerungen sind; den Granit hält er ebenfalls für ein vulka-

1 Grade] *für* gena[?] 13–14 Fortsetzung N° 278] *erg.* 18 Das … von] *erg.*
22 diese Mischung] *erg.* 27 die[1] … wurden] *erg.* | dann getödet] *für* Er[?] dann geth

nisches Produckt, weil würcklich Stückchen Lava darunter sind, und er ausserdem gesehen hat, daß nicht so wohl der Granit die Knochen des Gebäudes ausmacht,[→343,20–23] sondern offt auf dem geborstenen Gebürge ruht. Er sagt er habe sich 20 Jahre mit diesen Dingen beschäfftigt, ehe er an eine Hypothese gedacht, und nach der Hand habe er nichts finden können, was sie widerlegt hätte.

Nr. 105 IX D 1, 44r

44r

Thier knochen

Ein schöner Brief über die Elephanten Knochen die man in der Erde findet steht im d. Merkur 1784. Jenner.[1071]

Memoire sur un Os d'une Grosseur Enorme qu'on a trouvé dans une couche de glaise au millieu de Paris; et en general sur les Ossemens fossiles qui ont appartenu à de grands animaux. Rozier. Journal. Mai 1781 p. 393.[1072]

Nr. 106 IX D 1, 23r–27v

23r

Hauptsächliche Theorien der Erde[1073]

1) Bertrand Memoires sur la structure interieure de la Terre. Zürch. 1760. 8.[1074] glaubt sie sey so wie sie jezt ist aus den Händen des Schöpfers gekommen, der auch die Versteinerungen geschaffen habe, das ist sehr bequem. Er ist in dieser Classe ist er zwar nicht der eintzige aber doch der vornehmste. Dieses ist eine gantz eigene Classe.

Alle andern Naturforscher nehmen jeder nach seiner Vorstellungsart ein[en] andern vorgängigen Zustand der Erde an und suchen nach gewissen Naturgesetzen den gegenwärtigen daraus herzuleiten. Man sieht daß sich der Grad der Güte rund nach den Graden der Wahrscheinlichkeit ihrer Voraussetzungen und der Gründlichkeit und Simplicität ihrer Folgerungen daraus bestimmen läßt.

2) Cartesius geht von solchen ungeheuren Dichtungen aus, daß seine Theorie trotz des Scharfsinns, womit er Folgerungen aus

---

1 sind,] *für* ⟨sieht⟩{ist}

den Voraussetzungen zieht, so wenig Aufmercksamkeit verdient, als die Träume des Eratosthenes, Xanthus Strato. Strabo[1075] und anderer.

Principia Philosophiae P. III. IV.[1076] |

Thomas Burnet 23v

Theoria sacra telluris Londini 1681. 4.[1077]

William Whiston

New Theory of the Earth. Cambridge 1708. 8.[1078]

John Woodward

Essay towards the natural History of the Earth. Lond. 1733. 8.
Lateinisch Original. Hist. nat. Telluris. London 1695. 8.[1079]

Leibnitz.

Protogaea und in Actis Eruditorum 1683.[→380,20–21]

John Ray

Physico theological discourses concerning primitive Chaos. London 1692. 1713. 8.
Deutsch durch Theod. Arnold Leipzig 1732. 8.[1080]

Robert Hook

Posthumous Works[1081]

Le Monde naissant ou la creation du Monde demontrée par des principes simples. Utrecht 1686. 8. (Anonyme)[1082] |

Johannes Scheuchzer 24r

Diss. von der Bildung der Erde, wovon ein Auszug in den Pariser Mem von 1708.[1083]

Abbé Pluche.

Spectacle de la Nature. T. III.[1084]

Carolus Linné

De Telluris habitabilis incremento
in amoen. acad. Vol. II.[1085]

Wallerius

Physisch chem. Betrachtung über den Ursprung der Welt aus dem lat. Erfurt 1782. 8[1086]
(noch in einigen andern im compendio angeführten Schrifften.)[1087]

---

6 Londini 1681] *für* London 17 **10–11** Lond. … 8.] *erg.* **15–17** London … 8.] *erg.* **29** in … II.] *erg.* **30–33** *erg.*

De Maillet.

Telliamed ou Entretiens d'un philosophe Indien pp[1088]

Bourguet

Mem. sur la Theorie de la Terre in den Lettres philosophiques sur la formation des sels.[1089]

le Comte de Buffon 16

Im ersten Theile seiner Hist. Naturelle generale et particuliere, und in Epoques de la Nature.[1090] |

24v 17) Le Cat Secretaire de l'academie de Rouen.

Magasin francois 1750.[1091]

18) Lazaro Moro.

Libri due de' crustacci et degli altri marini corpi che si trovano in monti[1092]

19 Johann Heinrich Gottlob Justi

Geschichte des Erdkörpers. Berlin 1771. gr. 8.[1093]

20) Wiedeburg. giebt eigentlich blos eine umständliche Widerlegung der vorhergehenden Hypothese

Anwendung der Natur und Größenlehre zur Rechtfertigung der heil. Schrifft und in s. Muthmassungen über die ☉flecken.[1094]

21) DeLuc. ist meines Erachtens die jenige Hypothese, die die meiste Aufmercksamkeit verdient. Denn keiner unter allen hat je so gründliche Kenntniß der Natur besessen als er und mit so viel Vorsicht Gebrauch davon gemacht.

Lettres sur l'homme et la Terre und in Roziers Journal.
fängt an Rozier sept. 1790. Es ist der achte Brief. und in monthly Review enlarged June 1790. gegen Hutton. 2ter Brief an Hutton. Appendix to the 2^{d} Vol. of the Monthly Review enlarged. Noch umstandlicher s. hier gegebene Theorie im 10^{tn} Brief an La Metherie. Roz. Nov. 1790. 11ter Brief. Dec. Auch gegen den P. Pini Roz. Sept. 1791. Excerpt. p. 92.
25r NB. nur einer in dem | Gothaischen Magazin (in Briefen an Blumenbach.) VIII. B. 4. St. und in den folgenden.[1095]

22) Raspe.

Specimen historiae naturalis Globi terraquei. Amsterd. 1763.[1096]

---

9 17)] *bis* 36) *(508,18) Zählung erg.* **21** verdient] *erg.* **22** gründliche] *davor gestr.* sehr Gr[?] **25–29** fängt … Dec.] *erg.* **27** the … of] *erg.* **29–31** Auch … folgenden.] *erg.*

23) Silberschlag. (eine Consistorial-Hypothese)

Neue Theorie der Erde. Berlin 1762.
Geogenie. 2 Theile Berlin 1780.[1097]

24) Gerhard

Versuch einer Geschichte des Mineralreichs. T. 1. Berlin 1781.[1098]

25) v. Gleichen

Von Entstehung, Bildung Umbildung und Bestimmung des Erdkörpers. 1782.[1099]

26) König

Cosmogenia oder neuste und älteste Natur-Geschichte in brüderlichem Anschreiben Amsterdam 1764.[1100]

27) Marivetz et Goussier

La physique du Monde à Paris 1780. 4.[1101]

28) Krüger

Gesch. der Erde in den ältesten Zeiten. Halle 1746. 8.[1102] |

29) Viallon 25v

La philosophie de L'univers ou theorie philosophique de la nature. Paris und Bruxelles 1781. 8.[1103]

30) Dr Hutton. HE. DeLucs Brief gegen ihn in monthly Review enlarged June 1790. p. 206. S. Excerpte. p. 84. und in Appendix to the 2d Vol. of the monthly Review enlarged.[→506,25–27] Gren's Journal. B. VI. p. 466.

Transact of the Edinburgh Society. Vol. I.[1104]

31) Dolomieu

Mem. sur les pierres composés & sur les roches Rozier Nov. 1791. Fortsetzung ibid. Jan. 1792, Die Fortsetzung gehört aber nicht gantz hieher.[1105]

32 La Metherie. Er selbst drückt s. Meinung so aus: Je pense 1) que les eaux ont couvert les plus hautes Montagnes; 2) qu'elles ont un mouvement de l'equateur aux poles, et des poles à l'equateur 3) qu'il y a des cavernes dans l'interieur du globe ou une partie de cette eau se precipite (Rozier Jan. 1792 p. 16.[1106]

Lettres à Mr DeLuc. Rozier Oct. & Dec. 1791.

---

2 Neue … 1762.] *erg.* | Berlin] *erg.* **14–15** Krüger … 8.] *erg.* **19–21** HE. … enlarged.] *erg.* **21–22** Gren's … 466.] *erg.* **26–27** Fortsetzung[1] … hieher.] *erg.* **28–32** Er … 16.] *erg.*

Seine Theorie ist nun besonders erschienen auch bereits mit Dr Forsters Vorrede ins Deutsche übersezt. S. Erxl. Ed. VI.[1107]

33) de Saussure. Die vortrefflichen Beobachtungen dieses Mannes haben eigentlich den Grund zu HE. DeLuc's neuer Theorie gelegt.

Voyage dans les Alpes. §. 919 seq.[1108]
Auch nun in den neusten Bänden. S. Excerpt. p. 179)[1109]

34) P. Pini. DeLuc dawider in Roz. Sept. 1791. P. Pini hat in einem Nachtrag zu s. Theorie Herrn DeLuc geantwortet und HE. De Luc ihm wieder Rozier August 1792.

Opuscoli scelti di Milano T XIII. Saggio di una nuova Teoria della Terra.[1110] |

26r 35) John Williams. Enthält auch eine Widerlegung von Huttons Theorie; seine eigene aber ist nichts werth. Indessen verdienen seine Beobachtung da er ein im Dienst grau gewordener Practikus ist, Aufmercksamkeit.

The natural history of the mineral Kingdom. London 1791[.] 2 Voll. 8.[1111]

36) Patrin hat vortreffliche Geologische Bemerckungen über Daurien und das mitternächtliche Asien gegegeben. Er glaubt die Berge hätten sich durch irgend eine Ursache heben können. Herr DeLuc macht in s. neusten Briefen starck Gebrauch von seinen Bemerckungen.[1112]

Rozier 1788. August. und Vol. XXXVIII.[1113]

37 Kant.

Berliner Monatschrifft für 1785. 1ter Theil S. 199. u.s.f. [(380)]

38. J. Whitehurst

Untersuchung über den Ursprünglichen Zustand und die Bildung der Erde, aus dem englischen. Leipzig 1788.[1114]

39. Pallas

Observations sur la formation des montagnes et les changements arrivès au Globe. à St Petersbourg. 1777. 4to.[1115]

---

3 de] *erg.* 3–5 Die … gelegt.] *erg.* 7 *erg.* 8–10 P.[2] … 1792.] *erg.* 11–12 Saggio … Terra.] *erg.* 13 John] *davor, auf dem oberen Blattrand re.* John William *durch Verwischen der Tinte getilgt* 21–22 Herr … Bemerckungen.] *erg.* 21–22 von … Bemerckungen.] *für* davon 24 37] *bis* 40. (509,1) *für* 34. *bis* 37. 25 199] *für* 200 26–29 38. … Pallas] *Hauptsp. für* 35. J. Whitehurst // ⟨35. Pallas⟩ // 36. Pallas

40. Eine Theorie der Erde befindet sich auch am Ende der nouvelles Recherches sur la generation des Etres organisés par Pierre Eutrope S** (Serain) à Paris 1784. 12mo[1116] |

41) Kluver (Detlev) 26v

Geologia oder natürliche Wissenschafft von Erschaffung und Bereitung der Erdkugel Hamburg 1730. 4.[1117]

42) L. F. Keßler von Sprengseysen

Untersuchung über die jetzige Oberfläche der Erde, besonders der Gebirge. Leipzig 1787. 8.
Auszug daraus im Gothaischen Magazin. IV. 2. p. 153.[1118]

43) Sur les Revolutions generales, qu'a subi la Surface de la Terre, et sur l'ancienneté de notre Globe par M. Burtin conseiller du Gouvernement de Bruxelles. à Haarlem 179...[1119]

Von diesem Werck redet HE. DeLuc in s. 10^{tn} Brief an Dela Metherie im Postskript. S. Grens Journal. T. V. p. 471.[1120]

44) La Terre habitable ou essai sur la structure exterieure & interieure du Globe 8vo à Paris & à Londres 1782.[1121]

45) Landvoigt Engel. Versuch über die Frage: wann und wie ist Amerika bevölckert worden.[1122]

46. Hollmann im Dritten Theil der alten Comment. der Göttingischen Societät.[1123]

47) Reuben Burrow in den Asiatic researches. Appendix zu Vol. II. Erklärt viele Erscheinungen durch die Verrückung der Pole so wie Meister im 5^{tn} Bande der Commentat. Soc. Reg. Gottingensis.[1124] |

48.) Franklins Theorie steht (und bis jezt 1793. sonst nirgends) im European Magazine Monat August 1793. (Auszug in meinen Excerpten S. 130.). 27r

Jezt steht sie in den Transact. of the American Society[1125]

49) Fulda's Cosmogonie steht in HE. Paulus memorabilien im 2^{tn} Stück (habe ich noch nicht gesehen) Ist eigentlich eine Vergleichung Mosis und Sanchuniatons über Cosmogonie, Androgonie u.s.w. Sanchuniaton bezieht alles auf s. Vaterland so wie Moses auf s. Nation.[1126]

---

4 41)] *bis* 43) *(509,11) Zählung erg.* **14** Metherie] *für* metherie **26** bis ... 1793.] *erg.* **30** 49) ... Paulus] *daneben am Rand gestr.* (habe ich noch ōt gesehen) | HE.] *erg.* **31–34** Ist ... Nation.] *erg.*

50) Bergrath Voigt.[s] Theorie befindet sich verwebt in s. Pracktische Gebirgskunde. Weimar 1792. Steht auch im 3[tn] Theil seiner mineralogischen Abhandlungen.[1127]
Vortreffliche Bemerckungen zur Erklärung eintzelner Phänomene enthalten

a) Ein Memoire von HE. Gough in den Mancheste[r] Memoirs T. IV. p. 2. S. Excerpte. S. 137.[1128]

b) Gedanken über die Entstehung der baltischen Länder von. J. H. L. Meierotto. 63 Seite in kl. 8vo Berlin 1790. Recens. in den Gött. Anz. 1790 50tem Stück.[1129]

51) Georg Wilh. Mayer: Versuch über die erste Bildung der Erde nach Mosis Bericht in phys. chemischer Rücksicht Basel 1795 (Excerpt. p. 186)[1130]

52) Philipp Howards Thoughts on the Structure of the Globe. 1797 Davon haben die Gebrüder Hahn zu Hannover bereits eine Uebersetzung angekündigt.[1131] |

27v 53) Des Revolutions du Globe, conjecture formée d'après les decouvertes de Lavoisier sur la decomposition de l'eau par M…d de V…dé à Paris 1797 (S. Genius der Zeit Novembre 1797 S. 358.)[1132]

54) Wrede Geologische Resultate aus Beobachtungen über einen Theil der südbaltischen Länder Halle 1794. 8. Enthält auch eine Theorie der Erde. Er macht einige Einwendungen gegen DeLuc. (S. Gehler T. V. p. 1047)[1133]

55) Unterhaltungen über die Erde und den Menschen von F. A Rimrod Prediger zu Wetzlar. Wetzlar 1795. 8vo.[1134]

56) Hieher gehört auch eine kleine anonymische Schrifft, wovon, so viel ich weiß bis jezt nur der erste Theil erschienen ist. Geologische Beschreibung des Thüringer Waldes. Meiningen 1796.[1135]

2–3 Steht … Abhandlungen.] *erg.* **4–5** Phänomene] *für* Theile **6** den] *danach gestr.* manchester Mem **19** à] *davor gestr.* (S. **22** Halle … 8.] *erg.* **26** Wetzlar[2]] *erg.*

Nr. 107 IX D 1, 2–3

Kants Theorie der Erde. 2r

Hiergegen hat HE. Schwab geschrieben wo? steht irgendwo in K. Eberhard philos. Magazin 1 Ba[n]d 2tes Stück.[1136]

Sie befindet sich in einem Aufsatze, der die Aufschrifft hat: <u>Ueber die Vulkane im Monde</u>. Berliner Monatschrifft für das Jahr 1785. S. 199.[→378,32–34] Er fängt damit an zu zeigen, daß sich die bekannten Cratergebirge im Monde nicht mit unsern Vulkanen vergleichen ließen. Denn der Crater des Vesuvs habe ungefehr 160 Rheinl. Ruthen im Durchmesser, also etwa 20000 □ R. Oberfläche. Hingegen hätte der Kraterähnliche Flecken Tycho im ☽ noch an 30 D. Meilen im Durchmesser, welches ein ungeheurer Unterschied sey.[1137] HE. K. will also jene Mondberge nicht so wohl mit unsern Vulkanen als mit unsern mit Bergen umgebenen Landern verglichen wissen zE. Böhmen, Mähren,[1138] und man kan nicht leugnen, daß er diese Meinung vortrefflich durch sezt. Er nimmt also an die Erde sey anfangs ein im Wasser aufgelößtes Chaos[(384)] (Hier kommt Herr DeLuc auch hin, nur, wie wir am Ende sehen werden, auf einem anderen Wege.)[→516,32–517,5] und die ersten Eruptionen seyen alle Atmosphärisch gewesen. Denn man könne sehr wohl annehmen, daß unser Lufftmeer (Aërosphäre) das sich jezt über der Erdfläche befindet, vorher mit den übrigen Materien der Erdmasse in einem Chaos vermischt gewesen; daß es zusammt vielen andern elastischen Dünsten, aus der erhizten Kugel gleichsam in großen Blasen ausgebrochen; in dieser <u>Ebullition</u> davon kein Theil der Erde gantz frey geblieben, seyn die Ursprünglichen Gebürge Crater förmig aus geworfen worden, und dadurch die Grundlage zu allen Bassins, womit die Kugel als mit | den Maschen eines 2v Netzes das gantze feste Land durchwirckt ist, gelegt habe.[(384)] Sie ließen ihr Auflößungs Wasser fahren, und dadurch entstunden die Sägeformigen gebürgigten Ränder, wodurch diese von den Vulkanen, die einen fortgehenden Rücken vorstellen, unterschieden sind. Diese uranfänglichen Gebirge, bestehen nun, nachdem

---

4 Eberhard ... Stück.] L_B **10** Ruthen] *davor gestr.* quadrat **12** D.] *erg.* **18** (Hier] *davor gestr.* gewesen **26** davon] *davor gestr.* seyn **32** gebürgigten Ränder] *für* Einschnitte

andere Materie, die sich nicht so geschwinde crystallisirte, oder verhärtete, zE. Hornstein und ursprünglicher Kalch, davon geschieden worden aus Granit, auf welchen [, da die] die Ebullition an demselben Ort immer schwächer mithin niedriger ward, sich die leztern als ausgeworfene Materien, in stufenartiger Ordnung und ihrer mindern Schwere oder Auflößungsfähigkeit im Wasser nieder ließen. Also war die erste bildende Ursache der Unebenheiten der Oberfläche eine Atmosphärische Ebullition, die ich, sagt Kant, aber lieber chaotisch nennen möchte, um den ersten Anfang derselben zu bezeichnen.[1139]

Ich gestehe, daß mir manches in dem folgenden von HE. K. Vorstellungsart nicht recht deutlich ist, allein er hat die Sache so sehr gut eingeleitet, daß man sich leicht selbst helfen, das ist seine eigene weitere Vorstellungsart der seinigen substituiren kan, die auch wohl die Seinige seyn mag. – Er sagt S. 208. ausdrücklich: da das Becken des Meeres vermuthlich immer mehr vertieft
3r wurde.[1140] Könte dieses Vertiefen nicht | ein einstürtzen gewesen seyn?[(385)]

Die Vergleichung unserer Erde mit dem was wir neuerlich vom Monde erfahren haben[1141] leitet ihn nun auf den Gedancken, daß alle die Weltkörper ziemlich auf ähnliche Weiße entstanden seyn möchten, und so komt er auf die weiter ausholende Hypothese von Entstehung des Weltgebäudes S. 210. Ohne Wärme ist keine Flüssigkeit, woher die Wärme aus der Sonne etwa? wie Büffon, wie ward sie in der Sonne angehäuft?[1142] Warum solte man nicht annehmen daß der Urstoff aller Weltkörper in dem gantzen weiten Raume, worin sie sich jezt bewegen, Anfangs Dunstförmig verbreitet gewesen, und sich daraus nach Gesetzen, zuerst der chemischen, hernach und vornehmlich der kosmologischen Attraction, gebildet haben, so geben Crawfords Entdeckungen einen Winck, mit der Bildung der Weltkörper zugleich die Erzeugung so großer Grade der Hitze als man selbst will,

---

18 seyn?] *danach gestr. (der eingeklammerte Absatz in* L_B*)* Hier // (Ich muß gestehen, daß mir vieles in der Kantischen Hypothese leichter ist, als in der DeLücschen zumal, was {das} ⟨s⟩{S}etzen des innern Betrifft, ich verstehe immer nicht recht wie es in dem inneren Höhlen geben könne durch blose Entfernung elastischer Flüssigkeiten. Auch ist es sehr wahrscheinlich daß elastische Dämpfe noch andere Materien mit sich werden herauf geworfen haben, wodurch sich dan auch die Erscheinungen in den Gängen erklären.) **20** leitet] *davor gestr.* verl **21** entstanden] *für* entsprungen **29–30** kosmologischen] *für* kosmischen

begreiflich zu machen.[1143] Die größren müsten die großre Hitze erhalten haben, so daß es bis zum Leuchten kam und s.w. wie gewöhnlich.[1144] |

Allgemeine Bemerkungen 3v

Mich dünckt alle die, die Einwürkung des Feuers bey Bildung der Welt bestreiten bestreiten eigentlich mehr den Brand. Allein Feuer kan sehr wircksam seyn ohne Brand. Unsere Speißen werden über dem Feuer bereitet, sie selbst aber erfordern den Brand nicht. Wenn man die Kosten wolte daran hängen, so ließe sich durch chemische Mischung eine Hitze erhalten wo bey man kochen könte, so daß gar keine Flamme entstünde. – In unserem Körper geht es ja eben so zu, ohne daß es deswegen brennt, ob man gleich von Entzündungen spricht.

Es ist gar nichts widersinniges einen gewissen bestimmten Punckt für die Glühhitze anzunehmen. Es ist eigentlich zersezte dephlog. Lufft. Es ist gar nicht nöthig daß Dinge unter der Erde glühen.

Nr. 108 IX D 1, 14–15

Theorie der Erde. (Hutton und Williams.) 14r

The natural history of the mineral Kingdom in 3 parts 1) of the natural hist. of the strata of coal and of the concomitant strata 2) of the nat. history of min. veins 3) of the nat. history of the prevailing strata and of the most interesting phaenomena upon and within the surface of our globe. by John Williams Mineral surveyor. 2 Voll. 8vo

Dieser Mann ist eigentlich ein Practiker, der über 40 Jahr im Dienst zugebracht hat, und obgleich seine Theorie am Ende selbst nicht viel werth seyn mag, so enthält doch sein Buch viele vortreffliche Bemerckungen, die zu einer guten Theorie führen können. In der Vorrede beleuchtet er hauptsächlich Huttons Theorie, und fast nach denselben principiis mit HE. DeLuc.[1145] Dr Hutton's Theorie läßt sich auf 4 Sätze zurückbringen.

1) alle Felsen und strata haben sich in der See formirt, wo sie ihre bestandtheile, als die Trümmer eines vorher existirenden Trocknen Landes hin durch Landfluthen abgeführt sind.[1146]

---

1 müsten] *im Ms.* müsteren[?] **16** glühen.] *danach eine Zeile* Das Wachtstuben Gekr[itzel] *durch Verwischen der Tinte gelöscht*

In so fern ist er von Buffon nicht sehr unterschieden. HE. W. giebt zu, daß vieles von unsern Bergen und Felsen verwittert, und durch Ströhme dem Meere zu geführt wird, allein er läugnet schlechtweg, daß sich in der See Strata formiren, darin stimmen ihm die vornehmsten Geologen bey Dolomieu[1147] unter andern, sondern der Verfasser beweißt, daß alles das was so zugeführt wird wieder durch Flut u.s.w, in die Buchten und Mündungen großer Ströhme zurück geworfen wird, und überhaupt an die Ufer. Daher entsteht so viel vortreffliches neues Land. Diese Verwitterung diene vielmehr zum Wiederaufbauen. Auf solchem abgesezten und angeschwemmten Land liegen einige der reichsten Städte – London, Amsterdam Alexandria und viele in China. So sind wie er sagt die Delta's, Belgias, die Carses (was ist das?)[1148] und alles neue Land ent- 14v standen. Wenn es auch | so zugegangen wäre [wie] Dr Hutton glaubt, so konnten wir keinen Sandstein und keine Kohlen flotze haben, sondern alles müste durch einander liegen.[1149]

DrH. 2) Satz. das die Strata auf dem Boden der See durch unterirrdisches Feuer erhärtet sind. Dieses ist wenigstens unnöthig, denn wir sehen täglich strata ohne alles Feuer erharten in Hohlen. Galerien in Bergwercken, die HE. W. selbst unter Aufsicht hatte, haben sich in Zeit von 12 Jahren fast gäntzlich zugesezt. Wie hatten sich die Kohlen Flötze erhalten können, die Thon Flötze die weich sind und offt über sich und unter sich harte Flötze haben. HE. W. rechnet die Basalte nicht zu den geschmoltzenen Steinen, gantz Wernerisch, er sagt wer den Basalt für vulcanisch und für Lava halten will, muß die andern Strata ebenfalls dafür halten, denn er findet sich zwischen andern Stratis, die man nicht für Lava hält.[1150]

3tr Satz des HE. H. daß diese Strata unter dem Meere durch unterirrdische Feuer heraufgetrieben worden seyen. Hierauf antwortet HE. W., daß alle uns bekannten Würckungen des Feuers hefftig sind, und so etwas bemercke man bey den stratis nicht. Sein Recens. in monthly Review enlarged oct. 1791. p. 125. in der Note bemerckt aber sehr gut hiebey man fände würcklich solche Irregularitäten und Brüche in den Stratis, aber grade dieses sey der stärckste Einwurf gegen Hutton's System,

3 Meere] *für* See 28 halten] *davor gestr.* anseh 32 W.] *danach gestr.* sehr kurtz

denn wenn die Strata nun durch diese Lüfftung geborsten sind, warum sind sie nicht | wieder zurück gefallen.[1151] – Dr Hutton findet ein großes Gewicht in den Adern (Gängen) der Gebirge. Allein nach seiner Theorie müste[n] die Brüche oben weiter seyn als unten, das ist aber nicht, sie sind vielmehr offt oben enger und unten weit (dieses trifft aber auch andere Theorien wenn es gegründet ist πμ). Stärcker ist der Einwurf daß wenn nun das Feuer durch die Spalten durchgegangen, so müste daherum alles viel härter seyn, das ist aber nicht einige Gange enthalten sehr weiche Bergarten, und wären es metallische Dämpfe, die alles angefüllt hätten, so sieht man nicht wie die Erden da hinein hätten kommen können. Er erklärt ihre Ausfüllung aus dem Wasser[1152] (So wie auch DeLuc schon aus dem Feuer der Vulcane und Wasser. 15r

<u>Die 4te Propos. ist</u> daß durch die 3 vorhergehenden a) Die allmählige Abspühlung des vesten Landes in die See b) die dortige Formirung der neuen Erde oder des neuen Landes und c) die Erhebung aus dem Boden der See durch das Feuer ein immer fort daurender und wiederkehrender Proceß sey, daß auf diese Weise Welten nach Welten in einer unendlichen Succession gebildet werden könten. Hierauf bringt HE. W. wiederum seine Beweiße von der Unmöglichkeit eines solchen Wasting vor. Er zeigt auch daß dieses Abnagen sich nicht sehr weit erstreckt, wie auch <u>Dolomieu</u> (S. meine Excerpte p. 101)[1153] sehr vortrefflich zeigt. Die Ufer der Meere befestigen sich hingegen immer mehr durch Sand und Muschlichte incrustation, das Werck kleiner Thiere aus dem Muschel Geschlecht, und tausend Morgen Landes haben sich durch den Bodensatz der Ströhme erzeugt, gegen ein einen eintzigen der von steilen Ufern durch die Gewalt der See verlohren worden ist.[1154] Des Mannes Buch | enthält sehr viel vortreffliches, allein seine eigene Theorie taugt nicht, er besizt zu wenig allgemeine Kenntnisse, zu mal physikalische, um ein Chaos von Factis wissenschafftlich zu behandeln.[1155] 15v

---

14 Vulcane] *für* vulcane*[?]* **20** Welten[1]] *für* welten

Nr. 109 IX D 1, 4–6

4r
HE. DeLucs 2te Theorie.

> Diese Erweiterung wurde hauptsächlich durch des Herrn von Saussure's vortreffliche Beobachtungen in den Alpen veranlaßt der den Granit eben so geformt fand wie den Schiefer, der darauf ruht. Es ist pracipitation mit Krystallisation verbunden.

Man muß von einer gewissen fixen Periode aus gehen. Diese Periode ist, da wo man nach bekannten Gesetzen der Physik und Mechanik alles bis auf die neusten Zeiten heraus erklären kan, ohne neu Erdichtungen zu machen, so weiß man wo man ist. HE. DeLuc glaubt, daß wenn dieser Plan gehörig bestimmt wäre, so würde die Theorie der Erde das Favorit studium der Physiker werden, da man sich bisher scheute und scheuen muste sich in einen solchen Wirrwarr von Traum und Wahrheit einzulassen. Er schließt alle Schmeltzung aus nemlich des Gantzen, weil die Erfahrung darwider ist. Das heißt aber nicht die Würckung des Feuers aus schließen, dieses muß überall Würcken, denn ohne Feuer giebt es keine Flüssigkeit, und ohne Flüssigkeit keine Wahlanziehung. In seinem Briefe gegen den P. Pini (Rozier Sept. 1791) bringt er seine erweiterte Theorie auf 12 Punckte.[1156]

1) Zu der Zeit, von welcher [er] anfängt enthielt die Erde alle ihre jetzigen Ingredienzien selbst die Basis des Wärmestoffs, und aller Lufftarten durch einander, das Licht allein noch ausgenommen. Schwere und Anziehungskräffte waren da, aber da alle Flüssigkeit fehlte so konten sie nicht würcken, es
4v war also alle eine | feste Masse[1157]

2ter Punckt Das Licht (und es ward Licht)[1158] kam nun zu der übrigen Materie.

3ter Punckt. Dieses verband sich mit einem Stoffe der die Basis der Wärme Materie oder des Feuers ist, so entstund nun Wärme, und alle die bekanten Einwürckungen derselben

4. Diese verband sich mit dem Grundstoffe des Wassers, der sich durch den gantzen Klumpen zerstreut fand, und nun entstund Wasser als eine Tropfbare Flüssigkeit. Hie sind nun keine

---

4 den²] *erg.* 22 Ingredienzien] *danach gestr.* durch einander 28 Materie.] *danach gestr.* Dieses machte mit dem Wärme stoff vereint, Warme 30 der] *für* des

neue Schüttelung[en] nöthig, in dem die Wärme den Stoff überall antraff, aus welchem nun liquides Wasser wurde.[1159]

Die Prüfung von Kants Theorie von Schwab steht in Eberhards Philos. Archiv $1.^{n}$ Bandes 2tem St.[→511,3–4] S. K. p. 36 Col. 2)[1160] Hier begegnet HE. de Luc dem HE. Kant.

5) Das Wasser nun verbunden mit den übrigen Materialien macht nun eine primordial[1161] Flüssigkeit aus, wodurch nun alles tief gnug Flüssig ward, um Ründe durch die Schwere und sphäroidische Gestalt durch Rotation an zu nehmen.

6) Massen von größerem spec. Gewicht, als das Primordial Fluidum fiengen an zu sincken und zugleich fiengen die Gesetze der Affinitäten an zu würcken.

7) Diese Affinitäten würckten nur langsam weil das Fluidum nur Stufen | weise zu dem Zustand gelangen konte sowohl eine 5r
und die selbe Art von Precipitation überhaupt zu bewürcken, als auch nach und nach in den Zustand zu kommen, worin andere Präcipitation[en] möglich waren.[1162]

<u>8. Punckt</u> Nach und nach erfolgte Entwicklung von expansibeln Fluidis, so wohl aus dem untern Theil die sich mit den obern vermischten, oder aus dem oberen Theil. Die entwischten und sich zu einer Atmosphäre sezten, brachten nun neue Pracipitationen von anderer Art hervor, vielleicht ein neuer Lichtquell, der hier entstund gab ebenfalls dazu Veranlassungen

9. Die Anhaufung nun dieser Substantzen geschahe in Schichten, diese erhärtete so wie der Mörtel etwa im Wasser. Diese Erhärtung geschah bey den ersten schnelle bey den andern langsamer bey einigen fand sie gar nicht statt.

10. Die ersten Niederschläge formirten bald eine Kruste um die Erde selbst auf dem Boden der darüber stehende sich immer mehr trennende Primordial Flüssigkeit, und diese Kruste hatte ebenfalls die sphäroidische Gestalt angenommen. Dieses konte nicht anders kommen.

11. Die Materie unter der Kruste sezte sich in manchen Gegenden (und nahmen einen kleinern Raum ein, weil sich manches das in jenen Tiefen noch nicht aufgeloßt war, sich nun

---

8 Ründe] *für* ründe *davor gestr.* ⟨bey seiner[?]⟩ nun 12 würcken] *davor gestr.* Würc 13 weil] *davor gestr.* weil theils 14 sowohl] *erg.* 23 gab … Veranlassungen] *erg.* 32 nicht … kommen.] *für* mußte seyn 34 (und] *Klammer erg.,* u *scheint dadurch gestr. zu sein* | weil] *davor gestr.* theils durch d

auflößte und so näher zusamm rückte[1163] (auch vielleicht
5v durch neue Entweichung | expansibler fluidorum πμ. Hier wird HE. Kant fast besser fertig πμ)[→511,21–34]

Dieses erwartet noch eine bestimmtere Erklärung.

<u>12</u>. So gab die Kruste hier und da nach, brach und fieng an Berge und Thäler zu formiren, wahrend noch immer der Präcipitations Proceß fortdauerte. Dieses geschah nicht auf einmal sondern nach und nach, und so formirte sich unter dem Wasser unser gegen wärtiges festes Land.[1164] Das übrige enthält noch Belege aus Patrins und Dolomieus Beobachtungen.[1165]

◂πμ▸ So glaube ich erklären sich unsere primordial Schichten vortrefflich. Denn daß diese Dinge durch ein anschwemmen auf dem Boden des Meeres entstanden seyn konten ist gar nicht an zu nehmen, denn wie solte das anders möglich seyn, als daß diese Dinge an einem andern Ort in umgekehrter Ordnung gelegen hatten.

Hier könten auch Gänge entstanden seyn. Die Brüche und Berstungen können sich zum Theil von unten auf angefüllt haben mit dort unten bereiteten Materien oder wenn auch von oben Materie eingeflossen wäre, so konnen sie doch durch die ihnen von unten begegnenden Dampfe zu demjenigen alterirt worden seyn was sie sind. Denn sie unmittelbar durch ein ausfüllen von oben allein zu erklären ◂wie Werner in s. neuen Theorie von
6r Entstehung der Gäng[e].[1166]▸, geht wohl | des wegen nicht, weil man sonst nicht blos Erzgänge sondern auch <u>Erz-Flötze</u> haben würde.

<u>Soweit redet er gegen Pini.</u>

Gegen Hutton führt er weiter fort.[→506,25–27] Um diese Zeit sezt er den beständigen Lichtquell die Entwicklung des Lichts aus der Sonne, wodurch nun die Erde einen beständigen Zufluß dieses wichtigen Elements erhält.

Schöpfungs Tage waren lange Perioden
medium aevum sezt ein Vor und nach voraus. das sind 3 Zeiten 3 Tage

Nach fernerem Einsincken wurden endlich hohe Theile frey, nun entstunden Thiere und Pflantzen. Sie zeigen sich zu erst in den schieferigten Gebirgen. Das Einsincken dauert fort, auch eine

---

11 πμ] *durch eine unterbroche Linie am li. Rand der Textsp. bezogen auf die beiden Absätze von S. 518,11–26.* **32** Schöpfungs … lange] *erg.*

größere Aufhäufung von Licht konte neue Pracipitation Bewürcken. Strata wurden umgewendet Inseln sancken, auf denen schon Vegetation sehr weit gekommen war, so lassen sich Mannigfaltige Flötze von Kohlen und Steinsaltz erklären. Es entstunden Vulcane u.s.w. kurtz so bereitet HE. Delüc nach und nach unser jetziges festes Land unter dem Wasser; Das alsdann durch den großen Bruch aufeinmal frey wird. Doch hier auf läßt sich her[r] DeLuc in dieser zweyten Ausarbeitung noch nicht ein. Der Schluß ist noch nicht erschienen. und wird auch wohl so bald noch nicht erscheinen. In dem ihm La Metherie Einwürfe gemacht hat, die er erst beantworten will.[1167] Umständliche Erlauterung über das bisher gesagte finden sich im Nov und Dec. von Rozier 1790.[1168] |

Ich sage hiermit nicht, daß sich hierdurch alles erklären lasse, 6v allein alles zusammen genommen laborirt gewiß keine Theorie an weniger Unvollkommenheiten als eben diese.

Wir wissen gar zu wenig von der Macht der Zusammensetzung hauptsächlich der Organisation[.] Wo nimmt die Tanne ihr Hartz her, da die sorgfältigste Chymie keines in dem Boden entdecken würde, wie wird aus Vegetabilien Elfenbein wenn sie der Elephant frißt.

Weder im Eyweis noch im Dotter ist die mindeste Spur von Kalch Erde, und doch findet sie sich in den Knochen des Hühnchens und in der Eyerschaale. Das ist doch wohl ein Beweiß daß die Kalcherde noch zerlegt werden kan in Theile die kein Kalch sind.

Man hat die Bestandtheile des Tourmalins angegeben, aber kein Mensch hat noch rückwärts wieder Turmalin machen können,[1169] zum sichern Zeichen, das was verlohren ist, was unserer Chemie entgeht. Vermuthlich expansible Fluida.[1170] Könte man sich der electrischen Materien in der Chemie bedienen, so möchten andere Trennungen und andere Compositionen erfolgen.

Thourets Entdeckung bey den Leichnamen des Kirchhofs des Innocens zu Paris.[1171] Nun noch von Linné's[→505,27–29] und Hutton's.[→507,19–23]

11–13 Umständliche … 1790.] *erg.* **12** über] *davor gestr.* hier[?]

Nr. 110 IX D 1, 16

16r

Theorie der Erde

Miscellanea.

In Daurien (S. Patrin's Beschreibung) liegt der Kalchfels auf Granit unmittelbar, so auch im Altaischen Gebirge. Kurtz je mehr beobachtet wird, desto chimerischer erscheint die Buffonsche Idee vom Ursprung der KalchErde aus Schaalthieren. (DeLuc Rozier Decembre 1791.)[1172]

Die große Frage hiebey ist, wie ist es gekommen, daß die Zeit, da Elephanten NilPferde (Hippopotami) und Ochsen auf unsren Küsten zusammen lebten, und zwar zu gleicher Zeit mit Schaalthieren, die sich jezt nicht mehr finden, daß sage ich diese Zeit eben sogar entfernt nicht können gewesen seyn? (DeLuc. ibid. p. 464.). Das Problem wird er künfftig auflösen.[1173]

La Metherie glaubt nicht, daß die Gänge in die Spalten gekommen, sondern daß sie darin ursprünglich angeschossen sind. Der 12 Toisen mächtige Gang von Pompéan in Bretagne, wovon HE. de Laumont eine so gute Beschreibung geliefert hat, ruht son Mur auf einem Schiefer und sein hangendes ist ein weicher Thon und eben daraus besteht auch sein Salband er ist 70 Grad sein Gefälle, wie hätte, meint HE. de la M. sich dieses so halten können?[1174] Mich dünckt aber er bedenckt nicht, daß das alles sich erst nachher hätte erweichen können. Doch da müste man HE. Laumonts beschreibung selbst nach sehen.[1175] |

16v Hierbey sind die vortreffliche Erfahrung des HE. Thouret nicht zu vergessen der in einem Parisischen Kirchhofe die Leichname gröstentheils in eine Käsigte weiße Materie wie Sperma ceti[1176] verwandelt fand.→519,34–35

Auch Dolomieu ist dafür, daß der Gegenwärtige Zustand der Erde nicht alt sey, er glaubt man übertreibe die Sache wenn man 10000 Jahre annähme. Allein was vorher vorgegangen seyn mag, davon wissen wir nichts, da kan man mit Millionen von Jahren so freygebig seyn als von Secunden. Rozier 1792 Jan. p. 43. Note)[1177]

---

4 Daurien] *davor gestr.* daurien 18 son Mur] *erg.*

Das Wasser der See ist ja kein kleines Gefäß. Wenn ich Saltz auflöse und eine dünne Solution mache, ist es deswegen unmöglich, daß kein Theil saturirt sey ich glaube es gewiß.→522,4–7 Diesen Gedancke[n] aus dem kleinen in das Große zu gehen muß ja gut durchgesezt werden. Wir gehen mit unsern Schichten der Elementar Welt[1178] aus dem kleinen in das Große warum nicht mit andern Dingen, da wir [*Text bricht ab*]

Nr. 111 IX D 1, 39

Theorie der Erde für den Calender. 39r
Sammlung.[1179]

Es ist ein abgenuzter Gedancke, daß unsere Gebirge die Geschichte der Erde enthalten, nicht sowohl in einem Text ohne Punckte[1180], sondern in einer Hieroglyphe, deren Studium sehr schwer ist. Allein nicht jeder abgenüzte Gedancke ist deswegen ein schlechter, offt ist er blos abgenüzt weil er gut ist.

Es ist hiermit anders als mit dem Lufftkreiß und mit dem Meer, die registriren schlecht, nach einem Sturm oder Donnerwetter wird die See wieder blanck und die Lufft wieder heiter, so daß wenigstens für unser Gefühl, alles vorhergehende so gut wie nicht da war. Wenn auch unser Lufftkreis Eindrücke annimmt, wie ich glaube, so sind sie Einem Menschen Alter nicht bemercklich.

Ueber das Aufzeichnen der Geschichte durch die Dinge selbst. Rechenmaschine.[1181] Abraham Isaac und Jacob in Canaan und Abraham Isaac und Jacob zu Franckfurt am Mayn. Wie Zeichnen sich die Dinge Auf. Lufft Kreiß, äusserste Fläche der Erde. tiefer. sehr tief. So der Mensch. Da ist der Fortschritt langsam.[1182]

NB. Mit der Aufzeichnungs Theorie muß angefa[n]gen werden. Bey der Geschichte vielleicht ist alles sehr wenig wissenswerth was sich nicht selbst aufzeichnet (?)

---

7 wir] *nach einem Zwischenraum folgt gestr., von fremder Hand* Szsojkovits aus Schlavonien wohnt beim Mulerth in Gronderstrasse 12 nicht sowohl] *für* nur leider 13 sondern] *danach gestr.* überhaupt 25 Franckfurt] *davor gestr.* Ham

Bewohnten wir eine gantz flüssige Kugel, so würde uns vieles Räsonnement erspart worden seyn.

Warum enthält die See das eintzige Mineral das der Mensch
39v scheißt.[1183] Es muß sehr haufig seyn. So haufig | es in der See ist, muß es auch in der Erde seyn. Warum nicht saturirt. Bergmanns Antwort[→326,16–19] und dann, kan es ja auch die Gräntze erreicht haben und nun keinen Saltz stock mehr berühren.

Zerlegung des Turmalins.[→519,27–29]

Excerpte 101. Einwürfe gegen de Luc S. 100. DeLuc contra Patren. Pini p. 92.[1184]

> DeLuc's Briefe bis zum 14 Brief inclus. stehen im Gren. Der 14te im 6ten Band. p. 293.[1185]
> Hutton. ibid. 6ter Band p. 466.[1186]

das Wachtstuben Gekritzel.[1187]

Nr. 112 IX B, 5r

5r

Elephanten in unsern Gegenden

DeLuc à Mr de la Metherie. Rozier
Decembre 1792. 28ter Brief.

Es ist sehr bekannt, daß die Wärme noch von sehr viel andern Dingen abhängt als von der Dichtigkeit und dem Neigungs Winckel der Sonnen Strahlen.[1188] Als das Meer unsere Länder bedeckte lebten noch die Ammonshörner darin, und viele Nautili, die man jezt gar nicht mehr findet, und andere die man noch zwischen den Tropicis findet. Ammonshörner finden sich lebendig gar nicht mehr.[1189] Vermuthlich ist damals noch eine neue Pracipitation im Meerwasser vorgegangen; (das Saltzwasser dürfte vermuthlich nur etwas weniger gesaltzen werden, so würden gantze Arten aussterben πμ.) die Elephanten lebten auf der alten Erde überall so wie die Nautili,[1190] als das Land einsanck stiegen Lufftarten aus den Höhlen hervor, die große Veränderungen in unsrer Atmosphäre hervorgebracht haben, die mit der veränderten Beschaffenheit, des Bodens um die Insuln auf denen die Elephanten lebten müssen hervorgebracht haben.[1191] Denn

---

9–10 DeLuc … Patren] *erg.* 10 Patren] *für* Pater 29 einsanck] *davor gestr.* Ein

will man eine allmählige Wanderung der Thiere wegen Erkältung der Erde annehmen, so streitet dieses mit andern Erscheinungen, auch kennt die Astronomie und Mechanik kein Mittel eine plötzliche Veränderung der Erdachse zu erklären,[1192] und mit einer langsamen stimmen die Erscheinungen, zE. der Garten Erde in gleicher Dicke überall pp→386,11–18 nicht überein.

Nr. 113 IX B, 6

Alter der Welt. 6r

Ein Resumé der Gründe des HE. de L., daß die Oberfläche neuer sey findet sich im December des Rozier 1792. 28ter Brief.

Alles beweißt daß die Form der Oberfläche nicht sehr alt sey; für das Alter der Basis gibt es keine Zeitrechnung In diesem Satz kommen Saussure, DeLuc und Dolomieu überein.[1193]

Die Gletscher nehmen zu so daß es alte Menschen schon hier und da merken können.[1194]

Die Granitgeschiebe am Fusse mancher Alpen müsten in ungeheurer Menge da seyn, wenn unsere Oberflache so undencklig alt wäre.[1195]

Die Torfmohre da wo sie freyes Spiel hatten müsten weiter gediehen seyn. Sie sind es die Bäume aufnehmen und hernach bey Stürmen in sich vergraben, diese Mohre rücken wie die Gletscher in die Flußbetten, unter die See, u.s.w ja sie ergießen sich über den Rand der Bassins, in denen sie entstanden sind.[1196]

Sehr merckwürdig, es sind Vegetabilische Glettscher, so bessert die Natur aus, es ist ein nisus formativus, wie der bei den Talglichtern.[1197]

Die Menschen zerstöhren manche Denckmäler für die Geschichte der Welt. z.E die großen eintzelnen Granitblöcke in den Heiden, und auf Sandhügeln. HE. v. Saussure glaubt, daß in 2, 300 Jahren um Genf keine mehr anzutreffen seyn werden.[1198]

Ferner zeugt von der Jugend des menschlichen Geschlechts der | geringe Fortschritt der Menschen, in den Wissenschafften wo es 6v auf Erfahrung, Zufall u.s.w. ankommt, in Physik, Chemie, Geo-

---

1–2 Wanderung ... annehmen] *für* Erkaltung unsrer Erde annehmen 1 der Thiere] *erg.* 4 plötzliche] *davor gestr.* Umdr 9 des ... L.] *erg.* 20 gediehen] *davor gestr.* gega 28 eintzelnen] *davor gestr.* Gr

logie, da man hingegen in Geometrie, Mechanick pp sehr weit war, weil da alles aus wenigen Grundsätzen entwickelt werden kan.[1199]

Nr. 114 IX D 1, 8–12r

8r

DeLuc.

Goth. Mag. VIII Band. 1. Stück erster Brief[1200]

Wir sehen Berge, so wie wir Aegyptische Pyramiden, und Ruinen von Palmyra sehen. Diese zu erklären müssen wir uns um die Krafft der Menschen und die Geschichte der Baukunst bekümmern.
In Seen geschwemmtes Land nicht alt.
Granit Blöcke nicht bloß, am Fuß von Granit Bergen, sondern in Ebenen. Ja am Fuß großer Kalckgebirge. Eben so Granit Sand mit Seekörpern gemischt.[1201] – ◂p. 33.▸ Kette der Jura Kalch. Ja man findet diese Granit Blöcke gantz oben auf Gebirgen, die keine Granit sind. ◂34.▸ Also unmöglich durch Ströhme dahin geführt. Ja man wird hieraus zweifelhafft ob selbst die Granit Geschiebe in Granit Gebirgen grade daher rühren. Offt ist der Granit der Geschiebe von dem in den Gebirgen gantz verschieden. ◂36▸ Auf dem Bruchberge, der mit dem Brocken zusammen hängt und Schiefer ist, liegen nicht allein Granit blocke[1202] sondern auch Blöcke von einem Quartzigen Stein

◂40.▸ 6 Punckte bestimmt die der Geologe beweisen muß.[1203] |

8v Zweyter Brief[1204]

◂13.▸ Das ungeheure große Alter unsern jetzigen Landes ist eine bloße Hypothese, die man annimmt um andere Hypothesen zu gründen.
◂14▸ Unter allen Argumenten ein sehr hohes Alter der Welt ◂jetziger Beschaffenheit▸ zu beweisen, ist nicht ein eintziges das etwas werth wäre.

◂18.▸ Man muß den Text nicht mit den Commentatoren verwechseln.[1205] Eine große Regel.
◂23▸ Der Sand ist nicht durch Ströhme herbey geführt.[1206] Er findet sich überall in Hohen und in Tiefen.

---

18 der] *davor gestr.* von 23 ungeheure] *erg.* 26 sehr] *davor gestr.* ho

◂24.▸ Die genauesten Beobachtungen führen dahin, daß unsere gantze Krust Masse eine Flüßigkeit ausgemacht haben. Den Granit mit eingeschlossen.

(Vom Menstruo[1207] überhaupt zu reden Der Kalch fällt aus dem Wasser nieder sobald die Lufft saure[1208] entwichen ist. u.s.w. πμ)

◂25. 26.▸ Von diesem Gang der Processe erkennt man deutliche Spur in den See-Geschöpfen, die darin gelebt haben müssen, z.B. unter einer Thonlage mit Thieren, darauf ein Kalcklager | mit 9r = (3 2ter Brief
andern, hierauf ein anderes Kalchlager, wieder mit andern, hierauf ein Sandstein Lager mit gar keinen und endlich ein Sandlager mit welchen, so wie wir sie jezt noch leben. Sie starben mit dem Niederschlagen ab.

(Wenn sich jezt das Saltz aus der See niederschlüge, wie würde da die Theorie zusammen stürtzen. Ja, wie endlich, wenn sich die Lufft als Wasser niederschlüge, so würden wir in einer Eis-Schicht erscheinen πμ)[1209]

Dieses hat nun aufgehört. Es neigt sich alles zur Ruhe.

◂29.▸ Senckrechte Schichten konnen sich nicht formiren, was will man also von geneigten sagen, Haben sich etwa diese angespühlt? Ja wenn sich nun auch die senckrechten anspühlen könnten.[1210]

◂30▸ In Indien zu Mysor findet man den Granit gantz geschichtet. Man theilt ihn zu Bausteinen.

DeLuc's Sohn ist in Indien[1211]

◂33▸ HE. von Saussure hat endlich in seinem Classischen (so nennt es DeL.) Werck das Chaos völlig entwickelt, alle die Schichten sind horizontal[1212] |

◂34.▸ §. 25. Nennt er die Seegeschöpfe die Führer in der 9v = 4)
Geologie.[1213]

◂S. 35.▸ NB. Auch die Schichten von Brescien, Breschen Nagelfluhe, fand HE. von Saussure geneigt gegen den Horizont. Da diese gewiß weich mußten gewesen seyn, und sich in primitiv-Gebirgen fanden, so mußte[n] sich auch diese geneigt haben.

Alles führt dahin unser festes Land hat sich in Schichten unter dem Wasser geformt. Sobald aber einmal ein zerbrochener

---

4–6 *durch einen Doppelstrich am Rand hervorgehoben* 12 noch] *davor gestr.* erkennen 17 Eis-Schicht]] *im Ms.* Eis--Schicht[?] 23 zu Mysor] *erg.*

Boden da war, so konten die nächsten Niederschläge[1214] schon nicht mehr so regelmäßig erfolgen.

◂S. 38. §. 28.▸ Hier geht ein neuer Absatz an. Die Schichten des Niederschlags konten sich schon nach den originären Unebenheiten richten.

Weiter als den Granit können wir nicht gehen

Von da zeigen sich Schichten, die horizontal gewesen seyn müssen, mit Seegeschöpfen, die sich immer verbunden, bis endlich in die Sandschichten hinauf,[1215] wo sie sich an unsere noch lebenden Geschöpfe an[schließen] |

10r = (5 2ter Brief ◂43▸ Hier ein Haupt-Umstand., Wenn chemische Verbindungen statt finden sollen, so muß Flüssigkeit da seyn, also von dem Zeitpunckt der entstehenden Flüssigkeit, datirt sich der Anfang der Separation und des Niederschlags. Ohne Flüssigkeit hätten sie durch Aeonen liegen können.[1216]

◂44▸ Von dieser Flüssigkeit überzeugt uns auch die Sphäroidische Gestalt der Erde.

Ohne Feuer ist keine Flüssigkeit möglich.[→516,16–18]

◂47.▸ Schmeltzungs Feuer muß bey Bildung der Erde im Allgemeinen ausgeschlossen werden. Vulkane können gelten, an ihrer Stelle.

Es ist alles durch wässerige Flüssigkeit entstanden. Also wenn wir von Ewigkeit her einen Anfang uns gedencken wollen, von der Zeit an, da Wasser Flüssigkeit erhielt.

◂49. §. 56.▸ Sagt er, daß das Licht ein Körper sey, keine Modification, dieses aus gemacht zu haben, sey eine so wichtige Epoche für die Physick, als die von der Entdeckung der allgemeinen Schwere, oder Paskals vom Druck der Lufft.[1217]

Nichts hat anfangen können zu würcken, ohne einen Einfluß |
10v = 6) von Licht.

Dritter Brief:[1218] ◂p. 63. 64▸ Licht entstund nicht aus der ☉ sondern überall und so konte es Körper durchdringen.

Die 12 Punckte seiner 2^tn^ Theorie, die ich an einem andern Orte angeführt habe,[→516,21–518,10] theilt er nun in 6 Perioden ein (sechs Schöpfungs Tage!)

1). Periode, bis Licht und Umdrehung[1219]

---

26 gemacht] *davor gestr.* zu ma

(Abend und Morgen soll beyn andern Schrifftstellern jener Gegenden so viel heißen, als Anfang und Ende,[1220] dieses findet noch bey uns Statt wir sagen am Abend seines Lebens u.s.w)

◂73, 74▸ 2te Periode.[1221] Der chemischen Verbindung, und der allmähligen Niederschläge. Alles zeigt, daß es nicht das Spühlicht und angehäufter Bodensatz einer vorher existirenden Welt sey. Hier empfiehlt er besonders Dolomieus Brief (Rozier 1792 May)[1222] – Die Granitlagen, noch keine Spur von Seegeschöpfen.[1223]

3te Periode,[1224] Die allmählige Entstehung der Höhlen. Einsincken derselben und das erste entstehende feste Land. Die Welttheile waren größer, als wir sie jezt sehen. ◂92.▸ Inseln und halb[in]seln, wo Vegetation anfie[n]g häufiger. Die Gewächse jener Periode, wo noch keine Sonne | leuchtete, waren sehr von 11r = (7 den jetzigen verschieden. ◂p. 93▸ aus diesen entstanden, die Steinkohlen Flötze. So formirte sich unsers festen Landes auf dem damaligen Boden des Meeres. – Das fernere Einbrechen der Höhlen, und gewaltsame Hervordringen der elastischen Flüssigkeiten warf manche Trümmer heraus, und so kam Geschiebe fremder Art in machen Gegenden.

4te Periode.[1225] Die ersten Erweckung des Lichts war in den Körpern selbst, sie erzeugte Wärme, und vielleicht eine größere, als wir jezt auf unserer Erde empfinden (auch diese hat Kant) Diese verlohren sich durch chemische Verbindungen. Es war daher ein neuer Quell nöthig. – Die Sonne erhielt alles dieses auch. Nur da sie aus andern Körpern besteht fährt sie fort Licht zu entwickeln. Da um die obern Schichten. die Lufft durchsichtig wurden, so folgten nun Einwirckungen des ⊙ Lichts. Sie allein würde nichts haben ausrichten können, als Licht. Die Erde kan also gar wohl wärmer gewesen seyn, ehe die Sonne einwirckte, jezt da die erste Ursache verschwand und sie erschien konte, sich die Erde noch immer abkühlen. Sie brachte es endlich zu einem Gleichgewicht, das sich nur | so lange halten wird, als die Sonne immer dieselbe 11v = 8) Menge Licht ausgießt.

◂102.▸ 5te Periode.[1226] Hier fieng nach neuen Niederschlägen, das Meer an bewohnt zu werden. – ◂107 pp.▸ Sehr schöne Vergleichung mit dem brechenden Eise,. auf dem Schnee liegt.[1227]

---

24 chemische] *davor gestr.* Verbindun 35 Niederschlägen] *davor gestr.* nied

Vierter Brief. Goth. Magaz. IX B. 4tes St.[1228]

◂p. 6▸ DeLuc ist gantz wider die gewöhnliche Erklärung der Vulkane.[1229] Die Verbrennung geschieht nicht auf dem gewöhnlichen Wege, wie an der Lufft. (das habe ich schon längst behauptet). Die Vulkane werfen Granitstücke aus. Die Hitze entstehet unter unsern Schichten[1230] es werden Dämpfe entwickelt. – Wasserdampf ist auch bey ihm die Hauptsache.[1231] Er hebt den Boden nicht wie ein permanent elast. Fluidum, weil er sich zersezt, wenn er ◂14.▸ sich dem Ende des Auslaufs nähert.[1232]

◂43▸ <u>6te Periode</u>

◂43.▸ Die Rhinoceroten finden sich auch unter Seethieren.[1233] An Auswanderungen ist nicht zu gedencken. Es begegnete ihm, was sovielen Pflantzen begegneten. Inseln versancken.[1234]

12r = (9 ◂S. 48▸ Hier sagt er aus drücklich, er habe zwar seine | 6 Perioden auf die 6 Schöpfungstage bezogen, aber es müsse sich für sich selbst halten.

<u>fünfter Brief.</u> (immer im Verfolg des Magazins.(1095) Mehr ist nicht zu citirn.)

Nr. 115 IX D 1, 43r

43r

<u>Vulcane</u>

Collini Betrachtungen über die Vulkanischen Gebürge mit einer Kupfert. und Anmerck. des Uebersetzer Dresden 1783.[1235]

DeLuc sur l'hom Tom V.[1236]

Dolomieu. Reise nach den Liparischen Insuln von meinem Bruder übersezt. Leipzig 1783.[1237]
Silberschlags Geogonie 2 Theile (   )
3ter Theil die Vertheidigte Geogonie Berlin 1783.(1097)

Blumenbach zehlt von Bonn bis Göttingen 50 Vulcane (wo thut Bl. das?)→386,3–4

Recherches sur les Volcans éteints du Vivarais et du Velay, avec un Discours sur les Volcans brulans pp par M. Faujas de St Fond I Vol grand in fol. avec 20 Planches et Vignettes.[1238]

9 43¹] *unsichere Lesung*

Nr. 116 IX E, 20r

<u>§. 786</u> 20r

In den Aphorismen zur allg. Kunde der gesammten Kayßerl. Staaten (Deutsch. Museum April 1787 S. 350)[1239] wo vom Hazeger-Thal in Siebenbürgen gehandelt wird, wird gesagt: Kimpulung oder Nagy-Schül Romunask sah vor etlichen Jahren einen feuerspeyenden Berg in seiner Gegend sich entwickeln, der mit einem schweren Steinkohlen und Bergoel geruch seit der Zeit beständig dampft und raucht.
Wulkan so heißt ein Berg und ein Paß, der in die Wallachey führt, und sein lat. Nahme läßt auf ähnliche Erscheinungen noch zur Zeit der Römer schließen.[1240]

Nr. 117 IX B, 7r

Erxleben. 7r

<u>§. 787.</u>

Hamilton hat Stücke Basalt im Crater des Vesuvs gefunden, die lezterer ausgeworfen hatte. Veltheim p. 5 der Giants-Causeway scheint der Nucleus eines Vulcans zu seyn, dessen lockere Theile die Zeit weggespühlt hat.[1241] Inwendig in den Vulcanen muß man nach Basalten suchen, wo die geschmoltzene Masse noch nicht gantz dephlogistisirt ist.[1242]

Nr. 118 IX B, 13

<u>Vulkane</u> 13r

Warum immer Berge?[1243]
zuweilen verstopft sich die Oeffnung.[1244] Der Aetna besteht fast gantz aus kleinen vesuven.[1245]
Herkulanum, das a͡o 79 verschüttet wurde, wurde so begraben daß man endlich andere Städte, Portici und Resina darüber hin baute
Etagen von Städte – In Herkulanum wurden die Häußer ausgefüllt in Pompeji nicht, weil lezters Asche war.[1246]

---

3 Kayserl.] *davor gestr.* Oest 4 S. 350)] *für*) 19 weggespühlt] *für* weggespült

Die Lava fließt gewöhnlich etwa 50′ bis 60′ in einer Minute[1247] also etwa 1″ einen Fuß, man kann ihr also leicht entgehen.

Die Liparischen Inseln Nordwärts von Sicilien.[1248]

Der Hekla der Lange geruht hat aber neuerlich wieder gezeigt hat, ja im Jahr 1783 ist ein neuer Vulkan auf Island entstanden.[1249]

I) Sie sind nicht immer die höchsten Berge der Gegend, welches Buffon läugnete. (Forsters Observations, deutsch. p. 122) der Vulkan auf Tanna in der Südsee war nicht über 450 Fuß hoch und hatte so wie die auf Tofua und Ambrym, die ebenfalls niedrig waren, hohe Gebirge um sich.

II) Sie liegen auf Inseln oder doch nahe an der See.[1250]

1) Classe: Aetna, Stromboli, Volcano (Lipari) der Pik von Teneriffa, die Azorische Insel Pico, das Vulkan eiland unter den Charlotten Insseln[!], die brennenden Berge um Neuguinea, in den Molukkischen und Philipp. Inseln, Iapa[n], Island und in dem Russischen Archipel zwischen Asien und Amerika.

2) Classe Vesuv. Volkane in Kamtschatka, Kalifornien, den mexicanischen und Südamerikanischen Gebirgen, Cotopaxi und Chimborasso.[1251] Die lezten scheinen eine Ausnahme zu machen doch liegt keiner auf 20 deutsche Meilen von der See. |

13v III.) Sie entstehen nur in Gegenden, wo Kies und Schwefelartige Materien anzutreffen sind. daher findet man da rothe Ocherartige Schichten. Was Forster in Tanna sah, sah einem ausgebrannten Kiese völlig ähnlich (?) – (Auch der Alaunschiefer enthält die Schwefelsäure πμ) (Forster p. 122)

Sie haben unstreitig große Veränderungen auf der Erde hervorgebracht.[1252] Inseln. Lip. und oben (II) auch in der Südsee.

Ursache. Schwefelkiese mit Alaunschiefer und Steinkohle.[1253]
Spallanzani's Reisen in beyde Sicilien Leipzig 1795
$\frac{2}{3}$ Meilen in Umfange, horizontale Ebene im Crater des Aetna
5 Toisen Oeffnung in der mitte.[1254]

---

19 Volkane] *unsichere Lesung* **32–34** *erg.* L_B

Nr. 119 IX D 1, 42r

Verwüstungen Erdbeben 42r

Chr. Sarti di congetture su i terremoti Lucca 1783 ist auf der Biblioth.[1255]

Nr. 120 IX B, 8

Erdbeben. D^r^. Gehler.[1256] 8r

Herkulanum und Pompeji unter Nero fast gäntzlich zerstohrt. (Seneca. Quaest. nat. VI.1.)[1257]
16 Jahre nachher durch einen Ausbruch des Vesuvs vergraben,[1258] erst Asche dann Wasser, dann Lava.
Die drey Personen wurden zu Stabio gefunden.[1259]
Ueberhaupt gehen die Vulkane und Erdbeben, wo sie recht fürchterlich sind fast immer Hand in Hand[1260] und wo erstere nicht sind, da sind es Aeste p oder sehr tief

Fürchterliche Erdbeben

Eines der ausgebreitetetesten[!] und fürchterlichsten, die man kennt ist das von Plinius H.N. II. 84. aufgezeichnete 17 Jahr nach Christi Geburt welches in einer Nacht in Klein Asien dreyzehn große Städte zerstöhrt, und sich auf eine Weite von 300 Meilen umher,[1261] Es stürzten Berge ein und Ströhme veränderten ihren Lauf.
Dann unter den neuern das von 1746. im October welches Lima grostentheils zerstöhrte bis auf 20 Haußer innerhalb 15 Minuten, überschwemmte Callao, versenckte 21 Schiffe, und liesen von 4000 Personen nur 200 übrig: Von Callao blieb nur ein eintziger Thurm übrig, 4 Schiffe wurden über eine Meile auf das Land geworfen[1262] |

das Lissabonische 8v

1755. 1. Nov. sehr ausgebreitet. Man hat es verspürt vom Grönland an bis Afrika. In Norwegen Schweden, Deutschland der Schweitz, und zwar hauptsächlich nur an der ungewöhnlichen Bewegung des Wassers. Aber in einem Theil von Frankreich, fast

14 Aeste … tief] *unsichere Lesung* 19 und sich] *Dittographie* 22 im October] *erg.* 23 grostentheils] *erg.* | bis … Haußer] *erg.* 24 21] *für* 23 26 über eine] *für* eine

gantz Spanien, Marocco, Salee Fez Tetuan[1263] und Cadix, wurden stark erschüttert, selbst in Amerika hat man es verspürt. Der seel. Hollmann, der eine eigene Abhandlung darüber geschrieben hat, sezt seinen Umfang auf 79200 Quadratmeilen[1264]

Das 1774 gantz Guatimala in Neuspanien verwüstete[.] Und dann das in diesem Jahrzehend den 5^{tn} Februar 1783, es war wegen seiner langen Fortdauer eines der merckwürdigsten.[1265] Der Mittelpunckt der Erschütterung scheint im Mittäglichen Theil von Calabrien gewesen zu seyn.[1266] Es erstreckte sich über einen großen Theil des Ion. Meeres, die Lipp. Inseln, über die Nördliche Spitze von Sicilien; die ungeheuersten Granitberge wurden gehoben und zum Theil in die See gestürzt,[1267] Ströhme blieben aus, Regen 32000 Menschen verlohren ihr Leben andere sagen 40000.[1268] Messina wurde verwüstet, in Calabrien wurden fast gäntzlich verwüstet Procopio, Palmi, Seminara, Padavoli, Oppido, Rosarni, Drosi, Camparni, Cusoletto pp.[1269]

Nr. 121 IX B, 2r

2r <u>Abnahme des Meer Wassers</u>

davon handelt Forster doch nur kurtz in (Observations deutsch p. 124)[1270]

Was man Abnahme des Seewassers nennt, kan gar wohl viel natürlicher, Zunahme des Landes seyn, Umständlich. Holland könte bis nach England an wachsen.[1271] Was würde das für die Erhöhung der See thun. Rimini (im päbstlichen Gebiete) liegt auf 1300 Schritt von der See ab und da soll man noch die Ringe in den Mauern sehen, (wenn es wahr ist) an welche man die Bööte angebunden.[1272] Venedig fürchtet man wird noch aufs Land zu liegen kommen. Alles das ist sehr leicht erklärt. Hingegen finden sich in dem Uralten Marseille die deutlichsten Spuren, daß die See vor einigen 1000 Jahren nicht höher gestanden habe, als jezt. Ein sehr merkwürdiges Beyspiel aber haben die Forscher auf ihrer Reise gesehen haben; ist dennoch merckwürdig und verdient Aufmercksamkeit. Sie fanden den 3^{tn} Julii 1774) um das Turtle

---

22 Umständlich] *für* umständlich[?] 33 Julii] *für* Ju⟨n⟩{l}ii[?]

island in der Südsee in einem Riff von Lithophyten Stellen, die die Höchste Fluth nicht mehr erreichte, auch hatte schon eine Art von Vegetation da angefangen. Die Würmer aber, die jene Corallen bauen, können nicht ausser dem Wasser leben. Also hier ist entweder Abnahme des Meer Wassers oder Erhöhung des Bodens[1273] (oder noch ein 3ter Verrückung des Schweerpuncktes der Erde (πμ) Mayer vom Erdbeben.[1274]

Dalin hat die Abnahme des Meeres auf 45 schwedische Zoll in 100 Jahren berechnet = 37,13 englische! (Forster p. 124)[1275]

1 Lithophyten] *danach gestr.* dann

XIIIa. Vom Höhenmessen durchs Barometer

XIIIa.1 Vorbemerkung

„Wenn ich über den 2ten Theil [d.i. Astronomie und Physische Geographie] lese, welches des Jahrs einmal geschieht, so übergehe ich die Lehre vom Höhenmessen durchs Barometer im eigentlichen Curse gantz und setze jedesmal am Ende des halben Jahrs 4 bis 5 Stunden öffentlich dieser Lehre aus, wobey ich dann den Erxleben gar nicht gebrauche."[1] Dies ist die dezidierteste Aussage Lichtenbergs zu seiner Behandlung des barometrischen Höhenmessens. Er machte sie eher beiläufig in einem Brief vom 14. Mai 1791 an seinen Leipziger Kollegen Carl Friedrich Hindenburg, der eine Formel zur Umrechnung zwischen verschiedenen Temperaturskalen in einem einschlägigen Paragraphen der vierten Aufl. des Erxleben kritisiert hatte. Tatsächlich hatte Lichtenberg bis zu dieser Aufl. in den Paragraphen 680 bis 684, in denen bei Erxleben die barometrische Höhenmessung abgehandelt wurde, keine Erweiterungen vorgenommen, die das Lehrbuch zu einer geeigneten Grundlage für seine Behandlung des Themas, wie sie aus den erhaltenen Notizen erschlossen werden kann, gemacht hätten. Und auch zwei längere Ergänzungen in der sechsten Aufl., in der er die von Hindenburg kritisierte Formel nicht mehr abdrucken ließ, änderten die Lage in dieser Hinsicht kaum.

Rückschlüsse auf Lichtenbergs Vorlesungstätigkeit über dieses Spezialgebiet ermöglichen zum einen die Aufzeichnungen über den Stoff der einzelnen Vorlesungsstunden aus der ersten Hälfte der 1780er (VN) bzw. der 1790er (NL VII F1) Jahre, zum anderen die hier zu edierenden und unter dem Titel „Höhenmessung mit dem Barometer" zusammengefaßten Manuskriptblätter (NL IX C). Während erstere jedoch nur ausnahmsweise Auskunft über die vorgetragenen Inhalte geben[2] und im übrigen lediglich

---

[1] Vgl. Bw 3, Nr. 1875 [900]. Damit korrespondiert, daß Gamauf in seinen Erinnerungen das Kapitel „Über das barometrische Höhenmessen" als Anhang charakterisiert (GamN, 957).

[2] Eine solche Ausnahme findet sich in den Notizen zum Wintersemester 1780, wo L. die Korrektur der Quecksilbersäule als Inhalt erwähnt und Delucs Regel zur Korrektur der approximierten Höhe andeutet (VN B 4, Bl. 2v).

die Einordnung des Themas in den Gesamtzusammenhang der Vorlesung erkennen lassen, vermitteln letztere einen detaillierten Einblick. Sie umfassen sowohl Aufzeichnungen über die Grundlagen des Verfahrens und daraus abgeleitete Rechenvorschriften (Texte Nr. 1 bis 8 und 10) als auch bei dessen Anwendung ermittelte Meßwerte und zugehörige Rechnungen (Texte Nr. 11 bis 20).

Ausgehend von der logarithmischen Abnahme des Luftdrucks mit der Höhe über dem Meer gelangt Lichtenberg in Text Nr. 4 zu einer ersten hier in Worten ausgedrückten Beziehung,[3] die mit den später von ihm gebrauchten Bezeichnungen so geschrieben werden kann: $x = 10000 \times (\log B - \log b)$ Toisen, wo B und b die an den beiden Meßstationen abgelesenen Höhen der Quecksilbersäulen im Barometer bedeuten und x den Höhenunterschied zwischen beiden. Ihr fehlt gegenüber der barometrischen Höhenformel in einer modernen Formulierung (z. B. $h - h_0 = RT \cdot \ln(p_0/p)$, wobei $R = 29{,}7$ m/K, T die Temperatur, h, h_0 die Höhen und p, p_0 die Luftdrücke an den beiden Meßstationen sind[4]) die Berücksichtigung der Wärmeausdehnung des Quecksilbers und der Luft. Mit den entsprechenden Korrekturen befaßt Lichtenberg sich in den Texten Nr. 6 bis 8. Zur weiteren Präzisierung müßten „auch der Wasserdampfgehalt der jeweiligen Luftschicht sowie die Änderung der Fallbeschleunigung mit der Höhe und der geograph. Breite berücksichtigt werden."[5] Von entsprechenden Korrekturen ist in Lichtenbergs Manuskripten nichts zu finden, wohl aber erläutert sie Gamauf in seinen ‚Erinnerungen aus Lichtenbergs Vorlesungen über die physikalische Geographie', wobei er allerdings in der Vorrede einräumt, daß er bei der Höhenmessung nicht mehr streng zwischen Lichtenbergs Worten und eigenen Zusätzen unterschieden habe und daß sie „wohl ein wenig zu breit ausgefallen" sei.[6]

In seinen frühen Vorlesungen über Naturlehre erläuterte Lichtenberg das Höhenmessen innerhalb des Abschnitts über die Luft. Mit der Bemerkung „Sie gehört nicht bey die Berge" (VN

3 S. unten 547,3–13.
4 Vgl. Brockhaus 1, 2003, 205.
5 Vgl. ebd.
6 GamN, 998–1012 bzw. 803.

B 3, Bl. 20v) grenzte er sich ausdrücklich von Erxleben ab, der die barometrische Höhenmessung in Abschnitt 13 (Physische Geographie) seines Lehrbuchs im Zusammenhang mit den „Ungleichheiten auf dem Trockenen“ dargestellt hatte. Schon nach wenigen Durchgängen behandelte Lichtenberg das Thema jedoch eher als ein Anhängsel zur Experimentalphysik.[7] Es erscheint daher folgerichtig, daß er daraus eine eigene Kurzvorlesung entwickelte, die er allerdings nur einmal – im Sommersemester 1789 – als solche auch ankündigen ließ,[8] wahrscheinlich aber auch im Jahr davor bereits gehalten hatte.[9] Später setzte er sie dann ans Ende der Astronomie-Vorlesung, ganz wie er es im obigen Zitat beschreibt. Der darin angegebene zeitliche Umfang von 4 bis 5 Stunden war aber schon für das Jahr 1791 zu hoch gegriffen – tatsächlich las Lichtenberg am 11., 12. und 14. April, und am 13. fanden die Messungen statt –, und es ist ungewiß, ob er für das Thema jemals diese Stundenzahl aufgewendet hat.

Einen Hinweis verdient die Beobachtung, daß Lichtenberg die Messungen am Hainberg immer wieder von Neuem anstellte bzw. anstellen ließ und sich nicht mit einem einmal ermittelten Satz von Werten begnügte. Offensichtlich legte er Wert darauf, seinen Hörern die Möglichkeit zu geben, auch die Praxis des Höhenmessens kennenzulernen. In den ersten Jahren nahm er an den damit verbundenen Exkursionen auf den Hainberg vermutlich selbst teil,[10] ohne indes daran großes Gefallen zu finden. Im

---

7 Vgl. Bw 2, Nr. 1155 [716], vom 2. Okt. 1783: „Nun heute schließe ich schon, oder vielmehr habe gestern schon geschlossen, und halte heute blos eine Stunde über das Höhenmessen mit dem Barometer [...].“

8 GGA 1789, 482: „Ueber die *Messung der Höhen d. Berge mittelst d. Barometers* ertheilt Hr. HR Lichtenberg in d. Ferien Mittw. u. Donn. um 4 Uhr öffentl. Unterricht.“ Laut dem offiziellen lateinischen Vorlesungsverzeichnis sollte die Veranstaltung am 15. April, dem Mittwoch der Osterwoche, beginnen (Catalogus 1789, VI). Da der allgemeine Vorlesungsbeginn auf den 27. April festgesetzt war, hatte L. also vier Stunden für das Höhenmessen zu Verfügung.

9 NL IX C, Bl. 24 enthält einleitende Bemerkungen zur Höhenmessung unter dem Datum „26. Märtz 1788“, auf das in diesem Jahr der Mittwoch der Osterwoche fiel. Und für diesen ließ er im Jahr darauf den Beginn dieser Vorlesung denn auch offiziell ankündigen (vgl. die vorherige Anm.).

10 Für den 26. Jan. 1781 hatte er folgende Ankündigung notiert: „Ich werde dieses Collegium vor dem 6. April nicht schließen und bis dahin wer-

Zusammenhang mit den ebenfalls regelmäßig durchgeführten Drachenexperimenten zur Luftelektrizität jedenfalls schreibt er am 22. Nov. 1784 in einem Brief: „Ich kan die Ausmärsche mit den Commilitonibus nicht leiden.“[11] Für die hier edierten Aufzeichnungen über die Messungen der Jahre 1791, 1792 und 1798 finden sich denn auch Hinweise, daß Lichtenberg nicht mehr selbst mit auf den Hainberg stieg.[12]

Übersicht über die in diesem Kapitel edierten Texte

A. Theorie des Höhenmessens

Nr. 1	IX C, 24	Vorlesung I. von 4–5
Nr. 2	IX C, 15r	[Nutzen des Höhenmessens]
Nr. 3	IX C, 16r	Barometer Messungen Einleitung.
Nr. 4	IX C, 17r; 18v	Lufftschichten. / Logarithmische Linie
Nr. 5	IX C, 19	[Logarithmen einer geometrischen Reihe bilden eine arithmetische Reihe]
Nr. 6	VII M, 3r	[Delucs spezielle Thermometer]
Nr. 7	IX C, 5	Correction des ☿.
Nr. 8	IX C, 8	De Lücs Thermometer für die Lufftschicht
Nr. 9	IX C, 14r	[Höhe des Montblanc]
Nr. 10	IX C, 26–28	[Höhenbestimmung nach Shuckburgh]

B. Höhenmessungen am Hainberg

1791

Nr. 11	IX C, 20	HE. Klindworth dictirt [Meßwertwerte zweier Instrumente]

den wir einen angenehmen Tag finden alles auf dem Heinberg zu probiren“ (VN B 4, Bl. 2v), und unter Dienstag, dem 8. Okt. 1782, dem vorletzten Tag der Sommervorlesung, hielt er als einzigen Programmpunkt fest: „auf dem Hainberge mit dem Barometer“ (VN E 4, Bl. 9v).

[11] An Franz Ferdinand Wolff: Bw 2, Nr. 1317 [937].

[12] Im Tagebuch notiert L. für den 31. März 1792, von dem die Messungen für dieses Jahr datieren (vgl. dazu Text Nr. 15): „Seyde mit einigen auf den Hainberg.“ Das Blatt mit den Meßwerten vom 13. April 1791, augenscheinlich in L.s Hand, trägt die Überschrift „HE. Klindworth. dictirt“ und darunter in zwei Spalten die mit den beiden mitgeführten Barometern gemessenen Höhen. Die Rechnungen für das Jahr 1798 schließlich basieren auf einem Zettel mit Meßwerten von Brandes’ Hand.

Nr. 12	IX C, 13r	Barom. Beobachtungen zur Bestimmung der Höhe des Heinbergs. den 13 April 1791. [Reinschrift von Nr. 11]
Nr. 13	IX C, 4r	Berechnung für 1791.
Nr. 14	IX C, 22r; 18r	Die Beobachtung von 1791 nach Le Roy's formel berechnet.
1792		
Nr. 15	IX C, 2–3	1792 Barometer Beobachtungen zu Bestimmung der Höhe des Heinberges. den 31. Märtz 1792 [Meßwerte und Berechnung]
Nr. 16	IX C, 21r	[Wiederholung der Berechnung]
1798		
Nr. 17	IX C, 6r	[Meßwerte während der Wanderung]
Nr. 18	IX C, 7r	Beobachtete Barometerhöhe in Sechzehntheilen der Linie / Thermometerhöhe [Meßwerte und Korrektur nach Erx § 682; andere Hand (Brandes?)]
Nr. 19	IX C, 11; 10/12	den 24 Märtz 1798. [Meßwerte und Berechnung]
Nr. 20	IX C, 11	[Berechnungen zur Überprüfung von Brandes' Werten in Nr. 18]

Die Texte Nr. 1 bis 3 dienten offensichtlich als Motivation und Einleitung ins Thema. Der erste, auf den 26. März 1788 datierte ist aufgrund des als früher anzusehenden Wasserzeichens als der älteste der drei zu betrachten und deshalb an den Beginn gesetzt. Nr. 2 bleibt noch ganz im Bereich der Motivation und steht deshalb vor Nr. 3, der schon konkret auf den Luftdruck als die physikalische Voraussetzung für das barometrische Höhenmessen eingeht. Die Texte Nr. 4 und Nr. 5 dienen der Ableitung der Grundform der barometrischen Höhenformel (vgl. oben). Nr. 6, 7 und 8 beschäftigen sich mit den temperaturbedingten Korrekturen. Von ihnen ist Nr. 6, der auf Kästners Abhandlung ‚Von Höhenmessungen durch das Barometer' Bezug nimmt, der früheste. Auf der Rückseite und auch auf der Vorderseite unten finden sich Rechnungen, die Lichtenberg vermutlich 1776 bei der Vorbereitung seiner Abhandlung über die Höhe des Brockens für das ‚Deutsche Museum' aufgeschrieben hat. Am Ende von Nr. 8

notiert Lichtenberg die von Saussure bei seiner Besteigung des Montblanc gemessene Barometerhöhe. Deswegen wurde Text Nr. 9, der nur eine Berechnung von dessen Höhe enthält, hier angeschlossen. Nr. 10 endlich schließt die einführenden Texte der Abteilung A mit einer detaillierten Beschreibung des Rechenweges von den gemessenen Barometerwerten zur gesuchten Höhe ab. Ausweislich der Wasserzeichen sind diese Blätter die ältesten in NL IX C und noch der Behandlung des Höhenmessens innerhalb der Vorlesungen über Experimentalphysik in den 80er Jahren zuzurechnen. Abteilung B enthält zu drei Exkursionen auf den Hainberg gehörige Aufzeichnungen aus den Jahren 1791 (Nr. 11 bis 14), 1792 (Nr. 15 und 16) und 1798 (Nr. 17 bis 20), die zunächst einmal in dieser zeitlichen Abfolge angeordnet sind. Innerhalb der einzelnen Jahre folgen (jeweils soweit vorhanden) auf die während des Ausfluges selbst notierten Ablesewerte die daraus ermittelten Barometerstände und schließlich die unter Anwendung der verschiedenen Korrekturanweisungen durchgeführte Berechnung der Höhe. Einen Sonderfall stellt das Jahr 1798 dar, für das Lichtenberg zwei Dokumente in der Hand seines Hörers Heinrich Wilhelm Brandes aufbewahrt hat, die als Texte Nr. 17 und 18 ediert sind. Ersterer enthält die während der Exkursion notierten Meßwerte, der zweite Brandes' Ergebnisse für die korrigierten Barometerstände und die korrespondierende Höhe, wobei detaillierte Rechnungen fehlen. Lichtenbergs eigene Berechnungen (auf Bl. 11v u. 10), die auf den gleichen Meßwerten fußen, folgen in Text Nr. 19. Ebenfalls auf Bl. 11 steht eine Anzahl weiterer Rechnungen (ediert als Text Nr. 20), mittels derer Lichtenberg das Zustandekommen von Brandes' Ergebnissen nachzuvollziehen versucht und diese mit seinen eigenen Zahlen vergleicht.

Der Papierstreifen IX C, Bl. 25, der vermutlich mit den offensichtlich zum Aufhängen im Hörsaal bestimmten Bl. 26 und 27 zusammengeklebt war und in diesem Zusammenhang eine technische Funktion hatte und Blatt 29 bleiben unberücksichtigt. Die neben Bl. 3r (Text Nr. 6) in NL VII M enthaltenen Notizen über Delucs Barometermessungen auf dem Harz und in den dortigen Bergwerken werden nicht ediert. Sie sind als Vorarbeiten zu der nicht überlieferten Abhandlung über die Höhe des Brockens zu betrachten, die Lichtenberg für Boies ‚Deutsches Museum' verfaßt hatte und die er wieder zurückzog, nachdem sie bereits gedruckt war. Daher ist geplant, sie zusammen mit den Drucken zu Lebzeiten zu veröffentlichen.

XIIIa. 2 Texte

Nr. 1 IX C, 24

24r den 26 März 1788.

<u>Vorlesung I. von 4–5</u>

Es ist für die Geschichte der Erde überhaupt, und der Meteorologie ins besondere von der äussersten Wichtigkeit die Höhe der Berge zu kennen – In Rücksicht auf erstere die Größe der Revolution zu schätzen, die der Oberfläche unserer Erde diese Form gegeben hat, und in Rücksicht auf leztere die Veränderungen in unserer Atmosphäre mit den <u>Distantzen</u> von der Oberfläche vergleichen zu können und zu sehen, wie manches damit ab oder zunimmt.

Don Ulloa fand auf den Cordillieren in der Provintz Wanca-Velica versteinerte Muscheln in einer Höhe von 2200 Toisen.[1]

Die Berge nemlich geben uns eine Leiter ab, auf der wir nicht allein sehr bequem und ohne sonderliches Risico uns in die Lufft zu erheben [vermögen], sondern sie haben auch noch das schöne, daß man die Staffeln bemercken kann. – Vorzug dieser Methode vor den Lufftschiffahrten.[2] Dieses ist so sehr ausgemacht, daß ich die Zeit für verlohren halten würde, worin ich so etwas noch weiter bewieße.

<u>Aber wie soll man diese Höhe finden?</u>

Hier giebt es nur 2 Methoden, die einer Gnauigkeit fähig sind. Das ist 1) die κατ᾽ ἐξοχην[3] sogenannte geometrische die sich in 2 Theile theilt durch Triangel und <u>Nivellement</u>[4], und 2) die mit dem Barometer. Die erste ob sie gleich gewiß die vorzüglichste ist, erfordert kostbare Instrumente. ZE. Quadranten um die 24v Winckel gnau zu nehmen, | denn mit kleinen Instrumenten würde nicht viel gethan werden können und doch würden sie schon 2, 3 mal mehr kosten, als ein sehr gutes Barometer

Ferner erfodert die Geometrische Messung Umstände die mit offt großen Schwierigkeiten verbunden sind. – Die Messung der

---

16 sonderliches] *erg.* 17 zu erheben] *für* erheben können 20–21 noch … bewieße.] *für* bewieße 24–25 die[2] … Nivellement] *erg.* 25 2)] *für* dann 26–27 ob … erfordert] *für* erfordert

Standlinie[5], die schon auf der vollkommensten Ebne große Schwierigkeiten hat, und in Gebirgen Umstände erfordert, die nur wenige Personen schicklich zu Stande zu bringen fähig seyn werden, sowohl was Geistes als Vermögenskräffte betrifft.

das Nivelliren Umständlich

Da also nun heutzutage die Barometrische zu dem hohen Grad von Vollkommenheit gediehen ist die sie freylich den Geometrischen zu dancken hat: so verdiene sie hier unsere vorzügliche Aufmercksamkeit.

Vorzüge, umständlich. Ich steige mit einem Instrument, ohne Standlinie gemessen zu haben in die Höhe, habe Zeit sie so offt zu wiederholen als ich will pp. kan es auf die leichteste Weiße mitführen, selbst an einem Sattel kan es bequem angehängt werden. Eine solche vortreffliche Methode verdient doch sicherlich genauer gekannt zu werden. Und dieses ist es, womit wir uns in diesen wenigen Stunden[6] beschäfftigen wollen.

Nr. 2 IX C, 15r

Die Erhabenheiten auf der Oberfläche unserer Erde die wir mit 15r
dem Nahmen der Berge zu bezeichnen pflegen, gehören mit unter die Merkwürdigsten Gegenstände für den Naturforscher.[7]

1) Spielen sie eine sehr große Rolle in der Oekonomie der Erde, Flüsse Quellen
2) Sie enthalten die Metalle
3) Das Hauptsächlichste was wir von dem ehmaligen Zustand unsrer Erde und der großen Revol. wissen haben wir ihn[en] zu dancken.
4) Sind sie den Meteorologen äußerst wichtig. Sie geben gleichsam die Treppen ab, auf denen wir am bequemsten in die Atmosphäre hinein steigen kann[!], in die Werckstatt des Regens und des Blitzes

In allen diesen mannigfaltigen Rücksichten, besonders in den beyden leztern kan es sehr nützlich seyn zu wissen wie hoch sie sind, oder wie hoch man sich über dem Meere befunden hat.

---

1 schon] *für* nicht allein 4 sowohl … betrifft.] *erg.* 11 gemessen … haben] *erg.* 13 Sattel] *für* Pferd 14 vortreffliche] *erg.*

Versteinerungen Bouguer 2200 T. über dem Meer. auf den Cordillieren in der Provinz Wanca Velica[8]

Nr. 3 IX C, 16r

16r Barometer Messungen

Einleitung

Es ist öfft nöthig und allemal interessant die Höhe der Berge zu kennen. Methoden Geometrische. Nivellement.→ (542,24–543,5) Es war also der Welt sehr mit einer bequemen Methode gedient. Dieses ist nun die mit dem Barometer.
1643 machte Toricelli die Entdeckung mit dem Quecksilber.
1648 wurde von Pascal der Vorschlag gethan zu sehen ob es auf Bergen fiele. und es geschah; es fiel auf der Spitze des Berges Puy de Dome um $3'' \, 1\frac{1}{2}'''$ der Berg war etwa 500 Toisen Hoch. Auf einem Thurm von etwa 24 Toisen fiel es um etwa 2 Linien.[9]
Voraussetzung daß die Lufft gleichförmig dicht wäre.[10]
Wie es sich im Wasser verhalten würde.[11]
Was nun die Lufft für Unterschiede macht
Mariottisches Gesetz.[12]
Schichten Berechnung. Fehler derselben.[13]
Nun wahre Art. Integral-Rechnung, aber auch ohne dieselbe.[14]

Nr. 4 IX C, 17r; 18v

17r $2 : 3 = 6 : 9$
$8 : 12 = 2 : 3 = 6 : 9.$

Lufftschichten[15]

AB, BC, CD pp. sind alle gleich hoch. d heißt densitas; p pondus[16]
Nach Mariottens Regel $dAB : dBC = pBI : pCI$.
weil aber sich bei gleichen Räumen die d verhalten wie die p so ist auch

$$pAB : pBC = pBI : pCI.$$

und weil $pAB = pAI - pBI$ und $pBC = pBI - pCI$ so ist

$$pAI - pBI : pBI - pCI = pBI : pCI$$

und partes antecedentes summando[17]

$$pAI : pBI = pBI : pCI.$$

folglich die Gewichte der Lufftsaulen in einer geometrischen Reihe:

$$pAI : pBI : pCI : pDI : pEI : pFI : pGI : pHI.$$

und weil die Quecksilber Säulen an den Stellen *A*, *B*, *C* pp jenen Gewichten Proportional sind: so folgt der Satz: Wenn ein Berg in gleiche Staffeln abgetheilt ist, so liegen die Quecksilber Säulen in einer geometrischen Reihe. Dieses ist zwar hier nur von dünnen Schichten erwießen, oder der Beweiß gründet sich auf gleichformig-dichte Schichten,[18] allein der Beweiß ist sehr leicht zu zeigen daß es auch von Gruppen gilt.

	1 : 2	: 4 : 8	: 16 : 32	: 64 : 128	: 256 : 512	: 1024 : 2048
2 zusamm.	3	: 12	: 48	: 192	: 768	3072
3 zusamm.	7	: 56		: 448	: 3584	

$$a : ae : ae^2 : ae^3 : ae^4 : ae^5 :$$

$$\text{2 zusamm.}\quad a + ae : ae^2 + ae^3 : ae^4 + ae^5 :$$

$$ae^6 : ae^7 : ae^8 : ae^9 : ae^{10} : ae^{11}$$

$$ae^6 + ae^7 : ae^8 + ae^9 : ae^{10} : ae^{11}$$

<u>Beweiß</u>

$$\frac{ae^2 + ae^3}{a + ae} = \frac{ae^4 + ae^5}{ae^2 + ae^3}$$

Den ersten Bruch oben und unten mit *a* und den zweyten mit ae^2 dividirt giebt in beyden $\frac{e^2+e^3}{1+e}$

Besser: Wenn $AI : BI : CI : DI : EI : FI : GI$ in einer Geometrischen Reihe sind, so sind es auch $AI : CI : EI$ ....

$$256 : 128 : 64 : 32 : 16 : 8 : 4 : 2 : 1 : \tfrac{1}{2} : \tfrac{1}{4}$$

$$256 \quad 64 \quad 16 \quad 4 \quad 1 \quad \tfrac{1}{4} \quad |$$

3 die] *danach gestr.* Lufftsch 12 von … gilt] *für* Gruppen giebt 14–15 *Tab. im Ms nicht umbrochen* 17 *danach gestr.* oder $\frac{e^2-e^3}{1+e} = \frac{e^4+e^5}{e^2+e^3} =$ 18 zweyten mit] *für* ††† 2ten[?]

18v

Logarithmische Linie

Obgleich die Integral Rechnung diese Schlüsse abkürzt, so beruht doch ihr Credit selbst auf diesen Schlüssen.[19]

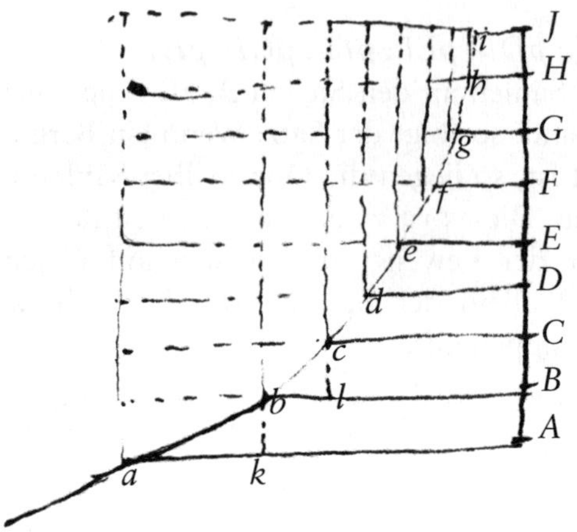

Es ist gar nicht nöthig dieses *I* für das Ende der Lufft gelten zu lassen, wenn nur die Distanzen *AB*, *BC* pp einander gleich sind. Hier sieht man offenbar, daß wenn *Aa*, *Bb*, *Cc* pp die Quecksilbersäulen sind an den zugehörigen Stellen *A*, *B*, *C* pp so fallen ihre Punckte in eine Logarithmische Linie. Fällt also das Quecksilber von *a* auf *k*, so bin ich um *AB* gestiegen fällt es [von] *b* auf *l* so bin ich wieder um *AB* = *BC* gestiegen.

Man sieht hieraus, daß sich die Logarith. Linie als ein Zettul ans Barometer anbringen ließ.[20]

Suche ich also den Logarithmen von *Aa* also 28 Zollen oder 336 Linien und den von [3]35 Linien, und ziehe sie von ein[and]er ab.

$$\begin{array}{r} \text{Log. } 336 = 2.5263393 \\ \text{Log } 335 \underline{= 2.5250448} \\ 12{,}945 \end{array}$$

$$\begin{array}{r} 12{,}94 \\ \underline{6} \\ 77{,}64 \end{array}$$

steht nun an einem andern Ort das Barometer 330 Linien so ist

$$\begin{array}{rrl} & \text{Log } 336 = 2526339 & \\ & \text{Log } 330 \underline{= 2518514} & \\ 1294) & 7825 & (6 \\ & \underline{7764} & \\ & 61 & \end{array}$$

7 die] *Dittographie* 20–21 als … ließ.] *für* an ein Zettul anbringen liese.
22 also[2]] *danach gestr.* †

wäre [ich] also, um das Quecksilber von 336 auf 335 fallen zu machen um 77 Fuß gestiegen, so müßte ich diese 77 mit 6 multipliciren oder 462.[21] – Nun ereignet es sich aber hier ◂es ereignet sich eigentlich nur wenn das Reaum Thermometer auf $16\frac{3}{4}$ Grad steht, und diese Temperatur ist deswegen gewählt worden. Denn für englische Toisen ist es nach Horsley der 39,7 Grad Fahrenheitisch wo die Logarithmen die Toisen selbst geben,[22] und nach Sir Ch. Shuckburgh 31,24 also fast der Gefrierpunckt selbst.[23]▸, daß wenn man jenen ersten Ueberschuß für hunderttheile oder wenn die Logarithmen aus 8 Ziffern bestehen, für Tausendtheile von Frantz. Toisen hält, so giebt es gerade das was man aufsteigen muß um das Barometer um eine Linie des Frantz. Zolles fallen zu machen.

Nr. 5 IX C, 19

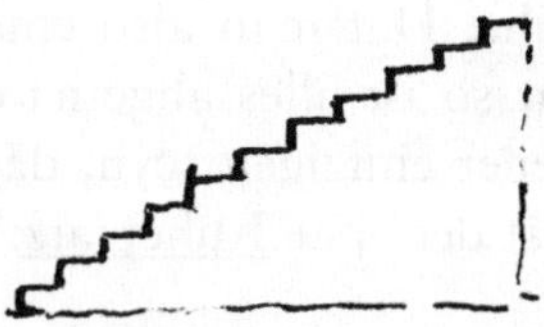

Wenn also ein Berg in gleiche Stufen 19r
abgetheilt wird, wie in der Figur (auf dem weißen Stein)[24] so gehen die Quecksilber-Säulen auf denselben in einer geometrischen Verhältniß fort.[25] Und die Differentzen ihrer Logarithmen gehen in einer arithmetischen fort.

Wenn also die Logarithmen von 2 ☿ Säulen um 12945.[26]

	Probe Differenz
Log 1 = 0	
	0.301030
2 = 0.301030	
	0.301030
4 = 0.602060	
	dieselbe
8 = 0.903090	
	dieselbe
16 = 1.204120	
	dieselbe
32 = 1.505150	

Habe ich also die Differentzen der Logarithmen eines eintzigen Paares von Barometerhohen gefunden so kann ich überzeugt seyn, daß wenn ich zwischen einem andern Paar von Logarith-

5–8 Denn … selbst.] *erg. auf Bl. 18r* 16 (auf] *für* und auf 20 Und] *danach gestr.* ihre

men der ☿ Hohen eine gleiche Differenz finde, so bin ich auch wieder gleich Hoch gestiegen, weil gleichen Schritten in der geometrischen Reihe, gleiche in der arithmetischen zugehören.
Ist der Unterschied 3, 4 mal so groß, so bin ich 3 vier mal so hoch gestiegen. Es kömt also nur darauf an die erste Staffel genau durch die Erfahrung zu bestimmen. |
19v Man hat sich gar nicht darum zu bekümmern wo das Logarithmische System anfängt; sondern es ist genug zu wissen, daß in jedem die gleichen _geometrischen_ Staffeln gleichen arithmetischen correspondiren.
Denken Sie sich einen Berg, der bis an das Ende der Lufft in gleiche Staffeln getheilt wäre: so ist erwiesen: Sie mögen diese Staffeln hoch oder niedrig nehmen, _nur gleich unter einander_, so liegen die ☿ Säulen in einer geometrischen Reihe, das ist wo jedes Glied in das nächste _dividirt_ einen gleichen Quotienten giebt, die hohe der zugehörigen Staffeln von einander _abgezogen_ geben immer gleiche Zahlen. Daher verhält sich die Zahl der Staffeln wie die Logarithmen jener geometrischen Reihe. Hat man also eine eintzige Staffel durch Erfahrung bestimmt so ist alles abgethan, denn die andern werden blos **multipla**[27] jener eintzigen seyn, das System mag anfangen, wo es will. Dieses ist der erste _Ruheplatz_.

Nr. 6 VII M, 3r

3r Man siehe HE. HofR. Kästners Abhandl. von Hohen Messungen durch das Barometer. die seinen Anmerck[ungen] über die Marckscheide Kunst Gotting[en] 1775 angehängt ist.[28]

steht das Thermometer, das bey dem Barometer befindlich ist auf *M* Fahren[hei]tischen Graden. so werden sie auf folgende Weise in de Lückische *m* verwandelt $m = \frac{M}{1{,}875} - 29{,}0666$. Log ($M$: 1,875) = Log M – 0,2730013. (304)[29] Nun wenn *B* den Barometer stand in Linien bedeutet so ist der Verbesserte = B . $(1 + \frac{m}{5184})$ Linien. (302)[30] Wo man des zweyten Facktors leztes Glied leicht mit Log berechnet.

14 die] *Dittographie* 16 der] *danach gestr.* nächsten einander 26 steht] *Beginn des Textes fehlt vermutl.* 28 *m*] *erg.* 31 (302)] *erg.*

<u>Für die Temperatur der Lufft</u>

HE. de Luc theilt die 80 des Reaumür in 186 und sezt bey 39 solcher Theile über dem Gefrier punckt sein 0 für die Temperatur Skale so daß darauf der Gefrier Punckt = –39 und der Sied Punckt = +147 wird ein solche[r] Grad heise *c* so ist die verbesserte höhe = $h + h \cdot \frac{2c}{1000}$ → 551,9–32

Fahrenheitische Grade *f* in *c* zu verwandeln dient folgende Formel *f* Grade machen $\frac{f}{0{,}9675}$ ◂das ist man addirt log. *f* den beständigen log 0,0143489 (Kästner 326)[31]▸ – 72,028 Grade von der Temperatur Skale (fertig auf ihre 0 + und – reducirt. mit Logarithmen geht dieses sehr bequem.

Nr. 7 IX C, 5

<u>Correction des ☿.</u>[32] 5r

HE. DeLuc hat dazu ein eignes Quecksilber Thermometer, dessen Einrichtung folgende ist, und auf folgenden Gründen beruht: Er fand, daß wenn das ☿ im Bar. auf 27 Pariser Zoll und das Therm. auf 0 steht. so wird die Säule 27″, 6‴ linien lang wenn das Thermometer auf 80 steigt. Da Er nun die Linie in 16 Theile theilt, so wird obige Säule (von 27″) um $^{6 \times 16 =} \frac{96}{16}$ einer Linie länger wenn das Therm. auf 80 steigt. Er giebt also dem neuen Therm. 96 Theile und sezt bey 10 grade über dem Gefrier Punckt 0. so daß dieses Thermometer von <u>seinem</u> 0 an bis zum Gefrier Punkt 12 Grade abwärts und 84 aufwärts zählt. Steht das Therm. auf 0 so corrigirt er das Quecksilber nicht. steht es aber z. B. auf –4 und das Barom. auf 27. so vermehrt er die Säule um $\frac{4}{16}$ und steht es auf +4 so vermindert er sie um soviel. Steht aber das Barometer auf 26 und das Therm auf –4 so sagt er 27.″ geben –4 was geben 26. $= \frac{104}{27} = \frac{3{,}8}{16}$ und diese Addirt er.[33]

Will man aber Reaum Grade gebrauchen, so kann man so verfahren ein Reaum Grad giebt 0,075 Linien Veränderung und für 10 Reaum Grad ist die correktion null und für jeden Grad über

---

5 so ist] soist *L, trennt Bearb.* 7 in] *Dittographie* 8–9 das … 0,0143489] *erg.* 9 (Kästner 326)] *erg.* 22–23 bis … Punkt] *erg.*

10 wird 0,075‴ abgezogen, für jeden darunter addirt. Heißt also 0,075 = *e*; *m* die Zahl Grade über oder unter 10[,] die gefunde-[ne] Barometer Höhe *B* so ist die Corrigirte $= B \pm \frac{Bme}{27} = B(1 \pm \frac{me}{27})$ oder sind *r* die Reaum. Grade überhaupt so ist die corrigirte Höhe $= B = (1 - \frac{(r-10)e}{27})$ (NB diese Formel ist völlig richtig[34]) |
5v Das Barometer zeige 26″ und das Thermometer +16 so ist $r - 10 = 6$ und $6e = 0{,}45$. und $\frac{26 \,.\, 0{,}45}{27} = 0{,}43$. welches von 26″ abgezogen werden muß es ist also der Barometerstand = 25″ 11‴,57.

Es ist leicht einzusehen, daß diese Regel nicht im strengsten Verstand richtig ist. Denn wenn eine Quecksilber Säule durch die Hitze verlängert wird, so läßt sich dieses wohl auf diese Weise finden allein nicht wenn sie durch Kälte zusammengezogen wird. Denn wenn eine Quecksilber Säule von 27. Zollen um $\frac{6'''}{80}$ verlängert wird, wenn das Reaum. Therm. um einen Grad steigt, so wird sie nicht um $\frac{6'''}{80}$ kleiner wenn es um 1° fällt:[35] Ein ähnliches Versehen hat eine falsche Berechnung des Interusuriums hervorgebracht.[36] Aber es ist nicht nöthig DeLucs Regel zu ändern, indem so weit die Regel angewandt werden kan eine unbeträchtliche Kleinigkeit ausmacht.

In meiner Formel ist *e* für DeLuc = 0,075‴
nach Roy = 0,069 richtig[37]

Wenn also *B* in Linien und zehntheilen derselben gegeben ist. so ist die corrigirte Höhe. $= B(1 - \frac{(r-10)e}{324})$ [38] und die Höhe des Berges $x = 10000.\mathrm{Log}\frac{B}{b} \times (1 + \frac{r - 16\frac{3}{4}}{215})$, wo *B* die Barometer Höhe unten und *b* die oben bedeutet. beyde, natürlich, corrigirt.

27
12
54
27
324

5 (NB … richtig)] *erg.* 7 welches] *danach gestr.* abge 14 $\frac{6'''}{80}$] *danach gestr.* für 1 Reaum Grad 14–16 verlängert … wird] *für* für 1 Reaum Grad verlängert wird, so wird 19 eine] *danach gestr.* Kle 24 324] *für* 328 (*) *nebst Fußnote* (*) 324? πμ ; *in der rechten unteren Ecke schriftliche Multiplikation* 27 × 12 = 324 L_B 27–31 L_B, *zur Absicherung von 324 in 550,24? Vgl. die zugehörige textkritische Anm.*

Nr. 8 IX C, 8

De Lücs Thermometer 8v
<u>für die Lufftschicht</u>[39]

Da er die gefundene Höhe um so viel 215 Theile des Gantzen vermehren oder vermindern muß, als das Mittel zwischen den beyden Thermometerständen <u>oben</u> und unten größer oder kleiner ist als $16\frac{3}{4}$ Reaum. Grade. So verfährt er, um sich das rechnen zu ersparen so:

Er hat ein zweytes Thermometer, das ist zwischen Sied und Gefrier Punckt in 186 Theile getheilt, und dessen 0 bey $16\frac{3}{4}$ Graden Reaum. steht. ◂1° des alten Thermometers ist = 2°,325 des neuen also $16\frac{3}{4}$ des erstern = 38,944 des neuen. N° rotundo[40] = 39° des neuen▸ Steht dieses Thermometer 1° über 0 so addirt er nicht $\frac{1}{215}$ der Höhe zum Gantzen, sondern $\frac{1}{500}$. bey 2° $\frac{2}{500}$ bey n, $\frac{n}{500}$ oder noch besser (und dieserwegen ist die gantze Einrichtung erfunden) Er nimmt nicht das Mittel zwischen beyden Thermometerständen, das ist er dividirt die Summe nicht mit 2, sondern er läßt die Summe ungeändert, und corrigirt die Höhe um so viel 1000 Theile des Gantzen, als die Summe Einheiten hat, welches sehr schnell geschehen ist. Gesezt sein Thermometer zeige oben +4 unten +14 so ist das Mittel $\frac{4+14}{2} = 9$ also ist, wenn die Logarithmen für die Höhe H gegeben haben, die wahre Höhe $= H + \frac{9}{500}H$. Das nicht äquirte Mittel ist 18 und also die wahre Höhe $= H + \frac{18}{1000}H$. Da aber mit 1000 leicht zu | dividiren läßt, 8r durch bloßes Abschneiden, so ist das leztere sehr viel bequemer.

Warum er die 186 gewählt hat, ist leicht zu übersehen, denn wenn $\frac{1}{80}$ zwischen Sied und Gefrier Punckt eine Correktion von $\frac{1}{215}$ giebt, so giebt ein $\frac{1}{186}$ gerade eine von $\frac{1}{500}$ denn

$$\frac{1}{186} : \frac{1}{80} = \frac{1}{500} : \frac{1}{215} \text{ . oder}$$

$$\text{wie } 80 : 186 = 215 : 500$$

denn $80 \times 500 = 40000$ und $186 \times 215 = 39990$ das wohl hier eben so viel werth ist.

11–13 1° … neuen] *erg. neben der Überschrift, Zuordnung durch Bearb.* 11 alten] *für* neuen 12 neuen[1]] *für* † 80 | erstern] *für* leztern ist 17 die Summe] *erg.* 20 sein] *für* seyn 21 4] *für* 10[?] 28 ein] *erg.* | eine von] *erg.*

```
         800
          19
        7200
         800
Gold   15200   mal schwerer als die Lufft[41]
          28
      121600              5629002
       30400              1447158
      425600              4181844
```

Mont Blanc oben 16″ 0,9‴ [42]

Also muß die Lufft in einen 15,200 mal kleineren Raum zusammen[43]

Nr. 9 IX C, 14r

14r Mont Blanc Bar. 16″ $\frac{14}{15}$‴

Therm. oben 2° unter 0.[44]

```
28,0          15) 140  (9
16,9              135
                   50

      24471580
      22278867
       2202,713 [45]
```

Nr. 10[46] IX C, 26–28

28v 1) die Pariser Zolle auf englische gebracht durch 15 : 16 und zwar die <u>Linien</u> auf 10 Theile
Man giebt nemlich die Barometer Höhen in $\frac{1}{100}$ Theilen an also linien solten <u>in zehntheile verwandelt werden</u>.
NB Die Höhen müssen bey diesem Verfahren allein in hundertheilen des englischen Zolles angegeben werden.

2) die Reaum auf Fahrenheitische 4 : 9 und die add von +32.

10–12 L_B 14–21 L_B 15 *unterhalb zwei nicht edierte Nebenrechnungen zu 550,21–22; vgl. auch Anm. 37.* 23–24 und … Theile] *erg.* 25–26 *erg. auf Bl. 28r* 27–28 *erg. auf Bl. 28r*

3) steht das fixe Fahrenheit Therm. 55° in beyden Fällen: so zieht man die Log. gradeweg ab, und dieses giebt die approximirte Höhe. Steht es aber drüber so muß etwas ab und steht es darunter etwas zugezogen werden. und zwar für

NB 10″ Barometer. 0,001013 eines englischen Zolles für jeden Fahrenh. Grad
20 ———— 0,002027
30 ———— 0,003040 (Shukburgh. Philos. Trans. B. 67. N. 39. p 567.)[47]
40 ———— 0,004053
– – – –

für die Einer darf man nur das comma verrücken

Diese corrigirte Höhen aufgesucht in Log von 8 Ziffern hinten drey abgeschnitten, oder allemal 4 hinter der Kennziffer, so verwirrt man sich nicht. giebt die Hohe in englischen Toisen, das mit 6 multiplicirt in Fußen.

Giebt des fixen Thermometers Mittel Grad 31,24→ 547,7–8 so ist alles richtig, ist es mehr (wie gewöhnlich) so muß der Höhe zugesezt werden

für 1 engl. Fuß 0,00243 [48] für jeden Grad über 31,24.
2 —— 0,00486 zu der Zahl der Fuße
3 —— 0,00729
4 —— 0,00972
5 —— 0,01215
6 —— 0,01458
7 —— 0,01701
8 —— 0,01944
9 —— 0,02187

giebt die eigentliche Höhe |

4 zugezogen] *für* zugesezt 5 10″ Barometer.] *für* 10 Fahren℥. grad | 0,001013] 0,0001013 *L, ändert Bearb.* 21 Fuße] *danach gestr.* dieses ist die gewöhnliche Höhe.

27r (A.)

Barometer-Höhen in Englischen Zollen	Correction der Quecksilber-Säule + für Jeden Fahrenh. Grad unter – ——— über 55 Grad.
10	0,001013.
20	0,002027.
30	0,003040.
40	0,004053.
50	0,005067.
60	0,006080.
70	0,007093.
80	0,008107
90	0,009120 |

26r (B.)

Englische Fuße	Correction der approximirten Höhe wegen der Temperatur der Luftsäule – für jeden Grad des Fahr. Ther. unter / + ——— uber } 31°,24
1	0,00243
2	0,00486.
3	0,00729.
4	0,00972.
5	0,01215.
6	0,01458.
7	0,01701.
8	0,01944
9	0,02187

Nr. 11 IX C, 20

HE. Klindworth. dictirt[49] 20r

	HE. Kl.[50]		<u>HE. Ay.</u>[51]	
Vor dem hinaufgehen.	23″ 11‴ $\frac{4}{16}$		258‴	
Saal	3″ 11 $\frac{9}{16}$		76 $\frac{13}{20}$	
	Th. +12°			
Zügelhütte.	23″ 11 $\frac{2}{16}$		257 $\frac{16}{20}$	334 $\frac{12}{20}$
	3 11 $\frac{13}{16}$		76 $\frac{16}{20}$	$\frac{32}{20}$
	Therm. +7 $\frac{1}{2}$			
Heinberge.	23 7 $\frac{4}{16}$		254 $\frac{5}{20}$	327 $\frac{17}{20}$
	3 8 $\frac{12}{16}$		73 $\frac{12}{20}$	
	Therm. +5 $\frac{1}{2}$			
<u>Rückweg</u> Zügelhütte.	23″ 11 $\frac{4}{16}$	$\frac{14}{16}$	257 $\frac{13}{20}$	
	3 11 $\frac{10}{16}$		76 $\frac{17}{20}$	
	Therm. 7 $\frac{1}{2}$			
Saal.	23″ 11‴ $\frac{9}{16}$	$\frac{22}{16}$	257 $\frac{13}{20}$	$\frac{30}{20}$
	3 11 $\frac{13}{16}$		76 $\frac{17}{20}$	
	Therm. 10 $\frac{1}{2}$			

334,9 → 556,17
<u>328,0</u> → 556,19
6.9

27. 10‴ $\frac{13}{16}$ 334 $\frac{13}{20}$ → 556,14

27 10 $\frac{15}{16}$ 334 $\frac{12}{20}$ → 556,17

---

4 11‴] 11″ *L, ändert Bearb.* 17 $\frac{14}{16}$] *unterhalb der Sp. notiert* 21 $\frac{22}{16}$] *unterhalb der Sp. notiert* 27–28 L_B

$334\ \frac{12}{20}$ → 556,17 $335\ \frac{10}{20}$

$327\ \frac{17}{20}$ → 556,19 $328\ \frac{9}{[20]}$

$6\ \frac{15}{20}$ $7\ \frac{1}{20}$ 1792 nur[?] $\frac{6}{20}$ Linien mehr als 1791[52] |

20v In $1\frac{1}{2}$ Stunden gestiegen um $\frac{6}{20}$
also in einer Stunde $\frac{4}{20}$
Es stund also unten an der Ziegelhütte um $\frac{4}{20}$ höher zu der Zeit als oben beobachtet wurde also eigentlich $335\frac{14}{20}$[53]

Nr. 12 IX C, 13r

13r Barom. Beobachtungen zur Bestimmung der Höhe des Heinbergs. den 13 April 1791.[54] zwischen 3 und 5 Uhr des Nachmittags. Die Maaße für Pariser und die Therm ☿ von 80[tel]

Barom des HE. Prof. Seyffer		Barom. des HE. Aycke(51)
Auf meinem Saale.		
27″. 10‴ $\frac{13}{16}$ = 334‴, $\frac{13}{16}$ = 334‴,81		334‴, $\frac{13}{20}$ = 334‴,65 [55]
	Therm +12	
Bey der ZiegelHütte		
334‴, $\frac{15}{16}$ = 334,9 [56]	Therm $+7\frac{1}{2}$	334‴ $\frac{12}{20}$ = 334,6
Auf dem Heinberge.		
328‴	Therm $+5\frac{1}{2}$	327 $\frac{17}{20}$‴ = 327,85.[57]
Auf dem Rückwege bey der Ziegelhütte		
334‴ $\frac{14}{16}$ = 334‴,88 [58]	Therm $+7\frac{1}{2}$	334 $\frac{10}{20}$‴ = 334,5
Auf meinem Saal nach der Zurückkunfft		
335 $\frac{6}{16}$ [59]	Therm. $10\frac{1}{2}$	334 $\frac{10}{16}$ = 334 $\frac{12\frac{1}{2}}{20}$ [60]

11 Die … 80[tel]] *erg.* 14 334‴,81] 334″,81 *L, ändert Bearb.* 21 334‴,88] 334″,88 *L, ändert Bearb.*

Nr. 13 IX C, 4r

Berechnung für 1791.[61] 4r

Beobachtete Bar.stand bey der Ziegel Hütte. = 334‴,6 = *B*

Therm. +7 $\frac{1}{2}$ = 7,5

(*r*–10) =	–2,5	Log 0,1875	=0,273001–1
e =	0,075	Log *B*	=2,524526
	125		1,797527
	175	Log 324	=2.510545
(*r*–10)*e* =	0,1875		0,286982–1 = Log 0,1936.

Dieses muß addirt werden

334,6	
1936	
334,8	corrigirte Höhe an der Ziegelhütte.

Beob. höhe auf dem Heinberge = 327,8‴ = *B*'

Therm. 5 $\frac{1}{2}$ = 5,5

(r–10) =	–4,5	Log 0,3375	=0,528274–1
e	= 0,075	Log *B*'	=2,515609
	225		2,043883
	315	Log 324	=2,510545
(r–10)*e* =	0,3375		0,533338–1 = [Log] 0,3414.

327,8	
0,3414	
328,1	corr. Höhe auf dem Heinberge.

---

3 334‴,6] 334″,6 *L, ändert Bearb.* 8 Log 324 = 2.510545] *für* Log 328 = 2.515874 9 0,286982–1 = Log 0,1936] *für* 0,281659[*dieses streicht Bearb.*]–1 = Log 0,1912 12 *für* 1912 18 2,043883] *danach gestr.* –1 19 2,510545] *für* 2,515874 20 0,533338–1 = [Log] 0,3414] *für* 0,528009–1 = 0,3373 22 0,3414] *für* 0,3373

Log. 3348 = 3.524785
Log 3281 = 3.516006
87,79 Toisen
6
526,74 Höhe
23,9→ 558,15
502,84 = Fuß = wahre Höhe[62]
a͡o 89 = 497,2 des Heinberges über
5,6 die Ziegelhütte in
Pariser Fußen.

7,5	16,75	215)	526,74	(2,33.
5,5	6,5		430	
13 0	10,25	215)	767[!]	(23,3
6,5			695[!]	6
			720	23,9

(Gantz nach Le Roy Manier berechnet 514,2 Pariser Fuß.[63])

Nr. 14 IX C, 22r; 18r

22r Die Beobachtung von 1791 nach Le Roy's Formel berechnet.[64]

15 : 16 = 334,6 [65]

3.524526 [= log 3346]
Log. 16. 1.204120
4.728646
Log. 15. 1.176091
3.552555 = 356,9 = *B* unten

3.515609 [= log 3278]
1.204120
4.719729
1.176091
3.543638 = 349,7 *b*.

r – 10	= –2,5	Log. 0,1700	= 0,230449–1
e nach Roy	= 0,068 [66]	Log *B*	= 2,552555→ 558,24
	200		1,783004
	150	Log. 324	= 2 510545
(*r* – 10)*e*	0,1700		0,272469–1 = [Log] 0,1872

31 2,552555] *für* 2,552547 32 1,783004] *für* 1,78⟨2996⟩{7894} 34 0,272469] *für* 0,272451

356,9
0,18
357,2 [!] corrigirtes *B*. in englischen Zollen
–4,5 Log. 3060 = 0,485721–1
0,068 Log *b* = 2.543638→ 558,29
360 2,029359
270 = 2 510545
0,3060 0,518814–1 = [Log] 0,3302
349,7
0,3
350,0 corrigirtes *b* |

Le Roy's Formel ist 18r

$$x = 10000 \text{ Log} \frac{B}{b} \times \left(1 + \frac{m-32}{408}\right)$$

wo *m* der mittlere Stand des Fahrenheitschen Thermometers ist. und die Differentzen der Logarithmen 1000tel von englischen Toisen giebt.[67]

Es muß aber nun mehr auch das Quecksilber nach Le Roy's Beobachtungen verbessert werden.→ 558,30–559,11

Log. 3572 = 3552911
Log. 3500 = 3544968
88,43

5,5	7,5
9	9
4) 49[,]5 (12,3	4) 67[,]5 (16,9
32	32
44,3	48,9
	44,3
	93[,]2
	46
	32
	14

---

3 corrigirtes … Zollen] *mit dreifachem waager. Strich markiert* 11 corrigirtes *b*] *mit dreifachem waager. Strich markiert* 19 3572] *für* 357,2 20 3500] *für* 350,0

88,43	88,43	85,7
14	3,04	6
35372	91,47	514,2
8843	15	
408) 1238,02 (3,04	45735	
1224	9147	
14,00	16) 137205 (85,7	
	128	
	92	
	80	
	120	
	[11]2	

Nr. 15 IX C, 2–3

2r=(a 1792

Barometer Beobachtungen zu Bestimmung der Höhe des Heinbergs. den 31 Märtz 1792.

Beym hinaufgehen um 4 Uhr 6′ stund das Bar. an der Ziegelhütte 335‴ $\frac{18}{20}$ Pariser Mas

Thermometer + 10 $\frac{1}{4}$ DeLuc

Bey der Rückkehr um 5 Uhr 35′ Bar 335 $\frac{16}{20}$‴

Thermometer + 9 $\frac{1}{8}$

Auf dem Heinberge um 5 Uhr Bar 328 $\frac{9}{20}$‴

Thermometer + 8.

Da nun das Bar. an der Zügel Hütte in 1 $\frac{1}{2}$ Stund um $\frac{2}{20}$ gefallen ist, und die Beobachtung auf dem Heinberge eine Stunde nach der ersten an der Ziegelhütte gemacht worden ist, so hat das Barometer an der Ziegelhütte zur Zeit der Beobachtung auf dem Heinberge um $\frac{2}{3}$ von $\frac{2}{20}$ niedriger gestanden, statt dessen wollen wir die Hälffte annehmen und also das Barometer an der Ziegelhütte = 335 $\frac{17}{20}$‴ Linien setzen. Eben so ist das Thermometer um 1 $\frac{1}{8}$ Grad gefallen. Davon betragen $\frac{2}{3}$ just $\frac{3}{4}$ also stund das Thermometer an der Ziegelhütte zur Zeit der Beob. auf dem Heinberge auf 10 $\frac{1}{4}$ – $\frac{3}{4}$ = 9 $\frac{1}{2}$ Grad. |

7 16) 137205] *in der Vorlage endet die Rechnung aus Raumgründen mit diesen beiden Zahlen und wird an anderer Stelle auf der S. weitergeführt* 17 um … 6′] *erg.*

1792. (mit dem Aykischen Barom.)[(61)] 3r=(b

Correktion der Quecksilber Saule. An der Zügel Hütte

$B = 335\frac{17}{20}''' = 335{,}85$

$r = 9{,}5$	Log 0,0375	=0,574031–2
$r - 10 = -0{,}5$	Log. 324	<u>=2,510545</u>
$e = 0{,}075$		0,063486–4
$(r-10)e = -0{,}0375$[68]	Log 335,85	<u>=2 526145</u>
$\frac{(r-10)e}{324} = 0{,}0117.$	= Log 0,038871	0,589631–2

Also $B = 335{,}89$. an der Ziegel Hütte.

<u>Auf dem Heinberge</u>

$b = 328{,}45.$

$r = 8$	Log 0,140[69]	=0,146128–1
$r - 10 = -2$	Log 324	<u>=2,510545</u>
$e = 0{,}075$	Log. $\frac{(r-10)e}{324}$	0,635583–4
$(r - 10)e = -0{,}150$[70]	Log. 328,45	<u>=2,516469</u>
	Log. 0,17865	=0,252052–1[!]

328,45
<u>18</u>
328,53[!] b auf dem Heinberg.[71]

Log B. = 2,5261971
Log b <u>= 2,5165750</u>
96,221 uncorrigirte Höhe |

Thermometer unten	$= +9\frac{1}{2}$	3v
Thermometer oben	<u>= +8</u>	
Summe	$= 17\frac{1}{2}$	
Mitte	$= 8\frac{3}{4}$	

$-16\frac{3}{4}$ addirt bleiben –8.
Also müssen von der gantzen Höhe $\frac{8}{215}$ abgezogen werden.
Unkorrigirte Höhe = 96,221

1 Aykischen] *für* Pickelschen 2 An … Hütte] *erg.* 16 –0,150] *für* –0,140 *vgl. Anm. 70*

215) 96,221 (0,447 = $\frac{1}{215}$ in Toisen
860
1022 0,447
860 8
1621 3,576
1505 96,221
92,645
6
⟨555⟩,870

[*unleserliche Tabelle (drei Zeilen) gestrichen*]

Nr. 16

IX C, 21r

21r
$\frac{B.(r-10)e}{27.}$
$\frac{335{,}85 \times 0{,}0375}{324}$

Log 0,0375. = 0,5740313–1
Log. 335,85 = 2,5261454
2,1001767
Log 324 = 2,5105450
0,038871 0,5896317–1

uncorr. *B* = 335,85
correct. + 0,038
wahres *B* 335,89‴ an der Ziegelhütte

b = 328,45
$\frac{b.(r-10)e}{27.}$
$\frac{328{,}45 \times 0{,}150}{324.}$

Log 0,150 = 0,1760913–1
Log 328,45 = 2,5164993
6,2024 1,7925906[!]
2,5105450
0,019145[!] = 0,2820456–1

uncorr. *b* = 328,45
corr. + 0,02
corr. *b* = 328,47‴

Log *B*. = 2,5261971
Log *b* = 2,5164957
97,014
3,576
93,438 Toisen[72]

22 6,2024] *Zahl eingekringelt*

Nr. 17 IX C, 6r

Barom. Therm 6r
bei d[er] Ziegelhütte
20″, 10‴. + 5,7.
+ 7″. 0.

---

auf der Spitze des Hainbergs.
20″ 5,4‴. + 2.
+ 6″ 8,5.

---

bei der Ziegelhütte
20″ 11‴ + 3.
+ 6″ 10‴.

5,7
3
8,7
4,3. corr. an der Ziegelhütte

Nr. 18 IX C, 7r

Beobachtete Barometerhöhe Thermometerhöhe 7r
in Sechzehntheilen der Linie.
bei der Ziegelhütte
5344 5,7.
und nachher
5328 3.
auf der Spitze des Hainbergs.
5216. 2

Diese Höhen nach Erxleben. §. 682 corrigirt und aus den beiden bei der Ziegelhütte das Mittel genommen erhält man:
Barom:höhe bei der Ziegelhütte = 5343
auf dem Hainberge = 5225,66.[73]

Daraus die uncorrigirte Höhe des Hainberges
= 96,44 toisen[74]
und die nach §. 683 corrigirte Höhe des Hainberges
= 90,528 toisen[75]
= 543,168 paris. Fuß.

---

7 ‴] *für* Lin

Nr. 19 IX C, 11, 10/12

11r Den 24. Märtz 1798.

An der Ziegelhütte vorher.		Auf dem Berge.	
	20″ 10‴		20″ 5‴,4
	7″ 0		6 8,5
	27. 10‴	(1798)	27 1,9
	nachher		
	20″ 11‴		335,85
	6″ 10‴		328,45
	27. 9	(1792)	74,0 10tel Lini[en][76]
Mittel	27 9‴,5	(1798)	76,0 ———
	12	(1791)	68,0 ———
	54		
	27		334,65
	324	(1791)	327,85
	9,5		6 80
	333,5		

	324	
	1,9	
b. Auf dem Berge	325,9	Th. +2.
B.	333,5	Th. +4. |

11v $B(1 - \frac{(r-10)e}{324.}$ [77]

0,075
6
0,450

0,138	324)	450 (0,138
333,5		324
0690		1260
414		972
414		2880
414		2592
45,0230[!]		8

324) 0,075 (

324) 750 (0,231		
648	0,231	= 1
1020	0,0231	= $\frac{1}{10}$
972	0,00231	= $\frac{1}{100}$
48	0,000231	= $\frac{1}{1000}$

324)	333,5 (1,4[?]	0,450
	<u>324</u>	<u>1,4</u>
	950	1800
	975[!]	<u>450</u>
		0,6300 |

<u>*B* = 333,5 Th. +4.</u>[(61)] 10r

r = +4	Log 0,45	=0,6532125–1
r – 10 = –6	Log. 324	<u>=2,5105450</u>
e = 0,075	Log $\frac{0,45}{324}$	=0,1426675–3
(*r*–10)*e* = –0,45	Log 333,5	<u>=2,5230958</u>
	Log 0,46	=0,6657633–1

B = 333,5
<u>corr = + 0,46</u>
Corr. *B* = 333,9

<u>*b* = 325,9 Th. +2.</u>

r = 2	Log 0,6	=0,7781513–1
r – 10 = –8	Log 324	<u>=2,5105450</u>
e = 0,075	Log. $\frac{0,6}{324}$	=0,2676063–3
(*r*–10)*e* = –0,6 [78]	Log. 325,9	<u>=2,5130844</u>
	Log. 0,603...	=0,7806907–1

b = 325,9
<u>corr = + 0,6</u>
Corr. *b* = 325,96[!]

Log. *B*. corr	33390	= 4.5236164
Log *b* corr	32650 [79]	<u>= 4.5138832</u>
HE. Brandes 96,44 T.		97,332 Toisen
		Unterschied $\frac{89}{100}$ T.[80] |

6–14 B. … 333,9] *Die gleiche Rechnung mit dem am Gipfel gemessenen Temperaturwert +2 auf dem oberen Drittel von Bl. 9r. Den Wert selbst hat L. dort zwar noch korrigiert, das ganze Bl. dann aber nur noch für Nebenrechnungen benutzt und die gesamte Rechnung hier neu begonnen.* 14 333,9] *für* 333,96 24 Log[1] … 45236164] Log. … 4.5236945] *für* Log. *B*. corr 33396 = 4.5236945 25 Log. … 4.5138832] *für* Log *b* corr 32596 = 4.5131643 26 97,332] *für* ⟨105302⟩{98,113}. *Der erste Wert ergibt sich bei der B-b-Kombination* 33396–32596, *der zweite bei* 33396–32650.

10v Thermometer unten +4
Thermometer <u>oben +2</u>
Mittel +3
dazu addirt $-16\frac{3}{4}$
Summe $-13\frac{3}{4}$

Es müssen also von der uncorrigirten Höhe $\frac{13\frac{3}{4}}{215}$ des Gantzen abgezogen werden = $\frac{13,75}{215}$ des Gantzen.

Das Gantze ist = 97,33 Toisen davon $\frac{13,75}{215}$ = 6,28 T.[81]

also	97,33	
	– 6,28	
	91,05	wahre Höhe des Heinbergs
	90,52	nach Herrn Brandes Rechnung→ 563,32
Unterschied	= 0,53	
oder	3,18 [Fuß]	

Die Beobachtung von 1792 gab 550 nach meiner Art zu rechnen.[82] Jezt 546.

Nach Herrn Brandes 543.→ 563,33 |

12r Hierbey ist aber nothwendig zu merken, daß jenes Scharf abgetheilte Barometer waren. Dieses von Pickel nach meinem eignen Maasstabe.[83]

---

8 Toisen] *erg.*

Nr. 20 IX C, 11

27. 10‴ → 564,6 334
12
54
27
324

334) 5344 → 563,20 (16 11r
334
2004
[20]04

10672 → 563,20–22
5336
[53]43
7
16

7 : 16 = 46 → 565,13 (65)
16
276
46
7) 736 [*bricht ab*] |

16 : 7 = 10 (65) 11v
16) 70 (4,4
64
60

5225,66 → 563,28
5216 → 563,24
9,66
16

16 : 9 = 10 (65)
) 90 ([*bricht ab*]

333,96 → 565,14
325,96 → 565,23
8,00

5343 → 563,27
5225 → 563,28
16) 118 (8 [84]
128

4.7277852
4.7181362
96,490 [85]

Kommentar

Kapitel XII

[1] „Allmähliche und erdachte Entwicklung der ersten astronomischen Entdeckungen über die Gestalt der Erde, die Kreise der Kugel, die Bewegungen der Sonne und des Mondes, die Anordnung der Himmelskörper usw." faßt Montucla (Histoire 1, 1758, 97) den auf der genannten Seite beginnenden Paragraphen (ebd., 145–162) im ersten Band seiner ‚Histoire des mathématiques' zusammen. Dessen Vorgehen hauptsächlich zu folgen, kündigt L. im zweiten Beitrag seiner populärwissenschaftlichen Aufsätze zur Astronomie im GTC an, in dem er daran geht (Lichtenberg, Fortsetzung 1781, 4), „das Fundament zu betrachten auf dem die unermeßliche Leiter steht, auf welcher der Mensch zu jenen Kenntnissen gestiegen ist, und wie er zu denselben gestiegen ist, oder doch, wo uns die Geschichte verläßt, wie er zu denselben hätte steigen können. Eine solche zum Theil zuverlässige und zum Theil wahrscheinliche Geschichte des Fortgangs des Menschengeschlechts in einer Wissenschaft ist immer ein sehr gefälliges Mittel andern die Wissenschaft selbst beyzubringen, und reizend für den, der Geistesspeise genießt um zu wachsen und stark zu werden, nicht zu ungesunder Ueberladung des Kopfs, sondern zu harmonischem Wachsthum des Ganzen." Und folgerichtig bediente er sich dieser Methode auch in der Vorlesung, um seinen Hörern ein Bild von der Entwicklung der Astronomie in der frühen Geschichte der Menschheit zu entwerfen (vgl. 71,13–27).

Zur weiteren Verwendung des nachfolgenden Textes vgl. die Vorbemerkung zu diesem Kapitel.

[2] Vgl. 244,3–26 (Text Nr. 25), wo von der „abgestümpften Erde" (mit entsprechenden Abb.) die Rede ist und die verwandte Idee einer Tangentenebene an die Erde ausführlicher vorgestellt wird. Eine der dortigen Abb. findet sich auch auf Bl. NL IX E, 5v (Vorlesung 85/86, Blatt k; 98,14–16), wie hier im Zusammenhang mit der Kugelgestalt der Erde. Was L.s Kollege Meister mit der Sache zu tun hatte, konnte nicht ermittelt werden.

[3] Kugelförmig waren vorzugsweise die durch Reiben elektrisierten Körper in den ersten Elektrisiermaschinen (vgl. VNat 4, 284 f.). Später dann konkurrierten Scheiben- mit Zylindermaschinen. Unklar bleibt, was L. zum Notieren des Stichworts, zumal mit einem Fragezeichen versehen, an dieser Stelle veranlaßte.

[4] Durch den Aufprall eines Kometen wurde der Sonne nach Buffons Vorstellung (Naturgeschichte 1, 1771, 186–190) ein Teil ihrer Materie entrissen, aus dem sich in der Folge die Planeten bildeten. Aufgrund dieser Entstehung erkärt sich für ihn auch die gleichsinnige Bewegung der Planeten um die Sonne und die geringe Abweichung ihrer Bahnebenen.

[5] Der sich beim senkrechten Schnitt zweier gleicher Zylinder ergebende Körper hat in Richtung der beiden Zylinderachsen einen runden, in

der darauf senkrechten Richtung einen quadratischen Querschnitt. Bereits Archimedes befaßte sich mit ihm und gab in seiner ‚Methodenlehre' sein Volumen an (vgl. Archimedes, Werke 1972, 383). – Mit dieser Betrachtung und den folgenden neueren Überlegungen zur Kugelgestalt der Erde (bis 16,28) weicht L. vorübergehend von seiner Vorlage Montucla und dem Plan ab, die frühe Entwicklung der Astronomie nachzuzeichnen.

[6] Vgl. 244,3–26, wo von einer Tangentenebene mit einem Grad Durchmesser die Rede ist. Was es mit dem „Aegyptischen König" auf sich hat, konnte nicht geklärt, eine zeitgenössische Quelle für die Anekdote nicht ermittelt werden.

[7] M. a. W., der aus allen Richtungen gesehen einen kreisförmigen Querschnitt hat.

[8] Der Größenvergleich Erde – Jupiter hat seinen angestammten Platz unter den Argumenten für die Bewegung der Erde gegen Tycho Brahe, nicht für deren Kugelgestalt; vgl. 80,27–81,1.

[9] Vgl. den Abschnitt unter der Überschrift „Figur der Erde" 98,1–107,4.

[10] Seit 1845 Königreich Tonga, etwa zwischen 15° und 23,5° südlicher Breite (und 173° und 177° östlicher Länge) gelegen.

[11] Sofern „gleich" hier, wie in der Geometrie üblich, inhaltsgleich bedeuten soll, so lassen sich zwar gleich große und nicht ähnliche halbe Rotationsellipsoide vorstellen, nicht jedoch ähnliche und verschieden große, da ja die implizite Voraussetzung erfüllt sein muß, daß die Äquatorialflächen der beiden Hälften übereinstimmen. Eine andere mögliche Erklärung für das unerwartete Meßergebnis am Kap erwähnt L. in Text Nr. 23 (242,17–25) im Anschluß an Klügel, Figur 1788.

[12] Ähnlich GamN, 588 f.; Lichtenberg, Fortsetzung 1781, 13 f. Der Ursprung dieser Legende nicht ermittelt. Bei Poldauf, Philidor 2009, 14, heißt es lediglich, es sei „überliefert, daß Philidor die Regeln des Spiels vom bloßen Zuschauen erlernte."

[13] Zur Vorstellung eines kugelförmigen Himmels vgl. Montucla, Histoire 1, 1758, 147 f.; Lichtenberg, Fortsetzung 1781, 14 f.; GamN, 589.

[14] Der Abweichungskreis ist laut Gehler (1, 33): „Ein größter Kreis der Himmelskugel, welcher durch die beyden Pole und ein Gestirn geht." In den Notizen zur Vorlesung 1780/81 heißt es stattdessen Meridian (35,3), was sachlich auf dasselbe hinausläuft, da der Satz gilt (Gehler, ebd.): „Wenn das Gestirn in den Mittagskreis kömmt, so ist dieser mit dem Abweichungskreise einerley." Eine Bewegung der Sonne relativ zu den Fixsternen nur auf dem Abweichungskreis, also nur in der Höhe über oder unter dem Äquator, hätte zur Folge, daß der Nachthimmel, abgesehen von den durch die Änderung von Tages- und Nachtlänge hervorgerufenen Effekten, gleich bliebe. Dies ist nicht der Fall, wie L. anschließend erläutert.

[15] Der Zweck des ersten Begriffspaars als Erklärung für das im folgenden häufig verwendete Lehnwort aus dem Griechischen (acronyctus von griech. ἄκρος = höchst, äußerst; νύξ = Nacht) durch das lateinische „vesper-

tinus" (= abendlich), das seinerseits aber vom griechischen ἑσπερινός abgeleitet ist, leuchtet ein. Vgl. auch LaLande, Astronomie 1, 1771, 333, wo die französische Adaption „acronique" durch „Ἀκρονύχως, vespertinus" erläutert wird. Anders beim zweiten Paar. Für das griechische ὀρθρινός (= früh morgens vor Tagesanbruch) konnte weder in antiken Zeugnissen eine Verwendung im Zusammenhang mit Sternauf- oder -untergängen ermittelt werden, noch wurde es zu L.s Zeiten in diesem Sinne gebraucht. Vielleicht wollte er das „matutinus" (= morgendlich) schlicht als Gegensatz zu „vespertinus" anführen. Als eine von dessen griechischen Entsprechungen konnte ὀρθρινός gelten. Der sicherlich geläufigste Beleg dafür war eine Stelle im letzten Buch der Bibel, der Geheimen Offenbarung (NT Offb. 22,16), in der Christus sich selbst als Morgenstern (griech.: ἀστὴρ ὀρθρινός; lat.: stella matutina) ankündigt. Geminos dagegen verwendet bei seiner Erläuterung der Auf- und Untergänge (vgl. Elementa 1898, 146–154) durchgehend das Gegensatzpaar ἑῷος (zu Eos, Morgenröte) – ἑσπέριος.

16 Dies sind die sogenannten „Ortus & Occasus poetici" (vgl. dazu auch Text Nr. 11, 226,4–227,29) oder in Gehlers (1, 175 bzw. 4, 415) deutscher Fassung „Aufgänge und Untergänge der Gestirne nach dem Sinne der alten Dichter". Zu L.s Erklärung der Begriffe s. GamN, 595.

17 Zu den frühen Methoden, die Jahreszeiten zu kennzeichnen vgl. wiederum Text Nr. 11, zum „annus canicularis" insb. Anm. 879; weiterhin Montucla, Histoire 1, 1758, 148 f.; Lichtenberg, Fortsetzung 1781, 16 f.; GamN, 594–596.

18 Zur Feststellung der Schiefe der Sonnenbahn relativ zum Äquator vgl. Montucla, Histoire 1, 1758, 149 f.; Lichtenberg, Fortsetzung 1781, 18 f.; GamN, 596 f.; λοξὸς κύκλος heißt wörtlich schiefer Kreis.

19 Die Einlösung dieses Versprechens blieb L. vermutlich schuldig. Weder in den Handschriften noch bei Gamauf findet sich ein Hinweis darauf.

20 Zur Untersuchung des Verlaufs der Ekliptik vgl. Montucla, Histoire 1, 1758, 150–152; Lichtenberg, Fortsetzung 1781, 19–22; GamN, 597 f. In den beiden letzteren Parallelstellen wird Anaximander, auf den nach Montucla das Verfahren zurückgeht, nicht erwähnt.

21 Nachdem er ein einfaches Instrument erläutert hat, einen mit einer Teilung und einer Visiereinrichtung versehenen, parallel zur Ekliptik auszurichtenden Halbkreis, mit dem nach seiner Vorstellung die frühen Astronomen die Lage der Sterne längs der Sonnenbahn mit einer gegenüber der groben ersten Bestimmung der Zodiakalsterne vermessen haben könnten, schreibt Montucla (Histoire 1, 1758, 152): „Dieses sehr einfache Instrument muß, wie mir scheint, eines der ersten der praktischen Astronomie gewesen sein; zumindest war es mit einigen anderen Kreisen, die man dazugefügt hat, eines derjenigen der Astronomen von Alexandria. Denn die Armillarsphäre, die *Eratosthenes* konstruierte und die er in der Vorhalle der berühmten Schule dieser Stadt aufstellte, war nichts als eine Verbindung von verschiedenen Kreisen, die man durch Beobachtung in die Ebenen der entsprechenden himmlischen Kreise legte."

22 Unklar, was hier gemeint ist; die halb geschminkte Phöbe (21,34–35) wohl nicht.

23 Globus terraqueus, wörtlich: Kugel aus Erde und Wasser; ein geläufiger Ausdruck für die Erde als ganze.

24 „Also mußte die *Kugelgestalt* beym Monde statt finden;" heißt es bei Gamauf (GamN, 602) nahezu wörtlich nach dem GTC (Lichtenberg, Fortsetzung 1781, 25), „und man dürfte sich nur eine Kugel halb schwarz und halb weiß anmahlen lassen, um alle die Erscheinungen hervorzubringen, die man an dem ab- und zunehmenden Mond bemerkt." Den gleichen Vorschlag zur Veranschaulichung der Phasen hatte auch Montucla (Histoire 1, 1758, 154) gemacht. – Phoibe hieß nach Pauly (4, 1979, Sp. 795) bei römischen Dichtern Artemis (Diana) in ihrer Eigenschaft als Mondgöttin.

25 Montucla (Histoire 1, 1758, 155 f.) erklärt zur Frage der Mondbahnneigung gegen die Ekliptik sinngemäß: Wäre sie nicht vorhanden, dann gäbe es in jedem Monat je eine Mond- und eine Sonnenfinsternis, und wäre sie groß, so gäbe es in Monaten, in denen der Mond in Opposition weit von der Ekliptik abstünde, keinen Vollmond. Weder im GTC noch bei Gamauf wird diese Argumentation wiedergegeben. Zu den Phasen des Mondes und seiner Gestalt, den Finsternissen und der Mondbahn insg. vgl. Montucla, Histoire 1, 1758, 152–156; Lichtenberg, Fortsetzung 1781, 22–25; GamN, 600–602.

26 Vgl. Montucla, Histoire 1, 1758, 156. Die Knoten sind die Schnittpunkte der Mondbahn mit der Ekliptik. Die physikalische Ursache für die Drehung der Knotenlinie erläutert L. gegen Ende der Vorlesung (203,22–204,29) im Zusammenhang mit der Präzession der Äquinoktialpunkte, die auf analogen Gründen beruht.

27 Diese Randnotiz wohl nach Bailly, Histoire 1, 1779 (insb. S. 4 f. u. 8–11). L. hatte das Werk seit 1780 mehrfach ausgeliehen (LB, 99) und besaß die 1796–97 in zwei Teilen erschienene deutsche Übersetzung des ersten Bandes (BL 253).

28 Zu den oberen Planeten vgl. Montucla, Histoire 1, 1758, 156–158; GamN, 602 f.

29 Vgl. A 257: „Die Lehre von der Lage der Flächen und die Stereometrie auf Flächen vortragen zu wollen ist doch noch nicht so viel als, die Planimetrie auf einer Linie vorstellen zu wollen." Beides ist nicht möglich, nur leuchtet dies bei der Planimetrie auf der Linie noch unmittelbarer ein. L. scheint durch den Vergleich die unterschiedliche Schwierigkeit erklären zu wollen, mit der die Umlaufbahnen der äußeren Planeten auf der einen Seite, der inneren auf der anderen zu erfassen ist. Tatsächlich sieht man aber bei beiden Gruppen im wesentlichen nur eine Bewegung längs der Ekliptik, also „auf einem Bindfaden" und keine Bewegung in der Tiefe, aus der sich die zweidimensionale Form der jeweiligen Bahnen hätte erschließen lassen. Was die Sache bei den äußeren Planeten wohl einfacher machte, war ihre mit den Fixsternen gemeinsame Lage außerhalb der Erdbahn und die

daraus folgende größere Ähnlichkeit ihrer scheinbaren Bewegungen. Sie veränderten zwar ihre Positionen gegenüber den Fixsternen, hatten aber wie diese ihre Auf- und Untergänge und ihre Perioden, in denen sie die ganze Nacht über sichtbar waren, während Venus und Merkur entweder nach Sonnenuntergang erschienen und dann bald untergingen oder am frühen Morgen aufgingen und dann von der aufgehenden Sonne überstrahlt wurden.

[30] Zu den scheinbaren Bewegungen von Venus und Merkur und der Einführung des Deferenten (circulus deferens) vgl. Montucla, Histoire 1, 1758, 158–160; GamN, 603. – Der Kreis um den imaginären Punkt heißt Epizykel. Danach wird das hier angerissene antike Konzept der Planetenbewegung gewöhnlich Epizykeltheorie genannt. Vgl. dazu 228,24–229,4.

[31] Das Mondsymbol ist in diesem Fall als Einfügemarkierung gebraucht, auf die sich 26,10–11 bezieht. Sachlich erschien es jedoch angemessener, den Text hier einzufügen, wo L. die zweite Markierung (a) zwischen den Zeilen ergänzt hat.

[32] Von lat. urgere = drängen, bedrängen; Campe (Wörterbuch 1813, 599) gibt u. a. an: „ein besonderes Gewicht [...] auf etwas legen."

[33] Anspielung auf die Epizykeltheorie, vgl. Anm. 883.

[34] Vgl. dazu die Sudelbucheintragungen C 91 und C 178.

[35] Absatz bis hierher nach Montucla, Histoire 1, 1758, 160 f. Zum sog. Ägyptischen System vgl. auch die Texte Nr. 12 (insb. 228,12–26) und Nr. 14 (insb. 230,8–19).

[36] Knüpft vermutlich an 22,30–23,14 an. Daß L. die Anzahl der Planeten ohne jeden Kommentar auf 5 beziffert, läßt auf eine Entstehung dieses Textes vor 1782 schließen.

[37] In dem in Text Nr. 1 in Verbindung mit den weiterverwendeten Seiten in Text Nr. 7 erhaltenen frühen Vorlesungskonzept folgt ausweislich der Seitenzahlen direkt auf die Erzählung der frühen Geschichte der Astronomie bis zur Vorstellung des sog. Ägyptischen Systems (25,14–26,10) der Abschnitt über die Figur der Erde und die Gradmessung (99,2–106,14; in der aktuellen Fassung mit späteren Ergänzungen). Der Wert von 1720 Meilen für den Erddurchmesser ist darin zwar nicht explizit angegeben. Er ergibt sich aber leicht aus dem mittleren Durchmesser in Toisen (= 6 Pariser Fuß) und dem Umrechnungsfaktor von Meilen in Pariser Fuß (106,13–14). En passant hat ihn L. bereits früher erwähnt: 15,17–19.

[38] Die Verspottung Göttingens als Nestchen begegnet auch Bw 1, Nr. 63 [112] und VNat 4, 349 Z. 21.

[39] Die sog. Harmonie der Sphären ist eine seit der Antike verbreitete Vorstellung über den Zusammenhang zwischen Planetenbewegung und den Tönen in der Musik, als deren Ausgangspunkt allgemein die Pythagoräische Schule gilt und die ihre Spuren in der gesamten abendländischen Literatur hinterlassen hat (prominent etwa Goethe, Faust I, v. 243–246). In Christian Wolffs mathematischem Lexikon heißt es dazu etwa (Wolff, Lexicon 1716, 691): „*Harmonice mundi*, die Harmonie der Welt, Ist eine

Übereinstimmung der Bewegung der Planeten und ihrer Weite von der Sonne mit den Stimmen und *intervallis* oder den Noten-Weiten in der Music." Als wichtigste Quellen verweist er auf Ptolemaios' Harmonielehre (Harmonicorum libri III) und Keplers Weltharmonik (Harmonices mundi libri V) sowie beider Erläuterung in Ricciolis ‚Almagestum novum'.

[40] Vgl. wiederum Wolff, der unter der Überschrift „*Primum mobile*, die erste Bewegung" schreibt (ebd., Sp. 1092 f.): „Wird in der alten Astronomie genennet die oberste hohle Kugel, welche die gantze Welt einschliesset. Nemlich sie setzten die Welt aus 9 hohlen Kugeln zusammen, deren sieben vor die sieben Planeten, die achte vor die Fix-Sterne gehöreten, die neundte aber ohne Sterne war. In der neueren Astronomie da man die Unrichtigkeit dieser Crystallinen Kugeln erwiesen, kan diese Bedeutung nicht stat finden. Es wird doch aber das Wort *primum mobile* gebraucht von der scheinbahren Bewegung des Himmels innerhalb 24 Stunden umb die Erde." Vgl. auch Anm. 455.

[41] Dt. *Elementarwelt*, ein Instrument zur Demonstration der spontanen Schichtung spezifisch unterschiedlich schwerer Flüssigkeiten; vgl. VNat 3, 268 Z. 22 u. Anm. 17.

[42] Fontenelles ‚Entretiens sur la pluralité des mondes' (in Gottscheds Übersetzung: ‚Gespräche von Mehr als einer Welt') enthalten eine populärwissenschaftliche Einführung in die Astronomie nach Cartesianischen Begriffen, nach L.s Urteil (ErxH, 699) „ein zwar lebhaft geschriebenes, aber mit vieler falschen Philosophie durchwebtes Werkchen". Zur Wirbeltheorie vgl. z. B. Fontenelle, Gespräche 1730, 132–138. Die Cartesianischen Wirbel behandelt L. auch im Zusammenhang mit der Theorie der Schwere (vgl. insb. VNat 3, 200 Z. 12–18, sowie ebd., 555 f., Anm. 128).

[43] In der Aufzählung der Einwände gegen Descartes scheint L. wieder Montucla (Histoire 2, 1758, 244–249) zu folgen. Zur Widerlegung der Descartesschen Wirbel nach Newton, speziell mit dem Argument des zweiten Keplerschen Gesetzes und dem der Kometenbewegung, vgl. auch VNat 3, 543, Anm. 68 f.

[44] Mit der Kraft, die das Quecksilber zu Tropfen formt, kann nur die Kohäsionskraft gemeint sein. Daß diese mit der allgemeinen Schwere gleichzusetzen sei, behauptet L. sonst nicht. Vielmehr bekennt er in den Notizen für die Vorlesung im Sommer 1781 (NL VII F 2 C 4, Bl. 3v, gedruckt in VNat 3, 619): „Ja ich begreife nicht einmal, recht wie ein Körper einen runden Tropfen formiren kan." Dem entspricht ein Zusatz im Erxleben, der die Unkenntnis über die Ursache des Zusammenhangs der Körper festhält (vgl. ErxH, 69 f.). Und Ende der 1790er Jahre verneint er die hier behauptete Identität und erklärt (L 759), daß „die Cohäsions krafft auch nicht die ist wodurch sich die Materie in der Ferne zieht". Zum zeitgenössischen Begriff der Kohäsion vgl. das Stichwort bei Gehler 1, 514.

[45] Zur Elektrizität der Wolken vgl. 366,33–367,11 in Kapitel XIII.

[46] L. denkt hier wohl an die Ableitungskette am Elektrophor (vgl. VNat 4, 631 f., Anm. 23) und unterstellt, daß es bei ihr deswegen zu Funkenbildung kommt, weil der durch die Rauhigkeiten der Oberfläche eingeschränkte Kontakt zwischen den Gliedern keine funkenfreie Leitung erlaubt, wenn die Kette nicht gespannt ist.

[47] Vgl. dazu den Anfang von E 509: „♀ 29. [März 1776] Beym Hartley kan auch der Gedancke genüzt werden, daß wenn wir das Spiel der Drüsen sehen könten, so würden wir sagen, der Mensch baue sich seinen Körper so wie die Spinne ihr Nest.“ Es geht L. augenscheinlich um die Erweiterung unseres Sensoriums um ein Organ zur Wahrnehmung der Natur in ihren kleinsten Dimensionen.

[48] Ein „Abstosungs Kreis“ taucht bei L. sonst nicht auf; möglicherweise liegt hier Boskovichs Theorie der Materie zugrunde (vgl. VNat 4, 456 f., Anm. 151), nach der zwischen den Atomen je nach Entfernung anziehende oder abstoßende Kräfte überwiegen.

[49] Vgl. GamN, 106 f.; speziell zu Bouguer s. 243,6–12, zu Maskelynes Messungen am Shehallien VNat3, 571 f., Anm. 224. Die am Rand der Abb. notierten Zahlenwerte sind fiktiv und sollen nur das Prinzip verdeutlichen, daß das Pendel auf beiden Seiten des Berges jeweils zu diesem hin, also in entgegengesetzte Richtungen abgelenkt wird. Die tatsächlich am Schehallien ermittelte Differenz betrug nur knapp 12″.

[50] Zu Ebbe und Flut insg. vgl. Kapitel XIII, insb. 352,17–358,24. Bei dem hier angedeuteten Versuch wird offensichtlich zunächst in der Horizontalen die Rotationsbewegung im Gleichgewicht zwischen der durch die Feder bewirkten Zentripetal- und der nach außen wirkenden Zentrifugalkraft gezeigt; ein Bild für die Erdrotation ohne Mond. Durch Drehung der Bewegungsebene in die Vertikale (oder durch Erweiterung der Anordnung um einen Magneten) kommt, stellvertretend für die eine zusätzliche Kraft ins Spiel, die Schwerkraft (oder die magnetische), die die zunächst kreisrunde Bahn deformiert. – Diesen Versuch führte L. innerhalb seiner physikalischen Vorlesungen vermutlich nur in den ersten Jahren durch; denn ca. 1782 erwarb er seine Schwungmaschine (vgl. Bw 2, Nr. 939 [389 f.]), zu der auch ein besonderes „Brett mit 4. elfenbeinern Kugeln, zu Erläuterung der Ebbe und Fluth“ gehörte (NL Q 2, Bl. 15r).

[51] Die als Terzian- (Tertian-)Fieber bezeichnete Krankheit war gewöhnlich eine Form der Malaria; der moderne Name, der eine Verbindung zu als Ursache vermuteter schlechter Luft herstellt, wurde erst Anfang des 18. Jahrhunderts geprägt. Der Jesuit Georges Fournier (1595–1652) vergleicht in seiner Hydrographie Flut und Ebbe mit dem Ansteigen und Abnehmen der Temperatur bei Wechselfiebern. Wie ein Fieber durch die Disposition des Körpers einerseits und äußere Faktoren andererseits verursacht werde, gibt es ihm zufolge zwei Gründe, die bei der Entstehung der Gezeiten zusammenwirken, den Mond und den Meeresboden. Dabei bewirke ersterer, daß sich die am unterseeischen Boden, der ab einer bestimmten Tiefe warm sei, vorhandenen Dämpfe und Ausdünstungen weiter erwärmen

und das Meer zum Aufwallen bringen. Wo dies vorfalle, steige das Wasser über sein gewöhnliches Niveau und ergieße sich in Regionen tieferen Meeresspiegels (vgl. Fournier, Hydrographie 1643, 449–451).

52 Spielt wohl auf die „hysterischen und Nerven Kranckheiten" an, für die L. junge Frauen als besonders anfällig betrachtete. Vgl. die Texte über Mesmers magnetische Kuren in VNat 4, 378–385.

53 Wie Fournier (Anm. 51) war auch Lessius (1554–1623) ein Jesuit. Er wirkte in Löwen u.a. als Professor an der dortigen Universität und erlangte Bedeutung vor allem als Moraltheologe. L.s Quelle für die Behauptung, Lessius habe Ebbe und Flut durch Geister erklärt, konnte nicht ermitelt werden. Daß er dessen Schriften selbst gelesen hatte, ist nicht wahrscheinlich. Zwar kennt Lessius „Geister", nämlich Engel, die Gott zur Behütung und Leitung des Menschen gesandt habe (Perfectiones 1620, 334: „insuper Angelicos spiritus, principes Regni sui, ad eius [sc. hominis] custodiam & directionem deputavit."). Zur Erklärung der Naturerscheinungen, von denen er in der Folge spricht, bemüht er sie jedoch nicht, sondern diese führen ihre Funktion zum Nutzen und zur Bequemlichkeit des Menschen so aus, wie sie es tun, auf das Geheiß Gottes (vgl. ebd., 335: „Haec omnia nostra causa, ut nobis serviant & commodent, Deus sic esse, sic moveri & operari iussit."). Konkret zu den Gezeiten hatte er in einer älteren Schrift ausgeführt, daß Gott sie durch den Wirbel hervorbringe, in dem er die Himmel sich in schneller Umdrehung um die Erde drehen lasse (vgl. Providentia 1613, 116: „Tertium [sc. miraculum], Caelorum ocyssima vertigo, & mundi inferioris per hanc vertiginem gubernatio. [...] Huius [sc. vertiginis] interventu efficit [sc. Deus] maris aestum, ventorum flatus, [...]."

54 Vgl. die Serie von Sudelbuchnotizen C 178, 180 und 192 f. unter der Überschrift „Etwas über die Polter-Geister" sowie F 324.

55 Von Sommer 1778 bis Winter 1779/80 hatte L. öffentlich 2-stündig, zuletzt 1-stündig, Vorlesungen über Erxlebens ‚Anfangsgründe der Naturlehre' gehalten (vgl. ErxH, IX) und dabei in der Ankündigung für das letzte Semester auch die Astronomie genannt. Im Sommer 1780 begann er dann mit den kostenpflichtigen Privatvorlesungen über Experimentalphysik, im Winter 1780/81 bot er erstmals ein Publikum ausschließlich über Astronomie an. Die Notizen dazu hat er in der Serie B der ‚Büchelgen' (VN B) festgehalten, sie werden in Text Nr. 4 ediert. Wenn er in diesem ersten Absatz eines mit „Einleitung" überschriebenen Textes nun eine gesonderte Behandlung der Astronomie in einer öffentlichen Vorlesung ankündigt, ist dieser mit hoher Wahrscheinlichkeit als Manuskript zur in VN B fehlenden ersten Stunde anzusehen.

56 Edward Young, Night Thoughts, night ix, v. 773. In L.s Ausgabe (BL 1673): Young, Works 4, 1757, 29.

57 Vgl. L.s ersten astronomischen Kalenderaufsatz ‚Über das Weltgebäude' im GTC für 1779, in dem es abweichend heißt (Lichtenberg, Weltgebäude 1779, 15): „Wir mit unserer Erde durchseegeln 7420 Meilen in einer Stunde." Beides paßt nicht zu dem in beiden Texten weiter unten

angegebenen Durchmesser der Erdbahn von 42 Millionen deutschen Meilen, die nach überschlägiger Rechnung (die Meile zu 7,5 km) dem modernen Wert von etwa 300 Millionen Kilometern recht gut entsprechen. Denn mit diesem Durchmesser ergibt sich ein Umfang der Erdbahn von ca. 130 Millionen Meilen und eine Bahngeschwindigkeit von 14840 Meilen pro Stunde oder etwas über 4 Meilen pro Sekunde.

[58] Zu den Dimensionen von Jupiter und Saturn vgl. unten 155,3–6 bzw. 157,12–15. In der öffentlichen Vorlesung des Winters 1780/81 kam L. allerdings nicht bis zu einer Besprechung der Planeten im einzelnen.

[59] Über die Massen von Planeten und deren Trabanten redet L. an keiner anderen Stelle des Nachlasses.

[60] Zur unteren Grenze für die Ausdehnung des Weltalls aufgrund der nicht beobachtbaren Siriusparallaxe vgl. Lichtenberg, Weltgebäude 1779, 15. Dort gibt L. die Entfernung Sonne–Sirius zu $4{,}2 \times 10^{12}$ deutschen Meilen an, die Übertragung auf die Flugdauer der Kugel fehlt noch. Rechnet man nach Erxleben (ErxH, 650) die deutsche Meile zu 22828 Pariser Fuß, so ergibt sich bei der angegebenen Geschwindigkeit von 600 Fuß pro Sekunde eine Flugdauer von knapp über 5 Millionen Jahren. Bei Verwendung des eindeutig zu großen, bei L. aber ebenfalls vorkommenden Umrechnungsfaktors von 24000 Pariser Fuß pro deutscher Meile (ErxH, 95) und der unten errechneten Sirius-Entfernung von $4{,}41 \times 10^{12}$ deutschen Meilen (216,20–23) steigt der Wert auf 5,6 Millionen. So ließe sich, Rundung auf glatte Millionen unterstellt, L.s Wert allenfalls erklären. An der genannten Stelle, in deren Umfeld auch die Betrachtung zur unermeßlichen Größe des Weltraums weiter ausgeführt wird, ergibt sich aufgrund leicht geänderter Voraussetzungen über die Geschwindigkeit der Kugel (21×10^6 Meilen in 25 Jahren, entspr. ca. 640 bzw. ca. 610 Pariser Fuß pro Sekunde, je nach Umrechnungsfaktor) eine Flugdauer von 5,25 Millionen Jahren.

[61] Auch Infusorien oder Aufgußtierchen (Infusion = Aufguß). „Die eigentlich so genannten *Infusionsthierchen*", heißt es bei Krünitz (Encyklopädie 29, 1783, 773) im Anschluß an die Vorstellung einiger spezieller Mikroorganismen nach Linnés Systematik, „machen die letzte Art aus. Hierunter versteht man alle diejenigen Geschöpfe, welche unter dem Vergrößerungsglase entdeckt werden, wenn man auf Pflanzen und deren Theile, als: Getreidesamen, Gras, Heu, Blätter, Blumen oder Früchte, etwas Wasser gießt, und beydes mit einander einige Zeit an einem laulichen Orte stehen lässet, und alsdann einen Tropfen davon unter das Vergrößerungsglas bringt, da sich denn ein ganzes Meer voll Wunder zeigt, nähmlich Geschöpfe, welche oft Millionen Mahl kleiner, als ein Sandkörnchen sind, [...]." Besondere Verdienste um die Entdeckung und Beschreibung solcher Kleinlebewesen hatte sich Leeuwenhoek erworben, worauf L. sich in einem Brief an Ramberg (Bw 3, Nr. 1467 [249]) mit folgender Prognose für Herschel bezieht: „Er wird das für den Himmel werden, was Löuwenhoeck für die Erde war, und die Cometen werden wie die Inseckten nicht mehr gezählt werden können."

62 Vgl. dazu in L.s Kalenderaufsatz (Lichtenberg, Weltgebäude 1779, 17 f.): „Ohne hieraus demüthigende Betrachtungen für den Menschen zu ziehen, die er, wenn er sie braucht, in der Nähe finden kann, laßt uns vielmehr den Geist des Geschöpfs bewundern, das sich diese Kenntnisse, durch Stückgen Glas, die es auf Staub abrieb, zu verschaffen gewußt hat; des Geschöpfes, das mit den Augen eines Engels, möcht' ich sagen, bald in den Tempel des Allmächtigen hinaus schaut, und dann wieder mit den Augen der Milbe, dem Spiel jener beseelten Bläsgen zusieht, ich meine der Thiere, deren Millionen zu gleicher Zeit durch das kleinste Oehr einer Nadel schwimmen könnten." Die „Stückgen Glas" sind die Linsen, aus denen einerseits Tele-, andererseits Mikroskope gebaut wurden.

63 Vgl. GamN, 583. Zur Einleitung in den ersten Abschnitt der Vorlesung heißt es dort: „Wenn man sich auf eine große Wiese hinstellt, und um sich blickt, so muß man *die Erde für eine Ebene* halten."

64 Zu den Notizen betreffend die mutmaßlichen ersten Anschauungen über die „Himmelskugel" (ab 34,9) vgl. 17,1–18,17.

65 Vgl. 20,18–21,9; die Stangen sind die Gnomonen, das Paar Ringe steht wohl für Äquator und Ekliptik.

66 „*Das Hervortreten aus den Sonnenstralen*, *Ortus heliacus*, *Lever heliaque*, ereignet sich an dem Tage," erläutert Gehler (1, 176), „an welchem der Stern, der bisher nahe bey der Sonne gestanden hat, und durch ihren Glanz unsern Augen entzogen gewesen ist, sich zum erstenmale wieder zeigt, und in der Morgendämmerung eine kurze Zeit sichtbar wird." Zu den verschiedenen Auf- und Untergängen der Sterne s. auch 19,11–24.

67 Vgl. Vergil, Aeneis IV, v. 52; hier als Beispiel für den Gebrauch der Gestirne zur Kennzeichnung von Jahreszeiten in der Antike angeführt. Denn in der Perikope wird Dido von ihrer Schwester Anna ermuntert, Aeneas mit Hinweis auf den Winter (hiems) und den „aquosus Orion" vor der Weiterfahrt noch länger als Gastfreund festzuhalten. Den Ausdruck erläutert Heyne (Vergilius, Opera 2, 1771, 374) so: „qui imbres et nimbos affert ortu suo" (der Regenfälle und Wolken bei seinem Aufgang mitbringt). Während die Eingrenzung auf den Aufgang (welchen Heyne meint, wäre noch zu klären) vielleicht eine Überpräzisierung ist, so geht es Vergil doch sicher um die Assoziation des Orion mit der regnerischen und stürmischen Winterszeit, zu der Orion der Sonne ungefähr gegenübersteht. Schon bei Hesiod galt (nach Pfaff, Commentatio 1786, 35) der etwa Anfang Dezember stattfindende morgendliche Untergang des Orion als Ende der Seefahrtssaison. – Erwähnt hatte L. den Vergilschen Ausdruck bereits 1766 in seiner Schrift ‚Von dem Nutzen den die Mathematik einem Bel Esprit bringen kann' (SB 3, 315): „Aber wie viel unter unsern schönen Geistern in Duodez wissen wohl, was aquosus Orion ist."

68 Vgl. 58,24–27 und Anm. 146 sowie die Mitteilung von Eberhards aktuellen Ergebnissen zu dem Thema in Text Nr. 15 (230,21–231,25).

69 Aus der Tatsache, daß der scheinbare Sonnendurchmesser unabhängig vom Beobachtungsort auf der Erde ist, läßt sich unter Verwendung der

erreichbaren Beobachtungsgenauigkeit eine untere Abschätzung für das Verhältnis des Abstands der Sonne zum Erdradius und damit auch für ihre wahre Größe angeben. – Die Fixsterne ihrerseits zeigen keine Parallaxe, woraus sich auf ähnliche Weise eine untere Abschätzung für ihren Abstand von der Erde ermitteln läßt. Brahe (Opera 1, 1648, 301), für den es nur eine tägliche Parallaxe geben kann, setzt sie in eine Entfernung von etwa 14000 Erdradien.

[70] Vgl. dazu Bw 5.2, 847 f.; warum L. es hier erwähnt, ist unklar.

[71] AT Jes. 55, 8–9; vgl. auch VNat 3, 26, Z. 1–3 u. ebd., 175, Z. 21 f.

[72] Von „Ich habe" (36,29) an wohl Stichwortsammlung zu einem Exkurs über die Problematik der Argumentation mit menschlichen Maßstäben in Fragen der Naturlehre.

Was die Heranziehung der edlen Einfalt betrifft, von der L. sonst auch im ästhetischen Sinne spricht (vgl. etwa B 20. 197. D 230; GTC 1784, 91), mag folgende Sammlung einschlägiger Stellen, die neben der Theorie des Planetensystems auch die der Elektrizität betreffen, das Verständnis dieses Abschnitts erleichtern; für eine tiefergehende Interpretation ist hier nicht der Ort.

1) H 5: „Die edle Einfalt in den Werken der Natur hat nur gar zu oft ihren Grund in der edeln Kurzsichtigkeit dessen, der sie beobachtet." (So stand es ursprünglich auch im ‚Büchelgen' für den 15.11.1780 [vgl. den textkritischen Apparat zu 36,32], was Promies' Zuordnung zu Sudelbuch H (1784–1788) fragwürdig erscheinen läßt.)

2) Bw 2, Nr. 896 (8. April 1782) [303]: „es ist kein geringer Beweiß für die edle Einfalt der Francklinschen Theorie daß ein solcher Mensch [Berschütz, ein reisender Elektrisierer] sie so gut faßt".

3) Bw 2, Nr. 1326 (30. Dez. 1784) [969]: „Francklin erklärt aber alles so simpel. [...] Aber, aber die edle Einfalt der Natur hat nur zu offt ihren Grund in der unedeln Einfalt dessen, der sie zu sehen glaubt." (Vgl. dazu auch VNat 4, 275, wo das Prinzip der Einfachheit in der Gestalt der Forderung, die Wesenheiten nicht unnötig zu vermehren [entia non sunt multiplicanda], begegnet.)

4) VNat 3, 175 (Vorlesung vom 31. Mai 1785): „Der Prorektor mit dem Feuerheerd. / Meine Wege sind nicht Eure Wege, das ist in der physischen Lenckung der Welt, wohl so wahr als in der moralischen. / Wie hier ein Präceptor räsonnirt kan der weiseste unter den Menschen räsonniren, wenn er sich über die Gräntze seiner Wissenschafft versteigt / Das ist der einzige Nutzen den [ich] aus jener Küchen Betrachtung meines Informators gezogen habe, und in so fern dancke ich sie ihm. / Meilen Messer".

5) 77,2–9 (7. Nov. 1785): Also solte sich das alles um die unbeträchtliche Erde drehen ◂und bey der Geschwind. die alles haben müste immer gleiche Distantz halten man muß freylich nicht auf die edle Einfalt der Natur schließen. Die Planeten hatten wieder ihre eigne Kugeln.▸, da man alles so leicht erklären kan, wenn man annimt daß sich dieses unbeträchtliche Dinge um seine Achse dreht.

6) 81,28–30 (8. Nov. 1785): Es ist immer besser in diese Irrthümer zu verfallen, als in die die von der fälschlichen Einsicht in die Einfalt der Natur herrührt. Prorektor Frey

7) 233,5–10: Longomontanus Tycho's Schüler / Die edle Einfalt der Natur in edler Einfältigkeit der Menschen gegründet. / Meilen messer. / Dinge am Himmel hätten andere Gesetze befolgen können wie an der Erde. Meine Wege sind o͡t eure Wege.

8) Copernicus; Entwurf (NL V, 22a, 29 f.): „So wie die Betrachtung der edeln Einfalt in der Einrichtung des Himmels, die er entdeckt hat so gebietet die Betrachtung seines Lebens, so weit wir es kennen, Ehrfurcht, und den Biographen Simplicität."

Aus 4), 6) und der hier kommentierten Stelle läßt sich der Kern der Geschichte erschließen: Anscheinend hatte L.s Darmstädter Lehrer, der „Magister Johann Adam Frey" (Deneke, Lichtenbergs Leben 1944, 18), die Parabel von Feuer und Braten benutzt, um seine Schüler von der Superiorität der Copernicanischen Auffassung von der Drehung der Erde um die Sonne zu überzeugen.

Darüber, welche Assoziationen sich für L. mit den letzten sechs Zeilen verbanden, soll hier nicht spekuliert werden. Es sei lediglich vermerkt, daß als Sonnenthierchen spezielle Infusorien (vgl. Anm. 61) bezeichnet wurden, und zur Katze sei auf folgenden Sudelbucheintrag verwiesen (G 71): „Er wunderte sich, daß den Katzen gerade an der Stelle zwei Löcher in den Pelz geschnitten wären, wo sie die Augen hätten."

[73] „Da wir endlich, durch Hülfe der Fernröhre, ohne alle Art von Ungewißheit wahrnehmen, daß sich die Sonne und Jupiter um ihre Axen drehen," so heißt es bei LaLande (Astronomie 1, 1771, 516 [§ 1072]; Übersetzung nach ders., Handbuch, 225), an dem sich L. hier orientiert, „so ist es nunmehro noch schwerer, die Umdrehung der Erde in Zweifel zu ziehen, da diese ohne allen Wiederspruch viel kleiner als die Sonne ist."

[74] Vgl. LaLande, Astronomie 1, 1771, 520 (§ 1078). In den späteren Vorlesungen erwähnt L. als Beleg für diese Tatsache die Versuche mit dem Pendel, insb. Richers von 1670 (s. 60,7–20, 104,6–12).

[75] Vgl. GamN, 617 und Fig. 10 zur Astronomie, die allerdings insofern von Tychos Abb. abweicht, als sich Venus- und Mondbahn schneiden.

[76] Vgl. LaLande, Astronomie 1, 1771, 523 f. (§ 1084), wo über Brahes Abwandlung des „Ägyptischen" Systems und seine Haltung zum Copernicanischen gehandelt wird.

[77] Als erste in einer Reihe einschlägiger Bibelstellen nennt LaLande (Astronomie 1, 1771, 536 [§ 1100]) die Perikope aus dem Buch Josua (AT Jos. 10, 12–13 [Einheitsübersetzung]): „Damals [...] redete Josua mit dem Herrn; dann sagte er in Gegenwart der Israeliten: Sonne, bleib stehen über Gibeon und du, Mond, über dem Tal von Ajalon! – [13] Und die Sonne blieb stehen und der Mond stand still [...]." Anschließend erläutert er, daß darin keine wörtlich zu nehmende Aussage über einen astronomischen Sachverhalt zu sehen ist (wegen der Fehlstellen im Manuskript sei die Paral-

lele hier ausführlich zitiert): „Wie die übrige Menschheit sagen die Astronomen, daß die Sonne auf- und untergeht; sie werden es in Ewigkeit sagen, ohne den wahren Zustand der Natur und die Unbeweglichkeit der Sonne zu verkennen. [...] und Josua konnte nicht anders reden. Es scheint mir dumm, zu behaupten, daß ein Armeeführer wie Josua (in dem Moment, in dem es darum ging, seinen Soldaten den Ruhm und die Macht Gottes durch einen Sieg vor Augen zu führen) ihnen eine Lektion in Astronomie erteilt und, von der Sprache abweichend, die seine Soldaten verstehen konnten, zur Erde gesagt haben sollte, sie solle stillstehen. Er hätte ihnen gleichzeitig den Grund für diese Einmaligkeit des Ausdrucks erklären müssen, und niemals wäre ein Exkurs weniger angebracht gewesen."

78 Anspielung L.s auf neuere Exegeten wie etwa seinen Kollegen Michaelis, die, wie er glaubte, bei ihren Erklärungen der Heiligen Schrift zu viel des Guten taten, wobei er das nach scholastischer Auffassung positiv zu bewertende „über das geforderte Maß hinaus erbrachte gute Werk" ironisiert. Seine Haltung gegenüber der Exegese seiner Zeit illustrieren etwa eine Stelle aus dem 1773 erschienenen ‚Timorus', an der er bemerkt (SB 3, 221), „daß sich in unsere Bibelerklärungen ein gewisser schädlicher Luxus eingeschlichen hat, so daß man wünschen möchte, Michaelis, Kennicot und Schultens hätten die Küsten von Arabien nie befahren.", eine Sudelbuchnotiz vom 20. Dez. 1776 (F 296) mit dem Hinweis, daß sich bei einem früheren Eintrag (E 251) „eine Satyre gegen die Bibel Erklärer anbringen" ließe oder ein Brief vom 19. Juni 1783, in dem er über Michaelis an Schernhagen schreibt (Bw 2, Nr. 1096 [631]): „Der Mann schweift würcklich in s. Theorien und Bibel Erklärungen aus, aber durch alle seine Possen schimmert immer, wie mich dünckt, der grose Mann durch." – Unsicher bleibt, ob L. seine Ironie hier auf die zeitgenössische Exegese im allgemeinen gemünzt hat oder ob er speziell auf Michaelis' weitschweifige Erläuterung des zuvor diskutierten Josua-Verses in dessen ‚Deutsche Uebersetzung des Alten Testaments mit Anmerkungen für Ungelehrte' (Th. 5.1, 1774, 19–23) abhebt.

79 Was L. hier assoziierte, konnte nicht ermittelt werden.

80 Brahe spricht also ebenfalls von scheinbaren Bewegungen noch so, als wären sie real.

81 Daß L. hier (bis 39,26) scheinbar unmotiviert auf die katholische Kirche zu sprechen kommt, ist seiner Orientierung an LaLandes Vorgehen geschuldet. Dieser erläutert die Haltung der Kirche gegenüber der Copernicanischen Lehre in § 1103 (LaLande, Astronomie 1, 1771, 539–541), direkt im Anschluß an die Erörterung der Bibelstellen, mit denen gewöhnlich gegen die Bewegung der Erde argumentiert wurde.

82 Bei LaLande (Astronomie 1, 1771, 539) heißt es: „mais cette sentence des Inquisiteurs contre Galilée fut une affaire personnelle, une suite de la jalousie que des ennemis trop puissans avoient eu de cette nouvelle philosophie, & de la célébrité extraordinaire de Galilée." [aber dieser Spruch der Inquisitoren gegen Galilei war eine persönliche Angelegenheit,

eine Folge der Eifersucht, die sehr mächtige Feinde dieser neuen Philosophie und der außerordentlichen Berühmtheit Galileis entgegenbrachten.]

[83] Vgl. zu diesem Bild UB 67: „Man kann im kältesten Winter Städte abbrennen aber sie im heißen Sommer verfrieren zu machen, die Kunst liegt noch in ihrer Kindheit."; Bailly, Histoire, 1775, 169: „Les sciences, commes les hommes, ont leur enfance."

[84] Vgl. LaLande, Astronomie 1, 1771, 540: „Ex vestris, iisque coriphaeis, non semel quaesitum est utrum aliquam haberent demonstrationem pro terrae motu adstruendo; nunquam ausi sunt id asserere: nihil igitur obstat quin loca illa in sensu litterali ecclesia intelligat & intelligenda esse declaret, quamdiu nulla demonstratione contrarium evincitur; quae si forte aliquando a vobis excogitetur, quod vix crediderim, in hoc casu *nullo modo dubitabìt ecclesia* declarare loca illa in sensu figurato & improprio intelligenda esse, ut illud poetae, terraeque urbesque recedunt." [Es ist bei Ihnen, besonders Ihren führenden Männern mehr als einmal angefragt worden, ob sie einen Beweis dafür hätten, daß der Erde eine Bewegung beizulegen ist; niemals haben sie gewagt, dies zu bejahen. Es steht also nichts dagegen, daß die Kirche jene Stellen im buchstäblichen Sinne versteht und als zu verstehen erklärt, solange nicht durch einen Beweis das Gegenteil erwiesen wird; wenn ein solcher von ihnen vielleicht irgendwann ersonnen wird, was ich kaum glaube, wird die Kirche in diesem Fall in keiner Weise zögern, zu erklären, daß jene Stellen in einem bildlichen und uneigentlichen Sinne zu verstehen sind, wie jenes Dichterwort ‚Land und Städte weichen zurück'.] Bei dem letztgenannten Zitat handelt es sich um den zweiten Teil des Vergilverses (Aen. III, 72; Opera 2, 1771, 266) „Provehimur portu [Wir segeln aus dem Hafen]: terraeque urbesque recedunt.", den auch Copernicus zitiert hatte (Gesamtausgabe 2, 1984, 15), um die Idee der sich innerhalb eines feststehenden Fixsternhimmels drehenden Erde plausibel zu machen.

[85] Wohl ein Copernicanisches Planetarium, vgl. unten 53,4 und 78,13. Die Schwungmaschine, mit der auch astronomische Sachverhalte demonstriert werden konnten, hatte L. zum Zeitpunkt der Vorlesung noch nicht erworben.

[86] Die Erklärung der zweiten Irregularität durch Brahe unterscheidet sich von der ptolemäischen (vgl. Anm. 883) im wesentlichen dadurch, daß nicht jeder Planet für sich auf seinem Epizykel einen virtuellen Punkt auf seinem individuellen Deferenten umkreist, sondern daß die Sonnenbahn der für alle gemeinsame Deferent ist, auf dem die Sonne als gemeinsamer Mittelpunkt, um den die Planeten wie auf Epizykeln umlaufen, die Erde umkreist. Wie der Reif hier ins Spiel kam, muß der Phantasie des Lesers überlassen bleiben. Weder in Gamaufs (vgl. GamN, 617) noch in Benzenbergs Mitschrift findet er Erwähnung. Letzterer gibt immerhin eine Andeutung, wie L. seine Stichworte in etwa ausgeführt haben könnte (BenA, 50; Erg. d. Bearb. in [[ ]]): „Ihr stillstehen und Rückläuffig werden erklärte er auf eine Weise die viel ähnlichkeit mit den Epizikeln hatte. – Natürlicher Weise muste er [[der Planet]] wenn er in der conjunct[ion] [war] seinen

ordinären Weeg von Westen nach Osten [nehmen] und wenn er in d. opposition kam dann muste [er] auch rückläuffig werden u. von Osten nach Westen gehen u. zwischen beyden [Positionen] gab es natürl.[icher]weise ein *Stillestehen.*"

87 Zur Entdeckung der Aberration, soweit L. sie hier andeutet, vgl. LaLande, Astronomie 3, 1771, 173–176. Von einem „24 Schuhigen Tubus" ist dort allerdings nicht die Rede, sondern von einem Sektor mit Schenkeln dieser Länge „dessen Richtigkeit, alles, was jemals zu Erreichung des Endzweckes, kleine Bogen am Himmel zu messen, verfertiget worden war, sehr weit übertraf" (Übersetzung nach ders., Handbuch 1775, 500 f.). Auch das Instrument, das Bradley benutzte, war ein Sektor. Zur Untermauerung der Bearbeiterergänzung am Ende von Bl. 10v sei die entsprechende Passage aus LaLandes Werk zitiert (nach ebd., 503): „ein kleiner Stern, der eben den Abstand vom Pol hatte, und dem γ des Drachen in gerader Aufsteigung entgegengesetzt war, hätte durch die Wirkung dieses Wankens eben die Aenderung in der Abweichung zeigen müssen; unterdessen hatte er nur ohngefähr die Hälfte davon gehabt".

88 Vgl. 83,20–25 in Verbindung mit 62,17–24.

89 L. veranschaulichte das Phänomen der Aberration offensichtlich regelmäßig durch zwei Beispiele, einmal das des senkrecht auf die Erde fallenden Hagels, der mit einer horizontal sich bewegenden Röhre so aufgefangen werden soll, daß er deren Wandung nicht berührt, zum anderen das des fahrenden Schiffs, das vom Ufer aus beschossen wird (vgl. 83,30–84,10). Beide finden sich sowohl in Benzenbergs (BenA, 57–59) wie in Gamaufs Nachschrift (GamN, 637). Während jedoch ersterer in augenscheinlicher Übereinstimmung mit L.s Notiz das Beispiel vom Hagel im Anschluß an das vom Schiff ausdrücklich LaLande zuschreibt („De la lande gebraucht ein andres Gleichniß. nehml. den hagel [...]"), heißt es bei Gamauf nach dem Hagelbeispiel umgekehrt: „Noch deutlicher ist aber folgendes Beyspiel mit einem *Schiffe* und einer darauf abgefeuerten Kanone, das von *Lalande* herrührt." Ob nun L. aber hier tatsächlich nur an das Hagelbeispiel dachte und LaLande als dessen Autor bezeichnete oder ob die erste Zeilenhälfte den Hinweis auf das Schiffsbeispiel darstellt und lediglich ein Zeichen zur Abgrenzung gegenüber dem Hagelbeispiel fehlt, muß dahingestellt bleiben. In LaLandes Astronomie jedenfalls findet sich im Zusammenhang mit der Erläuterung der Aberration das Schiffsbeispiel ausführlich erläutert (Astronomie 3, 1771, 181 f.), jedoch keine Spur vom Hagel.

90 Details unklar. Da die später für Fliehkraftversuche benützte Schwungmaschine erst ab Mitte 1782 zur Verfügung stand (vgl. Anm. 137), dürfte hier das „Schwung-Rad" gemeint sein, mit dem er bis dahin solche Versuche durchführte (vgl. Bw 2, Nr. 986 [461]), möglicherweise in Verbindung mit der unter den Instrumenten verzeichneten Haspel „zu Erläuterung der Schwungkraft" (NL Q 2, Bl. 15r).

91 Vgl. dazu VNat 3, 200 (und die zugehörige Anm.), wo unter der Überschrift „Ursache der Schwere" eine Reihe von Theorien in Stichworten

aufgezählt werden. Demnach stünde „Geister“ im hier edierten Text stellvertretend für Keplers Erklärung der Schwere, und „Lächerlich Hypothese“ könnte sich auf antike Vorstellungen beziehen, wenn damit nicht lediglich Keplers und Descartes' Theorien auf's Korn genommen werden. Zu Descartes' Wirbeltheorie vgl. auch 27,5–26.

92 D. s. „Sternen Verzeichnisse“; vgl. 210,17–211,8.

93 L. nimmt als Geschwindigkeit einer Kanonenkugel 600 Fuß pro Sekunde an; vgl. 32,24–25 und Lichtenberg, Weltgebäude 1779, 3.

94 Vgl. hierzu die fehlerhafte Angabe und Rechnung unten 91,1–16 und die zugehörige Anmerkung.

95 Die Methode zur Bestimmungen der Parallaxe, die L. hier andeutet, „erfordert“, wie LaLande schreibt (Astronomie 2, 1771, 357 [die Abb. ebd., Pl. VII]; Übersetzung nach ders., Handbuch 1775, 381), „zween weit von einander entfernte Beobachter, welche die Höhe eines Gestirnes im Mittagskreise zu gleicher Zeit beobachten“.

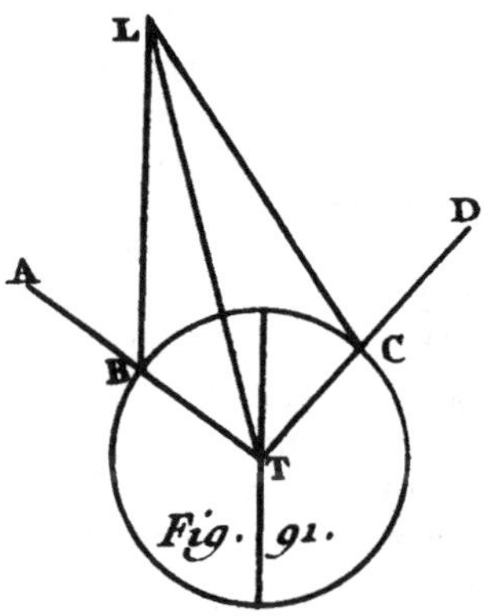

Da sich die gesuchten Winkel bei *L*, aus denen die Horizontalparallaxe berechnet werden soll, direkt als Differenzen aus den Breiten der Orte und den gemessenen Höhen des Gestirns ergeben, geht jeder Fehler in diesen Größen eins zu eins in die Rechnung ein.

96 Vgl. zur Jahreslänge und den aufgrund der Gregorianischen Kalenderreform entfallenden Schalttagen 132,21–133,32. Der Wert von 131 Jahren für den Zeitraum, in der die Abweichung des Julianischen Jahres vom wahren Sonnenjahr auf einen Tag anwächst, entspricht einer auf 11′ gerundeten jährlichen Abweichung, wie sie auch z. B. LaLande (Astronomie 2, 1771, 280) oder Kästner (Anfangsgründe 2.2, 1781, 404) angeben, ohne jedoch daraus auf den Zeitraum von 131 Jahren zu schließen.

97 L. ging darauf in dieser kurzen Vorlesung nicht ein, sehr wohl jedoch in der ausführlichen: 128,1–137,21.

98 Zur mittleren im Unterschied zur wahren Sonnenzeit, der Zeitgleichung und den damit verbundenen Erscheinungen vgl. 142,11–146,6.

99 In diesem Absatz wie in den folgenden Zeilen bis 47,15 geht es um die Sonnenflecken. In nahezu gleichem Umfang und gleicher Anordnung wiederholt L. die Notizen in Vorbereitung auf die nächste Vorlesungsstunde (48,11–49,15) und etwas stärker ausformuliert und um Hinweise auf neuere Veröffentlichungen zu dem Thema vermehrt in dem Manuskript von Winter 1785/86 (124,25–126,10). Für hier nicht kommentierte Einzelheiten siehe man dort. – Als Hauptquelle für L.s Ausführungen scheint LaLande, Astronomie 3, 1771, 386–392, gedient zu haben.

100 „*Galilei*“, so LaLande (Handbuch 1775, 617) in diesem Zusammenhang, „beschuldigte ihn [Scheiner] der unrechtmäßigen Zueignung, und behauptete diese Flecken zuerst entdeckt zu haben“. In der späteren Vorlesung fehlt dieses Detail und Gamauf (GamN, 729) weist sogar ausdrücklich darauf hin, daß L. Galilei in diesem Zusammenhang nicht erwähnte.

101 Nach LaLande, Astronomie 3, 1771, 386: „Le nom de *Rosa Ursina* vient de la rose qui est une partie des armoiries d'un Duc de Bracciano de la Maison des Ursins, à qui ce livre fut dédié.“ Vgl. die abweichende Etymologie in der späteren Vorlesung (125,8–10) und zum vollständigen Titel das Literaturverzeichnis.

102 Richtig: Tabulam; vgl. 49,2 sowie das Literaturverzeichnis.

103 Die Liste leicht gekürzt gegenüber der im GTC abgedruckten (Lichtenberg, Erfindungen 1778, 50): „Sie waren Dünste, Schlacken, Bourbonische und Oestreichische Sterne, Trabanten der Sonne, unvollkommene Cometen (ihre Larven), Stückchen Steinkohlen oft dreymal so dick wie unsere Erde; Felsen und Insuln, die durch Feuerebbe zum Vorschein kommen, und durch Feuerfluth bedeckt werden, große schwarze Heiden, und ungeheuere Klüfte.“ Als Quellen für die Zusammenstellung der verschiedenen Deutungen der Sonnenflecken dienten vermutlich hauptsächlich die einschlägigen Ausführungen LaLandes (Astronomie 3, 1771, 391 f. bzw. Handbuch 1775, 622–624) und Kästners (Anfangsgründe 2, 1759, 293 f.). Die meisten begegnen auch in Gamaufs Nachschrift (GamN, 730), wobei L. in der Vorlesung scheinbar ebenso wenig Vertreter der einzelnen Auffassungen nannte wie im Taschenkalender. Neben den genannten Schriften Kästners und LaLandes vgl. dazu Gehler 4, 92–96.

104 Unter einer Äquinoktialuhr versteht man eine Sonnenuhr, bei der der Stundenkreis in einer zum Äquator parallelen Ebene liegt, so daß also „die nordliche oder südliche Seite dieses Kreises beschienen“ wird, je nachdem ob die Sonne sich nördlich (Frühling, Sommer) oder südlich (Herbst, Winter) des Äquators befindet (vgl. Kästner, Anfangsgründe 2.2, 1781, 451–453). Sie zeichnet sich dadurch aus, daß der Schatten auf ihrem Stundenkreis mit (bis auf die jährliche Variation aufgrund der Exzentrizität der Erdbahn und der Schiefe der Ekliptik) konstanter Winkelgeschwindigkeit umläuft. – Zu den Notizen bezüglich der mittleren im Unterschied zur wahren Sonnenzeit und der Zeitgleichung (ab 47,18) vgl. im übrigen 142,11–146,6.

105 Wiedeburg hatte einen 1775 gehaltenen Vortrag im Jahr darauf unter dem Titel ‚Neue Muthmasungen über die SonnenFlecken Kometen und die erste Geschichte der Erde‘ publiziert und darin, wie Gehler (4, 95) kurz zusammenfaßt, die Sonnenflecken „für Körper erklärt, die sich in die Sonne stürzen, um zu Kometen und endlich zu Planeten oder Monden gebildet zu werden.“

106 Wilson, der seine Theorie im 64. Band der ‚Philosophical Transactions‘ veröffentlicht hatte (Wilson, Observations 1774; daraus [Tab. II]

auch die nachstehende Abb.), nehme „nicht ohne Grund“ an, so schreibt L. im GTC (Lichtenberg, Erfindungen 1778, 49), „der schwarze Kern der Flecken, sey eine Grube, die in das innere der Sonne hinein gienge, hingegen die sogenannte Atmosphäre des Fleckens eine Art von Becher um jenen unermeßlichen Schlund herum, dessen Wände bey verschiednen Flecken, verschiedentlich gegen die Horizontal-Fläche geneigt seyen. Aus 40 Beobachtungen hat er nemlich gefunden, daß derjenige Theil der Atmosphäre, welcher dem Mittelpunkt des Sonnentellers zugewandt war, schon verschwand, da der abgewandte noch eine merkliche scheinbare Breite behielt.“

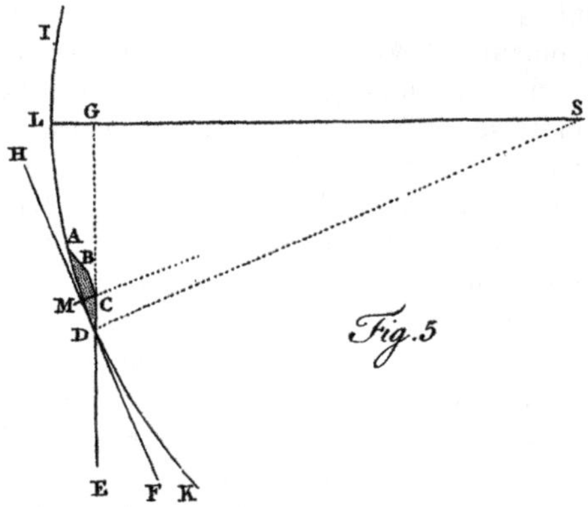

Fig. 5

Wären die Sonnenflecken wolkenähnliche Gebilde, so ließe sich die Beobachtung, daß die dem Rand der Sonnenscheibe näheren Partien der Flecken am längsten sichtbar bleiben, nicht erklären, doch gesteht Wilson (Observations 1774, 14 f.) den frühen Beobachtern der Sonnenflecken, die zudem noch nicht mit den ihm zu Gebote stehenden Hilfsmitteln zu Werke gegangen waren, zu, daß sie, „reflecting upon the perpetual generation, changes, and decay of the spots [...], very naturally imagined, that they could consist of nothing but smoke and grosser exhalations, or such transient and perishable materials.“ Und zu den Vertretern der Wolkenhypothese zählten nach LaLande (Astronomie 3, 1771, 392) immerhin so namhafte Wissenschaftler wie Galilei und Hevelius.

107 Vgl. Lichtenberg, Erfindungen 1778, 50, wo er, nachdem er eine Reihe seit der Entdeckung 1611 vorgetragener Meinungen über die Natur der Sonnenflecken aufgezählt hat, schreibt: „Diesen ließen sich leicht noch einige hinzu erfinden, z. E. Wasserspeyende Berge (Neptune); Winterlandschaften auf der Sonne, wo das flüßige Feuer zu einer dunkeln Masse gerinnt, (Eisinseln); Stellen wo die mittheilende Kraft der Sonne negativ wird, und statt den Planeten zu geben, von ihnen zurück nimmt u.s.w.“ (vgl. auch die Sudelbuchnotiz F 633). Es ist freilich nicht klar, wie ernst L. selbst sie nimmt; denn Präzisierungen zu diesen Ideen sind nicht erhalten. In den späten Nachschriften (GamN, DycC, BenA) fehlen Hinweise darauf, daß er sie nach Mitte der 1790er Jahre noch erwähnte. Vielmehr scheint er

sich (vgl. Anm. 407) auf die Seite derer geschlagen zu haben, die in Bodescher Tradition die Sonne als einen Planeten betrachteten. Benzenberg nämlich berichtet (BenA, 68): „Die Herren Herschel und Lichtenberg Halten die Sonne eben so gut für einen Planeten wie unsere Erde. in dessen Dunstkreise sich phosphorensierende[!] Wolcken sammelten, die auf Ihren dünnern stellen den schwarzen Körper der Sonne durchscheinen ließen, dieses wären dann die Flecken."

108 Den ‚Göttinger Taschencalender' für 1778, der die Nachrichten über die Sonnenflecken enthielt (Lichtenberg, Erfindungen 1778, 48–50), hatte L. mit der Streitschrift ‚Über Physiognomik' eröffnet und damit ein lebhaftes Echo hervorgerufen (zum Hintergrund vgl. Ohage, Raserei 1992).

109 In der Vorlesung Winter 1785/86 ist im Zusammenhang mit den Sonnenflecken von den Fackeln keine Rede (s. 124,25–126,10), doch werden sie in den Nachschriften aus der Zeit nach der Veröffentlichung von Schröters einschlägiger Schrift (Schröter, Beobachtungen 1789), aus der L. umfangreiche Exzerpte anfertigte (vgl. Text Nr. 42), zumindest erwähnt: GamN, 732; DycC, 149; BenA, 68.

110 Die nachfolgenden Notizen zum Mond beruhen im wesentlichen auf dem ersten Teil von Röhls ‚Einleitung in die Astronomischen Wissenschaften', in dem § 462–539 (S. 343–394) dem Erdtrabanten gewidmet sind.

111 Die Syzygien sind die Punkte, wo Mond und Sonne von der Erde aus gesehen in Konjunktion (bei Neumond) oder in Opposition (bei Vollmond) stehen. Die Quadraturen diejenigen, wo der Winkel Sonne-Erde-Mond 90° beträgt. – Die Abweichung zwischen wahrer und mittlerer Mondbewegung führte schon in der Antike zu der Annahme einer exzentrischen Bahn. Erdnähe und Erdferne sind dadurch gekennzeichnet, daß die Abweichung dort verschwindet. Die Richtung, in der dieses Verschwinden sich ereignet, definiert die Apsidenlinie, die also die Punkte der Erdnähe und -ferne verbindet und sich mit einer eigenen Periode um die Erde dreht. Das Maximum der Abweichung während eines Mondumlaufs variiert ebenfalls um einen mittleren Wert. Es ist am größten, wenn die Absidenlinie durch die Syzygien verläuft, am geringsten, wenn der Mond den erdnächsten Punkt im ersten oder letzten Viertel erreicht (vgl. Röhl, Einleitung 1, 1768, 359 f.). Bei Gamauf ist von dieser als 2. Anomalie oder Evektion bezeichneten Eigenart der Mondbewegung nicht die Rede.

112 Der Wert wie bei Röhl, Einleitung 1, 1768, 366, jedoch abweichend unten, 123,1. Zur Sache vgl. auch Anm. 26 sowie GamN, 723.

113 Infolge der „Erkänntniß der allgemeinen Schwere", schreibt Röhl (Einleitung 1, 1768, 364) „ließ es sich begreiffen, warum die Lage der Sonne gegen den Mond und seine Bahn einen so grossen Einfluß in den Ungleichheiten hatten, [...] und von dieser Zeit an [...] konnte man mit Grunde hoffen, daß man zu Bestimmung der noch übrigen Ungleichheiten in der Bewegung des Mondes gelangen würde." Und er setzt fort: „*Euler, Clairaut, Dalembert* haben auf diesem Wege mit Vortheil gearbeitet." Ebenso wenig wie L. in den Vorlesungsnotizen macht Röhl Angaben zu

einschlägigen Schriften dieser Gelehrten; zu denken ist an ihre Mondtafeln, die in der Reihenfolge der Nennung erschienen: Euler, Tabulae 1746; Clairaut, Tables 1754; d'Alembert, Emendatio 1756. Vgl. auch 191,19–33.

114 Zur Parallaxe im allgemeinen vgl. 237,4–22. Die hier angegebenen Werte für diejenige des Mondes sowie die korrespondierenden scheinbaren Durchmesser sind Röhl, Einleitung 1, 1768, 367, entnommen.

115 Laut Gehler (2, 844 f) hatte „*Hadley* im Jahre 1731 durch die vortrefliche Erfindung des *Spiegeloctanten* die astronomischen Winkel- oder Distanzenmessungen zur See so sehr erleichtert", und „fehlte es zu wirklicher Ausübung dieser Methode nur noch an richtigen Mondstafeln. Diese lieferte endlich im Jahre 1755 (und verbessert 1760) der große und unermüdete göttingische Astronom *Tobias Mayer*." Zur Längenbestimmung mittels der Monddistanzen vgl. 110,21–112,8.

116 Diese beiden Orte in den Niederlanden sah L. auf seiner ersten Englandreise. Während er Scheveningen, dem er eigens einen Abstecher von Den Haag aus widmete, regelmäßig im Zusammenhang mit der Mondtäuschung nennt (vgl. Anm. 394), findet sich der Hinweis auf Utrecht, das an seiner gewöhnlichen Route zwischen Göttingen und London lag, innerhalb der Vorlesungsnotizen nur noch ein weiteres Mal: In der noch früheren experimentalphysikalischen Vorlesung von Sommer 1780 steht zweimal die Zeile „Die Leute in Utrecht" (VN A 2, 4r), ebenfalls in einer Liste mit Stichworten zur scheinbaren Größe. Seinen Besuch in dieser Stadt hat er in seinem Tagebuch festgehalten, ohne das genaue Datum – es muß um den 4. April 1770 gewesen sein – aufzuschreiben (vgl. SB 2, 600 f.; Kästner teilweise mitgeteilt in Bw 1, Nr. 14 [25]). Nichts von dem darin Berichteten läßt sich zwanglos mit dem Thema Mondtäuschung oder auch nur optische Täuschungen im allgemeinen in Verbindung bringen.

117 Ein Beispiel, daß verschieden große Gegenstände bei passender Entfernung gleich groß erscheinen; vgl. 123,25–26 und GamN, 351.

118 Zu den Stichworten ab 51,26, die die sog. „Mondtäuschung" betreffen, vgl. 123,21–124,7. Die Stelle bei Smith, auf die L. sich hier bezieht, steht in Smith, Lehrbegriff 1755, 56, und ist zitiert in Anm. 391.

119 Zur Frage der Mondrotation (zu der die folgenden Zeilen bis „Gardiner" gehören) vgl. die ausführlichere Stichwortliste 53,20–54,13 und die zugehörigen Anm.

120 Direkt an L.s Beschreibung dieses Geräts im GTC von 1778 (nachzulesen auch in Gamaufs Vorlesungsnachschrift: GamN, 82–85; vgl. auch VNat 3, 76, und – mit instruktiver Abb. – DycC, 46 f.), schließt sich „Eine astronomische Betrachtung bey diesem Hodometer" an. Darin betrachtet L. das auf ein Rad geschnallte Hodometer als einen Trabanten, der sich um seinen Planeten in Gestalt der Radnabe dreht. Wie der Mond der Erde, so zeigt auch dieser Trabant auf seiner Umlaufbahn seinem Planeten stets die gleiche Seite. „Was würde ein vernünftiger Mensch", so fragt nun L. (Lichtenberg, Betrachtung 1778, 81), „einem Bewohner jenes Planeten antworten, wenn er sagte, mein Mond kann sich nicht um seine

Axe gedreht haben, denn er hat mir immer dieselbe Seite zugewandt? Gewiß folgendes: Die Axe deines Mondes ist zwar um dich herum gegangen, hat sich aber selbst nicht gedreht, denn sie hat einem unendlich entfernten Auge immer dieselbe Seite zugekehrt, davon bin ich ein Augenzeuge: hat sich also, wie du sagst, dein Mond auch nicht um Sie gedreht, so haben beyde [der Mond und seine Achse] ihre Lagen gegen einander nicht verändert, und – – (nun alles wieder in die erste Sprache übersetzt) der Wegmesser hat den Weg nicht gemessen." Denn ohne Drehung des Hodometers um seine Achse bleibt der Zähler auf Null.

121 S. Röhl, Einleitung 1, 1768, 375 f.

122 Zu den drei Arten der Libration oder des Schwankens des Mondes, die dazu führen, daß von einem Beobachter auf der Erde im Tages- bzw. Monatsverlauf nicht immer genau die gleiche Hälfte der Mondoberfläche gesehen werden kann, vgl. GamN, 723–725.

123 Meint L. Reisen, die die Bewohner der erdabgewandten Seite des Mondes dorthin unternehmen, wo die Erde zu sehen ist?

124 Im engeren Sinne ein von einem Uhrwerk angetriebenes Modell des Sonnensystems (Planetarium), das auch die tägliche Bewegung zeigt (vgl. VNat 3, 568, Anm. 198). L. verwendet den Begriff jedoch auch in allgemeinerem Sinne; vgl. Anm. 204. Im GTC (Lichtenberg, Entdeckungen 1784, 53) erklärt er die Orreries für unnütz und spottet, daß sich mit ihrem Bau „nur noch astronomische Bauren und überkluge Schlosser abgeben". – Christian Friedrich Ferdinand Schuth von Schutdorff (1757/58?–1786), laut L. (Bw 2, Nr. 786 [184]) „ein unermeßlich reicher, aber sehr artiger, feiner Oldenburgischer Edelmann", hatte im Sommer 1780 L.s Experimentalphysik gehört (vgl. LH, 572).

125 Bereits 1775 hatte L. im Sudelbuch notiert (E 20): „Der Verfasser des berühmten Buchs Le Moyen de parvenir ist Francois Beroalde Sieur de Verville. Man siehe Menagiana, Tom: IV. am Ende. Ein los und frey aber mit vielem Witz und Geist geschriebenes Buch. Seltsam ist es: Es fängt sich mit Car an und dieses Wort findet man im gantzen Buch nicht mehr." Die Feststellung über das *Car* hatte schon Gilles Ménage in seiner „Dissertation sur le livre intitulé *Le Moyen de parvenir*" getroffen (Menagiana 4, 1716, 426 f.), die sich im wesentlichen mit der Frage der Autorschaft befaßt. Vgl. SB 1/2 K, 320.

126 Diesem Thema, dem hier die nachfolgenden Zeilen bis zum Ende der S. 2v zuzurechnen sind, widmet L. fast 15 Jahre nach dieser Vorlesung „auf Verlangen" einen umfangreichen Aufsatz im GTC (Lichtenberg, Mond 1796), den Gamauf dem entsprechenden Abschnitt seiner Nachschrift zugrunde legt (GamN, 712–719). Eigens erläutert wird im folgenden nur, was dort keine Entsprechung findet.

127 ‚Mit einem Körnchen Salz' zu verstehen ist eine Aussage, die man nicht ganz genau nehmen soll. An dieser Stelle ist gemeint, daß die dem Beobachter auf der Erde zugekehrte Hälfte des Mondes nicht immer und überall die gleiche ist, sondern aufgrund der verschiedenen Arten von

Libration (vgl. 52,10–16) in alle Richtungen von der Mittellage abweichen kann.

[128] D. i. der Überrest der geschleiften Stadtbefestigung, auf dem eine Umrundung der Göttinger Innenstadt zu Fuß möglich ist.

[129] William Gardiner veröffentlichte 1772 einen zweisprachigen Einblattdruck unter dem Titel ‚Motus lunaris accuratior delineatus. The Moon's Motion more accurately described.', wozu L. im Sudelbuch (E 407) schreibt: „Herr Gardiner in Richmond läßt die Glocken läuten, und gibt den Armen 2000 Pfund zum besten, weil er bewiesen zu haben glaubt der Mond drehe sich nicht um seine Axe." Vgl. auch Bw 1, Nr. 163 [279–283]; Nr. 169 [300].

[130] „oder Worte gelten wie Münzen;" übersetzt Rochow (Bemerkungen 1789, 2) in einer Erwiderung auf einen Beitrag in der Berlinischen Monatsschrift (Gedicke, Verba 1789) und fährt erklärend fort: „nämlich wie man über das sich vereinigt hat, was Münzen gelten sollen: so muß man auch über das einig werden, was Worte gelten sollen". In diesem Sinne sind die nachfolgenden Zeilen zu verstehen. Zu L.s Verwendung des Sprichworts vgl. SB 3, 605; Bw 4, Nr. 2281 [S. 124], zu seiner Abwandlung E 142. – L. sah in vielen wissenschaftlichen Disputen einen Streit um Worte, so etwa VNat 3, 144 (zur Trägheit), ebd., 252–254 (zum Maß der Kräfte) oder VNat 4, 229 (zur Wärmeleitung), und war (VNat 3, 79) „allemal froh, wenn ich es auf einen Wortstreit gebracht habe", besonders (ebd., 144) „wo die Meinungen groser Männer so sehr wider einander laufen". Demgemäß nimmt er im Falle der Monddrehung Kepler für dessen seinem eigenen entgegengesetzten Sprachgebrauch in Schutz (vgl. GamN, 719 bzw., Lichtenberg, Mond 1796, 116 f.).

[131] D. h. so zu reden, als bewegte sich die Sonne um die Erde; vgl. Anm. 77.

[132] Vgl. dazu Anm. 104.

[133] Zu den Notizen bezüglich der mittleren Sonnenzeit im Unterschied zur wahren (ab 54,26) vgl. die Parallelstellen in der Vorlesung Winter 1780/81 (46,13–26 u. 47,18–48,8) sowie die für Winter 1785/86 verfaßte ausführlichere Darstellung (142,11–146,6).

[134] Zweck der Rechnung unklar.

[135] Auf Sonnenuhren kam L. regelmäßig in der Vorlesung im Zusammenhang mit der wahren Sonnenzeit zu sprechen (48,7–8, 55,15–16, 142,1–2, 146,5–6), ohne daß er – abgesehen von dem Hinweis auf die Äquinoktialuhr – das Thema weiter ausführte. Die nachfolgende Skizze paßt insofern zum Thema, als sie derjenigen zur Erläuterung der Begriffe von Polhöhe und Breite ähnelt (108,5). Denn in Richtung des Nordpols wird der Schattenstab einer Sonnenuhr ausgerichtet.

[136] Gemeint: Zentralkräfte; vgl. 191,3–4.

[137] Das Instrumentenverzeichnis spricht im Zusammenhang mit der Schwungmaschine (NL VII Q 2, Bl. 15r) von „zweien eigenen sehr schönen Einrichtungen vermittelst numerirter Gewichte die Verhältniß der Stärke

des Schwungs zu finden", die hier vermutlich zum Einsatz kamen. Es dürfte sich um einen der ersten Einsätze des wertvollen Instruments handeln, das L. seit Ende Juli 1782 zur Verfügung stand. Zum physikalischen Sachverhalt vgl. auch den Text unter der Überschrift „Central-Kräffte, bey Bewegung in Kreisen" in den Notizen zum Abschnitt 3 des Erxleben (VNat 1, 164–167).

138 Das ist die Rückrichtung von Korollar 5 zu Newton, Principia, Lib. 1, Sect. 2, Prop. 4, Theor. 4 (ders., Prinzipien 1999, 65): „Wenn sich die Umlaufzeiten wie die Radien verhalten und deshalb die Geschwindigkeiten gleich groß sind, so werden sich die Zentripetalkräfte umgekehrt wie die Radien verhalten, und umgekehrt." Möglicherweise hat L. auch dies mit dem Schwungtisch demonstriert.

139 Vgl. dazu insgesamt 190,32–191,16. L. antwortet hier auf einen Einwand gegen die elliptische Bewegung, dem etwa Montucla (Histoire 2, 1758, 416–418) und LaLande (Handbuch 1775, 691–693) einige Aufmerksamkeit widmen und den letzterer folgendermaßen faßt (ebd., 691): „Es scheint, spricht man, daß ein Planet, der beständig gegen die Sonne gezogen wird, der ihr auch bis auf einen gewissen Punkt nahe gekommen ist, sich ihr beständig nähern müsse, weil die Sonne nicht aufhört ihn an sich zu ziehen". Den in der genannten Vergleichsstelle erwähnten Fall, daß ein Körper sich auch auf einer Spiralbahn dem Zentralkörper nähern und schließlich auf ihn stürzen kann, zieht L. dabei nicht in Betracht.

140 Die größte scheinbare Länge des Schweifs gab Newton (Prinzipien 1999, 498) mit 70° an. In Paris (LaLande, Handbuch 1775, 612) wurden von Cassini 62° gemessen und in Constantinopel sogar 90°. Vielleicht hat L. unter diesen Voraussetzungen die wahre Länge des Schweifes abgeschätzt?

141 Dazu äußert sich Newton in der 42. Proposition des dritten Buches der ‚Principia' (s. Prinzipien 1999, 511): „Der Komet, der im Jahre 1680 erschien, war in seinem Perihel von der Sonne um weniger als ein Sechstel des Sonnendurchmessers entfernt. Wegen seiner sehr großen Geschwindigkeit in dieser Nähe und der ziemlichen Dichte der Sonnenatmosphäre muß er einen beträchtlichen Widerstand erfahren haben, ein wenig verzögert worden sein und auch der Sonne ein wenig näher gekommen sein. Indem er sich während seiner einzelnen Umläufe der Sonne immer mehr nähert, wird er schließlich auf den Sonnenkörper stürzen. Aber [auch] in seinem Aphel, wo er sich sehr langsam bewegt, kann er durch die Anziehung der anderen Kometen ein wenig verzögert werden und anschließend auf die Sonne stürzen. So können sich auch die Fixsterne, die allmählich in Licht und Dämpfe vergehen, durch die auf sie stürzenden Kometen neu beleben und, weil sie sich durch diese neue Nahrung entzünden, für neue Fixsterne gehalten werden. Von dieser Art sind die Fixsterne, die plötzlich erscheinen, zu Anfang äußerst stark leuchten und anschließend allmählich vergehen. Solch ein Stern war jener im Sitz der Cassiopeia, den *Cornelius Gemma* am achten November 1572 sah". – Zum Begriff „Zuschürrung" vgl. Adelung

(Wörterbuch 4, 1801, Sp. 1773), der die Ausdrücke „*Holz zuschüren* oder auch nur schlechthin *zuschüren*" durch „Holz zu dem Feuer schüren" erläutert. Vgl. auch unten (219,16–18: „Es könte leicht seyn, daß er [der neue Stern von 1572] eine Sonne gewesen wäre, die Nahrung erhalten hätte."

142 Zu Ebbe und Flut vgl. Kap XIII, insb. 352,17–358,24.

143 D. h. (vgl. 353,32–355,6): An der durch die parallel zur Richtung Erde – Mond wirkende Schwerkraft hervorgerufenen Deformation der Wasserhülle der Erde ändert die Bahnbewegung von Erde und Mond um ihr Schwerezentrum bzw. die Zentrifugalkomponente der Mondbewegung nichts.

144 Sinngemäß zu ergänzen (vgl. 354,15–17) „Züge auf die entgegen gesezten Seiten." Vgl. auch GamN, 868.

145 In Lib. 3, Prop. 24, Theor. 19 seiner ‚Principia' heißt es (nach Newton, Prinzipien 1999, 419): „Die Wirkungen der Sonne und des Erdmondes hängen aber von ihren Abständen von der Erde ab. [...] und zwar im dreifachen Verhältnis zu den scheinbaren Durchmessern." Diese Aussage Newtons hat L. im Manuskript zur Geographievorlesung später als wegzulassen gekennzeichnet (vgl. den textkritischen Apparat zu 357,15). In Gamaufs Ausführungen zu den Gezeiten (GamN, 865–873) taucht sie demgemäß nicht auf.

146 Von „Cicero" (58,24) an nach LaLande, Astronomie 1, 1771, 513–515, die Passage „Es hat" bis „segelt." wörtlich aus der französischen Übersetzung der angegebenen Stelle aus Seneca (Sen. Quaest. nat. VII, 25 f.). Im Manuskript der Vorlesung 1785/86 und auch in Gamaufs und Benzenbergs Nachschriften wird auf diese Senecastelle nicht mehr hingewiesen.

147 Wohl versehentlich statt 199 Millionen Meilen, wie unten (157,14–15) die Größe des Abstandes Saturn – Sonne angegeben wird.

148 „Die Pariser Akademie", heißt es dazu bei Gehler (2, 1789, 25), „ertheilte im Jahre 1671 dem Herrn *Richer* unter andern den Auftrag, bey seinem Aufenthalte auf der Insel Cayenne, welche bey Südamerika nur 5° nordwärts vom Aequator liegt, die dortige Länge des Sekundenpendels zu untersuchen." Zu den Ergebnissen und den Folgerungen daraus vgl. GamN 624. Zum (Sekunden-)Pendel in L.s Physikvorlesung vgl. auch VNat 3, 186 f. – L.s Angabe zur Länge des Pendels in Paris dürfte von LaLande (Astronomie 3, 1771, 127) stammen, wo dieser Wert angegeben ist; Richer selbst schreibt (Observations 1679, 66) „3. pieds 8. lignes $\frac{3}{5}$ ".

149 Zur Verlangsamung der Pendelschwingung aufgrund der wärmebedingten Verlängerung des Pendels vgl. VNat 4, 131, Text Nr. 1 und die zugehörige Anm. „Ein schön gearbeitetes compensations-Pendell.", das er hier vorzeigen konnte, weist das Instrumentenverzeichnis aus (NL VII Q 2, Bl. 33r).

150 Unklar.

151 Zur Gradmessung am Pol s. 105,25–33. Im dritten Buch des Expeditionsberichts (Maupertuis, Figure 1738, 153–184) werden unter dem Titel „Schweremessung am Polarkreis" die Ergebnisse der Pendelversuche mitgeteilt. Demnach war das Sekundenpendel dort (in Pello auf 66° 48′ nördlicher Breite) um 0,6 Linien gegenüber dem Pariser zu verlängern (ebd., 180), wobei Maupertuis dessen Länge mit 440,57 Linien um 0,05 Linien größer als L. mit LaLande (vgl. Anm. 148) angibt.

152 Anders als in dem Manuskript zur Vorlesung 1785/86, wo L. Tychos Bedenken nach Bailly vorgetragen hat (vgl. Anm. 217), läßt sich im folgenden LaLande als Vorbild ausmachen.

153 „Von Utrecht fuhr ich", schreibt L. in sein Reisetagebuch der ersten Englandreise (SB 2, 601), „auf der Treckschuite nach dem Haag". „Treck-Schüten," sind nach Krünitz (Encyclopädie 142, 1826, 713 f.) „bedeckte Fahrzeuge mit einem Maste, woran aber ein Tau gebunden ist, damit sie so auf dem Ufer des Kanals von Pferden fortgezogen werden können." Krünitz hebt ihre Bequemlichkeit hervor, die L. indessen nicht ausschließlich als Vorteil empfand, denn (SB 2, 601) „es wäre besser wenn man mehr spürte daß man reiste". Und genauso wie auf diesem Schiff, mit dem man sich fortbewegt, ohne es zu spüren, so ist hier zu ergänzen, werden wir durch die Erddrehung fortbewegt und spüren es doch nicht.

154 Vgl. LaLande, Astronomie 1, 1771, 530 (§ 1092).

155 Vgl. ebd., 529 (§ 1091).

156 Vgl. ebd., 532 f. (§ 1096). „*Tycho*", so heißt es dort (zit. nach LaLande, Handbuch 1775, 245), „hatte wenig Kometen beobachtet; wenn er den von 1681 gesehen hätte, dessen scheinbarer Lauf so verwickelt und wunderlich war, daß *Cassini* sogar zween verschiedene Kometen daraus machte, dessen Laufbahn aber eine genaue und regelmäßige Krümmung hat, wenn man die Bewegung der Erde dabey in Betrachtung zieht; wenn er ferner die Kometen sollte gesehen haben, [...] würde er wahrscheinlicher Weise bewogen worden seyn, ganz anders zu urtheilen, und das, was bey ihm einen Grund abgab, die kopernikanische Weltordnung zu bestreiten, würde der dringendste Beweis geworden seyn, sie für die wahre zu erkennen." Vgl. auch 81,10.

157 Vgl. ebd., 533 f. (§ 1097).

158 „*Die Geschwindigkeit eines Stromes*", hält Benzenberg fest (BenA, 54), „misset man Indem man etwas in Ihn hineinwirft, welches bald seine Geschwindigkeit annimmt, z. b. ein Weisses bret. und dann macht man sich destanzen wo das bret muß vorbeyschwimmen und bestimmt dann aus der Zeit und aus dem Raume den es zurückgelegt hat seine Geschwindigkeit."

159 Ebd. steht: „*Die Geschwindigkeit des Schalles* misset man indem man auf einer gemessenen Linie an einem Punckte derselben eine Kanone losbrennen läßt und man am andern Ende mit einer Tertien Uhr beobachtet wie viel zeit zwischen dem Erblicken des Feuers und dem hören des Schalles verstreicht indem man die Geschw[indigkeit] d[es] lichts unendl. groß annimmt." Zu L.s eigenen Messungen vgl. VNat 4, 14 und ErxH, 312 f.

[160] Vgl. ‚Prof. Lichtenbergs Antwort auf das Sendschreiben eines Ungenannten über die Schwärmerey unserer Zeiten', das 1783 in GMWL erschienen war (ediert in SB 3, 414–426, und Bw 2, Nr. 1041 [549–563]). Darin zitiert L. aus dem fiktiven Gedichtentwurf, den er einem ungenannten Freund zuschreibt, den „Anfang, und einige einzelne Stellen". Im Hinblick auf die zeitgenössische Literaturproduktion heißt es da (ebd., 554 f.):

„Nein! länger schweig ich nicht, fürwahr, das geht zu toll,
Mein Mitleids-Quell versiegt, und euer Maas ist voll.
Dieß wär Germanien? [...]
Das, wenns bey Spiel und Wein auch Zeit und Licht vergaß,
Die Flucht von Licht und Zeit auch wieder nüchtern maß?"

Zum letzteren merkt er an (ebd., 560): „der Verfasser zielt hier auf Römers Entdeckung von der allmähligen Fortpflanzung des Lichts, und auf die Erfindung der Taschenuhren."

[161] Vgl. LaLande, Astronomie 1, 1771, 221 f.

[162] Wahrscheinlich gemeint ist der britische Konteradmiral schwedischer Abstammung Richard Kempenfelt, der am 29. Aug. 1782 mit der Royal George unterging, nachdem sie im Verlauf eines Reparaturversuchs Schlagseite bekommen hatte und vollgelaufen war. Vgl. VNat 3, 602 f.; Bw 2, Nr. 967 [429]. In seinen Biographien findet sich kein Bezug zur Lichtgeschwindigkeit oder Römer (vgl. etwa Charnock, Biographia 6, 1798, 246–252; Locker, Gallery 1831). Ist die Verwechselung von Nationalitäten hier der Vergleichspunkt?

[163] Der Durchmesser des Kreises in ° ist $360° : \pi = 114° \; 35' \; 29'' = 412529''$. Die Erde durchläuft etwa $1° = 3600''$ pro Tag, ein Tag hat $86400''$, also etwa $90 \times 1000''$. Folglich durchläuft die Erde an einem Tag ca. $40''$, woraus sich das genannte Verhältnis ergibt, das ziemlich genau der Tangens von $20''$ ist.

[164] Die Zusammenstellung läßt, in Verbindung mit GamN, 778, vermuten, daß L. hier darauf hinzuweisen plante, daß zur physikalischen Beschreibung dieser drei Phänomene jeweils ein quadratisches Abstandsgesetz von Bedeutung ist.

[165] Über die Einführung von Fachbegriffen vgl. auch 91,33–35. Zur Einteilung der Astronomie in sphärische, theorische und physische vgl. 223,29–224,14 sowie GamN, 581.

[166] Vgl. 90,1–10. Das Datum 15. März 1618 ist eine irrtümliche Vermischung der beiden Daten, die sowohl bei LaLande (Astronomie 2, 1771, 18 f.) als auch bei Bailly (Histoire 2, 1779, 119 f.) unter Rückgriff auf Keplers eigenen Bericht über seine Entdeckung angegeben werden (Weltharmonik 1939, 291): „Am 8. März dieses Jahres 1618, wenn man die genauen Zeitangaben wünscht, ist sie [die Proportion, d. i. das Verhältnis der Umlaufszeiten zu dem der Bahnen] in meinem Kopf aufgetaucht. Ich hatte aber keine glückliche Hand, als ich sie der Rechnung unterzog, und verwarf sie als falsch. Schließlich kam sie am 15. Mai wieder und besiegte in einem neuen Anlauf die Finsternis meines Geistes".

167 Vgl. dazu 56,3–8, wo L. über die Konsequenzen spekuliert, die sich ergeben hätten, wenn „die grosen Planeten die unteren geworden wären".

168 Zu den Erscheinungen, die gegen Kreisbahnen sprechen vgl. etwa 126,30–127,11 (scheinbarer Sonnendurchmesser), 123,9–19 (scheinbarer Monddurchmesser), 154,16–18 (Exzentrizität der Marsbahn).

169 Zur Abhängigkeit der resultierenden Bahnkurve vom Verhältnis zwischen Tangential- und Radialgeschwindigkeit vgl. 190,32–191,16, speziell zum Geschwindigkeitsverlauf in der Ellipse 56,18–26.

170 Das unausgesprochene Thema in den letzten Zeilen dieses Textes ist die Kometenbewegung; vgl. dazu 163,28–164,2, insb. Anm. 2.

171 „Einen ganz großen Raum in Frankreich nimmt der regionale Witz ein, und da ist es vor allem der Süden, Marseille und die Gascogne," schreibt Tucholsky in einer Sammelrezension (Witz 1932, 153), „die den Hauptttribut bezahlen." Die Tradition scheint bis auf L.s Zeiten zurückzugehen; unklar bleibt leider dessen Quelle.

172 Die Vorlesung über Experimentalphysik; vgl. dazu VNat 3–4.

173 Erx[3] war bei Abfassung dieser Einleitung die aktuelle Aufl.

174 So etwa Bailly, Histoire 1, 1779, 389. In seinen Notizen zur Copernicus-Biographie (NL V, 22b, 48) belegt L. diese Angabe später auch mit folgendem Hinweis des Herausgebers Müller in der Amsterdamer Ausgabe von ‚De revolutionibus' (Copernicus, Astronomia 1617, 485): „Mercurium observare non licuit Copernico ob aeris prope vistulam crassitiem." (Den Merkur konnte Copernicus wegen der Dicke der Luft in der Nähe der Weichsel nicht beobachten.) Copernicus selbst (De revolutionibus 1543, Bl. 169r = Gesamtausgabe 2, 1984, 415 f.) erläutert in dem Kapitel über neuere Merkurbeobachtungen (Buch 5, Kapitel 30) lediglich, zu welchen Zeiten des Jahres der Merkur aufgrund der nächtlichen Helligkeit für ihn unsichtbar blieb, und spricht von den aus der Weichsel aufsteigenden Nebeln. Mit diesen Schwierigkeiten begründet er, daß er zur Berechnung der Merkurbewegung keine eigenen, sondern von verschiedenen Astronomen in Nürnberg angestellte Beobachtungen herangezogen hat.

175 Dt. *von Amts wegen.*

176 Auch wenn er es im Winter 1785/86 noch nicht so auf den Punkt brachte wie in dem späteren Einleitungstext Nr. 8, der auch der Passage im Gamauf erkennbar Pate gestanden hat (GamN, 581), so dürfte er sich doch hier bereits in ähnlicher Weise von Erxleben abgegrenzt haben wie dort (vgl. 224,10–11).

177 Der Aufsatz im Taschenkalender von 1781 (Lichtenberg, Fortsetzung 1781), der neben einer kurzen Einleitung aus dem einzigen Abschnitt „Unser Weltsystem" besteht, ist eines von mehreren Zeugnissen für L.s bevorzugte Methode, sei es seine Studenten, sei es das allgemeine Publikum in die Anfangsgründe der Astronomie einzuführen. Als Vorbild für sein Bestreben, eine „zum Theil zuverlässige und zum Theil wahrscheinliche Geschichte des Fortgangs des Menschengeschlechts" in der Astronomie nachzuzeichnen, dient ihm Montucla (Histoire 1, 1758, 145–162). An

diesen lehnt er sich eng an und nennt ihn in den frühesten und am weitesten ausgearbeiteten Texten als Quelle: im oben edierten Text Nr. 1 (13,4) und im Taschenkalender (Lichtenberg, Fortsetzung 1781, 5). Auf diesen beiden dürften dann die stichwortartigen Notizen in den Texten Nr. 4 und Nr. 7 beruhen, die für die Vorlesungen in den Wintern 1780/81 (34,9–35,33) und 1785/86 (71,12–75,14) konzipiert sind, jedoch mit großer Wahrscheinlichkeit auch in den übrigen Astronomievorlesungen verwendet wurden.

Montucla beginnt seine Rekonstruktion der Astronomiegeschichte bei den einfach zu beobachtenden Himmelserscheinungen und spannt einen Bogen über die Schlüsse auf die Kugelgestalt von Erde und Mond, die tägliche (scheinbare) Drehung der Himmelskugel um ihre Pole, die jährliche Bahn der Sonne längs der Ekliptik und den Umlauf des Mondes bis hin zu den Planeten und der Frage, welche Folgerungen man aus deren von der Erde aus beobachteten Bahnen auf die physische Beschaffenheit der Welt ziehen konnte. Den gleichen Umfang erreicht L. auch in seiner Adaptation in Text Nr. 1, während er im Taschenkalender nach der Betrachtung der Mondgestalt einen Schlußpunkt setzt. Die versprochene Fortsetzung hat er nie geliefert.

178 Durch den nachfolgenden Text auf den Blättern 109 u. 110 ersetzte L. vermutlich die zweite Hälfte der Einleitung (66,26 usw.), die mit den Worten „Ich wende mich nun mehr zur Sache selbst, der Astronomie" (70,5) beginnt und von der die Seiten 7 f. in L.s Zählung nicht überliefert sind. Er beruht auf Montucla, Histoire 1, 1758, 145 f. und Lichtenberg, Fortsetzung 1781, 3–10, und hat zahlreiche Parallelen auch in Text Nr. 1 (13,5–13,14 und 16,30–17,19); vgl. auch Anm. 1. Etwas ausführlicher dargestellt finden sich die meisten Sachverhalte in Gamaufs Vorlesungsnachschrift wieder (GamN, 581–585). Einzeln erläutert werden im folgenden daher nur die daraus nicht ohne weiteres verständlichen Stellen.

179 Neben Montucla wird bei Gamauf (GamN, 581) noch Kästner erwähnt, der diese Methode sehr empfehle. Dieser schreibt in der Vorrede zum zweiten Teil der ‚Anfangsgründe' (Anfangsgründe 2.1, 1780, [X]): „In der Astronomie habe ich mich bemühet zu zeigen, wie man sich aus gemeinen und leichten Erfahrungen, die ersten Begriffe von dem Himmel machen, und diese nach und nach zu mehr Richtigkeit und Vollständigkeit bringen kann." Auch LaLande erklärt in seinem von L. häufig herangezogenen astronomischen Handbuch sowohl im Vorwort als auch im ersten Paragraphen des Textes, so vorgehen zu wollen (LaLande, Astronomie 1, 1771, III f.; 1).

180 Vgl. GamN, 583 f.; offensichtlich nannte L. in der Vorlesung Hollenberg nicht beim Namen, sondern sprach von einem „Freund" (dieses Beispiel nahezu gleichlautend auch in Lichtenberg, Fortsetzung 1781, 6 f.). Auch der Weißgerber Frantz hat bei Gamauf keinen Namen. Die Parallelstelle in Text Nr. 1 (13,11: „Der Weißgerber Frantz und seine Frau.")

stützt die Annahme, daß L. sich damit an die bei Gamauf als Gespräch in einer anonymen Familie wiedergegebenen Episode erinnerte.

181 „Frey von Mühe" lautet die erste Bedeutung von ‚gemächlich' nach Adelung (2, 1796, Sp. 544). „Gemächliche Umstände" also wohl soviel wie „Zeiten der Muße". Ähnlich auch zu verstehen die Parallelstelle bei Montucla (vgl. Histoire 1, 1758, 146): „Nach vielen Jahrhunderten der Unwissenheit, die für diese frühen Menschen drängendere Angelegenheiten sehr entschuldbar machen, gab es endlich glückliche Genies, die begannen, die Natur mit neugiereigen Augen zu betrachten."

182 Carsten Niebuhr, der sich 1757 bis 1760 zum Studium in Göttingen aufgehalten hatte, überlebte als einziger von 6 Teilnehmern eine durch den dänischen König finanzierte Forschungsreise nach Arabien und Persien (vgl. Heenes, Niebuhr 2007). Seine enthusiastische Schilderung des dortigen Sternenhimmels, die L. offenbar regelmäßig referierte, hat er anscheinend mündlich gegeben, als er auf der Rückreise 1767 in Göttingen Station machte (vgl. GamN, 588, sowie Lichtenberg, Fortsetzung 1781, 13, wo die Schilderung ohne Berufung auf Niebuhr mitgeteilt wird). Die wenigen dürren Zeilen über die Sterne in Niebuhrs ‚Beschreibung von Arabien' (1772, 5) kommen als Quelle nicht in Frage.

183 Was L. hier meint, ergibt sich aus den Beispielen für solche „Astronomische Bauern", die er im GTC (Lichtenberg, Fortsetzung 1781, 14) und nach Gamauf (GamN, 589) auch in der Vorlesung erwähnte: Valentin Jamery-Duval und der von ihm so bewunderte Jacob Ferguson. Der erste „erhob sich vom Bauerjunge und vom Viehhirten zum Bibliothekar [...] und zum vertrauten Freunde des *Kaysers Franz Stephan*" in Wien, der andere „brachte es ebenfalls vom Schafhirten und Tafeldecker, zu einem berühmten Gelehrten, und zum Mitgliede der königl. Societät in London."

184 Plejaden; vgl. Krünitz 19, 204: „Auch das Siebengestirn kommt bey Einigen unter dem Nahmen *Gluckhenne* vor, wofür Luther einige Mahl das niedrigere Glucke behalten hat. *Er macht den Wagen am Himmel, und Orion und die Glucken, und die Sterne gegen Mittag*, Hiob 9, 9. Amos 5, 8." Bereits in Hesiods ‚Werke und Tage' (Ἔργα καὶ ἡμέραι; vgl. Anm. 865) spielt der Sternhaufen eine herausragende Rolle für die Einteilung des bäuerlichen Jahres. Ihr heliakischer Aufgang (vgl. 19,33–34) im späten Frühjahr gab das Zeichen zur Ernte (v. 383 f. und v. 571–575), ihr morgendlicher Untergang (Occasus cosmicus) etwa ein halbes Jahr darauf dasjenige zu neuer Aussaat (v. 384 und v. 615 f.) sowie auch zur Beendigung der Seefahrt (v. 619–624) wegen der drohenden Winterstürme. Der abendliche Aufgang (Ortus acronychus; vgl. 19,22–24) der Plejaden ereignete sich zu L.s Zeiten in Mitteleuropa etwa Ende Oktober. – Zu Sternauf- und -untergängen bei antiken Schriftstellern vgl. auch Text Nr. 11, 226,4–227,29.

185 Zum Text auf Bl. 108 vgl. wiederum Montucla, Histoire 1, 1758, 146 f. und Lichtenberg, Fortsetzung 1781, 10–12, sowie GamN, 585 f.

[186] Auch hier folgt L. Montucla (Histoire 1, 1758, 147). Canopus (α Carinae), der zweithellste Stern am Nachthimmel, hat nach dem von L. empfohlenen Fixsternverzeichnis (vgl. 210,35–211,2; Bode, Vorstellung 1782, 36) eine Deklination von –52° 34′ für das Jahr 1750 und ist damit in Mitteleuropa niemals sichtbar. Einer Mitteilung von K. Beuermann (Göttingen) verdanke ich die Information, daß Canopus' Deklination um 200 v. Chr. –52,7° betrug und er daher eine Höhe von 6,1° über dem Horizont von Alexandria (31,2° N) erreichte. In Rhodos dagegen (36,4° N) stieg er demnach ohne Berücksichtigung der Refraktion bis auf 0,9° über den Horizont. Die relativ große Abweichung der tatsächlichen Differenz zwischen den beiden Höhen (5,2°) von derjenigen, die sich aus L.s Text ergibt (7,5°), ist im vorliegenden Zusammenhang unerheblich. Nicht so bei der dem Poseidonios zugeschriebenen Bestimmung des Erdumfangs, die den falschen Wert zugrunde legt; vgl. 100,2–10.

[187] Gedankengang unvollständig, vgl. die Parallelstelle im GTC (Lichtenberg, Fortsetzung 1781, 11): „Solte die Sonne also, wenn sie bey uns untergeht, nicht andern Gegenden die mehr gegen Westen liegen noch scheinen, so wie der Canopus denen zu Alexandria noch leuchtet, wenn er dem Rhodier untergegangen ist? Denn daß diese Krümmung eben so von Osten nach Westen statt findet, wie von Süden nach Norden, das sahen sie schon ohne Unterschied an den Schiffen auf der See, und den Bergen die den absegelnden auf einerley Weise verschwinden, sie segelten nach welcher Gegend sie wollen."

[188] Diese beiden Miniaturskizzen stehen offenbar als Kürzel für zwei Themen, deren Behandlung L. an diesem Punkt der Vorlesung vorgesehen hat: Die rechte, die L. vergrößert am Rand der Seite wiederholt hat, für die scheinbare tägliche Bewegung von Sternen in unterschiedlichem Abstand zum Pol, aus der auf die Kugelgestalt des Himmels geschlossen werden kann (vgl. 17,19–18,16); die linke für die periodische Veränderung der scheinbaren Sonnenbahn im Laufe des Jahres (vgl. 18,17–30 und die zugehörige Abb.).

[189] Weder in L.s Manuskripten noch in seinen gedruckten Hauptquellen (Montucla, Histoire 1758; Lichtenberg, Fortsetzung 1781; ErxH; Kästner, Anfangsgründe 2.2, 1781; LaLande, Astronomie 1, 1771) für die Vorlesung noch auch in den Nachschriften von Benzenberg und Gamauf (BenA; GamN) finden sich nähere Hinweise, woran er hier gedacht haben könnte. Bei Gehler (2, 592 f.) findet sich zwar eine Erklärung für „die Erscheinung einer das Auge umgebenden ununterbrochenen Rundung – eines auf dem Horizonte aufstehenden Gewölbes": die Tatsache, daß oberhalb des Horizonts die „Aussicht nach allen Seiten zu frey ist". Spezifisch für Astronomen, wie L.s Formulierung erwarten ließe, ist diese freilich nicht.

[190] Die nachfolgende Lücke bis zur 5. Stunde schloß L. wahrscheinlich durch die hinteren etwa 60 Prozent von Text Nr. 1 (18,17–26,10); vgl. die Vorbemerkung zu diesem Kapitel.

191 „wollte er ihm wohl einen besseren Plan für das Weltgebäude angegeben haben", könnte man frei nach GamN, 608, ergänzen. L. erwähnt die Anekdote ausführlich in der zweiten Beilage zu seiner Copernicus-Biographie (SB 3, 181 f.). In den Notizbüchern zu deren Vorbereitung sind drei Quellen angegeben, aus denen er die Geschichte kannte: Weidler, Historia 1741, 282; Bailly, Histoire 1, 1779, 300 f. und Gehler 4, 709. So heißt es an einer Stelle (NL V, 22a, 26): „Des König Alphonsus Ausspruch steht Gehler IV. p. 709. Viel besser im Weidler. " An einer anderen (NL VI 57, Bl. 43v) begegnet „Alphonsus X von Castilien der Tadler der Schöpfung" am Anfang eines längeren Exzerpts aus Baillys Astronomiegeschichte. Auf die Episode spielt er daüber hinaus in einer Sudelbuchnotiz (F 644) und in einem Brief (Bw 4, Nr. 2959 [1008]) an.

192 Zu den verschiedenen Angaben über Copernicus' Lebensdaten vgl. Text Nr. 16.

193 Ganz ähnlich liest man in Baillys ‚Histoire de l'Astronomie moderne', die L. sich fünf Tage vor dieser Vorlesungsstunde ausgeliehen hatte, im Zusammenhang mit einer Betrachtung über den Nutzen von Systemen (Histoire 1, 1779, 335; hier zit. nach der damals noch nicht erschienenen Übersetzung: Geschichte 2, 1797, 247): „Hätte *Ptolemäus* das seinige nicht aufgestellt, so würden die Neuern es gewiß erfunden haben; dieß war ein unvermeidlicher Irrthum, der auf dem Wege der Wahrheit lag. Man sieht anfangs nur mit den Sinnen, urtheilt durch sie über das, was physisch ist, und nur erst nach einer langen Täuschung gelingt es dem Verstande, zu erkennen, was wirklich Natur ist." Dies lobt L. in den Notizen zur Copernicus-Biographie (NL V, 22a, 9]: „Sehr schon sagt Bailly (M. p. 335.) der Ptolemäische Irrthum war ein unvermeidlicher." In der Schrift selbst würdigt er den Almagest (s. 229,24–27) folgendermaßen (SB 3, 153): „Als geometrisches Werk wird sein Buch immer verehrungswert bleiben; als physisches betrachtet, ist es freilich nicht für unsere Welt. Allein, da der Schritt, den Ptolemäus tat, wahrscheinlich auch getan werden mußte: so wird sein System, solange die Welt steht, immer ein Hauptfach in der Sammlung ehrwürdiger Cabinets-Stücke einnehmen, womit die Entwickelungs-Geschichte menschlicher Vorstellungen von diesem erhabnen Naturwerk belegt werden muß."

194 Die Erläuterungen zu den Grundlagen des Copernicanischen Systems in dieser Vorlesung (bis 78,8) lassen, anders als die Parallelstellen in den früheren Texten (36,8–18 u. 39,27–40,11 bzw. 58,21–59,12), in denen L. sich offensichtlich mehr an LaLande orientiert hatte, deutlich den Einfluß der entsprechenden Passagen in Baillys ‚Histoire' erkennen. In den Paragraphen 6 bis 9 des 9. Buches („Die europäische Astronomie von Copernicus bis Tycho") sind die wesentlichen Argumente aus dem ersten Buch des Copernicanischen Hauptwerks zusammengestellt. Dieses entlieh L., zusätzlich zu seiner Sekundärliteratur Bailly (vgl. Anm. 193), am Tag dieser Vorlesung ebenfalls (nach LB, 75, das Exemplar der zweiten Ausgabe), wohl vor allem, um es seinen Studenten vorzuzeigen.

195 Vgl. Bailly, Histoire 1, 1779, 340 (nach Buch 1, Kapitel 1 von ‚De revolutionibus'), wo allerdings von der Kugelgestalt der *Welt* die Rede ist. Von derjenigen der *Erde* spricht Copernicus erst im zweiten Kapitel und begründet sie mit den Standardargumenten, die auch L. oben beibringt (73,28–75,4). Daß L. für Baillys *monde* (nach lat. *mundus*) *Erde* schreibt, ist wohl ein Versehen.

196 Copernicus' Hauptwerk, „welches", wie Gamauf (GamN, 608) L. in seiner Nachschrift sagen läßt, „so viel Aufsehen in der Welt machte, und welches als das *Neue Testament* der Astronomie anzusehen ist", erschien 1543 in Nürnberg unter dem Titel ‚De revolutionibus orbium coelestium, Libri VI.', in der jüngsten deutschen Übersetzung als ‚Über die Umschwünge der himmlischen Kreise' wiedergegeben (Copernicus, De revolutionibus 1543 bzw. ders., Umschwünge 2008).

197 Auch diese Würdigung schon bei Bailly (Geschichte 2, 1797, 254): „Diese Betrachtung, die allein dem *Kopernikus* gehört, gereicht ihm sehr zur Ehre."

198 Von „Er sprach" (76,22) an in Anlehnung an Baillys Paragraph 8 (Histoire 1, 1779, 254 f.), in dem der Autor Überlegungen insb. aus den Kapiteln 9 (zur Schwere) und 6 (zur Entfernung der Sterne) des ersten Buches von ‚De revolutionibus' zusammenführt. L. gibt durch den Begriff *Zug* Baillys *gravité* (entsprechend *gravitas* bei Copernicus) wieder.

199 Vgl. 58,24–27 sowie Anm. 146.

200 S. ErxH, 655. Dort hat L. dieses Fazit aus dem Eberhardschen Aufsatz in einem Satz festgehalten, der dann in den Druck übernommen wurde (Erx^5, 563).

201 Formulierungen, die für die Passage von „Es ist" (77,16) an Pate gestanden haben, finden sich bei Bailly in § 7 und § 9 (Histoire 1, 1779, 341 f. bzw. 343–345). – Zur damals nicht meßbaren jährlichen Parallaxe (parallaxis annua) der Fixsterne (die ersten derartigen Messungen wurden 1838 durch Bessel ausgeführt; vgl. North, History 1994, 418 f.) und der Konsequenz für das Verhältnis der Größe der Erdbahn (orbita) zum Abstand der Fixsterne vgl. 216,8–18.

202 Der Ausdruck „Augenblick Copernikaner" (Copernikaner nur für die Momente, in denen wir die Frage bedenken; vgl. dazu auch 38,12–21) ist L. zuzurechnen. In den Copernicus-Notizbüchern schreibt er analog (NL V, 22a, 7): „In wie vielen Stücken sind wir nicht noch Ptolemaiker oder Tychonianer." Zum Problem der Vereinbarkeit von Copernicanischer Theorie und Alltagserfahrung vgl. Baillys § 3 (Histoire 1, 1779, 336 f.).

203 Wie Copernicus die scheinbaren Bewegungen der Himmelskörper aus den tatsächlichen Bewegungen der Erde als Beobachtungsstandort erklärt, tut Newton dies für den jedem Betrachter an einem je eigenen Ort erscheinenden Regenbogen. Vgl. zum Regenbogen GamN, 901–907.

204 „Ein Bodisches Planetarium wobei der Uranus schon angebracht ist.", lautet der zugehörige Eintrag im Instrumentenverzeichnis (NL VII Q 2, Bl. 36v). L. verwendete die Bezeichnungen *Orrery* (vgl. dazu Anm. 124)

und *Planetarium* also synonym für die „Maschinen" (vgl. GamN, 612), die die „Bewegungen der Planeten in ihren verhältnißmäßigen Entfernungen von der Sonne durch Räderwerk vorstellen." Bode (Nachrichten 1788, 256) hatte im 1785 erschienenen Astronomischen Jahrbuch (für 1788) hölzerne „Modelle vom Sonnensystem" angeboten. L. bestellte zwei Exemplare, eines für Johann Daniel Ramberg und eines für sich selbst, die er Mitte Mai 1786 erhielt (Bw 3, Nr. 1438 [207]). Für Details s. die Edition des Instrumentenverzeichnisses in VNat 6.

205 Da Venus und Merkur nie in Opposition zur Sonne stehen, gilt dies nur für die äußeren Planeten. Bei den inneren ereignet sich die Rückläufigkeit, wenn sie sich zwischen Sonne und Erde befinden. Zur heliozentrischen Erklärung dieser Erscheinungen s. GamN, 614–616.

206 Vgl. Bailly, Histoire 1, 1779, 360.

207 Wie im Fall Copernicus scheint L. auch seine Informationen zu Brahe großenteils aus Baillys ‚Histoire' gezogen zu haben; zu diesem Absatz vgl. insb. Histoire 1, 1779, 378–380.

208 Vgl. Bailly, Histoire 1, 1779, 377 f.

209 Nach Bailly (Histoire 1, 1779, 399) konstruierte Brahe solche Uhren selbst nach Art der antiken Klepsydren, bei denen die Zeit durch die Menge des ausgelaufenen Wassers gemessen wurde; denn er hielt seine Räderuhren für zu ungenau.

210 Bei Gamauf (GamN, 617) ist an dieser Stelle die postum erschienene ‚Historia coelestis' genannt (Brahe, Historia 1666), in der der Jesuit Albert Curtius Tychos Beobachtungsprotokolle veröffentlichte (vgl. LaLande, Astronomie 1, 1771, 197 f.).

211 Wohl Diminuitiv zu Matz, womit nach Adelung (Wörterbuch 3, 1798, Sp. 113) „ein einfältiger, blödsinniger, weibischer, dummer Mensch, in verächtlichem Verstande" gemeint sein konnte.

212 Statt richtig „quot verba, tot pondera" (wie viele Worte, so viele Gewichte) hatte Friedrich II. dies an seinen Minister Hertzberg geschrieben, um Tacitus' seiner Meinung nach vorbildlichen Stil zu charakterisieren; vgl. auch Bw 4, Nr. 2811 [808 f.]. – Nicht vorenthalten sei hier eine weitere Verballhornung, die der im 17. und 18. Jh. vielfach nachweisbaren Maxime in Gamaufs Vorlesungsnachschrift widerfuhr (GamN, 618): *„quot vermes tot ponderes"* (wie viele Würmer, so viele Gewichte).

213 Postum waren 1733 in London und Dublin erschienen: ‚Observations upon the prophecies of Daniel, and the Apocalypse of St. John. By Sir Isaac Newton.' Voltaire beschreibt diese Kommentare als „dunkel" (vgl. VNat 4, 437 [Anm. 80]), und auch L. hat sie offenbar als Ausrutscher betrachtet.

214 Nach Moesgaard, Influence 1972, 52, geschah dies bei einem Besuch Rothmanns auf Hven im Sommer 1590. Die zugehörigen Diskussionen dokumentierte Brahe in den astronomischen Briefen (vgl. Brahe, Epistolarum libri 1, 1596, 188–192, für Rothmanns Abkehr vom Coper-

nicanischen Sytem insb. 192). L. hatte den Band nachweislich zumindest einmal entliehen, am 16.9.1780 (LB, 66).

215 Auch für diesen Absatz gibt Baillys ‚Histoire' (Histoire 1, 1779, 413) das Gerüst ab, das L. in diesem Fall außergewöhnlich stark erweitert. Zum Vergleich hier die Passage nach der deutschen Übersetzung (Bailly, Geschichte 2, 1797, 326): „Da wir diese lange Reihe von Arbeiten erzählt und ihnen das gehörige Lob beigelegt haben, so müssen wir auch dem *Tycho* einen Vorwurf machen, nämlich den, daß er das System des *Kopernikus* nicht angenommen hat. Wäre *Kepler* nicht auf *Tycho* gefolgt, hätte die Natur nicht einen großen Mann wieder an seine Stelle gesetzt, so hätte nichts seinem Ansehn das Gleichgewicht gehalten; sein Einfluß würde die folgenden Generationen mit sich fortgerissen haben, und das wahre Weltsystem würde wieder in die Vergessenheit zurückgesunken seyn, worin es so viele Jahrhunderte hindurch vergraben lag."

216 Vgl. wiederum Bailly, Histoire 1, 1779, 413 f., wo zwar die Jahreszahl fehlt, dafür aber sich ein Verweis auf Artikel 1085 in LaLandes Astronomie findet, in dem es heißt (vgl. LaLande, Astronomie 1, 1771, 524; Übersetzung nach ders., Handbuch 1775, 235): „er [Tycho] beobachtete 1582 den Mars sehr sorgfältig, da er im Gegenstande der Sonne war; er urtheilte, daß derselbe uns viel näher stünde als die Sonne, und nun konnten die Hypothesen des *Ptolomäus* nicht mehr statt finden, denn diesen zu Folge mußte Mars viel weiter als die Sonne seyn." Brahe war zeitweise überzeugt gewesen, für den Mars in Opposition zur Sonne durch seine Beobachtungen und darauf beruhende Rechnungen eine Parallaxe gefunden zu haben, und folgerte daraus, daß dieser der Erde näher sein müsse als die Sonne (vgl. Guide 2005, 38).

217 Die folgende Aufzählung im Kern nach Bailly, Histoire 1, 1779, 414–416 (§ XXV f.) u. 417 f. (§ XXVIII). Gegenüber der Darstellung der Braheschen Argumente in der Vorlesung von 1783/84 (Text Nr. 6) nach LaLande (vgl. 60,21–61,15) fehlen hier einige Punkte.

218 Der Verweis auf die genannte Stelle bei Bailly, Histoire 1, 1779, 415. Brahe argumentiert hier (Opera 2, 1648, 95) allerdings lediglich gegen die Bewegung der Erde, von der Größe des Jupiter oder der Sonne ist nicht die Rede.

219 Brahes Angabe lautet (Opera 1, 1648, 297): „139. vicibus & paulo plus", d. h. etwas mehr als 139 mal. Riccioli (Almagestum 1, 1651, 121) rundet dies zu 140, was vermuten läßt, daß L. den Wert dort entnommen hat.

220 Vgl. ebd.

221 Brahe „überzeugte sich", schreibt Bailly (Histoire 1, 1779, 414; Übersetzung nach ders., Geschichte 2, 1797, 327), „von der Unrichtigkeit des kopernikanischen Systems, weil er wahrzunehmen glaubte, daß die in Opposition mit der Sonne beobachteten Kometen von der Bewegung der Erde keinen Einfluß [also keine scheinbare Beschleunigung oder Verzögerung aufgrund der Bewegung relativ zur Erde] litten, wie dieß doch nach

dem neuen System der Fall sein müßte." Sie „könnten nicht so regelmäßig gehen", heißt das Argument bei Gamauf (GamN, 617), und man hat zu ergänzen: so regelmäßig, wie aus Brahes Beobachtungsdaten hervorging. „Das", so heißt es lapidar weiter (ebd.), „tun sie denn auch nicht." Und Gehler (4, 1791, 729) schreibt zu diesem Argument, „die wahre Beschaffenheit des Kometenlaufs [sei] fast hundert Jahre später erst entdeckt" worden und seitdem sei „es zuverläßig ausgemacht, daß der scheinbare Ort der Kometen allerdings durch den Stand der Erde in ihrer Bahn verändert werde."

222 Vgl. Bailly, Histoire 1, 1779, 415, Übersetzung nach ders., Geschichte 2, 1797, 328: „Eine andre Schwierigkeit, welche seiner [Brahes] Meinung nach hinreichte, das kopernikanische System zu zerstören, ist der unermeßliche und unnütze Raum, den er [Copernicus] zwischen der Region des Saturns und der Fixsterne annimmt. Jetzt beantworten die Kometen diesen Einwurf; sie irren in diesen Räumen umher, welche ohne sie leer seyn würden." Baillys sich anschließende Betrachtung über die dem Kosmos innewohnenden Irregularitäten, u. a. in der Verteilung der Planeten um die Sonne, mit der er Brahes Ökonomieforderung ad absurdum zu führen versucht, muß bei L. entfallen. Denn er kennt die mathematische Regel, nach der die Entfernungen der Planeten von der Sonne gestaffelt sind, die der Titius-Bodeschen Reihe, mit der bekannten unbesetzten Position zwischen Mars und Jupiter, die er hier anspricht. Vgl. unten 91,17–27; die leere Position zwischen Mars und Jupiter wird dort zwar aufgeführt, aber nicht näher betrachtet. Nach Gamauf (GamN, 755) machte L. dazu noch eine Bemerkung zum Abschluß des Abschnittes über die Planeten (vgl. 162,1–2, insb. die Anm.).

223 Unter Brahes Voraussetzung, daß Sterne der dritten Größe einen beobachtbaren Durchmesser von etwa einer Winkelminute hätten und die – noch nicht beobachtete – jährliche Parallaxe nicht größer als eine Minute sei, ergibt sich für den wahren Durchmesser dieser Sterne der Durchmesser der Erdbahn, für die der ersten Größe ein entsprechend größerer (vgl. Brahe, Epistolarum libri 1, 1596, 167). Aufgrund der Benutzung von Fernrohren nahm man um die Mitte der 1780er Jahre die scheinbaren Durchmesser der Fixsterne etwa um den Faktor 100 kleiner an als Tycho (vgl. 61,1–3 sowie GamN, 787). Ja, Gehler (2, 1789, 261) charakterisiert sie durch die Eigenschaft, daß sie „selbst durch die besten Fernröhre keinen scheinbaren Durchmesser zeigen." „Daß sie uns größer erscheinen," erläuterte L. nach Gamauf (GamN, 787), „rührt von ihrem ausserordentlichen Lichte und von der Atmosphäre her."

224 Der „Motus compositus", die zusammengesetzte Bewegung, gehörte zur Lehre „Von der Bewegung überhaupt", der Erxlebens dritter Abschnitt gewidmet war. Demgemäß finden sich sowohl die Theorie wie die folgenden Beispiele (bis 82,32) an den entsprechenden Stellen der Vorlesung zur Experimentalphysik; vgl. VNat 3, 134 f. 158–161 und GamN, 61–66. Zu „Kästners Brettchen" konnte nichts ermittelt werden.

[225] Das Parallel-Stichwort in VNat 3, 135, lautet „Die Vestung", seine Bedeutung konnte dort nicht geklärt werden. Hier im Kontext der Astronomie findet sich ein Schlüssel in der parallelen Notiz (s. 59,26–27) „Beym Umwältzen der Erde die Canonen Kugel die Stille steht und wogegen das Bastion anrennt". Dies paßt nun eindeutig zu Gamaufs Ausführungen über den kuriosen Blick von außerhalb der Erde auf den Kanonenschuß nach Westen, der die örtliche Geschwindigkeit der Erdrotation gerade kompensiert. Dabei, führt er aus (GamN, 66), „streift sich eigentlich die Kanone von der Kugel ab, die Wand kömmt von Westen gerannt und schlägt durch sie durch."

[226] Auch Moutiers Versuch, bei dem er Kanonenkugeln senkrecht in die Luft schoß, gehört noch zum Thema Motus compositus, vgl. Anm. 224.

[227] Vgl. die Texte Nr. 101–114 zur Theorie der Erde in Kapitel XIII.

[228] Zu den Werten für Jupiter vgl. 155,3–17.

[229] Vgl. Klügel, Astronomie 1793, 81; das letzte Verhältnis ist umzukehren.

[230] Mit (C) ist ein Blatt bezeichnet, das zur einstündigen Vorlesung des Winters 1783/84 (Text Nr. 6) gehört und in dem es hauptsächlich um die Lichtgeschwindigkeit geht. Für eine Einreihung hinter Blatt o ist kein Grund ersichtlich.

[231] Das Ergebnis seiner Überlegungen zu den verschiedenen Fällen, die nur hier angeführt werden, teilt L. nirgends mit.

[232] Vgl. dazu BenA, 60 f.: „Vor ein paar Jahren gab Hofrath Kaestner die Preisfrage auf (in der Akad. d. Wissensch.) ob das Licht nach seiner Verschiedenheit nicht auch eine Verschiedene größere oder kleinere Geschwindigkeit hätte. – Und dieses bedarf noch einer großen Untersuchung.

Verschiedene [Gelehrten] wollen den Unterschied der Farben von der Verschiedenen Schnelligkeit des Lichts herleiten. –

Dieses ist aber wohl ungegründet dann müsten wir die weisse[n] Sterne in die Siebenfarben des Regenbogens gehüllt sehen weil dann die Zeit die nehmliche Würckung aufs Licht haben würde wie das Prisma, denn dieses zerlegt auch den weissen lichtstrahl in Roth[,] blau *etc.*"

Auch die 1792 dem Sudelbuch anvertraute Notiz J 1808 stellt eine Verbindung her zwischen der Aberration und der Frage nach der Abhängigkeit der Geschwindigkeit des Lichts von seiner Farbe: „Wenn sich das violette Licht z. B. langsamer bewegte als das rothe, so würde[n] sich bey der Aberration verschiedene Farben zeigen müssen nicht wechselnd sonder[n] stet, vielleicht so was wie Doppelsterne". Sie ist eingehend erläutert in Zehe, Licht 1995.

[233] Zum Themenkomplex Aberration und Lichtgeschwindigkeit insg. vgl. Lichtenberg, Weltgebäude 1779, 8–14; GamN, 630–640; BenA, 54–61.

[234] Vgl. LaLande, Astronomie 1, 231, wo ebenfalls fälschlich Greenwich (statt Chalford in Gloucestershire) als Sterbeort genannt und die Entdeckung von Aberration und Nutation als Grund für Bradleys Berühmt-

heit angegeben wird. Seine Mondbeobachtungen haben in der zeitgenössischen Literatur weniger Niederschlag gefunden; weder der Nachrufer in der ‚Histoire' der Pariser Akademie (Éloge 1762, 231–242) noch LaLande oder Bailly weisen darauf hin. 1776 erschien dann im ‚Nautical Almanac' für 1778 eine Tafel unter dem Titel „Right Ascensions and Zenith Distances of the Moon: deduced from Dr. Bradley's Obervations. Made between September 13th, 1750, and November 2d, 1760." Für L. waren diese Beobachtungen wohl vor allem deswegen von Interesse, weil Bradley nach ihrem Vergleich mit den Mayerschen Mondtafeln der Admiralität gegenüber ein positives Urteil über die letzteren abgegeben hatte (vgl. Bradley, Works 1832, XCVII).

235 ‚Cosmotheoria Puerilis' lautet der Untertitel von Baxters hier gemeintem Buch richtig, einem in Form eines Dialogs abgefaßten Werk, das seinen Haupttitel ‚Matho' dem Namen des jungen Gesprächspartners verdankt, der darin in die „ersten Grundlagen der Philosophie und Astronomie" eingeführt wird. Vgl. VNat 3, 560 f., Anm. 146. Worauf genau L. hier anspielt, ist unklar.

236 Nach Bailly, Histoire 2, 1779, 5; dort auch die fehlerhafte Angabe „Wiel au pays de Wirtemberg" für Keplers Geburtsort, die freie Reichsstadt Weil (seit dem 19. Jh. Weil der Stadt).

237 Nach ebd., 11 f. (§. VIII). Die genannten Werke sind Kepler, Mysterium 1596 und ders., Tabulae 1627.

238 Aus dem Artikel zu diesem Stichwort in der ‚Deutschen Encyclopädie' (Encyclopädie 2, 1779, 84 f.; s. 89,12) hat L. das folgende exzerpiert, hie und da eigene Akzente (z. B. „elende Beschaffenheit" für „Mangel ihrer Uebereinstimmung mit dem Himmel") gesetzt und Bezüge zu seiner Vorlesung (bei Copernicus und Brahe) hergestellt. Der Position in der Vorlesung entspricht auch der ursprüngliche Abbruch des Exzerpts nach den Erläuterungen zu den Rudolphinischen Tafeln, während in der Encyclopädie die Liste der Astronomen, die sich durch die Bearbeitung von Tafeln ausgezeichnet haben, noch bis zur Mitte des 18. Jahrhunderts fortgeführt wird.

239 Ptol. Alm. VII, 5 – VIII, 1 (ed. Heiberg 2, 38–169). Zum Almagest s. 229,25–27.

240 Diese Charakterisierung ist eine der Zutaten L.s zu dem exzerpierten Material, vgl. dazu 75,28–76,2.

241 Reinhold, Tabulae 1551.

242 Im ersten Kapitel (etwa Brahe, Opera 1648, 3–102) unter dem Titel „De Solaris curriculi, ad nostra Secula, per recentiores Observationes varijs & minime fallacibus Instrumentis caelitus habitas, accurata designatione." (Die genaue Angabe des Sonnenlaufs für unsere Jahrhunderte aufgrund neuerer mit verschiedenen sehr genauen Instrumenten am Himmel angestellten Beobachtungen.)

243 Gemeint wohl Longomontanus' Astronomia Danica, in deren zweitem Teil Tafeln enthalten sind, die allerdings erst 1622 erschienen war. Eine einschlägige Veröffentlichung für 1622 konnte nicht ermittelt werden.

244 Kepler, Tabulae 1627 (vgl. LB, 104).

245 Zu diesem heißt es in der ‚Deutschen Encyclopädie' (Encyclopädie 2, 1779, 85): „*Philipp Landsberg* aber erhielt durch seine Verachtung derselben [der Rudolphinischen Tafeln] nicht, daß die von ihm ausgearbeitete und unter dem prächtigen Titel der *immerwährenden* im Jahre 1632. herausgegebene aber mit dem Himmel schlecht übereinstimmende Tafeln Beyfall gefunden."

246 Darüber schreibt Bailly (Histoire 2, 1779, 12–68) im Anschluß an den von L. zuvor exzerpierten Paragraphen (s. Anm. 237).

247 Vgl. LaLande, Astronomie 2, 1771, 20 f. (Übersetzung nach ders., Handbuch 1775, 294): „*Newton* hat zuerst dargethan, daß sie [die Wahrheit des 3. Keplerschen Gesetzes] eine nothwendige Folge der allgemeinen Bewegungsgesetze ist."

248 Gleichheit gilt (angenähert) für das schon früher ermittelte (s. 64,12–13) und auch hier zunächst notierte (vgl. den textkritischen Apparat) Verhältnis 140693 : 1000.

249 Der hier verwendete Wert für die Umlaufszeit des Uranus ist nur als grobe Annäherung zu verstehen. Zwar entspricht er den in den Aufl. 3 und 4 des Erxleben von 1784 bzw. 1787 angegebenen 30316 Tagen (Erx[3], 577, bzw. ErxH, 679), doch enthalten die dort abgedruckten Tabellen die tropischen Umlaufszeiten der Planeten. Hier wäre jedoch wie bei Jupiter der siderische Wert zu verwenden, der für Uranus etwa 100 Tage über dem tropischen liegt. Vgl. unten 160,33–34.

250 In den Vorlesungsnotizen für Winter 1780/81 steht der zutreffende Wert von etwa 1 St. 24 Min. (43,1–2). Dieser wird erhalten, wenn man in der nachfolgenden Formel auch die Einheit Tage quadriert und demgemäß bei der Umrechnung in Stunden und Minuten jeweils mit den Quadraten von 24 und 60 multipliziert. Dann erhält man für den Zahlenwert von x^2 1511654400 : 216000 = 6998,4, woraus die Wurzel ca. 83,7 Minuten beträgt. L.s hier angegebener Wert von etwa 4 Min. läßt neben den genannten Versäumnissen vermuten, daß er nicht einmal die Wurzel gezogen hat; denn 4 ist der Wert der sich bei Abschneiden der Dezimalstellen des Quotienten 1049760 : 216000 = 4,86 ergibt.

251 Zu der von Titius gefundenen und von Bode in seiner ‚Anleitung zur Kenntnis des gestirnten Himmels' (1772 erstmals erschienen) bekannt gemachten arithmetischen Regel für die Planetenabstände s. auch GamN, 647 f.

252 Vgl. GamN, 650.

253 Das übliche Verfahren zur Bestimmung der Distanz eines Ortes, wenn man sie nicht einfach mit einem Maßstab messen konnte, bestand in der Festlegung einer Standlinie, von deren beiden Enden man den fraglichen Ort anvisierte. Aus den gemessenen Winkeln und der Länge der Standlinie

konnte man den gesuchten Abstand rechnerisch oder – durch maßstäbliche Verkleinerung des Dreiecks – „mechanisch" ermitteln (vgl. J. T. Mayer, Unterricht 2, 1779, 214–256). Nachfolgend erklärt Mayer (ebd., 256–264), wie „Nicht gar zu große Weiten aus einem einzigen Stande zu messen" seien, und beschreibt in diesem Zusammenhang das „Paceccianische Pantometrum", bei dem eine senkrechte und damit sehr kurze Standlinie angenommen wird und das sein Namensvetter Christian, Hofastronom in Mannheim, durch eine Dissertation bekannt gemacht hatte (Chr. Mayer, Pantometrum 1767). Deren Titel gemäß war das Instrument 1762 von dem spanischen Grafen Raphael Pacecco ab Ucedos erfunden und in Augsburg zum ersten mal gebaut worden. An der Herstellung wirkte laut Mayer (ebd., 2) auch der berühmte Instrumentenbauer Brander mit. Dem Nachteil der kurzen Standlinie und des damit verbundenen sehr kleinen Winkels zwischen den beiden Visierlinien versuchte Pacecco dadurch zu begegnen, daß er als Visiereinrichtungen zwei Fernrohre vorsah, deren bewegliches mit einer Mikrometerschraube verstellt wurde, was eine sehr präzise Winkelbestimmung ermöglichte. Das fertige Instrument erwarb Mayers Landesherr, der Pfälzer Kurfürst Karl Theodor (1724–1799) für beinahe 1000 Gulden (ebd.). L. scheint sich darüber abfällig geäußert zu haben; denn Benzenberg notiert in seiner Nachschrift (BenA, 64), es sei „geometrischer Unsinn" und „ein Mittel um die Entfernung der Sonne zu messen. welches theoretisch sehr schön aber praktisch völlig unbrauchbar ist."

254 Hier handelt es sich darum (s. 92,4–5 und vgl. GamN, 651), bei Kenntnis der wahren Größe durch Bestimmung der scheinbaren Größe den Abstand zu ermitteln.

255 Was sich hinter dieser Zeile verbirgt, konnte nicht mit Gewißheit geklärt werden. Vielleicht hatte L. die Stelle in Lamberts ‚Anmerkungen über die Branderschen Mikrometer von Glase' im Sinn, an der dieser beschreibt, wie er mit einem Teleskop, das mit einem solchen Mikrometer ausgerüstet war, „einen Soldaten, der in einer Entfernung von 500 bis 600 Fuß Schildwache stunde, bis auf ¼ Zoll und noch genauer messen konnte" (Lambert, Anmerkungen 1769, 13). Es wird also gerade umgekehrt wie beim vorhergehenden Beispiel bei Kenntnis des Abstandes durch Bestimmung der scheinbaren Größe die wahre Größe bestimmt.

256 Am 5. Aug. 1791 erhielt der Turm der Jakobikirche einen neuen Knopf, den L. vor der Montage in seinem Hörsaal auszumessen Gelegenheit hatte (vgl. Tgbr, 5.8.1791 [= SB 2, 726]). Aus dem Umfang von 6′ 4″ 10‴ errechnet er den hier angegebenen Wert für den Durchmesser, den er jedoch zwei Monate später in einem Brief an Kästner korrigieren muß (Bw 3, Nr. 1937 [961]), nachdem ihm offenbar aufgefallen war, daß er bei der ersten Berechnung die Linien des Umfangs übersehen hatte.

257 Dazu notiert Benzenberg in seiner Nachschrift (BenA, 64; die nachstehende Abb. ebd.): „Wir haben zwar ein Mittel um die Entfernung der Sonne zu messen. welches theoretisch sehr schön aber praktisch völlig unbrauchbar ist. // z. B. Wann der Mond im 1ten oder im 3ten Viertl. ist so

daß er zur hälfte verfinstert ist, und wir in seiner Schatten-Ebene liegen, so machen die Sonnen Strahlen, auf die halbsichtbare Halbkugel des Mondes einen Rechten Winkel."

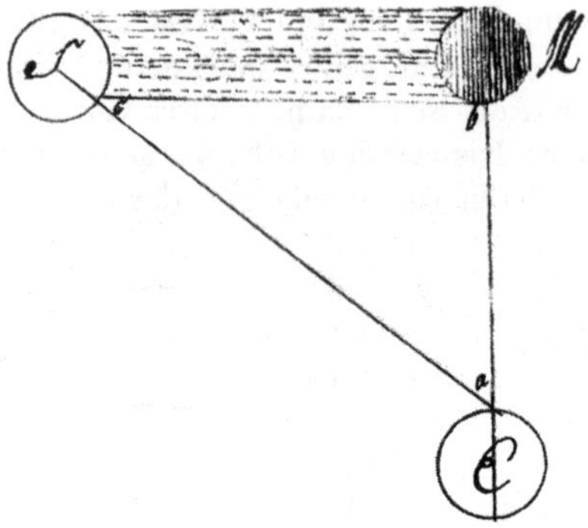

Aus dem bekannten Abstand Erde–Mond, dem rechten Winkel bei M und dem meßbaren Winkel bei E könnte man dann die übrigen Seiten und Winkel des Dreiecks berechnen. Vgl. auch GamN, 651.

258 Zu den Voraussetzungen für einen Venusdurchgang vgl. Text Nr. 22 (241,2–23).

259 D. i. Mayer, Expositio 1769, 54; L. besaß die Schrift (BL 314), möglicherweise als Geschenk des Verfassers, der auf seiner Rückreise aus St. Petersburg im August 1770 Göttingen besuchte, bei welcher Gelegenheit L. ihn bei Kästner kennenlernte (vgl. Tgbr, 23.8.1770).

260 Vgl. dazu LaLande, Astronomie 2, 1771, 578: „Ce passage de 1631 observé à Paris par Gassendi, le fut aussi à Inspruck, par le P. Jean-Baptiste *Cysatus*, Jésuite; à Rufac en Alsace, par Jean *Remus Quietanus*, Médecin; & à Ingolstad par un anonyme; mais l'observation de Gassendi est la seule dont ont ait tiré des conséquences astronomiques." [Dieser Durchgang von 1631, der von Gassendi in Paris beobachtet wurde, wurde dies ebenso in Innsbruck von P. Johann Baptist Cysat SJ, in Rouffach im Elsaß von dem Arzt Johannes Remus Quietanus und in Ingolstadt von einem Ungenannten; jedoch ist Gassendis Beobachtung die einzige, aus der astronomische Konsequenzen gezogen worden sind.] Der Durchgang fand (vgl. ebd.) erst am 7. Nov. 1631 statt, und Kepler war (s. die folgende Anm.) fast ein ganzes Jahr zuvor in seinem 59sten Lebensjahr gestorben.

261 Hier irrt sich L. um ein ganzes Jahr; Kepler war bereits am 15. Nov. 1630 gestorben.

262 Röhl, Merkwürdigkeiten 1768, 17 bzw. 23.

263 Von „Die Betrachtung" (92,14) an bis hierher Haupttext (teils wörtlich) nach Röhl, Merkwürdigkeiten 1768, 1–3. Vgl. auch GamN, 651 f.

264 Zu der Methode, gegenüber der L. den nachfolgend erläuterten Halleyschen Vorschlag so sehr hervorhebt, vgl. 43,18–19 und die zugehörige Anm.

265 Zu Parallaxen allgemein und insb. der täglichen vgl. 237,4–22, zur jährlichen Parallaxe und ihrer Unterscheidung von der täglichen 216,5–18.

266 Vgl. 240,11–14, insb. die zugehörige Anm. 930.

267 D. i. Fig. 8 aus Röhl, Merkwürdigkeiten 1768, die L. auf dem nachfolgenden Bl. IX E, 3r wiedergibt. Bei Gamauf erscheint sie (nach GamN, 793) auf Tab. II als Fig. 30.

268 Auf dieser Seite von Röhl, Merkwürdigkeiten 1768, beginnt die Erläuterung der von L. hier festgehaltenen Figur. GamN, 657–664, findet sich Gamaufs Bericht über L.s Erklärung.

269 Zu deutsch:
„p = der Parallaxe der Venus vermindert um [die Parallaxe] der Sonne
dC = der Dauer des Durchgangs am Erdmittelpunkt
dS = der Dauer an der Erdoberfläche auf der der Sonne zugewandten Seite
dΣ = der Dauer des Durchgangs in Vardöhus."

Von dieser im nordöstlichsten Zipfel Norwegens gelegenen Festung, wo die Sonne zur Zeit des Venusdurchgangs 1769 am Nordhimmel stand, und damit von der der Sonne abgewandten Seite der Erdoberfläche aus hatte Maximilian Hell das seltene Ereignis beobachtet. Wie Mayer (Anm. 259) machte auch Hell auf seiner Rückreise in Göttingen Station, wo ihn L. anläßlich eines Abendessens bei Kästner kennenlernte (vgl. Tgbr, 15.6.1770).

270 Diese Formel gilt nur für den höchst unwahrscheinlichen Fall, daß die Differenzen der beobachteten Parallaxen von Venus und Sonne an allen vier Beobachtungsorten gleich ist. Zur realistischen Situation, daß man vier verschiedene Differenzen erhält, vgl. 95,29–34.

271 Bei den Rechnungen auf Bl. IX E, 3v, handelt es sich lediglich um eine allgemeine Herleitung der Formeln, nach denen aus der Differenz und dem Verhältnis zweier Größen diese selbst bestimmt werden können, sowie ein Beispiel mit konkreten Zahlenwerten. Vgl. GamN, 656 f.

272 „Ziehet man daher", so schreibt Röhl an der entsprechenden Stelle (Merkwürdigkeiten 1768, 84 f.), „die an dem Orte *C* beobachtete Währung dieser Erscheinung ab von der Währung, welche in dem Orte *F* beobachtet worden, und suchet aus diesem Unterscheide den Bogen, welchen der Planet in solcher Zeit zurücklegen muß, so hat man eine Grösse, welche vier Unterscheide der Parallaxen der Venus und der Sonne enthält, die für die Winkel *NDB*, *MCA*, *QFA*, *TGB* gehören, und welche man für dieselben nach dem Verhältnisse ihrer Sinus vertheilet. Man gelanget dadurch zur Parallaxe eines jeden Winkels besonders und folgendes dem Unterscheide der Horizontalparallaxen, welche gesucht ward."

273 Nach Röhl, Merkwürdigkeiten 1768, 87 f.

274 Pingré (Cométographie 2, 1784, 151) meint, daß ein Komet in seiner größten Erdnähe unter folgenden Bedingungen ein gutes Mittel zur genauen Bestimmung der Sonnenparallaxe wäre: Seine sichtbare Scheibe müßte deutlich begrenzt sein, das Verhältnis von seinem Sonnenabstand zu dem Sonnenabstand der Erde müßte genau bekannt sein, und der Komet müßte gleichzeitig an zwei für trigonometrische Rechnungen ausreichend

weit voneinander entfernten Orten beobachtet werden. Pingré hat jedoch wenig Hoffnung, daß diese Umstände jemals zusammentreffen könnten.

275 „Wir wissen aus dem beobachteteen[!] Durchgang der Venus sehr nahe," heißt es bei Mayer (Vertheidigung 1778, 274), „daß die mittlere Entfernung der Sonne von der Erde 24309 halbe Durchmesser der Erde, oder 20 Million 9 mal hundert tausend 5828 deutsche Meilen seie:" und die Berechnung dieses Wertes unter Annahme einer Parallaxe von 8,5″ findet sich in dessen Hauptwerk über den Venusdurchgang (Mayer, Expositio 1769, 124 f.). Die Prüfung ergibt, daß der Wert für den Abstand zu einer Parallaxe von ca. 8,485″ gehört. Besser ist der unten (96,17) angegebene von 20856000 Meilen, der einer Parallaxe von 8,505″ entspricht. – Als Quelle für den nachträglich mit Bleistift eingefügten Wert von 8,6″ für die Sonnenparallaxe kommt LaLande in Frage. Auf eine „Parallaxe der Sonne von 8″5 oder 8″6" schließt er in der Kurzfassung seiner ‚Astronomie' (vgl. Anm. 277) und legt sich später auf den letzteren Wert fest (Astronomie 2, 1792, 506; vgl. unten 96,35). Für diesen stimmt der von L. angegebene korrespondierende Sonnenabstand sehr gut überein, während der unten (96,18) angegebene sich als etwas zu klein erweist, indem er einer Parallaxe von ca. 8,609″ entspricht. – Eine Berechnung der Werte nach dem von Kästner angegebenen Schema (Kästner, Anfangsgründe 2.2, 1781, 238) unter Verwendung einer zeitgenössischen Logarithmentafel (Schulze, Sammlung 1, 1778) liefert für die Parallaxen 8,5″, 8,6″ und 8,7″ mit den Distanzen von 24266, 23984 bzw. 23708 Erdradien die gleichen Ergebnisse wie ein elektronischer Rechner.

276 Zu den Werten vgl. die vorhergehende Anm.

277 Vgl. LaLande, Abrégé 1774, 297, wo der Autor aus der weit ausführlicheren Liste von Beobachtern und Beobachtungsorten in seinem Hauptwerk (Astronomie 2, 1771, 642–644) den folgenden Auszug gibt (zit. nach ders., Handbuch 1775, 472): „Die königliche Akademie, zu London sendete, durch Unterstützung des Königs von England, Beobachter nach dem Fort *Prinz Wallis* an der Hudsonsbay, und nach der Insel Taiti in der Mitte des Südmeeres; der *Abt Chappe* verfügte sich nach Kalifornien; der *P. Hell* nach Wardhus, das am nordlichsten Ende von Lappland liegt. *Herr Planman* hatte sich nach Kajaneburg in Finnland begeben: und diese fünf Beobachter [eigentlich: Beobachtungen (observations)], die ihren Zweck vollkommen erreicht haben, geben uns die Nachricht, daß die Parallaxe der Sonne von 8″5 oder 8″6, das ist, acht Secunden, sechs Zentheil sey." Daß L. darüber hinaus Mayer nennt, ist angesichts des Zusammentreffens der beiden (vgl. Anm. 259) nicht verwunderlich. Was er aber mit dem „Nordcap" meint, ist unklar. Von den bei LaLande aufgezählten Orten, an denen Engländer beobachteten, läßt sich keiner damit identifizieren.

278 Darin (ALZ 1794, Nr. 321, 1.10.1794, Bd. 4, Sp. 11–13) steht eine Rezension von Hell, Beyträge 4, 1794, der L. die im folgenden genannten Werte und Quellenangaben entnimmt und deren letzter Satz lautet (man beachte L.s Abschreibversehen): „Alles wohl überlegt, glaubt Rec, die

weitesten Grenzen der mittlern Sonnenparallaxe, soweit sie für jetzt bekannt ist, zwischen 8″,50 und 8″,85 (oder den Abstand zwischen 20,855,000 und 20,031,000 d. Meilen) annehmen zu dürfen, so daß die ganze ungewißheit innerhalb dieser Grenzen auf etwa 800,000 d. Meilen (für den Astronomen eine Kleinigkeit!) ankäme.“ Was L. hinzufügt ist der Vergleich mit dem Abstand des Mondes. – Die Quellen im einzelnen sind in der Reihenfolge des Vorkommens: LaLande, Astronomie 2, 1792, 505; Hell, Abhandlung 1794, 161 f.; Lexell, Disquisitio 1772, 679 f.; LaLande, Astronomie 2, 1792, 506; ebd.; Hornsby, Quantity 1771, 579; Dionis du Sejour, Traité 1, 1786, 486; Fixlmillner, Acta 1791, 405.

279 Der Wert für den mittleren Erddurchmesser stammt aus Erxlebens Kompendium (ErxH, 650) und ist das Mittel der dort „nach *Maupertuis*“ angegebenen Werte für die Erdachse und den Durchmesser des Äquators; die Meile wird dabei zu 22828 Pariser Fuß gerechnet. Abweichend davon ergibt sich hier aus der weiteren Rechnung ein um 15 Fuß größerer Meilenwert, wobei die Definition der Meile als 5400ster Teil des Erdumfangs zugrunde gelegt wird. Ursache für die Diskrepanz ist die Ansetzung des Erddurchmessers zu 1720 Meilen bei Erxleben, aus der sich ein Umfang von etwa 5403,5 Meilen ergäbe. Vgl. auch Kästner, Anfangsgründe 2.2, 1781, 329 u. *343.

280 Dieser Wert ergibt sich, wenn man mit dem Verhältnis 668 : 734 rechnet. Vielleicht ist L. in seiner Logarithmentafel in die falsche Zeile gerutscht.

281 Vgl. DuPlat, Situations-Risse 1780, 7; die Sudelbuchstelle, auf die L. verweist, ist nicht überliefert.

282 Weder Gamauf noch Benzenberg berichten in ihren Nachschriften von solchen „andren Methoden“. Möglicherweise meint L. hier das Verfahren, aus einer der zu geeigneten Zeiten vergleichsweise größeren Parallaxen der erdnächsten Planeten Mars und Venus deren Entfernungen und über die bekannten Verhältnisse der Distanzen im Sonnensystem die Entfernung der Sonne und damit ihre Parallaxe zu bestimmen (vgl. LaLande, Astronomie 2, 1771, 410–415). Die abbrechende Aussage über Merkur wäre dann dahingehend zu ergänzen, daß Merkur „fast mehr als noch einmal so [weit von der Erde entfernt]“ ist. Seine Parallaxe wäre damit nur wenig größer als die der Sonne, ganz abgesehen von den aufgrund der Sonnennähe und Lichtschwäche ohnehin eingeschränkten Beobachtungsmöglichkeiten.

283 Wie der Vergleich mit Text Nr. 25 insb. der zweiten Abb. auf Bl. NL IX F, 8r (244,2–29), zeigt, ist hier die „abgestümpfte Erde“ skizziert, die L. oben (13,15) auch „Meisters gestümpfte Erde“ nennt. Zumindest einen Teil seiner Hörerschaft konnte L. mit seinem Beispiel zum Nachdenken bringen. Dies zeigt der Brief Richard Adolph Dammerts, eines Hörers vom Winter 1792/93 (Bw 4, Nr. 2325 [201 f.]), in dem dieser auf L.s Frage antwortet mit einer „Untersuchung der Empfindungen, welche die Richtung der Schwere bey dem Bewohner einer Ebene, welche dadurch entstanden,

daß man ein Stück von unserer Erdkugel abgeschnitten hätte, erregen müßten[!]."

284 Vgl. GamN, 667.

285 Wie bei der Setzwaage aufgrund der stets vertikalen Ausrichtung des Pendels der Verlauf des vertikalen Winkels zwischen der Richtung des Pendels und dem Lot auf die Oberfläche ermittelt wird, so bei der Magnetnadel aufgrund der Ausrichtung zum Pol der Verlauf des Winkels zwischen der Nadel und dem Lot auf die Begrenzung der Figur in der Horizontebene.

286 Der nachfolgende Abschnitt des Vorlesungsmanuskripts gibt sich durch die revidierte Zählung als Baustein aus einem älteren Manuskript zu erkennen, dessen Anfang als Text Nr. 1 ediert ist. Wie dieser beruht auch der erste Teil des hier gegebenen Abrisses der Geschichte der Gradmessungen, von der Antike bis zur Mitte des 17. Jh., auf Montuclas ‚Histoire des Mathematiques' (bis „57300 fr. Toisen" [102,12]; Eratosthenes: Montucla, Histoire 1, 1758, 252–254; Poseidonios: ebd., 278 f.; Al-Ma'mûn: ebd., 343 f.; Fernel bis Norwood: ders., Histoire 2, 1758, 231–234). Für die gleiche Zeitspanne verfaßte L. jedoch noch eine zweite Version (auf den 1^a und 1^b gezählten Blättern: 102,18–103,21), die er aus Röhls ‚Einleitung in die astronomischen Wissenschaften' (insb. Röhl, Einleitung 2, 1779, 184 f.) und aus Wargentins in Fortsetzungen erschienenem Aufsatz ‚Von der Gestalt und Größe der Erde' (insb. Wargentin, Gestalt, 1750, 5–7) zog. Auf letzterem (ebd., 7–11 u. 83–93) basiert auch der zweite Teil des Abrisses für die Zeit seit etwa 1650 (103,24–106,14). L. überarbeitete ihn vor allem bezüglich der Gradexpeditionen nach Südamerika und Lappland vermutlich anhand von LaLandes ‚Astronomie' (insb. Astronomie 3, 1771, 108–111). Zum Thema insg. vgl. GamN, 666–688.

287 Vgl. die nebenstehenden Abb. sowie GamN 667 f., wo als Bezeichnungen für das Gerät *Scaphe* und *Hemisphärium* angegeben werden.

288 Die gute Übereinstimmung des dem Poseidonios zugeschriebenen Ergebnisses für den Erdumfang mit dem von Eratosthenes durch ein vergleichsweise exaktes Verfahren ermittelten ist, wie Fischer (Look 1975, 160–162; für den Hinweis auf diese Arbeit sei K. Beuermann [Göttingen] gedankt) darlegt, der Kompensation von zwei großen Fehlern in den Ausgangswerten zu verdanken. Der Breitenunterschied zwischen Alexandria und Rhodos beträgt nur etwa 5,2° (vgl. Anm. 186); dafür ist aber auch die Nord-Süd-Entfernung der beiden Orte um mehr als ein Viertel geringer als die angenommenen 5000 Stadien.

289 Am Ende seiner ‚Elements de Geographie' gibt Maupertuis (Elements 1742, [110]) eine Tabelle mit den Längen der Meridiangrade von 0° bis 90° an, die auf der Voraussetzung, daß die Erde ein Ellipsoid ist, und zwei von ihm selbst gemessenen Graden beruht, dem lappländischen und dem zwischen Paris und Amiens. Bezüglich des kleinsten Wertes stimmt L.s Angabe mit dieser Tabelle überein, beim mittleren allerdings weicht sie vom Tabellenwert 57110 ab. Ob L. seinen Wert selbst berechnet hat, etwa aus dem mittleren Erddurchmesser, oder wo er ihn etwa entnommen haben

könnte, konnte nicht ermittelt werden. Dies gilt auch für den im Manuskript für die Geographievorlesung (NL IX E, 38r) angegebenen und nahezu gleichen Wert von 57108,8 Toisen für den mittleren Grad des Meridians.

290 Vgl. 103,8–9 im Exzerpt aus Wargentins Aufsatz.

291 Snellius, Eratosthenes 1617.

292 Picard, Mesure 1729, 138.

293 Musschenbroek, Dissertationes 1729, 357–420, insb. 420.

294 Ergänzung nach Wargentin, vgl. 103,15–19.

295 Der Wert in Fuß ist aus dem Wert in Toisen zurückgerechnet gemäß dem Verhältnis 16 : 15 des Pariser Fußes zum englischen. L.s einschlägige Quellen geben alle als Norwoods Meßwert 367196 englische Fuß, die nach Wargentin (Gestalt, 1750, 7), Montucla und Maupertuis (s. die nachfolgende Anm.) 57300 Toisen entsprechen.

296 Über das hinaus, was L. schon bei Montucla (Histoire 2, 1758, 233 f.) lesen konnte, gibt Maupertuis (Opérations 1768, 325 f.) in dem kleinen Abschnitt über Norwoods Messungen einige zusätzliche technische Details aus dessen Bericht (vgl. Norwood, Practice 1702, 7 f.).

297 Röhl, Einleitung 2, 1779, 184 f., ist Quelle für den Text auf der hier beginnenden Seite der Handschrift.

298 Wargentin, Gestalt, 1750, 5–7.

299 „440 Klafter“ heißt es bei Wargentin (Gestalt, 1750, 6), wofür L. wohl zu Recht Toisen schreibt. Denn addiert man 440 Toisen zu Fernels Wert, so erhält man 57186 Toisen, was fast genau mit dem Ergebnis von Maupertuis' Berechnung des Grades zwischen Paris und Amiens auf der Grundlage von dessen eigener astronomischen Bestimmung der Breitendifferenz und Picards geodätisch bestimmter Distanz übereinstimmt (vgl. Maupertuis, Opérations 1768, 328–330). Auf die Problematik der Übersetzung von Maßbezeichnungen in Wargentins Aufsatz weist auch Kästner als Übersetzer der Abhandlungen der Schwedischen Akademie in einer Fußnote hin (s. Wargentin, Gestalt, 1750, 91). Zu Fernel vgl. auch 100,15–101,2.

300 Ganz anders klingt es bei Wargentin, der bezüglich Ricciolis Methode festhält (Gestalt, 1750, 8), daß sie „in der Theorie wohl ihre vollkommene Richtigkeit hatte, aber in der Ausübung ohne Gefahr vieler [Irrtümer] nicht konnte bewerkstelliget werden.“ An dieser Stelle findet sich auch die Vorlage für L.s Verweis auf die Schrift Picards, der jedoch ebenso wenig die theoretische Richtigkeit von Ricciolis Verfahren bezweifelt.

301 Bei Wargentin heißt es (Gestalt, 1750, 8): „Der König in Frankreich gab 1667 seiner neueingerichteten Akademie der Wissenschaften Befehl, daß die genaue Abmessung eines Grades eine ihrer ersten Angelegenheiten seyn sollte.“

302 Die Bruchteile geben an, um wieviel der Durchmesser des Äquators nach den Genannten größer ist als die Erdachse.

[303] Gemeint ist die Geschwindigkeit an der Erdoberfläche aufgrund der Rotation (vgl. z. B. 82,23–24), wobei hier der englische Fuß zugrunde liegt, der sich (vgl. ErxH, 313) zum Pariser etwa wie 15 : 16 verhält.

[304] Für die Zeit nach Picard insb. Wargentin, Gestalt 3, 1750, 83–95. Darauf beruht der Abriß allerdings ohnehin (vgl. Anm. 286).

[305] Das „Perpendicul" war (ebd., 87) „eine Linie senkrecht auf die vorhin gezogene Mittagslinie durch das pariser *Observatorium*" durch die beiden genannten Orte, bei der es sich jedoch nicht um einen Umfang sondern einen Breitenkreis handelte. Durch seine Messungen und Berechnungen kam er zu dem Ergebnis, „daß die Länge der Grade in diesem Parallelkreise mit der länglichten Gestalt der Erde, die er durch vorhergehende Messungen erhalten hatte, allerdings übereinstimmete."

[306] Newtons Anhänger beriefen sich darauf, daß der Jupiter ebenfalls abgeplattet sei (vgl. 155,16).

[307] Unter anderem zu diesem Zweck finanzierte England Cooks erste und zweite Entdeckungsreise. Dementsprechend nennt Gamauf (GamN, 675) die Gradmessung „ein merkwürdiges Seitenstück zu *Coocks* Weltumseglung."

[308] Was Gamauf (GamN, 675 f.) dazu schreibt, daß nämlich Maupertuis „die bereits gemessene Strecke von *Paris* bis *Amiens*" nachgemessen habe, ist zumindest irreführend; denn dieser korrigierte lediglich die Breitendifferenz zwischen beiden Städten (s. Anm. 299). Zur Entdeckung der Aberration vgl. 41,10–18.

[309] Die Differenzen sowie die geänderten Werte für die Grade am Polarkreis und am Äquator (vgl. die textkritischen Anmerkungen) nach LaLande, Astronomie 3, 1771, 110. Dabei ist für den von L. mit „Frantz." bezeichneten Grad der Wert 57074 Toisen zu setzen, der ebenfalls bei LaLande (ebd., 100) zu finden ist (vgl. auch unten 247,19–20).

[310] Meint wohl die weiteren Messungen; vgl. GamN, 677.

[311] D. i. eine Aufzählung von durchgeführten Gradmessungen unter Angabe der Wissenschaftler und Orte, aufsteigend geordnet nach dem Abstand vom Äquator, vermutlich nach Gatterer, Abriß 1775, 31. Alle sind auch enthalten in der Liste in Text Nr. 27, die jedoch – wenn auch nicht ganz streng – der Chronologie folgt.

[312] Die Angaben zu den Verhältnissen der Ellipsenachsen, die sich aus verschiedenen Paarungen einiger ausgewählter Gradmessungen ergeben, nach Röhl, Einleitung 2, 1779, 202.

[313] Zur Abweichung des Pendels und dem daraus folgenden Fehlen von Antipoden im strengen Sinne an den meisten Orten auf der Erde vgl. GamN, 687; zum Verständnis von L.s Skizze im Text insb. die zugehörige Abb.

[314] Meint wohl lediglich, daß zu jedem Abschnitt der Kugel ein komplementärer gehört.

[315] Leider präzisiert L. nicht, welchen Zylinder er meint. Bei Kästner (Anfangsgründe 2.2, 1781, 360–365), nach dem man „unter *Zone* über-

haupt ein Stück der Kugelfläche zwischen zween Parallelkreisen verstehn" kann, wird der Flächeninhalt einer Zone zunächst als Differenz der durch die beiden Parallelkreise erzeugten Kugelabschnitte errechnet. (Bei Zonen die einen Umfang enthalten, muß selbstverständlich für beide Halbkugeln getrennt gerechnet werden.) Nur für eng zusammenliegende Parallelkreise gibt Kästner als Näherungswert die Mantelfläche eines Zylinders mit dem größeren Parallelkreis als Umfang und dem Abstand der Parallelkreise auf der Kugeloberfläche als Höhe an.

316 Zu den Begriffen der Breite und Polhöhe und dem Beweis ihrer Gleichheit vgl. GamN, 688 f.; zu den Möglichkeiten, sie zu ermitteln, ebd., 689 f.; speziell zum Sextanten ebd., 690–693. Zwei für die Bestimmung der Breite mittels des Spiegelsextanten grundlegende Sätze aus der mathematischen Optik stehen in Text Nr. 28, und Details zu zwei Göttinger Geräten, einem eigenen und einem in der Sternwarte, notiert L. in Text Nr. 31 (251,1–7). Zur Korrektur des Fehlers, der durch die Abweichung des sichtbaren vom wahren Horizont bei der Messung auf See bedingt ist, vgl. 250,32–33.

317 Röhl (Einleitung 2, 1779, 51 f) beschreibt eingehend Sersons Erfindung, die auf der Drehimpulserhaltung beruht. Eine polierte Metallscheibe, die im Schwerpunkt auf einer Stahlspitze beweglich gelagert ist, wird durch Abziehen einer Schnur wie ein Kreisel in Rotation versetzt. „Wenn diese Maschine einmahl in Gang gebracht ist," heißt es weiter, „so setzt sich die Spiegelfläche von selbst in die Horizontalfläche, und erhält sich darin so lange die Bewegung der Maschine fortdauert, ungeachtet der unordentlichen Bewegung des Schiffes. Daher ändert das Bild eines himmlischen Körpers, welches man in diesem Spiegel erblicket seine Stelle ebenso wenig als wenn man es in einen auf dem festen Lande liegenden Spiegel siehet. Man hat also ein festes Punct, nach welchen man zielen kann." Daß dies für den Beobachter auf einem schwankenden Schiff immer noch schwierig genug sein könnte, bleibt außerhalb von Röhls Betrachtung.

318 An der genannten Stelle beginnt ein mit B. J. signierter Beitrag unter dem Titel „An historical Account and Description of Mr. *Serson's* whirling *Horizontal Speculum*, with its use in Navigation." Nach einer Vorführung des Geräts auf einer königlichen Jacht im September 1743 sei Serson, so heißt es darin, auf die Victory beordert worden „to make observations with his instrument during the voyage, which were to be compared with those taken, in the usual way, by the ship's officers." Unglücklicherweise sank das Schiff schon bald in einem Sturm (wahrscheinlich in der Nacht vom 4. auf den 5. Okt. 1744) und mit ihm Serson, und zumindest für's erste geriet auch seine Erfindung in Vergessenheit. Benzenberg hält in seiner Nachschrift von L.s Vorlesung dazu fest (BenA, 79): „Er [Serson] ging 1754[!] mit auf das große neuerbaute Schif (der *Sieg* genannt) um Versuche mit seiner Entdeckung zu machen aber er und das Schif und die Söhne aus den ersten Familien Englands die sich mit auf die Lustfarth nach der Französischen Küste eingeschift Hatten, sind verschwunden und man weis nicht

wohin.“ Tatsächlich war die Victory nach der Erledigung einer militärischen Mission, der Entsetzung eines Konvois von Frachtschiffen in der Bucht von Lissabon, auf dem Heimweg, als sie vom Sturm erfaßt wurde und sank (vgl. Lives 1787, 30–32). Erst 2008 wurde das Wrack entdeckt, weit entfernt von der Position, an der das Schiff zuletzt gesehen worden war. – Vgl. auch Bw 3, Nr. 1675 [694 f.], wo L. das Unglück ohne Nennung des Schiffsnamens erwähnt, sowie sein Notizbuch ‚Noctes‘, wo es heißt (Lichtenberg, Noctes 1992, [11]): „Das Schiff Victory gieng 1744 verlohren, das Gentlemans Magazine nachzusehen“. Dazu auch Joosts Anmerkung ebd., 90 f.

319 Nicht überliefert. Vgl. aber L.s Notiz auf dem Umschlag zur Astronomievorlesung (NL IX F, [0]r): „NB. Nachricht von Serson und dessen Kreisel. K. p. LXXVIII. Col. 1.“

320 D. h. dazu (GamN, 694), „die Grade des Aequators zu wissen, die zwischen diesem beliebigen ersten Meridian,“ den man, wie Gamauf zuvor erklärt hat, frei wählen kann, „und dem eines bestimmten andern Ortes, sich befinden.“

321 „Sonne um die Erde“ steht selbstverständlich für „die scheinbare Umdrehung der Himmelskugel, oder die wirkliche der Erde um ihre Axe“ (GamN, 694). Aus der täglichen Drehung ergibt sich die Beziehung zwischen der Differenz der Ortszeiten und dem Längenunterschied zweier Orte, die in der nachfolgenden Tabelle (108,29–32) dargestellt ist. Segelt man also nach Westen, „der Sonne nach“, so ist die Differenz der Ortszeiten von Ausgangs- und Zielpunkt um den der zurückgelegten Länge gemäß der Tabelle entsprechenden Wert geringer als die zur Reise benötigte mit einer gleichmäßig gehenden Uhr gemessene Zeitspanne.

322 Die Differenz der Ortszeiten, zu denen ein an den fraglichen Orten zu beobachtendes Ereignis stattfindet, läßt sich in den Längenunterschied umrechnen. Um für dieses Verfahren brauchbare Ereignisse geht es im folgenden.

323 Zur Umrechnung von Zeit- in Längenunterschiede und umgekehrt; vgl. auch Anm. 321.

324 Anspielung auf NT 1 Kor. 15,51 f. („Siehe, ich sage euch ein Geheimnis: Wir werden nicht alle entschlafen, wir werden aber alle verwandelt werden; und das plötzlich, in einem Augenblick, zur Zeit der letzten Posaune. Denn es wird die Posaune erschallen und die Toten werden auferstehen unverweslich, und wir werden verwandelt werden.“) und/oder NT Offb. 11,15 („Und der siebente Engel blies seine Posaune; und es erhoben sich große Stimmen im Himmel, die sprachen: Es sind die Reiche der Welt unseres Herrn und seines Christus geworden, und er wird regieren von Ewigkeit zu Ewigkeit.“; Zitate nach Bibel 1988); als Scherz zu verstehen. Das auf der ganzen Erde zu gleicher Zeit vernehmbare Ertönen der Posaune könnte ebenfalls zur Ermittlung der Länge dienen.

325 Den umgekehrten Fall notiert Gamauf (GamN, 695): „Eben so würde man, wenn einmahl die ganze Erde zu gleicher Zeit erschüttert würde,

und man darüber die Zeitungen aus allen Gegenden bekäme, glauben, das Erdbeben hätte volle 24 Stunden gedauert, und doch könnte es nur eine Minute gewährt haben."

326 Zu den Preisen vgl. LaLande, Astronomie 3, 1771, 773 (bei dem die Staffelung des englischen Preises fehlt) sowie Hassencamp, Geschichte 1774, 10 f. (der den französischen Preis nicht erwähnt). Nach L.s üblichen Umrechnungsgewohnheiten (vgl. den editorischen Bericht oben, S. XXVIII) entsprach der französische Preis etwa 25000, der holländische etwa 67000 und der volle englische etwa 120000 Talern. Gamauf (GamN, 696) gibt für den französischen Preis abweichend 120000 Livres an, vielleicht ein Versehen des Setzers.

327 „Nur von den zwey vorzüglichsten Methoden, deren man sich noch immer bedient, den *guten Uhren* und *den Mondsdistanzen*, muß noch etwas gesagt werden", heißt es bei Gamauf (GamN, 697) im Anschluß an die hier im Manuskript noch folgende Erwähnung der erfolglosen Versuche, die Verfinsterungen der Jupitermonde für die Längenbestimmung zur See zu nutzen, und an die Erläuterung des Logs. Ausführliche Notizen zu den Monddistanzen folgen unten 110,24–112,8, zu den Uhren 112,21–117,27.

328 Soll wohl besagen, daß man durch eine solche Operation auf See zwar die momentane Position eines Schiffes bestimmen kann, daß man aber nicht, wie auf dem Festland, am Ort der Messung „Pfähle einrammen und Bulletins anschlagen" (s. 249,23) könnte, um das Meßergebnis zu dauerhaftem Gebrauch festzuhalten.

329 Zu den achromatischen Teleskopen vgl. VNat 4, 85–90, zu den Spiegelteleskopen ebd., 63 f.

330 Einer der bekanntesten Versuche die Methode der Jupitertrabanten für die Längenbestimmung auf See zu retten (zu weiteren s. 249,25–27). L. kam auf ihn regelmäßig in diesem Zusammenhang in seinen Vorlesungen zu sprechen und erklärte sein Funktionsprinzip, wie er in einem Brief an Blumenbach schildert (Bw 3, Nr. 1677 [700]), dem er auch die folgende Skizze beifügt:

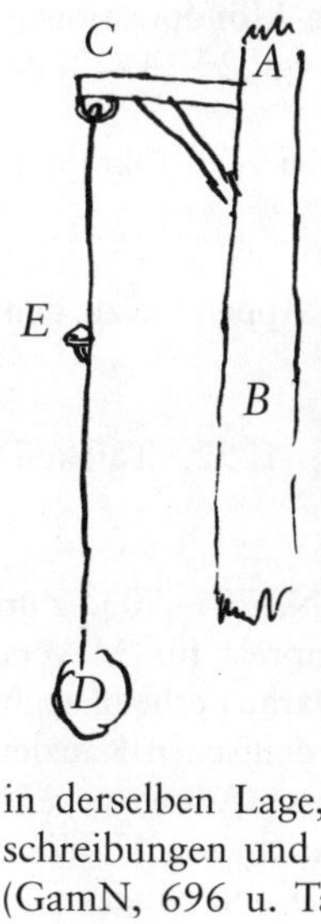

„Gestern da ich den Königlichen Printzen [...] die Schwierigkeiten vortrug, die sich bey Findung der Meereslänge fänden, kam ich natürlich auch auf Irwin's marine chair, und machte unter andern beystehende Zeichnung: wenn A B, sagte ich, der Mast ist, und bey C wäre ein langes Pendel C D mit einem großen Gewicht in D, unten im Schiffe, aufgehängt, so würde eine Person bey E auf einem Stuhl, trotz des Schwankens, sehr ruhig sitzen, indem das Gewicht D durch seine Trägheit sich und die Stange, u folglich den Sitz immer in derselben Lage, wenigstens hinlänglich, erhalten würde." Ähnliche Beschreibungen und Skizzen finden sich auch in den Nachschriften Gamaufs (GamN, 696 u. Tab. III, Fig. 39) und Benzenbergs (BenA, 82). In seiner eigenen Veröffentlichung vermeidet es Irwin – es ging immerhin um eine Menge Geld –, auf die Details der Konstruktion einzugehen, indem er schreibt (Summary 1760, 6f.): „I need not enter into a Description of this Contrivance, since it is ready to be produced." Nach ersten erfolgversprechenden Versuchen ließ er, gestützt auf ein positives Zeugnis des späteren Admirals Lord Howe, bereits im ‚London Magazine' (Vol. 28, 1759, 505) verkünden, er habe „discovered the longitude". Von der Längenkomission erhielt er einen Betrag von 500 Pfund und später noch einmal 100 Pfund zugesprochen, um seine Versuche vorantreiben zu können, mußte seine Hoffnungen auf den Längenpreis jedoch begraben, nachdem Maskelyne auf einer Fahrt nach Barbados Harrisons Uhr, Mayers Mondtafeln und den Seestuhl getestet hatte (vgl. die nachfolgende Anm.).

331 S. etwa Maskelyne, Explanation 1767, 153: „In my Voyage to Barbadoes under the Direction of the Commissioners of Longitude, I made a full Trial of the late Mr. Irwin's Marine Chair proposed for this Purpose, but found it totally impracticable to derive any Advantage from the Use of it;" Auf der gleichen Reise testete Maskelyne auch Harrisons H4 (s. 115,20–25) und Mayers Mondtafeln (vgl. Dunn, Longitude 2011, 145). Benzenbergs Nachschrift von L.s Vorlesung enthält dazu die Bemerkung (BenA, 82), der Seestuhl sei „schon bald in Vergessenheit gekommen weil H. Masklin (ein Mittglied von der Komission der Länge) Ihn verachtet, *weil* ... er Ihn selber nicht erfunden hat."

332 Vgl. GamN, 701, wo für die tägliche Bewegung des Mondes allerdings fälschlich „14 bis 15 Grade" angegeben ist. Der tatsächliche Wert liegt nur knapp über 13°.

333 Aufgrund der relativen Nähe des Mondes und der damit verbundenen großen täglichen Parallaxe müssen die gemessenen Mondpositionen entsprechend korrigiert werden. Zur Parallaxe allgemein vgl. 237,4–22, zu der des Mondes 123,16–19.

334 Diese ließen sich mit einem Hadleyschen Sextanten oder Oktanten relativ einfach messen; vgl. Anm. 115.

335 Euler, Theoria 1753.

336 Mayer, Tabulae 1752; Mayer, Tabulae 1763 (im Appendix zu den Ephemeriden für 1764).

337 Mayer, Usus 1753.

338 Mayer, Tables 1787; LaLande, Astronomie 1, 1792, Tafelteil, 42–74.

339 Bericht 1765, 17.

340 Zu Mayers Leben und den Tafeln s. auch GamN, 701–703. Zur postumen Verleihung einer Teilsumme aus dem Längenpreis für Mayers Mondtafeln vgl. Forbes, Mayer 1980, insb. Kapitel 9. Daraus erhellt auch die Rolle Wilhelm Philipp Bests, der als Mitarbeiter der deutschen Kanzlei in London im Interesse Mayers und später in dem von dessen Witwe gegenüber dem „Board of Longitude" vermittelte. Karl Heinrich von Hinüber war von 1760 an ebenfalls in der Kanzlei in London tätig und einiges von

L.s Kontakten nach London lief über ihn (vgl. Bw 5.1, 565 f.). Ob und in welcher Weise er auch in die Sache des Längenpreises involviert war, ist unklar.

341 Meint vermutlich das „Pro Memoria" an das Geheime Rats-Kollegium vom 2. März 1773 (Bw 1, Nr. 136), mit dem L. sich als Herausgeber der ungedruckten, aus dem Nachlaß erworbenen Mayerschen Schriften anbietet.

342 Warum L. seine Überlegungen hier mit englischen Landmeilen anstellt, ist nicht erklärlich; vgl. 250,28–31.

343 Hugh Palliser war Vize-Admiral unter Augustus Keppel in der Seeschlacht von Ouessant am 27. Juli 1778 (vgl. dazu etwa Bw 5.2, 606). L. verfolgte diese Ereignisse mit großem Interesse, wie aus ihrer Erwähnung in drei Briefen im August desselben Jahres hervorgeht (Bw 1, Nr. 511; 514; 516; 526; 534). Nach dem unentschiedenen Ausgang des Aufeinandertreffens der englischen und französischen Flotten, strengte Palliser, ein Tory, ein Kriegsgerichtsverfahren gegen den Whig Keppel, seinen Oberbefehlshaber, an, das mit einem Freispruch endete und von Seiten der Parteifreunde Keppels mit einem ebenso erfolglosen Verfahren gegen Palliser beantwortet wurde (vgl. Mackay, Keppel 2004). Der erste Schritt, den Keppel in dem Prozeß nach Verlesung der Anklage zu seiner Verteidigung unternahm (vgl. Trial 1779, 4), war der Antrag, daß die Logbücher aller zu seiner Flotte gehörenden Schiffe „should be delivered into Court, and be ordered to lie on the table, for the inspection of the members, as well as to prevent any unfair use being made of them, by erasures or alterations of any kind." Vielleicht veranlaßte diese Tatsache L. bei der Erläuterung des Log zu seinem Exkurs in die britische Marinegeschichte.

344 In keinem der unter Harrisons Namen veröffentlichten Bücher gibt es historische Bemerkungen zu den Querelen zwischen Hooke und Huygens. Und ebenso wenig hat sich Cromwell in seinen Reden mit dem Längenproblem befaßt. Den Schlüssel für das Verständnis dieser Marginalie bildet vielmehr ein Exkurs L.s über Harrisons Stil anläßlich der Erklärung von dessen Erfindung des Rostpendels (s. dazu 114,38) in der experimentalphysikalischen Vorlesung (vgl. GamN, 420 f.), in Verbindung mit seiner Übersetzung einer Passage aus einer Rede Cromwells, die er als „Gegenstück zu Harrison" bezeichnet (vgl. Joost, Notizzettel 1981, 51 f.). Offensichtlich hatte L. ins Auge gefaßt, diese „Probe zu einem *Collegio Styli*", wie Gamauf ihn an der genannten Stelle zitiert, auch in der Astronomievorlesung zum besten zu geben. – Bei „Harrison's book, die Stelle" handelt es sich demzufolge um Harrison, Description 1775, 3 f. (L. besaß selbst ein Exemplar: BL 568) und bei „Crommwell's Rede" um die vom 13. April 1657, eine von mehreren, in denen er Argumente gegen die vom Parlament vorgeschlagene Verleihung des Titels eines Königs an ihn vorträgt (vgl. Cromwell, Letters 2, 1868, 278–346).

345 Der hier eingefügte Abriß zur Geschichte der Längenbestimmung mit Hilfe von Uhren (Bl. 179–182) ist im Kern eine Zusammenfassung der

anonymen Rezension von Arnolds nachfolgend genanntem Bericht im ‚Monthly Review' von September 1780. Diese besteht zu etwa vier Fünfteln aus den historischen Bemerkungen und kommt erst auf den letzten Seiten auf Arnolds Versuch zu sprechen. Gemäß einer Randbemerkung auf Bl. 181r (vgl. den textkritischen Apparat zu 116,6) stammt L.s Text von 1781.

[346] Der Titel separat notiert auf NL IX F, 175r, das ansonsten leer ist und deshalb nicht ediert wird. Die Schrift erschien ursprünglich 1780 (Arnold, Account 1780), die Rezension ebenso. L.s Angabe 1781 kann nur als Versehen betrachtet werden; ein Exemplar mit diesem Erscheinungsjahr konnte nicht ermittelt werden. Nach Gamauf (GamN, 700) besaß L. selbst eine Arnoldsche Uhr des im Titel beschriebenen Typs.

[347] Nach Arnold, Account, Rez. 1780, 198 f. Gemmas Vorschlag steht in Gemma, De principiis 1547, 51 f. unter der Überschrift „De novo modo inveniendi longitudinem." (Eine neue Art, die Länge zu finden.) Metius zitiert die Stelle ausführlich unter Nennung seines Kollegen u. a. in seiner Einführung in die Astronomie (Metius, Institutio 1, 1605, 210–212). Auf den Prioritätsstreit zwischen Hooke und Huygens bezüglich der Erfindung der Federunruh kann hier nicht eingegangen werden.

[348] Vgl. BL 270, 567; in letzterem etwa (Brühl, Registers 1785, 3): „*Harrison*, bred to the business of a Carpenter, would probably never have soared above the low boundaries of his humble station if the great Reward held out by Parliment[?] in Queen Ann's reign for the discovery of the Longitude at Sea had not kindled the latent sparks of his inventive mind."

[349] Die Nachrichten zu den in Frankreich hergestellten Uhren nach Arnold, Account, Rez. 1780, 199–201, unter Auslassung der dort aufgeführten Ergebnisse aus der praktischen Erprobung auf Seereisen. Zu den aufgezählten Schriften vgl. im Literaturverzeichnis: Berthoud, Éclaircissemens 1773; Courtanvaux, Journal 1768; J.-D. Cassini de Thury, Voyage 1770; Fleurieu, Voyage 1773; Verdun, Voyage 1778.

[350] Zu Harrisons ersten Uhren vgl. Taylor/Wolfendale, Harrison 2007, 54 f. U. a. hatte er das auf der Achse des Steigrades übliche kleine Zahnrad der ersten Untersetzung durch zwei parallele Scheiben ersetzt, zwischen denen auf achsenparallelen Messingstäben drehbar gelagerte hölzerne Walzen saßen, die beim Eingreifen in die Zähne des korrespondierenden großen Holzzahnrades nahezu reibungsfrei auf deren Flanken abrollten. Ob L. selbst eine zutreffende Vorstellung von der Funktion dieser Einrichtung hatte, ist nicht sicher. Seinen Hörern vermochte er sie anscheinend nicht zu vermitteln; denn Dyckerhoff (DycC, 148) hält über Harrison fest, er hätte hölzerne Uhren gebaut „worinnen die Räder keine Zähne hatten, sondern blos durch Reibung in gange Blieben" und auch Benzenberg (BenA, 84) schreibt von Uhren „ohne Zähne, wobei er [Harrison] das Getriebe durch die Frixion der sehr genau aufeinander gehenden Räder hervorbrachte." Zum Rostpendel, das temperaturbedingte Änderungen der Pendellänge minimierte, vgl. VNat 4, 131 (Text Nr. 1), insb. Anm. 65.

[351] Die älteste von der Royal Society regelmäßig verliehene Auszeichnung (erstmals 1731), finanziert aus einer testamentarischen Stiftung des 1709 verstorbenen Godfrey Copley; vgl. Bektas/Crosland, Copley Medal 1992.

[352] „one minute and a quarter of the equator" schreibt der Rezensent (Arnold, Account, Rez. 1780, 202), d. s. 5 Sekunden in Zeit.

[353] Dies war die schon genannte vierte Uhr (bekannt unter dem Kürzel H4), für die Harrison letztlich den Preis erhielt.

[354] „Die Zeit des Mittags selbst, bestimmt man am gewöhnlichsten, durch *übereinstimmende* Sonnenhöhen.", heißt es bei Kästner (Anfangsgründe 2.2, 1781, 49) zu diesem Verfahren, bei dem die beiden Positionen der Sonne im Laufe eines Tages festgehalten werden, an denen sie in einer gewissen Höhe über dem Horizont gestanden hat. „Weiß man, was die Uhr bey jeder wies, so gäbe das Mittel zwischen beyden Zeiten, genau, was die Uhr am Mittage gewiesen hat," fährt er fort, und demgemäß wäre dann die Uhr zu verstellen, wenn sie die Ortszeit anzeigen sollte.

[355] Kendall war, wie es in L.s Vorlage heißt (Arnold, Account, Rez. 1780, 203), „one of the watchmakers appointed by them [sc. the Commissioners of Longitude] to receive *Mr. Harrison's* discoveries".

[356] „This watch, made by Mr. Kendall on Mr. Harrison's construction," lautet präziser die Angabe im ‚Monthly Review' (ebd., 204).

[357] Vgl. Bw 4, Nr. 2351 [231–233], wo Zach ausführlich auf die ihm offensichtlich von L. vorgelegte Frage eingeht, „ob Harrison den ganzen oder halben Preiß für seine Time Keeper erhalten habe" (ebd., 231). Aufgrund der von ihm konsultierten einschlägigen Veröffentlichungen getraut er sich nicht eine definitive Antwort zu geben, sondern will „die Erörterung dieses Zweifels aus London erwarten" (ebd., 233), wohin er eine Nachfrage bei dem astronomisch interessierten kursächsischen Gesandten Graf Hans Moritz von Brühl zu richten beabsichtigt.

[358] Worauf genau sich L. mit dieser Stichwortliste hinweisen wollte, ist unklar, eine Quelle nicht zu ermitteln. Vermutlich geht es um die Probleme bei der Sicherstellung des regelmäßigen Schwingens des Taktgebers eines Chronometers. Vgl. dazu den Artikel *Seeuhr* in Krünitz' ‚Oeconomischer Encyclopaedie' (151, 1829, 745): „Die Theile des Regulators einer Seeuhr sind, Unruhe, Aufhängungsfeder zur Verminderung des Reibens, Spiralfeder, [...]. Die Unruhe muß so eingerichtet seyn, daß sie ihre Schwingungen, auch abgesondert vom Räderwerke lange beibehält. [...] Große Unruhen haben Vorzüge vor kleinen; man läßt sie aber keine zu schnelle Vibrationen machen, und wegen Vermeidung des Widerstandes der Luft, um sie möglichst schmal machen zu können, von Gold oder Platin seyn. Die Spiralfeder, von gutem Stahl und gut gehärtet, muß gegen den Mittelpunkt zu eine größere Stärke, als außerhalb besitzen; [...]."

[359] Samuel Stryk: Tractatus de Cautelis Testamentorum. Halae Magdeburgicae 1703; Editio II. Revisa Et Emendata. - Halae 1708. Die Quelle für die Anekdote nicht ermittelt.

360 Hier müßte gemäß der Vorlage ein Minuszeichen stehen; denn während in den fünf ersten Fällen von einem Zeitgewinn die Rede ist, heißt es für den letzten (Arnold, Account, Rez. 1780, 205), daß „with the hour III. highest, it lost at a rate of 0″,35 per day."

361 Vgl. Bw 4, Nr. 2351 [233]: „Gegenwärtig zeichnet sich ein Künstler Namens Howells in England aus", schreibt Franz Xaver von Zach an L. am 12. März 1794 und berichtet von einer Uhr, die jener gerade für den Sachsen-Gothaischen Herzog anfertige und die „nicht mehr als 100 guineas" kosten solle.

362 Hier beginnt der Unterabschnitt in Erx[6].

363 Anspielung auf den Unterschied zwischen wahrer und mittlerer Sonnenzeit; vgl. die Parallelstellen 55,12–13 und 145,32. Um den Besitzern von Taschenuhren, die ja nur mittlere Zeit anzeigen konnten, jederzeit die Ermittlung der im bürgerlichen Leben bis etwa Ende des 18. Jahrhunderts maßgeblichen wahren Sonnenzeit zu ermöglichen, „wurden kleine Papiere in Rundformat gestochen, die entlang einer Kalenderskala die jeweils zur mittleren Zeit zu addierenden oder subtrahierenden Minuten verzeichneten und in den Deckel des Uhrgehäuses eingelegt werden konnten." (Vgl. Oestmann, Werkstücke 1999, 34; die nachstende Abb. ebd., 35)

Zur Zeitrechnung insg. vgl. die Vorlesungsabschnitte über das Jahr (126,29–137,21) und den Tag (137,23–146,6).

364 Erxleben kommt im § 633 (vgl. ErxH, 687) auf die Mondkarten zu sprechen, „worunter vornehmlich die Charte des *Hevels* und *Riccioli* gebräuchlich sind. Von *Mayer* besitzen wir nun eine mit vorzüglichem Fleiße verzeichnete," nämlich diejenige in der von L. betreuten Ausgabe der ‚Opera inedita' Mayers (vgl. Anm. 1031). Und die hat er sicherlich auch in seiner Vorlesung verwendet. Zu den unterschiedlichen Bezeichnungskonventionen vgl. Kästner, Anfangsgründe 2.2, 1781, 135, wo es heißt: „Er [Hevelius] hat die Flecken und Berge mit Nahmen der Meere und Berge, die auf der Erde befindlich sind, belegt. Ricciolius aber hat […] eine andere

Mondcharte mitgetheilt, wo die Berge mit Nahmen der Mathematikverständigen und die Meere mit andern willkührlichen benennt sind. Die Sternkündiger bedienen sich meistens seiner Nahmen."

365 „In dem Glauben, daß die meisten Berge auf dem Mond eingestürzte hohle, kegelförmige Berge waren, deren stärkerer Fuß stehen geblieben ist, wird man noch mehr bestärkt, wenn man einige der beträchtlichsten darunter darunter durch stark vergrössernde Ferngläser ansieht", schreibt L. im ‚Göttingischen Magazin' und fährt zur Erklärung fort (Lichtenberg, Betrachtungen 1781, 31 f.): „Ich habe im Herbst 1775 zu Oxford den Flecken Copernikus durch ein 10 schuhigtes achromatisches Fernrohr von ungewöhnlicher Güte angesehen, und ich bin geneigt zu glauben, daß sich durch ein solches Fernrohr, in dem Rand dieses Fleckens nicht viel weniger mannichfaltige Abwechselungen von Licht und Schatten in seinen Brüchen würde angeben lassen, als man durch ein Taschen-Perspecktiv im ganzen Mond erblickt."

366 Zu den vulkanähnlichen Strukturen auf dem Mond insg. vgl. den 4. Abschnitt von Lichtenberg, Weltgebäude 1779, den L. im Anschluß an Delucs „Beobachtungen über den Vesuv" in erweiterter Fassung im GMWL abdrucken ließ (Lichtenberg, Betrachtungen 1781) sowie GamN, 704 f. Bei Dyckerhoff (DycC, 149) finden sich dazu zwei Skizzen, für die wahrscheinlich die beiden Abb. zu Delucs Beitrag – direkt oder indirekt – Pate standen.

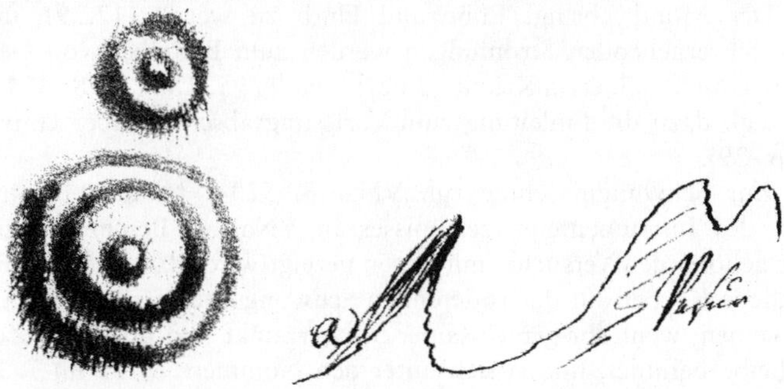

367 Die Randergänzung wohl hauptsächlich nach Schroeter, Beyträge 1, 1788, 230–236. Dort auch der Vergleich mit dem Chimborazo, allerdings ohne die Angabe der genauen Höhe, die L. der angegebenen S. 610 der vierten Aufl. von Erxlebens Compendium (vgl. ErxH, 739) entnehmen konnte. Vgl. insg. auch 261,1–22, wo auch eine bessere Zeichung nebst zugehöriger Berechnung der Höhe der höchsten Mondberge zu finden ist.

369 Geläufiges Sprichwort, scheinbar ohne klassischen Beleg, wobei der mitzudenkende Vordersatz (etwa „re intellecta" oder „modo conveniamus in re") wie hier öfter entfällt. Zu übersetzen wäre also etwa: „Auf Worte soll es uns nicht ankommen [wenn wir nur in der Sache einer Meinung sind]." – Vgl. hierzu auch das „Verba valent sicut nummi" (54,8), insb. die Anm.

[370] Vgl. zu diesem zur Zeit der Vorlesung sehr aktuellen Thema ErxH, 687–689 einschließlich der Randbemerkungen, die Texte Nr. 38 (254,22–255,5) und Nr. 39 (255,31–257,25) sowie GamN, 706–709; speziell zu Bianchini die Sudelbuchnotiz D 684.

[371] Nach Georges (Handwörterbuch 2, 1913, Sp. 2785) in der Grundbedeutung „die Grundfäden beim Weben an dem aufrechtstehenden Webstuhle der Alten".

[372] Vgl. dazu den Sudelbucheintrag D 738: „Das was man gewöhnlich das feste Land im Mond nennt, sieht aus, als wenn es ein verhärteter Schaum wäre, verhärtete blasen, die mit der Zeit eingefallen wären, aber was wären die kleinen erhabenen Punckte in ihnen?"

[373] Baumann hatte (GamN, 708) bei einer Bedeckung des Jupiter durch den Mond „den Jupiter hinter dem Monde observirt".

[374] Ein mit „Beylage" überschriebener Text zum Thema Atmosphäre ist nicht erhalten. Von denen, die es berühren, kommt hier in erster Linie Text Nr. 41 in Frage, in dem L. auf Schröters neue Entdeckungen verweist und dessen Abschätzung der Höhe der Mondatmosphäre festhält (263,5–11).

[375] Zur Frage nach dem Zweck des Mondes s. auch unten 122,4–8 sowie 122,9 in Verbindung mit 121,19. Zu der nach der Einsicht des Menschen in die Gedanken und Absichten des Schöpfers vgl. auch 36,29–37,7, insb. die Anm., und 75,28–76,2.

[376] Der Mond „bringt Ebbe und Fluth zu wege" (122,9), und die daraus sich ergebenden Strömungen werden zum Betreiben von Gezeitenmühlen genutzt; vgl. etwa Krünitz, Encyklopädie 95, 1804, 298–304.

[377] Vgl. dazu die Einleitung zum Vorlesungsabschnitt über Gravitation (187,16–29).

[378] Zur Schwungmaschine vgl. VNat 3, 523 f. (Anm. 110) und die Edition des Instrumentenverzeichnisses in VNat 6. Beschreibungen der hierher gehörenden Versuche, mit denen gezeigt wird, daß zwei miteinander verbundene Körper auf der rotierenden Schwungscheibe nur dann an ihrer Stelle bleiben, wenn ihr gemeinsamer Schwerpunkt sich über dem Zentrum der Scheibe befindet, finden sich unter den Nummern 9–11 im 7. Kapitel von Ferguson, Astronomie 1783 (BL 276).

[379] Und diese Bewegung der Schwungmaschine und damit auch des Zentrums, um das die beiden Kugeln rotieren, – so wäre der hier angedeutete Gedanke fortzusetzen – ändert an der stabilen Rotation der Kugeln ebenso wenig wie das Kreisen des gemeinsamen Schwerpunkts von Erde und Mond um die Sonne an deren gemeinsamer Drehung um diesen Schwerpunkt.

[380] Nicht identifiziert.

[381] Zur Frage der Mondrotation (zu der die folgenden Zeilen bis „Meilen Zeiger" gehören) vgl. die ausführlichere Stichwortliste 53,20–54,13 sowie die zugehörigen Anm.

[382] Unklar, worauf L. hier hinaus will.

383 Die Liste mit weiterer Begriffsklärung in GamN, 721–723. Die Zahlenwerte sind im wesentlichen die gleichen, die auch Röhl (Einleitung 1, 1768, 356–359) angibt. Nur bei dem des drakonitischen Monats hat sich, wohl versehentlich, eine Abweichung eingeschlichen; denn dieser unterscheidet sich von Röhls Wert, den L. im Winter 1780/81 noch angegeben hatte (50,32) und der bis auf Bruchteile von Sekunden mit dem modernen übereinstimmt. Daß der falsche Wert auch bei Gamauf begegnet (GamN, 723), läßt darauf schließen, daß L. ihn zumindest eine gewisse Zeit lang beibehielt. In den späteren Vorlesungsnachschriften (DycC, BenA) ist die Dauer des drakonitischen Monats nicht vermerkt. – Im Abschnitt über die Chronologie wird für den synodischen Monat eine abweichende Dauer verwendet; vgl. Anm. 421.

384 Da die Apsidenlinie, d. i. die Verbindungslinie zwischen Erdnähe und Erdferne des Mondes, im gleichen Sinne umläuft wie der Mond, ist der anomalistische Monat länger als der tropische.

385 Röhl, Einleitung 1, 1768, 375–382; vgl. auch oben 52,10–16 sowie GamN, 723–725.

386 Unklar, woher der Mittelwert stammt. Nach Erxleben (ErxH, 682) beträgt der Winkel zwischen 5° und 5° 18′, nach Röhl (Einleitung 1, 1768, 382) „zwischen 4° 58′ 30″ und 5° 17′ 30″“, und LaLande gibt für den Mittelwert 5° 8′ 52″ (Astronomie 2, 1771, 243 f) und später 5° 8′ 49″ (Astronomie 2, 1792, 191) und für die maximale Abweichung davon in beiden Aufl. 8′ 49″ an. Laut Kästner (Anfangsgründe 2.2, 1781, 260) beträgt der Winkel „ohngefähr 5 Gr. 9 M.“.

387 Ursprünglich (vgl. den kritischen Apparat) hatte L. hier noch – mit einer geringfügigen Abweichung – die Röhlschen Werte aus der Vorlesung Winter 1780/81 ergänzt (vgl. 51,16–17). Die dafür später eingesetzten stimmen mit denen bei Gehler 3, 273, überein.

388 Der Wert ebd., 276, wo er allerdings als Geschwindigkeit „in der Erdferne“ angegeben ist.

389 Das wären nicht einmal 20 Erdradien, während die Entfernung doch nach dem obigen (123,18–19) um die 60 Erdradien schwankt.

390 Dasselbe wie der „Sehewinkel“ (vgl. GamN, 350), d. h. „derjenige Winkel, den zwey Lichtstrahlen, die von den beyden äußersten Enden eines Gegenstandes ausfahren, mit dem Auge bilden.“ Die nachfolgende Skizze läßt sich als Illustration des oben (51,30) angedeuteten Beispiels von Münze, Teller und Mühlrad begreifen, deren unterschiedliche Größe durch den jeweiligen Abstand so kompensiert wird, daß sie unter dem gleichen Winkel gesehen werden.

391 Die vorangehenden Zeilen (ab 123,21) betreffen die sog. „Mondtäuschung“, derentwegen uns der Mond umso größer erscheint, je näher er dem Horizont steht. Wie sich aus den parallelen Notizen vom Winter 1780/81 schließen läßt (51,26–33 u. 52,20–22), diente ihm Robert Smith' ‚Vollständiger Lehrbegriff der Optik‘ als Grundlage für die Erklärung dieses Phänomens. Demzufolge erscheint dem menschlichen Auge alles als gleich

weit entfernt, was jenseits des sichtbaren Horizonts liegt (vgl. Smith, Lehrbegriff 1755, 54). Zusätzlich überträgt das menschliche Sehvermögen die Erfahrung mit Dingen, die in relativer Nähe am Himmel beobachtet werden (z. B. Wolken), und die am Horizont wesentlich weiter entfernt sind als im Zenit und deshalb dort kleiner erscheinen, auch auf das Himmelsgewölbe (ebd., 55). Dies führt nach Smith dazu, „daß die scheinbare Entfernung ihrer Theile am Horizont gemeiniglich 3 bis 4 mal größer ist, als die scheinbare Entfernung der Theile von ihr, die gerade über dem Scheitel stehen." „Aus verschiedenen Beobachtungen an der Sonne, und andern am Monde und Sternen habe ich gefunden", so führt er aus (ebd., 56, in Verbindung mit der nachstehenden Abb. 62 von Tafel VII) – und hier knüpft L. mit seinem Stichwort „[Winckel von] 45°" an, – „habe ich gefunden, daß sie mir den lothrechten Bogen bey *B* zu halbiren geschienen, wenn ihre scheinbare Höhen, oder der Winkel *AOB*, etwa 23 Gr. waren". Unter der Voraussetzung, daß der sichtbare Himmel dem Auge als Teil einer Kugel erscheint, errechnet Smith daraus einen Wert von 3 : 10 für das Verhältnis der scheinbaren Entfernung des Zenits zu der des Horizonts.

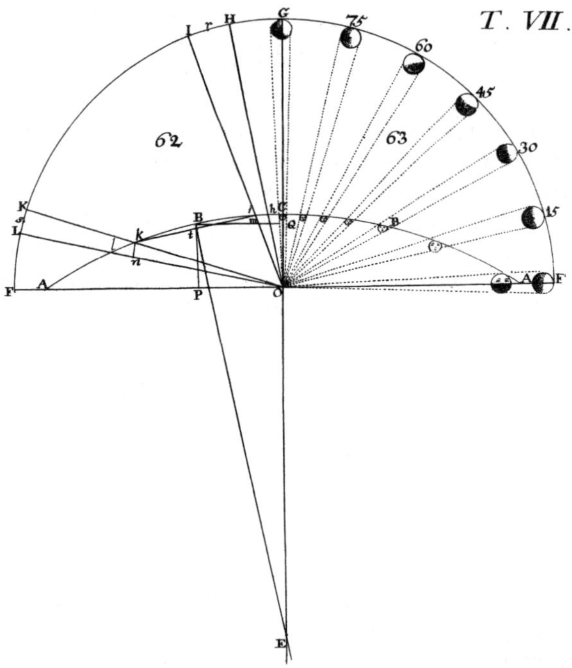

Vgl. dazu auch VNat 4, 51, insb. Anm. 24, sowie GamN, 351 f.

392 Ein Versehen L.s, wie schon aus der beigefügten Skizze hervorgeht. Glaubt man Gamauf, so sagte L. in der Vorlesung, daß der Mond „im Horizont kleiner, als im Meridian" sei (GamN, 351). Also muß er im Horizont weiter entfernt sein.

393 Möglicherweise hier als weiteres Beispiel für das Auftreten einer optischen Täuschung. In einem Brief an Sömmering (Bw 3, Nr. 1638 [582]) schreibt L. am 9. Nov. 1788 direkt im Anschluß an die Erwähnung der „Mondtäuschung" „daß offt der geübteste, wenn er ein Infusions=Thierchen durch durch ein Mikroscop, das den Durchmesser 100mal vergrößert, betrachtet, und dann durch eine 200malige Vergrößerung sich gar nicht überreden kan, daß das Thier ihm nur *noch einmal so groß* schiene."

394 Wie bereits bemerkt (vgl. Anm. 116), kommt L., wenn er das Phänomen der Mondtäuschung erläutert (oft im Zusammenhang mit weiteren optischen Täuschungen), in der Regel auch auf Scheveningen zu sprechen, dessen Besuch ihn offensichtlich vor allem aufgrund der Ansicht des Meeres, den es bietet, sehr beeindruckt hatte (vgl. VNat 4, 419, Anm. 23). So heißt es in der Vorlesung von 1785 (VNat 4, 51) „Erscheinung des Meeres bey Schevelingen oder Scheveningen", in der um ein Jahr früheren (VN VII J 3, 2r) „Figur der See bey Scheveningen". Leider macht er nirgendwo genauere Angaben, wie es denn ausgesehen hat, und ob die Zeile „das Oval auf der See." (VN VII C 1, 6r), die in den Notizen für Sommer 1781 direkt unter dem Stichwort Scheveningen folgt, sich auch auf dieses bezieht, ist zumindest zweifelhaft. Insgesamt bleibt unklar, worin für ihn die Verknüpfung zu den Täuschungen des Gesichtssinnes besteht.

395 Zusätzliches Beispiel zum Sehwinkel; vgl. Anm. 390.

396 Sowohl den ursprünglichen wie den später dafür eingesetzten Wert (vgl. den kritischen Apparat) für die Größe der Sonne im Vergleich zur Erde könnte L. aus Schriften Bodes entlehnt haben. So schreibt dieser im ersten Band seines Astronomie-Lehrbuchs (Bode, Erläuterung 1, 1778, 243), daß die Größe der Sonne „die Größe unserer Erdkugel um mehr als eine Million und vierhunderttausendmal übertreffen muß", was angesichts des ebd. mit 112,6 relativ genau angegebenen Verhältnisses der Umfänge eine vergleichsweise grobe Abschätzung darstellt ($112{,}6^3 \approx 1428000$). In Bode, Entwurf 1794, 192, heißt es dann über die Größe der Sonne: „ihr Durchmesser trägt über 113 Erddurchmesser [...]; und sie übertrift unsere Erde an Größe 1448000 mal." Dagegen gibt Erxleben (ErxH, 679) ebenso wie Kästner (Anfangsgründe 2.2, 1781, 240) als Verhältnis der Durchmesser den Wert der Berliner Tafelsammlung (Sammlung 1, 1776, 9) an, nämlich 112,79; daraus errechnet sich ein Volumenverhältnis von ca. 1435000. Vgl. auch GamN, 726–728.

397 Die von L. berechneten Kugeln haben als Radius etwa 119 bzw. 106 Erdradien, also etwa doppelt so viel wie der mittleren und der kleinsten Mondentfernung entspräche. Dies kann im Hinblick auf den nachfolgenden Vergleich der Sonne mit der Mondbahn nur als Versehen betrachtet werden. Bei Zugrundelegung des von L. häufig gebrauchten Wertes von 60 Erdradien für den Radius der Mondbahn, ergibt sich eine Kugel, die lediglich 216000 mal so groß wie die Erde ist.

398 Nicht im Manuskript. Vgl. jedoch GamN, 728: „Welch ein Körper ist also die Sonne! Sie bildet eine so große Kugel als die Mondsbahn um

unsere Erde ausmacht; und der Mond könnte also ganz bequem seinen Umlauf in dem Raume der Sonne machen, ohne die Oberfläche derselben zu berühren." Daß L. damit eher untertrieb, zeigt die voranstehende Anm.

[399] Vgl. Gehler 4, 83, der weitere Details dazu liefert und das Fazit zieht: „*Kepler* hat also unter den Neuern zuerst einen Sonnenflecken *gesehen*, ohne ihn jedoch für das, was er war, zu erkennen."

[400] Vgl. ErxH, 674 f.; Scheiners Schriften (s. Anm. 402 u. 403) waren schon von Erxleben aufgelistet worden, die des Fabricius ergänzte L. ab der dritten Aufl. (Erx³, 573): Fabricius, Narratio 1611. Die nachgetragene Präzisierung (vgl. den kritischen Apparat) bezüglich des Orts, an dem Fabricius seine Entdeckung machte, geht vermutlich auf Kästner (Anfangsgründe 2.2, 1781, 113) zurück. Die von dem ostfriesischen Biographen Tiaden vertretene Ansicht, der eigentliche Entdecker sei der Vater, David Fabricius, gewesen, prüft L. und verwirft sie; vgl. ErxH, 674 (am Rand), Bw 3, Nr. 1581 [493], GamN, 729. – Zum Thema Sonnenflecken insgesamt vgl. GamN, 728–732.

[401] Vgl. L.s Aufsatz über Herschels Entdeckung des Uranus im GTC für 1783, in dem er die Frage stellt (Lichtenberg, Planet 1783, 8): „warum haben die scharfsichtigen Alten die Sonnenflecken übersehen, da in meiner geringen Bekanntschaft sich vier Personen befinden, die sie mit blosen Augen gesehen, nicht etwa vorzüglich gesucht, nachdem man ihnen gesagt es stünden welche darin, sondern unvermuthet gefunden haben, da sie an nichts weniger dachten, als Flecken in der Sonne zu suchen". Eine der Personen macht Gamauf namhaft (GamN, 729), den Göttinger Philosophieprofessor Johann Georg Heinrich Feder.

[402] Scheiner, Rosa 1630. In der ersten Fassung (vgl. den kritischen Apparat) hatte L. noch wie in der Vorlesung von Winter 1780/81 (s. 46,34–47,2) die aus LaLande gezogene Erklärung des Titels angegeben. Die Änderung geht vermutlich auf die Lektüre von Kästner zurück, der schreibt (Anfangsgründe 2.2, 1781, 114): „Die Sonne ist eine Rose, und weil das Buch *Paulo Jordano* II. *Ursino Bracciani Duci*, der einen Bär im Wapen führt, dedicirt ist, muß sie *Ursina* heissen."

[403] Scheiner, De maculis 1612.

[404] Die aufgrund der scheinbaren Bewegung der Sonnenflecken ermittelten Werte für die Sonnenrotation bei LaLande (Astronomie 3, 1771, 403 f.) ebenso wie bei Kästner (Anfangsgründe 2.2, 1781, 112) unter Berufung auf Cassini. Der von Gamauf (GamN, 733) angegebene um eine Minute geringere Wert für die periodische Umdrehung kann als Versehen betrachtet werden, da in Benzenbergs Nachschrift (BenA, 68) wieder der Cassinische steht.

[405] Vgl. zu dieser Kurzliste von Deutungen der Sonnenflecken diejenigen in der Vorlesung Winter 1780/81 (47,6–11 u. 49,4–9) und Anm. 103.

[406] Zu Wilsons Theorie vgl. 49,29–33 und die zugehörige Anm. Einwände dagegen ließ LaLande in den ‚Memoires' der Pariser Akademie abdrucken, gegen die Wilson sich 1783 wiederum in den ‚Transactions'

verteidigte (vgl. ErxH, 674, sowie GamN, 730 f.). Eine Veröffentlichung Wilsons aus dem Jahr 1776 konnte nicht ermittelt werden. Kratzenstein (Observationes 1778, 265) weist innerhalb einer Sammlung von Mitteilungen auf seine frühe (1769, wofür L. irrtümlich 1779 schreibt) Beobachtung von Höhlungen im Sonnenkörper hin, die Wilson nun bestätigt habe (vgl. auch Kästner, Anfangsgründe 2.2, 1781, 119). Und auch Schülen beansprucht für die Wilsonsche Deutung der Sonnenflecken eine Priorität diesem gegenüber, was L. der Literaturangabe zufolge der Rezension von Schülens Buch ‚Beyträge zur Dioptrik und Geschichte des Glases' im ‚Magazin für das Neueste aus der Physik und Naturgeschichte' entnommen hatte. Darin heißt es (Schülen, Beyträge, Rez. 1783, 34), daß dieser in seinem Buch beweise, „daß nicht Wilson der Schottländer, wie im Göttinger Taschenkalender von 1777 angegeben wird, sondern Er, Hr. *Schülen* zuerst entdeckt habe, daß die Sonnenflecken keine Wolken oder andre Erhöhungen auf dem Sonnenkörper, sondern wirkliche Vertiefungen in demselben seyn müßten." Bei Schülen (Beyträge 1782, 61–62) heißt es präziser, daß es sich um den „Göttingischen in französischer Sprache abgefaßten Sakkalender" handele, in dem er 1777 die fälschliche Zuschreibung gefunden habe. Da in der Ausgabe für 1777 jedoch nichts von Sonnenflecken steht, muß hier die erste von L. betreute Ausgabe für 1778 gemeint sein, die freilich schon 1777 erhältlich war.

407 „Hr. Bode in Berlin", teilt L. in der bereits zitierten Kalendernotiz mit (Lichtenberg, Erfindungen 1778, 49), „nimmt an, der Körper der Sonne leuchte eigentlich nicht selbst, sondern das Licht sey nur in ihrer Atmosphäre angehäuft, so wie die Wolken in der unsrigen. Diese Lichtwolken vertheilten sich ebenfalls zuweilen, und durch die entstehenden Lücken bekomme man alsdann den Körper der Sonne zu sehen, auf welchem bleibende Felder anzutreffen seyen, die kein Licht zurückwürfen, die wir Sonnenflecken nennen, und uns zu verschwinden schienen, so bald sich die Lichtwolke wieder darüber zöge." Bereits kurz nach der Lektüre von Bodes Aufsatz (Bode, Gedanken 1776) hatte er, in einem Brief vom 25. Juli 1776, Schernhagen gegenüber geurteilt (Bw 1, Nr. 319 [625]), der Gedanke sei „zwar neu, aber so wenig wahrscheinlich, daß das neue daran seinen ganzen Wert verliehrt." Im Laufe der folgenden beiden Jahrzehnte revidierte er seine Meinung scheinbar, denn Gamauf beginnt den entsprechenden Absatz seiner Nachschrift mit einem Lob (GamN, 731): „Sehr viel hat *Bode's* Meynung für sich." Ebd. geht Gamauf auch kurz auf Fischers Aufsatz (Sonnenflecken 1791) ein, in dem dieser eine ähnliche Vorstellung wie Bode vertrete.

408 Wohl Schröter, Beobachtung 1797. Er teilt darin die aus seiner Sicht bemerkenswerten Details seiner Beobachtung der Sonnenfinsternis vom 5. Sept. 1793 mit. Der dritte und letzte Punkt betrifft die Sonnenflecken, und Schröter merkt vor allem an (ebd., 153), daß er „*den ganzen unbedeckten Theil der Sonne auch damit* [mit seinem starken Spiegelteleskop] *ohne alle Flecken und Fackeln, dagegen aber die ganze sichtbare Sonnenfläche über-*

all marmorirt, oder mit weissern und mattern, durcheinander gemischten Stippen übersäet fand".

[409] Auch Hahn (Gedanken 1795) nimmt in diesem Aufsatz über die Sonne und ihr Licht, ausgehend von eigenen Beobachtungen, Bodes Vorstellung wieder auf und kommt zu dem Schluß (ebd., 229), man könnte sich die Sonne „als einen für sich dunkeln Körper gedenken, welcher mit einer der unsrigen beinahe ähnlichen Atmosphäre umgeben wäre; die Lichtmaterie aber, als ein ungemein feines Fluidum, das gleich einer flüßigen Naphta auf dieser Atmosphäre schwimmt und wegen seiner größern Leichtigkeit unter keinen Umständen sinken kann." Die Sonnenflecken sind Hahn zufolge dann (ebd., 230) „im vollen Schatten liegende Sonnengegenden, welche nothwendig entstehen müssen, wenn das leuchtende Fluidum, sich aus dem Horizont dieser Gegend so weit zurück zieht, daß keine Stralen mehr nach ihrer Mitte gelangen können."

[410] Vgl. Cassini, Découverte 1730.

[411] „Es ist", schreibt Bode, Anleitung 1778, 595 f., unter der Überschrift „Vom Zodiacal- oder Thierkreislichte" „ohne Zweifel nichts anders als ein Theil der Sonnenatmosphäre, dessen feine Theilgen entweder selbst leuchten oder doch von den Stralen der Sonne noch erleuchtet werden, und sich bey der schnellen Axendrehung der großen Sonnenkugel, um die Gegenden ihres Aequators mehr angehäuft, und vermöge der vom Mittelpunct fliehenden Kraft bis auf sehr große Weiten noch jenseits verschiedener Planetenbahnen vom Sonnenkörper losgerissen haben." Er begründet dies mit der Beobachtung, daß es „mit dem Sonnenaequator genau ein und dieselbe Richtung hat, dergestalt, daß diese Atmosphäre der Sonne eine sehr abgeplattete oder linsenförmige Figur hat, deren größte Fläche nach allen Seiten der Sonnenmittellinie sich hinaus erstreckt, dagegen um die Pole der Sonne sehr flach und wenig ausgebreitet ist." Und nachfolgend erläutert er die sich daraus ergebende, nach Jahresverlauf und Standort unterschiedliche Erscheinung des Phänomens für den irdischen Beobachter, wie auch L. es, in knapperer Form, oben tut. Ebenfalls für die Hypothese einer Sonnenatmosphäre, die sich auch als Zodiakallicht zeige, erklärt sich Schröter in seinem Buch ‚Beobachtungen über die Sonnenfackeln und Sonnenflecken', woraus L. umfangreiche Exzerpte anfertigt (s. Text Nr. 42, vgl. zum Zodiakallicht insb. 266,11). S. auch GamN, 733, und die hier wiedergegebene zugehörige Abb.

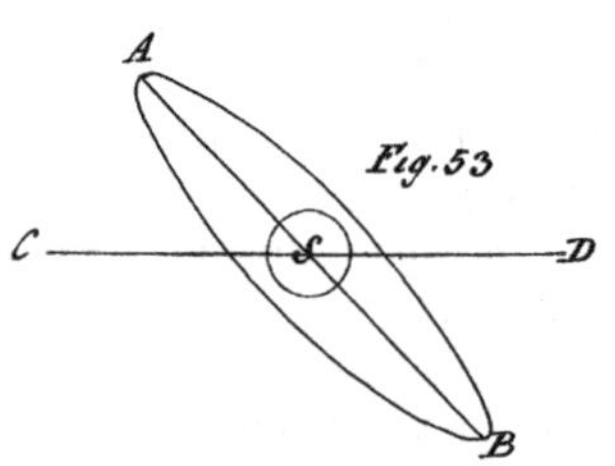

L.s Angaben über die Größe der Erscheinung unterscheiden sich von der üblicherweise (etwa bei LaLande, Astronomie 1, 1771, 335; Bode, Anleitung 1778, 598 f.; Gehler 4, 373) angegebenen Spanne (45° bis 100° Länge bei 8° bis 30° Breite am Horizont). Eine Quelle dafür konnte nicht ermittelt werden. Möglicherweise beruhen sie auf eigenen Messungen. Daß er gelegentlich, auch gemeinsam mit seinen Studenten, das Phänomen beobachtete, zeigt ein Tagebucheintrag (Tgbr, 15.2.1792): „Den Abend mit vielen Purschen auf dem Garten. Uranus Zodiakal Licht.“

412 In § 612–615 (ErxH, 669–672) werden bei Erxleben das Sonnenjahr, die Einrichtung des Julianischen Kalenders, die Gregorianische Reform und deren Adaption im „deutschen Reichskalender“ erläutert. Dem entspricht, in der gleichen Reihenfolge und etwas erweitert im Umfang, das, was L. in der augenscheinlich ursprünglichen Version des Vorlesungsmanuskripts auf Bl. 186r–189r (132,7–137,21) notiert hat. Der Hinweis an dieser Stelle ist wohl so zu verstehen, daß L., im Verlauf der Erarbeitung der Vorlesung hier angelangt, als nächstes die Chronologie zu behandeln beabsichtigte. Bei der Wiederaufnahme der Arbeit hatte er seinen Plan dann abgeändert und schob noch den nachfolgenden Abschnitt über die ersten beiden Keplerschen Gesetze ein.

413 Vgl. LaLande, Astronomie 1, 1771, Tafeln, 40.

414 Vgl. GamN, 629, wo dies aus den obigen Werten (126,30–32) für den scheinbaren Durchmesser hergeleitet wird.

415 Das sog. erste Keplersche Gesetz; vgl. ebd., 627 f.

416 Zu ergänzen: „sich verhalten wie die Zeiten, in denen er sie überstreicht“. Das zweite Keplersche Gesetz; vgl. ebd., 630.

417 Zumindest irreführend. Laut Gehler (1, 103) wird der Begriff *Anomalie* „in der Sternkunde dem Winkel beygelegt, welchen ein Planet bey seinem Umlaufe um die Sonne, von der Sonnenferne aus, zurückgelegt hat, oder, von der Sonne aus betrachtet, zurückgelegt zu haben scheint.“ Die mittlere Anomalie (anomalia media) ist dementsprechend der Winkel, vom Aphel aus gemessen, den ein Planet in einer gegebenen Zeit seit dem Apheldurchgang zurückgelegt hätte, wenn er sich mit konstanter Winkelgeschwindigkeit bezüglich der Sonne bewegte, L.s ∠*tSA*. Da der Planet aber in der Sonnenferne sich tatsächlich mit geringerer Winkelgeschwindigkeit bewegt, hat er in dieser Zeit erst den Punkt T, seinen wahren Ort erreicht, dem als wahre Anomalie (anomalia vera) der Winkel *TSA* korrespondiert. Eine Erläuterung der Abb. findet sich auch GamN, 628 f.

418 Warum die Begriffe Gleichung (lat. aequatio, hier ergänzt zu Aequatio orbitae = Bahngleichung, von lat. orbita = Wagengleis, Bahn) und prostaphaeresis (= das Hinzufügen und Wegnehmen, von griech. πρόσθεσις und ἀφαίρεσις) gleichbedeutend für den Winkelabstand zwischen wahrer und mittlerer Bewegung verwendet werden, erläutert Kepler in seiner ‚Epitome Astronomiae Copernicanae‘ (Kepler, Darstellung 2010, 480): „Da dieser Bogen in einem Halbkreis wegzunehmen und im anderen Halbkreis zur mittleren ‹Anomalie› hinzuzufügen ist, damit er gleich wird, ist er deshalb mit der zusammengesetzten Bezeichnung Prosthaphairesis [Zu- bzw. Abnahme] benannt worden. Gleichung aber heißt er deshalb, weil durch seine Addition oder Subtraktion aus der ausgeglichenen Anomalie (sie verteilt ungleiche Bogen und Zeiten auf gleiche Teile) eine mittlere ausgeglichene Anomalie wird.“

419 Der nachfolgende Text auf Bl. 184r–185v, bietet eine alternative Fassung der Einleitung zum Thema Chronologie. Welche Partien des ursprünglichen Textes (ab 132,7) er ersetzen sollte, ist unklar; deswegen ist er diesem hier vorangestellt worden. An seinem Ende findet sich ein Hinweis auf den 1779 erschienenen zweiten Teil von Röhls „Einleitung in die Astronomischen Wissenschaften". L.s Auszug aus dieser Schrift auf Bl. 207 diente anscheinend als Grundlage für die hier entfaltete mutmaßliche Frühgeschichte des Kalenders und ist teilweise am Ort des Hinweises einzuschalten. Da zudem die entsprechende Passage über den frühen römischen Kalender (131,9–132,6) offensichtlich zum dauernden Bestandteil der Vorlesung wurde (vgl. GamN, 735 f.; BenA, 86), ist auch dieses Exzerpt in das Manuskript eingefügt worden. Vgl. auch Anm. 412.

420 Nicht im alltäglichen Geschäftsverkehr, wohl aber auf dem Gebiet der Astronomie wird seit Mitte des 19. Jahrhunderts das auf einer fortlaufenden Tageszählung fußende Julianische Datum verwendet, das auf einen Vorschlag Joseph Justus Scaligers aus der Zeit der Gregorianischen Kalenderreform (vgl. 133,22–32) zurückgeht (für den Hinweis auf diesen Umstand sei K. Beuermann [Göttingen] gedankt).

421 Vgl. Gehler 2, 682, der diesen Wert unter Berufung auf LaLande angibt, der seinerseits (Tobias) Mayer als Quelle nennt (LaLande, Astronomie 2, 1771, 197). Der Wert ergibt sich als das zwölffache der dort errechneten Länge des synodischen Monats von $29^{d}\ 12^{h}\ 44'\ 2{,}8921''$ (LaLande, Astronomie 2, 1771, 198) und weicht von den von L. an anderen Stellen (vgl. z. B. 122,30) regelmäßig angegebenen $29^{d}\ 12^{h}\ 44'\ 3''$ zwar nur wenig, aber in anderer Richtung ab als der Erxlebensche von „29 Tage 12 S. 44′ 3″ 11‴" (ErxH, 685). Anders als in den ‚Anfangsgründen', wo L. den Wert über alle Aufl. unverändert stehen ließ, liegt hier der Wert zugrunde, der sich aus Mayers Zahlen in den postum in London erschienenen „Tabulae mutuum Solis et Lunae novae et correctae" nach LaLandes Rechnung ergibt. Zu beachten ist, daß Mayer seinen Tafeln auch eine Tabelle beigibt, aus der sich eine Beschleunigung der Mondbewegung entnehmen läßt. In den Materialien zur Vorlesung ist von diesem Phänomen nicht die Rede. Wohl aber notierte L. in sein Exemplar der vierten Aufl. des Erxleben bezüglich des Mondes (ErxH, 685): „Von der vermeintlichen Vergrößerung seiner Geschwindigkeit. S. Goth. M. V. 2. 184."

422 Vgl. 132,21–31; daß dem LaLandeschen Wert hier eine halbe Sekunde fehlt, hat wohl keine besondere Bedeutung.

423 *dies (annus) intercalaris* bedeutet Schalttag (Schaltjahr), *sexta calendarum Martii* ist der sechste Tag vor den Kalenden des März (dem 1. März), *bis* = zweimal.

424 Der Wert (nach Röhl, Einleitung 2, 1779, 230) paßt nicht zu den angegebenen Jahreslängen nach Cassini und LaLande.

425 Die Chronologie in den „ordentlichen Hefften" umfaßt die Passage 132,7–137,21. Wie bereits bemerkt (Anm. 419) ist nicht ganz klar, was

genau davon hier einzufügen ist. Der Anschluß zu 133,22 leuchtet am meisten ein.

426 Röhl, Einleitung 2, 1779; vgl. auch die nachfolgende Anm.

427 Der Text auf Bl. 207 ist ein Exzerpt aus dem 4. Kapitel „Von Abtheilung der Zeit“ im zweiten Teil von Röhls „Einleitung in die Astronomischen Wissenschaften“, im wesentlichen der Seiten ab 225 (wie L. angibt) bis 235. Nur die Einführung des Tages steht bei Röhl auf S. 209 und ist von dem übrigen durch einige Paragraphen über die Konstruktion von Sonnenuhren getrennt, die für L. hier nicht von Interesse sind. Der Anfang dieses Exzerpts (bis 130,33) diente L. scheinbar als Grundlage für die vorausgehende stärker ausgearbeitete Einleitung ins Thema (128,1–130,2).

428 „Nach der Sterndeuterey“, heißt es dazu bei Röhl (Einleitung 2, 1779, 227), „hatte man 7 Planeten in folgender Ordnung ♄. ♃. ♂. ☉. ♀. ☿. ☽. welche alle Tagesstunden regierten und alle Stunden im Regiment abwechselten, doch ward demjenigen, der die erste Tagesstunde regierte, das Regiment des Tages besonders zugeschrieben. Wenn man nun mit dem *Saturn* [♄] den ersten Tag anfängt, so herrscht die *Sonne* [☉] grade die erste Stunde des folgenden Tages; […].“ Vgl. auch GamN, 740.

429 Vgl. auch 19,25–30.

430 Besser verständlich in Verbindung mit Röhl, Einleitung 2, 1779, 231: „Es währete aber allezeit sehr lange, ehe man von einer Bestimmung zur andern kam und man nahm oft den Nahmen des grösten gebräuchlichen Zeitmaasses mit und legte ihn einem grössern bey, das man eingeführet hatte. […] Und es finden sich Spuren, daß man Jahre von zwey, drey und vier Monathen gehabt habe, ehe man auf das Jahr von zwölf Monathen gekommen. Eben diese Ungewisheit über die Form des Jahrs bey den verschiedenen Völkern und besonders in den ältesten Zeiten verbreitet eine Verwirrung über die ganze Geschichte, die äusserst schwer und vielleicht gar nicht zu heben seyn dürfte.“

431 Vgl. dazu Röhl, Einleitung 2, 1779, 231: „Es ging damals so wie jezt. Allgemein eingeführte Gebräuche lassen sich nicht so gleich abschaffen […], wenn man gleich gewahr wird, daß sie auf falschen Grundsätzen beruhen.“

432 Im einzelnen fügte Numa zu den 304 Tagen des Romulus laut Gehler (2, 715) „noch 50 Tage hinzu, nahm auch, der ungeraden Zahl halber, der man eine gute Vorbedeutung beylegte, jedem der sechs Monate von 30 Tagen, einen Tag ab, und vertheilte diese 56 Tage zu gleichen Theilen unter zween neue Monate von 28 Tagen, […]. Endlich setzte er, ebenfalls der ungeraden Zahl halber, dem Jahre selbst noch einen Tag zu, der dem Januar beygelegt wurde […].“

433 Vgl. Röhl, Einleitung 2, 1779, 232 f. Etwas ausführlicher erläutert Gehler (2, 715 f.) hierzu: „Dieses Jahr von 355 Tagen enthielt nun etwas über 12 Mondwechsel, und sollte durch Einschaltungen mit dem Sonnenlaufe übereinstimmend gemacht werden. Man wählte dazu die Methode der Griechen, in 8 Jahren 90 Tage einzuschalten, wobey man Schaltjahre und

gemeine Jahre, und Einschaltungen von 22 und 23 Tagen abwechseln ließ. Diese Octaeteride der Griechen aber setzt ein Jahr von 354 Tagen voraus, daher der römische Kalender in jeder Periode 8 Tage zu viel hatte, mithin allezeit in der dritten Periode statt 90 nur 66 Tage oder dreymal 22 Tage einschaltete. Diese Einschaltung geschahe im Februar, als im letzten Monate des damaligen Jahres, und zwar nach dem 23sten Tage desselben [...]. Weil man es aber für eine üble Vorbedeutung hielt, wenn die *Nundinae* [der Markttag in der 8-tägigen römischen Woche; d. Bearb.] auf den ersten Tag im Jahre oder auf die Nonen fielen, so ward es den Priestern überlassen, zu Vermeidung dieses Umstands die Einschaltungen nach Gefallen abzuändern. Diese höchst unvollkommne Einrichtung brachte mit der Zeit den Kalender in gänzliche Unordnung. Aus Aberglauben unterließ man bisweilen das Einschalten gänzlich, und in den letztern Zeiten der Republik mißbrauchten die Priester ihre Freyheit [...], um Zahltage, Gerichtstermine und Antrittszeiten der Aemter nach Bedürfniß und Staatsabsichten zu beschleunigen oder hinauszuschieben. Daher erwähnt Cicero (*Epist. ad Atticum* X, 17.) der Nachtgleiche in einem Briefe, welcher mitten im May (des Jahres 704 nach Erbauung Roms) geschrieben ist." Zum vorjulianischen römischen Kalender vgl. Rüpke, Zeit 2006, 19–34.

434 Nach Rüpke, Zeit 2006, 198–200, ging es bei der Reform neben der Herstellung einer stabilen Beziehung von natürlichem und bürgerlichem Jahr, die durch die Festlegung auf eine Dauer von 365 Tagen mit einem 4-jährlichen Schalttag bewerkstelligt wurde, um die Wiedereinsetzung des 25. März als Frühlingsanfang. Daher „mußte eine große Anzahl von Tagen eingeschoben werden: über die dreiundzwanzigtägige reguläre Interkalation Ende Februar hinaus noch insgesamt siebenundsechzig Tage, die auf zwei Schaltmonate, einen *mensis interkalaris prior* und einen *mensis interkalaris posterior* verteilt wurden."

435 Unter der Länge, so referiert Gamauf (GamN, 599), „versteht man den Bogen der Ekliptik vom Frühlingspunkte an bis dahin gegen Osten gerechnet, wo ein größter Kreis, der durch die beyden Pole der Ekliptik und den zu bestimmenden Stern geht, die Ekliptik schneidet."

436 Die Werte stehen in dieser Zusammenstellung auch bei Kästner, Anfangsgründe 2.2, 1781, 78 f., der sie aus Cassini, Elements 1740, 250 und LaLande, Astronomie 1, 1771, § 885 [363 f.] entnommen hat.

437 Zach, Tabulae 1792, 36. Vgl. auch ErxH, 669, am Rand.

438 Davon ausgenommen war die Berechnung des Ostertermins (und damit aller beweglichen Feste); vgl. 136,16–20.

439 Im Wasser des Reinsbrunnen, der Quelle des Reinbachs am Heinberg, ca. 2 km nordöstlich Göttingens gelegen (vgl. Bw 5.2, 294) konnten die Kinder einer örtlichen Sage nach ihre ungeborenen Geschwister sehen.

440 Dies war der 10. Dez. ‚neuen Stils', der 1785 auf einen eigentlich vorlesungsfreien Samstag fiel. Dennoch legt das auf Bl. 188v (137,6) ergänzte Vollmonddatum von Januar 1787 in Verbindung mit der Tatsache, daß die Chronologie im Rahmen der öffentlichen einstündigen Vorlesung

noch keinen Platz gefunden hatte (vgl. 46,2–10) den Schluß nahe, daß auch dieser Teil des Manuskripts für den Winter 1785/86 konzipiert war. – Die am Rand ergänzten und nach Erledigung teils wieder gestrichenen Datumsangaben, lassen sich aufgrund ihrer Position und des Vergleichs mit den in die nachfolgende Liste eingefügten expliziten Angaben in den überlieferten Kurzübersichten aus den Wintern 1790/91 bis 1793/94 (NL VII F 1) mit einiger Wahrscheinlichkeit folgendermaßen zuordnen (in Klammern die jeweilige Zeile bzw. die Stelle in NL VII F 1 sowie der Wochentag):

1786/87:	24.12.[86 / 4.1.87]	(135,28; Do)
1787/88:	29.11. [/ 10.12.87]	(135,29; Mo)
1788/89:	27.11. [/ 8.12.88]	(135,30; Mo)
1789/90:	nicht gelesen	
1790/91:	[3./]14.12.90	(NL VII F 1, Bl. 73v; Di)
1791/92:	[9./]20.12.91	(NL VII F 1, Bl. 78v; Di)
1792/93:	[7./]18.1.93	(NL VII F 1, Bl. 55r; Fr)
1793/94:	[27.12.93 /] 7.1.94	(135,27; NL VII F 1, Bl. 59v; Di)
1794/95:	27.11. / 8.12.94	(135,32–35; GamN, 738; Mo)
1795/96:	26.11. / 7.12.[95]	(135,24–26; Mo)
1796/97:	8./19.12.96	(135,22–23; Mo)
1797/98:	26.11. / 7.12.[97]	(135,20–21; Do)
1798/99:	7./18.12.[98]	(135,31; Di)

Am unsichersten sind die Zuordnungen für die Winter 1795/96, 1797/98 und 1798/99, da L. die entsprechenden Daten auf noch freien Stellen über den gesamten Rand verteilt hat und beide den Jahren zugewiesenen Daten, sowohl der doppelt vorhandene 26. Nov. (a. St.) als auch der 7. Dez. (a. St.) in allen drei Jahren auf einen der regulären Vorlesungstage Mo, Di, Do und Fr fielen.

441 Wohl irrig, entweder statt 27. Nov. 1794 (vgl. unten 135,32–35) oder statt 27. Dec. 1793 (vgl. Anm. 440).

442 Dies wäre der 4. Jan. neuen Stils, wahrscheinlich dem Jahr 1787, also der Vorlesung von Winter 1786/87 zuzuordnen. Dafür spricht sowohl die Position im Manuskript, am Rand hinter den Worten „heute noch den" (135,18), als auch der weiter unten angegebene Vollmondeintritt (137,6), der dem gleichen Tag zuzuordnen ist.

443 Zum französischen Revolutionskalender vgl. 266,16–267,5 = Text Nr. 43.

444 Tatsächlich folgte auf den 2. direkt der 14. Sept. 1752 (vgl. Poole, Alteration 1998, 122). Die von L. am Rand ergänzte und von Gamauf (GamN, 738) weiterverbreitete Fehlinformation über die ausgefallenen Tage, stammt vermutlich von seinem Göttinger Kollegen Gatterer (vgl. ders. Abriß 1777, 23).

445 Vgl. L.s Brief an Kästner vom 1. Aug. 1784 (Bw 2, Nr. 1284 [881]), in dem er schreibt: „Als in England der neue Stil eingeführt wurde rottete sich das Volck zusammen unter Fahnen worauf stund: Give us o[ur elev]en days". Und zu einem einschlägigen Hogarthschen Kupferstich erläutert er

im Taschenkalender (Lichtenberg, Leichtgläubigkeit 1787, 239 f.): „Oben steht eine Fahne mit den Worten: *give us our eleven days* (*gebt uns unsere eilf Tage heraus*). Als nemlich im Jahr 1752 der neue Styl in England eingeführt wurde, und also auf einmal eilf Tage aus dem Calender herausgeworfen werden mußten, so sahe ein Theil des Pöbels dieses für baaren Verlust an, und da konnte es denn freylich bey *solchen* Gelegenheiten nicht fehlen, daß sich nicht einige der Sache annahmen." Zur Kalenderreform in England insgesamt wie auch insb. zu den damit verbundenen Tumulten vgl. Poole, Alteration 1998.

446 Seit 1762 war Zarin Katharina II. (1729–1796) russische Regentin.

447 Der sog. Annunziationsstil, bei dem der Jahreswechsel am 25. März, dem Fest Mariä Verkündigung, vorgenommen wurde, war im Mittelalter in Europa weit verbreitet und wurde in England zuletzt 1751 angewandt. Der Wechsel auf den 1. Jan. als Neujahrstag zum Jahresbeginn 1752 in England führte dazu, daß das Jahr 1751 dort nur 282 Tage umfaßte.

448 Zum Umgang mit der englischen Kalenderreform im Finanzwesen und Wirtschaftsleben vgl. Poole, Alteration 1998, 130–135. Der von L. angegebene Tag scheint keine besondere Rolle gespielt zu haben. Möglicherweise ist es ein Versehen, das damit zu tun hat, daß im Wirtschaftsleben die alten julianischen Daten gerade nicht durch die nominell gleichen des neuen Kalenders ersetzt, sondern um die ausgelassenen elf Tage nach hinten verschoben wurden. So wanderte etwa der Beginn des vormals mit dem bürgerlichen Jahr gleichlaufenden Fiskaljahres in England auf den 5. April nach dem neuen Kalender und 1800 (das nach julianischer Rechnung ein Schaltjahr war) gar um einen weiteren Tag auf den 6. April, blieb also auf dem gewohnten 25. März nach altem Stil. Erst die julianische Schaltung des Jahres 1900 blieb unberücksichtigt und das Fiskaljahr begann weiterhin am 6. April, bis Ende des 20. Jh. beschlossen wurde, von 2000 an auch diese Spur des alten Kalenders zu tilgen und das Fiskaljahr mit dem bürgerlichen Jahr zu synchronisieren (ebd., 204, n. 34).

449 Iznik, südöstlich von Istanbul, ca. 90 km Luftlinie entfernt.

450 D. h. überall zur gleichen Ortszeit, was nicht zutrifft, da der Vollmond für alle Punkte auf der Erdoberfläche gleichzeitig und eben deshalb zu je unterschiedlicher Ortszeit eintritt.

451 Laut GTC 1787 ereignete sich der Vollmond am 4. Jan. 1787 morgens um 0^{h} 26^{min}. Mithin wäre diese Ergänzung zur Verwendung in der Vorlesung an diesem Tage vorgesehen gewesen, vgl. auch Anm. 442.

452 Etwa soviel wie ‚unbeachtet', vgl. DWB 24, Sp. 98. – Zur protestantischen Kritik an der Zyklischen Festrechnung des Nicenums, die von der Gregorianischen Reform grundsätzlich beibehalten und lediglich leicht modifiziert wurde, vgl. GamN, 738, und – ausführlicher – Kästner, Anfangsgründe 2.2, 1781, 431–441.

453 Weitgehend nach Kästner, ebd., 442–447. Demnach bezeichneten die protestantischen Reichsstände den von ihnen seit 1700 angewandten Kalender in Abgrenzung vom „sogenannten Neuen" der Katholiken als

„verbesserten" Kalender. Dieser wandte zwar bei der Einrichtung der Jahre die Gregorianische Reform an, bediente sich bei der Bestimmung des Ostertermins aber einer streng astronomischen Definition (ebd., 444 f.): „Man berechnet nach Keplers rudolphinischen Tafeln, den Ostervollmond für den Mittagskreis von Uranienburg, wo Tycho de Brahe beobachtet hat, und nimmt den Tag, auf welchen dieser Vollmond fällt, von Mitternacht an gerechnet für die Ostergränze, den nächsten Sonntag aber für den Ostertag." Dies führte zu dem im Text erwähnten Auseinanderfallen der Ostertermine in den genannten Jahren vor der Einführung des „allgemeinen Reichs-Calenders". Zum von L. angesprochenen Problem der Reichsgerichtsferien, die während der Zwei-Kalender-Zeit nach beiden Stilen gehalten wurden und die Gerichte zu entsprechend langer Untätigkeit verdammten, vgl. Steinmetz, Kalenderreform 2011, 366 u. 383–386.

[454] Fischer (Sternzeit 1795, 114 f.) weist auf die aus der Präzession folgende Notwendigkeit hin, zwischen dem gewöhnlich als Sterntag bezeichneten Zeitraum zwischen zwei aufeinanderfolgenden Kulminationen eines Fixsterns und dem zwischen zwei Kulminationen des Frühlingpunktes zu unterscheiden. Die von ersterem abgeleitete Zeit solle man *Zeit der ersten Bewegung* (tempus primi mobilis; vgl. dazu 138,25–27), die von letzterem abgeleitete *Sternzeit* nennen. Er definiert (ebd.): „*Sternzeit* ist der in Zeit verwandelte westliche, *mittlere* Abstand des 0♈ Punktes vom Meridian." „Nimmt man [...] den *wahren* Abstand des 0♈ vom Meridian zum Maaß der Sternzeit an," erläutert er, „so höret dieselbe auf eine *vollkommen gleichförmige* Zeit zu seyn, wie sie doch vermöge des allgemeinen astronomischen Sprachgebrauchs wirklich seyn soll." Im Jahrbuch 1796 sind dazu lediglich eine verbesserte Tabelle und Korrekturen zu einigen Zahlenangaben ergänzt (Fischer, Nachtrag 1796). Vgl. auch L.s diesbezügliche Einlassungen in Text Nr. 46 (270,4–15).

[455] Eigentlich wurde schon in der Antike nicht die Fixsternsphäre als das primum mobile (das Erste Bewegte) betrachtet, sondern eine Sphäre darüber (vgl. Anm. 40), die die tägliche Drehung um die Pole des Äquators vollführte und der gegenüber sich die Sphäre der Fixsterne mit der Periode der Präzession um die Pole der Ekliptik drehte. Primum mobile hieß sie deshalb, weil sie durch ihren Umschwung die innerhalb gelegenen Sphären, deren Umdrehungen an den auf ihnen befestigten Gestirnen ablesbar waren, bis hinunter zu der des Mondes antrieb, ihre eigene Rotation aber nicht wieder auf eine bewegte Ursache zurückgeführt wurde. – Es sei darauf hingewiesen, daß L. die Ausdrücke *Sternen Tag* und *dies primi mobilis* hier explizit synonym verwendet und dieses Zeitmaß ausschließlich über den scheinbaren Umlauf der Sonne relativ zu den Fixsternen einführt. Zur Berechnung der entsprechenden Tageslänge vgl. die Texte Nr. 44–46.

[456] D. i. δ Orionis. Seine Abweichung vom Äquator (Deklination) betrug Anfang 1786 laut Bodes Jahrbuch 0° 28′ 19,0″ Süd (Bode, Verzeichnis 1786, 96).

[457] Dt. *Tag*.

458 Nicht in den nachgelassenen Handschriften.

459 Zur astronomischen Stundenzählung vgl. Text Nr. 47.

460 Nach dem zweiten Keplerschen Gesetz; vgl. 127,18–21. Apogaeum / Perigaeum = erdfernster / erdnächster Punkt der Sonnenbahn. Zur Erinnerung: L. nimmt hier den geozentrischen Standpunkt ein (s. 132,7–11).

461 Wenn α die Schiefe der Ekliptik bedeutet und ϕ den zurückgelegten Bahnwinkel, so legt die Sonne in den Äquinoktialpunkten wegen der von L. angeführten Zerfällung längs des Äquators nur ca. $\phi \cos \alpha$ zurück, dagegen in den Solstitien, wenn die Bewegung parallel zum Äquator verläuft, ca. $\phi : \cos \alpha$ aufgrund der Verjüngung der Breitenkreise zu den Polen hin.

462 Im Scholium zu seinem Definitionsteil im ersten Buch der ‚Principia' erläutert Newton, wie er die darin verwendeten aber selbst nicht definierten Begriffe *Zeit*, *Raum*, *Ort* und *Bewegung* verstanden wissen will. Bezüglich der Zeit heißt es dort (Newton, Principles 1, 1729, 9): „Absolute, True, and Mathematical Time, of it self, and from its own nature flows equably without regard to any thing external, and by another name is called Duration: Relative, Apparent, and Common Time is some sensible and external (whether accurate or unequable) measure of Duration by the means of motion, which is commonly used instead of True time; such as an Hour, a Day, a Month, a Year." Demnach wäre also die ‚mittlere Sonnenzeit' ebenfalls eine Art von ‚apparent time', die nur besser an die definitionsgemäß gleichförmig verlaufende ‚true time' angenähert ist als die nach den ungleichen natürlichen Tagen gemessene Zeit, die im Deutschen sogenannte ‚wahre Sonnenzeit'. Vgl. auch 270,1–3.

463 Eine Tabelle der Tage, an denen Zeiger bzw. Zeiten zusammentreffen, s. oben 46,16–25.

464 Wie bei der Bahngleichung der Sonne (vgl. 127,27–33) handelt es sich bei der Zeitgleichung (aequatio = Gleichung, tempus = Zeit) also nicht um eine Gleichung im modernen Sinne, sondern um eine bloße Differenz.

465 Zum Begriff der *A*[*scensio*] *R*[*ecta*] vgl. Anm. 722.

466 Röhl, Einleitung 1, 1768, 203–205.

467 Auf die Drehung der Apsidenlinie der Erdbahn, auf die L. hier anspielt, ging er offenbar nicht näher ein. In Gamaufs Nachschrift ist von ihr überhaupt nicht die Rede. Nach Kästner, Anfangsgründe 2.2, 1781, 209 f., gingen die Meinungen über Ihr Ausmaß noch relativ weit auseinander.

468 Auch wenn der Satz etwas verunglückt ist, kann hier nur gemeint sein, daß wahre und mittlere Sonne an den vier genannten Tagen gleichzeitig im Meridian stehen. Damit begibt sich L. wieder auf das Glatteis, das er (vgl. die nachfolgende Anm.) ansonsten hier vermeidet, nämlich die Vorstellung einer mittleren Sonne. Solange sich deren gleichförmige Bewegung auf den Äquator bezog wie in der urspünglichen Fassung (vgl. den Textapparat), traf die Aussage noch zu. Durch die Einfügung des Wort „Länge" aber ist sie falsch geworden, wie er selbst in der Parenthese erläutert: Die Rektaszension eines Punktes (z. B. einer gedachten Sonne), der sich gleich-

förmig auf der Ekiptik bewegt ist nicht gleich der mittleren Rektaszension. Die Gleichheit in Rektaszension aber ist es, die das gleichzeitige Eintreten in den Meridian zur Folge hat.

469 In der Tat ist Röhls Betrachtung, die L. in dieser „Beylage" aufgreift, irreführend, wenn es darin heißt (Röhl, Einleitung 1, 1768, 204), daß „die grade Aufsteigung der eingebildeten Sonne allezeit der mittlern Länge derselben gleich" sei. Was Röhl mit dieser Aussage verdunkelt, ist, daß er im Grunde von zwei eingebildeten Sonnen spricht, einer, deren Bewegung in Rektaszension gleichförmig verläuft, und einer, bei der dies die Bewegung in Länge tut. Da beide ihren jeweiligen Umlauf in gleicher Zeit vollenden, ist immer die Rektaszension der einen der Länge der zweiten gleich, so daß die Zeitgleichung richtig bleibt, ob man nun die Rektaszension der einen oder die Länge der zweiten einsetzt. L. umgeht das Problem in seiner Bemerkung in der Parenthese, indem er nicht von der Rektaszension oder Länge einer mittleren Sonne spricht, sondern einfach von der mittleren Rektaszension bzw. Länge der (wahren) Sonne. Bezüglich beider Größen legt die Sonne 360° in einem Jahr zurück, im Mittel also auch jeden Tag den gleichen Winkel, sodaß die mittlere Länge jederzeit gleich der mittleren Rektaszension ist. – Was L. hier gar nicht anspricht, ist der Nutzen, den Röhl aus seiner Heranziehung der mittleren Sonnenbewegung auf der Ekliptik zieht, die auch die Basis für die Sonnentafeln bildete. So kann dieser nämlich die Zeitgleichung gemäß den beiden Ursachen, von denen auch L. oben (141,8–21) spricht, ganz natürlich in zwei Komponenten zerlegen, zum einen die Differenz zwischen den Längen der mittleren und der wahren Sonne, die als wahre Anomalie geläufig ist, und sodann die Differenz, die sich aus der Projektion der wahren Sonnenbahn auf den Äquator ergibt.

470 Wenn die wahre Sonne im Frühlingspunkt steht, ist ihre Länge = 0. Stünde die mittlere Sonne dann ebenfalls im Frühlingspunkt, so verschwände auch die Zeitgleichung für diesen Tag, was sie aber nach der obigen Aufzählung (144,20–22), in der der Tag des Frühlingsanfangs nicht vorkommt, nicht tut.

471 „Zu Ende des verwichenen Jahrhunderts," so berichtet Krünitz' ‚Encyklopädie' (138, 1824, 349) über Kempelens ‚Schachtürken', „das heißt in den 1780er Jahren, wurde dieses Kunstwerk in einem großen Theile von Europa und Frankreich angestaunt, von mehreren angesehenen Gelehrten beschrieben und erklärt, und dennoch blieb es mehrere Jahre hindurch unenträthselt." Der Vielzahl der noch bei Krünitz vorgestellten Vermutungen zu dessen Funktionsweise zufolge scheint Kempelen das Geheimnis seines Apparates nie öffentlich gemacht zu haben. Besonders um die Mitte der 80er Jahre waren die verschiedenen Erklärer, darunter auch L.s Bruder Ludwig Christian (vgl. L. C. Lichtenberg, Etwas 1785), aber dem entscheidenden Punkt, daß nämlich ein menschlicher Schachspieler in der Maschine saß, schon so nahe gekommen, daß Kempelen das Wunderding in der Versenkung verschwinden ließ. Vgl. neuerdings auch Standage, Türke 2005.

472 Pierre und Henri Louis Jacquet-Droz, Vater und Sohn, waren Schweizer Uhrmacher und Mechaniker, die auch Maschinen in Menschengestalt bauten, die, wie L. im GTC 1780 schreibt (Lichtenberg, Jacquet Droz 1780, 68), „nach einem ziemlich einstimmigen Zeugniß der Kenner die berüchtigten Arbeiten des Vaucanson weit hinter sich gelassen haben sollen."

473 Was L. über Taschenuhren im allgemeinen gesagt haben mag, läßt sich nicht erschließen. Keine der erhaltenen Nachschriften berücksichtigt dieses Thema. Zu „den Zettelchen" vgl. die Parallelstelle 118,12 und die zugehörige Anm.

474 „Bey astronomischen Beobachtungen", schreibt Gehler (4, 110 f.), „ist es jedoch hinlänglich, wenn die Uhr diese [mittlere Sonnen-]Zeit nur ohngefähr weiset, wofern nur sonst ihr Gang völlig gleichförmig ist. Kan man sich auf diese Gleichförmigkeit verlassen, so ist man im Stande, für jeden Zeitpunkt, den die Uhr angiebt, die correspondirende mittlere und wahre Sonnenzeit zu berechnen." Dies erklärt L.s Hinweise, der Astronom kümmere sich nicht darum, ob seine Uhr genau mittlere Zeit angebe (47,33–34, 55,13–14), und man solle seine Uhr nicht nach dem Observatorium stellen (55,11–12, 144,2–3). „Im bürgerlichen Leben", heißt es dagegen ebenfalls bei Gehler (4, 851), „findet man sich durch viele Umstände bewogen, die Zeit nach der Bewegung der Sonne abzumessen." Und dementsprechend werden ihm zufolge auch die von L. hier als Richtschnur empfohlenen Stadtuhren gestellt (Gehler 2, 509). In Benzenbergs Vorlesungsnachschrift findet sich noch der Hinweis (BenA, 75), daß man in England, zumindest in London, nun die Uhren nach der mittleren Zeit stelle.

475 Solche Uhren wurden als Äquationsuhren bezeichnet und zeigten in der Regel gleichzeitig mittlere und wahre Zeit an. Anleitungen zu ihrer Konstruktion gibt etwa Berthoud, Essai 1, 1763, 66–76 (Teilübersetzung in Geisler, Uhrmacher 1, 1793, 69–72).

476 Bezüglich der hier angekündigten und nachfolgend (bis 148,24) erläuterten Sachverhalte merkt Gamauf in einer Fußnote an (GamN, 743): „In den frühern Jahren pflegte *Lichtenb.* bey der Lehre von der Sonne, auch *über die Climate*, und über die *Verschiedenheit der Wärme* auf dem Erdboden zu sprechen. Aber in den spätern übergieng er die ersteren mit Stillschweigen, und von der letzteren handelte er in der Meteorologie." Die „Wärme auf dem Erdboden" hatte bereits bei Erxleben ihren Platz im dreizehnten Abschnitt gefunden, insb. in den § 761–765 des Unterabschnitts „Von den Witterungen und ihrem Wechsel in den verschiedenen Gegenden der Erde und in den verschiedenen Jahreszeiten". Vgl. dazu die einschlägigen Texte in Kapitel XIII: Nr. 3 (Anfang) sowie Nr. 91–94.

477 Zu den Zonen (temperatus = gemäßigt, torridus = heiß, frigidus = kalt), die durch die Polar- und Wendekreise begrenzt werden, vgl. ErxH, 658–660. Dort lauten die Angaben für das Verhältnis der Oberflächen 519 : 398 : 83.

478 Maximale tägliche Sonnenscheindauer unter den Wendekreisen zur Zeit der Sonnenwenden, vgl. ErxH, 662 f.

479 Zur Unterscheidung der Erdbewohner nach der Art des Schattens, den sie werfen vgl. ErxH, 665 f.

480 „Bei denen nur eine der beiden Seiten einen Schatten macht." Dies weicht leicht von der Formulierung in Johann August Ernestis Überarbeitung von Benjamin Hederichs Lexikon ab, wo es unter dem Stichwort Ἑτερόσκιοι (Heteroscii) heißt (Hederich, Lexicon 1767, Sp. 813): „quorum alterum latus umbram iacit, quorum umbra aut ad septentrionem aut ad meridiem spectat." (Dt.: „bei denen nur eine der beiden Seiten einen Schatten wirft; deren Schatten entweder nach Norden oder nach Süden zeigt.")

481 Zielt auf das Auseinanderfallen von *astronomischen* Sternzeichen und *himmlischen* Sternbildern aufgrund der Präzession der Äquinoktien (vgl. GamN, 781 f.). Erstere dienen lediglich als Winkeleinheiten zur Angabe der ekliptikalen Länge (1 Zeichen = 30°) vom Frühjahrspunkt an. Letztere sind die traditionellen Sternkonstellationen in der Ekliptik, vgl. zu diesen 207,27–208,25.

482 Vgl. Kapitel XIII, 370,5–13; 490,19–494,13 sowie GamN, 928 f.

483 Vgl. Williamson, Essai 1773, insb. 433 ff.; GamN, 933.

484 Auf welche Literatur genau sich L. beim Abfassen der urspünglichen Version der Vorlesungspassage über die Planeten (außer Uranus) auf den Blättern (in der Originalzählung) ee–hh stützte, läßt sich nicht mit Sicherheit sagen. Ein mögliches Vorbild ist jedenfalls Bodes ‚Anleitung zur Kenntniß des gestirnten Himmels', dessen Zusammenstellung von Planetendaten sich, abgesehen von einigen geringfügigen Abweichungen, in L.s Manuskript recht gut widerspiegelt (vgl. Bode, Anleitung 1778, 627–632). Daß er nicht das von ihm selbst herausgegebene Erxlebensche Kompendium als Vorbild wählte, läßt ein flüchtiger Blick auf dessen Zahlen und die darin gewählte Anordnung erkennen (vgl. ErxH, 676–679).

485 Die auf dieser Seite zusammengestellten Zahlen stammen aus Klügel, Anfangsgründe 1793, von den Seiten 107 und 109 (Umlaufszeiten und Abstände der äußeren Planeten), 111 (Umlaufszeiten und Abstände der inneren Planeten), 112 (Neigungen der Bahnen) und 126 (Durchmesser und Volumina). Dieser beruft sich seinerseits auf LaLandes dritte Aufl. (vgl. Astronomie 1, 1792, 452; Astronomie 2, 1792, 12; 106; 120), und gibt nur für Uranus Umlaufszeit und Abstand nach de Lambre an, dessen Tafeln für den neuen Planeten LaLande im Tafelteil seines Handbuchs hatte abdrucken lassen (Astronomie 1, 1792, Tables, insb. 188–191). Zur Berechnung der Uranusbahn vgl. auch 160,16–26.

486 Vgl. Schröter, Observations, Rez. Kästner 1796, 10 f., wo Kästner die verschiedenen Werte der beiden Astronomen diskutiert, um sich schließlich für den Schröterschen Wert auszusprechen, der auch mit der von LaLande ermittelten Größe harmoniere.

487 Nimmt man Herschels Wert für den scheinbaren Durchmesser der Venus aus der Vorzeile an, so ergibt sich für die Volumina von Venus und Erde ein Verhältnis von ca. 13 zu 10, also deutlich größer als 1.

488 Die Parameter des Durchgangs für Berlin ließ Bode im ‚Astronomischen Jahrbuch' 1786 abdrucken (Bode, Vorübergang 1786). Im Taschenkalender für 1786 erwähnt L. das Ereignis nicht, sondern schreibt im Kalenderteil über Merkur für den fraglichen Zeitraum lediglich (GTC 1786, [Bogen A 4] r): „Im Mai ist er in den Sonnenstrahlen verborgen".

489 Der Wert für die Geschwindigkeit des Merkur auf seiner Umlaufbahn nicht bei Bode (vgl. Anm. 484). Er ergibt sich, wenn man Klügels mittlere Merkurdistanz (150,3) und für den Abstand Erde – Sonne die üblichen 21 Mill. Meilen voraussetzt. Der Schall seinerseits durchläuft nach L.s eigenen Messungen eine Strecke von 2646 Pariser Fuß in 2″ 36‴ = 156‴ (VNat 4, 14). Der Merkur wiederum legt, wenn die Meile zu 24000 Pariser Fuß gerechnet wird (vgl. 97,24–25), in einer einzigen Tertie 2680 solcher Fuß zurück, also ist er etwa 156 mal so schnell wie der Schall. – Gewöhnliche Rechnung mit dem sonst verwendeten Wert von 1038 Fuß pro Sekunde für die Schallgeschwindigkeit (vgl. GamN, 317–320), ergäbe ein Verhältnis von etwas unter 155.

490 Vgl. die Tabelle der Bahnneigungen der Planeten ErxH, 676 (§ 619).

491 Riccioli, Almagestum 1, 1651, 97 f.; zit. nach Kästner, Anfangsgründe 2.2, 1781, 143 f.: „Er [Riccioli] führt aus einer alten Lebensbeschreibung Carl des Grossen an, Merkur sey 808 in der Sonne gesehen worden […]. Da es aber ebenfalls Merkur nicht gewesen ist, so wäre das die älteste Nachricht von einem Sonnenflecken."

492 D. i. Bode, Durchgang 1789; daraus die nachfolgenden Angaben zum Merkurdurchgang von 1786.

493 Nicht ermittelt. Bei Riccioli (Almagestum 1, 1651, 563) aber kann man lesen, daß keiner der kleineren Planeten in seinen Bewegungen verwickelter sei als Mars und Merkur, „so daß dieser himmlische Merkur die Astronomen nicht weniger plagt, als der irdische die Alchimisten zum Narren hält." Eine Quelle ist hier nicht angegeben, und auch LaLande (Astronomie 1, 1771, 573) verweist nur auf seinen großen Vorgänger, wenn er paraphrasierend schreibt: „Der himmlische Merkur war ebenso undurchschaubar für die Astronomen wie der irdische Merkur für die Alchimisten."

494 Vgl. etwa Bode, Erläuterung 1, 1778, 252 f., wo es heißt: „Durch große Fernröhre fand *Caßini* Ao. 1666 […] Flecke auf ihrer Oberfläche, aus deren veränderlichen Stellung er auf eine Umwälzung ihrer Kugel die 23 Stund. 20 Min. dauern muß, schloß. […] *Bianchini* entdeckte bey seinen im Jahr 1726 angestellten sorgfältigen Beobachtungen verschiedene Flecke auf der Venuskugel, nach welchen er ihre Umwälzungszeit auf 24 Tage 8 St. setzte, wie wol die Astronomen fast durchaus glauben daß Caßini mehr Recht habe." Daß Cassinis Aussage über die Venusdrehung bei weitem nicht so definitiv war, wie die über die Jahrhunderte traditierte Zuschrei-

bung des genannten Wertes nahelegt, merken Baum/Sheehan (Cassini 1992) an.

495 Eine Erläuterung verdient an dieser Stelle für L. vermutlich die Diskrepanz zwischen den Ergebnissen der beiden berühmten Astronomen. Ein mögliches Vorbild liefert Jacques Cassini, der die Beobachtungen seines Vaters Giovanni Domenico, der sich selbst bezüglich der genauen Rotationsdauer sehr vorsichtig ausgedrückt und nur von ungefähr 24 Stunden gesprochen hatte, mit denjenigen Bianchinis in Einklang zu bringen versucht (vgl. Cassini, Eléments 1740, 511–522). Dabei kommt er zu dem Ergebnis, daß die von Bianchini festgehaltenen Venusansichten, aus denen dieser auf eine Umdrehung in 24 Tagen und 8 Stunden schließt, sich ebenfalls erklären lassen, wenn man von 25 Umdrehungen in dem gleichen Zeitraum ausgeht. L. veranschaulichte diese Argumentation seinen Hörern wahrscheinlich an dem Modell eine Uhr mit zwei Zeigern, deren langsamerer den Kreis in der gleichen Zeit einmal durchläuft, in der der schnellere dies 25mal tut. Stehen nun bei einer Reihe von Blicken auf diese Uhr die Zeiger jeweils an der gleichen Stelle, so lassen die Beobachtungen sowohl den Schluß auf die schnelle als auch auf die langsame Drehung zu.

496 Vermutlich Schröter, Beobachtungen 1793 (= BL 346).

497 Vgl. Kästners Referat in den GGA über den Aufsatz, wie er ihn nennt, „der besonders Umdrehung der Venus um eine Axe betrifft“: Schröter, Umdrehung, Ref. Kästner 1792. Zu Bianchinis und Cassinis Ergebnissen s. auch oben 151,26–27.

498 Der in den ‚Philosophical Transactions‘ erschienene Aufsatz (Schröter, Observations 1792) betrifft lediglich die Atmosphären von Venus und Mond. Die Veröffentlichung im Jahrbuch (Schröter, Beobachtungen 1795) besteht nach Bodes Fußnote in Auszügen aus „vollständigen Aufsätzen“, die Schröter in den Monaten Januar und Juni 1792 eingesandt hatte. ‚Cythereiographische Fragmente‘ ist ein anderer Titel für Schröter, Beobachtungen 1793.

499 Schröter, Umdrehung, Ref. Kästner 1792, 242.

500 In dem genannten Stück der GGA steht Schröter, Nachträge, Ref. Kästner 1790. Bezüglich der Venus geht es darin nur um die Existenz von Gebirgen. Die erste Mitteilung über seine Schlüsse auf eine Venusatmosphäre in Schröter, Schreiben 1793. Details und weitere Beobachtungen dazu enthält Schröter, Beobachtungen 1795, 211–216.

501 Von Bergen auf der Venus s. Schröter, Beobachtungen (Jb) 1793.

502 So auch Gehler 4, 432. Bode (Erläuterung 1, 1778, 223) gibt für den kleinsten bzw. größten Abstand der Venus von der Sonne 718 und 728 Tausendstel des mittleren Erdabstandes an, Kästner (Anfangsgründe 2.2, 1781, 240) 0,71823 bzw. 0,72843.

503 Vgl. insg. Kragh, Moon 2008.

504 D. i. Lambert, Essai 1773. Darin finden sich sämtliche hier (152,24–153,2) aufgelisteten Angaben.

505 Ebd., 240–242.

506 In diesem Paragraphen (s. ErxH, 693) hatte Erxleben bezüglich des Venustrabanten ohne nähere Erläuterung geschrieben: „Der 1 Junius 1777 wird vielleicht mehr darüber lehren." In einem längeren Zusatz ergänzt L., was es mit diesem Tag auf sich hatte, und schließt: „Der Hr. Verf., der am 18 August jenes Jahres starb, hat also noch erfahren, was dieser Tag gelehrt hat."

507 Vgl. LaLande, Astronomie 3, 1771, 305.

508 Bei LaLande (Astronomie 3, 1792, 211) heißt es in § 3079[!] korrekt: „dans le 3e volume des nouveaux Mémoires d'Upsal", d. h. im 3. Band der ‚Nova Acta Regiae Societatis Scientiarum Upsaliensis'. Vgl. Wargentin, Observationes 1780.

509 Sowohl Hells als auch Köhlers Erklärung des Venustrabanten als einer optischen Täuschung referiert Kästner (Anfangsgründe 2.2, 1781, 152 f.). Die Originalquellen sind Hell, De satellite 1765, und Köhler, Venustrabant 1777. Zu letzterem vgl. auch 276,16–20.

510 Vgl. die Mahnung zur Behutsamkeit im Urteilen bezüglich der Vulkane auf dem Mond: 256,18–20.

511 Unter diesem Titel und anonym hatte Johann Karl August Musäus 1779 in vier Heften eine Satire gegen die Physiognomen veröffentlicht. Ob L. hier eine bestimmte Stelle im Sinn hat oder ob er mit dem Verweis auf die Physiognomie nur allgemein, wie im Zusammenhang mit der Elektrizität der Wolken (VNat 4, 259, Z. 27–31), seine skeptische Haltung unterstreichen will, ist unklar.

512 Während des gesamten Dezembers 1795 ging der Mars (vgl. Jahrbuch 1795, 71–73) zwischen ca. 5 und 6 Stunden vor der Sonne auf und stand einige Grad unter dem Äquator, war also relativ dicht über dem Horizont sichtbar, was den ohnehin schon rötlichen Farbeindruck wohl intensivierte.

513 Die Marsbahn war Keplers Ausgangspunkt für die Entdeckung, daß die Planeten sich auf Ellipsen bewegen. Unter dem Titel ‚Astronomia nova. ΑΙΤΙΟΛΟΓΗΤΟΣ, seu Physica coelestis, tradita commentariis de motibus stellae Martis, Ex observationibus G.V. Tychonis Brahe.' (In Max Caspars Übersetzung: ‚Neue Astronomie. Ursächlich begründet oder Physik des Himmels, dargestellt in Untersuchungen über die Bewegungen des Sterns Mars nach den Beobachtungen des Edelmannes Tycho Brahe.') hatte er seine Erkenntnisse veröffentlicht, darunter auch die ersten beiden der drei nach ihm benannten Gesetze; vgl. 127,10–21.

514 So auch Gehler 3, 138. Bode (Erläuterung 1, 1778, 223) gibt für den größten bzw. kleinsten Abstand des Mars von der Sonne 1665 und 1382 Tausendstel des mittleren Erdabstandes an, Kästner (Anfangsgründe 2.2, 1781, 240) 1,66587 bzw. 1,38151. Für beide Wertepaare wäre 18 : 15 eine bessere Näherung.

515 Vgl. Herschel, Appearances 1784, zur Form des Planeten insb. 261–271, zur Atmosphäre 271–273 und zur Neigung seines Äquators

gegen die Bahnebene 247–261. Alle Ergebnisse faßt Herschel auf der letzten Seite (273) zusammen.

516 Vgl. Hahn, Bemerkungen 1797, 251.

517 Zu den sukzessiv angegebenen Werten (s. Textapparat) vgl. Bode, Anleitung 1778, 630, sowie Bode, Erläuterung 1, 1778, 219. Die zwischenzeitliche Angabe von 322 Tagen beruht vermutlich auf einer Verwechselung mit Mars

518 Im Vergleich zur Angabe für Merkur (150,27–29) nur grobe Abschätzung.

519 Schröter schreibt (Beyträge 1, 1788, 110), es seien „die dunkeln Streifen, wenigstens gröstentheils, wol weiter nichts, als dichtere atmosphärische Decken, die eines schleunigen Anwachses und einer Aufheiterung fähig sind." Der Folgerung, er wolle dem Jupiter „Wolken, Schnee, Regen, Eiß und andere atmosphärische Erscheinungen" andichten, widerspricht er dagegen ausdrücklich (ebd., 109).

520 Unter deutlicher Verstärkung des leicht ironischen Untertons vermutlich nach Kästner, Anfangsgründe 2.2, 1781, 147, wo es heißt: „Noch weniger Glück haben des Capuziners Anton Maria Schyrläus de Rheita, *planetae Urban. octaviani*, oder *Ferdinando tertii*, oder *Agrippini* gemacht, denn er war ungewiß, ob er vom Pabste, Kaiser, oder dem Orte seiner Beobachtung, Cöln, fünf neue Begleiter Jupiters nennen sollte [...]. Es waren aber Sterne des Wassermanns, die Jupiter verließ, als er aus dieser Gegend des Himmels fortrückte." Kästner nennt als Originalveröffentlichungen: Marius, Mundus 1614; Galilei, Nuncius 1610; Schyrleus de Rheita, Oculus 1645. Dem letztgenannten Werk sind die Namen allerdings nicht zu entnehmen, sondern diese hatte Schyrleus nur in Briefen mitgeteilt (vgl. Weidler, Historia 1741, 483 f.).

521 Erx[6], 613 f.; vgl. auch ErxH, 690 f.

522 Für Lieberkühn vgl. Formey, Éloge 1756, 532. Maestlins scharfes Auge rühmt bereits Kepler (Paralipomena 1604, 157) und schreibt in der ‚Dissertatio cum nuncio sidereo' (1610, 23), daß jener üblicherweise 14 größere Sterne in den Plejaden zähle. Daß Maestlin aber auch bereits die Jupitermonde ohne Fernrohr gesehen zu haben behauptete, scheint ausgeschlossen. Beklagt er doch in Briefen an Kepler noch 1613 und 1614 (Kepler, Epistolae 1718, 42 u. 45), daß es ihm nicht gelungen sei, ihrer mit den Fernrohren, die er mittlerweile besaß, ansichtig zu werden. Woher L.s Information stammte, konnte nicht ermittelt werden, doch scheint sie durchaus verbreitet gewesen und tradiert worden zu sein. So heißt es in Jules Vernes ‚Fünf Wochen im Ballon' über einen der Reiseteilnehmer, er teile „mit Moestlin, dem Lehrer Kepler's, die seltene Fähigkeit, mit unbewaffnetem Auge die Trabanten des Jupiter zu unterscheiden, und in der Gruppe der Plejaden vierzehn Sterne zu zählen" (vgl. Verne, Wochen 1887, 40). – Bei Gamauf (GamN, 748) wird aus Mästlin Maskelyne.

523 Diese Beilage, die sich vor allem mit der Rotation des Jupiter befaßt, ist ein Auszug aus dem letzten Abschnitt von Schröters „Beobachtungen

und Folgerungen über die Rotation und Atmosphäre des Jupiters" (Schröter, Beyträge 1, 1788, 1–137).

524 Dt. *hinsichtlich der Wahrnehmung*; bei Schröter (ebd., 105) steht „augenscheinlich".

525 Die Gleichheit der Ziffern legt den Verdacht nahe, daß es sich hier um eine schlampig geschriebene Wiederholung des weiter oben (156,32) am Rand notierten Wertes $9^h\ 54'\ 56''$ handelt, den Schröter (ebd., 59) ebenfalls mitteilt. Denn eine Veröffentlichung Herschels mit den hier genannten Grenzen für die Meßwerte konnte nicht ermittelt werden. In dem einschlägigen Aufsatz über die Rotation von Jupiter und Mars, auf den sich auch LaLande (Astronomie 3, 1792, 336) noch bezieht, gibt Herschel aufgrund verschiedener Beobachtungen Ende der 1770er Jahre für die Rotationsdauer der Jupiterflecken zwischen $9^h\ 50'$ und $9^h\ 56'$ an, wobei er festgestellt zu haben glaubt, „that a spot which is carried about in the atmosphere of Jupiter generally suffers an acceleration" (Herschel, Observations 1781, 126).

526 Dort (vgl. ErxH, 679) stehen die Umlaufszeiten der Planeten. Für den Saturn lautet die Angabe: 10749 Tage, 7 Stunden, 21 Minuten und 50 Sekunden.

527 Vgl. unten 281,30; allerdings muß es 10 : 11 heißen.

528 Vgl. Bode, Erläuterung 1, 1778, 282 f.; die zweite Angabe betrifft die Lage der Knoten also der Schnittpunkte der Ringebene mit der Ekliptik.

529 Bedeutung nicht ermittelt.

530 Messiers „helle Punckte", von denen dieser in einem 1779 erschienenen Aufsatz (Messier, Memoire 1776) berichtet hatte, erwähnt L. im GTC für 1780 unter Hinweis auf ihre mögliche künftige Bedeutung für die Ermittlung der Rotationsdauer (Lichtenberg, Erfindungen 1780, 97). Zwei Jahre später heißt es unter der gleichen Rubrik (Lichtenberg, Erfindungen 1782, 65): „Hr. Messier hat nunmehr den dunkeln Streifen auf dem Saturn, der vielleicht dereinst dienen kan, die Zeit seiner Umdrehung um die Achse zu bestimmen, sehr deutlich gesehen."

531 L. nimmt hier eine alte Spekulation wieder auf, die sich erstmals im Sudelbuch A (A 255, zu datieren auf 1770/1771, vgl. SB 1/2 K, 10) und recht ausführlich in den Reise-Anmerkungen von der zweiten Englandreise findet (LE 1, 187 [Sept. 1775]): „*Höhlen* in der Erde können nicht ausgefüllt werden, ohne daß irgend sonst wo ein Mangel entsteht, und wenn es geschieht so ist bis auf eine grose Tiefe hinunter die Wahrscheinlichkeit daß es von oben herunter geschieht weit größer, als daß es von unten herauf geschehe. Alle die Höhlen ich meine unsere Haußer, Pallaste, Kirchen Bergwercke stürtzen ein, warum solte dieses nicht mit unterirdischen Hö[h]len eben so gehen, da sie ihren grosen Veränderungen ausgesezt sind. Die Erdbeben werden stärcker an einem Ort je nachdem das Gewölbe dünner wird, worauf ein Land ruht. und es ist wahrscheinlich daß so wie die Berge abnehmen, ebenso sich die Hö[h]len von dem Mittelpunckt der Erde entfernen. Der Boden der lezteren entfernt sich

davon so wie sich die Spitze jener ihm nähert. Jupiter hat vermuthlich große Höhlen oder hat wohl gar noch einen Planeten in sich, so wie der Ring des Saturns einen in sich hat, oder wie unsere Erde den Magnetischen Ball." Vgl. weiter D 706. 740; F 309 sowie Lichtenberg, Betrachtungen 1781, 32 f.; GamN, 752. Gamaufs Nachschrift legt nahe, daß der Vergleich mit der Brücke um die Erde auf LaLande (Astronomie 3, 1771, 440) zurückgeht.

532 Nach Gamauf (GamN, 752) bezeichnete L. die hier durch die vorangehenden Stichworte angedeuteten Spekulationen als Spiel der Phantasie, vergleichbare Betrachtungen sonst auch als Träume oder Spiele der Einbildungskraft (vgl. dazu 193,26–32). Soll das Hervorbringen solcher spekulativen Erklärungen von Naturerscheinungen hier durch eine neue Metapher illustriert werden?

533 Setzt man den Radius des Saturn wie gewöhnlich mit 10 Erdradien an, so ergibt sich auf der Grundlage der weiteren von L. angegebenen Werte für den in 24 Stunden zurückgelegten Weg: (24 : 10,5) × (7 : 3) × 10 × 5400 = 288000 Meilen. Unter der Voraussetzung der später von L. berechneten Rotationsdauer des Rings von ca. 11 St. 15 Min. wäre das Ergebnis richtig (vgl. Anm. 1089). Die dort verwendeten Daten kannte er aber wahrscheinlich noch gar nicht, als er diese Notiz abfaßte. Hier dürfte er wohl lediglich den vor Multiplikation mit 5400 resultierenden Quotienten (160 : 3) zu 50 gerundet haben.

534 Brühl, Nachricht 1793 (vgl. auch Anm. 1079).

535 Herschel, Auszug 1793.

536 Der Fehler in Erx[5], 600, korrigiert in Erx[6], 616; statt § 636 lies jedoch § 637.a.

537 L.s nachfolgende Ausführungen über den Uranus stützen sich im wesentlichen auf die Taschenkalenderaufsätze „Von dem neuen Planeten" (Lichtenberg, Planet 1783) und „Etwas neues vom neuen Planeten" (ders., Etwas neues 1784). Zum ersten Mal erwähnt er ihn in den Notizen für die öffentliche Vorlesung des Sommers 1781, wo „der neue Planet" unterm 27. Juli bei der Erläuterung der Titius-Bodeschen Regel die Reihe der Planeten erweitert (vgl. VN C 3, 15v).

538 Gemeint ist die sechste Aufl. von 1794.

539 Wo dies geschehen sein soll, bleibt L.s Geheimnis. Der erste gedruckte Hinweis auf seine erfolgreiche Suche nach dem neuen Planeten steht beiläufig in Kästners Rezension des Taschenkalenders für 1783 (GTC 1783, Rez. Kästner, 1017): „Im September 1782. hat ihn der Herausgeber des Taschenbuchs Hr. Pr. Lichtenberg zu Göttingen gefunden, und meldet hoffentlich künftig mehr von ihm." Darunter verstand Kästner sicherlich Details von L.s ersten Uranusbeobachtungen (beginnend in der Nacht vom 5. auf den 6. Sept. 1782), über die dieser in zahlreichen Briefen an verschiedene Korrespondenten, darunter auch Kästner selbst, berichtete (Bw 2, Nr. 965–968. 970. 974 f. 977. 980). „Ich werde", so äußert L. gegenüber Schernhagen am 16. Sept. (Bw. 2, Nr. 970 [433]) „wenn ich noch mehrere

[sc. Beobachtungen] habe, sie Königlicher Societät vorlegen.“ Weder setzte L. diesen Vorsatz in die Tat um (Heynes Jahresberichte über die Tätigkeit der Akademie für 1782 bis 1784 in den entsprechenden Bänden der ‚Commentationes‘ erwähnen jedenfalls nichts davon), noch entsprach er Kästners öffentlich geäußertem Wunsch. – Auch im Nachlaß haben nur wenige der zahlreichen Uranusbeobachtungen L.s Spuren hinterlassen, so von Dezember 1783 in der sog. Leihbibliothek (NL VI 58) und von Januar 1792 und März 1795 auf einzelnen Zetteln (s. u. Nr. 58 f.).

[540] Vgl. Mayer, Catalogus 1775, 72. Tatsächlich war es der 964. Stern in der Liste gewesen, den Bode nach L.s eigener Mitteilung vermißt hatte (vgl. Lichtenberg, Planet 1783, 9).

[541] Vgl. ErxH, 653 f.

[542] Vgl. Mechain, Nachricht 1787, 139–141.

[543] Der Hinweis auf die bevorstehende Veröffentlichung der Laplaceschen Tafeln ebenfalls bei Mechain (ebd., 139). Da Bode offensichtlich nicht so lange warten wollte, berechnete er selbst Tafeln auf der Grundlage von Laplace’ Bahnelementen und veröffentlichte sie im ‚Astronomischen Jahrbuch‘ für 1787 (Bode, Tafeln 1787).

[544] Auch diese Mitteilung aus dem ‚Astronomischen Jahrbuch‘ für 1787; vgl. Nordmark, Elemente 1787.

[545] Hier teilt Zach (Nachrichten 1789, 898) Delambres Bahnelemente mit.

[546] L. dividiert hier den ungefähren Wert für die Umlaufszeit des Uranus durch die seit Mayers Sichtung und irrtümliche Klassifizierung als Fixstern bis 1784 verflossenen Jahre. Für etwa ein Drittel seiner Bahn um die Sonne lagen also Meßwerte vor.

[547] 400 Mill. Meilen ist Bodes Wert für die mittlere Entfernung des Uranus von der Sonne im ‚Astronomischen Jahrbuch‘ bis zu der Ausgabe für 1795 (vom Jahr darauf an heißt es dort 398 Mill. Meilen). Die „eigentlich 379“ ergeben sich wohl einfach durch Subtraktion des ungefähren Abstands Erde – Sonne (21 Mill. Meilen), geben also die mittlere Entfernung des Uranus von der Erde in Opposition an.

[548] Auch diese Angaben nach Bodes ‚Astronomischen Jahrbuch‘, wo Uranus seit der Ausgabe für 1786 in der jeweils auf S. 2 abgedruckten „Vorstellung der Umlaufszeit, Entfernung und Größe der Sonne und Planeten“ aufgelistet ist.

[549] Zur Namensdiskussion vgl. auch Bode, Planet 1784, 87–95.

[550] D. i. Zach, Beobachtungen 1788.

[551] In der antiken Mythologie ist Saturn/Kronos der Vater von Jupiter/Zeus, dessen Gemahlin Juno/Hera ist.

[552] So in der Liste der Planeten (Connoissance 1789, 4): „♅ Herschel.“

[553] Bode, Planet 1784.

[554] Nach Gamauf machte L. an dieser Stelle der Vorlesung noch einmal auf die unbesetzte Position in der Titius-Bodeschen Reihe (vgl. 91,17–27) aufmerksam und spekulierte über einen dort möglicherweise noch zu ent-

deckenden Planeten (GamN, 755): „Er dürfte nur klein seyn, oder dunkle Flecken haben, so könnte man sichs leicht erklären, warum er noch nicht entdeckt ist." Die Vermutung wurde schon bald nach L.s Tod bestätigt durch die Entdeckung von vier der zu dem Asteroidengürtel zwischen Mars und Jupiter gehörenden Kleinplaneten, die Gamauf in seinen 1814 erschienenen ‚Erinnerungen' aus der Vorlesung als Nachtrag zu dem Planetenabschnitt ergänzt. 178,13–19

555 S. ErxH, 16.

556 Über die Ableitung des Zeichens für den Uranus von dem für das erst seit relativ kurzer Zeit als Edelmetall erkannte Platin vgl. Bode (Planet 1784, 95 f.), der in einer Fußnote festhält: „In meinem astron. Jahrbuch für 1785 habe ich den neuen Planeten zuerst mit diesem Zeichen ⛢ bemerkt." Damit sollte er sich langfristig, ebenso wie mit dem Namen, durchsetzen. Allerdings gab es für Platin seinerzeit kein allgemein angenommenes Zeichen, und es wurde alternativ auch das aus den Zeichen für Gold und Silber zusammengesetzte ☽☉ verwendet, das L. zumindest in einem Fall denn auch zur Symbolisierung des Uranus benutzte (vgl. NL VI 58, Bl. 7v).

557 Anscheinend kam es nicht mehr dazu, daß dem 1789 von Klaproth neuentdeckten Uran (vgl. auch ErxH, 219) noch ein Zeichen nach der hergebrachten Methode zugeordnet wurde. In dem sich an der Wende vom 18. zum 19. Jh. entwickelnden modernen System der chemischen Zeichen (Berzelius mit den Vorläufern Hassenfratz/Adet und Dalton) wurde es durch den Anfangsbuchstaben U abgekürzt. In esoterischen Zirkeln, in denen die traditionellen Planeten- und Elementsymbole weiter tradiert werden, scheint das LaLandesche Uranussymbol ♅ (vgl. Anm. 552) für das Uran verwendet zu werden. (Für einschlägige Hinweise sei Günther Beer, Göttingen, und Carmen Giunta, Syracuse, NY, gedankt.)

558 Vgl. LaLande, Astronomie 3, 1792, 210, der sich wie Wurm (vgl. die folgende Anm.) auf Herschel (Planet 1788) beruft, beim Wert für die Neigung der Bahn gegen die Ekliptik, den L. hier ebenfalls angibt, aber stark abweicht. Laut Herschel ist die Neigung entweder etwa 100° oder etwa 81°, je nachdem, welcher von zwei in Frage kommenden Werten für die Länge des aufsteigenden Knotens sich als richtig erweisen sollte.

559 Wurm (Geschichte 1791, 47–49) referiert Herschels Aufsatz über den Saturn und seine Trabanten (Herschel, Planet 1788). Über die erwähnten Folgen, die sich ergäben, wenn der Mond ebenso schief gegen die Ekliptik um laufen würde, macht keiner der hier von L. zitierten Astronomen Angaben. Auch aus den erhaltenen Nachschriften läßt sich nicht entnehmen, worauf L. an diesem Punkt der Vorlesung seine Studenten aufmerksam machte.

560 Zu S. 162,16–22 vgl. die Parallelstelle in L.s Artikel über Kometen im „Göttinger Taschen Calender" (Lichtenberg, Fortsetzung 1787, 94).

561 Nicht ermittelt.

562 Cicero, Opera 1687, 1178 (BL 1508) = De natura deorum II. 5. Cicero (Bücher 1739, 89 f.): „[...] Kometen, wie sie bey den Griechen heis-

sen, oder Schwanzsterne, wie wir sie nennen, dergleichen wir neulich in dem octavianischen Kriege zu Vorboten grosses Unglücks und Elendes gehabt haben; […].“ – Es geht um Ereignisse im Ersten Mithridatischen Krieg (89–84 v. Chr.); im Jahr 87 v. Chr. (667 a.u.c.) wurde der römische Konsul Cn. Octavius als Anhänger Sullas ermordet, nachdem sich sein Mitkonsul L. Cornelius Cinna und C. Marius Roms bemächtigt hatten. Auch Plinius (Naturalis historia II. 33) erwähnt die unheilverkündende Erscheinung eines Kometen „civili motu Octavio consule“ (während des Bürgerkriegs unter dem Konsul Octavio). Pingré (Cométographie 1, 1783, 274 f.) verzeichnet diesen Kometen für das Jahr 86 v. Chr. – Es ist also eigentlich nicht richtig, wenn L. (Lichtenberg, Fortsetzung 1787, 94) schreibt: „Cicero versichert ganz treuherzig, sie [die Kometen] hätten zu seiner Zeit Krieg verkündigt, […].“

563 Tacitus (2, 1781, 747): „In der Zeit ließ sich ein Komet sehn, der nach der Meinung des grossen Haufens eine Regierungsveränderung andeutet.“ Es heißt bei Tacitus (Opera 1, 1772, 729 [BL 979] = Annales XIV. 22) „vulgi opinio est“, nicht „vulgo opinio est“ (es herrscht gewöhnlich die Ansicht). Die Aufzeichnungen des Tacitus betreffen das Jahr 60 n. Chr., vgl. Pingré (Cométographie 1, 1783, 285).

564 LaLande, Astronomie 3, 1792, 213.

565 Aristoteles (Meteorologie 1970, 20 [Μετεωρολογικῶν A, 7 = ders., Opera 1, 1831, 344 [a]8–21]): „Unser Ausgangspunkt war ja, daß von der Welt rings um die Erde, soweit sie unterhalb des Kreisumschwungs (des Himmels) liegt, die erste Schicht eine warmtrockene Ausdünstung ist. Sie selbst und weithin auch die anschließende Luftschicht wird von dem Umschwung und der Kreisbewegung um die Erde herumgeführt und in solcher Bewegung dort, wo die Mischung gerade die richtige ist, vielfach in Brand gesetzt. […] Wenn nun in eine solche Ballung vom oberen Umschwung her ein Feuerkeim hineinfällt, […] steigt dann zufällig von unten eine Ausdünstung von der rechten Mischung empor, dann wird daraus ein Komet, […].“

566 Kepler (Libelli 1619, 99) hielt es für eine Eigenart des Äthers, daß er Kometen aus sich selbst hervorbringe. („Eius quippe haec natura est, vt Cometas ex se ipsa producat, […].“) Und zwar verdichte sich bisweilen ein im Äther enthaltener feiner Dunst in gewissen Gegenden, was z. B. auch dazu führt, daß das Sternen- und Sonnenlicht nicht ungehindert zur Erde gelangt. Er vertritt (ebd., 100) demnach nicht die alte Ansicht des Aristoteles von der Entstehung der Kometen aus sublunaren Dünsten („[…] antiquam illam Aristotelis opinionem de Cometarum ortu ex vaporibus sublunaribus […].“) – Vgl. Pingré, Cométographie 1, 1783, 93 f.

567 Hevelius (Cometographia 1668, 434) meinte, Kometen entstünden aus den sehr zarten Ausdünstungen verschiedener Planeten; sie würden wachsen, abnehmen und sich schließlich auflösen, und zwar indem sich kleinste Teile gleichartiger Materie erst aufeinander zu bewegten, sich dann verdichteten und später wieder voneinander lösten. Deshalb hielt er (ebd.,

435) auch die Möglichkeit der Wiederkehr eines Kometen für unmöglich („Nullus Cometa fit unquam redux, [...]"). Hevelius (ebd., 433) nahm an, es kämen nur wenige Kometen vor, bei denen sich ein astronomischer Auf- und Untergang beobachten lasse, weil die Erscheinungen selten so lange dauerten, sondern sich meist auflösten, bevor sie den westlichen Horizont erreichten. [„Eorum vero, qui ortu & occasu gaudent Astronomico perpauci occurrunt, raro enim eousque durant, sed plerunque, priusquam ad horizontem occiduum perveniunt, dissolvuntur."] – Außer der „Cometographia" (1668) veröffentlichte Hevelius an Monographien über Kometen den „Prodromus Cometicus" (1665), die „Descriptio Cometae [...] M.DC.LXV. exorti" (1666), die „Epistola de cometa" (1672) und eine „Epistola Ad Amicum, De Cometa, Anno M DC LXXVII, Gedani observato" (1677; die Angaben zu dem letztgenannten Druck konnten nicht autoptisch geprüft werden).

568 Chladni (Ursprung 1794, 5) nennt die Höhen von zehn zwischen 1676 und 1783 beobachteten Feuerkugeln; sie betrugen zwischen 16000 Schritten (ca. 12 km) und 64 deutschen Meilen (ca. 460 km). Vielleicht hat L. seine Angaben von der bei Chladni aufgeführten Feuerkugel abgeleitet, die über England am 18. Aug. 1783 (nach Cavallo [Description 1784, 111] $56\frac{1}{2}$ englische oder $12\frac{1}{4}$ deutsche Meilen) beobachtet wurde. Chladni (ebd.) schreibt auch (nach Pringle, Remarks 1759, 261) es sei „[...] die am 26. Nov. 1758 erst 90 bis 100, nachher 26 bis 32 Englische Meilen, (also erst ungefähr $19\frac{1}{2}$ bis 22, nachher $5\frac{2}{3}$ bis 7 deutsche Meilen) [...]" hoch erschienen. Von der Beobachtung dieser Feurkugel hat L. eine Notiz in seine „Excerpta" geschrieben (EP, p. 6 [= Bl. 62v]): „Feuerkugel umständlich. / Ibid. [= Philos. Trans. Vol. LI] 59 engl. Meilen Hoch [...]." Diese Höhe, die Pringle (Accounts 1759, 241) nach einer Beobachtung der Feuerkugel in Ancram nordwestlich von Jedburgh errechnet hatte, entspricht 12,8 deutschen Meilen.

569 Brahe hatte den von Anfang November 1577 bis Ende Januar 1578 sichtbaren Kometen beobachtet. Daß der Komet viel weiter von der Erde entfernt sein müsse als der Mond, schloß Brahe (Gassendi, Vita 1727, 353) aus drei Umständen: 1. der Komet bewegte sich auf seiner Bahn, die Brahe für einen großen Kreis hielt, viel langsamer als der Mond vor dem Fixsternhimmel; 2. bei Beobachtungen im Abstand von mehreren Stunden ließ sich so gut wie keine Parallaxe feststellen, und 3. wurde an verschiedenen Orten zur gleichen Zeit ein identischer vertikaler Abstand des Kometen von bestimmten Fixsternen gemessen. – Gegen die „meteorische" Natur der Kometen sprach Brahe (Liber 1610, 180) zufolge vor allem der Umstand, daß der Schweif des Kometen, während der ganzen Zeit der Erscheinung, immer vom Kometenkern aus zur Venus hin ausgerichtet gewesen sei. Wäre die Ansicht des Aristoteles zutreffend, daß es sich bei dem Kometen um ein aus trockener, klebriger und fettiger entflammter Materie bestehendes Meteor, und zwar (ebd., 159) an der äußeren Grenze des Luftkreises (in

suprema Aëris Regione), handele, dann hätte sich der Schweif wie andere Flammen vom Schwerezentrum der Erde weg ausrichten müssen.

[570] Kepler (Pingré, Cométographie 1, 1783, 92) hatte bei der Beobachtung des Kometen von 1607 gefunden, daß dieser sich mal schnell, mal langsam zu bewegen und zum Stillstand zu kommen und stationär zu werden schien, bevor er von den Sonnenstrahlen verborgen wurde. Vgl. Kepler, Libelli 1619, 2 f.

[571] Auf Grund seiner Beobachtungen des Kometen von 1680 hatte Dörfel (Betrachtung 1681, 24) sich gefragt: „*Ob nicht dieses* (und der andern) *Cometen Bewegungs-Linie eine solche Parabole sey/ dero Focus in das Centrum der Sonnen zu setzen?*" Vgl. Pingré, Cométographie 1, 1783, 144 f., und Lichtenberg, Fortsetzung 1787, 109 f. – Newton wendet am Schluß des dritten Buchs seiner „Principia mathematica" das Gravitationsgesetz auf die Kometen an. Der Herausgeber Cote faßt die Ergebnisse im Vorwort der zweiten Aufl. (Newton, Prinzipien 1999, 14 [nach Newton, Principia 1713, ungez. Bl. 11v]) zusammen: „Die Anzahl der Kometen ist sehr groß, ihre Bewegungen sind im höchsten Maße regelmäßig und befolgen die gleichen Gesetze wie die Planetenbewegungen. Sie bewegen sich auf kegelschnittförmigen Umlaufbahnen, diese Umlaufbahnen sind ganz außerordentlich exzentrisch." Vgl. Pingré, Cométographie 1, 1783, 153, und Lichtenberg, Fortsetzung 1787, 111.

[572] Halley (Synopsis 1705, 1886) hatte von 24 astronomisch beobachteten Kometen aus der Zeit von 1337 bis 1698 die Daten des aufsteigenden Knotens, die Bahnneigung, sowie Lage und Zeit des Perihels in einer Tabelle zusammengefaßt; wegen mangelnden Platzes (ebd., 1896) fehlt in der Tabelle eine Spalte mit der Angabe des Richtungssinnes des Umlaufs als eines weiteren wesentlichen „Elements" der Kometenbahn. Halley hatte gezeigt, wie sich mit Hilfe dieser Werte unter Anwendung der von Newton gefundenen Gesetzmäßigkeiten die Kometbahnen bestimmen lassen. Er hielt es für möglich, durch Vergleich der Bahndaten festzustellen, ob es sich bei einem gerade auftauchenden Kometen um einen noch unbekannten oder um einen früher schon beobachteten und nun wiedergekehrten handelt. Auf dieser Grundlage war Halley auch überzeugt (ebd., 1897), die Wiederkehr des Kometen von 1682 im Jahre 1758 vorhersagen zu können; würde dies zutreffen, dann dürfte kein Grund zum Zweifeln daran bestehen, daß auch die anderen bekannten Kometen einmal zurückkehren müßten.

[573] Palitsch (Kästner, Anfangsgründe 2.2, 1781, 279) fand den Halleyschen Kometen am 25. Dez. 1758.

[574] In den Berliner „Astronomischen Tafeln" sind 69 Kometen aus der Zeit zwischen 837 und 1774 notiert, deren Bahnen berechnet waren (Sammlung 1, 1776, 36–41). Nach Erscheinen der „Tafeln" hatte Méchain (Nachricht 1787, 143 f.) die Bahnelemente des am 24. Jan. 1784 von Jean-Dominique Cassini entdeckten Kometen berechnet. Die Bahnelemente des von Méchain und Messier am 7. Jan. 1785 gefundenen Kometen hatte Méchain (Elemente 1788, 166) Bode mitgeteilt, der sie im gleichen Jahr

veröffentlichte. – In dem 1791 gedruckten „Astronomischen Jahrbuch“ teilt Méchain (Beobachtungen 1794, 94 f.) die Bahnelemente für den von Caroline Lucretia Herschel am 17. April 1790 entdeckten Kometen mit: „Dies ist der 79ste Komet dessen Bahn berechnet worden, wenn man nemlich die von 1532 und 1661 für einen und denselben hält, welche unterdessen zwey verschiedene Kometen zu seyn scheinen, zu folge der von mir herausgebrachten Elemente, [...].“ (Vgl. dazu unten S. 288,11–12.) – Zu S. 164,18–21 vgl. Lichtenberg, Fortsetzung 1787, 113.

575 Halley (Synopsis 1705, 1897 f.) vermutete, daß die 1532 von Apianus und Anfang 1661 von Hevelius beobachteten Komenten identisch sein könnten, hielt aber die Angaben von Apianus für zu ungenau, vgl. unten S. 285,15–21.

576 Der Halleysche Komet erschien wieder im November 1835. – Im Jahr 1848 wurde die Rückkehr des Kometen von 1556 erwartet. Pingré (Dissertation 1760, 192) hielt die Kometen 1264 und von 1556 für die gleichen Himmelskörper und leitete daraus eine Umlaufzeit von 292 Jahren ab, vgl. LaLande, Handbuch 1775, 603. – Vgl. die Sudelbuchnotiz J 20 (SB 1, 653 f.).

577 Halley (Synopsis 1715, 901–903) meinte, daß es sich bei dem Kometen 1680 um denselben gehandelt haben könnte, der vorher „in the time of our King *Henry* I. *anno* 1106“, „in the Consulate of *Lampadius* and *Orestes*, about the Year of Christ 531“ und „[in] the 44th Year before *Christ*, in which *Julius Caesar* was murder'd“ erschienen war. Über die Verbreitung dieser Vermutung Halleys, die sich zuerst in der 1715 als Anhang zu Gregory's „The Elements of Astronomy“ gedruckten englischen Fassung der „Synopsis“ findet, vgl. Ramsey, Comet 1997, 70 f. (Fußnote 29 f.)

578 Derham (Astro-Theology 1719, 237) schreibt: „Thus according to the before commended Sir *Isaac Newton*'s computation, the Comet in 1680 in its Perihelion was above 166 times nearer the Sun than the Earth is; [...].“ Derham bezieht sich auf die S. 466 der 2. Aufl. der „Principia“ (1713), wo, ohne Veränderung des Textes gegenüber der ersten Aufl., vgl. unten Anm. 580, das Verhältnis der Abstände des Kometen von 1680 (im Perihel) und der Erde vom Sonnenmittelpunkt als 6 : 1000 angegeben wird. – Halley (Synopsis 1705, 1894) zufolge betrug im Perihel die Entfernung des Kometen von der Sonnenoberfläche kaum ein Drittel des Sonnenhalbmessers („non enim triente semidiametri corporis Solaris à superficie ejus distabat in Perihelio“) und (ebd., 1898 f.) die Entfernung von der Erdbahn im November 1680 nicht mehr als einen Sonnenhalbmesser („non amplius [...], quam semidiametro solari“). Zu dieser Zeit wies der Komet eine Parallaxe auf, die derjenigen des Monds fast gleichkam.

579 Die Überschlagsrechnung, nach der sich die Abstände umgekehrt verhalten wie die scheinbaren Größen, gilt bei einer so starken Annäherung nicht mehr. Immerhin ist der 166ste Teil des Abstands der Erde nicht ein-

mal mehr ein voller Sonnendurchmesser. Die korrigierte Rechnung mit den Sinus ergibt für den Winkel, unter dem der Durchmesser erschiene, fast 93°. Die Krümmung der Sonnenoberfläche würde bei dieser Entfernung ohnehin nur die Betrachtung einer Kugelkappe mit einem viel kleineren Durchmesser als demjenigen der Sonnenkugel erlauben.

580 Im Zusammenhang mit Überlegungen zum Material, aus dem Planeten bestehen, macht Newton (Principia 1687, 498 f.) folgende Schätzung: Da sich die Dichte der von der Sonne ausgehenden Strahlen nach dem Abstandsquadratgesetz ändert und sich der Abstand vom Sonnenmittelpunkt beim Kometen von 1680 in seinem Perihel und derjenige der Erde vom Sonnenmittelpunkt wie 6 : 1000 verhielten, war die Wärme (ein Begriff, den Newton undifferenziert und nicht im Sinn der Wärmelehre verwendet) auf dem Kometen 28000mal größer als auf der Erde. Nach Newtons Erfahrung war kochendes Wasser dreimal wärmer als Erde unter der Sommersonne und glühendes Eisen drei- bis viermal wärmer als kochendes Wasser. Deshalb mußte die von dem Kometen im Perihel empfangene Wärme etwa 2000mal größer sein als die von rotglühendem Eisen. Weil flüchtige Stoffe eine solche Wärme nicht aushalten können, müßten Kometen aus ähnlich festem und widerstandsfähigem Material wie Planeten bestehen. Außerdem kann sich die Wärme im Kometen lange erhalten: Eine glühende Eisenkugel von 1 Zoll Durchmesser fühlt sich, nachdem sie eine Stunde an der freien Luft gelegen hat, immer noch warm an. Weil eine größere Kugel im Verhältnis zum Durchmesser die Wärme länger beibehalten kann, nimmt Newton an, daß eine glühende Eisenkugel mit gleichem Durchmesser wie die Erde, sich kaum im Verlauf von 50000 Jahren abkühlen würde.

581 S. 165,7–13 nach Pingré, Cométographie 2, 1784, 110 f. Liceti (Responsum 1653, 117–119) schließt aus antiken Berichten über nachts feurig und tags als Wolke erschienene, einer Säule ähnelnde Kometen auf die Kometennatur der Feuer- und Wolkensäule (AT 2. Mose 13 f.), die das Volk Israel durch die Wüste zum Schilfmeer geführt und vor den Ägyptern verborgen hatte. Auch die (NT Matthäus 17) bei der Verklärung Jesu den Jüngern erschienene lichte Wolke und die zum Zeichen des nahen Jüngsten Gerichts vom Himmel fallenden Sterne (NT Markus 13.25) deutet Liceti (Responsum 1653, 107 und 112 f.) als Kometen. – Vgl. Lichtenberg, Fortsetzung 1787, 101.

582 Zur „Corona des Nordlichts" s. S. 485,23–34 in Kapitel XIII „Von der Erde insbesondere". Mit den „Ausdünstungen des Eises" meint L. Hells Nordlicht-Theorie, vgl. S. 483,11 und die zugehörige Anm. – Andererseits dachte L. offenbar auch an eine Beziehung zu seiner Erklärung des Nordlichts aus den turmalinartigen Eigenschaften der Erde: Ebenso könnten die Kometenschweife als elektrische Phänomene auf der gleichen Grundlage verstanden werden, vgl. unten S. 262,16–17.

583 Vgl. unten S. 289,14. Lubieniecki (Historia 1666, 292) nennt für das Jahr 1454 zwei Kometen und vermerkt unter den Ereignissen dieses

Jahres auch einen Aufstand der Bürgerschaft von Lüneburg, der zur Absetzung des alten Senats und zur Wahl neuer Senatoren führte. Vgl. die Fußnote zu „Ohrfeigen", S. 182,30. – Die Kenntnis des Kometen, der den Mond verfinstert hatte, beruht auf einem Bericht von Georgios Sphrantzes (1401–1478) über Vorfälle des Jahres 1450, und für dieses Jahr hat ihn auch Lubieniecki verzeichnet. Pingré (Cométographie 1, 1783, 456) hat mit einer historisch-kritischen Begründung das von Sphrantzes genannte Jahr 1450 zu 1454 korrigiert, vgl. unten S. 289,28–31. – Vgl. L.s Sudelbuchnotiz KA 60 (SB 2, 50).

584 Pingré (Cométographie 1, 1783, 456 f.) zitiert einen historischen Bericht über den Kometen von 1454, vgl. Anm. 583, und dessen in Konstantinopel beobachtete Verfinsterung des Mondes („la Comète passa devant son [la lune] disque & l'éclipsa"). Er folgert (Cométographie 2, 1784, 152 f.) aus dem fehlenden Einfluß des Kometen auf die Bewegung von Erde und Mond eine geringe Dichte des Kometen.

585 Euler hat als Anhang seiner „Fortgesetzten Beantwortung der Fragen über die Beschaffenheit, Bewegung und Würckung der Cometen" vermutlich von Christine Kirch angestellte Beobachtungen (Observationes 1744) mitgeteilt, vgl. Waschkies, Physik 1987, 95. Woher L. diese Information erhalten haben könnte, wurde nicht ermittelt.

586 Euler berechnete die Bahn des Kometen von 1744 nach Beobachtungsdaten, die ihm (Theorie 1781, 73) „von Paris überschicket worden" waren, vgl. ders., Beantwortung 1744, 61 f. (Eine Berechnung der Bahn nach den Beobachtungen Christine Kirchs wurde nicht ermittelt.) Euler (ebd., 68) folgert aus seinen Berechnungen, „[...] daß dieser *Comet* sich in der That in einer *Ellipsi* beweget, welche aber so ablang ist, daß derselbe in seinem *Aphelio* weit über den *Saturnum* hinauf steigt." Deshalb ist auch die durch Beobachtungen gesicherte Bahn des Kometen von 1744 (ders., Theorie 1781, 128): „[...] von der Parabel so wenig unterschieden, daß man sie ohne merklichen Fehler in Rechnen dafür annehmen kann." Zu diesem Ergebnis kam Euler, nachdem er (ebd., 105) mit Hilfe von Beobachtungsergebnissen Jacques Cassinis seine erste Berechnung korrigiert hatte. – Auf einen hyperbolischen Bahnverlauf kommt Euler (ebd., 101) nur im Fall einer Beispielrechnung, mit der er zeigt, wie sehr kleine Ungenauigkeiten in den Beobachtungsdaten das Rechenergebnis beeinflussen: „Es erhellet aber hieraus, daß diese Bestimmungen von der Güte der Observationen größtentheils abhängen, deren geringste Veränderung, die gefundene Hyperbel, leicht in eine Ellypse verwandeln könnte."

587 L. veranschaulicht die Schwierigkeiten bei der Berechnung eines Bahnverlaufs aus wenigen Positionen auf dem kleinen der Beobachtung zugänglichen Abschnitt: Es ist ähnlich schwer, eine Bleistiftlinie richtig zu ziehen, wenn ihre Bestimmungspunkte verhältnismäßig nah beieinander liegen.

588 Euler (Theorie 1781, 70): „[...] die periodische Zeit ist = 170,77 Jahre." Vgl. oben S. 164,27–28.

589 Kästner (Anfangsgründe 2.2, 1781, 284) zufolge war der Komet von 1770: „[...] d. 1. Jul nur ohngefähr 750000 Lieuen von der Erde, näher als ihr irgend ein anderer gekommen ist, und er hat keine uns bekannte Aenderung verursacht." 750000 Lieuen entsprechen 450000 deutschen Meilen; die mittlere Entfernung des Mondes von der Erde wurde jedoch mit 52000 Meilen angegeben (ErxH, 682 [Randbemerkung]).

590 Es geht um Lexells Kometen, der in der Zeit zwischen dem 14. Juni und 3. Okt. 1770 beobachtet wurde, vgl. Lexell, Recherches 1776. In einer Fußnote zu Hartmanns „Nachricht von einem im Junio und Julio 1770. gesehenen Kometen" (1771, 58) teilt Kästner mit, daß dieser Komet auch am 30. Juni 1770 von dem Göttinger Universitätskupferstecher Kaltenhöfer und am 2. Juli von L. gesehen worden sei. Als L. im Mai 1771 einen Kometen beobachtet, hält er ihn für ebendiesen Kometen, und schreibt an Kästner (Bw 1, Nr. 22 [37]): „Sir Last night about a quarter before eleven, when I came home I had the pleasure to find the comet which Mr Messier discovered some time ago, [...]." (Vgl. Messier, Mémoire 1777.) Schon Pingrés Berechnung der Bahnelemente hatte gezeigt, daß es sich um verschiedene Kometen handelte, vgl. Sammlung 1, 1776, 40 f. (Nr. LXV f.). L. (Cometen 1778, 184 f.) war auch zwei Jahre nach Erscheinen dieser „Berliner Tafeln" (vgl. unten S. 167,9–10) noch davon überzeugt, 1771 ebenfalls Lexells Kometen gesehen zu haben: „Schon im December vorigen Jahrs erhielt Herr Hofrath Kästner einen Brief von dem jüngern Herrn Euler, worinn er ihm, mitten unter andern gelehrten Neuigkeiten, auch meldet: Herr Prof. Lexell in Petersburg, ein bekannter großer Rechner, habe gefunden, daß der Comet, den ich ebenfalls hier im Jahr 1771 beobachtet, und eine Nachricht davon in den gelehrten Anzeigen gegeben habe, im Jahr 1780 wieder erscheinen werde." (Die „Nachricht" ist vermutlich Lichtenberg, Beobachtungen 1771, worin er den Kometen vom Juli 1770 jedoch nicht erwähnt.) Die gute Sichtbarkeit (selbst mit bloßem Auge) und die schnelle Veränderung der Position am Sternhimmel waren allerdings Merkmale von Lexells Kometen (vgl. Hartmann, Nachricht 1771), die dem von L. im Mai 1771 beobachteten Kometen nicht zukamen. – Vgl. auch Lichtenberg, Fortsetzung 1787, 132.

591 S. 166,20–30 nach Pingré, Cométographie 2, 1784, 88–90. Die erste Berechnung einer elliptischen Bahn für den (ersten) Kometen von 1770 hatte Lexell (Recherches 1776) ausgeführt und daraus auch auf die von L. genannten Störungen durch den Jupiter geschlossen. – Vgl. auch L. Sudelbuchnotiz J 2031 (NL IV 31, p. CX f.): „Die Acad. der Wiss zu Paris sezt für 1793 einen Preiß auf die Theorie der Feuer-Maschine und für 1794 auf die Theorie des Cometen von 1770 [aus] wobey die Beobachtungen geprüft und bestimmt werden soll, woher es komme daß dieser Comet eine Umlauf Zeit von 5 Jahren zu haben schien ungeachtet man ihn weder vorher noch nachher gesehen. Der Preiß ist 2000 Livres. Dieser Comet kan wohl der gewöhnliche[n] Theorie von ihrer Dauer ein Ende machen. Man

solte eine Sternschnuppe oder Feuerkugel einmal so berechnen. Vielleicht gieng er gar um unsere Erde."

592 Ist hier die Durchkreuzung der „festen" Sphären durch die Kometenbahnen gemeint?

593 Kästner (Anfangsgründe 2.2, 1781, 274): „Wenn man also auch die Beweise nicht in Betrachtung ziehen wollte, die schon der Gang der beständig bekannten Planeten, Cartesens Wirbeln entgegengesetzt, so lassen sich doch die Bewegungen der Kometen gar nicht mit einer flüssigen Materie vergleichen, welche die Weltkörper gemeinschaftlich um die Sonne führen sollte."

594 Es ist unwahrscheinlich, daß L., als er Anfang Juli 1770 Lexells Komet sah, nichts von der nur wenige Tage zuvor gemachten Beobachtung Kaltenhöfers gewußt haben sollte. Beim Auffinden des Kometen im Mai 1771 hatte sich L. auf Messier berufen (vgl. Anm. 590). Auf den um die Jahreswende 1773/74 beobachteten Kometen (vgl. Anm. 638) war L. offenbar von Schernhagen (Bw 1, Nr. 222 [S. 416]) aufmerksam gemacht worden. Als L. am 18. Jan. 1779 einen Kometen entdeckte, wußte er bereits von der Beobachtung dieses Kometen durch Bode (vgl. Bw 1, Nr. 573–575, und Kästner, Komet 1779). Auch vor der Beobachtung des Kometen von 1780 (vgl. Bw Nr. 2, 754–756) hatte L. Kenntnis von dessen früherer Entdeckung durch Messier. – Es ist also nicht klar, welche von ihm entdeckten Kometen L. hier meint.

595 Lubieniecki (Historia 1666) hat Nachrichten über 415 Kometen aus der Zeit von 2312 v.Chr. bis 1665 n.Chr. gesammelt. Pingré (Cométographie 2, 1784, 117) schreibt, daß er Nachrichten von etwa 380 Kometen gefunden habe aus der Zeit von 2349 v.Chr. bis 1781 n.Chr., deren Erscheinung für recht wahrscheinlich gehalten werden könnte. In den Berliner Tafeln (Sammlung 1, 1776, 23–35) sind 480 Kometen aus der Zeit von 2312 v.Chr. bis 1774 n.Chr. aufgezählt; die Liste bei Pilgram (Untersuchungen 1788, 322–333) enthält 502 Positionen, für die Zeit von 2312 v.Chr. bis 1785 n.Chr., allerdings zumindest bei derjenigen für die Jahre 47–45 v.Chr. die unbestimmte Angabe: „Durch diese Jahre erschienen mehrere Cometen, welche Virgil besingt." Zu L.s Zählung vgl. unten S. 288,21–26.

596 Der folgende Text (bis S. 169,25), weniger eine Übersetzung als eine teilweise umgeordnete Zusammenfassung von Senecas Überlegungen zu Kometen und den zu seiner Zeit darüber vertretenen Auffassungen im siebten Buch seiner ‚Quaestiones naturales' mit Schwerpunkt auf den Kapiteln 24 bis 27, findet sich bis auf Abweichungen in der Orthographie und unter Einschluß der Hervorhebungen wörtlich abgedruckt im ‚Göttinger Taschen Calender' (Lichtenberg, Fortsetzung 1787, 102–106). Im einzelnen lassen sich die meisten Passagen wie folgt in den Kapiteln von Senecas Text wiederfinden: 167,26–30 im 26., 167,30–168,1 im 27., 168,1–3 im 25., 168,4–6 im 23., 168,6–11 im 11., 168,11–12 im 22., 168,12–20 im 23., 168,21–169,2 (bis auf L.s „Note" 168,30–32) im 24., 169,2–22 im 25.

Kapitel (eine 169,22–24 ähnliche Stelle am Ende des 25. Kapitels bezieht sich auf Planeten) und 169,25 im 31. Kapitel. Allerdings ist die Übersetzungs- und Kompilationsleistung aus dem Original nicht L. selbst zuzuschreiben; er hat sich bei LaLande (Astronomie 3, 1771, 312–314) bedient und lediglich dessen französische Vorlage ins Deutsche übertragen. Vgl. auch L.s Ergänzung zu § 646 des Erxleben (ErxH, 702,13–18; sinngemäß auch bereits in Erx^3, 597), in der er Seneca „sehr richtige oder unsern Kenntnissen wenigstens angemessene Begriffe [...] von den Kometen" attestiert, weshalb seine Lektüre das größte Vergnügen bereite, sowie die Sudelbuchnotiz D 113 (SB 1, 248).

[597] Vgl. D 113, nach Promies (SB, 1/2 K, 224) datierbar auf Ende 1773: „Was werden die künfftigen Zeiten nicht noch entdecken? O hätten doch die unsrigen über manche Dinge so klug räsonirt, als Seneka über die Cometen!"

[598] Anordnung und Inhalt des Abschnittes von S. 169,29–174,24 sind dem „Chapitre V. De l'Atmosphère des Comètes" von Pingré (Cométographie 2, 1784, 188–217) entlehnt.

[599] Pingré (ebd., 188 f.) bemerkt, daß das Aussehen des Kometenkerns sehr veränderlich sei. Der Kern des Halleyschen Kometen war 1531 goldgelb („d'un beau jaune imitant la couleur de l'or"), 1607 düster und blaß („sombre & livide"), 1682 sehr leuchtend („très-éclatante") und 1759 dunkel („obscure").

[600] Pingré (ebd., 1784, 189) schreibt, daß Fixsterne durch die Hülle (Koma) der Kometen scheinen, sogar in der Nähe des Kerns („même près du noyau"), wo diese Hülle am dichtesten ist. Im Gegensatz dazu wirft die Atmosphäre der Erde bei Mondfinsternissen einen deutlichen Schatten.

[601] Pingré (ebd., 190) zufolge wurde der Schimmer in Begleitung eines Kometen „Bart" genannt, wenn er dem Kometen vorausging („lorsqu'elle précédoit la Comète") und „Schweif" wenn er im folgte („lorsq'elle la suivoit").

[602] Apian (Astronomicum 1540, ungez. Bl. 53r [= Pars 2, caput 15]) hatte diese Bemerkung bei seiner Beobachtung des Kometen vom August 1531 gemacht und daraus gefolgert, daß der Kometenschweif von der Sonne ausgeht, so daß (ebd., ungez. Bl. 55r) der Schweif der Sonne wie der Schatten [des Kometen] folgt („cauda Solem, vti vmbra assequeretur"). – Vgl. Pingré, Cométographie 2, 1784, 190.

[603] S. 170,6–13 nach Pingré (ebd., 190). Ein Komet erscheint „rundlich", wenn der Schweif in Blickrichtung des Beobachters hinter dem Kern verläuft, wodurch sich die Hülle scheinbar vergrößert.

[604] D.h., daß der Schweif des Kometen nicht immer in der Richtung eines vom Sonnenmittelpunkt aus durch den Kern des Kometen gehenden Strahls verläuft. Für die Ursachen dieser „déviation" verweist Pingré (ebd., 191) auf Newton (Principia 1713, 469).

[605] Pingré (Cométographie 2, 1784, 192) zufolge betrug der scheinbare Abstand des Kometen von 1769 von der Sonne 55° und die scheinbare Länge des Schweifes 90°.

[606] Pingré (ebd., 192) schreibt, daß die Deviation und die Krümmung des Schweifs keine Folge astronomischer Refraktion sein können, weil diese Veränderungen unabhängig von der Position des Kometen auf der Himmelskugel sind („elles étoient absolument indépendantes de la partie du Ciel où l'on voyoit la Comète").

[607] Vgl. Pingré, ebd., 191. Die Randbemerkung bedeutet abweichend vom Text „gerade, wenn der Komet sich in der Ebene der Ekliptik befindet."

[608] Das sind die Ursachen für Änderungen der scheinbaren Größe des Kometenschweifes, vgl. Pingré, ebd., 192.

[609] S. 170,26–33 nach Pingré, ebd., 193.

[610] Das ist L.s Ansicht, die sich bei Pingré (Cométographie 2, 1784) nicht findet.

[611] Pingré, ebd., 206. Die verschiedenen scheinbaren Größen des Schweifs des Kometen von 1769 wurden in London, Paris und auf der Insel Bourbon am gleichen Tag (9. Sept. 1769) gemessen; am 11. Sept. betrug sie auf dem Meer zwischen Teneriffa und Cadiz 90° und auf der Insel Bourbon 97°. Pingré (ebd., 194) schloß daraus auf einen Einfluß der Atmosphäre auf die scheinbare Größe des Kometenschweifs.

[612] Pingré (Cométographie 2, 1784, 194 f.) hatte die von ihm als „ondulation" bezeichnete Erscheinung bei dem Kometen von 1796 bemerkt und nennt an berühmten Beobachter eines ähnlichen Phänomens Kepler, Wendelin, Snellius und Hevelius.

[613] Pingré (ebd., 194) beschreibt die „ondulation" als merkliche innere Bewegungen, ausgeworfene Strahlen, ein Schnellen, ähnlich denjenigen Veränderungen, die gewöhnlich beim Nordlicht vorkommen („mouvemens intestins sensibles, des jets, des élancemens, semblables à ceux qu'on a coutume d'observer dans les aurores boréales").

[614] S. 171,23–32 L.s Ansicht; nicht bei Pingré (Cométographie 2, 1784).

[615] Es geht um eine, wie es bei Eggers (Beschreibung 1786, 351) heißt, dem Nordlicht „verwandte" Lufterscheinung: glänzende Wolken, die „die Fischer in Norwegen, *Sildblik*, nennen, weil sie glauben, daß die glänzende Haut eines Heringschwarms, einen so starken Wiederschein verursacht, daß sogar die Wolken davon erhellet werden."

[616] S. 172,8–18 nach Pingré (Cométographie 2, 1784, 199), der es allerdings bei dem Hinweis bewenden läßt, daß nur Lichtstrahlen sichtbar werden, die ins Auge gelangen und nicht weiter auf die angebliche linsenartige Wirkung des Kometen eingeht.

[617] Pingré (ebd., 199) zufolge halten Descartes und seine Anhänger den Kometenschweif für eine Folge der Brechung des Lichts bei seiner Ausbreitung vom Kopf des Kometen zum Auge des Beobachters. („Suivant

Descartes & les Cartésiens, la cause de la queue d'une Comète n'est autre que la réfraction de la lumière dans sa progression de la tête de la Comète à l'oeil de l'observateur.") – Descartes (Principia 1644, 176–178 [§ 136]) ging davon aus, daß die Sonne von einer Sphäre aus „Himmelskügelchen" (globuli coelestes) umgeben ist, deren Größe sonnenwärts abnimmt. Indem das vom Kometen reflektierte Sonnenlicht in verschiedenen Richtungen durch diese Sphäre verläuft, erscheint dem Beobachter auf der Erde der Kometenschweif in verschiedener Form und Ausdehnung.

618 Die von L. genannten Beispiele betreffen streuende Reflexion mit einer Vorzugsrichtung und sind eigentlich nicht auf Descartes' Erklärung des Kometenschweifs anwendbar. Durch die streuende Reflexion können kreisrunde Lichtquellen längliche Reflexe bilden.

619 Zu dem „*Conus* aus soliden Glase den Regenbogen darzu stellen" vgl. VNat 4, 618 f. (Anm. 523). L. empfiehlt hier statt der „objektiven" Projektion, das runde Spektrum „subjektiv" zu erzeugen, indem der Beobachter von der Basis her durch den Kegel auf die Lichtquelle blickt. – Bei den Haloerscheinungen bewirken in großer Höhe schwebende Eiskristalle eine Brechung des Sonnenlichts.

620 Im Zentrum der schon in Anm. 617 genannten Sphäre aus „Himmelskügelchen" befand sich die Sonne. Die Mächtigkeit und die Eigenschaften der zwischen der Erde und dem Kometen außerhalb der Sphäre befindlichen Schicht aus „Himmelskügelchen" waren also veränderlich.

621 Descartes (Principia 1644, 179 f.) hatte dieses Problem in seiner Erklärung der Kometenschweife erkannt. Das Fehlen der Schweife bei den Fixsternen und Planeten begründet er mit ihrer geringen scheinbaren Größe, bei welcher sich auch bei Kometen keine Schweife zeigen würden.

622 Vgl. Pingré, Cométographie 2, 1784, 200–203. Mairans Erklärung der Kometenschweife steht im Zusammenhang mit seiner Theorie des Nordlichts, vgl. in diesem Band S. 486,27–30 und die zugehörigen Anmerkungen. Die Materie der Sonnenatmosphäre, die als Zodiakallicht in den Bereich der Schwerkraft der Erde gerät, sammelt sich im Bereich der Pole und erscheint dort als Nordlicht. – Gelangt ein Komet in seine Perihel, dann belädt sich seine Atmosphäre ebenso mit der Materie der Sonnenatmosphäre. Indem die Sonnenstrahlen diese Materie aus den obersten Schichten der Kometenatmosphäre treiben (Mairan, Abhandlung 1753, 532) „wie ein wirkliches Haar, das dem Winde ausgesetzet wäre", entsteht der Kometenschweif.

623 S. 173,8–12 nach Pingré, Cométographie 2, 1784, 205 f.

624 S. 173,24–26 nach Pingré, ebd., 207. Die Erklärung des Kometenschweifes findet sich bei Comiers (Nature 1665, 73–89) in der „Proposition III. 1. La Queuë des Cometes, est la dissipation de leur Atmosphere, poußée par les rayons Solaires, 2. Lesquels étant reünis au derriere de la tête de la Comete, échaufent, rarefient, & dissipent davantage leur Atmosphere pour en former ces Queuës & Barbes d'vne prodigieuse longueur."

625 Euler, Recherches 1748.

626 Newton (Principia 1687, 499 [Prop. 41, Probl. 20 {in späteren Ausgaben: 21}, Exemplum]) nimmt an, daß der Schweif aus Nebeln oder Dämpfen besteht, die ständig aus dem Kometenkopf aufsteigen und sich in Gegenrichtung zur Sonne ausbreiten.

627 Pingré (Cométographie 2, 1784, 207) zufolge war Hevelius der Ansicht, daß sich nicht alles Material, das den Kometen bildet, zur Dichte des Kerns kondensiert. Dieser ist deshalb von einer Atmosphäre umgeben. Die Sonnenstrahlen erwärmen und verdünnen den ihr zugewandten Teil der Atmosphäre stärker und stoßen dessen Materie in den Raum hinter den Kometen. Die Erscheinung des Schweifs ist verschieden, weil die von der Sonne ausgehenden Lichtstrahlen in der Atmosphäre des Kometen verschieden abgelenkt werden, bevor sie die hinter den Kern gestoßene Materie erleuchten. – Vgl. Hevelius, Cometographia 1668, 477–482.

628 Euler (Recherches 1748, 121–124) ist der Ansicht, daß das Licht, das er für Ätherschwingungen hält, in der Lage ist, die feinen Teile, aus denen die Kometenatmosphäre besteht, in Bewegung zu versetzen. Die Lichtstrahlen in Richtung *GG* bewirken nur eine Verdichtung der Atmosphäre. Die Strahlen, die seitlich durch die Atmosphäre verlaufen und den Kern höchstens tangieren (*EE, HH, II, FF*), führen Materie aus der Atmosphäre mit sich fort. Weil auf diese Materie außer der treibenden Kraft der Lichtstrahlen noch die Schwerkraft des Kometenkerns wirkt, bewegen sich die Teilchen nicht geradlinig, sondern auf mehr oder weniger gekrümmten Kurven vom Kometen weg, womit Euler (ebd., Fig. 1) die konische Ausbreitung des Schweifs in Gegenrichtung zur Sonne erklärt.

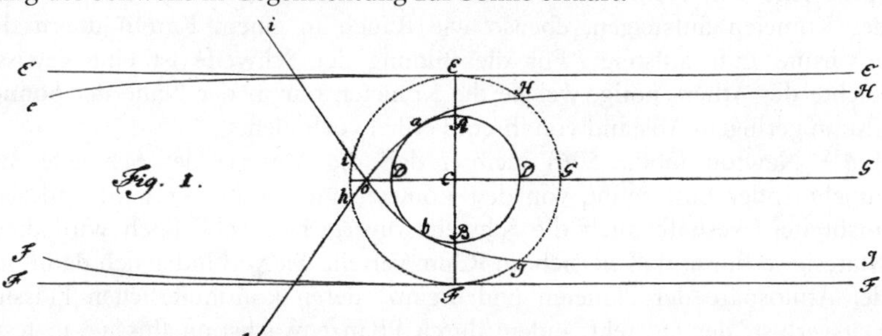

Auf die Form und Größe des Schweifs wirkt außerdem eine von Euler (ebd., 125–127) angenommene Rotation des Kerns in Abhängigkeit von der Lage der Rotationsachse zur Sonne.

629 S. 174,16–18 nach Pingré, Cométographie 2, 1784, 208. – Amiant ist eine Aktinolith-Varietät; das Mineral bildet feinhaarige, langnadelige Kristalle.

630 Pingré (ebd., 208) geht auf das Problem in einer Fußnote ein: Er wolle an dieser Stelle nicht untersuchen, ob die Licht- und die Wärme- bzw. Feuermaterie ein und dasselbe seien; es gehe bei dieser Frage um Sonnenstrahlen, bei denen Licht und Wärme untrennbar miteinander verbunden seien. – Euler (Recherches 1748, 121 f.) meint, daß sich die Ätherschwin-

gungen den Teilchen des Körpers, auf den sie treffen, mitteilen, geht aber auf den Zusammenhang zwischen dieser Bewegung und Wärme nicht ein.

631 L. (Fortsetzung 1787, 117 f.): „Denn wenn das Licht ein Körper ist, wer will läugnen, daß es sich mit andern Körpern auf tausenderley Weise verbinden könne, worunter ja auch wohl solche Verbindungen seyn können, die noch etwas von der Natur des Lichts, nemlich die Bewegung in gerader Linie von der Sonne ab, beybehalten; [...]? Bey dieser Voraussetzung wäre auch nicht einmal nöthig, daß die Theilchen des Cometen ihre Schwere gegen ihn verloren hätten; denn, so wie Hitze, oder (wenn dieses Wort zu *irrdisch* klingen sollte,) wie die Einwürkung der Sonne, die Theile des Cometen auseinander treibt, der Richtung der Schwere entgegen, so könnten ähnliche Verbindungen der Lichtmaterie mit denselben, sie ebenfalls der Richtung der Schwere entgegen, von der Sonne abwärts treiben."

632 Euler, Theoria 1746; vgl. VNat 4, 454 f. (Anm. 143).

633 Euler, De relaxatione 1746, 249. – Newton (Optice 1740, 283 [Quaestio XXII]) hatte angenommen, daß der Himmelsäther 7×10^5 mal elastischer und dabei 7×10^5 mal dünner sei als Luft und daß der Himmelsäther der Bewegung einen 6×10^8 mal geringeren Widerstand entgegensetze als Wasser.

634 Newton (Principia 1687, 505 [Prop. 41, Probl. 20 {in späteren Ausgaben: 21}, Exemplum]) ist der Ansicht, daß das Sonnenlicht auf die reflektierenden Teilchen in der Atmosphäre des Kometen wirkt. Indem sich diese Teile und der sie umgebende Äther erwärmen, vermindert sich deren spezifische Schwere, so daß sie nach der von der Sonne abgewandten Seite des Kometen aufsteigen, ebenso wie Rauch in einem Kamin durch die erwärmte Luft aufsteigt. Für die Bildung der Schweife ist eine gewisse Dichte des Äthers nötig, welche die Kometen nur in der Nähe der Sonne, also in geringem Abstand von ihrem Perihel vorfinden.

635 Newton (ebd., 506) meinte, daß die Materie der Schweife mit zunehmender Entfernung von den Kometen immer dünner wird und sich ausbreitet, weshalb auch die Schweife divergieren. Schließlich wird diese Materie so dünn, daß sie sich im Raum verteilt. Sie verbindet sich dann mit der Atmospäre der Planeten und ergänzt deren kontinuierlichen Flüssigkeitsverlust, der entsteht, indem durch Pflanzenwachstum flüssige in feste Substanzen umgewandelt werden.

636 Allerdings schrieb L. zum Lob der Physik scherzhaft (Bw 2, Nr. 1220 [803]): „[...] Kenntniß der Natur wird vermuthlich auch im Himmel studirt." Vgl. aber die Sudelbuchnotiz B 242 (SB 1, 109).

637 Mit der „Schattenlinie" meint L. offenbar einen gedachten Strahl, der vom Mittelpunkt der Sonne durch den Mittelpunkt des Kometen verläuft. Von diesem Strahl weicht die Richtung der Kometenschweife ab. Die obere Skizze zeigt die Schweife so wie sie zu verschiedenen Zeiten erscheinen, wenn sich der Beobachter in der Bahnebene des Kometen befindet. Außerhalb der Bahnebene erscheinen die Schweife gekrümmt wie in der unteren Skizze. – Newton (Principia 1687, 501 f. [Prop. 41, Probl. 20 {in

späteren Ausgaben: 21}, Exemplum]) zufolge steigen Rauch und Dampf vom Kometen in Richtung der „Schattenlinie" auf, während sich der Kern auf seiner Bahn mit in Richtung auf sein Perihel zunehmender Geschwindigkeit bewegt; Krümmung und Abweichung des Schweifes resultieren aus diesen beiden Bewegungen. – Auch Euler (Recherches 1748, 127–129) verbindet die Bewegung des Kometen auf seiner Bahn um die Sonne mit seiner Ansicht über die Entstehung des Schweifes: je schneller sich der Komet bewegt und je gekrümmter seine Bahn verläuft, desto stärker sind die Krümmung des Schweifs und seine Abweichung von der „Schattenlinie". – Mit dem „Feuer-Rad", S. 176,17, veranschaulicht L. diese Erklärungen.

[638] Der (Pingré, Cométographie 2, 1784, 92 f.) vom 12. Okt. 1773 bis zum 14. April 1774 sichtbare Komet, den L. im November 1773 in Stade und im Januar 1774 in Göttingen beobachtet und seine scheinbare Bahn aufgezeichnet hatte (vgl. Kästner, Zeichnung 1774 und Lichtenberg, Cometen 1774), hatte sein Perihel Anfang September 1773, also vor seiner Entdeckung, erreicht (vgl. Pingré, ebd., 106 f.). – Der zwischen dem 11. Aug. und dem 25. Okt. 1774 beobachtete Komet stand Mitte August in seinem Perihel; aus dieser Zeit gibt es aber keine Angaben zu seinem Schweif (vgl. Messier, Mémoire 1775, 445 f.).

[639] Diodorus Siculus erwähnt im 15. Buch, Kapitel 50, seiner „Bibliotheca historica" einen Kometen von solcher Helligkeit, daß er nachts wie das Mondlicht Schatten geworfen habe. Pingré (Cométographie 1, 1783, 259) gibt für die Erscheinung das Jahr 371 v.Chr. an, vgl. Pingré, Cométographie 2, 1784, 151.

[640] Seneca überliefert in den „Quaestiones naturales" (7. Buch, Kapitel 15), daß die scheinbare Größe des Kometen von 146 v.Chr. derjenigen der Sonne entsprochen habe, vgl. Pingré, Cométographie 1, 1783, 269, und ders., Cométographie 2, 1784, 151.

[641] Kometen wurden so häufig beobachtet, daß sie leicht als Vorzeichen für alle möglichen Ereignisse gehalten werden konnten: Am 21. Dez. 1788 entdeckte Caroline Herschel einen Kometen (Herschel-Rigollet), der in der Zeit bis Anfang Februar 1789 beobachtet wurde; die Bastille wurde am 14. Juli 1789 erstürmt. – Im Jahr 1774 wurde von August bis Oktober ein Komet beobachtet (Pingré, Cométographie 2, 1784, 93); die Nordamerikanischen Unabhängigkeitskriege begannen im April 1775. – Den später nach Encke benannten Kometen entdeckte Pierre Méchain am 17. Jan. 1786; Friedrich II. von Preußen starb am 17. Aug. 1786. – Auch vor der Entdeckung des Uranus im März 1781 sind zwei Kometen beobachtet worden, und zwar (ebd., 95 f.) im Oktober 1780.

[642] Vgl. dazu in L.s Vorarbeiten zur Copernicus-Biographie (NL V, 22a, 13): „Vielleicht etwas vom Lesen der Alten / Das Object bleibt, die lesenden Subjecte verändern sich)", und dann in dem Aufsatz selbst in der Übersetzung der Vorrede zu ‚De revolutionibus', wo er die „libros philosophorum", auf deren Lektüre Copernicus (Gesamtausgabe 2, 1984, 4) sich beruft, durch „Schriften der Alten" wiedergibt (SB 3, 160).

643 Gemeint sind Franklins (Waves 1774) Versuche, Wogen durch eine Ölschicht zu glätten. Die von L. angedeutete Bemerkung von Plutarchos findet sich nicht in „De placitis philosophorum", sondern in seinen „Causae [s. Quaestiones] naturales" (Plutarchus, Opuscula 1542, ungez. S. 106 f. [= Nr. XII]). Zu dieser Stelle vgl. L.s Sudelbuchnotizen D 741 (SB 2, 119 f., und SB 1/2 K, 308), F 594 (SB 1, 541, und SB 1/2 K, 441 f.) und VNat 4, 232,12 und die zugehörige Anm. 537.

644 Nicht ermittelt. In Cardanos umfangreichem Werk kommen auch Kometen vor; so enthält z.B. das „Buch über die sieben Planeten" (De septem Erraticis Stellis Liber, 1578, 87 f.) ein Kapitel „De Cometis", und in Cardanos „Offenbarung der Natur" (1591), das L. am 17. Jan. 1785 (LB, 73) aus der Bibliothek entliehen hatte, gibt es mehrere Paragraphen zu diesem Thema.

645 Hevelius, Cometographia 1668, 887, vgl. Pingré, Cométographie 2, 1784, 9.

646 L.s Liste mit den Zahlen der Planeten und ihrer Trabanten setzt die 1789 erfolgte Entdeckung des siebenten Saturnmondes voraus, vgl. unten S. 277,23–24.

647 Whiston, Theory 1696 (u. ö.); im folgenden zitiert nach der 2., vermehrten Aufl. von 1708. L. hat seine Anmerkungen zur Theorie Whistons Pingré (Cométographie 2, 1784, 154–171) entnommen. – Zu der gestrichenen Randbemerkung vgl. die Sudelbuchnotiz B 43 (SB 1, 58 f. und die Anmerkung SB 1/2 K, 124).

648 Vgl. z.B. Towers, Biography 8, 1777, 235 f.

649 Whiston (Theory 1708, 73): „The Ancient *Chaos*, the Origin of our Earth, was the Atmosphere of a Comet." Vgl. Pingré, Cométographie 2, 1784, 154.

650 Whiston (ebd., 125): „The Original Orbits of the Planets, and particularly of the Earth, before the Deluge, were perfect Circles."

651 Whiston (ebd., 86) nahm an, daß die tägliche Drehung der Erde um ihre Achse erst nach dem Sündenfall begonnen habe. Vgl. Pingré, Cométographie 2, 1784, 154 f.

652 Whiston (ebd., 111): „Now the only assignable Cause [of the Commencement of the Earth's diurnal Motion] is that of the Impulse of a Comet with little or no Atmosphere, or of a Central Solid hitting obliquely upon the Earth along some parts of its present Equator. From which impulse both the Annual Orbit of the Earth, [...] would be alter'd; and a Vertiginous Motion about a new or real *Axis*, would certainly commence." Vgl. Pingré, Cométographie 2, 1784, 155.

653 Whiston (ebd., 181): „A Comet, descending in the Plain of the Ecliptick towards its *Perihelion*; on the first Day of the Deluge past just before the Body of our Earth." Vgl. auch (ebd., 367–370): „A Solution of the *Phaenomena* relating to the *Universal Deluge*, and its Effects upon the Earth". – Vgl. Pingré, Cométographie 2, 1784, 155 f.

654 Anders als L. hier behauptet, hat Whiston (ebd., 192 f.) durchaus Hypothesen über den Einfluß dieses Kometen auf die Erde aufgestellt: Es habe sich die vorher kreisförmige Bahn der Erde um die Sonne in eine elliptische verwandelt; das Erdjahr habe sich um 10 d, 1 h, 28,5 min verlängert; die von dem Kometen auf die Erde übergegangene Materie habe die tägliche Umdrehung der Erde verlangsamt, so daß ein Mondjahr nun 355 d, 4 h dauere, statt der exakt 360 d vor der Sintflut.

655 Es heißt jedoch bei Whiston (ebd., 259): „The Waters at their utmost height were fifteen Cubits above the highest Mountains, or about three Miles perpendicular above the common Surface of those Plains which adjoined to the Ark: or about 50 Miles higher than the usual height of the Cornmon[!] surface of the Earth before." Bei den „50 Miles" handelt es sich vermutlich um einen Druckfehler; in der 5. Aufl. (Theory 1737, 268) steht: „6 Miles above the common Surface of the Earth" (von denen er eine Meile dem gleichzeitig aus der Tiefe der Erde ausgebrochenen Wasser zuschrieb), während diese Angabe in der ersten Aufl. (ders., Theory 1696, 194) überhaupt fehlt. – Vgl. Pingré, Cométographie 2, 1784, 157.

656 Whiston (Theory 1708, 225) hingegen schreibt: „The Waters of the Seas in the Primitive Earth were *Salt*, and those of the Rivers *Fresh*, as they are at present, […]." Denn es gäbe Salz- und Süßwasserfische, die aber alle am fünften Schöpfungstag erschaffen worden seien.

657 Whiston hatte in der „New Theory" (ebd., 202 f.) nur das Datum für den Beginn der Sintflut und den Durchgang des sie verursachenden Kometen durch sein Perihel mit dem 28. Nov. 2349 v. Chr. angegeben. In einem gesondert gedruckten Zusatz zur 2. Aufl. der „New Theory" behauptet Whiston (Cause 1714, 6), daß der Komet von 1680 die Sintflut hervorgerufen haben müsse; würden wir für diesen eine Umlaufzeit von 575½ Jahren annehmen: „[…] we shall find that 7 such Periods amount to 4028 years; exactly according to that number since the Deluge."

658 Vgl. Pingré, Cométographie 2, 1784, 163.

659 Vgl. Pingré, ebd., 163 f.

660 Whiston (Theory 1708, 368) war der Ansicht, die Atmosphäre eines Kometen sei ein „[…} *Chaos*; including the very same Bodies, and Parts, of which our own Earth is compos'd; that the outward Regions of its *Atmosphere* are plain Vapours, […]; and the *Tail* a column of the same Vapours, rarified and expanded to a vastly greater degree, as the Vapours which in the clearest Days or Nights our Air contains at present, are; […]."

661 Newton (Principia 1687, 503) fand, daß das Verhältnis der Dichte der Luft an der Erdoberfläche zu derjenigen der Luft in der Höhe von einem Erdradius größer ist als das Verhältnis zwischen einer Kugel mit dem Umfang der Umlaufbahn des Saturns zu einer Kugel von einem Zoll Durchmesser. Deshalb könnte eine Kugel von einem Zolle Durchmesser aus Luft mit einer Dichte, wie sie an der Erdoberfläche herrscht, den Weltraum bis über die Sphäre des Saturns hinaus mit einer Luft von der gleichen Dichte anfüllen, die sie in der Höhe von einem Erdradius hat.

662 Whiston (Theory 1708, 441) nahm an, daß die Welt dadurch in Flammen aufgehen wird, daß ein in ihre Nähe kommender Komet sie der „Kühlmittel" ihres heißen Kern beraubt: „[...] I mean the *Waters* of the Seas and Ocean, and the *Coldness* of the Air [...]". – Vgl. Pingré, Cométographie 2, 1784, 158 f.

663 Nach Adelung (Wörterbuch 4, 1801, Sp. 1643) bedeutet „*Zackern,* [...] welches nur in der niedrigen Sprechart üblich ist, oft und in kleinen Absätzen ziehen. Am häufigsten ist es in den abgeleiteten *abzackern*, oder *abzäckern*, welches sowohl nach und nach abpflügen, als auch durch unaufhörliches Bitten von jemandem erhalten, bedeutet." Bearb. ist es als ein in L.s Heimat gebräuchliches Wort für *pflügen* bekannt.

664 Buffon (Histoire 1, 1749, 135 f.) schreibt, daß ein sehr schief auf die Sonne treffender Komet ihre Oberfläche streifen oder bis zu einer geringen Tiefe furchen (franz. sillonner) könnte. In diesem Fall würde er Material austreiben, das sich dann entsprechend dem gemeinsamen Impuls fortbewegt. Dieses Material und der Komet selbst könnten dann zu den Planeten werden und die Sonne in der gleichen Richtung und auf der gleichen Ebene umkreisen. – Wie schon bei seinen Bemerkungen zu Whiston benutzt L. auch für Buffon den entsprechenden Abschnitt bei Pingré (Cométographie 2, 1784, 171–177).

665 Pingré (ebd., 171): „Le Soleil est, selon lui [Buffon], une masse de verre en fusion; [...]."

666 Buffon (ebd., 137) bezieht sich auf die Dichte: Die weiter von der Sonne entfernten Planeten haben eine geringere Dichte als die näheren. Vgl. Pingré, Cométographie 2, 1784, 171 f.

667 Vgl. Pingré, ebd., 173.

668 Vgl. Pingré, ebd., 175 f.

669 Maupertuis (Lettre 1752, 200) sagt, ein Komet könnte auf einen Planeten treffen, (nach Pingré, Cométographie 2, 1784, 177 f.): „[...] elle peut choquer la Terre, se briser contre elle, & la briser en mille pièces; ces deux corps seroient sans doute détruits; mais la gravité en reformeroit aussitôt une ou plusieurs autres Planètes."

670 Hier wurde L. durch die Typographie im Werk von Pingré (Cométographie 2, 1784, 178) irregeführt. Die als Marginalie angegebenen Stelle „La Lande, Réflexions sur les Comètes, &c. 1773, p. 22, 24." ist die Quelle für die von L., S. 182,10–16, aufgeführten Ansichten LaLandes (Réflexions 1773, 22). Allerdings spricht LaLande dort von einem Planeten[!] von Erdgröße, der sich für den vermeintlichen Effekt der Erde nähern müsse. – Über die Folgen der Berührung eines Kometenschweifes für das Leben auf der Erde hatte Gregory (Elementa 1702, 408 [Lib. V, Propositio IV, Corollarium 2]) spekuliert, den Pingré (ebd.) als Quelle in der nächsten Marginalie nennt.

671 Zum Höhenrauch von 1783 vgl. Kapitel XIII, 456,26–458,7.

672 Das trifft wohl eher auf Maupertuis zu, aus dem Pingré (Cométographie 2, 1784, 178–180), den L. hier benutzt hat, weiterhin zitiert.

673 Maupertuis (Lettre 1752, 203, hier nach Pingré, Cométographie 2, 1784, 179): „Un petit mouvement qu'une Comète causeroit dans la situation de la Terre, en releveroit l'axe, & fixeroit les saisons à un printemps perpétuel."

674 Die Nacht würde dafür durch den Kometenschein erleuchtet, denn Maupertuis (Lettre 1752, 203) schreibt (nach Pingré, Cométographie 2, 1784, 179): „Si une Comète peut nous ravir notre Lune, elle pourroit aussi nous en servir, se trouver condamnée à faire autour de nous ses révolutions, & à éclairer nos nuits."

675 Maupertuis (Lettre 1752, 200 [nach Pingré, Cométographie 2, 1784, 178 f.]): „Quelque Comète, passant auprès de la Terre, pourroit tellement altérer son mouvement, qu'elle la rendroit Comète elle-même. [...] La Terre alors, devenue Satellite de la Comète, seroit emportée avec elle dans les régions extrêmes qu'elle parcourt: triste condition pour une Planète, qui depuis si long-temps habite un Ciel tempéré."

676 Es heißt bei Maupertuis (Lettre 1752, 201 [nach Pingré, Cométographie 2, 1784, 179]): „Ce seroit un spectacle curieux pour nous, que de voir quelque Comète venir fondre un jour sur Mars, ou Vénus, ou Mercure, & les briser à nos yeux, ou les emporter, & s'en faire des Satellites."

677 Maupertuis (Lettre 1752, 203 [nach Pingré, Cométographie 2, 1784, 179): „Notre Lune pourroit bien avoir été au commencement une petite Comète, qui pour s'être trop approchée de la Terre, s'y est trouvée prise."

678 Pingré, Cométographie 2, 1784, 180, nach Dionis du Sejour, Essai 1775, xj.

679 S. 183,26–30 nach Pingré, Cométographie 2, 1784, 180.

680 Nicht ermittelt.

681 Pingré, Cométographie 2, 1784, 181, nach Dionis du Sejour, Essai 1775, 87 f.

682 Vgl. Dionis du Sejour, Essai 1775, 71.

683 S. 184,32–185,23 nach Pingré, Cométographie 2, 1784, 182.

684 S. 185,24–186,1 nach Pingré, ebd., 183.

685 Pingré (ebd.) hält auch die Befürchtung, daß sich die Drehung der Erde unter dem Einfluß eines Kometen verlangsamen könnte, für unbegründet.

686 S. 186,10–18 nach Pingré, ebd., 183 f.

687 Pingré, ebd., 184. Pingré hat im Anschluß (ebd., 184–186) die Ergebnisse von Dionis du Sejour zusammengefaßt.

688 LaLande (Mémoire 1765, 364) schreibt, daß die beiden Perioden von 1701 bis 1760 um sechs und einen halben Tag kürzer waren als die beiden Perioden zwischen 1686 und 1745.

689 LaLande (ebd., 373 f.) wollte eigentlich nicht über Ursachen für das Phänomen spekulieren; er hielt allgemeine, beständige Ursachen, deren Gesetzmäßigkeiten noch unbekannt waren, ebenso für möglich, wie besondere zufällige, für die er als ein denkbares Beispiel die Anziehung durch einen

Kometen nennt. – Erst später (ders., Réflexions 1773, 33) schreibt er über diese Unregelmäßigkeit: „Mais nous en ignorons la cause, & je ne puis l'attribuer qu'à des attractions de Comètes."

690 S. 186,19–30 nach Pingré, Cométographie 2, 1784, 187 f.

691 Bode, Untersuchungen 1791. – Lambert wollte in seinen „Cosmologischen Briefen" (1761, 41) die Zahl der Kometen zuerst mit „[...] fünf Millionen annehmen", und hat sie dann (ebd., 110) auf 1,2 Millionen reduziert. Eine Angabe von 4000 Kometen wurde nicht ermittelt.

692 L. nennt die seinerzeit umfassendsten Werke über Kometen, die beide Kometographien im engeren Sinn, also Kataloge von Kometenbeobachtungen, enthalten: das „Theatrum Cometicum" in zwei Teilen von Lubieniecki (Theatrum 1668, und ders., Historia 1666) und Pingrés „Cométographie" (1783–1784).

693 Insb. Tycho Brahe war es gewesen, der aufgrund seiner bei der Beobachtung des Kometen von 1577 gewonnenen Daten der traditionellen Vorstellung widersprochen hatte, die Kometen seien lediglich Erscheinungen innerhalb der Erdatmosphäre. Aufgrund des Fehlens einer meßbaren Parallaxe mußte dieser sich jenseits der Mondbahn befunden haben (vgl. oben 162,34–163,23). Und daraus wiederum schloß Brahe, daß der Himmel nicht aus festen Schalen bestehen konnte, deren Umdrehungen sich an den Bewegungen der auf ihnen fixierten Gestirne ablesen ließen (vgl. etwa Montucla, Histoire 1, 1758, 568 f.).

694 Der Dichter ist Alexander Pope. L. zitiert hier wohl aus dem Gedächtnis; die englische Version lautet nach der Ausgabe in seiner Bibliothek (Pope, Works 4, 1764, 57 [BL 1662]): „Nature and Nature's Laws lay hid in Night : / GOD said, *Let Newton be !* and all was Light."

695 Den Abriß von Newtons Leben auf diesem Blatt zog L. offensichtlich aus der am Ende genannten bio-bibliographischen Sammlung Nicerons [s. BL 1897]. Der Artikel „Isaac Newton" steht Niceron, Nachrichten 1, 1749, 118–138.

696 Nach Adelung, Wörterbuch 1, 1793, Sp. 782, auch in der Bedeutung *Amt* gebräuchlich.

697 „Doch könte man nicht unbillig die Auflösung der berühmten Aufgabe von den *Trajectoriis* unter die erheblichen Untersuchungen rechnen, welche der Herr von *Leibnitz* den *Engelländern*, wärend seines Streits mit denselben als eine Herausforderung vorgeleget hatte," heißt es in der entsprechenden Passage bei Niceron (Nachrichten 1, 1749, 123 f.). In Moritz Cantors Worten lautete die Aufgabe, die Leibniz in seinem Todesjahr 1716 über einen Mittelsmann gestellt hatte (Cantor, Vorlesungen 3, 1901, 462), „eine Curve zu finden, welche eine bestimmte Schaar anderer Curven, z. B. alle Hyperbeln von gleichem Mittelpunkte und gleichem Scheitel, rechtwinklig schneide".

698 Niceron, Nachrichten 1, 1749, 126. Bemerkt sei, daß Popes Vorschlag, aus dem die oben (188,11–14) zitierten Zeilen stammen, nicht umgesetzt wurde.

[699] Am 28. Jan. 1674/5 (= 7. Feb. 1675 n. St.) hatte das Council der Royal Society zugestimmt, Newton „being now in such circumstances, that he desired to be excused from the weekly payments," von diesen Zahlungen zu befreien (Birch, History 3, 1757, 178). Vgl. auch GamN, 777 f.

[700] Vgl. ebd., 778. Zumindest mittelbar scheint L.s Darstellung hier auf eine Version der Geschichte zurückzugehen, die Voltaire unter Berufung auf eine Nichte Newtons erzählt (Voltaire, Mélanges 1, 1771, 141 f.), in der zwar nicht von einem Apfel, immerhin aber von Früchten die Rede ist, die von einem Baum fielen und so den jungen Physiker zum Nachdenken über die Ursache der Fallbewegung veranlaßten. In den von L. an anderen Stellen häufig als Quellen für historische Ausführungen benutzten Werken (Montuclas ‚Histoire des Mathématiques', Baillys ‚Histoire de l'Astronomie' und auch LaLandes ‚Astronomie') wird durchgehend die auf Pemberton (View 1728, pref. [iii]) zurückgehende Fassung der Geschichte berichtet, die zwar von einem Spaziergang in einem Garten weiß, jedoch nichts von fallenden Früchten.

[701] Vgl. GamN, 778.

[702] Vgl. ErxH, 117; die Angabe weicht kaum von dem modernen mittleren Wert der Schwerebeschleunigung an der Erdoberfläche von ca. 9,81 m/s^2 ab.

[703] Erx^6, 633 f. oder ErxH, 708 f. Es handelt sich um einen Paragraphen, zu dem L. in keiner der von ihm betreuten Aufl. etwas ergänzte.

[704] D. i. der Dreisatz.

[705] Gemäß der Zeichnung ist der Sinus versus gleich dem Radius abzüglich der Strecke vom Mittelpunkt nach *B*, in moderner Terminologie $r\,(1 - \cos\alpha)$, wo α der Winkel zum Bogen *AC* ist. Warum L. abweichend von den früheren Notizen (41,31–34, 63,1–4) hier fälschlich 39″ für den pro Minute zurückgelegten Winkel angibt, ist unklar. Daß ihm das Versehen nicht auffiel, zeigt sich in Benzenbergs Mitschrift vom Winter 1797/98, wo der Wert wieder begegnet (BenA, 104). Nachgerechnet haben offenbar beide nicht. Denn $360° : 39343 = 1296000'' : 39343 \approx 33''$, und die angegebene Radialkomponente der Mondbewegung von etwa 15′ ergibt sich nur bei Einsetzen dieses Werts in die Formel $\mathrm{versin}(\alpha) \cdot 60$ [Abstand Erde – Mond in Erdradien] · 860 [Erdradius in dt. Meilen] · 22828 [dt. Meile in Pariser Fuß]. Ausführlich und mit dem korrekten Wert von 33″ präsentiert Gamauf die Rechnungen (GamN, 778–780).

[706] Vgl. zunächst L.s Text über „Central-Kräffte, bey Bewegung in Kreisen" (VNat 3, 164–167), in dem er aus dem Vorliegen einer Kreisbahn auf die betragsmäßige Gleichheit der Zentralkräfte, d. h. der Zentrifugal- oder Schwungkraft und der Zentripetalkraft, schließt. Dies entspricht der Propositio 4 in Newtons ‚Principia', Lib. 1, Sect. 2. Die Umkehrung dieses Satzes, daß nämlich ein Körper sich bei entgegengesetzt gleichen Zentralkräften auf einer Kreisbahn bewegt, bildet hier den Ausgangspunkt für die anschließende Fallunterscheidung. Diese beruht im wesentlichen auf dem Korollar 7 zu Propositio 16 in der genannten Sectio 2 und ist in den

zugehörigen Fußnoten von Jacquier und Le Seur in deren Ausgabe der Principia, die L. häufiger benutzte, vorgezeichnet (Newton, Principia 1, 1760, 168). Allerdings werden darin die Geschwindigkeiten, mit denen sich die Körper auf den verschiedenen Kegelschnittkurven bewegen, zur Geschwindigkeit auf Kreisbahnen mit den jeweils gleichen Radien ins Verhältnis gesetzt. Demnach ist $v_{\text{Parabel}} = \sqrt{2} \times v_{\text{Kreis}}$ etc. Wenn die gleichen Verhältnisse auch für die Zentrifugalkräfte gelten sollen, so muß vorausgesetzt werden, daß diese Kraft proportional zur Geschwindigkeit ist. In der Tat war auch das Produkt aus Masse und Geschwindigkeit einer der Kandidaten in dem während des 18. Jahrhunderts ausgetragenen Streit, was als Kraft bezeichnet werden sollte (vgl. L.s Text über das „Maas der Kräffte“ in VNat 3, 252–256). Dies könnte erklären, warum L. hier die Verhältnisse der Geschwindigkeiten ohne weiteres als Verhältnisse von Kräften auffaßt, obwohl er fast im gleichen Atemzug seinen Hörern mit der Schwungmaschine demonstrierte, daß zur Aufrechterhaltung der Kreisbahn bei eine Verdoppelung der Geschwindigkeit eine Vervierfachung der Zentripetalkraft erforderlich ist (s. 56,11–13), die Zentrifugalkraft also mit dem Quadrat der Geschwindigkeit wächst.

[707] Vgl. Klügel, Anfangsgründe 1793, 143 f.

[708] Vgl. 191,1–16. Demgemäß muß zusätzlich vorausgesetzt werden, daß die rechte Seite des Verhältnisses, die für die Zentrifugalkraft steht, größer ist als $\sqrt{2}$, damit eine Hyperbelbahn zustandekommt.

[709] Ähnlich Lichtenberg, Fortsetzung 1787, 87–90. Dort beruft er sich auf Kant, Vulkane 1785, worin dieser jedoch lediglich das Auftreten von Wärme in den Himmelskörpern, insb. der Sonne, aus dem von ihm angenommenen Prozeß ihrer Entstehung erklärt. Vgl. auch Kant, Naturgeschichte 1755, 27–37 und 129–138.

[710] Zu Buffons Hypothese über die Entstehung der Planeten vgl. 181,28–33. Nachdem sie nun durch den Einschlag eines Kometen aus der Sonne herausgeschlagen waren, befanden sie sich (Buffon, Naturgeschichte 1, 1771, 207 f.) „in einem entzündeten und durchaus geschmolzenen Zustand, und dieser letzte konnte nicht länger, als die Gewalt der Hitze dauern, wodurch er verursachet worden. Mit der Zeit erkalteten die Planeten.“ Ihre Form, so erläutert Buffon weiter (ebd.) „setzet nothwendig eine vormahlige Flüssigkeit der Erde und der übrigen Planeten voraus.“ Und er fügt hinzu: „Hierinn bin ich gänzlich mit dem *Herrn von Leibnitz* einig.“ Dieser hatte in den Paragraphen 2 und 3 seiner ‚Protogaea‘ die Vermutung geäußert, daß die Erde ursprünglich glutflüssig gewesen sei und die Erdkruste aus der verfestigten zusammengebackenen Schlacke bestehe (Leibniz, Protogaea 1749, 39–44).

[711] Unter der Überschrift „Veränderung der Erde“ notierte L. nach der Lektüre von Mallets ‚Introduction à l'histoire de Dannemarc‘ in sein Exzerptenbuch (EP, 7): „am Ende bestättigt der Verfasser den Satz, daß „daß Europa wärmer werde. Zu Horatzens Zeiten fror der Tiber, dieses geschieht jezt nicht mehr.“ Vgl. Mallet, Introduction 1763, 381. Bei Gamauf

taucht die Beobachtung im Zusammenhang mit den Ausführungen über die Witterung auf (GamN, 933).

712 Zu den Eigenbewegungen der Fixsterne vgl. 195,19–197,9. Einen großen Zentralkörper hält auch schon Kant (Naturgeschichte 1755, 103–105) für möglich. Allerdings äußert er die Vermutung, daß dieser ebenfalls leuchtet (ebd., 138).

713 Möglicherweise Anspielung auf Christian Ludolph Reinhold; vgl. Sudelbuch J 567.

714 Friedrich Wilhelm Sack, „Königl. Hof- und Kriminal-Rath in Breßlau", hatte in den Jahren 1782 und 1785 vier Bücher geo- und kosmologischen Inhalts publiziert. Falls L. hier auf ein bestimmtes dieser Bücher anspielt und nicht allgemein auf Sacks Gegenvorschlag zur Newtonschen Himmelsmechanik, dürfte das 1785 unter dem Titel ‚Geologie oder Betrachtung der Erde' erschienene gemeint sein, in dem die Argumente am eingehendsten ausgeführt werden. In seiner Widerlegung Newtons bestreitet Sack (Geologie 1785, 128–131) die Möglichkeit einer gleichförmigen Bewegung, das Prinzip der Zusammensetzung zweier Bewegungen, die Abnahme der Fallbeschleunigung mit dem Abstand von der Erde sowie die Vereinbarkeit des Konzepts der Attraktion mit elliptischen Bahnen, in denen die Distanz der umlaufenden Körper sich verringert und wieder vergrößert, und schließt daraus, „daß die Theorie untauglich sey." Er setzt ihr die Vorstellung entgegen, daß sich die Erde zusammen mit einer sie konzentrisch umgebenden „atmosphärischen" Kugel (die auch den Mond einschließt) in einer Abrollbewegung um die Sonne wälze, dergestalt daß dadurch zugleich der jährliche Umlauf um die Sonne und die tägliche Drehung hervorgebracht würden. Nicht nur bei L. erntete diese Erklärung der Erdbewegungen Kopfschütteln. „Wenn Hr. S. die ersten Gründe der newtonischen Theorie verstände, hätte ihm seine nicht einfallen können.", lautet Kästners Fazit nach der Lektüre von Sacks Vorstellungen in dem ebenfalls 1785 veröffentlichten wesentlich schmaleren Bändchens ‚Kosmologische Betrachtungen über den neuentdeckten Planeten' (Sack, Betrachtungen, Rez. Kästner 1786, 212). – L.s Ausdruck „Newton Travesti" findet sich als isoliertes Stichwort ohne erkennbaren Zusammenhang auf der Rückseite von NL IV, 18, dessen Vorderseite im Briefwechsel abgedruckt ist (Bw 4, Nr. 2809a [806 f.]).

715 Konrad Siegmund Ziehens Weissagung, „daß uns große, noch nie erhörte Erderschütterungen bevorstehen", deren eine „insonderheit die Schweiz und die südlichen Provinzen Deutschlands" betreffen und „einige Tausend kleine und große Ortschaften" zerstören sollte, war vier Monate nach dem Tod des Unglückspropheten im September 1780 im Druck erschienen. Von den zuvor bereits kursierenden Abschriften war auch L. eine zugestellt worden, und so vorbereitet war er zu einer schnellen Reaktion auf die erfolgte Publikation in der Lage. Vom 26. Sept. 1780 datiert sein Gutachten ‚Ueber die Weissagungen des verstorbenen Herrn Superintendenten Ziehen zu Zellerfeld' in den ‚Göttingischen Anzeigen von gemeinnützi-

gen Sachen', das in anderen Zeitschriften mehrfach nachgedruckt wurde (vgl. die Bibliographie in Schimpf, Ziehen 1993; die obigen Zitate nach ebd., 222). Darin hatte er das Ergebnis seiner Prüfung in dem Urteil zusammengefaßt (Lichtenberg, Weissagungen 1780, Sp. 1347) „daß das ganze Fundament dieser Weissagungen ein so abscheuliger Fehlschluß ist, daß ich mich nicht erinnere, je etwas ähnliches gedruckt gelesen zu haben, es müßten denn die Schlüsse des Astronomen *Kindermann* seyn, der ein Perspectiv erfunden zu haben glaubte, womit man von Dresden aus die Schiffe auf dem stillen Meere sehen konte." ‚Noch ein Wort über Herrn Ziehens Weissagungen' zu verlieren, sah L. sich zwei Jahre darauf erneut genötigt. „Ein Ungenannter" hatte nämlich, wie er in seinem ‚Göttingischen Magazin' (Lichtenberg, Wort 1782, 309–321) schreibt, „sich Herrn Ziehens wider mich angenommen." Zu Ziehen vgl. auch unten 200,34–201,21.

Zu „Träumen" (und – in abwertendem Sinne – Träumereien) als wissenschaftlichen Hypothesen vgl. in diesem Kapitel außerdem 79,15 (antike Astronomie) und 165,3–4, 179,23, 180,21 und 181,17 (Kometen, Whistons Geogonie mittels Kometen, Buffons Kometen). Darüber hinaus sei auf die allgemeineren Aussagen über Träume/Hypothesen im Brief an Werner (Bw 3, Nr. 1641 [593–595]) und im Gutachten über Voigts Wärmetheorie an Blumenbach (Bw 4, Nr. 2281 [112]) hingewiesen und schließlich noch auf die Sudelbucheintragung J 1550 über die Unterstützung, die die Phantasie der Philosophie gewähren kann: „Durch das Planlose Umherstreifen durch die Planlosen Streifzüge der Phantasie wird nicht selten das Wild aufgejagt, das die planvolle Philosophie in ihrer wohlgeordneten Haushaltung gebrauchen kan."

[716] Mit diesen beiden Absätzen nimmt L. den Kantschen „Traum" von der Bildung des Kosmos aus einer ursprünglich alles erfüllenden Materiewolke wieder auf (s. 192,6–193,11). Zur Bildung der Kometen, die sich nach ihm von den Planeten nicht grundsätzlich unterscheiden, und ihrer Abgrenzung gegenüber den letzteren äußert sich Kant im „Dritten Hauptstück" (Naturgeschichte 1755, 51–61); die Frage nach Cometen, die um Planeten umlaufen, wirft Kant darin allerdings nicht auf.

[717] Sterne der 8ten und 9ten Größe verzeichnet Bode, Vorstellung 1782, das Werk, das L. sehr empfiehlt (210,35–211,2). Zu Herschel vgl. auch Lichtenberg, Fortrücken 1785, 87. In dem Aufsatz über die Eigenbewegung der Fixsterne hatte jener auf seine jüngste Durchmusterung des Himmels Bezug genommen (Herschel, Motion 1783, 249 f.), die sich auf „all the stars in *Flamstead's* catalogue, together with every small star about them, as far as the tenth, eleventh, or twelfth magnitudes, and occasionally much farther" erstreckt habe.

[718] Keine Parallelstelle ermittelt. Die Passage im GTC, auf die in ähnlicher Weise unten (196,6–7) verwiesen wird, kann hier kaum gemeint sein.

[719] Bei Ptolemaios (Handbuch 2, 1963, 41) heißt dieser Stern „Der glänzende auf dem Rücken, der sog. *Atair*". Seine Größe wird dort mit „2.1" angegeben. Es hatte also schon in der Antike das Bedürfnis bestan-

den, die sechsstufige Skala zu verfeinern. Bei Copernicus, De revolutionibus 1543, Bl. 51r (Gesamtausgabe 2, 1984, 132), lautet der Wert für seine Größe analog „2" mit dem Zusatz „maior" [= größer]. In den sog. Berliner Tafeln, die die Größen nach Flamsteed angeben, heißt dann die Angabe umgekehrt „1.2" (Sammlung 1, 1776, 116) und bei Mayer (Catalogus 1775, 68) und Bode (Vorstellung 1782, 13) schließlich steht einfach „1". Nach modernen Katalogen hat Atair eine scheinbare Helligkeit von 0,76.

720 Vgl. Mayers ‚De motu fixarum proprio commentatio' [= Die Eigenbewegung der Fixsterne] in den von L. herausgegebenen ‚Opera inedita' (Mayer, De motu 1775).

721 Von den Fixsternen handeln die Paragraphen 666 bis 670 (Erx^{6}, 639–643). S. auch ErxH, 714–718, gegenüber der die sechste Aufl. nur durch eine zusätzliche Literaturangabe in § 668 und die Überarbeitung des Hauptzusatzes zu § 670 verändert ist.

722 *Declinatio* (als Fremdwort im Deutschen bei L. *Declination*, modern *Deklination*, übersetzt *Abweichung*) eines Gestirns ist der Winkel zwischen dem Gestirn und dem Himmelsäquator, gemessen auf dem durch die Himmelspole und das Gestirn gezogenen sogenannten Abweichungskreis. *Rectascensio* oder *Ascensio recta*, (*Rectascension* bzw. *Rektaszension*, *gerade Aufsteigung*) eines Gestirns ist der Winkel zwischen dem Punkt des Frühlingsäquinoktiums und dem Schnittpunkt des Abweichungskreises des Gestirns mit dem Äquator, gemessen auf dem letzteren in der Richtung des scheinbaren jährlichen Sonnenlaufes, also von West nach Ost. Vgl. zu diesem äquatorialen Koordinatensystem GamN, 590–592. *Longitudo* (Länge) ist der Winkel zwischen dem Punkt des Frühlingsäquinoktiums (in der nachstehenden Abb. ♈ im Mittelpunkt des Kreises) und dem Schnittpunkt des durch den Pol der Ekliptik (P) und das Gestirn (T) gezogenen Großkreises mit der Ekliptik, gemessen auf der letzteren, ebenfalls von West nach Ost. Zum ekliptikalen Koordinatensystem s. GamN, 599 f. (die Abb. ebd., Tab. I, nach S. 694).

Fig. 2

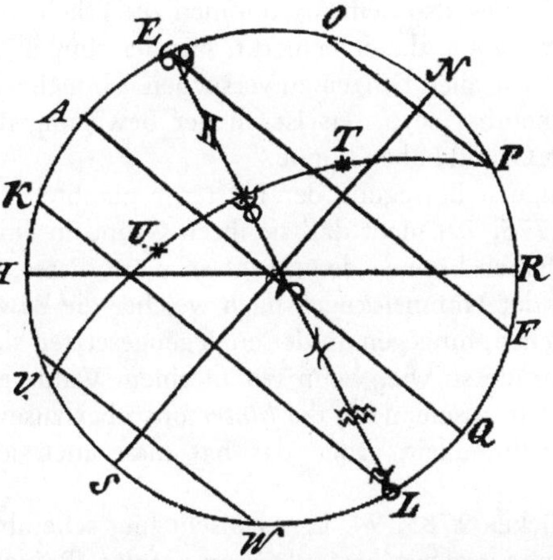

723 D. i. Mayers ‚Fixarum zodiacalium catalogus novus' [= Neues Verzeichnis der Fixsterne im Tierkreis], den L. in den ‚Opera inedita' herausgegeben hatte (Mayer, Catalogus 1775).

724 Die zweite Hälfte von L.s Aufsatz ‚Ueber das Fortrücken unseres Sonnensystems' im GTC für 1785 kann als Vorlage für die nachfolgende Passage des Vorlesungsmanuskripts (bis 197,12) angesehen werden.

725 Vgl. Lichtenberg, Fortrücken 1785, 92: „*Arkturus, Sirius, Aldebaran, Capella, Procyon, Castor, Rigel, Athair*, und viele andere bewegen sich würklich. *Tobias Mayer* hat davon ein Verzeichniß von 80 geliefert, wovon wenigstens ein großer Theil sich gewiß bewegte." Bis auf Capella ist L.s Liste exakt aus Herschel, Motion 1783, 247 f., entnommen. Diese wird dort ebensowenig erwähnt wie bei Prévost (Mémoire [2], 1781), und in Mayers Katalog ist sie zwar aufgeführt, jedoch nicht als einer der Sterne gekennzeichnet, deren Bewegung gut gesichert ist (Mayer, De motu 1775, 80). Vielleicht war es einfach die Vertrautheit aufgrund der Auseinandersetzung mit Ziehen (vgl. 200,35–36), was L. sie hier ergänzen ließ.

726 Lichtenberg, Fortrücken 1785, 93: „Allein wer die Geschichte der verschiedenen Systeme durchgehen will, wird finden, daß man jede Bewegung eines himmlischen Cörpers irgend einmal als eine eigene des Cörpers selbst angesehen hat. Es hat sich aber gefunden, daß einiger Bewegung ganz scheinbar, anderer aber aus eigner und scheinbarer zusammen gesetzt waren. Diese Erfahrungen machen es also dem Astronomen zur Pflicht bey jeder Erklärung einer neuen Bewegung, die er bemerkt, mit der simpelsten Voraussetzung anzufangen, und vor allen Dingen zu versuchen, ob nicht die beobachtete Bewegung blos scheinbar seyn, das ist, in der Bewegung des Standorts des Beobachters ihren Grund haben könne."

727 Ebd., 93 f.: „Von der eignen Bewegung der Fixsterne glaubte *Tob. Mayer* [vgl. Mayer, De motu 1775, 79] nicht daß sie ihren Grund in einer Bewegung des Sonnensystems haben könne: ‚denn, sagt er, wäre dieses, so müßten die Sterne an der Seite der Himmelskugel, nach welcher die Bewegung hingeht, auseinander zu gehen, hingegen an der entgegengesetzten sich einander zu nähern scheinen, grade so wie, wenn wir in einem Walde gehen, die Bäume *vor* uns scheinbar auseinander, die *hinter* uns aber zusammenrücken.' Dieses ist sehr wahr, allein grade das hat man auch jezt bemerkt."

728 Vgl. Lichtenberg, Fortrücken 1785, 94. L. vermischt hier scheinbar zwei Quellenhinweise, die Prévost gegeben hatte. Diesem zufolge (Prévost, Mémoire 1781 [gelesen am 3. Juli 1783], 418) war im ‚Journal de Paris' ein Auszug aus einem Brief Delucs an LaLande erschienen, in dem jener über von Herschel angestellte Beobachtungen berichtete, die LaLandes Vermutung über eine gerichtete Bewegung des Schwerezentrums des Sonnensystems, zu bestätigen schienen (tatsächlich referiert LaLande lediglich aus Delucs Brief: LaLande, Lettre 1783, 632). In einem gedruckten Nachtrag zu seiner späteren Abhandlung dagegen erwähnt Prévost (Supplément 1781) einen Brief Herschels an LaLande zum gleichen Gegenstand, den letzterer im Juliheft des ‚Journal des Sçavans' auszugsweise hatte drucken lassen (LaLande, Nouvelles 1783, 481 f.).

729 Im GTC präzisiert L. gemäß Prévost, Mémoire 1781, 445 (Lichtenberg, Fortrücken 1785, 94): „oder schärfer von 50° *gerader Aufsteigung* und 25° *südlicher* Abweichung nach 230° *gerader Aufsteigung* und 25° *nördlicher* Abweichung zu".

730 So auch im Kalenderaufsatz: Lichtenberg, Fortrücken 1785, 96. Die Richtungsangabe ist die Herschels (Motion 1783, 270). Allerdings leitet er sie nicht von Meßwerten für 29 Sterne ab, sondern betrachtet für eine Liste von 14 Sternen deren Bewegungen in Rektaszension und Deklination. Daraus folgt zunächst aufgrund des Fehlens eines einzelnen Wertes, wie er festhält (ebd.), „that we have no less than 27 motions given to account for." Und weiter führt er aus, daß „by assuming a point somewhere near λ Herculis, and supposing the sun to have a proper motion towards that part of the heaven, we shall satisfy 22 of these motions."

731 Im GTC (Lichtenberg, Fortrücken 1785, 96) steht „die nächsten".

732 Die Betrachtungen zu den einzelnen Sternen ausführlicher in Lichtenberg, Fortrücken 1785, 96–98. L. folgt hier Herschel, Motion 1783, 271 f., macht jedoch aus dessen „γ Piscium" „λ der Fische".

733 Das scheinbare Paradox, daß Castor sich weniger schnell bewegt, als es der aus seiner Helligkeit geschlossenen Entfernung entspräche, während Pollux in ähnlicher Lage eine erwartungsgemäße Bewegung aufweist, diskutiert Herschel, Motion 1783, 272. Die Erklärung faßt L. folgendermaßen in Worte (Lichtenberg, Fortrücken 1785, 98): „Allein *Castor* ist ein Doppelstern, der aus zweyen von ziemlich gleicher Größe besteht, die also folglich einzeln kleiner sind, als *Pollux*, folglich wahrscheinlich sehr viel weiter weg und folglich einer geringeren Parallaxe unterworfen: so daß also ein Umstand, der Anfangs die Hypothese nicht wenig zu erschüttern schien, nach dieser Betrachtung, eine nicht geringe Stütze für sie wird."

734 Herschel schickte seine Abhandlung ‚On the proper Motion of the Sun and Solar System; with an Account of several Changes that have happened among the fixed Stars since the Time of M. Flamstead.' mit Datum 20. Mai 1784 an L. (vgl. Bw 2, Nr. 1268 [854]). Bereits zuvor hatte dieser gegenüber Kästner erwähnt, daß auch Prévost ihm die seinige „zum Geschenck gemacht" habe, und angekündigt, daß er sie „zur schuldigen Dancksagung im Calender Excerpiren" wolle (vgl. Bw 2, Nr. 1258 [844]). S. dazu Anm. 724.

735 Vgl. die vorhergehende Anm. sowie das Literaturverzeichnis. Prévosts Aufsatz steht abweichend von L.s Angabe im Band für 1781, der allerdings 1783 erschienen war.

736 Vgl. Triesnecker, Disquisitio 1792, und Wurm, Grad 1795. Wurm kommt nach einem Vergleich zahlreicher Beobachtungsdaten, insb. aus den Sternkatalogen Tobias Mayers und Zachs zu dem Ergebnis, daß man daraus vorläufig nichts folgern könne außer der begründeten Vermutung, daß eine gemeinsame Ursache zugrunde liege. Abschließend äußert er, nachdem er Mayers Erwartung zitiert hat, die Ursache der Fixsternbewegungen werde noch über mehrere Jahrhunderte unbekannt bleiben, die

Hoffnung (Wurm, Grad 1795, 183): „Doch nur hundert Jahre nach Tobias Mayer dürfte man, bei steigender Vollkommenheit unserer Werkzeuge, schon etwas klarer in der Sache sehen!“

737 Herschels Idee der Verwendung von Doppelsternen zur Ermittlung der Bewegungsrichtung des Sonnensystems und dessen erste Ergebnisse (Herschel, Motion 1783, 262–266) faßt L. für die Leser des Taschenkalenders so zusammen (Lichtenberg, Fortrücken 1785, 99–100): „Jedem der nur etwas von diesen Dingen versteht, muß der Vortheil, den die Doppelsterne diesen Untersuchungen gewähren, einleuchten. Ein gutes Fernrohr mit einem gutem Mikrometer versehen ist schon hinreichend die wichtigsten Beobachtungen zu machen, da die andern kostbare getheilte Instrumente, und diese genau gestellt voraussezen, wo also Fehler der Beobachtung sich leichter einmischen können, die erst nach einer merklichen Zeit von Jahren, wenn die Veränderung des Orts des Sterns die Grenzen der Fehler endlich zu übersteigen anfängt unschädlich werden. [...] Er hat nemlich an dem Himmel drey Zonen angenommen, jede 20 Grade breit, die erste um den Aequator 10 Grade zu beyden Seiten; die zweyte um den *Colur der Nachtgleichen*; die dritte um den *Colur der Solstitien* und in diesen eine Menge Doppelsterne verzeichnet, nemlich in der ersten Zone 150, in der zweyten 70 und in der dritten 120. Endlich that er noch eine vierte Zone um die Ecliptik hinzu, darin er ebenfalls 120 Doppelsterne angegeben hat, die also auch noch bey Beobachtung der Planeten gebraucht werden können.“ Die genannten Kolurkreise sind die Meridiane durch Frühlings- und Herbstäquinoktium einer-, Sommer- und Wintersolstitium andererseits.

738 „*Neunzigster*, *Nonagesimus*,“ heißt nach Gehler (3, 357) „derjenige Punkt der Ekliptik, welcher für einen gegebnen Zeitpunkt von den beyden eben im Horizonte befindlichen Punkten der Ekliptik, oder dem *aufgehenden* und *untergehenden* Punkte, 90° weit absteht. [...] Seine Höhe ist das Maaß des Winkels, den die Ekliptik in diesem Augenblicke mit dem Horizonte macht.“ Wegen der im wesentlichen konstanten Schiefe der Ekliptik durchläuft dieser Winkel in den gemäßigten Breiten an jedem Tag den Bereich zwischen den örtlichen maximalen Sonnenhöhen an den beiden Sonnenwendtagen.

739 Kästner gibt die entsprechenden Formeln in seinen ‚Astronomischen Abhandlungen zu weiterer Ausführung der astronomischen Anfangsgründe‘ an. Sie lauten (Kästner, Abhandlungen 1772, 114): „$\sin\beta = -\sin\alpha \sin\theta \cos\delta + \cos\theta \sin\delta$“ und „$\tan g\lambda = (\sin\theta \tan g\delta - \cos\theta \sin\alpha)/\cos\alpha$“, wo α, δ, θ die gegebenen Größen Rektaszension, Deklination und Schiefe der Ekliptik, β und λ die gesuchten, Breite (Latitudo) und Länge (Longitudo), bedeuten. Unklar ist, warum L. hier von einer Amplitude spricht. Üblicherweise ist damit der Abstand eines Objektes im Horizont von dessen Schnittpunkten mit dem Äquator gemeint.

740 Vgl. GamN, 782.

741 ‚Lassen‘ im Sinne von ‚scheinen‘, vgl. Adelung, Wörterbuch 2, 1796, Sp. 1911 f.

742 Bedeutung unklar.

743 Lucida (α) Lyrae, dt. *der leuchtende Stern in der Leier*, bekannt unter dem Namen Wega, ist einer der hellsten Sterne am Nachthimmel.

744 Vgl. Kästner, Abhandlung 1772, 335 f., der als Dauer bis zur größten Annäherung des Polarsterns an den Nordpol ca. 330,5 Jahre errechnet, zu der bis zur weitesten Entfernung 12867,3 Jahre hinzukommen. Dabei geht er von einem momentanen (1772) Abstand von ca. 1° 54,7′ aus, den L. durch den Wert aus Bodes auf das Jahr 1780 reduziertem Sternkatalog entnimmt (vgl. Bode, Vorstellung 1782, 3), ohne indeß die Zahl der Jahre entsprechend anzupassen.

745 Da die Rektaszension wie die Länge im Laufe der Präzessionsperiode jeden Wert von 0 bis 360° annehmen kann, muß sich dies auf die Deklination beziehen. Für diese gilt die Formel (mit den Bezeichnungen aus Anm. 739) $\sin\delta = \cos\theta \sin\beta + \sin\theta \cos\beta \sin\lambda$. Maximum und Minimum von $\sin\delta$ werden also für $\lambda = 90°$ bzw. $\lambda = 270°$ erreicht und betragen $\cos\theta \sin\beta + \sin\theta \cos\beta = \sin(\beta + \theta)$ bzw. $\cos\theta \sin\beta - \sin\theta \cos\beta = \sin(\beta - \theta)$. Die Differenz zwischen der kleinsten und der größten Deklination δ beträgt also immer 2θ , solange der betrachtete Stern nicht weiter als $90° - \theta$ von der Ekliptik entfernt ist. Denn da die Deklination nur Werte zwischen $-90°$ und $90°$ annehmen kann, fällt die Differenz bei weiterer Annäherung an die Pole der Ekliptik bis auf Null, was auch der Anschauung entspricht, da sich die Pole der Ekliptik auf Kreisen vom Radius θ um die Pole des Äquators drehen, ihre Deklination also konstant ist.

746 Abgesehen von kleinen Abweichungen (vgl. dazu den textkritischen Apparat) und der eingeklammerten Bemerkung am Ende eine bis auf Rechtschreibung wörtliche Abschrift aus Kästner, Schreiben 1790.

747 Kästner, Abhandlungen 1772, 333–338.

748 Vermutlich Anspielung auf die Relativbewegungen der Fixsterne; vgl. 195,19–197,9.

749 Vgl. 199,7–9; hier hat sich in Kästners Selbstzitat ein Fehler eingeschlichen.

750 Möglicherweise Überschlagsrechnung zur ca. 19-jährigen Umlaufperiode der Knotenlinie des Mondes; vgl. 204,26–27.

751 Dies ist um eine Größenordnung zu hoch gegriffen. Denn während sich die Deklination der meisten Sterne im Laufe der ca. 25000 Jahre zwei mal um 47° ändert (vgl. 199,10–13), im Mittel also um knapp 4° in 1000 Jahren, scheint jeder Stern aufgrund der Erddrehung täglich 360° längs seines Breitenkreises zurückzulegen, also nur knapp 100 und nicht 1000 mal mehr.

752 Dies ist die dritte in L.s Liste von Absurditäten (Lichtenberg, Weissagungen 1780, Sp. 1349): „Ferner sagt er, die Capella erhübe sich im Meridian des Niederrheins. Hierin ist gar kein Menschenverstand mehr. Die Erhebung der Capella besteht in ihrer vergrößerten nördlichen Abweichung, und alle Oerter in der ganzen Welt, denen sie südlich von ihrem

Zenith culminirt, sehen sie dadurch höher." L. zitiert hier falsch; vgl. dazu Anm. 755. Zu seiner Auseinandersetzung mit Ziehen insg. Anm. 715.

753 Vermutlich noch ein Stichwort zu Ziehen; vgl. die vorherige Anm.

754 Denn die Zeichen bewegen sich mit dem Frühjahrspunkt längs der Ekliptik relativ zu dem als fest gedachten Hintergrund der Bilder. Vgl. GamN, 781 f., wo zwischen himmlischen Sternbildern (Bilder) und astronomischen Sternbildern (Zeichen) unterschieden wird.

755 Diese Absurdität, die in L.s Aufzählung im gedruckten Text (ebd., Sp. 1349 f.) fehlt, hat er sich selbst verschafft. Bei Ziehen ist nämlich nicht vom Niederrhein die Rede, sondern es heißt (Ziehen, Nachricht 1780, 32), die Capella solle „in den Meridian der Einwohner am Oberrhein von Süden nach Norden heraufsteigen," und der verläuft nun, wie L. selbst bemerkt, „so ziemlich von Süden nach Norden".

756 Ort nahe Göttingen; vgl. Bw 5.2, 100.

757 Anspielung auf die biblische Sprachverwirrung beim Turmbau zu Babel (Babylon); AT Gen 11, 1–9.

758 Anspielung auf Ziehens Weissagung; vgl. 200,34–201,3.

759 Zur Festlegung des Nullmeridians, die eine Frage der Konvention ist (108,16–18), vgl. ErxH, 643 f., und GamN, 694.

760 So wohl im Zusammenhang mit den Mondfinsternissen (22,9–11) und den Kometen (183,19–20).

761 Zum Horizont und seiner Einteilung in die Himmelsrichtungen vgl. ErxH, 636 f., und GamN, 587.

762 Unklar. Vgl. auch 203,20–21. Unter Kartenblättern sind nach Adelung (Wörterbuch 2, 1796, Sp. 1507) „einzelne Blätter der zum Spielen gebräuchlichen Karte" zu verstehen. Was an einem solchen Blatt die Knotenlinie sein kann, leuchtet nicht ein, es sei denn, man stellt es sich geknickt vor.

763 Sowohl in L.s Manuskript (107,20–27) als auch bei Gamauf (insb. GamN, 643 f.) werden unter dem Begriff Parallelkreis in erster Linie die Breitenkreise auf der Erdkugel verstanden. Von daher wäre zunächst an deren Projektionen auf die gedachte Himmelskugel zu denken, die Kreise gleicher Deklination. Andererseits spricht L. hier von der Lage bezüglich der Ekliptik, und die zu dieser parallelen Kreise wären die Kreise gleicher himmlischer Breite (Latitudo; vgl. 198,12–19).

764 Der Wert paßt nicht zu den sonst angegebenen Abständen, aus denen ein Verhältnis von ca. 400 folgt; vgl. etwa 97,15–19.

765 Die Analogie zwischen der Drehung der Knotenlinie der Mondbahn und derjenigen des Äquators, d. i. der Präzession, detaillierter bei GamN, 783. Die Erklärung beider Phänomene aus der wechselseitigen Anziehung dreier Körper ist grundgelegt bei Newton (‚Principia', Lib. 1, Sect. 2, Propositio 56, insb. Coroll. 11 u. 18–20). Ein unmittelbares Vorbild für L.s Darstellung konnte nicht ausfindig gemacht werden, bemerkt sei eine gewisse Ähnlichkeit zu LaLande, Handbuch 1775, 712–716.

[766] Zu den scheinbar widersprüchlichen Begriffen des Vorrückens der Nachtgleichen (praecessio aequinoctiorum) und Zurückgehens der Punkte der Nachtgleichen (retrogradatio punctorum aequinoctialium) sowie den mit der Präzession verbundenen Koordinatenänderungen der Fixsterne vgl. GamN, 781 f.

[767] Meint wohl, daß die Amplitude eines Korkkugelpendels kleiner wird, wenn von dem elektrisierten Tisch eine anziehende Kraft ausgeht.

[768] Unklar.

[769] Auf Bl. 77r = c^3 wurde die Randbemerkung „Hier von Nutation" gestrichen und vermutlich hierher übertragen. Deshalb wird Bl. 81r an dieser Stelle eingefügt. Zu seinem Inhalt vgl. GamN, 783 f.

[770] Vgl. dazu Tafeln 1, 1776, 126, wo in der Spalte für Ort und Namen von γ Arietis „a[m] Ohr d[er] 1. Stern im ♈ *Mesarthim*" eingetragen und als Länge 1 Zeichen (= $1/_{12}$ Vollkreis) 0° 23′ 33″ angegeben ist.

[771] Bis auf die Angabe, daß es sich um ein Pluralwort handele (was L. vielleicht aus der Bedeutung schloß), nach Ancillon, Ursprung 1788, 136. Zur Etymologie des Namens hatte L. offensichtlich eine Anfrage an seinen Kollegen, den Orientalisten Michaelis, gerichtet, der angibt, Mesarthim im Arabischen nicht zu finden, und stattdessen auf andere Namen für die Hauptsterne im Widder eingeht (vgl. Bw 5.1, Nr. 1331a [87]).

[772] Die genannten Werke sind LaLande, Astronomie 4, 1781 (genauer gesagt das darin enthaltene [S. 349–576] ‚Mémoire sur l'origine des constellations' von Dupuis; Pluche, Spectacle 4, 1746 bzw. ders., Schauplatz 4, 1764; Bailly, Histoire 1775; Bode, Anleitung 1778.

[773] Dies und die folgenden Einlassungen über die Sternbilder des Tierkreises vermutlich nach Bode, Anleitung 1778, 46–52.

[774] Dt.: „Es sind: Widder, Stier usw." Beginn eines bereits in der Antike gebräuchlichen Merkverses, der die zwölf Sternbilder des Tierkreises, beginnend vom (seinerzeitigen) Frühjahrspunkt an aufzählt. Er steht vollständig im Erxleben (ErxH, 656) und auch in Gamaufs Nachschrift (GamN, 598).

[775] Nicht ermittelt.

[776] Vgl. Bode, Anleitung 1778, 55 f.

[777] Vgl. ebd., 56–58, wo lediglich das letztgenannte Sternbild noch nicht erwähnt ist. Bode stellte es 1781 den Lesern des Astronomischen Jahrbuchs vor (Bode, Nachricht 1784) und verzeichnete es auch in seinem Sternatlas (ders., Vorstellung 1782, Tafel 10). Brahes und Hevelius' zusätzliche Sternbilder erschienen im Druck erstmals in Brahe, Progymnasmata 1602, bzw. Hevelius, Firmamentum 1690 (vgl. dazu auch Text Nr. 64). Lacailles erster Katalog von 1942 Sternen des Südhimmels mit den neuen Sternbildern wurde in den Abhandlungen der Pariser Akademie für das Jahr 1752 (erschienen 1756) publiziert (Lacaille, Table 1752). Le Monniers Rentier schließlich scheint zunächst ein Leben in der Verborgenheit von dessen ‚Théorie des comètes' von 1743 geführt zu haben, wo es auf einer Himmelskarte zum ersten Mal verzeichnet ist. LaLande jedenfalls erwähnt

es erst in der dritten Aufl. seiner ‚Astronomie' (LaLande, Astronomie 1, 1792, 233), unter Berufung auf Fortins 1776er Ausgabe des Flamsteedschen Atlasses.

778 In L.s Exzerptenheft heißt es dazu (EP, 168): „Der Mauerquadrant ein neues Sternbild, welches HErr dela Lande an den Himmel gesezt hat, steht zwischen dem Drachen, Herkules und Bootes, eine genaue Abb. desselben von HE. v. Zach steht im IV^ten Hefft von Hindenburgs Archiv der reinen und angewandten Mathematik. I. Band." Am Ende des genannten Heftes sind „Auszüge aus einigen Briefen des Herrn de la Lande an Herrn O. W. M. v. Zach" abgedruckt. Im letzten von ihnen, datiert vom 1. Aug. 1795, erwähnt LaLande das neue Sternbild, das er eingeführt habe (LaLande, Auszüge 1795, 511), „um das Andenken des Instruments zu erhalten, womit die ungeheure Arbeit der 30,000 Sternbestimmungen vollendet worden." In einer Anmerkung weist Zach auf die von ihm nach LaLandes „sehr grobe[r] Zeichnung" entworfene Kupfertafel hin, „woraus man die Gestalt und Lage dieser neuen Constellation besser ersehen kann". Drei Tage vor dem genannten Datum hatte LaLande auch Bode über sein neues Sternbild informiert, sodaß die Nachricht davon etwa zur gleichen Zeit wie in Hindenburgs ‚Archiv für die reine und angewandte Mathematik' auch in dem 1795 gedruckten Band des von L. abonnierten Astronomischen Jahrbuchs zu lesen war (LaLande, Schreiben 1798).

779 Das Sternbild *Friedrichs Ehre* zum Gedenken an den 1786 verstorbenen Preußenkönig war von Bode am 25. Jan. 1787 in einem Vortrag vor der Berliner Akademie vorgeschlagen worden (Bode, Sternendenkmal 1787; vgl. auch Anm. 1146). Kästner setzte sich mit diesem Vorschlag in einem Brief an L. kritisch auseinander (Bw 3, Nr. 1518 [345]), von dem dieser in der Vorlesung offensichtlich regelmäßig Gebrauch machte (vgl. GamN, 792; BenA, 109). Das *große* und das *kleine Herschelsche Teleskop* dagegen sowie daneben das *Psalterium Georgianum* (so erscheinen sie bei GamN, 792) hatte Maximilian Hell 1789 an den Himmel gesetzt (Hell, Monumenta 1789). In Benzenbergs Nachschrift taucht (BenA, 109) nur „Herschels Sternrohr" auf.

780 Die hier und im vorigen Absatz erwähnten Werke sind Schiller, Coelum 1627; Schickard, Astroscopium 1623 (u. ö.); Weigel, Coelum 1688. Vgl. Bode, Anleitung 1778, 86 f.

781 Anspielung auf zeitgenössische Vorschläge zu einer Rechtschreibreform, wie sie etwa der von L. wegen seiner Bemühungen um die Verbreitung des Blitzableiters geschätzte Johann Jakob Hemmer propagierte (vgl. VNat 4, 646, Anm. 84). Daß L. nichts davon hielt, zeigt schon die Gleichsetzung mit der hier kritisierten Einführung neuer Namen für die alten Sternbilder.

782 Vermutlich Hinweis auf Schröters ‚Beschreibung seiner Sternwarte etc.' im Astronomischen Jahrbuch für 1788, in der es in einer Fußnote heißt (Schröter, Beschreibung 1788, 221): „Der Quadrant selbst ist bis jetzt noch von sehr altem Holz, aber sehr gut gearbeitet auch von mir selbst mit aller

Sorgfalt abgetheilet. Zwar verfertiget Herr Drechsler statt desselben jetzt einen von Messing, ob er aber grosse Vorzüge gewähren dürfte, wird noch immer eine Frage seyn."

783 Diese Ergänzung vermutlich gemäß Gehler 2, 262 f. Woher dessen Liste der 15 Sterne allerdings stammt, ist unklar. Weder stimmt sie mit der Ptolemäischen überein (sie führt Antares = α Scorpii auf, der nach Ptolemaios in die zweite Größenklasse gehört; vgl. Ptol. Alm. VIII, 1 [ed. Heiberg 2, 1903, 110 f.]) noch mit der von LaLande (Astronomie 1, 1771, 236) angegebenen. Auch Bodes regelmäßig veröffentlichtes Fixsternverzeichnis (vgl. etwa Bode, Verzeichnis 1788) kommt nicht in Frage. Es umfaßt nur 13 Sterne der ersten Größe, darunter auch der nach L. unter den 15 noch nicht enthaltene Atair (zu diesem vgl. auch 195,2–4).

784 Vgl. LaLande, Astronomie 1, 1771, 284–290; Kästner, Anfangsgründe 2.2, 1781, 59 f.

785 D. s. die jährlich erscheinenden ‚Ephemerides astronomicae ad meridianum Vindobonensem' (Astronomische Ephemeriden [Tafeln mit vorausberechneten Gestirnspositionen für jeden Tag] für die Länge von Wien), für die Hell von 1757 bis 1792 verantwortlich zeichnete.

786 D. i. Bode, Vorstellung 1782. Am 9. Sept. 1782 hatte L. darüber an Schernhagen geurteilt (Bw 2, Nr. 966 [428]): „Jeder Liebhaber der Astronomie solte sich Bodens Ausgabe von Flamsteeds Tafeln kaufen, sie sind jezt das beste Buch dieser Art, welches man hat, und man kan alle die kostbaren Atlantes entbehren und doch kostet es nur 4½ Thaler." Vgl. auch 212,15–16.

787 Vgl. Tafeln 1, 1776, insb. 81–224.

788 Koch, Zodiacal-Sternen-Verzeichniss 1790.

789 Vgl. das Instrumentenverzeichnis, demzufolge L. „Zwey kleine englische Globi" besaß (NL VII Q 2, Bl. 36v). Gemäß der beigefügten Preisangabe sollen diese und ein „kleiner Funkischer aus Cylinder und abgestumpften Kegel zusammengesetzter" 12 Taler gekostet haben.

790 Ein Paar Globen von Adams waren 1766 von der englischen Königin als Geschenk für die Universität bestellt und vermutlich im Jahr darauf geliefert worden (UAG Kur 6757). Der in der Bibliothek der Universität vorhandene Himmelsglobus von Adams dürfte aus dieser Schenkung stammen. Es ist ein Exemplar von ca. 18 Zoll Durchmesser. Globen dieser Größe wurden von Adams in einem Katalog von 1789 je nach Ausstattung zu einem Preis von 6 Pfund 6 Schilling bis 16 Pfund 16 Schilling angeboten (Adams, Essays 1789, [Kat.] 3 f.). Dies entsprach bei von L. üblicherweise angesetzten Kurs von 6 : 1 etwa 38 bis 101 Talern.

791 LaLande verzeichnet für das Jahr 1766 (Bibliographie 1803, 496): „*Upsal.* Globes céleste et terrestre de vingt-deux pouces [22 Zoll, ca. 59 cm], par *Akerman.*" Diese dürfte L. wohl unter „Die Grosen" verstanden haben. Ein Paar von je ca. 30 cm Durchmesser kann heute (2013) in der Göttinger Staats- und Universitätsbibliothek besichtigt werden, nachdem es sich zwischenzeitlich im Besitz des Geographischen Instituts der Universität

befand (vgl. Stevenson, Globes 2, 1921, 179 f. u. Horn, Globen 1978). Der Himmelsglobus trägt das Datum 1759, der Erdglobus jedoch ist eine durch F. Akrel aktualisierte Fassung des Akermanschen Globus von 1779.

792 Offensichtlich (vgl. Anm. 827) hat L. Adams' ‚Astronomical and Geographical Essays' gelesen, die auch eine Neuausgabe des ‚Treatise describing the construction, and explaining the use, of new celestial and terrestrial globes' von dessen Vater enthalten (in 5. Aufl.: Adams, Treatise 1782). Neben anderen Neuerungen, die der ältere Adams in der Montierung der Globen eingeführt hatte, erwähnt der jüngere als Besonderheit der Geräte seines Vaters, daß auf ihnen der Äquator gleichzeitig als Stundenkreis diene (Adams, Essays 1789, 247). Demgemäß ist der Äquator sowohl auf dem Erd- als auch auf dem Himmelsglobus neben der Grad- auch mit einer Stundenskala versehen (ebd., 263), wobei als Null des Erdäquators der Meridian von London gesetzt wird.

793 „Von der künstlichen Himmelskugel, und derselben Gebrauch" handelt etwa LaLande, Handbuch 1775, 93–120. Noch ausführlichere Anleitungen erwähnen z. B. Bode, Anleitung 1778, 95, und Kästner, Anfangsgründe 2.2, 1781, 67.

794 Vgl. dazu Bode, Anleitung 1778, 95; Kästner, Anfangsgründe 2.2, 1781, 70, wo ebenfalls auf diesen Sachverhalt hingewiesen wird.

795 In Zusammenarbeit mit Rigobert Bonne hatte LaLande 1775 ‚Nouveaux globes, céleste et terrestre' nebst zugehöriger Erläuterung herausgegeben (vgl. LaLande, Bibliographie 1803, 548 f.). Von L.s Bemühungen, die Segmente zu diesen Globen für Schröter zu besorgen, zeugen vier Briefe aus dem Herbst 1785 (Bw 3, Nr. 1400; 1406; 1407; 1451). Am 5. Nov. 1790 borgte sich L. „die Globos" von der Bibliothek, anscheinend auf Dauer, wie ein Eintrag im Instrumentenverzeichnis nahelegt (NL VII Q 2, Bl. 62r): „Zwey französische Globi, von der Bibliothek durch H. Hofrath Heyne. 10 Zoll im Durchmesser." Eine Beschreibung der beiden, die sich heute (2013) wieder im Besitz der Göttinger Staats- und Universitätsbibliothek befinden, enthält Horn, Globenpaar 1978. Vgl. dazu auch VNat 6.

796 „Ich bin nunmehr wirklich darauf bedacht," so heißt es bei Bode (Nachrichten 1788, 256), „mein im Jahrb. f. 1786 S. 160 vorläufig gethanes Versprechen, *Segmente zu einfüßig. Himmels- und Erdkugeln* herauszugeben, in Erfüllung zu bringen, und werde in einigen Monaten das nähere darüber bekannt machen." Sechs Jahre darauf teilte er mit (Bode, Beobachtungen 1794, 258), daß „die versprochenen neuen Erd- und Himmelskugeln, in Nürnberg in Arbeit" seien und „so bald *als möglich* erscheinen" sollten. Und 1793, nach weiteren zwei Jahren, schließt das Astronomische Jahrbuch mit der Nachricht (Bode, Beobachtungen 1796, 244): „Endlich habe ich neulich das erste fertige Paar der neuen Erd- und Himmelskugel aus Nürnberg von Herrn *Beringer* erhalten." – L.s Hinweis auf Cook zeigt, daß er vor dem Schreiben dieser Zeilen die neuen französischen Globen noch nicht gesehen hatte; denn auf Bonnes Erdglobus war Cooks dritte Weltumsegelung von 1776–1779, von der er bekanntlich nicht zurück-

kehrte, sehr wohl berücksichtigt. Es ist sogar die Stelle verzeichnet, wo er getötet wurde.

797 Vgl. die anonyme „Nachricht von einer neuen Erd- und Himmelskugel" im Gothaischen ‚Magazin für das Neueste aus der Physik und Naturgeschichte' (Nachricht 1791, 65), in der Hell mit den Worten zitiert wird, er habe den ihm zur Prüfung zugesandten Himmelsglobus „zum astronomischen Gebrauch sehr schicklich und vortrefflich befunden." „Alle alte sowohl, als neuere, wie auch allerneueste Sternbilder," so Hell gemäß dem Zitat weiter (ebd.), „die von den Astronomen zum Gebrauch angenommen worden, deren Zahl 104 Sternbilder beträgt, befinden sich alle genau eingetragen.", darunter eben auch die von Hell eingeführten (s. Anm. 779). Bei dem Namen Schiller handelt es sich um ein Versehen L.s. Der Hersteller der Globen war Johann Georg Klinger.

798 D. i. Bayer, Uranometria 1603; darin sind erstmals die einzelnen Sterne innerhalb der Sternbilder mit griechischen Buchstaben bezeichnet.

799 Diese Liste knüpft vermutlich an die bezüglich Bayer getroffene Feststellung an, seine Buchstaben seien allgemein anerkannt worden – so eben auch diese berühmten Astronomen. Dabei stellt sich noch die Frage, wer hier mit Mayer gemeint ist, L.s verstorbener Kollege Tobias oder Simon Marius, dessen Name aus Mayer latinisiert ist (vgl. oben 155,27–28) und der zeitlich besser zu den übrigen paßt.

800 Flamsteed, Atlas 1753. Von dieser 2. Aufl. sind in der Göttinger Bibliothek 2 Ex. erhalten. Am 18. Jan. 1798 hat L. eines davon ausgeliehen, zusammen mit Bayers Uranometrie (LB, 97), wohl um die Bücher in der Vorlesung vorzustellen.

801 Bode, Vorstellung 1782. Zum Ausgangspunkt seiner Bearbeitung schreibt Bode in der Vorrede (S. III): „Der im Jahr 1729 zu London auf 28 Bogen im größten Format von *Flamstead* herausgegebene *Himmelsatlas* ist das vortreflichste Werk, welches über die Abb. der Gestirne nach dem vollständigen Brittanischen Sternenverzeichniß erschienen ist; allein schon wegen der Größe der Charten hat dieser Atlas einen so hohen Preiß, (Er kostet in London 48 franz. Liv.) der manchem Liebhaber der Sternkunde die Anschaffung desselben erschwert. // Es war daher ein nützliches Unternehmen des Herrn *Fortin* zu Paris, da derselbe im Jahr 1776 diese Englischen Originalcharten zum dritten Theil der Größe reducirt auf 30 Blätter herausgab, denn hiedurch wurden selbige für mehrere Liebhaber bequem und brauchbar." Als Begründung für sein Unternehmen führt er an (ebd.): „Da mir nun diese Pariser Ausgabe der Flamsteadschen Charten noch sehr wesentlicher Verbesserungen und Erweiterungen fähig zu seyn schienen[!], und ein Werk von der Art in Deutschland noch gänzlich fehlt, so habe ich mit Veranstaltung der gegenwärtigen völlig umgearbeiteten Ausgabe derselben, den Astronomen und Liebhabern der Sternwissenschaft einen hoffentlich nicht unangenehmen Dienst zu erweisen gesucht." In L. jedenfalls hatte er einen begeisterten Nutzer gefunden, der auch kräftig die Werbetrommel für das Buch rührte (vgl. 210,35–211,2). – Bodes Ankündi-

gung, einen „neuen Himmels Atlas im größten Format“ herauszugeben, der 1801 unter dem Titel ‚Uranographia‘ erscheinen sollte, notierte L. in den Exzerpten (EP, 158).

802 Doppelmayr, Atlas 1742. Seine lateinischen Buchstaben wurden gelegentlich (so in Sammlung 1, 1776) neben den griechischen Bayers angegeben oder auch in Konkordanzen verzeichnet (z. B. Bode, Anleitung 1778, 97–103).

803 Bode, Anleitung 1778. Das Buch bietet auf 260 von insgesamt knapp 700 Seiten eine „Anleitung zur Kenntniß der Fixsterne oder der Sternbilder für jeden einzelnen Monat eingerichtet“, wobei jedem Monat eine besondere Sternkarte zugeordnet ist.

804 Vaugondy, Geograph Ludwigs XV. von Frankreich, gab, so heißt es bei Gehler (4, 201) „1764 Planisphäre heraus, welche auf zwey großen Blättern die erhabne Seite der Himmelskugel vorstellen.“ L. besaß ein Exemplar davon: BL 363. Zu Funk vgl. LaLande, Bibliographie 1803, 560 f.

805 Senex, Zodiacus 1710, laut Gehler (4, 202) eine Karte „über die Sterne des Thierkreises […] auf zwey großen Bogen, wo die Sterne nach Flamsteads Beobachtungen bis zu 7¾ Grad der Breite sehr genau verzeichnet sind.“ L. hatte sich die Karte für die hier aufgezeichnete Vorlesung von Kästner geliehen und schickte sie am 25. Jan. 1786 zurück (Bw 3, Nr. 1422 [161]).

806 Zimmermann, Coniglobium 1740. L. konnte auf ein Exemplar dieser Ausgabe des mehrfach erschienenen Werks zurückgreifen, das aus der Uffenbachschen Bibliothek stammt. – Die Funckschen Sternenkegel, die nebst den oben erwähnten Karten (vgl. 212,18–20) in dem genannten Begleitband (Funck, Anweisung 1777) erklärt werden, lieh er sich regelmäßig bei Kästner aus; vgl. Bw 3, Nr. 1422 [161] und Bw 4, Nr. 2722 [682], insb. die Anm.

807 Ein „Planiglobium“ ist eine ebene Darstellung einer Halbkugel, hier des Himmels (coelum), sonst auch von Erde, Mond etc.

808 Vgl. zu den nachfolgenden hiermit eingeleiteten Ausführungen auch BenA, 110 f. Bei Gamauf haben sie keine Entsprechung.

809 Vgl. Bode, Anleitung 1778, 589 f.

810 Vgl. Herschel, Verzeichnis 1786, 208 f. (Wega); 212 (Capella); 214 (Aldebaran).

811 S. auch 216,13–14; Herschels Abschätzung der Größe, hier der Wega, erwähnt Schubert (Parallaxe 1796, 121) nur am Rande.

812 Auch diese Abschätzung entnahm L. dem ‚Astronomischen Jahrbuch‘, nämlich „Bode Jahrbuch 1789. p. 176“, wie er in einer Randbemerkung im Erxleben notiert (ErxH, 715 f.), die mit 214,17–25 weitgehend übereinstimmt. An der genannten Stelle waren Bemerkungen „Ueber die Größe der Fixsterne aus Hrn. Herschels Beobachtungen gefolgert“ abgedruckt, die Wurm Bode brieflich mitgeteilt hatte (Wurm, Tafeln 1789, 176 f.).

[813] „*Merkur*, *Venus* und *Jupiter*", heißt es leicht abweichend bei Bode (Anleitung 1778, 594), „glänzen freilich zuweilen so lebhaft, daß ihr Licht beweglich oder zu zittern scheint, und dies kann von ihrer Nähe bey der Sonne, von ihrer scheinbaren Größe, oder von der Beschaffenheit ihrer Oberfläche hergeleitet werden, nach welchen Umständen sie ihr aufgefangenes Licht noch so helle auf uns zurückwerfen."

[814] In einer Höhe von ca. 2770 m über dem Meer, wo Saussure während seiner Expedition auf den Montblanc eine Beobachtungsstation errichtet hatte, betrachtete er „die glänzenden Sterne, die aber keine Art von Funkeln zeigten" (Saussure, Reisen 4, 1788, 327).

[815] Vgl. Bode, Anleitung 1778, 592–594, sowie Priestley, Geschichte 1776, 372–374.

[816] Unter den angegebenen Umständen kann der Effekt (vgl. GamN, 788) durch Öffnung der Fenster erzielt werden; s. auch BenA, 110.

[817] „Das Licht der Fixsterne", schreibt Bode (Anleitung 1778, 594 f.), „bleibt aber im Fernrohr so lebhaft, daß es noch wegen der Refraction der Gläser mit allen Farben des Regenbogens spielt, welches sich an den Sternen erster Größe und besonders am Sirius zeigt."

[818] In seinem Aufsatz „On the Method of observing the Changes that happen to the fixed Stars", dessen Hauptgedanken L. im Taschenkalender für 1798 referierte (Lichtenberg, Phantasien 1798), hatte Herschel ein neues System zur Beurteilung der scheinbaren Helligkeiten der Fixsterne vorgestellt. Es beruhte auf dem Vergleich nahe beieinander liegender Sterne, die er nach ihrer Helligkeit in eine Rangordnung brachte. In diesem Zusammenhang sprach er von einem „wavering of Star-light", das dazu führen konnte, daß ihm von zwei Sternen bald der eine, bald der andere als der hellere erschien (Herschel, Method 1796, 189 f.). Vielleicht ist es dies, was L. als Zittern bezeichnet. Zu Untersuchungen des Niederländers van Utenhoven „über die scheinbaren Größen einiger der merckwürdigsten Fixsterne", die mit denen Herschels vergleichbar seien, findet sich eine Notiz L.s in den Exzerpten (EP, 166).

[819] Zur Bestimmung der Sonnenparallaxe vgl. 93,25–97,35. Den Wert für den Erdradius als Bezugsgröße hat L. hier wohl ergänzt, um durch den Vergleich mit dem in der nächsten Zeile angegebenen viel größeren Durchmesser der Erdbahn, aus dem die Parallaxen der Fixsterne resultieren, die Unermeßlichkeit von deren Entfernungen anzudeuten.

[820] Zum Begriff der Parallaxe im allgemeinen vgl. 237,4–14. Die tägliche (diurna) resultiert aus der Drehung der Erde, die jährliche (annua) aus ihrem Umlauf um die Sonne.

[821] In § 667 des Erxleben (S. 589 f. in Erx[4]) geht es um die Entfernung der Fixsterne. In den Marginalien dazu (ErxH, 715 f.) hat L. neben einem Separatdruck von zwei Vorträgen Herschels vor der Royal Society (Herschel, Parallax 1782 [BL 284]) und den in diesem Text ebenfalls ergänzten Angaben zu den scheinbaren Größen einiger Fixsterne (214,17–25) auch den hier erwähnten Aufsatz Schuberts (Parallaxe 1796) angeführt. Dieser

entwickelt anknüpfend an Herschels Beobachtungen von Doppelsternen Formeln zur Berechnung von Sternparallaxen aus bei solchen Beobachtungen gewonnenen Daten.

822 Vgl. 77,32–33 zur Notwendigkeit dieser Folgerung aus der copernicanischen Hypothese.

823 Dies bezieht sich selbstverständlich auf den Abstand Erde–Sirius; vgl. GamN, 788, und Lichtenberg, Weltgebäude 1779, 15. Der Faktor ergibt sich als halber Kehrwert von $\sin 0{,}5''$ wegen der Gleichung $d : 2a = \sin 0{,}5\alpha$, wo a = Abstand Erde–Sirius, d = Durchmesser der Erdbahn, α = Parallaxe

824 Die Betrachtung der Flugdauer einer Kanonenkugel zur Veranschaulichung der unvorstellbaren Entfernungen im Weltall (vgl. auch oben 32,16–26) geht auf Huygens zurück. In seinem ‚Cosmotheoros' gibt er für den Abstand Erde–Sonne 25 Jahre an (Huygens, Cosmotheoros 1698, 124 f.) und schätzt auch schon den Abstand Erde–Sirius ab (ebd., 136 f.), allerdings nicht gestützt auf eine Obergrenze für die Parallaxe, sondern auf einen Vergleich von dessen Leuchtkraft mit derjenigen der Sonne.

825 Auf die Metapher aus ‚Paradise lost' verweist L. auch in Notizen zum Vorlesungsabschnitt über die Entstehung der Welt; vgl. 378,18–19 sowie die zugehörige Anm.

826 Vgl. Herschel, Construction 1785, 244 f. Nachdem Herschel L. bereits im Mai 1784 (Bw 2, Nr. 1268 [854]) auf seine Beobachtungen der Nebelsterne und den ersten Vortrag vor der Royal Society (Herschel, Account 1784) aufmerksam gemacht hatte, hatte er ihm im Jahr darauf die genannte umfassendere Abhandlung geschenkt (Bw 3, Nr. 1384 [102]) und L. hatte sich umgehend daran gemacht, sie für den Taschenkalender des Folgejahres zu exzerpieren, wie er zu Beginn des Kalenderaufsatzes betont (vgl. Lichtenberg, Etwas 1786, 192 f.). Der Auszug bildete die Grundlage für die nachfolgenden Ausführungen, wie L. selbst angibt (217,25–26). S. auch Text Nr. 67, ein ergänzendes Exzerpt aus dem Band „Über den Bau des Himmels", in dem drei zum Thema gehörige Abhandlungen Herschels aus den Jahren 1784 bis 1789 in deutscher Übersetzung abgedruckt sind (Herschel, Bau 1791).

827 Vgl. die Sudelbucheintragung J 259, in der L. als Quelle für diese Schätzung Adams' „Astronomical Essays" angibt. Dieser wiederum zitiert LaLande (Considérations 1785, 288) in englischer Übersetzung (Adams, Essays 1789, 16): „In passing rapidly over the heavens with his new telescope, the universe increased under his eye; 44000 stars, seen in the space of a few degrees, seemed to indicate that there were seventy-five millions in the heavens."

828 Laut Gamaufs Vorlesungsnachschrift (GamN, 789) ein Gedanke „*Gottsched's* oder seiner Frau, den er bey *Fontenell's Pluralité des mondes* gehabt hat". Dieser spekuliert angesichts der nach seiner Vorstellung eng zusammenstehenden Sterne in der Milchstraße über Welten, in denen die jeweilige Sonne nicht viel näher als die nächsten Fixsterne stehen und die

Nächte daher fast so hell wie die Tage sind. „Die Einwohner dieser Welten“, so fährt er fort (Fontenelle, Gespräche 1730, 167 f.), „würden sich sehr wundern, wenn man ihnen, da sie eines immerwährenden Lichtes gewohnt sind, sagen möchte, es gebe solche unseelige Leute, die wahrhafte Nächte haben, in eine dicke Finsterniß gerathen, und wenn sie gleich des Lichts genießen, doch nur eine einzige Sonne sehen.“ Hierzu merkt Gottsched in einer Fußnote an (ebd.), daß „die Wärme in diesen Welten unerträglich seyn“ muß.

829 Vgl. Lichtenberg, Etwas 1786. Darauf beruhen nachfolgend 217,26–31, 218,1–5, 218,17–20.

830 Lambert, Briefe 1761, insb. 127–133, bzw. Kant, Naturgeschichte 1755, insb. 12–16. Erxleben stellt im letzten Paragraphen des Abschnitts „Vom Weltgebäude“ die Frage (ErxH, 718), ob „diese nebelichten Sterne vielleicht auch dergleichen von uns sehr entfernte Milchstraßen“ und ob „mehrere dergleichen in Ein System vereinigt“ seien. Er nennt Lambert als den Urheber dieses Gedankens, und L. weist in einer Fußnote auf die Fortführung des Gedankens durch Herschel hin (ebd.). Ja in seinem ersten Brief an Herschel hatte er diesen explizit auf Lambert als Vorläufer aufmerksam gemacht hatte (Bw 2, Nr. 1285 [882]). Von Kant ist bis zur fünften Aufl. von 1791 einschließlich in diesem Zusammenhang nicht die Rede (Erx^5, 626). Nun erschien aber im selben Jahr der bereits genannte, von L. exzerpierte Band mit den deutschen Übersetzungen von Herschels einschlägigen Abhandlungen (vgl. Anm. 826) und in dessen Anhang eine von Kant in Auftrag gegebene Kurzfassung der ‚Allgemeinen Naturgeschichte‘ durch J. F. Gensichen. In einer Nachbemerkung dazu (Herschel, Bau 1791, 202) werden sowohl Erxleben als auch L. für ihre Darstellung kritisiert. Zum einen habe Lambert den behaupteten Gedanken in seinen ‚Cosmologischen Briefen‘ so gar nicht geäußert, und zum anderen liege „die Priorität dieser Vorstellungsart“ unzweifelhaft bei Kant. L.s Reaktion ist in der sechsten Aufl. des Erxleben zu lesen, in der die Fußnote nun mit der Korrektur gegenüber dem ursprünglichen Text beginnt (Erx^6, 643), daß „Eigentlich 6 Jahre vor *Lamberten* schon Herr *Kant*“ den Gedanken gewagt habe. Auch für die Ergänzung dieser Marginalie zum Vorlesungsmanuskript dürfte die Lektüre der Herschelübersetzungen der Anlaß gewesen sein.

831 Für die ursprünglich angegebene Zahl von 1300 Sternen, obwohl Herschel in der Abhandlung nur von 900 spricht (Herschel, Construction 1785, 249), nimmt L. die Mitteilung eines Freundes von Herschel in Anspruch (Lichtenberg, Etwas 1786, 195). Die Aktualisierung zu 2300 entspricht Herschel, Catalogue 1789, 222; vgl. auch 295,31.

832 Vgl. Auszug 1786. Brühl meldete die Fertigstellung des Teleskops nebst der damit erfolgten Entdeckung des 7. Saturnmondes (vgl. 277,23–26) in einem auf 21. Sept 1789 datierten Brief an Bode, der diese Neuigkeit umgehend im Astronomischen Jahrbuch für 1792 veröffentlichte (Brühl, Schreiben 1792). Die Reise zur Besichtigung des Instruments

kündigte L. auch Herschel selbst gegenüber an (Bw 3, Nr. 1533 [368]), ausgeführt hat er den Plan nicht mehr.

833 Es handelt sich hier um die von Herschel sogenannten „Planetary Nebulae". Wie die Zahl von neun Exemplaren zustande kommt, ist rätselhaft. Im Kalenderaufsatz spricht L. von sieben (Lichtenberg, Etwas 1786, 196), während Herschel selbst im Text seines Aufsatzes sechs derartige Objekte aufführt, zu denen er zwei weitere in einer Fußnote ergänzt (Herschel, Construction 1785, 263–266). In der 1786 veröffentlichten Liste von 1000 Nebeln und Sternhaufen sind aus diesen acht hauptsächlich durch geänderte Zuordnung einzelner Objekte 29 geworden (Herschel, Catalogue 1786, 492 f.).

834 Vgl. Bw 2, Nr. 1285 [882].

835 Die Position dieser Marginalie legt nahe, daß L. hier Veränderungen auf dem Mond meint, was durch eine ähnliche Formulierung im Erxleben unterstützt wird (ErxH, 689). Eine passende Belegstelle konnte in dem genannten Band des Jahrbuchs nicht ermittelt werden. Möglicherweise schreibt L. hier eine auch an anderer Stelle erwähnte Beobachtung am Mond (vgl. 258,10) fälschlich Herschel zu. Im Jahrbuch für 1788 dagegen weiß Zach (Beobachtungen 1788, 144 f.) zu berichten, daß Herschel neben dem von einigen als Vulkan interpretierten leuchtenden Fleck (vgl. 256,6–9) eine ganze Reihe von „Veränderungen auf der sichtbaren Mondsfläche" gesammelt, aber noch nicht veröffentlicht habe.

836 Anspielung auf die „Pariser Bluthochzeit", geläufiger unter der Bezeichnung „Bartholomäusnacht", einem Pogrom an französischen Protestanten, das sich ebenfalls 1572, in der Nacht vom 23. auf den 24. Aug., also vor dem Erscheinen der Nova im November, ereignet hatte.

837 Die Ausführungen zu den Novae wohl hauptsächlich nach LaLande, Handbuch 1775, 151 f. Die genannten Werke sind Liceti, De astris 1622, und Brahe, Progymnasmata 1, 1602 (diesen Titel jedenfalls nennt LaLande, Astronomie 1, 1771, 313), die zweite und bei weitem umfangreichere Publikation Brahes über die Nova von 1572, die die kleine Schrift von 1573 (Brahe, De nova stella 1573) obsolet machte. Hinter Cuspianus verbirgt sich der Humanist Johannes Cuspinianus, der aufgrund seiner Lebensdaten eine Nova im 4. Jh. selbstverständlich nicht gesehen haben kann. Die Fehlzuschreibung der Beobachtung (wiewohl nicht die Fehlschreibung des Namens) geht mindestens auf LaLande zurück, während es bei Liceti (De astris 1622, 259) wie auch bei Brahe (Progymnasmata 1, 1602, 543), auf den jener sich beruft, heißt, Cuspinianus schreibe, daß ein Stern am nördlichen Himmel aufgegangen sei, hell wie der Morgenstern, der innerhalb von drei Wochen wieder verschwunden sei. Nicht eindeutig geht daraus allerdings hervor, ob die Jahresangabe dem Erscheinen des Sterns oder der Niederschrift durch Cuspinianus (De consulibus 1553, 518) zuzuordnen ist. Auch die auf LaLande beruhende Lokalisierung im Adler beruht auf einem Mißverständnis; denn es ist bei Liceti nicht von *Aquila* die Rede, sondern von *Aquilo*: eigentlich ein nordöstlicher Wind, im übertragenen Sinne der

Norden (Georges, Handwörterbuch 1, 1913, Sp. 528). Bemerkenswert ist, daß bei Gamauf der erste Irrtum – aus welchem Grund auch immer – behoben ist (GamN, 789): „*Cuspianus* giebt Nachricht von einem schönen hellen Sterne, [...].“

838 Vgl. ebenfalls LaLande, Handbuch 1775, 152; Kepler veröffentlichte darüber 1606 ‚De stella nova in pede serpentarii‘ (= Der neue Stern im Schlangenträger).

839 Beginnend mit Mira (= der wundersame Stern) Ceti (d. i. L.s „o micron im Wallfisch“), den Fabricius 1596 als Nova betrachtet hatte, zählt LaLande (Astronomie 1, 1771, 314–322) eine ganze Reihe von Sternen auf, deren veränderliche Helligkeit bis zur zeitweiligen Unsichtbarkeit im 17. und frühen 18. Jh. beobachtet worden war. Warum L. abweichend von diesem, nach dem „der Veränderliche im Walfisch“ „für den Zeitraum von 15 Tagen als Stern zweiter Größe erscheint“ (ebd., 314), 14 Tage als Dauer der größten Helligkeit angibt, ist unklar.

840 „Sehr hoch am Himmel“, schreibt Bode (Anleitung 1778, 121) zum Sternhimmel im Januar, „scheinen in der Milchstraße die Sterne des *Perseus* mit dem Kopf der *Medusa*. Man findet sehr leicht zween helle Sterne zwoter Größe [...]; der unterste führt den Namen Algol“, in Bayers Notation β Persei.

841 Zwei 1783 geschriebene Briefe Goodrickes über den Gegenstand wurden vor der Royal Society verlesen: Goodricke, Series 1783, und ders., Periods 1784.

842 S. LaLande, Astronomie 1, 1771, 319.

843 Beigel, Lichtabwechselung 1788, und Wurm, Lage 1788, 190–192. Ende 1787 konnte auch L. einen kleinen Beitrag zur Algolforschung leisten. Offensichtlich auf eine Anfrage Wurms sah er Tobias Mayers Beobachtungsprotokolle und auch Flamsteeds ‚Historia coelestis Brittannica‘ durch und meldete die dabei gefundenen Daten (vgl. Bw 3, Nr. 1566 [465–470]).

844 Alle Angaben nach ebd., 190.

845 LaLande, Table 1792, 287.

846 Wurm, Lage 1788, 192.

847 Zusätzlich zu dem Rechenfehler in der ersten Stelle (vgl. den textkritischen Apparat) hat L. die Anweisung in den von ihm benutzten Tabellen (Wurm, Lage 1788, 191) übergangen, daß für Januar- und Februartermine in Schaltjahren ein Tag zu addieren ist. Vom 26. Jan. 1792 aus gesehen, war die letzte „Verfinsterung“ am 25. Jan. etwa um 9 Uhr morgens eingetreten, die nächstfolgende war für den 28. Jan. um 6 Uhr morgens zu erwarten. Man beachte, daß in den Rechnungen mit dem astronomischen Tagesbeginn am Mittag operiert wird.

848 Wieder (vgl. die vorhergehende Anm.) hat L. den Tag für das Schaltjahr nicht addiert, der Wert für die Stunden ist aufgrund eines Rechenfehlers (vgl. den textkritischen Apparat) ca. 4 Stunden zu groß, so daß es hier richtig „übermorgen, 2 Uhr nachmittags“ heißen müßte.

[849] In dem früheren der beiden Beiträge zeigt Schröter (Beobachtung 1791, 219 f.) an, daß er am 12. Okt. 1787 einen kleinen, in den existierenden Verzeichnissen fehlenden Stern, etwa 1′ 30″ von Algol entfernt gesehen habe, von dem er vermute, daß er veränderlich sei. Die Beobachtungen, mit denen er diese Vermutung bestätigt zu haben glaubt, teilt er in dem späteren Beitrag mit (ders., Bedeckung 1796, 193–195).

[850] Zur Datierung: Aufgrund des verwendeten Papiers kommen für die Abfassung dieser veränderten Eingangsbemerkungen zunächst einmal die Jahre ab ca. 1788 in Betracht. Eine genauere Eingrenzung erlaubt das auf Bl. 107r angegebene und später gestrichene Datum „heute den 4ten Nov.“, das sich mit hoher Wahscheinlichkeit dem Jahr 1790 zuordnen läßt. Für den Winter dieses Jahres weist das Tagebuch den 4. Nov. als ersten Tag der Astronomievorlesung aus (Tgbr, 4.11.1790). Von den übrigen Jahren können 1786, 1787, 1792, 1797 und 1798 ausgeschlossen werden, da der 4. Nov. auf Samstag oder Sonntag fiel. 1789 las L. wegen seiner Krankheit nicht und für alle verbleibenden 1790er Jahre sind andere Daten angegeben (Tgbr, 7.11.1791 [= SB 2, 735]; 8.11.1792; 7.11.1793; 6.11.1794; 5.11.1795; 3.11.1796). Bis auf eine Ausnahme (Mo, 7. Nov. 1791), fielen alle genannten Daten auf einen Donnerstag. Daher ist es unwahrscheinlich, wenn auch nicht auszuschließen, daß die Vorlesung im Winter 1788/89 am 4. Nov. begann, einem Dienstag. Vgl. zu dem Text insgesamt auch die weiteren erhaltenen Einleitungen in den Texten Nr. 3 (höchstwahrscheinlich zur ersten öffentlichen Vorlesung ausschließlich über Astronomie im Winter 1780/81) und Nr. 7 (zur ersten großen Privatvorlesung über Astronomie, physische Geographie und Meteorologie im Winter 1785/86).

[851] Gemeint ist Pieter van Musschenbroeks zweibändige ‚Introductio ad Philosophiam Naturalem‘, deren 1762er Aufl. L. selbst besaß.

[852] Vgl. VNat 3, 53.

[853] Mit dieser Einteilung der Astronomie, die Gamauf als Einleitung und Gerüst für seine ‚Erinnerungen aus Lichtenbergs Vorlesungen über die Astronomie‘ dient (vgl. GamN, 577–581), rückt die früher von L. so sehr gelobte historische Methode (vgl. 71,13–27) zugunsten einer systematischen Betrachtung etwas in den Hintergrund. Bemerkenswert ist, daß diese Änderung der Perspektive erfolgt, ohne daß L. wesentliche Änderungen an der Abfolge der Themen gegenüber der Vorlesung von 1785/86 hätte vornehmen müssen, wie deren Vergleich mit Gamaufs Nachschrift zeigt.

[854] Die Parallelität zum Beginn des nachfolgenden Textes Nr. 10 sowie die teilweise inhaltliche Übereinstimmung beider Texte lassen auf eine ähnliche Verwendung schließen; vgl. dazu Anm. 859.

[855] Diese Rechnung am Rand scheint mit anderer Feder und/oder Tinte geschrieben und hat keinen erkennbaren Bezug zum übrigen Text. Es könnte sich um eine Berechnung der Differenz der Tageszeiten handeln, zu denen eine bestimmte Erscheinung am Mond, etwa die Kulmination, an zwei aufeinander folgenden Tagen beobachtet worden ist.

856 Der Bogen ist ein Viertel eines Umfangs durch die Pole zwischen einem Pol und dem Äquator, die Kreise Parallelkreise zum Äquator.

857 Vermutlich denkt L. hier an Mayer, Atlas 1745, und die darin enthaltene Tafel XVIII, „Darinnen die in der sphärischen Astronomie vorkommende Puncte, Linien, Circul, Winckel, u. d. g erkläret werden."

858 Hier spricht L. das Problem an, daß es für die geographische Länge, die der Rektaszension an der Himmelskugel entspricht, keinen natürlichen Nullmeridian gibt, der dem Kolur der Tag- und Nachtgleichen entspräche, von dem aus die Rektaszension gemessen wird; vgl. 108,16–18 und Anm. 759.

859 Die nachfolgenden Stichworte dienten der Erläuterung des himmlischen Äquatorialsystems, und damit einem Thema, das L. in den frühen Vorlesungen ausdrücklich nicht systematisch behandelt hatte, wie etwa die Bemerkung in der Vorlesung von Winter 1783/84 zeigt, nach der Wörter wie Deklination „eigentlich nicht inn eine physische Astronomie" gehören (s. 63,19–25; vgl. dazu auch 91,33–35 und 195,28–31). Die ungefähre Einordnung dieser Ergänzung zum Vorlesungsmanuskript läßt sich etwa für den Winter 1791/92 der erhaltenen Kurzübersicht dieses Halbjahres entnehmen, in der L. notierte (NL VII F 1, 78r): „1. ☽. 7. [Nov.] bis λοξος κυκλος und ortus cosmici. // 2. ♂. 8 Kugel eingetheilt Planeten bis Ptolemäische System." Ähnlich plaziert findet sich das Thema auch in Gamaufs Nachschrift (vgl. GamN, 589–593). Gleichzeitig läßt sich an der Kurzübersicht ablesen, daß L. mittlerweile weit weniger Zeit für die Einleitung und Vor- und Frühgeschichte der Astronomie nach Montucla verwendete als noch in der Vorlesung vom Winter 1785/86, in der das Ptolemäische System erst in der vierten Stunde zur Sprache gekommen sein muß.

860 Zu optischen Täuschungen bei der Betrachtung des Himmels vgl. VNat 4, 51, Z. 13–27, sowie die zugehörigen Anm.

861 Was die Zahlen zu bedeuten haben, konnte nicht ermittelt werden.

862 Tatsächlich schreibt Burja an der genannten Stelle (Lehrbuch 1, 1794, 33), es hätten „die Tageskreise oder [zum Äquator] parallelen Kreise auch den Namen der *Abweichungskreise* (Deklinazionszirkel) erhalten." Unter dem Abweichungskreis eines Gestirns wird dagegen eigentlich der Umfang der Himmelskugel durch die Pole und das Gestirn verstanden (vgl. Anm. 14), der mithin senkrecht auf den Tages- oder Parallelkreisen steht.

863 Diesen Text, auch wenn er nicht entsprechend gekennzeichnet ist, hat L. ebenfalls in der Vorlesung verwendet, wie GamN, 595 f., und BenA, 38 f., nahelegen, und zwar im Zusammenhang mit den Erläuterungen zur Entdeckung der scheinbaren jährlichen Bewegung der Sonne längs der Ekliptik, vermutlich im Anschluß an die Einführung der entsprechenden Begriffe (19,11–24). Eine Vorlage, der er darin eindeutig gefolgt wäre, läßt sich nicht erkennen. Der am Rand angeführten LaLandeschen Astronomie könnte er die Literaturhinweise (bis auf Bailly) sowie auch die Angaben zu Polybios und Hippokrates entnommen haben. Daneben lassen sich auch Anklänge an Kästners astronomische Anfangsgründe feststellen (vgl. die

Fußnoten im einzelnen). Dessen Beschäftigung mit einschlägigen Stellen in der antiken Literatur schlugen sich unter anderem nieder in einem Brief an seinen Kollegen und Vergilherausgeber Heyne, der ihn um Unterstützung bei der Kommentierung einer Perikope in den ‚Georgica' (l. IV, v. 231–235) gebeten hatte (Vergil, Opera 1, 1767, 377–381) und in einer kleinen Veröffentlichung in der ‚Neuen Philologischen Bibliothek' (Kästner, Mancherley 1777). „Bey Gelegenheit der von des Königs Maj. für hie Studirende gestifteten Preise," so Kästner in der 4. Aufl. seiner Astronomie (Anfangsgründe 2.2, 1792, 97), „foderte ich [...] die Untersuchung der poetischen Auf- und Untergänge, mathematisch und philologisch." Daß Lichtenberg die preisgekrönte Arbeit von Johann Friedrich Pfaff (Commentatio 1786), die er selbst begutachtete (vgl. Bw 3, Nr. 1429 [186]), hier nicht erwähnt, läßt eine Entstehungszeit vor 1786 vermuten.

864 „Wenn man die hieher gehörigen Stellen der Alten recht verstehen will," heißt es bei Kästner (Anfangsgründe 2.2, 1781, 86) „so muß man auf das Fortrücken der Nachtgleichen acht haben, auch zuweilen daran denken, daß besonders die römischen Schriftsteller, unter denen eben keine grossen Mathematikverständigen bekannt sind, oft die Griechen mögen ausgeschrieben haben, ohne auf den Unterschied der Polhöhen acht zu geben."

Zur Einschätzung der Römer als Nachahmer vgl. auch deren auf die Lichttheorie bezogene Charakterisierung als „Affen der Griechen" durch L. (VNat 4, 71).

865 Dahinter verbergen sich die in den Versen 383–694 von Hesiods Gedicht ‚Ἔργα και Ἡμέραι' (Werke und Tage) enthaltenen „Ratschläge für die im Einklang mit dem Jahresablauf zu verrichtenden Arbeiten" (Pauly 2, 1979, Sp. 1115).

866 So LaLande, Astronomie 2, 1771, 338 u. 339; nach Pauly 2, 1979, Sp. 1113, lebte Hesiod um 700 v. Chr.

867 D. s. vor allem die Änderungen der Sternkoordinaten im Äquatorialsystem (Deklination und Rektaszension) aufgrund der Präzessionsbewegung; vgl. dazu 198,20–200,11.

868 Es ist unklar, auf welcher Grundlage L. zu dieser Vermutung kommt. Sein Göttinger Kollege Heyne wendet sich zwar im Vorwort zu seiner Ausgabe der ‚Georgica' gegen die landläufige Meinung, daß dieses Werk dem Hesiodischen ‚Werke und Tage' nachgeahmt sei (Vergil, Opera 1, 1767, 116 f.), doch weder hier noch in den Kommentaren zu den einschlägigen Stellen führt er den verwendeten Kalender als Unterscheidungsmerkmal an. Und Pfaff schreibt in seiner prämierten Preisschrift „Über die Auf- und Untergänge der Sterne bei den klassischen Schriftstellern" bezüglich des Unterganges der Plejaden als Termin für die Aussaat (Vergil, Georgica, l. I, v. 219–221), daß Vergil Hesiod nachgeahmt zu haben scheine, dabei jedoch nicht unterschiedslos nur eine Zeit zum Säen überliefere, sondern mehrere in Abhängigkeit von der jeweiligen Frucht (Pfaff, Commentatio 1786, 58). „Weil der Dichter keinen Tag genannt

hat,“ so führt er weiter aus (ebd., 59), „ist es notwendigerweise zweifelhaft, welchen Tag er gemeint, bzw. auf welchen Kalender er sich bezogen hat.“

869 Pétau, Opus, T. 1–3, 1703. Die drei Foliobände, erstmals erschienen 1627–1630, waren ein Standardwerk der Chronologie. LaLande zieht es in dem von L. nachstehend angeführten achten Buch seiner Astronomie an vielen Stellen heran, und auch Heyne in seiner Vergilausgabe sowie Pfaff in seiner Preisschrift (vgl. die vorhergehende Anm.) verweisen mehrfach darauf. Ob L. es direkt konsultiert hat, ist zweifelhaft. Im dritten Band stehen neben einer Reihe von zweisprachigen Ausgaben antiker griechischer Schriften über die Sphära und die Sterne und ihre Bewegungen „verschiedene Abhandlungen in acht Büchern“. Die ersten beiden Bücher befassen sich mit Definition und Berechnung der „Auf- und Untergänge der Fixsterne“ bzw. mit der Erklärung der einschlägigen Stellen bei den antiken Schriftstellern.

870 Bainbridge, Canicularia 1648; das Bändchen bezieht sich nahezu ausschließlich auf den Sirius und den darauf beruhenden ägyptischen Kalender. Auf die Seltenheit weist auch LaLande hin (vgl. Astronomie 2, 1771, 330).

871 „Man findet“, so LaLande (vgl. Astronomie 2, 1771, 335) „in den Elementen der Astronomie des *Geminus*, und in den Abhandlungen des P. Pétau, *Doctrina temporum, tom. III*, weitere Umstände der verschiedenen Arten von Auf- und Untergängen.“ Geminos’ Schrift „Εισαγωγὴ εἰς τὰ φαινόμενα“ aus dem 1. Jh. v. Chr. führt die Reihe der im dritten Band von Pétaus Opus abgedruckten griechischen Schriften zur Astronomie (vgl. Anm. 869) an.

872 Relativ ausführlich widmet sich LaLande (Astronomie 2, 1771, 335–337) Ovids Werk über den römischen Kalender (Fastorum libri VI), und beginnt mit einer Wiedergabe von dessen in den ersten Versen niedergelegter Absicht: „Vor allem in seinen Fasti spricht Ovid häufig von den Sternen; dieser Dichter kündigt zunächst an, daß er die Grundlagen besingen will, auf denen die Einteilung des römischen Jahres beruhte, die Auf- und Untergänge der Sternbilder.“

873 Das Kapitel „Du Lever Héliaque Cosmique ou Acronique de différentes Etoiles.“ steht am Ende des 8ten Buches (LaLande, Astronomie 2, 1771, 329–340).

874 Bailly, Histoire 1775, und ders., Histoire 1–3, 1779–1782; im vorliegenden Text hat L. aber davon wohl keinen Gebrauch gemacht.

875 Vgl. LaLande, Astronomie 2, 1771, 335.

876 Vgl. ebd.

877 Nicht ermittelt.

878 Göttingen nächstgelegenes großes Kurbad, das im 18. Jh. zu den berühmtesten Europas zählte. Vgl. auch Kapitel XIII, S. 338,31–32, GamN, 832 sowie das Register zum Briefwechsel (Bw 5.2, 661).

879 Nach dem Grimmschen Wörterbuch (Bd. 10, Sp. 1941) „die sommertage, in denen der hitzige hundsstern regiert (24. juli bis 23. august)“

als die häufig heißeste Zeit des Jahres. Der heliakische Aufgang des Sirius oder Hundssterns, dem der Zeitraum seinen Namen verdankt, hatte sich nach antiker griechischer Tradition etwa 30 Tage nach der Sommersonnenwende, beim Eintritt der Sonne in das Sternbild des Löwen ereignet (Bainbridge, Canicularia 1648, 14 f.), was nach heutigem Kalender in etwa dem Beginn des angegebenen Zeitraums entspricht. Zur Zeit der julianischen Kalenderreform (44 v. Chr.) und auf die Breite Roms berechnet hatte die Sonne bei Siriusaufgang bereits den achten Grad des Zeichens Löwe erreicht (LaLande, Astronomie 2, 1771, 332), es war also Anfang August.

880 Ein Beispiel für eine solche Aufgabe samt Lösung mittels eines Himmelsglobus gibt LaLande in seinem ‚Astronomischen Handbuch' (1775, 117): „Man verlange zum Beyspiel den Tag zu wissen, an welchem sich Sirius unter der Breite von Paris im Jahr 1750 unter die Sonnenstralen verbergen wird; so wird die Himmelskugel auf 49° Polhöhe gestellet, der Stern in den Abendhorizont geführet, und der Höhenquadrant [ein im Zenit oder Nadir drehbar zu befestigender Viertelkreis; d. Bearb.] so gerichtet, daß er die Ekliptik 10° unter dem Horizonte durchschneidet, da wird sich finden, daß der Punkt der Ekliptik, welcher 10° tief stehet, oder den 10ten Grad des Höhenquadranten trifft, der 19te Grad des Stieres ist; in diesem Grade befindet sich die Sonne den 5ten May: hieraus wird man ersehen, daß Sirius den 5ten May zu Paris, wegen Annäherung der Sonne, unsichtbar zu werden anfängt." Die sich aus antiken Texten ergebenden Aufgaben waren mit einem Globus, der die Sterne mit den Längen des 18. Jahrhunderts zeigte, freilich nicht zu lösen. Dem abzuhelfen wurden Vorschläge gemacht, „die Kugel so vorzurichten, daß Weltpole und Pole der Ekliptik, ihre gegenseitige Stellung ändern, und in die, welche jeder Zeit zugehört, gebracht werden können", wie Kästner (Anfangsgründe 2.2, 1781, 83) unter Nennung von Cassini, Lowitz [G. M.] und Segner berichtet. – Die Begriffe Sphaera recta, parallela und obliqua unterscheiden die Himmelskugel danach, wie die täglichen Bahnen der Gestirne von verschiedenen Punkten der Erdoberfläche (dem Äquator, den Polen bzw. den übrigen Punkten) aus erscheinen. Vgl. dazu ErxH, 665.

881 Vgl. LaLande, Astronomie 1, 1771, 506 (Übersetzung nach ders., Handbuch 1775, 215): „*Pythagoras*, und einige von seinen Schülern, nahmen anfänglich die Erde als unbeweglich im Mittelpunkte der Welt an [...]; so viel ist gewiß, daß in der Folge der Zeit, viele von *Pythagoras* Schülern, sich von dieser Meynung lossagten, aus der Erde einen Planeten machten, und die Sonne unbeweglich im Mittelpunkte der Welt zu stehen behaupteten." S. auch die Parallelstellen 36,3–6 und 58,11–15.

882 Die Angaben zu Vitruv und Martianus Capella nach LaLande, Astronomie 1, 1771, 509. Vgl. auch 230,10–12 und Anm. 890.

883 Vgl. den Bericht Gamaufs (GamN, 605–607), der in einer Fußnote auf L.s 1800 erschienene Copernicus-Biographie verweist und ausdrücklich bemerkt: „Es ist nur das daraus genommen, was *Lichtenberg* fast mit den-

selben Worten im Collegio sagte." Als Illustration möge die folgende Abb. aus Neugebauer, History 3, 1975, 1257, dienen.

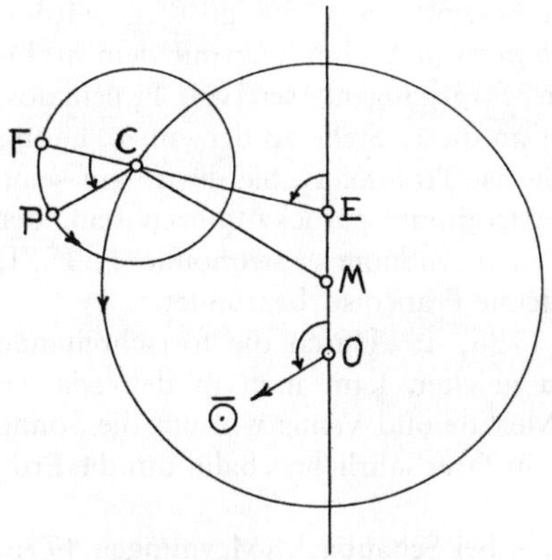

In L.s Reihenfolge bedeuten hier O den Mittelpunkt der Erde, M des Deferenten, E des Äquanten, und C des Epizykels. Der Planet P kreist auf dem Epizykel, dessen Mittelpunkt auf dem Deferenten mit einer bezüglich E konstanten Winkelgeschwindigkeit umläuft. Dabei dient die Konstruktion mit Deferent und Äquant der Erklärung der sog. 1. Irregularität, der unterschiedlich schnellen Bewegung des Planeten in Bezug auf die Sterne, die Epizykel sind für die 2. Irregularität, die scheinbaren Stillstände und Rückläudigkeiten, zuständig

884 Dieser und der folgende Text sind offensichtlich entstanden, nachdem L. Johann Konrad Schaubachs Programmschrift ‚Ueber die Meynungen der Alten von unserm Sonnensystem' von 1796 kennengelernt hatte. Sie erweitern die auf Montuclas ‚Histoire' beruhende Darstellung der verschiedenen Meinungen über die Position der inneren Planeten in Text Nr. 1 (23,12–25,16) um die dort fehlende Zuordnung dieser Meinungen zu bestimmten antiken Autoren. Im Hinblick auf die Copernicus-Biographie hat L. Schaubachs Schrift erneut und umfassender exzerpiert (NL VI 57, Bl. 43) und im Druck darauf hingewiesen (vgl. SB 3, 185). – Was die Konnotation des Begriffs „Ägyptisch" hier betrifft, so sei auf eine Bemerkung Neugebauers (History 2, 1975, 562) verwiesen, der feststellt daß „to the Romans all inhabitants of Egypt were simply ‚Egyptians'."

885 Ptol. Alm. IX, 1 (Heiberg 2, 207), wie auch Schaubach (Meynungen 1796, 4) angibt; dort heißt es in deutscher Übersetzung (Ptolemaios, Handbuch 2, 1963, 93): „Dagegen sehen wir, daß die Sphären der Venus und des Merkur bei den älteren Astronomen *unter* die Sphäre der Sonne gesetzt, aber bei einigen späteren gleichfalls *über* dieselbe verlegt werden, weil niemals ein Vorübergang dieser Planeten vor der Sonne stattgefunden hat."

886 Die Angabe der Klassen und ihrer Vertreter nach Schaubach, Meynungen 1796, 4, allerdings mit einem Versehen: Schaubach zufolge gehört Macrobius nicht selbst zur zweiten Klasse, sondern ist nur Gewährsmann für die Zuordnung der nach ihm genannten und vertritt selbst das sog. Ägyptische System, wie L. im folgenden Text auch festhält (230,10–12).

887 Vgl. 24,13–16, wo nach Montucla (Histoire 1, 1758, 160) aus diesen eine dritte Gruppe gemacht wird.

888 Zu L.s Einordnung des Ptolemäischen Werks und des nach ihm benannten Systems vgl. 76,10–15 und die zugehörige Anm. – Ptolemaios

hatte sein Werk ursprünglich unter dem Titel „Μαθεματικῆς Συντάξεως βιβλία ιγ“, d. i. etwa „Mathematische Zusammenstellung in 13 Büchern“, verfaßt. Erst später sei es durch das Beiwort „μεγάλη“ (groß) gewürdigt worden, „aus dessen Steigerung zu μεγίστη in Verbindung mit dem arabischen Artikel der Titel ‚Almagest‘ hervorgegangen“ sei (vgl. Ptolemaios, Handbuch 1, 1962, IV f.). – Ein Wort an dieser Stelle zu der von L. häufig verwendeten ungewöhnlichen Schreibweise Ptolomäus. Sie dürfte auf seine intensive Benutzung von LaLandes Astronomie zurückzuführen sein, der stets Ptolomée schreibt und dies in einer Fußnote (Astronomie 1, 1771, 155) mit einer Entscheidung der ‚Académie Françoise‘ begründet.

889 Vgl. Schaubach, Meynungen 1796, 4: „Durch die fortschreitende Kultur und häufigere Observationen geleitet, kam man in den spätern Zeiten auf den Gedanken, daß sich Merkur und Venus wol um die Sonne bewegen möchten, so daß sie dieselbe in ihrer jährlichen Bahn um die Erde begleiteten.“

890 An der genannten Stelle heißt es bei Schaubach (Meynungen 1796, 4 f.): „Dieses [die Vorstellung von dem Umlauf der inneren Planeten um die Sonne] giebt die dritte Klasse, zu welcher Vitruv (l, 9) Makrobius (S. Sc. l, 19) und Martianus Kapella (de nupt. ph. l, 8) gezählt werden müssen. [...]. Die Aegypter rechnet eben dieser Schriftsteller [Macrobius] zur dritten, sagt aber ausdrücklich, daß Plato sein System von diesem Volke entlehnt habe. Nach Achilles Tatius gehören Sie zur zweyten.“ Schaubach selbst klassifiziert die von ihm angegebene Meinung des Macrobius über die Vorstellung der Ägypter als „*Ein* Beyspiel, wie dieser Schriftsteller [...] *die Begriffe* der spätern Jahrhunderte in die früheren Zeiten überträgt.“ Dieser Vorbehalt findet sich bei LaLande (vgl. die nachfolgende Anm.) noch nicht. – Die genannten Stellen im einzelnen sind Vitr. Arch. IX, 1, 6 (ed. Krohn, 203; seit dem Ende des 18. Jh. werden die vormaligen Kapitel 1–3 des neunten Buches als Teil von dessen ‚Praefatio‘ behandelt), Macr. Somn. I, 19, 6 (ed. Willis, 74) und Mart. Cap. VIII, 857 (ed. Dick, 450 f.). Von diesen dreien vertritt ganz explizit nur der letztgenannte einen Umlauf von Merkur und Venus um die Sonne: „Denn wenn auch Venus und Merkur tägliche Auf- und Untergänge aufweisen, so umgeben ihre Kreise doch die Erde nicht gänzlich, sondern sie kreisen um die Sonne in einem verhältnismäßig weiten Umlauf. Den Mittelpunkt ihrer Kreise haben sie in der Sonne [...].“ Dagegen erläutert Macrobius zum Ägyptischen System: „Der Kreis, den die Sonne durchläuft, [nicht die Sonne selbst (Anm. d. Bearb.)] wird als unterer von dem Kreis des Merkur umgeben, auch schließt jenen als oberer der Kreis der Venus ein. Und so geschieht es, daß diese beiden Sterne, wenn sie die Scheitelpunkte ihrer Kreise durchlaufen, als jenseits der Sonne befindlich aufgefaßt werden, daß aber, wenn sie durch die untersten Teile ihrer Kreise gehen, die Sonne als oberhalb von ihnen erachtet wird.“ Auch wenn der zweite Satz interpretationsbedürftig ist, so verwundert doch angesichts des ersten, daß hier ein Umlauf der inneren Planeten um die Sonne (so auch noch Neugebauer, History 2, 1975, 695) herausgelesen wird.

[891] LaLande, Astronomie 1, 1771, 508–513.

[892] Der nachfolgende Text ist im wesentlichen eine Zusammenfassung des zweiten Teils der kleinen 1788 erschienenen Schrift ‚Ueber die Astronomie des Thales und der Pythagoräer' von Johann August Eberhard, der darin der Meinung des Copernicus (und anderer) widerspricht, daß bereits der Pythagoräer Philolaos den Umlauf der Erde um die Sonne gelehrt habe. Diese Ansicht war unhinterfragt tradiert worden (vgl. etwa Kästner, Anfangsgründe 2.2, 1781, 171) und auch L. hatte sie vertreten (36,8–10, 58,25–27, 77,16–19), bis er Eberhards Aufsatz zur Kenntnis nehmen konnte, aus dem für ihn überzeugend hervorging, daß Aristarch von Samos als erster antiker Denker die Erde auf eine Umlaufbahn um die Sonne gesetzt hatte. Vgl. auch die an die letztgenannte Manuskriptstelle anschließende Ergänzung sowie die Randbemerkung zum Erxleben (ErxH, 655), die 1791 in der fünften Aufl. dann im Druck erschien (Erx^5, 563), sowie GamN, 609 f. Wie Schaubachs Schrift (vgl. Anm. 884) hat L. auch Eberhards Aufsatz erneut exzerpiert (NL VI 57, Bl. 36) und einiges daraus im Druck mitgeteilt (vgl. SB 3, 185 f.).

[893] Vgl. Copernicus, De revolutionibus 1543, Bl. 3v (Gesamtausgabe 2, 1984, 11); Kepler, Epitome 1618, 139 f. (Werke 7, 1953, 100).

[894] Die bei Eberhard angegebenen Stellen sind für Plutarchos „de Plac. Phil. III, 11" (vgl. Pseudo-Plutarch, De placitis 1750, 86 f.; Ps. Plut. Plac. 895e) und für Stobaios „Ecl. phys. S. 71", d. i. Stobaios, Eclogarum libri 1575, 51 (in Kapitel XXI [abweichende Zählung im Band: XXV] im Unterkapitel „De mundi ordine.") bzw. in der 1792 in Göttingen erschienenen Neuausgabe durch Lichtenbergs Kollegen Heeren: Stobaios, Eclogarum libri 1.1, 1792, 488–491 (in Kapitel XXIII „De mundi ordine, et num unum sit universum.").

[895] Pseudo-Plutarch, De placitis 1750, 88 f. (Ps. Plut. Plac. 896a).

[896] Plut. De facie 923a bzw. Plut. Plat. 1006c.

[897] Nach Eberhard, Astronomie 1788, 76–78, ist Archimedes' Text der wichtigste Beleg dafür, daß Aristarch als erster die heliozentrische Vorstellung in der Antike vertreten hat. Vgl. Archimedes Arenarius. I, 4–6 (ed. Heiberg 2, 1913, 218 f.), dt. Archimedes, Werke 1972, 349 f.

[898] Vgl. Eberhard, Astronomie 1788, 80; die genaue Stelle bei Cicero (Academica priora IV, 123; z. B. Cicero, Abhandlungen 1995, 158–161) dort nicht angegeben.

[899] Ebenfalls nach Eberhard, Astronomie 1788, 78 f., der jedoch ergänzt, daß ihn „einige, aus nicht zu verwerfenden Gründen, noch einige Geschlechtsalter nach ihm [Plato] setzen", wozu auch der Autor selbst zu neigen scheint; denn in einer Fußnote nennt er einige von dem bedeutenden Philologen Johann Albert Fabricius gesammelte Belegstellen, die in die 125ste Olympiade (280–276 v. Chr.) weisen, während Platon bereits 347 v. Chr. gestorben war.

[900] Dieser Text ist vermutlich ein Nebenprodukt von L.s Beschäftigung mit Copernicus in Vorbereitung auf seinen Beitrag über den Astronomen

zum ‚Pantheon der Deutschen'. Dessen Herausgeber Karl Gottlieb Hofmann hatte ihn Anfang 1795 eingeladen, zum zweiten Band dieses Projektes „die Schilderung von *Copernicus* und *Kepler*" beizusteuern (vgl. Bw 4, Nr. 2593 [410]). An der Copernicus-Biographie hat L. mehrere Jahre gearbeitet und umfangreiche Vorarbeiten dazu hinterlassen, darunter auch drei Büchlein mit insg. etwa 160 S. und dem gemeinsamen Titel „Zum Leben des Copernikus" (NL V, 22a und 22b; VI, 57 – sie werden in den nächsten Bänden des Lichtenberg-Jahrbuchs mitgeteilt werden). Das Ergebnis erschien 1800 postum im 3. Band des ‚Pantheon'. Terminus post quem für die nachfolgenden Notizen ist der 18. Aug. 1796, das Datum des im vorletzten Absatz genannten zweiten Kriesschen Briefes (Bw 4, Nr. 2661 [617]).

901 Der Frage nach den korrekten Lebensdaten geht L. in der „Beilage I" zu seinem Aufsatz nach (SB 3, 173–181).

902 Weidler, Historia 1741, 342.

903 Gassendi (Opera 5, 1727, 441, Sp. 1) nennt zwar das gleiche Datum wie Weidler, doch bezeichnet er, unter Berufung auf Keplers Lehrer Mästlin (vgl. 87,29–30), den 19. Feb. 1473 als den mit größerer Wahrscheinlichkeit richtigen. Auf die Stelle bei Gassendi weist auch Kries in dem genannten Brief hin (vgl. Anm. 900), wobei er allerdings Mästlin fälschlich zu einem Frauenburger Domherrn macht.

904 LaLande, Astronomie 1, 1771, 184; er blieb auch in der nächsten Ausgabe bei diesem Datum (ders., Astronomie 1, 1792, 146).

905 Zernecke, Chronica 1727, 81.

906 „auf staatliche Veranlassung"

907 Am 4. Juli 1796 hatte L. nach Gotha an Kries geschrieben, der aus Thorn stammte, und um Auskunft über die Richtigkeit von Büschings Behauptung gebeten (vgl. Bw 4, Nr. 2651 [606]). Die erste Antwort („Kriesens Brief. N° 1" = Bw 4, Nr. 2653 [607 f.]), der L.s Angaben zu dem Denkmal entnommen sind, verfaßte Kries bereits 3 Tage darauf, wobei er sich neben eigener Erinnerung auf Zerneckes ‚Thornische Chronica' und Hartknochs ‚Alt- und Neues Preußen' stützte. Die Inschrift lautet demnach (ebd.): „Nicolao Copernico Thorunensi absolutae subtilitatis Mathematico, ne tanti viri apud exteros celeberr. in sua patria periret memoria, hoc monumentum positum. Mort. Varmiae in suo Canonicatu Anno 1543 die 4* aetatis LXXIII." [Nikolaus Copernicus, dem Mathematiker von schrankenlosem Scharfsinn, wurde, damit sich das Andenken an einen solchen, im Ausland hochberühmten Mann in seinem Vaterland nicht verliere, dieses Denkmal gesetzt. Er starb in Ermland auf seiner Domherrenstelle im Jahre 1543 am 4. * im Alter von 73 Jahren.] Das Ergebnis seiner Erkundigung bei einem nicht namhaft gemachten Freund, „von dessen Gefälligkeit und Geschicklichkeit ich die befriedigendste Auskunft erwarten darf" (ebd.), teilte Kries schließlich in dem Schreiben vom 18. Aug. 1796 mit („Kries Brief N° 2" = Bw 4, Nr. 2661 [616 f.]).

908 Jöcher, Gelehrten-Lexicon 1, 1750, Sp. 2080.

909 Die Angaben nach dem genannten Brief (= Bw 4, Nr. 2661 [616 f.]). Welche fragliche Einzelheit L. mit dem abgebrochenen „doch soll" ursprünglich hatte mitteilen wollen, ist unsicher. Vielleicht hatte er Kries' Andeutung aus dem ersten Brief im Sinn, daß die hier angesprochene Büste von ihrem Abstellplatz „weggenommen und auf einen anständigen Ort promovirt worden" sein könnte (Bw 4, Nr. 2653 [608]), wovon in dem zweiten aber nicht mehr die Rede ist. Mittlerweile befindet sie sich in der Johanniskirche zu Thorn (Bw 4, Nr. 2653 [617, Anm. 7]).

910 Bailly, Histoire 1, 1779, 337.

911 Vgl. Riccioli, Almagestum 2, 1651, 288 f., wo der Jesuitenastronom seine Vorstellung vom Aufbau der Welt und den Bewegungen der Gestirne zusammenfassend darstellt.

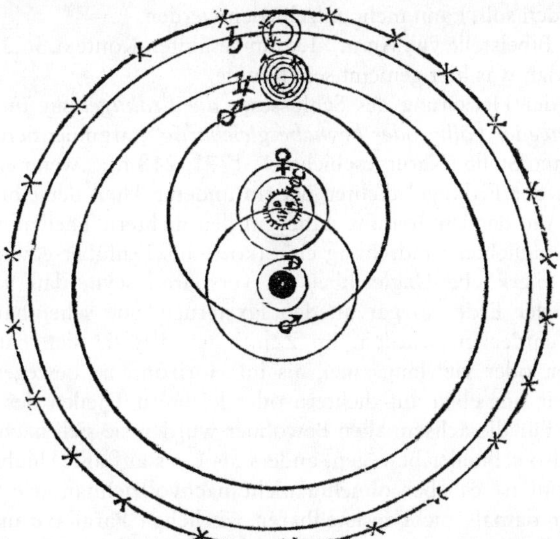

Entgegen der scholastischen Tradition gibt es für Riccioli unterhalb des Fixsternhimmels keine festen, undurchdringlichen Kugelschalen mehr, auf denen die Gestirne befestigt sind und durch deren Umdrehungen ihre scheinbaren Bahnbewegungen zustande kommen. Vielmehr werden der Mond, die Sonne und die Planeten mit ihren Trabanten „in einem der Sache nach einzigen flüssigen Himmel (in vnico reipsa caelo fluido) frei auf schraubenförmigen Spiralbahnen oder schneckenartig (libere per spiras helicoides, seu cochleatim) von intelligenen Wesenheiten in einer einzigen Bewegung in westlicher Richtung schräg [zur Bewegung der Fixsterne] (ab Intelligentijs vnico motu versus Occidentem oblique)" herumgeführt. In diesem Rahmen stellte denn auch die von Brahe festgestellte Nähe des Mars in Opposition (vgl. 80,20–21) keine Schwierigkeit mehr dar.

912 „Longomontanus nahm die Rotation der Erde an, weil er glaubte ohne die soliden Sphären würde sich alles zerstreuen, welches auch den

Riccioli nöthigte diese soliden Sphären anzunehmen", lautet L.s Exzerpt aus LaLande. Longomontanus variierte Tycho's System insoweit, als er der Erde die tägliche Rotation übertrug, „um nicht die unglaubliche Geschwindigkeit der täglichen Umdrehung dem ganzen Bau des Himmels geben zu müssen" (vgl. LaLande, Astronomie 1, 1771, 528, bzw. ders., Handbuch 1775, 239). Den jährlichen Umlauf der Sonne mit den sie epizyklisch umkreisenden Planeten behielt er bei. Die von ihm veröffentlichten Tafeln erwähnt L. oben, 89,4–6.

913 Gerät zur Messung der zurückgelegten Wegstrecke; vgl. dazu VNat 3, 176, sowie GamN, 82–85, wo L.s einschlägiger Aufsatz aus dem GTC 1778 zitiert ist. Ob er hier erwähnt wird, weil sein mehrfaches Untersetzungsgetriebe in Beziehung zu hypothetischen planetarischen Räderwerken gesetzt werden soll, kann nicht entschieden werden.

914 Zur Bibelstelle vgl. Anm. 71, zum gesamten Kontext 36,29–37,1.

915 Unklar, was hier gemeint sein könnte.

916 Bei der Herleitung des Schlusses, „*die Erdkugel sey in allen ihren Theilen entweder völlig oder beynahe gleichartig*", argumentiert Buffon an der genannten Stelle (Naturgeschichte 1, 1771, 218 f.): „wenn ein beträchtlicher Theil der Erdkugel dichter, als ein anderer Theil derselben wäre, so müßte die Axe der Umdrehung näher an den dichtern Theilen anzutreffen, und in der täglichen Umdrehung eine [korr. aus Fehlübersetzung *keine*; d. Bearb.] so merkliche Ungleichheit zu verspüren seyn, daß wir auf der Oberfläche der Erde, so gar an den Fixsternen eine scheinbar ungleiche Bewegung entdecken würden. Im Zenith würden sie sich entweder viel geschwinder, oder viel langsamer, als im Horizont, zu bewegen scheinen, nachdem wir uns eben auf dichtern oder leichtern Theilen des Erdbodens befänden." Für die achsennahen Bewohner würden sie sich nach Buffon im Meridian also schneller bewegen, anders als L. es auffaßt. Unabhängig von diesem Detail ist es aber ohnehin nicht nachvollziehbar, wie Buffon angesichts der damals nicht feststellbaren jährlichen Parallaxe und der sich daraus ergebenden Untergrenze für die Entfernung der Fixsterne auf die Idee kommen konnte, daß bei einer als gleichförmig vorauszusetzenden Drehung um welche innerhalb der Erde liegende Achse auch immer, solche vom Beobachtungsstandort auf der Erde abhängigen Unterschiede ergeben sollten.

917 Buffon spricht hier von „Polypen und einigen andern Thiergattungen", „die man auf allerley Weise zerschneiden und zertheilen kann, um sie zu vermehren", wozu es in der Anmerkung heißt (Buffon, Naturgeschichte 3, 1771, 168 f.): „Wir wünschten wohl, daß es dem Herrn *von Büffon* beliebt hätte, die *andern Thiergattungen* anzuzeigen, die sich *durchs Zerschneiden vermehren* lassen, weil uns bis jetzo, außer dem weitläuftigen Geschlecht der *Polypen*, noch keine Gattung bekannt ist, von der man dieses im eigentlichen Verstand behaupten könne." L. spielt auf Bonnets Arbeiten über die Regenerationsfähigkeit von Würmern an, die dieser 1745 im zweiten Teil seines ‚Traité d'insectologie' veröffentlicht hatte.

918 Den Hauptteil des nachfolgenden Textes (Bl. 123) hat Gamauf in seinen Erinnerungen in nahezu wörtlicher Abschrift mitgeteilt (GamN, 649 f.). Kurz davor finden sich bibliographische Angaben zur dritten, 1765 erschienenen Aufl. von Baxters ‚Cosmotheoria', der auch L.s Exemplar entstammte (BL 1431) und nach der er hier vermutlich zitiert. Leider war es dem Bearb. nicht möglich, L.s Angabe zu verifizieren. In der zweiten Aufl. finden sich die Überlegungen (ausgenommen die Definition der Kräfte), die L. hier als „Baxters Beweiß" wiedergibt, auf den Seiten 98–107 des zweiten Bandes (Baxter, Matho 2, 1745) bzw. in den Paragraphen CXII–CXIV innerhalb der „Eighth Conference" des in Dialogform verfaßten Werkes. Auf die Urheberschaft Keplers wird dort allerdings nicht hingewiesen. – In diesem Zusammenhang erinnert Gamauf auch an einen anderen, seiner Meinung nach stringenteren Beweis des dritten Keplerschen Gesetzes im ersten Bändchen seiner ‚Erinnerungen' aus den experimentalphysikalischen Vorlesungen (s. GamN, 69–72, sowie die Vorlage dazu in VNat 3, 164–167) .

919 Bei Baxter steht dagegen richtig (ebd., 102): „So that the centrifugal Force here increases with the Squares of the *Number of Revolutions* [Hervorhebung des Bearb.] performed in the same Time." Diese Proportionalität liegt auch L.s weiterer Argumentation zugrunde.

920 Zu den nachfolgenden Erwägungen vgl. ebd., 97 f. u. 100.

921 Mit der Trägheit beginnt auch Baxter bei seiner Herleitung, indem er den Lehrer in seinem Dialog sagen läßt (Baxter, Matho 2, 1745, 97), daß „the centrifugal Force [...] rises [...] from the Resistance of Matter, by which a Body always tends to move on in a straight Line."

922 Der Erddurchmesser in deutschen Meilen. In die Berechnung des Abstands eines Gestirns aus der Horizontalparallaxe geht der halbe Durchmesser ein (*AC* in der Formel 237,25; vgl. auch die zugehörige Abb.).

923 Anspielung auf die antike Erklärung der durch die Bahnbewegung der Erde bedingten scheinbaren Schleifenbewegungen der Planeten mittels der Epizyklentheorie; vgl. 228,24–229,4, insb. die Anm.

924 Zur Mondparallaxe vgl. 51,16–17 und 123,16–19. Zur Rolle, die Brahes vermeintliche Entdeckung einer Marsparallaxe für seine Ablehnung des Ptolemäischen Systems spielte, vgl. Anm. 216. Nach Gamauf (GamN, 655) sprach L. im Zusammenhang mit der Erläuterung der Parallaxe über die 1751 durchgeführten Bestimmungen der Marsparallaxe durch Lacaille und Wargentin, sowie derjenigen des Mondes durch Lacaille und LaLande, die auch Kästner (Anfangsgründe 2.2, 1781, 103 f.) im Abschnitt „Von der Parallaxe" seines Astronomielehrbuchs als Beipiele dienten.

925 Was L. statt dieser Tautologie hier eigentlich schreiben wollte, steht bei Gamauf (GamN, 654): „Sin. *ZAS* : Sin. *CSA* = Sin. *ZA*𝔖 : Sin. *C*𝔖*A*". Entsprechend ist auch die nachfolgende Umformung zu korrigieren.

926 Zu deutsch etwa: „indem man vertauscht".

927 Der unvollständige Anfang des Textes ist offenbar der erhaltene Rest von Bemerkungen zur Bestimmung der Sonnenparallaxe mit Hilfe von Beobachtungsdaten eines Venusdurchgangs, vgl. 94,6–96,12.

928 D. h. für das Resultat der obigen Herleitung, daß aus den beiden beobachteten Winkeln und einer bekannten Entfernung die zweite, unbekannte berechnet werden kann.

929 Für dieses Datum ist auch die Notiz in den Vorlesungsprotokollen erhalten (NL VII F 1, 54r): „11. ♃ 29 Parallaxen Verhältnisse. Differentz der Parallaxen." Wie üblich (vgl. etwa für die Vorlesung Winter 1785 die Parallelstelle, 93,20–94,5, und für die spätere Zeit GamN, 650–665) war das Thema auch in diesem Jahr eingebettet in die Ermittlung der Dimensionen des Sonnensystems mit Hilfe des Venusdurchgangs. Dies klingt auch im letzten Satz des Textes an.

930 Die Horizontalparallaxe ist der Winkel AsC in der ersten Abb. von Text Nr. 20, wobei angenommen wird, daß das Gestirn s von A aus gesehen im Horizont steht. Da sin ZAs in diesem Fall = 1 ist, folgt für den Abstand des Gestirns $CS = AC$: sin AsC. Nun ist das Gestirn im Horizont üblicherweise nicht zu sehen. Man mißt also die Parallaxe für eine geringere Zenitdistanz und kann die Horizontalparallaxe mittels des ersten Satzes (238,7–9) finden.

931 Zum Keplerschen Gesetz vgl. 90,1–8, zu den daraus gefolgerten (ungefähren) relativen Distanzen 91,17–29 und zur Bestimmung der Parallaxen mittels des Venusdurchgangs 93,12–96,12.

932 Alle angegebenen Werte einschließlich der Herleitung bei Röhl, Merkwürdigkeiten 1768, 7–24. Ausgehend von der Tatsache, daß die Breite der Venus, wenn sie von der Erde aus gesehen vor der Sonnenscheibe stehen soll, geringer sein muß als deren scheinbarer Radius, ergibt sich zunächst der Wert für die heliozentrische Grenze in der Breite. Daraus läßt sich dann unter Berücksichtigung der Bahnneigung errechnen, wie weit der Schnittpunkt der Venusbahn mit der Ekliptik (der Knoten der Venus) zum Zeitpunkt der unteren Konjunktion – denn nur dann kann sie ja vor der Sonne erscheinen – von der Sonne entfernt sein darf, damit diese Grenze unterschritten wird. So ergibt sich die heliozentrische Grenze in der Länge, die also eine Grenze für den Abstand des Venusknotens von der Sonne ist. Da es für das Eintreten eines Durchgangs gleichgültig ist, ob es sich dabei um den aufsteigenden oder den absteigenden Knoten handelt, in dessen Nähe die Konjunktion stattfindet; daher die zwei Längenbereiche. – Zur Bedeutung des Venusdurchgangs für die Ermittlung der Dimensionen des Sonnensystems und insb. zur Beobachtung desjenigen von 1769 vgl. 92,9–96,27.

933 Von „Wenn man den" (242,5) bis „Ursache der Abweichung." (242,28) nahezu wörtlich bei Gamauf (GamN, 677 f.).

934 Klügel, Figur 1788.

935 Vgl. 247,31–32; Beccarias piemontesische Messung ergab einen größeren, Liesganigs ungarische einen kleineren Grad, als nach der geogra-

phischen Breite zu erwarten gewesen wäre. An welche „besondere Gestalt der Erdfläche" L. denkt, führt er leider nicht aus. Möglicherweise hat er die „Thäler von großen Strecken" (107,4) im Sinn und die „Gebirge [...] die wir nicht so nennen" (16,21–22), über deren Existenz er, jeweils im Zusammenhang mit der Gestalt der Erde, spekuliert. Auch LaLande findet – in den Paragraphen, die L. im nachfolgenden Text Nr. 24 exzerpiert – in „localen Umständen" (243,4) wie etwa der seitlichen Anziehung der Berge auf das Pendel (LaLande, Astronomie 3, 1792, 36 [§ 2703]: „l'attraction latérale des montagnes sur le fil-à-plomb") einen Grund dafür, daß die Ergebnisse der Gradmessungen von den Erwartungen abweichen. Er erwähnt unter seinen Beispielen auch die von L. in seinem Exzerpt ausgesparte Messung Beccarias, die dem Grad zwischen Turin und Andrate an den südlichen Ausläufern des Monte-Rosa-Massivs galt (ebd. [§ 2704]). Für Liesganigs zu kleinen Grad aber, zwischen Kistelek, nordwestlich von Szeged, und Petrovaradin (heute zum serbischen Novi Sad gehörig), wo weit und breit keine bedeutenden Erhebungen anzutreffen sind, versucht LaLande dagegen keine Erklärung. Liesganigs eigene Vermutung (Dimensio 1770, 258), unterirdische Metallvorkommen könnten hier die Messung verfälscht haben, oder Boskovichs ähnliche Idee einer unregelmäßigen Struktur der Erde auch unter ihrer Oberfläche (Voyage 1770, 511), hält er anscheinend nicht für erwähnenswert.

936 Für die Bestimmung der täglichen Parallaxe ergeben sich aus der Abplattung der Erde zwei Konsequenzen, die LaLande (Astronomie 2, 1792, 308–311) am Beispiel der Mondparallaxe diskutiert, für die sie besonders zum Tragen kommen. Zum einen hängt die Parallaxe von der Entfernung des Beobachters vom Erdmittelpunkt ab, die wegen der Abplattung von den Polen zum Äquator wächst. Zum andern muß die Tatsache berücksichtigt werden, daß der Radius (OC) im allgemeinen nicht genau senkrecht auf der Horizontebene (Parallele zu CNH durch O) steht (vgl. 106,28–107,2).

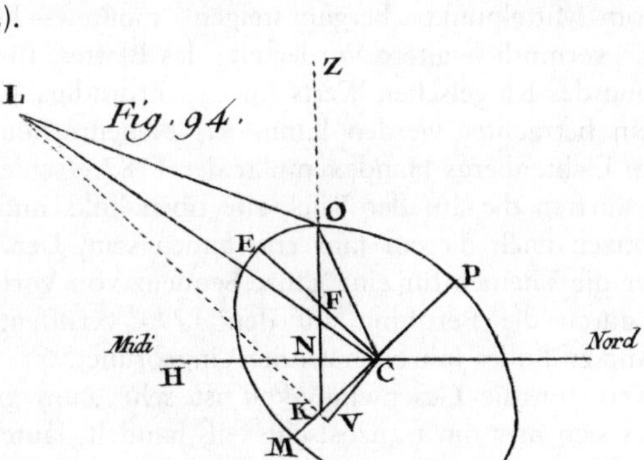

Der für die Korrektur maßgebliche Winkel CON wurde zunächst theoretisch aufgrund einer bestimmten Voraussetzung über die Form des irdischen Ellipsoids bestimmt. Abweichungen von den so berechneten Werten, wie sie sich bei den Gradmessungen durch erwartungswidrige Ergebnisse verrieten, mußten also auch die zur Parallaxenbestimmung gemessenen Winkel beeinflussen.

937 Vgl. oben 83,10–11.

938 Daraus und aus den daran anschließenden Paragraphen bis 2706 (LaLande, Astronomie 3, 1792, 35–37) konnte L. sämtliche auf diesem Blatt versammelten Angaben exzerpieren.

939 Vgl. ebd., 36 (§ 2703). Die Abschätzung der Massenverhältnisse nach Bouguer, Figure 1749, 368 f.; der Vergleich des Meßwertes zum theoretisch erwarteten Wert der Ablenkung des Pendels ebd., 388 f.

940 Vgl. LaLande, Astronomie 3, 36 f. (§ 2704), der noch weiter ausführt, daß Boskovich (Voyage 1770, 156) diese Abweichung auf die Ablenkung seines Pendels durch die Gebirgsmassen des Apennin zurückgeführt habe.

941 Vgl. LaLande, Astronomie 3, 37 (§ 2704). Cavendishs Ansicht entnahm er einer Nachbemerkung Maskelynes zu Masons und Dixons Aufsatz über ihre Gradmessung (Mason, Observations 1768, 328). Die Quelle für Boskovichs Vorschlag nicht ermittelt.

942 Vgl. LaLande, Astronomie 3, 37 (§ 2706); dort auch die Literaturverweise auf Maskelyne, Account 1775, und Discours 1776. Wie bei Bouguers Versuchen (243,6–12) ging es auch bei den Messungen am Shehallien durch Maskelyne um die Frage, ob in der Nähe großer Berge eine anziehende Wirkung von diesen auf das Pendel festzustellen ist; s. auch 29,4–6 und die zugehörige Anm.

943 Laut Gamaufs Nachschrift scheint für L. in den nachfolgenden Beispielen paradox zu sein (GamN, 687), „daß wenn man auf der Erde eine vollkommene Ebene nur von einigen Graden machen wollte, man Berge anpflanzen müßte“ und daß eine solche Ebene „dem, der in dem Mittelpunkte derselben stünde, vollkommen eben scheinen“ würde, er aber bei Entfernung vom Mittelpunkt „bergan steigen“ müßte. – Die Überschrift betrifft nur die vermutlich ältere Vorderseite des Blattes, für die aufgrund der Verwendung des Klügelschen Werts für den Erdradius 1785 als Terminus post quem betrachtet werden kann. Als Nebenrechnungen zu zwei Marginalien in Lichtenbergs Handexemplar der 1787 erschienenen 4. Aufl. des Erxleben dürften die auf der Rückseite oben links und in der Mitte stehenden Notizen nach diesem Jahr entstanden sein. Der Text darunter schließlich, der die Themen für eine ganze Sequenz von Vorlesungsstunden aufzählt, ist durch die Berufung auf den 1793 veröffentlichten ersten Supplementband zu Bodes Jahrbuch zeitlich eingeordnet.

944 Der Wert für die Geschwindigkeit ist sehr ‚cum grano salis‘ zu nehmen. Da es sich hier um französische Fuß handelt, lautet der korrekte Ausdruck für die Geschwindigkeit $\sqrt{\frac{3000}{15}} \cdot 30 \approx 424$. Falls L. fälschlich den Zahlenwert 16 für die Beschleunigung in englischen Fuß benutzt haben sollte, hätten sich etwa 438 ergeben. Als Geschwindigkeit einer Kanonenkugel gibt er an anderer Stelle (32,24–25) 600 Fuß pro Sekunde an.

945 GamN, 687: „Wenn man ein Stück von der Erde abhauen könnte, so daß eine vollkommene Ebene entstehen müßte". Vgl. auch oben 98,14–16, insb. die Anm.

946 Berechnung der Wurzel aus 250 zur Bestimmung der Fallzeit vom Turm der Jacobikirche in Göttingen; vgl. ErxH, 117.

947 Nebenrechnung zu 245,14–15, die Meile zu 24000 Fuß gerechnet.

948 Formel für die Fallzeit durch eine Höhe von elf Calenberger Meilen à 32000 Calenberger Fuß, entsprechend der Entfernung Göttingen – Hannover; vgl. ErxH, 116 f. Den Faktor 16 (entspr. der halben Fallbeschleunigung) verwendet L. gleichermaßen für Höhen in englischen Fuß. Unter Verwendung des Wertes für die Fallbeschleunigung aus dem Kompendium (ErxH, 117) und der von L. häufig verwendeten Umrechnungstabelle für die Längenmaße aus Duplat (Situations-Risse 1780, 7) ergibt sich für englische Fuß ein Wert von ca. 16,10 für Calenberger ca. 16,73. – Vgl. auch VNat 3, 183, wo L. die gleiche Aufgabe vorstellt, aber mit einem deutlich abweichenden Wert von 11 Meilen à 26000 englischen Fuß rechnet, und die zugehörige Anm.

949 Um diesen Anteil vermindert die durch die Erdrotation bedingte „Schwungkraft" laut Gehler (3, 890) die „Schwere" am Äquator.

950 148 ergibt sich als ein Viertel von 592, was L. nicht ganz korrekt als Wurzel aus 352000 errechnet, der Entfernung von Göttingen nach Hannover in Calenberger Fuß. Setzt man in der dritten Zeile von unten statt 991 den korrekten Wert $981 = 2 \cdot 5 \cdot 9 + 9^2$, so ergibt sich (bis auf Dezimalstellen) das Ergebnis 593.

951 Die hiermit beginnenden 12 Zeilen geben, wie oben (Anm. 943, am Ende) gesagt, die Themen für einen umfangreichen Vorlesungsabschnitt an, beginnend bei der Berechnung der absoluten Dimensionen des Planetensystems aufgrund der Sonnenparallaxe über die Bestimmung der Figur der Erde bis hin zu den Anfängen der Einteilung der Erdoberfläche. In der Vorlesung des Winters 1793/94, anläßlich deren sie aufgeschrieben worden sein könnten, benötigte L. 6 von insg. 41 astronomischen Vorlesungsstunden, um sie inhaltlich zu erschöpfen, und protokollierte diese wie folgt (NL VII F1, Bl. 58v–59r, re. Sp.; Zeitraum Nov./Dez.):

„9 ♃. 21 Parallaxe nicht gantz durch
10. ♀. 22 Venus Geschichte gantz durch.
11 ☽. 25 Figur der Erde bis Snellius.
12 ♂. 26. Bis comprimé la Terre inclus.
13 ♃. 28. Allerley. Von Figur der Erde Abhängiges. Frantz. Maaße.
♀. den 29. nicht gelesen.
14. ☽. 2. Figur der Erde, Schluß. Polhöhe bis Hadley's Sext. exclus."

Zu den Details vgl. 91,32–108,6 bzw. GamN, 650–679 und 687–690.

952 Die ergänzte Quellenangabe für diese beiden Werte meint LaLande, Nachrichten 1793, 240.

953 L. nimmt hier den Vorsatz für die Tat; denn er selbst konnte laut Gamauf, der ausführlich und über das in der Vorlesung vorgetragene hin-

aus von der großen französischen Gradmessung der 1790er Jahre berichtet (GamN, 678–683), die Ergebnisse der Messungen nicht mehr zur Kenntnis nehmen. Schon die Arbeiten auf dem Festland zogen sich bis 1798 hin, und Mechain starb 1804 über seinem Vorhaben, die Balearen mit einzubeziehen. Der Brückenschlag bis Formentera (statt Mallorca) wurde erst 1807 durch Biot und Arago vollzogen. Dazu wurde ein Dreieck von der spanischen Küste bei Valencia bis zu der Insel gebraucht, dessen eine Seite tatsächlich mehr als 160 km (mehr als 80000 Toisen) lang war (vgl. Exposé, Rez., Sp. 124). Vgl. auch den folgenden Text.

954 Unklar, was L. hier meint. In Frage käme die Definition des Meters im folgenden Text. Abgesehen von ihr stammen alle erhaltenen Textpassagen, die sich auf die Ermittlung von Größe und genauer Gestalt der Erde beziehen, aus der Zeit vor der hier angesprochenen Gradmessung, können also streng genommen nicht folgen. Und tatsächlich hat L. die neuen französischen Maße ja auch umgehend in seinen Vorlesungsstoff einbezogen, wie die Notizen aus dem Winter 1793/94 (vgl. Anm. 951) zeigen.

955 Die letzten drei Zeilen dieses Textes geben Stichworte zur Einteilung der Erde und zur geographischen Breite, Themen, die L. im Anschluß an die Figur der Erde behandelte (vgl. 107,5–108,12 u. GamN, 688–693).

956 Der Auszug ist abgedruckt als Nr. 2184 in Bw 3 (S. 1183), mit folgender Übersetzung: „Unsere Arbeiten über die Meridiane gehen voran. Herr Delambre und mein Neffe François de LaLande haben schon einen Dreiecksgrad in der Umgebung von Paris und Herr Méchain einen Grad in der Umgebung von Barcelona. Er beschäftigt sich mit dem großen Dreieck von Mallorca, das 100000 Klafter Seitenlänge haben wird." Vgl. auch 245,13–15.

957 In dem genannten Supplementband, dessen Druck und Ausgabe laut der „Vorerinnerung" durch von Zach in Gotha besorgt wurden, ist LaLande, Nachrichten 1793, der einzige Artikel, der sich mit Gradmessung oder der Definition des Meters befaßt. Er trägt den Untertitel „Aus einem Paar Schreiben desselben an Herrn Obristwachtm. *von Zach*, datirt *Collége de France*, d. 7. Nov. 1792 und 29. Jan. 1793." Daran schließt sich auf den Seiten 242 f. eine Bemerkung des Herausgebers an, in denen er berichtet, daß „seitdeme obige zwey Schreiben eingegangen waren, die Grad-Messung in Frankreich ihre Endschaft erreicht und der National-Convent nach einem von der Akademie der Wissenschaften erstatteten Bericht die Reform aller Maaßen und Gewichte den 31ten Julii 1793 wirklich decretirt" habe. Auf den sich anschließenden Umrechnungstabellen zwischen alten und neuen französischen Maßen fußen die nachfolgenden Angaben L.s., die er gemäß dem an zweiter Stelle angeführten Aufsatz im Grenschen Journal (Coquebert, System 1796) um diejenigen zu den später eingeführten Litre und Gramme ergänzt hat. Allerdings hat er das „Gramme jetzt" fälschlich hinter dem Grave eingefügt, da der neue Name doch das bezeichnete, was vorher Gravet geheißen hatte. – Entgegen Zachs Kommentar war die Gradmessung 1793 noch lange nicht beendet, sondern die Nationalver-

sammlung, die mit der Vereinheitlichung nicht bis zum Abschluß des Unternehmens warten wollte, hatte das neue Maßsystem auf der Basis eines vorläufigen Wertes von 57027 Toisen für die Länge des 45. Grades des Meridians durch Paris errichtet. Diese Wahl beruhte auf einem Vorschlag in einem von Borda, Lagrange und Monge gegenüber der Akademie erstatteten Bericht (vgl. Borda, Rapport 1793, 19), bei dem die Autoren sich auf den in den Pariser Akademieabhandlungen für 1758 erschienenen Aufsatz Lacailles ‚Sur la vraie longueur des degrés du méridien en France' [Über die wahre Länge der Meridiangrade in Frankreich] (vgl. Anm. 963) beriefen.

958 Eine einzelne Quelle für L.s Tabelle konnte nicht ermittelt werden. Diese übertrifft die in der einschlägigen Literatur sonst anzutreffenden sowohl hinsichtlich der Zahl der aufgenommenen Grade als auch hinsichtlich der Anzahl der Angaben zu jedem einzelnen von ihnen. Während LaLande (Astronomie 3, 1771, 121) in seiner Tabelle der seinerzeit neuesten und zuverlässigsten zehn Messungen, die etwa auch Gatterer (Abriß 1775, 31) und Kästner (Anfangsgründe 2.2, 1781, 338) abdruckten, lediglich die mittlere geographische Breite und den Wert des jeweiligen Grades sowie die Autoren und/oder den Ort der Messung sowie eine Quelle für genauere Informationen angibt, fügt L. zwei Spalten hinzu, für den Zeitraum der Messungen und für die Region, in der sie durchgeführt wurden. Als Vorbilder dürften ihm dabei die Tabelle in Maskelynes „Postscript" zu Masons und Dixons Bericht über ihre Messungen in Nordamerika in den ‚Philosophical Transactions' (Mason, Observations 1768, 327) und diejenige in Bodes Geographielehrbuch (Bode, Anleitung 1786, 82; L. besaß es selbst: BL 674) gedient haben. Erstere gibt in einer eigenen Spalte die Zeiträume, letztere die Orte der Messung an. Die Übereinstimmungen mit L.s Tabelle in diesen beiden Spalten sind so auffällig, daß sich die Vorstellung aufdrängt, er müsse beide Quellen, oder doch zumindest Exzerpte daraus, bei der Abfassung, die aufgrund des Wasserzeichens in die Zeit von etwa 1788 an einzuordnen ist, vor Augen gehabt haben. Im einzelnen sind 15 bzw. 8 der 20 bei L. aufgeführten Messungen auch in Bodes bzw. Maskelynes Tabellen enthalten, wobei sie dort nach ihrem Abstand vom Äquator bzw. von Nord nach Süd angeordnet sind. Daß L. aufgrund seiner, entsprechend der Anlage der Vorlesung, chronologischen Reihung und der Hinzufügung älterer Meßwerte, für die er auf seine älteren Aufzeichnungen zurückgreifen konnte (Fernel, Snellius, Riccioli und Picard, vgl. dazu 100,15–102,14 und 103,1–29), nicht einfach eine der Vorlagen übernehmen konnte, führte zu diversen Ungereimtheiten, auf die am jeweiligen Ort hingewiesen wird.

959 Diesen Wert ermittelte in einer dritten Neuberechnung César François Cassini de Thury (vgl. Boskovich, Voyage 1770, 477) und nicht Musschenbroek, dessen Ergebnis vielmehr 57033 Toisen betrug, wie L. selbst oben schreibt (101,28–30).

960 Bode (Anleitung 1786, 82) gibt für die Breite 53° an, was sehr grob der Mitte zwischen London (ca. 51½°) und York (knapp 54°) entspricht.

[961] L.s ursprüngliche Eintragung lautete „Picard – 1671 – Paris und Amiens – 49° 20′ — 57300“, wobei die Länge des Grades sicher als Schreibversehen betrachtet werden kann, das L. unmittelbar zu 57060 änderte. Damit entsprach die Zeile genau den Montuclas ‚Histoire‘ (2, 1758, 232) entnommenen Angaben in der Vorlesung (101,18–19; s. auch Anm. 286). Die bei jenem nicht vermerkte geographische Breite könnte L. gemäß Bodes Tabelle ergänzt haben, wo Picards Messung zwar nicht verzeichnet ist, dafür aber diejenige Cassinis und Maupertuis', die übernächste in L.s Liste. Sie betraf ebenfalls die Strecke Paris – Amiens, der Bode eben die 49° 20′ zuordnet, abweichend übrigens von den meisten anderen Quellen, die 49° 23′ angeben, womit sie den Mittelwert der Breiten beider Städte recht genau treffen. In einem zweiten Schritt muß L. dann auf Bodes Paragraphen über Picards Messung gestoßen sein (Bode, Anleitung 1786, 72), in dem als südlicher Endpunkt Malvoisine, ein großes Gehöft auf einer Erhebung in der Pfarrei von Chanqueil (Champcueil/Île-de-France), wie Picard (Mesure 1671, 43 f.) erläutert, und als Größe eines Grades 57057¼ Toisen angegeben werden, „welchen Picard“, so Bode (Anleitung 1786, 72), „der Bequemlichkeit im Rechnen wegen zu 57060 Toisen ansetzte.“ Versehentlich ersetzt L. dann Amiens statt Paris durch Malvoisine und die viertel Toise durch eine halbe. Warum er schließlich als Breite 48° 50′ angibt, was weder der Mitte zwischen Malvoisine und Amiens noch der zwischen Malvoisine und Paris entspricht, konnte nicht ermittelt werden.

[962] Die zuerst angegebene Länge des Grades stimmt mit dem Wert in Bodes Tabelle überein. Die von L. hinzugefügte Jahresangabe ist jedoch irrig, denn sie erklärt Jacques Cassini zum Urheber dieses Ergebnisses. Dieser berechnet in der einschlägigen Veröffentlichung aber die durchschnittliche Länge des Grades zwischen Paris und Dünkirchen (für Amiens – Dünkirchen wird kein Wert genannt) zu 56960 Toisen (Cassini, Grandeur 1720, 236) und gibt in einer Tabelle (ebd., 245) für den Grad zwischen 51° und 50° nördlicher Breite mit 56944 Toisen eine wesentlich geringere Länge an, als L. ihm zuschreibt. Bode hingegen dürfte bei seinem Eintrag, wie auch bei den vier weiteren „Cassini &c.“ zugeordneten Werten (die vier folgenden in L.s Tabelle), Cassini de Thurys Nachmessung und -berechnung der Gradlänge im Sinn gehabt haben. Auch wenn dieser in seinem Bericht über die Arbeiten (Cassini de Thury, Meridienne 1744) für die nördlichste Teilstrecke keine Angabe macht, so läßt sich die ihr zuzuordnende Gradlänge doch aus den Differenzen der von Cassini de Thury mitgeteilten Abstände zwischen Paris und Dünkirchen und Paris und Amiens (ebd., 62 u. 50) berechnen, wobei schon die Rundung auf volle Sekunden in der Breitendifferenz zwischen Paris und Amiens (1° 1′ 13″ 6‴) auf den von Bode genannten Wert führt (ohne Rundung ergibt sich eine Toise mehr). Die Berichtigung wiederum ordnet L. zwar dem richtigen Cassini zu, doch gehört sie zu einem anderen, dem südlich von Paris sich bis zum Mittelmeerküstenstädtchen Collioure an der französisch-spanischen

Grenze erstreckenden Teil des Meridians, wie L. auch oben (105,4, nach Wargentin) selbst schreibt. Nach Bode (Anleitung 1786, 72) hat Cassini damit seinen eigenen früher mitgeteilten Wert von 57292 korrigiert. Noch ein Wort zu den vier nachfolgenden, die Kampagne von 1739/40 betreffenden Einträgen: Sie sind, wie bereits bemerkt, mutmaßlich Bodes Tabelle (ebd., 82) entnommen, und geben auch dessen Fehler weiter, indem zwar die Ortsangaben mit denen Cassini de Thurys übereinstimmen, diejenigen über die zugehörigen geographischen Breiten aber teilweise erheblich abweichen. Dessen Breiten lauten von Nord nach Süd: 49° 23′, 47° 58′, 45° 43′, 43° 31′ (Cassini de Thury, Meridienne 1744, 112).

963 Der Wert für die Gradlänge bei genau 45° nördlicher Breite fehlt bei Bode. Cassini de Thury selbst hatte ihn noch nicht angegeben, sondern erst Lacaille schätzte ihn auf der Grundlage von dessen Werten und einer Annahme über die arithmetische Progression der Gradlängen in benachbarten Breiten ab (Lacaille, Memoire 1758, 243 f.). Zu seiner Verwendung bei der Einführung des metrischen Systems vgl. Anm. 957.

964 Der ursprünglich von L. hier angegebene Wert (vgl. den kritischen Apparat) von 57069 Toisen findet sich in den meisten einschlägigen Tabellen (z. B. Mason, Observations 1768; Boskovich, Voyage 1770, 481; LaLande, Astronomie 3, 1771, 121). Die Korrektur folgt wiederum Bode, wobei für dessen Abweichung erneut keine Begründung ersichtlich ist.

965 Die beiden Sätze aus der mathematischen Optik, die L. auf diesem Blatt festhält, bilden die theoretische Grundlage für die Breitenbestimmung mittels des Hadleyschen Spiegelsextanten und anderer auf dem gleichen Konstruktionsprinzip beruhender Instrumente. Spezifisch für diese ist dabei nur Theorem II, mit dem das übliche Verfahren der Breitenbestimmung zur See mittels solcher Geräte gerechtfertigt wird. Sorgt man nämlich dafür, daß der Strahl vom anvisierten Objekt nach der zweifachen Reflexion in der Ebene des scheinbaren Horizonts verläuft, dann ist die Höhe des Objekts über dem Horizont eben gerade der Winkel zwischen reflektiertem Strahl und Objekt und damit doppelt so groß wie der Winkel um den die beiden Spiegel gegeneinander gekippt sind. Theorem I dagegen ist eine einfache Folgerung aus der Grundvoraussetzung der Katoptrik, daß Einfalls- und Ausfallswinkel einander gleich sind. In Verbindung mit Theorem II begründet es die Breitenbestimmung mittels des Sextanten und eines künstlichen Horizonts, das sowohl zu Lande als auch zur See angewandt wurde, wobei zur See Sersons Kreisel (vgl. 108,8–10), zu Lande eine Quecksilberfläche oder ein waagrecht aufgestellter Planspiegel als Horizont diente (vgl. GamN, 692 f.). – Die aufgrund der eigenartigen Anordnung der Textblöcke vermutete sukzessive Ergänzung einzelner Teile (vgl. den Textapparat) findet eine Bestätigung beim Vergleich der chronologisch aufeinander folgenden Nachschriften von Gamauf, Dyckerhoff und Benzenberg. Ersterer hatte die Vorlesung in den Wintern 1794/95 und 95/96 besucht, Dyckerhoff im Winter 96/97 und Benzenberg schließlich im Winter 97/98. Sowohl Gamauf (GamN, 691 f.) als auch Dyckerhoff (DycC,

145 f.) beginnen ihre Darstellung der Breitenbestimmung mittels des Spiegelsextanten mit dem in Theorem II grundgelegten Verfahren, wobei Gamauf den älteren Beweis (248,5–12) referiert, Dyckerhoff dagegen den später ergänzten (248,21–25). Die in Theorem I festgehaltene Tatsache erwähnen beide nur beiläufig im Zusammenhang mit der Breitenbestimmung zu Lande (GamN, 693, bzw. DycC, 147), L.s zugehörige Abb. findet sich lediglich sinngemäß eingebettet in ihre Illustrationen des Meßverfahrens mit künstlichem Horizont (GamN, Tab. II [nach S. 794], Fig. 38, bzw. DycC, 147)

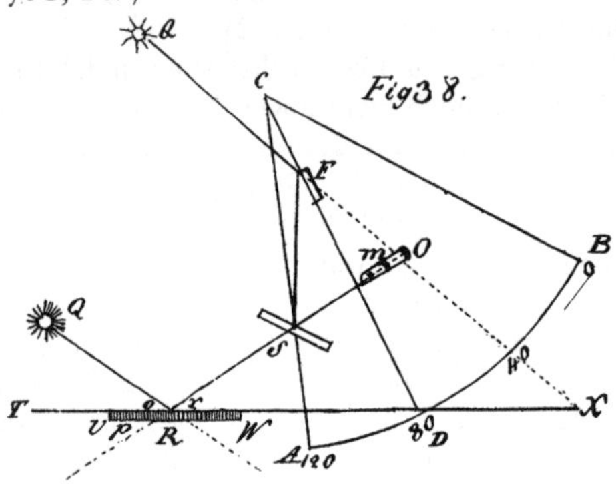

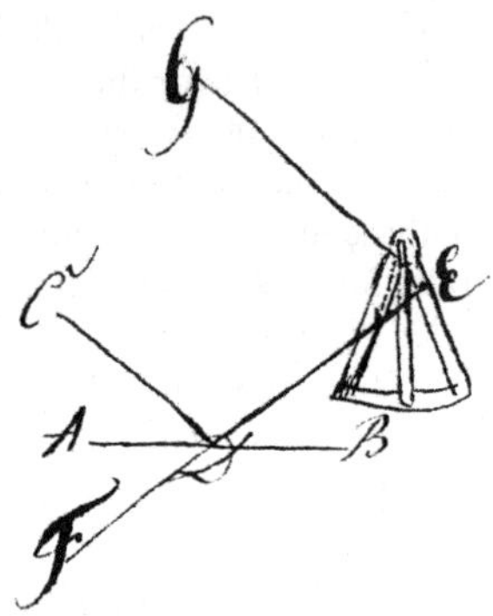

Benzenberg hingegen (BenA, 76–78) referiert zunächst die beiden Theoreme ganz abstrakt und in der durch die Zählung vorgegebenen Reihenfolge und hält auch L.s Abb. im wesentlichen unverändert fest. Erst anschließend kommt er auf die Anwendung bei der Breitenbestimmung zu sprechen.

966 Zu Serson, dem Erfinder des künstlichen Horizonts, vgl. oben 108,8–11; der Zusatz „ould" könnte dadurch zu erklären sein, daß er hier auf ältere Notizen zu Serson verweist. Warum aber benutzt er statt ‚old' die dem irischen Englisch zuzurechnende Schreibweise?

967 Eine Sanduhr, die in einer halben Minute abläuft; vgl. die Durchführung der Messung mit dem Log gemäß Anm. 984.

968 Die Ergebnisse der Messungen mit dem Log seien, so heißt es bei Benzenberg (BenA, 80), „bey weitem nicht zuverläßig, weil Ströme, die Im Meere sind mit dem Locke spielen und es vor oder Rückwärts treiben. Es wird nur dann gebraucht wenn man nichts besseres zu thun weis oder daß die aussicht auf den Himmel gesperrt ist." Und Gamauf schreibt gar (GamN, 697):„Bey Strömen kann man dieß Verfahren gar nicht anwenden, weil sich da die ganze Fläche bewegt."

969 Zu den Möglichkeiten, Himmelserscheinungen (abgesehen von den Monddistanzen) bei der Bestimmung der Länge zur See zu nutzen, vgl. 110,8–21. Von den nachfolgend genannten Hilfsmitteln zur Beobachtung findet sich dort, in der Vorlesung Winter 1785/86, nur Irwins ‚Marine Chair' erwähnt. Die übrigen hat L. vermutlich aus seines ehemaligen Schülers Brodhagen Schrift über die Koordinatenbestimmung zur See

entnommen, die er selbst besaß (BL 269). Er hatte sie von Kästner im Mai 1792 geschickt bekommen (vgl. Bw 3, Nr. 2094 [1114]) und laut Gamauf bezeichnete er sie als das „beste Buch über diesen Gegenstand" (GamN, 697). Wörtlich heißt es darin im Anschluß an den Hinweis auf Irwins Einrichtung (Brodhagen, Methoden 1791, 27): „Auch Herr Prof. *Kratzenstein* in Copenhagen, hat einen ähnlichen Sitz zum Beobachten auf der See beschrieben. Der Schwungstuhl von *Fyot* ist von französischen Seeofficieren ganz unzweckmässig gefunden worden. Die Erfindung des Herrn Abbt *de Rochon* bestand in Verbesserung der gewöhnlichen achromatischen Fernröhren, vermittelst dreyer Hülfsgläser." Ob L. einen der drei jemals in der Vorlesung erwähnte, ist fraglich. Bei Gamauf (GamN, 696) und Benzenberg (BenA, 82) wird jeweils nur Irwin genannt.

970 Kratzenstein beschreibt seinen Seestuhl (sella marina) in einem Auf satz in den ‚Acta literaria universitatis Hafniensis' und läßt diesen von der nebenstehenden Abb. begleiten (Kratzenstein, Sella 1778, nach S. 228).

Anstatt wie ein Pendel habe er seinen Stuhl kardanisch, wie einen Schiffskompaß („instar rosae nauticae suspensum"), aufhängen und mit dieser Aufhängung horizontal drehbar auf dem Schiffsdeck befestigen lassen, erläutert er dazu und teilt weiter mit, daß er diese Konstruktion während zweier Seereisen als für die angestellten astronomischen Beobachtungen sehr geeignet befunden habe (vgl. ebd., 222 f.). Noch im Erscheinungsjahr war eine Rezension des Aufsatzes durch Kästner in den GGA gedruckt worden (GGA, 138. St., 16.11.1778, 1117 f.).

Observatorium nauticum kratzensteinianum.

971 François-Marie Fyot († 1798), „Mathematikprofessor und Mechaniker" (vgl. Hilaire-Pérez, Invention 2000, 382 n. 111), hatte zur Bestimmung der Länge auf See ebenfalls einen Seestuhl („Chaise marine") vorgeschlagen (zu Irwins Vorrichtung vgl. Anm. 330). Dieser wurde neben anderen zu dem gleichen Zweck ersonnenen Geräten und Methoden während einer einjährigen Reise 1771/72 mit der königlichen Fregatte „La Flore" geprüft, mit dem von L. mitgeteilten Ergebnis (vgl. Borda, Opération 1773, 301): „Wir sind fast geneigt zu glauben, daß es weniger schwierig ist, einem Stern mit dem Fernrohr zu folgen, wenn man ihn von der Brücke aus beobachtet, als wenn man sich in den Stuhl des Herrn Fyot setzt." (Vgl. auch LaLande, Bibliographie 1803, 609 f.)

972 Seine Idee hatte Rochon in einer ‚Abhandlung über ein Hilfsmittel zur einfachen Beobachtung der Verfinsterungen der Jupitertrabanten zur See' (Rochon, Memoire 1768) publiziert.

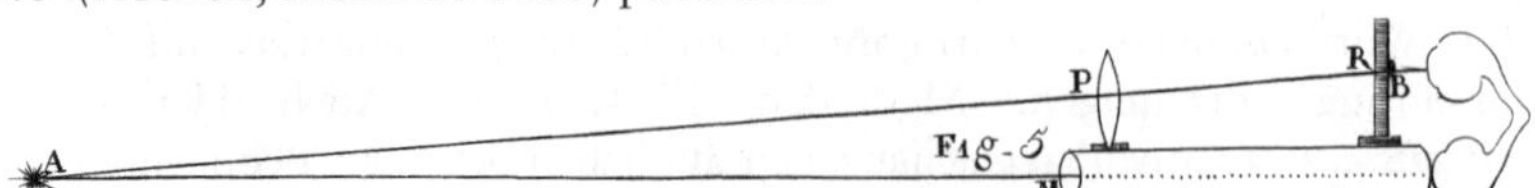

Wie aus der Abb. hervorgeht, genügten ihm allerdings, abweichend von L.s aus Brodhagen entnommener Angabe (vgl. Anm. 969), zwei Hilfsgläser, ein bikonvexes, das ein Bild des Jupiter auf ein einseitig mattgeschliffenes Planglas warf. Dieses sollte an der Stelle eine Markierung tragen, wo das Bild auftraf, wenn die Achse des Fernrohrs (Rochon wählt dafür einen Achromaten von zwei Fuß Länge) auf den Planeten gerichtet war. Aufgrund des großen Gesichtsfeldes der Hilfskonstruktion (Rochon errechnet bei einem Durchmesser von 4 Zoll und einer Brennweite von 12 Zoll 19° 10′) würde es einfach sein, wenn Jupiter aus dem Gesichtsfeld des Teleskops verschwunden sein sollte, ihn wieder dort hinein zu dirgieren, indem man sein Bild auf der Mattscheibe mit der Markierung zur Deckung brächte.

973 Vgl. zum folgenden 110,24–112,8.

974 Die geographische Länge von Greifswald war für L. deshalb von Bedeutung, weil er einige dort von seinem Kollegen Röhl angestellte Beobachtungen bei seiner Bestimmung der Längen von Hannover und Osnabrück heranzog (vgl. Lichtenberg, Observationes 1997, 38/39–40/41 u. 52/53). Aus dem Unterschied zwischen den Ortszeiten an seiner Meßstation und in Greifswald berechnete er die jeweilige Längendifferenz und daraus mittels der absoluten Länge von Greifswald (als Nullmeridian galt derjenige 20° westlich der Pariser Sternwarte) diejenige seines Beobachtungsorts. Zur Längenbestimmung zu Lande vgl. oben 108,13–109,8.

975 Die Werte in dieser Tabelle bedeuten jeweils den Zeit- und den Längenunterschied zwischen Greifswald und Paris. Der erste Wert stammt, wie L. selbst an anderer Stelle (Bw 1, Nr. 260 [469]) schreibt, aus der zu dieser Zeit von LaLande betreuten ‚Connoissance des temps' für 1774 (L. besaß den Band: BL 58). Der zweite ergibt sich als Mittel aus dem ersten und dem vierten, was darauf schließen läßt, daß der fünfte Wert einschließlich der nachfolgenden Bemerkung erst später ergänzt wurde; denn „Röhl selbst hat," wie L. schreibt (Lichtenberg, Observationes 1997, 40/41), „als er mir seine Beobachtungen schickte [vgl. dazu die vorhergehende Anm.], den Unterschied der Meridiane von Greifswald und Paris auf 45′ 10″ festgelegt". Der „neuste Brief" selbst ist nicht erhalten, ebenso wenig vermutlich früher eingegangene ältere, in denen Röhl vielleicht die aus den Sonnenfinsternissen gewonnenen Werte mitgeteilt hatte. Eine andere Quelle, der L. sie entnommen haben könnte, konnte nicht ermittelt werden.

976 Laut Kosegarten (Geschichte 1, 1857, 299) richtete Röhl 1775 ein Observatorium in einem der Stadttürme ein. Bis dahin, so kann man ver-

muten, hatte das Wohnhaus seines Vorgänger und Lehrers Andreas Mayer als Observatorium gedient. Zumindest schreibt Röhl in dessen Biographie (vgl. Röhl, Vita 1783, 27), daß die über die Jahre beträchtlich (nach 1755 auch durch Käufe bei englischen Herstellern) angewachsene Sammlung astronomischer Instrumente in dem Haus kaum Platz gefunden habe. Daneben stand seit 1753 auch ein großer Gnomon in der Kirche des aufgelassenen Franziskanerklosters zur Verfügung (ebd., 22 f.; Kosegarten, Geschichte 1, 1857, 292).

977 Vgl. hierzu den bereits erwähnten Brief L.s (Anm. 975), der 1774 auszugsweise in den ‚Westphälischen Beyträgen zum Nutzen und Vergnügen' ohne Nennung des Adressaten abgedruckt wurde. Um seine Ablehnung zu begründen, die Röhlsche Beobachtung, aus der offensichtlich ein abweichender Wert folgte, zu berücksichtigen und „von der einmahl festgesetzten Länge [von Osnabrück] abzugehen", weist L. dort auf die große Unsicherheit solcher Längenangaben hin und schreibt (Bw 1, Nr. 260 [468 f.]): „Hr. Röhl [...] und Hr. Prof. Mayer zu Greifswalde hatten anfangs die Länge von Greifswald 45 Minuten 25″ Sekunden gesetzt, Hr. Wargentin berechnete sie aus ihrer Beobachtunge 45′ 8″; bey der großen Sonnenfinsterniß Anno 1764 schmolz sie auf 45′, 3″, und Anno 1765 auf 44′ 58″. Ja aus der Connoissance des temps des Herrn de la Lande vom Jahr 1774, die ich schon erhalten habe, berechnet sie dieser große Astronom gar zu 43′ 46″ [...]."

978 12′ beträgt nach der Tabelle allein die Differenz zwischen dem neuesten Röhlschen Wert und dem arithmetischen Mittel aus dem von Röhl aus der Sonnenfinsternis von 1765 gefolgerten und LaLandes Wert. Eine Begründung, warum ausgerechnet die vier dadurch ausgewählten Werte die besten sein sollen, ist nicht erkennbar.

979 Wie unten (251,8–10) geht es hier um die Frage, welche Strecke in einer halben Minute zurückgelegt wird, wenn in einer Stunde eine Seemeile, die als eine Bogenminute des Erdumfangs definiert ist, durchfahren wird. L.s Werte sind weitgehend konsistent, wenn man davon ausgeht, daß L. (oder seine unbekannte Quelle) hier Klügels Wert für den mittleren Grad des Erdumfangs von 57173 Toisen (vgl. 242,13) annimmt und nicht mit dem Standardverhältnis zwischen Pariser und englischem Fuß von 16 : 15 (vgl. Anm. 295 bzw. ErxH, 313), sondern mit einem von 144 : 135,116 rechnet, das Kästner laut DuPlat (Situations-Risse 1780, 7) nach Angaben von Maskelyne in den ‚Philosophical Transactions' bestimmt hat. Einschlägige Aufsätze des letzteren finden sich in den Bänden für 1768 (Maskelynes Postscript zu Mason, Observations 1768: 363771 : 341328) und 1774 (Maskelyne, Rule 1774, 162: 1,06575 : 1). Wo Kästner daraus den von DuPlat angegebenen Wert errechnete, ist unklar. Mit diesen Werten ergibt sich die Seemeile zu ca. 6093 und ihr 120ster Teil zu 50,78 englischen Fuß. Woher L. dann den am Rand ergänzten Wert von 6053 Fuß für die Seemeile nahm, konnte nicht ermittelt werden.

980 Hier berührt L. eine Korrektur, die bei der Bestimmung der Breite zur See (vgl. dazu 108,6–7) vorzunehmen ist. Gemessen wird dabei nämlich in der Regel die Höhe des Gestirns, üblicherweise der Sonne, über der Kimm, die aber unter dem wahren Horizont liegt. Entsprechend heißt es in Dyckerhoffs Vorlesungsnachschrift (DycC, 147): „Ist das Schiff beträgtlich hoch, so muß auch der Winckel in betracht gezogen werden, den man auf dem Schiffe zu groß niemt.“ Der von L. angegebene Winkel für eine Höhe des Beobachter von 24 Fuß über der Wasserfläche ist größenordnungsmäßig richtig. Er läßt sich aus der Gleichung $\cos \alpha = r_{♁} : r_{♁} + 24'$ bestimmen. Wo L. ihn entnommen hat, ist unklar. Die beiden Logarithmentafeln in seinem Besitz sind für die Berechnung jedenfalls nicht ausreichend genau. Unter der Voraussetzung, daß englische Fuß gemeint sind und mit dem mittleren Erdradius nach Klügel (vgl. 242,14) ergibt sich mit modernen Mitteln ein Wert von ca. 5′ 12″.

981 Es handelt sich bei dem Gerät um einen Hadleyschen Spiegelsextanten. Geräte dieses Typs dienten vor allem zur Breitenbestimmung auf See. Eine Beschreibung ihrer Grundform steht GamN, 690 f., zur Theorie vgl. Text Nr. 28. – Von solcherlei Instrumenten gehörte zu L.s Apparat neben einem Hadleyschen Spiegeloktanten ein „Dito Sextante ganz von Messing von Trautons in London gemacht“ (NL VII Q 2, 61v; vgl. auch die Edition des Instrumentenverzeichnisses in VNat 6). Diesen betreffen vermutlich die hier angegebenen Details zu Meßbereich und Ablesegenauigkeit. Und wahrscheinlich ist es auch derselbe, über den Benzenberg schreibt (BenA, 79): „Der H. hofrath Lichtenberg zeigte einen der neusten SeeSextanten vor die in London vor 16 Guineen verfertigt werden [?] man steckte hier statt der dioptern entweder eine Röhre, (um das Gesicht zu fixiren) oder ein perspecktiv vor. er war ganz aus Messing hatte einen doppelten Rand und doppelte verfinsterungs-Gläser – Außer dem Vernier war noch eine Mikrometer-Schraube angebracht die aber keine Abtheilungen hatte.“ Über das Verschwinden der zugehörigen Visierteleskope s. Bw 4, Nr. 2348 [226]. Gamauf oder Dyckerhoff machen keine Angaben zu einem speziellen Sextanten.

982 Das Instrument aus der Werkstatt des Londoner Herstellers William Cary (1759–1825), ein Spiegelsextant mit einem Radius von ca. 13 cm (5 Zoll), gehörte wohl der Sternwarte. Es befindet sich heute in der Sammlung von deren Nachfolgeeinrichtung, des Instituts für Astrophysik (vgl. Grosser, Gegenstände 1998, 32 f.). Da der Ablesebogen und der Nonius bei ihm aus Silber bestehen (ebd.), ist eine Identität mit dem von Benzenberg beschriebenen (vgl. die vorhergehende Anm.) nicht anzunehmen. Ebenso wenig wird er bei Gamauf oder Dyckerhoff erwähnt.

983 1 Stunde verhält sich zu einer halben Minute wie 120 zu 1; um mit einer Geschwindigkeit von 1 sm (= 6000 Fuß; vgl. auch 250,29–31) pro Stunde zu fahren, muß ein Schiff 50 Fuß pro halber Minute zurücklegen, das ist der Abstand zweier Knoten in der Logline.

984 „Um die Länge auf der See zu finden," leitet Dyckerhoff (DycC, 147 f.) den Abschnitt über die Anwendung des Logs zur Längenbestimmung ein, „beobachtet man die Geschwindigkeit des Schiffes, von dem Ort seiner Abfahrt täglich: macht hieraus ein Verzeichnüß von allen Geschw: an jedem Tage, und berechene dadurch den Weg des Schiffes. // Um die Gschw: zu messen bedient man sich folgendes Instruments:

A. ist ein Dreieck von Holz, das unten bey *B* beschwert ist, und daher Perpendiculair schwimmen muß. Damit es aber auch mit der breiten fläche gegen den Strom schwimt, oder vielmehr wiedersteht, damit es nicht so leicht fortgezogen werden kann, ist *CE* angebracht. *A* wird das Lock genannt. und *CD* die Lockleine. von 50 zu 50 fuß sind abtheilungen in der Lockleine."

Die Durchführung der Messung beschreibt Benzenberg so (BenA, 80): „Sobald wie man wissen Will, wie schnell das Schiff seegelt, so wirft ein Kerl das Lock in die See und in dem Nehmlichen Augenblick kehrt ein anderer eine SandUhr um die eine halbe Minute läuft. Das lock bleibt auf der Stelle liegen wo das Schiff war als es herausgeworffen wurde, weil der Sehr leichte haspel worauf die Locklinne aufgewunden ist, so schnell die Linne ablauffen läßt daß man nicht zu befürchten hat daß die Linne das Lock mit fort schleppt. –

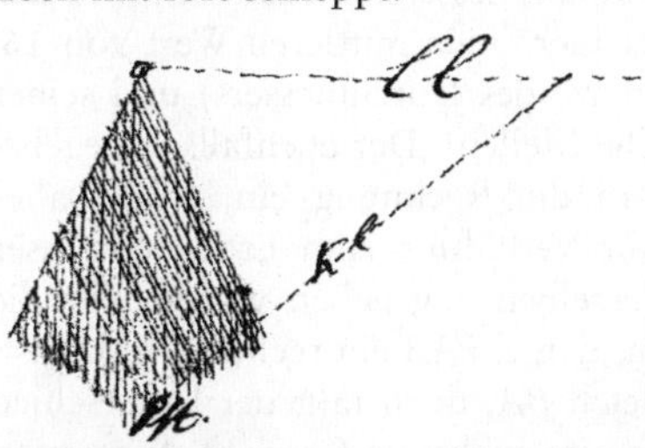

Ist die halbe Minute um so wird der haspel still gehalten, – der Schiffer thut an der locklinne einen Ruck damit das stöpfchen in *st* herausfliegt. wodurch sich dann das lock auf seine hohe Seite begibt und leicht nach dem Schiff gezogen wird. — Dann werden die distanz Knoten gezählt in der Linne und die Resultate genau in das *Lockbuch* geschrieben." Vgl. auch GamN, 697, sowie die zugehörige Fig. 40 auf Tab. III (nach S. 794), in der allerdings die untere Leine fehlt.

985 Diese Rechnungen und Notizen betreffen die Frage, welche Ablesegenauigkeit mit einem Nonius zu erreichen ist, bei dem 40 Teile des Nonius auf 39 Teile der abzulesenden Skala gehen. Für deren Teilung in 30′-Schritten erhält L. in den letzten beiden Zeilen richtig 45″. Die Zahlen und Rechnungen in den Zeilen 251,14–21 leisten keinen Betrag zu diesem Ergebnis.

986 Aus dem genannten Paragraphen (LaLande, Astronomie 2, 1792, 651 f.) in Buch 13 über die astronomischen Instrumente sind alle nachfolgenden Angaben exzerpiert. Allerdings schreibt LaLande die Aussage über

die jährliche Abweichung der besten englischen Uhren von unter 5 Sekunden nicht englischen Künstlern (d. i. Uhrmachern, Apparatebauern) zu, sondern gewissen „astronomes d'Angleterre". Zu Uhren im Zusammenhang mit der Längenbestimmung auf See vgl. 112,21–117,27.

987 Aufgrund des Vorhandenseins einer Stellscheibe, mittels derer die wirksame Federlänge der Unruh, und damit deren Schwingungsdauer geregelt werden konnte (vgl. Halle, Werkstäte 2, 1762, 269), offensichtlich eine Uhr mit Federantrieb. Näheres nicht ermittelt.

988 Vermutlich Johann Samuel Halle (1727–1810), der in seiner Beschreibung des Uhrmacherhandwerks in gleichem Sinne schreibt (Werkstäte 2, 1762, 266): „Wessen Uhr also viele Tage, Wochen und Monate lang genau nach der Sonnenuhr läuft, der hat an derselben in der That einen mathematischen Beweis, daß sie unrichtig laufe; ob man gleich eben aus diesem Grunde seine kleine Taschensonne, wegen ihrer Vollkommenheit, zu vergöttern pflegt." Weiter unten heißt es (ebd., 276 f.): „Folglich kann eine noch so richtige Penduluhr niemals, als in 4 Tagen des Jares, mit der Sonnenuhr übereinkommen; und käme sie öfterer mit ihr überein, so ginge sie offenbar falsch. Es ist dieses eine Demütigung für diejenigen Personen, welche sogar ihren Taschenuhren einen stets einstimmigen Gang mit der Sonnenuhr zutrauen." Ein besser übereinstimmendes Zitat nicht ermittelt. – Zu dem dieser Erscheinung zugrundeliegenden Unterschied zwischen wahrer und mittlere Sonnenzeit vgl. insg. 140,27–146,5; zur Frage der Möglichkeit mechanischer Uhren, die wahre Sonnenzeit anzeigen, insb. 146,1–3.

989 Formel zur Berechnung des Mondhalbmessers (= radius Lunae) aus seinem scheinbaren Halbmesser (L. setzt hier einen mittleren Wert von 16′ an; s. 51,16–17 für Ober- und Untergrenze des Durchmessers) und seiner Entfernung von der Erde (50000 deutsche Meilen). Der ebenfalls angegebene Erddurchmesser geht nicht direkt in die Rechnung ein, steckt aber bereits in der Entfernung, die durch ihr Verhältnis zum Erddurchmesser bestimmt oder einfach in Vielfachen desselben angegeben wurde. Für die Gültigkeit der Formel ist vorauszusetzen, daß $\angle FAB$ ein rechter Winkel ist; selbstverständlich ist *EF* nicht genau gleich *BA*, doch fällt der Unterschied angesichts der grob gerundeten Zahlenwerte nicht ins Gewicht. Setzt man den Wert für tan 16′ aus Vegas Tafeln (1783, 315) ein, so ergibt sich ein Mondhalbmesser von etwa 232,7 deutschen Meilen, was recht gut zu dem häufig verwendeten Wert von 465 Meilen für den Durchmesser paßt.

990 In Erx[5] (S. 596) fügt L. § 633 eine zusätzliche Bemerkung „Ueber die so genannten Vulcane im Monde" an, in der es unter anderem heißt: „Hr. Oberamtmann *Schröters* Bemühungen hierüber finden sich in seinen *Beyträgen zu den neusten astronomischen Entdeckungen. Berlin* 1788. 8. *p.* 221; in den Gött. gel. Anz. 1788. 113, 172 St. und den daselbst angeführten Blättern." Die hier edierte Notiz beruht im wesentlichen auf den im

172. Stück der GGA 1788 (27.10.1788) abgedruckten Informationen, die Kästner aus einem Brief Schröters an die Göttinger Societät mitgeteilt hatte (Schröter, Beobachtung 1788).

991 Ebenfalls nach Kästner (vgl. Anm. 990), der hier auf Schröter, Entwurf 1788, 245, und die zugehörige Abb. verweist.

992 Vgl. Bw 3, Nr. 1638 [581–583].

993 Eigentlich ‚Beiträge zu den neuesten astronomischen Entdeckungen', in denen auf der genannten Seite der ‚Entwurf zu einer Monds-Topographie' beginnt. Dessen ersten Seiten (bis S. 227) sind die folgenden Angaben entnommen. Daß die älteren der aufgezählten Beobachtungen für L. nicht neu waren und daß er an dem Thema sehr interessiert war, zeigen die Parallelstelle in der Vorlesung von Winter 1785/86 (120,8–17) und die umfangreichen gedruckten und handschriftlichen Ergänzungen zum einschlägigen § 633 des Erxleben (vgl. ErxH, 687–689).

994 Irrtümlich statt „wenn der Mond 25 bis 30 Grad hoch steht" (Schröter, Entwurf 1788, 226).

995 Die Überschrift gehört nur zum ersten Teil dieses Textes (bis 257,27). Die Literaturangabe zielt auf Bode, Lichtpunkte 1792, neben dem jedoch auch zusätzliche Informationen aus dem Erxleben bzw. den dort in Text und Marginalien angegebenen Quellen (vgl. ErxH, 687–689) in diese Neufassung der Vorlesungsnotizen über diejenigen Erscheinungen an der Mondoberfläche eingeflossen sind, die von einigen Beobachtern als Hinweise für die Existenz von Vulkanen gedeutet wurden (119,16–19 u. 120,8–17). Vgl. dazu GamN, 706–709.

996 Die Benennung Aristarch für den fraglichen Berg stammt von Riccioli. Hevelius hatte ihn Porphyrites genannt (vgl. Gehler 3, 286) und bereits „für vulkanisch angesehen", wie L. am Rand seines Erxleben (ErxH, 689) notiert hat.

997 Nach GamN, 707, befanden sich „seine Schwester und ein anderes Frauenzimmer" bei Herschel, als er am 4. Mai 1783 eine Fixsternbedeckung durch den Mond beobachtete. Zach (Beobachtungen 1788, 144) dagegen berichtet in einem Brief an Bode, Dr. Lind, ein mit Herschel befreundeter Arzt, sei an jenem Abend mit seiner Frau zu Besuch gewesen. Und dieser sei zuerst der leuchtende Punkt auf der Mondscheibe aufgefallen, nachdem der Stern schon hinter derselben verschwunden war.

998 Die Anekdote über den Wald, den Forster als Wand von moosbewachsenen Basaltsäulen ansah, während Cook ihn richtig erkannte, ebenfalls bei Gamauf (GamN, 707). Die Episode ereignete sich auf Cooks zweiter Weltumsegelung Ende September 1774 beim Segeln vor der Küste Neukaledoniens (im Südpazifik; vgl. Cook, Voyage 2, 1777, 133).

999 Zum Nordlicht vgl. die Texte Nr. 82–90 in Kapitel XIII, insb. Nr. 88, in dem L. seine eigene Theorie erläutert.

1000 Wiederum Bode, Lichtpunkte 1792. Der genannten Seite entstammen die nachfolgenden Abschätzungen zur Helligkeit der Erde.

[1001] Zur umstrittenen Frage, ob der Mond eine Atmosphäre habe, vgl. L.s Vorlesungsmanuskript von 1785/86 (120,23–121,2), die 1788 geäußerte Meinung seines Besuchers J. N. Fischer (254,9–16) und die erst nach der Abfassung dieses Textes von Schröter angegebene Abschätzung der Höhe der Atmosphäre (262,32–263,11), die denn auch bei Gamauf (GamN, 706) wieder begegnet.

[1002] „Man darf sich nur vorstellen," führt Gamauf (GamN, 709) dazu aus, „wie ein schneeweißer Gegenstand, z. B. auf dem Hainberge (bey Göttingen) in der Ferne leuchten würde, wenn er vom blossen Vollmonde beschienen würde, und die Gegenstände um ihn herum in schwarzen Flor gehüllt wären. Man würde glauben, es sey Feuer."

[1003] Vgl. Gehler 2, 878, der das faule Holz als Beispiel für die schwachleuchtenden Körper anführt. Diese können „durch stark leuchtende soviel fremdes Licht empfangen, daß ihr eignes darüber unmerklich wird." – „Das *Leuchten des faulen Holzes*", schreibt Tubeuf (Pilze 1904, 299 f.), sei „schon im Altertum bekannt" gewesen und „von *Retzius* und *Humboldt* auf Pilze zurückgeführt" worden, deren Myzel das absterbende oder abgestorbene Holz durchzieht. Dabei sei der Hallimasch (Agaricus melleus) „bei uns der häufigste Leuchtpilz und die gewöhnliche Ursache des leuchtenden Holzes".

[1004] Vgl. Schröter, Beobachtungen 1792, 184–190; der unterstrichene Hinweis auf die Erdatmosphäre ist L.s Zutat.

[1005] Der Absatz ausgeführt in GamN, 710. Die referierten Stellen sind Mitteilungen 1789, Hahn, Funken 1793 und Schröter, Lichtsprudel 1793. Bodes darauf bezügliche Vermutung, daß es sich um atmosphärische Erscheinungen handele, steht in einer Fußnote zu letzterem.

[1006] Tafel V in Schröter, Fragmente 1791.

[1007] Im ‚Taschencalender' (Lichtenberg, Neuigkeiten 1792, 114) steht „2ten Dec.", entsprechend Schröters Angabe in den ‚Selenotopographischen Fragmenten' (Schröter, Fragmente 1791, 443), aus denen L. in diesem Kalenderaufsatz referiert. So auch GamN, 706.

[1008] Die Angaben zu Hevelius folgen sämtlich der Darstellung LaLandes (Astronomie 1, 1771, 209 f.). Vgl. auch GamN, 710 f. Zu den genannten Schriften vgl. das Literaturverzeichnis.

[1009] Die „Literarischen Nachrichten" der genannten Nummer 163, die allerdings am 8. Dez. erschien, eröffnet der Bericht über die Einweihung des Hevelius-Denkmals (Nachricht 1790), der im nachfolgenden Absatz zusammengefaßt ist. Die Inschrift heißt übersetzt: „König Stanislaus August ließ dem Johannes Hevelius im Jahr des Herrn 1790 dieses Denkmal errichten."

[1010] „Mondsoberfläche, Schröter" lautet der Eintrag für diesen Tag in der Kurzübersicht über die Astronomievorlesung des Winters 1791/92 (NL VII F 1, 78v).

[1011] G. D. Cassini hatte die Kupfer zu seiner Mondkarte bereits 1692 stechen lassen, veröffentlicht wurde diese erst 1787 (vgl. LaLande, Astronomie 3, 1792, 309). L. widmet ihr eine längere Randnotiz in seinem Handexemplar der vierten Aufl. des Kompendiums (ErxH, 687 f.), die in der fünften dann gedruckt wurde. Vgl. auch GamN, 711.

[1012] Mit den Vertiefungen sind offensichtlich die Krater gemeint (vgl. 260,18–19 und die zugehörige Anm.). Zu welchen diesbezüglichen Erklärungen er einen Globus heranzog, ist unklar; vielleicht erläuterte er, wie man aus dem Schattenverlauf auf Existenz und Form der Täler geschlossen hatte. Daß er dazu schon einen Mondglobus benutzt hat, ist wohl auszuschließen; denn Benzenberg notiert noch aus L.s Vorlesung von Winter 1797/98 (BenA, 90): „Die Stiche zu den Meierschen Mond Globus Karten sind zwar angefangen aber nicht vollendet worden und die Welt verliert nicht viel dran weil Sie wahre Sudeleien waren, und die über alle Vorstellung schönen Original-Zeichnungen des großen Meyers würden beschimpft haben. Man soll jetzt in England MondGloben zu verfertigen angefangen haben". Letzteres korrespondiert einer Notiz L.s in den Exzerpten, die er aus dem zweiten Band von Hindenburgs ‚Archiv der reinen und angewandten Mathematik' (Russel, Proposals 1796) gezogen hat (EP, 172). Weitere Notizen zu Mondgloben von etwa 1783 finden sich am Anfang des Exzerptenbuches (EP, 3).

[1013] Über die beiden Berge und ihre Höhen vgl. Schröter, Fragmente 1791, 127–142, dessen „wenigstens 25000 Par. Fuß" L. in Toisen angibt. Bezüglich der Differenz zur Meile s. auch 255,26–28.

[1014] Vgl. Schröter, Fragmente 1791, 165–167.

[1015] Darin steht Lichtenberg, Betrachtungen 1781, die erweiterte Fassung des 4. Abschnitts aus dem Taschenkalenderaufsatz von 1779 „Über das Weltgebäude". Zu den darin betrachteten Vertiefungen vgl. 119,16–24.

[1016] Vgl. dazu 53,20–54,13.

[1017] Vgl. Sudelbuch D 721: „Die Watte müssen den Mondbürgern bei der Ebbe anders Aus sehen als bei der Fluth."

[1018] „Die Phänomene der Ebbe und Flut, die dort auffallender erscheinen als an wenigen Orten, vielleicht keinem in Europa", zählt L. (SB 3, 99) in dem Aufsatz „Warum hat Deutschland noch kein großes öffentliches Seebad?" zu den Vorzügen der Region zwischen Weser und Elbe. Und er illustriert das Ausmaß der Erscheinung, indem er in Anspielung auf den Auszug der Israeliten aus Ägypten (AT Ex. 13,17–14,31) fortfährt (ebd.): „Zwischen Ritzbüttel und dem Neuen Werk könnte noch heute einem verfolgenden Heere begegnen, was Pharao mit dem seinigen begegnete." Ritzebüttel war ein Außenposten Hamburgs an der Stelle des heutigen Cuxhaven am linken Ufer der Elbemündung, Neuwerk ist eine vorgelagerte Insel.

[1019] Vgl. Hevelius, Selenographia 1647, 266.

[1020] Vermutlich zur überschlägigen Berechnung der Höhe eines Berges auf der Erde (Erddurchmesser = 1720 Meilen), der verhältnismäßig ebenso hoch wäre wie die Hevelschen Mondberge. Allerdings müßte das Ergebnis noch durch 2 dividiert werden, da Hevelius das Verhältnis zum Radius betrachtet.

[1021] Eigentlich $232{,}5 \cdot 3807 : 344 \approx 2573{,}0$.

[1022] Vgl. Galileis Betrachtung über die Höhe der Berge auf dem Mond im ‚Sternenboten' (Galilei, Nuncius 1610, Bl. 13r–14r).

[1023] Eigentlich $232{,}5 \cdot 3807 : 200 \approx 4425{,}6$.

[1024] Zur Höhe der Mondberge vgl. auch Schröter, Beyträge 1, 1788, 230–236.

[1025] Vgl. dazu L.s Betrachtungen im GTC von 1792 (Lichtenberg, Neuigkeiten 1792, 96–98) über die geringere Schwere auf dem Mond und die möglichen Folgen bei der Entstehung von Gebirgen.

[1026] Vgl. Schröter, Beyträge 1, 1788, 238.

[1027] Vgl. dazu 255,29–257,12 und die zugehörigen Anm. Während die Mannheimer Beobachtungen in dem dort exzerpierten Aufsatz Bodes ebenfalls erwähnt werden (Bode, Lichtpunkte 1792, 112), hat L. von Zachs Beobachtungen in Gotha wahrscheinlich durch eine Notiz im ‚Magazin für das Neueste aus der Physik und Naturgeschichte' erfahren, auf die er am Rande seines Exemplars der vierten Erxleben-Aufl. hinweist (ErxH, 689). Nachrichten über entsprechende Beobachtungen in Dresden, von wo in der fraglichen Zeit Johann Gottfried Köhler Daten für das astronomische Jahrbuch an Bode meldete, konnten nicht ermittelt werden.

[1028] L. hatte vermutlich aufgrund eines Subtraktionsfehlers bei der schriftlichen Division von 1 durch 13 das falsche Ergebnis 0,7615 und demzufolge als Winkel 4° 21′ und als Sekante 1,002889 erhalten (vgl. den textkritischen Apparat), was sich wegen der Rundung zu 1,0029 allerdings nicht weiter auswirkte.

[1029] Gemeint wohl entweder das große 40-füßige (vgl. 218,10–16) oder das vom König dem Göttinger Observatorium geschenkte. Letzteres hatte L. bereits in den Vorlesungen über Experimentalphysik im Sommer 1785 angekündigt, Herschel im Juli 1786 selbst in Göttingen aufgestellt (VNat 4, 64 Z. 10 f.).

[1030] Um den Mond, insb. die ‚Selenotopographischen Fragmente' geht es in Bw 3, Nr. 1716 (4.6.90); Nr. 1853 (8.?4.91) [nicht erh.]; Nr. 1953 (3.11.91). Angesichts der nachfolgenden Zeilen ist wohl am ehesten an den nicht erhaltenen, sondern nur im Tagebuch (Tgbr, 13.4.1791) erwähnten „Brief von HE. Oberamtm. Schröter mit der *Mond*Charte" (Nr. 1853) zu denken.

[1031] Mayer hatte bereits in seiner Zeit als Kartograph in Nürnberg das Projekt eines Mondglobus verfolgt und eine Werbeschrift veröffentlicht (Mayer, Bericht 1750), die auch zwei der dazu angefertigten Zeichnungen als Muster enthielt. Sie gehören zu einer Serie von insgesamt 40 Detailzeichnungen, auf deren Grundlage Mayer mindestens drei Gesamtansichten des Mondes von etwa 20 cm bzw. 40 cm Durchmesser zeichnete. Die größeren von ihnen dienten wiederum der Herstellung der Segmente (geplant waren je 6 nördliche und südliche) für den Globus, von denen Mayer nur acht fertigstellte, bis der Plan Mitte der 50er Jahre aufgegeben wurde (vgl. Roth, Mondkarten 1993, 9–15). Im Druck veröffentlicht wurde – abgesehen von den Proben – zuerst die kleine Karte, die L. von Kaltenhofer für die von ihm betreute Ausgabe der ‚Opera inedita' Mayers hatte stechen lassen (zu späteren Drucken aufgrund der Mayerschen Zeichnungen vgl. ebd., 57–59). Während L. 1773 sein Angebot, die ‚Opera inedita' aus Mayers Nachlaß herauszugeben, offensichtlich ohne vollständige Kenntnis von dessen mondkartographischen Bemühungen gemacht hatte (vgl. Bw 1, Nr. 163 [240]), konnte er zur Zeit der Abfassung dieser Notizen scheinbar umfassender darüber berichten. In den Nachschriften findet sich bei Benzenberg ein entsprechender Hinweis (vgl. das Zitat in Anm. 1012).

1032 „Zum Beschluß dieses Artikels," schreibt L. in dem „Neuigkeiten vom Himmel" überschriebenen Kalenderaufsatz (Lichtenberg, Neuigkeiten 1793, 90 f.) „erwähnen wir noch das, was Hr. Oberamtm. *Schröter* über die Atmosphäre der Venus so wohl als des Mondes neues entdeckt hat. Er hat hierüber der hies. Königl. Societät zwey Aufsätze vorgelegt, aus denen Hr. Hofr. *Kästner* in den hiesigen gelehrt. Anzeigen 1792. St. 77 und 86 Auszüge geliefert hat, auf die wir hier aus Mangel des Raums nothwendig verweisen müssen." Es folgen in knappster Form Schröters Schlüsse über die Venus- und die hier fast wörtlich wiedergegebenen über die Mondatmosphäre. Die Details der Rechnung finden sich in Schröters Aufsatz in den Philosophical Transactions (Schröter, Observations 1792, 346 f.). Der Wert von 234 Meilen für den Mondradius weicht von dem sonst üblichen von 232,5 Meilen ab, was L. wohl auch zur Ergänzung der nachfolgenden Zeile veranlaßt.

1033 Vgl. Schröter, Beobachtungen 1795, 218.

1034 D. i. Schröter, Beobachtungen 1789. Der nachfolgende Text ist ein Exzerpt aus diesem Buch unter Auslassung des zweiten Abschnitts „über die dunkeln Sonnenflecken".

1035 Vgl. die Sudelbuchnotizen J 433 und J 860. Die Originalstelle nicht ermittelt.

1036 Es heißt an der von L. angegebenen Stelle (Schröter, Beobachtungen 1789, 5), „daß selbst die Cassinischen Werkzeuge, welche gleichwohl die besten ihrer Zeit waren, die Sonnenkugel nicht convex, sondern blos als einen platten Teller oder Scheibe zeigten". Das Zitat aus der ‚Histoire de l'Académie Royale des Sciences' von 1701, das Schröter hier als Beleg anführt, ist nicht namentlich gezeichnet, doch enthalten der gleiche Band sowie auch eine Reihe von Folgebänden Abhandlungen über Sonnenflecken von Jacques Cassini, der also hier gemeint sein dürfte.

1037 Ebd., 60: „Allein die Sonne giebt uns durch das Teleskop weiter nichts als ihr natürliches Bild […]; in einem Gemählde aber würkt oft ein kleiner Punkt, ein kleiner Schatten einen Prospect, daß wir das, was doch alles in gleicher Fläche gemahlt ist, in einiger Entfernung würklich als Berg und Thal sehen, und es ist bey der Sonne nicht eben der Fall, wie bey dem Monde, wo wir aus den veränderlichen regelmässigen Schatten mit mathematischer Gewißheit folgern können, daß das, was wir deutlich als Berg sehen, auch würklich ein Berg sey".

1038 Schröter gibt im hier exzerpierten Absatz Huygens' ‚Kosmotheoros' (vgl. Huygens, Κοσμοθέωρος 1698, 126) sowie §. 3126 von LaLandes Astronomie (= LaLande, Astronomie 3, 1771, 387) als Quellen an.

1039 In §. 43 präsentiert Schröter (ebd., 55 f.) seine Hypothese einer Sonnenatmosphäre, „die einer zufällig und unregelmäßig abwechselnden, scheinbar nebelartigen Verdickung und Wiederaufheiterung fähig" sei, und schließt aus seinen Beobachtungen, daß „die *meisten* dunkeln Flecken […] nichts weiter als atmosphärische Ereignisse seyn mögen". Von Mairan und dem Zodiakallicht ist dabei keine Rede; vgl. aber unten 266,11.

1040 So nicht bei Schröter (ebd., 67 f.). Zwar sind an dieser Stelle das Zodiakallicht und die Stelle in Mairans Schrift über das Nordlicht, der die Aussage zu entnehmen ist (Mairan, Abhandlung 1753, 250 f), erwähnt. Doch kannte L. sie sicher unabhängig davon; vgl. Kapitel XIII, 486,27–30.

1041 Schröter, Beobachtungen 1789, 68; G. D. Cassini, Découverte 1730, 143 f.; Mairan, Abhandlung 1753, 250.

1042 Schröter (Beobachtungen 1789, 69 f.) führt das Zodiakallicht hier als Beispiel für eine der Erscheinungen an, die sich „faßlich und ohne unnatürlichen Zwang" aus der hypothetischen Sonnenatmosphäre erklären lassen. „Fast niemand", so schreibt er unter Berufung auf LaLande (Astronomie 1, 1771, 335), „zweifelt mehr daran, daß dieser lichte, der Milchstraße nicht unähnliche Schimmer die Atmosphäre der Sonne selbst sey."

1043 Eine „Vergleichung der Tage des neu-französischen Kalenders mit dem Gregorianischen, für das Fünfte laufende Jahr der Republik" bietet L. seinen Lesern im GTC 1797 (198–206), nicht ohne im Titel zu kommentieren: „Ein nöthiger Mode-Artikel."

1044 Dazu heißt es in der Publikation, mit der das Dekret über die Einführung des Revolutionskalenders verbreitet werden sollte (Calendrier 1795, 55): „tous les quatre ans, au terme de l'année bissextile, le *sextidi* ou sixième jour des *Sansculottides*, des jeux nationaux seront célébrés. Cette époque d'un jour sera par excellence nommée la *Sansculottide*, et c'est assurément le nom le plus analogue au rassemblement des diverses portions du Peuple Français, qui viendront de toutes les parties de la République célébrer à cette époque la liberté, l'égalité, cimenter dans leurs embrassemens la fraternité française, et jurer, au nom de tous, sur l'autel de la Patrie, de vivre et de mourir libres et en braves *Sans-Culottes*." (Dt.: „Alle vier Jahre, am Ende des Schaltjahrs, werden am Sextidi oder sechsten Tag der Sansculottiden die Nationalspiele gefeiert werden. Dieser Tag wird recht eigentlich ‚la Sansculottide' heißen, und es handelt sich hierbei gewiss um die treffendste Bezeichnung für die Zusammenkunft der verschiedenen Teile des französischen Volkes. Diese werden aus allen Teilen der Republik kommen, um in dieser Zeit die Freiheit und die Gleichheit zu feiern, mit ihren Umarmungen die französische Brüderlichkeit zu festigen und im Namen aller auf dem Altar des Vaterlandes zu schwören, als tapfere Sansculotten zu leben und zu sterben.")

1045 Diese Endung etwa auch im ‚Gentleman's Magazine', wo die Protokolle der Sitzungen des Nationalkonvents in Übersetzung abgedruckt sind (vgl. Minutes 1793, 1043). Später setzte sich die Endung auf -ôse durch, die L. im Kalenderaufsatz auch verwendet (Lichtenberg, Vergleichung 1797, 201 f.). Dort sind auch, anders als hier, Pluviôse und Ventôse in der richtigen Reihenfolge aufgeführt, eine Korrektur, die in der von Gamauf gehörten Vorlesung anscheinend noch auf sich warten ließ (vgl. GamN, 740).

1046 In späteren Jahren meist Thermidor, so auch bei Lichtenberg (Vergleichung 1797, 205).

1047 Zu dieser Tabelle vgl. 132,21–31.

1048 Vgl. dazu 270,4–15 und insb. Anm. 1057.

1049 D. i. Dreisatz.

1050 Obwohl er es gerade angekündigt hat, befolgt L. doch die von Fischer vorgeschlagene Unterscheidung zwischen Sternzeit und tempus primi mobilis (vgl. Anm. 454) hier nicht. Er berechnet nämlich die Differenzen zwischen dem mittleren Sonnentag und dem dies primi mobilis auf der Grundlage der tropischen und nicht der siderischen Jahreslänge, wie es der kurz zuvor (268,3–7) angegebenen Definition entspräche.

1051 Vgl. dazu GamN, 742, wo der mittlere täglich zurückgelegte Bogen auf Tertien genau angegeben wird (aufgrund eines fehlerhaften Logarithmus etwas zu groß), woraus sich eine geringfügig andere Tageslänge ergibt.

1052 Versehentlich statt 360 59′ 8″ : 360.

1053 Vgl. dazu 142,11–17 sowie die zugehörige Anm. In der darin zitierten Erläuterung des Zeitbegriffes im ersten Buch der ‚Principia' taucht der Begriff ‚mean time' nicht auf. Auch sonst konnte keine Stelle ermittelt werden, an der in Bezug auf den jährlichen Umlauf der Erde davon gesprochen würde. Hingegen gebraucht Newton (Principles 2, 1729, 248 f.) die ‚mean motion of the Sun' als Vergleichsmaßstab für die Ganggenauigkeit einer Uhr, was der Sache nach einer ‚mean time' äquivalent ist.

1054 Vgl. 138,12–24; L. denkt hier offensichtlich an eine *wahre* Sternzeit, die durch einen beliebigen, aber festgelegten Stern bestimmt wird.

1055 Vgl. LaLande, Beobachtungen 1795, 198.

1056 Die Zeit zwischen zwei Kulminationen des Frühlingspunktes (0♈) ist kürzer als diejenige zwischen zwei Kulminationen eines Fixsterns. Man beachte, daß L. mit dieser Differenzierung zwar Fischers Vorbild (vgl. Anm. 454) folgt, aber nicht dessen Terminologie übernimmt, nach der L.s „erster Sternen Tag" als *dies primi mobilis*, sein „letzte Sternen Tag" einfach als *Sterntag* bezeichnet wird.

[1057] Von den beiden angegebenen Tageslängen stammt nur die letztgenannte von Fischer (Sternzeit 1795, 117), der sie aufgrund des traditionellen LaLandeschen Wertes für die Länge des tropischen Jahres (vgl. z. B. 132,27) berechnet. Die erstgenannte ist die gleiche, die L. sonst als Länge des dies primi mobilis angibt, die aber ebenfalls von der Länge des tropischen Jahres abgeleitet ist (vgl. z. B. 269,15–21), wobei anzumerken ist, daß L. denselben Wert erhalten hätte, wenn er die Länge des siderischen Jahres verwendet hätte. Der trotz der minimalen Differenz zwischen den beiden Jahreslängen relativ große Unterschied der resultierenden Tageslängen ist ein Artefakt, das darauf zurückzuführen ist, daß bei L.s Wert die Dezimalstellen durch Umrechnung von Tertien in Dezimalteile von Sekunden erzeugt wurden, nachdem vor der Umrechnung vom Bogen- in das Zeitmaß die Tertien bereits abgeschnitten worden waren. Daraus ergibt sich ein Fehlerintervall von einer fünfzehntel Sekunde. Beide Werte, nach Fischers Methode berechnet, würden sich um weniger als 0,001 Sekunden unterscheiden, wie dieser auch (ebd.) in einer Fußnote vermerkt. Dagegen hätte die Berechnung der Dauer des auf die Fixsterne bezogenen Tages nach derselben Methode eine kleine Differenz von ca. 0,01 Sekunden ergeben.

[1058] Angesichts des üblichen Vorlesungsprogramms, wie es uns in allen erhaltenen Aufzeichnungen, sowohl L.s eigenen als auch denen seiner Hörer, entgegentritt, verwundert die Nähe von Längenfindung (mit der ja nur die zur See gemeint sein kann) und der Erläuterung des Planetensystems, so daß die Vermutung naheliegt, dieses Blatt könnte zu einem besonderen, leider unbekannten Zweck verfaßt worden sein. In der hier edierten Version (Text Nr. 7) werden zwischen beiden Themen der Mond und die Sonne nebst der Chronologie abgehandelt. Zur Längenfindung vgl. hauptsächlich 108,13–117,27.

[1059] So auch Gehler 3, 190. Bode (Erläuterung 1, 1778, 223) gibt für den größten bzw. kleinsten Abstand des Merkur von der Sonne 467 und 307 Tausendstel des mittleren Erdabstandes an, Kästner (Anfangsgründe 2.2, 1781, 240) 0,46670 bzw. 0,30750.

[1060] Vgl. Anm. 174.

[1061] Diese Notizen und Rechnungen von Bl. 34v betreffen die Berechnung der Umlaufszeit des Uranus in Jahren aus dem Wert in Tagen, wie er bei Gamauf (GamN, 754) überliefert ist: 30689 Tage, 18 Stunden und – hier nicht berücksichtigt – 14 Minuten. In Erx^5 und Erx^6 steht der Wert 30589,36 mit der Quellenangabe v. Zach. In GGA 1789, 1996 jedoch (vgl. auch Bw 3, Nr. 1703 [737]) wird er de Lambre zugeschrieben.

Nicht abgedruckt wurde eine zur Hydrostatik gehörende Rechnung, die sich fast wörtlich bei Gamauf (GamN, 173) unter der Überschrift „Gold und Kork“ findet.

[1062] D. s. Schröter, Umdrehung, Ref. Kästner 1792, und Kästner, Anfangsgründe 2.2, 1792, XI f.; vgl. 152,3–10, wo L. keine Quelle nennt.

1063 Schröter, Atmosphäre, Ref. Kästner 1792; vgl. oben 152,10–11, wo L. andere Schriften Schröters anführt.

1064 Vgl. Bugge, Gestalt 1793, 96 f., der hierfür den aus Newtons ‚Principia' abgeleiteten Satz anführt, daß beim Vergleich von zwei Planeten der Satz gilt: „die Quadrate der Rotationszeiten stehen im zusammengesetzten Verhältnisse der Applattungen und Dichtigkeiten". Er erhält unter der Voraussetzung der Abplattungen von 1 : 306 für die Erde und 1 : 13,5 für den Jupiter als Rotationsdauer des Jupiter 9 St. 55,5 Min., was mit der Beobachtung recht gut übereinstimmt. Vgl. auch oben, 156,25–157,5, sowie Text Nr. 54 (277,2–4).

1065 Vermutlich Schröter, Observations 1795.

1066 Schröter, Fragmente 1796.

1067 Dt. *Die Marsbewegung*; vgl. Anm. 513.

1068 D. i. Erx[6], 602.

1069 Zu den Angaben für Saturn vgl. 157,12–16 sowie 150,9–10 in Klügels Tabelle.

1070 Noch vor Erscheinen des Bandes der ‚Philosophical Transactions', in dem der einschlägige Artikel publiziert wurde (Herschel, Rotation 1794), hatte Wattenbach im Juni 1794 diesen Wert aus London mitgeteilt (vgl. Bw 4, Nr. 2394 [285]). L. ergänzte daraufhin umgehend den Zusatz zum genannten Paragraphen des Erxleben (Erx[6], 617), der gerade im Druck war, und rückte auch in den Taschenkalender für 1795 unter der Rubrik „Neue Entdeckungen, physicalische und andere Merkwürdigkeiten" eine Meldung ein (vgl. Lichtenberg, Entdeckungen 1795, 186).

1071 Von Herschel waren in diesem Band zwei den Saturn betreffende Arbeiten erschienen, die über den „quintuple belt" (Herschel, Observations 1794) und die in der vorhergehenden Anm. genannte über die Rotationsperiode. Sollte L. sich hier tatsächlich nur auf eine beziehen, so ist es sicher die erstgenannnte; denn von ihr hatte er durch Wattenbachs Brief nichts erfahren. Und so konnte er von den fünf Streifen auch im Erxleben noch nicht berichten.

1072 Mitgeteilt in Herschel, Ring 1792, 13–17.

1073 Vgl. oben 152,17–19; abgesehen davon, daß L. versehentlich Durch- statt Halbmesser schreibt und Kästner die zweite Nachkommastelle abgeschnitten hat, entspricht der Wert für die Höhe der Berge dem in den GGA (Schröter, Nachträge, Ref. Kästner 1790, 1116 f.) angegebenen von $\frac{25}{5000}$ des Venushalbmessers. Später maß Schröter noch größere Höhen, die L. ebenfalls in der Vorlesung berücksichtigte (152,13–14).

1074 L. meint den Inspektor am Dresdner Mathematisch-Physikalischen Salon Johann Gottfried *Köhler*, dessen kurze Notiz „Ueber den Venustrabanten" an der genannten Stelle erschienen war.

1075 Dieser Text betrifft die anläßlich des Todes Wargentins von der Schwedischen Akademie herausgegebene Medaille, deren Erklärung L. in den GGA veröffentlichte (Lichtenberg, Bericht 1785, 350 f.).

Die Rückseite zeigt demnach Jupiter mit seinen Trabanten auf seinem Bahnabschnitt zwischen den Zeichen Wassermann (re.) und Fische (li.). L. bemerkt dazu: „Das Schöne in diesen Gedanken ist, daß gerade dieses die Stellung der genannten Himmelskörper am 13. December 1783 als am Sterbetage ihres großen Beobachters war." Vgl. auch GamN, 748 f.

Die lateinischen Zeilen lauten in deutscher Übersetzung etwa folgendermaßen: 1. „Peter Wargentin, Träger des Nordstern-Ordens"; 2. „geprägt hat sie C. G. Fehrman"; 3. „Nun beschäftigt er sich mit erhabeneren Dingen." 4. „ihrem sehr verdienten Sekretär über 34 Jahre hin; die Königliche Akademie der Wissenschaften zu Stockholm."

1076 Am Ende der von ihm selbst herausgegebenen ‚Neueren Beyträge zur Erweiterung der Sternkunde' ließ Schröter unter der Überschrift „Miscellen" 6 kleine Abhandlungen drucken, deren erster (Schröter, Bemerkungen 1798) die angegebenen Daten entnommen sind. Im Taschenkalender für 1799 teilt L. seinen Lesern den neuen Wert für die Rotationsdauer mit (vgl. Lichtenberg, Neuigkeiten 1799, 128).

1077 Zusammenhang fraglich; vielleicht eine Notiz im Hinblick auf den Taschenkalender, in dem L. die voranstehenden Werte Schröters mitteilte.

1078 Richtig § 637 (vgl. ErxH, 692), ab der fünften Aufl. § 637.a, da L. für die Uranustrabanten einen zusätzlichen § 637.b einfügte. Zur Rotation des fünften Trabanten vgl. 275,18–19.

1079 Brühl hatte Bode in zwei Briefen über Herschels Entdeckungen informiert. Den veröffentlichten Auszügen daraus (Brühl, Nachricht 1793, 113 f.) hat L., abgesehen von dem Hinweis auf die schon 1787 gehegte Vermutung (sie ist mitgeteilt in Herschel, Account 1790, 10), die hier notierten Details entnommen.

1080 Jahrbuch 1793, Tafel II.

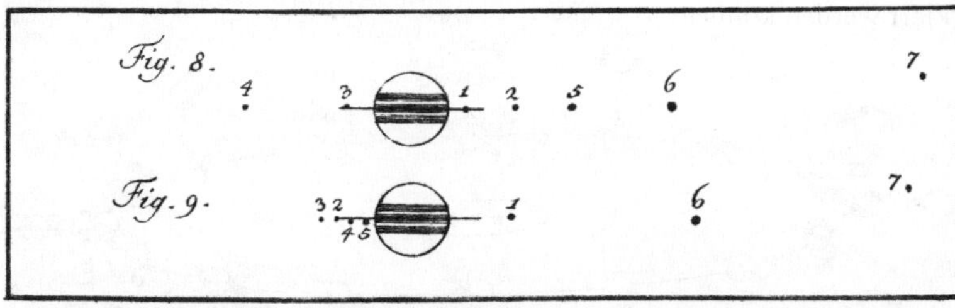

1081 Erx[6], 616 f., steht ein umfangreicher Zusatz zum § 637.a über Herschels neue den Saturn betreffende Erkenntnisse.

1082 Huygens, Systema 1659. L. besaß das Werk selbst (= BL 289) und

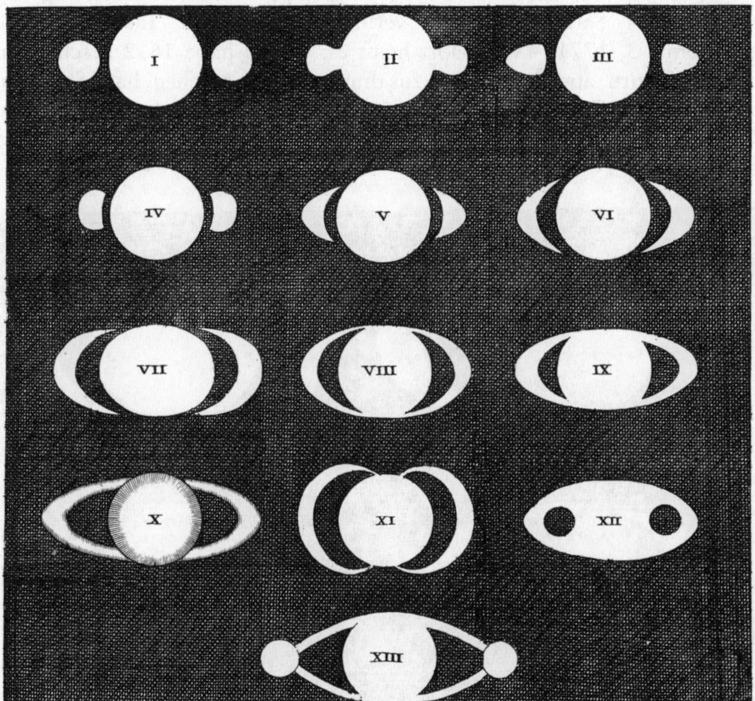

zeigte vermutlich einerseits die Abb. mit den unterschiedlichen falschen Vorstellungen (s. o.) und andererseits diejenige, mit der Huygens demonstriert, daß mit der Annahme eines Rings die verschiedenen Erscheinungen erklärt werden können:

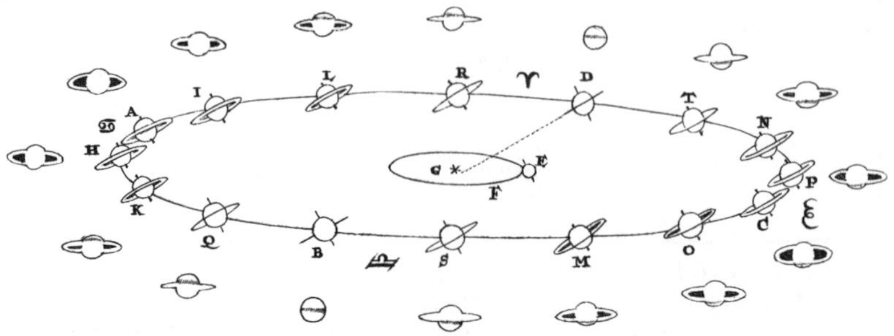

[1083] Vorlage für L.s historische Bemerkungen über Beobachtung und Deutung des Saturnrings war vermutlich in erster Linie LaLande, Astronomie 3, 1771, 439 f. Dort heißt es, Galilei habe 1612 geschrieben, „daß er Saturn aus drei Teilen zusammengesetzt gesehen hat, *Saturnum triformem*“, und Gassendi habe 1643 erklärt, „daß ihm Saturn von zwei kleinen Kugeln begleitet erschien, die ebenso weiß waren wie der Körper

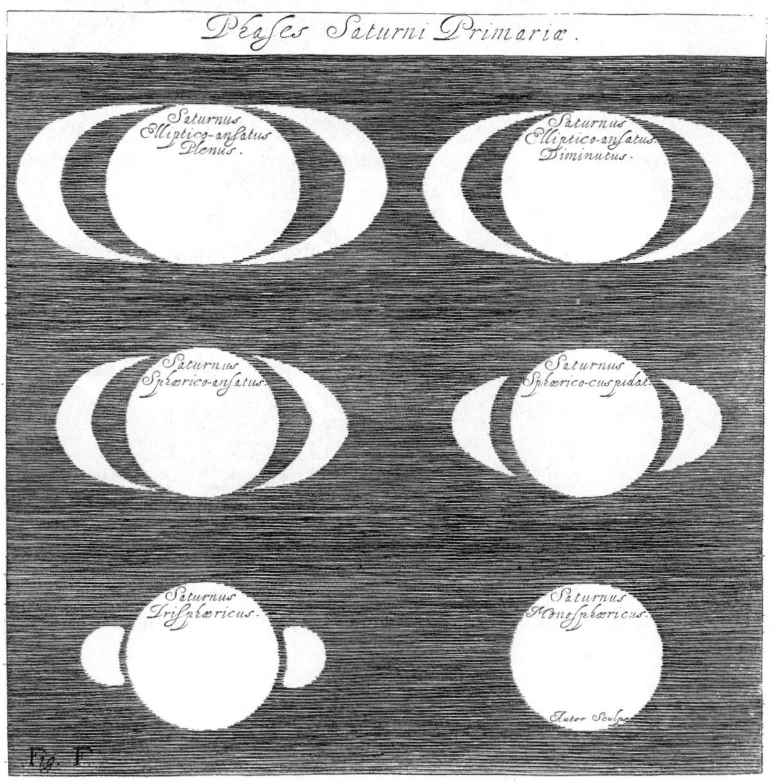

des Saturn selbst". Quellen für diese Aussagen sind nicht angegeben. Hevelius habe, so schreibt LaLande (ebd., 440) weiter, an der genannten Stelle (Hevelius, Selenographia 1647, 44) „förmlich gesagt, daß er nichts von diesen beiden Armen des Saturn versteht". Es heißt aber dort tatsächlich lediglich: „Welcher Art aber diese beiden Saturnärmchen ähnelnden Körper sind [...], kann ich für dieses Mal noch nicht entscheiden." Auch die sechs Saturnphasen aus Hevelius' ‚Dissertatio de nativa Saturni facie' konnte L. bei LaLande entnehmen. Zur Veranschaulichung der wenig aussagekräftigen Übersetzung der lateinischen Begriffe – sie bedeuten soviel wie „einkugelig, dreikugelig, kugelig-gespitzt, kugelig-gehenkelt, vermindert elliptisch-gehenkelt, voll elliptisch-gehenkelt" – möge die vorstehende Abb. aus dem Werk dienen (Hevelius, Dissertatio 1656, Fig. F; man beachte die bei L. umgekehrte Reihenfolge).

Roberval hat seine Ausdünstungstheorie anscheinend nicht im Druck veröffentlicht. Auf der Grundlage persönlicher Mitteilung erläutert sie Huygens (Systema 1659, 41 f.).

1084 Vgl. wiederum LaLande, Astronomie 3, 1771, 441, wo Cassinis Entdeckung allerdings nicht datiert wird. Tatsächlich hatte der ältere Cassini bereits 1676 seine ersten Beobachtungen aus dem Jahre 1675 H. Oldenburg, dem Sekretär der Royal Society, mitgeteilt, der sie im gleichen Jahr in den ‚Philosophical Transactions' abdrucken ließ. Demgemäß galt Cassini fortan als Entdecker des Phänomens, das nach ihm als Cassinische Teilung bezeichnet wird. Vgl. aber neuerdings Oberschelp/Oberschelp, Cassini 2007, wonach Giuseppe Campani, Instrumentenbauer in Rom, den Ring bereits 1664 zweigeteilt gesehen hatte. Bezüglich Shorts beruft sich LaLande auf eine private Mitteilung.

1085 Herschel, Beobachtungen 1793, 240.

1086 Klügel, Anfangsgründe 1793, 50.

1087 Vgl. 281,10–13 und die zugehörige Anm. Auch nach der Lektüre von Klügel, der sich selbstverständlich ebenfalls auf Herschel beruft, ergänzt L. hier noch seinen eigenen, so fehlerhaft berechneten Wert. Ja, er diktierte ihn offensichtlich auch weiterhin seinen Hörern, wie die erhaltenen Nachschriften zeigen (GamN, 751; BenA, 97), während er gleichzeitig in der sechsten Aufl. des Erxleben (Erx^{6}, 617) den Herschelschen Wert abdrucken ließ: „10 St. 32′, 15,4 Sec."

1088 „Wenn", schreibt Kant an der genannten Stelle (Schreiben 1794, 257), „was ich vor kurzem in einer politischen Zeitung las, daß nemlich Herr *Herschel* eine Umdrehung des Ringes in 10 St. 22′ 15″ entdeckt habe [vgl. dazu 281,13], von dem Theile desselben, der dem inwendigen Rande am nächsten ist, zu verstehen ist, so möchte es das, was ich vor 35 Jahren, in meiner *allgemeinen Naturgeschichte und Theorie des Himmels* annahm, nemlich, daß sich die Theile des Ringes durch Kreisbewegung, nach Centralgesetzen (die ich Seite 87 für die des innern Randes auf 10 Stunden Umlaufszeit berechnete) freischwebend erhalten, bestätigen."

[1089] Korrekte Rechnung vorausgesetzt, hat L. auch hier den wahrscheinlich von ihm selbst errechneten und von Herschels Ergebnis abweichenden Wert für die Rotationsdauer des Rings (vgl. 281,11–13) verwendet. Da der Saturndurchmesser etwa 10 Erddurchmessern entspricht, ergibt sich aus dem angegebenen Größenverhältnis von Ring zu Saturn ein Ringumfang von 126000 deutschen Meilen und dies multipliziert mit dem Verhältnis der Rotationsdauern, 24 St. : 11 St. 15 Min., ergibt fast genau die genannten 270000 Meilen. Vgl. aber oben, 158,28–159,2, wo er diesen Wert als zu einer Rotationsdauer von 10,5 St. gehörig darstellt.

[1090] Zu Neigung gegen die Ekliptik und Lage der Knoten vgl. Bode, Erläuterung 1, 1778, 282 f. Die Neigung gegen die Saturnbahn wird in den sog. Berliner Tafeln zwar nur für die Bahnen der Trabanten angegeben (Sammlung 1, 1776, 14 f.). Da viele von ihnen jedoch in der Ebene des Rings umlaufen, ergibt sich daraus dessen Neigung gegen die Saturnbahn.

[1091] Zum ersten Wert vgl. Anm. 1103, der zweite wird besipielsweise in den sog. Berliner Tafeln angegeben (Sammlung 1, 1776, 8).

[1092] Vgl. GamN, 751, wo es einleitend zu einer Variante der obigen Tabelle heißt: „Man hat ein eigenes Modell, um die Abstände und die Breiten der Ringe des Saturns darzustellen.“ Der Wert für den scheinbaren Halbmesser in der mittleren Entfernung der Erde von der Sonne ergibt sich aus dem der Erde (Sammlung 1, 1776, 9), multipliziert mit dem Größenverhältnis Saturn zu Erde. Die übrigen Zahlen folgen mit dem Verhältnis des äußeren Ringdurchmessers zum Saturndurchmesser von 7 : 3 aus Herschels unten (281,1–8) aufgeführten Meßwerten. Die Normierung der scheinbaren Größe auf den mittleren Erdabstand von der Sonne dient der Anfertigung von Planetenmodellen im korrekten Größenverhältnis.

[1093] Der Saturn ist im Mittel etwa 9,5 mal so weit von der Sonne entfernt wie die Erde. Da 85 der normierte scheinbare Saturnradius ist (vgl. die vorhergehende Anm.), entsprechen also die hier nicht ausgerchneten Verhältnisse 170 : 19 und 340 : 19 dem ungefähren von der Sonne aus gesehenen Erdradius bzw. -durchmesser.

[1094] Herschel (Ring 1792, 4) leitet die Vorlage für diese Tabelle mit folgenden Worten ein: „The dimension of the two rings and the intermediate space are nearly in the following proportion to each other.“ Am 19. März 1792, noch vor Erscheinen des Aufsatzes in den ‚Philosophical Transactions‘, wurde sie gemäß einem Schreiben Seyffers aus London in den GGA abgedruckt, denen L. sie offenbar, samt der anschließenden Zeile über die Rotation des fünften Saturnmonds, entnommen hat (vgl. dazu auch Kästner, Anfangsgründe 2.2, 1792, XIII). Bei nächster Gelegenheit teilte er sie dann den Lesern des Taschenkalenders mit: Lichtenberg, Neuigkeiten 1793, 81–83.

[1095] Angesichts der genannten Beobachtungsperiode muß mit „Herschels Abhandlung“ das im Juni 1790 bei der Royal Society vorgetragene „On the Satellites of the Planet Saturn, and the Rotation of its Ring on an Axis“ gemeint sein. Als Quelle für die Zahlenwerte ist jedoch Herschels einschlägiger Aufsatz von 1792 zu betrachten, in dem er unter Hinweis auf in der älteren Arbeit mitgeteilte Beobachtungen von einem Flecken auf dem Ring berichtet (Herschel, Ring 1792, 6), „which has been observed to revolve with great regularity through upwards of 300 periods, between the 28th of July and 24th of December, 1789". Abgesehen davon, daß L. daraus genau 300 Revolutionen macht, unterläuft ihm (oder seinem unbekannten Gewährsmann) auch noch ein Fehler bei der Umrechnung der Tage in Stunden. Denn das Resultat für die Umlaufszeit ergibt sich als Quotient von 3376 Stunden durch 300; 149 Tage entsprechen aber 3576 Stunden. Den am Rand des Kompendiums (ErxH, 693 Z. 15) nach dem Hinweis auf die Originalarbeit von 1790 festgehaltenen Vorsatz „Muß ja gelesen werden." hatte er scheinbar noch nicht in die Tat umgesetzt. Herschels darin veröffentlichten Wert zitiert er (279,5) nach Klügel.

1096 In welcher Zeitung L. den als zweiten genannten Wert gelesen hat, steht ErxH, 693 Z. 3–7: „Franckf. Ristretto 120tem Stück 1790". Darin heißt es mit Datum Samstag, den 31. Juli (S. 537): „Herschel hat kürzlich entdeckt, daß der merkwürdige Ring, welcher, bey 11000 Meilen von der Oberfläche des Saturns entfernt, diesen Planeten frey umschwebt, eine Axendrehung von 10 Stunden, 22 Minuten und 15 Sekunden hat."

1097 Vgl. Herschel, Beobachtungen 1793, 245 f.

1098 Vgl. Bugge, Gestalt 1793, 96.

1099 Vgl. Herschel, Beobachtungen 1793, 246.

1100 Das Ergebnis der Subtraktion ist falsch und deswegen auch der gefundene Winkel. Richtig wäre 9.6349527, was nach Vegas Tafeln, die L. benutzt haben könnte, in etwa einem Winkel von 64° 26′ entspricht (Vega, Tafeln 1783 [= BL 179], 287).

1101 Hier sind wohl die in GamN, 752, als „Spiel der Phantasie" apostrophierten Betrachtungen angesichts der Frage nach Natur und Entstehung des Saturnrings angesprochen (vgl. auch 158,23–25). Von „Einbildungskrafft", „Phantasie" oder „Träumen" spricht L. häufig im Zusammenhang mit naturwissenschaftlichen Hypothesen. Vgl. dazu seine Ausführungen im Vorlesungsmanuskript, 193,26–194,8.

1102 Bis hierher Exzerpt aus Herschel, Beobachtungen 1793, 240–242.

1103 Für die vorausgesetzten Größen des Saturn und seines Ringes vgl. Bode, Erläuterung 1, 1778, 279–281. Der Wert für den scheinbaren Durchmesser des Planeten von 20″ ist eine sehr grobe Mittelung zwischen den bei Bode angegebenen Werten für den kleinsten (15,5″) und den größten (20,5″) scheinbaren Durchmesser, wie L. an anderer Stelle selbst andeutet (279,18–19).

1104 Vgl. LaLande, Astronomie 3, 1771, 442–444. L. ersetzt lediglich LaLandes Angabe für die Lage der Knoten (5^s 20° und 11^s 20°) durch die auch sonst von ihm verwendeten Werte (279,13–14).

1105 Vgl. Bode, Bemerkungen 1798.

1106 Bezüglich des Uranus notiert L. für diesen Tag (Tgbr, 14.1.1792): „Abends auf den Uranus Jagd gemacht es wurde aber trüb "

[1107] Mit Stern meint L. hier offensichtlich den Uranus. Zum Verfahren insgesamt: Um den Uranus (die Methode ist selbstverständlich auch für andere lichtschwache Objekte geeignet) am Himmel aufzuspüren, ermittelt L. hier zunächst dessen Position im Äquatorialsystem (vgl. Anm. 722), vermutlich in dem von Bode in Berlin herausgegebenen ‚Astronomischen Jahrbuch'. Darin sind die entsprechenden Werte jeweils für den 1., 7., 13., 19., und 25. des Monats angegeben, so daß ggf. mit einer einfachen Interpolation die Position für das gewünschte Datum zu entnehmen war. Sodann galt es, einen am Himmel leicht zu identifizierenden Fixstern auszuwählen, der dem Uranus in der fraglichen Nacht mit etwa gleichgroßer Deklination vorauslief. Schließlich mußte L. nur noch sein Fernrohr so auf diesen Fixstern richten, daß nach der Seite hin, auf der er Uranus erwartete, genügend Platz blieb. Nach der errechneten Zeit sollte der Planet dann – klarer Himmel vorausgesetzt – im Gesichtsfeld auftauchen. (Vgl. Bw 2, Nr. 966 [426 f.], wo L. Schernhagen für den Sept. 1782 erklärt, wie er den neuen Planeten mit Hilfe von Mü Geminorum [μ ♊] finden kann.) Zur Auswahl des Sterns gab es in der von der Berliner Akademie herausgegebenen ‚Sammlung Astronomischer Tafeln' (Sammlung 1, 1776, 221–224) ein „Verzeichniß der vornehmsten Sterne, welche beynahe gleiche Abweichungen haben". Darin steht als erster Eintrag unter dem Wert 16° 30′ nördliche Abweichung der von L. hier verwendete Stern γ ♊, der dritthellste im Sternbild Zwillinge; die angegebenen Koordinaten stimmen mit denjenigen in Bodes Sternkatalog (Bode, Vorstellung 1782, 19) überein, der auf das Jahr 1780 berechnet ist. Als Variation hat L. offensichtlich einfach Bodes „Mittlere Bewegung der Fixsterne in der geraden Aufsteigung" verwendet, die in 12 Jahren etwa 9′ beträgt (ebd., 38), ohne die weiteren Faktoren in der von Bode angegebenen Formel zu berücksichtigen, die einen um etwa eine Zehnerpotenz geringeren Wert für die Variation und damit einen etwa eine halbe Minute größeren Zeitunterschied zwischen den beiden Durchgängen ergeben hätte. Zur Umrechnung vom Winkel- ins Zeitmaß vgl. 108,29–32 (L. rundet hier die 10 Winkelminuten entsprechenden 40 [Zeit-] Sek. zu einer Minute).

[1108] Zu den nachfolgenden Berechnungen im Zusammenhang mit L.s Versuchen, den Uranus zu beobachten, vgl. die vorhergehende Anm. Für den 15. März 1795 gibt es im Tagebuch keinen Hinweis auf astronomische Beobachtungen.

[1109] Mit α ♌ (Alpha Leonis, auch Regulus oder Cor Leonis [= Herz des Löwen]) konnte zur fraglichen Zeit einer der hellsten Fixsterne am Nachthimmel zum Aufsuchen des Uranus dienen (vgl. wiederum Sammlung 1, 1776, 221, für die Koordinaten Bode, Vorstellung 1782, 20). Der scheinbare Abstand entsprach nur etwa 6 Vollmonddurchmessern.

[1110] Differentia Ascensionum rectarum = Differenz der Rektaszensionen.

[1111] Dt.: „Die Differenz der Deklinationen = 52′, um die die Deklination von Alpha Leonis größer ist als die Deklination des Uranus."

1112 Dt.: „13 Min. 32 Sek. ist die Differenz der Rektaszensionen von Alpha Leonis und Uranus in Zeit ausgedrückt; um diese Zeit geht Alpha Leonis voraus.“ Zur Umrechnung vom Winkel- ins Zeitmaß vgl. 108,29–32.

1113 Im Tagebuch für diesen Tag die Eintragung „Uranus“ (Tgbr, 21.3.1795).

1114 Dt.: „57 Min. beträgt die Differenz in der Deklination, die von Alpha Leonis ist größer.“ Richtig wäre 47, der Unterschied also noch geringer als sechs Tage zuvor.

1115 Verkürzte Schreibweise; den 3° entsprechen 12 (Zeit-)Min., die zusätzliche halbe Minute ergibt sich durch Rundung aus den 32 Sekunden, in die die 8 Winkelminuten verwandelt sind.

1116 Maskelyne, Advertisement 1786.

1117 Halley (Synopsis 1705, 1897) meinte, die Wiederkehr des Kometen „zuversichtlich“ für 1758 voraussagen zu können („Unde ausim ejusdem reditum fidenter praedicere, anno scil. 1758“).

1118 Allerdings machte Halley (ebd., 1898) in diesem Zusammenhang die Einschränkung, daß sich aus den ungenauen Beobachtungen Apians keine einigermaßen sicheren Schlüsse ziehen ließen.

1119 Das trifft auf die Ausgabe von Halleys „Synopsis“ (1749) in den postumen „Tabulae“ zu, während die eigentliche zweite, in englischer Sprache erschienene Ausgabe (Synopsis 1715, 901) die Stelle noch enthält.

1120 Die erste Mitteilung über die Verzögerung der Wiederkehr des Kometen von 1682 hatte Clairaut auf einer Sitzung der Académie Royale am 14. Nov. 1758 gemacht; erst 1765 erschien in den Pariser „Mémoires“ für 1759 sein Aufsatz über die Umlaufzeit des Kometen (ders., Mémoire 1759). Vorher hatte Clairaut bereits seine „Théorie du Mouvement des Comètes“ (1760) veröffentlicht, die eine Anwendung auf die Bahn des Kometen von 1682 enthielt, und ihm war für seine „Recherches sur la Comete des Années 1531, 1607, 1682 et 1759“ im Jahr 1762 der Preis der Petersburger Akademie zuerkannt worden.

1121 Clairaut (Recherches 1762, 3) hatte vorausgesagt, „[...] que le resultat de ses calculs indiquoit que la Cométe attenduë alors depuis plus d’un an, devoit passer à son Perihélie vers le milieu d’Avril suivant; mais il mit en même tems cette restriction à son annonce, que les quantités negligées dans le calcul par la nature du Probléme, laissoient une incertitude qui pouvoit aller à un mois, difference qui s’étoit déja trouvée entre la Theorie et les Observations, quant à la comparaison des deux Periodes précédentes de la même Cométe. // La Cométe, ayant passé à son Perihélie vers le milieu de Mars a justifié l’annonce du Géometre qui l’avoit calculée, d’une maniere plus que suffisante pour donner de la confiance aux principes qu’il avoit employés, et pour confirmer l’universalité de la loi de l’Attraction.“

1122 Halley (Synopsis 1705, 1897) hatte festgestellt, daß die Bahndaten der Kometen von 1531, 1607 und 1682 weitgehend übereinstimmten, während Dauer der Umlaufzeit gewisse Veränderungen aufwies. Als Ursache nahm Halley ähnliche wechselseitige Einflüsse zwischen Himmelskörpern an, wie den des Jupiters auf den Umlauf des Saturns. – Die Umlaufzeit des Uranus beträgt ungefähr 84 Jahre.

[1123] Maskelyne (Advertisement 1786, 428) merkt zu der von ihm geäußerten Hoffnung auf die Ergebnisse der Pariser Preisfrage an, daß Méchain ihm in einem Brief mitgeteilt habe, es seien keine zufriedenstellenden Berechnungen der zwischen 1532 und 1661 und zwischen 1661 und der erwarteten Wiederkehr auf den Kometen wirkenden Störungen bei der Akademie eingegangen. Deshalb sei die Frist für die Lösung der Aufgabe bis Ostern 1788 erweitert worden. – Méchain erhielt 1785 einen Preis (für die 1782 von der Pariser Akademie gestellte Aufgabe) mit seiner Untersuchung der Bahnelemente der 1532 und 1661 beobachteten Kometen, aus der er folgerte, daß die Ungenauigkeit der Beobachtungen von 1532 nicht erlaube, diesen Kometen mit einiger Sicherheit mit demjenigen von 1661 zu identifizieren, vgl. unten S. 287,26–29. Diese Ansicht vertrat auch Olbers, vgl. unten S. 286,28. Im Gegensatz zu Méchain war Maskelyne (ebd., 429 f.) von der Identität überzeugt und erwartete, daß der Komet am 1. Jan. 1789 wieder sein Perihel erreichen würde. Schließlich (LaLande, Bibliographie 1802, 686. 689), nachdem der Komet 1789 nicht erschienen war, hatte auch keiner der drei 1790 beobachteten Kometen Bahnelemente, die mit denjenigen des Kometen von 1661 übereinstimmten. – Über das, was die englische Nation Makelyne verübelt hat, vgl. GamN, 763.

[1124] Pingré, Recherche 1789.

[1125] Bode, Bemerkungen 1790 (und Méchain, Elemente 1790).

[1126] Olbers, Cometen 1787.

[1127] S. 286,29–287,5 nach ebd., 430 f.

[1128] S. 287,8–288,14 n. Zach, Nachrichten 1788.

[1129] S. 287,12–17 fast wörtlich nach Zach, ebd., 759.

[1130] Mit Halleys „Auszug s. Cometographie“ ist dessen „Astronomiae Cometicae Synopsis“ (1705) gemeint; zu den Angaben in L.s Auszug vgl. Halley, ebd., 1897 f.

[1131] Und zwar (Zach, ebd., 759): „[…] in Rücksicht der Aehnlichkeit der Bahnen dieser beyden Kometen […].“

[1132] Vgl. Méchain, Recherches 1785, 395.

[1133] S. 288,11–12 vgl. Méchain (ebd., 393 und 395).

[1134] Hier macht Bode (Bemerkungen 1787, 185 f.) Voraussagen zur Sichtbarkeit des Kometen von 1661 bei seiner 1788/89 erwarteten Wiederkehr.

[1135] Gemeint ist hier die Pariser Ortszeit. So ging (Méchain, Elemente 1790, 181) der zweite Komet von 1786 am „7 Jul. 22 St. 0′ 12″ Mittl. Zeit zu Paris“ durch sein Perihel.

[1136] Die Bewegungsrichtung der Kometen, deren Umlaufsinn mit demjenigen der Planeten übereinstimmt, wurde als „vorwärts“ oder „directus“ (in den Tafeln abgeküzt als D) bezeichnet und die Gegenrichtung als „rückwärts“ oder „retrogradus“ (in den Tafeln R).

1137 S. 288,21–26 vermutlich Notizen von L.s Zählung der Kometen in den „Berliner Tafeln" (Sammlung 1, 1776, 24–35) und bei Pilgram (Untersuchungen 1788, 322–333), vgl. oben S. 167,9–11.

1138 Weil „gegen jeden Kreis und jede Parabel, die sich alle unter sich ähnlich sind, unzählige Ellipsen und Hyperbeln statt finden, die es nicht sind", lasse sich, so folgert L. im Zusammenhang mit einem Abriß von Kants Kosmogonie (Lichtenberg, Fortsetzung 1787, 92), „bey jener Entstehung des Weltgebäudes 1 gegen das unendliche verwetten, daß ein Körper, der einmal nicht in den ihn ziehenden hineinfällt, sich in einer Ellipse oder Hyperbel, und nicht in einem Kreis oder Parabel bewegen werde."

1139 Vgl. oben, S. 57,23, „Zuschürrung".

1140 Lat. „Was für wen", für das versehentliche Vertauschen zweier Dinge. – Dabei ist L. eine weitere Verwechslung unterlaufen: es müßte S. 289,29 „1450" heißen.

1141 Vgl. Olbers, Kometen 1799, 107.

1142 Vgl. Lichtenberg, Fortsetzung 1787, 117 f.

1143 Ein Komet könnte bei seiner Annäherung an die Erde, so referiert L. im „Taschen Calender" (Fortsetzung 1787, 127) versehentlich de LaLande zugeschriebene Überlegungen (vgl. Anm. 670), „giftige Dämpfe verbreiten." Dieser sei „daher selbst nicht einmal sehr abgeneigt, für Wahrheit zu halten, was manche Nachrichten von Folgen der Cometen-Erscheinungen verkündigen. Freylich," schließt L. die Betrachtung (ebd.), „böse Dünste verursachen schlechte Verdauung, schlechte Verdauung üble Laune, üble Laune Prügeleyen, und was sind Kriege und Bataillen anders als sublime Prügeleyen?" – Vgl. auch GamN, 766.

1144 Richtig wäre „10 Stunden und 52′", vgl. oben S. 184,33–185,3.

1145 Die auf dieser Seite unterstrichenen und in ihrer Lage relativ zu den traditionellen Konstellationen (einschließlich des auf Brahe zurückgehenden Haupthaars der Berenike) beschriebenen Sternbilder gehören zu den am Nordhimmel von Hevelius neu eingeführten (vgl. 208,30–209,3). Daß es nicht alle sind, läßt vermuten, daß die Seite nur ein Teil eines umfangreicheren, nicht vollständig erhaltenen Textes ist. Während die vier erstgenannten unter den lateinischen Namen *Leo minor*, *Lynx*, *Canes Venatici* und *Lacerta* Eingang in die Liste der von der Internationalen Astronomischen Union anerkannten Sternbilder gefunden haben, gehören das [kleine] Dreieck, das Hevelius neben das von Ptolemaios bereits verwendete Triangulum setzte, und die [nördliche] Fliege nicht dazu. Das Herz Karls II. (Cor Caroli II; modern einfach Cor Caroli) ist der hellste Stern der Jagdhunde; der von L. angegebene Name beruht nach Allen (Star-names 1899, 115) auf einem Mißverständnis, da eigentlich der ermordete englische König Charles I. geehrt werden sollte. Zu Algol (= β Persei), der aufgrund seiner Veränderlichkeit das Interesse auf sich zog, vgl. 220,2–221,34. Bode zeigt die beiden letzteren oberhalb des Widders auf Tafel XIII seines Atlas (Bode, Vorstellung 1782).

[1146] Bode schaffte für das von ihm vorgeschlagene neue Sternbild (vgl. Anm. 779) auf seiner Sternkarte zwischen Kassiopeja, Andromeda und Eidechse Platz, indem (Bode, Sternendenkmal 1787, 189) „ich die eine Hand der Andromeda durch etwas mehr östlich stehende Sterne lege, und das von Hevel im vorigen Jahrhundert eingeführte kleine Gestirn: die Sterneidexe, in eine westlichere Lage und zugleich schiklichere Gestalt bringe."

[1147] Zur Entdeckung des Uranus insg. und den früheren Sichtungen vgl. 159,18–160,16. Die Feststellung, daß er mit einem von Flamstead im Sternbild Stier beobachteten und für einen Fixstern gehaltenen Objekt übereinstimmt, traf Bode (Planet 1784, 117–120). Mit „V spitze" meint L. vermutlich den Stern Hyadum I (Erster der Hyaden = γ Tauri) an der Spitze der V-förmigen Sterngruppe der Hyaden, die den Kopf des Stiers bilden. Zu den ebenfalls zum Stier gehörigen Plejaden vgl. auch Anm. 184.

[1148] Auf S. 23–69 des genannten Bandes steht die „Histoire céleste de l'année 1787" als Teil eines Auszugs aus den in diesem Jahr an der Pariser Sternwarte festgehaltenen astronomischen und physikalischen Beobachtungsergebnissen (Cassini de Thury, Extrait 1787).

[1149] Vgl. ebd., 24 f.

[1150] Vgl. ebd., 26 f. Die Spiegelteleskope Newtonscher und Gregoryscher Bauart benötigten gegenüber dem Hauptspiegel einen zweiten kleineren Spiegel, um die Strahlen zum Okular zu lenken. Herschels Idee bestand darin, den Hauptspiegel etwas gegen die Fernrohrachse zu neigen, so daß dessen Bild direkt im Okular betrachtet werden kann. Vgl. zu den verschiedenen Fernrohrtypen VNat 4, 438–440, Anm. 83 f. u. 89. Warum L. die Fußnote LaLande zuschreibt, ist unklar.

[1151] Vgl. ebd., 27 f. In den ‚Connaissance des temps' für 1775 hatte LaLande (Nouveautés 1775, 338) mitgeteilt, daß Noël als Optiker des Königs im Schloß la Muette 1772 ein Teleskop mit einem großen Spiegel von 24 Fuß und 4 Zoll Brennweite und 22,5 Zoll Durchmesser fertiggestellt habe, das nach dessen Angaben bis zu 528-fach vergrößern könne. In seinem Abriß der Astronomiegeschichte von 1781 bis 1802 widmet LaLande dem Instrument und seinem Erbauer einen ausführlichen Exkurs, in dem er Noël als einen Scharlatan und das Teleskop als eine Fehlinvestition darstellt. Erst unter dessen Nachfolger Rochon sei der Hauptspiegel durch Caroché so nachbearbeitet worden, daß das Instrument sich mit den Herschelschen habe messen können, wovon er (LaLande) und Méchain sich 1788 überzeugt hätten (LaLande, Bibliographie 1803, 835 f.). L. lag mit seiner Vermutung also richtig.

[1152] Herschel, Schreiben 1788, Übersetzung von Herschel, Paper 1782.

[1153] Berechnung des Monddurchmessers, vgl. oben Nr. 35 (253,15–20).

[1154] Herschel, Catalogue 1789. Vgl. auch Lichtenbergs Mitteilung über Herschels fortgesetzte Katalogisierung von Nebelsternen im GTC 1790 (Lichtenberg, Etwas 1790, 110–114).

[1155] Herschel (Catalogue 1789, 226) bemüht hier ein Bild aus dem Pflanzenreich, und fragt: „is it not almost the same thing, whether we live succesively to witness the germination, blooming, foliage, fecundity, fading, withering, and corruption of a plant, or whether a vast number of specimens, selected from every stage through which the plant passes in the course of its existence, be brought at once to our view?“

1156 Zur Entdeckung dieser Art von Objekten durch Herschel vgl. oben 218,17–20; bezüglich ihrer Stellung im Entwicklungsgang der Nebelsterne glaube Herschel, so Lichtenberg (Etwas 1790, 112), „daß die Wölkchen aus gleichförmig vertheiltem Licht, die in diesem Verzeichniß sowohl als in andern Schriften des Hrn. Doctors planetarische Nebelsterne heissen, über jenen Punkt der Vollkommenheit schon hinausseyen, und entweder einer Art von Auflösung oder sonstigen großen Veränderung nahe wären.“

1157 Herschel, Catalogue 1789, 218 f.; die zitierten Zwischenüberschriften in Herschel, Construction 1785, 214.

1158 In diesem Text hat L. die 1791 in Königsberg unter dem Titel „über den Bau des Himmels“ erschienene Übersetzung dreier Abhandlungen Herschels (Account 1784, Construction 1785, Catalogue 1789 [übersetzt nur die Einleitung]) exzerpiert. Daß die Mehrzahl der Notizen sich auf den ersten Aufsatz (S. 1–24 der Übersetzung) bezieht, liegt wohl daran, daß L. den zweiten (S. 25–139 der Übersetzung) bereits im GTC 1786 ausführlich referiert (Lichtenberg, Etwas 1786) und vier Jahre später auch über den dritten berichtet hatte (vgl. Anm. 1154).

1159 Magellan, Sterne 1788, 164.

1160 Messier, Catalogue 1783 u. ders. Catalogue 1784; letzterer enthält über die 68 in der älteren Liste verzeichneten Nebelsterne und Sternhaufen hinaus weitere 35.

1161 Dieser und der folgende Absatz außerhalb der Reihenfolge; vgl. 294,29–32.

1162 1784 ist das Erscheinungsjahr des englischen Originals, das L. hier nach der Übersetzung zitiert (Herschel, Bau 1791, 23): „Teleskope, die mir vorjetzt noch in ihrer Kindheit zu seyn scheinen ...“.

1163 Einziger Auszug aus der Teilübersetzung von Herschel, Catalogue 1789. Vgl. auch 293,2–3.

1164 Herschel, Bau 1791, 124: „Meine Vermuthung von ihrer Größe ist auf folgenden Beobachtungen gegründet. Es giebt viele runde Nebelflecke von der ersten Form, die ungefähr fünf oder sechs Minuten im Durchmesser halten, deren Sterne ich noch sehr deutlich sehen, kann; und vergleiche ich sie mit dem Visionsradius, den ich aus einigen von meinen langen Aichungen, die einen langen Visionsradius geben, berechnet habe: so schliesse ich aus dem Aussehen der kleinen Sterne in jenen Aichungen, daß die Mittelpunkte dieser runden Nebelflecke 600 mahl so weit von uns entfernt sind, als der Sirius.“

Kapitel XIII

1 Im Vorlesungsverzeichnis für das am 26. April 1784 beginnende Sommersemester ist L.s erster Kurs über physische Geographie wie folgt angekündigt (Volborth, Vorlesungen 1784, 569 f.): „Die *Experimentalphysik* trägt Hr. Prof. Lichtenberg nach der von ihm besorgten neuen Ausgabe des Erxlebenschen Lehrbuchs um 4 Uhr vor. Eben derselbe erläutert in dieser Stunde Sonnab. öffentl. den 13. Abschnitt dieses Lehrbuchs, welcher *von der Erde* insonderheit handelt. Er ist auch geneigt, auf Verlangen irgend ein anderes vorzügliches Hauptstück der Physik vorzutragen."

2 L. meint aus dem ersten Kapitel „Abtheilung der Erdoberfläche" bei Röhl (Einleitung 2, 1779) den „III. Abschnitt. Abtheilung der Erdoberfläche in Wasser und Land." (Ebd., 112–182.) Das Exemplar der SUB Göttingen stammt aus L.s Bibliothek (BL 336).

3 Gehler (2, 452) schreibt zur Gliederung der Geographie: „Man theilt die Geographie in die *mathematische, physische* und *politische* ein. Die *mathematische* betrachtet, was bey der Erde einer Ausmessung fähig ist; die *physische* handelt von ihrer natürlichen Beschaffenheit, Bildung, Veränderungen, den Theilen ihrer Oberfläche, dem festen Lande, Gewässern, Bergen, Inseln &c. und wird bisweilen auch *allgemeine Physik* oder *Naturgeschichte der Erde* genannt; die *politische* endlich hat die bürgerlichen Abtheilungen der Oberfläche zum Gegenstande." – Hinsichtlich der Behandlung der physischen Geographie weichen die zeitgenössischen Lehrbüchern der Naturlehre voneinander ab. So findet sich z.B. bei Segner (Einleitung 1770, 551–586 [BL 536]) und Karsten (Anfangsgründe 1780, 628–653) jeweils nur ein Kapitel über Meteorologie, während das Buch von Karstens Nachfolger Gren (Grundriß 1793, 735–794 [BL 405]) einen Abschnitt „Nähere Betrachtung unserer Erde und der Atmosphäre" enthält, der, zwar knapper als Erxleben, aber doch das Gebiet der physischen Geographie umfaßt. Gehler (2, 457) führt Erxlebens Lehrbuch als ein Werk an, in dem sich immerhin das „nöthigste" zur physischen Geographie findet.

4 Vgl. das Kapitel XIIIa „Vom Höhenmessen durchs Barometer" in diesem Band ab S. 542,3.

5 Vgl. S. 21,14–34 und S. 98,1–16 im Kapitel „XII. Vom Weltgebäude und der Erde überhaupt".

6 Bei klarer Sicht ist ein Ballon in der Ferne nicht mehr erkennbar, wenn seine scheinbare Größe das Auflösungsvermögen des menschlichen Auges unterschreitet. Ein Schiff verschwindet schon vor dem Erreichen dieser Grenze in einer von der Höhe des Beobachters abhängenden Entfernung aus dem Sichtbereich unter den Horizont.

7 Zu S. 318,5–10 vgl. im Kapitel „XII. Vom Weltgebäude und der Erde überhaupt" S. 98,17–99,5.

8 Es handelt sich um die in L.s Instrumentenverzeichnis (NL VII Q 2, Bl. 14v) aufgeführte kostbare „Schwungmaschine aus Mahagony-Holz von Nairne in London" mit u.a. „zwei meßingenen elastischen Ringen zur

Erläuterung der zusammengedrückten Gestalt der Erde." Die Schwungmaschine befindet sich in der Sammlung des I. Physikalischen Instituts der Universität Göttingen; die elastischen Ringe sind jedoch nicht mehr vorhanden.

9 Zur Messung von Längengraden unter verschiedenen Breiten und zu den daraus gezogenen Rückschlüssen auf die Form der Erde vgl. §. 586 f. in Erxlebens Lehrbuch (ErxH, 648–650) und das Kapitel „XII. Vom Weltgebäude [...]" in diesem Band ab S. 99,6.

10 Gatterer, Abriß 1775 (BL 1045). Auf S. 30–32 stehen die Ergebnisse und die Quellen der von L. im folgenden genannten Gradmessungen aus der Zeit zwischen 1738 („Torneå: Maupertuis") und 1770 („Oestreich: Liesganig").

11 L. gibt Hinweise zur korrekten Aussprache der schwedischen Ortsnamen „Torneå" ['tɔrneɔ] und „Åbo" ['o:bu].

12 Vgl. ErxH, 650,13 mit der zugehörigen Fußnote und S. 106,11–14 im Kapitel XII in diesem Band. Die Änderung zu „10" (vgl. Textapparat zu S. 319,7) hat L. auf seinen hypothetischen Globus nicht angewendet.

13 Die Höhe des Chimborazo wird heute mit 6310 oder 6267 m angegeben. L. geht von (ErxH, 739,10) 3217 Toisen aus (6270 m), vgl. Bouguer, Relation 1749, l (d.h. S. 50 der römisch gezählten „Relation abrégée du Voyage"); n. La Condamine (Mesure 1751, 56) beträgt die Höhe 3220 Toisen (vgl. S. 329,11). Die Höhe des Turms der Jacobikirche in Göttingen beträgt laut L. (ErxH, 117,12 f. [Randbemerkung]) etwa „250 Paris Fuß" (81,25 m); richtig sind jedoch 74 m (mit Laterne, vgl. Bw 5.2, 290).

14 Vgl. S. 16,16–21 und S. 74,33–75,3 im Kapitel „XII. Vom Weltgebäude [...]" und im „Büchelgen" C (VN C 2, 17v): „Durch die Berge muß man sich nicht irre machen lassen. Sie sind das Puder was von meinem Kopf auf diese Kugel fällt. / HE. Rambergs Geschichte mit dem Chimborosso." – Zu einem entsprechenden bildhaften Vergleich für die zu L.s Zeit erreichten Tiefen im Bergbau s.u. S. 341,12–35 sowie Text Nr. 12, ab S. 401,12.

15 Vgl. zu diesen Begriffen in Erxlebens Lehrbuch § 576 (ErxH, 641 – Pole), § 581 (ebd., 644 – Äquator), § 582 (ebd., 644 f. – Breite), § 579 (ebd., 643 – Länge), § 594 (ebd., 656 – Ekliptik), § 597 (ebd., 658 f. – Wendekreise [tropici]), § 598 (ebd., 659 – Erdstriche [climata]).

16 Vgl. zur Definition der geographischen bzw. (neuen) deutschen Meile im Kompendium § 581 (ErxH, 644) und Gatterer (Abriß 1775, 20. 27); zu ihrer Größe vgl. S. 45,22–34 im Kapitel „XII. Vom Weltgebäude [...]" und im Kompendium § 587 (ErxH, 649 f.).

17 Vgl. Gehler (2, 42). Bei Erxleben (ErxH, 650,17 f. = § 587) wird der Durchmesser der Erde mit 1720 geographischen Meilen angegeben. L. (ErxH, 722 im Apparat [Erx^{4}V] weist jedoch bei der Korrektur des Maßes der Erdoberfläche (statt 9292086 Quadratmeilen richtig 9281916 Quadratmeilen) darauf hin, daß auch in § 587 „des Hrn. Verf. Zahl etwas unrichtig" sei.

[18] D.h. die Kugeloberfläche wird entweder als $4\pi r^2$ oder als πd^2 errechnet.

[19] Vgl. Gatterer, Abriß 1775, 32.

[20] „Flavius", d.h. Gehler (2, 47), gibt die Oberfläche der Erde mit 9282060 Quadratmeilen an: „Zwar ist die wahre Oberfläche wegen der durch Berge und Thäler verursachten Unebenheiten größer, da sich aber hierüber keine Rechnung führen läßt, so giebt obige Zahl wenigstens die der Meeresfläche gleich liegende Grundoberfläche an."

[21] Gamauf (GamN, 812) schreibt: „Man sehe z.B. Reise eines Franzosen durch Deutschland." Es könnte sich also um Johann Kaspar Riesbecks „Briefe eines reisenden Franzosen über Deutschland an seinen Bruder zu Paris" (2 Bde., 1783) handeln. Riesbeck (Briefe 1, 1783, 26) schreibt über das Fürstentum Württemberg: „Die Grösse des Landes beträgt nicht mehr als ohngefähr 200 deutsche oder 266 französische Quadratmeilen, [...]." Die deutsche (geographische) und die französische Meile stehen zueinander im Verhältnis von 5 : 3 und (Bode, Anleitung 1786, 196 f. [BL 674]) die deutsche zur französischen Quadratmeile im Verhältnis von 2778 : 1000.

[22] Bode (Anleitung 1786, 196 f.) zufolge enthält ein Äquatorgrad 15 deutsche (geographische) und 69,12 britische Meilen. Das Verhältnis zwischen deutscher und britischer Quadratmeile ist 21234 : 1000.

[23] Struyck, Inleiding 1740, 37.

[24] Nach Gatterer, Abriß 1775, 32.

[25] Zimmermann, Geschichte 3, 1783, 97; die falsche Seitenzahl „27" steht so bei Otto, Abriss 1, 1792, 7 (BL 689).

[26] ErxH, 722,12–15 (§ 761). L. hat (ebd., 722,17–22) Erxlebens Angabe in einer Einfügung korrigiert.

[27] Ein Irrtum von L. – Gehler (3, 246 f.) zufolge war die Lage der Stadt auf der Insel Ferro (heute El Hierro) mit 19° 54′ 15″ westlich vom Meridian im Pariser Observatorium bestimmt worden, und die Westküste der Insel, mit der Ptolemaios zuerst den Nullmeridian als westliche Grenze der Welt festgelegt hatte, war 8′ 15″ westlicher als die Stadt, also 20° 2′ 30″ westlich von Paris.

[28] Zu dieser frühen Entdeckung von Amerika notiert Sprengel (Geschichte 1783, 40): „Winland unter diesem Nahmen, fand 895. siebenhundert Jahr vor Colon, der Norman Leif die Küsten von Nordamerika, wahrscheinlich einen Teil von Carolina, aber diese Entdeckung ward nicht weiter benuzt, ob sie gleich ausser den Nordischen Staaten sich verbreitete, [...]".

[29] Gatterer, Begriff 1793, 686 (BL 1047).

[30] Forster (Observations 1778, 9–13 [BL 1012]) argumentiert im ersten Kapitel seines Werks für die Anerkennung von Neu-Holland als Kontinent.

[31] Die Angaben stammen vermutlich von Klügel (Encyklopädie 2, 1782, 422 [BL 1890]), der jedoch für Europa 171834 Quadratmeilen vermerkt.

32 Es heißt bei Forster (Bemerkungen 1783, 2): „Unsre Kenntniß dieses Landes ist noch unvollkommen, und alle Seefahrer führen einerley Klage, daß es Mangel an frischem Wasser und großen Strömen hat. Vielleicht hätten sie aber bey sorgfältigerer Untersuchung des ganzen Umfanges, und vorzüglich der noch unbeschifften Südwestküsten, dergleichen angetroffen; wahrscheinlich ist es wenigstens, daß im Innern eines so großen Landes ansehnliche Gebirge vorhanden sind, welche nie ohne Flüße zu seyn pflegen. Hier könnten sich also, fern von der Gewalt des in Europa überhandnehmenden Despotismus, neue Pflanzer eine glückliche Freystätte wählen, und so würde auch Neuholland einst der Sitz der Wissenschaften und Künste, durch den Anbau, durch den Reichthum seiner Produkte, und durch die Zahl seiner Bewohner glücklich werden."

33 L. folgt mit dem Text von 321,30–322,17 Forster (Bemerkungen 1783, 3 f.). Forster (ebd., 3) nennt für die südlichen Landspitzen jedoch noch ein weiteres gemeinsames Merkmal: „Erhaben und aus Felsen gebildet, scheint jede das äusserste Glied einer nordwärts laufenden Gebirgskette zu seyn; […]." Außerdem verbindet Forster mit seiner Betrachtung (ebd., 3 f.) auch noch eine Hypothese über die Ursachen der Gestaltung der Erdoberfläche, indem er mutmaßt: „[…] daß jene Aehnlichkeiten in der Gestalt der Länder einer gewaltigen Ueberschwemmung von Südwesten her ihr Daseyn zu verdanken haben, wenn gleich der Zeitpunkt dieser mächtigen Veränderung, und die nähere Bestimmung ihrer Art zu würken, unerforschlich bleiben müssen."

34 Die von L. auf S. 322,26–33 aufgezählten Namen treten in der gleichen Reihenfolge bei Gatterer (Abriß 1775, 162–164) auf. Allerdings nennt Gatterer (ebd., 164) an Stelle der Neuen Hebriden (Vanuatu) „Die Gefahrinseln" (zu den Cookinseln gehörig, heute Pukapuka [Danger Island] 10° 54′ S 165° 49′ W).

35 L. bezieht sich vermutlich auf die „Charte der Südlichen Halbkugel", vgl. Anm. 37. Der Ausschnitt bestätigt L.s Angabe:

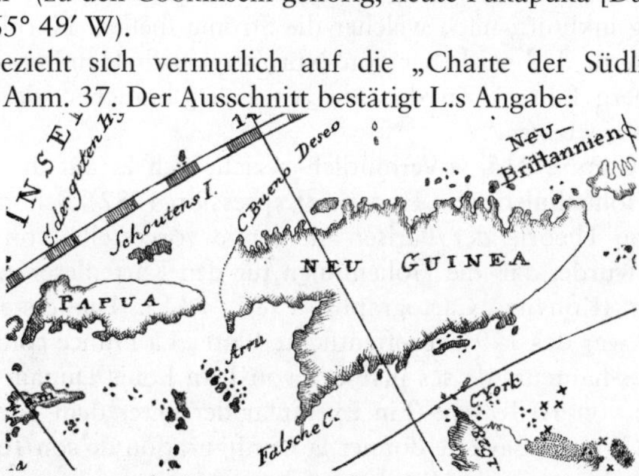

Wo R. oder G. Forster die Vermutung über den Zusammenhang von Papua und Neuguinea geäußert haben, wurde nicht ermittelt; jedenfalls nicht in Forster, Bemerkungen 1783. Allerdings nennt schon Gatterer (Abriß 1775, 163) die Insel „*Neu-Guinea*, oder das Land der Papus". Und Klügel (Encyklopädie 2, 1782, 506) schreibt: „Das *Land der Papuas* liegt westwärts von

Neu-Guinea, [...]. Von einigen wird es als ein Theil von Neu-Guinea angegeben." Die Kenntnis der Geographie dieser Inseln war so unbestimmt, daß später Gatterer (Begriff 1793, 896) entgegen seiner früheren Angabe schrieb: „Ja selbst das heutige Neu-Guinea besteht nicht aus Einer, sondern aus 2, wo nicht gar aus drei Inseln, die man jezt unter 3 Namen begreift: 1) *Papua*, 2) eigentl. *Neu-Guinea*, und 3) *Louisiade*."

[36] Nach seiner Eintragung vom 9. Aug. 1769 notiert Cook (Journal 2009, 187) unter der Überschrift „Description of the Islands, Ulietea, Otaha and Bolabola" im Tagebuch: "So called by the Natives, and it was not thought adviseable to give them any other Names; but these three, with Huaheine, Tuibai, and Maurua, as they lay contigious to one another, I have named Society Isles."

[37] „Charte von der Südlichen Halbkugel nach Maasgabe der neuesten Entdeckungen, mit Bemerckung der Farth[!], welche Capit.^{n} *Cook* im Schiffe Resolution und Capit.^{n} Fourneaux im Schiffe Adventure bey ihrer Reise um die Welt während den Jahren 1772. bis 1775. gehalten haben. von George Forster d. Lond. Soc. d. Wissensch. Mitglied &c." in Forster, Bemerkungen 1783. Die südliche Halbkugel ist in stereographischer Projektion mit zwischenständigem Bildwurf dargestellt, so daß für den Bereich zwischen 90° westlicher und östlicher Länge noch Gebiete der Nördlichen Halbkugel abgebildet sind. Senkrecht wird die Darstellung vom 180° Längenhalbkreis (und über den Südpol hinaus vom Nullmeridian [Greenwich]) geteilt; die Projektionsachse geht ungefähr bei 67° südlicher Breite durch diesen Meridian. – Genauer erläutert Mayer (Anweisung 1794, 539–563) diese von ihm als „stereographische Horizontalprojection" bezeichnete Darstellungsart.

[38] Gamauf (GamN, 815) notiert: „Auch eine scheinbare Ebene ist nach der Richtung inklinirt, nach welcher die Ströme fließen. Nürnberger Fuhrleute versichern, daß sie lieber von Nürnberg nach Hamburg, als zurück nach Nürnberg fahren. Zu der ersteren Fahrt brauchen sie um 2 Tage weniger als zur letztern."

[39] Vgl. GamN, 815. – Vermutlich bezieht sich L. auf die Theorie der Isohypsen (Höhenlinien) von Ducarla (Expression 1782). Schon 1771 hatte Ducarla seine Theorie der Pariser Akademie vorgestellt, von der jedoch entschieden wurde, daß die Höhenlinien für den Kartenleser zu schwer zu deuten seien (Konvitz, Cartography 1987, 78 f.). Die erste Karte mit Höhenlinien war das 1791 veröffentlichte Blatt „La France considérée dans les différentes hauteurs de ses plaines" von Jean Louis Dupain-Triel jr. mit Niveaulinien von 10 Toisen. (Ein Exemplar der unter dem Titel „Carte de la France où l'on a essayé de donner la Configuration de son Territoire, Par une Nouvelle Methode de Nivellements" erschienenen zweiten Aufl. dieser Karte befindet sich in der Kartensammlung der SUB Göttingen [MAPP 3500].) Jedoch konnte sich die Darstellung von Höhenlinien selbst in Frankreich in den folgenden Jahren noch nicht durchsetzen (Konvitz, ebd., 79). Erst in der zweiten Hälfte des 19. Jh. wurden Höhenliniensysteme zur

Hauptmethode von Reliefdarstellungen topographischer Karten. – Ein kostspieliges Verfahren, die Höhen in erhabener Arbeit auf Karten darzustellen, erwähnt Lichtenberg (Erfindungen 1780, 88 f.) im Taschenkalender.

40 ErxH, 726.

41 Bergman (Beschreibung 1, 1780, 353 f.) erklärt in einer Fußnote: „Abila liegt in Africa, und heisset nun Ceutas-Berg, oder *Sierra Ximieria*, und streicht als eine Landzunge in Osten und Westen. Calpe aber gehet an der europäischen Seite in Norden und Süden, und darauf ist Gibraltar angelegt. Diese Vorgebürge hatten ehemals den Namen von Hercules Säulen." – Das Vorgebirge Abyla (heute Ceuta) an der afrikanischen Küste und Calpe (Κάλπη, jetzt Gibraltar) an der europäischen bilden die sog. Säulen des Herkules (Georges, Handwörterbuch 1, 1913, Sp. 938).

42 L. folgt hier und weiterhin bis 324,17 den Angaben von Bergman (Beschreibung 1, 352–358 [§ 95]). Waitz (Untersuchung 1755, 31) gibt eine andere Schätzung: „Die Länge des mittelländischen Meeres ist ohngefähr 1000 Meilen, deren 25 auf einen Grad der Breite gehen; seine Breite nach einem Mittel ungefähr geschätzet, beträgt 100 solcher Meilen; also kann man seine ganze Fläche auf das genaueste 100000 Quadratmeilen annehmen." Das wären etwa 36000 geographische Quadratmeilen.

43 Bergman (Beschreibung 1, 1780, 354 f.): „Aber man setze, daß *Gibraltars* Meerenge und alle Flüsse das *mittelländische* Meer aufs Jahr nur 30 Fuß höher machen, indem an den Seiten der Meerenge etwas ins *atlantische* Meer zurückfliesset, und um das einfliessende Wasser am geringsten zu schätzen, so bleibt nichts destoweniger eine ungeheure Menge Wasser. Es ist schwer, die Frage zu beantworten: Was solches vor einen Weg nehme, da in der Höhe der Oberfläche des *mittelländischen* Meeres keine Veränderung gefunden wird. Es soll weiterhin gezeiget werden, daß die Ausdünstung kaum 10 bis 12 Zoll mehr wegnehme, als der Niederschlag beträgt; auf diese Weise kann also das einfliessende Wasser nicht alles verschwinden, um so viel weniger, als dazu wenigstens eine 20mahl stärker Auflösung in Dünste erfordert würde, als das Clima gewöhnlich hervorbringet. Ausserdem, wenn alles das überflüßige Wassser auf diese Art weggienge, so müste das *mittelländische* Meer schon vor vielen Jahrhunderten mit Salz angefüllt seyn, indem davon nichts mit den Dünsten in den Luftkreis steiget; aber dies ist nicht geschehen, ja so viel man weiß, ist das Wasser desselben nicht einmahl salziger geworden. Es scheinet also, daß die Natur nothwendig noch einen andern Weg gebraucht habe, die Oberfläche dieses Meerbusens in gleicher Höhe zu erhalten: Wollte man annehmen, daß das Wasser in der Tiefe grade den entgegengesetzten Weg des obern gienge, so wäre der Sache geholfen."

44 Bergman, Beschreibung 1, 1780, 355 (Fußnote *z*). – Buffon (Naturgeschichte 2, 1771, 220): „Es ist mir nicht unbekannt, daß einige Leute behaupten wollen, das *Wasser in der gibraltarischen Meerenge nehme einen zweyfachen Lauf*. Durch den *obern* würden die Wasser ins mittelländische Meer getrieben, und die Wirkung des *untern* wäre dem erstern gerade

entgegen gesetzt. Allein diese Meynung ist offenbar falsch und den hydrostatischen Gesetzen gänzlich zuwider."

[45] Bergman (Beschreibung 1, 1780, 355 [Fußnote *z*]): „Es kann solches mit Wasser und Oel, oder auf andere Art leicht versucht werden. [...] Aber der bequemste Weg, sich hievon zu überzeugen, ist folgender: Man machet die Thüre einer warmen Stube, die nach einer kältern zuführet, halb offen, da man denn an Lichtflammen oder Tobacksrauch augenscheinlich siehet, daß die warme Luft oben ausfähret, aber dagegen kältere unten gegen der Schwelle einfliesset." – Vgl. GamN, 816 f.

[46] Kircher, Mundus 1, 1678, 86 f. (lib. 2 cap. 13, § II). An dem bei Suez gefangenen Delfin wurde eine Bronzeplatte mit der Nachricht über Zeit und Ort des Geschehens befestigt. Der Delfin wurde im Roten Meer freigelassen und ging noch im gleichen Jahr Fischern im Mittelmeer ins Netz. Es entstand die Frage, ob der Delfin den afrikanischen Kontinent umschwommen hatte oder durch eine unterirdische Verbindung vom Roten ins Mittelmeer gelangt war.

[47] Waitz (Untersuchung 1755, 37) gibt an, „die Stücken dieses gesunkenen Fahrzeuges, nebst einigen Tonnen, und andern dazu gehörigen lockeren Sachen, wären einige Tage darauf, vier englische Meilen westlicher, oder nach der spanischen See zu, in die Höhe gekommen." Waitz beruft sich auf Hudson (Currents 1724, 192), der berichtet, daß „a few Days after, the sunk Ship, with her Cargo of Brandy and Oil, arose on the Shore near *Tangier*, which is, at least, four Leagues to the Westward of the Place were she sunk, and directly against the Strength of the Current; [...]." Die Entfernung betrug demnach etwa 4 Leagues, etwas mehr als 22,2 km.

[48] Bergman, Beschreibung 1, 1780, 353.

[49] Bergman, Beschreibung 1, 1780, 356. – Die Stelle bei Marsili (Histoire 1725, 11) läßt keinen Rückschluß auf die Ausführung einer Tiefenmessung zu. Marsili ging von dem seinem damaligen Aufenthaltsort nächstgelegenen hohen Berg aus, vom Pic du Canigou, dessen Höhe von 1400 Toisen (nach neuer Messung 2785 m) bekannt war: „J'en ai fait l'aplication en une profondeur, où commence l'Abîme, & en un lieu où commence ce Mont Canigou, pour former une coupe, en laquelle on puisse voir, d'un coup d'œuil, la convenance qui se trouve en ces deux parties; qui sont châcune à la même distance de la plus grande hauteur, & du plus grand fond de l'abîme, & de la Montagne. Cette démonstration prouve assez, ce me semble, que la profondeur de la Mer qui nous est inconnuë repond à la plus grande élevation des Montagnes sur la Terre, car nous voyons bien que tout cela se forme également par des couches redoublées, & dans un certain ordre de degrez, pour monter, & pour descendre." Als „l'Abîme" bezeichneten die Fischer den nach einem gleichmäßig flachen Grund vor der Küste steil abfallenden Meeresboden. Auf der dem Werk beigebundenen Karte (ebd., III. Pl.) „Profiles Ou Coupes Du Bassin De La Mer" befindet sich eine entsprechende Darstellung (ebd., [Legende]): „Le 13. et dernier [profil] est du Mont Canigou le plus élevé de tous ceux qui

font la ligne des Pirenées, et dont la hauteur est de 14[!] Toises, jusque au Cap de Rose en Catalogne. Il étend dans la Mer une ligne de 54 milles par Sud-Est à la fin de cette ligne se trouve l'Abisme qui a autant en profondeur que cette Montagne a de hauteur sur l'horison de la mer."

50 Forster, Bemerkungen 1783, 45.

51 Bergman (Beschreibung 1, 1780, 353): „Oben in dem *Bothnischen* Meerbusen soll an einigen Orten kein Grund gefunden werden, da gleichwohl dicht neben bey nicht mehr, als 10 Faden Tiefe ist."

52 Vgl. dazu GamN, 818. – Falsch ist allerdings folgende Behauptung Gamaufs (ebd.): „Auch kann es leicht seyn, daß in einer gewissen Tiefe die Wassersäule das Blei selbst erhält, und daß dieses also alles Gewicht zu sinken verliert." Die Kompressibilität von Wasser ist so gering, daß sich seine Dichte von 1000 kg/m^3 unter normalen Bedingungen in einer Tiefe von 12000 m nur auf ca. 1060 kg/m^3 erhöhen würde. Die auf ein Bleilot wirkende Auftriebskraft $F = \rho \times V \times g$ könnte also auch in dieser Tiefe nicht dessen Gewichtskraft gleichkommen.

53 Anmerkung von Georg Forster (Bemerkungen 1783, 45).

54 Buffon (Naturgeschichte 2, 1771, 273): „Die Tiefe des Wassers, längs den Küsten, ist gemeiniglich desto beträchtlicher, je höher die Küsten, und desto geringer, je niedriger diese sind. Die Unebenheit des Meeresgrundes, längs den Küsten, richtet sich mehrentheils nach der Ungleichheit der Oberfläche des Erdbodens an denselben."

55 Von S. 325,11 an nach Bergman, Beschreibung 1, 1780, 367 f.

56 Bergman (Beschreibung 1, 1780, 363): „Selten gehet die eigene Schwere auf der Oberfläche über 1,030."

57 Bergman, Beschreibung 1, 1780, 360 f. Von den Extremwerten betrifft die höchste Konzentration die „Küste von Norwegen" und die niedrigste den „bothnischen Meerbusen".

58 Alcali minerale vitriolatum oder Sal ammoniacum secretum Glauberi ist Ammoniumsulfat $(NH_4)_2SO_4$; Selenit ist Kalziumsulfat oder Gips ($Ca[SO_4]\cdot 2H_2O$) und mit „Saltzasche" und „Bitterkochsalz" ist Magnesiumchlorid ($Mg\,Cl_2$) gemeint. – Bergman (Beschreibung 1, 1780, 360), dem L. offenbar folgt, nennt außerdem Bittersalz, also Magnesiumsulfat ($MgSO_4$).

59 Hier weicht L. von Bergman ab, der (Beschreibung 1, 1780, 363) meint, daß die Bitterkeit „stärker in der Tiefe gefunden" würde, und folgt der Ansicht von Sparrman, vgl. Anm. 484.

60 Otto (Abriss 1, 1792, 76 f.) bezieht sich auf Marsili (Histoire 1725, 43) und gibt an, daß das Brot schon „als es einen Tag alt war" vor Bitterkeit nicht mehr verzehrt werden konnte.

61 Macquer, Wörterbuch 4, 1782, 782.

62 Bergman (Beschreibung 1, 1780, 364 f.): „Man glaubt, daß die Bitterkeit überhaupt von Bergfette herrühre, [...]; aber die sorgfältigste Auflösung entdeckt kein solches Fett, und man weiß nun daß die Bitterkeit vom Bittersalz, und insonderheit von der Salzasche kommt."

[63] Von S. 326,8 an nach Bergman (Beschreibung 1, 1780, 360 f.). Es heißt bei Bergman (ebd., 361): „Ungleicher Abstand vom Lande macht grossen Unterschied, insonderheit wo frische Flüsse einfallen."

[64] Von S. 326,13 an nach Bergman, Beschreibung 1, 1780, 363 f.

[65] In diesem Sinn argumentiert auch Otto (Abriss 1, 1792, 68) „Ferner müssten alle Landseen, welche Flüsse aufnehmen, aber keine, wenigstens keine beträchtlichen, wieder von sich geben, eben so salzig seyn, welches gleichfalls gegen die Erfahrung ist."

[66] Vgl. L.s Zusatz im Kompendium (ErxH, 728 f.) und Maison-Neuve, Systême 1778, 394.

[67] Vgl. GamN, 820. Zu Ph. E. Klipsteins Besuch bei L. vom 23. bis 25. Juni 1784 vgl. auch Bw 2, Nr. 1274–1276.

[68] Forster, Bemerkungen 1783, 77–79. – Forster beruft sich auf Nairne, Experiments 1776 und auf Higgins, Observations 1776, 121–142.

[69] Gamauf berichtet von L.s im Beisein des Ritters Landriani und Gmelins am 14. (GamN, 428) bzw. am 15. Dez. 1788 (GamN, 819 f.) angestelltem Versuch, bei dem – bei einer Außentemperatur von –19 °R (–23,75 °C) – Seewasser in einer Schüssel bis auf den Grund gefror (ebd., 428): „Beym Gefrieren separirt sich also das Salz vom Wasser und wird gegen den Boden gedrängt, wo es hier freilich nicht ausweichen konnte und gefrieren mußte. Dafür thaute aber auch dieser salzige Satz des Eises sogleich wieder auf, als dasselbe einer geringeren Kälte ausgesetzt wurde und das obere Eis blieb süß." – Vgl. auch Bw 3, 1645, 1647 und 1648.

[70] L. hatte das Leuchten des bewegten Meerwassers bei seiner Seefahrt nach der Insel Helgoland im Juli 1773 gesehen. Enthusiastisch schildert er diese Erscheinung in einem Brief an Schernhagen (Bw 1, Nr. 181 [S. 326]). Vgl. auch Bw 1, Nr. 189 (S. 346), Nr. 197 (S. 368) und GamN, 822.

[71] Über die Beobachtung einer vielleicht von Insekten bedingten Erscheinung auf dem Meer vor Teneriffa vgl. Lichtenberg, Erfindungen 1778, 50 f.

[72] Hier nicht Tausendfüßer, sondern Nereiden (Borstenwürmer).

[73] Dicquemare (Mémoire 1778, 140 f.) meint, daß Kenntnisse über die unterschiedlichen Intensitäten und Farben des Meeresleuchtens und der verschiedenen, dieses Leuchten hervorrufenden Lebewesen zur Bestimmung der ungefähren Position eines Schiffes beitragen könnten.

[74] Forster (Bemerkungen 1783, 57) hält die Fäulnis von „animalischen Substanzen" im Meer zumindest für eine der möglichen Ursachen des Leuchtens. – Eine Übersicht verschiedener Beobachtungen und Erklärungen des Phänomens gibt Otto, Abriss 1, 1792, 93–105.

[75] Le Gentil, Reisen 1, 1781, 256–260; nach Otto, Abriss 1, 1792, 103 f.: „Le *Gentil* sah im Canal von Mozambique das Meer in einer stürmischen Nacht überall in Feuer stehen. Das grosse Focksegel warf von diesem Leuchten des Meeres einen solchen Wiederschein von sich, als wenn es von einer Menge Lampen wäre erleuchtet worden. Oben auf dem grossen Maste zeigte sich auf einen Augenblick ein St. Elmsfeuer, und nach der Erfahrung

der Seeleute, soll das Meer in dieser Gegend fast beständig glühen. Er merkt an, dass diese Erscheinung weit häufiger in dem Indischen Meere sey, als im Ocean jenseits des dreyssigsten Grades, sowohl diesseits als jenseits des Vorgebirgs der guten Hoffnung. Um die Zeit, wenn die Orcane einfallen, scheuete er sich immer, das Meer leuchten zu sehen, weil man es allezeit als einen Vorbothen einer bevorstehenden Veränderung des Wetters betrachten konnte. Ihm zu Folge ist hier das Leuchten des Meeres eine Wirkung der Electricität; er vermochte wenigstens nie in dem ausgeschöpften leuchtenden Wasser unter dem Microscop Körper zu entdecken, welche diese Erscheinung hätten hervorbringen können.“

76 Als Georg Forster 1787 Vorbereitungen für eine Weltreise traf, bat L. ihn (Bw 3, Nr. 1556 [S. 450]): „Wo möglich zu bestimmen ob Elecktricität, wenigstens zuweilen Ursache vom Leuchten der See sey.“ L. schlug zur Klärung der Frage die Verwendung des empfindlichen Elektroskops nach Bennet vor. Im Verzeichnis des „Apparats von physikalischen Instrumenten“ (NL VII Q 2, Bl. 34r) sind zwei Exemplare dieses Instruments enthalten. – Forster hat seine Reisepläne nicht ausführen können.

77 Gatterer, Abriß 1775, 77 f., vgl. ErxH, 730 f. (§ 678).

78 Vermutlich Bode, Anleitung 1786, Fig. 28 (Taf. IV).

79 Vermutlich meint L. Darstellungen wie Gatterers „Natürliche Klassifikation aller Gebirge.“ überschriebene „Special-Karte“ (SUB 4 GEOGR 189:2 RARA) oder wie das Planiglobium von Buache (Essai 1752, Pl. XIII), auf deren Arbeiten L. im Kompendium verweist (ErxH, 732,7–9. 15–17). Beide Karten waren zu klein für Demonstrationen während der Vorlesung.

80 Bergman, Beschreibung 1, 1780, 156 f.: „Der bekannte *Sewobergs-Rücken* macht fast die ganze Gränze zwischen *Schweden* und *Norwegen* aus, und scheidet uns auch an einem Theile von *Rußland*. Bey *Gothenburg*, grade gegen die Landspitze von *Jütland*, fängt diese Bergstrecke an, sich über die Wasserfläche zu erheben, folget nachher dem *Göthastrom* bis den *Wenersee*, geht so durch *Dalen, Bohuslehn, Wermeland* und *Nerike* bis *Dalland*. Hier fängt er oberhalb *Lima* oder *Tranesund* an, ansehnlicher zu werden, und nach der Hand die einem Gebürge zukommende Höhe zu gewinnen. Sonst fängt auch ein Landrücken an in Jönköpings Lehn an der Grenze zwischen Tweta und Westra-herard, welcher sich in verschiedenen Beugungen gegen Norden erstreckt, bis er endlich die Gränze des Reichs erreicht, und ein von Lindernes durch Norwegen fortschiessender Bergrücken in Rute und Skars-Fjäl fast mitten vor der Gränze zwischen Herjedalen und Jemptland, worauf man ihn mehrentheils verfolget bis Halde-Fjäl, nordlich um Torne-Lappmark. Hier wird der Bergrücken fast grade in Osten fortgesetzt, und so hinauf bis den Tanafluß, wo er die Reichsgränze trifft, welche sich indessen etwas nach Süden krümmt, und weiter hinunter auf den erwähnten Fluß stößt, aber der Landrücken gehet durch Kemi-Lappmark und Osterbothnien, scheidet solches von Savolax, Rußland und Tavastland, gehet weiter durch Kyroskoy zur Ostsee bey Björneburg. Nachher gehet der Bergrücken bis zum *weissen* Meer, gegen

welcher Gegend er sich sehr senket." – Vgl. auch Pierer, Universal-Lexikon 15, 1862, 919 („Severyggen").

[81] Zedler (Universal Lexicon 19, 1739, Sp. 677): „*Malabar*, [...], ist ein Land auf der Westlichen Cüste der Indianischen Halb-Insul, disseit des Ganges, bey der Westlichen Gegend des Vorgebürges Comorin, [...]." Zedler (ebd. 6, 1733, Sp. 1330): „*Coromandel*, [...], eine Landschafft in der Indianischen Halb Insel disseit des *Ganges* [...], welche längst an denen Oestlichen Küsten hinlieget, [...]. Einige nennen dasjenige Land nur die Küste von *Coromandel*, [...]; andere aber sagen, daß es sich von dem Vorgebürge *Comorin* bis an den westlichen Ausfluß des *Ganges* erstrecke."

[82] Zedler (Universal Lexicon 14, 1739, Sp. 664): „*Indostan*, das ist das Reich des grossen Mogols, und grentzet Nordwärts an die *Asiati*sche Tartarey und das Königreich *Thibet*, Westwärts an den Fluß *Cosmin* oder *Cosmite*, wodurch es von dem übrigen Indien abgesondert wird, und Südwärts an den Meer-Busen von *Bengala* und das Vorgebürge *Malabar*." Zedler (ebd. 37, 1743, Sp. 831): „*Siam* [...], ein grosses Königreich auf der Indianischen Halb-Insel, jenseit des Meerbusens von Bengala, stösset gegen Mitternacht an die Königreiche Pegu und Ava, gegen Morgen an die Königreiche Camboja, Laos, Zangoma und Tango; gegen Mittag an den Meerbusen von Siam, und gegen Abend an den Meerbusen von Bengala."

[83] Aufteilung in Äste oder Zweige.

[84] L.s Klassifikation der Gebirge, S. 328,1–329,7, geht, bis auf die nachgetragenen Höhen von Chur und Basel, S. 328,16–17, auf Buffon (Richtung 1779) zurück. Anders als Buffon beziehen Buache (Essai 1752), Lehmann (Specimen 1762) oder Gatterer (vgl. ErxH, 732,7–22) die „Seegebirge" in ihre Überlegungen ein.

[85] Vgl. GamN, 823. – Das 77fache der auf 250′ geschätzten Höhe des Turms der Göttinger Jacobikirche sind 19 250′.

[86] Höhenangaben der Positionen 2 bis 4 sowie die Jahre der Vulkanausbrüche nach Buffon, Höhen 1779, 745 f.

[87] Fatio (Remarques 1730, 306) hatte trigonometrisch die Höhe des Montblanc mit 2000 Toisen über dem Niveau des Genfer Sees bestimmt (vgl. Deluc, Recherches 2, 1772, 228); auf Grund von Pictets Nivellierungen errechnete Fatio (ebd., 308) 426 Toisen als Höhe des Genfer Sees und entsprechend 2426 Toisen als Höhe des Montblanc über dem Mittelmeer. Die Höhe des Montblanc als Summe aus Fatios trigonometrischer Bestimmung der Höhe über dem See und dessen Höhe von 188 Toisen über dem Meer nach Deluc (Recherches 2, 1772, 230) beträgt 2188 Toisen; vgl. ErxH, 738,2–4. – Die mit 2391 Toisen angegebene Höhe des Montblanc findet sich bei Deluc (Recherches 2, 1772, 230). Saussure (Voyages 1, 1779, 495) nennt nach Fatios und Pictets Messungen, s.o., 2426 Toisen über dem Meeresspiegel als Höhe des Montblanc, später (ders., Bericht 1788, 24) auf Grund einer eigenen barometrischen Messung 2450 Toisen. – Auf der Seereise von 1771/1772, an der de Borda teilgenommen hatte, waren aus mehreren Messungen 1742 Toisen als Höhe des Pic von Tene-

riffa ermittelt worden (Verdun de LaCrenne, Voyage 1778, 119); der Wert 2070 Toisen stammt aus anderen Messungen, vgl. Anm. 487. Heberden (Observations 1752, 356) hatte vom Meer aus trigonometrisch eine Höhe des Pics von „2566 fathoms“ gemessen, also 2408 Toisen. – Die Quellen für L.s Zahlen wurden nicht ermittelt.

88 Lulofs (Einleitung 1755, 295–312 [§ 344–358 in „Sechzehentes Hauptstück. Von den Brunnen.“]) ist L.s Quelle für den Text S. 330,14–334,18. L. hat das Werk besessen (BL 684).

89 Die weniger bekannten Namen aus dieser Liste sind Jacob Johann Wenceslas Dobrzensky, Giovanni Battista Guglielmini, Pierre d'Avity, Ruardus Andala, Bernard Palissy und Heinrich Kühn. Von den aufgezählten Autoren finden sich der Bologneser Naturforscher Guglielmini, der Cartesianer Andala, der Danziger Mathematiker Kühn, der schwedische Naturforscher Torbern Bergman – und natürlich Lulofs selbst nicht bei Lulofs. – „Lidiat“ ist vermutlich der durch einen Druckfehler entstellte Name Labat; eine von Labat in seiner Reisebeschreibung veröffentlichte Beobachtung hat Lulofs (Einleitung 1755, 311) im Kapitel „Von den Brunnen“ angeführt.

90 Aristoteles schreibt im ersten Buch seiner „Meteorologie“ (Μετεωρολογικῶν Α, 13 = ders., Opera 1, 1831, 350 a7–13), die Berge würden wie Schwämme das Niederschlagswasser aufsaugen, und sie würden die aufsteigenden Dünste abkühlen und dadurch wieder in Wasser verwandeln.

91 Seneca berichtet, daß oft die durch Kälte zu Wasser verdichtete Luft im Inneren der Erde als ursächlich für Quellen angesehen wird; daß also unter der Erdoberfläche die gleiche Umwandlung vor sich geht, die darüber zur Entstehung des Regens führt. Im Gegensatz zum Regen dauert die unterirdische Wasserbildung jedoch beständig an. Seneca fährt fort (Untersuchungen 1794, 110 f. = Drittes Buch. 9. [Kapitel]): „Wir haben ja auch angenommen, daß die Erde der Verwandlung fähig sey. Ihre Ausdünstungen verdichten sich auch, weil sie nicht von der freyen Luft aufgenommen werden, und setzen sich sogleich in Feuchtigkeit um.“ Damit dürfte Seneca die Entstehung des Taus gemeint haben.

92 Vitruvius (De architectura 1991, 363): „Senkungen in den Gebirgen nehmen am meisten das Regenwasser auf, und wegen der dicht stehenden Bäume bleibt der Schnee infolge des Schattens der Bäume und Berge dort länger liegen. Nach der Schneeschmelze sickert dann das Schneewasser durch die Erdadern hindurch und gelangt so zum untersten Fuß der Berge, von wo es dann als sprudelnde Quelle hervorbricht.“ [Vitruvius, De architectura 1543, 189 (= lib. VIII, cap. 1): „Intervalla quoque montium maxime recipiunt hymbres, & propter syluarum crebritatem, niues ibi ab umbris arborum & montium diutius conseruantur: deinde liquatae per terrae venas percolantur, & ita perueniunt ad infimas montium radices, ex quibus profluentes fontium erumpunt fluctus.“]

93 Lehm.

94 Mariotte, Traité 1740, 333–340 = Second Discours, De l'origine des Fontaines.

[95] Lulofs (Einleitung 1755, 297): „*Fürs Erste* weil Regen- und Schneewasser genug fällt, alle Quelle und Flüsse zu unterhalten; und dieses beweist er mit einem Exempel der Seine.“ Vgl. Mariotte, Traité 1740, 338–340.

[96] Lulofs (Einleitung 1755, 297): „[…] in der Gegend von Dijon […]“. Vgl. Mariotte, Traité 1740, 338.

[97] Vgl. ErxH, 786 f. = § 738.

[98] Umrechnung von 1 Toise in Zoll, damit oben S. 330,33 die jährlich auf eine Quadrattoise fallende Regenmenge berechnet werden konnte.

[99] Lulofs, Einleitung 1755, 297; vgl. Mariotte, Traité 1740, 338 f.

[100] Lulofs (Einleitung 1755, 298): „105120'000000 Cubikfuß Wasser […], welches noch nicht der sechste Theil von dem Wasser ist, welches innerhalb einem Jahre in der Gestalt von Schnee und Regen […] niederfällt.“ Vgl. Mariotte, Traité 1740, 339.

[101] Lulofs, Einleitung 1755, 301.

[102] Lulofs (Einleitung 1755, 298): „Dieses genau zu untersuchen, grub *de la Hire* eine Schüssel ein, welche sechs Zoll hoch war, so daß ihre Oberfläche, welche vier Quadratfußen gleich war, acht Fuß tief unter der Erde stand.“ Vgl. La Hire, L'Eau 1703, 58.

[103] Lulofs, Einleitung 1755, 299. Vgl. Mariotte, Traité 1740, 335.

[104] Lulofs, Einleitung 1755, 299. Gemeint ist La Hires (L'Eau, 1703, 61) Beobachtung, daß Regen, der auf das Felsmassiv fällt, innerhalb weniger Stunden in die Grotte de la Sainte Baume en Provence eindringt.

[105] Lulofs, Einleitung 1755, 301. Vgl. Sédileau, De l'Origine 1693, 329 f. und ErxH, 742 (mit der von L. aus Lulofs entnommenen Quellenangabe). Die „Sätze, die Ricciolus in der Geogr. reform: vorgetragen hat,“ sind im 7. Kapitel des 10. Buchs (Riccioli, Libri 1672, 426–433) gegebene Schätzungen der jährlich von allen Flüssen bestimmter Länder ins Meer transportierten Wassermengen, die Riccioli in Vielfachen der jährlichen Wassermenge des Po angibt. Sédileau (De l'Origine 1693, 331) benutzt diese Angaben zwar in seinen Berechnungen: „Mais M. Sedileau croit que l'estimation que le Pere Riccioli a faite de la quantité des eaux de la pluspart des rivieres, n'est pas juste.“ Vgl. L.s Zusatz ErxH, 742,14–18.

[106] S. 332,17–19 nicht bei Lulofs, Einleitung 1755.

[107] Es geht (Lulofs, Einleitung 1755, 301) um „[…] Brunnen, welche auf den höchsten Gipfeln der Berge entspringen, und viel mehr Wasser haben, als auf dem ganzen Umfange des Berges niederfällt; […].“

[108] Halley, Estimate 1705.

[109] Lulofs, Einleitung 1755, 303 f. Der fallende Tau störte Halley bei astronomischen Beobachtungen, indem er sich auf den Linsen seiner optischen Instrumente niederschlug und das Papier so durchfeuchtete, daß es mit Tinte nicht beschrieben werden konnte, vgl. Halley, Estimate 1705, 9 f. und GamN, 829.

[110] Lulofs, Einleitung 1755, 304. Man hatte auf dem offenbar am Meer befindlichen Gut Dünen drainiert und mit dem gesammelten Wasser Springbrunnen betrieben.

[111] Lulofs (Einleitung 1755, 306): „*Cartesius* stellete sich die Sache auf diese Weise vor: Er setzet daß unter der Erde, vornehmlich unter den Gebirgen, eine Menge von Hölen wären, welche vermittelst unterirdischer Gänge mit der See Gemeinschaft hätten, und durch diese Gänge mit Seewasser angefüllet würden, [...]. Dieses Wasser wird, nachdem es in den unterirdischen Hölen versammlet ist, durch die unterirdische Wärme in Dünste erhoben, daß es also durch die Zwischenräume und Oeffnungen der Gewölbe, mit welchen die Wasserbehältnisse bedecket sind, dringt, und sehr hoch steigt, bis daß die Dünste, nachdem sie ihre Wärme verloren, wiederum in Wassertropfen zusammenfließen. Diese Tropfen [...] sacken [...] nieder, bis daß sie eine kleine Ader antreffen, in welcher sie sich versammlen. Wenn viele von diesen kleinen Adern zusammen laufen, so machen sie eine große Quellader aus [...].“ – Vgl. Descartes, Principia 1644, 228 f. = pars IV, § LXIV (De Terra exteriore & de origine fontium).

[112] Vgl. Lulofs, Einleitung 1755, 313. – Vgl. Woodward, Essay 1702, 116–118. Woodward baut seine Meteorologie auf zwei Prinzipien: Das Innere der Erde ist eine Wasserkugel, die mit den Weltmeeren kummuniziert; und es besteht ein ständiger Kreislauf von Verdunstung und Kondensation, der sich im Gleichgewicht erhält.

[113] Nach Lulofs (Einleitung 1755, 307) ist der Dampf „14000 mal leichter“ als die Luft (vgl. den kritischen Apparat zu dieser Stelle).

[114] Lulofs, Einleitung 1755, 307 f.: „Er [d.i. Perrault, und zwar nach François, La science 1653, 10 = Bl. 13v] erzählet ferner, die Carthäuser hätten zwo Meilen von Paris eine Mühle gehabt. Nachdem sie eine merkliche Verminderung des Wassers verspüret hatten, und gewahr geworden waren, daß die Ursache in einer dabey gelegenen Steingrube müßte gesuchet werden, welche eröffnet war, und durch die Ritzen und Spalten einen starken Dampf aus sich stieß, so kaufeten sie diese Steingrube, und nachdem sie die Spalten gestopfet hatten, so kam eben so viel Wasser als vorher, wieder.“ – Vgl. Perrault, Traité 1721, 820.

[115] Lulofs, Einleitung 1755, 308; nach Varenius (Geographia 1693, 274 f. = Caput XVI, Propositio V [BL 692]) und Derham (Physicotheologie 1730, 101 f. = 2. Buch, Kapitel 5). – Varenius schreibt allerdings nicht ausdrücklich von Haarröhrchen, sondern von einem beständigen Fortschreiten oder Kriechen der Wasserteilchen in der Erde bis in die Nähe der Quelle, wo sie sich neben dem Hohlraum und wegen des beständig nachfolgenden Wassers zu Tropfen vereinigen, so daß eine Quelle entsteht. („[...] per continuam aquearum particularum progressionem vel reptionem, [ut ita dicam] in materia terrestri ad loca vicina fonti, ubi demum in guttas colligitur propter cavitatem & continuam successionem aquae, atque sic fontem efficit.“)

[116] Lulofs, Einleitung 1755, 308 f. mit Bezug auf Kircher, (Mundus 1, 1678, 260 f.) Kircher beschreibt folgenden Versuch: Eine kleine Säule aus Gips hat auf der Fläche ihres Kapitells eine Mulde. Die Säule wird mit der Basis in eine wassergefüllte Schale gestellt. Nach einigen Stunden ist die

Mulde des Kapitells mit Wasser gefüllt, das durch den Sog der Teilchen der Säule nach oben befördert worden ist („[...] invenies *aquam a gypsea columna suctu* a successivis partibus paulatim *attractam*, tandem usque ad craterem [...] columnae [...] pertingere, ibidemque usque ad inundationem perseverare; [...]"). – Sollte Kirchers Versuch den angegebenen Erfolg gehabt haben, könnte dieser nicht auf Adhäsionskräfte zurückgeführt werden.

[117] Lulofs (Einleitung 1755, 309): „Er [d.i. Perrault] nahm eine bleyerne Röhre, welche mit trocknem und durchgesiebten Sande aus einem Flusse angefüllet war, und setzete sie senkrecht in ein großes Gefäß mit Wasser, so daß ihr unterster Theil nur vier Linien tief unter dem Wasser stand. Nach Verlauf von 24 Stunden befand er, daß der Sand 18 Zoll hoch naß geworden war. Um nun zu sehen, ob dieses Wasser seitwärts auslaufen, und also Brunnenwasser geben könnte; so machete er in der bleyernen Röhre eine Oeffnung von 7 bis 8 Linien im Durchschnitte, zween Zoll über der Oberfläche des Wassers, welches in dem Gefäße war. An dieser Oeffnung machete er eine ganz kleine Rinne fest, welche ein wenig schief abhieng. In dieser legete er ein wenig trocknen Sand, nahe bey dem Sande der in der Röhre war. Unter diesem Sande legete er ein Stück Löschpapier, dessen Ende ein wenig aus der Rinne hervorragete, und senkrecht niederwärts hieng. Nun sollte man, wenn *Kirchers* Versuch von statten gienge, erwarten, daß von dem Ende des Papiers Wasser abtröpfelte, und dennoch befand Herr *Perrault*, daß nicht so viel Wasser heraus kam, den Finger naß zu machen, wenn man das Papier anrührete." - Vgl. Perrault, Traité 1721, 789 f.

[118] Lulofs, Einleitung 1755, 310.

[119] Lulofs (Einleitung 1755, 304): „Ob es gleich nicht zu läugnen ist, daß es einige Brunnen giebt, welche auf eine solche Weise, wie *Halley* vorträgt, entstehen; weil es eine bewiesene Sache ist, daß meistens die Wolken über die Gipfel der Berge hangen, und daß die Sonne da weniger Kraft hat, daß also die Dünste daselbst öfters verdicket, und in Wasser, welches einige Brunnen unterhalten kann, verwandelt werden, [...]." – Zu Halley vgl. S. 332,23–30.

[120] Lulofs (Einleitung 1755, 306): „Ob nun gleich in dieser Erklärung des *Descartes* viele Voraussetzungen zusammenkommen, welche mit keiner Sicherheit können bewiesen werden, so ist sie doch nicht ganz von aller Wahrscheinlichkeit entblößet; denn daß es viele unterirdische Hölen giebt, welche mit der See Gemeinschaft haben, dieses ist sehr wahrscheinlich." – Zu Descartes vgl. Anm. 111.

[121] Lulofs (Einleitung 1755, 311): „Wiewohl wir nun diese Schwierigkeiten bey des *Varenius* und *Derhams* Gedanken finden, so läugnen wir doch nicht, daß sich einige von ihnen heben lassen, und wahrscheinlicher Weise einige Quellen auf diese Art aus der See entstehen. Dieses läßt sich vornehmlich von demjenigen zeigen, die nebst der See Ebbe und Fluth haben; [...]. *Varenius* meldet, im Fürstenthume Wallis in Cantred Bichan, sey ein Brunnen, der täglich mit der Ebbe und Fluth ab- und anläuft; eben dasselbe erzählet er von einem Brunnen, der auf den Gipfel eines hohen

Berges in Island gefunden wird, und dessen Wasser süße ist. [...] So berichtet auch *Dodard*, bey Calais würden am Ufer Brunnen gegraben, die süße Wasser haben, das nach der Fluth und Ebbe mit dem Seewasser steigt und fällt, so, daß das Seewasser hier nur durch das Durchseigen süsse wird. [...]" Vgl. Varenius, Geographia 1693, 348 f. (die Quelle auf dem „Gipfel eines hohen Berges" befindet sich nach Varenius jedoch nicht in Island, sondern in Irland [„in Connacia Hiberniae provincia"]), und Duhamel, Historia 1698, 214 (= Sectio XI, Caput III).

122 Deluc (Recherches 1, 1772, 93): „aux sources basses".

123 In dem von L. ausgewerteten Abschnitt setzt sich Deluc (Recherches 1, 1772, 90–97) mit den Ansichten Woodwards auseinander, vgl. oben Anm. 112.

124 Von S. 334,31 an nach Deluc, Recherches 1, 1772, 93 f. = § 157.

125 Deluc (Recherches 1, 1772, 94 = § 159): „[...] la neige [...] au pied des grandes chaines de montagnes: [...]".

126 Der Begriff „Lauwärme" (tiède oder tépide) kommt bei Deluc in diesem Zusammenhang nicht vor.

127 Nach Deluc, Recherches 1, 1772, 94 f. = § 159. Die von Deluc nicht genannten Namen der Flüsse fügt L. hinzu.

128 Haller (Gedichte 1762, 20 f.): „Hier zeigt ein steiler Berg die Mauergleichen Spitzen / Ein Wald-Strom eilt dadurch, und stürzet Fall auf Fall. / Der dick-beschäumte Fluß dringt durch der Felsen Ritzen, / Und schießt mit gäher Krafft weit über ihren Wall: / Das dünne Wasser theilt des tiefen Falles Eile, / In der verdickten Luft schwebt ein bewegtes Grau, / Ein Regenbogen strahlt durch die zerstäubten Theile, / Und das entfernte Thal trinkt ein beständig Thau. / Ein Wandrer sieht erstaunt im Himmel Ströme fliessen, / Die aus den Wolken fliehn, und sich in Wolken giessen." Haller hat die letzten beiden Verse mehrfach verändert. – Vgl. GamN, 829.

129 Zum Heber oder Sipho vgl. ErxH, 297–300 = § 252–255. Auch Kircher, Mundus 1, 1678, 260 (Experimentum II), verweist auf das Heberprinzip als Ursache für bestimmte unterirdische Wasserströme.

130 Der Zirknitzer See (Cerkniško jezero) in Südwestslowenien ist ein periodischer See von bis zu über 30 km² Fläche und wie der Eichener See, vgl. Anm. 131, eine Karsterscheinung. Anders als L. schreibt Gruber (Briefe 1781, 108), der das Phänomen selbst untersucht hat: „Der Zirknitzer See beobachtet keine gewisse Jahrszeit zum An- und Ablaufen. Blos das regnerische Wetter kann ihn anfüllen, und das trockne ablaufen machen." Ebenfalls anders als die Einbeziehung des „Sipho", S. 335,28, die Randbemerkung im Kompendium (ErxH, 299,3) und die Notiz bei Gamauf (GamN, 830 f.) vermuten lassen, ist Gruber (ebd., 111) der Ansicht, der Zirknitzer See, „[...] er möge aus noch so viel höher liegenden Grotten entstehen, ist nichts anders, als eine Ueberschwemmungsart, zu welcher genug ist, wenn in eben der Zeit mehr Wasser heranfließt, als abfließen kann. Bey der Wirkung des An- und Abfließens hat die Natur keines einzigen Siphons oder Hebers vonnöthen, [...]." Über den See hatten früher u.a. Kircher,

Mundus 1, 1678, 258; Valvasor, Ehre 1, 1689, 618–696 (bes. 685–696 = Das LIII. Capittel, Von den Ursachen einiger wunderbaren Operation deß Cirknizer Sees.) und Steinberg, Nachricht 1761 (bes. 17–48 = Das dritte Capitul Von dem Anlauf und Wachsthum des Czirknitzer Sees, wie auch von seiner Länge, Breite und Tiefe; und 79–103 = Das sechste Capitul In welchem von dem Ablauf des Sees, wie auch von der Ordnung gehandlet wird, nach welcher die, in dem See, befindliche Gruben abzulaufen pflegen.) geschrieben.

[131] Vgl. Sander, See 1784. – Der Erzählung zufolge ließen sich für das unregelmäßige Entstehen und Verschwinden dieses Sees weder Beziehung zu anderen stehenden oder fließenden Gewässern noch zu Niederschlägen oder Trockenzeiten finden. Heute werden die Schwankungen des in einer Doline befindlichen Eichener Sees auf eine Verbindung zu dem umgebenden Karstwasserspiegel zurückgeführt.

[132] Zur Erklärung von Hunger-, intermittierenden und abwechselnden Quellen nach diesen Schemata vgl. GamN, 830–832 und die zugehörigen Fig. 1 f.

[133] Vgl. GamN, 832.

[134] Kalk ist Kalziumkarbonat ($CaCO_3$), und Bittersalzerde ist Magnesiumsulfat ($MgSO_4$).

[135] Meint L. das (preiswertere) Wasser der Selzer-Quelle in Karben, etwa 10 km von Bad Vilbel, oder dasjenige der Selters-Quelle in Niederselters im Taunus? Beide Mineralwässer enthalten viel Kohlensäure.

[136] Das „Parkersche Glas“ oder die „Parkerische Maschine“ hieß nach Gehler (3, 410): „Ein Instrument zur Imprägnation des Wassers mit fixer Luft, wodurch sich also künstliche Sauerwasser bereiten lassen, [...].“ L. (NL VII Q 2, Bl. 23r) hat ein solches Instrument „zu Imprägnirung des Waßers mit fixer Luft“ aus England mitgebracht und in der Vorlesung demonstriert, vgl. VNat 3, 393,7 f. Zu Aufbau und Funktionsweise vgl. Erxleben, Beschreibung 1776 und GamN, 268 f. und die zugehörige Fig. 15.

[137] Seifen und die Kationen harten Wassers (vor allem Kalzium- und Magnesiumionen), bilden wasserunlösliche Kalkseifen, vgl. die Randbemerkung S. 338,23–24. Mit hartem Wasser gekochte Hülsenfrüchte werden nicht weich, weil die Härtebildner unlösliche Verbindungen mit den Pektinen der Zellwände eingehen. Bergmans (Beschreibung 1, 1780, 297) Erklärung lautete: „Daß die Hülsenfrüchte darin nicht brechen, kommt besonders daher, daß das Wasser in Luftsäure aufgelöseten Kalk enthält, welche durch die Wärme gleich zu den Grad vermindert wird, daß der Kalk nicht länger aufgelöset erhalten werden kann, sondern niederfällt, die darin liegenden Früchte überziehet, und dadurch das Eindringen des Wassers hindert.“

[138] S. 338,31–339,9 nach Bergman, Beschreibung 1, 1780, 297 f.

[139] S. 339,10–13 nach Bergman, Beschreibung 1, 1780, 305.

[140] Bergman (Beschreibung 1, 1780, 305): „Von dem Wasser selbst kann kein Schwefel geschieden werden, ob er sich gleich an einigen Orten

in der Hölung der Wasserleitungen würklich ansetzt. […] Mehrentheils herrscht etwas alkalisches." Über die besondere Eignung des Wassers warmer Quellen zum Waschen schreibt Bergman nichts.

[141] Bergman, Beschreibung 1, 305–307

[142] S. 339,21–31 nach Bergman, Beschreibung 1, 1780, 287 f.

[143] S. 339,32–340,18 nach Bergman, Beschreibung 2, 1780, 181–183. Allerdings fehlt bei Bergman der Hinweis auf die für Verbrennungen unerläßliche „dephlogistisirte Lufft" (Sauerstoff).

[144] Bergman (Beschreibung 2, 1780, 187–189) erwähnt den Zusammenhang zwischen Erdbeben und vulkanischen Aktivitäten und die Gefahr explosionsartiger Verdunstungen beim Zusammentreffen von Wasser mit Magma.

[145] L. rechnet die 500 (Freiberger) Lachter nach Oppels (Anleitung 1749, 71) in Pariser Fuß um: „[…] ein Königlich Pariser Schuh verhält sich […] zum Lachter wie 14400 zu 87997." Oppel (Anleitung 1749, 243): „Und Johann Mathesius schreibet in der zweyten Predigt in seiner Sarepta: Zum Cuttenberg in Böhmen sind die tiefsten Schächte, denn man hat über 500 Lachter gesunken, […]." Vgl. Mathesius, Sarepta 1571, Bl. XVIr.

[146] Bergman (Beschreibung 1, 1780, 174), dem L. diese Bemerkung und auch den Hinweis auf Oppel entnimmt, schreibt, daß die tiefsten Gruben „630 Faden" erreichen.

[147] Es heißt jedoch über die „*Schemnitzer* Hauptgänge" bei Born, (Briefe 1774, 190 [= Zwanzigster Brief]): „Diese Teufe ist aber, ungeachtet sie gegen zweyhundert Klafftern beträgt, von keiner Beträchtlichkeit, in Absicht auf die Untersuchung des innern Baues der Erden, wenn man erwägt, daß nach den Versuchen, die unser geschickter *Poda*[!] mit dem Barometer in der Grube angestellet hat, der siebente Sargozi Lauf, der, vom *Carolischachte* an zu messen, 158, von der Höhe des Theresiaeschachtes aber, ungefähr 286 Klafftern betragen wird, noch weit höher liegen, als die Stadt Wien; […]." Der Name des Naturforschers ist Nicolaus Poda von Neuhaus.

[148] Nach Kästner, Anmerkungen 1775, 340–346 (BL 402). – Kästner hat die in sächsischem Maß von Schober (Versuche 1749, 253) angegebene Höhe der Quecksilbersäule in der: „[…] Kammer Kloski, in einer Teuffe vom Tage, 380 Ellen: 32 Zoll, 3 Linien." in Pariser Maß umgerechnet. Er erhält (Kästner, Anmerkungen 1775, 345) für den „Barometerstand 28 Zoll 1,14 Linien pariser Maaß. […] Dieser Barometerstand ist ohngefähr der, den man am Meere annimmt, eher noch etwas höher." Vgl. ErxH, 736, 31–33. – Die Umrechnung der 380 Dresdner Ellen in $110\frac{1}{2}$ Toisen hat L. nach Kästners Anleitung ausgeführt (Anmerkungen 1775, 344): „Dresdner Elle = 250,9 pariser Linien, Folglich $\frac{=250,9}{864}$ Toisen."

[149] L. hat diese Angaben vermutlich am Maßstab zu dem in Kupfer gestochenen „Profil der Harz Gebirge" abgelesen. Die Legende zu der Darstellung findet sich bei Lasius, Beobachtungen 1, 1789, 38 f. (BL 744).

[150] L. ist bei seiner gerundeten Rechnung wohl von dem Wert 500, s. S. 340,28, ausgegangen und hat die Lachter französischen Toisen gleichge-

setzt. Das 13175fache davon sind 6587500 Toisen, was ungefähr dem mittleren Erddurchmesser von 6544040 Toisen entspricht, vgl. ErxH, 650,17. Mit „6000“ ist also der ungefähre Erddurchmesser in Tausend Toisen gemeint; warum L. hier den „halbmesser“ ins Spiel gebracht hat, wurde nicht ermittelt.

151 Die vierte Aufl. des Lehrbuchs von Erxleben hat 56 römisch, 710 arabisch gezählte und 38 ungezählte Seiten (Register).

152 Gemeint ist „XIII. 14“, also das vierzehnte Blatt in L.s Manuskript zum Abschnitt XIII in Erxlebens Lehrbuch (entsprechend NL IX E, Bl. 56).

153 Vgl. ErxH, 650,17.

154 S. 342,3–6 nach Adelung, Versuch 2, 1775, Sp. 218 (BL 1452).

155 Varenius, Geographia 1693, 79.

156 Die richtige Zwischensumme für die ersten sieben Schichten beträgt 51 Fuß, vgl. den textkritischen Apparat zu S. 342,11–13.

157 L. macht diesen Zusatz, weil er den Schichtenaufbau nach Bergman, (Beschreibung 1, 1780, 176) notiert, vgl. S. 342,7, der ihn seinerseits Varenius entnommen hat.

158 Vgl. besonders unten die Texte Nr. 3, und 101–114.

159 Einteilung der Gebirgsarten nach Klügel, Encyklopädie 2, 1782, 516. Vgl. dagegen die später von L. angenommene Einteilung nach Werner (Text Nr. 14, ab S. 403,2).

160 Kirwan, Anfangsgründe 1785, 413.

161 Kirwan, Anfangsgründe 1785, 414 (Anmerkung von A. F. von Veltheim): „Die vortreflichen Bemerkungen eines *Ferbers, Borns, Pallas,* und eine Bergmännische Prüfung der Haupt-Gebürgesketten, werden einen genauen Beobachter bald überzeugen, daß diejenigen Gebürge, so der Hr. Verf. hier mit dem allgemeinen Namen, angeschwemmte Gebürge, belegt, allerdings noch in drey sehr verschiedene Unterarten, einzutheilen sind: nemlich in die einfachen Thon- oder Ganggebürge, in die einfachen Kalchgebürge, und in die Flözgebürge. Die innere Beschaffenheit dieser Gebürge, zeigt unläugbar, daß sie, in sehr unterschiedenen Zeitperioden entstanden sind; auch weichen sie nicht nur in den Erzarten, so sie führen, außerordentlich von einander ab, sondern auch in der Art, wie sie darinn gelagert sind.“

162 Von S. 343,20 an nach Klügel, Encyklopädie 2, 1782, 516 f.

163 Kirwan, Anfangsgründe 1785, 414 f. (Anmerkung des Übersetzers Crell).

164 Die Bestandteile des Granit nach Klügel, Encyklopädie 2, 1782, 30. Schörl ist eine schwarze Abart des Turmalin und kann in Granit als Nebengemengteil vorkommen, gehört aber nicht zu den regelmäßigen Hauptbestandteilen.

165 S. 344,1–3 nach Klügel, Encyklopädie 2, 1782, 517. Es heißt dort, daß die einfachen Ton- und Ganggebirge aus einer „ziemlich feinen Mischung von Thon-Erde, Sand, Glimmer, und Talk-Erde bestehen, worunter die erstere aber den größten Theil ausmacht.“

166 Die Nummern bezeichnen Handstücke aus den „Cabinets von Gebirgsarten", die J. C. W. Voigt als Erläuterung seiner zuerst 1785 erschienen „Drey Briefe über die Gebirgslehre" verkaufte und vertreiben ließ. In der zweiten Aufl. (Voigt, Briefe 1786, ungez. Bl. 6r) ist in einem Verzeichnis der bisherigen Käufer dieser Sammlung für Göttingen verzeichnet: „Hr. Prof. Lichtenberg, 4 Expl." Je ein Exemplar der Sammlung war (ebd., ungez. Bl. 3v) „bey Hrn. Universitäts-Apotheker Sander in Göttingen vor 5 Thlr. 18 gr." zu haben. Vgl. die Position im Verzeichnis „Physicalischer Instrumenten Apparat" (NL VII Q 2, Bl. 37r): „Die Voigtische Samlung von Gebirgs-Arten zu Erläuterung der Theorie der Erde." – Voigt (Briefe 1786, 64): „N. 9. *Gneuß aus dem Rathssteinbruche bey Freyberg.* Quarz und Glimmer sind in diesem Gemenge nicht zu verkennen, den Feldspath hingegen muß man oft mit dem Microscop heraussuchen, doch findet man auch Stücke, wo er sehr sichtbar ist." Der Gneis und auch die folgenden Gesteine stehen bei Voigt (ebd., 63–65) in der Abteilung „Grundgebirgs-Arten": „N. 5. *Braunrother Porphyr mit frischen Quarz- und etwas verwitterten Feldspath-Körnern, vom Tragberge bey Ilmenau.* In ihm streichen Gänge, die vorzüglich Kalkspath, Schwerspath, Eisenstein und Braunstein führen. [...] / N. 6. *Schwarzbrauner Porphyr, bildet am Abhang der hohen Schlaufe bey Ilmenau eine spitzige Klippe, den Ascherofen, und liegt auch parthienweis zwischen andern Porphyrn dieser Gegend.* Er schmelzt vor sich sehr leicht. Es scheint sogar, als ob der Ascherofen aus säulenförmigen Stücken zusammengesetzt wäre, weshalb ich vor einiger Zeit noch unschlüßig blieb, ob er nicht zu den Basalten gezählt werden könne. [...] / N. 7. *Löcheriger Porphyr von Grawinkel am Thüringerwalde.* Man erkennet leicht die dem Ganzen beygemengten Quarz- und Feldspath-Körner. [...] Diese Steinart wird weit und breit vor den besten Mühlstein erkannt, [...]. / N. 8. *Serpentinstein von Zöblitz im Sächs. Erztgebirge.* [...] / N. 10. *Glimmerschiffer von dem Ringberge bey Ruhla ohnweit Eisenach.* Er ist ohne Quarz und Feldspath, und unterscheidet sich dadurch vom Gneuß. Seine röthlichte Farbe scheint von einiger Verwitterung herzurühren, [...]. / N. 11. *Schwarzer Thonschiefer aus Lehsten, ohnweit Saalfeld.* Wegen der Eigenschaft, sich in dünne Tafeln spalten zu lassen, wird er zum Dachdecken gebraucht. [...] / N. 12. *Weißlichtgrauer Thonschiefer aus den Brüchen bey Schwarzburg.*" Aus der Abteilung der „Flötzgebirgs-Arten" (ebd., 66): „N. 18.[!] *Bituminöser Mergelschiefer (Kupferschiefer) von daher* [‚von Kupfersuhl bey Eisenach']. Der Kupfergehalt gegenwärtigen Stücks steigt nicht über anderthalb Pfund im Centner; des Silbers ist zu wenig, als daß es mit Vortheil davon gebracht werden könnte."

167 S. 344,11–19 nach Klügel, Encyklopädie 2, 1782, 517–519.

168 Aus der Abteilung der „Grundgebirgs-Arten"; Voigt (Briefe 1786, 65): „N. 13. *Weißer körnigter Kalkstein (Marmor) aus Crottendorf im Sächs. Erztgebirge.* Er liegt, so wie an einigen andern Orten dieses Gebirgs, in mächtigen Lagen zwischen dem Gneuß, und nicht selten ist ihm magnetischer Eisenstein beygemengt."

[169] S. 344,20–24 nach Klügel, Encyklopädie 2, 1782, 519 f.

[170] S. 344,25–28 nach Klügel, Encyklopädie 2, 1782, 520.

[171] Aus der Abteilung „Flötzgebirgs-Arten"; Voigt (Briefe 1786, 68–70): „N. 30. *Ge[l]blichtgrauer dichter Kalkstein (gelber Mehlbatz) vom Ettersberge vor Weimar.* Er gehört so wie die folgenden Abänderungen zu der Masse, die zusammengenommen die Thüringischen Kalkberge ausmacht. [...] / N. 31. *Dergleichen blaulichtgrau (blauer Mehlbatz) von daher.* / [...] N. 33. *Splitteriger grauer Kalkstein (Glaßstein)* von daher. / N. 34. *Dergleichen mit grauem Feuerstein,* der in oft unterbrochenen schmalen Streifen, die jedoch meistens einerley, und eine fast horizontale Richtung haben, im Kalkstein gefunden wird. Er ist vom Steiger bey Puffarth; am Jenaischen Steiger aber findet er sich noch häufiger. [...] / N. 35. *Brauner dichter Kalkstein, von Großen-Camsdorf über Saalfeld.* [...] / N. 39. *Steinkohle von Cammerberg ohnweit Ilmenau.* Sie liegt in abwechselnden Schichten zwischen beyden folgenden Nummern. [...] / [N. 40. *Schieferthon von daher.* ...] / N. 41. *Sandstein von daher.* Er wird über und unter den Kohlen gefunden."

[172] S. 345,1–9 nach Klügel, Encyklopädie 2, 1782, 521.

[173] S. 345,11–17 nach Klügel, Encyklopädie 2, 1782, 522 f.

[174] Vgl. unten Texte Nr. 115–118.

[175] Vgl. Kapitel „XI. Von der magnetischen Kraft", VNat 4, 344–378.

[176] Vgl. VNat 4, 344,6–17.

[177] Vgl. VNat 4, 346,28 f. und die zugehörige Anm.

[178] Vgl. VNat 4, 344,29 f.

[179] Vgl. VNat 4, 345,21 f.

[180] Vgl. VNat 4, 345,13 f.

[181] Vgl. VNat 4, 793 (Anm. 214).

[182] Vgl. VNat 4, 751 (Anm. 27).

[183] Vgl. VNat 4, 346,1–4. und 347,12.

[184] „Variatio" schließt die horizontale und vertikale Abweichung der Magnetnadel ein, also Inklination und Deklination. Den von L. angegebenen Wert für die Deklination, die Differenz zwischen der Richtung der Magnetnadel und des Meridians (Mittagslinie), in Göttingen hatte der Astronom Carl Felix Seyffer (Abweichung 1788) nach Beobachtungen vom 4. Juli 1788 berechnet. (Das Protokoll von neun an diesem Tag mit einer siebenzölligen Magnetnadel auf dem Observatorium angestellten Beobachtungen liegt in L.s Nachlaß [NL VI 52, Bl. 8 und 10–12].) Vgl. die Randbemerkung ErxH, 757,11–18 und Gehler 5, 2 f. In einem Brief an Trebra vom 28. Aug. 1788 (Bw 3, Nr. 1618) nennt L. 19° 56′ 51″ W als die von Seyffer aus sieben Anfang Juli 1788 gemachten Beobachtungen für Göttingen ermittelte Deklination.

[185] S. 346,22–347,26 nach Mayer, Nova theoria declinationis et inclinationis acus magneticae [1762], § 5f., im folgenden zitiert nach Mayer, Theory 1972.

186 Es heißt bei Mayer (Theory 1972, 97): „[...] corpus illud valde exiguum esse ratione totius globi terrestris, adeo ut in ipso calculo pro infinite parvo haberi possit." (ebd., 101: „[...] but it is probable that its bulk is exceedingly small in relation to [that of] the whole terrestrial globe, so that for the purpose of the calculation itself may be considered as infinitely small.")

187 Die 201° (östlich) von Ferro entsprechen etwa 176° 40′ W von Greenwich.

188 Mayers (Theory 1972, 102) fünfte Annahme lautet: „In the fifth place I am of the opinion that the perpendicular axis of the magnet passing straight through its centre and indeed in the plane which lies towards the meridian about which the same line is turning, is inclined in the northern region towards the east at an angle of 11 $^1/_2$ degrees."

189 Zu S. 346,22–347,26 vgl. ErxH, 756 f. Die Deklination von Quito, S. 347,20, ist östlich.

190 Vielleicht bezieht sich L. auf seine Vorlesungen zur Experimentalphysik am 6. und am 9. Aug. 1784, in denen er das Mariottesche Gesetz behandelt hat. Allerdings findet sich im zugehörigen „Büchelgen" (NL VII F 2, J 2, Bl. 21v–22r) kein Hinweis auf die Berechnung der Mächtigkeit der Erdatmosphäre.

191 L. berechnet die Höhe der Atmosphäre nach der in Erxlebens Lehrbuch (ErxH, 733 = § 681) angegebenen Regel. So erhält er unter der Annahme, daß der Luftdruck an der äußeren Grenze der Atmosphäre nur noch $\frac{1}{16}$‴ Quecksilbersäule beträgt, bei 28″ Quecksilbersäule in Meereshöhe eine Mächtigkeit der Atmosphäre von 37304 Toisen bzw. 9,8 geographischen Meilen (die Meile zu 3808 Toisen). Bei der Annahme eines Luftdrucks von $\frac{1}{100}$‴ am äußeren Atmosphärenrand betrüge die Höhe der Lufthülle 45263 Toisen oder 11,9 Meilen. Vgl. GamN, 854.

192 Lulofs (Einleitung 1755, 406): „Man setzet zum Voraus, die Morgendämmerung fange an, und die Abenddämmerung endige sich, wenn die Sonne 18 Grade unter dem Horizonte ist [...]." Für einen Erdradius von 3266287 Toisen berechnet Gamauf (GamN, 854–856) auf diese Weise eine Höhe der Erdatmosphäre von 40715 Toisen oder etwa 10,7 Meilen.

193 Eben das Licht, das *f* erleuchtet, ist die Dämmerung. – Zur Kritik dieser Berechnung heißt es bei Lulofs (Einleitung 1755, 406 f.): „Daß aber dieses Verfahren sehr unsicher ist, wird gleich daraus erhellen, wenn man bedenkt, daß dadurch nichts anders dargethan wird, als daß die Theilchen, welche die Sonnenstrahlen zurückzuwerfen vermögend sind, sich nicht weiter als 44 Meilen oder etwas höher erstrecken; könnte die Luft nicht vielleicht in großen Höhen zu dünne seyn, die Lichtstrahlen für unsere Augen empfindlich zurücke zu werfen? Vielleicht wird die höhere Luft so locker und dünne, daß die Lichtstrahlen durchgehen. Auch ist es, [...], sehr ungewiß, ob nicht die Dämmerung von zwo Zurückwerfungen entsteht, da man hier nur eine betrachtet. Noch unsicherer wird diese Rechnung, weil die Strahlen nach der Brechung in *D* [d. i. der Schnittpunkt des Sonnenstrahls

mit der äußeren Grenze der Atmosphäre] nicht gerade fortgehen, wie voraus gesetzet wird, sondern eine krumme Linie beschreiben, [...].“

194 La Hire (Tabellen 1725, 93) hat als erster für die Berechnung des Eintritts und der Dauer einer Mondfinsternis empfohlen, „wegen der starcken Atmosphaere der Erden, noch eine Minute“ zur Größe des halben scheinbaren Erdhalbmessers zu addieren. Wer die verschiedenen Mächtigkeiten der Atmosphäre bei der Berechnung der Mondfinsternisse berücksichtigt hat, wurde nicht ermittelt.

195 Die von L. mit einem Zusatz versehene Stelle aus dem § 714 in Erxlebens Lehrbuch (ErxH, 761 f.) ist weiter bekannt geworden, weil sich Kant in seiner Schrift „Etwas über den Einfluß des Mondes auf die Witterung“ (1794, KA VIII, 317) auf sie bezieht: „Herr Hofrath Lichtenberg in Göttingen sagt in seiner aufgeweckten und gedankenreichen Manier irgendwo in seinen Schriften: ‚Der Mond sollte zwar nicht auf die Witterung Einfluß haben; er hat aber doch darauf Einfluß.‘“

196 Kratzenstein (Abhandlung 1747, 40) war der Ansicht, daß der Einfluß des Mondes keine täglichen Barometerschwankungen verursacht. Auch Woltmann (Resultate 1788, Sp. 1064) hatte aus über ein viertel Jahr gehenden zweistündlichen Barometerbeobachten gefolgert: „[...] eine tägliche Veränderung des Drucks der Atmosphäre giebt es entweder gar nicht, oder sie ist [...] wenigstens kaum merklich, [...].“ Frisi (Opuscoli 1781, 14 f.) hat Hemmer (Einfluss 1790, 220 f.) zufolge festgestellt: „Aus mathematischen Berechnungen erhelle jetzt zur Genüge, dass beym Durchgange des Mondes und der Sonne vom Horizont zum Meridian an jedem Tage die Höhe des Barometers nicht mehr als um $\frac{1}{48}$ einer Pariser Linie durch die Wirkung des Mondes, und um $\frac{1}{100}$ durch die Wirkung der Sonne verändert werden könne.“ (Vgl. Gehler 5, 139 f.) Pilgram (Untersuchungen 1788, 85) fragt: „Was kann aber eine 10 Schuh hohe Luftsäule für erstaunliche Wirkungen in der Witterung verursachen, welche die Barometerhöhe etwa um $\frac{1}{10}$ einer Linie erhöhet?“ – Die Quelle für den von L. angegebenen Wert wurde nicht ermittelt.

197 Die Akademie hatte die Aufgabe gestellt, die Regeln und Gesetze aufzufinden, nach denen sich der Wind richten müßte, wenn die Erde allseits von einem tiefen Ozean umgeben wäre, so daß für jede Zeit und für jeden Ort die Richtung und die Geschwindigkeit des Windes bestimmt werden könnten. [D'Alembert, Meditationes 1746, 1: „Quaestio ab illustrissima Academia proposita haec est: Invenire ordinem & legem, quam deberet sequi ventus, si terra undique profundo oceano circumdaretur: adeo ut pro quovis tempore & loco definiri possit venti directio ac velocitas.“] Außer der Arbeit des Preisträgers d'Alembert wurden zwei weitere Einsendungen in einem Sammelband veröffentlicht. – D'Alembert (ebd., IV) schreibt zwar: „Je ne prétends point adopter sur ce sujet tous les préjugés vulgaires: mais l'action de la Lune sur la Mer étant fort supérieure à celle du Soleil, de l'aveu de tous les Savans, on est forcé, ce me semble, d'avouer aussi, que l'action de cette Planete sur notre Atmosphere est très-

considerable, & qu'elle doit être mise au nombre des causes capables de produire dans l'air des changemens & des alterations sensibles." Er folgert aber andererseits aus einer Rechnung, daß es kein Wunder sei, daß Sonne und Mond keinen spürbaren Einfluß auf das Barometer haben. [ebd., 37: „Quare generatim affirmare possumus, non mirum esse, si actio solis & lunae nullum in Barometro sensibilem edant effectum."] – Der ungenannte Konkurrent (Recherches 1746, 142) hält zwar die Einwirkungen von Sonne und Mond auf die Atmosphäre für die Hauptursachen der Windentstehung, führt aber zu Barometerschwankungen sonst nur noch an (ebd., 175 f.), daß sie trotz starker Veränderungen in größeren Höhen der Atmosphäre wegen der Trägheit und Kompressiblität der Luft ausbleiben können. – Mylius, der Autor der dritten veröffentlichten Arbeit (Versuch 1746, 202) berücksichtigt zwar den Einfluß des Mondes auf die Atmosphäre, kommt aber zu dem Schluß, „daß nemlich die anziehende Kraft des Monds, ausser der Ebbe und Fluth, in dem Wasser gar keine merkliche Wirkung hervorbringe." Vermutlich aus diesem Grund erwähnt er auch keine vom Mond verursachten Barometerschwankungen.

198 S. 349,17–33 nach Lambert, Observations 1771, 67–69 unter Bezug auf Toaldos „Saggio meteorologico" (Influenza 1770, 179); es ist also nicht klar, was L., S. 349,19–20, mit der Bemerkung meint, es sei „nicht in dem Buch, welches ich citirt habe".

199 Vgl. GamN, 860 f. – Franklin (Experiments 1769, 381–383 = Letter XXXVI) in einem Brief vom 12. Mai 1760 an Alexander Small in London: „Agreeable to your request, I send you my reasons for thinking that our North-East storms in *North-America* begin first, in point of time, in the South-West parts [...]." Eine starke Hitze über dem Golf von Mexiko erwärmt die Luft; diese steigt auf und wird durch kühlere Luft aus Norden ersetzt. Die Bewegung der Luft in den jeweils nächstgelegenen nördlichen Gegenden folgt zeitlich derjenigen der südlicheren Luftmassen. Franklin vergleicht das mit in einem Kanal stehenden Wasser: Wird an einem Ende des Kanals das Wehr geöffnet, läuft das dort befindliche Wasser zuerst ab, während sich das Wasser am anderen Ende des Kanals zuletzt in Bewegung setzt.

200 L. notiert im Sudelbuch (NL IV 33, p. 45 [L 303]): „Zwischen den Wendekreisen wäre der Wetterhahn kein Symbol der Unbeständigkeit. Er sieht immer denselben Weg."

201 Zur Theorie der Passatwinde nach Halley (Account 1686) vgl. ErxH, 762 f. (§ 715) und GamN, 857 f.

202 L.s Randbemerkung nach Brisson, Dictionnaire 2, 1781, 700, vgl. Descartes, Principia 1644, 222 (= pars IV, cap. LIII) und Rohault, Physica 1729, 440 f.

203 Nach Halley, Account 1686, 166 f.

204 Im Französischen (Brissot, Dictionnaire 2, 1781, 699) zählten die „*Vents Alizés*" zu den „*Vents généraux* ou *constants*" und die „*Moussons*" zu den „*Vents réglés* ou *périodiques*". Im Deutschen wurden „Passat

winde“ und „Monsoons Mussons“ bisweilen gleichgesetzt (vgl. Gehler 3, 413 und Bergman, Beschreibung 2, 1780, 94). Andererseits ist bei Zedler (Universal Lexicon 57, 1748, Sp. 611) noch eindeutig der Passat ein „beständiger, oder immerwährender“ Wind, und es sind die „Moussons“ (ebd., Sp. 612) „zu gewissen Zeiten des Jahres wehende Winde“. Wann die Verwirrung dieser Begriffe einsetzte und worauf sie beruhte, wurde nicht ermittelt.

205 „Musschenbroecks magnet. Charte“ ist nicht die „Tabula Totius Orbis Terrarum Exhibens Declinationes Magneticas, ad Annum 1700. composita ab Edmundo Halleyo. simul cum Inclinationibus Poundio observatis.“ (Musschenbroek, Dissertationes 1729, Tab. X), deren Isogonen für das Jahr der Darstellung von Halley folgen, sondern (ders., Introductio 2, 1762, Tab. LXIV) die „Tabula Totius Orbis Terrarum, Exhibens Declinationes Magneticas, prout Observatae sunt Anno 1744. una cum Ventis Generalibus.“ L. hatte das Buch von seiner Englandreise mitgebracht, vgl. BL, S. 305 (= Anhang III, Nr. 15). Ein Exemplar dieser Karte befindet sich in L.s Nachlaß (NL VIII G 3, 14). Sie geht zurück auf die Karte von Mountaine und Dodson (Account 1746), von der sich ein Nachstich unter dem Titel „Carte qui indique avec la direction des Vents géneraux les Variations qu'avoit la Boussole en 1700 et 1744 dans presque tous les lieux de la Mer“ bei Bouguer (Traité 1753, Tab. XII) findet, die ihrerseits die Vorlage für den Nachstich bei Scarella (De magnete 1, 1759, Tab. II) abgegeben hat.

206 Vgl. GamN, 859 f. und Fig. 9. – Etwas vereinfacht nach Bergman (Beschreibung 2, 1780, 89 f. und Fig. 20), der diese Beobachtung aber nicht speziell auf die Entstehung der Monsune, sondern allgemein auf verschieden gerichtete Luftbewegungen in der Atmosphäre bezieht.

207 In diesem Sinn erklärt Heise (Wind 1778, Sp. 1425 f.): „Im Frühjahr und Herbst giebt es mehr Wind, als in den übrigen Jahrszeiten. Zu den Frühlingswinden trägt sowohl das Schmelzen des Schnees, als die zunehmende Verdünnung der Luft durch die sich immer mehr nähernde Sonne, und zu den Herbstwinden sowohl die bey der Entfernung dieses Gestirns wieder eintretende Verdickung der Luft, als auch die Auflösung der Dünste des Sommers, die bey solcher Verdickung im Herbst in Regen verwandelt herunter fallen, das Ihrige bey.“

208 Vgl. Wargentin, Geschichte 1753, 250.

209 Zu der Aristoteles-Legende vgl. Bw 1, Nr. 168 (Anm. 12).

210 Ritzebüttel liegt an der Elbmündung. L. hatte vor, den Ort 1773 auf seiner Reise zu besuchen, vgl. Bw 1, Nr. 165 (S. 289) und Nr. 168 (S. 294). Auf dem Neuwerk, einer Insel im Watt, verbrachte L. (Bw 1, Nr. 181 [S. 325]) auf seiner Seefahrt im Juli 1773 „zwei Nächte und einen Tag“.

211 Israels Durchzug durchs Schilfmeer und der Untergang der Ägypter, 2. Mose 14, 21–29.

212 Wargentin, Geschichte 1753, 250: „Einige giengen so weit, daß sie die Erde für ein lebendiges Thier hielten, das mit einer Bewegung, die

unserm Odemholen ähnlich wäre, Wasser in sich zöge und wieder ausstieße." Vgl. Bergman, Beschreibung 1, 1780, 378 (Fußnote y).

213 Newton, Principles 2, 1729, 255–261 (Book III, Prop. XXIV, Theorem XIX [That the flux and reflux of the Sea, arise from the actions of the Sun and Moon.]; 305–313 (Book III, Prop. XXXVI, Probl. XVII. [To find the force of the Sun to move the Sea.] und Book III, Prop. XXXVII. Probl. XVIII. [To find the force of the Moon to move the Sea.]). – Zu einer späteren Verteidigung der Theorie Newtons durch L. vgl. Bw 5.1, Nr. 2686.

214 Für die Demonstration der Versuche mit der schiefen Ebene hatte L. in seiner Instrumentensammlung (NL VII Q 2, Bl. 16v): „Ein Planum *inclinatum* aus Eichenholz mit Rolle und Gradebogen nebst einen kleinen nett gearbeiteten meßingenen Wagen […]." Diese in der Neigung verstellbare schiefe Ebene hätte sich auch zur Demonstration des Versuchs mit den Kugeln geeignet. – Mit „fallen" meint L. die Bewegung der Kugeln auf der schiefen Ebene.

215 Vgl. Newton, Principles 2, 1729, 313 [Book III., Prop. XXXVII, Problem XVIII, Cor. 8]): „The mean distance of the centres of the Earth and Moon in the syzygies of the Moon is equal to 60 of the greatest semidiameters of the Earth, subducting only about one 30th part of a semidiameter."

216 Halley, Theory 1697, 450: „Now if we suppose the force of the Moons attraction to decrease as the Square of the Distance from its Center increases (as in the Earth and other Celestial Bodies) we shall find, that where the Moon is perpendicularly either above or below the Horizon, either in Zenith or Nadir, there the force of Gravity is most of all diminished, and consequently that there the Ocean must necessarily swell by the coming in of the Water from those parts where the Pressure is greatest, […]."

217 Vgl. VNat 4, 48,18 f. und VNat 3, 223,15–21.

218 Der erste Körper wäre 50′ und der zweite 400′ gefallen. Nach 5 Sek. betrüge die Entfernung zwischen beiden Körpern 360′, wenn der weniger beschleunigte Körper vor dem Fall 10(′) über dem stärker beschleunigten geruht hätte, bzw. 340′ im umgekehrten Fall.

219 Diese Differenz setzt eine Verformbarkeit voraus, die bei der Wasserhülle größer als bei der festen Erde ist.

220 Deutlicher schreibt Gamauf (GamN, 867 f.): „Es sey nähmlich die Wirkung welche die Ziehkraft des Mondes L, im Mittelpunkt der Erde hervorbringt, = 1, und die auf der *festen* Oberfläche derselben = x, so wird in a, diese Wirkung $1 + x$, in b aber $1 - x$, betragen." Wobei a der dem Mond am nächsten liegende und b der fernste Punkt der Erdoberfläche ist.

221 Dieses Gedankenexperiment widerspricht der richtigen Aussage über die Kugeln auf der geneigten Ebene, s. oben S. 353,34–354,2.

222 Vgl. ErxH, 769 f. (§ 722) und GamN, 867 f.

223 Nach Bergman (Beschreibung 1, 1780, 375) 49 min.

[224] Der synodische Umlauf ist der zeitliche Abstand zwischen zwei gleichen Mondphasen.

[225] Vgl. S. 122,30 im Kapitel „XII. Vom Weltgebäude und der Erde überhaupt". – Die Dauer eines mittleren synodischen Monats, der Zeit zwischen gleichen Mondphasen, wird heute mit 29 Tage, 12 Stunden, 44 Minuten, 2,9 Sekunden angegeben. Lulofs (Einleitung 1755, 275) geht für die Berechnung der Gezeiten davon aus, daß sich der Durchgang des Mondes durch den Meridian eines Orts von Tag zu Tag um 48′ 45″ 48‴ verzögert.

[226] Bergman (Beschreibung 1, 1780, 375): „Ob nun gleich die Sonne ungefähr 70 Millionen mahl grösser ist, als der Mond, und in Ansehung dessen hiebey mehr ausrichten müste, als der Mond, so hat doch seine Würkung ein grosses Uebergewicht, indem sein Abstand von der Erde über 400 mahl kleiner ist, als der Abstand der Sonne, und seine Dichtigkeit gegen dreymahl grösser, als die ihrige."

[227] Vgl. Newton, Principles 2, 1729, 256 (= Book III, Prop. XXIV, Theorem XIX) und Halley, Theory 1697, 451.

[228] Vgl. Newton, Principles 2, 1729, 256 f.

[229] S. 356,12–18 nach Lulofs, Einleitung 1755, 263.

[230] Vgl. Newton, Principles 2, 1729, 259.

[231] Wargentin (Erklärung 1754, 94): „Bey mittelmäßiger Fluth steigt das Wasser in offener See von der vereinigten Wirkung der Sonne und des Mondes ohngefähr $10\frac{1}{2}$ Fuß hoch, wenn aber ihrer Wirkungen gegen einander streiten, nämlich in den Tagen der Viertheile, so erreicht die Mondenfluth nicht völlig 7 Fuß."

[232] Newton (Principles 2, 1729, 257): „But the effects of the luminaries depend upon their distances from the Earth. For when they are less distant, their effects are greater, and when more distant, their effects are less, and that in the triplicate proportion of their apparent diameter."

[233] Newton, Principles 2, 1729, 257 (Book III, Prop. XXIV, Theorem XIX), vgl. Lulofs, Einleitung 1755, 265 und 263 f.

[234] Newton, Principles 2, 1729, 258 f. Die Angabe zu Bristol nach Sturmy, Account 1668, 814, und die zu Plymouth nach Colepresse, Account 1668, 632.

[235] L.s Angaben vermutlich nach Hube (Unterricht 1, 1793, 141 [19. Brief]). – Die Angaben zu den Fluthöhen in St. Malo gehen zurück auf Bernoulli (Traité 1751, 113), der sie einem M. Thouroud verdankt, diejenigen in Bristol (45′[!] und 25′) auf Sturmy (Account 1668, 813 f.), vgl. Anm. 234.

[236] Vgl. ErxH, 668 f. und 677 f. (§ 610 und 622), sowie S. 141,24–30 Kapitel XII in diesem Band.

[237] Bergman (Beschreibung 1, 1780, 374): „Die höchste Fluth, von welcher man Nachricht hat, gehet ungefähr auf 50 Fuß, [...]; aber bey den kleinen Insuln im freyen Meere hält sie sich gemeiniglich zwischen 6 und 15 Fuß."

[238] Hube, Unterricht 1, 1793, 142 f.

[239] Tietz (Vestigia 1760) zweifelte nicht an der allgemeinen Richtigkeit von Newtons Gezeitentheorie, lehnte aber die von Newton (Principles 2, 1729, 309 [Book III, Prop. XXXVII, Problem XVIII, Cor. I]) nicht weiter begründete Beschränkung der Gezeiten auf Meere mit einer Ost-West-Ausdehnung von über 90° ab, vgl. S. 358,10–11. Da die Ursache der Gezeiten auch auf kleinere Meere wirkt, müßten dort ebenso, in entsprechend geringerem Ausmaß, Gezeiten vorkommen. Aus täglichen, sich über 10 Jahre erstreckenden Beobachtungen der Meereshöhe bei Danzig folgerte Tietz, daß auch in der Ostsee ein Einfluß des Mondes nachweisbar ist.

[240] Mann (Mémoire 1785, 13) berechnet in einem Gedankenexperiment unter Voraussetzung von Newtons Erklärung der Gezeiten, daß die Gravitation der Erde ein fiktives Meer auf dem Mond um 400 Fuß anheben könnte, während die durch die Gravitation des Mondes verursachte durchschnittliche Erhebung der Weltmeere nur $5\frac{5}{7}$ Fuß beträgt. Mann erinnert jedoch daran, daß sich das Wasser auf dem Mond immer auf einer gleichen Höhe halten und nicht abebben würde, weil sich die Gegenstellung des Mondes zur Erde nur geringfügig ändert. – Die Spekulation über Form und Bewegung des Monds, S. 358,22–24, findet sich nicht bei Mann.

[241] Hube, Unterricht 1, 1793, 143.

[242] Newton (Principles 2, 1729, 257): „The effect of either luminary doth likewise depend upon its declination or distance from the equator. For, if the luminary was plac'd at the pole, it would constantly attract all the parts of the waters, without any intension or remission of its action, and could cause no reciprocation of motion."

[243] Vgl. ErxH, 726 f.

[244] Fernando Póo, heute Bioko, Insel im Golf von Guinea.

[245] Bergman (Beschreibung 1, 1780, 383): „Unterhalb der Bank des Vorgeb. der guten Hofnung ziehet ein Strom stark gegen Süden, aber zwischen diesem Vorgebürge und *Madagascar* ist ein heftiger Zug von Nordost nach Südwest[!], besonders zwischen erwähntem Vorgebürge und dem Lande *Natal.*"

[246] Vgl. Bergman, Beschreibung 1, 1780, 387.

[247] Die Bemerkungen zum „Malstrohm oder Moske-Strohm" nach Bergman (Beschreibung 1, 1780, 379–381), der zur Kenntnis der geographischen Situation einen Plan abbildet (ebd., Tab. II, Fig. 20):

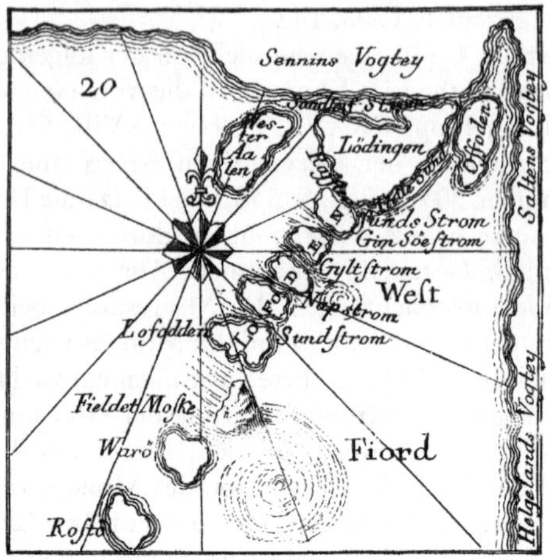

248 Hell (Observationes 1790, 326): „E Regione hujus Insulae, & sequentis, *Arenoe* dictae, occidentem versus, in distantia circiter 8, vel 9 milliarium, habetur celebris ille apud Geographos Vortex in Mari glaciali dictus, *Maalstrom*, vel *Maskoestrom*, constat autem e tribus majoribus Insulis, & quidem ab hominibus habitatis, dictis *Maskoe*, *Varoe*, *Röstoe*; circa quas Insulas Vortex maximo, impetu fertur, quem durante aestu marino contemplatus sum per tubum optimum e monte Insulae *Arenoe*.“ [Gerade gegenüber dieser und der in westlicher Richtung folgenden, Arenoe genannten Insel befindet sich jener bei den Geographen berühmte Strudel des Eismeers mit Namen *Maalstrom* oder *Maskoestrom*. Er(?) besteht aus drei größeren, gewiß von Menschen bewohnten Inseln, *Maskoe*, *Varoe*, *Röstoe*, um welche der Strudel mit Ungestüm dahintreibt. Während der Meeresflut habe ich ihn mit einem guten Fernrohr vom Berg der Insel *Arenoe* aus beobachtet.]

249 Erx[6], 694: „Von den Strömen auf dem Atlantischen Meere handelt vortrefflich: *Hydraulic and nautical observations on the atlantic Ocean by Governor Pownall*, *F. R. S. London* 1787. 4. nur 17 Seiten stark mit einer See-Charte und Noten von *D. Fränklin.* S. auch *D. Franklin's maritime observations* in den *Transact. of the American Soc. Vol.* II. *p.* 314. *L.*“ Vgl. Pownall, Observations 1787, sowie Franklin, Letter 1786, 314–317 und Plate 5 (A Chart of The Gulfstream). – Vgl. ErxH, 726,1–11 (Randbemerkung.)

250 Scheele, Erfahrungen 1782, 276. – Ein Exemplar des Buchs befand sich in L.s Bibliothek (BL 509).

251 Leonhardi, Umriß 1782, 216.

252 Nicht ermittelt. Vielleicht war der Marmor dunkel und poliert, so daß aus der Luft niederfallender Staub gut erkannt werden konnte.

253 Vielleicht meint L. einen Aschefall in Konstantinopel im Jahr 471 oder 472, der von Procopius und Marcellinus Comes – vermutlich zu

Unrecht – auf einen Ausbruch des Vesuv zurückgeführt wurde. Zur Überlieferung vgl. Chladni, Feuer-Meteore 1819, 359–361.

254 L. berichtet aus Stade in einem Brief an Kästner, 24. Mai 1773 (Bw 1, Nr. 163 [S. 283]): „[...] heute sind die stehenden Wasser in manchen Gegenden gantz mit einem gelben Blumenstaub bedeckt, oder mich mit den Leuten hier auszudrücken, es hat vergangene Nacht Schwefel geregnet. [...] es ist vermuthlich der Staub von der wilden Castanien Blüthe, [...].“ Vgl. auch Bw 1, Nr. 164 (S. 286) und Nr. 166.

255 ErxH, 773,20–26. – Chambers (Cyclopaedia 2, 1786 [Vol. II, N° 156, 9 R, Bl. 2v]): „GOSSAMER is the name of a fine filmy substance, like cobwebs, which is seen to float in the air, in clear days in autumn, and is more observable in stubble-fields, and upon furze and other low bushes. This is probably formed by the flying spider, which, in traversing the air for food, shoots out these threads from its anus, which are borne down by the dew, &c.“

256 Zu L.s Ansicht über das Schmelzen vgl. ErxH, 438,16–27 (Randbemerkung) und über die Ausdünstung vgl. ErxH, 280,4–15 (Randbemerkung).

257 Vgl. ErxH, 447,16–19 (L.s Anmerkung zu §. 434). – Vermutlich spielt L. auf die von Saussure (Versuch 1784, 230 f.) beschriebene Beziehung zwischen „dem mit Luft vermischten Dunste, und dem elastischen reinen Dunste“ an: „Es giebt demnach keine abgeschnittenen und genau bestimmten Gränzen unter dem reinen, elastischen Dunste, wie er aus der Oeffnung der Dampfkugel herausfährt, und demjenigen, der durch eine geringe Wärme aufsteigt, sich sanfte mit der Luft vermischet, und von ihr aufgelöset wird. Vielmehr giebt es unendliche Uebergänge zwischen diesen zwo Arten, dergestalt, daß unerachtet der großen Verschiedenheit zwischen ihren äußersten Gränzen, man gleichwohl annehmen kann, diese zwo Arten von Dünsten seyen eine einzige und die nämliche elastische Flüssigkeit, welche durch die Verbindung des Elementarfeuers mit dem Wasser hervorgebracht wird.“

258 Hales (Statick 1748, 5): „Ein Mensch transpiriret in 24 Stunden ohngefähr 31 Untzen, wie der Doctor *Keil* gefunden hat, und in seiner Medicina Statica Britannica nachzulesen ist. // Die Transpiration der Sonnen-Blume in eben so viel Zeit[!], beträget 22 Untzen, wenn 2 Untzen für Transpiration zum Anfang und Ende der Nächte im Julio hinzugethan werden, das ist, die Morgens und Abends vor dem Augenblicke verlaufen, da ich die Pflantze wog.“ Vielleicht beruhen L.s Angaben auf Hales' (ebd., 7) Vergleich zwischen den Schwankungsbreiten der Transpiration, die beim Menschen „von anderthalb bis drey Pfund“ in 24 Stunden und bei der Sonnenblume „von 16 Untzen bis auf 28 in 12 Tages Stunden“ reicht. – Zur Größe der Ausdünstung einer Sonnenblume vgl. Anm. 695 und GamN, 875.

259 Vgl. ErxH, 445,4–7.

[260] Die Quelle für diese Aussage wurde nicht ermittelt. Indirekt findet sie sich in Bergmans Schrift „Meditationen über das natürliche System der Fossilien" (Opuscula 4, 1787, 180–278 [Meditationes de Systemate Fossilium Naturali]). Die besagte Stoffgruppe nennt Bergman dort „irdische alkalische Salze". Diese gehören zu den „analogischen Salzen", die Bergman (Werke 4, 1788, 292) wie folgt beschreibt: „Erden und Metalle widerstehen zwar für sich der Auflösung im Wasser, durch die Vereinigung aber mit einem Salze, erlangen sie gemeiniglich eine Auflösbarkeit, und heissen denn analogische Salze." In der gleichen Schrift äußert sich Bergman über die Beziehung zwischen der Löslichkeit eines Stoffes in Wasser und der Oberfläche der zu lösenden Stoffmenge (ebd., 251 f.), und er schreibt (ebd., 254), „Kieselerde", „Schwerspath" und „der luftsaure Kalch [...] sind vermöge ihrer Zusammensezung salzige Erden, auch ohne Zweifel auflösbar, ohnegeachtet die Art ihrer Auflösung nicht durch die Erfahrung bestimmt ist." Daraus ließe sich L.s Aussage ableiten. Der Band der lateinischen Originalausgabe (Bergman, Opuscula 4, 1787) befand sich in L.s Bibliothek (BL 186). – Der Name „erdige Mittelsalze" wird in einem von Bergman herausgegebenen Werk von Scheffer (Vorlesungen 1779, 152) verwendet. (Das Exemplar aus L.s Bibliothek [BL 793] gehört jetzt zum Bestand der SUB Göttingen [8 CHEM I, 2262 RARA]). Auch Scheffer äußert sich über die Beziehung zwischen Oberfläche und Löslichkeit (ebd., 2 f.); es findet sich jedoch dort nichts zur Löslichkeit der Mittelsalze.

[261] Die wesentlichen Ansichten über das Entstehen von Dünsten hat Saussure (Versuch 1784, 215) zusammengefaßt.

[262] Zu den Begriffen „Atmometer, Atmidometer" verweist L. im Kompendium (ErxH, 775) auf seine „Excerpta" (NL VI 55, Bl. 33v–34r = p. 184 f.). „Atmometer p. 105. / HE. v. Saussure's Atmometer steht beschrieben im Journal de Physique. T. XXXIV p. 161 und Grens Journal der Physik. B. I. S. 443. Er bediente sich dessen auf Col du Geant. Es war ein Streiffen feiner Leinwan[d] 13 Zoll lang und 10 breit, dieser war in einen leichten Rahmen gespannt ohne ihn zu berühren (mit Fäden). Diese wurde am Feuer oder der ☉ ausgetrocknet und so gewogen, alsdann mit einem nassen Schwamm befeuchtet, wog sie nicht 150 Grane mehr als vorher so brachte er noch mehr Wasser daran. Wog sie nun mehr als 150 so ließ er sie an der Wage hängen, und wartete bis sie 150 Gr wog. 6 Zoll davon, der Mitte gegenüber hieng ein empfindliches Thermometer und Hygrometer. Dessen Zustand beobachtete er alle 20 Minuten, bis die Leinwand gegen 65 Gr. verlohren hatte, weil hier die Adhäsion zu starck wird. Er fand daß auf dem Col du Geant wo das Barom 18″ 9‴ stand die Wärme mehr als die Trockenheit, in Genf hingegen, wo das Barom 27″ 3‴ stand die Trockenheit etwas mehr als die Wärme auf die Größe der Ausdünstung gewürckt hatte. Hieraus schloß er daß bey gleichem Stand des Hygrom und Thermometers auf dem Berge und in der Pläne, auf ersterem bey einer dreymal geringeren Dichtigkeit der Lufft mehr als doppelt so groß sey, als in der Pläne." Gamauf (GamN, 873 und Fig. 15 f.) beschreibt die beiden Atmo-

meter nach Richmann (Instrumentum 1744; ders., Constructio 1749). Auf das zweite Richmannsche Atmometer verweist auch Lichtenberg (Nachtrag 1792, 151).

263 L. schlägt ein Atmidometer mit einer Anzeige nach dem Prinzip verbundener Röhren vor, mit dem die Volumenänderung des im Behälter befindlichen Wassers berechnet werden kann, und ein zweites Instrument, bei dem die Menge des verdunsteten Wassers durch Wägen bestimmt wird. Das Funktionsprinzip des letzteren hat L. beschrieben (Nachtrag 1792, 150 f.).

264 Dufay (Mémoire 1736, 369 f.): „Pour m'assûrer si la différence étoit toûjours la même, & dans toutes les circonstances, entre les matiéres vitrifiées & les métaux, j'ai placé une soûcoupe de porcelaine au milieu d'un plat d'argent, & immédiatement à côté un vaisseau d'argent assés semblable à la soûcoupe sur un plat de porcelaine; l'évenement fut entiérement conforme à ce que nous avons vû jusqu'à présent; la soûcoupe de porcelaine posée sur le plat d'argent, fut toute couverte de rosée sans que le plat qui la débordoit de 4 pouces tout autour, en eût une seule goutte, & le plat de porcelaine en reçut à l'ordinaire, tandis que le vaisseau d'argent qui étoit au milieu, étoit aussi sec que lorsqu'il avoit été exposé."

265 Nach Saussures (Versuch 1784, 231 f.) Ansicht scheinen sich die Oberflächen verschiedener Materialien hinsichtlich des Niederschlags von Tau „entweder nach der Verwandtschaft der Oberfläche dieser Körper mit dem Wasser, oder nach ihrem Zustande in Absicht auf die Elektricität zu richten." Dazu merkt Saussure (ebd., 232) an: „Ich sage, der Zustand der Cörper, in Absicht auf die Elektricität, hat auf ihre Verwandtschaft mit dem Thaue einen Einfluß; denn ich habe gefunden, daß eine Glastafel, woran sich der Thau ansetzet, wenn sie blos ist, von demselben gar nichts mehr annimmt, wenn eine ihrer Oberflächen eine metallische Belegung hat. Es ist aber deutlich, daß diese Metallfolie keinesweges auf andere Weise durchs Glas wirken könne, als nur durch ihren Einfluß, den sie auf die Elektricität hat. Dieses Ereigniß, daß schon du Fay bemerket hat, sonst aber wenig bekannt ist, könnte der Gegenstand zu wichtigen Untersuchungen seyn."

266 Zur Lebensgeschichte von Gersten vgl. GamN, 891. Von Gersten stammt eine vielbeachtete Schrift zum Tau, s.u. S. 448,15. In dem Gedicht (Gersten, Nacht 1749, 15) ist vom Tau nur einmal die Rede, als die einbrechende Finsternis den Dichter zu seinen nächtlichen Beobachtungen und Betrachtungen ruft: „Die nacht erschien, warf feld und wiesen, / Den thau mit tausend tropfen zu; / Ich aber muste sünden büssen, / Mich strafte sie um meine ruh."

267 Das sind verkürzt die Ansichten von Musschenbroek über den Tau: Neben dem eigentlichen Tau als Niederschlag von Feuchtigkeit sammelt sich auf Pflanzen eine Art Sekret, das ebenfalls als Tau bezeichnet wird (vgl. unten S. 448,20); der eigentliche Tau kann entweder aus der Luft „fallen"

oder aus feuchtem Boden aufsteigen. Vgl. Musschenbroek, Introductio 2, 1762, 987.

[268] Saussure (Versuch 1784, 311 [§ 275]) schreibt, daß man den Tau „als eine Art Regen ohne Wolken ansehen kann“.

[269] Saussure (Versuch 1784, 311). – Mitterpacher (Erdbeschreibung 1789, 121): „Ein Regen ohne sichtbare Wolken, bey heiterem Himmel, scheint ein wahrer Niederschlag der aufgelöseten Dünste zu seyn, dessen Ursache vielleicht wenig bekannt ist.“ Mirus (Luft 1783, 191): „Man hat Beispiele, wo es geregnet hat, ohne daß man die geringste Spur einer Wolke am Himmel, und sonderlich in der Gegend bemerken konte, wo der Regen herab fiel.“

[270] Zusatz L.s; gemeint sind wahrscheinlich die feinen Eiskristalle, die sich bei niedrigen Temperaturen in feuchter Luft bilden, die Kristallisationskeime enthält.

[271] Daß Blattläuse (Aphides, Einzahl: Aphis) eine süß schmeckende Flüssigkeit absondern, die als „Honigtau“ auf den Blättern befallener Pflanzen zurückbleibt, hat Leche (Geschichte 1765, 92) zufolge Réaumur (Memoires 3,2, 1738, 46 f.) aus gründlichen Beobachtungen gefolgert.

[272] S. 363,17–21 vermutlich nach einem Abschnitt im Artikel „Hopfen“ in Krünitz, Encyklopädie 25, 1782, 143–147, der auf mehreren Aufsätzen in den „Leipziger Sammlungen“ beruht, vgl. Oeconomisches Mittel 1745; T. A., Mittel 1745; Ohnmaßgebliche Gedancken 1745; Anmerckung 1747.

[273] Hill ist der Ansicht, daß Mehltau nicht von Insekten verursacht wird, sondern daß diese sich sekundär auf befallenen Pflanzenteilen ansiedeln, denn (Fortsetzung 1754, 151 f.): „Wenn diese Insekten, die allezeit auf solchen beschädigten Bäumen gefunden werden, die wirkliche Ursache des Mehlthaues wären, so würde es den Menschen unmöglich seyn, solchen durch die Kunst hervorzubringen. […] Wenn ein großer Theil der Erde von der Wurzel eines Baumes, der in einer ganzen Reihe anderer steht, weggenommen wird, und die übrigen in ihrem natürlichen Zustande bleiben, so wird dieser eine, wenn die Witterung nur etwas unfreundlich ist, verletzet werden, da hingegen alle andere frey durchgehen. Auch habe ich es möglich gefunden, eben dasselbe durch Binden an einem einzigen Zweige eines Baumes zu thun, der sonst gesund war.“ – Gamauf (GamN, 894) schreibt an der entsprechenden Stelle „Doktor *Hiller*“.

[274] Saussure (Versuch 1784, 239 f.): „Meine Art, sie zu beobachten, ist diese. Ich stehe mitten in einer Wolke, halte in einer Hand ganz nahe am Auge ein Vergrößerungsglas von ein bis anderthalb Zoll Brennweite, und in der andern eine schwarze Fläche, glatt und poliret, etwan wie der Boden einer Dose von Schildpatt. Diese Fläche bringe ich ganz nahe an den Brennpunct des Glases, doch daß sie nicht ganz hineintrifft, und gebe alsdenn, wie ein Jäger auf dem Anstande, Achtung, wenn ein Theilgen der Wolke durch die Bewegung der Luft in den Brennpunct des Glases trifft. Ist die Wolke dick, so darf ich nicht lange warten, ich sehe die runden und weißen

Theilgen vorbeyfahren, einige so schnell wie den Blitz, andere langsamer, einige rollen über die Schildpattfläche weg, andere stoßen schief an dieselbe, und springen davon ab, wie ein Ball von der Mauer, andere bleiben zuletzt daran hängen, setzen sich fest, und nehmen die Gestalt einer Halbkugel an. Man sieht auch, wie sich kleine Wassertröpfgen auf diese Fläche setzen, die man an ihrem schweren Gange und ihrer Durchsichtigkeit leicht erkennen kann.“

275 Diese drei Möglichkeiten, S. 364,17–19, nennt Saussure (Versuch 1784, 247–249) für die Beschaffenheit einer Atmosphäre, von der die Bläschen umgeben sind, und die sich auch in ihrem Hohlraum befindet.

276 Zu S. 364,7–365,2 vgl. ErxH, 445–450 (L.s Zusatz zu § 434).

277 L. notiert die „Montgolfierschen Kugeln“ vermutlich als Analogie zu den ebenfalls aufsteigenden und schwebenden Bläschen der Dünste.

278 Achard (Dissertation 1780, 474) zufolge wird die Kondensation bewirkt: „1°. Par la diminution de la chaleur. / 2°. Par un seul vent, ou par deux qui soufflent en direction contraire, pourvu que leurs vîtesses ne soient pas égales.“

279 Das entspricht der später von Deluc (Ideen 2, 1787, 85 f.) formulierten Ansicht: „Diese *Bläschen* sind *wirkliches Wasser*, das der Verdünstung wie jedes andre Wasser unterworfen ist und in der Tat immer verdünstet, sobald die umgebende Luft nicht in der *äußersten Feuchtheit* ist.“

280 Weiter ausgeführt hat L. seine Ansichten über den Hagel, bes. über den Zusammenhang zwischen Elektrizität und „Ausdünstung“ im Kompendium, vgl. ErxH, 784 f. (L.s Zusatz zu § 736) und im Sudelbuch (NL IV 31, S. 178–175 = p. XCIX–CII [J 1990]). In einer anderen Sudelbuchnotiz versucht L., seine Erklärung des Hagels mit derjenigen von Volta in Übereinstimmung zu bringen (NL IV 31, S. 167 = p. CX [J 2030]). – Die „Lücke“, S. 365,33, bezieht sich vermutlich auf eine fehlende Erklärung der Größenzunahme der Hagelkörner.

281 Dufay (Mémoire 1736, 371): „J'ai fait une plaque de 6 pouces en quarré & d'une ligne d'épaisseur, elle étoit formée de deux autres de 6 pouces de long chacune & de 3 pouces de large, jointes l'une à l'autre par la tranche, & assujetties ensemble de cette sorte par deux petites coulisses; l'une de ces deux demi-plaques étoit de laiton poli, & l'autre de glace. Je posai tantôt sur la terre, tantôt sur une planche, ou sur d'autre corps, cette plaque composée de deux matiéres si hétérogenes, du moins relativement à la rosée; on devine aisément par tout ce que nous avons vû jusqu'à présent, que la partie de glace se trouvoit couverte de rosée, & que celle de cuivre n'en avoit point, mais on va voir quelque chose de plus, car ayant posé sur cette plaque des lames de glace qui portoient par un bout sur le cuivre, & par l'autre sur la glace, ce dernier bout recevoit la rosée très-abondamment, & le bout qui portoit sur le cuivre, n'en recevoit point de tout.“

282 Saussure, Versuch 1784, 313 (§. 276).

283 Nicht ermittelt.

284 Gamauf (GamN, 899) schreibt über den problematischen Umstand, „*daß es in der Regel des Nachts nicht hagelt*, wo es doch an Donnerwettern nicht fehlt. Die Nacht muß hier als der Winter angesehen werden; und dieß eben weiß man sich nicht zu erklären." – Über ein Gewitter mit Hagel am 13. Jan. 1791 erhält L. später eine Mitteilung, vgl. Bw 3, Nr. 1812.

285 Vgl. aber L. im Sudelbuch (NL IV 31, S. 223 = p. LIV [J 1633]): „Es könnte wohl sein, daß der Blitz bey dem Donnerwetter nur eine Nebensache wäre, [...]."

286 Die Zyklopen hatten Jupiter die Donnerkeile und den Blitz geschenkt, vgl. Hederich, Handbuch 1770, 1404 f.

287 Noch Musschenbroek (Introductio 2, 1762, 1069) meinte, durch rundliche Wolken gehende oder von gewölbten Wolken zurückgeworfene Sonnenstrahlen könnten sich in einem Brennpunkt sammeln und die von Pflanzen oder der Erde ausgedünsteten öligen Substanzen entzünden, die er für das Brennmaterial der Blitze hielt. („Si tamen interdiu fulgurat, potest materia incendi [...], vel [...] a radiis Solis nubem rotundam perreptantibus, & focum formantibus: vel possunt radii a concava nube replicati in focum materiam inflammabilem incendere.")

288 Zur Entdeckung der elektrischen Vorgänge bei Gewittern vgl. ErxH, 795 f. (§ 746), und GamN, 910 f.

289 Zur Erzeugung von Reibungselektrizität an einer gläsernen Röhre vgl. VNat 4, 245,11.

290 Der „Conducktor" ist der erste oder Hauptleiter für die durch Reibung zwischen dem „Reiber" und dem „Reibezeug" mit einer Elektrisiermaschine hervorgerufene Elektrizität, vgl. VNat 4, 247,14 und die zugehörige Anmerkung.

291 Es geht um die „Verstärckung des Elecktrophors durch [Leidener] Flaschen", vgl. VNat 4, 251,22 und die zugehörige Anmerkung.

292 Zur Entzündung brennbarer Substanzen mittels elektrischer Funken vgl. VNat 4, 247,36–248,6.

293 L. führte Experimente zur Wirkung des „Kleistischen Stoßes" vor, vgl. VNat 4, 271,22, und GamN, 512 („6.").

294 Anstelle einer Leidener Flasche konnte auch eine beidseits mit einem Leiter beschichtete Glasplatte elektrisch geladen werden, vgl. VNat 4, 271,4 und die zugehörige Anmerkung.

295 Vgl. ErxH, 541–548 (§ 513–517), und VNat 4, 299–304 (Nr. 20–22).

296 Vgl. VNat 4, 256,9–27. Richmann (Dissertatio 1753, 334 f.) hatte zeigen wollen, daß Experimente zur Ableitung der Luftelektrizität ungefährlich seien, war aber durch den Schlag eines von einem Ableiter auf dem Dach zu Versuchszwecken in sein Haus gelenkten Blitzes ums Leben gekommen, vgl. unten S. 471,2–473,3 (Text Nr. 72). – Franklin (Briefe 1758, 88 f.) hatte den ersten Vorschlag zur Ableitung der Elektrizität aus Wolken gemacht. Auf einem hohen Gebäude sollte eine Art Schilderhaus gebaut und darauf eine 20 bis 30 Fuß lange zugespitzte eiserne Stange

aufgerichtet werden. Mit der Stange verbunden, würde ein gegen den Erdboden isoliert im Schilderhaus sitzender Mensch elektrisch geladen werden und „Funken geben", sobald sich eine Gewitterwolke darüber befände. Da Franklin diesen Versuch nicht ausführen konnte, baute er zum gleichen Zweck einen „elektrischen Drachen", mit dem er im Juni 1752 die elektrische Ladung einer vorüberziehenden Gewitterwolke durch Funkenbildung an einem am Ende der Schnur befestigten eisernen Schlüssel nachweisen konnte. Eine Mitteilung über diesen Versuch veröffentlichte Franklin im Oktober 1752, vgl. ders., Experiments 1769, 111 f. – Unabhängig von Franklin experimentierte de Romas (Mémoire 1755) mit einem „elektrischen Drachen". Er umwand die Schnur mit einem Draht, an dessen Ende er eine Blechröhre als Konduktor schloß, während das Ende der Schnur durch ein Seidenband gegen die Erde isoliert war. Dem Konduktor entlockte de Romas bei einem Versuch im Juni 1753 eine starke Entladung, die mit einem weithin hörbaren Knall vonstatten ging, vgl. Anm. 869. – L. (Bw 1, Nr. 500) berichtet schon am 30. Juli 1778 von einem im Rahmen der Vorlesung gemachten Versuch zur Demonstration der Luftelektrizität mit Hilfe eines Drachens; ab 1784 hat L. (Bw 2, Nr. 1311) ähnliche Versuche mit Ballons angestellt und wollte sie künftig für die Vorlesungen denen mit dem Drachen vorziehen (vgl. Bw 2, Nr. 1317).

297 L. vergleicht die meteorologische Situation mit einem Kondensator: die „Glas platte geladen" (S. 367,6) wirkt wie eine „geladene Lufftschicht" (S. 367,8).

298 Lichtenberg (Verhaltungs-Regeln 1778, 26 f.): „Die Gewittermaterie befindet sich nicht blos in der Wetterwolke, sondern ihre Ausflüsse verbreiten sich weit um sie herum, und machen die Atmosphäre oder den Dunstkreis der Wolke aus. Die Atmosphäre kan oft die Erde berühren, wenn gleich die Wolke sich in einem ziemlichen Abstand von der Erde befindet. Unter diesen Umständen ist die Gefar gros. Alle Körper auf der Erde, die sich in dieser Atmosphäre der Wetterwolke befinden, und von der Beschaffenheit sind, daß die Materie durch sie einen Abfluß gewinnen kan, als Thürme, Bäume, die thierischen Körper, u.s.w. sind der Gefar ausgesezt, von dem Bliz ergriffen zu werden. Der Ausbruch aus der Wolke geschieht alsdann mit weniger Widerstand, und der Bliz bewegt sich leicht nach Gegenden hin, wo die Materie einen Durchgang findet."

299 Lichtenberg (Verhaltungs-Regeln 1778, 21): „Von Körpern, in die sich die Materie auf diese Art ergieset, sagen wir, *der Bliz habe sie getroffen*, oder es habe bey ihnen *eingeschlagen*. Alle Metalle, alle thierische Körper, das Wasser u.d.gl. sind für das Einfliesen der Materie die geschicktesten: andere hingegen, als Glas, Pech, Harz, Schwefel, Seide, dürres Holz, u.s.w. sind unter gewissen Umständen für sie undurchdringlich."

300 Lichtenberg (Nachricht 1783, 684): „Eine mehr als hundertfache Erfahrung hat es gelehrt, daß der Blitz, wenn er auf seinem Wege einen Strich von Metal antrift, demselben ohne alle Abweichung folgt. Wenn man also über ein Gebäude eine Art von Käfig stürzte, so würde es darunter

eben so sicher vor den schädlichen Wirkungen des Blitzes stehen, als vor dem Regen unter einer gläsernen Glocke." – Vgl. auch GamN, 916, und Bw 2, Nr. 1210 (S. 781 f.), Bw 3, Nr. 1576 (S. 483) und die weiteren zugehörigen Stellen im Register (Bw 5.2, 92).

[301] Lichtenberg (Erfindungen 1785, 182 f): „Am 7ten Junii 1782 schlug zu Hekingham bey Norwich der Bliz in ein ansehnliches Gebäude, ein Armen- und Werkhauß, welches mit *acht* spitzen Ableitern versehen war, und *zündete*. [...] Auf Verlangen des Artillerie-Direktorii in England schickte die Königl. Societät [...] zwey ihrer Mitglieder, Hrn. *Nairne* und Dr. *Blagden* ab, die Sache zu untersuchen. Diese beyden Physiker, die der Sache völlig gewachsen waren, haben einen mit vielen genauen Zeichnungen erläuterten Bericht in den 72sten Band der Transactionen und zwar dessen 2ten Theil eingerückt, jedoch aus Ursachen, die sich nicht gut errathen lassen, sich alles Urtheils enthalten. Jeder Kenner [...] wird finden, daß die Anlage jener Blizableiter fehlerhaft ist." Zu dieser falschen Anlage notiert Gamauf (GamN, 917): „Als man untersuchte, fand man jedoch, daß der Ableiter viele Glieder hatte, und die Leitungskette das Wasser nicht erreichte." Vgl. Bw 3, Nr. 1576 (S. 484 und Anm. 15). – Die Details des Unfalls finden sich in dem der Royal Society erstatteten Bericht (Blagden, Proceedings 1782).

[302] Lichtenberg (Verhaltungs-Regeln 1778, 25 f.): „Da der Schall in einer Secunde ohngefehr einen Raum von tausend Fuß durchläuft, so folgt, daß wenn man, von dem Augenblicke der Entstehung eines Blizes bis zur Ankunft des Donners, 12 Secunden zählen kann, der Bliz zwölftausend Fuß oder eine halbe deutsche Meile von uns entfernt gewesen sey. Würde man aber nicht eine oder doch nur wenige Secunden zwischen dem Bliz und dem Schlage zählen können; so ist kein Zweifel, daß sich der Bliz uns sehr genähert habe, und die Gefar sich vergrößere." – Zur behelfsmäßigen Ermittlung des Abstandes von Schallquellen vgl. VNat 4, 389 (Anm. 14).

[303] Lichtenberg (Verhaltungs-Regeln 1778, 67): „Man halte sich in der Mitte des Zimmers ruhig auf einer reinen und trockenen Stelle, auch trete man auf keine Fuge im Fußboden, noch auf einen Nagel. Der Bliz, der sich beständig an den Wänden und Meublen aufhält, die etwa feuchten Rize des Fußbodens durchläuft, und die Nägel ergreift, kan alsdann nicht so leicht auf unsere Körper gezogen werden. // Man entferne sich von allem Metalle: als Ofen, Thürschlössern, Thürangeln, goldenen Tapeten und vergoldeten Leisten. // Man lege alles Metall, als Geld, Schlüssel, Uhren, Schnallen, sorgfältig von sich: denn wo der Bliz auf seinem Wege Metalle findet, da ist seine Wirkung, folglich auch die Verlezung immer die gröste."

[304] Zu S. 367,19–24 vgl. GamN, 914 f.

[305] Vgl. VNat 4, 260,28–30. Es heißt bei Gamauf (GamN, 913): „Wie schnell die *Wirkungen des Blitzes* seyn mögen, davon haben wir gar keine Vorstellung. Man hat nicht das mindeste Vorgefühl davon. Der sanfteste Tod, den man sich denken kann." Vgl. aber S. 369,8–9.

306 Am 19. Juni 1793 schreibt L. an Nöhden (Bw 4, Nr. 2277): „Ich pflege immer im Collegio anzuführen, daß mir der Kerl, der von 3 auf der Weenderstraße vom Blitz getroffenen allein mit dem Leben davon kam, erzählt hat, er habe geglaubt er werde vom Winde umgeworfen, er hörte keinen Donner und sah keinen Blitz, denn er wurde für todt aufgenommen."

307 Gamauf schreibt dazu (GamN, 913): „Es ist eine Thorheit behaupten zu wollen, daß man das *Feuer vom Blitze nicht löschen könne*, ausser durch Milch. Daß es schwer zu löschen sey, hat theils darin seinen Grund, weil der Blitz Alles auf einmahl gleich in Flammen setzt; theils darin, weil er gewöhnlich die Gipfel der Häuser zündet, wo man die in den Familien vorfindlichen Hülfsmittel nicht anwenden kann, da denn das Feuer durch den *Sturm*, womit die Gewitter ankommen, gewöhnlich schon, ehe die öffentlichen Anstalten, gemacht werden können, sehr überhand genommen hat." – Vgl. L.s Zusatz zu § 751 von Erxlebens Lehrbuch (ErxH, 800,33–801,6).

308 Vgl. ErxH, 797,38–798,28 und VNat 4, 258,24–259,3. – Zur Entstehung der Gewitterelektrizität schreibt Wilcke in einer Anmerkung zu Franklins Brief an Collinson vom September 1753 (Briefe 1758, 299–301): „Das Reiben der Lufttheile unter sich, kann keine Elektricität erregen; denn der eine Theil zieht die Materie eben so stark an, als der andere, und daher wird das Gleichgewicht nicht aufgehoben. Es müßte also das Reiben, entweder zwischen den Lufttheilen und den damit vermischten Dünsten, oder der Luft und denen Körpern auf der Oberfläche der Erde, oder denen in der Luft schwimmenden Dünsten unter sich, und denen Körpern der Oberfläche der Erde entstehen. [...] Unterdessen glaube ich, daß alle diese mechanische Erregung der Elektricität nicht hinreichend sey, die starken Wirkungen hervorzubringen, wovon wir täglich Augenzeugen sind. Ich glaube vielmehr, daß hier eine Art einer freywilligen durch die Wärme erregten Elektricität wirke. Unsere Erde oder gewisse Länder und Gebirge, dürften nur die Natur des *Tourmalins* darinn haben, daß die Elektricität in ihnen durch die Wärme erreget werden könnte; so würde dieses gewiß hinreichend seyn, alle Erscheinungen zu erklären. Vieleicht sind die Spitzen hoher Gebirge, an welchen, wie bekannt, die Gewitterwolken gleichsam wachsen, dergleichen *Tourmalins*, deren Elektricität durch die Hitze erreget ist; diese ziehen aus der Luft die unelektrischen Dünste an sich, und machen erst eine kleine Wolke, welche am Berge hängt. Diese vergrößert sich: und nachdem sie genug elektrische Materie eingenommen hat, wird sie abgestoßen, löset sich vom Berge ab, und verbreitet sich in die umliegende Gegend. Ganze Länder könnten dergleichen Eigenschaften haben, daß sie durch das unterirdische Feuer elektrisch würden, und diese Wirkungen auf der Oberfläche zeigeten. Die Theile der Oberfläche würden alsdann eine positive oder negative Elektricität, denen in die Höhe gestoßenen leichten Dünsten und Dämpfen mittheilen; nachdem der große unterirdische *Tourmalin* seine positive oder negative Seite nach oben zu kehrete."

309 Vgl. VNat 4, 268,10–269,18. Zu den Lichtenbergschen Figuren und ihrer Anwendung zum Unterscheiden positiver und negativer Elektrizität, besonders auch zur Bestimmung der Elektrizität einer Wolke, vgl. VNat 4, 649–652 (Anm. 97).

310 Volta (Dissertatio 1769, XXV f.) hatte vermutet, daß bei Lösungen, Mischungen, beim Kochen, bei Verbrennungen und ähnlichen Vorgängen, bei denen sich der Zusammenhang der Teilchen und die zwischen den Teilchen wirkenden Kräfte ändern, Elektrizität entstehen müßte. Der Nachweis von Elektrizität beim Verdampfen von Wasser, beim Verbrennen von Kohlen und bei der Reaktion von Eisenfeilspänen mit verdünnter Schwefelsäure gelang ihm (ders., Method 1782, xxix) mit Hilfe seines Kondensators. Weil er beim Verdampfen an dem verbleibenden Wasser Zeichen negativer Elektrizität bemerkt hatte, folgerte Volta (Briefe 1, 1793, 139, nach ders., Method 1782, xxxi): „Wenn […] die Körper, indem sie sich in Dämpfe oder in eine elastische Flüssigkeit auflösen, mit elektrischem Feuer auf Kosten anderer Körper angeschwängert werden, und diese folglich negativ elektrisiren, werden dann die Dämpfe, wenn sie sich hierauf wieder verdichten, nicht diese Elektricität wieder fahren lassen, folglich Zeichen von positiver Elektricität äussern?“ Daraus leitete Volta die positive Luftelektrizität ab. Ein Experiment zum Nachweis positiver Elektrizität beim Verdunsten von Wasser, das Volta bei seinem Besuch in Göttingen hatte vorführen wollen, war nicht gelungen (vgl. Bw 2, Nr. 1317 [S. 937]). – Vgl. ErxH, 797,32–38, und GamN, 911 f.

311 Zu S. 368,3–7 vgl. ErxH, 799,20–35.

312 S. 368,8–13 geht es offenbar um Wilckes Versuch mit der „Luftplatte“, einer Art Kondensator, die L. im Zusammenhang mit den Experimenten zur Leydener Flasche behandelte, vgl. VNat 4, 633 (Anm. 28). Wilcke (De electricitatibus 1757, 96) experimentierte mit zwei 3×4 Fuß großen Holzplatten *AB* und *CD*, die einseitig mit Zinnfolie überzogen waren und mit den belegten Seiten zueinander parallel im Abstand von einigen Zoll aufgehängt wurden. Die Platten wurden wie eine Leydener Flasche an einer Elektrisiermaschine geladen, indem eine Platte mit dem Hauptkonduktor und die andere mit der Erde verbunden wurde. Wilcke (ebd., 100 f.) stellte fest, daß die Platten, solange sie entgegengesetzt geladen waren, einander anzogen, und sich bei Annäherung unter Bildung eines Funkens entluden. Wenn bei sonst parallelen Platten durch einen kleinen unter die Belegung gebrachten Körper ein Vorsprung gebildet wurde, fand die Entladung immer dort statt. Wenn statt dieser Erhebung jedoch eine leitende Spitze angebracht wurde, konnten die Platten wegen eines beständigen Übergangs der Elektrizität („Ob continuum enim materiae transitum […]“) nicht mehr aufgeladen werden. Und Wilcke schreibt, daß dies entsprechend auf die elektrischen Erscheinungen der Luft, der Gewitter und Wolken angewandt werden könne. Die Tafel *AB* entspräche den Wolken, der Tafel *CD* jedoch die Oberfläche der Erde und die darauf befindlichen Gegenstände. Je nach Ladung der Platten würden sich die Blitze von den Wolken zur

Erde oder in der Gegenrichtung bewegen. Der Übergang der elektrischen Materie erfolge meist an den Erhebungen. Seien Türme und andere erhabene Gegenstände ziemlich spitz, werde eine beständige Überleitung der elektrischen Materie eine Aufladung und deshalb auch den Blitz verhindern.

313 Gamauf notiert dazu (GamN, 916): „Benennungen, die von den Lyliputern und ihren Eyern hergenommen sind.“ Ein andauernder Krieg zwischen den Reichen Lilliput und Blefuscu ging auf folgenden Anlaß zurück (Swift, Travels, 1766, 34 f. [BL 1758]): „It began upon the following occasion: it is allowed on all hands, that the primitive way of breaking eggs, before we eat them, was upon the larger end: but his present majesty's grandfather, while he was a boy, going to eat an egg, and breaking it according to the ancient practice, happened to cut one of his Fingers. Whereupon the emperor, his father, published an edict, commanding all his subjects, upon great penalties, to break the smaller end of their eggs. The people so highly resented this law, that our histories tell us, there have been six rebellions raised on that account; wherein one emperor lost his life, and another his crown. These civil commotions were constantly fomented by the monarchs of *Blefuscu*; and when they were quelled, the exiles always fled for refuge to that empire. It is computed, that eleven thousand persons have at several times suffered death, rather than submit to break their eggs at the smaller end. Many hundred large volumes have been published upon this controversy: but the books of the *Big-endians* have been long forbidden, and the whole Party rendred incapable by law of holding employments.“ In einer zeitgenössischen deutschen Übersetzung werden „the Big-Endians“ an der entsprechenden Stelle umschrieben als diejenigen (Swift, Reisen 1, 1739, 58), „welche die Meynung behaupteten, die Eyer nach der alten Weise aufzubrechen“, d.h. (ebd., 57) nicht am „spitzigen Ende“, sondern an der „breiten Seite“. – Auf die „Big-Endians“, zu denen es bei Swift kein entprechendes Oppositum gibt, gehen L.s „Stumpf- und Spitzendianer“ zurück. Auch „Blunt endians“ (Stumpfendianer), VNat 4, 257,3, kommen bei Swift nicht vor.

314 Zu dem wissenschaftlichen Streit (Papers 1778; Nairne, Experiments 1778; Musgrave, Reasons 1779) um die zweckmäßige Form der freien Enden von Blitzableitern, der hauptsächlich zwischen Wilson und Nairne geführt und zugunsten des Letzteren und der spitzen Enden entschieden wurde, vgl. Lichtenberg, Geschichte 1779, ders., Versuche 1778 (= Bw 1, Nr. 524) und L.s Brief an Ramberg vom 13. Sept. 1779 (Bw 1, Nr. 611). – Anlaß der Auseinandersetzung war ein Blitzschlag, der am 15. Mai 1777 die Brüstung des House of the Board of Ordnance in Purfleet, Essex, 150 Yards (ca. 137 m) von fünf Pulvermagazinen entfernt (Cavendish, Report 1773, 43), getroffen hatte. Dieses Gebäude war auf Grund der Empfehlung einer Kommission der Royal Society, der auch Franklin angehörte, mit spitzen Ableitern ausgerüstet worden. Eine ebenfalls von der Royal Society zur Untersuchung des Blitzschlags eingesetzte Kommission kam zu dem Schluß (Lichtenberg, Versuche 1778, 353), „[...] daß etliche

eiserne Klammern an einer Ecke des Dachs den Schlag aus der Wetterwolke zuwege gebracht hätten, indem solche, ohne Vorwissen des vorigen Ausschusses, von unwissenden Handwerksleuten dort angebracht worden, ohne mit den Ableitern in Verbindung zu stehen."

315 In seinem Brief an Collinson vom September 1753 beschreibt Franklin (Briefe 1758, 166 f.) folgenden Versuch zur Wirkung spitzer Blitzableiter: „Wenn ein Auge die Stellung hat, daß es die untere Seite derer Gewitterwolken horizontal ansehen kann; so wird dieselbe ihm sehr uneben erscheinen. Es befindet sich unter denselben eine Menge abgesonderter Stücke, oder kleiner Wolken, die eine unter der andern stehen, und deren unterste oft nicht weit von der Erde entfernet ist. Diese kommen, als eben so viele Staffeln der Ableitung eines Schlages, zwischen der Wolke und dem Gebäude, einander zu Hülfe. Will man dieses durch einen Versuch vorstellig machen, so nehme man zween oder drey Pflöcke feiner lockerer Baumwolle; einen derselben hänge man an einen feinen zween Zoll langen Faden, welcher mit dem Finger aus eben dem Pflocke kann gesponnen werden, an die Elektrisirstange auf. An diesen hänge man den zweyten, an diesen wieder den dritten, vermittelst eben solcher Fäden. Drehet man hierauf die Elektrisirkugel; so wird man diese Pflöcke sich selbst gegen den Tisch ausdehnen sehen, von welchem sie ebenso angezogen werden, wie solches bey den kleinen Wolken von der Erde geschieht. Bringt man aber eine scharfe aufwärts gerichtete Spitze unter den untersten Pflock; so wird sich derselbe gegen den zweyten, der zweyte aber gegen den erstern, und alle zusammen endlich an die Elektrisirstange in die Höhe ziehen. Hier werden sie so lange verharren, als die Spitze unter ihnen stehen bleibt. Können nicht vieleicht auf gleiche Weise die kleinen elektrisirten Wolken, deren Gleichgewicht mit der Erde, durch die Spitze schnell wieder hergestellet wird, zu dem Hauptkörper in die Höhe steigen, und auf diese Weise in demselben eine so große Entledigung verursachen, daß die große Wolke an diesem Orte nicht schlagen kann?" Franklin scheint eine Elektrisiermaschine nach Nollet (vgl. VNat 4, 681 [Anm. 227]) verwendet zu haben.

316 Reimarus (Vom Blitze 1778, 22) schreibt: „Da die Wetterwolke eine fortrückende Bewegung hat, so komt ihr auch von der Seite her ein Gegenstand eher in den Weg als der andere. Sie kan also denjenigen, der zuerst in ire Durchbruchsweite fält, vor andern treffen." Also hätten in einem bislang unzureichend vor Blitzschlag geschützten Ort Ableiter bevorzugt an Stellen errichtet werden müssen, die bei der gewöhnlichen Bewegungsrichtung zuerst von Gewittern erreicht werden (Lichtenberg, Verhaltungs-Regeln 1778, 23): „Die Gewitter entstehen am häufigsten bey dem Südwind, weniger bey Südwest, und noch weniger bey Ost und West, am selte[n]sten aber bey Nord, Nordwest, Nordost."

317 In der ersten Aufl. seiner „[Vermischten] Schriften" (1782, 160–163) gibt Ingen-Housz im „IV. Abschnitt. Betrachtungen, die von der Wirkung der Blitzableiter selbst abgezogen sind" einen Bericht des Grafen Orsini von Rosenberg wieder. Der Kirchturm auf dem zu dessen Gut Tarvis

in Kärnten gehörenden Luschariberg war nach der Zerstörung durch Blitzschlag im Jahr 1730 wieder aufgebaut und mit einem Blechdach versehen worden. Seitdem war der Kirchturm noch weit häufiger als zuvor von Blitzen getroffen worden und 1778 infolge eines Schlages eingestürzt. Orsini hatte den wiedererrichteten Turm 1780 mit einem spitzen Blitzableiter versehen. Seitdem hatte das Gebäude keinen Blitzschaden mehr erlitten, so daß die Bewohner der Umgebung sich dort auch während der Sommermonate wieder zu Andachten einfanden. – Vgl. Bw 2, Nr. 1081 (S. 609 f).

318 Über das Rollen des Donners vgl. Lichtenberg, Merkwürdigkeiten 1793, 154–156 mit Bezug auf Deluc. Deluc (Siebenter Brief 1791, 288) schreibt: „Vielleicht bildet sich in dem Augenblick, wo das *electrische Fluidum* aus den in der Wolke enthaltenen Ingredienzen zusammengesetzt wird, ein eben so grosser Ueberfluss von sehr heissem *Wasserdunst*, der in verschiedene Haufen getheilt ist, und der anfangs mehr Raum einnimmt, als die *Luft*, von welcher er hervorgebracht wird; und vielleicht werden nachher diese Massen, so wie sie bey ihrer Abkühlung unter den *Siedepunct* des Wassers in dieser Höhe, kommen, plötzlich durch den Druck der Luft zerstört, die das Wasser davon unter der Gestalt des *Nebels* zerstreuet. Diese Erklärung gründet sich *a priori* auf die Verwandlung der *dephlogistisirten und entzündbaren Luft* im[!] *Wasser*, wo auch erst *Expansion*, nachher Zerstörung aller *Ausdehnbarkeit* statt findet; und dann auf mehrere andere Phänomene des *Wasserdampfes*. Sie würde die Verdickung der Wolken und die nachherige Entstehung des Regens erklären, welche gewöhnlich auf starke *Donnerschläge* folgen." Zuvor hatte Deluc (Ideen 2, 128) gemeint: „Sehr wahrscheinlich rührt auch das *Rollen* des *Donners* (der nicht mehr mit *Licht* begleitet und daher keine Folge von *elektrischem Funken* ist) entweder von *Explosionen* her oder von aufeinander folgenden *Zerstörungen ausdehnbarer Flüssigkeiten* von irgend einer andern Art, welche die Folgen der plötzlichen Bildung des *Blitzes* sind." – Vgl. auch ErxH, 801 (§ 752).

319 D.h. herannahende Gewitter können vorbeiziehen, ohne den Beobachter zu erreichen. Ohne das konjizierte „nicht" hätte der folgende Vergleich keinen Sinn.

320 Nicht ermittelt. L. (Merkwürdigkeiten 1793, 155) schreibt auch im Taschen Calender: „Ferner hört man, nach dem einstimmigen Zeugniß aller, bey denen es in der Nähe eingeschlagen hat, worunter ich selbst mit gehöre, nur einen einzigen Knall, da alle nur etwas entferntere Personen von Krachen, Prasseln und Rollen sprechen." L. kann hier weder den am 20. Juli 1776 (Bw 1, Nr. 318) vom Fenster aus beobachteten Blitzschlag in das etwa 400 m entfernte Haus des Schusters Bock in der Barfüßerstaße gemeint haben, noch das Gewitter vom 6. Aug. 1781 (Bw 2, Nr. 857 [S. 256 f.), von dem er Hollenberg berichtete. Denn auch „Rumanns Scheune", in welche der Blitz eingeschlagen hatte, war deutlich mehr als „20 Schritte" von L.s Wohnung entfernt.

321 Lichtenberg (Gewitterfurcht 1795, 130): „Zwey Personen tödete der Strahl am 16. Jul. 1768 auf einmahl, und einen Dritten am 24. Jun. dieses Jahrs (1794).“ Kästner hatte der Obduktion eines der beiden ersteren Verunglückten beigewohnt und in einem Brief vom 24. Mai 1775 Reimarus (Vom Blitze 1778, 125) berichtet: „Vor einigen Jaren schlug der Bliz zu Göttingen in einen Turm über dem Wehnder Thor wo die Gefangenen bewahrt werden. Dabey wurden zween Männer unten im Durchgange des Thores erschlagen, die sich selbst, um vor dem Regen und Gewitter sicher zu seyn, hingestellt hatten. Der Körper des einen ward öffentlich besichtigt und geöfnet, aber keiner von den anwesenden Aerzten konte die besondere Uhrsache des plözlichen Todes daran entdecken.“

322 Leichte Westen als unpassende Bekleidung bei niedrigen Temperaturen. Vgl. Lichtenberg (Gewitterfurcht 1795, 128): „Man geht noch immer in den dünnsten Westchen einher, obgleich der Wind schon über die Stoppeln weht; [...].“

323 Vgl. VNat 4, 260,16–19. – Zu den S. 369,18–21 angedeuteten Todesfällen wurde nichts ermittelt.

324 Lichtenberg (Gewitterfurcht 1795, 130): „Ferner, so weit die Erinnerung alter Menschen und die hiesige Chronik reicht, hat der Blitz hier niemahls gezündet, ausgenommen im Jahr 1555, zwischen Weyhnachten und Neujahr, unsern damahls viel höhern Jacobithurm, und dann einmahl in einem Pulverthurm.“ Vgl. auch S. 476,13–18.

325 Von Mairans (Memoire 1719; Eclaircissement 1721; Recherches 1765) Arbeiten zum Klima war besonders die früheste mit den ersten Argumenten für das Vorhandensein einer Grundwärme von großem Einfluß. L. benutzt für seine Darstellung Wargentin (Anmerkungen 1757), der sich auf Mairan stützt.

326 Vgl. GamN, 928 f. und in diesem Band im Kapitel „XII. Vom Weltgebäude und der Erde überhaupt“ S. 148,4–7: „die Stärcke der Perpendicular Strahlen. wie der Sinus der Höhe / das Licht ebenfalls wie der Sinus der Höhe / also zusammen, wie die □□ der Sinum der Höhe.“ – Deutlicher als Mairan (Memoire 1719, 105 f.) selbst schreibt Fontenelle in der „Histoire“ der Pariser Akademie über Mairans Ansatz (Mairan, Cause 1719, 6): „Il regarde la Lumiere comme un fluide, & c'est effectivement l'idée la plus naturelle qu'on en puisse prendre. Une surface étant déterminée, un fluide qu'il faut concevoir comme divisé en une infinité de filets paralleles entre eux, la frape par tous ses filets, s'il la frape perpendiculairement, & ne la frape par aucun, s'il luy est parallele, d'où il suit que plus il la frape obliquement, plus la quantité des filets par lesquels il la frape, est petite, & au contraire. Il en est de la force du choc de chaque filet comme de leur nombre, le choc a toute sa force possible quand le filet est perpendiculaire à la surface, & quand il lui est parallele, cette force est nulle, puisqu'il n'y a pas de choc. Par consequent & le nombre & la force des filets dépendant l'un & l'autre de leur angle d'incidence sur la surface, ils sont mesurés chacun par le Sinus de cet angle, & tous deux ensemble par

le quarré de ce Sinus." Diese Begründung findet sich auch bei Wargentin (Anmerkungen 1757, 162 f.). – Das Verhältnis zum $\sin^2$ der Sonnenhöhe hatte mit dieser Begründung eine solche Gültigkeit erlangt, daß es z.B. auch von Mayer (De variationibus 1755, 4) ohne weiteres in seine Formel zur Berechnung der mittleren Temperatur aufgenommen wurde, vgl. unten S. 490,21–24. Ein Einwand findet sich jedoch bei Lambert (Pyrometrie 1779, 343): „Das Quadrat des Sinus der Sonnenhöhe hat hier keine Bedeutung. Es kömmt bloß auf die Menge und Dichtigkeit der Sonnenstralen, nicht aber auf den Stos gegen eine ebene Fläche an. Nicht die Feuertheilchen so aufstoßen und daher nothwendig wieder zurückprallen, sondern die, welche nicht an der Fläche aufstoßen, sondern in den erwärmenden Körper hineingehen, vermehren die Anzahl der Feuertheilchen oder die Wärme desselben."

327 Wargentin (Anmerkungen 1757, 164 f.) schreibt zum Einfluß der Atmosphäre: „Die Luftkugel, welche unsere Erde auf die Höhe einiger Meilen umgiebt, ist voll Theilchen und Dünste, welche etwas von den Sonnenstrahlen auffangen, ehe sie unsere Erde erreichen. Die Strahlen, welche senkrecht auf die Erde fallen, haben den kürzesten Weg, und daher gehen von ihnen die meisten durch. Schiefere aber gehen durch einen längern Weg, daß mehr von ihnen in der Luft zerstreuet werden. Ist die Luftkugel sieben Meilen hoch, so haben die lothrechten Strahlen nur diese sieben Meilen zu durchlaufen, aber wenn die Sonne im Horizonte steht, müssen sie ein und neunzig und ein halb oder dreyzehnmal so viel Meilen in der Luft durchlaufen, um in unser Auge zu kommen. [...] Daher wirket die Sonne im Winter so wenig auf unsere Luft, ob sie gleich der Erde alsdenn näher ist, und alle Erdstriche, die außer den Wendekreisen liegen, sind in Vergleichung mit demjenigen, wo Tag und Nacht gleich sind, viel kälter, als sie in Betrachtung der Sonnenhöhe seyn sollten, und dieses desto mehr, je näher sie den Polen liegen. Unter den Polen selbst ist die Sonne sechs Monate nach einander beständig über dem Horizonte, aber nie höher als bis 24 Gr. daher wird auch die dasige Wärme, selbst beym Sommerstande, geringe genug seyn."

328 Wargentin (Anmerkungen 1757, 165): „Die Erde befindet sich im December in der Sonnennähe, da ihr die Sonne wirklich um den dreyßigsten Theil größer aussieht, und also um den dreyßigsten Theil, oder ungefähr 383300 Meilen näher ist, als im Junius. Dieses macht uns die Winter wärmer, und die Sommer kühler, als den Bewohnern der andern Hälfte der Erdkugel." Wenn man mit Baumgartner (Naturlehre 1831, 858) die französische Meile (4,444 km) zur schwedischen (10,673 km) ins Verhältnis setzt, beträgt die Differenz zwischen Peri- und Aphel nach Wargentins Angabe etwas über 920558 französische Meilen.

329 So schränkt auch Bode (Anleitung 1786, 129 f.) die Gültigkeit der Regel für die Ableitung der mittleren Wärme aus der Sonnenhöhe ein: „Die Stärke der Wärme und Kälte richtet sich aber überhaupt, so wenig nach den größern oder kleinern Winkeln unter welchen die Sonnenstralen auf ein

Land fallen, das ist: nach der größern oder geringern Höhe der Sonne übern Horizont, als ihrer längern oder kürzern Verweilung über denselben; sondern die Erfahrung zeigt hiebey für verschiedene Gegenden in einem und demselben Erdstriche sehr merkliche Abweichungen, wie schon oben bemerkt worden, die locale Ursachen haben müssen, und deren Erklärung ein Gegenstand der physikalischen Erdbeschreibung ist. Sie beweisen aber augenscheinlich, daß die Sonnenstralen nicht die einzige Ursache der Wärme auf unserm Erdboden sind. Sonst läßt sich mathematisch beweisen, daß die augenblickliche Sonnenwärme an einem Orte sich nach den Sinussen der mittägigen Sonnenhöhen richte."

330 Unter den „zufälligen Umständen", die zu regionalen Unterschieden der Wärme trotz gleichen Sonnenstandes beitragen, nennt Wargentin (Anmerkungen 1757, 166) zunächst den folgenden: „An einigen Orten ist die Luft reiner, und öfter heiterer, als anderswo. Daselbst hat die Sonne den Tag über größere Wirkungen, aber die Nächte sind kühler, und umgekehrt. Die Vorsicht hat es so weislich geordnet, daß in den meisten Ländern, die unter dem Aequator und nächst demselben liegen, einige Monate nach einander fast beständig trübe Wetter und Regen ist, wenn die Sonne am höchsten steht, und sonst die Hitze ihnen unerträglich machen würde, diese Zeit nennen sie ihren Herbst oder Winter. Ihr Sommer, und ihre schönste Jahreszeit fällt in den Sonnenstand, da die Sonne ihnen am niedrigsten ist."

331 Wargentin (Anmerkungen 1757, 166): „Nachdem ein Ort hoch, oder in einer niedrigen Ebenen liegt, ereignet sich auch ein merklicher Unterschied des natürlichen Clima. Unsere Empfindung von mehr oder weniger Wärme entsteht vornehmlich von einer mehr oder weniger erwärmten Luft. Je höher nun die Luft steht, desto zärter, dünner und leichter ist sie, und kann also nicht so viel Wärme annehmen und behalten, oder unsere Empfindung so stark rühren, als die niedrigere, dichtere und schwerere Luft: dieserwegen ist auch bey gleicher Sonnenhöhe die höhere Luft unserer Empfindung nach gemeiniglich nicht so warm. Daher rühret es zum Theil, daß der Schnee auf hohen Bergen nie schmelzt, wozu denn auch das etwas beyträgt, daß die Berge ihn vor der Sonne beschatten, und den größten Theil des Tages die Sonne hindern, die Thäler zu erwärmen. Die Landschaft Quito in Peru hat ein gemäßigtes Clima, obgleich der Aequator durch sie streicht, weil das Land selbst 1600 Klaftern höher liegt, als das Meer, und sich zwischen zwey Gebirgen befindet, die von Süden nach Norden mit einander parallel gehen, fast an den Himmel reichen, und mit beständigem Schnee bedeckt sind. Savoyen und die Schweiz haben einerley geographisches Clima mit Frankreichs südlichen Theilen, aber ein sehr unterschiedenes physisches." – Der Begriff „Clima" bezeichnet ursprünglich eine geographische Lage (ebd., 160): „Man kann also diese Climata, wie eine Art von Gürteln, oder *Zonen*, ansehen, die mit dem Aequator parallel, bis an die Pole hin, rings um die Erde gehen." Verschiedenen Arten, die Erde in geographische Klimata einzuteilen, hatte Wargentin eingangs behandelt. – Dagegen bedeutet „physisches" Klima die Gesamtheit in einer

Region vorherrschender Witterungsbedingungen, und Wargentin zufolge vor allem die mittleren Temperaturen (ebd., 162): „So sollten Oerter, die einerley Polhöhe, und zu einer Jahreszeit gleich lange Tage haben, auch zu einer Zeit gleich warm seyn. Aber diese allgemeinen Ursachen des Unterschiedes der Wärme an verschiedenen Oertern, werden in ihrer Wirkung oft durch zufällige Umstände geändert, welche machen, daß bey Ländern, die einerley *geographisches Clima* haben, das *physische* oft sehr verschieden ist." – ErxH, 814,30–33.

332 Wargentin (Anmerkungen 1757, 167): „Noch eine größere Veränderung des Clima macht es, ob ein Land an der See, oder tief in dem festen Erdreiche liegt. [...] Das Meer ist im Sommer kälter, im Winter wärmer, als die Luft, und theilet allezeit der Luft, welche über ihm steht, etwas von seiner Beschaffenheit mit, die Winde führen diese Luft über das Land, und so werden die Sommer kühler, und die Winter gelinder, als sie sonst seyn würden. Was verursachet Englands gelinde Winter sonst, als die Wärme der umliegenden See? Unsere größte Winterkälte in Schweden fällt gemeiniglich mit Nordwestwinde ein, aber bey eben dem Winde thauet es gemeiniglich in Norwegen. Die Ursache einer so verschiedenen Wirkung bey Ländern, die so nahe an einander gränzen, ist ohne Zweifel, daß der Nordwestwind nach Norwegen von der See, nach Schweden aber von den Gebirgen kömmt."

333 Wargentin (Anmerkungen 1757, 167): „Eben deswegen fällt in Wardhus, und um das Nordcap, die größte Kälte gemeinglich mit Südwinde ein, wie Herr *Hellant* mich versichert hat. Daß der Südwind bey uns mehrentheils gelinde Wetter bringt, und das schwedische Clima nicht so rauh ist, als viel andere, die eben so weit gegen Norden liegen, scheint nur von dem Meere herzurühren, die[!] wir nach Osten, Süden und Südwesten haben."

334 Wargentin (Anmerkungen 1757, 167 f.): „Länder, die weit von der See liegen, mit Bergen, Wäldern, Morästen und jährlich zufrierenden innländischen Seen umgeben sind, welche weit in den Sommer hinein Schnee, Eis und Kälte behalten, müssen nothwenig stärkere Empfindung der Kälte haben. Rußland, Siberien und die große Tartarey befinden sich in dergleichen Umständen, daher auch ihr Clima viel kälter ist, als das Clima der europäischen Länder, die mit ihnen zwischen eben den Parallelen liegen. In Stockholm und Upsal ist die Kälte in den letztverwichenen neunzehn Jahren nur einen einzigen Tag, nämlich den 10ten Hornung alten Calenders 1751, auf 31 Grad unter den Eispunct, nach dem schwedischen Thermometer gekommen; sonst hat sie selten 25 Grad erreichet, aber in Petersburg, welches mit Upsal fast einerley Polhöhe hat, sind 30 Grad Kälte nicht so ungewöhnlich, und die Kälte hat in den ersten Tagen des Jahres 1749, $37\frac{1}{2}$ Grad erreichet, welche Kälte doch noch nicht mit der siberischen zu vergleichen ist. [...] Ja, in der Stadt Jeniseisk, welche einen Grad südlicher, als Stockholm liegt, soll die Kälte, den 16ten Januar 1735, bis $87\frac{1}{2}$ Grad unter dem Eispuncte nach dem schwedischen Thermometer gekommen seyn. [...] Die

größte Kälte, die man seit sechzig Jahren zu Paris bemerket hat, betrug 1709 kaum 20 Grad: aber in Astracan, einer rußischen Stadt, die noch etwas südlicher liegt, als Paris, ist die Kälte 1746, $30\frac{1}{2}$ Grad gefunden worden; und 1743 in der Hauptstadt von Canada, Quebec, 41 Grad, ob gleich diese Stadt fast zween Grade, oder zwanzig schwedische Meilen näher beym Aequator liegt, als Paris.“ (Vgl. GamN, 932.) – Die von L. daraus entnommenen Temperaturen von Jenisseisk, Paris und Astrachan beruhen auf Delisle (Observations 1749). Sie sind von verschiedenen Beobachtern mit verschiedenen Thermometern gemessen worden: Jenisseisk 1735 (Delisle, Observations 1749, 10 f.) – 70 °R (– 87,5 °C oder – 125,5 °F) von einem Ungenannten mit einem Quecksilberthermometer nach Delisle (vgl. VNat 4, 544 f.); Paris 1709 (Delisle, Observations 1749, 4) – 15,5 °R (– 19,4 °C oder – 2,9 °F) von de la Hire mit einem Thermometer unbekannter Einteilung, die nachträglich mit der Einteilung des Weingeistthermometers nach Reaumur verglichen wurde; Astrachan 1746 (ebd., 10) – 24,5 °R (– 30,6 °C oder – 23,1 °F) von einem ungenannten Beobachter mit einem Quecksilberthermometer nach Delisle. Zu den extrem niedrigen Temperaturen schreibt Gehler (2, 705 f.): „Ich kan jedoch nicht umhin, zu bemerken, daß fast alle diese Beobachtungen verdächtig sind, weil sie den neusten Entdeckungen zufolge den wahren Gefrierpunkt des Quecksilbers übersteigen, wobey dieses Metall aufhört ein richtiges Maaß für die Unterschiede der Temperatur zu seyn, und weit stärker zusammen gezogen wird, als seinem regelmäßigen Gange nach geschehen sollte, [...].“

335 Wargentin (Anmerkungen 1757, 168 f.): „So großer Unterschied zwischen der Kälte in einerley geographischem Clima, muß von vorerwähnten und mehr dergleichen Umständen herrühren, zu denen man noch einen, nämlich die verschiedene Beschaffenheit des Erdreichs, setzen kann, weil die Erfahrung uns lehret, daß nicht alle Materien gleichviel Wärme annehmen, und die angenommene Wärme gleich lange behalten.“

336 Mairan (Memoire 1719) hatte die Diskussion über eine Grundwärme des Erdkörpers wiederbelebt. Er hatte festgestellt, daß sich für die geographische Breite von Paris die Mittagstemperaturen an den Tagen der Sommer- und der Wintersonnenwende wie 66 : 1 verhalten müßten, wenn sie allein auf die Wirkung der Sonneneinstrahlung zurückgeführt werden. Nach vorliegenden Beobachtungen Amontons betrug das wirkliche Verhältnis dieser Temperaturen jedoch 8 : 7. Zu diesen unterschiedlichen Verhältnissen schreibt Mairan (Abhandlung 1752, 47 f. [vgl. Memoire 1719, 132]): „Jedoch es wird nicht schwer seyn, sie mit einander zu vereinigen, wenn man erweget, daß in meiner Abhandlung nur von der allgemeinen äusserlichen Ursache des Wechsels der Jahreszeiten, nämlich der Sonne, und von der Wärme, die daher am längsten und am kürzesten Tage kommen muß, die Rede ist: da hingegen die Wahrnehmungen und Versuche des Herren *Amontons* auf die ganze absolute Wärme gehen, welche von allen denen Ursachen zusammen genommen herkömmt, die zu irgend einer Jahreszeit Wärme hervorbringen, sie mögen seyn, welche man wolle. Hieraus

habe ich durch eine kurze Rechnung geschlossen, daß in der ganzen Erde ein Schatz von Wärme liegen müsse, der mit dem Wechsel der Jahreszeiten in keiner Verbindung stehe.“ Der Anteil der Grundwärme an der Gesamtwärme (ebd., 48 [vgl. Memoire 1719, 133]) sollte 393 mal so groß sein, wie die Wärme, die (in Paris) am Mittag der Wintersonnenwende durch die Sonneneinstrahlung zugeführt wird. Auf eine Ursache der Grundwärme wollte sich Mairan (Memoire 1719, 134 f.) nicht festlegen: „Ce sera, si l'on veut, un fonds de mouvement de la matiere subtile, qui lui est propre, & qu'elle conserve indépendemment du Soleil; ou une fermentation des acides & des sucs terrestres interieurs; ou une émanation du feu central que quelques Philosophes attribuent au globe de la Terre; ou enfin une simple chaleur acquise depuis plusieurs siecles, mais qui tire son origine du Soleil: [...].“

337 Bergman (Beschreibung 2, 1780, 118 [BL 672]): „Man findet, daß das Wasser auf der Oberfläche zufriere und niemahls in einer ansehnlichen Tiefe; daher nimmt man Anleitung zu schliessen, daß das Wasser weiter von der Oberfläche wärmer ist. Verschiedene Erfahrungen zeigen, daß die Veränderungen der Wärme des Luftkreises keine sonderliche tiefe Würkung haben, so wenig auf dem trockenen Lande, als im Wasser.“

338 Statt „Wärme“ sollte vermutlich „Erde“ stehen.

339 In einer Übersicht von Crawfords Wärmelehre gibt L. folgende Definition (VNat 4, 196,4 f.): „Sensible Hitze ist die, welche das Thermometer zeigt, (sonst auch Temperatur genannt.)“

340 Ein schwerer Wärmestoff könnte sich nicht aus dem Bereich der Anziehungskraft der Erde verflüchtigen und hätte die Tendenz, sich in der Erdmitte zu konzentrieren. – Eine weitere Ausführung dieses Gedankens durch L. wurde nicht ermittelt.

341 Zur „thierischen Wärme“, besonders zu Crawfords Theorie vgl. VNat 4, 587–589 (Anm. 381) und ebd., 595 f. (Anm. 407).

342 Mairan (Memoire 1719, 134): „Car enfin tout nous persuade que la Terre & l'Air qui l'environne & qui la penetre, ont un principe d'agitation & de chaleur, qui n'est pas assujetti à la vicissitude des saisons. Les Caves de l'Observatoire, les Mines, & la pluspart des lieux un peu profonds, où le Thermometre demeure presque toûjours à la même hauteur, tant en Hiver qu'en Eté, les inflammations soûterraines des matieres sulphureuses & bitumineuses, qui se manifestent dans les Volcans, & mille autres Phenomenes en sont une preuve incontestable.“

343 Dazu notiert Gamauf (GamN, 928): „Jedoch freylich darf man nicht glauben, daß die Sonne selbst der Urquell der Wärme wäre, und uns dieselbe mit ihren Strahlen zuschicke. Nein! diese Strahlen sind nur Lichtstrahlen und keine Wärmestrahlen. Aber sie werden das Mittel, durch welche Wärme entsteht und fühlbar wird. In, auf, und über unserer Erde befindet sich nähmlich eine Materie, die erst durch den Beytritt der Lichtstrahlen zum Wärmestoff wird. Vorher befindet sie sich in einem gefesselten, latenten Zustande, aber durch das Hinzukommen dieser Strahlen, wird sie

gelöst und frey. Es geht mit der Entstehung des Wärmestoffs ungefähr so zu, wie mit der Entstehung des Dampfes. Bey noch so vielem Feuer, kann ohne Wasser nie ein Dampf entstehen. Eben so kann auch ohne eine gewisse Materie auf unserer Erde, die erst gelöset werden muß, bey noch so vielen Sonnenstrahlen, nie Wärme entstehen."

344 Lat., ein sehr weites Feld.

345 Vgl. ErxH, 823 f. und GamN, 934. – Nach Delucs (Untersuchungen 1, 1776, 107) Ansicht haben die: „[...] beyden Ursachen des Irrthums, die Schwierigkeit, alles nöthige zu beobachten, und die Leichtigkeit, mit welcher man sich zum Vortheile seiner Lieblingsmeinung für etwas einnehmen läßt, [...], einzeln oder zusammen verbunden, auf alle bisher gegebnen Erklärungen der Barometerveränderungen einen Einfluß gehabt. Um dieses zu zeigen, will ich unter denselben diejenigen durchgehen, welche theils um ihrer selbst willen, theils durch den Ruf ihrer Erfinder, die Aufmerksamkeit der Gelehrte aus sich gezogen haben." Die Hypothesen stammen aus der Zeit zwischen 1662 (Pascal) und 1748 (Le Cat). Die meisten Autoren nehmen eine Veränderung von Eigenschaften der atmosphärischen Luft durch die Aufnahme bzw. Abgabe wäßriger Dünste an, einige mechanische Wirkungen von Luftbewegungen.

346 Musschenbroek (Essai 2, 1739, 637–640 [§ 1342 f.]) hielt die Winde, die entweder gegeneinander oder gegen eine unbewegte Luftmasse wehen, für die Hauptursache des zunehmenden Barometerstandes in einer bestimmten Gegend, zumal wenn die Winde Luft niedrigerer Temperatur transportieren, welche die Luft vor Ort verdichtet und ihre Elastizität vermindert, oder wenn die Winde aus einer höheren Luftschicht wehen und die tiefer liegende Luft vor Ort zusammendrücken. Weiterhin steigt das Barometer, wenn sich die Luft bei sinkender Temperatur verdichtet oder wenn sie lange unbewegt ist und sich unterdessen mit den ständig von der Erde aufsteigenden Dünsten sättigt. Der Stand des Barometers vermindert sich, wenn starke Winde oder heftig aufsteigende Dünste zum Aufstieg eines Teils der über einer Gegend lagernden Luftmasse führen und wenn sich die Luft, z.B. bei Regen, von den ihr beigemengten Dünsten reinigt. Das Barometer fällt, wenn Winde von der Erdoberfläche weg nach oben wehen und wenn die Luft unter dem Einfluß von Wärme ausgedehnt wird.

347 Deluc (Untersuchungen 1, 1776, 220 f.): „Ich glaube nemlich, daß das Eindringen der Dünste die specifische Schwere der Luft und folglich auch den absoluten Druck der Luftsäulen vermindere, welche, ihrer Vermischung mit Dünsten ungeachtet, noch immer mit den reinen Luftsäulen einerley Höhe behalten. Nach diesem Grundsatze läßt sich alles mit der größten Leichtigkeit erklären: das Quecksilber muß steigen, wenn die Luft hell und trocken wird, weil alsdann ihr Druck zunimmt: das Fallen des Barometers muß Regen ankündigen, weil die Dünste, die den Druck der Luft vermindern, denselben hervorbringen: auch ist es nicht schwer, die Ausnahmen und Einschränkungen zu entdecken, die diese allgemeine Ursache leidet."

[348] Saussure (Versuch 1784, 354 f.): „Denn es hat der Marchese Poleni unter 1175 Regen, die innerhalb 12 Jahren zu Padua gefallen sind, nur 758 gefunden, bey denen das Barometer gefallen wäre, das ist, unter 1000 Vorherdeutungen des Barometers sind nur 645 wahr gewesen." Die Angaben sind der Mitteilung von Poleni (Epistola 1738, 242) entnommen, in der er für diese Frage die Ergebnisse seiner Beobachtungen aus der Zeit von 1725 bis 1736 zusammengefaßt hat.

[349] Saussure (Versuch 1784, 355): „Die Wahrnehmungen des Herrn van Swinden, zu Franeker in Friesland, bestätigen des Herrn Poleni seine, und gehen sogar noch weiter; denn er hat ein Jahr gehabt (1778), in welchem die Vorherdeutungen des Barometers eben so oft falsch, als wahr gewesen sind." Van Swinden (Mémoire 1780, 59) hatte gefunden: „La proportion des fréquences de la pluie pendant que le Mercure descend ou monte a été comme 65:58 ou 1.12 à 1. En 1777 la proportion étoit comme 1.6 à 1: & en 1776 comme 1.42 à 1. En 1778 il y a eu égalité."

[350] Leibniz (Sur la cause 1711) teilte seine Ansichten über die Ursachen der Veränderungen des Barometerstandes dem Abbé Jean-Paul Bignon in einem Brief mit, den Fontenelle in der „Histoire" der Pariser Akademie von 1711 referiert hat. Dieser Darstellung entnimmt Deluc (Untersuchungen 1, 1776, 158–160) die Hypothese von Leibniz: „Das von Herrn *von Leibnitz* erfundene Gesetz ist folgendes: *Ein fremder Körper wiegt mit der flüssigen Materie, in der er sich befindet, und macht einen Theil ihres ganzen Gewichts aus, so lang er von derselben erhalten wird: so bald aber dieses nicht mehr geschiehet, und der Körper fällt, so macht sein Gewicht nicht mehr einen Theil des Gewichts der flüssigen Materie aus, welche daher weniger wiegt.* // [...] 169. Die Anwendung hievon auf die Barometerveränderungen ist folgende. ‚Die in der Luft schwebenden Wassertheilchen, sagt Hr. *von Leibnitz*, vermehren das Gewicht derselben so lang sie von ihr getragen werden, diese Vermehrung aber höret auf, so bald sie herabfallen. Da es sich nun oft zutragen kann, daß die obern Wassertheilchen schon einige Zeit vorher fallen, ehe sie sich mit den untern verbinden, so muß dadurch die Schwere der Luft abnehmen, ehe es regnet, und das Barometer also den Regen vorhersagen.'" Vgl. Leibniz, Sur la cause 1711, 4.

[351] Deluc (Untersuchungen 1, 1776, 126) gibt Halley wie folgt wieder: „*Zweyte Erfahrung. Bey hellem und beständigem Wetter steht das Quecksilber gemeiniglich hoch. / Erkl.* „Alsdann ist der Ort der Beobachtung der Mittelpunkt, auf welchen zween entgegengesetzte Winde zusammenstoßen, welches die Stille verursachet. Durch die entgegengesetzten Windstöße wird die Luftsäule höher, und durch die Vermehrung des senkrechten und Seitendrucks dichter: sie muß also zugleich die Dünste stärker halten, und das Quecksilber im Barometer höher treiben." Zu Halleys Aufsatz vgl. unten den Text Nr. 98 (S. 496,12–497,9).

[352] Deluc (Untersuchungen 1, 1776, 132): „Die Meinungen der Herren *Garsten* und *Halley* sind einander offenbar entgegengesetzt: dieser glaubt,

daß zusammenstoßende Winde die Luft verdichten, und ihren Druck vermehren: jener nimmt an, daß sie sie verdünnen und leichter machen.“

353 Gersten (Tentamina 1733) legt seiner Erklärung der Veränderungen des Barometerstandes eine Theorie der Fortpflanzung von Schwingungen in einer Menge einander berührender elastischer Körper zu Grunde, die Deluc (Untersuchungen 1, 1776, 130 f.) folgendermaßen zusammenfaßt: „Wenn eine Ursache, sie bestehe, worinne sie wolle, dergleichen Bewegungen in einem zusammengedrückten elastischen Körper hervorbringt, so theilt er dieselben denen andern anliegenden elastischen Körpern mit. So lange diese Ursache fortwirkt, oder auch die einmahl erregte Bewegung durch den Widerstand noch nicht unterdrückt worden ist, so lange sind alle diese elastischen Körper mehr ausgedehnt, als zuvor.“ Gersten (Tentamina 1733, 85 f.) setzt voraus, daß es infolge von Sonnenwärme und Erdbewegung einen beständigen allgemeinen Wind gibt (ventus universalis), der zwischen den Wendekreisen in östlicher Richtung weht, darüber hinaus auf der Nordhalbkugel in nordöstlicher und auf der Südhalbkugel in südöstlicher Richtung. Wenn (ebd., 115–117) Winde mehr oder weniger gegen die Richtung dieser gleichmäßig bewegten Luftmasse andringen, kommt es in ihr zu Wirbeln und ungeordneten Bewegungen der Luftteilchen, die eine Ausdehnung der Luftmasse zur Folge haben, so daß die Quecksilbersäule sinkt. Winde aus anderen Richtungen drücken die Luftmasse nur stärker zusammen und lassen die Quecksilbersäule ansteigen.

354 Le Gentil (Voyage 1, 1779, 526) fand nach zweijährigen Messungen in der südindischen Stadt Pondicherry (Puducherry): „Le Baromètre n'y varie point, il se soutient toujours à la même hauteur de 28 pouces à peu-près.“ Vgl. ErxH, 823 f. – Pondicherry ist ein Beispiel für die geringe Variation des Barometerstandes in Äquatornähe, vgl. S. 373,25–27.

355 Saussure (Versuch 1784, 355 f.) schreibt zwar „der Wärme und den Winden die Hauptveränderung des Barometers“ zu, will aber den „Einfluß der Dünste“ ebensowenig leugnen wie „den Einfluß der chemischen Modificationen in der Luft, nämlich die Verschluckung oder Erzeugung einer gewissen Quantität reiner Luft, die Vermischung gewisser Luftarten, deren eigenthümliche Schwere größer oder kleiner ist, als die mittlere Schwere der gemeinen Luft, u.s.w.“ Bei der Vielzahl denkbarer Einflüsse scheint es Saussure „sehr glaubwürdig, die Naturforscher werden mit der Zeit eine neue Ursache von den Barometerveränderungen entdecken: denn das ist wenigstens gewiß, alle uns bekannten Ursachen sind unzulänglich, die sämmtlichen Erscheinungen zu erklären.“ Diese erwartete neue Erklärung würde dann auch auf die von L. zitierten Beobachtungen von Horsley und van Swinden anwendbar sein. Van Swinden (Mémoire 1780, 39–58, bes. S. 43 f. und Table IX) hatte im „Article VIII. Examen de la Question si les Vents ont eu de l'Influence sur le Baromètre?“ von ihm selbst 1779 in Franeker angestellte Beobachtungen mit den Londoner von Horsley (State 1775, 175 f.) aus dem Jahre 1774 verglichen.

[356] Das entspricht Halleys (Account 1686, 165) Erklärung der Entstehung beständiger Winde: „I say therefore, first that according to the Laws of *Staticks*, the Air which is less rarified or expanded by heat, and consequently more ponderous, must have a Motion towards those parts thereof, which are more rarified, and less ponderous, to bring it to an *Aequilibrium*; [...]."

[357] Deluc (Untersuchungen 1, 1776, 111) faßt die Ansichten Laurent Garcins (1683–1751) über die Ursachen der Veränderungen des Barometerstands zusammen: „Herr *Garcin* [...] schreibt überhaupt das Steigen des Quecksilbers in dem Barometer denen Vermehrungen zu, welche die Dünste in dem Volumen, dem Gewichte, und der Federkraft der Luft hervorbringen. Das Fallen leitet er von dem Regen her, welcher das Gegentheil von dem vorigen verursachet." Unter den Gründen, die gegen diese Erklärung sprechen, nennt Deluc (ebd., 113 f.) u.a. den folgenden: „Wie kann aber wohl der Regen, der in einem Theile einer Luftmasse fällt, durch die ganze Masse hindurch ein Fallen des Quecksilbers von 6 Linien in einem Tage veranlassen, welche Veränderung doch sehr oft erfolgt? Hierzu würde kaum die ganze Menge von Regenwasser hinreichend seyn, die in dreyen Monaten in der ganzen Masse fällt. Sechs Linien Quecksilber erfordern zum Gleichgewicht 11 Zoll Wasser, und doch ist die mittlere Höhe des Regenwassers, welches in unsern Gegenden während eines ganzen Jahres herabfällt, nur 29 Zoll."

[358] Diese Frage stellt Deluc (Untersuchungen 1, 1776, 114) nach seiner Darstellung der Ansichten George Gardens und referiert im Anschluß (ebd., 116 f.) dessen Antworten: „Zuerst nimmt er an, es halte sich in den Zwischenräumen der Luft eine feinere und noch mehr elastische Materie auf, welche den Zusammenhang der Körper verursache, und deren verschiedne Verbindungen mit der Luft die Veränderungen der eigenthümlichen Schwere derselben hervorbrächten. [...] // Zweytens muthmaßet Hr. *Garden*, es könnten sich vielleicht noch andere flüßige Materien mit der Luft vermengen, die sich innig mit ihr verbänden, ihre Zwischenräume ausfülleten, und eine Mischung mit ihr ausmachten, die eine größere eigenthümliche Schwere, als die reine Luft haben könnte, oder welche überhaupt, wenn sie auf verschiedne Art verbunden würden, Veränderungen in der eigenthümlichen Schwere ihrer Mischung hervorbringen könnten. [...] // Endlich schreibt er dem Einflusse der Wärme eine große Wirkung zu: er behauptet, daß die verschiednen Grade derselben die Elasticität der Luft vermehren und vermindern, und daß die mehr elastische Luft weniger auf die Grundfläche drücke, weil sie eine geringere eigenthümliche Schwere habe." Vgl. Garden, Discourse 1685, 993 u. 997 f.

[359] Deluc (Untersuchungen 1, 1776, 213 f.) schreibt von Daniel Bernoulli, „[...] daß er die Vermehrung der Barometerhöhe der Luft in den Höhlen und Zwischenräumen der Erde zuschreibt, die, wenn sie durch die Wärme ausgedehnt wird, zum Theil herausgehen, sich mit der äussern Luft verbinden, und ihren Druck auf das Barometer vermehren solle. Das Fallen

des Quecksilbers kömmt nach ihm von eben dieser Ursache her, wenn sie auf eine entgegengesetzte Art wirket: nemlich, wenn die Wärme abnimmt, soll sich die eingeschlossene Luft verdichten, die Atmosphäre aber, um die Höhlen auszufüllen, niedriger werden, und nicht mehr so stark als vorher auf das Quecksilber drücken." Vgl. Bernoulli, Hydrodynamica 1738, 211 f. – Dagegen wendet Deluc (Untersuchungen 1, 1776, 214) u.a. ein: „Denn da das Barometer seinen Stand oft in wenigen Tagen um zwey Zoll verändert, so müßte nach Hrn. *Bernoulli* der vierzehnte Theil der ganzen Atmosphäre aus der Erde hervorgehen, oder sich hineinbegeben; und eine so große Veränderung könnte weder ohne gewaltsame Bewegungen, noch auch bloß durch eine geringe Anzahl kaum bemerkter Oefnungen geschehen."

360 Bei mehreren der von Deluc (Untersuchungen 1, 1776, 107–114) kritisierten Erklärungen zu den Ursachen der Veränderungen des Barometerstandes wurde eine direkte Beziehung zwischen dem Dunstgehalt und der Höhe der Quecksilbersäule angenommen (Pascal, Beal und Garcin). Nur Woodward (ebd., 146–157) vermutete, durch das Aufsteigen der Dünste würde sich der Druck auf die Quecksilbersäule vermindern und durch das Herabfallen in Form von Regen vermehren.

361 Nach Saussure (Versuch 1784, 335–337) ist die Klärung der Frage, warum der Barometerstand zwischen den Wendekreisen verhältnismäßig wenig variiert, eine wesentliche Voraussetzung für die Erklärung der Barometerveränderungen überhaupt. Saussure (ebd., 335) führt drei Gründe an: „Die Temperatur ist daselbst nicht so abwechselnd; die Winde beständig, die Wärme nimmt aufwärts mehr stufenweise ab."

362 L. folgt mit diesem Gedankengang Halley, der allerdings zuerst (ders., Discourse 1686, vgl. unten Text Nr. 98) die Ursachen für die Veränderungen des Barometerstandes auf die Wirkung der Winde zurückgeführt und im Anschluß die Entstehung der Passatwinde erklärt hat (Account 1686, vgl. Anm. 201).

363 S. 374,3–9 nach Saussure (Versuch 1784, 348–350) § 304: „Gewalt der Winde in den hohen Luftgegenden." Zu den Winden in großen Höhen heißt es bei Saussure (ebd., 349): „Dabey ist noch zu merken, daß die großen Wirkungen, welche die Winde in dieser Höhe hervorbringen, eine viel größere Geschwindigkeit anzeigen, als wenn sie selbige in der Ebene hervorbrächten. Denn die Luft wird viel dünner, je höher man in ihr kömmt, sie muß daher eine größere Geschwindigkeit annehmen, um den Abgang der Masse zu ersetzen."

364 „The Daily Universal Register" (später „The Times") berichtet am 11. Jan. 1785 (Balloon 1785): „‚On Friday, Jan. 7. the wind being N.N.W. very moderate, and the sky clear, Mr. Blanchard, accompanied by Dr. Jefferies, took his departure for the Continent in his balloon, from the castle at Dover. […] They ascended at 13 minutes past one, close to the large gun, well known by the name of Queen Anne's pocket pistol. […] // […] The balloon reached the Continent between Calais and Boulogne; was seen by glasses from the English shore till ten minutes past three, far over

[l]and: and an account was brought by a King's cutter at five o'clock, that the balloon descended at twenty-five minutes past three, at Blandi.'" Vgl. Lichtenberg, Erfindungen 1786, 185 f.

365 Nach Smeatons (Enquiry 1760, 165) „Table VI. containing the velocity and force of wind, according to their common appelations." gehört ein Wind mit einer Geschwindigkeit von 35 Meilen pro Stunde zur Kategorie „High winds". „A storm or tempest" hat danach eine Geschwindigkeit von 50 Meilen und der stärkste Hurricane von 100 Meilen pro Stunde.

366 Vgl. VNat 3, 648 f. (Anm. 214 f.).

367 UB 65 (SB 2, 563).

368 Im Sudelbuch notiert L. (NL IV 31, p. LV [J 1644]): „Was den Fortgang der Meteorologie hauptsächlich hindert, ist, daß die Erscheinungen nur durch ihre Größe bemercklich werden, und also in unsern Laboratoriis nicht gut nachgemacht werden können, oder uns im kleinen entgehen; hieraus erhellt die offt gegebene Regel: / Alles zu vergrössern und zu sehen was entstehen könte wenn man Eigenschaften wachsen lässt, und die grösten Dinge abnehmen zu lassen in eben der Absicht. Dieses ist eine fruchtbare Mutter neuer Gedancken. Wenigstens gehören die grösten Entdeckungen dahin, sie sind aber schwerlich durch dieses Mittel gemacht worden."

369 Vgl. L. im Sudelbuch (NL IV 31, p. XLII [J 1522]): „Hiebey ist wiederum sehr auf die Analogie mit der Astronomie zu dringen, die Muster bey allen physischen Untersuchungen seyn können. [...] Es wird von unwissenden Menschen nichts mehr angestaunt als die Fortschritte der Astronomie. Man ist aber darin so weit gekommen, weil es so sehr leicht ist, und bey Bestimmung der Oerter auf 100te von Meilen eben nicht ankömmt, und weil die Gesetze so sehr simpel sind. Daß hierbey Rechnungen nöthig sind, die nur die wenigsten Menschen erlernen können und erlernen, beweißt nichts für die Schwierigkeit. Es ist nur ein Beweiß, daß die Verbindungen von simpeln Gesetzen, sehr verwickelte Erscheinungen gewähren können. Bey Dingen auf unserer Erde reichen alle jene Kenntnisse nicht zu. Man kan Durchgänge der Venus voraus sagen, aber nicht die Witterung und ob heute in Petersburg die Sonne scheinen wird." Und (NL IV 33, p. LXXVI [L 954]): „Die Meteorologie müßte mit der Astronomie verbunden werden, so wie Geographie und Nautick." – Mayer (De variationibus 1755, 3 f.) hatte sein Erstaunen darüber geäußert, daß es der Meteorologie trotz einer großen Menge von Meßdaten noch nicht möglich sei, die Veränderungen des Zustandes der Luft für nur wenige Tage mit einiger Sicherheit vorherzusagen, während die Astronomie die oft sehr komplizierte Bewegung der Sterne für Jahrunderte im voraus angeben konnte. Den Grund für die Erfolge der Astronomie sah er in deren Methode. Diese bestehe darin, nach der Erkenntnis der Abhängigkeit der Sternenbewegung von festen Naturgesetzen, für jeden Stern zuerst eine mittlere Stellung zu bestimmt und dann deren Abweichungen von den wirklichen Stellungen untersucht zu haben. Ein ähnliches Verfahren hielt Mayer auch in der Meteorologie für erfolg-

versprechend und stellte als einen Ansatz seine Methode der Bestimmung der mittleren Wärme in Abhängigkeit von der geographischen Breite vor.

370 UB 66 (SB 2, 563).

371 Vgl. Lichtenberg (Worte 1792, 183): „Die Veränderungen in unserer Atmosphäre sind ein fortdauernder, großer chemischer Proceß in einem unermeßlichen Gefäße angestellt; wenn der Bauch der Retorte in Africa liegt, so kann sich der Hals über Europa weg erstrecken, und die Vorlage in Sibirien liegen; es können aber alle drey zusammen oft innerhalb weniger Quadratmeilen enthalten seyn; die Hälse können sich durchkreuzen und die Gefäße in einander stecken u.s.w. Das macht die Sache schwer. Dazu kömmt noch daß wir leider! die Ingredienzien nicht alle kennen, daß die unterirdischen Wetterzüge ganz vor unsern Augen verborgen sind, die doch die Hälfte des Ganzen ausmachen."

372 Quelle der von Toaldo (Examen 1779, 452) zusammengestellten Angaben sind die „Meteorological Observations, Made On Board His Majesty's Sloop Resolution, In her late Voyage on Discoveries towards the South" (Wales, Observations 1777, 335–365).

373 L. besaß das zweibändige Werk von Pilgram (Untersuchungen 1788) selbst (BL 707) und hat es mehrfach verliehen, u.a. an Ayke (NL VI 58, Bl. 67v und 69r [„Leihbibliothek"]), Franz Ferdinand Wolff (ebd., Bl. 68v und Bw 3, Nr. 1996, vom 1. Jan. 1792), J. K. D. Postels (NL VI 58, Bl. 68v) und Woltmann (Bw 3, Nr. 1690, vom 23. Juli 1789, und Bw 3, Nr. 1715, vom 27. Mai 1790). Seinen Vorsatz, dem Buch Material zu einem Beitrag im GTC zu entnehmen (NL IV 46, p. 48 [„Rotes Buch"]), hat L. nicht verwirklicht. Das Buch imponiert vor allem als Sammlung von Daten und Einzelbeobachtungen, die allerdings aus vielen verschiedenen Quellen stammen und deshalb untereinander kaum vergleichbar sind.

374 Die erste Erscheinung, von der Schrank (Bemerkung 1783, 98 f.) berichtet, waren „zalreiche weisse Stralen", die er am Abend des 21. Juli 1769 nach einem Gewitter von dem Bereich um den Sonnengegenpunkt hatte ausgehen sehen. Die zweite war ein am 18. Okt. 1779 nachts in einer Nebelwand um den Gegenpunkt des Mondes herum beobachteter weißer, leuchtender Bogen. In einer Anmerkung bezweifelt der Herausgeber Hindenburg (ebd., 99–101), daß diese Phänomene den Nordlichtern zugeordnet werden dürften und schlägt andere Deutungen vor.

375 Schrank (Bemerkung 1783, 100–102) hatte sich anläßlich einer Preisfrage der Bayerischen Akademie über die Ursachen der Barometerschwankungen und die Möglichkeiten, sie vorherzusagen, an Hell gewandt, der, wie Schrank „[...] bekant war, über diesen Punkt eine volkommene Theorie besizt." In der von Schrank referierten Antwort, teilt Hell mit, daß er diese Theorie „schon seit 28 Jaren habe". Da Hell nur auf die von der Akademie gestellten Fragen eingeht, benennt er die darin nicht vorgesehene „*irreguläre* oder *perturbirte*" Ursache der Barometerschwankungen nicht. Er deutet aber an, „[...] daß die Irregularität des Barometers nur von einer einzigen zufälligen Ursache abhängt" und somit noch genauer vorhergesagt

werden könne, als die Gezeiten, die verschiedenen zufälligen Einflüssen ausgesetzt seien.

376 Nicht ermittelt. Empfiehlt L. eine graphische Darstellung, also eine Kurve, mit der die Veränderungen von Meßwerten über einer Zeitachse angezeigt werden? Meist wurden meteorologische Daten zu dieser Zeit in tabellarischen Übersichten publiziert. Vielleicht hat L. in diesem Zusammenhang zwei graphische Darstellungen von Luftdruck- und Temperaturveränderungen in Wien und in Gotha für den Juli bzw. September 1778 vorgewiesen (NL IX D 1, Bl. 17r und 18r). Die Meßwerte sind zu Kurven verbunden. Die beiden zusammengehörigen Kurven, nach den Beobachtungsorten farbig unterschieden, sind jeweils in ein Diagramm eingezeichnet und lassen sich entsprechend gut vergleichen.

377 L. bekennt sich damit zum Prinzip des Aktualismus, d.h. der Erklärung des heutigen Zustandes der Erde aus in Vergangenheit und Gegenwart immer gleichartig verlaufenden Prozessen. Einen grundsätzlichen Zweifel an der Zulässigkeit von Rückschlüssen hat L. schon früher im Sudelbuch notiert (F 888; NL IV 30, p. 102): „Das Gleichniß vom Würfel ist herrlich zu gebrauchen. Aus der gegebenen Höhe des Falles kan ich den Fall des würfels bestimmen, aber nicht rückwärts, es ist eine Hypothese. (Erläutert mit andern Hypothesen.)"

378 Milton (Paradise 1748, 209 f. [Book 7, line 573–581]; BL 1656): „So sung / The glorious train ascending: He through heav'n, / That open'd wide her blazing portals, led / To *God*'s eternal house direct the way, / A broad and ample road, whose dust is gold, / And pavement stars, as stars to thee appear / Seen in the Galaxy, that milky way / Which nightly as a circling zone thou seest / Pouder'd with stars."

379 Vergleiche im Kapitel „XII. Vom Weltgebäude und der Erde überhaupt" in diesem Band S. 192,23 und die zugehörige Anm..

380 Kant, Vulkane 1785. Vgl. dazu auch unten ab S. 511,2 den Text Nr. 107.

381 Vgl. VNat 4, 213,14–19.

382 S. 379,3–16 nach Kant, Vulkane 1785, 210 f. Mit der „Vitriol Sauren Lufft" ist Schwefeldioxid (SO_2) gemeint, vgl. VNat 3, 389,17 f. und die zugehörige Anm.

383 Bei der Mischung von Salpeter-, Schwefelsäure und „wesentlichen", d.h. ätherischen Ölen entsteht Wärme, und es kann zur Entzündung kommen, vgl. ErxH, 488,5–9. Die Pilze („Fungos", Accusativus pluralis von lat. fungus) sind vermutlich „harzichte Gemische" (Macquer, Wörterbuch 4, 1789, 466) zu denen ätherische Öle gerinnen, wenn die Säuremischung tropfenweise zugesetzt wird. Vgl. VNat 4, 174 (Text Nr. 37). – Zu Buffons Ansichten vgl. unten S. 506,6–8.

384 Kant (Vulkane 1785, 206): „Ich denke: daß, wenn man sich die Erde ursprünglich als ein im Wasser aufgelösetes Chaos vorstellt; die ersten Eruptionen, die allerwärts, selbst aus der größten Tiefe, entspringen mußten *atmosphärisch* (im eingentlichen Sinn des Worts) gewesen sein werden.

Denn man kann sehr wohl annehmen: daß unser Luftmeer (Aerosphäre), das sich jetzt über der Erdfläche befindet, vorher mit den übrigen Materien der Erdmasse in einem *Chaos* vermischt gewesen; daß es, zusammt vielen andern elastischen *Dünsten*, aus der erhitzten Kugel gleichsam in großen Blasen ausgebrochen; in dieser Ebullition (davon kein Theil der Erdfläche frei war) die Materien, welche die ursprünglichen Gebirge ausmachen; kraterförmig ausgeworfen; und dadurch die Grundlage zu allen Bassins der Ströme, womit, als den Maschen eines Netzes, das ganze feste Land durchwirkt ist, gelegt habe."

[385] Kant (Vulkane 1785, 207 f.): „Auf diese [d.h. die „atmosphärische Ebullition, die ich lieber *chaotisch* nennen möchte"], muß man sich vorstellen, hat eine *pelagische* Alluvion nach und nach Materien, die größtentheils schon Meergeschöpfe enthielten, geschichtet. Denn jene chaotische Kraters, wo deren eine Menge gleichsam *gruppirt* war, bildeten weit ausgebreitete Erhöhungen über andere Gegenden, woselbst die Ebullition nicht so heftig gewesen war. Aus jenen ward Land mit seinen Gebirgen, aus diesen Seegrund. Indem nun das überflüssige Kristallisationswasser aus jenen Bassins ihre Ränder durchwusch, und ein Bassin sein Wasser in das andere, alle aber zu dem niedrigen Theil der sich eben formenden Erdfläche (nämlich dem Meere) ablaufen ließ; so bildete es die Pässe für die künftigen Ströme, welche man noch mit Verwunderung, zwischen steilen Felswänden, denen sie itzt nichts anhaben können, durchgehen und das Meer suchen sieht. Dieses wäre also die Gestalt des Skelets von der Erdoberfläche, sofern sie aus Granit besteht, der unter allen Flötzschichten fortgeht, welche die folgenden pelagischen Alluvionen auf jenen aufgesetzt haben." Über „hölen" und über „Einstürtze mancher Gewölbe" schreibt Kant nichts; es ist eine Ergänzung L.s, um das niedrige Niveau des Meeresbodens zu erklären (vgl. S. 512,15–18), die von Delucs Erklärung der Verwandlung von Meeresboden in Festland abgeleitet ist, vgl. Anm. 423.

[386] Zu denken ist an Schröters „Selenotopographische Fragmente" (1791), die viele Darstellungen und Deutungen von Details der Mondoberfläche enthalten.

[387] ErxH, 832 f. Vgl. auch unten S. 504,31–505,4.

[388] Leibniz, Essais 1710, 424–426; ders., Protogaea, Rez. 1693; ders., Protogaea 1749 (auf diese Ausgabe wird in der Fußnote bei Lulofs, Einleitung 1755, 356, verwiesen). – In § 244 f. der „Theodicée" spekuliert Leibniz über die Bildung der Erdkruste und der Weltmeere und über das Zustandekommen der jetzigen Formen des Festlandes als Folgen einer globalen Schmelze mit anschließender Abkühlung und Überschwemmung. Diese scheinbaren Verwirrungen seien nach einer Ordnung vor sich gegangen, die zu dem jetzigen, dem Menschen entsprechenden Zustand der Erde geführt hätten. Vgl. im Kapitel „XII. Vom Weltgebäude […]" S. 192,25–28 und die zugehörige Anm.

389 Zu den „*Alkalischen* oder *Laugensalzen*“ vgl. ErxH, 209, und besonders zu den feuerfesten Laugensalzen VNat 3, 306,26 f. und die zugehörige Anm. Soda und Pottasche sind Grundstoffe bei der Glasherstellung.

390 Lulofs (Einleitung 1755, 356 f.) als Quelle für L.s Ausführungen über Leibniz, S. 380,22–33, sowie für die Literaturangabe, S. 380,20–21.

391 Vgl. ErxH, 839,20–31.

392 Lulofs, Einleitung 1755, 358–360. L. wertet für seine Zusammenfassung der Ansichten von Burnet § 407 f. aus (ebd., 357 f.). Vgl. auch ErxH, 833 f. (§ 776).

393 Deluc (Lettres 1, 1779, 246): „Le Docteur *Burnet* publia en 1681, un Ouvrage latin sous le Titre de *Théorie Sacrée de la Terre*, dans lequel il semble n'avoir voulu expliquer que le *Déluge*, sans s'embarasser d'expliquer par le Déluge l'état présent de notre Globe, quoique ce Titre le promette.“ – Über seine Absichten schreibt Burnet (Theoria 1681, ungez. Bl. 4r), er habe beschlossen, eine heilige Theorie der Erde aufzustellen, in welcher er, ausgehend vom frühesten chaotischen Zustand und den zartesten Anfängen, alle Bewegungen und Erneuerungen der Natur bis zu dem schließlichen Vergehen ebendieser Dinge verfolgen wolle. „Heilig“ nenne er diese Theorie, weil sie nicht die allgemeine Naturlehre berücksichtige, sondern die größeren Abwechslungen, derer die Heilige Schrift gedenkt, und die gleichsam die Dreh- und Angelpunkte der göttlichen Vorsehung in bezug auf die Erde seien. [Telluris Theoriam Sacram instruere decrevimus, in qua a primaevo Chao tenerisque rerum principiis sumpto exordio, omnes Naturae motus & renovationes ad earundem rerum supremum exitum prosequemur. Hanc Theoriam *Sacram* appello, cum Telluris Physiologiam communem non respiciat; sed majores mundi nostri vicissitudines, quarum meminit Sacra Scriptura, & quae Providentiae Divinae circa Terram sunt veluti Cardines.]

394 Nach Delucs Darstellung war Whiston der Ansicht, daß die Erde ursprünglich ein Komet gewesen sei. Gott habe bei der Schöpfung die exzentrische Bahn, die für die Unbewohnbarkeit des Himmelskörpers verantwortlich war, reguliert. Und Deluc (Briefe 1, 1781, 113) fährt fort: „Nunmehr hörte das *Chaos* auf, d.i. der aus verschiedenen Materien zusammgesetzte Schweif des *Kometen* fiel gegen den Kern zurück, und seine Bestandtheile ordneten sich nach ihrer Schwere. Um den Kern legte sich der schwerste Theil der flüßigen Materie. Die erdigten Theile folgten, blieben aber noch immer mit den wässerichten vermischt, bis sie sich setzten, und eine Rinde um die dichte Flüßigkeit bildeten, da denn ein Theil des Wassers unter diese Rinde lief, ein anderer über derselben stehen blieb.“

395 Vgl. Lulofs, Einleitung 1755, 361; Lulofs (ebd.) verweist auf Whiston, Theory 1696.

396 Vgl. S. 179,3–9 im Kapitel „XII. Vom Weltgebäude und der Erde überhaupt“.

397 S. 381,30–33 zu Linné nach Lulofs, Einleitung 1755, 361 f.

[398] Vgl. ErxH, 850,1–11 (Randbemerkung). Cook (Forster, Entdeckungs-Reise 1, 1787, 226) bemerkte bei der Rückfahrt von der Insel Onewai (Onewy) nach Tongatabu einen „[...] seltsamen Korallfelsen, der vermuthlich auf den Rief, wo er liegt, ausgeworfen worden ist. Er ragt gegen zwölf Fuß über die Oberfläche des Meeres hervor. Der Fuß oder untere Theil des Felsens auf dem er ruhet, hält kaum den dritten Theil des Umfangs seines hervorstehenden Gipfels. Dieser mag etwa hundert Fuß im Umkreise haben, und ist mit Etoabäumen und Pandangs bedeckt.“ Dazu macht Forster (ebd., 226 f.) folgende Anmerkung: „Es ist ziemlich unwahrscheinlich, daß dieser Fels von den Wellen, oder irgend einer andern gewaltsamen Bewegung ausgeworfen seyn sollte, da er auf einer so schlanken Unterlage steht; denn, wäre er ausgeworfen worden, so müßte der breite obere Theil, als der schwerste, unten liegen. Bedenkt man hingegen, daß die Korallgewächse sich aus einem dünnen Stamm, je höher sie werden, allmählig desto mehr ausbreiten, und gleichsam schirmförmig wachsen, so hat man einen Grund mehr zu vermuthen daß diese Klippe noch unverändert in ihrer natürlichen Lage steht, wie sie gewachsen ist. Jene, dreyhundert Fuß senkrecht über der Meeresfläche liegenden, Korallbänke, welche, wie *Cook* oben erwähnt, den Boden im Innern der Insel ausmachen, sind hinlängliche Beweise, daß einst das Meer in diesen Gegenden viel höher gestanden haben müsse. Der hier beschriebene Fels, die *Palmerstons-Inseln*, (*Savage-Island*) und eine Menge anderer Entdeckungen die man den verschiedenen Cookischen Reisen zu verdanken hat, bestätigen jene Vermuthung.“ Vgl. Anm. 1273.

[399] S. 382,5–9 nach Deluc, Lettres 1, 1779, 255.

[400] Uffenbach (Reisen 3, 1754, 237) besuchte Woodward am 31. Okt. 1710 und betrachtete dessen vor allem durch den Reichtum an Petrefakten ausgezeichnetes Kabinett: „Seiner Meynung *de diluvio & generatione antediluviana & lapidum postdiluviana* [von der Sintflut, der vorsintflutlichen und nachsintflutlichen Zeugung der Steine] muß man bis zum Eckel zuhören. Er sagt ganze Blätter aus seinen Schriften her, die er mit beständigen Lobeserhebungen begleitet. Das thörichste ist, daß er in allen Zimmern viele Spiegel hangen hat, darinnen er sich unaufhörlich besiehet. Er stellet sich in allem, wie ein Weib und hochmüthiger Narr. Zu einem Pedanten ist er zu galant und kostbar. Er ist ein Mann von etlich und dreyssig Jahren, unverheurathet, aber *criminis non facile nominandi suspectus* [eines Vergehens verdächtig, das man nicht leicht beim Namen nennen kann]. Man erzehlte sehr närrische Historien von ihm, [...].“

[401] S. 382,18–23 nach Deluc, Lettres 1, 1779, 256 f.

[402] Deluc, ebd., 257 f.; vgl. ErxH, 840,18–24.

[403] S. 382,34–383,3 nach Deluc, Lettres 1, 1779, 259.

[404] Deluc (ebd., 258): „[...] les corps organisés, descendans à leur rang, prirent leur place dans celles qui se trouvèrent de même pesanteur qu'eux.“

[405] S. 382,25–383,18 nach Deluc, Lettres 1, 1779, 257–259.

[406] Deluc (Briefe 1, 1781, 116 f.): „*Woodward* wußte sich nicht anders, als durch eine allgemeine Auflösung zu helfen. Die Seeprodukte, schließt er, finden sich in den Steinen; also müssen diese *aufgelöset* gewesen seyn. Daß sie *weich* haben seyn müssen, konnte er mit Recht schließen: aber hierbey blieb die ganze Schwierigkeit übrig, da er nur auf den Augenblick der Sündfluth selbst sieht, um die Seeprodukte in die Berge zu bringen. Er nimmt also seine Zuflucht zu dem Willen Gottes. Gott hob, sagt er, die Wirkung der Ursache des Zusammenhangs fester Körper auf. Dadurch wurde das Mineralreich aufgelöst, dessen Cörper blos durch *Cohäsion* verbunden sind. Aber Thiere und Vegetabilien blieben, weil sich ihre Fibern durch *Verflechtung* in einander halten."

[407] Lulofs, Einleitung 1755. Die 148 Briefe der Originalausgabe in vier einfachen Bänden und einem zweiteiligen fünften Band (Deluc, Lettres 1–5, 1778–1779 [BL 195]; die Bände wurden ohne besondere Ausgabenbezeichnung, nur mit verändertem Erscheinungsjahr bis 1780 fortgedruckt) hat Gehler in 2 Bände zusammengezogen (Deluc, Briefe 1–2, 1781–1782).

[408] Deluc trägt sein System vor im zweiten Teil des fünften Bandes der „Lettres" (5.2, 1779).

[409] Ein Werden des jetzigen Zustandes der Erde läßt sich nur erklären, wenn sich Spuren von Veränderungen gegenüber früheren Zuständen finden; (Deluc, Lettres 5.2, 1779, 450 f.): „Si nous ne trouvions à la Surface de notre Globe d'autres *Montagnes* que celles que j'ai nommées *primordiales*, & que tout le Sol fût de même nature, je ne vois pas trop ce que nous pourrions chercher à *expliquer*."

[410] Bacon (Instauratio 1620, 165 = Novum Organum, Lib. II, Aph. X): „Primo enim paranda est *Historia Naturalis, & Experimentalis*, sufficiens & bona; quod fundamentum rei est: Neque enim fingendum, aut excogitandum, sed inueniendum, quid Natura faciat, aut ferat." [Bacon, Organ 1830, 107: „Vor allen Dingen muß eine tüchtige Naturgeschichte geschaffen und durch Experimente begründet werden. Mit dem Faseln und Speculiren ist nichts geholfen; man muß wissen, wie die Natur es macht!"]

[411] Deluc, Lettres 5.2, 1779, 452 f.; allerdings schreibt Deluc ohne L.s Übertreibung nur: „Si j'examine ce qui se passe à la surface de la Terre, je vois d'abord en quelques endroits, une Cause souterreine, qui *pousse* au dehors des substances terrestres *liquéfiées*; [...] J'apprends donc ainsi à connoître, les *matières terrestres liquéfiées*, & la *forme* de leurs accumulations: & parconséquent, lorsque je trouve une *Montagne* qui a ces caractères, je n'hésite pas à dire; ‚voilà un *Montagne* élevée par les *Feux souterreins*.'"

[412] Vgl. Deluc, ebd., 453.

[413] Weniger zuversichtlich heißt es bei Deluc (ebd., 454) über die Substanz der „Montagnes primordiales", den Granit: „Je ne me fie pas surtout à la Chymie pour son explication. En vain croit-elle trouver les *composans* de ces matières que je nomme *primordiales*: nous ne connoissons point les *premiers Elémens* qu'emploie la Nature; [...]."

[414] D.h. Deluc (ebd., 455) schließt die Entstehung der „Montagnes primordiales“ als gleichsam prähistorisch aus seiner „Geschichte“ aus: „Je ne prendrai donc cette *Histoire*, qu'au point où des Causes que je comprends ont commencé à agir, & nous en aurons assez pour y voir clair.“

[415] S. 385,6–18 nach Deluc, Lettres 5.2, 1779, 456 f.

[416] Deluc (ebd., 458): „Quelquefois ces *coquillages* sont presque tous d'une même espèce, ou d'un petit nombre d'espèces différentes: d'autres fois ils sont de toute espèce, jeunes & vieux, entiers ou par fragmens, & avec tous les accidens qu'ils éprouvent dans la Mer.“

[417] S. 385,18–386,2 nach Deluc, ebd., 457–460.

[418] Blumenbach (Handbuch 2, 1780, 475): „An tausend Stellen brach das Feuer durch die Rinde der Erde durch, daher die unzähligen ausgebrannten Vulcane, die in neuern Zeiten erst wieder dafür erkannt worden sind, und deren man allein von Göttingen bis zum Ufer des Rheins auf 50 bemerkt hat.“

[419] Deluc (Lettres 5.2, 1779, 461): „Presque tous les grouppes distincts de ces *Montagnes* en renferment de plus quelqu'une, composée de la pierre nommée *Basalte*, qui n'est que de *lave* gercée régulièrement, mais d'une manière dont ne se gercent jamais les *Laves* qui sortent des *Volcans* actuels.“ – L. übergeht im folgenden eine Passage, in der Deluc (ebd., 461 f.) aus seiner Kenntnis von Inseln und Bergen vulkanischen Ursprungs folgert, daß die Erhebung ganzer Gebirgen nicht aus der Wirkung des Vulkanismus erklärt werden könne. Also befinde sich die ursprüngliche Grundlage (la base *primordiale*) der Kontinente immer noch auf der Höhe des Bodens des Urmeeres (l'*ancienne Mer*) und alle Erhebungen seien nur nachträglich auf die Grundlage gehäuft worden.

[420] S. 386,11–21 nach Deluc, ebd., 463–466. Deluc folgert hier (ebd., 466), daß das Meer einmal die Kontinente bedeckt, daß es sich nicht durch eine plötzliche Revolution zurückgezogen und daß der Rückzug des Meeres vor noch nicht sehr langer Zeit stattgefunden habe: „Mais nous n'avons rien encore qui caractèrise cette *Révolution*, c'est-à-dire, qui indique comment elle s'est faite.“ Deshalb bezieht er die auf den Kontinenten erhaltenen fossilen Überreste von Landlebewesen in seine Überlegungen ein: „Donc il existoit d'autres Terreins fertiles & peuplés, tandis que la Mer couvroit ceux que nous habitons aujourd'hui.“

[421] Deluc (Lettres 5.2, 1779, 466 f.): „Donc ces deux dernières classes, tant de *végétaux* que d'*Animaux terrestres*, existoient dans des circonstances qui ne sont plus; l'état de la Surface de la Terre a essentiellement changé quant aux productions *végétales* & *animales*: & si la destruction des Terreins qui produisoient ces Espèces peut venir d'une Cause, qui, en même tems, explique ce changement du Lit de la *Mer* indiqué par l'ensemble des Phénomènes, nous aurons très probablement trouvé la vraie *Révolution* qu'a éprouvé depuis peu de tems la Surface de notre Globe.“ Die gesuchte Erklärung heißt bei Deluc (ebd., 467 f.): „D'*anciens Con-*

tinens, contemporains de l'*ancienne Mer*, se sont enfoncés au dessous du niveau de son *Lit*: la *Mer*, en coulant dans cet espace enfoncé, a laissé à sec ce *Lit* ancien, qui forme nos *Continens*."

422 Le Gentil (Voyage 1, 1779, 75 f.) besuchte Ulloa 1771 auf Isla de León (Bahía de Cádiz). Ulloa hatte die Petrefakten 1761 während der Zeit als Gouverneur von Huancavelica gefunden (November 1758 bis Juli 1764, vgl. Quiroz, History 2008, 43. 49). Ausführlichere Mitteilungen über diese Petrefakten macht Ulloa in seinen „Nachrichten" (2, 1781, 78–81 [BL 993]).

423 Vgl. Deluc, Lettres 5.2, 1779, 485 f. Durch die Wirkung unterirdischen Feuers gelangte Wasser in die erste Ebene der Gewölbe. Es kam zu gewaltigen Gärungsvorgängen (de grande fermentations), die die Erde erbeben und die erste Ebene der Gewölbe einstürzen ließen. Jetzt standen die alten Kontinente unter Wasser, über dessen Oberfläche sich nur noch einige Inseln erhoben, die späteren Gebirgsgipfel. Das Gewicht des Wassers und der Gesteinsmassen der ersten Gewölbeebene brachte die zweite Ebene zum Einsturz usw. In der Folge kam es zu weiteren Absenkungen des Meeresspiegels, so daß das trockene Land den Umfang der heutigen Kontinente erreichte.

424 Vgl. Deluc, Lettres 5.2, 1779, 490 f.

425 Vermutlich meint L. folgende Stelle bei Deluc (Lettres 5.2, 1779, 486): „Alors les *Continens* disparurent; leur surface, abaissée au dessous du niveau de la Mer, laissa à ses eaux la faculté de s'étendre; elles s'y portèrent donc de tout côté, par une pente peu grande, coulant très rapidement sans doute, mais par la surface; parce que les bords du bassin qui se vuidoit étoient inégalement relevés; tellement qu'elles n'entraînèrent ni labourèrent ce Fond de *sable*, qui nous est resté sensiblement intacte."

426 Vgl. Deluc, Lettres 5.2, 1779, 612 f. Über den von L. als „Ausartung" bezeichneten hypothetischen Vorgang heißt es dort (ebd., 613): „Nous voyons encore par cette même *Révolution*, comment il se peut; ‚que divers de ces *Ossemens* que nous trouvons dans nos terres, n'appartiennent à aucun *Animal terrestre* connu aujourd'hui.' Ils vivoient dans ces *Continens* anciens; & à la *Révolution*, aucun individu de leur Espèce ne se sauva sur les nouvelles terres, ou ne put y subsister; ou s'il en réchappa, ce fut dans des terres jusqu'ici inconnues; ou enfin peut-être, un très grand changement dans les circonstances où ils ont vécu dès lors, a produit quelque changement dans leur apparance, qui nous empêche de les distinguer."

427 Vgl. ErxH, 751,22–25. Vielleicht geht diese Behauptung auf Bouguer (Figure 1749, 392 f.) zurück, der auf Grund seiner Versuche zur Gravitation am Chimborazo über den Kern der Erde spekuliert hat.

428 Die Ausführungen S. 387,34–388,20 finden sich nicht bei Deluc und sind vermutlich L.s eigene Ansichten.

429 L.s Erwägungen, S. 388,21–389,13, sind eigenständig und nicht von der „Introduction aux lettres suivantes" abgleitet, die Deluc (Lettres 5.2, 1779, 626–629) dem Versuch, seine Vorstellungen von der Erdrevolution

mit der biblischen Schöpfungsgeschichte in Einklang zu bringen, voranstellt.

430 L. erwähnt nicht, daß Deluc (Lettres 5.2, 1779, 631 f.) an dieser Stelle auch die Richtigkeit der biblischen Zeitrechnung begründen will: „Ces *Continens* aujourd'hui habités, étoient auparavant le *Lit de la Mer*; tout l'Histoire naturelle le dépose, & elle montre en même tems, qu'ils ne sauroient être plus anciens qu'environ *quarante Siècles*. C'est là une Catastrophe certifiée par l'état de la Terre, & c'est le premier des liens qui unissent l'*Histoire naturelle* à l'*Histoire sacrée*."

431 Vgl. Deluc, Lettres 5.2, 1779, 636 f.

432 Vgl. Deluc, Lettres 5.2, 1779, 639 f.

433 Vgl. Deluc, Lettres 5.2, 1779, 642.

434 S. 391,4–10 nach Lulofs (Einleitung 1755, 380). Vgl. GamN, 953.

435 Vgl. Faujas de Saint-Fond, Recherches 1778, 46.

436 Die Angaben gehen zurück auf Ferber (Lettres 1776), und zwar finden sich das Entstehungsjahr und die Maßangaben („400 toises de hauteur & 3000 pieds de circonférence") ebd., 168. 170. „48 Stunden" währte zufolge des Berichts eines Augenzeugen (ebd., 505 f.) der Ausbruch, der am 29. Sept. 1538 begonnen hatte, in seiner größten Intensität („cette éruption dura sans discontinuer deux jours & deux nuits"), während die Hauptmasse des Berges in weniger als zwei Stunden aufgehäuft wurde („elle [la boue] fut vomie en si grande quantité, qu'en moins de douze heures elle forma avec les pierres, dont j'ai parlé, une montagne haute de plus de mille pieds"). Von den Neugierigen, die sich am 6. Okt. bis an den Rand des Kraters gewagt hatten, kamen (ebd., 502) 24 durch einen plötzlichen zweiten Ausbruch ums Leben („le nombre des étouffés & de ceux, qui manquent, se monte à vingt-quatre"). Die von Lord Hamilton wiederentdeckten Augenzeugenberichte sind der französichen Ausgabe als Anhang beigegeben; sie fehlen jedoch in der ursprünglichen deutschen Veröffentlichung (Ferber, Briefe 1773).

437 Hamilton (Observations 1772, 113 f. [BL 716]): „From these circumstances, and from repeated observations I have made in the neighbourhood of Vesuvius, I am sure that no virgin soil is to be found there, and that all is composed of different strata of erupted matter, even to a great depth below the level of the sea. In short, I have not any doubt in my own mind, but that this Volcano took its rise from the bottom of the sea; and as the whole plain between Vesuvius and the mountains behind Caserta, which is the best part of the Campagna Felice, is (under its good soil) composed of burnt matter, I imagine the sea to have washed the feet of those mountains, until the subterraneous fires began to operate, at a period certainly of a most remote antiquity."

438 Lulofs (Einleitung 1755, 151) enthält die von L. mitgeteilten Angaben über das Ereignis vom 31. Dez. 1720; vgl. auch GamN, 954.

439 Hamilton (Account 1780, 56) über seine Beobachtungen am 8. Aug. 1779: „I shall scarcely be credited when I assure you, *sir*, that, to the best

of my judgment, the height of this stupendous column of fire could not be less than three times that of Vesuvius itself, which, as you know, rises perpendicularly near 3700 feet above the level of the sea. // Puffs of smoke, as black as can possibly be imagined, succeeded one another hastily, and accompanied the red-hot, transparent, and liquid lava, interrupting its splendid brightness here and there by patches of the darkest hue. Within these puffs of smoke, at the very moment of their emission from the crater, I could perceive a bright, but pale, electric fire, briskly playing about in zig zag lines (i). [Fußnote:] (i) I mention this circumstance to prove, that the electrical matter, so manifest during this eruption, actually proceeded from the bowels of the volcano, and was not attracted from a great height in the air, and conducted into its crater by a vast column of smoke." – Vgl. L.s Gedanken (VS 9, 291 [= SB 2, 473. {K 391}]): „Da es unstreitig beym Vesuv blitzt, wenn er speyt, könnte das nicht aus der erkaltenden geschmolzenen Materie entstehen? Wäre nicht Luft auf die Art elektrisch zu machen, wenn man geschmolzene Sachen darin erkalten ließe? Auf die Donnerwetter anzuwenden."

440 Vgl. Bergman, Producta 1783, 188. 200–203. 194 f. 195 f., im folgenden in der deutschen Übersetzung: Bergman (Producte 1785, 228) zufolge heißen Lava „Materien, welche in dem Innersten der Erde der Gewalt des Feuers ausgesezt gewesen" sind, die geschmolzen austreten und „nach dem Erkalten starke aneinanderhängende Schichten bilden". Und weiter (ebd., 244): „Das äußere Aussehen [der Laven] ist verschieden, nach dem Unterschied der Materie und dem verschiedenen Grad der Hize, dem sie ausgesezt gewesen; überhaupt lassen sie sich in vier Gattungen theilen." Und zwar (ebd., 244–247) in schwammige, kompakte, stalaktitische und gläserne Laven. – Bergman (ebd., 236 f.) schreibt, „[...] die Pozzolanerde seye nichts anders, als ein Thon oder eisenschüßiger Mergel, so durch das vulkanische Feuer etwas verhärtet, und durch die Gewalt der Dünste gepulvert und zerstreuet worden. Zum Bauen ist diese Erde sehr vortheilhaft zu gebrauchen. Sie wird mit gebranntem Kalch und Wasser vermengt, und darauf in kurzer Zeit steinartig; [...]." – Ebd., 238: „Unter dem Namen Tophus pflegt man zuweilen die vulkanische Asche zu verstehen, die durch das Wasser in einem Zeitraum von vielen Jahren zusammengewachsen. [...]. Und ohne Zweifel gehöret auch hieher der Holländische Tras, welches so viel als ein Gluten [lat. Leim] bedeutet. In Rücksicht der Natur und Zusammensezung kommt diese Materie der Pozzolanerde allerdings bey, doch sind ihr gemeiniglich viele fremdartige Theile zugemischt, [...]."

441 Nach Krafft (Beobachtungen 1994, 120) lautete die Stelle in den bis 1851 erschienen Ausgaben der „Naturalis historia" des Plinius (Lib. 36, § 58): „Invenit eadem Aegyptus in Aethiopia quem vocant basalten, ferrei coloris atque duritiae, unde et nomen ei dedit." [Eben dieses Ägypten fand in Äthiopien {einen Stein}, den man ‚basaltes' nennt, von der Farbe und Härte des Eisens, weshalb man ihm auch den Namen gegeben hat.] Dieses

einzige Zeugnis für die Bezeichnung „basaltes“ im antiken Schrifttum entfällt, seitdem die Lesung auf Grund einer bis dahin nicht berücksichtigten handschriftlichen Quelle in „basanites“ geändert wurde. Über die Bedeutung der Plinius-Stelle im Vulkanismus-Neptunismus-Streit handelt ausführlich Krafft (ebd.).

442 Deluc (Lettres 4, 1779, 483 f.) berichtet über folgende Entdeckung auf seinem Weg von Kassel nach Göttingen: „Quelle belle invention que les *chaussées* pour les Orychtologistes! [...] // Tels furent les premiers éclaircissemens que je tirai de la Chaussée; mais ils devinrent bien plus importans, lorsqu'en approchant de quelques hauteurs, je vis que cette même *pierre à chaux*, recouvert par la *pierre sableuse*, recouvroit elle-même des *matières volcaniques*; & dès cet endroit la Chaussée ne fut plus faite que de *basalte* brisé. J'ai tourné ces hauteurs pour arriver au Bourg de *Dransfeld*, situé sur le plus haut de la croupe générale des Collines. Tout est *pierre à chaux* sur cette croupe; mais j'ai appris que toutes les sommités qui s'élèvent au dessus, ne sont que de *pierre noire*; qui est du *basalte*, dont le Bourg est tout pavé. La principale des Carrières est dans la sommité qui se nomme *Dransberg*, fort peu distante du Bourg.“ Nach eingehender Untersuchung des Dransbergs, besonders des dortigen Basaltsteinbruchs stellte Deluc (ebd., 512) fest: „L'étendue & la hauteur de la *Lave* que je venois de découvrir, me fit comprendre que cette Montagne n'étoit rien moins qu'un Cône en elle-même: mais seulement une petite partie d'une *couronne volcanique* que formoit l'ensemble de tout ce groupe de Montagnes.“

443 Vgl. Faujas, Minéralogie 1784, 1. Die Stelle heißt in der deutschen Übersetzung (ders., Mineralogie 1786, 1): „Der Basalt ist eine würkliche Lave, die unstreitig im Fluß gewesen ist. Diese blos halb verglaste Materie erscheinet unsern Augen unter der Gestalt eines mehr oder weniger schwarzen, harten, kompakten, schweren, vom Magnet anziehbaren, der Politur fähigen, für sich ohne Zusatz schmelzbaren Steines, der mit dem Flintensteine mehr oder weniger Funken giebt, und mit den Säuren nicht das geringste Aufbrausen verursachet.“ Den Untersuchungen von Faujas (Minéralogie 1784, 6) zufolge enthalten 100 ℔ Basalt 8 ℔ Eisen. – Vgl. auch Lichtenberg, Entdeckungen 1784, 51.

444 Faujas (Minéralogie 1784, 7–49) betrachtet in den Kapiteln 2 bis 11 die regelmäßig geformten Basalte: Prismen, Zylinder und Kugeln. Er beschreibt (ebd., 17–19) u.a. zwei zusammengehörige Prismen mit pentagonalen Grundflächen, deren zwei Seiten, mit denen sie aneinander gelegen hatten, jeweils die Hälfte eines ehemals ganzen Granitstücks enthielten. Faujas sieht darin einen Beweis dafür, daß die beim Erkalten schrumpfende Lava gerissen ist, was gegen die von anderen Naturforschern vertretene Ansicht spricht, die Basaltsäulen seien echte Kristallisationsprodukte.

445 Chambers (Cyclopaedia 2, 1786, No 150, 8 Z [fol. 2r]): „*Giants Causeway*, a name given by the common people of the county of Antrim, in Ireland, to a vast quantity of that kind of black marble, called *basaltes*, which stands in columns, and is natural to that marble, and runs out a

great way into the sea." In dem Artikel finden sich auch Angaben über die weiteren damals bekannten Gebilde von Basaltsäulen. Vgl. auch ErxH, 844,36–39.

446 S. 392,29–34 nach Hamilton (Letter 1778, 2): „When I arrived at the gates of Cologne, I was struck with the sight of numberless basaltic columns inserted in walls of the town; and I remarked, that columns of the same sort were universally used as posts in the streets, and at every door; they are chiefly pentagonal, but some are hexagonal, and a few have only four sides; they are very like the basaltes of the Giants Causeway, but without their regular articulation." Der Zusatz über den Namen „Unckel-Steine" nach Deluc, Lettres 3, 1779, 551.

447 Hamilton, Account 1780, 48.

448 S. 393,5–11 nach Bergman, Producta 1783, 279–283.

449 Lémery, Explication 1700. – Lémery will mit der von ihm angegebenen Wärmemischung eine chemische Erklärung für das Entstehen von Blitz und Donner geben. Aus einer Mischung von Schwefel und Eisen bildet sich im Verlauf einer exothermen Reaktion Eisen(II)-sulfid (FeS). Lémery führt das Experiment mit mehreren Abwandlungen durch, u.a. auch (ebd., 103) in der von L. angeführten: „J'ay mis en Eté cinquante livres du même mélange [un mélange de parties égales de limaille de fer & de soulfre pulverisé] dans un grand pot, j'ay placé le pot dans un creux que j'avois fait faire en terre à la campagne, je l'ay couvert d'un linge & ensuite de terre à la hauteur d'environ un pié, j'ay apperçu huit ou neuf heures aprés que la terre se gonfloit, s'échauffoit & se crevassoit, puis il en est sorti des vapeurs soulfreuses & chaudes, & ensuite quelques flammes qui ont élargi les ouvertures, & qui ont répandu autour du lieu une poudre jaune & noire: la terre a demeuré longtemps chaude, [...]."

450 Soulavie, Histoire I.1–7, II.1, 1780–1784.

451 Die Ansicht Soulavies findet sich in seinen „Bemerkungen und Zusätze[n]" zu Hamilton (Beobachtungen 1784, 113 f. [BL 715]). Soulavie argumentiert in dem „Vom Feuer der Vulkane unter dem Meeresgrund" überschriebenen Paragraphen ganz allgemein gegen Schlußfolgerungen auf die Ursachen der Vulkantätigkeit, die aus Vergleichen mit chemischen Versuchen oder selbst Bränden von Steinkohlenminen gezogen werden, und meint (ebd., 118), „[...] dieser Methode zu philosophiren muß man widersprechen, und ihr diese logische Regel entgegen stellen: Von einer besondern Erfahrung kann und darf auf die Allgemeinheit eines Gesetztes nicht geschlossen werden."

452 Vgl. Hamilton, Beobachtungen 1784, 116 f. Der Übersetzer zitiert die entsprechende Stelle aus Saussure (Reisen 1, 1781, 79 f. [= § 93]). – Pyrit (Schwefelkies) und Markasit haben die gleiche chemische Zusammensetzung FeS_2 und wurden dem „Lemeryschen Versuch" entsprechend für die unterirdische Selbstentzündung verantwortlich gemacht, die zu Vulkanausbrüchen führt. Schörl ist eine schwarze Abart des Turmalins.

453 L. meint vermutlich das starke Erdbeben, das in der Nacht vom 7. zum 8. Dez. 1720 die Azoreninseln Terceira und St. Miguel erschütterte und in dessen Folge sich nach wenigen Tagen zwischen beiden eine neue Insel aus dem Meer erhob, vgl. Observations 1720, 26; Forster, Part 1722 und Observations 1722, 12 f. Letztere Quelle zitiert Buffon in seiner „Théorie de la Terre“ (Histoire 1, 1749, 539 f.). Dort heißt es (ebd., 539): „[...] on remarqua en même temps que la pointe de l'île de Pic, qui en étoit à 30 lieues & qui auparavant jetoit du feu, s'étoit affaissée & n'en jetoit plus; [...].“ Gemeint ist der Vulkan auf der Azoreninsel[!] El Pico, der seit dem Jahre 1718 aktiv gewesen war. – Die anfangs von weither sichtbare Insel erhob sich zwei Jahre später kaum noch über die Meeresoberfläche. – Vgl. oben S. 391,26–32.

454 Klügel, Figur 1785, 213. – Gehler (3, 187) schreibt über die geographische Meile: „Sie ist kein bestimmtes Maaß, das in irgend einem Lande mit unveränderter Größe wirklich eingeführt wäre; vielmehr richtet sich ihre Größe nach der Größe des Grades vom Umfange der Erdkugel, welche verschieden sind, je nachdem man den Grad im Aequator, oder im Mittagskreise an verschiedenen Stellen der Erde nimmt.“

455 Nach Du Plat (Situations-Risse 1780, 7) gehen $11\frac{22}{25}$ Calenberger Meilen zu je 32000 Calenberger Fuß auf einen Äquatorgrad, und $\frac{1}{15}$ Äquatorgrad würde demnach 25344 Calenberger Fuß entsprechen. Ebenfalls nach Du Plat ist das Verhältnis zwischen Calenberger zu Rheinländischem Fuß, ausgedrückt in Punkten des Pariser Systems, 1299 : 1391,3. Das ergäbe für $\frac{1}{15}$ Äquatorgrad etwa 23663 Rheinländische Fuß.

456 In „The London Chronicle“ (Postscript 1786, 360, Sp. 3) steht eine Notiz über 300 Strafgefangene in Newgate, von denen die meisten nach Botany Bay transportiert werden sollten. In der nächsten Nummer der Zeitung (London 1786, 370, Sp. 2 f.) werden verschiedene Argumente für die planmäßige Besiedlung von New South Wales mit Strafgefangenen aufgeführt (Botany Bay Scheme). Zu den wirtschaftlichen Vorteilen sollte vor allem die Nutzung der genannten Hanfart mit ihren von L. zitierten besonderen Vorzügen gehören: „The advantages that might accrue from this article would be important beyond description. The benefits of this place being so well known, it is pity, both for their own and country's sake, that many thousand idle and disorderly persons, who live in misery upon the plunder and charity of the Public, cannot be immediately shipped off for New Wales, more particularly boys and girls, who might make valuable subjects in those settlements, and become happy in themselves and beneficial to their country.“ – Entgegen dem Plan landeten 1788 die ersten Strafgefangenen nicht in der Botany Bay, sondern in Port Jackson an.

457 Der Amerikaner korsischer Abstammung James Mario Matra (1746–1806) hatte Cook auf dessen erster Reise begleitet. Matra wurde der maßgebliche Befürworter der Gründung einer Sträflingskolonie in der Botany Bay. Seine Pläne wurden schon im Dezember 1784 vom Kabinett diskutiert und begrüßt, da sie den Interessen der Krone entsprachen: Ver-

bringung Strafgefangener, Schaffung strategischer Ressourcen im Pazifischen Ozean und Verknüpfung von Handelsverbindungen zwischen Asien, Amerika und Europa. Vgl. Frost, Matra 2005.

458 Forster (Bemerkungen 1783, 155 f.): „Ein neues, lilienartiges Pflanzengeschlecht (*Phormium tenax. FORST.* ** [**) Es gehört in die Linnäische (sogenannte natürliche) Ordnung der *Lilien*, und verbindet solche mit der Ordnung der *Schwerteln.*]) liefert einen Flachs, aus welchem Stricke, Angelschnüre und mattenähnliche Kleider von unvergleichlicher Güte verfertigt werden."

459 Bei Gamauf (GamN, 813 f.) haben sich diese hier abgebrochenen Ausführungen vollständig erhalten.

460 Otto (Abriss 1, 1792, 58 f.): „Im Ganzen genommen, ist sein [d.h. des Meerwassers] Salzgehalt desto stärker, je weiter das Meer sich von den Polen entfernt; [...]. Der Grund liegt in der durch die Sonnenwärme erzeugten grössern Ausdünstung, welche das süsse Wasser fortnimmt, da denn die Salztheilchen dichter zusammen kommen müssen: aus einem ähnlichen Grunde nimmt die nach Norden zu verminderte Salzigkeit gegen die Pole wieder zu; und diess ist die Wirkung der strengern Kälte, welche dem Meerwasser ebenfalls eine Menge süssen Wassers durch den Frost entzieht."

461 Nach Otto, Abriss 1, 1792, 60 f. – Bei Marsili (Osservazioni, Rez. 1692, 210) ist als Beispiel aus einer Vielzahl von Messungen diejenige vom 28. Juni 1680 aufgeführt. Dabei wird die verschiedene „Schwere" (gravitas) von Meerwasser in der Gewichtseinheit Gran angegeben ($71\frac{3}{4}$ gr. für das Wasser in der Tiefe und $61\frac{3}{4}$ gr. für das Wasser an der Oberfläche). Otto (ebd., 61) nimmt die gerundeten Werte von 72 bzw. 62 gr für Gewichte gleicher Flüssigkeitsvolumina und schließt daraus: „Das von *Marsilli* angegebene Verhältniss ist übrigens an und für sich schon fehlerhaft; denn, angenommen, das obere Wasser sey wirklich süss gewesen, ob es gleich etwas salzig war, so würde doch die specifische Schwere des untern seyn: 116129; eine Schwere, welche es nicht haben konnte, da eine vollkommen gesättigte Salzlauge nicht viel darüber geht." – Es liegt ein Mißverständnis vor, weil Otto nur auf die weit verbreitete Rezension von Marsilis Schrift in den Supplementen der „Acta Eruditorum" (Marsili, Osservazioni, Rez. 1692) und nicht auf die Originalabhandlung zurückgegriffen hat. In letzterer schreibt Marsili (Osservazioni 1681, 71), daß er die Messungen mit einer „Ampolla Idrostatica" angestellt habe, also einer Senkwaage (Aräometer). Die nicht weiter erklärte Funktion des Instruments scheint derjenigen von „Schmidts. Aräometer" (VNat 3, 276 f.) ähnlich gewesen zu sein. Die in Marsilis Tabelle angegebenen Werte sind Gewichte, die auf die Senkwaage gelegt wurden, damit diese in verschieden dichten Flüssigkeiten bis zu einer Eichmarke abgesenkt wird. Da Marsili nur das Gewicht des unbelasteten Instruments angibt, jedoch nicht das verdrängte Volumen, kann aus den aufgelegten Gewichten nicht auf die Dichte der untersuchten Flüssigkeiten geschlossen werden. Die Werte erlauben nur, die untersuchten Flüssigkeiten hinsichtlich ihrer Dichte untereinander in Beziehung zu setzen.

462 Bladh, Anmerkungen 1781, 128 f. nach Otto, Abriss 1, 1792, 60 f.

463 Die Appendix „Proposals for preventing a want of fresh water and a scarcity of provisions at sea“ findet sich zuerst in der zweiten Aufl. des Buchs von Lind (Essay 1771, 351–375). Auf S. 362 f. gibt Lind eine Anleitung für den Bau eines einfachen Destillierapparats. Dazu wird in den Deckel eines Kochkessels ein Loch geschnitten und darein ein umgekehrter Teekessel gepaßt. Von der Tülle des Teekessels wird der Wasserdampf in einen Flintenlauf geleitet, der mit entsprechender Neigung durch ein mit Kühlwasser gefülltes Faß geht. Das Destillat ist von Salz und bitterem Geschmack freies Wasser. Mit dieser Vorrichtung können sich Schiffsmannschaften in Notsituationen zumindest mit einem Minimum an Trinkwasser versorgen.

464 S. 396,11–15 nach Otto, Abriss 1, 1792, 84 f.

465 S. 396,19–27 L.s freie Übertragung von Watson, Saltness 1781, 93 f. Watson zieht folgende Stellen an: „Arist[otelis] Meteo[rologica] L. ii. c. iii.“ (vgl. Μετεορολγικά B, 2 = ders., Opera 1, 1831, 354 ^{b}1–356 ^{b}3) und „Kirch. Mun. Subter. L. iii. c. iii.“ (vgl. Kircher, Mundus 1, 1678, 172–176).

466 Nicht ermittelt. – Allerdings war der Göttinger Professor der Medizin, Johann Georg Röderer (1726–1763), als Geburtshelfer ein eifriger Sammler statistisch auswertbarer Daten. So hoffte er z.B. durch regelmäßiges Messen und Wägen der Neugeborenen einen zuverlässigen Anhalt für deren Reife zu erhalten. Eine Veröffentlichung seiner Ergebnisse in den „Commentarii“ der Göttinger Akademie schließt (Röderer, Sermo 1753, 424) mit dem Wunsch, daß auch andere ähnliche Messungen unternehmen. Denn er habe die Hoffnung, daß man aus einer großen Fülle von Erfahrungen zuverlässige Schlüsse ziehen könnte, deren Nutzen kein Naturforscher in Abrede stellen würde. Mit der Bekanntgabe seiner, zur Erreichung dieses Ziels unzulänglichen Ergebnissen habe er nur bezweckt, andere anzuregen. [Nil magis vero circa hanc materiam in votis est, quam ut alii etiam similium experimentorum onus in se suscipere velint, ita enim spero, fore, ut ex summa experimentorum copia conclusiones minus fallaces, atque in particulari non solum, sed & universali verae consequantur, quas curiosas satis esse atque utiles, nemo facile, qui naturam ex omni parte nosse cupit, inficias ibit. Vehementer autem dubito, mea sola experimenta ad illum scopum adimplendum sufficere, haecque summa mea ratio, ut alios nempe excitem, fuit, cur mea, utut manca et parca, in medium proferre ausus fuerim.]

467 Halley, Account 1714.

468 Gemeint ist Francheville, Dissertation 1760, 47; nach Watson, Saltness 1781, 101: „Other philosphers, observing that large beds of fossile salt are not unfrequent in any quarter of the globe; and conceiving, with great probability, the bottom of the sea to be analogous in its formation to the surface of the earth, have undertaken to derive its saltness from the beds of rock salt, which they have supposed to be situated at its bottom [...].“

[469] Watson, Saltness 1781, 96–101. Die „erste Ursache" bedeutet die Zurückführung des Salzgehaltes des Meerwassers auf das durch die Flüsse ins Meer transportierte Salz.

[470] Dieses Argument führt Watson nicht an.

[471] Watson, Saltness 1781, 105 nennt seine Quelle: Boyle, Observations 1744, 381 f. (= ders., Observations 1674, 15).

[472] Nach Watson, Saltness 1781, 106.

[473] Watson, Saltness 1781, 106 gibt als Stelle an: „Gomes de Sale. l. i. c. 24."; in den ersten beiden Ausgaben des Werks findet sich diese Aussage jeweils im 59. Kapitel des ersten Buches (Goméz Miedes, De sale 1572, 63; ders., De sale 1579, 133).

[474] Nach Watson, Saltness 1781, 106–108.

[475] Die Schrift von Barbieri (Gedanken 1786) ist im 6. Band der „Vermischten Beyträge zur physikalischen Erdbeschreibung" im zweiten Teil einer anonym veröffentlichten „Abhandlung vom Meere" (Abhandlung 1786) enthalten. Es handelt sich um eine Teilübersetzung von Barbieri, Dissertatio 1752. Barbieri (Gedanken 1786, 247 f.) meint, wenn: „[...] die Salzigkeit des Meeres von keinen außerordentlichen Ursachen herkommt, so bleibt nur das einzige übrig, daß sie dem Meere von Natur eingepflanzet und mit ihm erzeuget sey. Hierzu führt uns die Natur selbst. [...] Es ist also die Salzigkeit des Meeres sonder Zweifel ursprünglich, und demselben von Natur eigenthümlich: indem sie weder merklich vermehrt, noch vermindert wird."

[476] Vermutlich meint L. „Pflanzenlaugensalz" oder Pottasche (Kaliumcarbonat K_2CO_3), die durch Auslaugen von Pflanzenasche gewonnen wurde, vgl. Macquer, Wörterbuch 1, 1788, 244 f.

[477] Zu „Salz" in dieser allgemeinen Bedeutung vgl. L.s Zusatz § 201.b (ErxH, 207–210).

[478] Razumovskij (Idées 1791) hielt Granit für das Gestein des Urgebirges. Granit war nach seiner Ansicht das Kristallisationsprodukt einer Flüssigkeit. Und da Flußsäure (Fluorwasserstoffsäure HF) die einzige chemische Substanz ist, die Quartz löst, nahm Razumovskij an, daß die Erde ursprünglich von einem flußsäurehaltigen Meer bedeckt gewesen ist.

[479] Die Schwierigkeit besteht eigentlich nur, wenn angenommen wird, daß der Meeresgrund in seiner ganzen Ausdehnung aus einem Steinsalzlager besteht, vgl. Anm. 468. Andernfalls hätte auch die zu geringe Bewegung des Wassers über dem Grund die Unterschiede im Salzgehalt erklären können, vgl. oben S. 326,17–19.

[480] Otto, Abriss 1, 1792, 52. Es handelt sich um ein Phänomen, das bisweilen im Meer vor der Mündung des Platastroms beobachtet worden sein soll.

[481] Die Bemerkung über die Klarheit des Wassers „zwischen den Westindischen Inseln" findet sich bei Otto, Abriss 1, 1792, 50.

[482] Otto, Abriss 1, 1792, 55 f. – Halley (Art 1716) hat seine Erfahrungen mit einer Taucherglocke von 1691 bis 1697 vor der Küste von Sussex

gesammelt. Newton (Optice 1719, 176 = Lib. I, pars 2, prop. 10, probl. 5, exp. 17) beruft sich auf eine persönliche Mitteilung Halleys. Halley habe viele Faden tief unter Wasser gefunden, daß die Oberseite seiner Hand von dem durch ein oben in der Glocke angebrachtes Glasfenster fallenden Licht rot erschienen sei. Die Unterseite der Hand habe von dem in die unten offene Taucherglocke gelangten Licht grün ausgesehen. Newton (Optik [1], 1996, 119) leitet daraus ab, „dass das Meerwasser die violetten und blauen Strahlen am leichtesten zurückwirft und die rothen ungehindert und reichlich bis zu grossen Tiefen hindurchlässt."

483 Lavoisier (Abhandlung 1785, 159), von L. zitiert nach Otto, Abriss 1, 1792, 57 f. – Der erste Wert steht bei Lavoisier für „Kochsalz, so feuerfestes Laugensalz oder Sode zum Grunde hat", der zweite für „Glauber- und Epsomsalz", der dritte für „Kochsalz, mit dem Grundtheile des Epsomsalzes" und der vierte für „Kochsalz, mit dem gewöhnlichen erdigen Grundtheile, mit dem vorhergehenden gemischt". – „Glauber[salz]" ist Natriumsulfat (Na_2SO_4), „Epsomsalz" ist Magnesiumsulfat ($MgSO_4$). Offenbar hat L.s Gewährsmann Otto die Bezeichnungen für den dritten und vierten Wert miteinander verwechselt, denn das „Kochsalz mit Kalch-Erde" entspricht vermutlich Lavoisiers „Kochsalz, mit dem gewöhnlichen erdigen Grundtheile" (Kalziumchlorid $CaCl_2$) und das „[Kochsalz] mit BitterErde" Lavoisiers „Kochsalz, mit dem Grundtheile des Epsomsalzes" (Magnesiumchlorid $MgCl_2$).

484 Sparrman, Versuch 1777, nach Otto, Abriss 1, 1792, 58. – Der Schwede Sparrman hatte Erfahrungen auf weiten Seereisen gesammelt und u.a. vom November 1772 bis zum März 1775 Cook auf dessen zweiter Reise als Schiffsarzt begleitet. In der Abhandlung berichtet er der schwedischen Akademie der Wissenschaften, die Sparrman 1776 als Mitglied aufgenommen hatte, über seine Erfahrungen mit Meerwasser, das er aus einer Tiefe von etwa 30 Klafter geschöpft hatte. Es fehle diesem die Bitterkeit des oberflächlichen Meerwassers und es schmecke (ebd., 22) „wie süsses Wasser, in dem Kochsalz aufgelöst sey." Im Anschluß teilt Bergman (Seewasser 1777) die Ergebnisse der bei ihm in Auftrag gegebenen Analyse der Inhaltsstoffe mit.

485 Oben S. 341,17–35 macht L. ähnliche Vergleiche zu den tiefsten Schächten.

486 Pasumot, Lettre 1783. – Ohne Hinweis auf den Autor wurde das zu der Mitteilung gehörige Höhenschema („Table Comparative des Principales montagnes dont on a mesuré ou observé les Hauteurs.") von Tralles (Pasumot, Tafel 1785) als Nachstich mit deutscher Legende übernommen.

487 Lentin (Taschenbuch 1798, 154–161) zählt 86 Berge außerhalb Deutschlands und 60 Berge und Ortschaften in Deutschland auf, deren Höhen er auf dem beigehefteten Blatt „Vergleichende Tafel aller bisher gemessenen hohen Gebirge" in zwei Schemata darstellt. Abgelesen vom zugehörigen Maßstab würde die Höhe des Pic von Teneriffa etwa 2520 Toisen und die des Montblanc etwa 2480 Toisen betragen. Nach Pasumot

(Höhen 1786, 468) betrug die Höhe des Pik von Teneriffa 1904 Toisen (gemessen von de Verdun, de Borda und Pingré) bzw. 2070 Toisen (gemessen von Feuille), der Montblanc (ebd., 471) 2391 Toisen (nach Deluc), 2426 Toisen (nach Saussure) und 2447 Toisen (nach Shuckburgh-Evelyn).

488 Pasumot, Höhen 1786.

489 Pasumot, Höhen, Rez. Gmelin, 1787, 159: „Seigevaille".

490 Bis auf eine unbedeutende Abweichung und den Zusatz „(wo?)" wörtliches Zitat nach Pasumot, Höhen, Rez. Gmelin 1787, 159.

491 Black, Analyse 1793 bzw. ders., Zergliederung 1796.

492 Black, Zergliederung 1796, 44.

493 Nach Klaproth (Untersuchung 1797, 105) enthielten 100 Kubikzoll Wasser des Geysirs von Reykum 25,5 Gr. gelöster Bestandteile. Der Rückstand enthielt von (ebd., 105):

„kohlengesäuertem Natron –	3 Gran.
Glaubersalz – – – – –	5
Kochsalz – – – – – –	8,50
Kieselerde – – – – – –	9"

Klaproth hat die Werte der von Black ausgeführten Analyse zum Vergleich mit seinem Ergebnis auf 100 Kubikzoll Wasser reduziert (ebd., 106):

„Kohlensäure freies Natron	1,50 Gran.
Kieselerde – – –	10,80
Kochsalz – – –	8,40
trocknes Glaubersalz –	3,70"

Klaproth fand, man könne in Anbetracht der Umstände „beide Analysen als gegenseitig sich bestätigend betrachten."

494 Die Blattzahl 232 von L.s durchschossenem Exemplar des dritten Teils (= Abschnitte XII und XIII) der 6. Aufl. von Erxlebens Kompendium setzt sich zusammen aus je 107 Druck- und Durchschuß- und weiteren 18 Blättern (vermutlich außer 15 Bl. Register 2 Tafeln und ein Vorsatzblatt). Die Blattzahl entspricht der Tiefe (in Fuß) der von Varenius in Amsterdam gemessenen Schichten, vgl. oben S. 342,10–25. Der Erddurchmesser, zu dem L. die Zahl 232 in Beziehung setzen will, beträgt etwa 6500(000) Toisen (vgl. ErxH, 650 = § 587). Da die Schichten in Fuß gemessen wurden, müßte L. die 28(000) noch mit 6 multiplizieren. Der von L. beabsichtigte Vergleich könnte besagen, daß bei der Annahme einer Blattstärke von 1 Fuß erst eine Reihe von $28(000) \times 6 = 168(000)$ Exemplaren dem Erddurchmesser entsprechen würde. Für die Größenverhältnisse hatte L. schon anschaulichere Vergleiche, vgl. S. 341,23–31.

495 L. war 1783 mit dem im Rang eines Fähnrich stehenden Lasius bekannt geworden (Bw 2, Nr. 1089 und Nr. 1093). Die Skizze ist vielleicht bei einem sonst nicht näher datierten, aber in einem Brief an F. F. Wolff (Bw 5.1, Nr. 1486a [S. 93]) erwähnten Besuch von Lasius bei L. entstanden. Dafür spricht auch die Verwendung von L.s Schreibpapier. Auf dem Profilschnitt in dem später erschienenen Buch von Lasius (Beobachtungen 1, 1789, zu S. 38 f) sind keine Gesteinsschichten dargestellt. – Während bis

auf die beiden Angaben zum Autor alle Bezeichnungen auf dem Blatt von Lasius mit Rötel geschrieben und von L. mit Tinte nachgezogen worden sind, ist die Bemerkung „Gneus findet sich aber ōt auf dem Hartze" ein Zusatz von L. Zwar grenzt im Nordwesten an das Brockenmassiv das verhältnismäßig kleine Vorkommen des Eckergneis. Dieses Gestein scheint aber auch Lasius nicht für Gneis gehalten zu haben; zumindest findet es in seinen „Beobachtungen" keine Erwähnung. – Der Profilschnitt entspricht der hauptsächlich von Abraham Gottlob Werner vertretenen „neptunistischen" Erklärung der Gebirgsbildung: Die gesamte Erdoberfläche war anfangs von einem Urozean bedeckt. Daraus bildeten sich die kristallinen Urgebirge, wie z. B. das granitene Brocken- und das Rambergmassiv im Harz, als wulstige chemische Niederschläge schwerlöslicher Stoffe. An deren Flanken lagerten sich in steilen Schichten die Flötzgebirgsarten. Das bei sinkendem Wasserspiegel durch Erosion von den Höhen der Urgebirge abgetragene Material wurde durch mechanische Sedimentation in die Bildung der Flötzgebirge einbezogen. Flötze aus bituminösem Material wie Steinkohle bildeten die Voraussetzung für vulkanische Prozesse, die nur durch Erdbrände entfacht und erhalten wurden. Bei weiter sinkendem Wasserspiegel lagerten sich in zunehmend horizontalen Schichten auf die Flötzgebirge die angeschwemmten Gebirgsarten als jüngste Bildung. Zu Werners Theorie vgl. Guntau, Werner 1984, 69–81, und ders., Genesis 1984, 83–87; zu den Gebirgsarten nach Werner vgl. oben die Texte Nr. 14 und 15 und die zugehörigen Anmerkungen.

496 L. hat Werners „Kurze Klassifikation" (1787) leicht gekürzt, überwiegend in der Anordnung der Vorlage, jedoch unter Verzicht auf die Paragrapheneinteilung wiedergegeben. Ausgelassen hat L. Werners Paragraphen 2 f. mit allgemeinen Bemerkungen zur Notwendigkeit einer Klassifikation, Paragraph 7 über eine von Werner „Grünstein" genannte Granitvarietät, die Paragraphen 20 bis 26 mit besonderen Ausführungen zu den in Paragraph 19 aufgeführten „Flötzgebirgs Arten" und Paragraph 27 mit einer Bemerkung über „Galmei-Flötze". – Obwohl sich L.s Bearbeitung von Werners „Klassifikation" formal als Grundlage für eine mit dem Vortrag verbundene Demonstration von Gesteinsproben eignet, war sie nicht von vornherein dafür vorgesehen, vgl. Anm. 518. Jedenfalls sind alle Angaben über die vorzuweisenden Stücke aus den Lehrsammlungen von Voigt, vgl. Anm. 166, und Lasius, vgl. Anm. 502, spätere Zusätze.

497 Übergänge sind zu erwarten, weil (Werner, Klassifikation 1787, 5) die „Entstehungsarten dieser Gebirgsarten [...] sich in dem ungeheuren Zeitraume der Existenz unserer Erde wohl meist unmerklich eine in die andere umänderten, [...]."

498 Die Zugehörigkeit der Bestandteile der Gesteine „uranfänglicher Gebirge" zum „Thon und Kiesel Geschlecht" ist ein Vorgriff auf Werner, Klassifikation 1787, 16.

499 Werner legt sich auf keine Lagebeziehungen zwischen den „uranfänglichen" und den anderen Gebirgsarten fest.

500 Werner (Klassifikation 1787, 9 f.): „Das Gneißgebirge zeichnet sich von dem Granitgebirge auch noch dadurch aus: [...] daß in den Gneißgebirge sich oft Kalklager finden, [...] Ich besitze ein groß Stück wahren Granit vom Greiffensteine unweit Ehrenfriedersdorf, in welchem sehr deutliche und zum Theil ziemlich große Gneißgeschiebe liegen. Dies beweißt, daß es Gneiß giebt, der älter ist als ein Theil wahrer Granit."

501 Werner (Klassifikation 1787, 12): „Der Porphyr ist zuweilen metallführend, auch scheint er bisweilen in Flötzgebirgsarten überzugehen."

502 Vgl. im Verzeichnis „Physicalischer Instrumenten Apparat" (NL VII Q 2, Bl. 37r): „Die Lasiussche Samlung von Gebirgs-Arten vom Harze." – Lasius (Beobachtungen 2, 1789, 485): „67. Violetrother Porphyr vom großen Graben bey Elbingerode. [...] / 68. Dunkelrother Porphyr, von[!] großen Graben bey Elbingerode. [...] / 69. Grüner Porphyr, als Geschiebe in der Bode."

503 Lasius (Beobachtungen 2, 1789, 481. 483): „56. Gröberer Mandelstein, welcher der mit Achat, Calzedon und Kalchspath ausgefülleten Blasenlöchern schon mehrere enthält, vom Netzberge bey Ilefeld, [...]. / 57. Mandelstein mit würklichen eingemengten unregelmäßigen Kalchspath- und Calzedonkügelchen, vom Netzberge bey Ilefeld. [...] / 58. Der nemliche feine Mandelstein aus festem und unverwittertem Felsen, vom Ochsenplatze an der Westseite des Netzberges."

504 Lasius (Beobachtungen 2, 1789, 483. 485): „60. Mit Sand gemischter Serpentinstein, worin Adern von Asbest vorkommen, von Treseburg im Blankenburgischen. [...] / 61. Serpentinfels mit einzelnen großen Hornblendeflecken, von der Baste in der Harzeburger Forst. [...] / 62. Abänderung des Gesteins Nr. 61. etwas verwittert. [...] 63. Thonartiges Gestein (Trapp) mit vieler Bittersalzerde durchdrungen, zuweilen mit feinen einzelnen schwarzen Puncten eingesprengt, die zuweilen das Ansehen von Hornblende haben, vom Huththale. [...] / 64. Lichtgrüner gefleckter Serpentinstein mit Hornblende, von der Kollie bey Braunlahe, so auch am Pfaffenkopfe unterhalb *Neuwerk* vorkömt. [...] 65. Das nemliche Gestein wie Nr. 64. aus der Verwitterung."

505 Werner schreibt, daß der „uranfängliche Kalkstein" (Klassifikation 1787, 14) „nicht selten mit Quarz und Glimmer, zuweilen auch mit Hornblende und Strahlschörl gemengt ist." Das widerspricht L.s durch das vorgesetzte + vorgenommener Zuordnung zu den „einfachen" Gebirgsarten.

506 Lasius (Beobachtungen 2, 1789, 479): „43. Quarzfels von einer Klippe neben der neuen Drathhütte oberhalb Ilsenburg." Ebd., 487: „73. Hornartiger Trapp mit noch mehrer Kieselerde, von der Rehberger Klippe."

507 Die Hervorhebung der Versteinerungen mariner Lebewesen ist ein Zusatz von L.

508 Aus der Abteilung „Flötzgebirgs-Arten"; Voigt (Briefe 1786, 67 f.): „N. 19. *Grauer mit Thon gemischter Kalkstein, (Zechstein) von Bottendorf in Thüringen.* / [...] N. 32. *Dichter grauer Kalkstein mit Abdrücken von Seemuscheln, von daher* [‚vom Ettersberge vor Weimar']."

509 Lasius (Beobachtungen 2, 1789, 487. 489): „79. Sandstein vom Bruchberge. […] 80. Sandstein mit einzelnen groben Quarzkörnern, voll kleiner Löcher, worin zum Theil eine braune ocherartige Erde befindlich, von der Hanskühnenburg, auf dem Acker. […] / 81. Mit Sand und Thon gemischter Kalchstein, vom Schartzfelder[!] Schlosse, (die Gebirgsart der Scharzfelder Zoolithen Höhle. […] / 82. Sandstein, mit Abdrücken von Muscheln, Entrochiten &c. vom Krohnsfelde in der Goslarischen Forst. […] / 83. Sandstein mit Calzedonartigen Streifen, worin versteinerte Turbiniten und andre Muscheln, welche zu Calzedon verändert sind, vorkommen; vom Platenberge am Fuße des Regensteins bey Blankenburg. […] / 84. Etwas kalchartiger, graulicher Sandstein mit Abdrücken von Hysteroliten &c. von der Schalk am Schulenberger Zuge."

510 Aus der Abteilung „Flötzgebirgs-Arten"; Voigt (Briefe 1786, 67): „N. 20. *Dichter Gipsstein aus den Brüchen bei Küttelsthal, ohnweit Eisenach.* / N. 21. *Dunkel und lichtgrau gestreifter Gips, aus Bottendorf in Thüringen.* Er hat noch Kalktheile bey sich, die mit Scheidewasser stark brausen, […] / N. 23. *Gips mit brennlichen Wesen, (Leberstein) aus dem Johannisschachte bey Ilmenau.* […] / N. 24. *Schuppichter Gips, vom Ettersberge bey Weimar.* / N. 25. *Weißer faseriger Gips, von daher.* […] / N. 26. *Rother faseriger Gips, aus den Teufelslöchern bey Jena.*"

511 Aus der Abteilung „Vulkanische Produkte"; Voigt (Briefe 1786, 70 f.): „N. 42. *Dichte schwarze Lava (Basalt) mit Chrysolith von der Stopfelskuppe hinterm Hütschhofe bey Eisenach.* […] N. 43. *Graue poröse Lava von Bockenheim, bey Frankfurt am Mayn.* […] / N. 44. *Dergleichen mit größern Blasenlöchern, von daher.* […] / N. 45. *Braunrothe poröse Lava, mit schwarzer Hornblende, zarten weißen Zeolith-Cristallen, und hyacinthfarbigen glänzenden Puncten,* von der Wässerkuppe am Ursprung der Fuld. […] / N. 46. *Einige einzelne Hornblende-Cristallen aus derselben.* […] / N. 47. *Schwarze dichte Lava* mit Hornblende und Zeolith, von daher. / N. 48. *Schwammige braunrothe Lava,* aus dem großen Crater am Euben bey Gersfeld. / N. 49. *Schwarzgraue Laoa*[!], mit weißem Kalkspathbisweilen auch Zeolith-Puncten, aus einer Eruption im Sandstein, am Fuße des Euben, bey Gersfeld. […] / N. 50. *Pechstein aus dem Lavabruch am Avestein vor Frankfurt am Mayn,* […] / N. 51. *Poröse schwarze Lava* (Rheinländis. Mühlstein) von Niedermennig ohnweit Andernach am Rhein." Basalt (N. 42) wurde bedeutend, weil sich an der Frage nach der Entstehung dieses Gesteins der Streit zwischen den „Neptunisten" und den „Vulkanisten" (bzw. „Plutonisten") entzündete, bei dem Werner auf der Seite der ersteren, sein Schüler J. C. W. Voigt aber auf der Seite der letzteren stand. Vgl. Anm. 515. Während die „Neptunisten" den Basalt für ein Sedimentgestein hielten, führten ihn die „Vulkanisten" auf vulkanische Laven zurück.

512 Aus der Abteilung „Vulkanische Produkte"; Voigt (Briefe 1786, 71): „N. 52. *Vulkanische Asche (Traß)* aus Pleith bey Andernach. Man findet in ihr Bimstein[!], Schiefer und *Lavakörner.*"

[513] Nicht ermittelt. Im Verzeichnis der Gesteinssammlung (Voigt, Briefe 1786, 59–72) ist kein „Porcellan Jaspis" enthalten. Ein schon lange bekanntes Vorkommen von Porzellanjaspis gibt es in Epterode bei Großalmerode, etwa 45 km südlich von Göttingen.

[514] Werner, Bekanntmachung 1788; ders., Vorkommen 1789; ders., Nachricht 1789; ders., Schreiben 1789.

[515] L. meint die folgenden Aufzeichnungen im Sudelbuch J (NL IV 31, S. 264–262 = p. XIII–XV). Neben diesen Notizen bezeugt vor allem L.s Brief an Werner, vermutlich vom 14. Aug. 1789 (Bw 3, Nr. 1694), sein Interesse an dem um die Entstehung des Basalts entbrannten Streit zwischen „Neptunisten" und „Vulkanisten". Trotz begründeter Zweifel an der Stichhaltigkeit wesentlicher Behauptungen ergreift L. Werners „neptunistische" Partei, gerät dann aber doch, wie auch bei anderen Entscheidungsfragen, ins Wanken, vgl. S. 501,9–11 und GamN, 955 f. – J 1320: „HE. Academie Inspector Werners Abhandlungen über die Non Vulcanität des Basaltes stehen im Bergmännischen Magazin. December 1788. März 1789. May 1789. Aus einem MS. das er mir gütigst mittheilte mercke ich folgendes an. Es sey merckwürdig daß mehrere Schrifftsteller viel von Basalt [schreiben, der] in einigen declarirt vulcanischen Gegenden vorkömmt, es ist zwar blos ein schwaches Argument. Ein weit größer[es] ist das Argument daß in den vesuvischen Laven dieselben Hornblenden Crystalle (irrig Schörl) vorkommen, die sich so häufig in den Basalten und den Wacken befinden. Auch findet man in den Laven, die weißem Granat ähnliche Crystalle, die in manchen Basalten vorkommen (von Bolzena [Bolsena]). Da man diese nun beim Vesuv für Würckung des Feuers hielt so auch da. Dieses machte HE. W. Schwierigkeit, weil er noch der gemeinen Meinung zu gethan war daß, die Vulcane auf den Uranfänglichen Gebürgen ruhten wo keine solche Crystal[le] sind. Allein da er nun durch vielfältige Erfahrung weiß, daß der Basalt öffters auf Kohlenflötze[n] liegt, so kam er auf den Gedancken, ob [man] nicht, die Vesuvische Laven aus den auf dem Kohlenflötz liegen[den] Basalten erhalten haben könte. Er ist gantz wider die Schwefelkies Entzündung wo hat man sie je gesehen. Schwefelkies schmelzt leicht, daher entsteht der sogenannte Rohstein, den man auf den Silberschmelz-Hütten bey der so genannten Roharbeit erhält. Da der Schwefel kies eine so reich haltige Eisen miner ist, warum halten die Laven so wenig Eisen? Ferner würde der Schwefel Dampf allen zutritt zu den Mündungen der Vulkane gäntzlich hindern. (hier gegen ließe sich doch manches ein wenden. Solte nicht Dunst des Schwefels wieder durch andere Dämpfe neutralisirt werden können. Steinkohlenflötze sind sehr viel mächtiger als die von Kiesen auch entzünden sie sich von selbst. (Siehe Morands Abhandlung Mem[oires] de Paris 1781. p. 169–227. Crell Annalen Jahr 1788 3tes Stück. Bey Alaungruben entzündet sich die Alaun Erde offt von selbst. Wacke ist sehr leichtflüssig. beim Meißner liegen Steinkohlen 15 Lachter (105 Fuß) und auf 100 Lachter Basalt darüber. (Nur begreife ich noch nicht was das Feuer unter hält). ⟨Was wird nun aus dem geschmoltzenen Basalt? der ist doch wohl

schwerer als die Leichte brenn[ende] Steinkohle. Dieses Argument ist gar nichts we⟩ HE. Werner erzählte mir auf dem Garten daß er rund um den Dransberg eine Sandschicht gefunden habe, wo die Wasser quellen. (Solte aber die wohl gantz durch gehen. In seinem Briefe steht schon eine Beobachtung davon, daß Basalt auf einem Sandlager aufliegt. Auch findet man in den Laven des Vesuvs, wie er sagt, alle die Crystalle eingewickelt die man in der Wacke so häufig hat. so daß er glaubt daß die Körper über dem Kohlenflötz im Vesuv eben so liegen wie er angegeben hat. Die Kohlen flötze rühren ihm alle vom Holz her." J 1321: „Den Versuch mit der Electricität durch Basalt gehen zu lassen. HE. Werner glaubt daß die Basalte durch den Blitz könte[n] Magnetisch gemacht worden seyn." J 1322: „Der schwartze Bims-Stein scheint ein wahrer Coak zu sein, also würcklich ausgebrannte Kohle. Werner." J 1323: „HE. Werner ist gantz gegen den Schwefel Kiesigten Ursprung des Feuers unter der Erde. Alles von Stein Kohlen, die wie er sagt in manchen Gegen[den] drittehalb hundert Jahre schon brennen. (wo?)" J 1324: „Am 15 Aug. 1789. HE. Insp. Werner auf dem Garten[.]"

516 Vgl. GamN, 839. – Bergman (Manuel 1784, xiii–lx): „Premiere Classe. Caracteres Extérieurs." enthält 16 Systeme und (ebd., lx–lxxix) „Seconde Classe. Principes Constituans." enthält sechs Systeme.

517 Bergman (Manuel 1784, xxxiv): „XII. *Systême de Werner*. 1774. / Le systême de Werner est totalement fondé sur les caractères apparens aux cinq sens; mais il est si compliqué, qu'il ne peut être d'aucun usage: souvent en multipliant les caractères, bien loin de répandre la clarté, on augmente l'obscurité que l'on cherche à dissiper. Cet Auteur, par exemple, compte pour caractères distinctifs, la couleur, dont il donne cinquante-quatre variétés; la fracture, qui lui en fournit vingt-une, &c. &c."

518 In dieser offenbar nach dem Text Nr. 14 entstandenen Übersicht hat sich L. vom Text der „Klassifikation" Werners gelöst, hält aber im wesentlichen an ihrem Inhalt fest. Die Blattaufteilung der Handschrift läßt vermuten, daß L. die jeweils ein Drittel der Blattbreite einnehmenden Randspalten von vornherein auch zur Eintragung der Nummern der vorzuweisenden Gesteinsproben vorgesehen hat. – Das Vorweisen der „Steincabinette" von Voigt und Lasius notiert für die Vorlesungen am 8. Febr. 1791 (NL VII F 1, 74rb), am 17. Febr. 1792 (ebd., 79rb) und am 25. Febr. 1794 (NL VII F 1, Bl. 60rb). Wann genau L. seinen Demonstrationen die „Gebirgsarten. nach Werner" (Text Nr. 14) oder die „Einleitung Gebirge" (Text Nr. 15) zu Grunde gelegt hat, wurde nicht ermittelt.

519 Der Name Geologie ist Gehler (2, 457) zufolge „von einigen Schriftstellern der physischen Erdbeschreibung, von andern der mathematischen und physischen zugleich, oder der sogenannten allgemeinen Geographie" beigelegt worden. Fossilien sind (ebd., 329) „im weitläufigsten Verstande alle aus der Erde gegrabne natürliche Körper, [...]. / Im eingeschränktern Verstande bezeichnet dies Wort die unorganischen Körper des Mineralreichs, s. *Mineralien*." Und Mineralien sind (Gehler 3, 240) diejenigen „un-

belebten und unorganisirten natürlichen Körper, die blos dadurch entstehen, daß einfache feste Theile durch Ansatz von aussen zusammengehäuft, und mit einander verbunden werden […].“ Die Oryktognosie erklärt Krünitz (Encyklopädie 91, 1803, 78 f.) als „[…] Erkennungslehre der Fossilien. Sie ist derjenige Theil der Mineralogie, der uns die Fossilien in einer natürlichen Ordnung, unter schicklichen und festgesetzten Benennungen, und nach hinlänglich bestimmten Kennzeichen erkennen und von einander unterscheiden lehrt. Sie ist, […], die Basis aller übrigen Theile der Mineralogie und muß folglich denselben vorangehen.“

520 Allerdings schreibt auch Voigt (Briefe 1786, 4): „Ja einige derselben, als der Thonschiefer und die Harzer Graue-Wacke, haben Kennzeichen eines Neptunischen Ursprungs an sich, machen aber dennoch auf ein weit höheres Alter Anspruch als unsere Flötzgebirge, und dienen ihnen zum Unterlager.“

521 Aus der Abteilung „Grundgebirgs-Arten“; Voigt (Briefe 1786, 62 f.): „N. 1. *Granit vom Ehrenberge bey Ilmenau.* Er bestehet aus fast gleichen Theilen von Quarz, Glimmer und Feldspath, und nur selten finden sich darinne noch kleine Parthien schwarzer Hornblende, […]. / N. 2. *Granit von einer Feldwacke aus der kalkichten Gegend zwischen Weimar und Erfurth.* Feldspath hat in diesem Gemenge Oberhand, und unterscheidet sich durch seine röthlichte Farbe und durch seinen ebenen Bruch von dem grauen splitterichen Quarz. Der Glimmer ist nicht zu verkennen. […] / N. 3. *Verwitterter Granit, aus den Freybächen über Ilmenau.* Die Felsen, von denen er genommen worden ist, haben noch die ihnen eigenthümliche Form, lassen sich aber mit blossen Händen zermalmen. […] / N. 4. *Ein granitartiges Gemenge, das aus Hornblende und einer weißlichtgrauen quarzigen Substanz zusammengesetzt ist, und am Ehrenberge bey Ilmenau in ziemlichen Felsen, die mit Thonschiefer und Porphyr abwechseln, gefunden wird.*“

522 Lasius, Beobachtungen 2, 1789, 467. 469: „1. Granit vom Brocken, aus festem Felsen am Fuße desselben, zwischen Schierke und Elend, aus der sogenannten Feuersteinsklippe. […] / 2. Granit aus der Verwitterung von der Teufelskanzel, einem freystehenden Felsen, nahe an der höchsten Spitze des großen Brockens. […] / 3. Granit aus dem Thale der Radau an der äussersten Gränze des Granitgebirges, oberhalb Neustadt unter der Harzeburg. […] / 4. Granit mit rothem Feldspath, von der St. Andreasberger Schluft. […] / 5. Granit von den Ufern der Ocker, nahe oberhalb der Meßinghütte. […] / 6. Granit mit einzelnen Nestern von schwarzem Strahlschörl, unweit der Feuersteins-Klippe, zwischen Schierke und Elend. […] / 8. Granit mit einzelnen Spuren von grünem Schörl, unweit der Feuersteins-Klippe, […] / 9. Granit mit Drusen von Quarz und cristallisirtem Feldspath, unweit der Feuersteinsklippe, […] / 10. Feinkörniger regenerirter Granit, auf primitiven Granit aufliegend und mit ihm verwachsen, von der Rehberger Klippe am Rehberger Graben. […] / 11. Granit mit aufliegendem grauen Trapp verwachsen, von der Rehberger Klippe […]. / 12. Granit, als

Streifen zwischen zweyen Saalbändern von Trapp, von der Rehberger Klippe […].“

523 Encyclopädie 13, 1788, 236 f. – Die Versteinerung hatte der „Hofcammerrath Habel“ zwischen Wiesbaden und Idstein entdeckt und sich den Fund von einem „Herrn Geheimden Kammerrath Cartheuser“ bestätigen lassen. Nach Angabe des Autors war die Versteinerung jedoch in ein Konglomerat eingebettet, das wegen seiner Mehrfarbigkeit einem Granit ähnelte.

524 Ein Überwiegen des Glimmers im Gneis behauptet Voigt (Briefe 1786, 7); hingegen meint Werner (Klassifikation 1787, 9): „Der Glimmer macht auch hier den mindesten Theil aus, kömmt aber doch in etwas größerer Quantität, als im Granite vor.“ Der seltene Feldspat ist eher eine Besonderheit der Varietät in Voigts Gesteinssammlung (Nr. 9, vgl. S. 344,5).

525 Nach Voigt, Briefe 1786, 7 f.

526 Nach Voigt, Briefe 1786, 8 f. und Werner, Klassifikation 1787, 12.

527 Lasius, Beobachtungen 2, 1789, 473. 475: „28. Schwarzer Jaspis, vom Tränkeberg bey Clausthal. […] / 30. Weislicher , aus dem Perlfarbenen oft in das Blasgrüne abschießender Jaspis, […], vom Abhange der Harzgebirge nach Osterode zu. […] / 32. Rother Jaspis vom Netzberge bey Ilefeld. […] / 34. Etwas weicherer Bandjaspis, wechselsweise grau, grün und braunröthlich gefärbt, vom Abhange der Harzgebirge nach Osterode. […] / 35. Bandjaspis, mehrentheils grau und dunkelbläulich wechselsweise gefärbt, vom Fuße des Bruchberges am Wege nach Oderbrück.“

528 Lasius, Beobachtungen 2, 1789, 473: „22. Thonschiefer, welcher mit der Grauewacke abwechselt, worin die Clausthaler und übrige Oberharzische Erzgänge streichen. […] / 24. Feiner, sehr fester Thonschiefer, worin mit dem Gestein Nr. 26. abwechselnd, die St. Andreasberger Erzgänge streichen. […] / 26. Trapp, welcher mit Nr. 24. abwechselnd, die St. Andreasberger Erzgebirge ausmacht.“

529 Lasius, Beobachtungen 1, 1789, 128 f.: „An Trappfelsen wird man allezeit, […], noch ein regelmäßiges Streichen und Fallen der Gebirgsschichten wahrnehmen können, niemals aber habe ich ein auch nur einigermaaßen regelmäßiges Streichen an Basaltfelsen, […], bemerken können. // Das Streichen und Fallen der Gebirgsschichten könnte also meiner Meinung nach das einzige untrügliche Unterscheidungszeichen des Trapps von dem Basalte seyn […].“ Die Trappsteinbrüche haben meist ein treppenartiges Aussehen: „Daraus aber kann unmöglich folgen, daß dieses Gestein allezeit nothwendig in regelmäßigen Parallelepipedis mit Rhombenflächen brechen müsse […].“ Weiterhin (bis S. 131) macht Lasius Angaben zum Vorkommen von Trapp im Harz.

530 Lasius, Beobachtungen 2, 1789, 475: „29. Weißlicher weicher Thonschiefer, (Schreibestein) aus der Gegend der Grube St. Lorenz zu Clausthal. […] / 31. Rother Thonschiefer, vom Tränkeberge ohnweit Clausthal. […] / 33. Thonschiefer, Lagen- oder Bänderweise, grau und dunkel-

bläulich wechselsweise gefärbt; aus der Nachbarschaft des Rosenhofer Zuges bey Clausthal."

531 Aus dem Abschnitt „Grundgebirgs-Arten"; Voigt (Briefe 1786, 65): „N. 14. *Graue Wacke aus dem Steinbruche hinter der Zellbach, ohnweit Clausthal.* Diese Steinart wird bisweilen so grobkörnig gefunden, daß Quarz und Hornstein-Geschiebe von der Größe einer Muskatennuß darin angetroffen werden. Man findet sie aber auch so feinkörnig, daß man mit bloßen Augen keine abgesonderten Theile unterscheiden kann. Beygehendes Stück kann als ein Mittel zwischen beyden betrachtet werden."

532 Lasius, Beobachtungen 2, 1789, 471. 473: „13. Grauewacke von grobem Korn, aus dem Bauerberge, zwischen Clausthal und Grund. [...] / 14. Grauewacke von mittlerem Korn, von der Bremerhöhe bey Clausthal. [...] / 15. Grauewacke von feinem Korn, von der Bremerhöhe [...] / 16. Grauewacke aus der Verwitterung, vom Steinbruche am Zellbach bey Clausthal. [...] / 17. Grauewacke des Unterharzes, vom Fuße desselben, bey Amt Neuhof, welche sich durch die wenigen ihr beygemischten Glimmer unterscheidet. [...] / 19. Grauewacke mit Schiefer, in Streifen abwechselnd, vom Rosenhöfer Zuge bey Clausthal. [...] / 20. Grauewacke, mit einzelnen ihr eingemischten Schieferbrocken, vom Bomshey bey Elbingerode. [...] / 21. Grauewacke mit Abdrücken von Schilf- und Kräuterähnlichen Gestalten, vom Burgstedter Zuge bey Clausthal."

533 Lasius, Beobachtungen 2, 1789, 489. 491: „86. Schwarzer Marmor, mit weißen Quarz- Kalchspath- und thonartigen Flecken, welche sich den Streifen in etwas nähern, vom Rohmke im Ockerthale. [...] / 87. Der nemliche Marmor wie Nr. 86. mit würklichen dergl. Streifen durchzogen, vom Rohmke an der Ocker. [...] / 88. Schwarzer Marmor mit weißen Adern, von Rübeland (die Gebirgsart der Baumanshöhle) [...] / 89. Aschgrauer Marmor mit weißen Spathadern vom Lautenthaler Hofnungs-Stollen, als Schicht zwischen Schiefer und grauer Wacke. [...] / 90. Aschgrauer Marmor vom Kunstgraben der Grube Juliane Sophie am Schulenberge. [...] / 91. Aschgrauer salinischer Kalchstein, ohne alle Seekörper, von der Basthalbe im Amte Elbingerode. [...] / 92. Marmor mit Jaspis-Hornstein- oder Calzedonstreifen durchzogen, von einem Flötze oberhalb Sülzhayn in der Grafschaft Hohnstein. [...] / 93. Marmor mit rothen Flecken, vom Kahlenberge bey Elbingerode. [...] / 94. Braunbunter Marmor vom Krockstein bey der Marmormühle unterhalb Rübeland."

534 Voigt (Briefe 1786, 15): „Andere Steinarten, [...], dürfen Sie nicht sowohl als Gebirgsarten, sondern nur als Produkte und zufällig beygemengte Bestandtheile derselben betrachten. Dahin gehört Schörl, Granat, Hornblende, Quarz &c. und noch eine große Menge. Doch muß ich vom Quarz noch anführen, daß er wirklich in einigen Gebirgen ziemlich große Felsen bildet, womit es aber so zugegangen seyn mag. Es gab große Massen dieser Steinart im Innern der Grundgebirge: sie widerstanden der Vergänglichkeit, und zwar mehr als irgend eine Gebirgsart, die sie einschloß. Es ist erwiesen und natürlich, daß alle Gebirge durch die Verwitterung von ihrer

Höhe abnehmen, desto merklicher, je mehr sie derselben unterworfen sind. Lag nun so eine Quarzmasse der ehemaligen Oberfläche nahe, so konnte die Gebirgsart, die sie einschloß, um sie her verwittern; sie erhielt sich, und blieb entblößt stehen. Hierzu kann man sich so viel Jahrtausende denken als man will, und so entstanden zuverläßig auch die mehresten andern Klippen […].“

[535] Vgl. Voigt, Briefe 1786, 16, Werner, Klassifikation 1787, 16 und Lasius, Beobachtungen 1, 1789, 16.

[536] Aus der Abteilung „Flötzgebirgs-Arten“; Voigt (Briefe 1786, 66): „N. 15. *Das rothe todte Liegende unter dem Schieferflötz zu Bottendorf, in Thüringen.* Quarz, Hornblende und Porphyr findet man fast in jedem Stück in demselben; aber jedes Stück hat auch wiederum etwas Eigenes, doch nichts, was der Theorie davon widerspräche. […] N. 16. *Das rothe todte Liegende, unter dem Schieferflötz bey Stedtefeld im Eisenachischen.* Das Ganze unterscheidet sich von N. 15. dadurch, daß seine Theile weniger abgerundet und destruirt sind. So findet man darinne noch ganze Stücke Granit, Glimmerschiefer, Feldspath u.s.w.“

[537] Bis auf zwei Sätze nach Lasius (Beobachtungen 1, 1789, 280), S. 415,3–5, folgt L. in diesem Absatz Voigt, Briefe 1786, 17 f.

[538] Aus der Abteilung „Flötzgebirgs-Arten“; Voigt (Briefe 1786, 67 f.): „N. 22. *Fraueneiß von Bottendorf.* Es liegt Parthienweiß in der Schicht, von der N. 21. genommen ist.“ Für die Stücke 20, 21 und 23 vgl. Anm. 510; den Sandstein Nr. 28 hat L. wohl versehentlich mitnotiert; er folgt noch einmal im richtigen Zusammenhang, vgl. S. 415,20.

[539] Aus der Abteilung „Flötzgebirgs-Arten“; Voigt (Briefe 1786, 68): „N. 27. *Kalk mit Bitumen gemischt (Stinkstein) aus Bottendorf in Thüringen.* Er liegt daselbst über den Gips N. 21. und wird durch eine ähnliche Schicht bedeckt.“

[540] Aus der Abteilung „Flötzgebirgs-Arten“; Voigt (Briefe 1786, 68): „N. 28. *Gelblichtgrauer Sandstein von Berka an der Ilm.* […] / 29. *Dergleichen röthlichbraun,* wechselt mit obigem ab.“

[541] Aus der Abteilung „Flötzgebirgs-Arten“; Voigt (Briefe 1786, 69): „N. 36. *Kalkmergel aus der Grube bey Spicher ohnweit Eisenach.*“

[542] Aus der Abteilung „Steinarten, die durch Incrustation und Conglomeration entstanden sind“; Voigt (Briefe 1786, 72): „N. 60. *Bituminöses Holz (Braunkohle) aus Kaltennordheim im Eisenachischen.* Das Holz ist im Innern großer Bloche noch gar wenig verändert, und hat bisweilen noch die ihm eigenthümliche Holzfarbe.“

[543] Aus der Abteilung „Vulkanische Produkte“; Voigt (Briefe 1786, 71): „N. 53 *Bimstein*[!] *aus diesem Traß* [N. 52, vgl. Anm. 512]. […] / N. 54. *Bimstein von den Liparischen Inseln.* Statt daß jener nur in runden Stücken in der Asche gefunden wird, bildet dieser ganze Berge.“

[544] Aus der Abteilung „Vulkanische Produkte“; Voigt (Briefe 1786, 71 f.): „N. 55. *Hornschiefer, vom Pferdskopfe am nordwestlichen Rande des großen Craters am Euben.* […] Ich wiederhole, daß ich keinesweges

dieses Produkt als ein Vulkanisches aufdringen will, indessen lasse ich es doch vor der Hand da, wo ich es in der Natur gefunden habe, und werde mich bemühen alles zu sammeln, was zur Geschichte dieser sonderbaren Steinart beytragen kann."

545 Vgl. VNat 4, 351.

546 Zu den magnetischen Polen vgl. VNat 4, 353 f. (Text Nr. 4).

547 Vgl. GamN, 841 und Fig. 3. Vgl. auch die Skizze unten S. 424,29.

548 In L.s „Verzeichniß eines vollständigen Apparats von physikalischen Instrumenten" ist aufgeführt (NL VII, Q 2, Bl. 36v): „Eine Magnetnadel die mit der scharfen Kante aufliegt." Ob Klindworth dieses Instrument gebaut hat, wurde nicht ermittelt. In J. T. Mayers handschriftlichem „Catalog des physikalischen Apparats" (I. Physikalisches Institut, Göttingen, Sign.: H 1, p. 173) aus dem Jahr 1813 steht sonst nur „M. 34. Ein Reisecompas in form einer Taschenuhr, von Klindworth." Das in der Historischen Sammlung des I. Physikalischen Instituts befindliche, von Brander für die Mannheimer meteorologische Gesellschaft in der angegebenen Art gebaute Deklinatorium (ebd., 173 [Signatur: M. 31]), stammt aus dem Nachlaß von Gatterer und ist vermutlich erst nach L.s Tod in die Sammlung gekommen. Die VNat 4, 759 (Anm. 56) vorgenommene Zuordnung ist falsch! – Brander, Beschreibung 1779, 15 f.: „Die Declinationsnadel hat eine ganz andere Gestalt, als die bisherigen Magnetnadeln. Diese lagen allemal nach ihrer Breite auf der Spitze, jene aber liegen nun nach ihrer Dicke auf derselben. Sonsten bemühete man sich die Nadeln sehr dünne und leicht zu machen, damit sie eine flirrende Bewegung hatten. Ich weis auch nicht zu was vor einem andern Endzwecke. Denn Genauigkeit wird man doch wohl dadurch nicht gesuchet haben? da man die Nadel geflissentlich schwächte, also nicht viel magnetische Kraft aufnehmen, und dieselbe auch sodenn nicht lange beherbergen konnte. Ich habe die Nadeln nun ziemliche stark gemacht; ihre Bewegung ist freylich nicht so zittern, oder, wie sich einige ausdrücken, nicht so lustig, sondern ganz langsam, aber doch nicht träge. Diese Nadeln lassen sich zum Vortheile hart machen, nehmen ungemein viel magnetische Kraft auf, die nicht so leicht flüchtig werden kann, und ihre Abweichungen sind allemal zuverläßiger." – Vgl. Anm. 578.

549 Coulomb, Recherches 1777 (vgl. Anm. 580); Swinden, Recherches 1777. – Über die von Cavallo benutzte Aufhängung der Nadel an einer Kette aus Pferdehaar macht L. eine Notiz im Taschen Calender, vgl. Lichtenberg, Erfindungen 1788, 190 f. – Die beiden Arten der Lagerung von Magnetnadeln dienten verschiedenen technischen Zwecken: Die mit einem Achathütchen versehenen und auf einer Spitze gelagerten Nadeln wurden vorwiegend in Bussoleninstrumenten verwendet, während sich die mit empfindlichen Aufhängungen versehenen Nadeln für den Nachweis geringer Veränderungen magnetischer Kräfte eigneten, z.B. für den Nachweis der täglichen Abweichungen, vgl. unten die Texte Nr. 30–36.

[550] Fothergill, Account 1776, 593; in Knights (Description 1750) eigenem Bericht über die Erprobung verschiedener Schiffskompasse sind diese Angaben nicht enthalten.

[551] MacCulloch, Account 1789. Der Vorzug seiner Bauweise bestand darin, (ebd., 4) „to prevent the motions of the vessel from affecting the needle, which is by far the most difficult point to be attained. - The patent compass-box instead of swinging in gimbols [Kardanringe] at right angles to each other, is supported in its very center upon a prop; and whatever motion the other parts of the box may have, this center being in the vertex of the hollow cone, may be considered as relatively at rest, and therefore gives litte or no disturbance to the needle." Vgl. ebd., Fig. IV (hier aus reproduktionstechnischen Gründen nach Encyclopaedia 5, 1798, Plate CXLV, Fig. 4) :

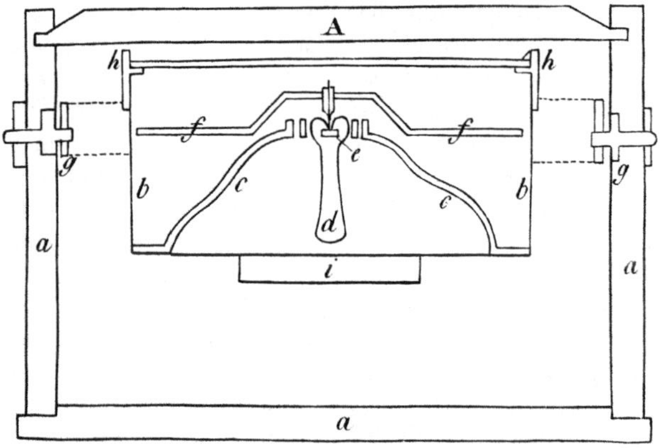

„Fig IV. This Section Represents another Application of the Magnetic Needle & Card. Constructed by K. Mc.Culloch. / Aaaa The Common Wood Box. / bb The Brass Compass Box. / cc The Brass support for the Circle & Pendulum. / d The Pendulum. / e The Agate. / ff The Magnetic Needle & Card. / gg The Brass Circle. / hh The glass cover & brass ring. / i The Lead Weight. / NB. All the centers of Motion are in the same plain."

[552] In der Vorlage (Gehler 1, 522) steht „Où le".

[553] S. 419,7–14 nach Gehler 1, 522.

[554] Fauchet, Recueil 1581, 91; dort heißt der vorletzte Vers jedoch: „Vne Pierre laide & noirette".

[555] Zusatz nach Forster in Swinburne, Reisen 2, 191.

[556] In Perrault, Parallele 3, 1692, finden sich die Nachrichten über die Geschichte des Kompasses nicht, sondern in ders., Parallele 4, 1696, 89 f.

[557] Gassendi, Animadversiones 1675, 193. – Die Randbemerkung S. 419,15–20, bis auf den Zusatz nach Forster, vgl. Anm. 555, nach Musschenbroek, Dissertationes 1729, 138.

[558] Nach Swinburne, Reisen 2, 1789, 189.

559 S. 419,22–26 vermutlich nach Grimaldi, Dissertazione, Rez., 1745, 331 f., mit einer ausführlichen Besprechung von Gregorio Grimaldis Schrift über die Erfindung des Kompasses (ebd., 328–335), wo jedoch „Prima" statt L.s „Primu" steht. Der Vers geht Pasch (De inventis 1700, 773) zufolge auf Antonio Beccadelli, gen. Panormita, (1394–1471) zurück.

560 Wilcke, Abtritts-Rede 1765, 371 f. Der folgende Text ist ein Auszug der Mitteilung in den „Göttingischen Anzeigen von Gelehrten Sachen". Vgl. GamN, 844.

561 Die Berichtigung und die Lebensdaten von Ari, S. 420,1, fügt L. entsprechend einer vor dem 14. Febr. 1791 von Christian Ramus (LH 503) gesandten Mitteilung ein (Bw 3, Nr. 1829a). Vgl. den unten folgenden Text Nr. 24.

562 Tachard (Reise 1706, 327 f) teilt am 9. und 10. Dez. 1685 gemessene Schwankungen der Deklination mit. Auch Musschenbroek (Dissertationes 1729, 156) hält Tachard für den Entdecker des Phänomens, verlegt aber dessen Beobachtungen vor ins Jahr 1682.

563 R. Forsters Fußnote in Swinburne, Reisen 2, 1787, 189–193.

564 Nach Swinburne, Reisen 2, 1787, 187–189.

565 Forster schreibt (Swinburne, Reisen 2, 1787, 191): „Vincentius bellovacensis in specul. lib. 8. Natural. c. 19."

566 Ein Magnet hat ein winkliges Ende mit der Eigenschaft, Eisen nach „Zoron", d.h. nach Norden auszurichten, und eben dieses benutzen die Seefahrer. Das andere winklige Ende, das jenem entgegengesetzt ist, zieht nach „Ason"; das ist der Südpol. Und wenn man Eisen dem „Zoron"-Ende nähert, wendet sich das Eisen nach „Zoron", und wenn man das entgegengesetzte Ende nähert, wendet es sich gerade nach „Ason".

567 S. 421,6–9 Zusatz von L.

568 L.s Vermutung.

569 Zusatz von L.; vgl. Krünitz (Encyclopädie 8, 1776, 291). „Aus der Gewohnheit, daß man Norden in dem Compasse mit einer Lilie bezeichnet, will der französische Jesuit *Dechales*, in seiner *Art de naviger,* den Beweis hernehmen, daß die Franzosen des Gira Erfindung erst zur Vollkommenheit gebracht hätten. Doch sind andre seiner Landesleute billiger, welche es für wahrscheinlich halten, daß die Lilie von den Neapolitanern zu Ehren ihres damaligen Königes, eines französischen Prinzen aus dem Hause Anjou, zum Nordzeichen angenommen worden."

570 Gehler 1, 16; Artikel „Abweichung der Magnetnadel".

571 S. 421,26–29 nach Zedler, Universal Lexicon 11, 1735, Sp. 1495.

572 Ari, Liber 1744.

573 Nach der Mitteilung von Ramus (Bw 3, Nr. 1829a). – Mit dem „Verfasser" ist Haukr Erlendsson († 1334) gemeint, der an der Abfassung der „Hauksbók" genannten Sammelschrift beteiligt war, die zur Überlieferung der „Landnamabók" gehört, einer auf Ari Þorgilsson inn fróði (1067/68–1148) zurückgehenden Geschichte der Besiedlung Islands. Die Stelle mit dem Magnetstein gehört zur „Hauksbók", vgl. Ari, Landnama

1688, 3 f., und Jónsson, Landnámabók 1900, 5. Es heißt dort, der Seeräuber Floki Vilgerdssohn habe bei einem Opferfest im Smörsund drei Raben, die seine Fahrt leiten sollten, weil bei den Seefahrern in den Nordlanden der Magnet noch nicht in Gebrauch gewesen ist [„nondum enim in septentrione magnes nautis erat in usu." Finnaeus, Landnamabok 1774, 7], zum Opfer bestimmt.

574 S. 422,3–25 abgedruckt in der Anmerkung zu Bw 3, Nr. 1829a (S. 857).

575 Vgl. VNat 4, 751–753 (Anm. 32).

576 O'Brien (Observations 1788) macht eine kurze Mitteilung über die Vorzüge von Magnetnadeln, die entweder ganz mit einer dünnen Schicht von poliertem Weicheisen bedeckt (cased needles) oder deren Pole mit ein wenig Weicheisen armiert sind (armed needles). Die so behandelten Magnetnadeln sollen vor allem den ihnen mitgeteilten Magnetismus besser konservieren als einfache stählerne Nadeln. Nach einem über drei Monate währenden Vergleich zwischen einer belegten, einer armierten und einer einfachen Nadel war letzere um 2° von ihrer Richtung abgewichen, während die beiden anderen Nadeln in ihrer anfänglichen Richtung verharrten. – Die Seite 99 gehört zu den im „Excerpta"-Buch (NL VI 55) nicht mehr vorhandenen Blättern.

577 Bei dem von Wilcke (Beschreibung 1763) konstruierten Gerät handelt es sich um eine Art Azimutalkompaß. Aus den Messungen der magnetischen Richtungen bei korrespondierenden vor- und nachmittäglichen Sonnenständen kann die Deklination berechnet werden.

578 Brander, Beschreibung, Rez. Böckmann 1780. – Böckmann beschreibt nach Brander und mit Rücksicht auf die ihm selbst zur Verfügung stehenden Branderschen Instrumente die Funktionsprinzipien und den Aufbau eines Deklinatoriums, eines Inklinatoriums und eines dioptrischen Sonnenquadranten (zur Bestimmung der Meridianlinie). Beim Deklinatorium wünscht der Rezensent (ebd., S. 544 f.) eine Einrichtung des Lagers, die ein Wenden der Nadel um ihre Längsachse erlaubt, um prüfen zu können, ob die Nadel „durch den magnetischen Meridian in 2 Theile getheilet würde", die Anbringung eines Nonius zur Verbesserung der Ablesegenauigkeit und dreier Schraubenfüße, um das Instrument waagerecht stellen zu können. Das Inklinatorium hat zur Korrektur eine Tariervorrichtung nach Bernoulli (Mémoire 1757).

579 Angabe nach Brander, Beschreibung, Rez. Böckmann 1780, 544. Fontana (Suite 1777, 109 f.) erwähnt in der Beschreibung des von ihm geleiteten physikalischen und naturhistorischen Kabinetts des Großherzogs Leopold in Florenz eine besonders empfindliche Magnetnadel. Sie war 32 Zoll lang und auf einer so feinen Stahlspitze gelagert, daß die Reibung fast ganz aufgehoben zu sein schien. Die Richtung konnte auf einem Nonius mit Hilfe eines zusammengesetzten achromatischen Mikroskops abgelesen werden. Mit dieser Nadel konnte die Deklination mit 1‴ Genauigkeit bestimmt werden. Die gleiche Meßgenauigkeit hatte eine „lunette magnétique", eine

Magnetnadel mit einem sehr leichten darauf montierten achromatischen Fernrohr.

580 Coulomb hat ein sehr empfindliches Instrument zur Messung der täglichen Abweichung entwickelt. (Coulomb, Recherches 1777, 212–215 und Fig. 12, No. 2:)

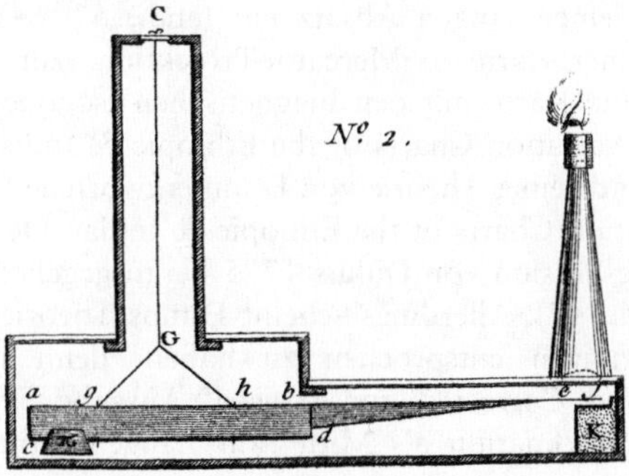

Die 10″ lange Magnetnadel *abcd* in Form eines Flachbands war bis zur Sättigung magnetisiert und hing an einem ungezwirnten Seitenfaden *CG* in einem Kasten, der die Nadel vor Umgebungseinflüssen, besonders vor Luftbewegungen schützte. An die Nordspitze der Nadel war ein leichter Zeiger *bdef* gelötet. Mit einem optischen Hilfsmittel ließ sich der Zeigerausschlag über dem mit einem Nonius versehenen Kreisbogen *K* genau ablesen. Bedeutsam war die Konstruktion vor allem, weil Coulomb in diesem Zusammenhang alle die Funktion beeinflussenden Umstände genau analysiert hatte. Seine Untersuchungen der Torsion des Seidenfadens führten ihn zur Entwicklung der Drehwaage, mit der Coulomb in der Folge elektrische und magnetische Kraftwirkungen untersuchte, vgl. Gillmor, Coulomb 1971, 48 f.

581 Die „Halleyschen Linien“ sind Linien gleicher Deklination (Isogonen). Die von Musschenbroek (Dissertationes 1729, Tab. X) veröffentlichte Deklinationskarte beruht auf Halleys „New and Correct Chart Shewing the Variations of the Compass in the Western & Southern Oceans as Observed in the Year 1700“ (1701).

582 Lambert (Erklärung 1777; vgl. ErxH, 759,28) hat auf seiner Karte nicht nur den seit Halley veränderten Verlauf der Isogonen korrigiert, sondern auch eine Vielzahl von Meßergebnissen auf dem Festland berücksichtigt, die im Laufe des 18. Jh. auf wissenschaftlichen Reisen gesammelt worden waren. – Funk, Erd-Oberfläche 1781; vgl. ErxH, 759,23–27. – Zu Buffon vgl. unten Text Nr. 27, S. 430,7–30.

583 In der ersten Aufl. enthält Dunns „Theory“ (1778) einen Abschnitt „The Introduction Prefixed To The New Atlas Of Variations Of The Magnetic Needle“. Dunn behauptet darin (ebd., 47. 51 f.), eine Theorie der Deklination gefunden zu haben, die es ihm ermöglicht, einzig auf Grund von Beobachtungen an drei bis vier nicht weit vom Festland entfernten Postionen auf See Deklinationskarten zu entwerfen, die alle bisherigen auf

gesammelten Beobachtungen beruhenden Karten an Zuverlässigkeit überträfen. Weil mit Hilfe der Theorie auch die Veränderungen der Deklination vorherbestimmt werden könnten, würden Deklinationskarten zukünftig ein wichtiges Hilfsmittel zur Bestimmung der geographischen Länge auf See werden. Allein die Aufzählung der vermeintlichen Vorteile dieser Methode nimmt einen langen Absatz ein (ebd., 51–54). Zu dem Atlas gehören außer einer Karte in Mercator-Projektion (zur Bestimmung der Breite auf See) eine Karte mit den magnetischen Isogonen von 1700 und 1744 („The first Variation Charts of the Ethiopic & Indian Oceans, &c.") und eine auf Grund seiner Theorie von Dunn entworfene Deklinationskarte („The New Variation Charts of the Ethiopic & Indian Oceans, for 1776"), eine überarbeitete Version von Dunns 1775 herausgegebener Karte in zwei Blättern (vgl. ebd., 47). Allerdings scheint Dunns Theorie nicht den in sie gesetzten Erwartungen entsprochen zu haben, denn in der „Second, Enlarged, Improved, Corrected, and Revised" Ausgabe (Theory 1786) wird die magnetische Deklination als Mittel zur Längenbestimmung nur noch kurz erwähnt.

[584] Zur Erstbeobachtung täglicher Veränderungen der Deklination vgl. Anm. 562. Über tägliche Schwankungen der Inklination hat zuerst Graham (Observations 1725) berichtet.

[585] Wilckes „Versuch" (1768) war die erste kartographische Darstellung von Linien gleicher magnetischer Neigung (Isoklinen).

[586] Vgl. VNat 4, 750 f. (Anm. 25. 27).

[587] L. erwähnt den „vortrefflichen Ableiter" der St. Pauls-Kirche in einem Brief an Ramberg vom 13. Sept. 1779 (Bw 1, Nr. 611 [S. 980]).

[588] Wilson, Observations 1773, bes. S. 55, 58–60, 63.

[589] Als am 18. Sept. 1769 das in einem Turm untergebrachte Pulvermagazin in Brescia durch Blitzschlag entzündet wurde, zerstörte die Explosion ein Sechstel der Stadt und kostete 3000 Menschen das Leben, vgl. Henry, Chronicle 1769, 457. – Nach dem Textzusammenhang (Wilson, Observations 1773, 63) müßten mit „dem selben Werck" Franklins „Experiments" (1769) gemeint sein. Darin findet sich zwar ein Brief über den Schutz von Pulvermagazinen vor Blitzschlag (ebd., 441–443), aber kein Hinweis auf das von L. erwähnte Ereignis. Das gilt auch für den ersten Teil des 43. Bandes der „Philosophical Transactions" (1773), in dem der Beitrag von Wilson gedruckt ist.

[590] Bird, Method 1767; das Exemplar der SUB Göttingen (Sign. 4 ASTR I, 2742) stammt aus L.s Bibliothek (BL 292). Über Demainbray, den Direktor des Observatoriums in Richmond, schreibt L. an Heyne (Bw 1, Nr. 312): „Unwissender kan wohl nicht leicht ein Doctor seyn, als Dr D."

[591] L. wohnte von der letzten Oktoberwoche 1774 bis Anfang Februar 1775 in den Gärten von Kew als Gast Georgs III., der L. erlaubt hatte (Bw 1, Nr. 265 [S. 480]), „Gebrauch von dem Observatorio zu machen".

[592] Die zugehörige Stelle lautet bei Bird (Method 1767, 2): „*The requisites for the performance of this work are as follow. A scale of equal*

parts, by which the Radius may be measured to 0,001 *of an inch, must be provided. My scale is* 90 *inches long, each inch divided into* 10, *contiguous to which are nonius divisions,* viz. 10,1 *inches divided into* 100 *equal parts, shewing* 0,001 *of an inch; and by the assistance of a magnifying glass, of one inch focal length, a third of* 0,001 *may be taken off by estimation.*“

593 Bird, Method 1767, v; d.h. Bird beansprucht die Urheberschaft der kursiv gedruckten Abschnitte des Werks.

594 Bird (Method 1767, 2): „*The radius of the Arc of* 90°, *at the points,* = 95,938 *inches, from which the following numbers were computed,* viz. [...] 17,679047 *inches* = *Chord of* 10°:20′ [...].“ Die Stelle im Exemplar der SUB Göttingen, vgl. Anm. 590, hat am Rand eine entsprechende von Tinte nachgezogene Bleistiftkorrektur von L.s Hand.

595 Bird (Method 1767, 2 f.) geht bei der Teilung eines Quadranten folgendermaßen vor: Er hat sechs feste Stangenzirkel (Beam Compasses) vorbereitet, einen für den Radius, den zweiten für die berechnete Sehne des Winkels von 42° 20′, den dritten für die Sehne von 30°, den vierten für die Sehne von 10° 20′, den fünften für die von 4° 40′ und den sechsten für die Sehne von 15°. Die Zirkel liegen über Nacht auf dem zu teilenden Quadranten, um Temperaturdifferenzen auszugleichen. Nach dem Festlegen des 0-Punkts *a* wird mit dem ersten Zirkel der Punkt *e* auf dem Kreisbogen für 60° gefunden; der Bogen *ae* wird mit dem Zirkel für 30° in *c* geteilt; von *c* aus wird mit dem Radius-Zirkel der Punkt *r* auf dem Kreisbogen für 90° gefunden; *er* wird mit dem 15°-Zirkel in *n*, entsprechend 75°, geteilt; die Sehne für 10° 20′ von *n* aus und die Sehne von 4° 40′ von *r* aus treffen sich in *g* entsprechend 85° 20′; bei der Teilung von *ag* muß beim Abtragen der Sehne von 42° 40′ von *a* und von *g* aus der gleiche Punkt *o* erhalten werden. Der Bogen *ag* von 85° 20′ kann nun durch Zweiteilung in (85 x 12) + 4 = 1024 Einheiten von 5′ geteilt werden. – Demainbray überlegt, warum die Methode der kontinuierlichen Zweiteilung zur Verringerung von Fehlern durch temperaturbedingte Dimensionsänderungen des zu teilenden Quadranten nicht nur auf Bogenabschnitte von 21° 20′ (jeweils 256 durch Zweiteilungen zu bestimmende Einheiten) angewendet wird.

596 Auf Zeile 7 beginnt bei Bird (Method 1767, 7) folgender Absatz: „Now the place upon the chamfered edge of the nonius plate, where the Nonius is to begin, may be found in the following manner. *Measure the distance of the Quadrant's center, from the axis of the Telescope; this distance from the axis of the Telescope at the eye-end, will be the place for the first division of the Nonius, where draw a faint line from the center. The greater accuracy with which this is laid off, the nearer to the axis of the tube will be the intersection of the wires, in the common focus of the object and eye-glasses.*“

597 Im Exemplar der SUB Göttingen von Bird (Method 1767), vgl. Anm. 590, finden sich die entsprechenden Korrekturen mit Bleitstift von L.s Hand.

598 Der zugehörige Absatz bei Bird (Method 1767, 13) lautet: „The nonius divisions of this scale contain $\frac{101}{10}$ of an inch, which were divided into 100 in the following manner. *As* 100 : 101 : 256 : 258,56 *tenths of an inch, the integer in this case being* $\frac{1}{10}$. Suppose the Scale to be numbered at every inch, from left to right; then exactly against $\frac{1}{10}$, to the left of 0, was made a fine point; *from which was laid off* 258,56 to the right hand. – This was taken from a Scale 3 feet in length, which was divided after the common method; but the error was so small, as to vanish at the other extremity of the Nonius, when divided continually by 2."

599 Die Korrektur bezieht sich auf den vorletzten Teilsatz des folgenden Abschnitts bei Bird (Method 1767, 13): „Whoever undertakes to divide a Scale of the above kind, not being furnished with one long enough to lay off 258,56 *may take* $\frac{250}{10}$ *from that before him, to wich he may add* 8,56 *taken from a diagonal Scale, that may be made at a small expense.*"

600 Durch die Lagerung der Zapfen der Inklinationsnadel auf Friktionsrollen, vgl. VNat 3, 592 (Anm. 323), wird der Reibungswiderstand, der die Beweglichkeit der Nadel begrenzt, verringert. L. hatte diese Lagerung im Observatorium von Kew (Richmond) kennengelernt und Brander für den Bau von Inklinationsnadeln empfohlen (vgl. Bw 1, Nr. 266 [S. 483 f.]). Allerdings hielt L. den Durchmesser der Reibungsrollen des Inklinatoriums von Kew für zu gering. Für das ihm von Drechsler gebaute Instrument, mit dem L. nach Erhalt im Juli 1778 nicht völlig zufrieden war, hätte L. Rollen gewünscht, deren Durchmesser (Bw 1, Nr. 496) „4mal so groß seyn" sollten, nach dem Vorbild des bei Mulgrave (Voyage 1774, 113 f.) beschriebenen, von Nairne für das „Board of Longitude" gebauten Instruments. Nairne hatte das Instrument nach den Angaben von Michell (Experiments 1772; vgl. Bw 5.2, 534 [Abb. 32]) angefertigt.

601 S. 426,20–25 nach Halley, Account 1692, 565.

602 S. 426,26–29 nach Graham, Account 1724 und ders., Observations 1748.

603 Whiston (Longitude 1721, 49) zufolge betrug die Neigung der Magnetnadel in London 1676 73° 30′ und im Jahr 1719 73° 45′ mit einer gewöhnlichen bzw. 75° mit einer nach Fatios Angabe (ebd., 6 f.) tarierten Inklinationsnadel.

604 74° Neigung der magnetischen Nadel entsprechen ungefähr dem Mittelwert der von Graham (Observations 1725, 334–336) für Anfang 1723 angegebenen Messungen.

605 Graham, Observations 1748, 279.

606 Kircher (Magnes 1643, 29 f.) schreibt, daß ein Petrus Peregrinus Gallus, hinter welchem Namen Roger Bacon vermutet wird, in einem Brief über die magnetischen Kräfte als erster die Beobachtung von der Ausrichtung einer auf dem Wasser schwimmenden magnetisierten Nadel mitgeteilt habe. Dann hätten zwei Kapitäne, „Sebastianus Cabottus[!], & Gonzalus Ouiedus" weitere wichtige Entdeckungen gemacht, ersterer die Deklination, letzterer ihre Veränderlichkeit. – Sebastiano Cabot (ca. 1477–1557) hatte

als Seefahrer im Dienst Henry VII. Entdeckungsreisen bis zum amerikanischen Kontinent unternommen, und Gonzalo Fernández de Oviedo (1478–1557) hatte im Auftrag des spanischen Hofes die Neue Welt bereist.

607 Einer Mitteilung in der „Histoire" zufolge soll Guillaume Delisle (Déclinaison 1712, 18) das Manuskript eines aus Dieppe stammenden Kapitäns Crignon aus dem Jahr 1534[!] besessen haben, in dem die Deklination schon erwähnt wird.

608 Die Angaben zur Deklination in Paris von 1550 bis 1720 entsprechen denen bei Musschenbroek, Dissertationes 1729, 152.

609 Den von L. angegebenen Werten entsprechend, betragen die auf halbe Winkelminuten gerundeten durchschnittlichen jährlichen Änderungen der Deklination:

1550 (–1580)	7′
1580 (–1610)	7′
1610 (–1640)	10′
1640 (–1664)	6′
1664 (–1666)	20′
1666 (–1700)	14′ 30″
1700 (–1710)	16′
1710 (–1720)	13′
1720 (–1730)	8′ 30″
1730 (–1740)	8′
1740 (–1750)	9′

In Wirklichkeit sind die Schwankungen der Deklination größer gewesen. So schreibt Cassini (Déclinaison 1792, 302) z.B., daß die Abweichung von September 1720 bis Oktober 1725 konstant war, von 1726 bis 1733 jährlich um etwas mehr als 17′ zugenommen hat und von 1733 bis 1737 rückläufig war.

610 Le Monnier, Loix 2, 1778, 3–6. Rochon und Le Monnier haben die Deklination mit Hilfe der neuen 15″ langen Magnetnadel des Observatoriums bestimmt, jedoch am 21. Sept., nachdem am 10. Sept. 1777 die Erprobung des Instruments stattgefunden hatte. Die Bussole war mit einem Quadranten und einem dazugehörigen Teleskop zum Anvisieren weiter entfernter Punkte ausgerüstet.

611 Die Quelle für die Messung von Rochon in Brest wurde nicht ermittelt. Hansteen (Untersuchungen 1819, [Anhang], 10) verzeichnet aus dem späten 18. Jh. für Brest eine Messung von de Verdun vom Oktober 1771 (20° 10′) und eine von Rochon vom 15. Aug. 1798 (25° 30′). – Vgl. die Meßreihe in GamN, 844 f.

612 In L.s Exemplar (nicht in BL) von Buffons „Traité" (1788) hat der Bogen S (S. 137–144) gefehlt. Das Buch gehört jetzt zum Bestand der SUB Göttingen (4 MIN I, 2191:5 RARA). Im besonders gezählten Anhang „Tables Contenant les Observations qui ont été faites, dans ces dernier tems, sur la Déclinaison de l'Aiguille aimantée" hat L. von S. 2–136 und auf S. 145, 148 und 150 des „Tables"-Anhangs unten neben den Tabellen

mit Bleistift die Zahl der Beobachtungen eingetragen. Der Bogen S ist später ergänzt und in den Band geklebt worden.

613 Es fehlen 114 Beobachtungen.

614 Es fehlen 51 Beobachtungen.

615 Es ist Bogen T.

616 Buffon, Traité 1788.

617 „Carte Générale Des Méridiens et de l'Equateur Magnetique Pour l'Année 1778." in Le Monnier (Loix 2, 1778, vor S. 1). Der nördliche Magnetpol liegt ungefähr bei 80° N, 45° W und der südliche bei 80° S, 145° O. – Über Planiglobien vgl. die zu S. 213,17 gehörige Anm.

618 Musschenbroeck (De viribus, 1725, 376) hatte anfänglich gemeint, die magnetischen Wirkungen nur auf ein „Ausströhmen" (effluvia) zurückführen zu müssen. Die Ergebnisse von Experimenten zur Anziehung und Abstoßung zwischen Magneten haben ihn dann davon überzeugt (ebd., 370), daß weder Magnete aufeinander noch auf Eisen durch irgendwelche korpuskulären Ausflüsse wirken, sondern daß die Ursachen noch völlig unbekannt und sicherlich keine korpuskulären seien. [... magnetes non agere in se, aut in ferrum, per effluvia quaedam corporea, sed causam eorum esse penitus ignotam, & forte non corpoream.] Er hatte festgestellt (ebd., 376), daß zwischen zwei Magnete gebrachte Körper aus Blei, Zinn, Silber, Kupfer oder Quecksilber die Anziehungskraft der Magnete weder aufhoben noch auch nur verminderten. Musschenbroek hebt den Unterschied zum Glas hervor, das Licht zwar durchläßt, dabei aber auch schwächt. – Theorien, die den Magnetismus mit dem Ausströmen magnetischer Materie erklärten, haben u.a. Bernoulli und Euler aufgestellt, vgl. Anm. 642. Eigentlich müßte unter der Voraussetzung, daß es nur eine magnetische Materie gibt, mit dem „Ausströhmen" immer auch ein Einströmen verbunden sein, vgl. VNat 4, 371,19 f. Zum Bild eines Stroms in L.s Vorstellung vom Wesen des Magnetismus vgl. ebd., 747, Anm. 17.

619 Vgl. Gilbert, Physiologia 1600, 39–44.

620 Zuerst hat Whiston (Longitude 1721, 52–54) einen Magnetpol nördlich der Hudsonbay vermutet, und zwar weil Hudson bei seiner Reise 1607–1608 in dieser Gegend eine Inklination von 89° 30′ beobachtet hatte, vgl. Musschenbroeck, Dissertationes 1729, 212.

621 Halley (Theory 1683, 216) vermutete einen nördlichen Magnetpol etwa 83° N 5° W, einen zweiten etwa 75° N 120° W, einen südlichen Magnetpol 74° S 95° W und einen zweiten 70° S 120° O; vgl. S. 432,6–22. Erst in einer zweiten Abhandlung erklärte Halley (Account 1692, 568) die Veränderungen der Deklination damit, daß die Erde aus einer Hülle und einem darin sich langsam drehenden Kern bestehe, die jeweils zwei Pole hätten. Zur Dauer der „Revolution" der Magnetpole, d.h. der Dauer einer Bewegung um die Erdachse bis zum Erreichen des Ausgangsmeridians, vgl. Halley, Account 1692, 571, und Whiston, Longitude 1721, viii f. (für Henry Philips und Bond mit Bezug auf Bond, Longitude 1676, 2–9, bes. S. 7) und ebd., 58.

622 Lambert zeigt in der ersten Arbeit (Analyse 1766) eine Möglichkeit zur Bestimmung der magnetischen Kraft, indem er die Richtung einer Magnetnadel im Einflußbereich eines Magneten als ein Gleichgewicht zwischen den magnetischen Kräften der Erde, des Magneten und der Magnetnadel erklärt. Auf dieser Grundlage bestimmt Lambert in der zweiten Arbeit (Courbure 1766) die Form der „courbes du courant magnétique" eines Magneten. – Euler (Corrections 1766, 263) mußte seine frühere Theorie (Recherches 1757), derzufolge die Annahme zweier auf verschiedenen Meridianen liegender Magnetpole zur Erklärung des Verlaufs der Halleyschen Linien (Isogonen) ausreicht, dahingehend berichtigen, „que le centre magnétique ne doit pas être pris au milieu de l'axe magnétique." Dies würde allerdings die Berechnung der Deklination wesentlich erschwert haben.

623 Es heißt bei Euler (Recherches 1757, 176): „Or la principale & l'unique raison, que M. *Halley* apporte pour établir quatre poles magnétiques, se réduit à ce raisonnement: / *Si la Terre n'avoit que deux poles magnétiques, sous chaque méridien la boussole devroit décliner par tout en même sens, ou vers l'est ou vers l'oüest.* / *Mais on a observé que sous le méridien, qui passe par la baye de Hudson & les côtes du Bresil, la déclinaison étoit occidentale dans la baye de Hudson & orientale sur les côtes du Bresil, & même fort grande dans l'un & l'autre endroit.* / *D'où il s'ensuit, que deux poles magnétiques ne sont pas suffisans pour expliquer les phénomenes de la déclinaison.*"

624 Eulers (Recherches 1757, 229) Lösung des Problems besteht in der Annahme: „Les deux Pole magnétiques de la Terre étant placés en deux méridiens différens."

625 Das war überhaupt der Grund dafür, daß sich viele Physiker und physikalisch gebildete Seefahrer und Forschungsreisende vom 16. Jh. an so intensiv mit Messungen der magnetischen Abweichung beschäftigten und nach einer Theorie für ihre Veränderungen suchten. Schon 1605 hatte Simon Stevin im 5. Buch „De Limenhevretica [i.e. De] Portuum investigandorum ratione" (Geographia 1605, 161–173, bes. 171 f.) eine Möglichkeit, „Portum cujus latitudo & chalybodixis cognitae sint invenire" [einen Hafen zu finden, von dem nur die geographische Breite und die magnetische Deklination bekannt sind] erhofft. Und Halley meinte von seiner Isogonenkarte (Chart 1701): „A further Use is in many Cases to estimate the Longitude at Sea thereby […]." Vgl. auch Anm. 583.

626 Wenn z.B. zwei Stabmagnete mit den Längsachsen in einer Linie und mit ihren ungleichnamigen Polen aneinander gelegt werden, gilt (Prevost, Vom Ursprunge 1794, 90): „Jeder der Pole […], mit welchen die Magnete sich berühren, strebt den entferntesten Pol des andern Stabes zu fliehen, […]."

627 L. spielt auf die Versuche an, die Musschenbroek (Essai 1, 1739, 297–301) mit zusammengesetzten Magnetnadeln unternommen hat. Die Magnetnadeln wurden in ihrem Schwerpunkt miteinander so verbunden, daß sich ihre Längsachsen in bestimmten Winkeln kreuzten. Es gelang ihm,

bei bekannter Deklination durch einen entsprechenden Winkel zwischen den Nadeln jeweils eine von ihnen in die geographische Nord-Süd-Richtung weisen zu lassen. Musschenbroek wußte jedoch, daß an Orten mit anderer Deklination der Winkel zwischen den kombinierten Nadeln entsprechend geändert werden müßte. Allerdings scheint Musschenbroek (ebd., 307) die Versuche, eine von der Deklination unabhängige Bussole zu bauen, nicht für aussichtslos gehalten zu haben.

628 Euler (Recherches 1757, 249 f.) zufolge würden die aufgrund seiner Theorie berechneten Isogonen mit denen auf der für 1744 entworfenen Karte von Mountaine und Dodson übereinstimmen, wenn der magnetische Nordpol auf dem mit 250° bezeichneten Meridian dieser Karte und 14° unter dem geographischen Nordpol liegt, der magnetische Südpol 35° über dem geographischen und auf einem Meridian, der 63° von dem des magnetischen Nordpols entfernt ist. Auf der Karte, die der Abhandlung beigegeben ist (die jedoch im Exemplar der SUB Göttingen fehlt), liegt der magnetische Nordpol nördlich vom nordamerikanischen Kontinent etwa 120° W, und der magnetische Südpol südlich von Neuseeland, 35° über dem geographischen Südpol.

629 L. notiert (NL VI 55, Bl. 33r = p. 183): „Pol der magnetischen Erde. / (Erfurter gelehrte Zeitung 1797 Stück 73. S. 595) Der berühmte HE. de la Lande hat aus drey der neusten und genausten Beobachtungen die wahre Lage des magnetischen Nordpols berechnet und gefunden, daß solcher auf 13° vom arctischen Pol und 110° West von Paris trifft. Euler fan[d] in den Mem de Berlin für 1757, 15° vom NordPol und 115° westlich von Paris. [...].“

630 Le Monnier (Mémoire 1773) beschreibt Erfahrungen mit einer sowohl zur Messung der Deklination als auch der Inklination gedachten Magnetnadel, welche 1744 für die Akademie gebaut worden war. Als Hauptursache für ihre Fehler nennt er Reibung, die bei einer anderen Nadel, die er von Mairan erhalten hatte, zumindest für die Inklination durch Lagerung auf Rollen vermindert worden war, vgl. Anm. 600.

631 Auf der Rückseite des Blattes hat L. mehrere Strahlenverläufe skizziert, vor allem solche in Hauptschnitten von Kalkspatrhomboedern bei Doppelbrechung von unter verschiedenen Winkeln auftreffenden Strahlen, vermutlich nach Huygens, Traité 1690, 51–57.

632 Cassini, Déclinaison 1792, und die deutsche Übersetzung (bis S. 350 des zweiten Teils der Originalabhandlung): ders., Abweichung 1793. Es handelt sich um eine kritische Revision der älteren Messungen der magnetischen Deklination im Pariser Observatorium (vgl. oben S. 429,21–35) und Bemerkungen zu den täglichen Änderungen der Deklination, die Cassini vom Mai 1783 bis zum Januar 1789 mit einem neuen empfindlichen Deklinatorium beobachtet hatte.

633 In den ersten beiden Absätzen erwägt L. mechanische Möglichkeiten zum Messen von Veränderungen des Erdmagnetismus. Um die sehr kleinen Differenzen magnetischer Kraft nachweisen zu können, müssen die Probe-

körper reibungsarm gelagert und die Auslenkungen entsprechend ‚übersetzt' werden (lange Zeiger oder lange Aufhängung, eine Präzisionswaage oder mittelbar die Veränderung des Flüssigkeitsstandes in einer Kapillarröhre). Coulombs „Recherches" (1777), die allerdings erst 1780 im Druck erschienen sind, gingen weit über diese nicht sehr gründlichen Vorschläge L.s hinaus, vgl. Anm. 580.

634 Wenn eine Magnetnadel mit einer Vorrichtung versehen ist, mit der sie sowohl über ihrem Schwerpunkt auf einer Spitze liegend als auch an einem Pendel hängend gelagert werden kann, kann man aus der Zahl der Schwingungen je Zeiteinheit unter sonst identischen Bedingungen Reibungswiderstand und Torsionskraft miteinander vergleichen. – Vermutlich meint L. jedoch die Bestimmung der Intensität des Erdmagnetismus mit Hilfe der Zahl der Schwingungen einer Nadel je Zeiteinheit, vgl. VNat 4, 778 (Anm. 141) und GamN, 848 (Fußnote). – Zu Tertienuhren vgl. VNat 4, 396 (Anm. 51).

635 Das Wort „ausmachen" hier in der figürlichen Bedeutung (Adelung, Wörterbuch 1, 1793, Sp. 616) „ausfündig machen". – Musschenbroek (Introductio 1, 1762, 325) hatte eine „recht gut schwingende" Magnetnadel, die kaum jemals mehrere Minuten in einer Stellung verharrte, sondern die sich gleichsam in einer beständigen Schwingung befand („in continua quasi oscillatione"). Vermutlich hat er diese Nadel bei der Untersuchung der vielen anorganischen und organischen Substanzen angewendet, bei denen er schwache magnetische Anziehung fand (ebd., 323). Einen Einfluß von Glas auf die Magnetnadel erwähnt Musschenbroek nicht; vielleicht hat sich L. undeutlich an einen von Musschenbroek (De viribus 1725, 376) angestellten Vergleich zwischen dem Einfluß verschiedener Körper auf die Anziehung zweier Magneten und die Wirkung von Glas auf hindurchgehendes Licht erinnert, vgl. Anm. 618. Ansonsten hat Musschenbroek (Dissertationes 1729, 196–200) mit den Schwingungszeiten einer Inklinations- und (ebd., 226–229) einer Deklinationsnadel die Stärke des Erdmagnetismus (virtus directrix) bestimmt.

636 Eine solche Lagerung hatte Zeiher (Acus 1759) empfohlen. Zeiher (Tietz, Nachricht 1777, 309) hatte nach seiner Rückkehr aus Petersburg nach Wittenberg dem „Churfürstl. Sächsische Naturalienkabinet zu Dresden" einen armierten Magneteisenstein übergeben, vgl. VNat 4, 355,19–23 und die zugehörige Anm. Ob bei dieser Gelegenheit auch eine seiner Magnetnadeln nach Dresden gekommen ist, wurde nicht ermittelt, zumindest gibt es im Mathematisch-physikalischen Salon darüber keine Nachricht (Mitteilung von Herrn Dr. Peter Plaßmeier).

637 Unter der idealen Voraussetzung, daß kein Luftwiderstand wirkt und sich die Feilstaubpartikel unter „magnetischer Influenz" als kleine Magnete verhalten, würden sich bei ausreichender Fallzeit Ketten von Feilstaubpartikeln bilden, die sich entsprechend den Kraftlinien des Erdmagnetismus ausrichten. Warum der auf eine Ebene gefallene Feilstaub eine

elliptische Fläche (mit der Projektion des magnetischen Meridians als Hauptachse?) bilden sollte, ist unklar.

638 Das vierte Buch von Scarellas „De Magnete" (2, 1759, 332–345) hat zwar ein „Caput IV. Varia proponuntur experimenta circa magneticas vires" [Kapitel 4. Es werden verschiedene Versuche zu den magnetischen Kräften vorgestellt.], das jedoch keine Versuche zur Messung der Größe des Erdmagnetismus enthält.

639 Der Königl. Schwedischen Akademie der Wissenschaften Abhandlungen [...]. Leipzig 1749–1783; vgl. z.B. Wilcke, Beschreibung 1763, und ders., Versuch 1768. – Hamburgisches Magazin; vgl. z.B. Canton (Methode 1751) und Bernoulli, Abhandlung 1757. – Novi Commentarii Academiae Scientiarum Imperialis Petropolitanae. Petropoli 1750–1776; vgl. z.B. Zeiher, Acus 1759, und ders., Acus 1761. – Histoire de l'Académie Royale des Sciences. Avec les Mémoires de Mathématique et de Physique [...]. Paris 1666–1789; vgl. z.B. Le Monnier, Variations 1770, und ders., Mémoire 1773. – Musschenbroek, De viribus 1725; ders., Dissertationes 1729, 1–270; ders., Introductio 1, 1762, 317–348.

640 Le Monnier (Loix 1, 1776, xxviii–xxx) erwähnt in seiner „Introduction" die von Musschenbroek (vgl. Anm. 635), Graham (Observations 1725) und Euler (De Observatione 1743) unternommenen Versuche, die Kraft, die auf eine Magnetnadel wirkt, mit Hilfe ihrer Schwingungsdauer zu bestimmen. Graham hatte über einen längeren Zeitraum täglich mehrmals die Neigung der Magnetnadel und ihre Schwingungsdauer gemessen und einen zwischen beiden Größen bestehenden Zusammenhang festgestellt.

641 Die Bedeutung der Skizze wurde nicht ermittelt.

642 Bernoulli (Memoire 1743) hat die Fehler der bis dahin verwendeten Inklinationsnadeln untersucht, die dazu führten, daß mit verschiedenen Instrumenten zur gleichen Zeit und am gleichen Ort verschiedene Inklinationen gemessen wurden und die Werte verschiedener Beobachter deshalb untereinander nicht vergleichbar waren. Er fand eine Ursache in der Reibung und eine andere darin, daß der wirkliche Auflagepunkt der Nadel je nach ihrer Neigung aus mechanischen Gründen (Durchbiegen der Nadel) in verschiedenem Maß von ihrem Schwerpunkt abwich. Diese Abweichungen konnten durch ein Tariergewicht ausgeglichen werden. – Die Messung der magnetischen Kraft war nicht Gegenstand der Abhandlung. Allerdings enthält die Sammlung der „Pieces qui ont remporté le Prix de l'Académie Royale des Sciences en M.DCC.XLIII. et M.DCC.XLVI." mit einer besonderen Paginierung auch die drei Arbeiten, auf die der Preis der für 1742 gestellten und bis 1746 prolongierten Aufgabe „L'explication de l'Attraction de l'Aiman avec le fer, la direction de l'Aiguille aimantée vers le Nord, sa déclinaison & son inclinaison" verteilt worden war: Euler, Dissertatio 1744; Du Tour, Discourse 1744; Bernoulli, Principes 1746. Bernoullis Theorie ähnelt derjenigen von Euler (vgl. VNat 4, 371 f.), erklärt jedoch die Polarität des Magneten mit zwei einander entgegengesetzten Materiewirbeln. Bernoulli (Principes 1746, 137) meinte, daß die Stärke des magneti-

schen Stroms, der einen Magneten umgibt, hauptsächlich davon abhängt, wie viele seiner „Fasern“ (fibres) parallel verlaufen, da von der Hauptrichtung abweichende Fasern besondere Pole ausbilden (poles insensibles), von denen die Pole der in der Hauptrichtung verlaufenden Fasern nachteilig beeinflußt werden.

643 Zu Saussures Magnetometer vgl. VNat 4, 778 (Anm. 141). L. beschreibt Saussures Versuche, die ihm wohl nur vom Hörensagen bekannt waren, wie folgt (Lichtenberg, Erfindungen 1778, 47): „Hr. Saussüre in Genf hat über die Intension der allgemeinen magnetischen Kraft Versuche angestellt, und eine Verschiedenheit darinn bemerkt. Diesen zufolge würde z.Ex. eine Magnetnadel, die an einem einfachen Seiden-Faden aufgehenkt würde, diesen Faden von der Vertical Linie abziehen, und der Winkel, den sie mit einander machen, würde veränderlich seyn.“ Eine erste, nicht sehr instruktive Beschreibung des Magnetometers steht im Reisebericht von Saussure (Voyages 1, 1779, 378–380).

644 Das Problem, daß verschiedene Instrumente am gleichen Ort wesentlich verschiedene Werte anzeigten, bestand mehr für die Messung der Inklination als der Deklination, vgl. Bernoulli, Abhandlung 1757, 589: „Die Herren Graham und Musschenbroek, derer Namen man keine Lobsprüche beyzufügen brauchet, haben bey aller ihrer Aufmerksamkeit und Geschicklichkeit es noch niemals dahin bringen können, daß diese Compasse auch zu einer Zeit und an einem Orte, mit einander überein gestimmet hätten; wenn auch einige von ungefähr übereinstimmig geworden sind: so ist es doch gewiß, daß sie bey andern Neigungswinkeln unter einander sehr uneinig, und an allen Orten der Erde unrichtig hätten können befunden werden.“ Vgl. auch Anm. 642.

645 William Wales nahm als Astronom an den ersten beiden Reisen von James Cook teil. L. informiert die Leser des „Taschen Calenders“ (Lichtenberg, Erfindungen 1780, 83–85) darüber, daß Wales Schwankungen der magnetischen Deklination von mehr als 5° bemerkt habe, die aus der veränderten Position des Schiffes nicht erklärbar waren. Obwohl diese Schwankungen offenbar mit der Fahrtrichtung zusammenhingen, hielt L. einen Einfluß von Eisen in der Umgebung der Magnetnadeln für unwahrscheinlich.

646 Cotte hatte seine Messungen der Deklination und ihrer täglichen Veränderung (variation) im Jahr 1783 begonnen. Für die Deklination benutzte Cotte (Suite 1787, 349) ein von Brander hergestelltes Deklinatorium, vgl. Anm. 548 und 578, und für die tägliche Veränderung der Deklination eine Bussole nach Coulomb, vgl. Anm. 580, welche die Akademie Cotte (Observations 1786, 189) im Jahr 1783 zur Verfügung gestellt hatte. Die Rezension (Cotte, Subject, Rez. 1788) in „The Critical Review“ bezieht sich jedoch nicht, wie L. annahm, auf die im Mai 1787 veröffentlichten Ergebnisse der Beobachtungen von 1786 (Cotte, Suite 1787), sondern auf die Messungen im Jahr 1787, vgl. Cotte, Suite 1788.

647 Die Sammlung enthält die Schriften des Preisträgers für 1743 Bernoulli (Memoire 1743) und seines Konkurrenten Euler (De Observatione 1743) und die Preisarbeiten für die bis 1746 verlängerte Aufgabe, vgl. Anm. 642.

648 Le Monnier, Loix 1, 1776, nach S. 168: „Carte Réduite qui indique les Diverses Inclinaisons de l'Aiguille Aimantée. Par M. Wilcke, Suédois en 1768.", nach der Karte bei Wilcke, Versuch 1768. Die Angaben S. 437,3–9 hat L. der Karte bei Le Monnier entnommen.

649 D.h. der magnetische Äquator, die Linie mit 0° magnetischer Inklination, schneidet auf der Karte von Wilcke, vgl. Anm. 648, den Äquator bei 53° O (mit dem Nullmeridian von Ferro, entsprechend 35° 20′ O vom Greenwich-Nullmeridian), und er hat seinen südlichsten Verlauf gerade auf dem Nullmeridian von Ferro (entsprechend 17° 40′ O von Greenwich), bei etwa 14° S.

650 S. 437,12–14 nach Le Monnier, Loix 1, 1776, xx. xxiv.

651 Über die näheren Umstände der Unterhaltung zwischen Deluc und L. und über die Maschine von Le Sage wurde nichts ermittelt. Der Zusammenhang läßt vermuten, daß sie in Kew stattfand, wo Deluc (Briefe 1, 1781, 466) „Herrn *Lichtenberg* oft gesehen hatte". Interessanter als die Anerkennung einer „magnetischen Influenz" durch Le Sage wäre deren Erklärung aus der Sicht seiner Theorie gewesen. – Zur Deutung der Feilstaubfiguren vgl. VNat 4, 798 (Anm. 231).

652 Die Notwendigkeit, eine Inklinationsnadel auszutarieren, vgl. Anm. 642, entfällt, wenn die Nadel waagerecht (am Äquator, genauer: an einem Ort mit 0° Inklination) oder senkrecht (an einem der Magnetpole) steht.

653 Woltmann, Resultate 1788, bes. Sp. 1061–1063. Mit „12 bis 13 observationen" meint L. vermutlich die täglichen zweistündlichen Barometerbeobachtungen vom Mai bis Juni 1788, aus denen Woltmann seine Ansicht gezogen hat, daß der Mond keine merkliche tägliche Variation des Barometerstandes bewirkt, vgl. Anm. 196. Die von L. im folgenden wiedergegebenen Resultate beruhen auf in den Jahren 1786 bis 1788 einmal täglich vorgenommenen Messungen (ebd., Sp. 1059–1062 = 4te Tafel).

654 Es geht um die astronomische Breite, den Abstand des Himmelskörpers von der Ekliptik. – Woltmann (Resultate 1788, Sp. 1062 f.): „Die Barometerhöhen wachsen, wenn der Mond nach der größten südlichen Breite durch den aufsteigenden Knoten geht, und nehmen ab, wenn er nach der größten Nordbreite durch den niedersteigenden sich bewegt; oder sie accreßiren vielleicht, wenn er sich dem[!] Knoten nähert, und decreßiren, wenn er sich von ihnen entfernet, jedoch mit untergemischten Irregularitäten, so, daß der Einfluß dieser dracontischen Mondeswandlung auf die Aenderung der Barometerhöhen sowohl, als der Meeresfluthen […] schwach und zweifelhaft scheint." Ein drakontischer Monat ist die Zeit zwischen zwei Durchgängen des Mondes durch den aufsteigenden Knoten.

655 Der S. 438,28–30 nachfolgenden Erklärung entsprechend meint L. mit „Ostliche Winde“ den Passatwind und mit „Passat Winde“ die Monsune, vgl. Anm. 204.

656 Über die Tage, an denen die Hauptwindrichtungen in den Monsungegenden wechseln, schreibt Varenius (Geographia 1650, 410), daß der Wind wechselhaft ist, die Windstille heimtückisch, und das Meer gerät zuweilen von ungewissen Strömungen in heftige Bewegung; auch treten häufig Unwetter auf. [„Atque hisce diebus intermediis quibus nulla certa motio spirat, ventus est variabilis, insidiosa malacia & plerunque incertis fluctibus agitatur mare, atque tempestates crebrae ingruunt.“]

657 Brisson (Dictionnaire 2, 1781, 701) meint, die Erklärung dieser Windstillen sei nicht sehr schwierig: „[...] car dans cet espace, qui est également exposé aux *Vents* d'Ouest vers la Côte de Guinée & aux *Vents* alizés d'Est, l'air n'a pas plus de tendance d'un côté que de l'autre, & est par conséquent en équilibre.“ Dem entspricht die graphische Darstellung auf „Musschenbroecks Magnet. Charte“, vgl. Anm. 205. – Die Gefahr bestand Varenius (Geographia 1650, 436) zufolge darin, daß Schiffe bis zu drei Monaten vor der Küste von Guinea festgehalten wurden, bevor sie weiter auf den Atlantik und in den Bereich günstiger Windverhältnisse kommen konnten.

658 Vgl. Musschenbroek, Introductio 2, 1762, 1108 f. Seiner Erklärung zufolge hat die Sonne in Regionen, in denen See- und Landwinde herrschen, schon wenige Stunden nach ihrem Aufgang den Boden und die darauf liegende Luft so stark erwärmt, daß diese Luft aufsteigt und kühle Meeresluft nachfließt, so daß sich ein Seewind erhebt. Dieser Wind wird in den Stunden nach Mittag am stärksten und flaut gegen Sonnenuntergang ab. In der darauf folgenden Zeit erheben sich, zwar auch vom Land, überwiegend jedoch vom Meer warme Dünste. Dadurch wird die Atmosphäre über dem Land dichter und schwerer als die über dem Meer, und es beginnt ein Landwind zu wehen, der über Nacht anhält und sich morgens legt.

659 Deluc (Ideen 2, 1788, 212) meint, daß die atmosphärische Luft „[...] alles enthalte, was nothwendig ist, um *wässerigte Dünste* zu bilden [...].“ Dem geht folgende Überlegung voraus (ebd.): „In der That, wenn der *Regen* seine Quelle nicht in dem *unmittelbaren Produkte* der Ausdünstung hat; wenn die *Dünste* in der Atmosphäre ihre Natur verändern, und nur sich in ihrer ersten Gestalt wieder zeigen, wenn *Wolken* in der Luft erscheinen; so ist ihr Zwischenzustand vermutlich derjenige der *Luft* selbst, und alsdann ist es nicht zu vermuthen, daß sie zwey *Luftgattungen* bilden.“

660 Vgl. GamN, 861 f., und Hube (Ausdünstung 1790, 356–358). – Hube (ebd., 357) schreibt: „Der Sirocko, welcher in Sizilien und Italien zuweilen im Sommer auf ein paar Tage den Nordwind unterbricht, scheint mit dem Harmattan von gleicher Art zu seyn.“

661 Zur Eudiometrie vgl. ErxH, 274–276; GamN, 274 f., und VNat 3, 401 f.; 428–431. L. denkt an dieses Mittel, weil die schädliche Wirkung der beiden letztgenannten Winde nicht zuletzt auf besondere chemische Zusam-

mensetzungen der Luft zurückgeführt wurde. So schreibt Hube über den „Chamsin“ (Ausdünstung 1790, 357): „Vielleicht ist die künstliche Luftart, die er enthält, zum Athemholen ungeschickt, vielleicht rührt von ihrer Entwickelung auch zum Theil seine Hitze her, so wie die Niederschlagung des Wassers Wärme verursacht.“

662 Senebier (Mémoire 1787, 338): „Les vents violens, ces ouragans éprouvés en particulier aux Antilles peuvent être des dégagemens d'air hors des entrailles de la terre, quand ces vents sont d'une courte durée; mais coment s'opère ce dégagement avec tant de fureur?“

663 Senebier (Mémoire 1787, 338): „Les vuides produits dans l'air, ou par la condensation des vapeurs, ou par un froid subit peuvent-ils causer des vents violens? Il me semble qu'ils ne peuvent donner naissance tout au plus qu'à un seul coup de vent; [...].“

664 Senebier (Mémoire 1787, 338): „Quant à la cause des autres vents, il est d'abord évident qu'elle doit agir avec la même force pendant quelque tems, car il y a des vents violens qui règnent quelquefois pendant plusieurs jours; cette cause n'est pas toujours agissante d'une manière uniforme, il y a des pauses entre les divers coups de vent; [...].“

665 Senebier (Mémoire 1787, 339): „Enfin les vents qui soufflent dans les terres ne parcourent guère un grand espace de pays que lorsqu'ils sont très-violens, & alors leur force n'est pas égale par-tout.“

666 Die Äquation oder Zeitgleichung ist die Differenz zwischen der wahren und der mittleren Ortszeit, vgl. Brisson (Dictionnaire 1, 1781, 563). Vgl. S. 142,11–146,6 im Kapitel „XII. Vom Weltgebäude und der Erde überhaupt“.

667 Senebier (Mémoire 1787, 339): „L'etude des vents réglés seroit capitale, [...] le mêlange de l'air chaud avec le froid peut bien être une cause des vents, mais produira-t-il ces vents de nord-est ou d'est qui durent quelquefois plusieurs jours avec une violence extrême; d'ailleurs si ce versement d'un air froid dans l'air chaud produisoit cet effet, il ne produiroit que des vents froids & nous avons des vents de sud-ouest qui sont très-chauds & qui durent aussi long-tems; outre cela les vents produits seroient verticaux, ce qui n'arrive pas, & il n'y auroit pas dans la même colonne d'air plusieurs vents avec des directions différentes.“

668 Senebier (Mémoire 1787, 339): „Les vapeurs jouent-elles une rôle dans la formation des vents? Il me semble que si les vapeurs influent sur les vents, cette influence doit être très-petite, puisque les vapeurs se détruisent & se forment peu-à-peu; de sort que comme elles ne peuvent que condenser ou raréfier l'air, en se formant & en se détruisant, ces variations doivent être presque insensibles; mais quand le déplacement de l'air est fait, quand l'air a pris son équilibre, où est la cause du vent? [...] / L'électricité ne me paroît pas une cause plus efficace du vent, car quand elle en produiroit un semblable à celui qu'on éprouve sur le conducteur, où seroit la direction? D'ailleurs il faudroit que l'électricité s'échappât constamment, & que les vapeurs fournissent toujours cette électricité.“

[669] Senebier (Mémoire 1787, 340): „Après ces recherches générales il faudroit suivre l'histoire des vents dans un pays, observer les vents qui y sont les plus fréquens, scruter la cause de cette fréquence, de l'exclusion de quelques autres vents, enfin déterminer s'il est possible, ce que ces vents ont de commun ou de différent avec les vents des autres pays."

[670] Auf Bl. 64v hat L. die Zahl der Tage zwischen Frühlings- und Herbstäquinoktium monatsweise addiert, die erhaltene Summe (184 Tage) von den 365 Tagen eines Jahres abgezogen und so die Differenz von 181 Tagen erhalten: In der Zeit zwischen Frühjahrs- und Herbstbeginn befindet sich die Sonne auf der Nordhalbkugel 184 Tage über dem Horizont, auf der Südhalbkugel dagegen nur 181 Tage.

[671] Durch dieses Verweisungszeichen ist der Text mit L.s Marginalie zum § 715 von Erxlebens Kompendium verbunden, vgl. ErxH, 762,21–25 (Randbemerkung).

[672] Hube (Ausdünstung 1790, 335–340): „Acht und funfzigstes Kapitel. / Von den wahren Ursachen des allgemeinen Ostwindes zwischen den Wendekreisen." Hubes Erklärung der Passatwinde entspricht im wesentlichen derjenigen von Hadley (Cause 1735).

[673] In seinem 57. Kapitel „Von dem allgemeinen Ostwinde des heißen Erdstrichs überhaupt" erklärt Hube (Ausdünstung 1790, 328–334) zuerst, daß es entgegen Halleys Theorie, vgl. S. 351,5–11, nicht die im Tagesverlauf auftretenden Temperaturunterschiede sein können, die für den beständigen Ostwind zwischen den Wendekreisen verantwortlich sind, da die täglichen Temperaturunterschiede in den gemäßigten Zonen größer sind, ohne daß ein beständiger Ostwind entsteht. Außerdem ändert sich die Temperatur in der Zeit kurz nach Sonnenaufgang am meisten, was einen Westwind zur Folge haben müßte. Gegen Halleys Theorie sprechen auch die relativ geringe mittlere tägliche Temperaturdifferenz, die Verteilung dieser Differenz über den gesamten Breitenkreis eines Ortes und die Trägheit der Luftmassen.

[674] Diese Aussage findet sich so nicht bei Hube, aber bei Hadley (Cause 1735, 60 f.).

[675] Hube, Ausdünstung 1790, 335 f.

[676] S. 442,30–443,1 etwas abweichend von Hube (Ausdünstung 1790, 336 f.), der schreibt: „Denn erstlich findet man wirklich fast beständig, bey der trocknen so wohl, als auch bey der regnichten Jahreszeit, diesseits der Linie Nordostwinde, und jenseits derselben Südostwinde. Zweytens sind diese Winde auf dem Stillen Meere, wegen seiner größern Ausdehnung, noch regelmäßiger und stärker, als auf dem atlantischen. Drittens werden diese Winde nahe an den Küsten und auf dem festen Lande mehrentheils nur selten angetroffen. Viertens pflegen sie auf den ofnen Meeren nahe an der Linie, zu beyden Seiten derselben, schwächer zu seyn, als sie es unter größern Breiten sind. Dieses rührt unfehlbar daher, daß die Wärme sich nahe an der Linie, nach Beschaffenheit der Breite, weniger verändert, und

also auch der Unterschied in der eigenthümlichen Schwere der Luft geringer ist, als in einer größern Entfernung von der Linie.“

677 Auf der Rückseite des Blatts von fremder Hand „Carl Ludewig DuRy / aus Cassell.“ DuRy hörte bei L. im WS 1792/93 Astronomie, Meteorologie und Theorie der Erde, vgl. LH, 180.

678 Vgl. zu ähnlich allgemeinen Bemerkungen über verschiedene Ursachen der unbeständigen Winde ErxH, 765 [= § 718], GamN, 860. Weiter ausgeführt ist das Thema bei Bergman (Beschreibung 2, 1780, 97–104).

679 S. 443,21–33 nach Böckmann, Ephemeriden 1780, 33–35. Der Erfinder des Apparats, dessen Modell Böckmann (ebd., 34) in Mannheim gesehen hatte, war ein „Kunstmeister in den Salzwercken zu *Creutzenach*“. Böckmann schreibt, daß er sich gern durch eigene Versuche von der Brauchbarkeit des Instruments überzeugt hätte. – Ebd.: „Ich erwähne noch einer Erfindung des Herrn *de Demenge*, die er selbst in einem Briefe an Herrn Abbé *Mann* beschreibt, und gewiß um so mehr alle Aufmerksamkeit verdient, da sie würklich, wie er behauptet, im Großen bequem gebraucht worden ist: Ich gebe vielleicht selbst nächstens eine Uebersetzung davon in einer uns[r]er periodischen Schriften heraus.“ Weder eine originalsprachige Veröffentlichung des Briefs (von Jean Brequin de Demenge an Théodore Augustin Mann?) noch dessen von Böckmann angekündigte Übersetzung wurden ermittelt.

680 Vgl. Dalberg, Anémométre 1781, und ders., Anémométre, Rez. Lichtenberg, 1781. Dalberg (ebd., 174) hoffte, mit seiner Konstruktion die folgenden Aufgabe befriedigend gelöst zu haben: „Einen Windmesser zu verfertigen, der die Richtung des Windes und seine Neigung zeigt, dessen absolute und relative Stärke anmerkt, und zugleich ein richtiges Maas für alle Grade dieser Stärke abgiebt, dessen Gebrauch bequem, und dessen Verfertigung nicht kostbar ist, im übrigen aber eine solche Einrichtung hat, daß er nicht leicht wandelbar werden kann, […].“

681 Vgl. Bouguer (Manoeuvre 1757, 185–187 und Fig. 56) und Wilcke (Anemobarometer 1782). Zu den Funktionsprinzipien der Instrumente von Bouguer und Wilcke vgl. Lichtenberg, Erfindungen 1786, 188–190. – Vgl. GamN, 864 und Fig. 11 f. – Über ein Taschenanemometer hatte L. schon früher berichtet, vgl. Lichtenberg, Erfindungen 1778, 56 f.

682 Den, nach entsprechender Umrechnung, gleichen Wert gibt Kästner (Idee 1790, 90) an: „Ein Cubikfuß Luft wiege $\frac{70}{800} = \frac{7}{80}$ Pf.“

683 Gehler (2, 117): „[…] der Körper fällt in einer gegebnen Zeit nur halb so tief, als ihn in eben der Zeit seine zuletzt erlangte Geschwindigkeit führen würde.“

684 Kästner, Idee 1790, 87 f.: „19) Wenn eine Fläche = a^2 von einer flüssigen Materie senkrecht gestossen wird, deren Geschwindigkeit der Höhe = v gehört, so beträgt der Stoß so viel als das Gewicht eines Prisma voll dieser flüssigen Materie, dessen Grundfläche = a^2; die Höhe = v. / 20) Oder auch als ein Prisma von gleicher Grundfläche dessen Höhe = $2 . v$. /

21) Meine Hydrodynamik 316 … 334; Es ist freylich schlimm daß Theorie und Versuche zwischen 1 und 2 wanken.“

[685] Kästner, Idee 1790, 87 f. (vgl. Anm. 684) und ders., Anfangsgründe 1769, 251–296 (§ 316–334). – Das Anemometer von Oertel (Ideen 1789) ist eine Windplatte, verbunden mit einer Wetterfahne (ebd., Tab. II):

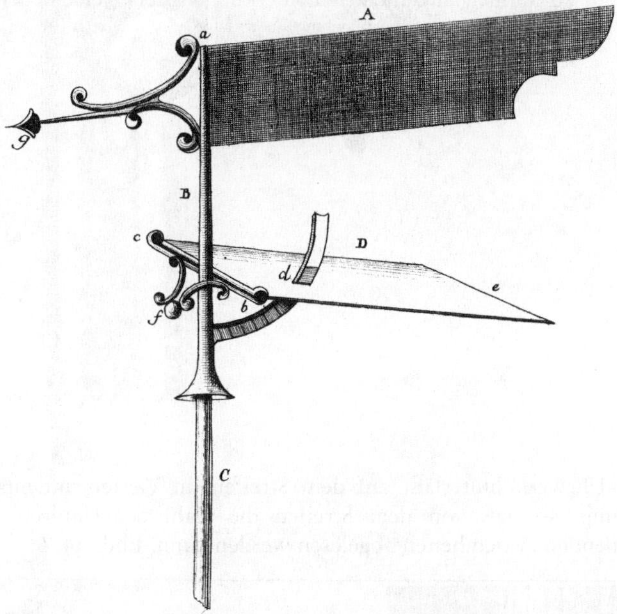

[686] Auf „Tab. XXII“ (Leupold, Theatrum 1726) finden sich nur Abb. zu dem Teil des „Aërometrum Universale des Autoris“, der die wechselnden Windrichtungen auf einen von einem Uhrwerk getriebenen Papierstreifen zeichnet. Um „Eine Machine zuzurichten daß sie die Stärcke des Windes notiret“, empfiehlt Leupold (ebd., 304), einen ähnlichen Schreibapparat mit einem Anemometer (ebd., Tab. XX, Fig. I) zu kombinieren. Dieses funktioniert wie das Anemometer von Bouguer, nur daß der Wind die ihm entgegengestellte Platte *G* nicht gegen eine Druckfeder, sondern gegen den Zug eines Gewichts *T* bewegt (vgl. die Abb. auf S. 840 oben). – Der Apparat von Pajot d'Ons-en-Bray (Anémometre 1734) besteht aus einem Uhrwerk, das je eine Schreibtrommel für ein Instrument zur kontinuierlichen Aufzeichnung der Windrichtung und der Windgeschwindigkeit antreibt. Die Windgeschwindigkeit wird mit Hilfe eines horizontal angeordneten Windrades („Moulin à la Polonoise“) gemessen. Auf ein laufendes Papierband setzt ein Schreibarm, der mit dem Windrad über ein Zahnrad - getriebe verbunden ist, nach je 400 Umdrehungen des Rades einen Punkt,

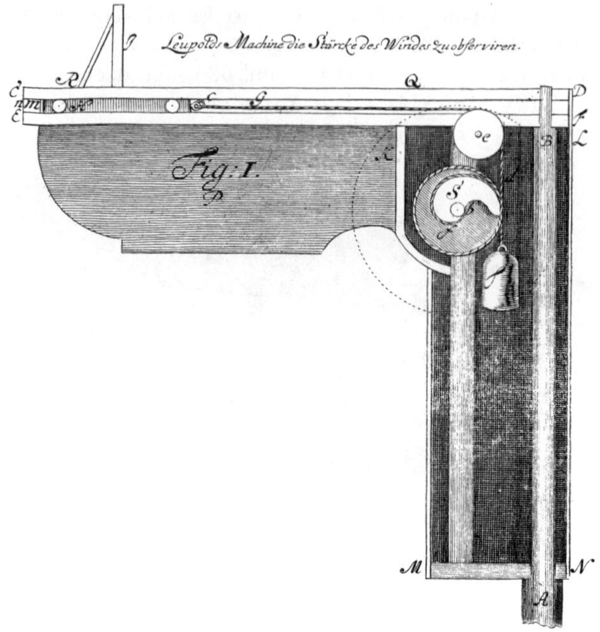

und das Uhrwerk hinterläßt auf dem Streifen im Viertelstundentakt eine Markierung, so daß von dem Streifen die Zahl der Umdrehungen in entsprechenden Zeiteinheiten abgelesen werden kann. Ebd., pl. 6:

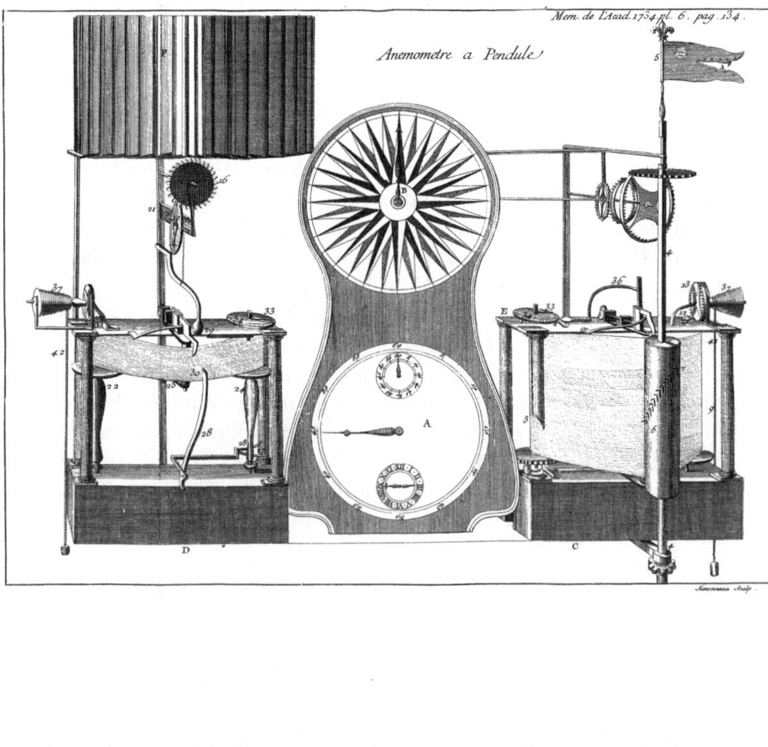

687 Dalberg, Anémométre, Rez. L. C. Lichtenberg, 1781, 176.

688 Vgl. Woltmann, Theorie 1790. – L. hat die Einzelheiten dem „§. 32. Beschreibung des Windmessers S. Fig. 9. und 10.“ und dem „§. 33. Den Windmesser zu Ajustiren.“, ebd., 30–32, entnommen; vgl. ebd., Fig. 9 und 10:

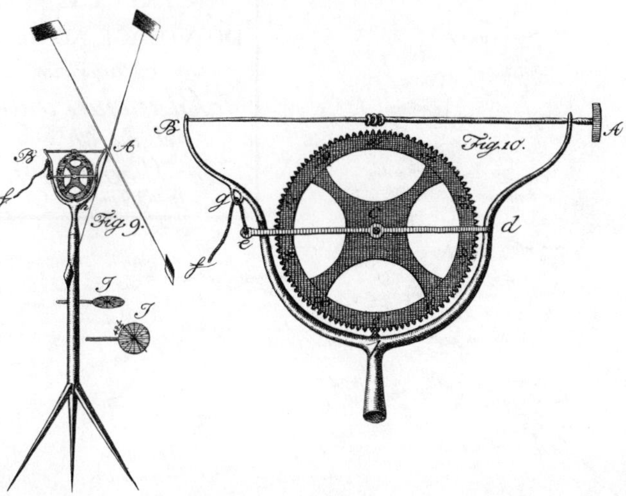

Mit dem „Rad“, S. 445,8, ist das gezähnte Rad *C*, das eigentliche Zählwerk, auf Fig. 10 gemeint. Dieses Rad ist mit seiner Achse in einer Lagerung („Lagerstück“) befestigt, die sich um *d* bewegen läßt. Vor Beginn der Messung wird die Lagerung durch Zug an der Schnur *f* etwas angehoben, und das Rad mit der Markierung „0“ auf den „Index“ *h* (eine unten auf der Innenseite des Bogens vorstehende Spitze) gesetzt. Zur Messung der Windgeschwindigkeit benötigt der Beobachter eine Uhr. Zu Beginn des Zeitintervalls wird das Zahnrad durch Zug am Faden *f* an die archimedische Schraube auf der Achse *AB* des Flügelrades gebracht; am Ende der Messung wird die Schnur losgelassen und die Zahl der Umdrehungen von der Stellung des Zahnrads über dem Index *h* abgelesen. Wenn die Anzahl der Umdrehungen *m* in einer halben Minute bekannt ist, beträgt die Windgeschwindigkeit unter den S. 445,8–10 und 445,19–21 genannten Bedingungen $\frac{m}{3}$ Fuß/s. Zum Justieren wird das Flügelrad durch eine Strecke ruhenden Wassers von 200 Fuß Länge gezogen. Durch Veränderung des Anstellwinkels der Flügel wird erreicht, daß das Flügelrad dabei genau 20 ganze Umdrehungen macht. Dieser Anstellwinkel wird auf der kleinen Scheibe *I*, Fig. 9, notiert, um bei Bedarf die Stellung der Flügel nach diesem Wert korrigieren zu können.

689 Die Ballonreise vom 26. Aug. 1785 begann in Lille und endete in Servon-Melzicourt (Région Champagne-Ardenne, Département Marne, Arrondissement de Sainte-Menehould, Canton de Ville-sur-Tourbe). Die Entfernung betrug etwa 120 Lieues (ca. 533 km), vgl. Bariolle, Carte 1785. Vergleicht man damit die von L. angegebene Entfernung von 30 Meilen (ca.

222 km), entspricht das ungefähr dem Verhältnis zwischen der Länge der auf der Karte angegebenen Route und der Länge der Luftlinie zwischen Lille und Servon.

690 LaLande, Traité 1781; Bernoulli, Traité 1751; Maclaurin, De causa 1751; Euler, Inquisitio 1751.

691 46 Fuß in St. Malo nach LaLande, Traité 1781, 241; 3 Fuß im Pazifik nach ebd., 32.

692 LaLande (Traité 1781, 307–309) führt Gezeiten in Seen (Lake Michigan, Bodensee, Ladoga-See, Genfer See) und bei Springquellen an, jedoch, außer beim Amazonas, nicht bei Flüssen. Die Gezeiten in Binnengewässern stehen eigentlich im Widerspruch zu Newtons Beschränkung auf ausgedehnte Meere, vgl. S. 358,10–12.

693 LaLande (Traité 1781, 153): „Dans la riviere des Amazones, qui a 1000 lieues de cours au travers de l'Amérique Méridionale, la marée est sensible jusqu'à 200 lieues ou 20 journées, […].“

694 Zu Boden- und Seitendruck in mit Flüssigkeit gefüllten Behältern vgl. ErxH, 164–166 (§ 157 f.) und VNat 3, 266 f.

695 NL VI 55, Bl. 75r–v = p. 31 f.: „Ausdünstung der Pflantzen / Der Pere Jean Baptiste de St Martin, lecteur capucin hat einen schönen Brief an P. D. François Marie Stella Prof. der Philosophie im Collegio der Barnabiten zu Udine (barnabites d'Udine) drucken lassen, davon eine ital. Uebersetzung in dem Esprit des Journaux Avril 1790. p. 36, steht. Er handelt eigentlich von der Menge Wasser die Pflantzen enthalten und zu ihrem Unterhalt nöthig

haben: Er nahm einen grünen Zweig von einer Haselstaude (noyer) der so wie er vom Stamm kam gnau 576 Drachmen wog. Diesen sezte er während des gantzen Sommers der Sonne aus bis er völlig vertrocknet war, und gebrauchte dabey die Vorsicht, daß kein Blatt verlohren gieng. Nachdem alles völlig trocken schien, wog er ihn wieder und fand, daß der Zweig nur 65 Drachmen 27 Gran wog so daß also das Wasser sich zu den festen Theilen verhielt wie 9 : 1. Er wiederholte diese[n] Versuch mit verschiedenen andern Pflantzen mit branches d'Orme, d'Aune de Saule, de cerisier, de pecher, und fand das Verhältniß ungefehr dasselbe. – Die Kräuter enthalten eine noch größere Menge, er hat bey ihnen jene Verhältniß sehr offt wie 12, 15 ja sogar 20 : 1 gefunden. Die Transspiration zeigt dieses noch weiter: Man hat gefunden daß ein Baum von mittlerer Größe, der etwa 15 bis 20,000 Blatter hat, durch jedes Blatt täglich 10 Gran verdünstet, so daß also ein mittelmäßiger Baum an einem Tag 30 Pfund Wasser verlöhre. Diese Transspiration nun sucht der HE. Verf. auf eine neue Weiße darzuthun, wenigstens durch Wiederholung zu prüfen. Er schaffte sich eine Anzahl irdener Glasirter Topfe an, in deren jeder[?] eine Pflantze wuchs. Sehr früh des Morgens am 22 Jul 1787 verschloß er diese Gefaße so mit bley, daß nur eine kleine Oefnung für den Stengel blieb und verlutirte, alles sehr genau daß keine Feuchtigkeit anders, als durch die Pflantze entwischen konte, so fand er daß eine Sonnenblume-Pflantze in einem Tag 34 Untzen verdunstete, un choux ordinair 23 Untzen, une touffe de froment 18 Untzen, ein Stengel Maiz 7 Untzen pp Im Winter fand er die Verdünstung unmercklich. Die Mittlere Transpiration der Pflantzen an einem Sommertag ist 8 Untzen. Könte man also das Wasser alles beysammen behalten, welches eine Menge Pflantzen in den 6 warmen Monaten absezt beysammen behalten, so würde es einen See von 45 Zoll Tiefe anfüllen. Er giebt eine Berechnung davon, und macht noch eine Menge anderer Bemerckungen die nachgelesen zu werden Verdienen." Nach Saint-Martin, Lettre 1790. Vgl. GamN, 875.

696 S. 447,23–32, den Hinweis auf die „Excerpte" ausgenommen, nach Bergman, Beschreibung 2, 1780, 5 f.

697 Gehler (1, 156 f. und Abb. 25): „Ein Werkzeug zu feinern Versuchen dieser Art beschreibt *Richmann* (Atmometri s. machinae hydrostaticae constructio in Nov. Comm. Petrop. To. II. p. 121.) Er bestimmt es eigentlich zu Abmessung der Ausdünstungen des Wassers von verschiedener Temperatur. Es besteht aus drey cylindrischen Gefäßen von Blech. Das weitste und tiefste derselben wird mit Wasser gefüllt. In diesem Wasser schwimmt das zweyte etwas kleinere Gefäß, welches leer bleibt, und ganz verschlossen ist; damit es nicht schief schwimme, stehen Stäbe mit Rollen zur Seite, [...]. Das erste mit Wasser gefüllte Gefäß ist auch verschlossen, aber in seinem Deckel sind drey Löcher. Durch diese gehen drey metallne Füße, welche auf dem schwimmenden leeren Gefäße aufstehen und das dritte ofne Gefäß tragen, welches mit dem ausdünstenden Wasser angefüllt ist. So, wie nun etwas von diesem Wasser ausdünstet, und das Gefäß dadurch leichter wird, drückt es weniger auf das schwimmende Gefäß, das letztere hebt sich daher

im Wasser höher, und die Füße, die sich in den Löchern des Deckels frey bewegen können, treten mehr heraus, heben also das obere Gefäß, welches eine an ihm befestigte Scale an einem Zeiger hinführt, und dadurch die Größe der Hebung anzeigt. Wie viel Gran jeder Theil der Scale gelte, kan man durch hineingeworfene Gewichte leicht vorher ausmachen, und so durch die Scale die Größe der Ausdünstung bis auf die feinsten Theile abmessen."

Fig. 25.

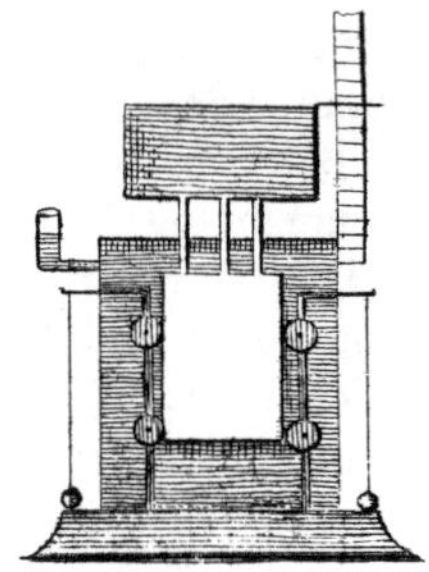

[698] Der Paduaner Medizinprofessor Santorio Santorio (1561–1636) hat in langjährigen Selbstversuchen mit Hilfe einer Stoffwechselwaage die Differenz zwischen den zugeführten Nährstoffen und den Ausscheidungen gemessen. Santorio schreibt in seiner 1614 erstmals erschienenen Schrift (Ars 1670, Bl. 7r = Sectio prima, Aphorismus VI): „Si cibus & potus unius diei sit ponderis octo librarum, transpiratio insensibilis ascendere solet ad qvinqve libras circiter." [Wenn das Gewicht der Speisen und Getränke an einem Tag acht Pfund beträgt, kann die unmerkliche Ausdünstung bis auf etwa fünf Pfund steigen.] Für die Atmung durch den Mund [„respirationem per os factam"] gibt Santorio (ebd., Bl. 7r = Aphorismus V) die Menge von etwa einem Pfund an.

[699] Musschenbroek, Introductio 2, 1762, 990.

[700] Gersten (Dissertatio 1733) und Dufay (Mémoire 1736) haben durch Experimente zeigen wollen, daß Tau nicht „fällt", sondern aufsteigt, vgl. Gehler 4, 289.

[701] Musschenbroek, Introductio 2, 1762, 988.

[702] Die „p. 112" ist in L.s Exzerpten (NL VI 55) nicht mehr vorhanden.

[703] Vgl. Musschenbroek, Introductio 2, 1762, 987 f.: „In variis plantarum sub dio positarum partibus noctu & mane guttae quaedam aquae colliguntur, quae *Ros* dictae fuerunt; cepitque opinio fidem, hunc noctu e coelo deciduum esse vaporem, in foliis plantarum collectum, imo hunc solum esse rorem. Verum multae & accuratae observationes has guttas tantum esse plantarum sudorem, ex vasculorum orificiis continuo exspirantem, evicerunt." [An verschiedenen Teilen im Freien stehender Pflanzen sammeln sich nachts und frühmorgens Wassertropfen, die auch *Tau* genannt worden sind. Und die Meinung fand Glauben, daß es sich um nachts vom Himmel

niedergesunkenen Dunst handelt, der sich auf Blättern sammelt, ja, daß dies der eigentliche Tau sei. Aber viele und genaue Beobachtungen haben erwiesen, daß diese Tropfen nur ein Schweiß der Pflanzen sind, der beständig aus den Gefäßöffnungen ausgedünstet wird.] – Eine andere Ansicht über den Tau auf Pflanzen hatte Leroy (Mémoire 1751, 506): „Les observations que je viens de rapporter, prouvent que la rosée dont il s'agit ici ne vient point de l'air: on ne peut non plus la regarder comme une humidité ou vapeur insensible, qui, s'élevant du sein de la terre, se répandroit de là dans l'atmosphère, pour retomber ensuite sur les plantes. Enfin, il est clair que cette espèce de rosée n'est point générale, mais qu'elle doit être attribuée à l'humidité particulière des lieux que les plantes habitent."

704 Bei Musschenbroek wird die Pfingstrose (Paeonia) im Zusammenhang mit dem Tau nicht erwähnt. Ob L. selbst an diesen Pflanzen entsprechende Beobachtungen gemacht hat?

705 L. bezieht die „Differentz" auf „hygroskopische Affinitäten". Musschenbroek (Introducio 2, 1762, 992) schreibt: „Haec omnia pendent a vi attrahente, quae in omnibus corporibus differt, & tantum ex observationibus cognoscitur." [Dies hängt alles von der in allen Körpern in unterschiedlichem Maß vorhandenen Anziehungskraft ab, die nur durch Beobachtung erkannt wird.]

706 Nach Dufay, s.o. S. 362,8–9, s. aber S. 448,12–14.

707 Musschenbroek, Introductio 2, 1762, 991. L. hat die von Musschenbroek zum Teil bis auf tausendstel Gran angegebenen Werte sämtlich auf ganze Gran abgerundet. Die „Schächtelchen" waren aus Holz, rund und innen mit den angeführten Farben bestrichen. „Massicot" ist ein gelbes Pigment aus Blei(II)-oxid (PbO), oder wie L. schreibt „Minium flavum", gelbe Mennige, im Unterschied zu Mennige, dem roten Farbstoff aus Blei(II,IV)-oxid (Pb_3O_4).

708 Musschenbroek, Introductio 2, 1762, 992.

709 Die Mitteilung über den Tau in den „Meeren der gemäßigten Erdstriche" und zwischen „den Wendekreisen" findet sich bei Hube (Ausdünstung 1790, 212 f.), die Vermutung über die Ursache jedoch nicht. Hube nahm an, daß kaltes Wasser unter Bildung von Wasserbläschen verdunstet, „dahingegen ein trocknender Körper [...] mehrentheils eine Ausdünstung der ersten Art leidet", d.h. indem sich das Wasser in der Luft löst. Regen sei ein Niederschlag des auf diese Art verdunsteten Wassers, während Tau sich (ebd., 212) aus „unaufgelösten Wasserbläschen" bilde.

710 Daß sich die in der Luft enthaltenen wäßrigen Dünste in Luft und aus der Luft wieder in Dunst verwandeln können, die sog. Verdampfungstheorie, war ein Prinzip der Meteorologie nach Deluc. Vgl. ders., Ideen 2, 1788, 151 f. und 212 f. (§ 670 und 729 = § 672 und 730 der französischen Ausgabe).

711 Lichtenberg (Nachtrag 1792, 154 f.): „*Drosometer* (von δροσος der *Thau*) dient die Menge des gefallenen Thaues zu messen. Es ist eine Wage, deren eines Ende eine Platte trägt, die den Thau vorzüglich gut annimmt

und das andere ein Gegengewicht, das nicht so leicht bethaut wird. [...] Das Atmometer muß zugleich mit dabey zu Rathe gezogen werden, weil Verdampfung des Wassers, so wenig beym Thau als beym Regen aufhört, und also, was die Wage angibt, bloß der Unterschied zwischen den Angaben beyder Instrumente ist."

712 Quelle nicht ermittelt. Vielleicht besteht ein Zusammenhang mit der Sudelbuchnotiz (NL IV 31, S. 172 = p. CV [J 2017]): „In der Atmosphäre ist die Elecktricität von so ungeheuerer Wichtigkeit Donnerwetter, Hagelwetter, auch bey Erdbeben und Vulkanen, aber was sind das alles anders als chemische Processe im Großen. Solche Versuche im Großen werden Mikroskope für die Neben Umstände. Man muß ja nicht glauben, daß diese Dinge bey unsern Processen im kleinen fehlen wir bemercken sie nur nicht, mich dünckt das ist so klar, daß niemand etwas dagegen wird sagen können. Daher ist es ein vortrefflicher Gedancke des HE. DeLüc aus dem Großen herunter auf das kleine zu kommen. Es wird mit vermittelst des Storchschnabels ohne Verlust der Aehnlichkeit verkleinert, aber offt mit großem ja gänzlich[em] Verlust derselben vergrößert. Die Lufft im glücklichen Arabien, Petersburg für die Elecktricität, Holland für die Nebel. Helvetien für die sämtliche Meteorologie."

713 Deluc, Idées 2, 1787, 10.

714 Deluc, Idées 2, 1787, 13 (§ 546).

715 S. 450,3–5 nach Deluc, Idées 2, 1787, 19.

716 Deluc (Idées 2, 1787, 19 f. [§ 550]): „J'ai dit dans l'Appendice de mon Ier Volume, que j'étois toujours embarrassé dans les applications que fait M. *De Saussure* de son Systême d'Hydrologie au Phénomène météorologique, à cause de la double idée, de *Vapeurs* d'abord produites, & de *Vapeurs dissoutes par l'Air*, tellement que nous différons, quelquefois par le Principe, d'autres fois par les conséquences." Vgl. Deluc, Idées 1, 1786, 499–502.

717 Deluc, Idées 2, 1787, 41 f. (§ 565).

718 Deluc (Idées 2, 1787, 44; § 568): „Ainsi par exemple, la *Pluie* a lieu tout aussi souvent le Jour; c'est-à-dire lorsque, suivant le cours naturel des Causes, la *Chaleur* doit augmenter dans l'Atmosphère; que la Nuit, où au contraire la *Chaleur* doit diminuer."

719 Deluc (Idées 2, 1787, 45–47) argumentiert gegen die Annahme, daß durch den bloßen Kontakt einer wärmeren und eine kälteren Luftmasse Regen entstehen könnte, selbst unter der Voraussetzung, daß beide ihrer Wärme entsprechend mit Feuchtigkeit gesättigt wären. Denn die Luftmassen würden sich vermischen, was nicht nur einen Temperaturausgleich zur Folge hätte, sondern auch einen Ausgleich des Feuchtigkeitsgehalts. – Im § 574 (ebd., 51 f.) räumt Deluc dann allerdings ein, daß sich bei dem Kontakt einer warmen und einer kalten feuchtigkeitsgesättigten Luftmasse zumindest „un peu de *Pluie*" bilden könne.

720 Deluc (Idées 2, 1787, 48 f. [§ 572]) meint, daß sich die Entstehung von Regen auch nicht dadurch erklären lasse, daß eine bereits mit Feuch-

tigkeit gesättigte südliche Luft durch fortwährende Verdunstung in der Erde vorhandenen Wassers überladen wird.

721 Deluc (Idées 2, 1787, 49) schreibt, sie dauere fort: „[...] puisqu'elle n'a pour cause, que l'action continuelle du *Feu* sur l'*Eau*."

722 S. 450,21–26 nach Deluc, Idées 2, 1787, 49 (§ 572). – Chambers (Cyclopaedia 1, 1786): „ARGUMENT, [...]. // In reasoning, Mr. Locke observes, that men ordinarily use four sorts of *arguments*. [...] A third way, is to press a man with consequences, drawn from his own principles or concessions: this is known by the name of *argumentum ad hominem*."

723 Vgl. Deluc, Idées 2, 1787, 49 f. (§ 572).

724 Vgl. Deluc, Idées 2, 1787, 47 f. (§ 571). Deluc schreibt (ebd., 47): „une supposition gratuite".

725 L.s kritischer Einwurf.

726 Le Buet ist mit 3096 m die höchste Erhebung von Sixt-Fer-à-Cheval, einem Ort ca. 15 km nordwestlich von Chamonix.

727 Vgl. Deluc, Idées 2, 1787, 50 (§ 573). – Die Bemerkung über „Sturm Donner und Hagel" hat L. ergänzt (nach ebd., 38 (§ 563).

728 Vgl. Deluc, Idées 2, 1787, 49 (§ 572).

729 Vgl. Deluc, Idées 2, 1787, 76 (§ 591) mit Verweis auf Saussure, Essais 1783, 178 [im Druck falsche Seitenzählung, richtig wäre 378] (§ 275). Vgl. auch GamN, 285.

730 Senebier (Mémoire 1787, 177 f.): „Il auroit fallu étudier avec soin chaque météore en particulier, le suivre scrupuleusement dans toutes ses circonstances, chercher ses rapports avec tous les autres, le voir dans le passé, l'analyser dans le présent, l'accompagner dans l'avenir: voilà la philosophie du Météorologiste, voilà les ressources qu'il peut employer pour perfectionner la Météorologie. // On comprend déjà combien des observations faites sous ce point de vue & avec cette méthode seront plus utiles que les tables météorologiques, qui n'enseignent pour l'ordinaire que l'histoire particulière de deux ou trois pieds cubes d'air pendant trois ou quatre minutes de vingt-quatre heures."

731 Senebier (Mémoire 1787, 178 f.): „La comparaison de l'état météorologique du monde actuel avec l'état météorologique du monde passé offriroit sûrement des instructions capitales, [...]. On acquierra de même des connoissances plus justes, en recherchant les effets de la végétation sur les plantes cultivées dans un siècle donné avec les effets observés dans les mêmes lieux dans des siècles differens; [...]. C'est ainsi qu'on pourroit calculer l'influence des grands bois sur l'air d'un pays, celle des défrichemens, du desséchemens des marais; [...] l'Amérique septentrionale offriroit un théâtre bien vaste, bien varié, bien instructif pour ce genre d'observations."

732 Senebier (Mémoire 1787, 179 f.): „Il est clair que l'atmosphère entraînée par la terre suivroit entièrement l'action de la force centrifuge sans l'action particulière de la chaleur du soleil & de la terre sur elle. Mais si la force centrifuge a une influence réelle, si elle est combinée avec les autres forces qui régissent l'atmosphère dans quelques cas, cette combinai-

son ne donne-t-elle pas naissance à des phénomènes généraux? [...] Il paroît aussi que sous l'équateur où la force centrifuge est la plus forte, & où la chaleur est moins variable, les variations barométriques sont très-petites."

733 Senebier (Mémoire 1787, 180): „Quand on mêle de l'eau froide avec de l'eau chaude dans un vase, il s'y forme bientôt une température à-peu-près proportionelle à la différence de la chaleur des deux eaux mêlées; [...]. D'où vient dans une suite de couches perpendiculaires de l'atmosphère y a-t-il tant de différens degrés de chaleur?"

734 Senebier (Mémoire 1787, 180): „Ne seroit-ce point parce que l'air commun paroissant composé d'un cinquième d'air pur & des quatre cinquièmes d'une mofette, il arrive que l'air commun en s'élevant se tamise un peu, & que la partie de l'air pur qui est la plus pesante monte dans une proportion moindre, que celle qu'elle a dans les parties basses de l'atmosphère; [...]?"

735 Senebier (Mémoire 1787, 181): „Il paroît que l'air se dépouille des corps étrangers à mesure qu'il s'élève, ainsi l'humidité diminue comme l'hygromètre l'enseigne, la présence de l'air inflammable n'a pu être prouvée."

736 Senebier (Mémoire 1787, 182): „Il est certain qu'il faudroit étudier avec soin un phénomène météorologique sous tous ces rapports, non-seulement dans un lieu, mais encore dans tous ceux où il a été observé avec quelques variétés: le saisir dans son origine, le suivre dans ses progrès, le trouver à sa fin, & faire pour ces cas particuliers ce qu'on faite avec tant de scrupule pour les Tables météorologiques; il seroit sur-tout bien important de sonder les causes des variations brusques que l'atmosphère éprouve; soit relativement à la chaleur, au poids, à la densité de l'air, &c. Elles fourniront sûrement des occasions heureuses de pénétrer le mystère qu'on cherche."

737 Senebier (Mémoire 1787, 182): „En y réfléchissant on verra bientôt que les phénomènes métórologiques se rapportent plus ou moins aux circonstances générales de l'atmosphère; telles que la pesanteur, l'élasticité, la densité, la chaleur, l'électricité, le mouvement de l'air, les différentes émanations, soit aqueuses, soit gazeuses qu'il contient: cependant il faut bien se garder d'exclure diverses autres causes que nous ignorons encore, & sur-tout les effets produits par la combinaison variée de ces différentes causes, que nous ne connoissons pas mieux."

738 S. 452,11–17 nach Senebier, Mémoire 1787, 333 f.

739 Senebier (Mémoire 1787, 334): „On sent combien il seroit important de savoir comment la rosée s'élève & comment elle descend. L'électricité qu'elle emporte en s'élevant, contribue-t-elle à son élévation? Comment l'électricité s'en échappe-t-elle au milieu de tant d'autres gouttes électrisées pour la laisser tomber?"

740 S. 452,19–22 nach Senebier, Mémoire 1787, 334.

741 S. 452,29–31 nach Senebier, Mémoire 1787, 334.

742 Leroy (Mémoire 1751, 503): „Pour expliquer ce phénomène [Pourquoi ne tombe point de rosée dans les villes], il suffit de faire observer que pendant la nuit l'air est ordinairement de deux ou trois, & quelquefois de quatre degrés plus chaud dan la ville qu'à la campagne; d'où il résulte (le degré de saturation étant toûjours le même à la ville & à la campagne) que l'air ne peut jamais se refroidir dans la ville pendant la nuit jusqu'au degré de saturation; [...]."

743 Senebier (Mémoire 1787, 334): „Est-ce l'électricité de la rosée qui est la cause pour laquelle quelques corps, comme le verre, le plomb, le fer brut, attirent la rosée, tandis que l'or, l'argent, le fer poli, la repoussent?"

744 Es handelt sich um die Regenmengen in Zoll, die Heberden (Quantities 1769, 361) im Lauf eines Jahres in drei verschiedenen Höhen wenig voneinander entfernter Orte in London gemessen hat: auf dem Erdboden, auf dem Dach eines Wohnhauses und auf dem Dach von Westminster Abbey.

745 Pictets (Essai 1790, 172) Temperaturmessungen dienten der Verbesserung der Methode der barometrischen Höhenmessung. Sein Ziel (ebd., 175 f.) war die Feststellung der Temperaturänderungen in einer vertikalen Luftsäule von 75 Fuß über dem Erdboden im Tagesverlauf unter verschiedenen Witterungseinflüssen. Pictet richtete eine entsprechend hohe Stange auf, an der Thermometer in die Höhe von 75 Fuß gezogen und so schnell herabzulassen waren, daß die dabei stattfindende Veränderung der Höhe der Quecksilbersäule vernachlässigt werden konnte. Andere Thermometer waren zwischen 5 Fuß und 4 Linien über der Erdoberfläche angebracht bzw. in den Erdboden eingesenkt (ebd., 173 f.).

746 Pictet, Essai 1790, 180 f. Das am dichtesten über der Erdoberfläche hängende Thermometer hatte eine Höhe von 4‴ (nicht 5‴).

747 Pictet, Essai 1790, 178 f.

748 Pictet, Essai 1790, 181 f.

749 Pictet (Essai 1790, 184): „Mais lors même que l'éxplication seroit insufficiante, le fait n'en est pas moins certain, [...]."

750 Die „Hygroskopische Affinität" folgert L. vermutlich aus Dufays Erfahrungen, vgl. S. 362,8–9.

751 Deluc (Paper 1791) hatte seine aus verschiedenen Hölzern, aus Fisch- oder Elfenbein, aus Horn oder Federkiel hergestellten Hygrometer immer zuerst beim Versuchen zur Taubildung geprüft (ebd., 17): „No other means then but an *excess* of *water* over the surface of the *hygroscopic* substance of the *hygrometer*, can ascertain that it is arrived at its point of *extreme moisture*; and the first immediate demonstration I shall give of it, will be afforded by *dew*; a very uncertain, though apparently certain sign of *extreme moisture* in the *air*." – Zur Hygrometrie vgl. auch folgende Mitteilungen im GTC: Lichtenberg, Erfindungen 1778, 48 (ein neues Elfenbeinhygrometer von Deluc); ders., Entdeckungen 1781, 102–105 (Referat von Deluc, Essay 1778) und ebd., 111 (über ein in Rußland gefundenes hygroskopisches Gestein); ders., Erfindungen 1785, 190 f. (über Saussures

Haarhygrometer); ders., Entdeckungen 1790, 143 (Verbesserung von Saussures Haarhygrometer durch Richet); ders., Merkwürdigkeiten 1793, 162–164 (über das Hygrometer mit Seidenwurmdarm nach Casbois).

752 Es geht um Beobachtungen mit einem Hygrometer, das die Luftfeuchtigkeit mit Hilfe der Quellung eines Federkielstreifens anzeigt. Es hing 3 Fuß über einer Rasenfläche in der freien Luft. Die Skale des Instruments (Deluc, Paper 1791, 18): „is divided into 100 parts, from *extreme dryness* to *extreme moisture*."

753 Deluc (Paper 1791, 18): „[...] neither *metallic* plates, [...] nor some *shrubs* and *trees*, [...]."

754 Deluc (Paper 1791, 19) verweist hier eigentlich auf seinen § 27, der allerdings einen Bezug auf den § 8 enthält. Dort (ebd., 7) gibt Deluc Beispiele für eigenartige Verhaltensweisen von hygroskopischen Indikatormaterialien. Einige können, wenn sie nach längerem Verbleib in Wasser ein Maximum an Quellung erreicht haben, noch etwas mehr quellen, wenn sie kurz getrocknet und dann wieder in Wasser gelegt werden. Ähnliches beobachtete Deluc auch bei der Trocknung der Indikatormaterialien in einem Gefäß mit Ätzkalk (quicklime): Wenn eine Probe völlig getrocknet war, konnte sie noch etwas weiter schrumpfen, wenn sie dem Gefäß kurz entnommen und dann wieder hineingelegt wurde. Daraus schloß Deluc (Paper 1791, 7 [§ 9]): „Those anomalies of the steadiest *hygroscopic* substances will probaly prevent our ever having in the *hygrometer* an instrument nearly so exact as the *thermometer*; [...]."

755 Daraus folgert Deluc (Paper 1791, 19): „But it is only at that moment that we can depend on *extreme moisture* existing; for, if in the other described stages of the phaenomenon, the appearance of *water* on the surface of some solids had proceeded from a spontaneous precipitation in the air, all the other solids ought to have been *wet*; but they only become *wet* in a certain succession, and in the mean time the slip of *quill*, and all the other above-mentioned *hygroscopes*, move more and more towards their point 100, in sign of *moisture* increasing in the air."

756 Senebier, Mémoire 1787, 336. L. übergeht Senebiers hier angeschlossene Frage nach der Ursache der Formen der Eisblumen an Fensterscheiben.

757 Wedgwood, Attempt 1784, 380 f. – Wedgwood (ebd., 371) überprüfte das „Calorimètre" von Lavoisier und Laplace (Mémoire 1780), bzw. die von ihnen vorgeschlagene „[...] method of measuring heat by the quantity of ice which the heated body is capable of liquefying." Er stellte dabei fest (ebd., 379 f.), „That in my experiments the two seemingly opposite processes of nature, congelation and liquefaction, went on together, at the same instant, in the same vessel, and even in the same fragment of ice, is a fact of which I have the fullest evidence that my senses can give me; [...]." Als ein Beispiel für diese Beziehung zwischen Schmelzen und Frieren führt Wedgwood an: „*Boerhaave*, [...], assigns 33° as the freezing point of vapour, and even of water when divided only by being imbibed in a linen

cloth." Diese Temperatur liegt um ein Grad über dem Schmelzpunkt von Wasser (32 °F). – Dem scheint allerdings die Bemerkung von Saussure (Versuch 1784, 249) über die Wasserbläschen entgegenzustehen: „Es hat sogar das Ansehen, das Wasser könne unter dieser Gestalt dem Gefrieren widerstehen." Für die Auflösung dieses scheinbaren Widerspruchs fehlte noch die Kenntnis der Rolle der Kristallisationskeime beim Gefrieren der Luftfeuchtigkeit.

[758] Wedgwood (Attempt 1784, 381): „I would further observe, that the freezing of water is attended with plentiful evaporation [...]."

[759] Mit diesem Argument hatte auch Kratzenstein (Abhandlung 1744, 5–7) die Existenz von Bläschen begründet. Der farblose Nebelbogen war jedoch bekannt (vgl. Musschenbroek, Introductio 2, 1762, 980).

[760] Deluc (Ideen 1787, 85): „§. 614. / [...] 1) Es bilden sich nur *Bläschen* in den Fällen, wenn *Dünste schleunig* ihr *Maximum* überschreiten."

[761] Deluc (Ideen 2, 1788, 59 f.) über ein mit Nebel gefülltes Gebirgstal: „Ein solches von den Sonnentrahlen erleuchtetes Thal, scheint mit Baumwolle angefüllt zu seyn, die auf ihrer ganzen Oberfläche in unsichtbare Fäden gesponnen ist: überall sind Wülste, wie die Spinnerinnen beym ausziehen der Wolle aus dem Spinnrocken machen um den Faden zu bilden, und sie verschwinden allmählig indem sie sich in die Luft zerstreuen. Zuweilen verlängern sich diese Wülste und trennen sich von der Masse, indem sie aufsteigen wollen: man sieht sie alsdenn sich ausbreiten, wie sich ein Haufen Gaze entwickelt und allmählich verschwinden sie."

[762] Deluc, Ideen 1787, 58 (§. 591).

[763] Brisson (Dictionnaire 1, 1781, 245): „Pour l'ordinaire les *Brouillards* ne sont composés que d'eau, mais il arrive quelquefois qu'il s'y mêle des exhalaisons, qui se manifestent par une mauvaise odeur & par une âcreté qu'on restent à la gorge & aux yeux."

[764] Vgl. Musschenbroek, Introductio 2, 1762, 979.

[765] Text Nr. 57? Vgl. S. 459,12.

[766] S. 456,10–14 nach Gehler 3, 328 (Artikel „Nebel").

[767] S. 456,14–16 nach Senebier, Mémoire 1787, 331.

[768] Gehler (3, 329): „Herr *de la Lande* (Magazin für das Neuste aus d. Physik. II B. 2 St. S. 98.) fand in den meteorologischen Registern der pariser Akademie vom Julius 1764. ein ähnliches Phänomen aufgezeichnet und vermuthet daher, daß es mit der auf dem Mondcykel beruhenden Witterungsperiode von 19 Jahren [...] zusammenhange."

[769] ErxH, 780 f. (Ergänzungen zu § 733 und Randbemerkungen).

[770] Vgl. Franklin, Gedanken 1787, 114, und ErxH, 781,23–25.

[771] Vgl. GamN, 895 f., und Bw 2, Nr. 1102 (Anm. 5).

[772] Christ (Witterung 1783, 3), der den Höhenrauch seit dem 15. Juni 1783 beobachtet hat, meint (ebd., 8): „Seine *Beschaffenheit* und *Entstehung* anbelangend, so halte ich ihn für *äußerst subtilisirte trockene Dünste, welche in der höchsten Luftgegend aus den gewönlichen Ausdünstungen, die täglich von unserem Erdboden und dessen vegetabilischen und animali-*

schen Bewohnern in die Höhe steigen, durch die hohersteigende Sonne erzeugt, und unserer niedern Atmosphäre näher gebracht werden, es seye nun durch einen gewissen Zug der Luft, oder durch die natürliche Attraction unseres Erdkörpers." Christ (ebd., 22) scheint der Höhenrauch von der Witterung unabhängig zu sein, da er sich trotz Wind und Regen nicht auflöst. Er macht ihn (ebd., 18) für die Bildung von Honigtau verantwortlich. Den von anderen Beobachtern festgestellten Schwefelgeruch hat Christ (ebd., 29 f.) nicht wahrgenommen.

773 Torcia (Briefe 1784, 4) hat in Neapel die außergewöhnliche Eintrübung der Atmosphäre zuerst am 15. Juni 1783 bemerkt. Vorzeichen habe es aber auch schon im Februar dieses Jahres bei den ersten Erdstößen in Calabrien gegeben; deshalb meint Torcia (ebd., 6): „Der Sitz dieser sonderbaren Erscheinung scheint bey dem Ursprung des Erdbebens in Calabrien anzufangen, und sich nach Morea durch die dasigen Meere und die Gegenden des Thrazischen Bosporus, und längst der Africanischen Küste bis an die Meerenge von Gibraltar, und von hieraus bis an die Seine und die Donau, und wie man aus den Zeitungen ersiehet, an die Themse und Weichsel, und noch weiter gegen Norden erstreckt zu haben."

774 Beroldingen, Gedanken 1783. Anstatt (ebd., 3) „dem an sich verehrungswürdigen *de la Lande* in Paris nachzubeten, und diesen Nebel mit ihm für einen gemeinen Nebel zu erklären", vgl. Anm. 780, führt Beroldingen den Höhenrauch auf den Ausbruch einer unterirdischen Ansammlung „entzündbarer Luft" (Wasserstoff) im Zusammenhang mit den Erdbeben in Kalabrien im Frühjahr 1783 zurück. Mit der wegen ihres geringen spezifischen Gewichts hoch über der Erdoberfläche schwebenden „entzündbaren Luft" versucht Beroldingen auch, die „röthliche" Farbe des Höhenrauchs, Besonderheiten der Vegatation, außergewöhnlich starke Gewittergüsse und Hagelschauer zu erklären. Er bemüht sich nicht um stichhaltige Begründungen, läßt aber seine in Briefform gefaßten Ansichten (ebd., 26) auch nur als „unreife Gedanken" gelten.

775 Bardili, Entstehung 1783. Im Exemplar der SUB Göttingen sind als Verlagsorte „Frankfurt und Leipzig" angegeben; ob es eine Ausgabe mit den vermutlich ebenso fiktiven Verlagsorten „Wien und Prag" gegeben hat, wurde nicht ermittelt. – Das Vorwort ist „den 9 Jul. 1783" datiert. Bardili wollte noch während des Fortbestehens des Höhenrauchs die allgemeinen Befürchtungen durch eine rationale Erklärung des Phänomens beschwichtigen. Daß sich der Höhenrauch nicht auflöste, führte er auf eine verstärkte elektrische Anziehung der Erdoberfläche zurück, die von unterirdischen Feuerströmen im Zusammenhang mit dem Erdbeben in Kalabrien herrührten.

776 Mirus, Luft 1783. – Der Autor bringt eigene Beobachtungen. Er stellt fest, daß sich nach einem Gewitter der „Hegerauch" nicht zerstreut. Die Luft ist der Anzeige seines Hygrometers zufolge trocken, und es gibt keine Zeichen hoher Luftelektrizität, was (ebd., 197) „einige anderwärts mit dem elektrischen Drachen angestellete Versuche" bestätigen. Der

„Hegerauch“ geht (ebd., 198) auf „vermehrte Ausdünstungskraft der Erde, oder eine besondere Disposizion der Luft, oder beide zugleich“ zurück; Mirus will aber nicht entscheiden, ob sie „als Folgen und Wirkungen der grossen Erdbeben und sich ereignenden Revolutionen im Innern der Erde betrachtet werden können oder nicht“.

777 Trebra, Beyträge 1783. Trebra berichtet über akustische Bemerkungen bei heftigen Gewittern während des nochmaligen Auftretens des Höhenrauchs („Heiderauch“) in der ersten Hälfte des August 1783 und über eine nordlichtartige Erscheinung in der Nacht vom 5. zum 6. September 1783.

778 Ludwig, Bemerkungen 1783. Der Beitrag steht im 2. Stück des Jahrgangs 1783, mit dem auch zwei Kupferstiche ausgeliefert wurden (vgl. Hindenburg, Nachrichten 1783, 406 = Nr. 9), von denen der eine den Ballon von Faujas de St. Fond und der andere (Taf. II.) „Die Aërostatische Kugel“ darstellt, „Wie solche ihr Erfinder Herr Montgolfier zu Versailles am 19 Sept. 1783 um 1 Uhr in Gegenwart des Königes und des ganzen Königlichen Hauses hat aufsteigen lassen.“ – Ludwig berichtet über eudiometrische Messungen (vgl. Anm. 661) während des Höhenrauchs, die ergeben hatten (Bemerkungen 1783, 216), „daß die Phlogistication [der atmosphärischen Luft] zuverlässig am Ende des Jul. und Anfang des Aug. zugenommen haben muß. […].“ In einem Zusatz (ebd., 221) stellt Hindenburg die Verbindung mit dem Ausbruch in „Skaftaa Jokul auf der Insel *Island*“ her, der Laki-Katastrophe, vgl. Anm. 784.

779 Toaldo (Osservazioni 1783) bringt tägliche meteorologische Beobachtungen vom Juni 1783 aus Padua, wo sich der Nebel zuerst am 18. d.M. gezeigt hat, und eine chronologische Übersicht ähnlicher Ereignisse von 463 v.Chr. bis zum Jahr 1549, bei denen Erdbeben von starken Eintrübungen des Himmels begleitet worden sind.

780 LaLande (Nebel 1783, 98): „Cependant tout ce que nous voyons est une effet très naturel d’une chaleur un peu forte, succedant à de très longues pluies, sans qu’il y ait eu, pour ainsi dire, de gradation.“ LaLande meint, in den von der Akademie veröffentlichten meteorologischen Beobachtungen von 1764 eine vergleichbare Situation gefunden zu haben und vermutet deshalb eine Abhängigkeit der Entstehung ähnlicher Wetterlagen vom neunzehnjährigen Lunisolarzyklus.

781 Die Stelle in Plinius’ Historia naturalis, 2.82, lautet (Plinius, Histoire 1, 1771, 254 [libri secundi]): „Ideo Galliae & Aegyptus minimè quatiuntur, quoniam hic aestatis causa obstat, illic hyemis.“ [„Gallien und Egypten werden am wenigsten erschüttert, im erstern verhindert es die Kälte, im letztern die Hitze.“ Plinius, Naturgeschichte 1, 1781, 99 f.] Der Herausgeber der französischen Ausgabe hat zu dieser Stelle angemerkt (ebd.): „Cette double assertion est démentie par plusieurs faits: par le tremblement de terre qu’il y eut en Egypte l’an 742, & par les diverses secousses que l’on a éprouvées en France en différents tems, […].“

[782] Wiedeburg, Erdbeben 1784. L. nennt S. 457,9–11 die Abschnitte, wie sie sich, abgesehen von kleinen Abweichungen (so heißt es „5) Muthmasungen über denselben"), auf dem Titelblatt des Buchs finden. Wiedeburg (ebd., 60) zufolge seien die Pyramiden besonders geeignet, „das fortwährende Gleichgewicht der unterirrdischen und oberirrdischen Elektricität zu unterhalten" und dadurch Erdbeben zu verhindern. L. (Erdbeben, Rez. Lichtenberg 1784, 471) selbst will die Erdbeben, anstatt sie auf Elektrizität zurückzuführen, besser „von erhitzten Dämpfen herrühren" lassen. Die Stelle bei Plinius, vgl. Anm. 781, führt Wiedeburg jedoch nicht an, sondern im Zusammenhang mit einer anderen Erdbebentheorie (Erdbeben 1784, 48 f.) „Plinius im 2ten Buch K. 84 seiner Nat. Geschichte". Beim Nachlesen des Umfeldes dieses Kapitels dürfte L. das Zitat S. 457,13 gefunden haben. Als Ursache des Höhenrauchs vermutet Wiedeburg (ebd., 75) durch die Sommerhitze gelöste „Theilgen des Erdbodens, und zumal die flüchtigen Sulphurischen", die „eine eigene feurige oder elektrische Atmosphäre" erhalten, aufsteigen und „sich in der Luft vertheilen"; entstanden sei er bei den in diesem Jahr in Kalabrien und Sizilien aufgetretenen Erdbeben.

[783] Toaldo, Witterungslehre 1784. – Diese 2. Aufl. ist ein seiten- und annähernd zeilengleicher, unbearbeiteter Nachdruck der ersten im Jahr 1777 erschienenen Ausgabe der deutschen Übersetzung ohne Bezüge auf das Phänomen von 1783.

[784] Hübner, Höherauch 1784, 26 f. Mit seiner Hypothese von „irregulär-periodisch" vorkommenden Erdrevolutionen hatte Hübner zumindest die Dimension des Geschehens richtig getroffen: Der als Laki-Katastrophe bezeichnete Vulkanausbruch 1783 im Süden Islands (vgl. Bw 2, Nr. 1102 [Anm. 5]) hatte (Hübner, Höherauch 1784, 27) „weit ausgedehnte, ganze Weltteile erschütternde Symptome", zu denen der „Höherauch" gehörte. Das waren giftige Aerosole, die das in großen Mengen ausgetretene Schwefeldioxid enthielten. Der Höhenrauch verteilte sich über ganz Europa. Zu den unmittelbaren Schäden kamen die meteorologischen Einflüsse, die einen besonders kalten Winter bewirkten, mit nachteiligen Auswirkungen auf die landwirtschaftlichen Erträge im folgenden Jahr.

[785] Der „im Buch", d.h. in Erxlebens Kompendium (ErxH, 781, 20–22), angeführte Aufsatz Senebiers (Observation 1784) stimmt inhaltlich weitgehend mit dem lateinischen Aufsatz (ders., Dissertatio 1785) überein, jedoch ist der Aufsatz im „Rozier" umfangreicher und enthält im zweiten Teil (Observation 1784, 408–411) mehr Einzelheiten, vor allem auch Senebiers Gedanken über die Ursachen des Höhenrauchs. Interessant ist folgende Überlegung (ebd., 410): „La plupart des Physiciens y voient l'effet des tremblements de terre qui ont renversé la Calabre, & qui durent toujours depuis le 5 Février; d'autres croient y reconnoître l'éruption du nouveau volcan formé le 8 Juin en Islande, parce qu'il sembleroit que cette vapeur s'est d'abord fait appercevoir dans le nord. Mais combien il y a eu d'éruptions de Vésuve, de l'Etna, qui n'ont pas produit cet effet?" – In dem

Band der „Ephemerides Societatis Meteorologicae Palatinae" finden sich vergleichbare meteorologische Beobachtungen von 33 europäischen Standorten aus dem Jahr 1783 und eine Zusammenfassung des Berichts über die Laki-Katastrophe von Holm (De incendio 1785), vgl. ErxH, 780,29–36.

786 Senebier (Observation 1784, 411): „Après y avoir bien réfléchie, je ne puis appercevoir de ressemblance à cette vapeur qu'avec celle que M. de Saussure a décrite le premier, dans son Essai sur l'Hygrométrie, § 355, & qu'il a observée flottant dans l'air, pendant & lorsque le ciel étoit serein, depuis quelques jours, il l'a vue bleuâtre, & elle n'a jamais affecté l'hygromètre." Saussure (Versuch 1784, 407 f.) hatte „[...] oftmals die Luft, wenn viele Tage nach einander recht schön Wetter gewesen ist, gar nicht durchsichtig, sondern mit einem bläulichten Dunst erfüllet gefunden, der gleichwohl nicht wässeriger Art war, indem er das Hygrometer keineswegs veränderte, und dessen Beschaffenheit uns zur Zeit noch unbekannt ist. // Meine Gedanken von dieser Erscheinung sind folgende: Die ölichten, und überhaupt alle diejenigen Dünste, die nicht wässerigt sind, und bey schönem trockenem Wetter die Durchsichtigkeit der Luft allein unterbrechen, finden sich in der Luft unter der Gestalt von Bläsgen; die nothwendigen Bedingungen zur Erzeugung und Dauer dieser nicht wässerigen Bläsgen sind wahrscheinlicher Weise eben dieselbigen, wie bey den wässerigen Bläsgen."

787 S. 457,28–458,4 nach Senebier, Mémoire 1787, 331 f.

788 Senebier (ebd., 331): „La Météorologie feroit sûrement de grands progrès, si l'on connoissoit bien la théorie des brouillards, presque tous ses phénomènes sont dépendans de l'ascension de l'eau dans l'air, de la manière dont elle y est répandue & de sa précipitation; on pourroit sans doute s'aider utilement dans cette recherche des expériences faites avec la pompe pneumatique dans de vastes récipiens évacués de l'air qu'ils contenoient, où l'on introduiroit des airs plus ou moins raréfiés, plus ou moins saturés, plus ou moins purs, plus ou moins échauffés, en employant divers moyens pour favoriser ou retarder la précipitation de l'eau qui y seroit contenue."

789 Senebier (ebd., 328): „Les Brouillards méritent une grande attention. Ils offrent les moyens de pénétrer les secrets de l'évaporation; ils doivent sur-tout être étudiés relativement à leur manière de se former & de disparoître."

790 Wenn „Füchse brauen", steigen vereinzelt, z.B. über Lichtungen, Nebel auf. An den bewaldeten Hängen um Göttingen kann man diese Erscheinung nach Sommerregen oft beobachten.

791 S. 458,15–31 knapper Auszug aus den ersten beiden Seiten des mehr als doppelt so langen Absatzes über den Nebel bei Senebier (Mémoire 1787, 328 f.). Die Auswertung des übrigens Teils schließt sich nach dem Einschub zu Thompson, S. 458,32–34, an. Vgl. auch Anm. 787 und 788.

792 Thompson (Experiments 1786) hatte vergleichende Versuche zur Wärmeleitfähigkeit angestellt und gefunden, daß der Feuchtigkeitsgehalt der Luft wesentlichen Einfluß auf ihre Wärmeleitfähigkeit hat. Die Wärmeleitfähigkeit (conducting power) von Quecksilber = 1000 gesetzt, betrug

(ebd., 304) sie bei feuchter Luft 330, bei Wasser 313, bei atmosphärischer Luft $80\frac{41}{100}$, bei Luft, deren Dichte auf $\frac{1}{24}$ des Normalwerts reduziert war, 78 und beim torricellischen Vakuum 55 Einheiten.

793 Senebier (Mémoire 1787, 330): „Mais c'est un phénomène bien singulier que le brouillard s'attache aux corps froids comme aux corps chauds; il mouille les animaux qui le traversent comme la pierre qui est sur le chemin; cependant les animaux ont bien plus de chaleur que l'air, & ils en ont bien plus que la pierre qu'ils foulent aux pieds; d'un autre côté, il n'y a point de brouillards dans les appartemens qui sont chauds."

794 Ebd.

795 S. 459,6–13 nach ebd.

796 Gronau (Bemerkungen 1785) teilt Einzelheiten aus einer Sammlung in der Mark Brandenburg seit dem Ende des 17. Jh. gemachter meteorologischer Beobachtungen mit. L. hat die Werte aus einer Liste zusammengefaßt, in der die Zahl beobachteter Nebel für die zwölf Monate jeweils über den Zeitraum von 1701 bis 1780 aufgezeichnet ist (ebd., 93 f.).

797 Vgl. ebd., 97.

798 Der „Art. Höhenrauch" in der „Deutschen Encyclopädie" (15, 1790, 729 f.) beruht offenbar auf der Veröffentlichung des Briefs von de LaLande (Nebel 1783) im Gothaischen Magazin, vgl. Anm. 780. Der Autor des Lexikonartikels hat den Text des Briefs von de LaLande übernommen und auch die Vorbemerkungen L. C. Lichtenbergs ausgewertet.

799 Franklin, Imaginations 1785 (es ist jedoch der 18. Aufsatz in diesem Band) und die Übersetzung dieses Aufsatzes, ders., Gedanken 1787, vgl. S. 456,23–25.

800 Pennant, Supplement 1787, 13 f.

801 Stephensen (Beschreibung 1786, 337) zählt fünf große und zwölf kleinere nach dem Ausbruch verstopfte Flußläufe auf.

802 Senebier, Mémoire 1787, 332.

803 Senebier (ebd.): „Les nuages se forment quelquefois tout-à-coup par le passage brusque de la vapeur élastique à l'état de vapeur vésiculaire; mais souvent on les voit paroître dans des places isolées du ciel, ce qui annonce qu'il s'est fait seulement dans ces places un très-grand changement dans l'état de l'atmosphère; mais cela ne doit pas étonner après ce que j'ai dit sur l'état des différentes couches de l'atmosphère, de ses différens courans d'air: il est cependant remarquable que ce changement forme une espèce d'île où l'on observe un nuage au milieu de l'azur du ciel; ceci rend toujours plus importante la solution du problême que j'ai proposé sur le peu d'équilibre qu'il y a entre les parties de l'air relativement à son humidité, à sa chaleur, à sa densité; […]."

804 Senebier (ebd.): „On verroit si tous les nuages se forment de la même manière à toutes les hauteurs, s'ils prouvent des changemens en s'élevant ou en s'abaissant, s'ils attirent entr'eux, s'ils sont attirés par les montagnes, ou seulement arrêtés par elles; […]."

805 Vgl. Senebier (ebd., 333): „Ce n'est pas tout: [...] on ignore pourquoi ils [les nuages] ont une figure plutôt qu'une autre, pourquoi ils en changent; si le mouvement de l'air influe plus sur ces changemens de formes, que son poids, sa densité, sa chaleur, &c."

806 Meister, Beobachtungen 1780.

807 Vgl. Senebier, Mémoire 1787, 333. Über den Zusammenhang zwischen Wolkenhöhe und Regen heißt es dort: „Les nuages sont au moins très-près de nous quand la pluie dure long-tems, & il paroît que les nuages s'accumulent souvent à une certaine hauteur, puisqu'il pleut quelquefois long-tems & abondamment; les nuages légers ne sont jamais pluvieux."

808 Vgl. ebd.; vgl. jedoch S. 366,13–14.

809 Vgl. ebd., 334.

810 Vgl. ebd., 335.

811 S. 461,5–462,4, bis auf die Einschübe S. 461,16–17 und 461,27–28, auszugsweise Übersetzung aus ebd., 334–336.

812 Percival (Quantities 1785, 106–110) geht von den Beobachtungen Heberdens aus, vgl. S. 453,20–24. Er nimmt an, daß Elektrizität Verdunstung bewirkt, indem sie die Kohäsion der Wasserteilchen zerstört. Andererseits würde eine Verminderung der Elektrizität in einer Wolke zu einem Überwiegen der gegenseitigen Anziehung der Wasserteilchen und zur Tropfenbildung führen. Wenn diese Voraussetzungen beim Fall des Tropfens fortbestehen, müßte sich der Tropfen ständig vergrößern. – Franklin (ebd., 110–113) meint, daß die niedrige Temperatur oder eine elektrische Anziehung gerade gebildeter Tropfen bei deren Fall zu einer Kondensation des in der Luft gelösten Wassers und damit zu einer Vergrößerung der Tropfen führen könnten. Allerdings würden sich diese beiden Voraussetzungen während des Falls zunehmend erschöpfen. Deshalb meint Franklin, daß die vorhandenen Kenntnisse für eine Erklärung des Phänomens noch nicht ausreichen.

813 Diesen Umstand führt auch Deluc (Ideen 2, 1788, 33 [§. 566]) für seine „Verdampfungstheorie" zur Erklärung des Regens an.

814 Die letzten beiden Probleme, S. 462,7–13, hat L. hinzugefügt. Andererseits hat er Fragen ausgelassen, die Senebier (Mémoire 1787, 335 f.) am Ende des Abschnitts über den Regen gestellt hat: nach einem Zusammenhang zwischen dem Barometerstand und Regen, nach dem quantitativen Verhältnis zwischen Verdunstung und Niederschlag, nach der Qualität des Regenwassers in Abhängigkeit von der Höhe des Orts des Niederschlags und nach einem Zusammenhang zwischen der Regenmenge und der Qualität des Regenwassers.

815 Erx^6, 701, enthält L.s Zusatz zu § 733, vgl. ErxH, 780, ergänzt um die Empfehlung des Berichts über die Ereignisse in Island 1783 von Stephensen (Beschreibung 1786), vgl. ErxH, 780,4–16 (Randbemerkung). Auch die sich anschließende Literaturzusammenstellung zum Höhenrauch 1783 wurde in der 6. Aufl. des Kompendiums um die in der 4. Aufl. am Rand notierten Titel erweitert, vgl. ErxH, 781,5–25.

816 Deluc (Ideen 2, 1788, 87 [§. 615]) hatte im Gebirge in der Nähe von Wolken keine hohe Luftfeuchtigkeit gefunden und sich deshalb gefragt: „Wie erhalten sich also dergleichen *Wolken*, wie vergrößern sie sich so gar oft vor unsern Augen? Warum verdünsten sie nicht? Oder vielmehr (denn dies ist die wahre Beschaffenheit der Frage) warum zerstreuen sie sich nicht, indem sie unaufhörlich verdünsten?“ Nach gründlicheren Beobachtungen hatte er (ebd., 87, [§ 616]) dann festgestellt, daß Wolken sehr wohl „*verdunsten*, selbst dann, wenn sie sich vergrößern.“ Aus dieser beständigen Metamorphose der Wolken folgerte Deluc (ebd., 88): „[…], daß in der That in der Luft eine allgemeine Quelle von *Dünsten* sey, welche sie bey gewissen Umständen hergiebt; daß diese *Dünste*, an dem Orte selbst wo sich eine *Wolke* bildet, erzeugt sind; daß durch die Dauer dieser Erzeugung von *Dünsten* die *Wolken* sich erhalten, sogar vergrößern, obgleich sie rund herum verdunsten; und daß wenn sie sich zerstreuen es geschieht, weil ihre Ausdünstung nicht mehr durch Bildung neuer *Dünste* ersetzt wird.“ Hinsichtlich dieses fortwährenden Werdens und Vergehens ähnelt der Wolke die „Lichtflamme“, denn wenn sie (ErxH, 453): „fortdauren soll, so muß ihr immer wieder aufs Neue etwas zum Brennen geschicktes zugeführet werden.“

817 Wenn auch Meister (Beobachtungen 1780, 39) feststellen konnte, es kämen bei den Wolken „ähnliche Gestalten, bey ähnlichen Umständen, immer wieder“, bestätigte er doch den ständigen Wandel der Gestalt der einzelnen Wolken. Den Formen der Schneeflocken liegt dagegen eine geometrische Regelmäßigkeit zugrunde, vgl. GamN, 900.

818 L. meint vermutlich eine „Propositio inversa“, einen „versetzten Satz“. Dieser Begriff aus der Logik bezeichnet einen Satz, dessen Prädikat dem Subjekt vorangestellt ist („*Propositio* […] *inversa*, cuius praedicatum subiecto praeponitur.“ [Baumgarten, Acroasis 1773, 57]).

819 GamN, 886: „*Saussüre* und alle die, welche mit ihm eine vollkommene *Auflösung des Dampfes durch die Luft* annehmen, lassen diese Auflösung *durch Erkältung* präcipitirt werden, und nehmen also das unmittelbar Umgekehrte der Ausdünstung an, wenn aus der Luft Wasser auf die Erde gelangen soll.“ – „Umständlich“ ist die Entstehung des Regens nach dem „Auflösungssystem“ in Erxlebens Lehrbuch dargestellt, vgl. ErxH, 774–783 (§ 728–735), wo L. (ebd., 783,8–30 [Randbemerkung]) dann auch auf die „Unzulänglichkeit dieser Hypothese“ hinweist.

820 Zur latenten Wärme vgl. VNat 4, 180,25 und die zugehörigen Anmerkungen 298–300.

821 Dünste sind nach Delucs Verdampfungstheorie eine Art chemischer Verbindung von Wasser und Feuer, so daß sie (Deluc, Ideen 1, 1787, 23) „[…] durch diese Verbindung, das Vermögen verlieren, ihre sie characterisirenden Wirkungen zu äußern; so wie *Säuren* und *Alkalien*, als *Neutralsalze*. Das *Wasser* verliert also dadurch die Fähigkeit, naß zu machen, und das *Feuer*, *Wärme* zu erzeugen.“ In dieser veränderten Form gibt es Deluc (Ideen 2, 1788, 3) zufolge Wasser, „[…] das sich in der Luft befindet, ohne

auf das *Hygrometer*, weder unmittelbar, noch durch Veränderungen in der *Wärme*, oder in der Menge der hygroskopischen Substanzen, welche nicht so *feucht* sind, als diese Luft, zu wirken, [...].“ Wo Deluc dies „mit einer Präcision, deren sich wenige Untersuchungen rühmen können“ (S. 462,33–463,1) nachgewiesen haben soll, wurde nicht ermittelt. Über Deluc in seinen „Idées sur la Météorologie“ urteilt Kämtz (Lehrbuch 1, 1831, IX): „Durch ein schlechtes Instrument geleitet, dessen Sprache er nicht untersucht hatte, stellte er eine Menge von Sätzen auf, welche er zu schnell aus seinen Prämissen gefolgert hatte.“ Das „schlechte Instrument“ war Delucs Fischbeinhygrometer, vgl. GamN, 283 f. und Abb. 20, und zu den von Kämtz kritisierten „Sätzen“ gehörte nicht zuletzt Delucs Ansicht über die Entstehung des Regens, vgl. Anm. 828. – Den „Scheide-weg“, S. 463,2, zwischen Auflösungs- und Verdampfungstheorie beschreibt Gamauf (GamN, 878) folgendermaßen: „Nach einigen wird das durch den Wärmestoff in Dampfgestalt aufgelöste Wasser, durch die Luft, als chemisches Auflösungsmittel, *gänzlich zersetzt*; es verliert seinen Wärmestoff und also seine ganze Dampfgestalt; es vereinigt sich mit der Luft, und ist in derselben wie ein aufgelöstes Salz in dem Wasser enthalten; es existirt nicht mehr für sich allein, in elastischer Form in der Atmosphäre. Nach andern hingegen wird es *in Luft selbst verwandelt*, so daß die ganze Atmosphäre nichts anders als ein permanenter Wasserdampf, oder ein Luftförmiges Wasser wäre. An der Spitze der erstern Parthey steht *Saussüre*, an der Spitze der letzteren, *Deluc* und sein großer Verehrer *Lichtenberg*.“

822 Das „Eis oder das gefrorne Wasser“ (ErxH, 433 [§ 426]) ist Wasser, nur in einem anderen Aggregatzustand; die Vermischung des Schmelzwassers mit warmem Wasser ist also im physikalisch-chemischen Sinn keine „*Auflösung* (solutio)“, vgl. ErxH, 202 (§ 195).

823 Anspielung auf die Stelle in „Timorus“, vgl. SB 3, 226 und SB 3 K, 91; das „similia illustrant ...“ nach Comenius (Ventilabrum 1657, Sp. 46 [§ 32]).

824 L.s Bemerkungen beziehen sich auf Vorstellungen über den Ursprung von Quellen, den Varenius auf Kapillarität, vgl. Anm. 115, und Descartes auf eine Destillation zurückgeführt hatte, vgl. Anm. 111.

825 Böckmann (Ephemeriden 1780, 30 f.) beschreibt sein „Regenmaass“ wie folgt: „Dieses Instrument ist von starkem Eisenblech gemacht und mit Oelfarbe überzogen. Der Trichterförmige Deckel ist viereckt; Jede Seite ist 1. Pariser Schuh lang und 4. Zoll hoch; Der 4. seitige Boden ist abhängig gegen die Mitte und durch den Zusammenstoß der 4. Platten wird ein kleines Loch von $1\frac{1}{2}$ Linien im Durchmesser gebildet, welches die Basis von einer unterwärts angelötheten blechernen 2. Zoll langen Röhre ist. Diese Röhre wird in den engen Hals einer unter dem Trichter in einem blechernen Gehäuse stehenden grossen gläsernen Flasche gesteckt. Auf diesem Gehäuße ruhet der Trichter und wird durch Stifte an demselben befestigt. Vermöge dieser Einrichtung ist, wie ich glaube, die Ausdünstung hinlänglich vermieden. Das in der Flasche gesammelte Wasser, wird am Ende eines Regen-

tages Abends um 9. Uhr in verschiedenen Glasgefässen mit engen Hälsen, woran das Gewicht gezeichnet ist, genau abgewogen und das in jedem Monat erhaltene Gewicht auf *Zolle*, *Linien* und $\frac{1}{10}$ *Linien* reducirt."

826 Die Texte Nr. 65–67 sind Entwürfe zu L.s „Bemerkungen" (1793); vgl. den Abdruck des Aufsatzes Bw 4, Nr. 2211.

827 Zu S. 463,23–30 vgl. den Anfang von L.s „Bemerkungen" (1793, Sp. 145).

828 Zu S. 463,30–464,9 vgl. L. (Bemerkungen 1793, Sp. 154): „Einen solchen Versuch will ich hier einmal mit einem wahrhaft großen Gedanken des Hrn *de Lüc* machen, einen Satz, der meines Erachtens, wo nicht völlig unwiderleglich, bis jetzt wenigstens, trotz allem, was man dagegen hervor gebracht hat, unwiderlegt ist, und dieser Satz heißt so: ‚der Regen ist nicht der *unmittelbar* umgekehrte Proceß der Evaporation, sondern, das aufgestiegene Wasser ist, ehe es als Regen nieder fiel, in einen Zustand übergegangen, worin es kein Gegenstand mehr für das Hygrometer, und vermuthlich also atmosphärische Luft selbst war.'" Zu Delucs Verdampfungstheorie vgl. Anm. 710 und 821.

829 Der fehlende Teil des Satzes läßt sich sinngemäß nach L. (Bemerkungen 1793, Sp. 150) ergänzen: „Herr *De Lüc* sah dadurch einen Gedanken von der Entstehung des Hagels widerlegt, den er selbst zuerst geäußert hatte *b*) [Fußnote: *b*) Recherches sur les modif. de l'Atmosph. §. 714.], nemlich, daß Schneeflocken, die aus einer *viel höheren* Wolke herab in die eigentliche niedrige Hagelwolke fielen, dort durch ihre große Kälte Eis um sich anlegten und so den Hagel formirten."

830 Zu S. 465,3–5 vgl. L. (Bemerkungen 1793, Sp. 166): „Auch bei dem Hagelwetter, das Herr *de Lüc* beobachtete, wurde der Tag in Nacht verwandelt, wie zu *Beverungen*." Vgl. Lampadius, Nachrichten 1792, Sp. 1477: „In unglaublicher Schnelligkeit war es [ein fürchterliches Gewitter in Beverungen am 3. September 1792 gegen 13 Uhr] heran gerückt, und plötzlich wurde der Tag in die dunkelste Nacht verwandelt, so, daß man keine Gegenstände erkennen konnte." L.s Bemerkungen (1793) waren ursprünglich als Vorspann zu dem Aufsatz von Lampadius gedacht. Wegen des Umfangs hat L. diesen Text gesondert zum Abdruck nachgereicht, vgl. Lichtenberg, Schreiben 1792, Sp. 1476 und ders., Bemerkungen 1793, Sp. 145.

831 Zu S. 465,5–13 vgl. L. (Bemerkungen 1793, Sp. 151 f.): „Vieles würde endlich die Aeronautik hierin leisten, wenn die Luftbälle nur erst einmal völlig permanent gemacht werden könnten, oder wenigstens doch zu dem Grade, daß ein solches einmal angeschaftes Fahrzeug des Jahrs zu unterhalten nicht mehr kostete, als etwa ein Pferd. Wäre *Blanchard* nicht selbst ein solcher Luftball, der wie ich höre, viel schwerer zu einem gewissen Ziel hinzusteuern seyn soll, als der, an dem er sich so oft für Geld aufgeknüpft hat, so hätte er wenigstens sehr nützliche Commissionen übernehmen können."

832 Deluc, Idées 2, 1787, 155–158. Über die Entstehung eines Hagelkorns meint Deluc (ebd., 154), „[...] qu'un Flocon de *Neige* en est toujours l'embrion." Das bewiese der schneeähnliche Kern eines Hagelkorns. Um den Kern würde beim Fallen Wasser von den Dunstbläschen wie Glatteis (verglas) anfrieren.

833 Zu S. 465,22–27 vgl. L. (Bemerkungen 1793, Sp. 154 f.): „Man erstaunt nemlich, wenn man mitten im Sommer eine Quadratmeile Landes mehrere Fuß hoch mit Eiskugeln überdeckt sieht, und fragt: wo ist bei der Hitze die Kälte hergekommen? Wenn hingegen bei der strengsten Kälte eine Stadt oder ein Wald in Kohlen und glühende Asche zerfällt, so fragt Niemand: wo mag die Hitze bei der Kälte hergekommen seyn?"

834 Zu S. 465,27–466,1 vgl. L. (Bemerkungen 1793, Sp. 157): „Wer dieses bedenkt, dem muß wohl bald der Gedanke aufsteigen: sollte jene Erkältung bei dem Hagel nicht etwa der gerade umgekehrte Proceß dieser Erhitzung seyn? Denn wenn ein Körper bei seiner *Zersetzung*, (und beim Verbrennen werden Luft und Brennmaterialien gänzlich zersetzt) Feuer hergiebt, so muß er dieses bei seiner *Zusammensetzung* (*Entstehung*) irgendwo hergenommen haben. Der Schwamm, der mit der Hand gedrückt, naß macht, hat vielleicht kurz vorher einen nassen Körper dadurch trocken gemacht, daß er dieses Wasser aufsog."

835 Zu S. 466,2–5 vgl. L. (Bemerkungen 1793, Sp. 147 f.): „Kein Mensch zweifelt mehr daran, daß die Donner- und Hagelwetter &c. chemische Processe in dem Weltmeere der Luft sind, Zersetzungen, denen Zusammensetzungen wiederum folgen müssen, in steter Abwechselung."

836 Zu S. 466,16–30 vgl. L. (Bemerkungen 1793, Sp. 162: „Es ist nicht zu läugnen, daß, wenn eine große Menge aus Wasser entstandener Luft plötzlich wieder in Wasser (eigentlich Dampf) verwandelt würde, so würde in der Nähe eine sehr große Hitze entstehen. Es läßt sich dieses durch einen sehr bekannten Versuch erläutern. Wenn man eine Mischung von 3 Theilen inflammabler Luft und 1 Theil dephlogistisirter anzündet, so wird sie in einem Augenblick in einen Wasserdampf verwandelt, der die Glühhitze hat, und wirklich glüht."

837 Vgl. ErxH, 784,26–30 (Randbemerkung).

838 Senebier, Mémoire 1787, 336 f. – Bei seinem Exzerpt übergeht L. gerade Senebiers Gedanken über den Zusammenhang zwischen Elektrizität bei Gewittern und Hagel.

839 Stephensen, Beschreibung 1786, 359.

840 Darwin (Versuche 1790) schließt in dem Artikel aus mehreren Experimenten zur Verminderung der Wärme bei der Ausdehnung von Gasen auf die Ursachen niedriger Temperaturen in großen Höhen und auf die Entstehung von Niederschlägen. Aus dem Umstand, daß bei der ständigen Bewegung der Atmosphäre Luftmassen an Gebirgen auf- und abgleiten, folgert Darwin (ebd., 78): „Wenn nämlich ein grosser Luft-District von dem untern Theile der Atmosphäre zwey oder drey Meilen hoch erhoben wird, so wird er auch, durch die grosse Verminderung des Drucks über

ihm, so stark ausgedehnt und daher so kalt, dass aus dem sich niederschlagenden Dampfe, (vorausgesetzt, dass er darinn vorher enthalten war) Hagel oder Schnee hervorgebracht wird." Vgl. Darwin, Experiments 1788, 48.

841 Deluc (Siebenter Brief 1791, 281 [richtig: 291]) reduziert die Frage nach der Entstehung des Hagels auf den Wärmeverlust in einer Wolke: „Das freye *Feuer* kann ohne Zweifel plötzlich in einem gewissen Raume vermindert werden, wenn es irgend eine *Verbindung* eingeht: wenn die Gewitter stets den Hagel begleiteten, so könnte man annehmen, dass das *Feuer* zur Bildung der *electrischen Flüssigkeit* verwandt würde; es hagelt aber oft ohne *Gewitter*, und umgekehrt. Wir kennen also weiter nichts mit Gewissheit, als dass in irgend einem Theile der *Wolke* eine *Erkältung* entsteht, und als die grösseste Unwissenheit über ihre Ursach."

842 Nicht ermittelt.

843 Lichtenberg (Bemerkungen 1793, Sp. 165 f.) geht davon aus, daß den oberen Teilen einer Gewitterwolke durch den Übergang von Wasserdampf in Luft Wärme entzogen worden ist und dadurch die Bildung von Schnee eingesetzt hat: „Ist aber die Schneeerzeugung einmal auf eine beträchtliche Strecke und Höhe eingeleitet, so wird er selbst gleichsam eine Schutzwand für den ferneren Fortgang gegen die benachbarte Sommerluft. Denn diesen Schnee zu schmelzen, erfordert einen großen Aufwand, selbst um ihn in eiskaltes Wasser zu verwandeln, wodurch denn, wie bei dem *Calorimètre* des Herrn *Lavoisier*, der innere Erkältungsproceß immer mehr gedeckt wird. Daher geben alle Hagelwetter rings umher, oft auf eine sehr große Strecke, bloß Regen, nahe an dem Korn fällt Regen mit einzelnen nicht sehr großen Hagelkörnern, und im Korn selbst der reine Hagel, mit etwas wenigem Wasser, das wohl von kleinen Eissplittern herrühren kann, die erst nahe an der Erde geschmolzen sind. Wer im Sommer Eis oder Schnee transportiren will, muß große Massen davon haben, sonst bringt er nichts an Ort und Stelle." Vgl. Bw 4, Nr. 2211 (S. 21).

844 Auszug aus dem Abschnitt „5°. La Neige" (Senebier, Mémoire 1787, 336); L. übergeht Senebiers Frage nach den Temperaturen des Schnees.

845 Senebier (Mémoire 1787, 336): „Le nitre n'influe pas sur cette figure, parce qu'il est démontré que la neige ne contient pas de nitre; [...]."

846 L. will die Oberflächenauskristallisation von alkoholischer Kampferlösung demonstrieren. Vgl. auch ErxH, 219,36–39.

847 Senebier (Mémoire 1787, 336): „Si la neige n'offre que des grains fort minces quand il fait bien froid, & si elle tombe en flocons très-gros quand le froid est moins vif, cela viendroit-il de ce que l'air étant alors moins condensé, favorise davantage l'union des gouttes, & s'échappe plus aisément de la place qu'il occupe entr'elles?"

848 Vgl. VNat 4, 256,5–7.

849 S. 469,5–7 nach Priestley, History 1767, 170. L. hat die falsche Angabe zu Nollet, die sich bei Priestley findet, übernommen. Es geht um folgende Stelle bei Nollet (Leçons 4, 1753, 314): „Si quelqu'un, par

exemple, entreprenoit de prouver par une comparaison bien suivie des phénoménes, que le tonnerre est entre les mains de la Nature ce que l'électricité est entre les nôtres, que ces merveilles dont nous disposons maintenant à notre gré, sont de petites imitations de ces grands effets qui nous effrayent, & que tout dépend du même méchanisme: si l'on faisoit voir qu'une nuée préparée par l'action des vents, par la chaleur, par le mêlange des exhalaisons, &c. est vis-à-vis d'un objet terrestre, ce qu'est le corps électrisé, en présence & à une certaine proximité de celui qui ne l'est pas; j'avouë que cette idée, si elle étoit bien soûtenuë, me plairoit beaucoup; & pour la soûtenir, combien des raisons spécieuses ne se présentent pas à un homme qui est au fait de l'électricité?"

850 S. 469,7–12 nach Priestley, History 1767, 171 f.

851 S. 469,14 nach ebd., 174 f.; die Bemerkung zum Funken beim Elektrophor, S. 469,15, ist ein Zusatz von L.

852 S. 469,16–19 nach ebd., 175. Allerdings schreibt Priestley nicht von einem „mit Drat umwickelten Menschen", sondern (ebd.): „[...] the Doctor supposes that it would be safer, during a thunder storm, to have ones cloaths wet than dry, as the lightning might then, in a great measure, be transmitted to the ground, by the water, on the outside of the body. It is found, says he, that a wet rat cannot be killed by the explosion of the electrical bottle, but that a dry rat may."

853 S. 469,20–21 nach ebd. Als Beispiele für entzündete Stoffe werden allerdings genannt: „hard dry rosin, spirits unwarmed, and even wood. [... and] gunpowder, [...]."

854 S. 469,22–23 nach ebd., 175 f. Mit dem „Papir der Belegungen" ist vermutlich Goldpapier gemeint, das L. zu den Schmeltzversuchen verwendete, vgl. GamN, 511 (Nr. 2 und 3), und zur Belegung des Elektrophors vgl. ebd., 514.

855 S. 469,24–25 nach Priestley, History 1767, 177. Ein durch einen elektrischen Schlag erblindeter Hund ist weder bei Priestley noch bei Franklin (Experiments 1769, 66 f.) erwähnt.

856 S. 469,26 nach Priestley, History 1767, 178, dort allerdings als Nr. 9. Unter Nr. 8 führt Priestley einen nicht so eindrucksvollen Vergleich zwischen der Wirkung eines Blitzschlages auf eine Farbschicht über der vergoldeten Verzierung eines Gebäudes mit der Wirkung einer elektrischen Entladung auf ein über die Vergoldung eines Bucheinbandes gespanntes Papierblatt an.

857 Nicht bei Priestley (History 1767). Franklin (Experiments 1769, 323) nennt einen „sulphureous smell" unter den von ihm zuerst bemerkten Ähnlichkeiten zwischen Blitzschlag und elektrischer Entladung.

858 S. 469,28–29 nach Priestley, History 1767, 178 f. Allerdings weist Priestley auf eine Einschränkung hin, denn es war Franklin nicht gelungen, die magnetische Polarität einer Nadel mittels elektrischer Entladungen beliebig zu verändern.

859 S. 469,30–470,4 nach ebd., 179–181; vgl. Anm. 296.

860 Priestley (ebd., 182): „But the grand practical use which Dr. Franklin made of his discovery of the sameness of electricity and lightning, was to secure buildings from being damaged by lightning, […] . // This great end Dr. Franklin accomplished by so easy a method, and by so cheap, and seemingly trifling apparatus, as fixing a pointed metalline rod higher than any part of the building, and communicating with the ground, or rather the nearest water. This wire the lightning was sure to seize upon, preferable to any other part of the building; whereby this dangerous power would be safely conducted to the earth, and dissipated, without doing any harm to the building."

861 Ebd., 183; zu dem Experiment vgl. Anm. 315.

862 S. 470,8–16 nach Priestley (ebd., 327 f.). Die Mitteilung über die Experimente in Frankreich geht zurück auf einen Brief von Mazéas (Letters 1752, 534–536) vom 20. Mai 1752, der verkürzt abgedruckt ist bei Franklin (Experiments 1769, 106 f.).

863 Priestley (History 1767, 330) schreibt, Dalibard habe die Versuche zur Ableitung der Luftelektrizität auf dessen Wunsch vor dem König von Frankreich wiederholt, der ihnen Beifall zollte: „These applauses of the king excited in Mr. De Buffon, Dalibard, and Delor, a desire of verifying Dr. Franklin's hypothesis more completely, and of pursuing his speculations upon the subject." Eigentlich war überhaupt die erste Anregung zu diesen Versuchen von Buffon ausgegangen, indem dieser Dalibard zur französischen Übersetzung der von Collinson in London herausgegebenen Briefe Franklins (Experiments 1769) aufgefordert hatte, vgl. Nollet, Lettres 1753, 5 f.

864 Priestley (History 1767, 331): „The most accurate experiments, made with these imperfect instruments, were those of Mr. Monnier. He was convinced that the high situation in which the bar of iron had commonly been placed was not absolutely necessary for this purpose: for he observed a common speaking trumpet, suspended upon silk five or six feet from the ground, to exhibit very evident signs of electricity."

865 Nach ebd., 332 f.

866 Über die Bestimmung der Luftelektrizität mit einem Ballon im Beisein von Volta schreibt L. (Bw 2, Nr. 1311 [25. Okt. 1784 an Sömmerring]), er habe sie „einmal bey Nebel und einmal bey heiterer Witterung angestellt, und beydemale die Lufft starck positiv befunden."

867 Priestley, History 1767, 358–361, vgl. unten Text Nr. 72.

868 Lichtenberg (Märtyrer 1797, 160): „Am 30. September 1795 wurde ein Herr *Brown*, der auf dem Felde, in der Gegend von *Hammersmith*, einem Flecken bey *London*, mit einem Drachen Versuche über die Gewitter-Electricität anstellen wollte, zugleich mit seinem Pferde von dem Blitze erschlagen. Durch einen Zufall war der Apparat, der die Schnur mit der Erde verbinden sollte, in Unordnung gerathen. *Gentlemans Mag.* 1795. *October* S. 881."

[869] Zu S. 470,24–30: Romas (Mémoire 1755, 396) hatte seine in dem Aufsatz beschriebenen Versuche am 7. Juni 1753 gemacht. Ein Zusatz (ebd., 406 f.) enthält Mitteilungen über Zeichen von Luftelektrizität bei klarem Himmel, die de Romas bei Versuchen mit seinem Drachen im Juli und August 1753 bemerkt hatte. Das Gefühl von „Spinnweben" hatte de Romas (ebd., 400: „[...] je sentis au visage [...] comme une impression de toile d'araignée.") bei seinem ersten gelungenen Experiment, als eine Gewitterwolke direkt über dem Drachen und de Romas selbst nur etwa drei Fuß von dem am Ende der Drachenschnur angebrachten Konduktor, einer Röhre aus Eisenblech, entfernt stand. Die Lichterscheinung um die mit Draht umwundene Drachenschnur hielt de Romas (ebd., 403) für „l'atmosphère électrique, qui étoit beaucoup plus condensée près de la corde qu'ailleurs". – Vgl. Anm. 296.

[870] Vgl. ErxH, 796 f., und GamN, 911. – Außer seiner Aufzeichnung des Berichts von Kratzenstein hat L. in Erxlebens Lehrbuch drei weitere zuverlässige Darstellungen genannt (ErxH, 797,3–22). Der ausführliche Bericht von Hanow (ErxH, 797,10–14; vgl. den Wiederabdruck: Nachricht 1755, 3–13) beruht auf einer vom 17. Aug. 1753 datierten Nachricht im „Hamburgischen unpartheyischen Correspondenten" (Bericht 1753). Andere bald nach Richmanns Tod in deutschen Zeitungen erschienene Meldungen hat Dunkel (Nachrichten 1.4, 1755, 713; Nachrichten 2.1, 1755, 173) verzeichnet. Ob sich darunter die ungenannte deutsche Quelle für den Bericht in den „Philosophical Transactions" (Account 1755, vgl. ErxH, 797,7–9) befindet, wurde nicht ermittelt. (Wenn, wie Reimarus [Vom Blitze 1778, 119] meint, diese deutsche Quelle übereinstimmt mit der im Anhang zu Felbiger [Kunst 1771, 86–95] parallel französisch und deutsch abgedruckten „Relation abregée de la mort de Mr. le Professeur Richmann", würde es sich bei dem Text der „Philosophical Transcations" jedenfalls um keine Übersetzung im engeren Sinn, sondern höchstens um eine Übertragung handeln.) Weitere Einzelheiten mit Anspruch auf Authentizität finden sich bei Lomonossov (Oratio 1753). – L. (Nachricht 1904, 99) hat bei eigenen Versuchen mit Luftelektrizität Richmanns Unfall zur Mahnung an die nötige Vorsicht angeführt.

[871] Gamauf (GamN, 911) nennt versehentlich den 19. Sept. 1780.

[872] 26. Juli a.St. / 6. Aug. 1753 n.St.

[873] Auf den Illustrationen zu Richmanns letzter, postum erschienener Veröffentlichung (Dissertatio 1753, Tab. VIII) sind keine Schatten abgebildet. – Iwan Aleksejewitsch Sokolow (1715–1757) war Lehrer an der Kupferstecherschule der Akademie der Wissenschaften und als einer der besten russischen Kupferstecher der ersten Hälfte des 18. Jh. vor allem für seine gestochenen Porträts bekannt.

[874] Meint L., Richmann habe auf dem Dach seines Hauses einen Leiter zur Messung der Luftelektrizität errichtet, der ebenso als Blitzableiter hätte dienen können? Etwa in diesem Sinn hat L. C. Lichtenberg (Verhaltungs-Regeln 1778, 77) über die Einrichtung eines Instruments zur Bemerkung

von Gewitterelektrizität geschrieben: „Der bequemste Electricitätszeiger ist unstreitig der, dessen man sich bey einer geringen Abänderung statt eines Ableiters bedienen kann." Zu den Vorrichtungen auf dem Dach von Richmanns Haus vgl. Anm. 877 und 878.

875 Richmann wohnte zu dieser Zeit auf der Wassiljewski-Insel, auf der sich auch die Gebäude der Akademie der Wissenschaften befinden, in einem Haus an der Ecke Bolschoi Prospekt / 5. Linie (Pekarskij, Istorija 1, 1870, 706; vgl. Account 1755, 64). Eine gute Beschreibung der örtlichen Gegebenheiten findet sich bei Georgi (Versuch 1790, 106 f.).

876 Sollte heißen: „einen Drat mit einem Seidenfaden befestigt"?

877 Über die Einrichtung auf dem Dach schreibt Richmann (Dissertatio 1753, 335 f.), daß es sich dabei um zwei eiserne Ketten von je 66 Fuß Länge und 9 Pfund Gewicht gehandelt habe. Das Ende der einen Kette sei mit einer eisernen Spitze verbunden gewesen. An diesem Ende und an einem Ende der anderen Kette war jeweils eine Seidenschnur befestigt. Mit diesen Schnüren konnten die Ketten an einem senkrecht stehenden Mast bei Bedarf schnell auf eine Höhe von 40 Fuß über den Spiegel der Newa gezogen und auch wieder herabgelassen werden. Richmann (ebd.) erwähnt, daß er die (isolierenden) Seidenschnüre vor Feuchtigkeit geschützt habe, nennt aber keine Einzelheiten.

878 Vermutlich erst nach der letzten von Richmann in zwei Anmerkungen zu seinem Aufsatz (Dissertatio 1753, 338 u. 340) erwähnten Beobachtung vom 11. Juli 1753 hat er die Leitung aus Eisendraht gelegt, die vom Dach des Hauses durch die Eingangstür *i* (Fig. 12) und eine weitere Tür in sein Labor führte, vgl. Lomonossov (Oratio 1753, Fig. 12 u. 22).

Fig. 12.

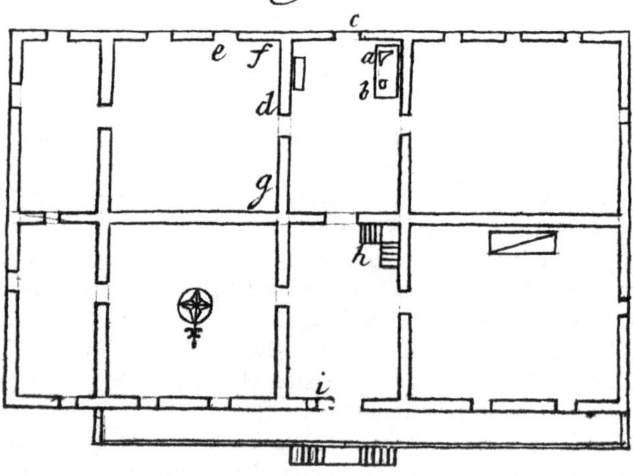

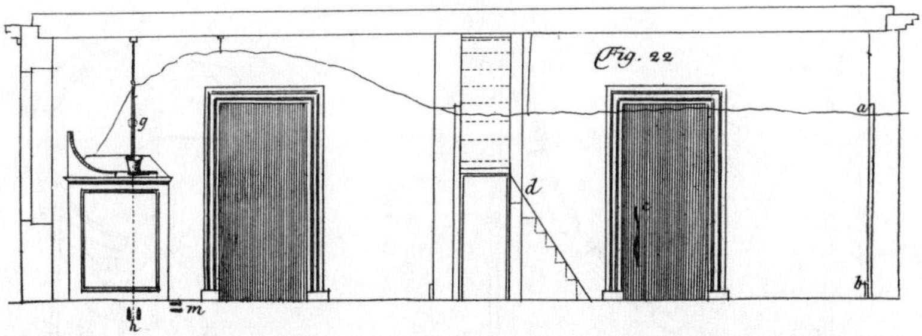

Mit *h* und *m* (Fig. 22) sind die Positionen von Richmann und Sokolow zur Zeit des Blitzschlags bezeichnet. – Auch der „Hamburgische unpartheyische Correspondent“ (Bericht 1753, ungez. Sp. 2) schreibt nur, daß „[...] von dem Dache des Hauses ein dünner eiserner Drat durch den Eingang nahe unter der Decke des Ganges“ bis zu Richmanns Meßinstrument führte. Ob nach der Anbringung dieser Leitung bloß noch ein Ende des Eisendrahtes aus dem Dach ragte, oder ob die Ketten auf dem Dach, vgl. Anm. 877, durch eine Metallstange ersetzt wurden, an welche der Eisendraht angeschlossen war, ist nicht klar. Jedenfalls meldeten die „Philosophical Transactions“ (Account 1755, 62): „Bars were standing for this purpose [Beobachtung der Gewitterelektrizität] always upon the roof of the house.“ Und der mit Richmann gut bekannte Lomonossov schrieb, daß die Eisendrähte von einem „elektrischen Pfeil“ aus gezogen waren („vnde a sagitta electrica fila ferrea extendebantur“ ebd., 63), also wohl einer mit einer oder mehreren Spitzen versehenen Eisenstange, wie die auf Lomonossovs Dach installierte (vgl. Lomonossov, Oratio 1753, 64).

879 Über die „Leidensche Flasche“ vgl. VNat 4, 632 f. (Anm. 25), und zu ihrer Geschichte ebd., 304 f. (Text Nr. 24) und die zugehörigen Anmerkungen.

880 Hinsichtlich des Zwecks des mit Feilspänen gefüllten Becherglases im Zusammenhang mit dem „ElecktricitätsWeiser“ (Index electricitatis) befand sich L. im Irrtum. Zwar scheint die Bemerkung im „Hamburgischen unpartheyischen Correspondenten“ (Bericht 1753, ungez. Sp. 4), es habe das Becherglas „anstatt der Muschenbroeckischen Flasche“ gedient, L.s Ansicht zu unterstützen. Jedoch schon Priestley (Geschichte 1772, 226), gestützt auf die beiden Mitteilungen in den „Philosophical Transactions“ (Watson, Answer 1754 und Account 1755), schreibt, die Eisenstange des Elektrizitätsweisers habe „aus was vor Ursache, weiß ich nicht“ in einem mit Messingspänen zum Teil gefüllten Becherglas gestanden. – Das Mißverständnis läßt sich aus Richmann Aufsatz über seinen „Elektrizitätsweiser“ klären, vgl. ders., Dissertatio 1753, Tab. VIIIa, Fig.I:

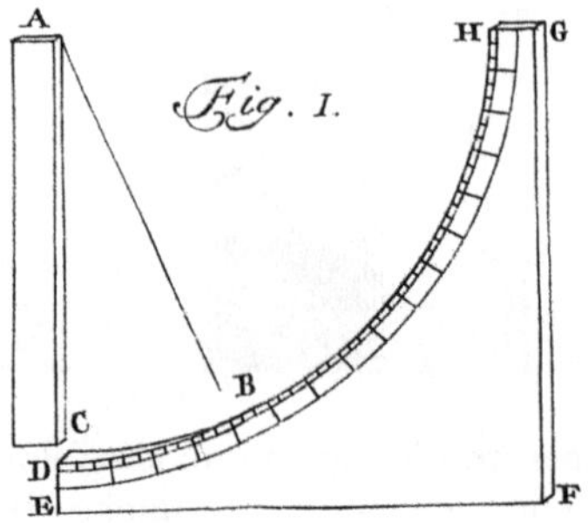

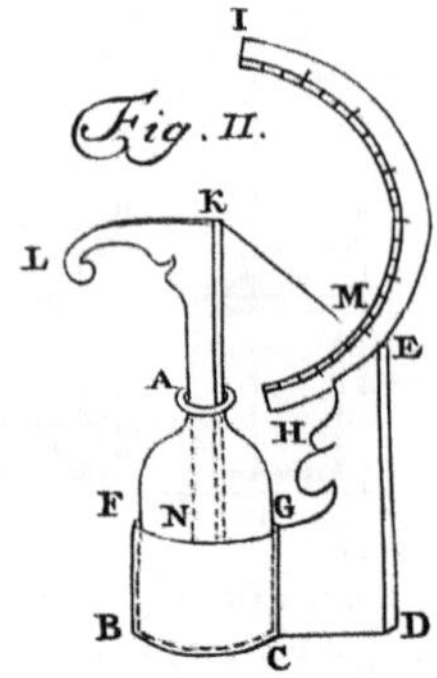

Die Grundform des Instruments (ebd., 303) besteht im wesentlichen aus einem senkrecht stehenden prismatischen Eisenstab *AC*, an dem oben das eine Ende eines $1\frac{1}{2}$ Fuß langen und ein halbes Gran schweren Leinenfadens befestigt wird. Erhält der Eisenstab eine elektrische Ladung, wird das freie Ende *B* des gleichgeladenen Fadens abgestoßen. Die Größe des Abstandes des Fadenendes vom Lineal kann als Maß der Elektrizität von einem hölzernen Quadranten *DEFGH* abgelesen werden. Richmann stellte mit Hilfe seines Instruments fest, daß sich die Elektrizität eines geladenen Körpers spontan verminderte. So bemerkte er (ebd., 313) vor allem die mit Lichterscheinungen verbundenen Entladungen an den Ecken (angulus solidus) elektrisierter Körper, nicht zuletzt an dem wegen seiner Ecken für Spontanentladungen prädestinierten prismatischen Eisenstab seines „Elektrizitätsweisers". Um eine einmal auf das Instrument übertragene Ladung länger erhalten zu können, erdachte Richmann (ebd., 319 f.) die Verbindung des Elektrizitätsweisers mit einer Leidener Flasche (ebd., Tab. VIIIa, Fig. II). Der Eisenstab *KN* steckt in Feilspänen von Eisen oder anderen Metallen oder in Bleikügelchen, mit denen eine kleine Glasflasche *ABC* gefüllt ist, die der inneren Belegung einer Leidener Flasche entsprechen. Die äußere Belegung besteht in einem bis zur halben Höhe der Flasche reichenden eng anliegenden Blechgefäß *FGBC*. An dem hölzernen Griff *GCDE* ist ein graduierter hölzerner Halbkreis befestigt, auf dem die Ablenkung des Leinenfadens *KM* abgelesen wird. Geladen wird die Flasche durch Berührung des zu untersuchenden Ladungsträgers mit dem von dem Eisenstab abführende Metallstreifen *KL*. (Richmann erwähnt nicht, ob dabei die äußere Belegung geerdet wurde.) Dieses Instrument, das eine Ladung (ebd., 321) „über mehrere Stunden erhalten" konnte, hätte sich jedoch zur Beobachtung der kurzzeitigen Elektrizitätsschwankungen vor und nach atmosphärischen Entladungen, an denen Richmann interessiert war und die er in seinem Aufsatz beschreibt (ebd., 337 f.), nicht geeignet. – Den Zweck des fraglichen Gefäßes mit den Messingfeilspänen nennt Lomonossov (Oratio 1753, 63): „Musschenbroeks Maschine [d.h. die Leidener Flasche] fand keine Anwendung, sondern der Metallstab steckte in den Spänen, damit nicht die entstandene Elektrizität durch Ausspühen kegelförmigen [elektrischen] Lichts von den Ecken vermindert werde und der Zeiger nicht schwanke." [„Machina Muschenbrockiana applicata non erat; et prisma metallicum erat ideo in scobem insertum, ne exorta vis electrica, solidis angulis ignem coniformem spargendo, deminueretur, neque index vacillaret."] Sinngemäß findet sich diese Erklärung auch in dem bei Felbiger (Kunst 1771, 88 f.) abgedruckten Bericht über Richmanns Unfall.

881 Lomonossov (Oratio 1753, 64) zufolge befand sich eine von NNW kommende Wolke 30° über dem Horizont. Der „Hamburgische unpartheyische Correspondent" (Bericht 1753, ungez. Sp. 5) schreibt, daß das Gewitter bei einer Zeit von 15–20 Sek. zwischen Blitz und Donner noch weit entfernt gewesen sein müsse, vgl. Anm. 302. Die wohl auf einem Druckfehler beruhende Angabe (ebd.), die Gewitterwolke sei „noch nahe am nordlichen Horizont, über 6 Grad von seinem Scheitelpunct entfernet" gewesen, berichtigt Hanow (Nachricht 1755, 12) auf 60°.

882 Allerdings dürfte Kratzenstein den Aderlaß nicht zur Feststellung des Todes, sondern durchaus in therapeutischer Absicht vorgenommen haben. So schreibt z.B. Georg Ernst Stahl (Abhandelung 1734, 83) bei den Indikationen zum Verringern der Blutmenge durch Aderlaß: „Nach einer langen und tieffen Ohnmacht aber hat es einen grossen Nutzen."

883 Lomonossovs (Oratio 1753, 64) Elektrizitätsweiser stand zu der Zeit des Unfalls unmittelbar vor dem Blitzschlag auf 15°. Der stärkste von Richmann (Dissertatio 1753, 311) bei künstlicher Elektrizität beobachtete Ausschlag betrug 50° im Winter und 40° im Sommer.

884 Es heißt im „Hamburgischen unpartheyischen Correspondenten" (Bericht 1753, ungez. Sp. 4): „Als man hierauf den Gang besichtigte, wo der Zufall geschehen war, fand man, daß der Pfosten von der offen gewesenen Thür des Einganges von oben herunter halb abgespalten, und mit der Thür in den Gang geworfen war. Von der Küchenthüre in demselben Gange, gleich am Eingange, war von unten auf ein 2 Fuß langer Splitter, von der Dicke eines Federkiels, abgerissen, und auf die 6te Stuffe der gleich daran stehenden Bodentreppe geführet [vgl. *c* und *d*, Fig. 22, Anm. 878]. Von dem kleinen Becherglase, welches anstatt der Muschenbroeckischen Flasche gedienet hatte [vgl. jedoch oben Anm. 880], war die eine Hälfte abgeschlagen, und die Meßingspäne zumtheil zerstreuet. Von dem Drat fand man ebenfalls kleine abgerissene Stücke hin und wieder liegen."

885 Die Luftröhre (Trachea). – Ausführlich bringt der „Hamburgische unpartheyische Correspondent" (Bericht 1753, ungez. Sp. 4 f.; vgl. auch Priestley, Geschichte 1772, 227 f.) die Befunde der von Kratzenstein am Tag nach dem Unfall vorgenommenen Leichenöffnung.

886 Der „Hamburgische unpartheyische Correspondent" (Bericht 1753, ungez. Sp. 3) schreibt: „[...] kleine gesprützte weiße Flecken". – Tartarus vitriolatus ist eigentlich Kaliumsulfat (K_2SO_4); bei der Verbrennung von Schwarzpulver entsteht Kaliumsulfit (K_2SO_3).

887 Priestley (Geschichte 1772, 228): „Nachdem zweymahl vier und zwanzig Stunden verfloßen waren, war der Körper dermaßen verfault, daß

man ihn nicht anders, als mit vieler Mühe, ganz in einen Sarg bringen konnte." Priestley hat diese Angabe der Nachricht in den „Philosophical Transactions" (Account 1755, 68) entnommen.

888 Priestley (History 1767, 349): „His electrical apparatus, though communicating with the earth, has frequently, in violent thunder storms, given evident sparks to his finger." Nach Beccaria (Elettricismo 1758, 236): „Il filo deferente fortemente elettrizzato da nuvoli, comunque posto in contatto di un muro, non lascia di scintillare verso un corpo estraneo comunicante col suolo, [...]." D.h. die Funken entstanden zwischen einem nur mit einer Mauer verbundenen, mit Gewitterelektrizität aufgeladenen Ableiter und einem geerdeten Leiter.

889 In Analogie zu den von ihm festgestellten elektrischen Eigenschaften des Turmalins stellte Canton (Tour Malin 1759, 424 f.) die folgende Hypothese auf: „[...] if air be supposed to be endued with similar properties, that is, of becoming *electrical* by the increase or *diminution* of its heat, as is probable, if its state before and after a *Thunder Storm* be attended to, *Thunder Clouds* both *positive* and *negative*, as well as *Thunder-Gusts*, may easily be accounted for." Vgl. Priestley, Geschichte 1772, 203; Reimarus, Vom Blitze 1778, 523 und Anm. 308 .

890 Es geht in dem Absatz, S. 473,10–12, um die sogenannten elektrischen Atmosphären oder Wirkungskreise der Elektrizität, d.h. um die Umgebung geladener Körper, in der Effekte wie Anziehung und Abstoßung von Probekörpern ohne Berührung, nur durch „Vertheilung" stattfinden (Influenz). Zu Wilckes Versuch vgl. oben Anm. 312. Nachweisen kann man elektrische Wirkungskreise z.B. an „Klinkosch's *eigentlichem* Luftelecktrophor", vgl. VNat 4, 657 (Anm. 117).

891 Beginnend mit antiken Autoren, stellt Wilcke (Meynungen 1759) in diesem Aufsatz, ohne Anspruch auf Vollständigkeit, Hypothesen über die Entstehung der Gewitter zusammen. Sein Hauptaugenmerk liegt auf den Ansichten derjenigen Autoren des 18. Jh., die das Gewittergeschehen mit elektrischen Vorgängen in Zusammenhang gebracht hatten. Zum Abschluß stellt Wilcke (ebd., 158–163) seine eigene Ansicht vor, die von der Wirkung elektrischer „Atmosphären" ausgeht, vgl. Anm. 890.

892 Franklin (Briefe 1758, 50–69 [„Vierter Brief, welcher Beobachtungen und Gedanken enthält, aus welchen man eine neue Hypothese für die Erklärung der verschiedenen Erscheinungen bey Gewittern zu machen bemühet ist."]) hat diese Vorstellungen in einem Brief an John Mitchell vom 29. April 1749 entwickelt. Wilcke (Meynungen 1759, 90) faßt die Hauptgedanken wie folgt zusammen: „Die Wassertheilchen im Meere werden mit den darinnen aufgelöseten Salztheilchen zusammen gerieben, und dadurch electrisch gemacht. Das electrische und elementarische Feuer, treibt die obersten Wassertheilchen von der Wasserfläche weg, die sich denn sogleich in großer Menge an die Theilchen der Luft henken. Diese solchergestalt mit Wasser beschwerte Luft wird von der Theilchen electrischen Zurückstoßen ausgebreitet, leichter, steigt in die Höhe, und führt die

Wasserdünste mit sich, welche in electrische Seewolken gesammlet werden. Dagegen glaubte Franklyn, alle Wolken, welche vom festen Lande aufsteigen, seyn unelectrisch, deswegen sie auch, sobald sie einer electrischen Seewolke begegnen, aus ihr einen electrischen Funken oder Blitz ziehen, wodurch die Seewolke ihre electrische Kraft verliert, sich zusammen zieht, und ihr Wasser fallen läßt."

893 Im September 1753 schreibt Franklin (Briefe 1758, 146) in einem Brief an Collinson, daß ihm nach an der Seeküste in den Jahren 1750 und 1751 unternommenen Versuchen Zweifel an seiner vorigen Erklärung der Gewitterelektrizität gekommen seien: „Ich zog darauf in Ueberlegung, ob es nicht vielleicht möglich wäre, daß die Lufttheilchen, welche für sich elektrisch sind, bey starken Windstürmen, durch ihr Reiben an Bäume, Berge, Gebäude, u.s.f. wodurch sie als eben so viel kleine elektrische Kugeln anzusehen sind, die sich gegen ein elektrisch Küssen rieben, das elektrische Feuer aus der Erde an sich zögen, die aufsteigenden Dünste selbiges aber wieder aus der Luft annähmen, und auf diese Weise die Wolken elektrisch würden." Franklin verwarf diese Überlegungen, nachdem es ihm nicht gelungen war, durch Reibung eines Luftstroms an einer Metallstange diese negativ zu elektrisieren. Vgl. Anm. 308. – Franklins spätere Erklärung der Gewitterelektrizität findet sich in seinen „Experiments and Observations" (1769, 117–121; vgl. Wilcke, Meynungen 1759, 156).

894 Gehler (1, 507) zufolge ist die Chemie „[...] die Lehre von der Auflösung der Körper in ihre Bestandtheile, und ihrer Zusammensetzung aus denselben [...]". In diesem Sinn sind das Mitreißen von Elektrizität bei der Verdunstung und die Freisetzung von Elektrizität bei der anschließenden Zersetzung der Dünste, auf die Volta (vgl. Anm. 310) das Entstehen der Luftelektrizität zurückführte, „der chemische Proceß". Vgl. zu Voltas Hypothese auch GamN, 911 f. – Zu S. 473,16–23 vgl. ErxH, 797 f. L.s Vergleich mit dem Regen bezieht sich auf Delucs Theorie der Dünste, vgl. Anm. 821, die seiner Erklärung des Regens zugrunde liegt. Zu Delucs Vorstellungen von Luftelektrizität und Gewitter vgl. ders., Siebenter Brief 1791, 277–288. – Vgl. auch Lichtenberg, Revolutionen 1794, 101 f.

895 Von einem Blitzschlag in „HE. Professor Feders Straße", der damaligen Teichstraße, heutigen Oberen-Masch-Straße in Göttingen, berichtet L. in einem vermutlich im September 1779 an Sömmerring geschriebenen Brief (Bw 1, Nr. 616).

896 ErxH, 805,6–35 (Randbemerkung). – Goeze (Harzreise 2, 1786, 143) schreibt über die Rotbuche: „Dieser Baum muß schlechterdings etwas an sich haben - sollte es auch die glatte Borke seyn - wodurch der Blitzstral in seiner Elektrizität, nicht, wie bey andern, angezogen, sondern abgestoßen wird."

897 ErxH, 800,25 f. – Die heftige, z.T. tödliche Wirkung auf Tiere rechnete Franklin (Experiments 1769, 66 f. und 323) schon 1749 zu den Ähnlichkeiten zwischen Blitz und elektrischem Schlag. Zur tödlichen Wirkung auf den Menschen schreibt Franklin (ebd., 325): „Too great a charge

might, indeed, kill a man, but I have not yet seen any hurt done by it. It would certainly, as you observe, be the easiest of all deaths." So dachte, zumindest vom Blitzschlag, auch L., vgl. 367,25.

898 Wenn man berücksichtigt, daß es zu den Regeln zum Schutz vor Blitzschlag gehörte, „in der Mitte des Zimmers ruhig auf einer reinen und trockenen Stelle" zu stehen, vgl. Anm. 303, dann waren Anstreicher („Weißbinder"), wenn sie ihre Tätigkeit während eines Gewitters ausübten, besonders gefährdet.

899 § 751 in Erxlebens Kompendium (ErxH, 800 f.). L.s Randbemerkung (ebd., 800,15–801,12) ist eine Übertragung der Stelle aus Franklins Brief an Ebenezer Kinnersley vom 20. Febr. 1762 (Experiments 1769, 411 f.): „I was to easily led into that error by accounts given, even in philosophical books, and from remote ages downwards, of melting money in purses, swords in scabbards, &c. without burning the inflammable matters that were so near those melted metals. But men are, in general, such careless observers, that a philosopher cannot be too much on his guard in crediting their relations of things extraordinary, and should never build an hypothesis on any thing but clear facts and experiments, or it will be in danger of soon falling, as this does, like a house of cards." Vgl. die Sudelbuchnotiz J 432 (NL IV 31, p. 60) und GamN, 913.

900 Diese Seite ist in den „Excerpta" (NL VI 55) nicht mehr vorhanden.

901 L. (Merkwürdigkeiten 1793, 154): „Daß der Donner nicht bloß das Knistern des electrischen Funkens im Großen sey, hat Hr. *De Lüc* zuerst gemuthmaßet (Observ. sur la Physique. Août 1790). Daß Zersetzung oder Erzeugung von Luft und von Wasser daran Antheil haben, ist sehr wahrscheinlich." Vgl. GamN, 913 f.

902 Nicht ermittelt. Vielleicht geht es um L.s Wahrnehmung des Donners bei dem gerade, S. 474,1, erwähnten Blitzschlag in seiner Nähe.

903 Vgl. L.s Zusatz zu § 752 in Erxlebens Kompendium (ErxH, 802, 1–23).

904 Auf Bl. 4v L.s Dank an Hogreve für eine Tertienuhr, Bw 3, Nr. 1869 (2. Mai 1791 [Fragment]).

905 Vgl. ErxH, 796,9–19 (Randbemerkung). L. notiert in seinem Exemplar der Bibliographie von Krünitz (KR, vor S. 151): „Winckler ist auch mit unter den ersten, der mit Nollet richtige Vorstellungen vom Gewitter hat. Man sehe dessen Schrifft Uber die el. Krafft des Wassers Leipzig 1746. 8. S. 137–164." Es handelt sich um „Das X. Hauptstück. / Ob Schlag und Funken der verstärkten Electricität für eine Art des Donners und Blitzes zu halten sind?" Aus einer Betrachtung der Ähnlichkeiten schließt Winkler (Stärke 1746, 164): „Es scheint demnach, daß die electrischen Funken, welche durch Kunst erwecket werden, der Materie, und dem Wesen, und der Erzeugung nach, mit den Blitzen und Donnerstrahlen von einerley Art sind, und ihr Unterscheid nur in der Stärcke und Schwäche ihrer Wirkungen bestehe."

[906] Rittenhouse (Account 1793) und Hopkinson berichten über einen Blitzeinschlag, der am 17. Aug. 1789 die am Crum Creek bei Chester, PA, gelegene Schnupftabaksmühle von Colonel Thomas Leiper getroffen hatte. Die beiden Autoren waren von Leiper um eine Begutachtung gebeten worden, da er sein Gebäude mit zwei sorgfältig errichteten spitzen Ableitern ausreichend geschützt zu haben meinte. Als Ursache wurde eine unvollkommene Erdung der Ableiter vermutet, da der Untergrund an dieser Stelle aus einer kompakten Felsmasse bestand, die von einer nur wenige Zoll starken und zu dieser Zeit ausgetrockneten Erdschicht bedeckt war. Rittenhouse und Hopkinson stellten fest, daß dieses Ereignis keinesfalls für den häufig geäußerten Vorwurf gegen spitze Ableiter sprach, sie würden Blitze eher anziehen als davor schützen. Sie rieten aber, unbedingt auf eine genügende Erdung acht zu haben.

[907] Vgl. oben S. 469,14–470,4. – Mit den zehn Ähnlichkeiten zwischen Blitz und Elektrizität, S. 474,12–16 und 474,19–24, folgt L. Priestleys (History 1767, 174–179) Zusammenstellung von Mitteilungen in der ersten Ausgabe von Franklins „Experiments and Observations“ (1751). Zu 1 bis 4, 9 und 10 vgl. GamN, 909 f. Folgendes ist mit den übrigen Punkten gemeint: 5) Das gelegentliche Schmelzen von Metallen, 6) die Beschädigung nichtleitender fester Körper, 7) der Verlust des Sehvermögens bei Mensch und Tier, 8) die Zerstörung von Blattgoldauflagen.

[908] Vgl. Priestley (History 1767, 327–329) und oben S. 470,8–11; hier jedoch vermutlich nach Paets van Troostwyk (De l'application 1788, 17).

[909] Paets van Troostwyk (De l'application 1788, 19). Im Juni 1752 hatte Franklin zum erstenmal mit seinem „elektrischen Drachen“ experimentiert, vgl. oben Anm. 296.

[910] Paets van Troostwyk (De l'application 1788, 16): „Il ne paroissoit donc rester qu'un seul pas, important il est vrai, mais nécessaire pour établir irréfragablement l'analogie entre la foudre & l'électricité, c'est de pouvoir produire par la foudre les effets de l'électricté, comme on avoit réussi à imiter par l'électricité quelques effets de la foudre.“

[911] Paets van Troostwyk (De l'application 1788, 16 f.) hebt in einem historischen Überblick zur Erkenntnis des elektrischen Wesens des Blitzes die Experimente an spitzen Leitern hervor, zu denen Franklin durch seinen Freund Thomas Hopkinson angeregt wurde, vgl. oben S. 474,17–18. Franklin (Experiments 1769, 3–5) berichtet in einem Brief an Collinson vom 11. Juli 1747 von der Eigenschaft spitzer Leiter, Elektrizität, sichtbar durch entsprechende Lichterscheinungen („electrical fire“), abzuleiten bzw. auszuströmen („*drawing off* and *throwing off*“). Mit dem Ausströmen von Elektrizität aus spitzen Leitern hatte Hopkinson Franklin bekanntgemacht. Wird eine isolierte Eisenkugel, auf der eine Nadel liegt, an den Konduktor einer Elektrisiermaschine angeschlossen, entströmt der Nadelspitze, während die Maschine in Bewegung ist, beständig „elektrisches Feuer“, was verhindert, daß die Kugel so elektrisiert wird, daß ihr nach Trennung von dem Konduktor ein Funke entlockt werden könnte.

912 Vgl. Priestley, History 1767, 180 u. ders., Geschichte 1772, 116.

913 Was Mahon (Principles 1779, deutsche Übersetzung: Grundsätze 1789) als „returning stroke" („Rückschlag") bei Gewittern bezeichnet, faßt Gehler (4, 737 f.) wie folgt zusammen: „Man denke sich eine einzelne weit in die Länge gedehnte Wetterwolke, die in der Mitte etwas aufwärts gekrümmt ist, so daß ihre beyden Enden der Erde näher stehen, als ihre übrigen Theile. Unter jedem Ende dieser Wolke stehe ein erhabner Körper. Beyde Körper erhalten durch den Wirkungskreis der Wolke ein starkes $-E$, wenn die Wolke selbst $+E$ hat. Nähert sich nun die Wolke mit einem Ende dem darunter befindlichen Körper soweit, daß sie ihm einen Funken abgeben kan, so wird sie dadurch ihres $+E$ und ihres Wirkungskreises plötzlich beraubt. Der Körper am andern Ende muß daher sein starkes $-E$ eben so plötzlich verlieren, oder sich mit $+E$ aus der Erde sättigen, welches bey einer unvollkommnen Verbindung nicht ohne eine mächtige Erschütterung geschehen kan. Aber die Wolke kan durch ihr Einschlagen in den ersten Körper ihres $+E$ so stark beraubt werden, daß sie sogar in $-E$ übergeht. In diesem Falle wird sie das in den andern Körper tretende $+E$ der Erde so stark und plötzlich anziehen, daß dadurch eine neue Entladung desselben gegen die Wolke auf der andern Seite, d.i. ein zweyter heftiger Schlag am andern Ende entsteht. // [...] Oft ereignet sich der Fall, daß Personen in einer großen Entfernung von dem Orte, wo der Blitz einschlägt, zu gleicher Zeit auf das heftigste erschüttert, betäubt hingeworfen oder wohl gar getödtet werden. Dieses Einschlagen einer einzigen Entladung an zween sehr entfernten Orten erklärt sich vollkommen durch den Nachschlag." L. (Reimarus, Bemerkungen, Rez. Lichtenberg 1794, 1198) stimmt später Reimarus zu: „Mit Recht wird getadelt, was Lord *Mahon* (jetzt *Earl of Stanhope*) von der Gefährlichkeit des *Rückschlags* lehrt. Wie Menschen dadurch getödet werden können, lasse sich zwar recht gut abbilden, aber nicht wohl begreifen." – Vgl. ErxH, 805,33 f.

914 Bergman (Observations 1763, 100) berichtet, daß im Sommer 1759 in Upsala ein Blitz durch den Schornstein in ein kleines Haus gefahren und gleich darauf mit schrecklichem Krachen durch eine kleine von einer fehlenden Scheibe herrührende Öffnung eines Fensters herausgefahren sei. Besonders merkwürdig war, daß einige mehr als 250 Fuß davon entfernt stehende Männer zu Boden gestürzt seien und einen heftigen elektrischen Schlag verspürt hätten, während jedoch die darum Herumstehenden in keiner Weise betroffen gewesen wären. Der Blitz sei ebendahin zurückgekehrt, und zugleich hätten unterdessen einzelne in dem Kreis der Explosion Befindliche einen ziemlich ungleichen Grad von Erschütterung verspürt. [„Hoc eodem redit, ac dum interdum singuli in circulo explosionis constituti valde inaequalem concussionis gradum sentiunt."]

915 L. hat den Blitzableiter skizziert, den er im Mai 1780 auf seinem Gartenhaus „innerhalb des Walles" errichten ließ, also vermutlich auf dem Haus eines an der Hospitalstraße gelegenen Gartens, den L. von 1779 bis 1782 benutzte (vgl. Bw 5.2, 285). Es handelt sich dabei noch um einen

„klassischen Blitzableiter" in Franklinscher Bauweise mit Auffangstange, Ableitung und Erdung. L. selbst beschreibt den Blitzableiter, der zugleich für Versuche mit Gewitterelektrizität gedacht war, wie folgt (Lichtenberg, Nachricht 1904, 98 f.): „Die Stange, die man bequem vom Walle sehen kann, ist oben mit einer dreykantigen, kupfernen, im Feuer vergoldeten Spitze versehen, unter dem kupfernen Hut ist sie in eine starke, lange gläserne Flasche eingeküttet, und diese wieder in einen starken ausgehöhlten eichenen Block. Der Hut dient dazu, die Oberfläche des Küttes vor Nässe zu bewahren, und selbst durch den auf ihn fallenden Regen alles schneller zu elektrisieren. Unten am Dache, wo der herabgehende Draht einer Unterstützung bedurfte, ist dieses vermittelst eines Balkens geschehen, in welchen wiederum eine starke gläserne Röhre eingeküttet ist, durch die der Draht geht, und auch diese ist mit einem kleinen Hut gegen den Regen geschützt. Dem Fenster fast gegenüber, befindet sich in dem Draht ein Ring, in welchen der unten in die Erde gehende Theil eingehenkt ist. Henke ich dieses untere Ende aus, so steht alles übrige, vom Ring bis an die Spitze, auf Glas und Harz, und ist also, wie man sagt, isoliert und wird bey electrischer Luft sogleich electrisch. So daß, wenn man alsdann einen Draht von dem Ring in das Zimmer leitet, man allerley Versuche, wie an einer gemeinen Maschine anstellen kan; man kan Glockenspiele einrichten, daß sie durch ihr Spiel die Elektricität der Luft verkündigen, Weingeist anzünden u.s.w. Allein diese Versuche müssen mit großer Vorsicht angestellt werden, sobald ein eigentliches Gewitter in der Luft ist. Man kann getötet werden, ohne daß man in der Nachbarschaft einen Blitz sieht oder einen Donner hört. Auf diese Weise ist Professor Richmann zu Petersburg am 6. Aug. 1753, wiewol unter ziemlichem Krachen, erschlagen worden. Ist aber der untere Theil eingehenkt, so verschwindet alle Gefahr, ja jemand, der den Draht anfaßte, selbst in dem Augenblick, da ein Blitz auf die Stange schlüge, würde meistens nur eine heftige Erschütterung verspüren." – Vgl. zu den Details auch die mit weiteren Skizzen versehenen Briefe an Schernhagen vom 11. Mai 1780 (Bw 2, Nr. 692) und vom 1. Juni 1780 (Bw 2, Nr. 705).

916 Reimarus, Vom Blitze 1778. – Die von Reimarus in seiner späteren Schrift (Bemerkungen 1794) empfohlenen und von L. seit 1792 ebenfalls bevorzugten „konservativen" Ableiter ohne Auffangstange, mit Metallbelegung der Dachkanten und einer nur bis an die Erdoberfläche reichenden Ableitung (vgl. ders., Bemerkungen, Rez. Lichtenberg 1794) gehören noch nicht in den Zusammenhang dieses Textes.

917 Wilcke, Bemerkungen 1770. Das vom Blitzschlag getroffene Haus hatte drei Stockwerke. First, Dach- und Giebelkanten waren mit verzinnten Eisenplatten belegt. Weder diese noch die damit verbundenen metallenen Regenrinnen und Fallrohre hatten eine Ableitung in die Erde. Eine Auffangstange war nicht vorhanden, und Wilcke (ebd., 123) schreibt, daß er selbst von dem Nutzen der „fast von allen Schriftstellern vorgeschlagenen spitzigen und hohen eisernen Stangen […] noch nicht vollkommen überzeugt" sei. – Reimarus (Vom Blitze 1778, 308–312) zitiert Wilckes Bericht.

[918] Hemmer, Nachricht 1780. Auf dem Dach des Landhauses des Freiherrn von Beckers brachte Hemmer (ebd., 81–86) zum besonderen Schutz der Schornsteine „eiserne Schienen“ an, die untereinander durch einen Eisendraht verbunden waren und eine besondere Ableitung in die Erde hatten. Die übrigen von L. genannten Einzelheiten beziehen sich auf die Beschreibung des von Hemmer (ebd., 62; 65) 1776 auf dem Schloß des kurpfälzischen Oberjägermeisters, des Freiherrn von Hake, in Trippstadt errichteten Blitzableiters. – Von dem Blitzableiter zu Experimenten mit der Gewitterelektrizit an Hemmers Haus hatte L. durch seinen früheren Studenten, Graf Bentinck, eine Beschreibung erhalten, vgl. Bw 2, Nr. 907 und Gumbert (Lichtenberg 1973, 49, 72 f. und Abb. 14 f.).

[919] Lichtenberg (Nachricht 1904, 101): „Ist es, fragt man, recht, Blitzableiter anzulegen, und auf diese Weise sich den Absichten des Allmächtigen in seinen Züchtigungen zu widersetzen? Personen, die so denken, stellen sich den lieben GOtt als einen überstrengen Schullehrer vor, der seinen Kindern nicht erlaubt, sich zu bepolstern, wenn er sie prügeln will. Ich weiß nicht, inwiefern ohnmächtige Geschöpfe, wie wir, sich den Züchtigungen des Allmächtigen widersetzen und entziehen können, aber das weiß ich, daß man sich seinen weisen Absichten widersetzt, wenn man von Kräften und Kentnissen, die er uns verliehen hat, keinen Gebrauch macht. Mein GOtt! was sind denn alle unsere kräftigsten Arzneyen anders, als Mittel, Leiden zu lindern und abzuleiten, die er uns zuschickt? Ist denn der GOtt, der uns krank werden läßt, von dem verschieden, der unserm Verstand die Mittel zur Heilung anweist? Sollen wir dem Manne, der am Schlagfluß niederfällt, nicht zur Ader lassen, weil abergläubische Leute noch jetzt den Schlagfluß die Hand GOttes nennen? Unsre Fruchtbäume und Gartenbeete nicht gegen Nachfröste bedecken? Sollen wir den Regen nicht mit Ziegeldächern oder Regenschirmen ableiten? Uns nicht unter Zelte retten, wenn ein Erdbeben alles drunter und drüber wirft? Er selbst hat unser zartes Gehirn in einen knöchernen Ableiter für Schläge und Stöße eingeschlossen, sollen wir deswegen unsern Kindern keine Fallhüte, und unsern Feuerleuten und Kriegern keine Helme und gefütterte Hüte aufsetzen? Ich dächte, wir machten, so weit nur unsere Einsichten reichen, Gebrauch von allen Mitteln, die uns der Himmel zu unserer Sicherheit darbeut, ohne die läppische, kindische Rücksicht, ob wir ihm nicht auch etwa einen Weg zu unsrer Züchtigung damit abgeschnitten, ihm, der uns alle finden kann, wann und wo er will, wir säßen nun stille, oder flögen mit Flügeln der Morgenröthe.“

[920] Zu den Deicharbeiten während des 18. Jh. vgl. die „Tabelle der wichtigsten Ereignisse chronologisch geordnet“ bei Becker, Cuxhaven 1880, 244 f. – Cuxhaven bewahrt L. (Deutschland 1793, 96 f.) ein dankbares Andenken, weil er den Ort zur Anlage eines Seebades empfohlen hat.

[921] L. C. Lichtenberg (Verhaltungs-Regeln 1778, ungez. S. 4) schreibt, er hoffe, „[…] daß die Zeiten nicht so gar weit mehr entfernt seyn können, wo man sich eben soleicht zu dem Aufsezen eines Blizableiters auf sein Haus, als zu dem Einpfropfen des Blatterngifts in seine Kinder, verstehen

wird." – Bei L. ändert sich der Gebrauch der Metapher zusammen mit derjenigen seiner Ansicht über die „klassischen" Blitzableiter. Im Zusammenhang mit dem ersten Göttinger Blitzableiter schreibt L. (Nachricht 1904, 100): „Ziehen die Blitzableiter den Blitz nicht an? Hierauf antworte ich: Wenn die Stangen allzu hoch sind, so kann freylich ein Blitz den Ableiter treffen, der, ohne sie, wohl nicht gekommen wäre; dafür wird sie aber auch jedem andern, der ohne sie gekommen wäre, einen ganz unschädlichen Weg nach der Erde anweisen. In dieser Rücksicht hätte eine solche Anstalt viel Ähnlichkeit mit der Einpropfung der Kinderpocken. Der größern Gewißheit, daß man die Krankheit bekommt, steht auch der Trost der geringern Gefahr wieder entgegen." In Erxlebens Kompendium (ErxH, 806,8–11) vergleicht L. Gebäude, die trotz vorhandener Ableiter vom Blitz getroffen wurden, mit Kindern, „die an unvorsichtig inoculirten Pocken starben." Als er dann Gleim (Bw 3, Nr. 1728, vom 26. Juli 1790 [S. 766]) von der Errichtung eines Blitzableiters auf dem noch nie vom Blitz beschädigten Halberstädter Dom abrät, schreibt L.: „Ich rede nur nach meiner Ueberzeugung, und nach dieser würde ich mir wenn ich in einer Stadt ein Hauß bewohnte, das vielleicht schon 100 Jahre gestanden hat ohne vom Blitze getroffen worden zu seyn, so wenig einen Blitzableiter darauf setzen lassen als ich mir in meinem 80ten Jahre die Blattern würde inoculiren lassen."

922 Für sein Vorhaben, die nur mit einer Notbedachung versehene Hauptkirche von Sagan neu einzudecken, hatte Felbiger (Kunst 1771, 5–9) den Rat des Wittenberger Professors Titius eingeholt, der außer der Errichtung einer Wetterfahne auf dem Turm auch den Blitzschutz mittels eines Ableiters empfahl, und zwar entsprechend der von Reimarus (Ursache 1769) gegebenen Anleitung.

923 Sinngemäß, zum Teil auch in den Einzelheiten, folgt der Absatz S. 475,19–476,10 der Einleitung von Lichtenberg, Verhaltungs-Regeln, 1778, 9–16.

924 Franz Stephan von Lothringen wurde am 13. Sept. 1745 in Frankfurt als Franz I. zum Kaiser des Heiligen Römischen Reiches gewählt. Es wurde als gutes Vorzeichen für seine Regierung angesehen, daß, wie der „Hamburgische unpartheyische Correspondent" (Kaiserwahl 1, 1745, ungez. Sp. 8) vermerkte, „[...] der Wahl-Tag ein heiterer und schöner Tag gewesen" sei. Jedoch meldete die gleiche Zeitung unter dem 17. Sept. (Kaiserwahl 2, 1745, ungez. Sp. 7): „Vorgestern Abend um 8 Uhr schlug das Wetter zu Sachsenhausen in die Scheuer des Wirthshauses zum Rad, welche gleich in Brand geriethe, und hat das Feuer dergestalt überhand genommen, daß 14 bis 16 Vorder- und Hinter-Gebäude in die Asche gelegt worden."

925 Nicht in Bw. – Vermutlich hat L. diesen Brief von (Johann Reinhold oder Georg?) Forster vor 1779 erhalten, denn er schreibt in seiner Rezension von Cavallo (Treatise, Rez. Lichtenberg 1779, 83): „Hr. Swift in Greenwich, dessen Scharfsinn uns schon gerühmt worden ist, räth, den Gewitterstangen nicht conische, sondern pyramidalische Spitzen zu geben,

und die Ecken so scharf als möglich, zu machen." Die zugehörige Stelle ist eine Fußnote, in der Cavallo (Treatise 1777, 80) den „ingenious Electrician, Mr. *Swift* at Greenwich" als Erfinder der pyramidalen Spitzen der Blitzableiter nennt. – L. hatte seinen ersten Blitzableiter, vgl. Anm. 915, ebenfalls mit einer pyramidalen Kupferspitze versehen, vgl. Bw 5.1, Nr. 1078a (S. 75), vom 18. Mai 1783, an das Konsistorium in Hannover.

926 Vgl. VNat 4, 641 f. (Anm. 65). – Inneren Merkmalen zufolge (vgl. S. 476,24–27 und 478,1–4) dürfte der Text nicht viel später als 1784 entstanden sein, so daß L. sowohl hier als auch bei der Erwähnung in der Vorlesung vom 18. Sept. 1784, vgl. S. 368,18, noch an die Anbringung eines „klassischen" Blitzschutzes mit Auffangstangen, Ableitungen und Erdung an der Universitätskirche gedacht hat. Mit dem Gutachten, um das er „zwar nicht höchsten Orts, doch vom zweyten" gebeten worden ist, wird L. dasjenige für das Konsistorium in Hannover vom 18. Mai 1783 (Bw 5.1, Nr. 1078a) wegen „Anlegung eines Blitz-Ableiters auf den Thurm zu Mandelsloh" gemeint haben. – Zwischen 1788 (den Empfehlungen „klassischer" Blitzableiter an Hollenberg, Bw 3, Nr. 1576 und Nr. 1598) und 1792 (Bw 3, Nr. 2188, an Reimarus, mit einem Bekenntnis zu „konservativen" Blitzableitern ohne Auffangstange, mit Metallbelegung der Dachkanten und einer an der Erdoberfläche endenden Ableitung) scheint L. seine Ansichten über den Blitzschutz grundsätzlich geändert zu haben. Schon bei dem ersten Angebot eines Vorschlags (Bw 3, Nr. 1667, vom 9. März 1789, an die Göttinger Sozietät der Wissenschaften) wegen des Blitzschutzes von Universitätsbibliothek und -kirche scheint L. eine „konservative" Bauart im Sinn gehabt haben. Denn er meint (ebd., S. 684) nicht nur, daß die „Blitzableiterey […] in unsern Tagen eine sehr üble Wendung" genommen habe, sondern empfiehlt den von ihm angebotenen Vorschlag als „sehr einfach, wenig kostbar, welches […] bey einer so gar sehr unwahrscheinlichen Gefahr ein Hauptumstand" sei. Im Gegensatz dazu hatte L. früher gemeint: „Nur nichts gespart" (S. 368,19) und (ders., Nachricht 1904, 97) die Gefahr eines Blitzschlags für „die höchsten Gebäude oder die nächsten nach der Seite, von welcher das Wetter eintritt" betont. Daß L. diese Gefährdung für die Universitätsbibliothek und -kirche auch 1789 noch bewußt war, zeigt die folgende Notiz im Sudelbuch (J 105; NL IV 31, p. 19): „Blitzableiter: das Glocken Thürmchen das ohnehin so nett gesezt ist, daß es das Tach in 2 Theile theil[t], die sich gnau wie 1:2 oder gar wie 2:5 verhalten. Ich sehe überhaupt nicht was das Arme sünder Glöckchen da oben zu thun hat da oben zu hängen. Könte man sie gut verkaufen, so gäbe das schon etwas zum Blitzableiter. Wäre es von Silber, wie einige Leute glauben sollen, so könte es ein Kupfertach geben. – Ich glaube daß das Dach der Universitäts Kirche das höchste in Göttingen ist. Dieses Recht umständlich gezeigt. Durch den Prospeckt vom Gartenfenster aus." L. (Bw 4, Nr. 2410) bringt deshalb den Blitzschutz der Bibliothek auch am 12. Juli 1794 wieder in Erinnerung, und zwar gelegentlich der Einsendung seiner zustimmenden Rezension des neuen Buches von Reimarus (Reimarus, Bemerkungen, Rez.

Lichtenberg 1794), das Argumente gegen die Blitzableiter Franklinscher Bauweise und Vorschläge zu „konservativen" Blitzableitern enthält. Im Sommer 1794 hatte L. (Bw 4, Nr. 2431 [S. 332]) sein Gartenhaus vor dem Weender Tor mit einem Blitzableiter „ganz nach Ihrer [Reimarus'] Idee" versehen, d.h. (Bw 3, Nr. 2188 [S. 1189]): „Also gerade wie Ew. Wohlgebohren bin ich blos gegen die Auffangstangen, und armire übrigens das Hauß vollkommen an allen Ecken. Auch die Giebel der Dachfenster, Schornsteine pp, führe alles an mehr als einer Stelle nach der Erde und nun lasse ich das Gewitter kommen, und reitze es nicht einmal dadurch, daß ich die Leitung bis zum Wasser gehen lasse, sondern kurtz an der Erde ab damit, wie Ew. Wohlgebohren längst vorgeschlagen haben." Diese Art des Blitzschutzes verbreitet L. (Gewitterfurcht 1795, 141 f.) auch im Taschen-Calender: „Es ist schon vollkommen hinreichend, wenn nur die Schornsteine, die Firsten und alle hervorstehende Ecken der Gebäude mit zusammenhängenden Streiffen von Bley oder Kupfer belegt, und alle diese Belegungen mit ähnlichen Streiffen, die man an der Wand des Hauses herunter an die Erde führt, in Verbindung gebracht werden. Die hohen und spitzen Stangen können ganz wegbleiben." Entsprechend ist dann L.s Vorschlag für den Schutz der Universitätskirche in seinem Promemoria an das Geheime Rats-Kollegium vom 3. Juni 1798 (Bw 4, Nr. 2856 [S. 873]): „Ich meine alle Firsten der Dächer und auswärts gehende Winckel derselben und alle starck vorstehende Ecken müssen mit gut verbundenem Metall belegt und diese Belegungen, vermittelst mehrerer mit ihnen zusammenhängender Streiffen mit der Erde in Verbindung gesezt werden." Wie sich L. zu dieser Zeit die Verbindung mit der Erde gedacht hat, läßt sich mittelbar aus einer an ihn aus Schnepfenthal gerichteten Anfrage erschließen, ob es mit einer Anweisung L.s (Bw 4, Nr. 2900 vom 1. Sept. 1798), „[...] die Leitung nur wenige Zolle tief in die Erde führen [...]" zu lassen, seine Richtigkeit habe. – L. begründet seine Wendung von Franklins Auffangstange zu der Belegung mit Blechstreifen nach Reimarus damit (Bw 4, Nr. 2856 [S. 871]), daß „auch unser Herr DeLüc aus seiner von vielen noch immer verkannten Theorie des Blitzes, schon vor geraumer Zeit den Nutzen der spitzen Ableiter in dieser Rücksicht bezweifelt hat." Von L. schon am 13. Sept. 1779 (Bw 1, Nr. 611 [S. 979]) geäußerte Zweifel hinsichtlich der Vergleichbarkeit zwischen Experimenten mit Elektrisiermaschinen und dem Gewittergeschehen wurden von Deluc (Siebenter Brief, 1791, 285–287) unterstützt, der die Erzeugung von Reibungselektrizität durch Maschinen mit der Entstehung von Gewitterelektrizität für prinzipiell unvergleichbar hielt. Delucs Argumente (ebd.) macht L. (Bw 3, Nr. 2188 [S. 1188]) sich zu eigen: „Also da wir nicht wissen wie der Blitz entsteht, und, wie, glaube ich, Volta schon einmal dachte, die Spitzen einen beträchtlichen Lufftstrich negativ elecktrisiren oder doch auf 0 bringen können, wenn er + war, und also gar wohl Veranlassung zu einer Explosion werden können, warum wollen wir durch diese Dinger unsere Häußer in Kirchthürme verwandeln, und sie treffen lassen, blos um das Vergnügen zu haben den Blitz abzuleiten? Daß aber die

Spitzen Veranlassungen zu Schlägen werden können, läßt sich zwar nicht geometrisch demonstriren, aber es wird doch nun fast wahrscheinlich da die Blitzableiter gemeiner werden." – Bei der Abkehr von einer Erdung des Ableiters bis ins Grundwasser und der Empfehlung, die Ableitung an der Erdoberfläche enden zu lassen, folgt L. Reimarus. Dieser hatte schon in der ersten Aufl. seines Buchs geschrieben (Vom Blitze 1778, 470): „Wenn sich keine Gelegenheit findet am Fuße des Gebäudes ein offenes Wasser oder eine Gassenrinne zu treffen; so lasse man die Ableitung liber nur eben an der Oberfläche der Erde aufhören, als daß man sie tief in die Erde hinein leiten solte." Denn je nach Verteilung des Grundwassers (ebd., 468) „[...] kan durch den hineingelokten Strahl eine heftige Platzung entstehen, entweder weil er sich selbst nicht genug darin ausbreiten kan, oder weil auch das Wasser in Dünste aufgelöset und die Luft durch die Flame auf einmahl ausgedeent wird. Daher ist in disem Falle eine Aufsprengung der bedeckenden Teile zu besorgen." Bei aller Wertschätzung des Buchs war L. noch 1788 der Ansicht (Bw 3, Nr. 1576 [S. 484]): „Reimarus hat den Fehler, daß er die Leitung an der Erde aufhören läßt, welches gewiß unrichtig ist." In seinem zweiten Buch hat Reimarus noch eindringlicher vor den Gefahren der „Platzungen" gewarnt (Bemerkungen 1794, 243 f.): „Wasser, oder Feuchtigkeit, ist immer nur ein unvollkommener Leiter, und muß schon von beträgtlichem Umfange seyn, wenn es nur den Schlag elektrischer Versuche ohne Platzung durchleiten soll: sonst werden die Gewässer zersprengt. Zerstreute Feuchtigkeit wird noch überdem durch die erregte Flamme in Dünste aufgelöset, deren große Ausdehnungskraft bekannt ist. // Die Erde an sich ist ein noch schlechterer Leiter. Es ist also klar, daß, wenn der Blitz wirklich in die Erde hineinfährt, er eine Aufsprengung des Bodens verursachen müsse." Und er fragt am Ende seiner mit Beispielen illustrierten Argumentation (ebd., 307 f.): „Sollte uns denn eine bloße Einbildung oder unverbürgte Lehrmeinung bewegen, die Einsenkung des Ableiters in die Erde anzurathen, welche doch, der Erfahrung nach [...] nicht nur überflüssig ist, sondern auch schädlich seyn, und wo sich Feuchtigkeit in derselben befindet, eben deswegen eher mehr als weniger zur Aufsprengung Anlaß geben kann. – Bey dem Ableiter zu Seefeld geschahe die Aufsprengung glücklicher Weise an einem abgelegenen Orte, und war also ohne weitere Folgen: in unsern Gassen aber, wo das Steinpflaster aufsprengt, und der Grund des Gebäudes erschüttert würde, und wo sich auch Menschen daneben befinden mögten, könnte es großen Schrecken und viel Ungemach, und bey Pulver-Magazinen sogar große Gefahr verursachen. Dies würde um desto schlimmer seyn, je tiefer der Strahl durch das Metall in die Erde gelockt, und je mehr diese angestampft und bepflastert wäre; denn da müßte die Platzung, welche sich, wie gesagt, nach oben hin äussert, nur desto grössere Gewalt ausüben." – Die Änderungen der Ansichten L.s zum Blitzschutz haben zumindest keine experimentalphysikalische Grundlage. Es scheint sich eher um L.s Ausweg aus einem Widerstreit zwischen seiner Angst vor Blitzschlag (vgl. o. S. 369,8–9; ausführlich in ders., Gewitterfurcht 1795) und seiner Angst vor den Gefahren der Blitzableiter zu handeln (Reimarus, Bemerkungen, Rez. Lichtenberg 1794, 1197): „Diese Armirung der Gebäude durch bloße Streifen von Metall hat noch den Nebenvortheil, daß sie durch ihr schuldloses Ansehen den abergläubischen Nachbar nicht ängstiget, der in der bisherigen Einrichtung nichts als Absicht die Donnerkeile spießen zu wollen und angedrohten Offensivkrieg mit dem Himmel erblickte. Rec. ist überzeugt, daß sich die Furcht vor den Blitzableitern sehr verlieren wird, so bald die häßlichen Spieße davon wegbleiben. Auch ein Anlocken des Blitzes in die Nachbarschaft von einer solchen Anstalt wird den Leuten nicht mehr dabey einfallen, so wenig sie ihnen bey einem bleyernen oder kupfernen Dache oder metallenen Dachrinnen jetzt einfällt.“ Denn warum hätte L. sonst das schon 1787 bezogene Gartenhaus vor dem Weender Tor erst 1794 (s.o.) mit einem Blitzableiter – nach Reimarus' Bauweise – versehen lassen?

927 So schreibt L. auch in seinem Promemoria vom 16. Juli 1798 an das Geheime Rats-Kollegium (Bw 4, Nr. 2879 [S. 904]): „Nun ergiebt sich aber aus einer großen Menge von Erfahrungen, daß in unsern Gegenden fast alle Gewitter ihren Anzug aus den Puncten des Horizonts von Süd=Osten an, durch Süden und Westen durch, bis Nordwesten, oder aus dem Bogen von 180° Graden nehmen, der zwischen SüdOst und Nordwest, durch Westen durch gezählt, enthalten ist. Ja dieser Erfahrung muß irgend eine noch nicht gantz erkannte, sehr allgemeine Ursache zum Grunde liegen, da ich mich so aufmercksam ich auch seit jeher auf diese Gegenstände gewesen bin, nicht erinnere weder hier noch an andern Orten Deutschlands, wo ich mich aufgehalten habe noch auch in England, je ein Gewitter erlebt zu haben, das aus Norden oder NordOsten oder selbst nur aus Osten angerückt wäre.“

928 Wie L. 1784 den Blitzableiter für Universitätsbibliothek und Kirche angelegt wissen wollte, wurde nicht ermittelt. Für die 1797/98 geplante Belegung von Firsten und Dachkanten mit Bleistreifen ist eine Zeichnung überliefert (Bw 4, Nr. 2805).

929 Das Santuario di Nostra Signora della Guardia steht in Ceranesi auf dem Monte Figogna, nordwestlich von Genua. Die drei Schiffe der Kirche umgeben einen nach Süden offenen Vorplatz. Auf dem Glockenturm, der sich östlich an der Seite der Kirche erhebt, war (Lettre 1780, 503) im November 1779 eine 7–8 Fuß hohe spitze Auffangstange errichtet worden. Das erste Stück der fingerdicken eisernen Ableitung verlief innerhalb des Turms, ging dann durch ein Fenster nach außen, eine Strecke über das Kirchdach und schließlich an einer Außenwand abwärts bis 12 Fuß in ein – zumindest zur Zeit der Anlage des Blitzableiters – feuchtes Erdreich. Am 14. Aug. 1779 schlug der Blitz (ebd., 503 f.) in einiger Entfernung von der Auffangstange in ein Fenster oberhalb einer Portikus vor dem Mittelschiff, nahm von dort einen unregelmäßigen Weg durch die Kirche, wobei mehrere Menschen verletzt wurden. Etwas später (ebd., 505) wurden auch Zeichen eines Blitzschlags an der Auffangstange gefunden, so daß angenommen wurde, daß sich zumindest ein Teil der Elektrizität auf diesem Weg ent-

laden habe. Der ungenannte Berichterstatter folgert, daß die spitze Auffangstange zwar das Gebäude nicht völlig gesichert, aber doch zumindest die Gewalt des Schlages gemindert habe, und empfiehlt (ebd., 507) mehrere Auffangstangen auf den Dächern des weitläufigen Gebäudes zu errichten. Außerdem (ebd., 508) müsse unbedingt auf eine ausreichende Erdung geachtet werden, am besten indem die Erdleitung in einem bei keiner Witterung austrocknenden Brunnen ende. – Vgl. auch Erx H, 805,34–806,3, wo L. die deutsche Übersetzung dieser Mitteilung nennt (Nachricht 1781).

930 Reimarus (Bemerkungen 1794, 269) hatte die briefliche Mitteilung Heckers vom 1. Sept. 1782 „in die hiesigen Zeitungen einrücken" lassen (vgl. Hecker, Blitzableiter 1782) und dann auch in seinem Buch wiedergegeben (Reimarus, Bemerkungen 1794, 77–79).

931 Zu den Angaben über die Stelle des Einschlags vgl. Blagden, Proceedings 1782, 375. L.s Skizze entspricht, bis auf die geänderten Bezeichnungen (*a* bei L. entspricht *f* bei Blagden, *b* entspricht *g*, und *c* entspricht *E*) der „Fig. IV" (ebd., Tab. X).

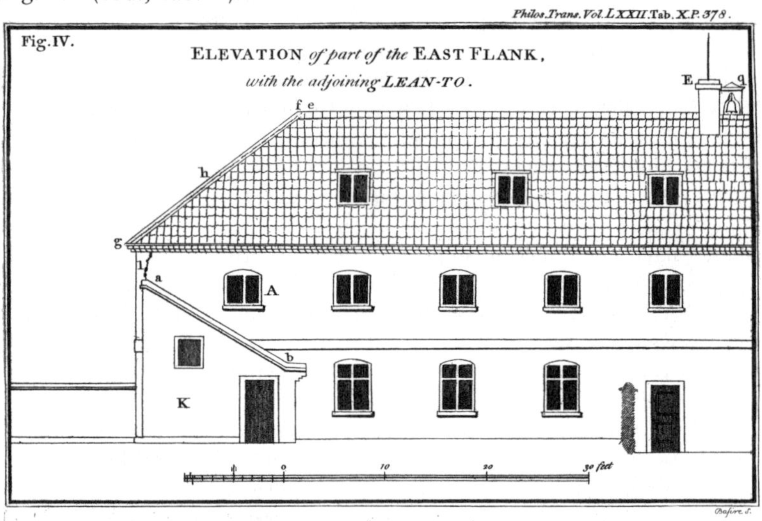

Vgl. auch Bw 5.1, S. 350 (Abb. 17 f.).

932 Fischer, Beweiß 1784. Im selben Jahr erschien die Schrift in zweiter Aufl. (ders., Beweis 1784). – Karl Theodor von der Pfalz, seit 1777 Kurfürst von Bayern, hatte 1783 verordnet (Beweiß 1784, 5): „[...] daß inskünftige das Glockenläuten bey Gewittern als eine Sache, welche mehr schädlich, als nützlich wäre, abgethan werden sollte." Fischers Buch wendet sich mit entsprechenden Argumenten an die „Herren Beamten und Pfarrer auf dem Lande", die diese Verordnung gegen den Brauch durchzusetzen hatten. Außerdem kritisiert Fischer vorgebliche Maßnahmen gegen den Blitzschlag, wie das Böllerschießen, gibt vernünftige Hinweise zum Anlegen von Blitzableitern sowie Regeln für das Verhalten bei Gewittern.

933 Das gelang Volta mit Hilfe seines Luftelektrizitätsmessers, bei dem auf der Spitze des Leiters eine Flamme brannte. Volta teilte die Leistungsfähigkeit dieses Geräts, das eine Leidener Flasche mit Luftelektrizität laden konnte, L. in den an diesen gerichteten „Lettere sulla meteorologia elettrica" (Bw 3, Nr. 1542 f. und 1545–1547; vgl. Abb. 34 [Fig. 2.], Bw 5.2, 536) mit.

934 Gemeint ist die Tägliche Abweichung der Magnetnadel, vgl. ErxH, 754,1– 26 (Randbemerkung).

935 S. 478,16–23 nennt L. Einwände, die Deluc (Siebenter Brief 1791, 278–280) gegen Voltas Erklärung der Entstehung der Luftelektrizität gemacht hat und gegen die Annahme, daß die Luftelektrizität die Ursache der elektrischen Ladungen bei Gewittern sei.

936 L. meinte (Bw 3 Nr. 1728 [S. 764]), „[...] daß die Gewitter-Elecktricität nicht, wie bey unsern [Elektrisier-]Maschinen durch Reiben, sondern plötzlich durch irgend ein Ferment und durch chemische Entwickelung entsteht."

937 Zu S. 479,2–5 vgl. die Parallelstelle bei Lichtenberg (Gewitterfurcht 1795, 133 f.): „Zum Theil liegt freilich der Grund von jener übermäßigen Furcht da, wo noch so mancher andere von unserm Elend liegt, in der Erziehung. *Horch! der liebe Gott zürnt,* sagt man Kindern, wenn es donnert, aber nicht *Siehe! Er zürnt,* wenn man ihre kleinen Mitbrüder bey einer Pocken-Epidemie zu halben Dutzenden an einem Tage zu Grabe trägt. Diese traurige Vorstellung wird dann ferner noch durch eine andere sehr alltägliche begünstigt, daß der liebe Gott seinen Wohnsitz unmittelbar über den Wolken habe, so wie diese wiederum Unterstützung durch *Mythologie* erhält, die man immer noch (freilich mit Recht) neben dem Christenthum her treibt. Hierzu kömmt dann unwandelbare, menschliche Natur; die unwiderstehliche Macht des Klanges über unser ganzes Wesen. Selbst die gefühllosesten Menschen werden durch den Donner der Pauken bey einem: *Herr Gott dich loben wir,* an einem Dankfest, dem übrigens ihr Herz beypflichtet, zu Thränen hingerissen; und *Händels* majestätisches: *Gib ihnen Hagelsteine für Brod* (*Give them hailstones for bread*), wirkt mit der Macht des Donners auf die Versammlungen. Auch der Wilde fürchtet den Knall der Kanone schon, ehe er noch die Wirkung ihrer Kugeln kennt."

938 Vgl. die Parallelstelle bei Lichtenberg (Gewitterfurcht 1795, 128 f.): „Wie würden sich wohl die Menschen in diesen Tagen verhalten, wenn die Ruhr, wie ein dickes, schwarzes Gewölke, oder gar wie ein *dunkelgrünes*, dergleichen Donnerwetter einmahl jemand gesehen haben wollte, am Horizont herauf, niedrig und langsam angezogen käme, die Spitzen der Bäume berührte, den Tag in Dämmerung verwandelte, und nun das bestimmte Schlachtopfer jedesmahl mit einem Donnerschlag befiele, der die Häuser beben machte?"

939 Zur Wandlung von L.s Ansichten über Blitzschutz vgl. Anm. 926.

940 L. schreibt Reimarus (2.–7. Dez. 1792, Bw 3, Nr. 2188 [S. 1189]): „Was soll in aller Welt, in einer Stadt, wo die Gewitter wenig einschlagen,

ein Blitzableiter z.B. auf einem Hauße, das unter 100 andern in der Reihe steht und sich nicht durch Höhe oder sonst was auszeichnet? zumal mit der vielleicht lockenden Stange? Vor Feuers Gefahr sichert er nicht, so lange nicht auf jedem Schweine Stall einer steht." Vgl. dort auch die zugehörige Anm.

941 Hemmer (Anleitung 1786, 58. 74–76. 103) schreibt, daß bei einem Schiff jeder Mastbaum mit einer nicht allzu hohen Auffangstange zu versehen sei. Die Enden der daran befestigten beweglichen Ableiter (Ketten) werden ins Wasser gesenkt. – Vgl. GamN, 918.

942 L. C. Lichtenberg (Verhaltungs-Regeln 1778, 38 f.) wollte dem „Schiesen aus groben Geschüz" eine Wirksamkeit gegen Gewitter nicht absprechen, hielt es aber aus Kostengründen für unzweckmäßig.

943 Vgl. die Beschreibung der Stange auf L.s Gartenhaus „innerhalb des Walles" Anm. 915.

944 In Philadelphia hatte Kinnersley (Experiments 1763, 94–96) beobachtet, daß die ursprünglich 10 Zoll lange Messingspitze eines Ableiters nach Blitzschlag um anderthalb Zoll abgeschmolzen war.

945 Ein ungenannter Autor hatte im „Magazin für die Naturkunde Helvetiens" empfohlen (Vorschlag 1788), hohe Türme mit einer Löschvorrichtung für die Haube zu versehen. Das Rohr für die Wasserzufuhr sollte zugleich als Blitzableiter wirken. L. kannte die Idee aus einer Rezension, vgl. ErxH, 804,9–14.

946 Auf Gleims Anfrage, ob der Halberstädter Dom mit einem Blitzableiter ausgerüstet werden solle, anwortet L. mit einem Brief vom 26. Juli 1790 (Bw 3, Nr. 1728) und rät von diesem Vorhaben ab, vgl. Anm. 921. Vgl. Bw 3, Nr. 2188 (S. 1190).

947 Zu denjenigen Gebäuden in einer Stadt, die nach L.s Ansicht mit Blitzableitern ausgerüstet werden müßten, zählten auch (Bw 3, Nr. 1576 [S. 484]): „[…] solche Häußer oder Kirchen von denen man bereits Beyspiele hat, daß sie ehmals sind getroffen worden. Wie z.E. die herrliche Kirche zu Siena, oder der Kirchthurm auf einem Guthe des Grafen Orsini von Rosenberg (Kayserlichen Cammerherrn) in den ein eintziges Gewitter 10 mal einschlug […]." Vgl. oben Anm. 317. Da die Bemerkungen sich offenbar auf den „IV. Abschnitt. Betrachtungen, die von der Wirkung der Blitzableiter selbst abgezogen sind" in den „[Vermischten] Schriften" (1782) von Ingen-Housz beziehen, ist zu vermuten, daß sich L. mit „Siena", S. 480,12 und im zitierten Brief Nr. 1576, geirrt hat. Denn Ingen-Housz (ebd., 165) erwähnt im Anschluß an Orsini von Rosenbergs Mitteilung als weiteres Beispiel für den wirkungsvollen Blitzschutz an einem hohen Gebäude den auf der Kuppelkirche Sa. Maria di Carignano zu Genua[!] errichteten spitzen Ableiter.

948 Weder die Entstehungszeit noch der Zweck des Textes wurden ermittelt. Vermutlich handelt es sich um zwei Entwürfe (S. 480,22–481,3 und S. 481,4–32) zu einem Text über Blitzableiter für einen Aufsatz oder für ein Gutachten. Gegenstand beider Entwürfe ist die durch eine „Strecke

Metall“ bewirkte sichere Abeitung eines aufgefangenen Blitzes. Dieses Phänomen hat L. schon 1780 in seinem Aufsatz über den ersten Blitzableiter in Göttingen (Nachricht 1904, 96) als durch „mehr als hundertfache Erfahrung“ bestätigt bezeichnet; und während er seine Ansichten über die Einrichtung von Blitzableitern zum Ende der 1780er Jahre grundsätzlich änderte, vgl. Anm. 926, nannte er weiterhin dieses Phänomen und den elektrischen Ursprung die einzigen mit Sicherheit bekannten Eigenschaften des Blitzes (vgl. Bw 3, Nr. 1728 [S. 764]; Bw 3, Nr. 2188 [S. 1187]; Bw 4, Nr. 2856 [S. 870]).

949 Beccaria, Elettricismo 1753. Auf S. 206 beginnt das VII. Kapitel: „In che si ricerca; I. se l’elettricismo naturale influisca nel produrre i Tifoni, o Trombe di mare; [...].“

950 Wilcke nennt den Taifun in einem Scholion zu einem Abschnitt mit Beobachtungen zur Verschiedenheit der Feuererscheinungen der entgegengesetzten Elektrizitäten (circa diversitatem phaenomenorum igneorum electricitatum contrarium). Unter Berufung auf Dryfhout (Beschouwinge 1757) schreibt (Wilcke, De Electricitatibus 1757, 142): „Jene Taifun genannte Erscheinung, die auf Deutsch Wasserhose heißt, scheint nichts anderes als eine Art eines großen, zwischen einer stark elektrisierten Wolke und dem Meer oder der Erde entstandenen elektrischen [Feuer-]Kegels zu sein.“ (Phaenomenon illud, quod Thyphonum nomine venit, quodque germanice *Wasserhoose* vocatur, nihil aliud esse videtur, quam species coni electrici maioris, inter nubem fortiter electricam et mare sive terram procreati: [...]).“

951 Die Anzeige (Boskovich, Turbine, Rez. 1750) enthält wesentliche Informationen aus allen drei Teilen des Buches: 1. Beschreibung der zerstörenden Wirkungen des Wirbelsturmes in Rom; 2. Vergleich mit ähnlichen Erscheinungen in Reisebeschreibungen und historischen Mitteilungen; 3. Meinungen der Naturforscher zum Wesen und zu den Wirkungen derart zerstörender Windstöße.

952 Franklin, Extrait 1779; ders., Auszug 1780; ders., Sätze 1780. Gehler (3, 376) faßt Franklins Erklärung wie folgt zusammen: „In den obern Gegenden des Dunstkreises strömt die erwärmte Luft der heissen und gemäßigten Zonen durch einen beständigen Luftzug nach den kältern Polarländern, und führt Wolken mit sich, welche Elektricität in die Gegend der Pole bringen. In den wärmern Ländern wird das, was von dieser Elektricität im Regen u. dgl. herabfällt, ohne Schwierigkeit in die Erde geleitet. Aber in der kalten Zone, wo es mit dem Schnee herabfällt, kan es wegen der starken Eisrinde, die kein Leiter ist, nicht in die Erde dringen. Es wird also diese angehäufte Elektricität wieder in die Höhe steigen, sich einen Weg durch den Luftkreis, der bey den Polen sehr niedrig ist, bahnen, in den luftleeren Raum übergehen, und sich da in Richtungen, welche wie die Meridiane divergiren, wieder nach dem Aequator wenden. Geschieht dies, so muß sie da, wo sie am dichtesten ist, sichtbar seyn, dies aber immer weniger werden, je mehr sie divergirt, bis sie endlich in unsern Ländern in die Luft oder Erde übergeht. Hieraus würden sich alle Phänomene erklären. Das

Nordlicht erscheint im Sommer am seltensten, weil da das Eis wärmer und zum Leiten geschickter ist. Die verdichtete Polarluft selbst würde als ein dunkler Kreis, oder vielmehr, als ein Segment davon erscheinen: und da die divergirenden Stralen, wenn sie Leitern näher kommen, wieder convergiren, so würden hiedurch die mannigfaltigen Figuren der Lichtstreifen begreiflich. Positiv elektrische Stellen würden die Kronen veranlassen, die in den Beschreibungen der Nordlichter erwähnt werden." – Zum Inhalt von Franklins Theorie vgl. auch GamN, 926.

953 Beccaria (Elettricismo 1758, 110 f.) hielt die Sternschnuppen oder das Sternschießen (stella cadente) für eine auf Elektrizität beruhende Erscheinung, und (Priestley, Geschichte 1772, 235) er wurde: „[...] in seiner Vermuthung, daß Elektricität die Ursache davon wäre, durch die Quantität elektrischer Materie, welche er, [...], nach und nach auf seinen papiernen Drachen hinzu fahren gesehen hatte, bestärkt, denn dieses hatte, wie er versichert, gar sehr das Ansehen eines Sternschießens."

954 Volta (Lettres 1778, 54–56) meint, daß sich das aus stehenden Gewässern aufsteigende Sumpfgas durch Funken aus atmosphärischer Elektrizität entzünde und zitiert als Beleg für die Möglichkeit solcher Funken die Stelle aus Beccaria (Elettricismo 1758, 110 f.) über das „Sternschießen". Vgl. Anm. 953.

955 Böckmann, Ephemeriden 1780, 37 f. Böckmanns Magnetnadel war (ebd., 37) „9 Zoll lang und sehr empfindlich".

956 Lacépède (Mémoire 1778) erläutert seine von der Ähnlichkeit mit dem Leuchten des Torricelli-Vakuums abgeleitete Theorie der Entstehung des Nordlichts. Er hat (ebd., 360) regelmäßig einen Einfluß des Nordlichts auf die Magnetnadel beobachtet. Nach seiner Ansicht ist außerhalb der Atmosphäre (im „Leeren") konzentriertes elektrisches Fluidum die eigentliche Ursache des Nordlichts, und dieses elektrische Fluidum wirkt auf den Erdmagnetismus.

957 Hell, Appendix 1776; vgl. ErxH, 812,13–15. – Hell (Appendix 1776, 79 f.): „Est ergo Aurora Borealis Phaenomenon Atmosphaerae nostrae mere opticum, cujus materia sunt particulae vaporum conglaciatae, varie figuratae, potissimum planae, politissimae, levissimae, densitatis, & raritatis capaces, Atmosphaerae sub variis a Tellure distantiis innatantes, motu quovis aeris mobiles, a ventis hinc inde agitabiles, condensabiles, dispergibiles, non secus ac nubes levissimae in varia loca transferibiles, inque millenas formas coacervatae, figuras varias opticas exhibentes &c. &c." (Das Nordlicht ist also eine echte, zu unserer Atmosphäre gehörende optische Erscheinung. Ihr Grundstoff sind zusammengefrorene, verschieden geformte Dunstteilchen. Diese sind hauptsächlich eben, äußerst fein, sehr leicht, und sie verfügen über die Merkmale der Dichte und der Lockerheit [oder Porosität?]. Sie schweben in verschiedenen Abständen von der Erdoberfläche in der Atmosphäre, sie folgen jeder beliebigen Bewegung der Luft, können von den Winden hin- und hergetrieben werden; sie lassen sich verdichten und zerstreuen und nicht anders als ganz leichte Wolken in

verschiedene Gegenden bringen. Zu tausendfachen Gestalten zusammengehäuft, zeigen sie mannigfaltige optische Gebilde.) – Hell hatte Nordlichter gesehen, als er sich 1769 zur Beobachtung des Venusdurchgangs im norwegischen Vardø aufhielt. – Lichtenberg (Erfindungen 1778, 52) faßt den Kern von Hells Theorie wie folgt zusammen: „Hrn. Abbt Hells Theorie des Nordlichts in der kalten Zone ist nunmehr heraus. Nach ihm rührt es von gefrornen Dunsttheilchen her, die von Sonne und Mond erleuchtet werden, und jeder Zuschauer sieht ein anderes Nordlicht, wie einen andern Regenbogen." (Vgl. Hell, Appendix 1776, 73 u. 75–78.)

958 Barhov (Observationes 1751) hat nach eigenen Beobachtungen die Nordlichter ihrer Erscheinung nach in drei Gruppen geordnet: die (ebd., 7) bogenförmigen, die (ebd., 11) „stückweise hie und da am Himmel" verteilten und die (ebd., 12) „sich in allerley Figuren und Gestalten" zeigenden Nordlichter, wovon die letztere Form die häufigste sei. Ursache des Nordlichts seien (ebd., 51) „wässerichte Dünste in der Luft", die (ebd., 64) „ihren Schein, Glanz und Licht bekommen können von der Menge Eiß, das um den Nordpol befindlich ist".

959 Wilcke, Tal 1778, vgl. den folgenden Text Nr. 85.

960 Franklin, Extrait 1779, 412. Die Stelle lautet in der deutschen Übersetzung (ders., Sätze 1780, 373): „Die aus einem Körper gehenden Strahlen der elektrischen Materie laufen wegen des wechselseitigen Abstoßens unter sich aus einander, wofern kein abführender Körper in der Nähe ist, der sie aufnimmt; und wenn dieser abführende Körper in einer größern Entfernung ist, so werden sie erst auch aus einander laufen, und nachher, um in denselben zu ziehen, zusammen laufen. Können hieraus nicht einige Veränderungen in der Figur erklärt werden, welche zu Zeiten in den Bewegungen der leuchtenden Materie der Nordlichter zu sehen sind? weil es möglich ist, daß die Strahlen dieser Materie, bey ihrem Zuge über die Atmosphäre von Norden in allen Richtungen oder Meridianen gegen den Aequator in vielen Stellen, Theile wolkigter Gegenden oder einer feuchten Atmosphäre unter ihnen antreffen können, welche, weil sie im natürlichen oder negativen Zustande sind, zu ihrer Aufnahme geschickt seyn, und deswegen auf dieselben zulaufen können. Wenn nun einer dieser aufnehmenden Körper mehr als gesättigt ist; so laufen sie vielleicht von demselben gegen andere umgebende Massen einer solchen feuchten Atmosphäre aus einander, und formiren die *Kronen*, (wie man sie nennt,) und andere Figuren, deren in der Nachricht von dieser Lufterscheinung gedacht wird."

961 Über das von ihm am 17. Jan. 1770 beobachtete Nordlicht schreibt L. in einem Brief vom 19. Juni 1780 an von Gerstenberg (Bw 2, Nr. 712 [S. 76–78]). Mit der „pos. Figur" ist eine Lichtenbergsche Figur gemeint, vgl. VNat 4, 651 Tab. II.

962 Die Notiz betrifft vermutlich van Swindens „Recherches" (1777). Deren „Seconde Partie. Des Variations de l'Aiguille" enthält im zweiten Abschnitt „Des Changemens de Déclinaison même, & de leur Influence sur la Variation diurne" ein Kapitel „IV. Des Variations causées par l'aurore

boréale". Van Swinden folgert aus einer großen Zahl von Beobachtungen, daß die Erscheinung eines Nordlichts nicht immer unmittelbar zu Schwankungen der Magnetnadel führt. Es vergrößert sich jedoch van Swinden (ebd., 516) zufolge vor dem Erscheinen eines Nordlichts die mittlere Deklination, und zwar so regelmäßig, daß er auf Grund einer solchen Beobachtung ein Nordlicht mit einiger Sicherheit vorhersagen konnte. – In Erxlebens Kompendium (ErxH, 812,22–25) führt L. bei der Literatur zum Nordlicht den dritten Band von van Swindens „Recueil" (1784) an. Hier enthalten die „Considérations sur les Causes des Mouvemens Irréguliers de l'Aiguille" (ebd., 187–242) ein Kapitel (ebd., 187–201) „I. De l'Aurore Boréale" und ein Unterkapitel (ebd., 202–207) „[II.] 1. De l'Electricité de l'Air en tems d'A[urore] B[oréale]", in denen van Swinden seine in den „Recherches" mitgeteilten Ansichten weiter ausführt.

963 Auszug aus Wilcke, Tal 1778, 46–55; vgl. in der deutschen Übersetzung: ders., Erklärungen 1783, 81–91.

964 Der Ansatz einer Erklärung des Nordlichts findet sich schon in Franklins „Experiments and Observations" (1769, 48 f.); zu ihrer weiteren Ausführung vgl. Anm. 952. – Allerdings hatte bereits Canton (Experiments 1753, 357 f.) die Elektrizität ins Spiel gebracht: „Is not the *aurora borealis*, the flashing of electrical fire from positive, towards negative clouds at a great distance, through the upper part of the atmosphere, where the resistance is least?" Später brachte Canton das Nordlicht in Zusammenhang mit den seltenen Unregelmäßigkeiten der täglichen Änderungen der magnetischen Deklination (Variation), die nach seiner Erfahrung immer gleichzeitig mit Nordlichtern auftraten. Canton, der die regelmäßige Variation auf die Temperaturänderungen der Erdoberfläche durch die Sonneneinstrahlung zurückführte, meinte (Attempt 1759, 402–404): „The irregular diurnal variation must arise from some other cause than that of heat communicated by the sun; and here I must have recourse to subterranean heat, which is generated without any regularity as to time, and which will, when it happens in the north, affect the attractive power of the magnetic parts of the earth on the north end of the needle. [...] // The aurora borealis, which happens at the time the needle is disturbed by the heat of the earth, is supposed to be the electricity of the heated air above it; and this will appear chiefly in the northern regions, as the alteration in the heat of the air in those parts will be greatest. This hypothesis will not seem improbable, if it be considered, that electricity is now known to be the cause of thunder and lightning; [...]; and that the curious in these matters, are now acquainted with a substance, that will, without friction, both emit and absorb the electrical fluid, only by the increase, or diminution of its heat: for if the *Tourmalin* be placed on a plane piece of heated glass or metal, so that each side of it, by being perpendicular to the surface of the heating body, may be equally heated; it will, while heating, have the electricity of one of its sides positive, and that of the other negative; [...] but the side that was positive

while it was heating, will be negative while it is cooling, and the side that was negative, will be positive."

965 Lichterscheinungen bei Spitzenentladungen, vgl. VNat 4, 702 (Anm. 308). Allerdings weist die Oberfläche der Erdkugel am Pol keine starke Krümmung auf, so daß Spitzenentladungen dort nicht zu erwarten wären.

966 Wilcke (Erklärungen 1783, 84): „*Nichts*, sagt ein scharfsichtiger und nichts weniger als für Hypothesen eingenommener *Klingenstierna* selbst, *kann einer aurora borealis ähnlicher seyn, als die schwebenden langen lichten Streife, so sich in einem Glase woraus die Luft gepumpt ist, zeigen, indem die Elektricität dadurch geht.*" (Nach Klingenstierna, Tal 1755, 24.)

967 Die Fußnote (Wilcke, Tal 1778, 50) lautet in der deutschen Übersetzung wie folgt (Wilcke, Erklärungen 1783, 85 f. [Fußnote 66]): „Sollte nicht all das Wasser, welches mit dem Frühlinge fortgehet, und den Sommer über in allen unsern Sümpfen, Bächen, Flüssen, Strömen, Seen, ja, wie durch vieljährige accurate Observationen beweislich ist, in der Ostsee selbst vermisset wird, und gänzlich weg ist, mit dem Herbstregen aber wieder kömmt, eine *gewisse Menge Zugwasser* ausmachen, das in der Natur bestimmt wäre, mit der Kälte und den Jahreszeiten vermittelst der Luft zu ziehen, und sich von dem einen Pole zu dem andern zu begeben, und eine beständige Circulation zu unterhalten? Konnten die Egyptier wohl nicht Recht haben, da sie dem Doctor *Hasselquist* erzählten, ihr Nilwasser komme von dem Nordpole? Sollten die Zugvögel dieses Zugwasser nicht zum Wegweiser in der Luft haben? Rühren unsre nakten Winter wohl nicht zuweilen daher, daß dieses Zugwasser, auf dem Herwege, auf den ihm südwärts begegnenden Berghöhen, stehen geblieben und zu Schnee gefroren ist, wo dann gemeiniglich ein ungewöhnlich starker Winter und Kälte einfällt? Vieles dürfte noch von diesem an sich selbst nothwendigen, aber nicht völlig bekannten und ausgemachten allgemeinen Wasserzuge hergeleitet werden können. Sollten sich nicht die Nordscheine im Herbste und Frühjahre, da der stärkste Zug geschiehet, just deswegen am reichlichsten zeigen?"

968 Halley (Account 1716, 422 f.): „Now by many and very evident Arguments it appears that our *Globe* of *Earth* is no other than one great Magnet, or (if I may be allowed to alledge an Invention of my own) rather two; the one including the other as the *Shell* includes the *Kernel* (for so and not otherwise we may explain the changes of the Variation of the Magnetical Needle) but to our present Purpose the Result is the same. It suffices that we may suppose the same sort of Circulation of such an exceeding Matter to be perpetually performed in the *Earth*, as we observe in the *Terella*; which subtile Matter freely pervading the Pores of the Earth, and entring into it near its Southern Pole, may pass out again into the Ether, at the same Distance from the Northern, and with a like Force; its Direction being still more and more oblique, as the Distance from the Poles is greater. To this we beg leave to suppose, that this subtile Matter, no otherways

discovering it self but by its Effects on the Magnetick Needle, wholly imperceptible and at other times invisible, may now and then, by the Concourse of several Causes very rarely coincident, and to us as yet unknown, be capable of producing a small Degree of Light; perhaps from the greater Density of the matter, or the greater Velocity of its Motion: after the same manner as we see the *Effluvia* of *Electrick* Bodies by a strong and quick Friction emit Light in the Dark: to which sort of Light this seems to have a great Affinity.“ Zu Halleys Erklärung der magnetischen Deklination vgl. oben Anm. 621.

969 Gronau, Bemerkungen 1785, 101 u. 103.

970 Aristoteles, Μετεωρολογικά (A 5 = 342 a34–36 Bek. ac. [Aristoteles, Opera 1, 1831]) „Φαίνεται δέ ποτε συνιστάμενα νύκτωρ αἰθρίας οὔσης πολλὰ φάσματα ἐν τῷ οὐρανῷ, οἷον χάσματά τε καὶ βόθυνοι καὶ αἱματώδη χρώματα.“ (Manchmal in klaren Nächten hat man den Anblick von mannigfachen Erscheinungen am Himmel, etwa von ‚Klüften‘, ‚Gruben‘, blutroten Stellen. [ders., Meteorologie 1970, 17]) – Die von Titus Livius gesammelten Wunderzeichen finden sich im „Liber de prodigiis“ des Julius Obsequens. Was sich daraus auf Nordlichter beziehen könnte, hat Frobesius (Spectacula 1739, 1–9) ausgezogen. Es sind 33 Himmelserscheinungen aus der Zeit zwischen 502 und 17 v. Chr. – In Senecas „Quaestiones naturales“ und in Plinius’ „Naturalis historia“ werden Himmelserscheinungen mit folgenden Namen als Nordlichter gedeutet: „ardores“ (q. n. I, 1, 5 [Brände]), „bothyni“ (q. n. I, 14, 1 [Gruben]), „chasmata“ (q. n. I, 14, 1; n. h. II, 37 [Klüfte, s. o. bei Aristoteles]), „clipei“ (q. n. VII, 20, 2; II, 40 [Rundschilde]), „columnae flagrantes“ (q. n. VII, 20, [brennende Säulen]), „imagines vastorum ignium“ (q. n. I, 1, 15 [Erscheinungen ungeheurer Feuer]), „lampades“ (q. n. I, 15, 4; n. h. II, 37 [Leuchten]) „pithiae“ (q. n. I, 14, 1 [Fässer]), „sanguinea specie incendium“ (n. h. II, 37 [eine Feuersbrunst von blutigem Aussehen]), „trabes“ (q. n. I, 1, 5; n. h. II, 37 [Balken]). Vgl. Dall’Olmo, Terminology 1980, 12.

971 6. März 1716 a.St., vgl. Halley, Account 1716; bzw. 17. März 1716 n.St., vgl. Wolff, Gedancken 1716. Frobesius (Spectacula 1739, 71–79) führt Beobachtungen dieser Erscheinung von 16 Orten in Europa an.

972 Gassendi (Operum Tomus 2, 1658, 107), der Halley zufolge das Phänomen benannt hatte, vgl. Anm. 1003, schrieb: „Svperest hoc loco speciatim à nobis quidpiam attingendum circa Fulgorem mirabilem, qui aliquando nocte intempestâ, & silente etiam Lunâ, totum Septentrionalem tractum ita occupat, vt claram Auroram mentiatur; vnde & *Aurora Borea* ab aliquibus dicitur.“ (Übrigens muß an dieser Stelle noch etwas über einen wunderbaren Schimmer angefügt werden, der bisweilen in tiefer Nacht, sogar bei Neumond, die ganze nördliche Himmelsgegend einnimmt und eine hell leuchtende Morgenröte vortäuscht, weshalb er von manchen ‚Nordmorgenröte‘ genannt wird.)

973 Als Erleuchtungsglas wurde üblicherweise ein Bestandteil eines Sonnenmikroskops bezeichnet, vgl. Gehler 4, 99 f. Es handelt sich dabei um die

Sammellinse (Linse „C“ auf Fig. 23, VNat 4, 433 [Anm. 62]), die das von einem Spiegel reflektierte Sonnenlicht auf die Ebene des durchscheinenden Präparats konzentriert (vgl. ebd. „D“). Wie aber L. ein Beleuchtungsglas – sollte er damit wirklich die Beleuchtungseinrichtung eines Sonnenmikroskops gemeint haben – zur Beobachtung der durch ein Nordlicht scheinenden Fixsterne verwendet haben könnte, wurde nicht ermittelt. Dem genannten Zweck hätte jedes einfache Perspektiv besser entsprochen, zumal „Cometensucher“, von denen sich drei in L.s Instrumentensammlung befanden (vgl. NL VII Q 2, Bl. 30r und 60r). Diese Instrumente sind sehr lichtstark, da sie bei großer Öffnung und kurzer Brennweite des Objektivs nur eine relativ geringe Vergrößerung haben, vgl. Bw 4, Nr. 2310 (S. 176 f.). Umgangssprachlich hießen diese Instrumente auch „Katzen Auge“ oder „Nacht Glas“ (NL VII Q 2, Bl. 60r).

974 L.s Beschreibung der Nordlichtphänomene lehnt sich offenbar wie diejenige bei Gehler (3, 363 f.) an die Darstellung des Nordlichts vom 19. Oktober 1726 durch Mairan (Description 1726 bzw. ders., Description, Rez. Fontenelle 1726). – Pilgram (Untersuchungen 1788, 222): „1737. Zu Ende des Jahrs wurde hier [Wien], und in einem großen Theile Europens ein außerordentliches Nordlicht gesehen. Bey Mannesgedenken erschien kein so großes. […].“ Vgl. zu dem Nordlicht vom 16. Dez. 1737 auch Aragona (Collection 1741). – Pilgram (Untersuchungen 1788, 223): „1769. Den 26sten Sept. war hier ein zwar nicht hohes, aber sehr hellrothes Nordlicht, so daß man es auf dem Lande für ein Zeichen einer großen Feuersbrunst hielt.“ Falls sich L. bei der Jahreszahl 1769 um etwas getäuscht haben sollte, käme auch ein Nordlicht in Betracht, das in der Nacht nach L.s eigener Beobachtung, vgl. Anm. 961, erschienen ist (Natur-Begebenheiten 1770, 31 f.): „Muskau. Den 18. Jan. [1770] hatten wir hier einen großen Nordschein zu sehen, der sich schon nach 5 Uhr anfieng zu zeigen. Gegen 7 Uhr wurde er sehr schöne. Er nahm nicht nur die ganze Nordseite, sondern auch die Hälfte von der Ost- und fast die ganze Westseite ein. Die weißen Lichtstrahlen, die aus dem falben Grau hervorschossen, gingen von allen drey Seiten bis auf den Zenith. Sie machten es so helle, als wenn der Vollmond geschienen hätte. Von Ost-Nord besonders und Nord-West verwandelten sie sich in ein so hohes Roth, daß der Wiederschein vom Schnee ganz roth wurde. So dauerte er fort bis 9 Uhr, nach 10 Uhr und besonders gegen 12 Uhr, wurde er wieder sehr stark.“

975 Es befanden sich an illustrierten Spezialarbeiten z.B. in L.s Bibliothek Rost (Beschreibung 1721 [BL 701a]) und vermutlich Mairan (Abhandlung 1753 [BL 45]) und in der Universitätsbibliothek Wolff (Gedancken 1716), Halley (Account 1716) und Hell (Appendix 1776).

976 Hube (Ausdünstung 1790, 298 f., übersetzt aus einer Fußnote in Blagden, Account 1784, 228; die Quelle ist Gmelin, Reise 3, 1752, 135–137): „Diese Nordlichter, heißt es da, fangen mit einzelnen glänzenden Säulen an, welche sich in Norden, und fast zu gleicher Zeit in Nordwesten, erheben. Sie nehmen nach und nach zu, bis sie einen großen Theil

des Himmels bedecken. Sie schüßen von einem Orte zum andern mit unglaublicher Geschwindigkeit, und verbreiten sich zuletzt fast über den ganzen Himmel bis zum Scheitelpunkte. Alsdenn sieht man die Lichtströme sich in dieser Höhe vereinigen, wodurch der Himmel einen solchen Glanz erhält, als wenn er mit einer ungeheuren von Rubinen und Saphiren funkelnden Decke bekleidet wäre. Man kann nicht prächtigeres malen, noch sich vorstellen; allein man sieht dieses herrliche Schauspiel zum erstenmale auch nicht ohne Entsetzen. Denn diese übrigens so durchsichtige ungeheure Erleuchtung ist, wie mir viele Personen versichert haben, mit einem so heftigen Zischen, Platzen und Rollen verbunden, daß es scheint, als hörte man den oft wiederholten Knall des allergrößten Feuerwerks. Um dieses schreckliche Getöse anzudeuten, bedienen sich alsdenn die Einwohner des Ausdrucks: spolochi chodjat, das heißt: der rasenden Geist geht vorüber. [...]" (Blagden will mit Gmelins Bericht die Himmelserscheinungen der Feuerkugeln und des Nordlichts auf die gleiche Ursache, die Elektrizität, zurückführen. Als verbindendes Merkmal nimmt er die bei beiden Phänomenen auftretenden Geräusche.)

[977] Rost (Beschreibung 1721, 23) gibt die „[...] ausführliche und warhafte Erzehlung, von der Beschaffenheit unsers merckwürdigen Nord-Scheines, wie er Anno 1721. den 1. Martii, von mir und meinem Bruder, allhier in Nürnberg, die gantze Nacht durch, mit scharffer Aufmercksamkeit observiret worden". Aus seinem Journal und aus dem seines Bruders berichtet Rost über alle Veränderungen des Nordlichts, mit genauen Angaben der Zeit des Auftretens und der Lokalisation am Sternenhimmel. Das Phänomen begann mit einem leuchtenden Bogen in Nordrichtung, den Rost (ebd., 5) 20.15 Uhr zuerst deutlich bemerkte, erreichte (ebd., 15) hinsichtlich der Helligkeit, der Variation von Farben und Formen ab 23.45 Uhr seinen Höhepunkt und dauerte unter wechselnden Erscheinungen bis (ebd., 21) 3 Uhr morgens an. Rosts (ebd., 23) Mitteilungen sollen „bey den Naturkündigern, vieles zur gründlichen Erklärung dieses Phaenomeni beytragen" und richten sich gegen im Anschluß an die Erscheinung verbreitete „alberne Träume, abgeschmackte Phantasien und wunderliche Einbildungen, oder wol gar vorsetzliche Betrügereyen". – In Erxlebens Lehrbuch vermerkt L. am Rand (ErxH, 811,24–31) ein Exemplar der Schrift von Rost (Beschreibung 1722) „im IV^{ten} Band meiner Diss. Sammlung am Ende".

[978] So meinte z.B. Halley (Account 1716, 419 f.), Ursache der Nordlichter sei: „[...] the Vapour of Water rarified exceedingly by subterraneous Fire, and tinged with sulfureous Steams; which Vapour is now generally taken by our Naturalists to be the Cause of *Earthquakes*." (Über die Rolle von Schwefel bei den Anfängen der Elektrizitätslehre vgl. VNat 4, 636 f. [Anm. 41] und ebd., 678 [Anm. 219].) – Auch Musschenbroek (Introductio 2, 1762, 1058) hält die Nordlichter für Wolken aus einem entzündlichen Material, ohne sich auf einen der vielen bekannten und noch mehr unbekannten brennbaren Stoffe festzulegen.

979 Nebensonnen (Parhelia) entstehen durch Brechung des Sonnenlichts in prismatischen Eiskristallen mit sechseckigen Grundflächen; Kränze (Coronae) um Sonne und Mond durch Beugung an Wassertröpfchen. Eine ähnliche Ursache des Nordlichts hatte z.B. Hell angenommen, vgl. Anm. 957.

980 Euler (Recherches 1748) schreibt die leuchtenden Phänomene Teilchen zu, die aus Himmelskörpern herausgelöst wurden. Und zwar sollen die Teilchen des Zodiakallichts aus der Sonne stammen, die der Kometenschwänze aus den Kometen und die des Nordlichts aus der Erde. Während die Teilchen des Zodiakallichts selbstleuchtend von der Sonne ausgesandt werden, sind die Teilchen aus den Kometen und der Erde durch den Einfluß des auftreffenden Sonnenlichts herausgelöst worden, von welchem die Teilchen auch ihre Leuchtkraft erhalten.

981 Mairan, Traité 1733; davon eine vollständige deutsche Übersetzung (ders., Abhandlung 1753). Die von Mairan hinzugefügten Erläuterungen (ders., Éclaircissemens 1747) bilden in erweiterter Form einen Anhang zur zweiten Ausgabe des Hauptwerks (ders., Traité 1754).

982 Gehler (3, 373) schreibt, daß Mairan „[...] das Nordlicht aus Dämpfen der Sonnenatmosphäre herleitet, die wir sonst in der Gestalt des *Zodiakallichts* sehen, [...]. Da es als bestätigt angesehen wird, daß bisweilen die Erde in die Grenzen der Sonnenatmosphäre eintritt, so sucht Herr v. Mairan den Grund des Nordlichts in der alsdann entstehenden Vermischung beyder Atmosphären der Sonne und der Erde. Die Theile der erstern, welche der Erde nahe genug kommen, um gegen sie mehr Schwere, als gegen die Sonne zu erhalten, fallen in den Luftkreis herab, werden durch die Umdrehung und Schwungkraft der Lufttheile gegen die Pole der Erde, wo kein Schwung statt findet, hingetrieben, und bleiben in den höchsten Luftschichten schweben, mit denen sie gleiche specifische Schwere haben. Die niedrigern Schichten enthalten die gröbern dunklern Theile, welche das Segment und die dunkeln Wolken bilden, auf denen die Lichtsäulen aufstehen. Ueber diesen schwebt der feinere Stof, der entweder an sich brennend, oder durch Reibung und Gährung mit der Erdluft, entzündet ist. Dies alles geschieht in einer beträchtlichen Höhe über der Erde, daher das Licht noch sehr weit vom Nordpole gesehen werden kan."

983 Mairan (Abhandlung, Rez. Fontenelle 1753, 541): „Nachdem man aber darauf Acht gegeben, daß das Nordlicht so oft erschiene, daß es sich in gewissen Jahreszeiten fast immer, mit Ausschließung anderer, und immer in Norden sehen ließe; ja da man auch nur auf seine Pracht gesehen, wenn es dasjenige ist, was wir vollständig nennen; so ist es schwer zu glauben gefallen, es sey nur eine bloße zufällige Lufterscheinung, die mit der allgemeinen Einrichtung der Welt, oder unseres Sonnensystem nicht wesentlich verbunden wäre, mit einem Worte, die man nicht *cosmisch* nennen könnte. Wie kann aber eine Lufterscheinung cosmisch seyn? Das sind zwo Ideen, die einander auszuschließen scheinen; der Herr von *Mairan* aber hat das Geheimniß gewußt, sie zu verbinden. Daher wird das Nordlicht zwischen den bloßen Lufterscheinungen und den bloßen cosmischen Erscheinungen,

dergleichen in der Astronomie alle sind, das Mittel halten; und das scheinet auch der Art der Natur ziemlich gemäß zu seyn."

984 Vor allem die Theorie von Franklin, vgl. Anm. 952; zu einer anderen auf Elektrizität beruhenden Theorie vgl. Text Nr. 85, S. 483,22–484,32. Auch L.s eigene Hypothese, vgl. den folgenden Text Nr. 88, gehört in diese Rubrik.

985 Libes, Mémoire 1790; vgl. ErxH, 811, 3–17 (Randbemerkung). – Libes (ebd., 416) hatte Salpetersäure auf einer Untertasse mit einer darüber gestülpten gläsernen Vorlage an einem kalten Tag dem Sonnenlicht ausgesetzt. Nach kurzer Zeit hatte sich die Salpetersäure verfärbt und die Vorlage mit einem roten Dunst gefüllt. Außerdem steigt Stickstoffdioxid beim Kontakt mit Luft als rötlichgelber Dunst in die Atmosphäre auf. Von diesen Erfahrungen schließt Libes auf die Vorgänge in der polaren Atmosphäre. Dort käme es wegen der geringen Sonnenwärme zu keiner Dekomposition von Wasser und nicht zur Bildung von Wasserstoff, auf den in der Atmosphäre der heißen und gemäßigten Regionen sonst die Luftelektrizität wirkt. Wenn sich diese in Anwesenheit des in der polaren Atmosphäre allein vorhandenen Gemisches aus Stickstoff und Sauerstoff entlädt, steigen sofort große Mengen roter flüchtiger Dämpfe über die Atmosphäre auf und bilden die als Nordlicht bekannte Erscheinung.

986 Kirwan (Versuch 1791, 87; vgl. ErxH, 811,18–23 [Randbemerkung]) schreibt, er sei der Ansicht, „[...] die Verdünnung der Atmosphäre in den Polargegenden entstehe von den Nord- und Südlichtern, welche ich für eine durch Electrizität bewirkte Verbrennung der brennbaren Luft halte; [...]." Kirwan erwähnt die Nordlichter im Zusammenhang seiner Betrachtung über Barometerschankungen nur nebenbei und läßt sich auf keine gründliche Erklärung ein, da sie (ebd., 88) „[...] eine zu grosse Digression vom gegenwärtigen Gegenstande veranlassen würde."

987 Mairan (Abhandlung, Rez. Fontenelle 1753, 542 f.): „Der Herr von *Mairan* hat unter etlichen Beobachtungen, die man an, in der Länge wenig, und in der Breite so weit als möglich, von einander entfernten Orten gemachet, diejenigen erwehlet, wo eben derselbe Punkt eines Nordlichtes, z.E. der Scheitel des lichten Bogens zu einer Zeit gesehen worden; und daher geschlossen, weil er über dem Horizont nicht in einer Höhe gesehen worden, und was er für eine Parallaxe gehabt, in welcher Höhe er wirklich über der Erdfläche seyn müsse, daß diese Höhe 200 bis 300 Meilen betragen müsse."

988 Mairan (Abhandlung, Rez. Fontenelle 1753, 543 f.) zufolge dehnen sich über der Luft, die auf das Barometer wirkt, noch weitere Schichten einer Luft aus. Diese Luft sei so fein, daß sie durch das Glas der Barometerröhre dringt und deshalb nicht gemessen werden kann. Mairan (ebd.) meint, es würde (ebd., 544) „[...] der Dunstkreis der Erde aus aller Luft, so dünn sie auch werden könne, die in dem Kreise der Wirksamkeit der Erde begriffen ist, das ist, die nur gegen die Erde eine Schwere hat, gebildet seyn. // Der Herr von *Mairan* hat durch eine ziemlich feine Berechnung bestim-

met, welches die Grenzenden der Gleichgewichtspunkte zwischen diesen beyden Kreisen der Wirksamkeit seyn. Die, wie man sich vorstellet, in der Sonne und Erde wohnenden Centralkräfte, sind aus der Astronomie bekannt. Sie sind sehr ungleich. Der Sonnen ihre ist fast ohne Vergleichung größer. Also wird der Gleichgewichtspunkt in eben dem Verhältnisse der Erde näher seyn; und er ist nur etliche und 60000 Meilen davon."

989 Hjorter (Magnetnadel 1747, 36 f.) berichtet von den ersten, gemeinsam mit Celsius gemachten Beobachtungen kurzzeitiger Änderungen der magnetischen Deklination im Zusammenhang mit Nordscheinen im März 1741. Zugleich hatte Graham in London, angeregt durch Celsius, ebensolche Schwankungen der Deklination bemerkt und aufgezeichnet. Der von Hjorter (ebd., 42) angenommene notwendige Zusammenhang zwischen dem Erscheinen von Nordlichtern und kurzzeitigen Änderungen der magnetischen Deklination wurde von anderen Forschern in Frage gestellt. So hatte Hell (Appendix 1776, 8–10) bei gleichzeitigen Beobachtungen von magnetischer Deklination, natürlicher Elektrizität und Nordlichterscheinungen den von ihm als sicher vorausgesetzten Zusammenhang nicht bestätigen können. Und auch Böckmann, vgl. oben S. 483,3–6, hatte bei keinem der von ihm beobachteten Nordlichter „Spuren von dessen Einwürkung auf die Magnet Nadel gefunden". Van Swinden (Recueil 3, 1784, 193 f.) leugnete zwar den Einfluß der Nordlichter auf die Magnetnadel nicht, konnte aber keine regelmäßige Beziehung feststellen. – Vgl. Gehler 3, 369 f.

990 Vgl. zu L.s Theorie den folgenden Text Nr. 88.

991 Bondioli (Memoria, Rez. Zimmermann 1792) geht davon aus, daß sich wäßrige Dünste bei ihrer Bildung mit elektrischer Flüssigkeit beladen können, und sie beim Gefrieren wieder von sich geben. Nach den übereinstimmenden Berichten von Reisenden findet bei den Polen (ebd., 122) „ein ungeheurer Zusammenfluß von Dünsten statt". Die (ebd., 123) beim Gefrieren dieser Dünste sich mit „einer sehr schnellen und unregelmäßigen Bewegung" freisetzende elektrische Flüssigkeit ist die Ursache der Nordlichter, denn es ist „die leuchtende Erscheinung des elektrischen Fluidum eine von seiner Entwickelung und von dem Zustande der Flüssigkeit, wozu es übergeht, unzertrennliche Wirkung." – Ein Expl. von Bondioli (Memoria 1791) befand sich in L.s Bibliothek (BL 695).

992 Savioli, Dissertatio 1789 und erweitert ders., Dissertazione 1790; (Savioli, Dissertatio, Rez. Christie 1791, 231): „P. Savioli supposes, that the aurora borealis is produced by the rays of the sun refracted by the ice of the polar regions. He endeavours to show, that this hypothesis agrees perfectly with all the phenomena of it, and explains them better than any other."

993 Hervieu (Lettre 1790, 444 f): „Le torrent de feux que le soleil répand tant qu'il est sur l'horison, doit refouler le fluide électrique vers le pôles où la température n'éprouve pas de variation considérable dans un si court intervalle: & après le coucher de cet astre lorsque la chaleur se dissipe, le fluide électrique doit reprendre son équilibre & par conséquent s'élancer vers le midi." Beim Rückfluß des elektrischen Fluidums von Süd

nach Nord wirken dünne Wolken, die aussehen wie die bei einem Nordlicht erscheinenden Säulen, als Konduktoren. Diese leuchten wie eine Metallkette im Dunkeln bei einer heftigen Stoßentladung. – Vgl. ErxH, 810,27–811,2 (Randbemerkung).

994 Vgl. zur Theorie Lichtenberg, Observationes 1997, 198–201, und zum Turmalin überhaupt VNat 4, 332 f. (Text Nr. 43) sowie die Notiz im Sudelbuch (D 729; NL IV, 25, p. 25): „A Die Erde liegt in einer idioelecktrischen Hülse. Wenn die Sonne im Aquator steht, so wird innerhalb 24 Stunden einmal die gantze Erde beschienen und auch erwärmt kein Wunder, daß man alsdann so etwas wie das Nordlicht sehen muß, da die Jdioelecktrischen Körper auch durch einen gewissen nicht allzu starcken Grad von Wärme, ihre Elecktricitat äussern. Diese Kugel kan ihre Pole haben wie der Turmalin." – Schon früher hatte Canton eine turmalinartige Wirkung der Erde zur Erklärung des Nordlichts herangezogen, vgl. Anm. 964.

995 Gehler (4, 267 f.): „Herr *Lichtenberg* (Super nova methodo, naturam et motum fluidi electr. investigandi in Comment. Soc. Gotting. Class. Math. 1779. To. I. p. 78) giebt als Muthmaßung an, unsere Erdkugel zeige vielleicht, wie ein großer Turmalin, an beyden Polen entgegengesetzte Elektricitäten, die durch die Erwärmung erregt würden. daraus ließe sich erklären, warum die Nordlichter um die Nachtgleichen am stärksten sind, und also bey uns am häufigsten gesehen werden, weil um diese Zeit viele Tage nach einander die *ganze* Erdkugel, mit beyden Polen zugleich, von der Sonne erleuchtet und erwärmt wird. Daß die Südlichter so selten sind, komme vielleicht davon her, daß der Südpol das $-E$ habe, dessen Büschel bekanntermassen weit schwächer sind, als die ausströmenden Stralenpinsel des $+E$. Aus diesem nördlichen $+E$ und südlichen $-E$ erkläre sich vielleicht auch die stärkere Vegetation in den nördlichen Breiten, und unsere fast immer positive Luftelektricität bey heiterm Himmel." Nach L.s Anmerkungen zu § 569 und 759 in der 4. Aufl. des Kompendiums (ErxH, 624–628; 812 f.)

996 L. zog den Turmalin zur Erklärung des Nordlichts vor, weil sich an den Enden eines Turmalinkristalls nach der Einwirkung von Wärme Entladungen mit Lichterscheinungen zeigen können (Lichtenberg, Observationes 1997, 198): „*Wilhelmum Cantonum* Turmalinum vidisse et positiuam et negatiuam lucem emittens notum est." (Es ist bekannt, daß Wilhelm Canton einen sowohl positives als auch negatives [elektrisches] Licht aussendenden Turmalin gesehen hat.) Allerdings wußte L., daß diese Mitteilung nur aus zweiter Hand, von Cavallo, stammte (vgl. VNat 4, 332,27–31 und die zugehörige Anm. 489) und sonst nicht belegt war. Auch der Umstand, daß auf einer großen Kugel keine Lichtbüschel („penicilli", [Lichtenberg, Observationes 1997, 200]) durch Spitzenentladungen zu erwarten sind, vgl. Anm. 965, schien L. nicht gegen seine Hypothese zu sprechen.

997 Wenn auch nicht dem Göttinger Hainberg (heute Kleperberg) mit seinen 332 m, wurden turmalinartige Eigenschaften doch zumindest hohen Bergen zugeschrieben. Gehler (3, 34) berichtet von Wilcke, dieser hielte:

„[...] die Spitzen der Berge, an welchen so oft Gewitterwolken entstehen, ebenfalls für solche Turmaline, deren Elektricität durch die Hitze verstärkt ist. Sie ziehen alsdann die leitenden Dünste an, die eine Wolke bilden, durch die Mittheilung eine gleichartige Elektricität mit dem Berge erhalten, und alsdann von selbigem abgestoßen werden, u.s.w."

[998] Vgl. VNat 4, 376–378 (Texte Nr. 21 f.).

[999] Lichtenberg (Observationes 1997, 199): „Ferner beobachten wir, daß die Nordlichter zur Zeit der Tag- und Nachtgleichen am häufigsten auftreten; wer sieht nun aber nicht, daß zu dieser Zeit die gesamte aus Erde und Wasser bestehende Erdkugel 24 Stunden lang von der Sonne beschienen wird, sich daher erwärmt und so in der für die Elektrisierung geeignetsten Lage ist, in welcher nämlich die Wirkung des unterirdischen Feuers befördert werden kann?"

[1000] L. war, wie viele Naturforscher, vom günstigen Einfluß der Elektrizität auf das Pflanzenwachstum überzeugt, vgl. VNat 4, 311–313 (Text Nr. 29). Über die Wirkung der in der wärmeren Zeit zwischen Frühjahrs- und Herbstäquinoktium zunehmenden Luftelektrizität auf die Pflanzenwelt schreibt Gehler (3, 35): „Im Frühlinge, wenn sich die Vegetation erneuert, erscheinen auch von Zeit zu Zeit elektrische Wolken, welche Regen ausgießen. Die Elektricität der Wolken und des Regens nimmt zu bis in die Zeit des Herbsts, in welcher die letzten Früchte eingesammlet werden." Grundsätzliche Zweifel äußerte erst Ingen-Housz (Versuche 3, 1790, 152), nachdem er viele der für den Einfluß angeführten Experimente überprüft hatte: „Hieraus wird man auch begreiffen, warum der größte Theil Versuche, die bis jetzt beweisen sollten, daß die künstliche Elektricität das Wachsen der Pflanzen beschleunige, bey weitem nicht entscheidend sind." – Ansichten über die Wirkung des Magnetismus auf die Vegetation, die im Zusammenhang der von L. aufgezählten Analogien zwischen Elektrizität und Magnetismus zu erwarten wären, wurden nicht ermittelt. Oder besteht die Analogie gerade darin, daß sich der Einfluß der Elektrizität auf die Vegetation ebenso wenig bestätigen ließ wie der „animalische Magnetismus"? (Zum „animalischen Magnetismus" vgl. VNat 4, 378–386 [Texte Nr. 24–28].)

[1001] Vgl. VNat 4, 358,3–6 und die zugehörige Anm. 123.

[1002] Cramer (Entstehung 1785), vgl. ErxH, 812,16 f. – Der Text S. 489,5–13 ist eine fast wörtliche Abschrift der ersten Sätze von Cramer (Entstehung, Rez. Leiste 1786, 179).

[1003] Im Verlauf einer Aufzählung von Nordlichtbeobachtungen schreibt Halley (Account 1716, 418): „The next in order that we hear of, was that of the Year 1621, on *September* the *2d. st. vet.* seen all over *France*, and well described by *Gassendus* in his *Physicks*, who gives it the Name of *Aurora Borealis.*" Gassendi, Operum Tomus 2, 1658, 107–111, bes. 107 f. Gassendi hatte die Beobachtung dieses Nordlichts und seine Gedanken darüber schon zu Lebzeiten veröffentlicht (ders., Meteorologia 1649, 1137–1140). Vgl. Siscoe, Footnote 1986, 11 f.

[1004] Halley (Account 1716, 416): „Thus far I have attempted to describe what was seen, and am heartily sorry I can say no more as to the first and most surprizing Part thereof, which however frightful and amazing it might seem to the vulgar Beholder, would have been to me a most agreeable and wish'd for Spectacle; for I then should have contemplated *propriis oculis* all the several Sorts of Meteors I remember to have hitherto heard or read of. This was the only one I had not as yet seen, and of which I began to despair, since it is certain it hath not happen'd to any remarkable Degree in this Part of *England* since I was born; nor is the like recorded in the *English Annals* since the Year of our Lord 1574, [...]."

[1005] D.h. warum Halley erst „in s. 60tn Jahre" ein Nordlicht gesehen hat. (Ursache war das sog. Maunderminimum der Sonnenfleckenaktivität, das von 1645 bis 1715 währte.)

[1006] Cramer (Entstehung, Rez. Leiste 1786, 180): „Nach seiner Hypothese also entwickelt sich eine große Menge inflammabler Dünste mit dem heißen Weltgürtel, welche wegen des Widerstandes der Luft in den kältern Zonen gerade in die Höhe steigt, und von da über jene Luft nach den Polen zu abfließt. Indem sie sich hier bey mehrerer Abkühlung senkt, und mit heterogenen Theilen vermischt: so entsteht ein Reiben, wodurch die Rinde dieser Dunstkugeln, welche das Elementarfeuer in sich schließt, zerspringt. Zugleich entsteht alsdenn die Entzündung, welche das Nordlicht giebt."

[1007] Gehler (3, 364) nennt es ein „Hervorschießen der Stralen" aus dem dunklen Segment des Nordlichts. L. hat dieses Phänomen nach eigener Beobachtung am 17. Jan. 1770 in einem Brief an von Gerstenberg (Bw 2, Nr. 712 [S. 76]) skizziert, vgl. Anm. 961.

[1008] Wegen der Ekliptik gibt es in Gegenden ab ungefähr dem 57. Breitengrad um die Sommersonnenwende keine dunklen Nächte.

[1009] Angaben zu Martens nach Jöcher (Gelehrten-Lexicon 3, 1751, Sp. 219).

[1010] Das Journal für die Hin- und Rückreise, mit dem Martens (Reise 1675, 1) sein Buch beginnt, umfaßt die Zeit „des 1671. Jahrs / vom 15. Aprils biß den 21. Augusti".

[1011] Gehler (3, 368): „*Friedrich Martens*, der 1671 in Grönland war, und alle Merkwürdigkeiten dieses Landes genau beschreibt, erwähnt nichts von einer solchen Erscheinung [Nordlicht]."

[1012] Der Satz, S. 489,19–26, ohne den Zusatz von L. in runden Klammern, fast wörtlich nach Cramer, Entstehung, Rez. Leiste 1786, 180.

[1013] Cramer (Entstehung, Rez. Leiste 1786, 180): „[...] Hr. Forster, der drey Jahre hinter einander in der Nähe, und sogar innerhalb des südlichen Polarkreises die Sommerszeit zubrachte, hat nur in dem einzigen Jahre 1773. den 18ten, 19ten, 20sten und 26sten Febr. und den 15ten und 16ten Merz ein blosses Polarlicht, oder vielmehr blosse Lichtseiten oder Ströme die aus *einem dunklen Abschnitt am Horizonte* bis *zu seinem Zenit hinanströmten*, gesehen." Wegen der verhältnismäßig geringeren Beobachtungsdichte konnte zu dieser Zeit kein begründeter Vergleich zwischen der Häufigkeit von Süd- und Nordlichtern angestellt werden. Gehler (4, 268) führte z.B. unter Berufung auf Molina (Saggio 1782, 41 f.) an, „die Südlichter würden auf den chilesischen Inseln [Chiloé Archipel] häufig gesehen".

1014 Cotte (Suite 1787, 351): „A l'égard de l'aiguille de déclinaison du sieur *Brander*, elles est si paresseuse, qu'elle est quelquefois des mois entiers sans varier sensiblement. Elle a cependant obéi à l'influence de l'aurore boréale du 23 mars, tandis que les deux autres aiguilles n'en ont point été affectées. Ce fait confirme le sentiment de M. *Van Swinden*, qui pense qu'en général les phénomènes magnétiques dépendent beaucoup de la nature des aiguilles. Nous sommes donc encore bien éloignés d'avoir une théorie exacte sur cette matière." Der von L. angegebenen Wert von 21° 59′ stammt aus einer Tabelle (ebd., 350). Es ist die größte, mit Branders Deklinatorium gemessene Abweichung im März 1786, und Cotte hat den Wert mit der Anmerkung versehen: „Subitement le 23 à la suite d'une aurore boréale." Die 21° 23′ sind in der Tabelle als kleinste in diesem Monat gemessene Abweichung angegeben, nicht als Ausgangswert für die Messung des Einflusses des Nordlichts auf das Deklinatorium. – Zu Coulombs Instrument zur Messung der täglichen Veränderung der Deklination (Variation) vgl. Anm. 580. Die Nadel des Variationsinstruments von Fortin (Cotte, ebd., 349) war 10″ (27,1 cm) lang und wog, mit ihrem kupfernen Hütchen, nur 1,81 g. – Van Swinden (Recherches 1777, 526) hatte allerdings geschrieben: „Nous avons prouvé, [...], que les variations diurnes, les changemens de déclinaison quelconques, ne sont pas tous dûs au magnétisme de la terre, mais qu'ils dépendent, au-moins en partie, d'autres causes: & l'on a vu que mes recherches aboutissoient toutes à établir, que ces variations & ces changemens dépendent, en partie, des Aiguilles mêmes. Ce n'est pas que je crois qu'il n'y a pas d'autres causes qui y contribuent: nous avon déjà parlé du rôle important que l'Aur. bor. joue dans tout ceci: mais il y a encore d'autres causes qui s'y joignent, & sur-tout la constitution locale."

1015 Achard (Imperfection 1780) hatte bei eigenen meteorologischen Beobachtungen „les boules de Canton" verwendet (vgl. VNat 4, 292,17–19) und deren Ausschlag als Zeichen für eine Luftelektrizität registriert. Er fordert aber wegen der Bedeutung der Luftelektrizität im Rahmen der meteorologischen Messungen ein Gerät (Achard, Imperfection 1780, 18 f.), das 1. einfach zu gebrauchen ist, 2. das quantitative Aussagen zuläßt, 3. das zwischen positiver und negativer Elektrizität unterscheidet, 4. das eine gefahrlose Beobachtung auch bei hohen Ladungen, z.B. während eines Gewitters, zuläßt, und 5. tragbar und in freier Umgebung verwendbar ist. (Vgl. VNat 4, 291,8–27.) Die folgende Beschreibung der beiden von Achard vorgeschlagenen Apparate zur Messung der Elektrizität der Luft und der wäßrigen Meteore ist ohne Maßangaben und Skizzen wenig instruktiv.

1016 Swinden, Extrait 1778. Es handelt sich um den von Cotte angefertigten Auszug einer von van Swinden an ihn gesandten Denkschrift mit den Ergebnissen der in Franeker 1777 angestellten meteorologischen Beobachtungen. Es ist kein Auszug aus einem Buch. Als Monographie erschienen sind nur van Swindens (Mémoire 1780) meteorologische Beobachtungen von 1779. Die Beobachtungen des Jahres 1776 hatte van Swinden an Cotte gesandt, der sie der Pariser Akademie vorlegte und die von 1778 waren in den Schriften der Akademie zu Brüssel (ders., Résultats 1780) erschienen. Diesen Überblick seiner Veröffentlichung gibt van Swinden (Extrait 1778, IV f.) selbst.

[1017] Kirwan (Estimate 1787, 18): „Supposing the mean annual heat to be greatest under the equator, and least under the poles, then if the temperature of the equator be *m*, the temperature of the north pole will be $m - n$, and putting ϕ for any other latitude, the temperature of the latitude will be $m - n \sin\phi^2$." Nicht unmittelbar bei dieser Formel, aber einführend verweist Kirwan (ebd., 5) auf die in L.s Edition der „Opera inedita" enthaltene Arbeit von Mayer (De variationibus 1755, vgl. Anm. 327) und sein Verdienst: „The famed astronomer Tobias Mayer, of Gottingen, in a few pages did more for resolving all the difficulties that occurred on this subject [d.h. die Kenntnis der mittleren jährlichen oder monatlichen Temperatur in bestimmten Breiten], than any of his predecessors * [* Oper. Ined. Vol. I.]. He first pointed out to meteorologists, the necessity of following the method long used by astronomers, namely, of first finding the mean of certain large periods, as years and months, gradually correcting the errors that may be discovered, and afterwards finding an equation whereby the correct aberrations arising from height and situation." Vgl. zu Mayers Formel auch den folgenden Text Nr. 93.

[1018] Kirwan (Estimate 1787, 18): „Now the mean annual temperature of lat. 40°, is found by the best observations, to be 62°,1, and the temperature of lat. 50°, is found to be 52,9, and this being allowed *m* and *n*, consequently the mean annual temperatures of the equator and of the poles may be determined; for, the square of the sine of 40°, is 0,41, and the square of the sine of 50°, is 0,58, both sufficiently near for the present purpose.

Then $m - 0{,}41n = 62{,}1$

And $m - 0{,}58n = 52{,}9$

Therefore $62{,}1 + 0{,}41n = 52{,}9 + 0{,}58n$.

Whence the value of *n* is easily determined and found to be 53 nearly, and *m* in the first equation is 84; hence the mean temperature of the equator is 84, and that of the pole 31, in number." – Kirwan gibt die Temperatur in °F an.

[1019] Kirwan (Estimate 1787, 15 f.): „It remains then, that we seek for a standard situation, with whose temperature in every latitude we may compare and appreciate the temperature of all other situations in the same latitudes, on water only. Now the globe contains, properly speaking, but two great tracts of water, or oceans; one, the Atlantic separating Europe and the western side of the old continent from America; and the other, the Pacific, dividing Asia from America; both of which I divide into north and south, as they lie on the northern or southern side of the equator. // In this immense tract of water I chose that situation for a standard, which recommends itself most by its simplicity and freedom from any but the most permanent causes of alteration, viz. that part of the Atlantic that lies between the 80th degree of northern and the 45th of southern latitude, and extending westwards as far as the gulf stream, and to within a few leagues of the coast of America; and all that part of the Pacific Ocean, reaching from lat. 45° N. to lat. 40° S. from the 20th to the 275th degree of longitude, east of London, which is by far the greater part of the surface of the whole globe."

[1020] Kirwan (Estimate 1787, 40 f.): „We have already seen that the higher regions of the atmosphere are the coldest; that land is colder in Winter, and warmer in Summer than water; and with respect to temperature, the covering of the surface of land, whether with vegetables, or with stone or sand, is not indifferent; from whence it naturally follows, that the circumstances that govern the temperature of land are, 1st. Elevation. 2dly. Vicinity to, or distance from, large tracts of water, particularly from the standard ocean, as its influence is most extensive, and as it is to its temperature that the temperature of all countries is to be referred, in most cases. 3dly. The vicinity, or distance of other tracts of land, which by their elevation or the circumstances of their surface, have a temperature peculiar to them, as stony, sandy, and wooded countries. 4thly. The bearing of neighbouring seas, mountains, forests, desarts, &c. 5thly. A more or less perfect communication with the standard ocean, seas, forests, &c."

[1021] Kirwan ging es um die mittleren Temperaturen; deshalb gehören die Überlegungen S. 491,4–11 nicht zum Gegenstand seiner Abhandlung.

[1022] Halley (Discourse 1693, 878 f.): „Now the simple Action of the Sun is, as all other Impulses or Stroaks, more or less forceable, according to the *Sinus* of the Angle of Incidence, or to the Perpendicular let fall on the Plain, whence the Vertical Ray (being that of the greatest Heat) being put *Radius*, the force of the Sun on the Horizontal Surface of the Earth will be to that, as the *Sinus* of the Sun's Altitude at any other time. This being allowed for true, it will then follow, that the time of the continuance of the Sun's shining being taken for a *Basis*, and the *Sines* of the Sun's Altitudes erected thereon as Perpendiculars, and a Curve drawn through the Extremities of those Perpendiculars, the *Area* comprehended shall be proportionate to the Collection of the Heat of all the Beams of the Sun in that space of time."

[1023] Mayer (De variationibus 1755, 4) hat die Formel $m - n \sin\phi^2$ angegeben, vgl. oben S. 490,22. Diesen Ausdruck, dessen Bedeutung L. anderswo erklärt, vgl. unten S. 493,27–494,8, hat L. – vermutlich unbeabsichtigt – durch die von ihm gesetzten Klammern geändert.

[1024] Mayer (De variationibus 1755, 4) verwendet m und n statt der Variablen x und y. Er leitet (ebd.) die knappe Vorstellung seiner Formel für die mittlere Temperatur mit der Phrase ein: „Facile autem ostendi potest, [...]." (Es kann aber leicht gezeigt werden [...].) Vgl. Anm. 1034.

[1025] Mayer (De variationibus 1755, 7): „Difficilius videtur tempora anni, quibus maximus minimusque calor accidat, definire. Constat quidem vtrumque, saltem in his nostris regionibus, non in ipsa tempora solstitialia aut dierum longissimorum breuissimorumque, sed aliquanto postea incidere. Verum, quantum praecise hoc sit interuallum, neque per vllam hactenus theoriam, quamuis a pluribus res sit tentata, neque etiam satis adhuc per obseruationes determinari potuit. Generatim hoc subsumi posse videtur, in regionibus ab aequatore remotioribus interuallum hoc inter solstitia et tempora caloris vtrinque extremi maius esse, in vicinioribus minus. Accuratam huius inuestigationem relinquo aliis, contentus methodum proponere, qua ipsa in vsum aliquando possit conuerti. Itaque exempli tantum causa statuam calorem maximum ac minimum in regionibus nostris incidere sole trigesimum gradum a solstitiis tenente, quantum proxime interuallum obseruationes thermometricae suadent, adeoque tempora ipsa horum calorum quadrare in d. 20 Iulii et 20 Ianuarii, [...].“ [Schwieriger scheint es zu sein, die Zeiten des Jahres festzustellen, in denen die größte und die geringste Wärme auftritt. Es steht allerdings fest, daß beides, zumindest in unserer Region, nicht genau zu den Zeiten der Solstitien bzw. der längsten und kürzesten Tage, sondern etwas später eintritt. Aber wie groß genau dieser Unterschied ist, konnte bis jetzt weder von einer Theorie – obwohl sich viele daran versucht haben – noch durch Beobachtungen bestimmt werden. Allgemein scheint man annehmen zu können, daß in den vom Äquator entfernteren Gegenden der Unterschied zwischen den Solstitien und den beiden Zeiten der Temperaturextreme größer ist und in näheren kleiner. Die genaue Untersuchung davon überlasse ich anderen, indem ich mich darauf beschränke, eine Methode vorzuschlagen, wie dieselbe einmal in Nutzen verwandelt werden kann. Und so möchte ich nur als Beispiel aufstellen, daß sich die größte und die geringste Wärme in unseren Gegenden ereignet, wenn die Sonne 30° Abstand von den Solstitien erreicht hat. Von welchem Abstand uns zunächst auch die Thermometerbeobachtungen überzeugen, zumal die eigentlichen Zeiten dieser Temperaturen zum 20. Juli und zum 20. Jan. passen.]

[1026] Mayer (De variationibus 1755, 8): „Praeterea calorem medium sole totidem gradus ab aequinoctiis in consequentia remoto contingere supponam, et variationes pro alia quauis anni tempestate esse sinui distantiae solis a gradu eclipticae cum hoc medio calore coniuncto, proportionales; quae quidem hypotheses a veritate non admodum diuersae esse possunt.“ [Außerdem möchte ich unterstellen, daß die mittlere Wärme eintritt, wenn die Sonne in der Folge ebensoviele Grade von den Tagundnachtgleichen entfernt ist, und daß die Abweichungen für irgendeine andere Zeit des Jahres zum Sinus des Abstandes der Sonne vom Grad der Ekliptik, der mit dieser mittleren Temperatur verbunden ist, im Verhältnis stehen. Diese Hypothesen können nicht allzu weit von der Wahrheit entfernt sein.]

[1027] Zum täglichen Temperaturverlauf schreibt Mayer (De variationibus 1755, 9): „Obseruatum est maximum cuiusuis diei calorem aliquot post meridiem horis contingere, minimum sole in exortu constituto; medius ergo diei calor, qui methodo superiori inuenitur, in horam circiter 9 antemeridianam et postmeridianam collocandus esse videtur." [Es ist zu beobachten, daß die größte Wärme eines jeden Tages einige Stunden nach Mittag eintritt, die geringste aber bei Sonnenaufgang. Also scheint man die nach der obigen Methode gefundene mittlere Temperatur ungefähr auf die neunte Vormittags- und Nachmittagsstunde ansetzen zu müssen.]

[1028] Zum Vergleich mittlerer Temperaturen verschiedener Breiten eignen sich Mayer (De variationibus 1755, 4) zufolge solche, die aus Messungen an Orten mit gleicher Meereshöhe und sonst ähnlichen Bedingungen abgeleitet wurden. Das trifft am ehesten auf Küstengegenden oder Orte zu, die auf Höhe des Meeresspiegels oder wenig darüber gelegen sind (loca maritima aut quorum parua et aequalis est altitudo supra maris superficiem).

[1029] Es geht um die Beobachtungen, die Bouguer (Relation 1749, xlv) auf den Begriff eines „terme inférieur constant de la neige", d.h. der Schneegrenze oder -linie brachten.

[1030] Der „Gedancke der Schneelinie ist vortrefflich", weil Mayer (De variationibus 1755, 6 f.) davon seine Regel zur Korrektur der mittleren Temperatur eines Ortes nach seiner Höhe über dem Meeresspiegel abgeleitet hat.

[1031] Mayer (De variationibus 1755, 6) schreibt, daß entsprechend der bekannten Beobachtung französicher Naturforscher in Gegenden von Peru, die in der Nähe des Äquators liegen, in einer Höhe von etwa 2400 Toisen eine Temperatur um den Gefrierpunkt herrscht: „In regionibus Europaeis idem calor, aut idem potius frigus iam sentitur in altitudine 1200 circiter hexapodarum." [In europäischen Gegenden ist die gleiche Wärme – oder eher Kälte – schon in einer Höhe von ungefähr 1200 Toisen zu verspüren.] Bei Bouguer (Relation 1749, xlviij f.), auf den sich Mayer, ohne ihn zu nennen, bezieht, steht aber über den Verlauf der Schneegrenze: „Cette ligne est élevée de 2434 toises au-dessus du niveau de la Mer dans le milieu de la Zone torride; elle ne sera élevée vers l'entrée des Zones tempérées que de 2100 toises en passant par le sommet de Theyde ou du Pic de Tériffe qui a à peu près cette hauteur. En France & dans le Chili elle passera à 15 ou 1600 toises de hauteur, & continuant à denscendre à mesure qu'on s'éloignera de l'Equateur, elle viendra toucher la terre au-delà des deux cercles polaires, quoique nous ne la considérions toujours que pendant l'Eté." Die Höhe von 2434 Toisen ist die des Pichincha, vgl. die folgende Anm. 1032.

[1032] D.h. die Schneegrenze als Meereshöhe, über der sich eine Schneebedeckung finden kann, ist nicht identisch mit der Meereshöhe, über der Niederschlag als Schnee fällt. Die Schneegrenze variiert, und ebenso variieren würde, wenn man sie annehmen wollte, eine feste Linie der nicht mit Schnee bedeckten Erde, oder besser des Erdbodens. Denn die witterungsbedingte „Schneelinie" ist nicht identisch mit der klimatisch und geographisch bedingten Linie des „Beständigen" Schnees. – Allerdings ließe Bouguers

Bezeichnung „terme inférieur constant de la neige" die Unterscheidung von einem „terme inférieur de la neige éternelle" zu. Seiner Beschreibung zufolge hat Bouguer (Relation 1749, xlv f.) aber doch diese untere Grenze der ständigen Schneebedeckung gemeint: „La hauteur du sommet pierreux de Pichincha est à peu près celle du terme inférieur constant de la neige dans toute les montagnes de la Zone torride. J'ai trouvé que ce sommet pierreux est élevé au-dessus du niveau de la Mer du Sud de 2434 toises. La neige tombe beaucoup plus bas. On la même vû quelquefois, quoique très-rarement, tomber à Quito qui est plus de 900 toises au-dessous; mais elle est sujette à se fondre le jour même: au lieu qu'au-dessus elle se conserve dans toute la partie de la Cordelière que j'ai parcourue. Quelques montagnes n'atteignent pas ce terme, quelque autres viennent y toucher, comme Pichincha; d'autres en très-grand nombre s'élevent plus haut, & leur partie supérieure est continuellement neigée, & par consequent inaccessible, parce que la neige s'y convertit en glace." – Zweifel wurden weniger an der Schneelinie an sich als an ihrem Verlauf geäußert. Da nach Bouguers Ansicht die Höhe der Schneelinie im wesentlichen von der geographischen Breite abhing, legte seine Beschreibung ihres Verlaufs, vgl. Anm. 1031, den Gedanken einer Rotationssymmetrie nahe. Dagegen wendet z.B. Bergman (Beschreibung 2, 1780, 116) mit Rücksicht auf Beobachtungen von Pflanzenwachstum über dem Polarkreis und von Regen auf grönländischen Bergen ein: „Hieraus kann man schliessen, daß die Schneegräntze unter verschiedenen Meridianen verschiedene Krümmungen habe." Daß auch lokale Einflüsse, wie z.B. die Höhen der Berge, den Verlauf der Schneegrenze mitbestimmen, wurde bei deren Untersuchung in den Alpen schon 1760 bemerkt, vgl. Klengel, Entwickelung 1889, 26.

[1033] Gemeint ist die entgegengesetzte (scheinbare) Bewegung der Sonne vom Äquator (Herbstäquinoktium) zum südlichen Wendekreis (Wintersonnenwende).

[1034] Mayer (De variationibus 1755, 4): „Facile autem ostendi potest, si gradus medius secundum scalam thermometri cuiuslibet sub aequatore ponatur $= m$, sub polis vero $= m - n$ fore gradum medium sub latitudine quavis ϕ proxime $= m - n \sin\phi^2$; siue differentiam inter calorem medium sub aequatore et eum, qui loco latitudinis ϕ conuenit, esse in ratione duplicata sinus latitudinis. Hinc igitur, cognito gradu medio sub duabus diuersis latitudinibus, licebit definire valores literarum m et n ac proinde gradum medium sub alia quacunque latitudine." [Man kann aber leicht zeigen: Wenn der mittlere Wärmegrad nach einer beliebigen Thermometereinteilung am Äquator $= m$ gesetzt wird und an den Polen $= m - n$, dann wird der mittlere Wärmegrad auf einem beliebigen Breitengrad ϕ annähernd $= m - n \sin\phi^2$ sein. Oder: Die Differenz zwischen der mittleren Wärme am Äquator und derjenigen, die dem Breitengrad ϕ entspricht, steht im Doppelverhältnis zum Sinus des Breitengrades. Wenn der mittlere Wärmegrad von zwei verschiedenen Breitengraden bekannt ist, kann man daher die

Werte der Variablen *m* und *n* und demgemäß den mittleren Wärmegrad jedes anderen Breitengrades bestimmen.]

1035 Vgl. ErxH, 814,22–33 (Randbemerkung).

1036 Kirwan (Temperatur 1788, 111): „Daß die Sonne die vornehmste Quelle sowohl der Wärme als des Lichts, ihre Abwesenheit aber die Ursache der Kälte sey, ist wohl zu augenscheinlich, als daß man es jemals hätte bezweifeln können; eben daher blieb auch den Menschen die Wirkung der mehr oder weniger schiefen Richtung der Sonnenstrahlen nicht lange unbekannt."

1037 Kirwan (ebd., 112): „Man hat in gleichen Breiten sehr ungleiche Temperaturen bemerkt, nicht allein in einer verschiedenen, sondern in eben derselben Hemisphäre. Die Temperatur der östlichen Küste von Nord-Amerika weicht von der Temperatur der gegenüberstehenden westlichen Küste von Europa sehr ab, stimmt aber mit der auf der östlichen Küste Asiens, so zwischen denselben Parallelzirkeln liegt, beynahe überein."

1038 Kirwan (ebd., 111 f.): „Denn als die Philosophen Griechenlandes und Italiens, [...], bemerkten, daß in den Sommermonathen, so lange in ihren Breiten die Sonne um Mittag oft beynahe vertikal ist, die Hitze sehr heftig war, [...]; so leiteten sie daraus die übereilte Folgerung her, daß zwischen den Wendezirkeln, wo ihre Höhe den größten Theil des Jahres hindurch fast vertikal ist, ihre Hitze unerträglich seyn müsse [...]."

1039 Vgl. ErxH, 818,37–819,7.

1040 Vgl. das Zitat aus Bouguer (Relation 1749, xlviij f.) in Anm. 1031.

1041 Gmelin, Reise 2, 1752, 441.

1042 Vgl. ErxH, 821 (Randbemerkung). – Über die Möglichkeit zum Getreideanbau in Jakutsk schreibt Gmelin (Reisen 2, 520): „Was kann die Erde, sie mag so gut seyn, als sie will, wohl hervorbringen, wenn sie nicht die gehörige Wärme hat? Was kann sie aber für Wärme haben, wenn sie zu Ende des Junius in einer Tiefe von etwa 3 Schuhen oder etwas darüber gefroren ist?" Gmelin fand Nachrichten über einen bald nach Gründung der Stadt unternommenen Versuch, einen Brunnen anzulegen. Als in den Jahren 1685 und 1686 nach insgesamt fast fünf Monaten Arbeit in einer Tiefe von 13 Klaftern immer noch gefrorener Boden angetroffen wurde, hatte man die Grabung eingestellt. – L. hat die Angaben vermutlich aus einer sekundären Quelle. In Frage käme z.B. Prevost (Origine 1788 [BL 655]) der sie nach einer lateinischen Rede von Aepinus (Cogitationes 1761) wiedergibt. Bei Prevost (Origine 1788, 226) heißt es über den o.g. Brunnenbau: „[...] qu'on parvint à la profondeur de 13 perches, (chacune de 7 pieds), & que la terre fut trouvée fortement gelée jusqu'à cette profondeur." Weil an dieser Stelle der Abbruch der Grabung nicht erwähnt wird, konnte L. annehmen, daß in dieser Tiefe die untere Grenze des Dauerfrostbodens erreicht worden war.

1043 Zu der angegebenen Temperatur von Jenisseisk vgl. Anm. 334. Die nördliche Breite von Jenisseisk beträgt nach Kirwan (Estimate 1787, 66) 58° 30′; der Ort würde sich also für einen Vergleich mit dem milden Klima der sogar noch nördlicher gelegenen süd- bzw. mittelnorwegischen Städte Bergen und Trondheim eignen. Welche Quelle L. für entsprechende Daten verwendet haben könnte, wurde nicht ermittelt.

1044 Zu den S. 495,7–9 aufgeführten Klimafaktoren: Die geographische Breite eines Ortes ist ausschlaggebend für das „geographische" Klima; Berge, Wälder, die Höhe über dem Meeresspiegel und und die Nähe größerer Seen gehören zu den Umständen, von denen das „physische" Klima (vgl. Anm. 331) abhängt; zu diesen letztgenannten Umständen vgl. Anm. 1020. Die „Schnee linie" paßt nur als besonderer Aspekt des Zusammenwirkens der Klimafaktoren, nach Bouguer vor allem von geographischer Breite und Höhe über dem Meeresspiegel (Anm. 1031), in diese Aufzählung.

1045 ErxH, 815: „Jan. Dec. Febr. Mart. Nov. April, Oct, May, Sept, Jun Jul, August." Vgl. Lichtenberg, Entdeckungen 1791, 163 f. Die Angaben beruhen auf Messungen, die William Heberden von 1763 bis 1772 täglich jeweils um 8 Uhr und 14 Uhr ausgeführt hatte. Dazu nahm Heberden noch die Mittelwerte für die nächtlichen Tiefsttemperaturen, die Cavendish in über zwanzig Jahren gemessen hatte. In einer Tabelle stellte Heberden die Mittelwerte in der Folge der Monate zusammen und setzte vor jeden Monat eine Ordnungszahl, von 1 für den wärmsten Monat August bis 12 für den kältesten Monat Januar. Vgl. Heberden, Table 1788 und ders., Tabelle 1790.

1046 Vgl. Text Nr. 3, S. 372,11–374,31, und die Texte Nr. 97 und 98, S. 496,2–497,9, sowie ErxH, 822–826 (§ 766–768).

1047 L.s Bruder (lat. frater) Ludwig Christian beteiligte sich an den auch vom Herzog zu Sachsen-Gotha und Altenburg unterstützten systematischen Beobachtungen der von dem pfälzischen Kurfürsten Carl Theodor gegründeten Mannheimer Meteorologischen Gesellschaft (Societas Meteorologica Palatina). In diesem Rahmen verteilte L. C. Lichtenberg unter Aufsicht von Johann Jakob Hemmer in Mannheim angefertigte Instrumente an geeignete Beobachter. Zum Gebrauch dieser Instrumente (eines Barometers mit zugehörigem Thermometer und eines Thermometers zur Messung der Außentemperatur) und zur Ausführung und Dokumentation der Beobachtungen nach den Regeln der Mannheimer Meteorologischen Gesellschaft hatte L. C. Lichtenberg eine „Vorschrift" (1781) verfaßt und drucken lassen, die den Instrumenten bei deren Versand beigegeben wurde. Danach sollten die Beobachtungen dreimal täglich zu festen Zeiten (7, 14 und 21 Uhr) vorgenommen und in die 14 Abteilungen der Beobachtungstabellen (Fratris Tabellae) eingeschrieben werden. Der Inhalt der Tabellen wurde nach Übersetzung ins Lateinische (ebd., 12) nach Mannheim gesandt, um (ebd., 6) „von der dortigen Gesellschaft in dem Tagebuch [Ephemerides Societatis Meteorologicae Palatinae] durch den Druck bekannt gemacht" zu werden. Auf Bitten seines Bruders hatte L. als meteorologischen Beobachter und Zuarbeiter für die Mannheimer Gesellschaft in Hannover Johann Andreas Schernhagen gewonnen (vgl. Bw 2, Nr. 878 und Bw 3, Nr. 1365 [S. 66]). Nach dessen Tod, 1785, vermittelte L. diese Aufgabe weiter an Franz Ferdinand Wolff (vgl. Bw 3, Nr. 1369 [S. 74 u. 76 f.] und Bw 5.1, Nr. 1468a). Die von Abt Hemmer gewünschte, jedoch von L. ausgeschlagene Mitarbeit am Mannheimer Meßnetz übernahm in Göttingen Christoph Wilhelm Jakob Gatterer (vgl. dazu die Verweise zu Bw 2, Nr. 701 [Anm. 5] und Anm. 548).

1048 Vgl. Text Nr. 3, S. 374,32–377,35, und die Texte Nr. 99 und 100, S. 497,11–498,17, sowie ErxH, 826 f. (§ 769).

1049 L. notiert im Sudelbuch (J 1577; NL IV 31, S. 229 = p. XLVIII): „Unsere große Unwissenheit in der Meteorologie rührt gewiß von unserer gäntzlichen Unbekanntschafft mit dem inneren unsrer Erde her. Was mögen da nicht für Dinge gekocht werden, wovon unsere Atmosphäre nur den Schaum enthält und empfängt. so lange wir dieses nicht wissen und nicht wissen können, so wird alles dunckel bleiben. [...].“

1050 Dazu L.s Notiz im Sudelbuch (J 1579; NL IV 31, S. 229 = p. XLVIII): „Die Meteorologie wartet noch auf einen Newton oder einen Herschel.“ – Aus seinen Beobachtungen leitete Herschel (Nature 1795, 50) folgende Erklärung der Sonnenflecken ab: „The sun also has its atmosphere, and if some of the fluids which enter into its composition should be of a shining brilliancy, [...], while others are merely transparent, any temporary cause which may remove the lucid fluid will permit us to see the body of the sun through the transparent ones.“ Die Sonnenflecken erschienen Herschel (ebd., 51 f.) wie Fehlstellen in der äußeren, leuchtenden Atmosphärenschicht, durch die der opake Sonnenkörper mit seiner unebenen Oberfläche sichtbar wird. So wie die Wolken ein Produkt der Lufthülle der Erde, sei die äußere, leuchtende Sonnenatmosphäre ein Produkt der darunter liegenden durchsichtigen Atmosphäre (vgl. ebd., 59). Weiter schreibt Herschel (ebd., 63): „The sun, viewed in this light, appears to be nothing else than a very eminent, large, and lucid planet, evidently the first, or in strictness of speaking, the only primary one of our system; all others being truly secondary to it. Its similarity to the other globes of the solar system with regard to its solidity, its atmosphere, and its diversified surface; the rotation upon its axis, and the fall of heavy bodies, leads us on to suppose that it is most probably also inhabited, like the rest of the planets, by beings whose organs are adapted to the peculiar circumstances of that vast globe.“ Diese Spekultionen führen Herschel (ebd., 68) zu der Konsequenz: „It is true that analogy may induce us to conclude, that since stars appear to be suns, and suns, according to the common opinion, are bodies that serve to enlighten, warm, and sustain a system of planets, we may have an idea of numberless globes that serve for the habitation of living creatures.“ – Mit diesem Aufsatz Herschels hat sich Lichtenberg (Das Neueste 1797) ausführlich im Göttinger Taschen Calender beschäftigt.

1051 Die Produkte hängen vermutlich mit Mayers Berechnung der mittleren Temperatur in Abhängigkeit von der geographischen Breite zusammen, vgl. oben die Texte Nr. 92 und 93; die genaue Bedeutung wurde nicht ermittelt.

1052 Bei dem Text, S. 495,19–28, handelt es sich um Notizen für Eintragungen, die sich im Sudelbuch L in folgender Anordnung finden (NL IV, 33, p. XLVII): „[L 878:] Solte wohl die Vernunfft, oder vielleicht besser der Verstand, wenn er auf Endursachen geräth besser daran seyn als wenn er auf ein Dictat des Hertzens geräth. Es ist ja noch eine große Frage wodurch wir am stärcksten mit der uns umgebenden Welt verbunden sind, von Seiten des Hertzens oder der Vernunfft. / [L 879:] Schneelinie über der Oberfläche der Erde. Was mag dieser innerhalb der Erde für eine Wärmelinie correspondiren? und was für Linien dieser Art mag es noch sonst geben? Die elecktrische? Die Nordschein-Gräntze? u.s.w. / [L 880:] Werdet wie die Kindlein: möchte wohl am Besten, bey dem Falle mit dem Stoße am Stuhle angebracht seyn. Es ist Ptolemäisches System, wenigstens damit verwandt." Ausgefallen sind vom Text Nr. 96 die Gedanken über die Wärmeleitfähigkeit und die folgende eingeworfene rhetorische Frage „Quid nunc?" [Was jetzt? in der Bedeutung von: Was dann weiter? Was folgt daraus?], S. 495,21–23. Den redaktionellen Hinweis, S. 495,27, hat L. bei der Niederschrift im Sudelbuch berücksichtigt und die Notiz über die Schneelinie vorangestellt. – Zu L 878: Vgl. SB 1/2 K, 855. – Zu L 879: Zur Schneelinie vgl. Text Nr. 92, S. 492,16–25, und Text Nr. 95, S. 494,25–495,3. Wenn die „Erkältungs Linie" (S. 495,20) auch als „Wärmelinie" (L 879) anzusehen ist, könnte damit die untere Grenze des Dauerfrostbodens gemeint sein, die L. (wegen einer falschen Interpretation der Quelle) z.B. bei Jakuzk in einer Tiefe von „91 Fußen" (S. 495,3) vermutete. Es wäre also die Grenze zwischen den Einflüssen der Sonnen- und der Erdwärme. Bouguer (Relation 1749, xljx) hatte den vertikalen Verlauf der Schneelinie nur bis zum Erreichen der Meereshöhe definiert: „[...] elle viendra toucher la terre au-delà des deux cercles polaires, quoique nous ne la considérions toujours que pendant l'Eté." (Vgl. Anm. 1031). Welche „elecktrische" Linie L. gemeint haben könnte, wurde nicht ermittelt. Eine „Nordschein-Gräntze" wurde zumindest in der von L. benutzten Literatur nicht diskutiert; es war allerdings bekannt, daß mit der Nähe zum Äquator die Häufigkeit von Polarlichterscheinungen abnahm, vgl. S. 485,16–18. – Zu L 880: Promies (SB 1/2 K, 855) verweist für das Zitat aus NT Matthäus 18, 3 („Wenn ihr nicht umkehrt und werdet wie die Kinder, so werdet ihr nicht ins Himmelreich kommen.") auf L 435, worin L. mit dem gleichen Wort nur feststellt, wie die Einfalt „in unsern Tagen" um sich gegriffen hat. Durch die Verknüpfung mit dem Bild des Kindes, „das den Stuhl schlägt an den es sich stößt" [L 706, vgl. auch die SB 1/2 K, 603 angeführten Parallelen] bezieht L. die Einfalt auf Situationen, in denen der Schein für das Sein genommen wird. Mit dieser Kategorie ist das geozentrische Weltbild des Ptolemaios zumindest „verwandt".

1053 Philipp Ferdinand Brédé (LH 129) aus Kassel hörte bei L. im Sommersemester 1798 Experimentalphysik.

1054 Vgl. Halley (Discourse 1686, 110–115), die französische Übertragung von Deluc (Recherches 1, 1772, 77–79) und dessen deutsche Übersetzung (Deluc, Untersuchungen 1, 1776, 125–130).

1055 Es heißt bei Halley (Discourse 1686, 110): „3. That upon very great Winds, tho' they be not accompanied with Rain, the *Mercury* sinks lowest of all, with relation to the Point of the Compass the Wind blows upon."

1056 L. hat Halleys (Discourse 1686, 110) „principal Observations" offenbar nach dem Original übertragen, denn es heißt dort (ebd., 111): „8. That within the *Tropicks* and near them, those accounts we have from others, and my own Observation at St. *Helena* make very little or no Variation of the height of the *Mercury* in all Weathers: [...]." Bei Deluc (Recherches 1, 1772, 79) heißt es dagegen nur: „*Ph.* 8. *Les mondres* [variations] *sont au Sud.*" – Der achte Satz geht zurück auf Lister (Discourse 1684, 790), der sich dafür jedoch auf Halleys zweimonatige Beobachtung des Barometerstandes während dessen Aufenthalt auf St. Helena beruft.

1057 Die von L. angegebenen Variationen gehören sachlich zur siebenten Beobachtung von Halley. Halley (Discourse 1686, 114) verweist dafür jedoch ohne Angabe der genauen Werte auf Messungen in Clermont-Ferrand, Paris und Stockholm, die Pascal (Traitez 1663, 195–209) mitgeteilt hatte. Die Quelle der von L. genannten Meßwerte wurde nicht ermittelt; sie stimmen jedoch ungefähr mit folgenden Angaben überein. Halley (Discourse 1686, 111) schreibt: „That within the *Tropicks* and near them, those accounts we have had from others, and my own Observation at St. *Helena* make very little or no Variation of the height of the *Mercury* in all Weathers: [...]." Genauer heißt es bei Birch (History 4, 1757, 257), Halley habe beobachtet: „[...] that in St. Helena in two months time, in diversity of weather, the quicksilver did not differ $\frac{1}{4}$ of an inch [...]." Horsley (Journal 1775, 164) gibt an, daß sich im Januar 1774 in London der Barometerstand zwischen einem Minimum von 28,79″ und einem Maximum von 30,175″ bewegt hat. Graham (Observation 1721) hatte ebenda auch schon eine Höhe von 30″ 8,5‴ gemessen. Kirwan (Versuch 1791, 62): „Nach Hrn. *Consett* stand 1725 das Quecksilber einmal zu Petersburg auf der erstaunlichen Höhe von 31,59 Zoll, und dennoch hat man es so niedrig, als auf 28,14 Zoll gesehen." – Vgl. GamN, 934.

1058 L. notiert im Sudelbuch (J 796; NL IV 31, p. 90): „A. kan es auch schönes Wetter werden, wenn das Barometer fällt? B. werden nicht, aber bleiben, wenn es war."

1059 Gamauf hat vermutlich diesen Text verwendet und dabei L.s Ergänzungen, S. 496,29–497,9, verkürzt und unter den Punkten 9 und 10 Halley zugeschrieben, vgl. GamN, 935.

1060 Gatterer (Begriff 1793, 42): „*Wetterpropheten* gibts heutzutage sehr viele: gelehrte und ungelehrte, Kenner der Sache und Nichtkenner; aber (man nehme den Ausdruck nicht übel) sie sind leider! allzumal *Lügenpropheten*. Nicht aufs Gerathewohl, ins Wilde hinaus, nicht nach kühnen Einfällen und bequemen Hypothesen, nicht nach den sogenannten Bauern-

Regeln muß man die Witterung vorhersagen wollen. Um Wahrheit prophezeyen zu können, muß man *Tafeln* gebrauchen, die den Naturgesezen gemäs, und ohngefähr auf die Art und mit der Zuverlässigkeit der astronomischen Tafeln berechnet sind."

1061 L. notiert im Sudelbuch J (1826 [NL IV 31, p. LXXVII]): „Man könte den Menschen so den Ursachen Bär, so wie den Ameisen bär nennen. Es ist etwas starck gesagt. Das Ursachen thier, wäre besser." Vgl. auch die Sudelbuchnotiz J 1551.

1062 Zu S. 499,6–34 vgl. GamN, 937.

1063 De Maillet, vgl. unten S. 506,1–2, der von einer Entwicklung des Lebens im Meer ausging, meinte, die Vögel hätten sich aus den Fischen entwickelt.

1064 Im Alten Testament führt Absalom einen Aufstand gegen seinen Vater David an. Nach einer Niederlage (2. Samuel 18, 1–18) flieht Absalom, bleibt im Wald Ephraim mit den Haaren an einer Eiche hängen und wird wehrlos von Joab getötet, obwohl David die Schonung seines Sohnes befohlen hatte. – Die Bedeutung Absaloms in diesem Zusammenhang wurde nicht ermittelt.

1065 Deluc, Achter Brief 1792, 96.

1066 Zu den verschiedenen Theorien und ihren Urhebern vgl. unten ab S. 504,17 L.s umfangreiche Übersicht „Hauptsächliche Theorien der Erde" (Text Nr. 106).

1067 Baudeau (Belles-Lettres 1780, 1103) beweist anhand der von Bailly (Lettres 1779, 30–32) nur unvollständig wiedergegebenen Atlantis-Stelle in Platos „Timaios" (Plato, Operum tomus 3, 1578, 24E–25D), daß entsprechend der antiken Überlieferung mit den darin genannten „Säulen des Herkules" nur die Straße von Gibraltar gemeint sein kann: „C'est là certainement, Messieurs, le détroit de Gibraltar au *sud-ouest de l'Europe*. Ce n'est pas le *golphe d'Obi* en Sibirie *au nord-est de l'Asie*." Denn Bailly (Lettres, Rez. Hißmann 1780, 634) hatte gemeint: „Das Urvolk seyen die Atlanten, die nach der Meinung des V[erfassers] eine von den Inseln des Eismeers, und vielleicht gar Spizbergen, bewohnt haben." Der Keim für diese Spekulation lag in Buffons Annahme von der zunehmenden Abkühlung der Erde, (ebd.) „[...] mit deren Hülfe Hr. Bailly Spizbergen und Grönland in ein Paradies verwandelt." In seinem zweiten Brief widerlegt Baudeau (Aux Auteurs 1780) Baillys Versicherung, daß sich außer in Ägypten in ganz Afrika keine Erinnerung an den Namen der Atlanten fände.

1068 Whitehurst, Inquiry, Rez. 1779; zu Whitehurst, Inquiry 1778 vgl. unten S. 508,26–28.

1069 Klaus Friedrich von Reden (1736–1791) war seit 1769 hannoverischer Berghauptmann in Clausthal, vgl. Bw 5.1, 834. Zu seinem Gespräch mit L. wurden keine weiteren Zeugnisse ermittelt.

1070 Schwefelkies, unter welcher Bezeichnung zu L.s Zeit Pyrit und Markasit zusammengefaßt wurden. Chemisch handelt es sich bei beiden Mineralien um Eisen(II)-disulfid (FeS_2). Über die Schwefelkiese (pyrites martiales) schreibt Faujas de Saint-Fond (Recherches 1778, 256): „Les plus abondantes sans doute & les plus multipliées sont les pyrites martiales; elles sont répandues avec une profusion étonnante dans le sein de la terre, & on les trouve même quelquefois par bancs assez étendus. Les pyrites peuvent s'enflammer au moyen de l'eau, c'est pourquoi la plûpart des naturalistes sont d'avis qu'elles donnent naissance aux feux souterreins & aux volcans; [...].“

1071 Merck (Ursprung 1784) bringt aus den Fundumständen Argumente gegen die Ansicht, die fossilen Knochen großer Landtiere würden von Exemplaren stammen, die in historischer Zeit über die Alpen nach Deutschland gebracht worden seien. Merck hatte selbst eine Sammlung solcher fossilen Überreste, und er hatte eine Vielzahl von Funden an Ort und Stelle untersucht. Er ruft andere Naturforscher zu ebensolchen Untersuchungen und zur Veröfffentlichung der Ergebnisse auf.

1072 Lamanon (Mémoire 1781) berichtet über einen großen Knochen, der bei Bauarbeiten im Zentrum von Paris gefunden wurde. Allein das geborgene Fragment wog 227 Pfund. Wegen der daran entdeckten Knochennaht hält Lamanon den Knochen für den Teil eines Schädels, und zwar eines großen ausgestorbenen Meerestieres. Er ist der Ansicht, daß viele der bislang gefundenen großen fossilen Knochen, auch die der sibirischen Mammuts, nicht von Land-, sondern von Meerestieren stammen, wofür auch spreche, daß sie oft zusammen mit fossilen Muscheln vorkämen.

1073 Vgl. GamN, 938–943. Gamauf hat dieses Verzeichnis auf einem früheren Stand während seines Studiums in Göttingen (er hörte den Unterabschnitt „Geogonie“ im WS 1795/96, vgl. LH, 231) abgeschrieben und später für den fünften Teil seiner „Erinnerungen“ chronologisch geordnet und „mit einigen Notizen, wer die Verfasser waren“ versehen (vgl. GamN, 938 [Fußnote]).

1074 Bertrand, Memoires 1752; vgl. auch Bertrand, Memoires, Rez. Kästner 1753 und Bertrand, Memoires, Rez. 1754.

1075 Eratosthenes von Kyrene (vor 276/73 bis 194 v. Chr.), Philologe, Bibliothekar und Prinzenerzieher in Alexandria; Xanthos, der Lyder (5. Jh. v. Chr.), ein Historiker; Straton von Lampsakos (gest. 269/68 v. Chr.), der „Physiker“, ein peripatetischer Philosoph, und der stoische Historiker und Geograph Strabon von Amaseia (64/63 v. Chr. bis nach 23 n. Chr.). Die Zusammenführung der Namen deutet auf eine Stelle bei Strabon (Geographica 1.3.4). Es geht um das Vorkommen versteinerter Seetiere und von Felsen, die Spuren der Wirkung des Meeres zeigen, auf dem festen Land in großer Entfernung von den Küsten. Eratosthenes soll sich für seine Erklärung dieser Phänomene auf die Ansichten von Xanthos und Straton berufen haben. Vgl. Strabon, Erdbeschreibung 1, 1775, 144–147.

1076 Descartes (Principia 1644, 70–189) „Principiorum Philosophiae Pars Tertia, De Mundo adspectabili“ [Dritter Teil der Grundlagen der Philosophie: Von der sichtbaren Welt] und (ebd., 190–310) „Principiorum Philosophiae Pars Quarta. De Terra“ [Vierter Teil der Grundlagen der

Philosophie: Über die Erde]. Vgl. ErxH, 832 f. – L. besaß eine Ausgabe der mathematischen und philosophischen Werke von Descartes (BL 1277).

1077 Burnets „Theoria“ von 1681 enthält die „Libri Duo Priores De Diluvio & Paradiso“ [Die ersten beiden Bücher über die Sintflut und das Paradis]; als zweiten Teil veröffentlichte Burnet (Theoria 1689) die „Libri Duo Posteriores De Conflagratione Mundi, Et De Futuro Rerum Statu“ [Die letzten beiden Bücher vom Untergang der Welt und über den künftigen Zustand der Dinge]. Vgl. ErxH, 833 f.

1078 Whiston, Theory 1708; vgl. auch S. 381,25–27 und ErxH, 835 f.

1079 Vermutlich meint L. die 3. Aufl.: Woodward, Essay 1723. Ein Druck aus dem Jahr 1733 wurde nicht ermittelt. „London 1695“ sind Angaben für die erste englische Ausgabe (Woodward, Essay 1695). Woodwards Auseinandersetzung mit der Kritik durch Elias Camerarius (Dissertationes 1712) erschien in lateinischer Sprache (Woodward, Historia) 1714. Von dieser Ausgabe („Written originaly in Latin“) erschien (Woodward, History) 1726 eine englische Übersetzung mit Zusätzen. Vgl. auch ErxH, 851,34–40.

1080 Ray, Discourses 1692; ders., Discourses 1713 und ders., Betrachtungen 1732; vgl. ErxH, 851,28–33.

1081 Hooke, Lectures 1705.

1082 Barin, Le Monde 1686; vgl. ErxH, 851,24–27.

1083 Scheuchzer, Dissertation 1709.

1084 Pluche, Spectacle 3, 1736, 504–542 („Concert de la nature avec la révélation“).

1085 Linné, Oratio 1751, auch in der Ausgabe: ders., Oratio 1744, vgl. ErxH, 849,31–37 und 850,32–34.

1086 Wallerius, Betrachtungen 1782 (die bibliographischen Daten konnten nicht autoptisch geprüft werden). Vgl. auch ders., Meditationes 1779 und ders., Tankar, Rez. Kästner 1779.

1087 Vgl. ErxH, 836,19–21; 838,14–16; 838,35–37; 840,28–30.

1088 Maillet, Telliamed 1748; vgl. ErxH, 850,27–31.

1089 Bourguet, Memoire 1729.

1090 Buffon beginnt seine „Histoire“ (1, 1749, 65–203; vgl. Historie 1.1, 1750, 75–166) mit Gedanken zu den Vorgängen, die zur Entstehung der Erde (vgl. ErxH, 836 f.) und zu ihrem gegenwärtigen Zustand führten. In diesem Zusammenhang stellt er die Theorien von Whiston, Burnet und Woodward vor und gibt eigene Erklärungen für den Schichtenaufbau der Erdkruste und das Vorkommen von Petrefakten. In den „Époques“ (1780) nutzt Buffon vor allem die in den letzten Jahrzehnten auf Reisen und Expeditionen gesammelten geographischen, geologischen und paläontologischen Kenntnisse, um über die Entwicklung der Erde im Verlauf von sieben Zeitaltern („Da die Erde und die Planeten ihre Gestalt bekamen“ bis „Da die Kraft des Menschen die Kraft der Natur unterstützte“, vgl. Epochen 1781) zu spekulieren.

1091 Le Cats „Systême de la formation des Montagnes & de l'origine des Coquillages & des Animaux Fossiles" wird in mehreren Nummern der monatlich erscheinenden Zeitschrift vorgestellt. Die Folge beginnt mit einer redaktionellen Zusammenfassung seiner Hauptgedanken (Le Cat, Extraits 1750). Dann werden drei Entgegnungen Unbekannter und jeweils die Rechtfertigungen Le Cats abgedruckt (Le Cat, Lettre 1, 1750; ders., Lettre 2, 1750; Objections 1750; ders., Réponse 1750).

1092 Moro, Libri 1740; vgl. auch die deutsche Zusammenfassung ders., Nachricht 1745.

1093 Justi, Geschichte 1771; vgl. ErxH, 852,19–21.

1094 Wiedeburg, Grösen-Lehre 1782 (ebd., 65–68, schreibt Wiedeburg gegen die „vorhergehende Hypothese" Justis von der Existenz eines Zentralfeuers); vgl. Wiedeburg, Grössenlehre, Rez. Kästner 1783, 451. – Ders., Muthmasungen 1776; vgl. ErxH, 852,22–25.

1095 Deluc, Lettres 1–5, 1778-1779; ders., Huitième Lettre 1790; ders., First Letter 1790; ders., Second Letter 1790; ders., Dixième Lettre 1790; ders., Onzième Lettre 1790; ders., Seizième Lettre 1791; das Blatt mit der „p. 92" in L.s „Excerpta mathematica et physica" (NL VI 55) ist nicht überliefert; ders., Erster Brief 1793; ders., Zweyter Brief 1794, ders., Dritter Brief 1794; ders., Vierter Brief 1794; ders., Fünfter Brief 1796; ders., Sechster Brief 1796; ders., Siebenter Brief 1796. – Zu Delucs Ansichten vgl. oben S. 384,3–390,19 (in Text Nr. 3) und unten, S. 516,2–528,16 (Texte Nr. 109–114).

1096 Raspe, Specimen 1763.

1097 Silberschlag, Theorie 1764, vgl. ErxH, 852,15–18; vgl. auch die Rezensionen: Silberschlag, Theorie, Rez. Röhl 1765; dass., Rez. Kästner 1765; dass., Rez. Kästner 1, 1766; dass., Rez. Kästner 2, 1766. Vielleicht bezeichnet L. die Schrift auch deshalb als „Consistorial-Hypothese", weil Georg Christoph Silberschlag sie als Pastor der Petri-Kirche in Stendal seinem älteren Bruder Johann Esaias, damaligem Pastor an der Heiligen-Geist-Kirche in Magdeburg gewidmet hat. Von Letzterem stammt das zweite Werk: Silberschlag, Geogenie 1, 1780 und ders., Geogenie 2, 1780; es erschien noch ein weiterer Band: ders., Geogenie 3, 1783; vgl. ErxH, 852,28–41 und Z 1–4 der Randbemerkung.

1098 Gerhard, Versuch 1, 1781. Zum Gegenstand der Bibliographie gehört nur das dritte Kapitel „Muthmaßungen über die Entstehung der Gebürge, und über die Veränderungen der Erde", ebd., 197–223.

1099 Gleichen, Entstehung 1782.

1100 König, Cosmogonia 1763; die bibliographischen Daten konnten nicht autoptisch geprüft werden; vgl. die Rezension: König, Cosmogonia, Rez. Kästner 1764.

1101 Marivetz, Physique 1, 1780.

1102 Krüger, Geschichte 1746 (BL 681).

1103 Viallon, Philosophie, 1781–1782; der zweite Teil ist im Expl. der SUB Göttingen ohne eigenes Titelblatt angebunden.

1104 Deluc, First Letter 1790; die „p. 84" in den „Excerpta mathematica et physica" (NL VI 55) ist nicht überliefert; ders., Second Letter 1790. Hutton, Theorie 1792 (BL 62) ist eine Zusammenfassung des Originalaufsatzes in den „Transactions of the Royal Society of Edinburgh": ders., Theory 1788.

1105 Dolomieu, Mémoire 1791. Von der ersten Fortsetzung dieses Aufsatzes (ders., Suite [1] 1792) betrifft nur die Fußnote S. 41–43 den Gegenstand von L.s Bibliographie; sie bezieht sich auf eine Entgegnung La Methéries (Suite 1791, 451 f.).

1106 La Métherie, Discourse 1792, 16 f.

1107 La Métherie, Lettre 1791, ders., Suite 1791 und ders., Theorie 1797; vgl. VNat 1, 972,31–34.

1108 Saussure (Voyages 2, 1786, 338–343 = § 919 f. [BL 241]) macht im Anschluß an die Betrachtung der Form und Lage der Täler im Bereich des Mont Blanc Massivs allgemeine Bemerkungen über die Bildung von Tälern.

1109 L. in den „Excerpta" (NL VI 55, p. 179 f.): „Theorie der Erde / Im Jahr 1796 sind zu Neufchatel noch 4 Bände von Saussure's Voyage dans les Alpes erschienen, die also nun zusammen VIII Bände ausmachen. In diesen kömmt sehr viel mineralogisches vor und viel vortreffliches über Theorie der Erde. Bey der großen Revolution habe nicht eine eintzige simple Ursache gewirckt, oder, wenn dieses der Fall gewesen sey, so habe sie doch wenigstens andere angetroffen, wodurch sie modificirt worden sey. Le Sage der Chemiker glaubte, daß aus der DammErde Kiesel Erde werden könne, weil er den Quartz für ein Saltz hält, das aus Vitriolsäure und fixem Alkali bestehe. (sonderbar also entweder Tart. vitriol oder Glaubersaltz?) und so finde sich der Sand unter der DamErde Schicht z. B in Westphalen. Herr v. Saussure widerlegt dieses gantz. Er fand in der Lombardey fruchtbare Erde auf eine großen Strecke auf dem festesten Kiesel. Sehr schön muthmaßt er, daß aus der Dicke der DammErde sich nicht auf ihr Alter, oder aus deren Dünne auf ihre Jugend schließen könne zwischen Turin und St Germans fand er sie auf 10 Lieues immer unter einen Fuß dick, und das selbst in den best bebauten Gegenden. Dieses scheine offenbar auf eine Compensation hinzuweisen. Diese Beobachtungen über die DammErde sind um so merckwürdiger, da jene Gegenden von Italien mit unter die ersten Cultivirten Länder in Europa gehören." – Die Bände von Saussure (Voyages 5–8, 1796) sind in Oktavformat erschienen und inhaltlich identisch mit den beiden 1796 erschienenen Bänden im Quartformat (Saussure, Voyages 3–4, 1796).

1110 Deluc, Seizième Lettre 1791; ders., Vingt-Cinquième Lettre 1792 (mit ausführlichen Zitaten aus der Erwiderung von Pini); Pini, Saggio 1790.

1111 Williams, History 1789; vgl. unten ab S. 513,18 Text Nr. 108.

1112 Deluc, Seizième Lettre 1791.

1113 Patrin, Apperçu 1788; ders., Notice 1791; ders., Suite 1791.

1114 Whitehurst, Untersuchungen 1788 (BL 693); vgl. ErxH, 843,7–13; ebd., 848,21–26; ebd., 853,1–3 und Z 1–4 (Randbemerkung).

[1115] Pallas, Observations 1777.

[1116] Serain, Recherches 1783.

[1117] Cluever, Geologia 1700. Eine Ausgabe von 1730 wurde nicht ermittelt.

[1118] Kessler, Untersuchung 1787 (BL 680) und ders., Untersuchung, Rez. 1787; L.s falsche bibliographische Angaben des Auszugs bzw. der Rezension des Werks sind vermutlich einer Verwechslung beim Abschreiben seiner Notizen im Handexemplar von Erxlebens Lehrbuch geschuldet, vgl. ErxH, 831,16–23 (Randbemerkungen).

[1119] Burtin, Reponse 1790.

[1120] Deluc, Dixième Lettre 1790, 350 f.; ders., Zehnter Brief 1792, 471 f. (BL 62) ist eine Übersetzung der Nachschrift Delucs über das Werk von Burtin.

[1121] Terre habitable 1782.

[1122] Engel, Essai 1767; zum Gegenstand der Bibliographie gehört nur der zweite Teil des ersten Bandes (ders., Essai 1, 141–454), in dem Engel Theorien der Sintflut vorstellt.

[1123] Hollmann, Commentatio 1753 .

[1124] Vermutlich das Postscriptum (Burrow, Proof 1790, 496 f.). Burrow hatte beobachtet, daß alle mehr als ein Fuß über der täglichen Flutmarke an den Uferfelsen der Insel Cheduba angewachsenen Austern abgestorben waren, und hielt das für „[…] an observation perhaps worth remarking with respect to the change of the Poles; […].“ Meister, Origo 1782, vgl. ErxH, 842,1–37 (Randbemerkung).

[1125] Franklin, Papers 1793; die „S. 130“ der „Excerpta“ (NL VI 55) ist nicht überliefert; ders., Conjectures 1793 und ders., Queries 1793. Vgl. Lichtenberg, Phantasien 1795 und GamN, 943–953.

[1126] Fulda, Cosmogonie 1792. Es heißt in der Rezension der „Memorabilien“ in den „Göttingischen Anzeigen für gelehrte Sachen“ (Fulda, Cosmogonie, Rez. Tychsen, 1792, 1978): „Fulda über Cosmogonie, Androgonie und Menschengeschichte nach der noachischen Fluth, enthält Vergleichungen von phönizischen, ägyptischen und sinesischen Sagen mit den hebräischen. Die Fragmente des Sanchoniathon hält der Verf. für ein uraltes phönizisches Stück, von dem die hebräische Schöpfungsgeschichte gleichsam eine Correctur sey.“

[1127] Voigt, Gebirgskunde 1792 (BL 752); ders., Bildung 1791.

[1128] Gough, Reasons 1793; die „S. 137“ der „Excerpta“ (NL VI 55) ist nicht überliefert.

[1129] Meierotto, Gedanken 1790; ders., Gedanken, Rez. Forster 1790. Vgl. ErxH, 837,1–5 (Randbemerkung).

[1130] Maier, Versuch 1795. L. schreibt in den „Excerpta“ (NL VI 55, p. 186): „Theorie der Erde. / Basel bey Flick. 1795. 208 S. 8. ist erschienen Versuch über die erste Bildung der Erde nach Moses Bericht in physikalisch-chemischer Rücksicht von Ge. Wilh. Maier. (Nichts sonderliches) S. Litt. Zeitung 1798. 20. Col. 158.“ Es heißt in der von L. angeführten

Rezension (Maier, Versuch, Rez. 1798, Sp. 158): „Man sollte denken, dass es gegenwärtig niemanden mehr einfallen könnte, die Mosaische Schöpfungsgeschichte zur Grundlage einer physikalischen Erklärung von der Entstehung und Ausbildung der Erde zu machen. Doch scheinet sie fast unserm Vf. nur Gelegenheit zu seyn, desto mehr von seinen, freylich noch sehr mangelhaften und verworrenen, Kenntnissen an den Tag zu bringen."

1131 Howard, History 1797; auf dem Schmutztitel: „Thoughts On The Structure Of This Globe". Die angekündigte Übersetzung eines Teils des Werkes ist erschienen (ders., Geschichte 1799).

1132 Morel de Vindé, Revolutions 1797; ders., Revolutions, Rez. Hennings 1797 (BL 18 ?).

1133 Wrede, Betrachtungen 1794; mit der „Theorie der Erde" meint L. vermutlich den fünften Abschnitt „Versuch einer Anwendung der vorher gehenden Resultate und Auseinandersetzung auf eine Theorie von der Veränderung der ganzen Erdoberfläche" (ebd., 102–139) und den sechsten Abschnitt „Kritisches Urtheil über den zur Bildung der gegenwärtigen Gestalt der Erdoberfläche erforderlichen Zeitraum" (ebd., 140–165). Im siebenten Abschnitt „Prüfung der Ideen über die Veränderlichkeit der Natur und ihres Laufes, in Rücksicht auf unsern Erdboden" (ebd., 166–178) setzt sich Wrede mit der von Deluc vertretenen Ansicht auseinander, es könnten vormals Ursachen gewirkt haben, die so nicht mehr existieren (vgl. Deluc, Achter Brief 1792, 109). Wrede deutet die Aussage so, daß Deluc die Möglichkeit, es seien im Verlauf der Erdgeschichte einzelne Naturgesetze zeitweise außer Kraft gesetzt gewesen, in seine Theorie einbezogen habe. – Gehler (5, 1047) gibt eine Übersicht des Inhalts des Werks von Wrede.

1134 Rimrod, Unterhaltungen 1795; die bibliographischen Angaben konnten nicht autoptisch geprüft werden.

1135 Heim, Gestalt 1796 (BL 735).

1136 Schwab, Prüfung 1792. Der Aufsatz ist im „Philosophischen Archiv" erschienen, vgl. unten S. 517,3–4 (auch zum nicht überlieferten Sudelbuch K). Die Kritik richtet sich nicht gegen Kants „Ueber die Vulkane im Monde", sondern gegen Kants „Allgemeine Naturgeschichte und Theorie des Himmels" (1755), speziell gegen einen Auszug aus dieser Schrift (Herschel, Bau 1791, 161–204).

1137 Kant geht von der Kritik eines im „Gentleman's Magagzine" veröffentlichten Briefes von Aepinus (Letter 1784) aus. Aepinus hatte seine Hypothese von der Formung der Mondoberfläche durch Vulkantätigkeit schon früher bekannt gemacht. In diesem Aufsatz berücksichtigt Aepinus zwar die Größenverhältnisse zwischen den irdischen Vulkan- und den Mondkratern, meint aber (ders., Bau 1781, 32): „Ich hoffe, daß dies niemand als einen Einwurf gegen den vulcanischen Ursprung des Baues der Mondfläche ansehen wird. Es kostet der Natur nicht wie dem Menschen mehr Mühe, im Großen als im Kleinen zu arbeiten."

1138 Vgl. Kant, Vulkane 1785, 202 f.

[1139] Vgl. ebd., 206 f.

[1140] Ebd., 208: „Da das Bekken des Meeres vermuthlich immer mehr vertieft wurde, und alle aus obigen Bassins ablaufende Wasser nach sich zog; so wurden nun dadurch die Flußbetten und der ganze itzige Bau des Landes erzeugt, der die Vereinigung der Wasser aus so vielen Bassins in einen Kanal möglich macht."

[1141] Die vermeintliche Beobachtung eines Vulkanausbruches auf dem Mond durch Herschel am 4. Mai 1783 ist durch die Veröffentlichung von Aepinus (Letter 1784) im „Gentleman's Magazine" allgemein bekannt geworden, vgl. ErxH, 689,1–6.

[1142] Kant (Vulkane 1785, 210): „*Woher kam nun diese ursprüngliche Wärme?* Sie mit *Büffon* von der Sonnenglut, wovon alle planetische Kugeln nur abgestoßene Brokken wären, abzuleiten, ist nur ein Behelf auf kurze Zeit; denn *woher kam die Wärme der Sonne?*"

[1143] S. 512,26–513,1 wörtlich nach ebd., 210.

[1144] Ebd., 210 f.: „Denn, wenn das Element der Wärme für sich im Weltraum allerwärts gleichmäßig ausgebreitet ist, sich aber nur an verschiedene Materien in dem Maaße hängt, als sie es verschiedentlich anziehen; wenn, wie er [Crawford] beweiset, dunstförmig ausgebreitete Materien weit mehr Elementarwärme in sich fassen, und auch zu einer dunstförmigen Verbreitung bedürfen, als sie halten können, sobald sie in den Zustand dichter Massen übergehen, d.i. sich zu Weltkugeln vereinigen: so müssen diese Kugeln ein Uebermaaß von Warmmaterie über das natürliche Gleichgewicht mit der Warmmaterie im Raume, worin sie sich befinden, enthalten; d.i. ihre relative Wärme in Ansehung des Weltraums wird angewachsen sein. […]. Wie groß der Anwachs sein möge, darüber haben wir keine Eröfnung; doch scheint das Maaß der ursprünglichen Verdünnung, der Grad der nachmaligen Verdichtung, und die Kürze der Zeit derselben, hier in Anschlag zu kommen. Da die letztere nun auf den Grad der Anziehung, die den zerstreuten Stoff vereinigte, diese aber auf die Quantität der Materie des sich bildenden Weltkörpers ankömmt; so mußte die Größe der Erhitzung der letzteren auch proportionirlich sein. Auf diese Weise würden wir einsehen, warum der Centralkörper (als die größte Masse in jedem Weltsystem) auch die größte Hitze haben, und allerwärts eine Sonne sein könne; […]."

[1145] S. 513,19–29 nach Williams, History, Rez. 1791, 121.

[1146] Ebd., 121 f.: „Dr. Hutton's general system may be comprised in four propositions. 1st, That all our rocks and strata have been formed by subsidence, under the waters of a former ocean, from the decay of a former earth carried down to the sea by land-floods."

[1147] Dolomieu (Mémoire 1791, 389): „[…] je suis loin d'admettre que ces couches se soient faites dans le sein des eaux, & qu'elles soient une preuve du long séjour de la mer sur nos continens, […]."

[1148] Encyclopaedia 4, 1798, 185: „CARSE, or *Carse of Gowry*, a district of Perthshire in Scotland. It lies on the north side of the Tay, and extends

14 miles in length from Dundee to Perth, and is from two to four in breadth. It is a rich plain country, cultivated like a garden, and producing as good harvests of wheat as any in Great Britain. It abounds with all the necessaries of life; […].“ Durch den Plural („Belgias, die Carses“) bekommen die geographischen Namen eine allgemeinere Bedeutung im Sinne von fruchtbarem Schwemmland.

1149 S. 513,33–514,17, bis auf die Erwähnung von Dolomieu, nach Williams, History, Rez. 1791, 122 f.

1150 S. 514,18–29 nach ebd., 123 f.

1151 Ebd., 125: „A supposed *regularity* of our *strata*, if it be meant to express continuity, order, or permanency, in an original state, cannot be objected against Dr. Hutton; for it is the result of the observations of most mineralogists, that they are very irregular in those respects, as are also the stony strata of the plains: but that is the strongest objection against Dr. Hutton's theory; for, if our continents have been lifted up by the power of elastic fluids, being so broken, they would have subsided again by the fluids making their escape through the crevices. *Rev.*“

1152 S. 514,30–515,13 nach ebd., 124 f.

1153 Dolomieu (Mémoire 1791, 393): „Si la mer ne forme pas de nouvelles couches de pierres, je ne lui connois guère plus de moyens pour détruire les anciennes, & par conséquent pour porter ailleurs les matières qui les composent. […] On ne sauroit me citer un rocher solide, seulement d'une demi-lieue d'étendue, qui, depuis que l'histoire des hommes nous transmet quelques faits géographiques, ait disparu sous les efforts des flots, en le supposant même livré des tous côtes à leur assauts; […].“ Und ders. (ebd., 396): „Les courans de la mer auroient-ils plus de puissance, pour excaver, que je ne leur en ai trouvé pour porter? je dirai encore *non;* […].“ – Die „p. 101“ der „Excerpta mathematica et physica“ (NL VI 55) ist nicht überliefert.

1154 S. 515,15–31 nach Williams, History, Rez. 1791, 125 f.

1155 Ebd., 126 f.: „It seems extraordinary that a work, which contains so many useful and accurate observations, and so many well-drawn conclusions against theories which obtained credit in the world, should also present to us a theory which has no real support: the former imaginary theories of the earth resting only on superficial appearances, a competent knowledge of some class of chracteristic facts would suffice to overturn them; and that knowlege Mr. Williams perfectly possesses. To substitute, however, a well-founded theory for those fanciful systems, required a very extensive knowlege of principles and general facts; which do not appear to have been objects of Mr. W.'s particular attention.“

1156 S. 516,21–518,10 nach Deluc, Seizième Lettre 1791, 227 f. Im folgenden werden die Abweichungen L.s von seiner Vorlage und Unklarheiten in der Übersetzung angemerkt.

1157 Ebd., 227: „1er *point.* A l'*époque* d'où je commence l'*histoire* de la *terre*, sa *masse* étoit composée de tous les *élémens*, qui, sous d'autres *com-*

binaisons, la composent maintenant avec son *atmosphère*, la *lumière* seule exceptée: ces *élémens* étoient désunis; car quoique les *causes* d'où procèdent la *gravité*, la *cohésion*, les *affinités chimiques* & l'*expansibilité* des *fluides* maintenant *atmosphériques*, existassent alors, la *liquidité* n'ayant pas encore été produite, elle ne pouvoit rien changer à cet *état*."

1158 AT 1. Mose 1, 3.

1159 Deluc (Seizième Lettre 1791, 227): „4e *point*. Le *feu* ayant été produit, il s'unit à l'*élément* de l'*eau*, qui se trouvoit jusqu'à une grande profondeur dans la *masse*; & l'*eau* y fut amenée à l'état *liquide*."

1160 Die „p. 36" in L.s Sudelbuch K (NL IV 32) ist nicht überliefert.

1161 Heyse (Fremdwörterbuch 1825, 557): „[...] *primordial*, ursprünglich, uranfänglich; [...].

1162 Deluc (Seizième Lettre 1791, 227): „7e *point*. Les *affinités* n'opérèrent que *successivement*, & même qu'avec beaucoup *lenteur*; parce que le *liquide* ne pouvoit acquérir que par degrés dans toute sa masse, tant l'état nécessaire pour y produire par-tout une même *précipitation*, que les changemens d'état d'où résultèrent diverses *précipitations*."

1163 Ebd., 228: „11e *point*. Les substances inférieures à cette *croûte* s'étant beaucoup *affaissées* sous quelques-unes de ses parties, à cause de l'infiltration du *liquide* dans les substances désunies plus profondes, qui par-là s'arrangèrent sous un moindre volume; il arriva enfin une époque, où la *croûte* elle-même s'*affaissa* dans ces parties ainsi privées d'appui. Le *liquide* alors se rassembla sur les parties les plus basses; d'où naquirent de premiers *continens*."

1164 Ebd., 228: „12e *point*. Enfin, les mêmes opérations (de *cavités* produites sous la *croûte*, & d'*affaissemens* partiels de celle-ci), s'étant souvent répétées au *fond* du *liquide*, il s'y forma des *éminences* & des *enfoncemens*; & ainsi naquirent, toujours dans le *lit* de cette *ancienne mer*, nos *montagnes* & leurs *vallées*, nos *collines* & nos *plaines*, avec tous leurs caractères généraux tels qu'ils sont déterminés jusqu'ici par l'observation; [...]."

1165 Deluc (ebd., 228–230) zitiert aus dem Aufsatz von Patrin (Notice 1791), vgl. oben S. 508,18–22.

1166 Der Kernsatz von Werner (Theorie 1791, 51) lautet: „Alle wahre Gänge sind *wirkliche*, anfänglich (nothwendicherweise) offen gewesene, und nachher fast blos *von oben herein ausgefülte, Spalten*."

1167 Eine Antwort auf La Métherie (Lettre 1791 und ders., Suite 1791, vgl. oben S. 507,33) kündigt Deluc (Dix-Huitième Lettre 1791, 453) an und löst sein Versprechen im nächsten Band der „Observations sur la physique" ein (Deluc, Vingtième Lettre 1792; ders., Vingt-Unième Lettre 1792; ders., Vingt-Deuxième Lettre 1792; ders., Vingt-Troisième Lettre 1792).

1168 Ders., Dixième Lettre 1790 und ders., Onzième Lettre 1790.

1169 Bergman, De terra 1780. Zu weiteren chemischen Analysen verschiedener Arten von Turmalin vgl. Macquer, Wörterbuch 6, 1790, 402 und Gehler 4, 1791, 405. – Vgl. auch unten S. 522,8.

[1170] Zu S. 519,17–30 vgl. Lichtenberg, Betrachtungen 1794, 136 f., wo L. diese Gedanken, wenn auch mit z.T. anderen Beispielen, ausführt.

[1171] Thouret, Rapport 1789, vgl. Lichtenberg, Nachricht 1794, 127–132.

[1172] Deluc (Dix-Huitième Lettre 1791, 456): „8. C'est à regret que je m'abstiendrai de parcourir tous les faits contenus dans la relation de M. *Patrin*, [...]. Nous avons combattu depuis long-tems, M. *de Saussure* et moi, l'opinion des géologues qui attribuent *aux animaux marins* l'origine des substances calcaires dont une si grande partie de la masse de nos continens se trouve composée; & l'un de nos argumens a été la quantité prodigieuse de ces substances contenues dans les *couches primordiales*. Or voici des observations de M. Patrin qui confirment cet argument: [...] ‚[...] Près de la ville de *Stretincsk*, la *roche calcaire* se montre sur la rive droite *immédiatement contre le granit*.'" Vgl. Patrin, Notice 1791, 230.

[1173] Deluc (Dix-Huitième Lettre 1791, 464): „‚Comment peut-on expliquer, que le *tems* où les *éléphans* & les *hyppopotames* vivoient, avec les *boeufs*, dans cette partie du globe; *tems* où encore un *coquillage* distinct, inconnu parmi ceux qui vivent, abondoit dans cette partie de la *mer*, ne soit pas éloigné *d'un bien grand nombre de siècles*'? // Après avoir ainsi ramené cette grande question, par laquelle j'avois déjà terminé ma quatorzième Lettre, je serois passé à sa solution, si votre [M. Delamétherie] Lettre n'étoit venu m'arrêter."

[1174] La Métherie (Suite 1791, 433): „Or, je demande si on peut concevoir que ce toît d'argile si molle a pu se soutenir ainsi pendant un tems quelconque qu'on supposera, avant que le filon soit venu remplir cette fente." Allerdings scheint La Métheries Problem auf einem falschen Maß zu beruhen. Der Gang hatte nicht, wie La Métherie (ebd.) schreibt, „environ douze toises d'épaisseur", sondern Laumont (Extrait 1786, 368) zufolge „de plus de douze toises de largeur" und wurde (ebd., 369) bis zu einer Tiefe von 400 Fuß ausgebeutet. Auch La Métheries (Suite 1791, 433) Angabe: „L'inclinaison de ce filon est de soixante-dix degrés environ" weicht stark von Laumont (Extrait 1786, 369) ab, der über den Gang schreibt: „[...] il plonge du nord au midi d'environ cinq degrés."

[1175] Laumonts (ebd., 368) Beschreibung der Lage des Ganges legt nahe, daß sich die Grundwasserverhältnisse, die zur Erweichung des Tons führten, erst nach Beginn der Ausbeutung geändert haben: „C'est dans un pays jadis coupé de vallées profondes, depuis comblé par les eaux, que l'on a trouvé, sous le lit même de la rivière de Seiche, un seul filon, si l'on peut appeler ainsi une masse argileuse de plus de douze toises de largeur, renfermant des amas successifs de minéral, dirigé du nord au midi sur une longueur encore inconnue." L.s Überlegung bezieht sich aber auf die Zeit der Bildung des Erzganges im Sinn der Auffüllung einer leeren Erdspalte.

[1176] Walrat.

[1177] Dolomieu (Suite [1] 1792, 43 [Fußnote]): „Sans craindre de me livrer au ridicule, sans redouter l'espèce de défaveur qu'encourent maintenant ceux qui ne s'abandonnent pas aux exagérations & aux écarts de l'imagination, je pourrai publier dans quelque tems un ouvrage dans lequel je réunirai les monumens historiques aux observations géologiques pour démontrer qu'en admettant dix mille ans d'ancienneté pour le moment où la terre est devenue ou *redevenue* habitable, on exagère peut-être encore. Mais je dirai aussi qu'il n'y a point de mesure pour le tems dans les époques antérieures, & que l'imagination peut y prodiguer les milliers de siècles avec autant de facilité que les minutes."

1178 Vgl. VNat 3, 596 f. (Anm. 17).

1179 Vorarbeit für L.s Aufsatz „Einige Betrachtungen über die physischen Revolutionen auf unsrer Erde" im Göttinger Taschen Calender für 1794.

1180 In der hebräischen Schrift werden die Vokale durch die Punktuation bezeichnet.

1181 L.s „Aufzeichnungs Theorie" findet schon im Aufsatz „Über Physiognomik" (1778, 25) ihren Niederschlag: „So erzählen die Schnitte auf dem Boden eines zinnenen Tellers die Geschichte aller Mahlzeiten, denen er beygewohnt hat, und eben so enthält die Form jedes Landstrichs, die Gestalt seiner Sandhügel und Felsen, mit natürlicher Schrift die Geschichte der Erde, ja jeder abgerundete Kiesel, den das Weltmeer auswirft, würde sie einer Seele erzählen, die so an ihn gekettet würde, wie die unsrige an unser Gehirn." Vgl. die Sudelbucheintragung F 34 (NL IV 30, p. 5 f.) von Anfang Mai 1776. In einer anderen Sudelbucheintragung (B 380, NL IV 26, p. 141 [fol. 81]) erinnert L. an den mechanistischen Vergleich zwischen dem „edelsten Theil des Leibes", also wohl dem Gehirn, mit einer „Rechenmaschine".

1182 Der Stammvater Abraham im Alten Testament, sein Sohn ist Isaak, auf dessen Sohn Jakob die 12 Stämme des Volkes Israel zurückgeführt werden; diese drei gelten als Erzväter Israels. Von ihnen leiteten auch die zu L.s Zeit lebenden Juden ihre Herkunft ab. Vermutlich meint L. Kaufleute („Franckfurt am Main"). Indem er ihnen stillschweigend eine ähnliche Unlauterkeit unterstellt wie dem Erzvater Jakob, der sein Erstgeburtsrecht erschlichen hatte (Linsengericht, vgl. AT 1. Mose 25, 29–34), meint L. vielleicht, ein Beispiel für den geringen Einfluß der Geschichte auf in der Tiefe des menschlichen Wesens verankerte Eigenschaften zu geben. Das wäre vergleichbar mit physikalischen Ursachen, die auf den „Lufft Kreiß, [oder die] äusserste Fläche der Erde" wirken und „sehr tief" nur geringe Wirkungen ausüben und kaum nachweisbare Spuren hinterlassen.

1183 Vgl. Lichtenberg, Revolutionen 1794, 96 und auch oben S. 398,30–31.

1184 Die Seiten 101, 100 und 92 aus L.s „Excerpta mathematica et physica" (NL VI 55) sind nicht überliefert. Die „Einwürfe gegen de Luc" (S. 522,9) sind vermutlich diejenigen von La Métherie (Lettre 1791 und ders., Suite 1791), und mit „DeLuc contra Patren. Pini" (S. 522,9–10) ist Deluc, Seizième Lettre 1791, gemeint.

[1185] Deluc, Achter Brief 1792; ders., Neunter Brief 1792; ders., Zehnter Brief 1792; ders., Eilfter Brief 1792; ders., Zwölfter Brief 1792; ders., Dreyzehnter Brief 1792; ders., Vierzehnter Brief 1792. – L. hatte das „Journal der Physik“ in seiner Bibliothek (BL 62).

[1186] Hutton, Theorie 1792.

[1187] Vgl. den textkritischen Kommentar zu S. 513,16. Die Bedeutung wurde nicht ermittelt. Vielleicht hat L. die von Soldaten in ihrer wachtfreien Zeit an Wänden und Möbelstücken von Wachstuben hinterlassenen Kritzeleien im Zusammenhang mit seiner Aufzeichnungstheorie erwähnt.

[1188] Deluc (Vingt-Huitième Lettre 1792, 427) schreibt: „On ne pouvoit faire aucun pas certain dans la Physique de notre globe, avant que de n'avoir acquis quelque première connoissance des fonctions qu'y remplissent les *rayons solaires*; & c'est à quoi d'abord on est arrivé dans notre génération, en se débarrassant des entraves que l'hypothèse mathématique des *vibrations* avoit mises sur cette route: on a, dis-je, reconnu, par l'accumulation des faits, que la *lumière* est une substance *chimique*, dont les *combinaisons* avec d'autres substances jouent les plus grand rôles dans les phénomènes terrestres, & qu'en particulier, c'est par une combinaison pareille qu'elle devient cause de *chaleur*: [...].“

[1189] S. 522,21–25 nach ebd., 428.

[1190] Es geht, nach Delucs Theorie (ebd., 428), um die Zeit vor der Entstehung der jetztigen Kontinente. Auf demselben Gebiet lebten, als es vom Meer bedeckt war, Nautilus und Ammonshorn; sie starben aus. Danach zog sich das Meer zurück, und es lebten dort Elefant und Nashorn, die später ebenfalls ausstarben. So erklärt Deluc, warum bisweilen fossile Überreste von See- und Landtieren nebeneinander aufgefunden werden.

[1191] S. 522,29–33 nach ebd., 430.

[1192] Eine Veränderung der Lage der Erdachse im Verhältnis zur Ekliptik als Ursache für tiefgreifende Veränderungen der Erdoberfläche hatte u.a. Meister angenommen, vgl. oben S. 509,23–25.

[1193] Deluc, Vingt-Huitième Lettre 1792, 418. Deluc zitiert Dolomieus (Suite [1] 1792, 43) Meinung, „[...] qu'il n'y a point de mesure pour le tems [„du tems“ bei Deluc] dans les époques antérieures [...]“.

[1194] Ebd., 416: „Cependant la quantité des *glaces* & des *neiges* accumulées dans les parties supérieures de ces montagnes, fait voir que tout l'ensemble des causes de leur diminution, n'a pu y compenser la chûte des *neiges* depuis le commencement de l'état actuel de notre globe, [...]; bien plus, les chasseurs au chamois, parvenus à un certain âge, ont ordinairement observé ces acroissemens dans le cours même de leur vie.“

[1195] Es geht um vom Glacier-des-bois bei Chamonix transportierte Granitgeschiebe. Deluc (ebd., 417) zitiert die Beobachtungen und eine daran knüpfende „Réflexion géologique“ (in der sich Saussure wiederum auf die Ansichten Delucs beruft) nach Saussure (Voyages 2, 1786, 21 [§ 625]).

[1196] S. 523,19–23 nach Deluc, Vingt-Huitième Lettre 1792, 419.

1197 Nisus formativus, der Bildungstrieb. Eingeführt wurde der Begriff durch Blumenbach (Bildungstrieb 1780), der ihn jedoch auf Organismen bezog. Mit dem Bildungstrieb bei „Talglichtern" meint L. vermutlich den Docht, der ständig verbrennt aber auch gleichsam nachwächst.

1198 S. 523,27–30 nach Deluc (Vingt-Huitième Lettre 1792, 417 f.). Deluc zitiert nach „§. 1001" bei Saussure (Voyages 2, 1786, 549 [§ 1101 !]). Saussure folgerte aus seinem innerhalb von 25 Jahren gewonnen Eindruck, „[...] il est vraisemblable que dans deux ou trois cens ans, il ne restera dans nos environs que peu ou point de ces monumens."

1199 S. 523,31–524,3 nach Deluc, Vingt-Huitième Lettre 1792, 421 f.

1200 Delucs Erster Brief (1793) an Blumenbach steht nicht im ersten, sondern im vierten Stück des 8. Bandes des „Magazin für das Neueste aus der Physik und Naturgeschichte".

1201 S. 524,11–13 nach Deluc, Erster Brief 1793, 31 f.

1202 „Granit blocke" auf dem Bruchberg sind bei Deluc (ebd., 36) nicht erwähnt.

1203 Deluc (ebd., 40 f.): „Dies sind die allgemeinen Thatsachen, welche, in sofern sie gewiße und bestimmte *Würkungen* von *Ursachen* ausmachen, die *vor Zeiten* auf unsre Erdkugel gewürkt haben, dem Geologen sein Geschäfte vorzeichnen; und um dieses ganze Feld zu umfassen, muß er erklären / – 1) den *Ursprung* der *Stoffe* woraus unsre *Gebirgslagen* bestehen. / 2) die Ursache der successiven Verschiedenheiten die man in diesen *Stoffen* bemerkt. / 3) warum sich in einigen dieser *Lagen*, Reste von *Land-Thieren* und *Gewächsen* mitten unter die *See*-Geschöpfe gemengt finden. / 4) woher die *Unordnung* in diesen *Lagen* und die weite *Verbreitung* ihrer *Bruchstücke* kommt. / 5) warum sich ihre *Ruinen* nun gegenwärtig über der *Meeresfläche* erhoben finden. / 6) endlich, welchen Veränderungen diese *Ruinen*, seit sie nun aus dem *Meere* gestiegen sind, durch die jetzt bekannten Ursachen ausgesetzt sind."

1204 Deluc, Zweyter Brief 1794.

1205 Ebd., 18: „Freylich aber wurden die geologischen Phänomene anfangs nur oberflächlich beobachtet, und die ersten Beschreibungen derselben durch mancherley Irrthümer verunstaltet; folglich mußten in der Folge gar mancherley Verbindungen die man zwischen den Phänomen[en] und diesen eingemengten Irrthümern geknüpft hat, durch das zunehmende Wachsthum der Wissenschaften wieder aufgelößt und vernichtet werden. Und dieß hat denn einige Naturalisten die den *Text* mit den *Commentatoren* verwechselten, dahin verleitet, das allgemeine Verdammungsurthel über beyde zugleich auszusprechen."

1206 Ebd., 20: „Diese oberflächlichen *lockern Sandlager* sind selbst eins der lezten Producte des alten *Meeres*, ehe es sich plötzlich von unserm festen Lande zurückgezogen. Ich habe die Beweise dafür schon in meinem vorigen Briefe berührt, und besonders die absolute Unmöglichkeit gezeigt, sie etwa der Decomposition von vorher anderwärts unter andrer Gestalt existirenden *festen* Substanzen zuschreiben zu wollen, die durch die *Ströme* dahin geführt worden wären.“

1207 Menstruum – nach Zedler (Universal Lexicon 20, 1739, Sp. 833) „ein *Auflöse-* oder *Scheide-Safft*“, also ein Lösungsmittel.

1208 Kohlensäure (H_2CO_3).

1209 S. 525,14–17 sind L.s eigene Ideen, die sich so nicht bei Deluc finden.

1210 Deluc (Zweyter Brief 1794, 29) schreibt,: „[...] daß eine jetzige sehr *schräge gestürzte* oder selbst *senkelrechte* Lage bey weitem nicht ursprüngliche *Horizontalität* auszuschließen braucht. Mit einem Wort: daß die *Schichten* von allen Gebürgsarten haben ehedem können *horizontal* liegen, ob wir gleich heutiges Tages in allen Classen derselben so viele sehen die von jener Lage so sehr entfernt sind.“

1211 Ebd., 30.

1212 Ebd., 33 f.

1213 Ebd., 34: „Hr. *de Saussure* geht auch von den Seegeschöpfen, als unsern ersten Führern in der Geologie, aus; [...].“

1214 Gemeint sind Deluc (ebd., 36) zufolge die „*chemischen Präcipitationen*“, die er für die Bildung von Schichten verantwortlich machte.

1215 S. 526,7–9 nach ebd., 39 f.

1216 S. 526,11–15 nach ebd., 42 f.

1217 S. 526,25–28 nach ebd., 48–50.

1218 Deluc, Dritter Brief 1794.

1219 Ebd., 61–73.

1220 S. 527,1–2 nach ebd., 59 f.

1221 Ebd., 73–86.

1222 Deluc (ebd., 75 f.) zitiert aus Dolomieu, Suite (2) 1792, 372 f.

1223 Deluc, Dritter Brief 1794, 85 f.

1224 Ebd., 86–95.

1225 Ebd., 95–101. Deluc verweist für dieses Hauptstück seiner Theorie auf seinen 10. Brief an La Métherie (Deluc, Dixième Lettre 1790).

1226 Deluc, Dritter Brief 1794, 101–123.

1227 Deluc (ebd., 106 f.): „Die Herbst-Regen überschwemmen zuweilen die niedrigen Gegenden großer Wiesen, und das angesammelte Wasser bedeckt dann die Unebenheiten des Bodens so, daß es ihm das Ansehen eines Sees giebt. Wenn es dann friert, so wird die ganze Oberfläche des Wassers mit einer *Eisrinde* bedeckt. – Mit solch einer *Rinde* vergleiche ich die Masse der *Erdschichten* von welchen ich schon gesprochen habe, so wie sie anfangs bey ihrer Entstehung auf dem Boden der *Flüßigkeit* gewesen sind. – Inzwischen verliert sich doch nach und nach das Wasser in den Boden, und das *Eis* wird noch einige Zeit durch die kleinen Hügel gestützt, die dasselbe bedeckt hatte: aber endlich *bricht* es auf diesen Stützen, senkt sich in die Zwischenvertiefungen, und blos seine *Ränder* bleiben noch in der vorigen Höhe, schräg gegen diese *Stützen* wie *angelehnt*. Wenn irgend einer dieser drunter liegenden *festen Stützen* groß genug an Umfang ist, daß das *Eis* rund herum brechen kann, so bleibt ein *Stück* Eis, mehr oder weniger *waagerecht* oben drauf liegend. Und wenn die *Ketten* oder *Zweige* dieser kleinen *Hügel* unterbrochen sind, so *bricht* das *Eis* in diesen Zwischenräumen, senkt sich daselbst, und seine nach verschiedenen Richtungen sich neigenden *Ränder*, stellen einen bloßen Haufen *Eisstücken* vor. Oft trift sichs, daß nach diesen ersten Katastrophen der *Eisrinde*, *Schnee* fällt. –" Mit der Schneedecke, die mit der Zeit verharscht und sich zusammen mit dem darunter befindlichen Eis weiter senkt, setzt Deluc seinen bildhaften Vergleich fort (bis ebd., 108).

1228 Deluc, Vierter Brief 1794, in dem Deluc zuerst die „Fortsetzung der fünften Periode" bringt (ebd., S. 2–38) und dann die „Sechste Periode" beginnt.

1229 Vulkane wurden meist auf Erdbrände zurückgeführt, vgl. oben S. 340,17–18.

1230 Deluc (Vierter Brief 1794, 7): „Ich halte mich also für berechtigt, den Ort von wannen die vulkanischen Ausbrüche entstehen, in denjenigen *Schlamm* zu setzen, der sich ursprünglich aus der *Flüßigkeit* absonderte, mit welcher unsre Erdkugel anfänglich ganz bedeckt war, und auf welchem sich nachher unsre *Gebirgsschichten* anhäuften."

1231 Ebd., 9 f.

1232 Ebd., 14: „Dieses *Fluidum* erschüttert zuweilen den Boden des Meeres, hebt das Meerwasser empor und ergießt es mit Heftigkeit auf die Küsten; – Warum aber dringt es nicht durch die Masse des Wassers hindurch, so wie es eine *Luft*-Säule thun würde, die die gleiche Würkung hervorbrächte? Ja die Ursache ist, weil dieses *Fluidum* keine *Luft* – sondern *Wasserdampf* ist, der sich sogleich von selbst wieder zersetzt, so bald er den Grad von *Wärme* verliert, der ihn gebildet hatte."

1233 D.h. (ebd., 44), „[...] es finden sich ihre [der *Elephanten* und *Rhinocer*] *Leichen* in *Schichten* die zugleich auch Reste von *Seethieren* enthalten, [...]."

1234 Deluc (ebd., 44) schreibt gegen die Annahme, es habe eine „langsame *Auswanderung* der *Elephanten* und *Rhinocer* von *Norden* nach *Süden* statt gehabt". Zu dieser Zeit waren, seiner Ansicht nach, die nördlichen Erdstriche noch vom Meer bedeckt.

1235 Collini, Betrachtungen 1783.

1236 Deluc, Lettres 5.1, 1779. Vgl. zB. ebd., 358–369: „Lettres de M. le Cap. Trosson Sur les *anciens Volcans* qui se trouvent au N.E. de *Coblentz*, & sur les *couches de pierre ponce* des bords du *Rhin* & de la *Moselle*." und ebd., 370–390: „Description du *Pays & du sol* de la route d'*Aix-la-Chapelle* à *Calais*, par *Spa* – *Conclusion* des observations Cosmologiques faites dans ces *Voyages*."

1237 Dolomieu, Reise 1783 (BL 714); vgl. ErxH, 843,39–41.

1238 Faujas de Saint-Fond, Recherches 1778; vgl. ErxH, 843,25–34.

1239 Die „Aphorismen" des Reiseschriftstellers J.C.F. Schulz erschienen von Juli 1786 bis Mai 1787 in acht Heften des „Deutschen Museums".

1240 S. 529,6–12 fast wortgetreu nach Schulz, Aphorismen 1787, 350.

1241 Veltheim (Bildung 1787, 5 [BL 751; vgl. ErxH, 845,14–16], zitiert Sir Hamilton, Supplement 1779, 5): „As the fragments of Basalt colum[n]s, which I found on the cone of Vesuvius, had been evidently thrown out of it's crater, may not Lava be more subject to cristalize within the bowells of a Volcano, than after it's emission and having been exposed in the open air? and may not many of the Giant's causeways already discover'd, be the nuclei of Volcanik Mountains whose lighter and less solid parts may have been worn away by the hand of time?"

1242 Veltheim (Bildung 1787, 3 f., zitiert Hamilton, Letters 1786, 163): „[...] it is not in the erupted torrents of these volcanos we are to look for the phaenomena of crystallization, but in the interior parts of the mountains themselves, and under the surface of the earth, where the metallic particles of the lava have not been dephlogisticated by the access of fresh air, and where perfect rest, and the most gradual diminution of temperature, have permitted the parts of the melted mass to exert their proper laws of arrangement, so as to assume the form of columnar lava: [...]."

1243 S. 529,24–530,6 nach dem Anfang des Artikels „Vulkane" bei Gehler (4, 502–524, bes. S. 502–513). – Gehler (4, 503) erklärt die Entstehung vulkanischer Kegel und folgert: „Hieraus erhellet nun, daß der Ausbruch des Feuers, selbst wenn er im platten Lande geschieht, dennoch um sich her einen höhern oder niedrigern Berg bildet, daher alle fortdaurende Ausbrüche dieser Art aus *Bergen* geschehen, [...]."

1244 Gehler (4, 502) schreibt, daß die regelmäßige Gestalt der meisten Vulkane „[...] sehr oft gestört wird, wenn sich die vorige Oefnung verstopft, oder vom Feuer verlassen wird, und dieses sich neue Schlünde an den Seiten des Kegels eröfnet."

1245 Gehler (4, 512) berichtet über den Ätna: „Man sieht aber an den Seiten und am Fuße des Berges mehr als 40 kleinere Kegel mit ausgehöhlten Gipfeln, welche aus eben so vielen durch die Hauptmasse des großen Berges ausgebrochnen Feuerschlünden entstanden sind. *De Lüc* vergleicht den Aetna mit einem Polypen, der viele kleinere aus sich hervortreibt." Vgl. Deluc, Briefe 1, 1781, 332.

1246 Zu S. 529,27–31 vgl. Gehler 4, 503 f.

1247 Gehler (4, 509) schreibt „40–50 Schuh weit in einer Minute", vgl. Deluc, Briefe 1, 1781, 347. Vgl. auch GamN, 954.

1248 Gehler 4, 512 mit Verweis auf Dolomieu, Reise 1783, vgl. S. 528,22–23.

1249 Gehler 4, 512 f., vgl. oben Text Nr. 59, S. 460,2–11.

1250 Vgl. GamN, 954 f.

1251 Die Namen der beiden Vulkane hat L. gegenüber seiner Vorlage (Forster, Bemerkungen 1783, 122 f.) ergänzt.

1252 S. 530,7–30 nach ebd.

1253 Seit dem Versuch von Lemery, vgl. oben S. 393,14–15, hielten die meisten Physiker die Selbstentzündung von Schwefelkies (FeS_2) für die

Ursache der Vulkanausbrüche. Steinkohlen und Alaunschiefer (bituminöse Substanzen und FeS_2 enthaltender Tonschiefer) dienten nach dieser Vorstellung zur Erhaltung der unterirdischen Brände, vgl. Gehler 4, 515–518 und GamN, 955.

1254 Spallanzani (Reisen 1, 1795, 260–262) schreibt über den Gipfel des Vulkans Aetna: „Die *obern Ränder des Kraters umfassen*, dem Augenmaße nach zu urtheilen, *anderthalb Meilen im Umfange*, und bilden *ein Oval*, dessen größter Durchmesser der von Ost nach West ist; […]. / Die *innern Wände* der *Höhle* oder des *Kraters* sind nach Verschiedenheit der Stellen *verschieden abhängig*. […]. / Die *Tiefe* des Kraters von seinem obern Rande an bis auf den Grund scheint den *sechsten Theil einer Meile* zu betragen. / Die *Wände* sind unförmlich *rauh* und mit *Concretionen* von pomeranzengelber Farbe ausgebildet […]. / Der *Grund* derselben besteht aus einer beynahe *horizontalen Fläche*, und hat einen *Umfang* von ohngefähr *zwey Drittel Meilen*; […]. / Allein auf dieser Fläche sahe man, auf der Seite, wo ich war, eine *zirkelrunde Oefnung*, deren Durchmesser, dem Anscheine nach, ohngefähr fünf Ruthen betragen konnte; gerade aus dieser Oefnung erhob sich die größte *Rauchsäule*, die ich sahe, bevor ich noch auf den Gipfel des Aetna kam."

1255 Sarti, Saggio 1783 (SUB Göttingen, Signatur: 8 MIN III, 8456).

1256 Auszüge aus dem Artikel „Erdbeben" bei Gehler (2, 1–10).

1257 Vgl. Gehler 2, 2. – Seneca (Untersuchungen 1794, 210 [= 6. Buch, 1. Kapitel]): „Pompeji, diese berühmte Stadt Campaniens, […], ist, wie ich höre, mein bester Lucilius, durch ein Erdbeben untergegangen und alle angrenzenden Gegenden haben davon gelitten: und noch dazu im Winter, der nach der gewöhnlichen Versicherung unsrer Vorfahren vor einer solchen Gefahr sicher ist. Am fünften Februar unter dem Consulat des Regulus und Virginius [63 n. Chr.] war diese Erschütterung, welche Campanien […] so weit und arg verwüstete: denn auch ein Theil der Stadt Herkulanum stürzte ein, und der Rest steht noch unsicher." Das Erdbeben ereignete sich jedoch vermutlich im Jahr 62 n. Chr., vgl. Waldherr, Erdbeben 1997, 73, und die endgültige Zerstörung Pompejis im Jahr 79 n. Chr. Vgl. auch GamN, 954.

1258 S. 531,7–10 nach Gehler 2, 2.

1259 S. 531,10–11 vermutlich nach „Deutsche Encyclopädie" (8, 1783, 654): „Allen Anzeigen nach ist *Herculanum* zuerst durch Vulkanen Asche bedeckt und den[!] durch Wasser überschwemmt worden: hierdurch setzte sich die Asche, die feurigen Lavaströhme überflossen nun alles ganz gemach und machten eine allgemeine Bedeckung. Eben so sind die Städte *Pompeii* und *Stabia* nicht durch Erdbeben untergegangen, sondern vom *Vesuv* verschüttet worden: hierüber findet sich blos leichte, nicht zusammengebackene Asche, und keine Lavarinde. Daß alle die Zerstöhrungen nicht ausserordentlich gewaltsam erfolget, sieht man daraus, weil alle Einwohner sich zu retten Zeit hatten: nirgend als in Stabia fanden sich einige tode Körper und zwar drey weibliche: Sogar müssen die Einwohner Zeit gehabt haben, ihre Kostbarkeiten wegzu bringen."

[1260] S. 531,12–13 nach Gehler 2, 2.

[1261] S. 531,16–20 nach ebd., 4 f. Plinius (Naturgeschichte 1, 1781, 103) erwähnt das Erdbeben jedoch im § 86 des zweiten Buchs: „Das größte Erdbeben bei Menschen Gedenken ereignete sich unter der Regierung des Tiberius Cäsars, es giengen in demselben 12 Städte in einer Nacht zu Grunde [XII urbibus Asiae una nocte prostratis]."

[1262] Zu S. 531,22–27 vgl. z.B. Krünitz, Encyclopädie 11, 1777, 233 oder Encylopädie 8, 1783, 655.

[1263] Vgl. Fowke, Account 1756.

[1264] S. 531,29–532,4 nach Gehler 2, 2 f. Die Arbeit von Hollmann ist dort genannt, jedoch nicht das von Hollmann (Mantissa 1756, 6) angegebene Flächenmaß, das L. sowohl aus Krünitz, ebd., als auch aus Encyclopädie 8, 1783, ebd., haben könnte.

[1265] Hamilton (Account 1783, 169) schreibt am 23. Mai 1783 aus Neapel, „[… the earthquakes] began the 5th of February last, and continue to be sensibly, though less violently, felt to this day […]."

[1266] Hamilton (ebd.) berichtet, „[…] that the part of Calabria, which has been most affected by this heavy calamity, is that which is comprehended between the 38th and 39th degree, that the greatest force of the earthquakes seemed to have exerted itself from the foot of those mountains of the Appenines called the Monte Deio, Monte Sacro, and Monte Caulone, extending westward to the Tyrrene sea; […]."

[1267] Hamilton (ebd., 202 f.) beschreibt den Absturz großer Felsmassen ins Meer in der Nähe von Scilla und die Folgen einer dadurch verursachten Flutwelle. Die Felsen bestanden aber nicht aus Granit, sondern waren „partly calcareous, and partly cretaceous".

[1268] Hamilton (ebd., 171 f.) nennt als offizielle Angabe für die Todesopfer 32367 Menschen, meint aber, daß die Zahl unter Berücksichtigung der mit ums Leben gekommenen Fremden auf mindestens 40000 angesetzt werden müßte.

[1269] S. 532,5–16 nach Encyclopädie 8, 1783, 655. Dort beginnt die Aufzählung zerstörter kampanischer Ortschaften mit „Casale nuovo" und endet mit „La Madonna". – Zu S. 531,22–532,14 vgl. auch ErxH, 847,22–40 und GamN, 956.

[1270] Es geht bei Forster (Bemerkungen 1783, 124–126) um die „Abnahme der See und des Wassers überhaupt". Er hält die Annahme der ständigen Verkleinerung der Weltmeere und Zunahme des Festlandes für ungesichert und meint (ebd., 124), „[…] man dürfte, nach richtiger Vergleichung, wahrscheinlich entdecken, daß auf einer Seite nur gewonnen werde, was auf der andern verloren geht."

[1271] Buffon (Histoire 2, 1750, 422) schreibt, daß sich durch angespülten Sand ein Isthmus zwischen Norfolk und Zeeland bilden könnte.

[1272] Vielleicht eine falsche Erinnerung L.s. Zumindest steht bei Lulofs (Einleitung 1755, 381): „Ravenna war vor diesem der vornehmste Hafen, den die Römer an dem adriatischen Meerbusen hatten, gegenwärtig aber liegt es weit von der See entfernet; man sieht noch in den Mauern dieser Stadt, welche nach der Seeseite zustehen, verschiedene schwere eiserne Ringe, die aller Wahrscheinlichkeit nach gedienet haben, vor diesem Schiffe daran zu befestigen, auch ist daselbst noch ein Ueberbleibsel von einer Schiffleuchte." Vgl. Buffon, Histoire 2, 1750, 425 und Bergman, Beschreibung 2, 1780, 196.

1273 S. 532,33–533,6 nach Forster (Bemerkungen 1783, 125). Forster meint (ebd., 126): „Am wahrscheinlichsten ist es wohl, wenn man eine allmählig fortschreitende Verminderung des Wassers nicht annehmen will, daß Erdbeben und unterirdische Feuer die Korallfelsen, nebst der anliegenden Gegend des Eilands aus dem Meere aufgeworfen haben." Vgl. Anm. 398.

1274 Mayer (Versuch 1756, Sp. 294) schreibt über die von ihm angenommene Ursache von Erdbeben: „Alle mit einer solchen Naturbegebenheit verknüpften Umstände lassen sich sehr leicht und begreiflich erklären, wenn man die Erdfläche selbst in Ruhe läßt; dagegen aber annimt: die Kraft der Schwere, welche ordentlicher Weise perpendicular auf die Oberfläche der Erde würket, verändere in einem gewissen Bezirke diese ihre Direction auf einige Zeit, und würke schief auf die Erde." Vgl. ErxH, 848,39–43.

1275 Forster, Bemerkungen 1783, 124. Gemeint ist der Historiograph Olof von Dalin (1708–1763), der (Browallius, Untersuchung 1756, ungez. Bl. 10r) „[...] in seiner *schwedischen Reichshistorie*, von welcher der erste Theil 1747 ans Licht trat, den Satz der Wasserverminderung bey seiner Zeitrechung zum Grunde geleget hat."

Kapitel XIIIa

1 Vgl. 386,32–387,5 in Kapitel XIII.

2 Gamauf kommt bei der Behandlung des Wasserstoffs auch auf die „Luftschifferey" zu sprechen und zählt einige mögliche Anwendungen auf, darunter auch das Höhenmessen (vgl. GamN, 263). Er schließt diese Betrachtungen jedoch mit der Feststellung (ebd.): „Allein, wie gesagt, die Kostbarkeit derselben ist daran hinderlich."

3 Dt. *in hervorragender Weise*, das französische *par exellence*.

4 Unter Triangel ist wohl allgemein die trigonometrischen Höhenbestimmung zu verstehen. Es werden dabei Dreiecke betrachtet, die aus dem Punkt, dessen Höhe gesucht ist, und Punkten, von denen aus dieser anvisiert wird, bestehen. Aus den gemessenen Winkeln und dem Abstand zwischen den beiden Standpunkten, der Länge der sog. Standlinie, läßt sich die Höhe berechnen. Vgl. dazu etwa Mayer, Geometrie 2, 1779, 264–276; den einfachen Fall, daß die Standlinie CD horizontal ist und mit der Höhe K in einer vertikalen Ebene liegt, illustriert folgende Abb. (ebd., Tab. III)

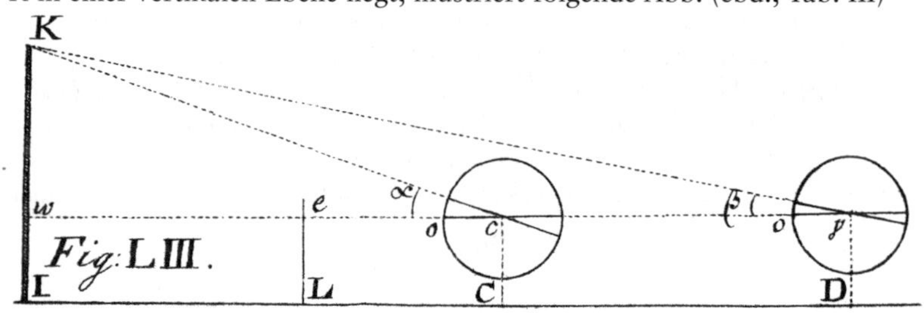

Nivellement oder Wasserwägen heißt nach Gehler (4, 668) „jede Operation, durch welche man findet, um wieviel der eine von zween entlegnen Punkten über oder unter der verlängerten Horizontalebene des andern liegt". Üblicherweise wird von einem der beiden Punkte eine an dem anderen aufgerichtete Meßstange horizontal anvisiert. Größere Höhenunterschiede können mit diesem Verfahren, wenn überhaupt, nur mit zahlreichen Zwischenstationen gemessen werden.

5 Verbindungslinie zwischen den beiden „Ständen", von denen aus bei der geometrischen Höhenbestimmung der Punkt, dessen Höhe gesucht ist, anvisiert wird.

6 Vermutlich hatte L. jeweils zwei Vorlesungsstunden in den beiden Wochen vor dem Vorlesungsbeginn am 7. April 1788 eingeplant; vgl. die Vorbemerkung.

7 Vgl. zu dieser motivierenden Einleitung GamN, 957.

8 Vgl. oben 542,13–14, wo L. richtig António de Ulloa mit den in den Kordilleren gefundenen Fossilien in Verbindung bringt.

9 Vgl. Pascal, Traitez 1663, [XV]–[XX], wo diese Daten genannt werden. Demnach hatte Torricelli seine Entdeckung nicht eigens drucken lassen, sondern lediglich 1644 Mersenne in Paris mitgeteilt, während Pascal

seine Versuche 1648 unter dem Titel ‚Récit de la grande expérience de l'équilibre des liqueurs' veröffentlicht, wovon in dem Band von 1663 ein Nachdruck enthalten ist. Vgl. auch ErxH, 733, wo L. in einem gedruckten Zusatz auf das Buch hinweist, sowie GamN, 957–959.

10 Zur Höhenmessung unter dieser vereinfachenden Voraussetzung, aus der eine lineare Beziehung zwischen Barometerhöhe und Höhendifferenz der Beobachtungsorte folgt, vgl. GamN, 960–967, wo dies ausführlich dargestellt wird.

11 Vgl. hierzu den Grundsatz, den L. seinen Zuhörern bei der Beschäftigung mit der Hydrostatik erläutert hat (VNat 3, 266 Z. 30): „die Fluida drücken in der Verhältniß ihrer Höhen".

12 Die Besonderheit der Luft gegenüber den „tropfbaren Fluida" wie Wasser, daß ihre Dichte vom Druck abhängt, ist gerade der Inhalt von Mariottes Gesetz; in L.s eigener Formulierung (VNat 3, 407 Z. 13 f.): „Die Räume, die eine gegebene Masse Lufft bey verändertem Druck einnimmt verhalten sich jedes mal verkehrt wie die drückende Krafft".

13 Gemeint ist hier vermutlich die Mariottesche Berechnung, wie sie Kästner (Anmerkungen 1775, 238–244) darstellt, die zwar eine mit der Höhe abnehmende Dichte der Luft voraussetzt, jedoch keine infinitesimale Betrachtung anstellt, sondern eine endliche Anzahl aufeinander folgender Schichten annimmt. Innerhalb einer einzelnen Schicht sollte die Dichte jeweils konstant sein und von einer Schicht zur nächsthöheren sollte sie jeweils um immer den gleichen Betrag abnehmen. „Dieses Verfahren", bemerkt dazu Kästner (ebd., 241), „wäre richtig, wenn die Luft von der untersten Grenze einer Schicht bis an die oberste durchaus gleich dicht wäre. Aber die Luft wird von unten nach oben zu dünner; Also muß die oberste Grenze weiter von der untersten abstehen, als Mariottens Rechnung angiebt, oder: er findet jede Schicht etwas zu klein."

14 Lt. Gamauf (GamN, 972) bediente sich L. in der Vorlesung der Kästnerschen Herleitung der Höhenformel (vgl. Kästner, Anmerkungen 1775, 223–226), die demgemäß in Gamaufs Nachschrift vorgeführt wird (vgl. GamN, 973–977). Daß sie in den überlieferten Handschriften nicht anzutreffen ist, liegt vielleicht daran, daß L. sie direkt aus dem Buch vortrug.

15 Mit dem nachfolgenden Beweis, daß die Gewichte der verbleibenden Luftsäulen bei arithmetischer Zunahme der Höhe in geometrischer Folge abnehmen, bereitete L. nach Gamauf die analytische Herleitung der Höhenformel vor (vgl. GamN, 972 f.).

16 Dt. *Dichte* bzw. *Gewicht*.

17 „indem man die vorderen Glieder addiert"; verkürzte Regel für das Rechnen mit Proportionen, die bei Gamauf so lautet (GamN, 973): „wenn man in einer geometrischen Gleichung, die zwey vorhergehenden [hier $pAI - pBI$ und pBI] und die zwey folgenden Glieder [hier $pBI - pCI$ und pCI] zusammenaddirt, so erhält man eine neue geometrische Gleichung."

[18] L. schiebt hier die Voraussetzung nach, unter der allein der Beweis möglich ist und die bei Gamauf lautet (GamN, 972): „die Höhe dieser Schichten nehme man so klein an als man nur immer will, so daß die Dichtigkeit der Luft in jeder einzelnen Schicht, ohne merklichen Fehler, als gleichförmig angesehen werden kann."

[19] Kästner (vgl. Anm. 14) benötigt zu seiner Herleitung den vorhergehenden Schritt L.s nicht, gemäß dem die Quecksilbersäulen in geometrischer Folge wachsen, wenn die korrespondierenden Luftsäulen eine arithmetische Folge bilden. Andererseits sind die logarithmischen Linien durch diese Eigenschaft geradezu definiert (vgl. Kästner, Anfangsgründe 3.2, 1770, 147–149). Es ist also ein glaubhaftes Ergebnis, wenn die Integralrechnung hier auf einen logarithmischen Zusammenhang führt. – Oder will L. ganz allgemein feststellen, daß infinitesimale Betrachtungen die Grundlage der gesamten Integralrechnung bilden, so daß sie bei deren Anwendung im Einzelfall nicht wiederholt zu werden brauchen?

[20] Meint wohl, daß das Barometer mit einer kalibrierten Skala versehen werden kann, die die Höhe des jeweiligen Standortes abzulesen erlaubt.

[21] In dieser Aussage berücksichtigt L. gerade nicht die in der vorangehenden Rechnung ermittelte Abweichung in der Größenordnung von einem Prozent, die sich beim Vergleich des 6-fachen der Logarithmendifferenz bei einem Druckabfall von einer Linie mit der Differenz bei einem Druckabfall von 6 Linien ergibt.

[22] Da die englischen Toisen kleiner sind als die Pariser, tritt der Umstand, daß die Differenz der Logarithmen genau der 10000ste Teil des gesuchten Höhenunterschiedes nach englischem Maß ist, gerade bei der Temperatur auf, die eine Korrektur des Wertes in französischem Maß im Verhältnis der beiden erforderlich macht. Unter der Voraussetzung, daß 10000 englische Toisen 9383 französischen entsprechen und sich die Réaumur- zu den Fahrenheitgraden wie 178 zu 80 verhalten, errechnet Horsley, Rules 1774, 256–258, diese Temperatur zu 39,74 °F.

[23] Shuckburgh (Observations 1777, 555) befand aufgrund einer Vielzahl von Messungen die mittels Delucs Formel gefundenen Höhen als zu gering und dessen Ausdehnungskoeffizient für die Luft als zu klein (ebd., 563 f.). Aus der Kombination beider Abweichungen ermittelte er den von L. genannten Wert (in °F) als die Temperatur mit der verlangten Eigenschaft (ebd., 568 f.; die Formel ist durch einen Druckfehler verderbt).

[24] Alter Göttinger Flurname, erstmals belegt 1482 (vgl. den nachfolgenden Ausschnitt aus Köppke, Hildesheim 1967, Karte V), der sich im Straßennamen „Am Weißen Steine" erhalten hat. Das zugehörige Flurstück lag an einer der möglichen Routen für die Barometerexkursion auf den Hainberg (vgl. Anm. 49) und muß stark geneigt gewesen sein. Für seine gleichmäßige Terrassierung auf die L. hinzudeuten scheint, konnte kein weiterer Beleg ermittelt werden.

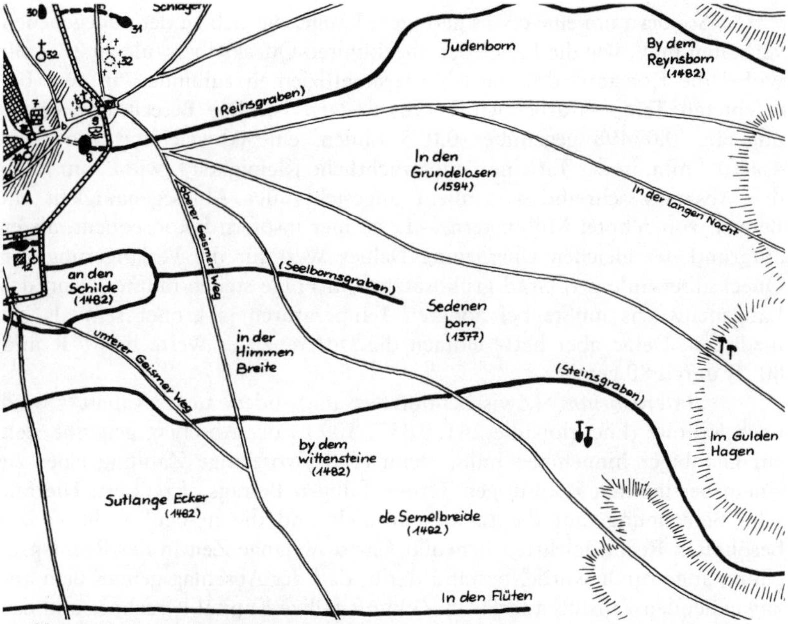

25 Vgl. dazu oben 544,25–545,9.

26 Zu ergänzen etwa: „von einander abweichen, so entspricht dem ein Höhenunterschied von 12,945 französischen Toisen." Vgl. 546,22–27.

27 Dt. *Vielfache*.

28 Kästner, Anmerkungen 1775, 215–440; der „Anhang" macht also etwa die Hälfte des Buches aus. In dessen §§ 277–349 referiert Kästner (ebd., 348–392) Delucs einschlägige Untersuchungen, die dieser in seinen ‚Recherches sur les modifications de l'Atmosphére' veröffentlicht hatte. Auf diesen Abschnitt bezieht L. sich im folgenden.

29 Nach ebd., 361 f.; gemeint ist hier Delucs unten (549,14–28) beschriebenes Thermometer.

30 Eigentlich § 301 (ebd., 358–360), in dem Kästner die Formel herleitet. Sie entspricht der unten (550,24) von L. angegebenen Formel, wobei aufgrund von Delucs entsprechend eingeteilter Thermometerskala (vgl. 549,14–28) $r - 10$ in m übergeht und e gerade ein Sechzehntel ist.

31 Vgl. ebd., 373 f., wo Kästner die Umrechnung zwischen den beiden Thermometern erklärt.

32 Wegen der Wärmeausdehnung des Quecksilbers muß die Barometerhöhe auf eine Normtemperatur reduziert werden. Vgl. auch 553,1–12 und 554,1–15.

33 In Erxlebens Lehrbuch wird Delucs Spezialthermometer in § 682 erläutert (ErxH, 734). Zur resultierenden Korrekturformel vgl. 548,26–32.

34 Unrichtig ist hier selbstverständlich das Gleichheitszeichen zwischen *B* und der Klammer, das L. versehentlich setzt.

35 Sondern um eine etwas geringere Länge, die sich zu der angegebenen verhalten muß, wie die Länge der abgekühlten Quecksilbersäule zu 27 Zoll, wobei die Konstanz des Ausdehnungskoeffizienten zumindest in dem betrachteten Temperaturbereich vorauszusetzen ist. Die Berechnung ergibt ungefähr 0,07498 gegenüber 0,075 Linien, eine Abweichung von etwa 4×10^{-5} mm, in der Tat eine „unbeträchtliche Kleinigkeit", wie L. am Ende des Absatzes schreibt, vor allem angesichts der Ablesegenauigkeit im Bereich von zehntel Millimetern. – L. ist hier insofern inkonsequent, als er aufgrund der gleichen Überlegung Delucs Wert für die Verlängerung der Quecksilbersäule pro Grad grundsätzlich in Frage stellen müßte. Denn der Längenzuwachs müßte bei höheren Temperaturen ja größer sein als bei niedrigen. Deluc aber hatte einfach die Differenz der Werte bei 0 °R und 80 °R durch 80 geteilt.

36 „*Interusurium* (Zwischennutznießung) oder auch Rabatt" wird nach Krünitz (Encyclopädie 241, 1857, 509 f.) der Abschlag genannt, den ein Gläubiger hinnehmen muß, wenn er die vorzeitige Zahlung eines zu einem bestimmten zukünftigen Termin fälligen Betrags akzeptiert. Die falsche Berechnung, auf die L. hier anspielt und die in der Tradition des berühmten Rechtsgelehrten Benedikt Carpzow lange Zeit in der Rechtsprechung angewandt wurde, bestand darin, daß der Abschlag gemäß dem anzuwendenden Zinsfuß auf das in Zukunft fällige Kapital berechnet und das Ergebnis dann von letzerem subtrahiert wurde. So ergab sich z. B. bei einem Betrag von 100 und einem Zinfuß von 4% ein Interusurium von 4 und also ein gegenwärtiger Wert von 96. L. hatte sich bereits in jüngeren Jahren mit derartigen Fragen beschäftigt, wie ein Brief aus dem Jahr 1766 an seinen Mitstudenten August Hennings (Bw 1, Nr. 2) zeigt, in dem er richtig schreibt, daß der Zins auf den gesuchten gegenwärtigen Wert (x) zu beziehen ist. Mit den obigen Zahlen wäre also die Aufgabe zu lösen: $x + 0{,}04x = 100$, woraus sich ein gegenwärtiger Wert von etwa 96,15 und also ein Interusurium von 3,85 ergibt.

37 Zu den beiden Werten für *e* schriftliche Nebenrechnungen auf Bl. IX C, 14r: 6[,]00 : 80 = 0,075 und 5,50 : 80 = 0,069. Die verschiedenen Dividenden ergeben sich aus den unterschiedlichen Werten für die Ausdehnung des Quecksilbers, die Deluc und Roy voraussetzen (vgl. GamN, 456, Anm.; L. stützt sich hier vermutlich auf Luz, Beschreibung 1784, 94 bzw. 96).

38 Zur Herleitung der Formel vgl. oben 549,29–550,5 und die Nebenrechnung am Rand (550,27–31) zur Umrechnung von Zoll in Linien.

39 Diesem Thermometer widmet Erxleben den § 683 (ErxH, 735 f.).

40 Numero rotundo, dt. etwa *bei gerundeter Zahl.*

41 Unter der Voraussetzung der Gültigkeit des Mariotteschen Gesetzes auch für sehr hohe Drücke berechnet L. hier, wie tief ein Schacht sein müßte, an dessen Grund die Luft so stark verdichtet wäre, daß Gold auf ihr schwimmen könnte. In die Rechnung gehen als Werte ein: 800 (das Verhältnis der Dichten von Wasser und Luft); 19 (das Verhältnis der Dichten von Gold und Wasser); 28["] (die mittlere Barometerhöhe auf

Meeresniveau). Für den Luftdruck, bei dem Gold schwimmt, ergibt sich also ein Wert von 425600″. Sodann ist 5,629002 = log 425600 und 1,447158 = log 28, der Höhenunterschied nach der einschlägigen Formel (550,25; ohne Temperaturkorrektur), also 10000 × 4,181844 Toisen, gut 80 km. Vgl. dazu auch GamN, 296 f. und VNat 3, 408 f.

42 So der von Saussure am 3. Aug 1787 gemessene Wert, vgl. ErxH, 737 f., am Rand. Vgl. auch Text Nr. 9.

43 Zu ergänzen: wenn sie die gleiche Dichte haben soll wie Gold; vgl. 552,5.

44 Die von L. im Erxleben (vgl. Anm. 42) genannten Quellen geben übereinstimmend als Barometerhöhe 16″ $\frac{144}{160}$‴ und für die Temperatur −2,3 °R an (Saussure, Relation 1787, 29, bzw. ders., Nachricht 1788, 40 f.). Hier ist L. beim Barometerstand wohl einem Druckfehler in der 5. Aufl. des Erxleben aufgesessen, der auch in der 6. Aufl. nachgedruckt wurde (Erx^5, 644, u. Erx^6, 663): „16 Paris. Zoll und $\frac{144}{150}$ Linien".

45 L. berechnet hier die Höhe des Montblanc über dem Meer in Toisen nach der üblichen Formel (550,25) ohne Temperaturkorrektur, wobei er die Logarithmen der beiden oberhalb (552,16–17) in der linken Spalte notierten Werte, jeweils mit 10 multipliziert, voneinander subtrahiert. Ein Fehler bei der Umwandlung des Wertes auf dem Montblanc (statt 0,9 Linien addiert L. 0,9 Zoll zu den 16 ganzen Zoll) führt zu dem von den Angaben im Erxleben (ErxH, 738: etwa 2400 bis 2450 Toisen) stark abweichenden Wert. Mit den korrekten 16,075 Zoll hätten sich etwa 2410 Toisen ergeben. Zur Höhe des Montblanc vgl. auch Kapitel XIII, 329,17–19 sowie die zugehörige Anm.

46 Dieser Text bietet eine Schritt- für Schrittanleitung zur Berechnung von Höhen in englischen Fuß bei Vorliegen von Meßwerten in französischen Zoll auf der Grundlage von Shuckburghs Werten für die Ausdehnung von Quecksilber und Luft. Die anschließenden Tabellen (A.) und (B.) sind besonders groß und sorgfältig geschrieben, vermutlich damit sie im Hörsaal auch von hinteren Reihen aus gelesen werden konnten.

47 Shuckburgh, Observations 1777; die korrekte Nummer des Beitrags in Band 67 ist 29. Auf der genannten Seite teilt Shuckburgh das Ergebnis seiner Untersuchungen über die Ausdehnung des Quecksilbers mit; danach beträgt die um die Ausdehnung der Glasröhre korrigierte Verlängerung einer Säule von 30 englischen Zoll (inches) „for each degree 0,00304 inch when the barometer stands at 30 inches."

48 Vgl. Shuckburgh, Observations 1777, 563 f.

49 Der Vergleich mit den in Nr. 12 aufgeführten Werten zeigt, daß die nachfolgenden Angaben der Hainbergexkursion des Jahres 1791 zuzuordnen sind (vgl. 556,9–11). Offenbar war die Gruppe um Klindworth und Aycke (vgl. Anm. 51), unter deren Namen L. die Meßwerte auflistet, mit zwei Heberbarometern unterwegs, die er (VNat 3, 383 Z. 4–17) unter dem Namen des Delucschen Barometers abhandelte. Daraus erklären sich (vgl. die Abb. ebd., 686) die Paare von Ablesewerten für jeden Meßpunkt, aus

deren Addition sich erst der gemessene Luftdruck ergibt. Nach Text Nr. 12 (556,12) gehörte das von Klindworth benutzte Barometer L.s Kollegen Seyffer.

Bei dieser wie bei den späteren Barometerexkursionen werden mit Ziegelhütte und Hainberg immer wieder die gleichen Meßstationen genannt; daher hier einige topographische Bemerkungen. Unter der Ziegelhütte ist die Ratsziegelei (Z) zu verstehen, die 1784 außerhalb des nach Süden (im

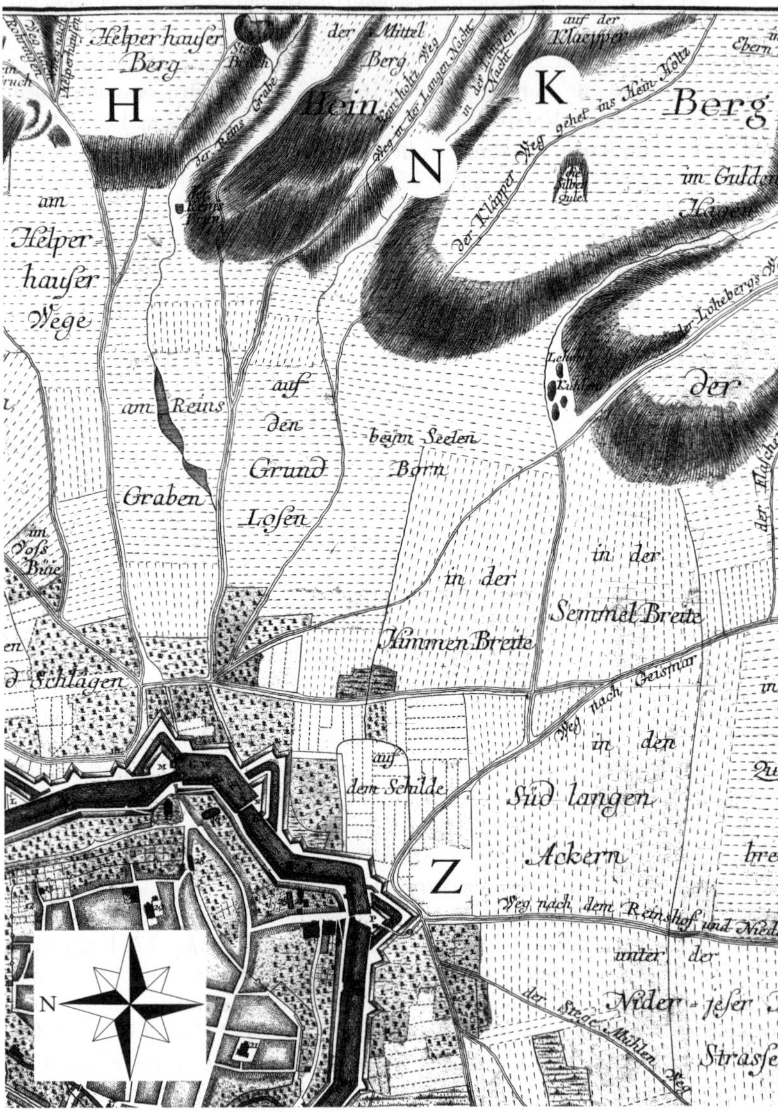

Plan rechts) gelegenen Geismartors, etwa an der Stelle des heutigen sog. Amtshauses, einen Neubau erhalten hatte (Denecke, Göttingen 2, 2002, 437). Sie lag dort auf einer Höhe von rund 155 m ü. NN. Die bei den verschiedenen Exkursionen ermittelten Höhen des Hainbergs über der Ziegelhütte betragen zwischen 500 und 550 Pariser Fuß, entsprechend 163 bzw. 179 m. Dies legt nahe, daß L. als Höhe des Hainbergs diejenige der südlichsten von drei seinerzeit insgesamt als Hainberg bezeichneten Anhöhen, des heutigen Kleperberges (332 m gegenüber 315 m beim „Helperhauser Berg" (H), dem heutigen Hainberg) ansah. Der höchste Punkt liegt ganz in der Nähe des Endes des als „Lange Nacht" (N) bezeichneten Einschnitts zwischen Kleper- und Mittelberg, auf der Karte vermutlich in der am oberen Rand gelegenen Flur „auf der Klaepper" (K) zu suchen. Für diese Betrachtung spricht auch die relative Nähe des Kleperberges zur Ziegelhütte; denn durch barometrische Messung ermittelte Höhenunterschiede waren um so verläßlicher, je kürzer die von der ersten bis zur letzten Messung vergangene Zeit war. Um so größer war nämlich die Chance, daß die Voraussetzung, die witterungsbedingte Änderung des Barometerstandes verlaufe linear, den Tatsachen möglichst nahe kam. Über den genauen Weg zwischen beiden Meßpunkten läßt sich nur spekulieren, zumal es über die auf der Karte verzeichneten Wege hinaus für Fußgänger sicher noch weitere Pfade gab.

Als Vorlage für die Abb. diente ein Ausschnitt aus „Topographischer Entwurf der Königl.-Großbritannischen Vestung und Universitäts Statt Goettingen mit den umliegenden Feldern, Bergen und Gegenden [...] von Matthaeus Seutter [...] in Augsburg." (ca. 1750; SUB Göttingen MAPP 7780.)

50 Nebenrechnungen zu dieser Spalte (Umwandlung der gemischten Werte in Zollen und Linien in reine Linienwerte) auf der gleichen Seite: $26 \times 12 + 22 = 334$ (oben rechts); $27 \times 12 + 4 = 328$ (Mitte links).

51 Johann Christian Aycke, Hörer L.s zwischen Winter 1788/89 und Winter 1790/91 (LH, 74) besaß ein eigenes Reisebarometer (vgl. Bw 4, Nr. 2697 [648]), das offenbar auf dieser Exkursion, möglicherweise von ihm selbst, mitgeführt wurde.

52 L. vergleicht hier die für 1791 und 1792 ermittelten Differenzen zwischen den Barometerhöhen an der Ziegelhütte vor dem Aufstieg und auf dem Hainberg. Der für 1792 genannte Wert an der Ziegelhütte stimmt allerdings nicht mit demjenigen überein, den er auf Bl. 2 angibt (560,28–30) und der in die Höhenberechnung auf Bl. 3 (561,3) und auch wieder in einen ähnlichen Differenzenvergleich auf Bl. 11 unter Einbeziehung der Messung von 1798 eingeht (564,8–10, re. Sp.). Vgl. auch die folgende Anm.

53 Paare von Meßwerten für die Ziegelhütte, aus denen diese Zahlen abzuleiten wären, sind nicht erhalten. Das Resultat geht in keine der erhaltenen Rechnungen ein. Ihre Zuordnung ist daher unklar.

54 „Messung auf dem Hainberge“ verzeichnet das Tagebuch für diesen 13. April 1791, einen Mittwoch, und in dem stichpunktartigen Vorlesungsprotokoll steht unterm 11. und 12. (NL VII F 1, Bl. 75r) „Höhenmessung mit dem Barom.“ und unterm 14. „Berechnung des Heinbergs“.

55 Schriftliche Divisionen zu dieser Zeile auf Bl. IX C, 20r (Mitte): 13[,]0 : 16 = [0,]81; 13[,]0 : 20 = [0,]6 (bricht ab).

56 Schriftliche Division hierzu am unteren Rand: 150 : 16 = 9.

57 Schriftliche Division hierzu auf Bl. IX C, 9v: 17[,]0 : 20 = 0,85.

58 Schriftliche Division hierzu auf Bl. IX C, 9v: 14[,]0 : 16 = 0,88.

59 Notiz hierzu auf Bl. IX C, 20r (unten links): 335 6

60 Notiz hierzu auf Bl. IX C, 20r (unten rechts): $\frac{30}{16}$. L. setzte irrtümlich, abweichend von kurz zuvor $\frac{30}{20}$ (555,21), 16 als Nenner, verminderte bei der Umwandlung des Wertes den Zähler aber dennoch um 20 und kam so zu seinem falschen Ergebnis (statt 334 $\frac{10}{20}$, der eigentlichen Summe der gemessenen Werte [555,20–22, rechte Sp.]).

61 Die folgende Höhenbestimmung folgt der Anleitung nach Deluc in 550,23–26.

62 Bei korrekter Durchführung der Division in den Zeilen 558,11–15 und Abschneiden der letzten Ziffern (526,74 : 215 = 2,44) ergibt sich für die Korrektur der Höhe ein Betrag von 25,0 Fuß, als Höhe also 501,74 Fuß.

63 Diese Rechnung führt L. im folgenden Text Nr. 14 durch. Daß er hier wie im folgenden mehrfach *Le Roy* (zwei Brüder dieses Namens wirkten in Paris als Mechaniker und Uhrmacher, ein dritter war Apotheker in Montpellier) statt *Roy* schreibt, kann nur als Nachlässigkeit gedeutet werden, da ein Kennzeichen von Roys Vorgehen ja gerade darin besteht, daß er englische Maße verwendet.

64 Die nachfolgende Berechnung besteht aus fünf Schritten, die zur Verdeutlichung durch vertikalen Leerraum voneinander abgesetzt sind. Das Verfahren entspricht dem in Text Nr. 10 beschriebenen, nur daß die Reihenfolge der Schritte etwas abweicht und die Korrekturen nach Roys Formel und nicht nach Shuckburghs Tabellen durchgeführt werden. Die Schritte im einzelnen (in Klammern die Parallelstellen in Nr. 10): 1) Umrechnung der Barometerhöhe in englische Zoll (552,23–28); 2) Korrektur der Barometerhöhe gemäß der Temperatur (553,1–12); 3) Berechnung der angenäherten Höhe (553,13–15); 4) Umrechnung °R in °F (552,29); 5) Korrektur der Höhe gemäß der Temperatur (553,17–29) und Umrechnung von englischem in Pariser Maß (dieser Schritt nicht in Text Nr. 10).

65 Verhältnisaufgabe: Gesucht wird die Zahl, zu der sich die dritte verhält, wie die erste zur zweiten.

66 Abweichend von 550,22, wo L. 0,069 angibt. Tatsächlich liegt der genaue Wert zwischen den beiden Angaben, näher der einen oder der anderen, je nachdem ob man für die Verlängerung der Quecksilbersäule von 0 °R bis 80 °R nach Roy die von Gamauf genannten 5,5 Linien (vgl. Anm.

37) annimmt oder die 5,46 Linien, die Luz (Beschreibung 1784, 96) errechnet hat.

67 Vorauszusetzen sind hier wieder (vgl. 553,13–16) aus 8 Ziffern bestehende Logarithmen. Die Formel findet sich explizit weder in Roys Originalveröffentlichung (Roy, Experiments 1777) noch in den deutschen Auszügen daraus (Rosenthal, Beyträge 2, 1784, 313–349).

68 Schriftliche Multiplikation hierzu oben rechts unter der Überschrift: [0,0]75 × [–0,]5 = –0,0375.

69 L. rechnet hier mir dem urspünglichen und falschen, in der Nebenrechnung (vgl. die folgende Anm.) korrigierten Wert weiter.

70 Schriftliche Multiplikation hierzu unterhalb der Spalte: 0,075 × 2 = ⟨0,140⟩{0,150}.

71 Bei der Korrektur der Barometerhöhe auf dem Hainberg unterlaufen L. drei Fehler (vgl. Anm. 69 und die Ausrufezeichen im Text), die sich nur teilweise aufheben. Bei richtiger Rechnung folgt aus den angegebenen Daten: $b = 328{,}60$.

72 Mit den Rechnungen auf dieser Seite wiederholt L. die auf Bl. IX C, 3r bereits durchgeführten, vermutlich in der Absicht, diese zu verbessern, jedoch mit einem weniger korrekten Ergebnis. Der Hauptunterschied zu der früheren Rechnung liegt in dem um eine Zehnerpotenz zu kleinen Korrekturbetrag für die Barometerhöhe auf dem Heinberg (562,26, gerundet aus 562,24). Weniger ins Gewicht fällt dagegen die fehlerhafte Addition in 562,20–22, so gut wie gar nicht der falsche Wert für log 328,45 in 562,21. Der falsche Exponent –1 in 562,12 wirkt sich nicht aus, da L. bei Bestimmung des Zahlenwertes zum erhaltenen Logarithmus (562,16) den Fehler in umgekehrter Richtung wiederholt.

73 In dem genannten Paragraphen (ErxH, 734) wird die Korrektur des Barometerstandes nach Deluc erklärt, der dazu ein speziell skaliertes Thermometer verwendet, das vom Eispunkt bis zum Siedepunkt 96 Grad rechnet und seinen Nullpunkt bei 10 °R hat (vgl. auch oben 549,14–28). Bei so gemessener Temperatur ist dann bei einem Barometerstand von 27 Zoll für jedes Grad unter Null eine sechzehntel Linie zu dem angezeigten Barometerwert zu addieren, für jedes über Null eine zu subtrahieren, bei höheren oder tieferen Ständen verhältnismäßig mehr oder weniger. Die korrigierten Barometerstände ergeben sich also nach der Formel $B_{\text{corr}} = B - r_{\text{D}} \frac{B}{5184}$, wo r_{D} die Temperatur nach der Delucschen Skala und B die Barometerhöhe in sechzehntel Linien ist. Da die Umrechnung der Temperaturen bei der Ziegelhütte –5,16 °R und –8,4 °R und am Gipfel des Hainbergs –9,6 °R ergibt, lauten die korrigierten Barometerwerte, auf zwei Stellen gerundet, wie folgt. Ziegelhütte vorher: 5349,32; nachher: 5336,63; daraus das Mittel: 5342,98 (also fast genau der von Brandes verwendete Wert 5343); Hainberg: 5225,66.

74 log 5343 = 3,7277851, log 5225,66 = 3,7181411, und die Differenz 0,009644 ergibt, mit 10000 multipliziert, die Höhe in Toisen. Mit dem

nicht gerundeten Mittelwert hätte sich eine Höhe von 96,42 Toisen ergeben.

75 § 683 (ErxH, 735 f.) erläutert die Korrektur der Höhe nach Deluc. Dessen Vorschrift gibt L. oben (551,4–7) an, der entsprechende Korrekturterm $1+\frac{r-16,75}{215}$, mit dem die zunächst ermittelte Höhe zu multiplizieren ist, findet sich in der von L. angegebenen Formel für die korrigierte Höhe (vgl. oben 550,25 und ErxH, 736, am Rand). Dabei ist für *r* lt. Erxleben „das Mittel zwischen den Graden, die das Thermometer an beiden Orten zeigt" einzusetzen. L. interpretiert dies als „das Mittel zwischen den beyden Thermometerständen oben und unten" (551,5–6). Dagegen hat Brandes das gerundete Mittel aus allen drei an den beiden Orten gemessenen Temperaturen (3,57°) verwendet, wie aus seinem Ergebnis zu schließen ist.

76 Gleiche Nebenrechnung am Rand von Text Nr. 1 (Bl. IX C, 24r).

77 Formel für die korrigierte Barometerhöhe (vgl. 550,24). Die nachfolgenden Multiplikationen und Divisionen von Bl. IX C, 11v, dienen der Ermittlung der Korrekturgröße für die Barometerhöhe an der Ziegelhütte (mit $B = 333,5$; $r = 4$; $e = 0,075$), wobei L. mehrfach ansetzt. Er verwendet die erhaltenen Ergebnisse jedoch nicht, sondern stützt sich bei der Berechnung der Höhe wie in den Jahren 1791 und 1792 auf die anschließend mittels Logarithmenrechnung korrigierten Barometerhöhen.

78 Hierzu schriftliche Multiplikation auf Bl. IX C, 11r (unten Mitte): $0,075 \times -8 = -0,600$.

79 Hierzu schriftliche Addition auf Bl. IX C, 11v (unten rechts, kopfstehend): 325,9 + 0,6 = 326,5, zur Korrektur der fehlerhaften Addition in 565,21–23.

80 Hierzu schriftliche Subtraktion auf Bl. IX C, 11r: 97,33 – 96,44 = 0,89.

81 Hierzu schriftliche Nebenrechnungen auf Bl. IX C, 9r: 97,332 : 215 = [0,]457 (richtig: 0,452) und 13,75 × 0,457 = 6,28375 (korrekte Rechnung mit moderner Rundung ergäbe 97,332 × 13,75 : 215 = 6,22472).

82 Tatsächlich ergibt richtige Rechnung unter Verwendung der Werte von 1792 eine Höhe von 550,5 Fuß. Es erscheint jedoch zweifelhaft, ob L. eine Rechnung mit diesem Ergebnis durchgeführt hat. In den beiden überlieferten Versionen (vgl. die Texte Nr. 15 und 16) hat er als korrigierte Höhe einmal 92,645 Toisen (entspr. 555,87 Fuß; vgl. 562,9) und das andere Mal 93,438 Toisen (entspr. 560,628 Fuß; vgl. 562,32) errechnet.

83 Georg Pickel, 1782–1836 Prof. der Chemie und Pharmazie in Würzburg, auch Instrumentenmacher, war 1781/82 in Göttingen gewesen und hatte gemeinsam mit L. Versuche durchgeführt und Instrumente gefertigt (vgl. Bw 5.1, 814). Aus dieser Zusammenarbeit könnte das hier angesprochene Barometer hervorgegangen sein. Aufgrund der zweiteiligen Meßwerte dürfte es ein Heberbarometer vom Delucschen Typ gewesen sein, vielleicht das im Instrumentenverzeichnis (NL VII Q 2, Bl. 25v) gelistete „Reise-Barometer in Mahagony-Kasten, vortreflich gearbeitet." Aufgrund der Meßwerte von der Spitze des Hainbergs (563,6–8) läßt sich vermuten, daß

damit die Barometerhöhe auf eine zehntel Linie genau gemessen werden konnte. Mit den „Scharf abgetheilten“ Barometern meint L. vermutlich Seyffers und Ayckes (vgl. Text Nr. 12), die eine Ablesung auf sechzehntel bzw. zwanzigstel Linien erlaubten. Nach den erhaltenen Aufzeichnungen muß man jedoch einen Irrtum L.s annehmen; denn die Verwendung von zwei Instrumenten läßt sich nur für 1791 feststellen. 1792 hingegen, in dem Jahr, auf das der Vergleich zielt, sind nur Messungen mit Ayckes Barometer und dazu gehörige Rechnungen überliefert (Texte Nr. 15 und 16). – Mit dem Hinweis auf Brandes' Ergebnis kann die Notiz nichts zu tun haben; denn dieses beruht auf den gleichen Ausgangsdaten wie L.s eigenes Resultat (vgl. die Texte Nr. 17 und 19). Die Differenz zwischen beiden ist vor allem auf verschiedenartige Rundung und in geringerem Ausmaß auf die unterschiedliche Berechnung der mittleren Temperatur (vgl. Anm. 75) zurückzuführen, die sogar zu noch größeren Unterschieden hätten führen können, würden sie sich nicht teilweise gegenseitig aufheben. So rundet L. den korrigierten Barometerwert an der Ziegelhütte um 0,06 Linien ab, wodurch sich die gefundene Höhe um ca. 0,8 Toisen verringert, Brandes wiederum schreibt statt der auf dem Hainberg gemessenen 325,9 Linien glatt 326, was sein Ergebnis sogar um ca. 1,3 Toisen geringer ausfallen läßt. Der Unterschied in den Mitteltemperaturen (Brandes verwendet 3,57, L. genau 3) ergibt eine Differenz von etwa einer viertel Toise, um die L.s Resultat niedriger liegt. Der Rest ist dem Rechnen in verschiedenen Einheiten und Rechenfehlern zuzuschreiben.

84 Daraus folgt, daß die sich aus Brandes' Rechnung ergebende Differenz der korrigierten Barometerhöhen um 10 Sechzehntellinien geringer ist als die von L. ermittelte. Dazu wohl folgende Nebenrechnungen und Zahlen auf Bl. IX C, 11r (unten links), die als zur Umrechnung dieser Differenz von Sechzehntellinien in Zehntellinien gehörig betrachtet werden können:

)16	4) 50 (12	16) 100	(62.
5		96	50
80		40	1,2.
		20	9,6

85 Berechnung der Höhe des Hainbergs über der Ziegelhütte in Toisen nach der Formel 10000 × (log *B* – log *b*), wobei für *B* 53430 und für *b* 52256 einzusetzen sind. Dies sind, abgesehen von der beim Wert auf dem Hainberg abgeschnittenen letzten Nachkommastelle, Brandes' korrigierte Barometerhöhen (vgl. Anm. 74).

Literaturverzeichnis

Nachgewiesen werden im folgenden die in den Erläuterungen genannten Schriften, alphabetisch nach Verfassern geordnet. Mehrere Schriften desselben Verfassers stehen in der Reihenfolge ihres Erscheinens; Gesamt- und Teilausgaben stehen voran, Übersetzungen folgen unmittelbar auf die Originalausgabe, Rezensionen stehen beim rezensierten Werk.

Schriften unbekannter Verfasser und Herausgeberwerke stehen im gleichen Alphabet unter ihrem Titel. Insgesamt wurde versucht, eine rasche Zuordnung der einzelnen Schriften zu den Zitiertiteln zu ermöglichen.

Bei selbständigen Werken, die Lichtenberg gemäß ‚Bibliotheca Lichtenbergiana' (BL) selbst besaß oder die er laut ‚Lichtenbergs Bücherwelt' (LB) in der Universitätsbibliothek entlieh, wird dies in eckigen Klammern unter Angabe der Verzeichnisnummer bzw. des frühesten Ausleihdatums vermerkt.

Abhandlung

Abhandlung vom Meere. In: Vermischte Beyträge zur physikalischen Erdbeschreibung, Bd. 6, St. 1 und 3 (1786), 3–25; 225–276.

Account

An Account of the Death of Mr. George William Richman. In: Philosophical Transactions, Vol. 49, Part I, 1755 (1756), 61–69.

Achard, Franz Carl (1753–1821)

Dissertation sur la Cause de l'élévation des Vapeurs. In: Observations sur la Physique, sur l'Histoire naturelle et sur les Arts, Tome 15 (1780), Juin, 463–477.

Sur l'imperfection de la Météorologie tant qu'on ne joindra pas aux observations barométriques, thermométriques & hygrométriques, celle de l'électricité de l'Atmosphere, de l'électricité de la pluie, de la neige, de celle des brouillards, & des météores aqueux en général; avec la description de deux Instruments propres à cet usage. In: Nouveaux Mémoires de l'Académie Royale des Sciences et Belles-Lettres [de Berlin]. Avec l'Histoire pour la même année. Année 1780 (1782), Mémoires, 14–23.

Adams, George (1750–1795)

A treatise describing the construction, and explaining the use of new celestial and terrestrial globes. Designed to illustrate, […] the phoenomena of the earth and heavens, The fifth edition, in which a comprehensive view of the solar system is given. London 1782. [LB 16.4.1771 (Aufl. 1766 durch George Adams sen.)]

Astronomical and geographical essays. Containing, I. A comprehensive view of the general principles of astronomy. II. The use of the celestial and terrestrial globes, [...] III. The description and use of the armillary sphere, planetarium, [...] IV. An introduction to practical astronomy. London 1789.

Adelung, Johann Christoph (1732/34–1806)
Versuch eines vollständigen grammatisch-kritischen Wörterbuches der Hochdeutschen Mundart, mit beständiger Vergleichung der übrigen Mundarten, besonders der oberdeutschen. Th. 1–5. Leipzig 1774–1786. [BL 1452]
—, Th. 1, 1774: A–E.
—, Th. 2, 1775: F–K.
—, Th. 3, 1777: L–Scha.
—, Th. 4, 1780: Sche–V.
—, Th. 5, 1786: W–Z.

Grammatisch-kritisches Wörterbuch der Hochdeutschen Mundart, mit beständiger Vergleichung der übrigen Mundarten, besonders aber der Oberdeutschen. Th. 1–4. Zweyte vermehrte und verbesserte Ausgabe. Leipzig 1793–1801.
—, Th. 1, 1793: A–E.
—, Th. 2, 1796: F–L.
—, Th. 3, 1798: M–Scr.
—, Th. 4, 1801: Seb–Z.

Aepinus, Franz Ulrich Theodosius (1724–1802)
Cogitationes de distributione caloris per tellurem. Petropoli [St. Petersburg] 1761.

Ueber den Bau der Mondfläche, und den vulcanischen Ursprung ihrer Ungleichheiten. In: Schriften der Berlinischen Gesellschaft naturforschender Freunde, Bd. 2 (1781), 1–40.

Letter to Mr. Pallas concerning a Volcano discouvered in the Moon, on the 4th of May, 1783, by Mr. Herschel. In: Gentleman's Magazine and Historical Chronicle, Vol. 54 (1784), August, 563–564.

Alembert, Jean Lerond d' (1717–1783)
Introduction. In: Reflexions sur la cause generale des Vents. Pièce qui a remporté le Prix proposé par l'Academie Royale des Sciences et Belles Lettres de Prusse pour l'Année MDCCXLVI. A laquelle on a joint les Pieçes qui ont concouru. Berlin 1747, III–XXIV.

Meditationes in generalem ventorum causam, in quibus tentatur solutio problematis ab illustrissima Academia Berolinensi propositi. In: Reflexions sur la cause generale des Vents. Pièce qui a remporté le Prix proposé par l'Academie Royale des Sciences et Belles Lettres de Prusse pour l'Année MDCCXLVI. A laquelle on a joint les Pieçes qui ont concouru. Berlin 1747, 1–136.

Nova tabularum lunarium emendatio. o. O. [Paris] o. J. [1756].

Allen, Richard Hinckley (1838–1908)
Star-names and their Meanings. New York; Leipzig 1899.

Ancillon, Ludwig Friedrich (1740–1814)
Ueber den Ursprung und die Bedeutung der uralten Namen der Sterne. In: Astronomisches Jahrbuch, 1788 (1785), 130–138.

Anmerckung
Anmerckung vom Mehlthau am Hopfen. In: Leipziger Sammlungen von Wirthschafftlichen, Policey- Cammer- und Finantz-Sachen, Bd. 4, St. 41 (1747), 443–444.

Apian, Peter (1495–1552)
Astronomicum Caesareum. Ingolstadii 1540.

Aragona, Nicolo Alerbo d' (18. Jh.)
[zus. mit Giovanni Poleni, Eustachio Zanotti, Didacus de Revillas u. James Short] A Collection of the Observations of the Remarkable Red Lights seen in the Air on Dec. 5. 1737 sent from different Places to the Royal Society [...]. In: Philosophical Transactions, Vol. 41, Part II, 1740–1741, No. 459 (1741 January–March), 583–606.

Archimedes von Syrakus (287–212 v. Chr.)
Opera omnia, cum commentariis Eutocii, e codice Florentino recensuit, Latine vertit notisque illustravit J. L. Heiberg. T. 1–4, 2. Aufl. Lipsiae [Leipzig] 1913 (Bibliotheca scriptorum Graecorum et Romanorum Teubneriana).

Werke. Übersetzt und mit Anm. versehen von Arthur Czwalina. Im Anhang: Kreismessung, übersetzt von F. Rudio. Des Archimedes Methodenlehre von den mechanischen Lehrsätzen, übersetzt von J. L. Heiberg u. kommentiert von H. G. Zeuthen, 3., unveränderter reprographischer Nachdruck. Darmstadt 1972.

Ari Thorgilsson Frode (1067–1148)
Sagan Landnama Vm fyrstu bygging Islands af Nordmønnum. Skalhollte 1688.

Frodae, filii Arii Thorgilsis liber historicus de Islandia una cum clarissimi viri Andreae Bussaei versione latina. Hafniae [Kopenhagen] 1744.

Aristoteles (384–322 v. Chr.)
Operum Aristotelis Stagiritae philosophorum omnium longe principis, nova editio, Graece & Latine. [...] ex bibliotheca Isaaci Casauboni. Lugduni [Lyon] 1590.

Opera. Edidit Academia Regia Borusica. Vol. 1–5. Berolini 1831–1870.
—, Vol. 1, 1831: Aristoteles graece ex recognitione Immanuelis Bekkeri
— —, 338–390: Μετεωρολογικῶν [= Meteorologica].

Werke in deutscher Übersetzung. Begründet und in deutscher Übersetzung hrsg. von Ernst Grumach und Hellmut Flashar. Bd. 1–20. Berlin 1956–2002.
—, Bd. 12, T. 1, 1970: Meteorologie, übersetzt von Hans Strohm.

Arnold, John (1736–1799)
An account kept during thirteen months in the Royal Observatory at Greenwich of the going of a pocket chronometer, made on a new construction by John Arnold having his new-invented ballance spring, and a compensation for the effects of heat and cold in the ballance. London 1780.
[Anonyme Rez.]. In: The Monthly Review; or, Literary Journal, Vol. 63, 1780, September, 198–207.

Auszug
Auszug eines Schreibens aus London, vom 20sten December 1785. In: Gothaische gelehrte Zeitungen, 1786, St. 6, 21.01.1786, 48.

Bacon, Francis (1561–1626)
Instauratio magna. Londini 1620.

Neues Organ der Wissenschaften. Aus dem Lateinischen übersetzt, mit einer Einl. und Anm. begleitet von Anton Theobald Brück. Leipzig 1830.

Bailly, Jean Sylvain (1736–1793)
Histoire de l'astronomie ancienne depuis son origine jusqu'a l'établissement de l'école d'Alexandrie. Paris 1775. [LB 31.10.1780]

Lettres sur l'Atlantide de Platon et sur l'ancienne histoire de l'Asie. Pour servir de suite aux Lettres sur l'origine des Sciences, adressés à M. de Voltaire. Londres et Paris 1779.
[Rez. durch M. Hißmann]. In: GGA 1780 (Zugabe), St. 40, 30.9.1780, 632–638.

Histoire de l'astronomie moderne depuis la fondation de l'école d'Alexandrie, jusqu'à l'époque de MDCCXXX. T. 1–3. Paris 1779–1782. [LB 31.10.1780 (T. 1–2)]
<dt.> Geschichte der neuern Astronomie. Bd. 1–2. Leipzig 1796–1797. [BL 253]
—, Bd. 1, 1796: Von der Stiftung der alexandrinischen Schule bis zu ihrem Untergange.
—, Bd. 2, 1797: Vom Untergange der alexandrinischen Schule bis Kepler.

Bainbridge, John (1582–1643)
Canicularia. Una cum demonstratione ortus Sirii heliaci, pro parallelo interioris Aegypti. Auctore Iohanne Gravio, quibus accesserunt, Insigniorum aliquot stellarum longitudines & latitudines, ex astronomicis observationibus Ulug Beigi, Tamerlani Magni nepotis. Oxoniae [Oxford] 1648.

Balloon
Balloon Intelligence. Extract of a Letter from Dover, Jan. 8. In: The Daily Universal Register, Vol. 1 (1785), No. 9, Tuesday, 11.1.1785, 2.

Barbieri, Lodovico (1719–1791)
De nativa maris salsedine dissertatio. In: Raccolta d'Opuscoli Scientifici e Filologici, T. 47, 1752, 293–332.

Von der ursprünglichen Salzigkeit des Meeres. In: Vermischte Beyträge zur physikalischen Erdbeschreibung, Bd. 6, St. 3, 1786, 231–270.

Bardili, Christoph Gottfried (1761–1808)
Ueber die Entstehung und Beschaffenheit des ausserordentlichen Nebels in unsern Gegenden. Frankfurt u. Leipzig 1783.

Barhov, Laurids (1707–1754)
Richtig angestellte und aufrichtig mitgetheilte Observationes von dem seit eines halben Seculi sich in den meisten europäischen Ländern sehr merklich zeigenden und bekannt gewordenen Phaenomeno, unter dem Namen von Nord-Licht […]. Frankfurt u. Leipzig [Kopenhagen] 1751.

Barin, Théodore (1634–1692)
Le monde naissant ou la création du monde, démonstrée par des principes tres simples & tres conformes à l'histoire de Moyse, Genes. Chap. I. & II. Utrecht 1686.

Bariolle, NN
Carte du voyage aërien de Monsieur Blanchard et du Chr. de L'Epinard. le 26 aoust 1785. [avec:] Profil et Nivellement, de la route aërienne, dont la longueur total est de 120 lieus. Paris 1785.

Baudeau, Nicolas (1730–1792)
Belles-Lettres. In: Journal de Paris, 1780, No. 272, 28.09.1780, 1101–1103.

Aux auteurs du journal. In: Journal de Paris, 1780, No. 278, 4.10.1780, 1125–1127.

Baumgarten, Alexander Gottlieb (1714–1762)
Acroasis Logica. Aucta, et in systema redacta, a Ioanne Gottlieb Toellnero. Halae Magdeburgicae [Halle] 1773.

Baumgartner, Andreas (1793–1865)
Die Naturlehre nach ihrem gegenwärtigen Zustande mit Rücksicht auf mathematische Begründung. Wien 1831.

Baxter, Andrew (1686–1750)
Matho: Or, the Cosmotheoria Puerilis; a Dialogue, in which the first Principles of Philosophy and Astronomy are accomodated to the Capacity of young Persons, […] Hence the Principles of Natural Religion are deduced. Translated, and enlarged by the Author. Vol. 1–2. London 1745.

Matho: Or, the Cosmotheoria Puerilis: In Ten Dialogues. Wherein, From the Phaenomena of the Material World briefly explained, the Principles of Natural Religion are deduced and demonstrated Vol. 1–2. The Third Edition; corrected and enlarged. London 1765. [BL 1431]

Bayer, Johann (1572–1625)
Uranometria. Omnium asterismorum continens schemata, nova methodo delineata, aereis laminis expressa. o. O. 1603. [LB 17.5.1774]

Bayly, William (1737–1810)
s. William Wales

Beccaria, Giovanni Battista (1716–1781)
Dell' elettricismo artificiale, e naturale libri due. Torino 1753.

Elettricismo Atmosferico. Lettere di Giambattista Beccaria, Edizione Seconda. Bologna 1758.

Becker, Friedrich Adolf
Cuxhaven und das Amt Ritzebüttel. Ein Beitrag zur Geschichte und Entwickelung des Landes nebst topographischen, statistischen und chronologisch geordneten Mitteilungen und einer Karte. Hamburg 1880.

Beigel, Georg Wilhelm Siegmund (1753–1837)
Ueber die Lichtabwechselung des Sterns Algol und Berechnung ihrer Perioden. In: Astronomisches Jahrbuch, 1788 (1785), 183–185.

Bektas, M. Yakup
[zus. mit Maurice Crosland] The Copley Medal. The Establishment of a Reward System in the Royal Society, 1731–1839. In: Notes and Records of the Royal Society of London, Vol. 46, No. 1, 1992, Januar, 43–76.

Benzenberg, Johann Friedrich (1777–1846)
Die Astronomie, Physische Geographie, Meteorologie und Geologie. Georg Christoph Lichtenbergs Vorlesung 1797/1798. Hrsg. und kommentiert von Hartmut Grosser. Göttingen 2004 (Lichtenberg-Studien, 13).

Bergman, Torbern Olof (1735–1784)
Opuscula physica et chemica antea seorsim edita, jam ab auctore collecta, revisa et aucta. Vol. 1–6. Holmiae [Stockholm] etc. 1779–1790. [BL 186]
—, Vol. 2, 1780, 118–132: De terra turmalini.
—, Vol. 3, 1783, 184–290: Producta ignis subterranei chemice consideratae.

Observations in Electricity and on a Thunder-storm. In: Philosophical Transactions, Vol. 53, 1763 (1764), 97–100.

Seewasser aus beträchtlicher Tiefe. In: Der Königl. Schwedischen Akademie der Wissenschaften Abhandlungen aus der Naturlehre, Haushaltungskunst und Mechanik, Bd. 39, 1777 (1782), 25–28.

Physicalische Beschreibung der Erdkugel, auf Veranlassung der cosmographischen Gesellschaft verfasset. Aus dem Schwedischen übersetzt von Lampert Hinrich Röhl. Bd. 1–2. 2., vermehrte und verbesserte Aufl. Greifswald 1780. [BL 672]

Sciagraphia regni mineralis, secundum principia proxima digesti. Lipsiae [Leipzig]; Dessaviae [Dessau] 1782.

Kleine Physische und Chymische Werke. Hrsg. von E. G. G. Hebenstreit [...]. Aus dem Lateinischen übersezt von Heinrich Tabor [...]. Bd. 1–6. Frankfurt am Mayn 1782–1790.
—, Bd. 3, 1785, 224–359: Vulkanische Producte chemisch betrachtet.

Manuel du minéralogiste, ou sciagraphie du règne minéral, distribué d'après l'analyse chimique [...]. Mis au jour par M. Ferber [...], traduite et augmentée de notes par M. Mongez le jeune. Paris 1784. [BL 723]

Bericht 1753
[Bericht über Richmanns Tod] Petersburg, den 17. August. In: Stats- u. Gelehrte Zeitung des Hamburgischen unpartheyischen Correspondenten, 1753, Num. 141, 5.9.1753, ungez. [Sp. 1–5].

Bericht 1765
Bericht von Harrisons Versuche, die Länge zur See zu finden. In: Der Königl. Schwedischen Akademie der Wissenschaften Neue Abhandlungen, aus der Naturlehre, Haushaltungskunst und Mechanik, Bd. 27 (1765), 3–17.

Bernoulli, Daniel (1700–1782)
Hydrodynamica, sive de viribus et motibus fluidorum commentarii [...]. Argentorati [Straßburg] 1738. [BL 413]

Traité sur le Flux et Reflux de la Mer, Pour concourir au Prix de 1740. In: Recueil des Pieces qui ont remporté les Prix de l'Academie Royale des Sciences, T. 4, 1740 (1752), 53–191.

[zus. mit Jean Bernoulli] Nouveaux principes de Méchanique & de Physique, tendans à expliquer la nature & les propriétés de l'aiman. Pour concourir au Prix de l'année 1746. [...] In: Recueil des Pieces qui ont remporté les Prix de l'Academie Royale des Sciences, T. 5, 1744–1746 (1748), 115–144.

Memoire sur la maniere de construire les Boussoles d'Inclinaison, Pour faire, avec le plus de précision qu'il est possible, les Observations de l'Inclinaison de l'Aiguille Aimantée, tant sur Mer que sur Terre; [...]. Pour concourir au Prix de l'année 1743. In: Recueil des Pieces qui ont remporté les Prix de l'Academie Royale des Sciences, T. 5, 1743 (1748), 1–61.
<dt.> Abhandlung von der besten Art einen Neigungscompaß zu machen, und von den Veränderungen der Magnetnadeln. Aus dem Journal des Savans, Janvier 1757 übersetzt. In: Hamburgisches Magazin, oder ge-

sammlete Schriften, Aus der Naturforschung und den angenehmen Wissenschaften überhaupt, Bd. 19, St. 6 (1757), 588–609.

Mémoire adressé à Messieurs les Auteurs du Journal des Sçavans. In: Journal des Sçavans, 1757, Janvier, 14–24.

Bernoulli, Johann I. (1667–1748)
s. Daniel Bernoulli.

Beroldingen, Franz Cölestin von (1740–1798)
Gedanken über den so lange angehaltenen ungewöhnlichen Nebel. Zum Besten eines den 23. Jul. durch Wetterstrahl Abgebrannten herausgegeben. Braunschweig 1783.

Berthoud, Ferdinand (1727–1807)
Essai sur l'horlogerie, dans lequel on traite de cet Art relativement à l'usage civil, à l'Astronomie et à la Navigation, En établissant des principes confirmés par l'expérience. T. 1–2. Paris 1763. [LB 2.3.1774]

Éclaircissemens sur l'invention, la théorie, la construction et les épreuves des nouvelles machines proposées en France pour la détermination des longitudes en mer par la mesure du temps. Paris 1773.

Bertrand, Élie (1713–1797)
Memoires sur la structure interieure de la terre. Zuric 1752.
[Rez. durch A. G. Kästner]: Abhandlungen vom innern Baue der Erde. In: Hamburgisches Magazin, oder gesammlete Schriften, Aus der Naturforschung und den angenehmen Wissenschaften überhaupt, Bd. 10, St. 4 (1753), 376–399.
[Anonyme Rez.] In: GGA 1754, St. 8, 19.1.1754, 71–72.

Bibel
Die Bibel. Nach der Übersetzung Martin Luthers. (Bibeltext in der revidierten Fassung von 1984). Stuttgart 1988.

Birch, Thomas (1705–1766)
The History of the Royal Society of London, for Improving of Natural Knowledge, from its first Rise. Vol. 1–4. London 1756–1757. [LB 20.10.1788]

Bird, John (1709–1776)
The Method of Dividing Astronomical Instruments. London 1767.

Black, Joseph (1728–1799)
Analyse des Eaux de quelques Sources chaudes d'Islande [...] Extrait. In: Observations sur la Physique, sur l'Histoire naturelle et sur les Arts, Tome 43 (1793), Frimaire, Décembre, 457–459.
<dt.> Zergliederung des Wassers einiger heißen Quellen auf Island. In: Neues Journal der Physik, Bd. 3, H. 1 (1796), 41–44.

Bladh, Peter Johan (1746–1816)
Anmerkungen und Versuche über die Salzigkeit und eigenthümliche Schwere des Seewassers in der Tiefe. In: Der Königl. Schwedischen Akademie der Wissenschaften Neue Abhandlungen, aus der Naturlehre, Haushaltungskunst und Mechanik, Bd. 2 (1784), 112–129.

Blagden, Charles (1748–1820)
[zus. mit Edward Nairne] Proceedings relative to the Accident by Lightning at Heckingham. In: Philosophical Transactions, Vol. 72, Part II, 1782 (1783), 355–378.

An Account of some late fiery Meteors; with Observations. In: Philosophical Transactions, Vol. 74, Part I, 1784, 201–232.

Blumenbach, Johann Friedrich (1752–1840)
Handbuch der Naturgeschichte. Th. 1–2. Göttingen 1779–1780. [BL 808]

Über den Bildungstrieb (Nisus formativus) und seinen Einfluß auf die Generation und Reproduction. In: GMWL, Jg. 1, St. 5, 1780, 247–266.

Bode, Johann Elert (1747–1826)
Gedanken über die Natur der Sonne und Entstehung ihrer Flecken. In: Beschäftigungen der Berlinischen Gesellschaft Naturforschender Freunde, Bd. 2, 1776, 225–252.

Anleitung zur Kenntniß des Gestirnten Himmels, Vierte, nach der dritten unverändert abgedruckten Aufl. Berlin u. Leipzig 1778. [BL 260]

Kurzgefaßte Erläuterung der Sternkunde und den dazu gehörigen Wissenschaften. Th. 1–2. Berlin 1778. [BL 261]

Vorstellung der Gestirne auf XXXIV Kupfertafeln nach der Pariser Ausgabe des Flamsteadschen Himmelsatlas. Durchgehends verbessert und mit den Beobachtungen neuerer Astronomen vermehrt nebst einer Anweisung zum Gebrauch und einem vollständigen Sternenverzeichnisse. Berlin u. Stralsund 1782. [BL 265]

Von dem neu entdeckten Planeten. Berlin 1784. [BL 264]

Nachricht von einem neuen Sternbilde. In: Astronomisches Jahrbuch, 1784 (1781), 204.

Anleitung zur allgemeinen Kenntniß der Erdkugel. Berlin 1786. [BL 674]

Von dem in diesem 1786sten Jahre vorfallenden sichtbaren Vorübergang des Merkurs vor der Sonnenscheibe. In: Astronomisches Jahrbuch, 1786 (1783), 88–91.

Verzeichniss der geraden Aufsteigung und Abweichung von 280 der vornehmsten Fixsterne, nach Bradley und de la Caille Beobachtungen für den Anfang des 1786sten Jahres angesetzt, nebst der jährlichen Veränderung. In: Astronomisches Jahrbuch, 1786 (1783), 94–101.

Friedrichs Sternendenkmal. In: Berlinische Monatsschrift, Bd. 9, 1787, Januar bis Junius, 187–190.

Tafeln für den Lauf des Uranus. In: Astronomisches Jahrbuch, 1787 (1784), 185–193.

I. Tafel. Verzeichnis von der geraden Aufsteigung und Abweichung von 280 Fixsternen für 1788 nebst ihrer jährl. Veränd. In: Astronomisches Jahrbuch, 1788 (1785), 88–95.

Noch einige astronomische Nachrichten. In: Astronomisches Jahrbuch, 1788 (1785), 255–256.

Ueber den im Jahre 1786 geschehenen Durchgang des Merkurs, nebst den in Paris, Montpellier, Löwen, London, Petersburg, Upsal, Tübingen &c. angestellten Beobachtungen desselben. In: Astronomisches Jahrbuch, 1789 (1786), 203–210.

Bemerkungen über den letzteren Kometen und über die Wiederkehr des Kometen vom Jahr 1661. In: Astronomisches Jahrbuch, 1790 (1787), 184–186.

Allgemeine Untersuchungen und Bemerkungen über die Lage und Austheilung aller bisher bekannten Planeten- und Kometenbahnen. Berlin 1791.

Ueber die von verschiedenen Astronomen in der dunklen Seite des Mondes bemerkten Lichtpunkte. In: Astronomisches Jahrbuch, 1792 (1789), 112–122.

Sammlung astronomischer Abhandlungen, Beobachtungen und Nachrichten. Erster Supplement-Band zu dessen [Bodes] astronomischen Jahrbüchern. Berlin 1793.

Kurzer Entwurf der astronomischen Wissenschaften. Berlin 1794.

Vermischte astronomische Beobachtungen und Nachrichten. In: Astronomisches Jahrbuch, 1794 (1791), 258.

Vermischte astronomische Beobachtungen und Nachrichten. In: Astronomisches Jahrbuch, 1796 (1793), 240–244.

Bemerkungen über die vom Herrn Dr. Herschel aus seinen Beobachtungen gefolgerte Rotation des Saturns, und über den Doppelring dieses Planeten. In: Astronomisches Jahrbuch, 1798 (1795), 94–97.

Böckmann, Johann Lorenz (1741–1802)

Carlsruher meteorologische Ephemeriden vom Jahr 1779. Carlsruhe 1780.

Bond, Henry (um 1600–1678)

The Longitude Found. Or, a Treatise Shewing an easie and speedy way, as well by Night as by Day, to find the Longitude, having but the Latitude of the Place, and the Inclination of the Magnetical Inclinatorie Needle. London o. J. [1676].

Bondioli, Pietro Antonio (1765–1808)
Sopra l'aurora boreale memoria. Padova 1791. [BL 695]
[Rez. durch E. A. W. v. Zimmermann]. In: Annalen der Geographie und Statistik, Bd. 3 (1792), 121–123.

Borda, Jean Charles (1733–1799)
Opérations faites tant à bord de la frégate du roi La Flore, qu'en différens ports ou rades d'Europe, d'Afrique et d'Amérique. In: Histoire de l'Académie Royale des Sciences. Avec les mémoires de mathématique & de physique, pour la même année. Année 1777 (1778), Memoires, 258–322.
[zus. mit Joseph-Louis de Lagrange u. Gaspard Monge, comte de Péluse] Rapport. Fait a l'académie des sciences, sur le système général des poids et mesures, [...] envoyé au Comité d'Instruction publique, le 29 mai 1793, l'an II de la République. In: Sur l'uniformité et le système général des poids et mesures. Paris 1793, 15–40.

Born, Ignaz von (1742–1791)
Briefe über Mineralogische Gegenstände, auf seiner Reise durch das Temeswarer Bannat, Siebenbürgen, Ober- u. Nieder-Hungarn. Frankfurt u. Leipzig 1774.

Boskovich, Ruggiero Giuseppe (1711–1787)
Sopra il turbine, che la notte tra gli XI, e XII Giugno del MDCCXLIX danneggiò una gran parte di Roma. Roma 1749.
[Anonyme Rez.]. In: The Monthly Review; or, New Literary Journal, Vol. 4, 1750, December, 148–154.
[zus. mit Christophe Maire] Voyage astronomique et geographique, dans l'état de l'Eglise, entrepris par l'ordre et sous les auspices du Pape Benoit XIV, pour mesurer deux dégrés du méridien, [et] corriger la Carte de l'Etat ecclésiastique. Paris 1770. [LB 15.2.1772]

Bose, Adolph Julian (1742–1770)
s. Johann Daniel Titius.

Bouguer, Pierre (1698–1758)
[zus. mit Charles Marie de La Condamine] La Figure de la terre, déterminée par les Observations de Messieurs Bouguer, & de la Condamine, de l'Académie Royale des Sçiences, envoyés par ordre du Roy au Pérou, pour observer aux environs de l'Equateur. Avec une Relation abregée de ce Voyage, qui contient de la description du Pays dans lequel les Opérations ont été faites par M. Bouguer. Paris 1749.
Nouveau traité de navigation, contenant la théorie et la pratique du pilotage. Paris 1753. [LB 1.7.1795]
De la manoeuvre des vaisseaux, ou Traité de méchanique et de dynamique, dans lequel on réduit a des solutions très-simples les problêmes de

marine les plus difficiles, qui ont pour objet le mouvement du navire. Paris 1757.

Bourguet, Louis (1678–1742)
Lettres philosophiques sur la formation des sels et des crystaux et sur la génération & le mechanisme organique des plantes et des animaux. A l'occasion de la pierre belemnite et de la pierre lenticulaire. Avec un memoire sur la théorie de la terre. Amsterdam 1729.
—, 175–220: Memoire sur la théorie de la terre.

Boyle, Robert (1627–1691)
Tracts Consisting of Observations about the Saltness of the Sea. Oxford 1674.
—, [Lage] G–I: Observations and Experiments about the Saltness of the Sea.

The Works of the Honourable Robert Boyle. Vol. 1–5, to which is prefixed the life of the author. Oxford 1744. [LB 5.12.1788]
—, Vol. 3, 378–388: Observations and Experiments about the Saltness of the Sea.

Bradley, James (1693–1762)
Miscellaneous Works and Correspondence. Oxford 1832.

Brahe, Tycho de (1546–1601)
Opera omnia, sive Astronomiae Instauratae Progymnasmata. P. 1–2. Francofurti 1648. [LB 16.9.1780]
—, P. 1: De Restitutione Motuum Solis & Lunae, Stellarumque inerrantium.
—, P. 2: De Mundi Aetherei Recentioribus Phaenomenis.

De nova et nullius aevi memoria prius visa stella, iam pridem Anno à nato Christo 1572. mense Novembri primum Conspecta, contemplatio mathematica. Hafniae [Kopenhagen] 1573.

Epistolarum Astronomicarum Libri. Uraniburgi 1596.

Astronomiae instauratae progymnasmata, quorum haec prima pars de restitutione motuum Solis et Lunae, stellarumque inerrantium tractat et praeterea de admiranda nova Stella anno 1572 exorta. Uraniburgi [et] Pragae 1602.

Historia coelestis, ex libris commentariis manuscriptis observationum vicennalium. P. 1–2. Augustae Vindelicorum [Augsburg] 1666. [BL 267 (Ausgabe Regensburg 1672)]

Brander, Georg Friedrich (1713–1783)
Beschreibung eines magnetischen Declinatorii und Inclinatorii, nebst der Anweisung, wie man sich dieser Instrumente bedienen soll, um aller Orten die Abweichung und Neigung der magnetischen Kräfte zu erfahren und zu bestimmen, sammt angehängter Beschreibung eines dioptrischen

Sonnenquadranten zu genauer Bestimmung der Meridianlinie. Augsburg 1779.

[Rez. durch J. L. Böckmann]. In: AdB, Bd. 41, 1780, St. 2, 543–550.

Breitinger, David (1737–1817)
s. G. C. Lichtenberg.

Brisson, Mathurin Jacques (1723–1806)
Dictionnaire raisonné de physique. T. 1–2. Paris 1781.

Brockhaus
Der Brockhaus Naturwissenschaft und Technik. Bd. 1–3. Mannheim 2003.

Brodhagen, Peter Heinrich Christoph (1753–1805)
Von den verschiedenen bisher bekannten Methoden zur Bestimmung der geographischen Länge und Breite besonders in Rücksicht des Seemanns. Hamburg 1791. [BL 269]

Browallius, Johan (1707–1755)
Historische und physikalische Untersuchung der vorgegebenen Verminderung des Wassers und Vergrößerung der Erde, bey welcher sowohl der Ursprung und Fortgang dieses Lehrsatzes, inner- und außerhalb Schweden, als auch dessen eigentliche Beschaffenhait umständlich und reiflich geprüfet worden. Stockholm 1756.

Brühl, Hans Moritz (1736–1809)
Three registers of a pocket chronometer, and the observations from which they were collected, with an account from Vice-Admiral Campbell, of the first of Mr. Mudge's time-keepers, in a voyage to and from Newfoundland. o. O. [London] o. J. [1785?]. [BL 567]

Aus einem Schreiben des Herrn Grafen von Brühl, datirt London den 21sten September 1789. In: Astronomisches Jahrbuch, 1792 (1789), 260.

Nachricht über Herrn Doctor Herschels Entdeckung des sechsten und siebenten Saturns-Trabanten. In: Astronomisches Jahrbuch, 1793 (1790), 113–114.

Buache, Philippe (1700–1773)
Essai de Géographie physique, où l'on propose des vûes générales sur l'espèce de Charpente du Globe, composée des chaînes de montagnes qui traversent les mers comme les terres; […]. In: Histoire de l'Académie Royale des Sciences. Avec les mémoires de mathématique & de physique, pour la même année. Année 1752 (1756), Mémoires, 399–416.

Bürja, Abel (1752–1816)
Lehrbuch der Astronomie. Bd. 1–5. Berlin 1794–1806. [BL 272]

Buffon, Georges Louis Leclerc de (1707–1788)
Histoire naturelle, générale et particulière. Avec la description du cabinet du roi. T. 1–15, Première Edition. Paris 1749–1767. [LB 20.12.1775]
<dt.> Allgemeine Historie der Natur nach allen ihren besondern Theilen abgehandelt; nebst einer Beschreibung der Naturalienkammer Sr. Majestät des Königes von Frankreich. Th. 1–11. Hamburg u. Leipzig 1750–1785.

Histoire naturelle, générale et particuliére, Avec la description du cabinet du roy. T. 1–31, Troisième Edition. Paris 1750–1768.

Allgemeine Naturgeschichte. Eine freye mit Zusätzen vermehrte neue Uebersetzung. Th. 1–7. Berlin 1771–1774. [BL 820]

Über die Richtung der Gebirge. In: Sammlungen zur Physik und Naturgeschichte von einigen Liebhabern dieser Wissenschaften, Bd. 1, St. 6 (1779), 738–742.

Über die Höhen der Berge. In: Sammlungen zur Physik und Naturgeschichte von einigen Liebhabern dieser Wissenschaften, Bd. 1, St. 6 (1779), 745–749.

Les Époques de la nature. T. 1–2. Paris 1780.
<dt.> Epochen der Natur, übersetzt aus dem Französichen. Bd. 1–2. St. Petersburg 1781. [BL 191]

Traité de l'Aimant et de ses usages. Paris 1788 (Histoire naturelle des minéraux, 9).

Bugge, Thomas (1740–1815)
Ueber die abgeplattete Gestalt und Rotationszeit der Saturnskugel, nebst astronomischen Beobachtungen aus Kopenhagen, Tranquebar, Island, Norwegen und Grünland. In: Astronomisches Jahrbuch, 1793 (1790), 95–101.

Burnet, Thomas (um 1635–1715)
Telluris theoria sacra: orbis nostri originem & mutationes generales, quas aut jam subiit, aut olim subiturus est, complectens. Libri duo priores de diluvio & paradiso. Londini 1681.

Telluris theoria sacra: orbis nostri originem & mutationes generales, quas aut jam subiit, aut olim subiturus est, complectens. Libri duo posteriores de conflagratione mundi, et de futuro rerum statu. Londini 1689.

Burrow, Reuben (1747–1792)
A Proof that the Hindoos had the Binomial Theorem. In: Asiatick Researches: or, Transactions of the Society, instituted in Bengal, for inquiring into the History and Antiquities, the Arts, Sciences, and Literature, of Asia, Vol. 2 (1790), 487–497.

Burtin, François-Xavier (1743–1818)
Reponse à la question physique proposée par la Société de Teyler, sur les revolutions generales, qu'a subies la surface de la terre, et sur l'ancienneté de notre globe [...] qui a remporté le prix en MDCCLXXXVII. o. O. [Haarlem] o. J. [1790] (Verhandelingen, uitgegeven door Teyler's tweede Genootshap, 8).

Calendrier
Calendrier republicain, décrété par la Convention Nationale, pour la III. année de la République française. Paris 1795.

Camerarius, Elias (1673–1734)
Dissertationes Taurinenses epistolicae, physico-medicae ad illustr. ital. ac german. quosdam medicos scriptae, continentes annotationes in varia modernorum, Dn. de Noües cumprimis, ac Dn. Woodwardi scripta atque experimenta. Tubingae 1712.

Campe, Joachim Heinrich (1746–1818)
Wörterbuch zur Erklärung und Verdeutschung der unserer Sprache aufgedrungenen fremden Ausdrücke. Ein Ergänzungsband zu Adelung's und Campe's Wörterbüchern. Neue starkvermehrte und durchgängig verbesserte Ausgabe. Braunschweig 1813.

Canton, John (1718–1772)
Methode, ohne Beyhülfe eines natürlichen Magneten, durch die Kunst einen Magneten zu machen. In: Hamburgisches Magazin, oder gesammlete Schriften, zum Unterricht und Vergnügen, aus der Naturforschung und den angenehmen Wissenschaften überhaupt, Bd. 8, St. 4 (1751), 339–355.

Electrical Experiments, with an Attempt to account for their several Phaenomena; together with some Observations on Thunder-Clouds. In: Philosophical Transactions, Vol. 48, Part I, 1753 (1754), 350–358.

[...] the Tour Malin [...] properties. In: Gentleman's Magazine and Historical Chronicle, Vol. 29 (1759), September, 424–425.

An Attempt to account for regular diurnal Variation of the horizontal magnetic Needle; and also for its irregular Variation at the Time of an Aurora Borealis. In: Philosophical Transactions, Vol. 51, Part I, 1759 (1760), 398–445.

Cantor, Moritz (1829–1920)
Vorlesungen über Geschichte der Mathematik. Bd. 1–3, 2. Aufl. Leipzig 1894–1901.

Capella, Martianus Mineus Felix (5. Jh.)
Martianus Capella, edidit Adolf Dick. Lipsiae [Leipzig] 1925 (Bibliotheca scriptorum Graecorum et Romanorum Teubneriana).

Cardano, Geronimo (1501–1576)
De septem erraticis stellis liber. Basileae [Basel] 1578.

Offenbarung der Natur und natürlicher Dingen, auch mancherley wunderbarlichen und subtilen Würckungen [...] in die verstendliche Teutsche zungen gebracht, durch Hulderichum Frölich von Plawen. Basel 1591. [LB 17.1.1785]

Cassini, Giovanni Domenico (1625–1712)
Découverte de la lumière celeste qui paroist dans le zodiaque. In: Mémoires de l'Académie Royale des Sciences. Depuis 1666. jusqu'à 1699. T. 8: Œuvres diverses de M. I. D. Cassini. Paris 1730, 121–209.

Cassini, Jacques (1677–1756)
De la Grandeur et de la figure de la terre. Paris 1720 (Memoires de l'Academie Royale des Sciences, Suite, 1718).

Eléments d'Astronomie. Paris 1740. [LB 16.11.1771]

Cassini de Thury, César François (1714–1784)
La méridienne de l'observatoire royal de Paris, [...] par de nouvelles Observations, [...]. Avec des Observations d'Histoire Naturelle, faites dans les Provinces traversées par la Meridienne, par M. Le Monnier. Paris 1744.

Cassini de Thury, Jean Dominique (1748–1845)
Voyage fait par ordre du roi en 1768 pour éprouver les montres maritimes inventées par M. Le Roy, avec le mémoire sur la meilleure manière de mesurer le tenue en mer, qui a remporté le prix double au jugement de l'Académie Royale des Sciences. Contenant la description de la montre à longitudes. Paris 1770.

Extrait des observations astronomiques et physiques, faites à l'observatoire royal, en l'année 1787. In: Histoire de l'Académie Royale des Sciences. Avec les mémoires de mathématique & de physique, pour la même année. Année 1787 (1789), Mémoires, 10–69.

De la déclinaison et des variations de l'Aiguille aimantée. In: Observations sur la Physique, sur l'Histoire naturelle et sur les Arts, Tome 40 (1792), Avril, Mai, 298–303; 340–352.
<dt.> Abweichung und Variation der Magnetnadel auf dem königlichen Observatorio zu Paris seit 1667 bis 1791. beobachtet. In: Journal der Physik, Bd. 7, H. 3 (1793), 418–426.
<dt.> Abweichung und Variation der Magnetnadel auf dem königlichen Observatorio zu Paris seit 1667 bis 1791. beobachtet, Fortsetzung. In: Journal der Physik, Bd. 8, H. 3 (1794), 433–447.

Catalogus
Catalogus praelectionum publice et priuatim in Academia Georgia Augusta per aestiuum semestre MDCCLXXXIX. a die inde XXVII. Aprilis habendarum. Gottingae o. J. [1789]

Cavallo, Tiberio (1749–1809)
A Complete Treatise of Electricity in Theory and Practice; with Original Experiments. London 1777. [BL 603]
[Rez. durch G.C. Lichtenberg]. In: GGA 1779 (Zugabe), St. 6, 6.2.1779, 81–90.
Description of a Meteor, observed Aug. 18, 1783. In: Philosophical Transactions, Vol. 74, Part I, 1784, 108–111.

Cavendish, Henry (1731–1810)
[zus. mit William Watson, Benjamin Franklin, John Robertson u. Benjamin Wilson] A Report of the Committee appointed by the Royal Society, to consider of a Method for securing the Powder Magazines at Purfleet. In: Philosophical Transactions, Vol. 63, Part I, 1773, 42–48.

Chambers, Ephraim (1680–1740)
Cyclopaedia. Or, an universal dictionary of arts and sciences. Containing an explanation of the terms, and an account of the several subjects, in the liberal and mechanical arts, and the sciences, human and divine. Intended as a course of ancient and modern learning. [...] With the supplement and modern improvements, incorporated in one alphabet. By Abraham Rees, in four volumes [5]. London 1786. [LB 12.2.1776]
—, Vol. 1 [A – Cze]: Art. Argument.
—, Vol. 2 [D – Izt]: Art. Giants Causeway.
— —: Art. Gossamer.

Charnock, John (1756–1807)
Biographia navalis; or, impartial memoirs of the lives and characters of officers of the navy of Great Britain, from the year 1660 to the present time. Vol. 1–6. London 1794–1798.

Chladni, Ernst Florens Friedrich (1756–1827)
Ueber den Ursprung der von Pallas gefundenen und anderer ihr ähnlicher Eisenmassen, und über einige damit in Verbindung stehende Naturerscheinungen. Riga 1794.
[zus. mit Carl von Schreibers] Ueber Feuer-Meteore, und über die mit denselben herabgefallenen Massen. Wien 1819.

Christ, Johann Ludwig (1739–1813)
Von der außerordentlichen Witterung des Jahrs 1783, in Ansehung des anhaltenden und heftigen Höherauchs. Vom Thermometer und Barometer, von dem natürlichen Barometer unserer Gegend, dem Feldberg oder der Höhe, und von der Beschaffenheit und Entstehung unserer gewöhnlichen Lufterscheinungen, wie auch etwas von den Erdbeben. Frankfurt u. Leipzig 1783.

Cicero, Marcus Tullius (106–43 v. Chr.)
Opera Omnia, cum Gruteri & Selectis variorum notis & indicibus locupletissimis, Accurante C. Schrevelio. T. 1–4. Amstelodami 1661.

Opera Omnia, cum selectissimis Jani Gruteri & Variorum notis, ac indice locupletißimo, accurante Cornelio Schrevelio. Ad exemplar editionis Elzevirianae. Accedunt nova huic Editioni Dion. Gothofredi argumenta. Basileae [Basel] 1687. [BL 1508 (Erscheinungsjahr dort irrig 1678)]

Drey Bücher von dem Wesen und den Eigenschaften der Götter, an den Marcus Brutus, aus dem Lateinischen in das Deutsche übersetzt. Leipzig 1739.

Akademische Abhandlungen, Lucullus. Lateinisch – deutsch. Text und Übersetzung von Christoph Schäublin. Einl. von Andreas Graeser und Christoph Schäublin. Anm. von Andreas Bächli und Andreas Graeser. Hamburg 1995 (Philosophische Bibliothek, 479).

Clairaut, Alexis Claude (1713–1765)
Tables de la lune, calculées suivant la théorie de la gravitation universelle. Paris 1754.

Mémoire sur la Cométe de 1759, [...]. In: Histoire de l'Académie Royale des Sciences. Avec les mémoires de mathématique & de physique, pour la même année. Année 1759 (1765), Mémoires, 115–120.

Théorie du Mouvement des Comètes, dans laquelle on a égard aux altérations que leur orbites éprouvent par l'action des Planètes. Avec l'application de cette Théorie à la Comète qui été observée dans les annés 1531, 1607, 1682 & 1759. Paris o. J. [1760].

Recherches sur la Comete des Années 1531, 1607, 1682 et 1759, pour servir de Supplement à la Theorie, par laquelle on avoit annoncé en 1758 le tems du retour de cette Comète. St. Petersburg 1762.

Clüver, Detlev (um 1645 – 1708)
Geologia sive philosophemata de genesi ac structura globi terreni, oder: Natürliche Wissenschafft von Erschaffung und Bereitung der Erd-Kugel [...]. Hamburg 1700.

Cocquebert de Montbret, Charles Etienne (1755–1831)
Ueber das neue System der Maaße und Gewichte der französischen Republik, nebst Tabellen zur leichten und bequemen Uebersicht und Vergleichung derselben mit den ehemals gebräuchlichen. In: Neues Journal der Physik, Bd. 3, H. 4 (1796), 424–435.

Colepresse, Samuel
An Account of some Observations made at and nigh Plimouth, An. 1667. by way of Answer to some of the Quaeries concerning Tides, propos'd Numb. 17. and 18. In: Philosophical Transactions, Vol. 3, 1668 (1669), 632–634.

Collini, Cosimo Alessandro (1727–1806)
Betrachtungen über die Vulkanischen Berge. Dresden 1783.

Comenius, Johann Amos (1592–1670)
Opera didactica omnia. P. 1–4. Amsterdami 1657.
—, P. 4: Ea complectens quae circa hoc argumentum ultimô, Amsterdami, acta sunt.
— —, 41–64: Ventilabrum sapientiae, sive, sapienter sua retractandi ars. Cum adjuncta authoris omnium didacticarum suarum cogitationum retractatione brevi.

Comiers, Claude (um 1600–1693)
La Nature et presage des Cometes. Ouvrage Mathematique, Physique, Chimique & Historique, enrichi des Propheties des derniers Siecles, et de la fabrique des grandes lunetes. Lyon 1665.

Cook, James (1728–1779)
s. Johann Georg Adam Forster

A Voyage towards the South Pole and round the world, performed in His Majesty's Ships the Resolution and Adventure, in the Years 1772, 1773, 1774, and 1775. In which is included, Captain Furneaux's narrative of his proceedings in the Adventure during the separation of the ships. Vol. 1–2. London 1777.

First Voyage around the World. Captain Cook's Journal during his first Voyage round the World made in H. M. Bark „Endeavour". Bremen 2009 (Historische Schiffahrt, 41).

Copernicus, Nicolaus (1473–1543)
Gesamtausgabe. Bd. 1–. Hildesheim u. Berlin 1974–.
—, Bd. 2, 1984: De revolutionibus libri sex; kritischer Text, besorgt von Heribert Maria Nobis und Bernhard Sticker.

De revolutionibus orbium coelestium, Libri VI. Norimbergae [Nürnberg] 1543. [LB 11.7.1781 (Ausgabe Basel 1566)]

Astronomia Instaurata Libris sex comprehensa, qui de Revolutionibus orbium cœlestium inscribuntur. Nunc demum post 75. ab obitu authoris annum integritati suae restituta. Amstelodami 1617.

Über die Umschwünge der himmlischen Kreise. Hrsg. und übersetzt von Jürgen Hamel und Thomas Posch. Frankfurt am Main 2008 (Ostwalds Klassiker der exakten Wissenschaften, 300).

Cotte, Louis (1740–1815)
Observations faites à Laon d'heure en heure sur la Boussole de variation de M. Coulomb, de l'Académie Royale des Sciences, & sur celle de déclinaison de Brander. In: Observations sur la Physique, sur l'Histoire naturelle et sur les Arts, Tome 29 (1786), Septembre, 189–193.

Suite des observations faites à Laon sur deux Boussoles de variation & une Boussole de déclinaison. In: Observations sur la Physique, sur l'Histoire naturelle et sur les Arts, Tome 30 (1787), Mai, 349–351.

Suite des observations faites a Laon sur la Boussole de variation. In: Observations sur la Physique, sur l'Histoire naturelle et sur les Arts, Tome 32 (1788), Avril, 282–284.
[Anonyme Rez.] In: The Critical Review: or, Annals of Literature, Vol. 65 (1788), June, 558–559.

Coulomb, Charles Augustin de (1736–1806)
Recherches sur la meilleure manière de fabriquer les Aiguilles aimantées. In: Mémoires de Mathématique et de Physique, présentés à l'Académie Royale des Sciences, par divers Savans, & lûs dans ses Assemblées, T. 9, 1780, 165–264.

Courtanvaux, François-César le Tellier de (1718–1781)
Journal du Voyage [...] sur la frégate l'Aurore, pour essayer par ordre de l'Académie, plusieurs Instrumens relatifs à la Longitude. Mis en ordre par M. Pingré, [...] de concert avec M. Messier, [...]. Paris 1768.

Cramer, Joseph Anton (1737–1794)
Ueber die Entstehung des Nordlichts. Bremen 1785.
[Rez. durch C. Leiste]. In: AdB, Bd. 68, 1786, St. 1, 178–180.

Cromwell, Oliver (1599–1658)
Letters and Speeches including the supplement to the first edition. With elucidations. By Thomas Carlyle. Vol. 1–2. New York o. J. [ca. 1868].

Crosland, Maurice (*1931)
s. M. Yakup Bektas.

Cuspinianus, Johannes (1473–1529)
De Consulibus Romanorum Commentarii, ex optimis vetustissimisq. authoribus collecti [...]. Basileae [Basel] 1553.

Dalberg, Karl Theodor Anton Maria von (1744–1817)
Anémométre proposé aux amateurs de météorologie. In: Acta Academiae Electoralis Moguntinae Scientiarum utilium quae Erfurti est, 1780–1781 (1782), 1–15.
[Rez. durch L. C. Lichtenberg]. In: Magazin für das Neueste aus der Physik und Naturgeschichte, Bd. 1, St. 1 (1781), 174–176.

Dall'Olmo, Umberto (1925–1980)
Latin Terminology Relating to Aurorae, Comets, Meteors and Novae. In: Journal for the History of Astronomy 11 (1980), 10–27.

Darwin, Erasmus (1731–1802)
Frigorific Experiments on the mechanical expansion of Air, explaining the Cause of the great Degree of Cold on the Summits of high Mountains, the sudden Condensation of aerial Vapour, and of the perpetual Mutability of atmospheric Heat. In: Philosophical Transactions, Vol. 78, Part I, 1788, 43–52.

<dt.> Versuche über die Erzeugung der Kälte durch die mechanische Ausdehnung der Luft, zur Erklärung der Ursache des grossen Kältegrades auf hohen Bergen, der schnellen Verdichtung des Luft-Dunstes, und der beständigen Veränderlichkeit der atmosphärischen Wärme. In: Journal der Physik, Bd. 1, H. 1 (1790), 73–82.

Delisle, Guillaume (1675–1726)

Sur la Déclinaison de l'Aiman. In: Histoire de l'Académie Royale des Sciences. Avec les mémoires de mathématique & de physique, pour la même année. Année 1712 (1714), Histoire, 16–21.

Delisle, Joseph Nicolas (1688–1768)

Observations du thermomètre, faites pendant les grands froids de la Sibérie. In: Histoire de l'Académie Royale des Sciences. Avec les mémoires de mathématique & de physique, pour la même année. Année 1749 (1753), Mémoires, 1–14.

Deluc, Jean André (1727–1817)

Recherches sur les modifications de l'atmosphère. Contenant; l'histoire critique du baromètre et du thermomètre, un traité sur la construction de ces instrumens, des experiences relatives à leurs usages, et principalement à la mesure des hauteurs & à la correction des refractions moyennes. T. 1–2. Genève 1772. [LB 21.6.1774]

<dt.> Untersuchungen über die Atmosphäre und die zu Abmessung ihrer Veränderungen dienlichen Werkzeuge aus dem Französischen übersetzt [von J. S. T. Gehler]. Th. 1–2. Leipzig 1776–1778. [BL 697]

An essay on Pyrometry and Areometry, and on Physical Measures in general. In: Philosophical Transactions, Vol. 68, Part I, 1778 (1779), 419–553. [Separatdruck BL 545c]

Lettres physiques et morales sur l'histoire de la terre et de l'homme. Adressées à la Reine de la Grande Bretagne. T. 1–5. La Haye et Paris 1778–1779. [BL 195]

<dt.> Physikalische und moralische Briefe über die Geschichte der Erde und des Menschen an Ihre Majestät die Königin von Großbritannien Aus dem Französischen mit einiger Abkürzung übersetzt [von J. S. T. Gehler]. Bd. 1–2. Leipzig 1781–1782.

Idées sur la météorologie. T. 1–2. Londres 1786–1787. [BL 704]

<dt.> Neue Ideen über die Meteorologie. Aus dem Französischen übersezt [von J. H. Wittkopp]. Th. 1–2. Berlin u. Stettin 1787–1788.

First Letter to Dr. James Hutton [...] on his Theory of the Earth. In: The Monthly Review; or, Literary Journal, Vol. 2, 1790, June, 206–227.

Second Letter to Dr. James Hutton [...] on his Theory of the Earth. In: The Monthly Review; or, Literary Journal, Vol. 2, 1790, Appendix, 582–601.

Septième Lettre à M. Delamétherie; sur les difficultés de la Météorologie, & ses rapports avec la Géologie. In: Observations sur la Physique, sur l'Histoire naturelle et sur les Arts, Tome 37 (1790), Aout, 120–138.
<dt.> Siebenter Brief an Hrn. de la Metherie über die Schwierigkeiten in der Meteorologie und ihre Beziehungen auf die Geologie. In: Journal der Physik, Bd. 4, H. 2 (1791), 264–295.

Huitième Lettre à M. Delamétherie; sur quelques points fondamentaux relatifs à l'Histoire ancienne de la Terre. In: Observations sur la Physique, sur l'Histoire naturelle et sur les Arts, Tome 37 (1790), Septembre, 202–219.
<dt.> Achter Brief an Hrn. de la Metherie, über einige Fundamental-Sätze in Beziehung auf die Geschichte der Erde. In: Journal der Physik, Bd. 5, H. 1 (1792), 93–122.

Neuvième Lettre à M. Delamétherie; sur les Substances terrestres, considérées quant à la pondérabilité, & sur quelques autres objets de Chimie générale avec la fixation d'une Epoque à laquelle ont commencé les opérations chimiques sur notre Globe. In: Observations sur la Physique, sur l'Histoire naturelle et sur les Arts, Tome 37 (1790), Octobre, 290–308.
<dt.> Neunter Brief an Hrn. de la Metherie, über die irrdischen Substanzen in Rücksicht ihrer Wägbarkeit, und über einige Gegenstände der allgemeinen Chemie; nebst Festsetzung einer Epoche, bey welcher die chemischen Operationen auf unserer Erdkugel anfiengen. In: Journal der Physik, Bd. 5, H. 1 (1792), 122–153.

Dixième Lettre à M. Delamétherie; sur l'Histoire de la Terre, depuis que cette Planète fut pénétrée de Lumière, jusqu'à l'apparition du Soleil: espace de tems qui renferme les Origines de la Chaleur & de la Figure de notre Globe; de ses Couches primordiales, de l'ancienne Mer, de nos Continens comme fond de cette Mer, de leurs grandes chaînes de Montagnes, & de la Végétation. In: Observations sur la Physique, sur l'Histoire naturelle et sur les Arts, Tome 37 (1790), Novembre, 232 [richtig: 332]–351.
<dt.> Zehnter Brief an Herrn de la Metherie, über die Geschichte der Erde. In: Journal der Physik, Bd. 5, H. 3 (1792), 439–472.

Onzième Lettre à M. Delamétherie; sur la Formation des Couches calcaires & leurs premières Catastrophes, & sur les Eruptions volcaniques. In: Observations sur la Physique, sur l'Histoire naturelle et sur les Arts, Tome 37 (1790), Decembre, 441–459.
<dt.> Eilfter Brief an Herrn de la Metherie, über die Bildung der Kalkschichten, ihre ersten Katastrophen, und die vulkanischen Ausbrüche. In: Journal der Physik, Bd. 5, H. 3 (1792), 473–501.

A Second Paper on Hygrometry. In: Philosophical Transactions, Vol. 81, Part I, 1791, 1–42. [BL 487 (Separatdruck)]

Douzième Lettre à M. Delamétherie, sur les Couches calcaires de la seconde Classe & le Couches de Pierre sableuse de la première, & sur

leurs Catastrophes. Formation des Montagnes du second ordre. In: Observations sur la Physique, sur l'Histoire naturelle et sur les Arts, Tome 38 (1791), Fevrier, 90–109.
<dt.> Zwölfter Brief an Hrn. de la Metherie, über die Kalkschichten der ersten und die Sandsteinschichten der ersten Klasse und ihre Katastrophen. Bildung der Berge der zweyten Ordnung. In: Journal der Physik, Bd. 6, H. 1 (1792), 44–70.

Treizième Lettre à M. Delamétherie, sur les Couches de Craie & celles de Houille, & sur leurs Catastrophes. In: Observations sur la Physique, sur l'Histoire naturelle et sur les Arts, Tome 38 (1791), Mars, 174–191.
<dt.> Dreyzehnter Brief an Hrn. de la Metherie, über die Kreide und Steinkohlen-Schichten und ihre Katastrophen. In: Journal der Physik, Bd. 6, H. 2 (1792), 263–293.

Quatorzième Lettre à M. Delamétherie, sur les Os fossiles, & les dernières opérations de l'ancienne Mer. In: Observations sur la Physique, sur l'Histoire naturelle et sur les Arts, Tome 38 (1791), Avril, 271–288.
<dt.> Vierzehnter Brief an Hrn. de la Metherie, über die fossilen Knochen, und die letzten Operationen des alten Meeres. In: Journal der Physik, Bd. 6, H. 2 (1792), 293–324.

Seizième Lettre à M. Delamétherie. Examen de la Théorie de la Terre du P. Pini, & premières remarques sur la Notice minéralogique de la Daourie, par M. Patrin. In: Observations sur la Physique, sur l'Histoire naturelle et sur les Arts, Tome 39 (1791), Septembre, 215–230.

Dix-Huitième Lettre à M. Delamétherie, sur les Agates, les Couches calcaires & une classe des Couches d'Argile. In: Observations sur la Physique, sur l'Histoire naturelle et sur les Arts, Tome 39 (1791), Décembre, 453–464.

Vingtième Lettre à M. Delamétherie, sur un commencement assignable des Phénomènes physiques observés à la surface de notre Globe, & sur la cause de l'état actuel de nos Couches. In: Observations sur la Physique, sur l'Histoire naturelle et sur les Arts, Tome 40 (1792), Mars, 180–197.

Vingt-Unième Lettre à M. Delamétherie, Considerations cosmologiques, relatives à l'origine des Substances minérales de notre Globe. In: Observations sur la Physique, sur l'Histoire naturelle et sur les Arts, Tome 40 (1792), Avril, 275–292.

Vingt-Deuxième Lettre à M. Delamétherie, Remarques sur différentes Origines particulières dans les Phénomènes géologiques. In: Observations sur la Physique, sur l'Histoire naturelle et sur les Arts, Tome 40 (1792), Mai, 352–369.

Vingt-Troisième Lettre à M. Delamétherie. Questions relatives aux Cavernes qui ont dû se former dans notre Globe, & à quelques Phénomènes géologiques attribués à des causes lentes. In: Observations sur la

Physique, sur l'Histoire naturelle et sur les Arts, Tome 40 (1792), Juin, 450–467.

Vingt-Cinquième Lettre à M. Delamétherie; Réponse au P. Pini, sur ses objections à la seizième des ses Lettres. In: Observations sur la Physique, sur l'Histoire naturelle et sur les Arts, Tome 41 (1792), Aout, 123–140.

Vingt-Huitième Lettre à M. Delamétherie; Résumé des preuves du peu d'ancienneté de nos Continens & remarques sur le changement que dut subir l'Atmosphère à leur naissance. In: Observations sur la Physique, sur l'Histoire naturelle et sur les Arts, Tome 41 (1792), Decembre, 414–431.

Geologische Briefe an Hrn. Prof. Blumenbach. Aus der französischen Handschrift. Erster Brief. Ueber die characteristischen Phänomene der Ursachen die einst in unsre Erdkugel gewirkt haben, und insbesondere über diejenigen welche die Entstehung unsers festen Landes bestimmen. In: Magazin für das Neueste aus der Physik und Naturgeschichte, Bd. 8, St. 4 (1793), 1–41.

Geologische Briefe, vom Herrn Professor Blumenbach. Aus der französischen Handschrift. In: Magazin für das Neueste aus der Physik und Naturgeschichte, Bd. 9, St. 1 (1794), 1–123.
—, 1–57: Zweyter Brief. Zergliederung der geologischen Phänomene, die auf die Bestimmung ihres Ursprungs leitet.
—, 58–123: Dritter Brief. Geschichte der Erde, vom Anfang der darauf bemerklichen Dinge, bis auf die Bildung der Sandstein-Schichten.

Geologische Briefe, an Herrn Professor Blumenbach. Aus der französischen Handschrift. Vierter Brief. Geschichte der Erde von der Bildung der Sandsteinschichten an, bis zum Ende des Aufenthalts des Meeres in seinem alten Bette: ein Zeitraum der die Entstehung der vulkanischen Ausbrüche, der Steinkohlen und des Steinsalzes umfaßt. In: Magazin für das Neueste aus der Physik und Naturgeschichte, Bd. 9, St. 4 (1794), 1–49.

Geologische Briefe, an Herrn Professor Blumenbach aus der französischen Handschrift. Fünfter Brief. Entstehung unsres festen Landes – Beweiß, daß diese Epoche von keinem hohen Alter ist. In: Magazin für das Neueste aus der Physik und Naturgeschichte, Bd. 10, St. 3 (1796), 1–20.

Geologische Briefe, an Herrn Professor Blumenbach aus der französischen Handschrift. In: Magazin für das Neueste aus der Physik und Naturgeschichte, Bd. 10, St. 4 (1796), 1–104.
—, 1–47: Fünfter Brief. Fortsetzung.
—, 47–104: Sechster Brief. Physikalischer Commentar über die 11 ersten Capitel der Genesis.

Siebenter und letzter geologischer Brief an Herrn Professor Blumenbach. Aus der französischen Handschrift. Bemerkungen über den Ursprung der organisirten Geschöpfe. In: Magazin für das Neueste aus der Physik und Naturgeschichte, Bd. 11, St. 1 (1796), 1–71.

Denecke, Dietrich (*1935)
Göttingen. Geschichte einer Universitätsstadt. Bd. 1–3. Göttingen 1987–2002.

Deneke, Otto (1875–1956)
Lichtenbergs Leben. Bd. 1: Lehr- und Wanderjahre. München 1944.

Derham, William (1657–1735)
Astro-Theology: Or a Demonstration of the Being and Attributes of God, from a Survey of the Heavens, The Third Edition Improv'd. London 1719.

Physicotheologie, Oder Natur-Leitung zu Gott, durch aufmercksame Betrachtung der Erd-Kugel, und der darauf sich befindenden Creaturen, zum augenscheinlichen Beweiß, daß ein GOtt, und derselbige ein Allergütigstes, Allweises, Allmächtiges Wesen sey. In die deutsche Sprache übersetzet von C. L. W. [i.e. C. L. Wiener] jetzo aber nach der siebenden Englischen Ausgabe mit Fleiß von neuem übersehen, und nebst einer Aufmunterung des Herrn Carol Rollins, die Jugend bey Zeiten zur Liebe ihres Schöpffers durch Betrachtung der Creaturen anzuführen, zum Druck befordert Von Jo. Alberto Fabricio. Hamburg 1730.

Descartes, René (1596–1650)
Principia Philosophiae. Amstelodami 1644. = Œuvres de Descartes. Publiées par Charles Adam et Paul Tannery. Vol. VIII-1. Nouvelle Présentation. Paris 1982.

Dicquemare, Jacques-François (1733–1789)
Mémoire sur l'usage qu'on pourroit faire du phénomène de la Mer lumineuse, relativement à la Navigation. In: Observations sur la Physique, sur l'Histoire naturelle et sur les Arts, Tome 12 (1778), Aoust, 137–141.

Diodoros (Siculus) († um 30 v. Chr.)
Bibliotheca historica, editionem primam curavit Imm. Bekker, alteram Ludovicus Dindorf. Recognovit Fridericus Vogel. Vol. 1–5. Lipsiae [Leipzig] 1888–1906 (Bibliotheca scriptorum Graecorum et Romanorum Teubneriana).

Dionis du Séjour, Achille Pierre (1734–1794)
Essai sur les comètes en général, et particulièrement sur celles qui peuvent approcher de l'orbite de la terre. Paris 1775.

Dixon, Jeremiah (1733–1779)
s. Charles Mason.

Dodson, James (um 1705 – 1757)
s. William Mountaine.

Dörffel, Georg Samuel (1643–1688)
Astronomische Betrachtung des grossen Cometen, welcher im ausgehenden 1680. und angehenden 1681. Jahre höchstverwunderlich und entsetzlich erschienen [...]. o. O. [Plauen] 1681.

Dolomieu, Déodat Guy Silvain Tancrède Gratet de (1750–1801)
Voyage aux îles de Lipari fait en 1781. Ou notices sur les îles Aeoliennes pour servir à l'histoire des Volcans. Paris 1783.
<dt.> Reise nach den Liparischen Insuln oder Nachricht von den äolischen Insuln zur nähern Aufklärung der Geschichte der Vulkane [...]. Aus dem Französischen übersezt von Ludwig Christian Lichtenberg. Leipzig 1783. [BL 714]

Mémoire sur les Pierres composées et sur les Roches. In: Observations sur la Physique, sur l'Histoire naturelle et sur les Arts, Tome 39 (1791), Novembre, 374–407.

Suite du Mémoire sur les Pierres composées et sur les Roches. In: Observations sur la Physique, sur l'Histoire naturelle et sur les Arts, Tome 40 (1792), Janvier, 41–62.

Suite du Mémoire sur les Pierres composées et sur les Roches. In: Observations sur la Physique, sur l'Histoire naturelle et sur les Arts, Tome 40 (1792), Mai, 372–403.

Doppelmayr, Johann Gabriel (1671–1750)
Atlas Coelestis in quo mundus spectabilis et in eodem stellarum omnium phoenomena notabilia, [...] secundum Nic. Copernici et ex parte Tychonis de Brahe hipothesin. [...] graphice descripta exhibentur. Norimbergae [Nürnberg] 1742.

Dryfhout, Jan François
Naauwkeurige Beschouwinge van een Hoos; Benevens een Onderzoek, hoe dezelve gebooren worden en werken: Waarby gevoegt is eene korte Beschryvinge der Houw-mouwen. In: Verhandelingen Uitgegeeven door de Hollandse Maatschappy der Weetenschappen te Haarlem, T. 3 (1757), 321–377.

DuCarla-Bonifas, Marcellin (1738–1816)
Expression des Nivellemens, Ou Méthode Nouvelle pour marquer rigoureusement sur les Cartes terrestres et marines les hauteurs et les configurations du terrein. Paris 1782.

Dufay, Charles François de Cisternay (1698–1739)
Mémoire sur la Rosée. In: Histoire de l'Académie Royale des Sciences. Avec les mémoires de mathématique & de physique, pour la même année. Année 1736 (1739), Mémoires, 352–374.

Du Fresne de Francheville, Joseph (1704–1781)
Dissertation sur le Sel terrestre, marin et coctile. In: Histoire de l'Académie Royale des Sciences et Belles-Lettres [de Berlin]. Année 1760 (1767), 45–74.

Duhamel, Jean-Baptiste (1624–1706)
Regiae scientiarum academiae historia, in qua praeter ipsius academiae originem & progressus, variasque dissertationes & observationes per triginta annos factas, quam plurima experimenta & inventa, cum Physica, tum Mathematica in certum ordinem digeruntur. Parisiis 1698.

Dunkel, Johann Gottlob Wilhelm (1720–1759)
Historisch-Critische Nachrichten von verstorbenen Gelehrten und deren Schriften, Insonderheit aber Denenienigen, welche in der allerneuesten Ausgabe des Jöcherischen Allgemeinen Gelehrten-Lexicons entweder gänzlich mit Stillschweigen übergangen, oder doch mangelhaft und unrichtig angeführet werden. Bd. 1–4. Dessau u. Cöthen 1753–1760.

Dunn, Samuel (†1794)
The Theory and Practice of the Longitude at Sea. I. By the Reckoning, or usual Method of Sailing. II. By the Help of Watches or Time-Keepers. III. By the Sun, Moon and Zodiacal Stars. IV. By New Variation Charts of the Magnetic Needle. With A General Introduction to its Astronomical and Physical Principles, […]. London 1778.

The Theory and Practice of Longitude at Sea. […] Edition the Second, Enlarged, Improved, Corrected, and Revised by the Author. London 1786.

Dunn, Richard
Scoping Longitude: Optical Designs for Navigation at Sea. In: From Earth-Bound to Satellite. Telescopes, Skills and Networks, ed. by Alison D. Morrison-Low et al. Leiden 2012 (History of science and medicine library, 23; Scientific instruments and collections, 2), 141–154.

DuPlat, Anton Heinrich (1738–1791)
Situations-Risse der neuerbaueten Chausséen des Churfürstenthums Braunschweig-Lüneburg. Th. 1: Die Chaussée von Hannover auf Hameln. Nebst einer Nachricht von den an dieser Route belegenen merkwürdigen Oertern. Hannover 1780.

Dupuis, Charles François (1742–1809)
Mémoire sur l'origine des constellations et sur l'explication de fable par moyen de l'astronomie. In: LaLande, Astronomie 4, 1781, 349–576.

Dutour de Salvert, Étienne François (1711–1789)
Discours sur l'aiman. Présenté à l'Académie Royale des Sciences, pour concourir sur le sujet proposé, pour 1744. […]. In: Recueil des Pieces qui

ont remporté les Prix de l'Academie Royale des Sciences, T. 5, 1744–1746 (1748), 49–114.

Dyckerhoff, Jakob Friedrich (1774–1845)
Collegium über Naturlehre und Astronomie bei Georg Christoph Lichtenberg, Göttingen 1796/1797. Ein Skizzenbuch der Experimentalphysik. Hrsg., eingeleitet und kommentiert von Gunhild Berg. Göttingen 2011 (Lichtenberg-Studien, 15).

Eberhard, Johann August (1739–1809)
Neue vermischte Schriften. Halle 1788. [BL 1281]

Eggers, Christian Ulrich Detlev von (1758–1813)
Physikalische und statistische Beschreibung von Island aus authentischen Quellen und nach den neuesten Nachrichten. Kopenhagen 1786. [LB 1.4.1792]

Éloge
Éloge de M. Bradley. In: Histoire de l'Académie Royale des Sciences. Avec les mémoires de mathématique & de physique, pour la même année. Année 1762 (1764), Histoire, 231–242.

Encyclopaedia
Encyclopaedia; Or, a Dictionary of Arts, Sciences, and Miscellaneous Literature; Constructed on a Plan by which the Different Sciences and Arts are digested into the Form of distinct Treatises or Systems, Comprehending the History, Theory, and Practice, of each, According to the latest Discoveries and Improvements. Vol. 1–18. The First American Edition, […], Greatly Improved. Philadelphia 1798.
—, Vol. 4, 185: Art. Carse.
—, Vol. 5, 280–285: Art. Compass.

Encyclopädie
Deutsche Encyclopädie oder Allgemeines Real-Wörterbuch aller Künste und Wissenschaften von einer Gesellschaft Gelehrten. Bd. 1–23. Frankfurth am Mayn 1778–1804.
—, Bd. 2, 1779, 84–85: Art. Astronomische Tafeln.
—, Bd. 8, 1783, 652–659: Art. Erdbeben.
—, Bd. 13, 1788, 229–237: Art. Granit.
—, Bd. 15, 1790, 729–730: Art. Höhenrauch.

Engel, Samuel (1702–1784)
Essai sur cette question: Quand et comment l'Amérique a-t-elle été peuplée d'hommes et d'animaux? T. 1–5. Amsterdam 1767.

Erxleben, Johann Christian Polykarp (1744–1777)
Physikalisch-chemische Abhandlungen. Leipzig 1776.
—, Bd. 1, 353–357: Beschreibung eines neuen Werkzeuges, wodurch man das Wasser sehr bequem mit fixer Luft schwängern kann.

Anfangsgründe der Naturlehre. 3. [bzw. 4., 5.] Aufl. Mit Zusätzen von G. C. Lichtenberg. Göttingen 1784 [1787, 1791]. [BL 393]

Anfangsgründe der Naturlehre. 6. Aufl. Mit Verbesserungen und vielen Zusätzen von G. C. Lichtenberg. Göttingen 1794. [BL 393]

Euler, Leonhard (1707–1783)

Inquisitio physica in causam fluxus et refluxus maris. In: Recueil des Pieces qui ont remporté les Prix de l'Academie Royale des Sciences, T. 4, 1740 (1752), 235–350.

De observatione inclinationis magneticae dissertatio. Illustrissimae Academiae Regiae Scientiarum Parisinae aequissimo judicio, pro Anno 1743. Submissa. In: Recueil des Pieces qui ont remporté les Prix de l'Academie Royale des Sciences, T. 5, 1743 (1748), 63–96.

Fortgesetzte Beantwortung der Fragen über die Beschaffenheit, Bewegung und Würckung der Cometen. Berlin 1744.

De relaxatione motus planetarum. Berolini 1746.

Nova Theoria Lucis & Colorum. Berolini 1746.

Recherches Physiques sur la cause de la queüe des Cometes, de la Lumiere Boreale, et de la Lumiere Zodiacale. In: Histoire de l'Académie Royale des Sciences et Belles-Lettres [de Berlin]. Année 1746 (1748), 117–140.

Dissertatio de magnete. Cette Piece est une des trois entre lesquelles le Prix Triple a été partagé. In: Recueil des Pieces qui ont remporté les Prix de l'Academie Royale des Sciences, T. 5, 1744–1746 (1748), 1–47.

Opuscula varii argumenti. Vol. 1–3. Berolini 1746–1751.
—, Vol. 1, 1746, 137–168: Tabulae astronomicae solis & lunae.

Theoria motus lunae exhibens omnes eius inaequalitates. In additamento hoc idem argumentum aliter tractatur simulque ostenditur, quemadmodum motus lunae cum omnibus inaequalitatibus innumeris aliis modis repraesentari atque ad calculum reuocari possit. Petropoli [St. Petersburg] 1753.

Recherches sur la Déclinaison de l'Aiguille aimantée. In: Histoire de l'Académie Royale des Sciences et Belles-Lettres [de Berlin]. Année 1757 (1759), 175–251.

Corrections nécessaires pour La Théorie De La Déclinaison Magnétique, Proposée Dans Le XIII Volume Des Mémoires. In: Histoire de l'Académie Royale des Sciences et Belles-Lettres [de Berlin]. Année 1766 (1768), 213–264.

Theorie der Planeten und Cometen von Johann Freyherr von Paccassi übersetzt und mit einem Anhange und Tafeln vermehrt. Wien 1781.

Eversmann, August Friedrich Alexander von (1759–1837)

s. Abraham Gottlob Werner.

Exposé

Exposé des Résultats des grandes opérations géodésiques, faites en France et en Espagne, pour la mesure d'un arc du méridien, et la détermination du mètre définitif; rédigé par une commission du Bureau des longitudes. In: Connaissance des temps, ou des Mouvements célestes, 1810 (1808), 485–488.
[Anonyme Rez.] In: Neue oberdeutsche allgemeine Literaturzeitung, Jg. 1 (1809), H. 8, 19.1.1809, 124–127.

Fabricius, Johann (1587–1616/17)

De Maculis in sole observatis et apparente earum cum Sole conversione narratio. Wittebergae 1611.

Fatio de Duillier, Jean Christophe (1656–1720)

Remarques sur l'Histoire naturelle des environs du Lac de Geneve. In: Histoire de Geneve, par Mr. Spon. Rectifiée et considerablement augmentée par d'amples Notes. Avec les Actes et autres Pieces servant de Preuves à cette Histoire. T. 4, Geneve 1730, 289–330.

Fauchet, Claude (1530–1602)

Recueil de l'origine de la langue et poesie françoise, ryme et romans. Plus les noms et sommaire des oeuvres de CXXVII. poetes françois, vivans avant l'an M. CCC. Paris 1581.

Faujas de St. Fond, Barthélemy (1741–1819)

Recherches sur les Volcans éteints du Vivarais et du Velay. Avec un Discours sur les Volcans brûlans, des Mémoires analytiques sur les Schorls, la Zéolite, la Basalte, la Pouzzolane, les Laves & les différentes Substances qui s'y trouvent engagées, &c. Grenoble; Paris 1778.

Minéralogie des Volcans, ou description de toutes les Substances produites ou rejetées par les Feux souterrains. Paris 1784.
<dt.> Mineralogie der Vulkane, oder: Beschreibung aller durch die unterirrdischen Feuerausbrüche hervorgebrachter oder ausgeworfener Substanzen. Leipzig 1786.

Felbiger, Johann Ignatz von (1724–1788)

Die Kunst Thürme oder andere Gebäude vor den schädlichen Wirkungen des Blitzes durch Ableitungen zu bewahren, angebracht an dem Thurm der Saganischen Stifts- und Pfarrkirche. Breslau 1771.

Ferber, Johann Jacob (1743–1790)

Briefe aus Wälschland über natürliche Merkwürdigkeiten dieses Landes an den Herausgeber derselben, Ignatz Edlen von Born. Prag 1773. [BL 201]
<frz.> Lettres sur la Minéralogie et sur divers autres objets de l'Histoire naturelle de l'Italie, Écrites à Mr. le Chev. de Born. Ouvrage traduit de l'allemand, enrichi de notes & d'observations faites sur les lieux, par Mr. le B. de Dietrich. Strasbourg; Paris 1776.

Finnsson, Hannes (1739–1796)
Islands Landnamabok. Hoc est: Liber Originum Islandiae. Versione latina, lectionibus variantibus, et rerum, personarum, locorum, nec non vocum rarissimarum, indicibus illustratus. Ex manuscriptis legati Magnaeani. Havniae [Kopenhagen] 1774.

Fischer, Ernst Gottfried (1754–1831)
Ueber Sternzeit mittlere und wahre Sonnenzeit und derselben gegenseitige Reduction. In: Astronomisches Jahrbuch, 1795 (1792), 113–132.
Nachtrag. In: Astronomisches Jahrbuch, 1796 (1793), 111–112.

Fischer, Gottlob Nathanael (1748–1800)
Ueber die Sonnenflecken. In: Astronomisches Jahrbuch, 1791 (1788), 195–201.

Fischer, Irene (1907–2009)
Another Look at Eratosthenes' and Posidonius' Determinations of the Earth's Circumference. In: Quarterly Journal of the Royal Astronomical Society, 16, 1975, 152–167.

Fischer, Johann Nepomuk (1749–1805)
Beweis, daß das Glockenläuten bey Gewittern mehr schädlich als nützlich ist. Nebst einer allgemeinen Untersuchung ächter und unächter Verwahrungsmittel gegen die Gewitter. Zweyte, mit interessanten Anm. vermehrte, Aufl. München 1784. [BL 588]

Fixlmillner, Placidus (1721–1791)
Acta astronomica Cremifanensia, divisa in partes duas, quarum prior observationes ab anno MDCCLXXVI. ad annvm MDCCXCI. earvm calculos et comparationes cum tabulis posterior vero exercitationes, seu enodationes variarum materiarum astronomicarum complectitur. Styrae [Steyr] 1791.

Flamsteed, John (1646–1719)
Atlas coelestis. London 1753. [LB 18.1.1798]

Fleurieu, Charles Pierre Claret de (1738–1810)
Voyage fait par ordre du roi en 1768 et 1769. À différentes parties du monde, pour éprouver en mer les horloges marines inventées par M. Ferdinand Berthoud. P. 1–2. Paris 1773.

Fontana, Felice (1730–1805)
Suite de la description abrégée du Cabinet de Physique & d'Histoire Naturelle, du Grand-Duc de Toscane. In: Observations sur la Physique, sur l'Histoire naturelle et sur les Arts, Tome 9 (1777), Février, 104–112.

Fontenelle, Bernard le Bovyer (Bouyer) de (1657–1757)
Entretiens sur la pluralité des mondes. Paris 1686.

<dt.> Gespräche von Mehr als einer Welt zwischen einem Frauenzimmer und einem Gelehrten, nach der neuesten Frantzösischen Aufl. übersetzt, auch mit Figuren und Anmerckungen erläutert von Joh. Chr. Gottscheden. [...], Andre Aufl., mit einer neuen Zugabe vermehret. Leipzig 1730.

Diverses Observations de Physique generale. In: Histoire de l'Académie Royale des Sciences. Avec les mémoires de mathématique & de physique, pour la même année. Année 1721 (1723), Histoire, 21–26.

Diverses Observations de Physique generale. In: Histoire de l'Académie Royale des Sciences. Avec les mémoires de mathématique & de physique, pour la même année. Année 1722 (1724), Histoire, 7–13.

Forbes, Eric Gray (1933–1984)
Tobias Mayer (1723–62). Pioneer of enlightened science in Germany. Göttingen 1980 (Arbeiten aus der Niedersächsischen Staats- und Universitätsbibliothek Göttingen, 17).

Forster, Johann Georg Adam (1754–1794)
Des Capitain Jacob Cook's dritte Entdeckungs-Reise [...] in das stille Meer und nach dem Nordpol [...] während der Jahre 1776 bis 1780 [...]. Aus den Tagbüchern des Capitain Cook [...] herausgegeben. Aus dem Englischen übersetzt von Georg Forster [...]. Mit Zusätzen für den deutschen Leser, imgleichen mit einer Einl. des Uebersetzers vermehrt und durch Kupfer und Charten erläutert. Erster Band. Berlin 1787 (Geschichte der See-Reisen und Entdeckungen im Süd-Meer, 6). [BL 1007]

Forster, Johann Reinhold (1729–1798)
Observations made during a Voyage round the World, on Physical Geography, Natural History, and Ethic Philosophy. Especially on 1. The Earth and its Strata, 2. Water and the Ocean, 3. The Atmosphere, 4. The Changes of the Globe, 5. Organic Bodies, and 6. The Human Species. London 1778. [BL 1012]
<dt.> Bemerkungen über Gegenstände der physischen Erdbeschreibung, Naturgeschichte, und sittlichen Philosophie auf seiner Reise um die Welt gesammlet. Uebersetzt und mit Anm. vermehrt von dessen Sohn und Reisegefährten [Johann Georg Adam Forster]. Berlin 1783.

Forster, Thomas
Part of a Letter to Mr. Machin concerning a new Island lately raised out of the Sea near Tercera. In: Philosophical Transactions, Vol. 32, 1722–1723, No. 372 (1722 June–August), 100–101.

Fothergill, John (1712–1780)
An Account of the Magnetical Machine. In: Philosophical Transactions, Vol. 66, Part II, 1776 (1777), 591–599.

Fowke, Thomas (1690–1765)
An Account of the Earthquake, that happened in Barbary. In: Philosophical Transactions, Vol. 49, Part I, 1755 (1756), 428–432.

François, Jean (1582–1668)
La Science des Eaux qui explique en quatre parties leur Formation, Communication, Mouvemens, et Meslanges. Avec les arts de conduire les Eaux, et mesurer la grandeur tant des Eaux que des Terres. […]. Rennes 1653.

Franklin, Benjamin (1706–1790)
s. Henry Cavendish (1773).
s. Thomas Pownall

Sämmtliche Werke. Aus dem Englischen und Französischen übersetzt. Nebst des französischen Uebersetzers, des Herrn Barbey Dubourg, Zusätzen, und mit einigen Anm. versehen von G. T. Wenzel. Bd. 1–3. Dresden 1780.
—, Bd. 2, 367–373: Angenommene Sätze und Muthmaßungen, zu Gründung einer Hypothese, aus welcher der Nordschein erklärt werden soll.

Experiments and Observations on Electricity. London 1751.
<dt.> Briefe von der Electricität. Aus dem Engländischen übersetzet, nebst Anm. von J. C. Wilcke. Leipzig 1758. [BL 620]

Experiments and Observations on Electricity […]. To which are added, Letters and Papers on Philosophical Subjects. The Whole corrected, methodized, improved, and now first collected into one Volume, And Illustrated with Copper Plates, [4. Aufl.]. London 1769. [LB 20.5.1778]

Of the Stilling of Waves by Means of Oil. Extracted from sundry Letters between Benjamin Franklin, William Brownrigg, and the Reverend Mr. Farish. In: Philosophical Transactions, Vol. 64, Part II, 1774, 445–460.

Extrait des suppositions & des conjectures sur la cause des Aurores Boréales. In: Observations sur la Physique, sur l'Histoire naturelle et sur les Arts, Tome 13 (1779), Juin, 409–412.
<dt.> Auszug der Muthmaßungen über die Ursache der Nordlichter. In: Sammlungen zur Physik und Naturgeschichte von einigen Liebhabern dieser Wissenschaften, Bd. 2, St. 2 (1780), 249–255.

Meteorological Imaginations and Conjectures [Read December 22, 1784]. In: Memoirs of the Literary and Philosophical Society of Manchester, Vol. 2 (1785), 357–361.

A Letter to Mr. Alphonsus le Roy, containing sundry Maritime Observations [Read Dec. 2, 1785]. In: Transactions of the American Philosophical Society, Vol. 2 (1786), 294–329.

Meteorologische Gedanken und Vermuthungen. In: Magazin für das Neueste aus der Physik und Naturgeschichte, Bd. 4, St. 2 (1787), 110–115.

Conjectures concerning the formation of the Earth, &c. in a letter to Abbé Soulavie. In: Transactions of the American Philosophical Society, Vol. 3 (1793), 1–5.

Queries and Conjectures relating to Magnetism, and the Theory of the Earth, in a Letter to Mr. Bo[w]doin. In: Transactions of the American Philosophical Society, Vol. 3 (1793), 10–13.

Two other Papers, not to be found in any Collection of his Works. In: The European Magazine, and London Review: Containing the Literature, History, Politics, Arts, Manners & Amusements of the Age, Vol. 24 (1793), August, 84–86, 86–87.

Frentzel, Georg Friedrich Jonas (1754–1799)
s. Christlieb Benedict Funk.

Frisi, Paolo (1728–1784)
Opuscoli Filosofici. I. Delle influenze Meteorologiche della Luna. II. Dei Conduttori Elettrici. III. Dell' azione dell' olio nell' acqua. IV. Del calore superficiale, e centrale della Terra. V. Dei Fiumi sotterranei. Milano 1781. [BL 205]

Frobesius, Johannes Nicolaus (1701–1756)
Nova et antiqua luminis atque aurorae borealis spectacula secundum saeculorum atque annorum seriem subnexa mirabilis phaenomeni consideratione philosophica. Helmstadii 1739.

Frost, Alan (*1943)
Art. Matra, James Mario (Maria) (1746–1806). In: Australian dictionary of biography. Supplement 1580–1980, with a name index to the Australian dictionary of biography to 1980, ed. by Christopher Cunneen e. a. Carlton, Victoria 2006, 265–266.

Fulda, Friedrich Karl (1724–1788)
Über Cosmogonie, Androgonie und Menschengeschichte nach der Noachischen Flut. In: Memorabilien. Eine philosophisch-theologische Zeitschrift der Geschichte und Philosophie der Religionen dem Bibelstudium und der morgenländischen Literatur gewidmet, St. 2, 1792, 102–136.
[Rez. innerhalb einer Rez. des gesamten Bandes durch O. G. Tychsen]. In: GGA 1792, St. 198, 13.12.1792, 1977–1979.

Funck, Christlieb Benedict (1736–1786)
Anweisung zur Kenntniss der Gestirne auf zwey Planiglobien und zween Sternkegeln, nach Bayern und Baugondy. Leipzig 1777.

[gestochen von Georg Friedrich Jonas Frentzel] Nördliche Erd-Oberfläche. Auf der Aequatorfläche Entworfen und Seiner Churfürstlichen Durchläuchtigkeit zu Sachsen Unterthänigst Zugeeignet von Christlieb Benedict Funk. Autor delin[eavit] Frentzel sculps[it] [und] Südliche Erd-Oberfläche. Leipzig 1781.

Galilei, Galileo (1564–1642)
Sidereus nuncius, magna, longeque admirabilia spectacula pandens [...] quae [...] sunt observata in lunæ facie, fixis innumeris, lacteo circulo stellis nebulosis, apprime vero in quatuor planetis circa Iovis stellam [...]. Venetiis 1610.

Gassendi, Pierre (1592–1655)
Opera omnia in sex Tomos divisae. T. 1–5. Lugduni [Lyon] 1658.
—, Tomus Secundus quo continentur syntagmatis philosophici partis secundae, seu physicae sectionis tertiae membra duo I. De rebus terrenis inanimis. II. De rebus terrenis viventibus, seu de animalibus. Adjecta est pars tertia, quae est ethica, sive de moribus, cum indicibus necessariis.

Opera omnia in sex tomos divisa. Curante Nicolao Averanio. T. 1–6. Florentiae 1727. [LB 21.9.1780 (evtl. andere Ausgabe)]
—, T. 6, 337–437: Tychonis Brahei, Equitis Dani, Astronomorum Coryphaei Vita.

Animadversiones in decimum librum Diogenis Laertii, qui est de vita, moribus, placitisque Epicuri. T. 1–3. Lugduni [Lyon] 1649.
—, T. 2: Epicuri Meteorologia.

Animadversiones in decimum librum Diogenis Laertii, qui est de Vita, Moribus, Placitisque Epicuri. [...] T. 1–2, Editio tertia. Lugduni [Lyon] 1675.

Gatterer, Johann Christoph (1727–1799)
Abriß der Geographie. Göttingen 1775. [BL 1045]

Abriß der Chronologie. Göttingen 1777. [BL 1044; LB 13.5.1789]

Kurzer Begriff der Geographie, Zwote, vermehrte und verbesserte Ausgabe. Göttingen 1793. [BL 1047]

Gedike, Friedrich (1754–1803)
Verba valent sicut nummi; oder von der Wortmünze. In: Berlinische Monatsschrift, Bd. 13, St. 3, 1789, März, 253–275.

Gehler, Johann Samuel Traugott (1751–1795)
Physikalisches Wörterbuch oder Versuch einer Erklärung der vornehmsten Begriffe und Kunstwörter der Naturlehre mit kurzen Nachrichten von der Geschichte der Erfindungen und Beschreibung der Werkzeuge begleitet in alphabetischer Ordnung. Th. 1–6. Leipzig 1787–1796. [BL 398]

Geisler, Johann Gottlieb (1753–1816)
Der Uhrmacher oder Lehrbegrif der Uhrmacherkunst, aus den besten englischen, französischen und andern Schriften darüber zusammen getragen, nebst eigenen Bemerkungen und Mittheilungen deutscher Künstler. Th. 1–10. Leipzig 1793–1799.

Geminos von Rhodos (1. Jh. v. Chr.)
Εἰσαγωγὴ εἰς τὰ φαινόμενα. In: Uranologion sive Systema variorum Authorum qui de Sphaera, ac Sideribus, eorumque motibus Graece commentati sunt. Omnia nunc primum edita [...] cura & studio Dionysii Petavii [...]. Lutetiae Parisiorum 1630, 1–70.

Εἰσαγωγὴ εἰς τὰ φαινόμενα. Elementa astronomiae ad codicum fidem recensuit, Germanica interpretatione et commentariis instruxit Carolus Manitius. Lipsiae [Leipzig] 1898.

Gemma Frisius, Rainer (1508–1555)
De Principiis astronomiae et cosmographiae, deque usu globi ab eodem editi. Item de orbis divisione et insulis, rebusque nuper inventis. Parisiis 1547.

Georges, Karl Ernst (1806–1895)
Ausführliches Lateinisch-Deutsches Wörterbuch. 8., verbesserte und vermehrte Aufl. Bd. 1–2. Hannover 1913–1918.

Georgi, Johann Gottlieb (1729–1802)
Versuch einer Beschreibung der Rußisch Kayserlichen Residenzstadt St. Petersburg und der Merkwürdigkeiten der Gegend. St. Petersburg 1790.

Gerhard, Carl Abraham (1738–1821)
Versuch einer Geschichte des Mineralreichs. Th. 1–2. Berlin 1781–1782.

Gersten, Christian Ludwig (1701–1762)
Tentamina systematis novi ad mutationes barometri ex natura elateris aerei demonstrandas, cui adiecta sub finem dissertatio roris decidui [...]. Francofurti 1733.
—, 193–222: Dissertatio roris decidui errorem antiquum et vulgarem per observationes et experimenta nova excutiens.

Die Nacht, ein Gedicht zu seiner und des Nächsten Ermunterung aufgesezt. Grunstatt 1749.

Gilbert, William (1540–1603)
De magnete, magneticisque corporibus et de magno magnete tellure; Physiologia nova, plurimis & argumentis, & experimentis demonstrata. Londini 1600.

Gillmor, Charles Stewart (*1938)
Coulomb and the Evolution of Physics and Engineering in Eighteeth-Century France. Princeton, N. J. 1971.

Gingerich, Owen (*1930)
Art. Brahe, Tycho. In: The Oxford Guide to the History of Physics and Astronomy. Ed. by John L. Heilbron. Oxford 2005, 37–39.

Gleichen gen. Rußwurm, Friedrich Wilhelm von (1717–1783)
Von Entstehung, Bildung, Umbildung und Bestimmung des Erdkörpers aus dem Archiv der Natur und Physik. Deßau 1782.

Gmelin, Johann Georg (1709–1755)
Reise durch Sibirien. Th. 1–4. Göttingen 1751–1752 (Sammlung neuer und merkwürdiger Reisen zu Wasser und zu Lande, 4–7).
—, Th. 2, 1751: [enthält die Jahre 1735, 1736, 1737].
—, Th. 3, 1752: Von dem Jahr 1738 bis zu Ende 1740.

Goeze, Johann August Ephraim (1731–1793)
Die Harzgegend, oder eine kleine Reise von drey Tagen, zum Unterricht und Vergnügen der Jugend. Bd. 1–6. Leipzig 1785–1788.
—, Bd. 2, 1786: Zwote kleine Harzreise zum Unterricht und Vergnügen der Jugend.

Goméz Miedes, Bernardino (um 1515 – 1589)
Commentarii de Sale libri quattuor. Valentiae 1572.

Commentarii de Sale libri quinque, Editio Secunda. Valentiae 1579.

Goodricke, John (1764–1786)
A Series of Observations on, and a Discovery of, the Period of the Variation of the Light of the Bright Star in the Head of Medusa, Called Algol. In a Letter from John Goodricke [...]. In: Philosophical Transactions, Vol. 73, Part II, 1783 (1784), 474–482.

On the Periods of the Changes of Light in the Star Algol. In a letter from Goodricke to Anthony Shepherd. In: Philosophical Transactions, Vol. 74, Part II, 1784, 287–292.

Gough, John (1757–1825)
Reasons for supposing that Lakes have been more numerous than they are at present; with an Attempt to assign the Causes whereby they have been defaced. In: Memoirs of the Literary and Philosophical Society of Manchester, Vol. 4 (1793), 1–19.

Goussier, Louis-Jaques (1722–1799)
s. Marivetz, Étienne-Claude de.

Graham, George (1675–1751)
Observation of an extraordinary Height of the Barometer. In: Philosophical Transactions, Vol. 31, 1720–1721, No. 369 (1721 September-December), 222.

An Account of Observations made of the Variation of the Horizontal Needle at London, in the latter Part of the Year 1722, and beginning of 1723. In: Philosophical Transactions, Vol. 33, 1724–1725, No. 383 (1724 May and June), 96–107.

Observations of the Dipping Needle, made at London, in the Beginning of the Year 1723. In: Philosophical Transactions, Vol. 33, 1724–1725, No. 389 (1725 July and August), 332–339.

Some Observations, made during the last three Years, of the Quantity of the Variation of the Magnetic Horizontal Needle to the Westward. In: Philosophical Transactions, Vol. 45, 1748, No. 487 (1748 April–June), 279–280.

Gregory, David (1659–1708)
Astronomiae Physicae & Geometricae Elementa. Oxoniae [Oxford] 1702.
The Elements Of Astronomy, Physical and Geometrical. London 1715.

Gren, Friedrich Albrecht Carl (1760–1798)
Grundriß der Naturlehre in seinem mathematischen und chemischen Theile neu bearbeitet. Halle 1793. [BL 405]

Grimaldi, Gregorio (1694–1767)
Dissertazione sopra il primo inventore della Bussola. In: Saggi di dissertazioni accademiche, T. 3, 1741, 195–219.
[Anonyme Rez. innerhalb einer Rezension des gesamten Bandes]. In: Journal des Sçavans, 1745, Juin, 328–335.

Grimm, Jacob (1785–1863) und Wilhelm (1786–1859)
Deutsches Wörterbuch. Elektronische Ausgabe der Erstbearbeitung. Bearbeitet von Hans Werner Bartz. Frankfurt am Main 2004.

Gronau, Karl Ludwig (1742–1826)
Einige Bemerkungen über Nebel und Nordschein. In: Schriften der Berlinischen Gesellschaft naturforschender Freunde, Bd. 6 (1785), 92–104.

Grosser, Hartmut
Historische Gegenstände an der Universitäts-Sternwarte Göttingen. Ein Katalog zum 250-jährigen Bestehen der Sternwarte. Göttingen 1998.

Gruber, Tobias (1744–1806)
Briefe hydrographischen und physikalischen Inhalts aus Krain an Ignaz Edlen von Born. Wien 1781. [BL 418]

Gumbert, Hans Ludwig (1903–1994)
Lichtenberg und Holland. Hildesheim 1973.

Bibliotheca Lichtenbergiana. Wiesbaden 1982 (Beiträge zum Buch- und Bibliothekswesen, 19).

Guntau, Martin (*1933)
Abraham Gottlob Werner. Leipzig 1984.

Die Genesis der Geologie als Wissenschaft. Studie zu den kognitiven Prozessen und gesellschaftlichen Bedingungen bei der Herausbildung der Geologie als naturwissenschaftliche Disziplin an der Wende vom 18. zum 19. Jahrhundert. Berlin 1984.

Hadley, George (1685–1768)
Concerning the Cause of the General Trade-Winds. In: Philosophical Transactions, Vol. 39, 1735–1736, No. 437 (1735 April–June), 58–62.

Hahn, Friedrich von (1742–1805)
[Funken]. In: Astronomisches Jahrbuch, 1793 (1790), 248–249.

Gedanken über die Sonne und ihrem Lichte[!]. In: Astronomisches Jahrbuch, 1795 (1792), 226–232.

[Verschiedene astronomische Bemerkungen]. In: Astronomisches Jahrbuch, 1797 (1794), 250–252.

Hales, Stephen (1677–1761)
Vegetable Staticks: Or an Account of some Statical Experiments on the Sap in Vegetables […]. London 1727.
<dt.> Statick der Gewächse oder angestellte Versuche mit dem Saft in Pflantzen und ihrem Wachsthum […], nebst des Herrn de Buffon seiner Frantzösischen Ausgabe beygefügten Erläuterungen ins Deutsche übersetzet, mit einer Vorrede des Herrn [Christian] von Wolff, und einem Vorbericht von der Pflantzen Structur und Geschlechtern. Halle im Magdeburgischen 1748.

Halle, Johann Samuel (1727–1810)
Werkstäte der heutigen Künste oder die neue Kunsthistorie. Bd. 1–6. Brandenburg u. Leipzig 1761–1779.

Haller, Albrecht von (1708–1777)
Gedichte des Herrn von Haller. Achte Aufl. Zürich 1762.

Halley, Edmond (1656–1742)
A Theory of the Variation of the Magnetical Compass. In: Philosophical Transactions, Vol. 13, 1683, No. 148 (1683 June), 208–221.

A Discourse of the Rule of the Decrease of the Height of the Mercury in the Barometer, according as Places are elevated above the Surface of the Earth, with an Attempt to discover the true Reason of the Rising and Falling of the Mercury, upon change of Weather. In: Philosophical Transactions, Vol. 16, 1686–1692, No. 181 (1686 May), 104–116.

An Historical Account of the Trade Winds, and Monsoons, observable in the Seas between and near the Tropicks, with an attempt to assign the Phisical cause of the said Winds. In: Philosophical Transactions, Vol. 16, 1686–1692, No. 183 (1686 July–September), 153–168.

An Account of the cause of the Change of the Variation of the Magnetical Needle; with an Hypothesis of the Structure of the Internal parts of the Earth. In: Philosophical Transactions, Vol. 16, 1686–1692, No. 195 (1692 October), 563–578.

A Discourse concerning the Proportional Heat of the Sun in all Latitudes, with the Method of collecting the same. In: Philosophical Transactions, Vol. 17, 1693, No. 203 (1693 September), 878–885.

The true Theory of the Tides, extracted from that admired Treatise of Isaac Newton, Intituled, Philosophiae Naturalis Principia Mathematica. In: Philosophical Transactions, Vol. 19, 1695–1697, No. 226 (1697 March), 445–457.

A New and Correct Chart Shewing the Variations of the Compass in the Western & Southern Oceans as Observed in ye Year 1700. o. O. [London] o. J. [1701].

Astronomiae Cometicae Synopsis. In: Philosophical Transactions, Vol. 24, 1704–1705, No. 297 (1705 March), 1882–1899.

An Estimate of the Quantity of Vapours raised out of the Sea, derived from Experiment: Together with an Account of the Circulation of the watry Vapours of the Sea, and of the Cause of Springs. In: Miscellanea Curiosa. Being a Collection of some of the Principal Phaenomena in Nature, accounted for by the Greatest Philosophers of this Age. Together with several Discourses read before the Royal Society. London 1705, 1–12.

A short Account of the Cause of the Saltness of the Ocean, and of the several Lakes that emit no Rivers; with a Proposal, by help thereof, to discover the Age of the World. In: Philosophical Transactions, Vol. 29, 1714–1716, No. 344 (1715 June–August), 296–300.

An Account of the late surprizing Appearance of the Lights seen in the Air, on the sixth of March last; with an Attempt to explain the Principal Phaenomena thereof. In: Philosophical Transactions, Vol. 29, 1714–1716, No. 347 (1716 January–March), 406–428.

The Art of Living under Water: Or, a Discourse concerning the Means of furnishing Air at the Bottom of the Sea, in any ordinary Depths. In: Philosophical Transactions, Vol. 29, 1714–1716, No. 349 (1716 July-September), 492–499.

A Synopsis of the Astronomy of Comets. In: Gregory, Elements 1715, 881–905.

Synopsis Astronomiae Cometicae. Qua Cometarum hactenus debite observatorum Motus in Orbe Parabolico Repraesentantur. Eorumque Qui Annis MDCLXXX & MDCLXXXII fulsêre Post certas Periodos redeuntium, Motus in Orbibus Ellipticis accurato calculo subjiciuntur. In: ders., Tabulae Astronomicae. Londini 1749, ungez. [Bogensignatur Llll–Xxxx].

Hamilton, William (1730–1803)

Observations on Mount Vesuvius, Mount Etna and Other Volcanos: In a Series of Letters, Addressed to The Royal Society […]. To which are added, Explanatory Notes by the Author, hitherto unpublished. London 1772. [BL 716]

A Letter to Sir John Pringle, giving an Account of certain Traces of Volcanos on the Banks of the Rhine. In: Philosophical Transactions, Vol. 68, Part I, 1778 (1779), 16.

Supplement to the Campi Phlegraei Being an Account of the Great Eruption of Mount Vesuvius in the Month of August 1779. Naples 1779.

An Account of an Eruption of Mount Vesuvius, which happened in August, 1779. In: Philosophical Transactions, Vol. 70, Part I, 1780, 42–84.

An Account of the Earthquakes which happened in Italy, from February to May 1783. In: Philosophical Transactions, Vol. 73, Part I, 1783, 169–208. [BL 717 (dt. Übers.)]

Neuere Beobachtungen über die Vulkane Italiens und am Rhein, in Briefen […] nebst merkwürdigen Bemerkungen des Abts Giraud Soulavie. Aus dem Französischen zum erstenmal übersetzt von G[eorg]. A[lbrecht]. R[ucker]. Mit erläuternden Anm. des teutschen Herausgebers. Mit einer neuen Karte. Frankfurt u. Leipzig 1784. [BL 715]

Letters Concerning The Northern Coast Of The County of Antrim. Containing a Natural History of its Basaltes. London 1786.

Hanow, Michael Christoph (1695–1773)

Seltenheiten der Natur und Oekonomie, […] aus den Danziger Erfahrungen und Nachrichten […] ausgezogen und hrsg. von Johann Daniel Titius. Bd. 1–3. Leipzig 1753–1755.
—, Bd. 3, 1755, 3–37: Nachricht von Herrn Richmanns, Professors der Physik in Petersburg, plötzlichem Tode, nebst physischen Anm. über diesen Zufall.

Hansteen, Christopher (1784–1873)

Untersuchungen über den Magnetismus der Erde […]. Übersetzt von P. Treschow Hanson. Christiania [Oslo] 1819.
—, Th. 1: Die mechanischen Erscheinungen des Magneten.
—, Th. 2: Magnetischer Atlas gehörig zum Magnetismus der Erde.

Harrison, John (1693–1776)

A description concerning such mechanism as will afford a nice, or true mensuration of time, together with some account of the attempts for the discovery of the longitude by the moon, as also an account of the discovery of the scale of musick. London 1775. [BL 568]

Hartmann, Johann Friedrich (1735–1798)

Nachricht von einem im Junio und Julio 1770. gesehenen Kometen. In: Deutsche Schriften von der Königl. Societät der Wissenschaften zu Göttingen, Bd. 1, 1771, 58–63.

Heberden, Thomas (1703–1769)
[zus. mit Willliam Heberden] Observations made in going up the Pic of Teneriffe. In: Philosophical Transactions, Vol. 47, 1751–1752 (1753), 353–357.

Heberden, William (1710–1801)
s. Thomas Heberden.

Of the different Quantities of Rain, which appear to fall, at different Heights, over the same Spot of Ground. In: Philosophical Transactions, Vol. 59, 1769 (1770), 359–262 [362].

A Table of the mean Heat of every Month for Ten Years in London, from 1763 to 1772 inclusively. In: Philosophical Transactions, Vol. 78, Part I, 1788, 66.
<dt.> Tabelle über die mittlere Wärme eines jeden Monats zu London, aus zehnjährigen Beobachtungen, vom Jahr 1763. bis 1772. gezogen. In: Magazin für das Neueste aus der Physik und Naturgeschichte, Bd. 6, St. 2 (1790), 33–34.

Hecker, Johann Peter (1747–1835)
[Über Blitzableiter auf Strohdächern] Bützow, vom 18 September. In: Beytrag zum Reichs-Postreuter, St. 75, 39. Woche, Donnerstag, 26. September (1782), ungez. [Sp. 1–3].

Hederich, Benjamin (1675–1748)
s. Georg Simon Klügel

Graecum Lexicon manuale, tribus partibus constans Hermeneutica, Analytica, Synthetica, primum Beniamine Hederico institutum, post repetitas Sam. Patricii curas, multis vocabulorum millibus plurimisque novis significatibus verborus locupletatum, […] et emendat. cura Io. Augusti Ernesti. Lipsiae [Leipzig] 1767.

Gründliches mythologisches Lexicon. Leipzig 1770.

Heenes, Volker
Carsten Niebuhr und seine Reise nach Arabien von 1761 bis 1767. In: Reisen in den Orient vom 13. bis zum 19. Jahrhundert, hrsg. von Eva Hofstetter. Stendal 2007 (Schriften der Winckelmann-Gesellschaft, 26), 49–57.

Heerde, Hans-Joachim (*1953)
Das Publikum der Physik. Lichtenbergs Hörer. Göttingen 2006 (Lichtenberg-Studien, 14).

Heim, Johann Ludwig (1741–1819)
Von der äussern Gestalt des Thüringer Waldgebürgs. Meiningen 1796 (= Geologische Beschreibung des Thüringer Waldgebürgs, 1). [BL 735]

Heise, Johann Christoph Friedrich (1718–1804)

Der Wind. In: Hannoverisches Magazin, 16, 1778, St. 89, 6.11.1778, 1409–1424; St. 90, 9.11.1778, 1425–1436.

Hell, Maximilian (1720–1792)

Appendix ad ephemerides anni 1777. Aurorae borealis theoria nova [...]. P. 1. In: Ephemerides astronomicae ad meridianum Vindobonensem, Anni 1777 (1776).

Monumenta aere perenniora inter astra ponenda. Viennae 1789. [BL 281 (deutsche Übersetzung)]

Observationes Astronomicae Latitudinum et Longitudinum geographicarum, Regionum Europae, maxime Borealium, factae Anno 1768, & 1769 in Expeditione Litteraria ad Polum Arcticum occasione observati Transitus Veneris in Insula maris glacialis Wardoehus Anno 1769 die 3 Junii feliciter obtenti. In: Ephemerides astronomicae ad meridianum Vindobonensem, Anni 1791 (1790), 301–386.

Beyträge zur praktischen Astronomie in verschiedenen Beobachtungen, Abhandlungen, Methoden aus den astronomischen Ephemeriden: Aus dem Lat. übersetzt. Bd. 1–4. Breslau u. Hirschberg 1791–1794.
—, Bd. 4, 1794, 1–168: Abhandlung über die Sonnenparallaxe. Aus den Beobachtungen des Durchgangs der Venus durch die Sonnenscheibe im Jahre 1769.
[Rez. des gesamten 4. Bandes]. In: ALZ, 1794, Bd. 4 (Nr. 321, 1.10.1794), Sp. 11–13 .

Hemmer, Johann Jakob (1733–1790)

Nachricht von den in Kuhrpfalz angelegten Wetterleitern. In: Historia et Commentationes Academiae Electoralis Scientiarum et Elegentiarum Literarum Theodoro-Palatinae, Vol. 4, Physicum, 1780, 21–86.
[Rez. innerhalb einer Rezension des gesamten Bandes durch G. C. Lichtenberg]. In: GGA 1780, St. 37, 23.3.1780, 305–312.

De solis in barometrum influxu. In: Historia et Commentationes Academiae Electoralis Scientiarum et Elegentiarum Literarum Theodoro-Palatinae, Vol. 6, Physicum, 1790, 50–65.
<dt.> Vom Einfluss der Sonne auf das Barometer. In: Journal der Physik, Bd. 2, H. 2 (1790), 218–229.

Henry, David (1710–1792)

Historical Chronicle, Sept. 1769. In: Gentleman's Magazine and Historical Chronicle, Vol. 39 (1769), September, 457.

Herschel, Friedrich Wilhelm (1738–1822)

A Paper to obviate some Doubts concerning the great Magnifying Powers used. In: Philosophical Transactions, Vol. 72, Part I, 1782, 173–178.
<dt.> Schreiben an Herrn Joseph Banks [...], die vom ersteren gebrauchten starken Teleskopischen Vergrösserungen betreffend. In: Johann

Hieronymus Schröter: Beiträge zu den neuesten astronomischen Entdeckungen. Hrsg. von Johann Elert Bode. [Bd. 1.] Berlin 1788, 248–254.

On the Proper Motion of the Sun and the Solar System, with an Account of Several Changes that have happened among the Fixed Stars since the Time of Mr. Flamstead. In: Philosophical Transactions, Vol. 73, Part II, 1783 (1784), 247–283. [BL 285 (Separatdruck?)]

Account of Some Observations Tending to Investigate the Construction of the Heavens. In: Philosophical Transactions, Vol. 74, Part II, 1784, 437–451.

On the Construction of the Heavens. In: Philosophical Transactions, Vol. 75, Part I, 1785, 213–266. [BL 676 (Separatdruck)]

Catalogue of One Thousand New Nebulae and Clusters of Stars. In: Philosophical Transactions, Vol. 76, Part II, 1786, 457–499.

Verzeichnis von 269 doppelt und vielfachen Sternen, welche Hr. Herschel v. 1776 bis 1781 in England beobachtet hat. In: Astronomisches Jahrbuch, 1786 (1783), 187–214.

Aus einem Schreiben des Hrn. Herschel an mich [Bode, J. E.]. In: Astronomisches Jahrbuch, 1788 (1785), 254–255.

Catalogue of a Second Thousand of New Nebulae and Clusters of Stars, with a Few Introductory Remarks on the Construction of the Heavens. In: Philosophical Transactions, Vol. 79, Part II, 1789, 212–255.

Account of the Discovery of a Sixth and Seventh Satellite of the Planet Saturn, with Remarks on the Construction of its Ring, its Atmosphere, its Rotation on an Axis, and its Spheroidical Figure. In: Philosophical Transactions, Vol. 80, Part I, 1790, 1–20.

On the Satellites of the Planet Saturn, and the Rotation of its Ring on an Axis. In: Philosophical Transactions, Vol. 80, Part II, 1790 (1791), 427–495.

Über den Bau des Himmels. Drey Abhandlungen aus dem Englischen übersetzt. Nebst einem authentischen Auszug aus Kants allgemeiner Naturgeschichte und Theorie des Himmels. Königsberg 1791. [BL 677]

On the Ring of Saturn, and the Rotation of the Fifth Satellite upon its Axis. In: Philosophical Transactions, Vol. 82, Part I, 1792, 1–22. [BL 287 (Separatdruck)]

Neueste Beobachtungen des Saturns. In: Astronomisches Jahrbuch, 1793 (1790), 239–247.

On the Nature and Construction of the Sun and fixed Stars. In: Philosophical Transactions, Vol. 85, Part I, 1795, 46–72.

On the Method of Observing the Changes that happen to the Fixed Stars, with some Remarks on the Stability of the Light of Our Sun, to which is added, a Catalogue of Comparative Brightness, for Ascertaining the Permanency of the Lustre of Stars. In: Philosophical Transactions, Vol. 86, Part I, 1796, 166–226. [BL 283 (Separatdruck)]

Hervieu, Jean Louis François (1764–1847)
Lettre à M. De La Métherie, Sur une Aurore boréale. In: Observations sur la Physique, sur l'Histoire naturelle et sur les Arts, Tome 36 (1790), Juin, 440–447.

Hesiodos (um 700 v. Chr.)
Theogonia. Opera et dies. Scutum. Fragmenta selecta, edidit Friedrich Solmsen, Editio altera cum appendice nova fragmentorum. Oxonii [Oxford] 1983 (Scriptorum classicorum bibliotheca Oxoniensis).

Hevelius, Johannes (1611–1687)
Selenographia: sive, lunae descriptio [...]. Gedani [Danzig] 1647. [LB 16.4.1771]

Dissertatio, de nativa Saturni facie, ejusq. variis phasibus, certa periodo redeuntibus, [...]. Gedani [Danzig] 1656.

Prodromus Cometicus, Quo Historia, Cometae Anno 1664 exorti Cursum, Faciesque diversas Capitis ac Caudae accurate delineatas complectens; Nec non Dissertatio, De Cometarum omnium Motu, Generatione, variisque Phaenomenis, exhibetur. Gedani [Danzig] 1665.

Descriptio Cometae Anno Aerae Christ. M. DC. LXV. exorti, Cum genuinis Observationibus, tam nudis, quàm enodatis, Mense Aprili habitis Gedani. Cui addita est Mantissa Prodromi Cometici, Observationes omnes prioris Cometae MDCLXIV, ex iisque genuinum motum accurate deductum, cum notis, & animadversionibus exhibens. Gedani [Danzig] 1666.

Cometographia, totam naturam Cometarum, [...] exhibens. [...]. Gedani [Danzig] 1668.

Epistola ad amicum de Cometa, anno M DC LXXII, mense Martio, & Aprili, Gedani observato. Gedani [Danzig] 1672.

Epistola ad amicum, de Cometa, anno M DC LXXVII, Gedani observato. o. O., o. J. [1677].

Prodromus astronomicae cum catalogo fixarum, & firmamentum Sobiescianum. Gedani [Danzig] 1690.

Heyse, Johann Christian (1764–1829)
Kurzgefaßtes Fremdwörterbuch oder Handbuch zum Verstehen und Vermeiden der in unserer Sprache mehr oder minder gebräuchlichen fremden Ausdrücke, [...]. Vierte rechtmäßige, sehr vermehrte und verbesserte Ausgabe. Hannover 1825.

Higgins, Bryan (um 1741 – 1820)
Observations on the Floating Ice which is Found in High Northern and Southern Latitudes: To which are Added Experiments on the Freezing of Sea Water. London 1776.

Hilaire-Pérez, Liliane (*1960)
L'invention technique au siècle des Lumières. Paris 2000 (Evolution de l'humanité).

Hill, John (1716–1775)
Fortsetzung der microscopischen und physikalischen Beobachtungen. In: Hamburgisches Magazin, oder gesammlete Schriften, Aus der Naturforschung und den angenehmen Wissenschaften überhaupt, Bd. 13, St. 2, 1754, 115–165.

Hindenburg, Karl Friedrich (1741–1808)
s. Christian Ludwig

Nachrichten und Anzeigen. In: Leipziger Magazin zur Naturkunde, Mathematik und Oekonomie (1783), St. 3, 396–406.

Hinrichs, Wiard (*1962)
s. Ulrich Joost

Histoire
Histoire céleste de l'année 1787. In: Histoire de l'Académie Royale des Sciences. Avec les mémoires de mathématique & de physique, pour la même année. Année 1787 (1789), Mémoires, 23–69.

Hjorter, Olof Petrus (1696–1750)
Von der Magnetnadel mannigfaltigen Veränderungen, welche durch den verstorbenen Professor Celsius sind in acht genommen und nachgehends weiter beobachtet worden. In: Der Königl. Schwedischen Akademie der Wissenschaften Neue Abhandlungen, aus der Naturlehre, Haushaltungskunst und Mechanik, Bd. 9, 1746 (1753), 30–44.

Hollmann, Samuel Christian (1696–1787)
De corporum marinorum, aliorumque peregrinorum, in terra continente origine. In: Commentarii Societatis Regiae Scientiarum Gottingensis, T. 3, 1753, 285–374.

Sylloge commentationum in Reg. scient. Societ. inde ab anno 1756 recensitarum. Gottingae 1762.
—, 1–26: De Terrae Motibus, Inprimis Nupero Ulyssiponensi, Mantissa. recitata d. 7. Febr. MDCCLVI.

Hooke, Robert (1635–1703)
The Posthumous Works of Robert Hooke, containing his Cutlerian Lectures and other Discourses, read at the Meetings of the Illustrious Royal Society. [...] Publish'd by Richard Waller. London 1705. [LB 19.2.1782]

— 210–450: Lectures and Discourses of Earthquakes and Subterraneous Eruptions. Explicating the Causes of the Rugged and Uneven Face of the Earth; And what Reasons may be given for the frequent finding of Shells and other Sea and Land Petrified Substances, scattered over the whole Terrestrial Superficies.

Hopkinson, Francis (1737–1791)
s. David Rittenhouse

Horn, Werner (1903–1978)
Die alten Globen der Forschungsbibliothek und des Schloßmuseums Gotha. Gotha 1976 (Veröffentlichungen der Forschungsbibliothek Gotha, 17).

Hornsby, Thomas (1733–1810)
The Quantity of the Sun's Parallax, as deduced from the Observations of the Transit of Venus, on June 3, 1769. In: Philosophical Transactions, Vol. 61, Part II, 1771 (1772), 574–579.

Horsley, Samuel (1733–1806)
M. de Luc's Rules, for the measurement of Heights by the Barometer, compared with Theory, and reduced to English Measures of Length, and adapted to Fahrenheit's Scale of the Thermometer [...]. In: Philosophical Transactions, Vol. 64, Part I, 1774, 214–301.

A Meteorological Journal For the Year 1774. In: Philosophical Transactions, Vol. 65, Part I, 1775, 139–165.

An abridged State of the Weather at London in the Year 1774, collected from the Meteorological Journal of the Royal Society. In: Philosophical Transactions, Vol 65, Part II, 1775, 167–193.

Howard, Philip (1730–1810)
The Scriptural History of the Earth and of Mankind, Compared With The Cosmogonies, Chronologies, And Original Traditions Of Ancient Nations; An Abstract and Review of Several Modern Systems; With an Attempt to Explain Philosophically, the Mosaic Account of the Creation and Deluge, And to deduce from this last Event the Causes of the Actual Structure of the Earth in a Series of Letters. London 1797.
<dt.> Geschichte der Erde und des Menschengeschlechtes nach der Bibel, verglichen mit den Kosmogonien, Chronologien und Volkssagen älterer Zeiten, nebst einem und dem andern neuern Systeme, in mehren Briefen, [...] nach den drei ersten Briefen aus dem Englischen ins Deutsche übersetzt von Joachim Friedrich Lehzen. Hannover 1799.

Hube, Johann Michael (1737–1807)
Ueber die Ausdünstung, und ihre Wirkungen in der Atmosphäre. In zwey Büchern. Leipzig 1790. [BL 699]

Vollständiger und faßlicher Unterricht in der Naturlehre. In einer Reihe von Briefen an einen jungen Herrn von Stande. Bd. 1–3. Leipzig 1793–1794. [BL 411]

Hudson, John
Of the Currents at the Streights Mouth. In: Philosophical Transactions, Vol. 33, 1724–1725, No. 385 (1724 October–December), 191–192.

Hübner, Lorenz (1751–1807)
Höherauch oder Hehrrauch. In: Physikalisches Tagebuch für Freunde der Natur, 1, erstes Viertel (1784), 12–27.

Hutton, Charles (1737–1823)
A Mathematical and Philosophical Dictionary: Containing an Explanation of the Terms, and an Account of the several Subjects, Comprized under the Heads Mathematics, Astronomy, and Philosophy both Natural and Experimental: With an Historical Account of the Rise, Progress, and Present State of Theses Sciences: Also Memoirs of the Lives and Writings of the most Eminent Authors. Vol. 1–2. London 1795. [BL 210]

Hutton, James (1726–1797)
Theory of the Earth; or an Investigation of the Laws observable in the Composition, Dissolution, and Restoration of Land upon the Globe [Read March 7. and April 4. 1785]. In: Transactions of the Royal Society of Edinburgh, Vol. 1 (1788), 209–304.
<dt.> Die Theorie der Erde; oder eine Untersuchung über die Gesetze bey der Zusammensetzung, Trennung, und Wiedererstattung des Landes auf der Erdkugel. In: Journal der Physik, Bd. 6, H. 3 (1792), 466–479.

Huygens, Christiaan (1629–1695)
Œuvres complètes. Publiées par la Société Hollandaise des Sciences. La Haye 1888–1950.

Systema Saturnium sive de Causis Mirandorum Saturni Phaenomenon, et Comite ejus Planeta Novo. Hagae Comitis [Den Haag] 1659. [BL 289] [= Œuvres complètes. Tome XV (1925), 209–353.]

Traite de la lumière. Où sont expliquées les causes de ce qui luy arrive dans la reflexion, & dans la refraction. Et particulierement dans l'etrange refraction du Cristal d'Islande. Par C. H. D. Z. Avec un discours de la cause de la pesanteur. Leide 1690 [= Œuvres complètes. T. XIX (1937), 451–537 und Œuvres complètes. T. XXI (1944), 443–488].

Κοσμοθεωρος, sive De Terris Cœlestibus, earumque ornatu, conjecturae ad Constantinum Hugenium, Fratrem. Hagae-Comitum [Den Haag] 1698. [LB 22.4.1774] [= Œuvres complètes. Tome XXI (1944), 653–842.]

Ingen-Housz, Jan (1730–1799)
Experiments upon Vegetables, discovering their great Power of purifying the common Air in the Sun-shine […]. London 1779.
<dt.> Versuche mit Pflanzen […]. Bd. 1–3. Wien 1786–1790. [BL 494]
—, Bd. 1, 1786: Aus dem Französischen übersetzt von Johann Andreas Scherer. Verbesserte und vermehrte Aufl.
—, Bd. 2–3, 1788–1790: Uebersetzt und hrsg. von Johann Andreas Scherer.
Vermischte Schriften phisisch-medizinischen Inhalts. Uibersetzt und hrsg. von Niklas Karl Molitor, nebst einigen Bemerkungen über den Einfluß der Pflanzen auf das Thierreich. Wien 1782. [BL 211]

Irwin, Christopher († 1765)
A summary of the principles and scope of a method, humbly proposed, for finding the longitude at sea. London 1760.
Christopher Irwin hath discovered the longitude [and] A Copy of Lord Howe's last Certificate. In: London magazine: or, Gentleman's Monthly Intelligencer, Vol. 28, 1759, September, 505.

Jöcher, Christian Gottlieb (1694–1758)
Allgemeines Gelehrten-Lexicon. Th. 1–4. Leipzig 1750–1751. [BL 1889; LB, 3.11.1780]
—, Th. 1, 1750, Sp. 2080: Art. Copernikus.
—, Th. 3, 1751, Sp. 219: Art. Martens.

Jónsson, Finnur (1704–1789)
Landnámabók I–III. Hauksbók. Sturlubók. Melabók M. M. København 1900.

Joost, Ulrich (*1951)
Verstreute Notizzettel Lichtenbergs. In: Photorin, 4, 1981, 49–60.
[zus. mit Wiard Hinrichs] Lichtenbergs Bücherwelt. Ein Bücherfreund und Benutzer der Göttinger Bibliothek. Göttingen 1989.

Justi, Johann Heinrich Gottlob (1720–1771)
Geschichte des Erd-Cörpers aus seinen äusserlichen und unterirdischen Beschaffenheiten hergeleitet und erwiesen. Berlin 1771.

Kaiserwahl
[Kaiserwahl 1] Frankfurt, den 14 September. In: Stats- u. Gelehrte Zeitung des Hamburgischen unpartheyischen Correspondenten, 1745, Num. 151, 21.9.1745, ungez. [Sp. 6–8].
[Kaiserwahl 2] Frankfurt, den 17 September. In: Stats- u. Gelehrte Zeitung des Hamburgischen unpartheyischen Correspondenten, 1745, Num. 153, 24.9.1745, ungez. [Sp. 6].

Kämtz, Ludwig Friedrich (1801–1867)
Lehrbuch der Meteorologie. Bd. 1–3. Halle 1831–1836.

Kästner, Abraham Gotthelf (1719–1800)

Der mathematischen Anfangsgründe. Th. 2: Anfangsgründe der angewandten Mathematik. Göttingen 1759. [BL 126]

Der mathematischen Anfangsgründe. Th. 4, Abth. 2: Anfangsgründe der Hydrodynamik, welche von der Bewegung des Wassers besonders die praktischen Lehren enthalten. Göttingen 1769. [BL 126]

Der mathematischen Anfangsgründe. Th. 3, Abth. 2: Anfangsgründe der Analysis des Unendlichen. 2. Aufl. Göttingen 1770. [BL 126]

Astronomische Abhandlungen zu weiterer Ausführung der astronomischen Anfangsgründe. Sammlung 1–2. Göttingen 1772–1774. [BL 304]

Zeichnung von der scheinbaren Bahn des jetzo sichtbaren Kometen. In: GGA 1774, St. 12, 27.01.1774, 97–99.

Anmerkungen über die Markscheidekunst. Nebst einer Abhandlung von Höhenmessungen durch das Barometer. Göttingen 1775. [BL 402]

Mancherley Astronomisch-philologischen Inhalts. In: Neue Philologische Bibliothek, Bd. 2, St. 1, 1777 (1776), 1–10.

Der Komet, den Hr. Bode zu Berlin entdeckt hat. In: GGA 1779, St. 21, 18.2.1779, 161–162.

Der mathematischen Anfangsgründe. Th. 2. [Anfangsgründe der angewandten Mathematik.]
—, Abth. 1: Mechanische und optische Wissenschaften. 3., durchaus verbesserte und vermehrte Aufl. Göttingen 1780. [BL 126]
—, Abth. 2: Astronomie, Geographie, Chronologie und Gnomonik. 3., durchaus verbesserte und vermehrte Aufl. Göttingen 1781. [BL 126]

Ueber die Idee zum Windmesser s. dies. Mag. VI. B. I. St. 89 S. In: Magazin für das Neueste aus der Physik und Naturgeschichte, Bd. 6, St. 3 (1790), 84–93.

Schreiben an den Herausgeber. In: AdB, Bd. 96, 1790, St. 1, 304–309.

Der mathematischen Anfangsgründe. Th. 2. [Anfangsgründe der angewandten Mathematik.], Abth. 2: Astronomie, Geographie, Chronologie und Gnomonik. 4., durchaus vermehrte Aufl. Göttingen 1792. [BL 126]

Kant, Immanuel (1724–1804)

Gesammelte Schriften. Hrsg. von der Königlich Preussischen Akademie der Wissenschaften. Berlin 1900–.
—, Abth. 1: Werke, 8, 1912, Abhandlungen nach 1781.

Allgemeine Naturgeschichte und Theorie des Himmels, oder Versuch von der Verfassung und dem mechanischen Ursprunge des ganzen Weltgebäudes nach Newtonischen Grundsätzen abgehandelt. Königsberg und Leipzig 1755. [BL 678]

Ueber die Vulkane im Monde. In: Berlinische Monatsschrift Bd. 1, St. 3 (1785), März, 199–212.

Aus einem Schreiben des Herrn Professor Kant. In: Astronomisches Jahrbuch, 1794 (1791), 257–258.

Karsten, Wenceslaus Johann Gustav (1732–1787)
Anfangsgründe der Naturlehre. Halle 1780. [BL 428]

Kepler, Johannes (1571–1630)
Gesammelte Werke. Bd. 1–. München 1937–.
—, Bd. 7, 1953: Epitome astronomiae Copernicanae, hrsg. von Max Caspar.

De stella nova in pede serpentarii, et qui sub eius exortum de novo iniit, trigono igneo. Libellus astronomicis, physicis, metaphysicis, meteorologicis & astrologicis. Pragae 1606.

Epitome Astronomiae Copernicanae. Usitata forma quaestionum & responsionum conscripta, inq. VII. libros digesta. P. 1–3. Lentiis ad Danubium [Linz] (P. 1 u. 3); Francofurti (P. 2) 1618–1622. [LB 23.2.1797]
—, P. 1, L. 1–3, 1618: Doctrina Sphaerica.
—, P. 2, L. 5–7, 1621: De doctrina theorica.
—, P. 3, L. 4, 1622: De physica coelesti.
<dt.> Kurze Darstellung der copernicanischen Astronomie. Nachwort von Eberhard Knobloch, deutsche Übersetzung von Otto und Eva Schönberger. Würzburg 2010.

De Cometis libelli tres. Augustae Vindelicorum [Augsburg] 1619–1620.

Tabulae Rudolphinae, quibus astronomicae scientiae, temporum longinquitate collapsae restauratio continetur […]. o. O. [Ulm] 1627. [LB 24.12.1796]

Weltharmonik. Übersetzt und eingeleitet von Max Caspar. München 1939.

Kessler von Sprengseisen, Christian Friedrich (1731–1809)
Untersuchung über die Entstehung der jetzigen Oberfläche unserer Erde, besonders der Gebirge. Leipzig 1787. [BL 680]
[Anonyme Rez.]. In: Magazin für das Neueste aus der Physik und Naturgeschichte, Bd. 4, St. 4 (1787), 128–134.

Kinnersley, Ebenezer (1711–1778)
New Experiments in Electricity: in a Letter to Benjamin Franklin. In: Philosophical Transactions, Vol. 53, 1763 (1764), 84–97.

Kirch, Christine (um 1696 – 1782)
Folgende cometische Observationes sind von einem geschickten Frauenzimmer gemacht, welche dem Verleger ohngefähr zu Händen gekommen und die er dem Publico anbey mittheilen wollte. In: Euler, Beantwortung 1744, 71–92.

Kircher, Athanasius (1601–1680)
Magnes sive de arte magnetica opus tripartitum, […]. Editio secunda post Romanam multo correctior. Colonia Agrippinae [Köln] 1643. [BL 653]

Mundus subterraneus, in XII libros digestus; […]. T. 1–2, Editio Tertia. Amstelodami 1678. [LB 24.11.1783]

Kirwan, Richard (1733–1812)
Physisch-chemische Schriften. Aus dem Englischen übersezt […] von Lorenz Crell. Bd. 1–3. Berlin u. Stettin 1783–1788. [BL 740]
—, Bd. 2, 1785: Anfangsgründe der Mineralogie.
—, Bd. 3, 1788: Enthaltend fünf Abhandlungen.
— —, St. 1, 101–232: Ueber die Temperatur verschiedener Breiten.

An Estimate of the Temperature of Different Latitudes. London 1787.

Ein Versuch über die Veränderungen des Barometers. In: Journal der Physik, Bd. 4, H. 1 (1791), 59–88.

Klaproth, Martin Heinrich (1743–1817)
Beiträge zur chemischen Kenntniss der Mineralkörper. Bd. 1–6. Posen u. Berlin 1795–1815. [BL 741]
—, Bd. 2, 1797, 99–108: Chemische Untersuchung des Wassers der siedenden Quelle zu Reikum auf Island.

Klengel, Friedrich (1866–1930)
Die historische Entwickelung des Begriffs der Schneegrenze von Bouguer bis auf A. v. Humboldt, 1736–1820. Leipzig 1889.

Klingenstierna, Samuel (1698–1765)
Tal, Om De nyaste Rön vid Electriciteten. Stockholm 1755.

Klügel, Georg Simon (1739–1812)
[zus. mit Benjamin Hederich] Encyklopädie, oder zusammenhängender Vortrag der gemeinnützigsten Kenntnisse. T. 1–3. Berlin u. Stettin 1782–1784. [BL 1890]
—, T. 2, 1782: Welcher die Mineralogie, Naturlehre, Chemie, Astronomie, mathematische Geographie, Schiffkunst, Chronologie, Gnomik, physische Geographie, natürliche Theologie und Sittenlehre enthält.

Ueber die Figur der Erde, zur Fortsetzung des Aufsatzes in dem Jahr-Buche für 1787, S. 165. In: Astronomisches Jahrbuch, 1788 (1785), 208–213.

Encyclopädie, oder zusammenhängender Vortrag der gemeinnützigsten, insbesondere aus der Betrachtung der Natur und des Menschen gesammelten Kenntnisse. Th. 1–5. 2. umgearbeitete und vermehrte Aufl. Berlin u. Stettin 1792–1794. [BL 1890]
—, Th. 3, 1793: Die Astronomie mit der mathematischen Geographie, Schifffahrtskunde, Chronologie und Gnomonik; die physische Geographie, die praktische Mechanik und die bürgerliche Baukunst.

Anfangsgründe der Astronomie, nebst der mathematischen Geographie, Schiffahrtskunde, Chronologie und Gnomnik. Berlin u. Stettin 1793. [BL 305]

Knight, Godwin (1713–1772)
A Description of a Mariner's Compass. In: Philosophical Transactions, Vol. 46, 1749–1750, No. 495 (1750 April–July), 505–512.

Koch, Julius August (1752–1817)
Mayersches Zodiacal-Sternverzeichniss, auf den Anfang des Jahres 1800 reducirt, und durch Hinzusetzung der Längen und Breiten der Sterne, wie auch der jährlichen Veränderung in der geraden Aufsteigung und Abweichung, zum Gebrauch bequemer eingerichtet. o. O. 1790. [BL 306]

König, Christian Gottlieb (1711–1782)
Cosmogonia, oder neueste und älteste Naturgeschichte in brüderlichen Anschreiben. Erstes Quartal. Amsterdam 1763.
[Rez. durch A. G. Kästner]. In: GGA 1764, St. 133, 5.11.1764, 1073–1076.

Köppke, Jürgen
Hildesheim, Einbeck, Göttingen und ihre Stadtmark im Mittelalter. Untersuchungen zum Problem von Stadt und Umland. Hildesheim 1967 (Schriftenreihe des Stadtarchivs und der Stadtbibliothek Hildesheim, 2).

Konvitz, Josef W. (*1946)
Cartography in France 1660–1848. Science, Engineering, and Statecraft. With a Foreword by Emmanuel Le Roy Ladurie. Chicago/London 1987.

Kosegarten, Johann Gottfried Ludwig (1792–1860)
Geschichte der Universität Greifswald. Mit urkundlichen Beilagen. Th. 1–2. Greifswald 1856–1857.

Krafft, Fritz (*1935)
Alexander von Humboldts „Mineralogische Beobachtungen über einige Basalte am Rhein" und die Neptunismus-Vulkanismus-Kontroverse um die Basalt-Genese. In: Studia Fribergensia. Vorträge des Alexander-von-Humboldt-Kolloquiums in Freiberg vom 8. bis 10. November 1991 aus Anlass des 200. Jahrestages von A. v. Humboldts Studienbeginn an der Bergakademie Freiberg, hrsg. v. Ulrike Leitner. Berlin 1994 (Beiträge zur Alexander-von-Humboldt-Forschung, 18), 117–150.

Kratzenstein, Christian Gottlieb (1723–1795)
Abhandlung von dem Aufsteigen der Dünste und Dämpfe, welche von der Academie zu Bourdeaux den Preiß erhalten. Halle 1744.
Abhandlung von dem Einfluß des Mondes in die Witterungen und in den menschlichen Körper wobey er zugleich zu seinen künftigen Vorlesungen einladet. Halle 1747.

Sella marina observandis eclipsibus satellitum Jovis accomodata. In: Acta literaria universitatis Hafniensis 1778, 217–228.

Observationes miscellaneae. In: Acta literaria universitatis Hafniensis 1778, 262–266.

Krüger, Johann Gottlob (1715–1759)
Geschichte der Erde in den allerältesten Zeiten. Halle 1746. [BL 681]

Krünitz, Johann Georg (1728–1796)
Oekonomisch-technologische Encyklopädie, oder allgemeines System der Staats-, Stadt-, Haus- und Landwirthschaft, und der Kunstgeschichte: in alphabetischer Ordnung [ab 1821 Oeconomische Encyclopaedie oder Allgemeines System der Land- Haus- und Staats-Wirthschaft, in alphabetischer Ordnung.] Bd. 1–242. Berlin 1773–1858. [BL 432 (Bd. 18 f.)]
—, Bd. 8, 1776, 281–294: Art. Compaß. [LB 23.12.1780]
—, Bd. 11, 1777, 231–247: Art. Erdbeben.
—, Bd. 19, 1780, 204: Art. Gluck-Henne. [LB 15.6.1781]
—, Bd. 25, 1782, 71–212: Art. Hopfen.
—, Bd. 29, 1783, 763–787: Art. Infusions-Thierchen.
—, Bd. 85, 1802, 262–325: Art. Maß.
—, Bd. 91, 1803, 78–85: Art. Mineralogie.
—, Bd. 95, 1804, 1 – Bd. 96, 1804, 618: Art. Mühle (darin Bd. 95, 298–304: Von den Fluthmühlen).
—, Bd. 112, 1809, 460–469: Art. Pfund.
—, Bd. 138, 1824, 221–366: Art. Schach.
—, Bd. 142, 1826, 684–715: Art. Schiff.
—, Bd. 151, 1830, 743–746: Art. Seeuhr.
—, Bd. 241, 1857, 508–523: Art. Zinsrechnung.

Lacaille, Nicolas Louis de (1713–1762)
Table des ascensions droites & des déclinaisons apparentes des Étoiles australes renfermées dans le tropique du Capricorne, observées au cap de Bonne-espérance, dans l'intervalle du 6 Août 1751, au 18 Juillet 1752. In: Histoire de l'Académie Royale des Sciences. Avec les mémoires de mathématique & de physique, pour la même année. Année 1752 (1756), Mémoire, 539–592.

Mémoire sur la vraie longueur des degrés du méridien en France. In: Histoire de l'Académie Royale des Sciences. Avec les mémoires de mathématique & de physique, pour la même année. Année 1758 (1763), Mémoire, 237–244.

Lacépède, Bernard Germain Étienne de Ville-sur-Illon (1756–1825)
Mémoire Sur Les Aurores Boréales. Lu à l'Académie des Sciences le 17 Janvier 1778. In: Observations sur la Physique, sur l'Histoire naturelle et sur les Arts, Tome 11 (1778), Avril, 348–361.

LaCondamine, Charles Marie de (1701–1774)
s. Charles Bouguer.

Mesure des trois premiers Degrés du Méridien dans l'Hémisphere austral. Paris 1751.

LaGrange, Joseph-Louis de (1736–1813)
s. Jean Charles Borda.

LaHire, Philippe de (1640–1718)
Remarques sur l'Eau de la pluie, & sur l'origine des Fontaines; avec quelques particularités sur la construction des Cisternes. In: Histoire de l'Académie Royale des Sciences. Avec les mémoires de mathématique & de physique, pour la même année. Année 1703 (1705), Mémoires, 56–69.

Astronomische Tabellen [...] in teutscher Sprache hrsg., von Johann Albrecht Klimm. Nürnberg 1725.

LaLande, Joseph Jérôme le Français de (1732–1807)
Mémoire sur un dérangement singulier observé dans le mouvement de Saturne. In: Histoire de l'Académie Royale des Sciences. Avec les mémoires de mathématique & de physique, pour la même année. Année 1765 (1768), Mémoires, 361–375.

Astronomie. T. 1–3. Seconde édition revue et augmentée. Paris 1771. T. 4. Paris 1781. [BL 308; LB 29.4.1767 (frühere Aufl.)]
—, T. 4, 1781, 1–348: Traité du Flux et du Reflux de la Mer, d'après la Théorie et les Observations.

Réflexions sur les comètes qui peuvent approcher de la terre. Paris 1773.

Abrégé d'astronomie. Paris 1774.

Astronomisches Handbuch oder die Sternkunst in einen kurzen Lehrbegriff. Aus der zwoten französischen Ausgabe übersetzt. Leipzig 1775.

Nouveautés en Astronomie. In: Connoissance des Temps, 1775 (1774), 333–338.

[Lettre] Aux auteurs du journal. In: Journal de Paris, 1783, No. 151, 31.5.1783, 632.

[Abdr. m. Einl.] Ueber den Nebel im Sommer 1783. In: Magazin für das Neueste aus der Physik und Naturgeschichte, Bd. 2, St. 2 (1783), 95–99.

Nouvelles d'Astronomie & de Physique, contenues dans une Lettre à MM. les Auteurs du Journal des Sçavans. In: Journal des Sçavans, 1783, Juillet, 480–483.

Considérations sur l'état actuel de l'Astronomie. In: Nouveaux Mémoires de l'Académie de Dijon pour la Patrie des Sciences et Arts, S. 2, 1785, 286–302.

Astronomie. T. 1–3, Troisième édition, revue et augmentée. Paris 1792.

Astronomische Nachrichten. In: Sammlung astronomischer Abhandlungen, Beobachtungen und Nachrichten. Erster Supplement-Band zu dessen astronomischen Jahrbüchern, hrsg. von Johann Elert Bode. Berlin 1793, 236–242.

Auszüge aus einigen Briefen des Herrn de la Lande an Herrn O. W. M. v. Zach. In: Archiv der reinen und angewandten Mathematik, Bd. 1, 1795, 504–512.

Astronomische Beobachtungen und Nachrichten. In: Astronomisches Jahrbuch, 1795 (1792), 196–203.

Aus einem Schreiben des Herrn la Lande, datirt Paris, den 29sten Jul. 1795. In: Astronomisches Jahrbuch, 1798 (1795), 242.

Bibliographie astronomique avec l'histoire de l'astronomie depuis 1781 jusqu'à 1802. Paris IX [1802/1803].

Lamanon, Jean Honoré Robert de Paul de (1752–1787)

Mémoire Sur un Os d'une grosseur énorme qu'on a trouvé dans une couche de glaise au milieu de Paris; & en général sur les Ossemens fossiles qui ont appartenu à de grands Animaux. In: Observations sur la Physique, sur l'Histoire naturelle et sur les Arts, Tome 17 (1781), Mai, 393–405.

Lambert, Johann Heinrich (1728–1777)

Cosmologische Briefe über die Einrichtung des Weltbaues. Ausgefertigt von J. H. Lambert. Augspurg 1761. [BL 682]

Analyse de quelques Expériences faites sur l'Aiman. In: Histoire de l'Académie Royale des Sciences et Belles-Lettres [de Berlin]. Année 1766 (1768), 22–48.

Sur la courbure de courant magnétique. In: Histoire de l'Académie Royale des Sciences et Belles-Lettres [de Berlin]. Année 1766 (1768), 49–77.

Observations sur l'Influence de la Lune dans le poids de l'Atmosphere. [et] Additions au Mémoire précédent. In: Nouveaux Mémoires de l'Académie Royale des Sciences et Belles-Lettres [de Berlin]. Avec l'Histoire pour la même année. Année 1771 (1773), Mémoires, 66–73.

Erklärung der magnetischen Abweichungscharte. In: Astronomisches Jahrbuch oder Ephemeriden 1779 (1777), 145–149.

Pyrometrie oder vom Maaße des Feuers und der Wärme. Berlin 1779. [BL 548]

La Métherie, Jean Claude de (1743–1817)

Lettre à M. De Luc, Sur la Théorie de la Terre. In: Observations sur la Physique, sur l'Histoire naturelle et sur les Arts, Tome 39 (1791), Octobre, 286–307.

Suite De La Lettre à M. De Luc, Sur la Théorie de la Terre. In: Observations sur la Physique, sur l'Histoire naturelle et sur les Arts, Tome 39 (1791), Décembre, 425–452.

Discours Préliminaire. In: Observations sur la Physique, sur l'Histoire naturelle et sur les Arts, Tome 40 (1792), Janvier, 3–38.

Théorie de la Terre. T. 1–3. Paris 1795.
<dt.> Theorie der Erde. Aus dem Französischen übersetzt und mit einigen Anm. vermehrt von D. Christian Gotthold Eschenbach [...]. Nebst einem Anhange von D. Johann Reinhold Forster [...]. Th. 1–3. Leipzig 1797–1798.

Lampadius, Wilhelm August Eberhard (1772–1842)
Einige Nachrichten und Bemerkungen über die Gewitter vom dritten September dieses Jahrs. In: Neues Hannoversches Magazin 2 (1792), St. 93, 19.11.1792, 1475–1486; St. 94, 23.11.1792, 1489–1494.

Laplace, Pierre Simon de (1749–1827)
s. Antoine Laurent Lavoisier

Lasius, Georg Sigismund Otto (1752–1833)
Beobachtungen über die Harzgebirge, als ein Beytrag zur mineralogischen Naturkunde. Th. 1–2 [durchlaufende Zählung], Subskribenten-Ausgabe Hannover 1789. [BL 744]

Laumont, François Pierre Nicolas Gillet de (1747–1834)
Extrait d'un Mémoire lu à l'Académie Royale des Sciences, sur la Description de plusieurs filons métalliques de Bretagne, & l'Analyse de quelques substances nouvelles. In: Observations sur la Physique, sur l'Histoire naturelle et sur les Arts, Tome 28 (1786), Mai, 425–452.

Lavoisier, Antoine Laurent (1743–1794)
Opuscules Physiques et Chymiques. Vol. 1–2. Paris 1774.
<dt.> Physikalisch-chemische Schriften. Bd. 1–5. Greifswald 1783–1794 [BL 226].
—, Bd. 1–3, 1783–1785. Aus dem Französischen übersetzt von Chr. Ehrenfr. Weigel.
—, Bd. 2, 1785, 143–159: Abhandlung von dem Gebrauche des Weingeistes, bei der Untersuchung der Mineralwässer.

[zus. mit Pierre Simon de LaPlace] Mémoire sur la chaleur. In: Histoire de l'Académie Royale des Sciences. Avec les mémoires de mathématique & de physique, pour la même année. Année 1780 (1784), Mémoires, 355–408.

Le Cat, Claude Nicolas (1700–1768)
Extraits des différens Systêmes qui paroissent depuis quelques années, sur la formation du Continent, des Montagnes, & sur l'Origine des Coquil-

lages & des Animaux Fossiles. In: Le Nouveau Magasin françois ou Bibliotheque instructive et amusante (1750), Juin, 260–263.

Lettre [1] de Mr. V. contre le Systême de Mr. Le Cat, donné dans le précédent Magasin. Réponse de Mr. Le Cat, Pour défendre son Systême sur la Formation des Montagnes, & l'origine des Coquillages & des Animaux Fossiles. In: Le Nouveau Magasin françois ou Bibliotheque instructive et amusante (1750), Aout, 281–288.

Lettre [2] d'un Anonyme à Mr. Le Cat, sur son Systême de la Terre, avec la Réponse qu'a fait à cette Lettre l'Auteur du Nouveau Systeme. In: Le Nouveau Magasin françois ou Bibliotheque instructive et amusante (1750), Aout, 288–289.

Réponse de Mr. Le Cat aux difficultés inserées dans le dernier Magasin, au sujet de son Systême sur la formation des Montagnes, & de l'origine des Coquillages & des Animaux Fossiles. In: Le Nouveau Magasin françois ou Bibliotheque instructive et amusante (1750), Octobre, 369–376.

Suite de la Réponse de Mr. Le Cat, aux nouvelles difficultés inserées dans le Magasin du Mois de Septembre, 1750; contre son Systême de la formation des Montagnes & de l'origine des Coquillages & des Animaux Fossiles. In: Le Nouveau Magasin françois ou Bibliotheque instructive et amusante (1750), Novembre, 397–407.

Leche, Johan (1704–1764)
Geschichte des Honigthaues. In: Der Königl. Schwedischen Akademie der Wissenschaften Abhandlungen aus der Naturlehre, Haushaltungskunst und Mechanik, Bd. 24, 1762 (1765), 89–104.

Le Gentil de la Galaisière, Guillaume Joseph Hyacinthe Jean Baptiste (1725–1792)
Voyage dans les mers de l'Inde, fait par ordre du roi, à l'occasion du Passage de Vénus, sur le disque du Soleil, le 6 Juin 1761, & le 3 du même mois 1769. T. 1–2. Paris 1779–1781.

Lehmann, Johann Gottlob (1719–1767)
Specimen orographiae generalis tractus montium primarios globum nostrum terraqueum pervagantes sistens. Petropoli [St. Petersburg] o. J. [1762].

Leibniz, Gottfried Wilhelm (1646–1716)
Protogaea [veröffentlicht postum (s. u.)]
[Anonyme Rez. (Selbstanzeige)]. In: Acta Eruditorum 1693, Mensis Januarii, 40–42.

Essais de Theodicée sur la bonté de Dieu, la liberté de l'Homme et l'origine du mal. T. 1–2. Amsterdam 1707–1710.

Sur la Cause de la Variation du Barometre. In: Histoire de l'Académie Royale des Sciences. Avec les mémoires de mathématique & de physique, pour la même année. Année 1711 (1714), Histoire, 3–6.

Protogaea sive de prima facie telluris et antiquissimae historiae vestigiis in ipsis naturae monumentis dissertatio ex schedis manuscriptis viri illustris in lucem edita a Christiano Lvdovico Scheidio. Goettingae 1749.

Lémery, Nicolas (1645–1715)

Explication Physique & Chymique des Feux souterrains, des Tremblemens de Terre, des Ouragans, des Eclairs & du Tonnerre. In: Histoire de l'Académie Royale des Sciences. Avec les mémoires de mathématique & de physique, pour la même année. Année 1700 (1703), Mémoires, 101–110.

Le Monnier, Pierre-Charles (1715–1799)

Variations de l'Aimant à Paris. In: Histoire de l'Académie Royale des Sciences. Avec les mémoires de mathématique & de physique, pour la même année. Année 1770 (1773), Mémoires, 459–460.

Mémoire sur la Variation de l'Aimant, en 1772 & 1773. In: Histoire de l'Académie Royale des Sciences. Avec les mémoires de mathématique & de physique, pour la même année. Année 1773 (1777), Mémoires, 440–444.

Loix du Magnétisme. P. 1–2. Paris 1776–1778.

—, P. 1, 1776: [Loix …] Comparées aux Observations & aux Expériences, dans les différentes parties du globe Terrestre, pour perfectionner la théorie générale de l'Aimant, & indiquer par-là les Courbes magnétiques qu'on cherche à la mer, sur les Cartes réduites.

—, P. 2, 1778: Qui contient les nouvelles Recherches sur la situation géographique de l'Équateur & des Pôles de l'Aimant, avec l'Art de construire les Boussoles.

Lentin, Augustin Gottfried Ludwig (1764–1823)

Taschenbuch für Freunde der Gebirgskunde. Göttingen 1798.

Leonhardi, Johann Gottfried (1746–1823)

Kurzer Umriß der neuern Entdekkungen über die Luftgattungen. In: Scheele, Abhandlung 1782, 165–218. [BL 509]

Le Roy, Charles (1726–1779)

Mémoire sur l'élévation et la suspension de l'eau dans l'air, et sur la Rosée. In: Histoire de l'Académie Royale des Sciences. Avec les mémoires de mathématique & de physique, pour la même année. Année 1751 (1755), Mémoires, 481–518.

Lettre 1780

Lettre sur un fait d'électricité, traduite de l'italien. In: Journal encyclopédique ou universel, T. 5, P. 3, 1780, 502–508.

Leupold, Jakob (1674–1727)
Theatri Statici Universalis. P. 1–4. Leipzig 1726. [LB 21.3.1789]
—, P. 3: Theatrum Aërostaticum, oder Schau-Platz der Machinen zu Abwiegung und Observirung aller vornehmsten Eigenschafften der Lufft.

Lexell, Anders Johan (1740–1784)
Disquisitio de investiganda vera quantitate parallaxeos solis, ex transitu veneris ante discum solis anno 1769; cui accedunt animadversiones in tractatum Pat[ris] Hell de parallaxi solis. Petropoli [St. Petersburg] 1772.

Recherches sur la période de la Comète, observé en 1770, d'après les observations de M. Messier. In: Histoire de l'Académie Royale des Sciences. Avec les mémoires de mathématique & de physique, pour la même année. Année 1776 (1779), Mémoires, 638–651.

Libes, Antoine (1752–1832)
Mémoire sur plusieurs Phénomènes de la Nature expliqués d'une manière nouvelle. In: Observations sur la Physique, sur l'Histoire naturelle et sur les Arts, Tome 36 (1790), Juin, 410–417.

Liceti, Fortunio (1577–1657)
De novis astris, et cometis aethereis libri II. Venetiis 1622.

De cometae an[norum] 1652. 1653. observationibus astronomicis, Europa fere tota peractis, & omnia sideris accidentia detegentibus [...] responsum. Utini [Udine] 1653.

Licht, A. Lewis
s. John T. Ramsey.

Lichtenberg, Georg Christoph (1742–1799)
Georg Christoph Lichtenberg's vermischte Schriften nach dessen Tode aus den hinterlassenen Papieren gesammelt und hrsg. von Ludwig Christian Lichtenberg und Friedrich Kries. Bd. 1–9. Göttingen 1800–1806. [VS]

Georg Christoph Lichtenberg's physikalische und mathematische Schriften nach dessen Tode gesammelt und hrsg. von Ludwig Christian Lichtenberg und Friedrich Kries. Bd. 1–4. Göttingen 1803–1806. [PhM = Vermischte Schriften [VS] 6–9.]

Schriften und Briefe. Hrsg. von Wolfgang Promies. Bd. 1–4. 1/2 K. 3 K. München 1967– 1992. [SB]

Briefwechsel. Hrsg. von Ulrich Joost und Albrecht Schöne. Bd. 1–5. München 1983–2004. [Bw]

Vorlesungen zur Naturlehre. Hrsg. von der Akademie der Wissenschaften zu Göttingen. Bd. 1–4. Göttingen 2005–2010 [VNat]
—, Bd. 1, 2005: Lichtenbergs annotiertes Handexemplar der vierten Aufl. von Johann Christian Polykarp Erxleben: »Anfangsgründe der Naturlehre«. [ErxH]

—, Bd. 2, 2008: Gottlieb Gamauf: »Erinnerungen aus Lichtenbergs Vorlesungen«. Die Nachschrift eines Hörers. [GamN]
—, Bd. 3, 2007: Notizen und Materialien zur Experimentalphysik, Teil I.
—, Bd. 4, 2010: Notizen und Materialien zur Experimentalphysik, Teil II.

Observationes. Die lateinischen Schriften. Hrsg. von Dag Nikolaus Hasse. Göttingen 1997.

Beobachtungen des letzten Kometen. In: GGA 1771, St. 75, 24.06.1771, 641–642.

Cometen. In: GGA 1774, St. 30, 10.03.1774, 249.

Eine astronomische Betrachtung bey diesem Hodometer. In: GTC 1778, 81–82.

Etwas über den fürchterlichen Cometen, welcher, einem allgemeinen Gerücht zufolge, um die Zeit des ersten Aprils unsere Erde abholen wird. In: Olla Potrida 1778, Q. 2, April, 182–187.

Neue Erfindungen und physikalische Merkwürdigkeiten. In: GTC 1778, 46–58.

Neueste Versuche zu Bestimmung der zweckmässigsten Form der Gewitterstangen. In: Deutsches Museum, Bd. 2, St. 10, 1778, Oktober, 351–362.

Über Physiognomik; wider die Physiognomen. Zu Beförderung der Menschenliebe und Menschenkenntniß. Zweyte vermehrte Aufl. Göttingen 1778.

Über das Weltgebäude. In: GTC 1779, 1–31.

Neueste Geschichte der Blitz-Ableiter. In: GTC 1779, 37–44.

Über die Weissagungen des verstorbenen Hrn. Superintendenten Ziehen zu Zellerfeld. In: Hannoverisches Magazin, St. 85, 1780, 1345–1354.

P. Jaquet Droz und H. E. Jaquet Droz Vater und Sohn. In: GTC 1780, 66–73.

Neue Erfindungen, physikalische und andere Merkwürdigkeiten. In: GTC 1780, 82–102.

Einige Betrachtungen über die Mondsflecken bey Gelegenheit vorstehender Abhandlung. In: GMWL, Jg. 2, St. 1, 1781, 26–33.

Fortsetzung der Betrachtungen über das Weltgebäude. In: GTC 1781, 1–26.

Neue Entdeckungen und Physikalische Merkwürdigkeiten. In: GTC 1781, 102–116.

Noch ein Wort über Herrn Ziehens Weissagungen. In: GMWL, Jg. 2, St. 5, 1782, 309–321.

[zus. mit D. Breitinger] Ueber die Blitzableiter. [enthält: Nachricht von dem ersten Blitzableiter in Göttingen, nebst einigen Betrachtungen dabey.]. In: Gazette de Santé: Oder gemeinnütziges medicinisches Magazin, Bd. 2, St. 5 und 6 (1783), 683–689, 689–691.

Von den neuen Planeten. In: GTC 1783, 3–11.

Neue Entdeckungen, physikalische und andere Merkwürdigkeiten. In: GTC 1784, 50–63.

Über das Fortrücken unseres Sonnensystems. In: GTC 1785, 81–103.

Neue Erfindungen, physikalische und andre Merkwürdigkeiten. In: GTC 1785, 174–194.

Neue Erfindungen, physikalische und andere Merkwürdigkeiten. In: GTC 1786, 181–192.

Etwas von Herrn Herschels neuesten Entdeckungen. In: GTC 1786, 192–197.

Fortsetzung der Betrachtungen über das Weltgebäude. Von Cometen. In: GTC 1787, 81–134.

Leichtgläubigkeit, Aberglauben und Fanatismus. Eine gemischte Gesellschaft. Mit der Unterschrift aus 1. Joh. IV. cap., v. 13 von W. Hogarth. In: GTC 1787, 212–232.

Neue Erfindungen, physikalische und andere Merkwürdigkeiten. In: GTC 1788, 188–196.

Neue Entdeckungen, physikalische und andere Merkwürdigkeiten. In: GTC 1790, 133–149.

Neue Entdeckungen, physikalische und andere Merkwürdigkeiten. In: GTC 1791, 158–186.

Einige Neuigkeiten vom Himmel. In: GTC 1792, 81–116.

Nachtrag zu den kurzen Erklärungen einiger phys. und mathem. Instrumente, die sich in meter endigen (S. das Taschenbuch für 1784. S. 73 &c.). In: GTC 1792, 150–159.

Ein paar Worte von unserer Atmosphäre. In: GTC 1792, 182–184.

Schreiben an den Herausgeber des neuen hannoverischen Magazins [Über den Hagel]. In: Neues Hannoversches Magazin 2 (1792), St. 93, 19.11.1792, 1473–1476.

Neuigkeiten vom Himmel. In: GTC 1793, 79–92.

Warum hat Deutschland noch kein großes öffentliches Seebad? In: GTC 1793, 92–109.

Einige physicalische Merkwürdigkeiten. In: GTC 1793, 149–164.

Einige Bemerkungen über die Entstehung des Hagels. Vom Herrn Hofrath Lichtenberg in Göttingen. An den Herausgeber des neuen hannöverischen Magazins. In: Neues Hannoversches Magazin 3 (1793), St. 10, 4. Februar, 145–160; St. 11, 8. Februar, 161–170.

Einige Betrachtungen über die physischen Revolutionen auf unsrer Erde. In: GTC 1794, 79–112.

Nachricht von einer Wallrath-Fabrik. In: GTC 1794, 125–134.

Einige Betrachtungen über vorstehenden Aufsatz [d. i. „Nachricht von einer Wallrath-Fabrik"], nebst einem Traum. In: GTC 1794, 134–145.

Geologische Phantasien. (Franklins Geogenie.). In: GTC 1795, 97–108.

Ueber Gewitterfurcht und Blitzableitung. (Auf Verlangen.) In: GTC 1795, 127–144.

Dreht sich der Mond um seine Axe? (Auf Verlangen.) In: GTC 1796, 83–120.

Das Neueste von der Sonne; größtentheils nach Herschel. In: GTC 1797, 83–111.

Ein neuer Märtyrer der Meteorologie. In: GTC 1797, 160–161.

Vergleichung der Tage des neu-französischen Kalenders mit dem Gregorianischen, für das Fünfte laufende Jahr der Republik. Ein nöthiger Mode-Artikel. In: GTC 1797, 198–206.

Geologisch-Meteorologische Phantasien. In: GTC 1798, 83–120.

Nachricht von dem ersten Blitz-Ableiter in Göttingen, nebst einigen Betrachtungen dabey. In: Protokolle über die Sitzungen des Vereins für die Geschichte Göttingens Bd. 3, H. 2, 1904, 96–101.

Noctes. Ein Notizbuch, hrsg. von Ulrich Joost. Göttingen 1992.

Lichtenberg, Ludwig Christian (1738–1812)

Verhaltungs-Regeln bey nahen Donnerwettern, nebst den Mitteln sich gegen die schädlichen Wirkungen des Blizes in Sicherheit zu setzen: zum Unterricht für Unkundige. Dritte vermehrte Aufl. Gotha 1778.

Vorschrift wie die Beobachtungen mit den meteorologischen Werkzeugen anzustellen und aufzuzeichnen sind. o. O. [Gotha] o. J. [1781].

Etwas über den Schachspieler, und die Sprachmaschine des Hrn. Hof-Cammerraths von Kempele[!]. In: Magazin für das Neueste aus der Physik und Naturgeschichte, Bd. 3, St. 2 (1785), 183–192.

Liesganig, Joseph (1719–1799)

Dimensio graduum meridiani Viennensis et Hungarici. Vindobonae [Wien] 1770.

Lind, James (1716–1794)

An Essay on Diseases Incidental to Europeans in Hot Climates. With the Method of preventing their fatal Consequences. […] To which is added, an Appendix Concerning Intermittent Fevers. To the whole is annexed, a simple and easy Way to render salt Water fresh, and to prevent a Scarcity of Provisions in long Voyages at Sea. London 1771.

Linné, Karl von (1707–1778)
Oratio de telluris habitabilis incremento [...]. In: Caroli Linnaei Oratio [...] et Andreae Celsii Oratio de mutationibus generalioribus [...]. Lugduni Batavorum [Leiden] 1744, 1–84.
Amoenitates academicae; seu dissertationes variae, Physicae, Medicae Botanicae, antehac seorsim editae nunc collectae et auctae cum tabulis Aeneis. Vol. 1–9. Holmiae [Stockholm] 1749–1785.
—, Vol. 2, 1751, 430–478: Oratio de telluris habitabilis incremento [...].

Lister, Martin (1639–1712)
A discourse concerning the rising and falling of the Quicksilver in the Barometer; and what may be gathered from its great rise in Frosty weather, as to a healthy or sickly season. In: Philosophical Transactions, Vol. 14, 1684, No. 165 (1684 November), 790–794.

Lives
The Lives of the British Admirals. Displaying, in the most Striking Colours, the Conduct and Heroism of the Naval Commanders of Great Britain and Ireland [...]. London 1787.

Locker, Edward Hawke (1777–1849)
The Naval Gallery of Greenwich Hospital. Comprising a Series of Portraits and Memoirs of Celebrated Naval Commanders. London 1831.

Lomonossov, Michail Vassilevič (1711–1765)
Oratio de meteoris vi electrica ortis. Petropoli [St. Petersburg] o. J. [1753].

London
London. In: The London Chronicle, Vol. 60, 1786, Nr. 4665, From Saturday, October 14, to Tuesday, October 17, 370.

Longomontanus, Christen Sørensen (1562–1647)
Astronomia Danica, Vigiliis & opera [...] elaborata & in duas partes tributa [...]. Amsterodami 1622.

Lubieniecki, Stanisław (1623–1675)
Theatri Cometici. P. 1–2. Amstelodami 1666 (1667)–1667 (1668). [LB 20.12.1785]
—, Pars prior, 1667 (1668): Theatrum Cometicum, duabus partibus constans, quarum altera [...], Cometas anni 1664. & 1665. variis virorum per Europam Clariss. [...] observationibus, dissertationibus, animadversionibus descriptos, & quinquaginta novem figuris aeneis illustratos, exhibet: [...].
—, Pars posterior, 1666 (1667): Historia Cometarum, a Diluvio usque ad praesentem annum vulgaris Epochae à Christo nato 1665. decurrentem, [...] in qua simul Synopsis quaedam Universalis Historiae proponitur.

Ludwig, Christian (1749–1784)
[zus. mit C. F. Hindenburg] Bemerkungen über die in den nächstverflossenen Monaten allgemein sich verbreitete dicke Luft; in einem Sendschreiben […] an Prof. Hindenburg. Zusatz des Herausgebers. In: Leipziger Magazin zur Naturkunde, Mathematik und Oekonomie 1783, St. 2, 211–221.

Lulofs, Johan (1711–1768)
Einleitung zu der mathematischen und physikalischen Kenntniß der Erdkugel aus dem Holländischen übersetzet von Abraham Gotthelf Kästner. Göttingen u. Leipzig 1755. [BL 684]

Luz, Johann Friedrich (1744–1827)
Vollständige und auf Erfahrung gegründete Beschreibung von allen sowohl bisher bekannten als auch einigen neuen Barometern wie sie zu verfertigen, zu berichtigen und übereinstimmend zu machen, dann auch zu meteorologischen Beobachtungen und Höhenmeßungen anzuwenden. Nebst einem Anhang seine Thermometer betreffend. Nürnberg u. Leipzig 1784.

MacCulloch, Kenneth
An Account of the new Improved Sea Compasses. London 1789.

Machin, John (1680–1751)
s. Isaac Newton (Principles 1729)

Maclaurin, Colin (1698–1746)
De causa physica fluxus et refluxus maris. In: Recueil des Pieces qui ont remporté les Prix de l'Academie Royale des Sciences, T. 4, 1740 (1752), 193–234.

Macquer, Pierre Joseph (1718–1784)
Chymisches Wörterbuch oder Allgemeine Begriffe der Chymie in alphabetischer Ordnung. Aus dem Französischen nach der zweyten Ausgabe übersetzt und mit Anm. und Zusätzen vermehrt von Johann Gottfried Leonhardi. Th. 1–6. Leipzig 1781–1783. [BL 778; LB 7.10. 1785 (ital. Ausgabe)]
—, Th, 4, 1782, 781–788: Art. Seewasser.

Chymisches Wörterbuch oder Allgemeine Begriffe der Chymie nach alphabetischer Ordnung. Aus dem Französischen nach der zweyten Ausgabe übersetzt und mit Anm. und Zusätzen vermehrt von Johann Gottfried Leonhardi. Th. 1–7. Zweyte verbesserte und vermehrte Ausgabe. Leipzig 1788–1791. [BL 778]
—, Th. 1, 1788, 215–245: Art. Alkali.
—, Th. 4, 1789, 450–480: Art. Oel.
—, Th. 6, 1790, 401–402: Art. Turmalin.

Macrobius, Ambrosius Theodosius (5. Jh.)
Macrobius, edidit Iacobus Willis. Vol. 1–2. Lipsiae [Leipzig] 1963 (Bibliotheca scriptorum Graecorum et Romanorum Teubneriana).
—, Vol. 2: Commentarii in somnium Scipionis.

Magalhães (Magellan), João Jacinto (1722–1790)
Ueber die v. d. Herren Pigott und Goodricke entdeckten veränderlichen Sterne; astronomische Beobachtungen zu York von Herrn Pigott angestellt, und etwas von Hrn. Herschels Manier zu beobachten. In: Astronomisches Jahrbuch, 1788 (1785), 161–164.

Mahon, Charles (1753–1816; ab 1786 Charles Stanhope, 3rd Earl Stanhope)
Principles of Electricity, Containing Divers new Theorems and Experiments, Together with an Analysis of the superior Advantages of high and pointed Conductors. London 1779. [LB 23.6.1780]
<dt.> Lord Mahons Grundsätze der Elektrizität. Aus dem Englischen übersetzt und mit Anm. begleitet von J. F. Seeger. Leipzig 1789. [BL 657]

Maier, Georg Wilhelm (1758–1802)
Versuch über die erste Bildung der Erde nach Moses Bericht in physikalisch-chemischer Rücksicht. Basel 1795.
[Anonyme Rez.]. In: ALZ, 1798, Bd. 1 (Nr. 20, 17.1.1789), Sp. 158–159.

Maillet, Benoît de (1656–1738)
Telliamed ou entretiens d'un philosophe indien avec un missionaire françois sur la diminution de la mer, la formation de la terre, l'origine de l'homme &c. T. 1–2. Amsterdam 1748.

Mairan, Jean Jacques d'Ortous de (1678–1771)
Sur la Cause generale du froid en Hiver, & du chaud en Eté. In: Histoire de l'Académie Royale des Sciences. Avec les mémoires de mathématique & de physique, pour la même année. Année 1719 (1721), Histoire, 3–10.

Memoire sur la Cause generale du Froid en Hiver, & de la Chaleur en Eté. In: Histoire de l'Académie Royale des Sciences. Avec les mémoires de mathématique & de physique, pour la même année. Année 1719 (1721), Mémoires, 104–135.

Eclaircissement sur le Memoire de La Cause generale du Froid en Hiver, & de la Chaleur en Eté. Mem. 1719. page 104. In: Histoire de l'Académie Royale des Sciences. Avec les mémoires de mathématique & de physique, pour la même année. Année 1721 (1723), Mémoires, 8–17.

Sur la lumiére septentrionale. In: Histoire de l'Académie Royale des Sciences. Avec les mémoires de mathématique & de physique, pour la même année. Année 1726 (1728), Histoire, 3–7.

Description de l'aurore boréale du 26. Septembre, & de celle du 19. Octobre, observées au château de Breüillepont, village entre Pacy & Ivry, diocèse d'Evreux. In: Histoire de l'Académie Royale des Sciences. Avec les mémoires de mathématique & de physique, pour la même année. Année 1726 (1728), Mémoires, 198–215.

Physische und historische Abhandlung vom Nordlichte. [Übersetzt durch W. B. A. v Steinwehr]. In: Der Königl. Akademie der Wissenschaften in Paris Physische Abhandlungen, Th. 9, 1731–1732 (1753), 248–538.
[Rez. durch B. B. Le Fontenelle]. In: Der Königl. Akademie der Wissenschaften in Paris Physische Abhandlungen Th. 9, 1731–1732 (1753), 539–564.

Traité physique et historique de l'aurore boréale. Paris 1733.

Éclaircissemens sur le Traité Physique & Historique de l'Aurore Boréale, qui fait la suite des Mémoires de l'Academie Royale des Sciences, Année 1731. In: Histoire de l'Académie Royale des Sciences. Avec les mémoires de mathématique & de physique, pour la même année. Année 1747 (1752), Mémoires, 363–435.

Dissertation sur la glace, ou explication physique de la formation de la glace, & de ses divers phénomènes. Paris 1749.
<dt.> Abhandlung Von dem Eisse, Oder Physikalische Erklärung der Entstehung des Eisses, und der dabey vorkommenden verschiedenen Erscheinungen. Aus dem Französischen ins Deutsche übersetzt. Leipzig 1752.

Traité physique et historique de l'aurore boréale, Seconde Édition, Revûe, & augmentée de plusieurs Éclaircissemens. Paris 1754.

Nouvelles Recherches sur la cause générale du chaud en Été & du froid en Hiver, en tant qu'elle se lie à la chaleur interne & permanente de la Terre; en supplément & correction au Mémoire qui fut donné sur ce sujet dans le Volume de 1719, page 104. In: Histoire de l'Académie Royale des Sciences. Avec les mémoires de mathématique & de physique, pour la même année. Année 1765 (1768), Mémoires, 143–266.

Maire, Christophe (1697–1767)
s. Ruggiero Giuseppe Boskovich

Maison-Neuve, François de
Système sur la cause de la Salure. In: Observations sur la Physique, sur l'Histoire naturelle et sur les Arts, Tome 12 (1778), Novembre, 392–399.

Mallet, Paul Henri (1730–1807)
Introduction à l'histoire de Dannemarc, ou l'on traite de la religion, des loix, des moyens & des usages des anciens Danois. T. 1–6, Seconde édition revuë & corrigée. Geneve 1763.

Mann, Théodore Augustin (1735–1809)
Mémoire sur les Marées aériennes; c'est-à-dire, sur l'effet produit dans l'atmosphère terrestre par l'action du Soleil & de la Lune. In:

Observations sur la Physique, sur l'Histoire naturelle et sur les Arts, Tome 27 (1785), Juillet, 7–25.

Mariotte, Edme (um 1620 – 1684)
Traité du Mouvement des Eaux et des autres Corps fluides, Nouvelle Édition. La Haye 1740.

Marivetz, Étienne-Claude de (um 1728–1794)
[zus. mit L.-J. Goussier] Physique du Monde. Dédiée au Roi. T. 1–5. Paris 1780–1787.

Marsigli, Luigi Ferdinando de (1658–1730)
Osservazioni intorno al Bosforo Tracio overo Canale di Constantinopoli rappresentate in lettera alla Sacra Real Maesta Di Cristina Regina di Suezia. Roma 1681.
[Anonyme Rez.]. In: Actorum Eruditorum [...] Supplementa, T. 1, 1692, 207–212.

Histoire physique de la Mer. Ouvrage enrichi de figures dessinées d'après le Naturel. Amsterdam 1725.

Martens, Friderich (17 Jh.)
Spitzbergische oder Groenlandische Reise Beschreibung gethan im Jahr 1671. [...] Hamburg 1675.

Maskelyne, Nevil (1732–1811)
Explanation and Use of the Articles Contained in the Astronomical and Nautical Ephemeris. In: The Nautical Almanac and Astronomical Ephemeris, for the year 1767 (1766), 145–167.

Introduction to the following Observations, made by Messieurs Charles Mason and Jeremiah Dixon, for determining the Length of a Degree of Latitude, in the Provinces of Maryland and Pennsylvania, in North America. In: Philosophical Transactions, Vol. 58, 1768, 270–273.

M. de Luc's rule for measuring heights by the barometer, reduced to the English Measure of Length, and Adapted to Fahrenheit's Thermometer, and other Scales of Heat, and reduced to a more convenient Expression. London 1774.

An Account of Observations made on the Mountain Schehallien for finding its Attraction. In: Philosophical Transactions, Vol. 65, Part II, 1775, 500–542.

Discours sur l'attraction des montagnes. In: Journal des Sçavans, 1776, Novembre, 722–723.

Advertisement of the expected Return of the Comet of 1532 and 1661 in the Year 1788. In: Philosophical Transactions, Vol. 76, Part II, 1786, 426–431.

Mason, Charles (1730–1786)
[zus. mit Jeremiah Dixon] Observations for determining the Length of a Degree of Latitude, in the Provinces of Maryland and Pennsylvania, in North America. Postscript by the Astronomer Royal [Nevil Maskelyne] (325–328). In: Philosophical Transactions, Vol. 58, 1768, 274–328.

Mathesius, Johannes (1504–1565)
Sarepta. Darinn von allerley Bergwerck unnd Metallen, Was jr eygenschafft und natur, und wie sie zu nutz und gut gemacht, guter bericht gegeben. Auff ein newes mit fleiß durchsehen, corrigirt, und gebessert mit einem Register. Nürnberg 1571.

Maupertuis, Pierre Louis Moreau de (1698–1759)
Œuvres. Dresde 1752.
—, 183–206: Lettre sur la comete qui paroissoit en 1742.

Œuvres. T. 1–4. Nouvelle Édition corrigée [et] augmentée. Lyon 1768.
—, T. 4, 285–323: Opérations pour déterminer la figure de la terre et les variations de la pesanteur.

La figure de la terre, determinée par les observations de Messieurs de Maupertuis, Clairaut, Camus, Le Monnier […], faites par ordre du Roy au cercle polaire. Paris 1738.

Elements de geographie, Nouvelle Edition. Paris 1742.

Mayer, Christian (1719–1783)
Pantometrum Paceccianum s. instrumentum novum pro elicienda ex una statione distancia loci inaccessa anno 1762 ab Raph. Pacecco […] inventum […]. Mannheim 1767.

Ad augustissimam Russiarum omnium imperatricem Catharinam II. Alexiewnam expositio de transitu Veneris ante discum Solis d. 23 Maii, 1769. Petropoli [St. Petersburg] 1769. [BL 314]

Gründliche Vertheidigung neuer Beobachtungen von Fixsterntrabanten, welche zu Mannheim auf der kurfürstlichen Sternwarte entdecket worden sind. Mannheim 1778. [BL 315]

Mayer, Johann Tobias (1752–1830)
Gründlicher und ausführlicher Unterricht zur practischen Geometrie. Th. 1–5. Göttingen 1777–1809. [BL 143]

Vollständige und gründliche Anweisung zur Verzeichnung der Land- See- und Himmelscharten und der Netze zu Coniglobien und Kugeln brauchbar für alle, welche sich dieser Dinge mit Einsicht und Nutzen bedienen wollen. Erlangen 1794 (Gründlicher und ausführlicher Unterricht zur praktischen Geometrie, 4).

Mayer, Tobias (1723–1762)
Opera inedita. Vol. 1–2. Gottingae 1775. [BL 228]

—, Vol. 1: Commentationes societati regiae scientiarum oblatas, quae integrae supersunt cum tabula selenographica complectens, edidit et observationum appendicem adjecit Georgius Christophorus Lichtenberg.
— —, 1–10, 85–91 [Kommentar]: De variationibus thermometri accuratius definiendis.
— —, 49–74: Fixarum zodiacalium catalogus novus.
— —, 75–81: De motu fixarum proprio commentatio.
<engl.> The Unpublished Writings. [Übersetzt von Eric G. Forbes]. Vol. 1–3. Göttingen 1972 (Arbeiten aus der Niedersächsischen Staats- und Universitätsbibliothek Göttingen, 9–11).
—, Vol 3: The Theory of the Magnet and its application to terrestrial magnetism.

Mathematischer Atlas, in welchem auf 60 Tabellen alle Theile der Mathematic vorgestellet und [...] durch deutliche Beschreibung u. Figuren entworfen werden. Augspurg o. J. [1745]. [LB 15.11.1770]

Bericht von den Mondskugeln, welche bey der kosmographischen Gesellschaft in Nürnberg, aus neuen Beobachtungen verfertiget werden. [Nürnberg] 1750. [BL 316]

Novae tabulae motuum solis et lunae. In: Commentarii Societatis Regiae Scientiarum Gottingensis, T. II, 1752 (1753), 383–430.

Tabularum lunarium in commentt. s. r. tom. II. contentarum usus in investiganda longitudine maris. In: Commentarii Societatis Regiae Scientiarum Gottingensis, T. III, 1753, 375–396.

Versuch einer Erklärung des Erdbebens. In: Nützliche Sammlungen, Th. 2, St. 19, 1756, 5.3.1756, 289–296.

Appendix ad Ephemerides Vindobonenses Annis 1764. Complectens tabulas solares viri celeberrimi domini de la Caille, et lunares cl. domini Tobiae Mayer. Tabulae lunares ad meridianum Parisinum [...] cum supplemento reliquarum tabularum lunarium D. Cassini, D. de la Lande et P. Hell. In: Ephemerides astronomicae ad meridianum Vindobonensem, Anni 1764 (1763), 65–210.

Lunar tables, improved by Charles Mason. Published by order of the Commissioners of Longitude. London 1787.

Mazéas, Guillaume (1720–1775)
Letters concerning the Success of the late Experiments in France. Translated from the French by James Parsons. In: Philosophical Transactions, Vol. 47, 1751–1752 (1753), 534–552.

Méchain, Pierre François André (1744–1804)
Recherches sur les Comètes de 1532 & de 1661. Piece qui a remporté le Prix proposé par l'Académie Royale des Sciences, pour l'année 1782. In: Mémoires de Mathématique et de Physique, présentés à l'Académie

Royale des Sciences, par divers Savans, & lûs dans ses Assemblées, T. 10, 1785, 333–396.

Nachricht von der Pariser Ausgabe einer allgemeinen Charte von Deutschland; über den neuen Planeten; über die am Ende des 1783 und Anfang des 1784sten Jahres erschienenen Kometen; über die Lichtabwechselung des Sterns Algol und Beobachtungen der Mondfinsternisse vom 18ten März und 10ten September 1783 und vom 6ten März 1784. In: Astronomisches Jahrbuch, 1787 (1784), 138–148.

Die Elemente der Bahn des Kometen vom Jahr 1783. der beyden Kometen vom Jahr 1784 und des ersten vom Jahr 1785. imgleichen die Entdeckung des zweyten Kometen von 1785. [...] aus zweyen Briefen [...]. In: Astronomisches Jahrbuch, 1788 (1785), 164–166.

Beobachtungen der beyden Kometen vom Jahr 1785 und die Elemente der Bahn des zweiten; die Entdeckung eines Kometen im Jahr 1786. Beobachtete Bedeckungen einiger Fixsterne vom Mond und andere astronomische Nachrichten und Bemerkungen, [...]. Aus einigen Briefen [...]. In: Astronomisches Jahrbuch, 1789 (1786), 142–147.

Die Elemente der Bahn und die Beobachtungen des zweiten Kometen vom Jahr 1786; Astronomische Beobachtungen und Nachrichten, imgleichen die Entdeckung eines Kometen im Jahr 1787, nebst Bemerkungen über demselben[!]. In: Astronomisches Jahrbuch, 1790 (1787), 181–184.

Beobachtungen der beyden im Jahr 1790 vorgefallenen totalen Mondfinsternisse, verschiedener Verfinsterungen der Jupiterstrabanten und Bedeckungen der Fixsterne vom Mond, Elemente der drey im Jahr 1790 und des zweiten im Jahr 1788 erschienenen Kometen, beobachtete Sonnenfinsterniss am 3. April 1791. &c. In: Astronomisches Jahrbuch, 1794 (1791), 90–96.

Meierotto, Johann Heinrich Ludwig (1742–1800)
Gedanken über die Entstehung der Baltischen Länder. Berlin 1790.
[Rez. durch G. Forster]. In: GGA 1790, St. 50, 27.3.1790, 508–512.

Meister, Albrecht Ludwig Friedrich (1724–1788)
Beobachtungen merkwürdiger Gestalten der Wolken. In: GMWL, Jg. 1, St. 1, 1780, 38–68.

Utrum montium origo explicari possit per axis terrestris mutationem et insequentes aquarum motus. In: Commentationes Societatis Regiae Scientiarum Gottingensis, T. 5, 1782 (1783), 28–54.

Ménage, Gilles (1613–1692)
Menagiana ou les bons mots et remarques critiques, historiques, morales & d'érudition. T. 1–4. Amsterdam 1715–1716.

Merck, Johann Heinrich (1741–1791)
Über den Ursprung der Fossilien, in Teutschland. In: Der Teutsche Merkur, 1. Vierteljahr, Nr. 1, 1784, Jänner, 50–63.

Messier, Charles (1730–1817)
Mémoire contenant les observations de la XVI.e comète observée à Paris de l'Observatoire de la Marine; depuis le 18 Août jusqu'au 25 Octobre 1774. In: Histoire de l'Académie Royale des Sciences. Avec les mémoires de mathématique & de physique, pour la même année. Année 1775 (1778), Mémoires, 445–476.

Mémoire contenant les observations de la XIe. comète observée à Paris, de l'Observatoire de la Marine, & du Collége de Louis-le-Grand; depuis le 14 Juin, jusqu'au 3 Octobre matin 1770. In: Histoire de l'Académie Royale des Sciences. Avec les mémoires de mathématique & de physique, pour la même année. Année 1776 (1779), Mémoires, 597–638.

Mémoire contenant les observations de la XIII.e comète observée à Paris, de l'Observatoire de la Marine, pendant les mois d'Avril, Mai & Juin 1771. In: Histoire de l'Académie Royale des Sciences. Avec les mémoires de mathématique & de physique, pour la même année. Année 1777 (1780), Mémoires, 154–184.

Catalogue des nébuleuses et des amas d'étoiles. In: Connaissance des temps, ou des Mouvements célestes, 1783 (1780), 225–254.

Metius, Adriaan Adriaanszoon (1571–1635)
Universae astronomiae brevis, dilucida & facilis institutio [...]. Franekerae 1605.

Michaelis, Johann David (1717–1791)
Deutsche Übersetzung des Alten Testaments mit Anmerkungen für Ungelehrte. Zweite verbesserte und vermehrte Ausgabe. Göttingen u. Gotha 1773–1782.
—, Th. 5, H. 1, 1774: Die Bücher Josua und der Richter enthaltend.

Michell, John (1724–1793)
[zus. mit Edward Nairne] Experiments on two Dipping-Needles, which Dipping-Needles were made agreeable to a Plan of Mr. Mitchell. [...] and executed for the Board of Longitude, by Edward Nairne. In: Philosophical Transactions, Vol. 62, 1772, 476–480.

Milton, John (1608–1674)
The Poetical Works. Vol. 1–2. Sixteenth Edition. Dublin 1748. [BL 1656]
—, Vol. 1: Paradise Lost. A Poem in Twelve Books.

Minutes
Minutes of the Proceedings of the National Convention of France. In: Gentleman's Magazine and Historical Chronicle, Vol. 63, P. 2, 1793, November, 1041–1044.

Mirus, Christian Erdmann (1730–1803)
Über die dunstige Luft des heurigen Sommers. In: Provinzialblätter oder Sammlungen zur Geschichte, Naturkunde, Moral und andern Wissenschaften, Bd. 2, St. 6, 1783, 183–198.

Mitteilungen
[Mitteilungen über Funken]. In: Astronomisches Jahrbuch, 1789 (1786), 246.

Mitterpacher, Ludwig (1734–1814)
Physikalische Erdbeschreibung. Wien 1789.

Moesgaard, Kristian Peder (*1939)
Copernican Influence on Tycho Brahe. In: Études sur l'audience de la théorie héliocentrique. Conférences du Symposium de l'UIHPS (Union Internationale d'Histoire et de Philosophie des Sciences). Wroclaw 1972 (Studia Copernicana, 5; Colloquia Copernicana, 1), 31–55.

Molina, Juan Ignacio (1740–1829)
Saggio sulla storia naturale del Chili. Bologna 1782. [BL 988 (deutsche Übersetzung)]

Monge, Gaspard, comte de Péluse (1746–1818)
s. Jean Charles Borda.

Montucla, Jean Étienne (1725–1799)
Histoire des Mathématiques. Dans laquelle on rend compte de leurs progrès depuis leur origine jusqu'à nos jours […]. T. 1–2. Paris 1758. [BL 144; LB 19.10.1771]

Morel de Vindé, Charles-Gilbert (1759–1842)
Des Révolutions du Globe. Conjecture formée d'après les découvertes de Lavoisier, sur la décomposition et recomposition de l'eau. Paris 1797.
[Anonyme Rez.]. In: Der Genius der Zeit: ein Journal, Bd. 12, 1797, November, 358–359.

Moro, Antonio Lazzaro (1687–1764)
De' Crostacei e degli altri marini corpi che si truovano su' monti libri due. Venezia 1740.
Physicalische Nachricht von einer gegründeten neuen Meinung, welche den Ursprung derer aus der Erden kommenden versteinten Sachen, die bißhero der allgemeinen Sündfluth zugeschrieben worden, betrifft. […] Nebst vielen Anm. mitgetheilet von Balthasat Ehrhart. Memmingen 1745.

Mountaine, William (um 1700–1779)
[zus. mit James Dodson] An Account of the Methods used to describe Lines, On Dr. Halley's Chart of the Terraqueous Globe, Shewing the

Variation of the Magnetic Needle about the Year 1744. In all the Known Seas. With some Occasional Observations relating thereto. London 1746.

Musgrave, Samuel (1732–1780)
Reasons for dissenting from the Report of the Committee appointed to consider of Mr. Wilson's Experiments; including Remarks on some Experiments exhibited by Mr. Nairne. In: Philosophical Transactions, Vol. 68, Part II, 1778 (1779), 801–822.

Musschenbroek, Pieter van (1692–1761)
De Viribus Magneticis. In: Philosophical Transactions, Vol. 33, 1724–1725, No. 390 (1725 September and October), 370–378.

Physicae experimentales, et geometricae, de magnete, tuborum capillarium vitreorumque speculorum attractione, magnitudine terrae, cohaerentia corporum firmorum dissertationes: Ut et ephemerides meteorologicae ultrajectinae. Lugduni Batavorum [Leiden] 1729. [BL 230 (Ausgabe Wien 1756)]

Essai de Physique [...]; Avec une Description de nouvelle sortes de Machines Pneumatiques, et un Recueil d'Expériences par J. V. M. [Jan van Musschenbroek]. Traduit du Hollandois par Pierre Massuet. T. 1–2. Leyden 1739.

Introductio ad Philosophiam Naturalem. T. 1–2. Lugduni Batavorum [Leiden] 1762. [BL 229]

Mylius, Christlob (1722–1754)
Versuch einer Bestimmung der Gesetze der Winde wenn die Erde überall mit einem tiefen Meere bedeckt wäre. In: Reflexions sur la cause generale des Vents. Pièce qui a remporté le Prix proposé par l'Academie Royale des Sciences et Belles Lettres de Prusse pour l'Année MDCCXLVI. A laquelle on a joint les Pieçes qui ont concouru. Berlin 1747, 177–224.

Nachricht 1781
Nachricht von dem Einschlagen des Blitzes in eine mit einem Ableiter versehene Kirche zu Genua. In: Sammlungen zur Physik und Naturgeschichte von einigen Liebhabern dieser Wissenschaften, Bd. 2, St. 5 (1781), 588–596.

Nachricht 1790
[Nachricht über die Einweihung der Hevelius-Büste im Danziger Rathaus]. In: ALZ, 1790, Intelligenzblatt (Nr. 163, 08.12.1790), Sp. 1345.

Nachricht 1791
Nachricht von einer neuen Erd- und Himmelskugel. In: Magazin für das Neueste aus der Physik und Naturgeschichte, Bd. 7, St. 2 (1791), 64–66.

Nairne, Edward (1726–1806)
s. John Michell;
s. Charles Blagden.

Experiments on Water obtained from the melted Ice of Sea Water, to ascertain whether it be fresh or not; and to determine its specific Gravity with respect to other Water. Also experiments to find the Degree of Cold in which Sea-Water begins to freeze. In: Philosophical Transactions, Vol. 66, Part I, 1776, 249–256. [BL 593 (Separatdruck?)]

Experiments on Electricity, being an Attempt to shew the Advantage of elevated pointed Conductors. In: Philosophical Transactions, Vol. 68, Part II, 1778 (1779), 823–860.

Natur-Begebenheiten

Natur-Begebenheiten. In: Lausitzisches Magazin, 3, St. 2 (1770), 31.1. 1770, 31–32.

Neugebauer, Otto (1899–1990)

A History of Ancient Mathematical Astronomy. P. 1–3. Berlin 1975.

Newton, Isaac (1643–1727)

Philosophiae naturalis principa mathematica. London 1687. [BL 232]

Philosophiae naturalis principia mathematica, Editio secunda auctior et emendatior. Cantabrigiae [Cambridge] 1713.
<engl.> The Mathematical Principles of Natural Philosophy. Translated into English by Andrew Motte. To which are added, the Laws of the Moon's Motion, according to Gravity, by John Machin. Vol. 1–2. London 1729.
<dt.> Die mathematischen Prinzipien der Physik. Übersetzt und hrsg. von Volkmar Schüller. Berlin u. New York 1999.

Optice: Sive de reflexionibus, refractionibus, inflexionibus & coloribus lucis, libri tres. Latine reddidit Samuel Clarke, Editio Secunda, auctior. Londini 1719.

Philosophiae Naturalis Principia Mathematica […]; Perpetuis Commentariis illustrata Thomae Le Seur & Francisci Jacquier. T. 1–3, Editio altera longe accuratior & emendatior. Genevae 1739–1742. [LB 16.10.1771]

Optice: Sive de reflexionibus, refractionibus, inflexionibus & coloribus lucis, libri tres. […] Latine reddidit Samuel Clarke, Editio novissima. Lausannae & Genevae 1740. [LB 11.10.1788]
<dt.> Optik oder Abhandlung über Spiegelungen, Brechungen, Beugungen und Farben des Lichts, 2. Aufl. (Reprint der Ausgabe Engelmann, 1898). Thun, Frankfurt am Main 1996 (Ostwalds Klassiker der exakten Wissenschaften, 96 u. 97).

Niceron, Jean Pierre (1685–1738)

Nachrichten von den Begebenheiten und Schriften berümten Gelehrten, mit einigen Zusätzen, hrsg. von Siegmund Jacob Baumgarten. Th. 1–22. Halle 1749–1777. [BL 1897]

Niebuhr, Karsten (1733–1815)
Beschreibung von Arabien. Aus eigenen Beobachtungen und im Lande selbst gesammleten Nachrichten. Kopenhagen 1772.

Nollet, Jean Antoine (1700–1770)
Leçons de Physique Experimentale. T. 1–6, Troisiéme Édition. Paris 1749–1765. [BL 525; LB 28.11.1767]

Lettres sur l'Électricité. Dans lesquelles on examine les dernieres Découvertes qui ont été faites sur cette Matiere, & les conséquences que l'on en peut tirer. Paris 1753.

North, John (1934–2008)
The Fontana History of Astronomy and Cosmology. London 1994. (Fontana history of science series)

Oberschelp, Walter (*1933) / Oberschelp, Reinhard (*1936)
Cassini, Campani und der Saturnring. In: Der Meister und die Fernrohre: das Wechselspiel zwischen Astronomie und Optik in der Geschichte: Festschrift zum 85. Geburtstag von Rolf Riekher hrsg. von Jürgen Hamel u. Inge Keil. Frankfurt am Main 2007 (Acta Historica Astronomiae, 33), 164–184.

Objections
Nouvelles Objections contre le Systême de Mr. Le Cat. In: Le Nouveau Magasin françois ou Bibliotheque instructive et amusante (1750), Septembre, 339–347.

O'Brien Drury, William (†1811)
Observations on the Magnetic Fluid. In: The Transactions of the Royal Irish Academy, Vol. 2 (1788), 119–120.

Observations
Observations de Physique générale. In: Histoire de l'Académie Royale des Sciences. Avec les mémoires de mathématique & de physique, pour la même année. Année 1753 (1757), Histoire, 72–98.

Oeconomisches Mittel
Oeconomisches Mittel, wie man den Hopfen vor dem Mehlthau allermeist bewahren, und deßen Laub und Rancken besonders nutzen könne. In: Leipziger Sammlungen von Wirthschafftlichen, Policey- Cammer- und Finantz-Sachen, Bd. 2, St. 20 (1745), 712–715.

Oertel, NN
Ideen zur Einrichtung eines Windmessers. In: Magazin für das Neueste aus der Physik und Naturgeschichte, Bd. 6, St. 1 (1789), 89–99.

Ohage, August (*1933)
„Raserei für Physiognomik in Niedersachsen". Lavater, Zimmermann, Lichtenberg und die Physiognomik. In: Georg Christoph Lichtenberg,

1742–1799. Wagnis der Aufklärung. Hrsg. von Ulrich Joost. München 1992, 175–184.

Ohnmaßgebliche Gedancken
Ohnmaßgebliche Gedancken und Erinnerungen bey des Hrn. T. W. p. 121. des 3ten Bandes und 26ten Stückes Leipziger Samml. angezeigten anderweitigen Mittels gegen den Mehlthau im Hopffen &c. In: Leipziger Sammlungen von Wirthschafftlichen, Policey- Cammer- und Finantz-Sachen, Bd. 3, St. 28 (1745), 378–382.

Olbers, Heinrich Wilhelm Matthias (1758–1840)
Ueber den auf 1789 erwarteten Cometen. In: Leipziger Magazin für reine und angewandte Mathematik, 1787, St. 4, 430–452.

Ueber die im November 1795 und April 1796 erschienenen Kometen. In: Astronomisches Jahrbuch, 1799 (1796), 100–107.

Ons-en-Bray, Louis Léon Pajot, Comte d' (1678–1754)
Anémometre qui marque de lui-même sur le Papier, non seulement les Vents qu'il a fait pendant les 24 heures, & à quelle heure chacun a commencé & fini, mais aussi leurs différentes vîtesses ou forces relatives. In: Histoire de l'Académie Royale des Sciences. Avec les mémoires de mathématique & de physique, pour la même année. Année 1734 (1736), Mémoires, 123–134.

Oppel, Friedrich Wilhelm von (1720–1769)
Anleitung zur Markscheidekunst nach ihren Anfangsgründen und Ausübungen kürtzlich entworfen. Dresden 1749.

Otto, Johann Friedrich Wilhelm (1743–1814)
Abriss einer Naturgeschichte des Meeres. Ein Beytrag zur physischen Erdbeschreibung. Erstes Bändchen. Berlin 1792. [BL 689]

Ovidius Naso, Publius (43 v. Chr –17/18 n. Chr.)
Fastorum libri sex, recensuerunt Ernest H. Alton, D. E. W. Wormell, E. Courtney. Leipzig 1978 (Bibliotheca scriptorum Graecorum et Romanorum Teubneriana).

Paets van Troostwyk, Adriaan (1752–1837)
[zus. mit Cornelis Rudoplphus Theodorus Krayenhoff] De l'Application de l'Électricité a la Physique et a la Médecine. Ouvrage Couronné par la Société Royale & Patriotique de Valence en Dauphiné. Amsterdam 1788.

Pallas, Peter Simon (1741–1811)
Observations sur la formation des Montagnes et les changemens arrivés au Globe, Particuliérement à l'égard de l'Empire Russe. St. Pétersbourg o. J. [1777].

Papers
Sundry Papers relative to an Accident from Lightning at Purfleet, May 15, 1777. In: Philosophical Transactions, Vol. 68, Part I, 1778 (1779), 232–317.

Pascal, Blaise (1623–1662)
Traitez de l'equilibre des liqueurs, et de la pesanteur de la masse de l'air. Contenant l'explication des causes de divers effets de la nature [...] & particulierement de ceux que l'on avoit attribuez à l'horreur du Vuide. Paris 1663.

Pasch, Georg (1661–1707)
De novis inventis, quorum accuratiori cultui facem praetulit antiquitas, tractatus, [...]. Editio Secunda, priori quarta parte auctior. Lipsiae [Leipzig] 1700. [LB 8.1.1784]

Pasumot, François (1733–1804)
Lettre aux auteurs du Journal de Physique. In: Observations sur la Physique, sur l'Histoire naturelle et sur les Arts, Tome 23 (1783), Septembre, 193–201.

Vergleichende Tafel der höchsten Berge, deren Höhen bestimmt sind. In: Physikalisches Taschenbuch für Freunde der Naturlehre und Künstler [für das Jahr 1786] (1785), Tab. II.

Höhen der vorzüglichsten Berge der alten und neuen Welt, und einiger Städte in der Nähe der Alpen. In: Sammlungen zur Physik und Naturgeschichte von einigen Liebhabern dieser Wissenschaften, Bd. 3, St. 4 (1786), 467–478.
[Rez. innerhalb einer Rezension des gesamten Bandes durch J. F. Gmelin]. In: AdB, Bd. 76, 1787, 158–160.

Patrin, Eugène Louis Melchior (1742–1815)
Apperçu des mines de Sibérie. In: Observations sur la Physique, sur l'Histoire naturelle et sur les Arts, Tome 33 (1788), Aout, 81–96.

Notice minéralogique de la Daourie. In: Observations sur la Physique, sur l'Histoire naturelle et sur les Arts, Tome 38 (1791), Mars, 225–245.

Suite d'un voyage minéralogique en Daourie. In: Observations sur la Physique, sur l'Histoire naturelle et sur les Arts, Tome 38 (1791), Avril, 289–299.

Pauly
Der kleine Pauly. Lexikon der Antike. Auf der Grundlage von Pauly's Realencyclopädie der classischen Altertumswissenschaft unter Mitwirkung zahlreicher Fachgelehrter bearb. von Konrat Ziegler und Walter Sontheimer. Bd. 1–5. München 1964–1975.

Pekarskij, Petr P. (1828–1872)
Istorija Imperatorskoj Akademii Nauk v Peterburge. Tom pervy. Sanktpeterburg 1870.

Pemberton, Henry (1694–1771)
A view of Sir Isaac Newton's philosophy, Reprint. Dublin 1728. [LB 6.6.1787]

Pennant, Thomas (1726–1798)
Supplement to the Arctic Zoology. London 1787.

Percival, Thomas (1740–1804)
On the different Quantities of Rain which fall, at different Heights, over the same Spot of Ground, with a Letter from Benjamin Franklin [Read January 21, 1784]. In: Memoirs of the Literary and Philosophical Society of Manchester, Vol. 2 (1785), 106–113.

Perrault, Charles (1628–1703)
Paralelle des Anciens et des Modernes. T. 1–4. Paris 1692–1696.
—, T. 3, 1692
—, T. 4, 1696.

Perrault, Claude (1613–1688) und Perrault, Pierre (1611–1680)
Oeuvres diverses de Physique et de Mechanique. T. 1–5 [2 Bd.]. Leide 1721
—, T. 5: Recueil de divers traitez de Physique et de Mechanique,
— —, 715–850: Traité de l'origine des Fontaines, par Pierre Perrault.

Pfaff, Johann Friedrich (1765–1825)
Commentatio de ortibus et occasibus siderum apud auctores classicos commemoratis. Gottingae 1786. [BL 329]

Phipps, Constantine John (1744–1792) [2nd Baron Mulgrave]
A voyage towards the North Pole undertaken by His Majesty's command 1773. London 1774. [LB 18.5.1778]

Picard, Jean (1620–1682)
Mesure de la terre. Paris 1671.
Mesure de la terre. In: Mémoires de l'Académie Royale des Sciences. Depuis 1666. jusqu'à 1699, T. 7, P. 1, 1729, 133–190.

Pictet, Marc Auguste (1752–1825)
Essai sur le Feu. Genève 1790. [BL 555]

Pierer, Heinrich August (1794–1850)
Universal-Lexikon der Vergangenheit und Gegenwart oder Neuestes encyclopädisches, Wörterbuch der Wissenschaften, Künste und Gewerbe. 4., umgearbeitete und stark vermehrte Aufl. Bd. 1–19. Altenburg 1857–1865.
—, Bd. 15, 1862: Säugethiere – Sicilicus.

Pilgram, Anton (1730–1793)
Untersuchungen über das Wahrscheinliche der Wetterkunde: durch Vieljährige Beobachtungen. Abth. 1–2. Wien 1788. [BL 707]

Pingré, Alexandre Guy (1711–1796)
Dissertation sur la comète de l'année 1264, et détermination de sa théorie. In: Histoire de l'Académie Royale des Sciences. Avec les mémoires de mathématique & de physique, pour la même année. Année 1760 (1766), Mémoires, 179–203.

Cométographie ou traité historique et théorique des Comètes. T. 1–2. Paris 1783–1784. [LB 20.12.1785]

De la recherche de la Comète de 1532 & 1661, dont on attend le retour vers 1789, ou en des années voisines. In: Connaissance des temps, ou des Mouvements célestes, 1789 (1786), 299–323.

Pini, Ermenegildo (1739–1825)
Saggio di una nuova teoria della terra. In: Opuscoli scelti sulle scienze e sulle arti, T. 13, P. 6 (1790), 361–389.

Platon (427–347 v. Chr.)
Opera quae extant omnia. Graece & Latine, Ex Nova Ioannis Serrani interpretatione, perpetuis eiusdem notis illustrata: quibus & methodus & doctrinae summa breviter & perspicue indicatur. Eiusdem Annotationes, quibus obscuri quidam loci illustrantur. T. 1–3. o. O. [Genf], o. J. [1578].

Plinius Secundus, Gaius, gen. der Ältere (um 23–79)
Histoire Naturelle de Pline traduite en François [par Louis Poinsinet de Sivry], avec le texte latin rétabli d'après les meilleures leçons manuscrites. Accompagnée de notes critiques pour l'éclaircissement du texte, & d'observations sur les connoissances des anciens comparées avec les découvertes des Modernes. T. 1–12. Paris 1771–1782.

Naturgeschichte übersetzt von Gottfried Große. Bd. 1–12. Frankfurt am Main 1781–1788.

Naturalis historiae libri XXXVII. Vol. 1–5. Lipsiae [Leipzig] 1875–1909 (Bibliotheca scriptorum Graecorum et Romanorum Teubneriana).

Pluche, Noël-Antoine (1688–1761)
Le spectacle de la nature, ou entretiens sur les particularités de l'histoire naturelle, qui ont paru les plus propres à rendre les jeunes-gens curieux, & à leur former l'esprit. T. 1–4. Utrecht 1733–1739. [LB 5.12.1778]
—, T. 3, P. 1, 1736, contenant ce qui regarde le dehors & l'interieur de la Terre.
<dt.> Schau-Platz der Natur, Oder: Gespräche von der Beschaffenheit und den Absichten der Natürlichen Dinge: wodurch die Jugend zu weitern Nachforschen aufgemuntert, und auf richtige Begriffe von der Allmacht und Weißheit Gottes geführet wird. Th. 1–8. Wien 1746–1755.

Le spectacle de la nature. Th. 1–8. Paris 1754–1755.

Plutarchos von Chaironeia (um 45 – nach 120)

Ex Plutarchi Chaeronei moralibus opuscula aliquot hactenus non conversa. [...]. Gyberto Longolio interprete. Coloniae [Köln] 1542.

De Placitis Philosophorum libri V. Latine reddidit, recensuit adnotationibus, variantibus lectionibus dissertationibus illustravit Eduardus Corsinus. Florentiae 1750.

Moralia, recognovit Gregorius N. Bernardakis. Vol. 1–7. Lipsiae [Leipzig] 1888–1896 (Bibliotheca scriptorum Graecorum et Romanorum Teubneriana).
—, Vol. 5, 1893, 264–373 [874–911]: De placitis philosophorum, Lib. 1–5;
— —, 402–472 [920–945]: De facie quae in orbe lunae apparet.
—, Vol. 6, 1895, 119–153 [999–1011]: Platonicae quaestiones.

Oeuvres morales. T. 1–15. Paris 1972–2012 (Collection des universités de France Série grecque, 356).
—, T. 12, Pt. 2, 1993: Opinions des philosophes. Texte établi et traduit par Guy Lachenaud.

Poldauf, Susanna (*1969)

Philidor. Eine einzigartige Verbindung von Schach und Musik. 2. Aufl. Berlin 2009.

Poleni, Giovanni (1683–1761)

s. Nicolo Alerbo d'Aragona.

Epistola, qua continetur summarium observationum meteorologicarum per sexennium Patavii habitarum. In: Philosophical Transactions, Vol. 40, 1737–1738, No. 448 (1738 June and July), 239–248.

Poole, Robert (*1957)

Time's Alteration. Calendar Reform in Early Modern England. London 1998.

Pope, Alexander (1688–1744)

The Works, complete, with his last Corrections, Additions, and Improvements, [...]: Printed verbatim from the Octavo Edition of Mr. Warburton. Vol. 1–6, London 1764. [BL 1662; LB 22.7.1776]

Postscript

Postscript continued. In: The London Chronicle, Vol. 60, 1786, Nr. 4664, From Tuesday, October 10, to Thursday, October 12, 360.

Pownall, Thomas (1722–1805)

[zus. mit Benjamin Franklin] Hydraulic and Nautical Observations on the Currents in the Atlantic Ocean, Forming an Hypothetical Theorem for Investigation, to which are annexed some Notes by Dr. Franklin. London 1787.

Prevost, Pierre (1751–1839)

Mémoire sur le mouvement progressif du centre de gravité de tout le Système solaire. In: Nouveaux Mémoires de l'Académie Royale des Sciences et Belles-Lettres [de Berlin]. Avec l'Histoire pour la même année. Année 1781 (1783), Mémoires, 418–471.

De l'origine des forces magnétiques. Genève 1788. [BL 655]
<dt.> Vom Ursprunge der magnetischen Kräfte. [...] Aus dem Französischen übersetzt von David Ludewig Bourguet. Mit einer Vorrede von Friedrich Albrecht Carl Gren. Halle 1794.

Priestley, Joseph (1733–1804)

The History and Present State of Electricity with original Experiments. London 1767. [BL 661; LB 26.10.1777]

The History and Present State of Electricity, with original Experiments, The second edition, corrected and enlarged. London 1769.
<dt.> Geschichte und gegenwärtiger Zustand der Elektricität, nebst eigenthümlichen Versuchen. Nach der zweyten vermehrten und verbesserten Ausgabe aus dem Englischen übersetzt und mit Anm. begleitet von Johann Georg Krünitz. Berlin u. Stralsund 1772.

Pringle, John (1707–1782)

Several Accounts of the fiery Meteor, which appeared on Sunday the 26th of November, 1758, between Eight and Nine at Night. In: Philosophical Transactions, Vol. 51, Part I, 1759 (1760), 218–259.

Some Remarks upon the several Accounts of the fiery Meteor (which appeared on sunday the 26th of November, 1758), and upon other such Bodies. In: Philosophical Transactions, Vol. 51, Part I, 1759 (1760), 259–274.

Pseudo-Plutarch

s. Plutarchos

Ptolemaios, Klaudios (2. Jh. n. Chr.)

Opera quae exstant omnia, edidit J. L. Heiberg. Vol. 1–2. Lipsiae [Leipzig] 1898–1907.
—, Vol. 1: Syntaxis Mathematica: [LB 10.11.1791 (Ausgabe Venedig 1728)]
— —, P. 1, 1898: Lib. 1–6.
— —, P. 2, 1903: Lib. 7–13.

Harmonicorum libri tres. Ex codd. mss. undecim, nunc primum Graece editus, Johannes Wallis [...] recensuit, edidit, versione et notis illustravit, et auctarium adiecit. Oxonium [Oxford] 1682.

Die Harmonielehre des Klaudios Ptolemaios, hrsg. von Ingemar Düring. Göteborg 1930 (Göteborgs Högskolas årsskrift, 36,1).

Handbuch der Astronomie. Deutsche Übersetzung und erläuternde Anm. von K. Manitius. Vorwort und Berichtigungen von O. Neugebauer. Bd. 1–2. Leipzig 1963.

Quiroz, Alfonso W. (*1956)
Corrupt Circles. A History of Unbound Graft in Peru. Washington, D. C. u. Baltimore 2008.

Ramsey, John T. (*1946)
[zus. mit A. Lewis Licht] The Comet of 44 B.C. and Caesar's Funeral Games. Atlanta, Ga. 1997 (American classical studies, 39).

Raspe, Rudolph Erich (1736–1794)
Specimen historiae naturalis globi terraquei, praecipue de novis e mari natis insulis, et ex his exactius descriptis & observatis, ulterius confirmanda, Hookiana telluris hypothesi, de origine montium et corporum petrefactorum. Amstelodami & Lipsiae [Leipzig] 1763.

Ray, John (1627–1705)
Miscellaneous Discourses concerning the Dissolution and Changes of the World. Wherein the Primitive Chaos and Creation, the General Deluge, Fountains, Formed Stones, Sea-Shells found in the Earth, Subterraneous Trees, Mountains, Earthquakes, Vulcanoes, the Universal Conflagration and Future State, are largely Discussed and Examined. London 1692.

Three Physico-Theological Discourses, Concerning I. The Primitive Chaos, and Creation of the World. II The General Deluge, its Causes and Effects. III. The Dissolution of the World, and Future Conflagration. [...] The Third Edition, [...] much more Enlarged than the former Editions, from the Author's own MSS. London 1713.
<dt.> Drey Physico-Theologische Betrachtungen von der Welt Anfang, Veränderung und Untergang. Worinnen I. Das erste Chaos, oder der unförmliche vermischte Klumpen, und die Erschaffung des Himmels und der Erden, II. Die allgemeine Sündfluth, deren Ursachen und Würckungen, III. Die Auflösung der Welt und zukünfftige Verbrennung; [...] Aus dem Englischen übersetzt von Theodoro Arnold. Leipzig 1732.

Razumovskij, Grigorii Kirillovic (1759–1837)
Idées sur la formation des granits. In: Observations sur la Physique, sur l'Histoire naturelle et sur les Arts, Tome 39 (1791), Octobre, 250–254.

Réaumur, René Antoine Ferchault de (1683–1757)
Memoires pour servir à l'Histoire des Insectes. T. 1–6. Amsterdam 1734–1742.
—, T. 3, P. 2, 1738: Histoire des Vers mineurs des feuilles, des Teignes, des fausses Teignes, des Pucerons, des ennemis des Pucerons, des faux Pucerons, & l'Histoire des Galles des plantes, & de leurs Insectes.

Recherches

Recherches physiques et mathematiques sur la theorie des Vents reglés sujet proposé par l'Academie Royale des Sciences pour 1746. In: Reflexions sur la cause generale des Vents. Pièce qui a remporté le Prix proposé par l'Academie Royale des Sciences et Belles Lettres de Prusse pour l'Année MDCCXLVI. A laquelle on a joint les Pieçes qui ont concouru. Berlin 1747, 137–176.

Reimarus, Johann Albert Heinrich (1729–1814)

Die Ursache des Einschlagens vom Blitze, nebst dessen natürlichen Abwendung von unsern Gebäuden. Langensalza 1769.

Vom Blitze. Hamburg 1778.

Neuere Bemerkungen vom Blitze; dessen Bahn, Wirkung, sichern und bequemen Ableitung: aus zuverläßigen Wahrnehmungen von Wetterschlägen dargelegt. Hamburg 1794. [BL 594]

[Rez. durch G. C. Lichtenberg]. In: GGA 1794, St. 119, 26.7.1794, 1192–1199.

Reinhold, Erasmus (1511–1553)

Prutenicae tabulae coelestium motuum. Tubingae 1551.

Reuss, Franz Ambrosius (1761–1830)

s. Abraham Gottlob Werner.

Revillas, Diego de (1690–1746)

s. Nicolo Alerbo d'Aragona.

Riccioli, Giovanni Battista (1598–1671)

Almagestum novum. Astronomiam veterem novamque complectens [...] in tres tomos distributam [...]. Bononiae [Bologna] 1651. [LB 22.4.1774]

Geographiae et hydrographiae reformatae, nuper recognitae, & auctae, libri Duodecim. Venetiis 1672.

Richer, Jean (1630–1696)

Observations astronomiques et physiques faites en l'isle de Caïenne. Paris 1679.

Richmann, Georg Wilhelm (1711–1753)

Qua ratione instrumentum, quo quantitas aquae, calore atmosphaerae naturali ex superficie aquae certa in aerem elevatae, commode mensuratur, construi debeat. In: Commentarii Academiae Scientiarum Imperialis Petropolitanae, T. 14, 1744–1746 (1751), 273–275.

Atmometri sive machinae hydrostaticae ad evaporationem aquae certae temperiei mensurandam aptae constructio [...]. In: Novi Commentarii Academiae Scientiarum Imperialis Petropolitanae, T. 2, 1749 (1751), 121–127.

De indice electricitatis et de eius usu in definiendis artificialis et naturalis electricitatis phaenomenis dissertatio. In: Novi Commentarii Academiae Scientiarum Imperialis Petropolitanae, T. 4 1752–1753 (1758), 301–340.

Riesbeck, Johann Kaspar (1754–1786)
Briefe eines Reisenden Franzosen über Deutschland an seinen Bruder zu Paris. Uebersetzt von K. R. Bd. 1–2. o. O. [Zürich] 1783.

Rimrod, Friedrich August (1731–1809)
Unterhaltungen über die Erde und den Menschen. Mit einem Versuch über eine neue Theorie von der Oberfläche der Erde. Wetzlar 1795.

Rittenhouse, David (1732–1796)
[zus. mit Francis Hopkinson] An Account of the effects of a stroke of Lightning on a House furnished with two Conductors, in a Letter to R. Patterson. [Read Oct. 15, 1790.]. In: Transactions of the American Philosophical Society, Vol. 3 (1793), 122–125.

Robertson, John (1712–1776)
s. Henry Cavendish.

Rochon, Alexis-Marie de (1741–1817)
Opuscules Mathématiques. Brest 1768.
—, 37–50: Mémoire sur un moyen d'observer facilement en mer les éclipses des Satellites de Jupiter.

Röderer, Johann Georg (1726–1763)
Sermo de pondere et longitudine infantum recens natorum. In: Commentarii Societatis Regiae Scientiarum Gottingensis, T. 3, 1753, 410–424.

Röhl, Lambert Heinrich (1724–1790)
Merkwürdigkeiten von den Durchgängen der Venus durch die Sonne. Greifswald 1768. [BL 337]

Einleitung in die Astronomischen Wissenschaften. Th. 1–2. Greifswald 1768–1779. [BL 336]

Vitam Andreae Mayeri, [...] scripsit L. H. Röhl. Gryphiswaldiae [Greifswald] 1783.

Romas, Jacques de (1713–1776)
Mémoire, Où après avoir donné un moyen aisé pour élever fort haut, & à peu de frais, un corps Électrisable isolé, on rapporte des observations frappantes, qui prouvent que plus le corps isolé est élevé au dessus de la terre, plus le feu de l'Électricité est abondant. In: Mémoires de Mathématique et de Physique, présentés à l'Académie Royale des Sciences, par divers Savans, & lûs dans ses Assemblées, T. 2, 1755, 393–407.

Rosenthal, Gottfried Erich (1745–1814)
Beyträge zu der Verfertigung, der wissenschaftlichen Kenntniß und dem Gebrauche meteorologischer Werkzeuge. Bd. 1–2. Gotha 1782–1784. [BL 708]

Rost, Johann Leonhard (1688–1727)
Warhafte, ausführliche und vollständige Beschreibung, desjenigen merckwürdigen so genandten Nord-Scheines; Der sich An. 1721. Sonnabends den 1. Martii die gantze Nacht durch, [...] zu Nürnberg [...] hat sehen lassen. Zweyte verbesserte Aufl. Gedruckt daselbst [d.i. Nürnberg] o. J. [1721]. [BL 701a]

Roth, Erwin (1931–2002)
Tobias Mayers Mondkarten und Mondkugel. Marbach am Neckar 1994 (Schriftenreihe des Tobias-Mayer-Museum e.V., 19).

Roy, William (1726–1790)
Experiments and Observations made in Britain, in order to obtain a Rule for measuring Heights with the Barometer. In: Philosophical Transactions, Vol. 67, Part II, 1777 (1778), 653–787.

Rüpke, Jörg (*1962)
Zeit und Fest. Eine Kulturgeschichte des Kalenders. München 2006.

Rumford
s. Thompson, Benjamin, Reichsgraf von Rumford

Sack, Friedrich Wilhelm (1726–1800)
Betrachtung der Sonnenwelt. Breslau 1782.

Geologie oder Betrachtung der Erde. Breslau 1785.

Kosmologische Betrachtungen über den neu entdeckten Planeten. Breslau 1785.
[Rez. durch A. G. Kästner]. In: GGA 1786, St. 22, 9.2.1786, 210–212.

Sammlung
Sammlung astronomischer Tafeln. Bd. 1–3. Berlin 1776. [BL 342]

Sander, Heinrich (1754–1782)
Kleine Schriften. Nach dessen Tod hrsg. von Georg Friedrich Götz. Bd. 1–2. Dessau u. Leipzig 1784–1785.
—, Bd. 1, 1784, 324–328: Von einem merkwürdigen See in der obern Marggrafschaft Baden.

San Martino, Giambattista da (1739–1800)
Lettre au François-Marie Stella, dans laquelle il recherche d'où est fournie aux plantes toute cette quantite d'eau nécessaire à leur nourriture. Article traduit de l'italien. In: L'Esprit des Journaux, François et Étrangers, Année 19, 1790, T. 4, Avril, 361–372.

Santorio, Santorio (1561–1636)

Ars [...] de statica medicina, aphorismorum sectionibus octo comprehensa; & Hippolyti Obicii statico mastix sive ejusdem artis demolitio; Cui in fine accessit tractatus physicus, Editio ultima Correctior. Lipsiae [Leipzig] 1670.

Sarti, Cristofano

Saggio di congetture su i terremoti. Lucca 1783.

Saussure, Horace-Bénédict de (1740–1799)

Voyages dans les Alpes, Précédés d'un essai sur l'histoire naturelle des environs de Genève. T. 1–4. Neuchatel [T. 2: Genève] 1779–1796. [Quartausgabe; BL 241; LB 1.3.1783 (Bd. 1)]

—, T. 1, 1779.

—, T. 2, 1786.

—, T. 3–4, 1796.

<dt.> Reisen durch die Alpen, nebst einem Versuche über die Naturgeschichte der Gegenden von Genf. Aus dem Französischen übersetzt und mit Anm. bereichert [von Jac. Sam. Wyttenbach]. Th. 1–4. Leipzig 1781–1788.

Voyages dans les Alpes, Précédés d'un essai sur l'histoire naturelle des environs de Genève. T. 5–8. Neuchatel 1796. [Oktavausgabe]

Essais sur l'hygrométrie. Neuchatel 1783. [LB 20.4.1784]

<dt.> Versuch über die Hygrometrie. Leipzig 1784. [BL 508]

Relation abrégée d'un voyage à la cime du Mont-Blanc en Août 1787. Genève 1787.

<dt.> Nachricht von einer Reise des Hrn. de Saussüre nachdem Gipfel des Montblanc nebst dendaselbst angestellten Beobachtungen. In: GMWL, Jg. 5, St. 1 1788, 24–49.

Savioli, Giovanni Battista (1748–1823)

Dissertatio in caussam physicam aurorae borealis. Bergomi 1789.

<ital.> Dissertazione sulla causa fisica dell'aurora boreale [...] tradotta dall'originale latino con qualche aggiunta dell'autore. Milano 1790.

[Rez. durch T. Christie]. In: The analytical Review, or History of Literature, Domestic and Foreign, on an Enlarged Plan, Vol. 9, 1791, February, 231.

Scarella, Giambattista (1711–1779)

De magnete libri quatuor in duos tomos distributi. Brixiae 1759. [LB 30.10.1779]

Schaubach, Johann Konrad (1764–1849)

Ueber die Meynungen der Alten von unserm Sonnensystem. Eine Einladungsschrift zu drey Abschiedsreden. Meiningen o. J. [1796].

Scheele, Carl Wilhelm (1742–1786)
Chemische Abhandlung von Luft und Feuer. Nebst einem Vorberichte von Torbern Bergman. 2. verbesserte Ausgabe [...] vermehrt und mit einem Register versehen von Johann Gottfried Leonhardi. Leipzig 1782. [BL 509]
—, 268–276: Erfahrungen über die Menge der reinen Luft die sich in unsrer Athmosphäre befindet.

Scheffer, Henrik Teofilus (1710–1759)
Chemische Vorlesungen, über die Salze, Erdarten, Wässer, entzündliche Körper, Metalle und das Färben; gesammlet, in Ordnung gestellt und mit Anm. hrsg. vom Herrn [...] Torb. Bergmann. Aus dem Schwedischen übersetzt von Christian Ehrenfried Weigel. Greifswald 1779. [BL 793]

Scheiner, Christoph (1575–1650)
De maculis solaribus et stellis circa Iovem errantibus, accuratior disquisitio, ad Marcum Velserum Augustae Vind. Il. virum perscripta. Augustae Vindelicorum [Augsburg] 1612.

Rosa Ursina sive Sol ex admirando Facularum & Macularum suarum Phoenomeno varius, necnon circa centrum suum & axem fixum [...], Libris quatuor mobilis ostensus. Bracciani 1630.

Scheuchzer, Johann Jakob (1672–1733)
Dissertation latine sur l'Origine des Montagnes, ou sur la Formation de la Terre. In: Histoire de l'Académie Royale des Sciences. Avec les mémoires de mathématique & de physique, pour la même année. Année 1708 (1709), Histoire, 30–33.

Schickard, Wilhelm (1592–1635)
Astroscopium, pro facillima stellarum cognitione noviter excogitatum. o. O. [Tübingen] 1623.

Schiller, Julius (1581–1627)
Coelum stellatum christianum. Augustae Vindelicorum [Augsburg] 1627.

Schimpf, Wolfgang (*1953)
Konrad Siegmund Ziehen. Bibliographischer Beitrag zur Geschichte einer nichtaufgeklärten Epoche. In: Lichtenberg-Jahrbuch, 1993 (1994), 221–233.

Schober, Christian Georg
Zweene Versuche mit dem Barometer, in den pohlnischen Salzgruben, Wieliczka und Bochnia. In: Hamburgisches Magazin, oder gesammlete Schriften, zum Unterricht und Vergnügen, aus der Naturforschung und den angenehmen Wissenschaften überhaupt, Bd. 3, St. 3 (1749), 250–255.

Schrank, Franz von Paula (1747–1835)
Bemerkung zweier weissen Nordlichter, nebst Herrn Hells Gedanken über das Steigen und Fallen des Queksilbers. In: Leipziger Magazin zur Naturkunde, Mathematik und Oekonomie, 1783, St. 1, 98–102.

Schreibers, Karl Franz Anton von (1775–1852)
s. Ernst Florens Friedrich Chladni.

Schröter, Johann Hieronymus (1745–1816)
[Beobachtung eines merkwürdigen Lichtflecks in der nicht erleuchteten Mondscheibe]. In: GGA 1788, St. 172, 27.10.1788, 1721–1723.

Beschreibung seiner Sternwarte, Bestimmung der Polhöhe von Bremen und Lilienthal und Beobachtungen von Jupiterstrabanten-Verfinsterungen. In: Astronomisches Jahrbuch, 1788 (1785), 220–226.

Entwurf zu einer Monds-Topographie, sammt allgemeinen Bemerkungen über die Beschaffenheit der Mondsfläche. In: Ders., Beiträge zu den neuesten astronomischen Entdeckungen. Hrsg. von Johann Elert Bode. [Bd. 1.] Berlin 1788, 221–247. [BL 348]

Beobachtungen über die Sonnenfackeln und Sonnenflecken. Erfurt 1789. [BL 347]

[Referat von A. G. Kästner] Nachtrag zu den Beobachtungen des Saturns. In: GGA 1790, St. 3, 12.07.1790, 1113–1117.

Selenotopographische Fragmente zur genauern Kenntniss der Mondfläche, ihrer erlittenen Veränderungen und Atmosphäre, sammt den dazu gehörigen Specialcharten und Zeichnungen. Lilienthal 1791.

Beobachtung der Sonnenfinsterniss vom 4. Jun. 1788 über σ im Orion und Algol im Perseus, nebst verschiedenen astronomischen Bemerkungen. In: Astronomisches Jahrbuch, 1791 (1788), 216–220.

Selenotopographische Fragmente zur genauern Kenntniss der Mondfläche, ihrer erlittenen Veränderungen und Atmosphäre, sammt den dazu gehörigen Specialcharten und Zeichnungen. Th. 1–2. Göttingen 1791–1802. [BL 352]

[Ref. von A. G. Kästner] Umdrehung der Venus um eine Axe. In: GGA 1792, St. 25, 13.02.1792, 241–246.

[Ref. von A. G. Kästner über] die Atmosphäre der Venus. In: GGA 1792, St. 77, 14.05.1792, 769–772.

Observations on the Atmosphere of Venus and the Moon, their Respective Densities, Perpendicular Heights, and the Twi-Light Occasioned by Them. In: Philosophical Transactions, Vol. 82, Part II, 1792, 309–361. [BL 350 (Separatdruck)]

Beobachtungen und Bemerkungen über den Mond. In: Astronomisches Jahrbuch, 1792 (1789), 176–190.

Beobachtungen über die sehr betraechtlichen Gebirge und Rotation der Venus. Erfurt 1793. [BL 346]

Beobachtungen und Bemerkungen über Ungleichheiten der Venus-Kugel. In: Astronomisches Jahrbuch, 1793 (1790), 136–142.

[Lichtsprudel]. In: Astronomisches Jahrbuch, 1793 (1790), 249–250.

Aus einem Schreiben die Venusbeobachtungen betreffend. In: Astronomisches Jahrbuch, 1793 (1790), 251.

New Observations in Further Proof of the Mountainous Inequalities, Rotation, Atmosphere, and Twilight, of the Planet Venus. In: Philosophical Transactions, Vol. 85, Part I, 1795, 117–176. [BL 351]
[Rez. von A. G. Kästner] In: GGA 1796, St. 2, 02.01.1796, 9–11.

Beobachtungen über die Rotation der Venus, so wie über die Atmosphäre und Dämmerungen dieses Planeten und des Mondes. In: Astronomisches Jahrbuch, 1795 (1792), 209–219.

Aldebarans Bedeckung vom Monde, den 1sten November 1792; und die Lichtabwechselung eines beym Algol befindlichen sehr kleinen Sterns. In: Astronomisches Jahrbuch, 1796 (1793), 192–196.

Aphroditographische Fragmente, zur genauern Kenntniss des Planeten Venus; sammt beygefügter Beschreibung des Lilienthalischen 27 füssigen Telescops, mit practischen Bemerkungen und Beobachtungen über die Grösse der Schöpfung. Helmstedt 1796. [BL 349]

Beobachtung der großen Sonnenfinsterniss den 5ten September 1793. In: Astronomisches Jahrbuch, 1797 (1794), 151–154.

Bemerkungen über das Verhältnis des Polar- und Aequatorialdurchmessers, oder die sphäroidische Gestalt des Planeten Jupiter, und eine noch überhin anscheinende besondere Abplattung seiner südlichen Halbkugel. In: Ders., Neuere Beyträge zur Erweiterung der Sternkunde. Göttingen 1798, Miscellen, 3–15.

Schubert, Friedrich Theodor (1758–1825)
Ueber die Parallaxe der Fixsterne. In: Astronomisches Jahrbuch, 1796 (1793), 113–131.

Schülen, Maximilian Ludwig Christoph (1722–1790)
Beyträge zu Dioptrik und Geschichte des Glases, nebst beigefügter Nachricht, von einer am Fixsternenhimmel wahrgenommenen äuserst merkwürdigen Begebenheit. Nördlingen 1782.

Schulz, Joachim Christian Friedrich (1762–1798)
Aphorismen zur allgemeinen Kunde der gesamten kaiserlichen Staaten. (Fortsetzung.). In: Deutsches Museum, Bd. 1, St. 4 (1787), April, 325–351.

Schulze, Johann Karl Gottlieb (1749–1790)
Neue und erweiterte Sammlung logarithmischer, trigonometrischer und anderer zum Gebrauch der Mathematik unentbehrlicher Tafeln. Bd. 1–2. Berlin 1778. [BL 163]

Schwab, Johann Christoph (1743–1821)
Prüfung der Kantischen Hypothese von dem mechanischen Ursprung des Planetensystems. In: Philosophisches Archiv, Bd. 1, St. 2, 1792, 1–36.

Sédileau, NN (†1693)
De l'origine des Rivieres, & de la quantité de l'eau qui entre dans la mer & qui en sort. In: Mémoires de l'Académie Royale des Sciences. Depuis 1666. jusqu'à 1699, T. 10 (1693) 1730, 325–339.

Segner, Johann Andreas von (1704–1777)
Einleitung in die Natur-Lehre. Dritte sehr verbesserte Aufl. Göttingen 1770. [LB 10.10.1766 (2. Aufl)]

Senebier, Jean (1742–1809)
Dissertatio de vapore Genevae observato durante anno 1783. In: Ephemerides Societatis Meteorologicae Palatinae, Observationes anni 1783 (1785), 431–435.

Observation sur la Vapeur qui a régné pendant l'été de 1783. In: Observations sur la Physique, sur l'Histoire naturelle et sur les Arts, Tome 24 (1784), Mai, 404–411.

Second mémoire sur les moyens de perfectionner la Météorologie. In: Observations sur la Physique, sur l'Histoire naturelle et sur les Arts, Tome 30 (1787), Mars, Avril, Mai, 177–185, 245–253, 328–341.

Seneca, Lucius Annaeus (4?–65)
Physikalische Untersuchungen aus dem Lateinischen übersetzt und mit Anm. versehen von Friedrich Ernst Ruhkopf. Leipzig 1794. [BL 537]

Questions naturelles. Texte établi et traduit par Paul Oltramare. T. 1–2, 3. Aufl. Paris 1973/ 2003.

Naturalium quaestionum libri, recognovit Harry M. Hine. Stutgardiae et Lipsiae [Leipzig] 1996 (Bibliotheca scriptorum Graecorum et Romanorum Teubneriana).

Senex, John (1678–1740/41)
Zodiacus Stellatus fixas omnes hactenus cognitas, ad quas lunae appulsus ullibi terrarum telescopio observari poterunt, complexus. o. O. [London] 1710.

Serain, Pierre Eutrope (1748–1820)
Nouvelles recherches sur la génération des êtres organisés, Auxquelles on a joint quelques conjectures sur les principes des Corps, & une nouvelle théorie de la Terre. Paris 1783.

Seyffer, Karl Felix von (1762–1822)
Über die Abweichung der Magnetnadel. In: GGA 1788, St. 208, 29.12.1788, 2081–2083.

Short, James (1710–1768)
s. Nicolo Alerbo d'Aragona.

Shuckburgh-Evelyn, George (1751–1804)
Observations made in Savoy, in order to ascertain the height of Mountains by means of the Barometer; being an Examination of Mr. de Luc's Rules, delivered in his Recherches sur les Modifications de l'Atmosphere. In: Philosophical Transactions, Vol. 67, Part II, 1777 (1778), 513–905.

Silberschlag, Georg Christoph (1731–1790)
Neue Theorie der Erde oder ausführliche Untersuchung der ursprünglichen Bildung der Erde nach den Berichten der heiligen Schrift und den Grund-Sätzen der Natur-Lehre und Mathematic. Berlin 1764.
[Rez. durch L. H. Röhl]. In: Neue Critische Nachrichten, Bd. 1, St. 3 (1765), 21–22.
[Rez. durch A. G. Kästner]. In: GGA 1765, St. 9, 1.8.1765, 733–734.
[Rez. durch A. G. Kästner]. In: Wöchentliche Anzeigen zum Vortheil der Liebhaber der Wissenschaften und Künste, Bd. 3, St. 25 (1766), 298–300.
[Rez. durch A. G. Kästner]. In: AdB, Bd. 2, 1766, St. 1, 66–73.

Geogenie oder Erklärung der mosaischen Erderschaffung nach physikalischen und mathematischen Grundsätzen. Th. 1–3. Berlin 1780–1783.

Siscoe, George L. (*1937)
An Historical Footnote on the Origin of 'Aurora Borealis'. In: History of Geophysics 2 (1986), 11–14.

Smeaton, John (1724–1792)
An experimental Enquiry concerning the natural Powers of Water and Wind to turn Mills, and other Machines, depending on a circular Motion. In: Philosophical Transactions, Vol. 51, Part I, 1759 (1760), 100–174.

Smith, Robert (1689–1768)
A Compleat System of Opticks [...]. Vol. 1–2. Cambridge 1738.
<dt.> Vollständiger Lehrbegriff der Optik nach Herrn Robert Smiths Englischen mit Aenderungen und Zusätzen ausgearbeitet von A. G. Kästner. Altenburg 1755. [BL 463]

Snellius, Willebrordus (1580–1626)
Eratosthenes batavus. De Terrae ambitus vera quantitate. Lugduni Batavorum [Leiden] 1617.

Soulavie, Jean Louis Giraud (1752–1813)
Histoire naturelle de la France Méridionale. T. 1–7. Paris 1780–1784.

Spallanzani, Lazaro (1729–1799)
Reisen in beyde Sicilien und in einige Gegenden der Appeninen. Aus dem Italienischen mit Anm. Th. 1–7. Leipzig 1795–1798.

Sparrman, Anders (1748–1820)
Versuch mit salzigem Seewasser, aus größrer Tiefe gehoben, süßes Wasser zu ersparen. In: Der Königl. Schwedischen Akademie der Wissenschaften Abhandlungen aus der Naturlehre, Haushaltungskunst und Mechanik, Bd. 39, 1777 (1782), 20–24.

Sprengel, Matthias Christian (1746–1803)
Geschichte der wichtigsten geographischen Entdeckungen. Ein Grundris zu academischen Vorlesungen. Halle 1783.

Stahl, Georg Ernst (1659–1734)
Gründliche Abhandelung Des Aderlassens, sowohl den Gebrauch und Mißbrauch, Als auch dessen besondere Application auf dem Fusse, und andern gewissen Theilen des Leibes, betreffend. Nebst einem ausführlichen Bericht, Was von Aderlassen in hitzigen Fiebern zu halten sey. Leipzig 1734.

Standage, Tom
Der Türke. Die Geschichte des ersten Schachautomaten und seiner abenteuerlichen Reise um die Welt. Berlin 2005 (BvT, 317).

Stanhope, Charles
s. Charles Mahon

Steinberg, Franz Anton von (1684–1765)
Gründliche Nachricht, Von dem in Inner-Crain liegenden Czirknizer-See, Worinnen: Alle Seltenheiten desselben, durch funfzehen-jährige Experienz auf das genaueste beschrieben, […]. Grätz 1761.

Steinmetz, Dirk
Die Gregorianische Kalenderreform von 1582. Oftersheim 2011.

Stephensen, Magnus (1762–1833)
Beschreibung des Ausbruches eines neuen Vulkans im Vestriskaftafellssyssla im Jahre 1783. In: Christian Ulrich Detlev von Eggers: Philosophische Schilderung der gegenwärtigen Verfassung von Island, nebst Stephensens zuverläßiger Beschreibung des Erdbrandes im Jahre 1783 und anderen authentischen Beylagen. Altona u. Leipzig 1786, 307–386.

Stevenson, Edward Luther (1858–1944)
Terrestrial and Celestial Globes, their History and Construction. Vol. 1–2. New Haven, Conn. 1921.

Stevin, Simon (1548–1620)
Hypomnemata Mathematica [...] è Belgico in Latinum à Wil[lebrordo] Sn[ellio] conversa. T. 1–5. Lugduni Batavorum [Leiden] 1605–1608.
—, T. 1: Cosmographia
— —, P. 2, 1605: De Geographia.

Stobaios, Johannes (5. Jh.)
Eclogarum libri duo. Quorum prior Physicas, posterior Ethicas complectitur, nunc primum Græce editi. Interprete Guilielmo Cantero. Antverpiae 1575.

Eclogarum physicarum et ethicarum libri duo. Ad codd. mss. fidem suppleti et castigati annotatione et versione latina instructi ab Arn. Herm. Ludov. Heeren. Gottingae 1792.

Strabon (64/63? v. Chr. – nach 23 n. Chr.)
Des Strabo eines alten stoischen Weltweisen aus der Stadt Amasia gebürtig allgemeine Erdbeschreibung Erster Band oder Europa. Abraham Jacob Penzel hat sie aus dem Griechischen übersetzt. Durchgehends von neuen disponirt, mit Anm., Zusätzen, erläuternden Rissen, einigen Landcharten, und vollständigen Registern versehn. Lemgo 1775.

Struyck, Nicolaas (1686–1769)
Inleiding tot te allgemeene Geographie, benevens eenige Sterrekundige en andere Verhandelingen. Amsterdam 1740.

Stryk, Samuel (1640–1710)
Tractatus de Cautelis Testamentorum. Halae Magdeburgicae [Halle] 1703.

Tractatus de Cautelis Testamentorum [...], Editio II. Revisa et emendata. Halae Magdeburgicae [Halle] 1708.

Sturmy, Samuel (1633–1669)
An Account of some Observations, made in this present year by Capt. Samuel Sturmy in Hongroad within four miles of Bristol, in Answer to some of the Queries concerning the Tydes, in No. 17 & No. 18. In: Philosophical Transactions, Vol. 3, 1668, No. 41 (1668 November), 813–817.

Swift, Jonathan (1667–1745)
Travels into several Remote Nations of the World. By Lemuel Gulliver, First a Surgeon, and then a Captain of several Ships. London 1766 (The Works of Dr. Jonathan Swift, Dean of St. Patrick's, Dublin, 2). [BL 1758]
<dt.> Des Capitains Lemuel Gulliver Reisen in unterschiedliche entfernte und unbekandte Länder. Erster Theil. In sich haltend die Reisen nach Lilliput und Brobdingnac. Ihrer Seltsamkeit und Anmuth wegen aus dem englischen in das Teutsche mit Fleiß übersetzet, und mit Kupfern gezieret, Die dritte Aufl. Hamburg 1739.

Swinburne, Henry (1743–1803)

Reisen durch beide Sicilien, welche in den Jahren 1777, 1778, 1779 und 1780 zurückgeleget worden. Uebersetzt und mit Anm. erläutert von Johann Reinhold Forster. Zweiter Band. Hamburg 1787.

Swinden, Jan Hendrik van (1746–1823)

[zus. mit Louis Cotte] Extrait d'un mémoire sur la Météorolgie [...], qui contient les résultats des Observations faites, par ce Savant, à Franeker, pendant l'année 1777. In: Observations sur la Physique, sur l'Histoire naturelle et sur les Arts, Tome 12 (1778), Octobre, 297–315.

Mémoire Sur Les Observations Météorologiques faites a Franeker en Frise pendant le Courant de l'Année MDCCLXXIX. Amsterdam 1780. [BL 709 (Ausgabe Leiden 1792)]

Résultats des Observations Météorologiques faites en l'année 1778 à Franeker en Frise. In: Mémoires de l'Académie Impériale et Royale des Sciences et Belles-Lettres de Bruxelles, T. 3, 1780, 401–500.

Recherches sur les Aiguilles Aimantées, et sur leurs variations régulières, qui ont partagé le prix proposé pour L'Année 1777. In: Mémoires de Mathématique et de Physique, présentés à l'Académie Royale des Sciences, par divers Savans, & lûs dans ses Assemblées, T. 8, 1780, 15–76.

Recueil de Mémoires sur l'Analogie de l'Électricité et du Magnétisme, Couronnés & publiés par l'Académie de Bavière; traduits du Latin & de l'Allemand, augmentés de Notes, & de quelques Dissertations nouvelles [...]. T. 1–3. La Haye 1784. [LB 1.10.1789]

T. A.

Ein anderweitiges Mittel gegen den Mehlthau im Hopfen, wobey zugleich auch anderer wirthschaftlichen Sachen, die den Hopfen betreffen, gedacht wird. In: Leipziger Sammlungen von Wirthschafftlichen, Policey-Cammer- und Finantz-Sachen, Bd. 3, St. 26 (1745), 121–127.

Tachard, Guy (1648–1712)

Curieuse und Merckwürdige Reise Nach Siam, Nebst Astronomischen, Physicalischen, Geographischen und Historischen Anmerckungen [...]. Aus dem Frantzösischen übersetzt. Hamburg 1706.

Tacitus, Publius Cornelius (um 55 – um 120)

Opera iterum recensuit notas integras Iusti Lipsii, I. F. Gronovii, Nic. Heinsii et suas addidit Io. Augustus Ernesti. T. 1–2. Lipsiae [Leipzig] 1772. [BL 979]

Tacitus. Uebersetzt von D. Carl Friedrich Bahrdt. Th. 1–2. Halle 1781.

Taylor, John Crawshaw (*1933)
[zus. mit Arnold Whittaker Wolfendale] John Harrison. Clockmaster and Copley Medalist. A Public Memorial at last. In: Notes and Records of the Royal Society of London, 61, 2007, 53–62.

Terre
La Terre habitable, Ou Essai sur la structure extérieure et intérieure du Globe. Londres et Paris 1782.

Thompson, Benjamin, Reichsgraf von Rumford (1753–1814)
New Experiments upon Heat. In: Philosophical Transactions, Vol. 76, Part II, 1786, 273–304.

Thouret, Jacques Guillaume (1746–1794)
Rapport sur les exhumations du cimetière et de l'église des Saints Innocents, lu dans la Séance de la Société de Médecine, tenue au Louvre le 3 Mars 1789. Paris 1789.

Titius, Johann Daniel (1729–1796)
[zus. mit Adolph Julian Bose] Vestigia fluxus et refluxus in Mari Baltico praesertim ad vistulae ostium […]. Wittebergae 1760.

Einige Nachricht von dem großen Magnetstein, welchen Hr. Zeiher allhier, in das Churfürstl. Sächsische Naturalienkabinet zu Dresden geliefert hat. In: Wittenbergsches Wochenblatt zum Aufnehmen der Naturkunde und des ökonomischen Gewerbes, Bd. 10, St. 39 (1777), 3.10.1777, 309–311.

Toaldo, Giuseppe (1719–1797)
Della vera influenza degli astri, delle stagioni, e mutazioni di tempo, saggio meteorologico fondata sopra lunghe osservazioni, ed applicato agli usi dell'agricultura, medicina, nautica, ec. […]. Padova 1770. [LB 18.6.1774]

Examen De quelques objections sur l'influence de la Lune dans les changemens des tems. In: Observations sur la Physique, sur l'Histoire naturelle et sur les Arts, Tome 13 (1779), Juin, 442–456.

Osservazioni Meteorologiche del Mese di Giugno 1783 Con un Discorsetto sulla Nebbia straordinaria ed influenza de' Fulmini nella presente Stagione di Giuseppe Toaldo, Seconda edizione, ricoretta ed accresciuta. o. O. [Padua] o. J. [1783].

Witterungslehre für den Feldbau. Eine von der K. Societät der Wissenschaften zu Montpellier gekrönten Preisschrift. Aus dem Italienischen übersetzt von Johann Gottlieb Steudel, Zweyte Aufl. Berlin 1784.

Torcia, Michele (1736–1808)
Briefe an den Herrn Professor Toaldo zu Padua von dem Höhenrauch des vergangenen Jahres zu Neapel und in Calabrien. In: Der Teutsche Merkur, 2. Vierteljahr, Nr. 4, 1784, April, 3–16.

Towers, Joseph (1737–1799)
British biography, or, an accurate and impartial account of the lives and writings of eminent persons, in Great Britain and Ireland; from Wickliff, who begun the Reformation by his writings, to the present time. Vol. 1–10. London 1766–1780.
—, Vol. 8, 1777.

Trebra, Friedrich Wilhelm Heinrich von (1740–1819)
Beyträge zu den elektrischen Erscheinungen des laufenden Jahres. In: Der Teutsche Merkur, 4. Vierteljahr, Nr. 10, 1783, October, 8–17.

Trial
The Trial of the Honourable Augustus Keppel […]. To which is Annexed, several interesting Letters and Papers relative to the Subject. […]. Portsmouth 1779.

Triesnecker, Benjamin Franz von Paula (1745–1817)
Disquisitio de motibus propriis fixarum in ascensionem rectam, & declinationem. In: Ephemerides astronomicae ad meridianum Vindobonensem, Anni 1792 (1791), 371–394.

Tucholsky, Kurt (1890–1935)
Lerne lachen ohne zu weinen.
—, 147–156: Französischer Witz. Berlin 1932.

Uffenbach, Zacharias Konrad von (1683–1734)
Merkwürdige Reisen durch Niedersachsen Holland und Engelland. Dritter Theil. Ulm 1754. [LB 30.4.1777]

Ulloa, Antonio de (1716–1795)
Physikalische und historische Nachrichten vom südlichen und nordöstlichen America. Aus dem Spanischen übersetzt von Johann Andreas Dieze. Mit Zusätzen. Zweyter Theil. Leipzig 1781. [BL 993]

Valvasor, Johann Weikhard von (1641–1693)
Die Ehre Deß Hertzogthums Crain: Das ist, Wahre, gründliche, und recht eigendliche Belegen- und Beschaffenheit dieses, in manchen alten und neuen Geschicht-Büchern zwar rühmlich berührten, doch bishero nie annoch recht beschriebenen Römisch-Keyserlichen herrlichen Erblandes; Anjetzo […] Durch selbst-eigene, gantz genaue, Erkündigung, Untersuchung, Erfahrung, und Historisch-Topographische Beschreibung, In Funffzehen, wiewol in vier Haupt-Theile unterschiedenen, Büchern, […] ausgebreitet […]; Aber In reines Teutsch gebracht, […] mit manchen beyfügigen Erklärungen, Anmerck- und Erzehlungen, erweitert durch Erasmum Francisci. Laybach 1689.

Varenius, Bernhard (1622–1650)
Geographia generalis, in qua affectiones generales telluris explicantur. Amstelodami 1650.

Geographia generalis, in qua affectiones generales telluris, explicantur summa cura quam plurimis in locis emendata, [...] aucta & illustrata ab Isaaco Newton [...]. Editio quarta auctior & emendatior. Jenae 1693. [BL 692]

Vega, Georg von (1756–1802)
Logarithmische, Trigonometrische, und andere zum Gebrauche der Mathematik eingerichtete Tafeln und Formeln. Wien 1783. [BL 179]

Veltheim, August Ferdinand von (1741–1801)
Etwas über die Bildung des Basalts, und die vormahlige Beschaffenheit der Gebirge in Deutschland. Leipzig 1787. [BL 751]

Verdun de LaCrenne, Jean René Antoine de (1741–1805)
Voyage fait par ordre du Roi en 1771 et 1772, en diverses parties de l'Europe, de l'Afrique et de l'Amerique; pour vérifier l'utilité de plusieurs méthodes [et] instrumens, servant à determiner la latitude [et] la longitude, tant du vaisseau que des côtes, isles [et] écueils qu'on reconnoît suivi de recherches pour rectifier les cartes hydrographiques. Paris 1778.

Vergilius Maro, Publius (70–19 v. Chr.)
Opera. Varietate lectionis et perpetua adnotatione illustrata a Chr. Gottl. Heyne. Accedit Index Uberrimus. T. 1–4. Lipsiae [Leipzig] 1767–1775. [BL 1541]

Bucolica, Georgica, Aeneis, recognovit Otto Güthling. Lipsiae [Leipzig] 1886 (Bibliotheca scriptorum Graecorum et Romanorum Teubneriana).

Viallon, Jean Marie (1746–1805)
Philosophie de l'univers, Ou théorie de la nature. T. 1–2. Bruxelles et Paris 1781 [–1782].

Vitruvius Pollio, Marcus (um 80 – um 15 v. Chr.)
De Architectura libri decem [...]. Argentorati 1543 {Anno M. D. XLIII.}. [LB 7.4.1764 (franz. Ausgabe 1684)]

De architectura, libri decem, edidit F. Krohn. Lipsiae [Leipzig] 1912 (Bibliotheca scriptorum Graecorum et Romanorum Teubneriana).

Vitruvii de architectura libri decem. Vitruv zehn Bücher über Architektur, 5. Aufl. Darmstadt 1991.

Vogel, Christian Friedrich (1739–1806)
Practischer Unterricht von Taschenuhren, sowol für die Verfertiger, als auch für die Liebhaber derselben. Leipzig 1774. [BL 576]

Voigt, Johann Karl Wilhelm (1752–1821)
Drey Briefe über die Gebirgs-Lehre für Anfänger und Unkundige. Zweyte verbesserte und vermehrte Aufl. Weimar 1786.

Mineralogische und bergmännische Abhandlungen. Th. 1–3. Leipzig 1789–1791.

—, Th. 3, 1791, 1–181: Ueber die Bildung der Thäler.

Praktische Gebirgskunde. Weimar 1792. [BL 752]

Volborth, Johann Carl (1748–1796)

Vorlesungen der hiesigen öffentlichen und Privatlehrer in dem bevorstehenden Winterhalbenjahre, unserer Gewohnheit zufolge, nach der Ordnung der Disciplinen. In: GGA 1780, St. 111, 11.9.1780, 897–912.

Vorlesungen der hiesigen öffentlichen und Privatlehrer in dem bevorstehenden Sommerhalbenjahre, unserer Gewohnheit zufolge, nach der Ordnung der Disciplinen. In: GGA 1781, St. 37, 26.3.1781, 289–303.

Vorlesungen der hiesigen öffentlichen und Privatlehrer in dem bevorstehenden Sommerhalbenjahre, unsrer Gewohnheit zufolge, nach der Ordnung der Disciplinen. In: GGA 1784, St. 57, 8.4.1784, 561–576.

Volta, Alessandro (1745–1827)

De vi attractiva ignis electrici, ac phaenomenis inde pendentibus ad Joannem Baptistam Beccariam […] Dissertatio Epistolaris. Novo-Comi [Como] 1769.

Lettres [...] sur l'air inflammable des marais auxquelles on a ajouté trois Lettres du même Auteur tirées du Journal de Milan. Traduites de l'Italien. Strasbourg 1778. [BL 519]

Of the Method of rendering very sensible the weakest Natural or Artificial Electricity. In: Philosophical Transactions, Vol. 72, Part I, 1782, vii–xxxiii.

Meteorologische Briefe nebst einer Beschreibung seines Eudiometers. Aus dem Italiänischen mit Anm. des Herausgebers. Leipzig 1799. Bd. 1. Leipzig 1793. [BL 712]

Voltaire, François Marie Arouet de (1694–1778)

Collection complette des Œuvres. T. 1–30. Genève 1768–1777. [LB 10.2.1772 (Ausgabe unklar)]

—, T. 14, 1771: Mélanges philosophiques, littéraires, historiques, &c, T. 1.

Vorschlag

Vorschlag einer Verbesserung der Strahlableitung auf hohen Thürmen. In: Magazin für die Naturkunde Helvetiens, Bd. 2, 1788, 223–230.

Waitz, Jakob Sigismund von (1698–1776)

Untersuchung der Ursache, warum das Wasser im atlantischen Meere allezeit in das mittelländische Meer durch die Enge bey Gibraltar hineinströmet. In: Der Königl. Schwedischen Akademie der Wissenschaften Abhandlungen aus der Naturlehre, Haushaltungskunst und Mechanik, Bd. 17, 1757, 28–49.

Waldherr, Gerhard (*1956)
Erdbeben. Das Aussergewöhnliche Normale. Zur Rezeption seismischer Aktivitäten in literarischen Quellen vom 4. Jahrhundert v. Chr. bis zum 4. Jahrhundert n. Chr. Stuttgart 1997.

Wales, William (1734–1798)
[zus. mit William Bayly] The original Observations, made in the course of a Voyage towards the South Pole, and round the World, in his Majesty's ships the Resolution and Adventure, in the Years MDCCLXXII, MDCCLXXIII, MDCCLXXIV, and MDCCLXXV. London 1777. [BL 255]

Wallerius, Johan Gottschalk (1709–1785)
Meditationes physico-chemicae de origine mundi, inprimis geocosmi ejusdemque metamorphosi. Stockholmiae & Upsaliae 1779.
[Rez. durch A. G. Kästner]. In: GGA 1779 (Zugabe), St. 50, 11.12.1779, 798–800.
<dt.> Physisch-chemische Betrachtungen über den Ursprung der Welt, besonders der Erdwelt und ihrer Veränderung. Aus dem Lateinischen übersetzt und mit Anm. versehen von Christian Friedrich Keller. Erfurt 1782.

Wargentin, Pehr Vilhelm (1717–1783)
Von der Gestalt und Größe der Erde. In: Der Königl. Schwedischen Akademie der Wissenschaften Abhandlungen aus der Naturlehre, Haushaltungskunst und Mechanik, Bd. 11, 1749 (1754), 243–254; Bd. 12, 1750 (1754), 3–12; 83–95.

Geschichte von der Ebbe und Fluth. In: Der Königl. Schwedischen Akademie der Wissenschaften Abhandlungen aus der Naturlehre, Haushaltungskunst und Mechanik, Bd. 15, 1753 (1756), 165–172; 249–255.

Newtons Erklärung der Ebbe und Fluth. In: Der Königl. Schwedischen Akademie der Wissenschaften Abhandlungen aus der Naturlehre, Haushaltungskunst und Mechanik, Bd. 16, 1754 (1756), 83–94.

Anmerkungen vom Unterschiede des Climas. In: Der Königl. Schwedischen Akademie der Wissenschaften Abhandlungen aus der Naturlehre, Haushaltungskunst und Mechanik, Bd. 19, 1757 (1759), 159–170.

Observationes quaedam Astronomicae, habitae in Observatorio Stockholmensi. In: Nova Acta Regiae Societatis Scientiarum Upsaliensis, Vol. 3, 1780, 214–224.

Waschkies, Hans-Joachim
Physik und Physikotheologie des jungen Kant. Die Vorgeschichte seiner Allgemeinen Naturgeschichte und Theorie des Himmels. Amsterdam 1987.

Watson, Willliam (1715–1787)
s. Henry Cavendish.

An Answer to Dr. Lining's Query relating to the Death of Professor Richman. In: Philosophical Transactions, Vol. 48, Part II, 1754 (1755), 765–772.

Chemical Essays. Vol. 1–5. Cambridge 1781–1787.
—, Vol. 2, 1781, 93–139: Of the Saltness and Temperature of the Sea.

Wedgwood, Josiah (1730–1795)
An Attempt to compare and connect the Thermometer for strong Fire, described in Vol. LXXII. of the Philosophical Transactions, with the common Mercurial Ones. In: Philosophical Transactions, Vol. 74, Part II, 1784, 358–384.

Weidler, Johann Friedrich (1691–1755)
Historia Astronomiae sive de ortu et progressu astronomiae liber singularis. Vitembergae 1741. [BL 364]

Weigel, Erhard (1625–1699)
Coelum Heraldicum, quod, reiecta structurae veteris absurditate, cognitu tanto facilius, foedam paganorum idololatriam, in Christianos huc usque redundantem, Armis Europaeorum Statuum supprimit. Ienae 1688.

Werner, Abraham Gottlob (1749–1817)
Kurze Klassifikation und Beschreibung der verschiedenen Gebirgsarten. Dresden 1787.

Werners Bekanntmachung einer von ihm am Scheibenberger Hügel über die Entstehung des Basaltes gemachten Entdeckung, nebst zweyen zwischen ihm und Herrn Voigt darüber gewechselten Streitschriften; alle dreye aus den Intelligenzblättern der allgemeinen Litteraturzeitung genommen, und von ihm noch mit einigen erläuternden Anm., wie auch einer in den noch besonders angehängten Schlußanm. enthaltenen weitern Ausführung seiner letztern Schrift begleitet. In: Bergmännisches Journal, Jg. 1 (1788), Bd. 2, St. 9, 845–907.

Ueber das Vorkommen des Basaltes auf Kuppen vorzüglich hoher Berge. In: Bergmännisches Journal, Jg. 2 (1789), Bd. 1, St. 3, März, 252–260.

Herrn D. Fausts Nachricht von dem auf dem Meißner in Hessen über Steinkohlen und bituminösem Holze liegendem Basalte. Aus dem Augustmonate des 1784er Jahrgangs des Journals von und für Deutschland entlehnt, und mit einer Vorbemerkung, wie auch einigen erläuternden Anm. versehen. In: Bergmännisches Journal, Jg. 2 (1789), Bd. 1, St. 3, März, 261–295.

[zus. mit August Friedrich Alexander Eversmann u. Franz Ambrosius Reuß] Schreiben des königlich preußischen Bergraths Herrn Eversmann an den Herrn Inspektor Werner über eine von ihm an dem berühmten Basaltberge König Arthurs-Sitz bey Edinburg in Schotland gemachte ganz conforme Beobachtung mit der des letztern am Scheibenberger Hügel; von dem Herrn Inspektor Werner mit einer Vorbemerkung und einigen erläuternden Anm., wie auch einer Notiz von zwey andern hierher gehörigen Beobachtungen begleitet. IV. Nachtrag der zwey im vorhergehenden erwähnten, die Art des Vorkommens des Basaltes in gewissen Gegenden betreffenden Nachrichten aus dem ersten Bande der Bergbaukunde, als Anhang zu vorhergehendem Briefe. V. Auszug einer wichtigen Stelle, über die Beschaffenheit und Entstehung einiger böhmischen Basaltberge in der Gegend von Bilin; aus des Herrn Doktor Reuß Beytrag zur Geschichte der Basalte, im dritten Theile der Abhandlungen der böhmischen Gesellschaft der Wissenschaften. In: Bergmännisches Journal, Jg. 2 (1789), Bd. 1, St. 5, May, 485–526.

Neue Theorie von der Entstehung der Gänge mit Anwendung auf den Bergbau besonders den freibergischen. Freiberg 1791.

Whiston, William (1667–1752)

New Theory of the Earth, from its Original, to the Consummation of all Things. […] With a large Introductory Discourse concerning the […] Mosaick History of the Creation. London 1696.

A New Theory of the Earth, […]. The second Edition, with great Additions, Improvements and Corrections. Cambridge 1708. [Die im Kommentar angegebenen Seiten beziehen sich auf die mit „Book I." beginnende Zählung.]

The Cause of the Deluge Demonstrated: Being an Appendix to the Second Edition of the New Theory of the Earth. London 1714.

[zus. mit Robert Norman] The Longitude And Latitude Found by the Inclinatory Or Dipping Needle; Wherein the Laws of Magnetism are also discover'd. To which is prefix'd, An Historical Preface; and to which is subjoin'd, Robert Norman's New Attractive, or Account of the first Invention of the Dipping Needle. London 1721.

A New Theory of the Earth, […]. The fifth Edition. To which is added, an Appendix, containing a new Theory of the Deluge. London 1737.

Whitehurst, John (1713–1788)

An Inquiry into the Original State and Formation of the Earth; […]. To Which is Added an Appendix, Containing some General Observations on the Strata in Derbyshire. […]. London 1778.

[Anonyme Rez.]. In: Journal des Sçavans, combiné avec les meilleurs journaux anglois [Ausgabe Amsterdam], T. 27, Vol. 1, 1779, Nr. XI, Octobre, 178–211.

<dt.> Untersuchungen über den ursprünglichen Zustand und die Bildung der Erde. Aus dem Englischen. Nebst Zusätzen und Anm. des Uebersetzers und mit zwei Kupfertafeln. Leipzig 1788. [BL 693]

Wiedeburg, Johann Ernst Basilius (1733–1789)
Neue Muthmasungen über die SonnenFlecken Kometen und die erste Geschichte der Erde. Eine Vorlesung in der Gesellschaft der Wissenschaften zu Jena. am 2ten November 1775. Gotha 1776.

Natur- und Grösen-Lehre in ihrer Anwendung zur Rechtfertigung der heiligen Schrift gegen angeblich in diesen Wissenschaften gegründete Zweifel. Nürnberg 1782.
[Rez. durch A. G. Kästner]. In: GGA 1783, St. 46, 22.3.1783, 450–452.

Ueber die Erdbeben und den allgemeinen Nebel 1783. Jena 1784. [BL 721]
[Rez. durch G. C. Lichtenberg]. In: GGA 1784, St. 47, 20.3.1784, 470–472.

Wilcke, Johan Carl (1732–1796)
Disputatio solemnis philosophica, de electricitatibus contrariis […]. Rostochii 1757. [BL 671]

Die Meynungen der Naturforscher, von den Ursachen des Donners. In: Der Königl. Schwedischen Akademie der Wissenschaften Abhandlungen aus der Naturlehre, Haushaltungskunst und Mechanik, Bd. 21, 1759 (1762), 81–93.

Fortsetzung von den Meynungen der Naturforscher, wegen des Donners. In: Der Königl. Schwedischen Akademie der Wissenschaften Abhandlungen aus der Naturlehre, Haushaltungskunst und Mechanik, Bd. 21, 1759 (1762), 155–164.

Beschreibung eines neuen Abweichungscompasses, womit die Abweichung der Magnetnadel von Norden, ohne Mittagslinie zu finden ist. In: Der Königl. Schwedischen Akademie der Wissenschaften Abhandlungen aus der Naturlehre, Haushaltungskunst und Mechanik, Bd. 25, 1763 (1766), 154–164.

[Bericht über] Abtritts-Rede vom Magnete. In: GGA 1765, St. 46, 18.4.1765, 371–372.

Versuch einer magnetischen Neigungscharte. In: Der Königl. Schwedischen Akademie der Wissenschaften Abhandlungen aus der Naturlehre, Haushaltungskunst und Mechanik, Bd. 30, 1768 (1771), 209–237.

Bemerkungen bey einem den 30. May 1769 in Stockholm geschehenen Donnerschlage. In: Der Königl. Schwedischen Akademie der Wissenschaften Abhandlungen aus der Naturlehre, Haushaltungskunst und Mechanik, Bd. 32, 1770 (1774), 115–127.

Tal, Om De nyaste Förklaringar öfver Norr-Skenet, […]. Stockholm 1778.
<dt.> Von den neuesten Erklärungen des Nordscheines. In: Schwedisches Museum, Bd. 1, 1783, 29–156.

Neuer Versuch zu einem Anemobarometer oder einer Windwage. In: Der Königl. Schwedischen Akademie der Wissenschaften Neue Abhandlungen, aus der Naturlehre, Haushaltungskunst und Mechanik, Bd. 3, 1782 (1785), 85–98.

Williams, John (um 1730 – 1795)
The Natural History of the Mineral Kingdom. In Three Parts. Part I. Of the Natural History of the Strata of Coal, and of the Concomitant Strata. Part II. Of the Natural History of Mineral Veins, and other Beds and Repositories of the precious and useful Metals. Part III. Of the Natural History of the Prevailing Strata, and of the principal and most interesting Phaenomena upon and within the surface of our Globe. Vol. 1–2. Edinburgh 1789.
[Anonyme Rez.]. In: The Monthly Review; or, Literary Journal, Vol. 6, 1791, October, 121–131.

Williamson, Hugh (1735–1819)
Essai dans lequel on tâche de rendre rasion du changement de climat qu'on a observé dans les Colonies situés dans l'intérieur des terres de l'Amérique septentrionale. In: Observations sur la Physique, sur l'Histoire naturelle et sur les Arts, Tome 1 (1773), Juin, 430–436.

Wilson, Alexander (1714–1786)
Observations on the Solar Spots. In: Philosophical Transactions, Vol. 64, Part I, 1774, 1–30.

Wilson, Benjamin (1721–1788)
s. Henry Cavendish.

Observations upon Lightning, and the Method of securing Buildings from its Effects. In: Philosophical Transactions, Vol. 63, Part I, 1773, 49–64.

Winkler, Johann Heinrich (1703–1770)
Die Stärke der Electrischen Kraft des Wassers in gläsernen Gefäßen, welche durch den Musschenbrökischen Versuch bekannt geworden. Leipzig 1746.

Wolfendale, Arnold Whittaker (*1927)
s. J. C. Taylor

Wolff, Christian von (1679–1754)
Gedancken über das ungewöhnliche Phoenomenon, Welches den 17. Martii 1716. des Abends nach 7. Uhren zu Halle und an vielen andern Orten in und ausserhalb Deutschland gesehen worden. Halle 1716.

Mathematisches Lexicon, Darinnen die in allen Theilen der Mathematick üblichen Kunst-Wörter erkläret und zur Historie der Mathematischen Wissenschafften dienliche Nachrichten ertheilet, Auch die Schrifften, wo iede Materie ausgeführet zu finden, angeführet werden. Leipzig 1716.

Woltmann, Reinhard (1757–1837)

Resultate aus zweijährigen Beobachtungen der Fluth und Ebbe zu Cuxhaven. In: Hannoverisches Magazin 26 (1788), St. 65, 15.8.1788; St. 66, 18.8.1788; St. 67, 22.8.1788, 1025–1040; 1041–1056; 1057–1064.

Theorie und Gebrauch des Hydrometrischen Flügels oder eine zuverlässige Methode die Geschwindigkeit der Winde und strömenden Gewässer zu beobachten. Hamburg 1790.

Witterung zu Cuxhaven am Ausfluß der Elbe […] In: Neues Hannoversches Magazin, 1 (1792), St. 42, 27.5.1791, 657–664; St. 44, 3.6.1791, 689–696; St. 64, 12.8.1791, 1017–1024; St. 89, 7.11.1791, 1409–1418.

Woodward, John (1665–1728)

An Essay toward a Natural History of the Earth: […]. With an Account of the Universal Deluge: And of the Effects that it had upon the Earth. London 1695.

An Essay towards a Natural History Of The Earth, […]. The Second Edition. London 1702.

Naturalis Historia Telluris Illustrata & Aucta. Una cum Ejusdem Defensione; praesertim contra Nuperas Objectiones El. Camerarii […] Accedit Methodica, & ad ipsam Naturae Normam instituta, Fossilium in Classes Distributio. Londini {&} Roterodami 1714.

An Essay towards a Natural History Of The Earth, […]. The Third Edition. London 1723.

The Natural History Of The Earth, Illustrated, Inlarged, and Defended. Written originaly in Latin: and now first made English by Benj. Holloway [...]. To which is added, Physical Proofs of the Existence of God, his actual incessant Concurrence to the Support of the Universe, and of all Organical Bodyes, Vegetables, and Animals, particularly Man. [...] London 1726.

Wrede, Erhard Georg Friedrich (1766–1826)

Geologische Betrachtungen aus Beobachtungen über einen Theil der südbaltischen Länder. Halle 1794.

Wurm, Johann Friedrich (1760–1833)

Ueber die geograph. Lage von Tübingen; über Algols Lichtveränderung und Algols Tafeln; Bemerkungen über den Uranus und Original-Beobachtungen des zwischen 1789 und 1791 zurückerwarteten Kometen. In: Astronomisches Jahrbuch, 1788 (1785), 188–196.

Tafeln für den veränderlichen Stern η Antinous; über die Fortrückung des ☊ beym Uranus; erste Muthmassung von 5 Saturnstrabanten; verglichene Beobachtungen vom Algol; die Grösse der Fixsterne aus Hrn. Herschels Beobachtungen gefolgert &c. In: Astronomisches Jahrbuch, 1789 (1786), 172–177.

Geschichte des neuen Planeten Uranus, samt Tafeln für dessen heliocentrischen und geocentrischen Ort. Gotha 1791. [BL 369]

Ueber den Grad der Zuverlässigkeit unserer Kenntniss von einer eigenen Bewegung unseres Sonnensystems. In: Astronomisches Jahrbuch, 1795 (1792), 175–183.

Young, Edward (1683–1765)
The works of the author of the Night-thoughts. In four volumes. Revised and corrected by himself. London 1757. [BL 1673]

Zach, Franz Xaver von (1754–1832)
Kurze Nachrichten. In: Gothaische gelehrte Zeitungen, 1788, St. 92, 15.11.1788, 758–760.

Bobachtungen des Uranus [...]. In: Astronomisches Jahrbuch, 1788 (1785), 139–156.

Nachrichten. In: Gothaische gelehrte Zeitungen, 1789, St. 92, 15.11. 1788, 753–760.

Nachrichten. In: Gothaische gelehrte Zeitungen, Beylage, 1789, St. 101, 19.12.1789, 897–900.

Tabulae motuum solis novae et correctae ex theoria gravitatis et observationibus recentissimis erutae. Quibus accedit fixarum praecipuarum catalogus novus ex observationibus astronomicis annis 1787, 1788, 1789, 1790, in specula astronomica Gothana habitis. Gothae 1792. [BL 370]

Zanotti, Eustachio (1709–1782)
s. Nicolo d'Aragona.

Zedler, Johann Heinrich (1706–1751)
Grosses vollständiges Universal Lexicon Aller Wissenschafften und Künste. Bd. 1–64 u. 4 Suppl. Leipzig u. Halle 1732–1754.

Zehe, Horst (*1935)
„Ich habe selbst offt über die Compendienschreibung gelacht." Etwas über Georg Christoph Lichtenbergs Notizen zu einem Compendio der Physik, vorgelegt in der Sitzung vom 7. Mai 1994. Berlin u. a. 1994 (Sitzungsberichte der Heidelberger Akademie der Wissenschaften. Mathematisch-naturwissenschaftliche Klasse, Jg. 1993/94, Abh. 4).

„Wenn sich das violette Licht z. B. langsamer bewegte als das rothe" (Bemerkungen zu Lichtenbergs Sudelbuchnotiz J 1808). In: Lichtenberg-Jahrbuch, 1995, 197–216.

Zeiher, Johann Ernst (1725–1784)
Acus novae declinatoriae descriptio. In: Novi Commentarii Academiae Scientiarum Imperialis Petropolitanae, T. 7, 1758–1759 (1761), 309–312.

Acus nauticae novae descriptio. In: Novi Commentarii Academiae Scientiarum Imperialis Petropolitanae, T. 8, 1760–1761 (1763), 284–285.

Zernecke, Jacob Heinrich (1672–1741)
Thornische Chronica, in welcher die Geschichte dieser Stadt von MCCXXI. bis MDCCXXVI. aus bewehrten Scribenten und glaubwürdigen Documentis zusammen getragen worden, Zweyte vermehrte Aufl. Berlin 1727. [LB 10.12.1796]

Ziehen, Conrad Siegmund (1727–1780)
Nachricht von einer bevorstehenden großen Revolution der Erde, die in Sonderheit das südliche Europa und einen Teil Deutschlands treffen und mit dem Ende des September-Monats anfangen wird. Frankfurt u. Leipzig 1780. [BL 694 (franz. Ausgabe)]

Zimmermann, Eberhard August Wilhelm von (1743–1815)
Geographische Geschichte des Menschen und der allgemein verbreiteten vierfüßigen Thiere, mit einer hiezu gehörigen Zoologischen Weltcharte. Dritter Band. Leipzig 1783.

Zimmermann, Johann Jakob (1644–1693)
Coniglobium Nocturnale Stelligerum Seu Conus Astroscopicus Geminus, Das ist: Eine vortheilhafftige, und nach den Himmel-Gemässen Hevelianischen Gestirn-Register, eingerichtete und auff eine neue und bequeme Manier in einen zweyfachen so Mitternächtigen als Mittägigen Stern-Kegel übergetragene Himmels-Kugel […]. Hamburg 1740.

Verzeichnis der edierten Handschriften

Das nachfolgende Verzeichnis unterrichtet über Format und Wasserzeichen der in diesem Band edierten Blätter aus den ‚Hefften' sowie über Format und Umfang der vollständig oder auszugsweise edierten gebundenen Manuskripte.

Das von Lichtenberg in den Hefften verwendete Papier trägt nahezu ausschließlich eines der beiden folgenden Wasserzeichen: 1) linke Hälfte: 8 Stege, über 3–6 H|G|R (= 1a); rechte Hälfte: 8 Stege, über 4–5 Posthorn an Band in gekröntem Schild (= 1b). 2) linke Hälfte: 7 Stege, über 4 Posthorn an Band, floraler Rahmen über 1–7 (= 2a); rechte Hälfte: 7 Stege, über 3–5 MERTENS, darunter über 4 Dreieck, floraler Rahmen über 1–7 (= 2b).

Gelegentliche Datierungen und inhaltliche Erwägungen legen den Schluß nahe, daß der Wechsel von 1 zu 2 etwa 1788 erfolgt ist. Dies bestätigt auch eine Stichprobe an Briefen aus der fraglichen Zeit.

Zumindest so häufig, daß sich die Einführung eines Kürzels dafür anbietet, tritt daneben ein drittes Wasserzeichen auf: Linke Hälfte: 7 Stege, über 4 Posthorn an Band in Eichenblatt, floraler Rahmen über 1–7 (= 3a); rechte Hälfte: 8 Stege, über 3–5 H | OA, floraler Rahmen über 1–7 (= 3b). Die Papiere mit den Wasserzeichen 2 und 3 scheint Lichtenberg nebeneinander verwendet zu haben.

Alle aufgeführten Handschriften gehören zu Cod. Ms. Lichtenberg (NL).

Signatur	*Format*	*Wasserzeichen/Umfang*
VII C3, Bl. 11	343 × 177–216	8 Stege, über 3–6 eine Krone.
VII C6, Bl. 16/17	275 × 303	Wz 1b/1a.
VII F2, B1	68–70 × 195	16 Bl. in 2 Lagen zu 10 und 6 Bl.
VII F2, B2	68–71 × 195	15 Bl. in 2 Lagen zu 4 und 10 Bl. + einzelnes Bl.
VII F2, B3	68–74 × 192–200	22 Bl. in 1 Lage.
VII F2, B4	69 × 195	14 Bl. in 1 Lage.
VII F2, B5	68–71 × 192–196	15 Bl. in 1 Lage zu 14 Bl. + einzelnes Bl.
VII F2, C1	66–70 × 193–196	16 Bl. in 1 Lage
VII F2, J3	68–71 × 195–197	24 Bl. in 1 Lage.

Signatur	*Format*	*Wasserzeichen/Umfang*
VII G, Bl. 1/2	263 × 186	2a.
VII G, Bl. 5/6	183 × 221	1b, obere Hälfte.
VII M, Bl. 3	330 × 191–209	8 Stege, über 8 ein G (Fragment eines größeren Wz).
VII N, Bl. 8	273 × 191	1a.
VII N, Bl. 10	136 × 186	2b, untere Hälfte.
VII N, Bl. 13	133–136 × 175–177	9 Stege, nichts weiter.
VII N, Bl. 17	190 × 226–228	10 Stege, zwischen 6 und 7 obere Teile von V I [?].
VII N, Bl. 20	180–186 × 116	4 Stege, nichts weiter.
VII O, Bl. 37	131–134 × 135	6 Stege (Abst. 1–2: 11, sonst 26–27).
VIII E 10, Bl. 20	190 × 132–155	Wz 1a, obere Hälfte.
VIII G1, Bl. 35	275 × 193	Wz 1a.
VIII G1, Bl. 36	275 × 194	Wz 1b.
VIII G1, Bl. 37	275 × 194	Wz 1a.
VIII G3, Bl. 2/3	285 × 392	Wz 2b/2a.
VIII G3, Bl. 4	276 × 197–200	Wz 1b.
VIII G3, Bl. 5	274 × 192–197	Wz 1b.
VIII G3, Bl. 6	274 × 190–193	Wz 1a.
VIII G3, Bl. 7	275 × 195	Wz 1a.
VIII G3, Bl. 9	286–287 × 195–197	8 Stege, von 3 über 4–5 bis 6: 5zackige Krone, darunter V mit eingefügten und links und rechts angebrachten Ornamenten (floral?).
VIII G3, Bl. 10	287 × 194–197	wie Bl. 9.
VIII G3, Bl. 11	287 × 196	8 Stege: F |D V |V E |I (4 über Schaft von D, 5 vor zweitem V, 6 über I).
VIII G3, Bl. 12	265 × 39	Wz 2b/2a.
VIII G3, Bl. 13	275 × 193	Wz 1b.
VIII G3, Bl. 15	267 × 188–190	Wz 2a.
VIII G3, Bl. 16/17	264 × 187	Wz 2b.
VIII G3, Bl. 18	275 × 195	Wz 1a.
VIII G3, Bl. 19	275 × 194–197	Wz 1a.
VIII G3, Bl. 20	277 × 195	Wz 1b.
VIII G3, Bl. 21	275 × 194	Wz 1a.
VIII G3, Bl. 22	275 × 195	Wz 1b.
VIII G3, Bl. 23	275 × 194	Wz 1a.
VIII G3, Bl. 24	264 × 187	Wz 2b.
VIII G3, Bl. 25	277 × 195–198	Wz 1a.
VIII G3, Bl. 26	265 × 187	Wz 2b.

Signatur	*Format*	*Wasserzeichen/Umfang*
IX B, Bl. 2	267 × 186	Wz: 7 Stege, 29 Rippen, zwischen Stegen 4 und 5 ST.
IX B, Bl. 3/4	275 × 390	Wz 1.
IX B, Bl. 5	266 × 184	Wz 2b.
IX B, Bl. 6	265 × 185	Wz 2a.
IX B, Bl. 7	276 × 184	Wz 1a.
IX B, Bl. 8	265 × 185	Wz 2a.
IX B, Bl. 9/10	265 × 371	Wz 2b/2a.
IX B, Bl. 11/12	275 × 387	Wz 1b/1a.
IX B, Bl. 13	265 × 185	Wz 2b.
IX B, Bl. 14	275 × 196	Wz 1a.
IX C, Bl. 2	265 × 190	Wz 2a.
IX C, Bl. 3	265 × 190	Wz 2b.
IX C, Bl. 4	265 × 181	Wz 2b.
IX C, Bl. 5	265 × 186	Wz 2a.
IX C, Bl. 6	167 × 99	Wz: florale Form (Ausschnitt).
IX C, Bl. 7	206 × 165	Wz: florale Form (Ausschnitt).
IX C, Bl. 8	265 × 186	Wz 2b.
IX C, Bl. 9	265 × 186	Wz 2a.
IX C, Bl. 10/12	265 × 364	Wz 2.
IX C, Bl. 11	265 × 181	Wz 2b.
IX C, Bl. 13	265 × 185	Wz 2a.
IX C, Bl. 14/23	265 × 375	Wz 2b/2a.
IX C, Bl. 15	265 × 185	Wz 2b.
IX C, Bl. 16	265 × 185	Wz 2a.
IX C, Bl. 17	265 × 185	Wz 2b.
IX C, Bl. 18	265 × 188	Wz 2a.
IX C, Bl. 19	265 × 185	Wz 2b.
IX C, Bl. 20	265 × 186	Wz 2b.
IX C, Bl. 21	265 × 183	Wz 2b.
IX C, Bl. 22	265 × 186	Wz 2a.
IX C, Bl. 24	275 × 194	Wz 1a.
IX C, Bl. 26	384 × 273	Wz 1b/1a.
IX C, Bl. 27	311 × 210	zwei Blatt zusammengeklebt: oben Wz 1a, unten Wz 1b.
IX C, Bl. 28	265 × 191	Wz 1a.
IX D1, Bl. 2/3	265 × 372	Wz 2b/2a.
IX D1, Bl. 4/5	265 × 376	Wz 2b/2a.
IX D1, Bl. 6/7	265 × 374	Wz 2.
IX D1, Bl. 8/9	265 × 380	Wz 2b/2a.
IX D1, Bl. 10/11	265 × 375	Wz 2.
IX D1, Bl. 12/13	265 × 376	Wz 2.
IX D1, Bl. 14/15	265 × 370	Wz 2.
IX D1, Bl. 16	265 × 184	Wz 2a.

Signatur	*Format*	*Wasserzeichen/Umfang*
IX D1, Bl. 19/20	265 × 381	Wz 2.
IX D1, Bl. 21/22	265 × 377	Wz 2b/2a.
IX D1, Bl. 23/24	265 × 375	Wz 2.
IX D1, Bl. 25/26	265 × 272	Wz 2b/2a.
IX D1, Bl. 27/28	265 × 373	Wz 2b/2a.
IX D1, Bl. 29	275 × 182	Wz 1b.
IX D1, Bl. 30	275 × 191	Wz 1b.
IX D1, Bl. 31/32	274 × 389	Wz 1b/1a.
IX D1, Bl. 33/34	275 × 391	Wz 1.
IX D1, Bl. 35/36	274 × 390	Wz 1b/1a.
IX D1, Bl. 37/38	275 × 387	Wz 1.
IX D1, Bl. 39/40	266 × 374	Wz 2b/2a.
IX D1, Bl. 41	275 × 195	Wz 1b.
IX D1, Bl. 42	276 × 195	Wz 1b.
IX D1, Bl. 43	274 × 194	Wz 1b.
IX D1, Bl. 44	275 × 195	Wz 1a.
IX D2, Bl. 1	267 × 187	Wz 1b.
IX D2, Bl. 2	265 × 186	Wz 2b.
IX D2, Bl. 3/4	275 × 390	Wz 1.
IX D2, Bl. 5/6	275 × 387	Wz 1b/1a.
IX D2, Bl. 7/9	275 × 385	Wz 1b/1a.
IX D2, Bl. 8	275 × 195	Wz 1a.
IX D2, Bl. 10/11	275 × 384	Wz 1.
IX D3, Bl. 1/2	265 × 370	Wz 2b/2a.
IX D3, Bl. 3	265 × 187	Wz 2b.
IX D3, Bl. 4	275 × 193	Wz 1a.
IX D3, Bl. 5	265 × 185	Wz 2a.
IX D3, Bl. 6	266 × 186	Wz 2b.
IX D3, Bl. 7	275 × 194	Wz 1b.
IX D3, Bl. 8	265 × 185	Wz 2b.
IX D3, Bl. 9	275 × 193	Wz 1a.
IX D3, Bl. 10	276 × 194	Wz 1b.
IX D3, Bl. 11	275 × 194	Wz 1b.
IX D3, Bl. 12	275 × 195	Wz 1b.
IX D3, Bl. 13	275 × 195	Wz 1b.
IX D3, Bl. 14	267 × 187	Wz 2b.
IX D3, Bl. 15	275 × 194	Wz 1a.
IX D3, Bl. 16	276 × 192	Wz 1a.
IX D3, Bl. 17	277 × 195	Wz 1b.
IX D4, Bl. 1	275 × 193	Wz 1b.
IX D4, Bl. 2/3	186 × 266	Wz 2b.
IX D4, Bl. 4	186 × 117–133	Wz 2b, obere Hälfte.
IX D5, Bl. 1	275 × 195	Wz 1b.
IX D5, Bl. 2	274 × 193	Wz 1a.

Signatur	*Format*	*Wasserzeichen/Umfang*
IX D6, Bl. 1	275 × 194	Wz 1a.
IX D6, Bl. 2	275 × 193	Wz 1b.
IX D8, Bl. 1	275 × 193	Wz 1a.
IX D9, Bl. 1/4	275 × 389	Wz 1b/1a.
IX D9, Bl. 2	275 × 192	Wz 1a.
IX D9, Bl. 3	275 × 188	Wz 1b.
IX D10, Bl. 1	276 × 193	Wz 1b.
IX D10, Bl. 2	275 × 193	Wz 1b.
IX D10, Bl. 3/4	265 × 371	Wz 2b/2a.
IX D10, Bl. 5	265 × 187	Wz 2a.
IX D10, Bl. 6	275 × 194	Wz 1a.
IX D10, Bl. 7/8	196 × 337	8 Stege, über 3–5 A R in einem Kasten.
IX D10, Bl. 9	275 × 193	Wz 1a.
IX D10, Bl. 10	275 × 195	Wz 1b.
IX D10, Bl. 11	276 × 194	Wz 1a.
IX D11, Bl. 1	275 × 192	Wz 1b.
IX D11, Bl. 2/16	275 × 375	Wz 2b/2a.
IX D11, Bl. 3/6	275 × 387	Wz 1b/1a.
IX D11, Bl. 4/5	275 × 394	Wz 1.
IX D11, Bl. 7/8	275 × 385	Wz 1.
IX D11, Bl. 9	275 × 190	Wz 1b.
IX D11, Bl. 10	265 × 187	Wz 2a.
IX D11, Bl. 11/12	265 × 372	Wz 2b/2a.
IX D11, Bl. 13	272 × 188	Wz 3a
IX D11, Bl. 14	272 × 187	Wz 3b.
IX D11, Bl. 15	265 × 185	Wz 2b.
IX E, Bl. 1	271 × 186	Wz 3a.
IX E, Bl. 2	265 × 186	Wz 2b.
IX E, Bl. 3	175 × 195	Wz 1a.
IX E, Bl. 4	265 × 195	Wz 2a.
IX E, Bl. 5	275 × 195	Wz 1b.
IX E, Bl. 6/11	275 × 395	Wz 2b/2a.
IX E, Bl. 7	275 × 191	Wz 1b.
IX E, Bl. 10	270 × 196	Wz 1a.
IX E, Bl. 20	276 × 185–195	Wz 1a.
IX E, Bl. 21	132 × 94	3 Stege, über 1–3 Fragment eines floralen Rahmens.
IX E, Bl. 22	266 × 184	Wz 2b.
IX E, Bl. 23	265 × 186	Wz 2a.
IX E, Bl. 24	265 × 187	Wz 2b.
IX E, Bl. 25/26	275 × 391	Wz 1.
IX E, Bl. 27	275 × 188	Wz 1a.
IX E, Bl. 29/30	70–275 × 391	Wz 1.

Signatur	*Format*	*Wasserzeichen/Umfang*
IX E, Bl. 31/32	265 × 372	Wz 2.
IX E, Bl. 33	262 × 185	Wz 2a.
IX E, Bl. 34/35	275 × 387	Wz 1.
IX E, Bl. 36	275 × 193	Wz 1a.
IX E, Bl. 37	210 × 168	Nur Stege (Druck mit handschriftl. Notizen).
IX E, Bl. 38	275 × 195	Wz 1a.
IX E, Bl. 39	94 × 136	Ecke von Wz 2a.
IX E, Bl. 40/41	275 × 370	Wz 1.
IX E, Bl. 42/43	275 × 370	Wz 1b/1a.
IX E, Bl. 44	265 × 187	Wz 2a.
IX E, Bl. 45/46	270 × 368	Wz 1.
IX E, Bl. 47	265 × 186	Wz 2a.
IX E, Bl. 48/49	265 × 372	Wz 2.
IX E, Bl. 50/51	265 × 375	Wz 2.
IX E, Bl. 52/53	265 × 374	Wz 2b/2a.
IX E, Bl. 54/55	275 × 382	Wz 1.
IX E, Bl. 56/57	275 × 385	Wz 1b/1a.
IX E, Bl. 58	265 × 186	Wz 2a.
IX E, Bl. 59/60	265 × 379	Wz 2b/2a.
IX E, Bl. 61	265 × 186	Wz 2a.
IX E, Bl. 62/63	275 × 390	Wz 1b/1a.
IX E, Bl. 64	265 × 185	Wz 2a.
IX E, Bl. 65	276 × 194	Wz 1a.
IX E, Bl. 66	275 × 194	Wz 1a.
IX E, Bl. 67	275 × 194	Wz 1b.
IX E, Bl. 68/69	265 × 376	Wz 2.
IX F, Bl. 1	275 × 195	Wz 1b.
IX F, Bl. 2	275 × 195	Wz 1a.
IX F, Bl. 4	156 × 193	8 Stege, über 3–6 ein Gehege, darin das Fragment eines steigenden Löwen (Pro Patria, untere Hälfte)
IX F, Bl. 7	265 × 185	Wz 2b.
IX F, Bl. 8	265 × 186	Wz 2b.
IX F, Bl. 9	265 × 185	Wz 2b.
IX F, Bl. 10	265 × 187	Wz 3a.
IX F, Bl. 11	265 × 188	Wz 2b.
IX F, Bl. 12	265 × 186	Wz 2b.
IX F, Bl. 13	265 × 186	Wz 2a.
IX F, Bl. 14	265 × 186	Wz 2b.
IX F, Bl. 15	265 × 187	Wz 3a.
IX F, Bl. 17	275 × 192	Wz 1b.
IX F, Bl. 18	275 × 193	Wz 1a.

Signatur	*Format*	*Wasserzeichen/Umfang*
IX F, Bl. 19/21	265 × 372	Wz 2b/2a.
IX F, Bl. 20	265 × 186	Wz 2b.
IX F, Bl. 24/25	265 × 375	Wz 2b/2a.
IX F, Bl. 26	274 × 186	Wz 3a.
IX F, Bl. 27	265 × 186	Wz 2b.
IX F, Bl. 28/29	275 × 386	Wz 1.
IX F, Bl. 30	265 × 186	Wz 2b.
IX F, Bl. 31/32	275 × 388	Wz 1b/1a.
IX F, Bl. 33	192 × 185	Wz 1b.
IX F, Bl. 34	198 × 124	5 Stege, über 4–5 C & I.
IX F, Bl. 35	261 × 186	Wz 2b.
IX F, Bl. 36	265 × 186	Wz 2b.
IX F, Bl. 37	265 × 186	Wz 2b.
IX F, Bl. 38/39	210 × 287	8 Stege, über 2–6 eine Krone
IX F, Bl. 40	265 × 185	Wz 2a.
IX F, Bl. 41	265 × 186	Wz 2a.
IX F, Bl. 42	186 × 132	Wz 2a (obere Hälfte).
IX F, Bl. 43	275 × 194	Wz 1a.
IX F, Bl. 44	265 × 185	Wz 2a.
IX F, Bl. 45	265 × 186	Wz 2a.
IX F, Bl. 46/48	275 × 386	Wz 1.
IX F, Bl. 49	276 × 194	Wz 1b.
IX F, Bl. 50/53	275 × 387	Wz 1.
IX F, Bl. 51	274 × 194	Wz 1a.
IX F, Bl. 52	275 × 192	Wz 1a.
IX F, Bl. 54	275 × 192	Wz 1b.
IX F, Bl. 55	275 × 194	Wz 1a.
IX F, Bl. 56	275 × 195	Wz 1a.
IX F, Bl. 57/58	275 × 387	Wz 1b/1a.
IX F, Bl. 59/60	275 × 386	Wz 1.
IX F, Bl. 61/62	275 × 385	Wz 1b/1a.
IX F, Bl. 63/64	265 × 375	Wz 2.
IX F, Bl. 65	265 × 188	Wz 2a.
IX F, Bl. 66	272 × 186	Wz 3b.
IX F, Bl. 67	265 × 186	Wz 2a.
IX F, Bl. 68/69	272 × 374	Wz 3b/3a.
IX F, Bl. 70/73	275 × 385	Wz 1.
XI F, Bl. 71	265 × 182	Wz 2a.
IX F, Bl. 72	265 × 185	Wz 2b.
IX F, Bl. 74/75	275 × 386	Wz 1b/1a.
IX F, Bl. 76/77	275 × 388	Wz 1b/1a.
IX F, Bl. 78/79	275 × 390	Wz 1b/1a.
IX F, Bl. 80	265 × 189	Wz 2a.
IX F, Bl. 81	265 × 189	Wz 2a.

Signatur	*Format*	*Wasserzeichen/Umfang*
IX F, Bl. 82/83	275 × 384	Wz 1.
IX F, Bl. 84/85	275 × 390	Wz 1b/1a.
IX F, Bl. 87/88	275 × 388	Wz 1.
IX F, Bl. 89/90	275 × 385	Wz 1b/1a.
IX F, Bl. 91/93	275 × 385	Wz 1.
IX F, Bl. 92	265 × 185	Wz 2a.
IX F, Bl. 94/95	275 × 388	Wz 1.
IX F, Bl. 99/100	275 × 388	Wz 1b/1a.
IX F, Bl. 101	272 × 183	Wz 3a.
IX F, Bl. 102	275 × 193	Wz 1a.
IX F, Bl. 104/105	275 × 391	Wz 1.
IX F, Bl. 106/107	265 × 371	Wz 2.
IX F, Bl. 108	275 × 194	Wz 1a.
IX F, Bl. 109/110	275 × 388	Wz 1b/1a.
IX F, Bl. 111	275 × 195	Wz 1a.
IX F, Bl. 112	275 × 183–195	Wz 1a.
IX F, Bl. 114	275 × 194	Wz 1b.
IX F, Bl. 115/116	275 × 387	Wz 1b/1a.
IX F, Bl. 118	265 × 188	Wz 2b.
IX F, Bl. 119	265 × 188	Wz 2b.
IX F, Bl. 120	265 × 185	Wz 2b.
IX F, Bl. 121	265 × 186	Wz 3b.
IX F, Bl. 122	265 × 185	Wz 2b.
IX F, Bl. 123	265 × 185	Wz 2a.
XI F, Bl. 124	275 × 173	Wz 1a.
IX F, Bl. 125	275 × 190	Wz 1a.
IX F, Bl. 126	266 × 187	Wz 3a.
IX F, Bl. 127	275 × 188	Wz 1b.
IX F, Bl. 128/129	265 × 374	Wz 2.
IX F, Bl. 130	265 × 187	Wz 2a.
IX F, Bl. 131	265 × 189	Wz 2b.
IX F, Bl. 132	275 × 195	Wz 1a.
IX F, Bl. 133	265 × 186	Wz 2b.
IX F, Bl. 134	265 × 187	Wz 2b.
IX F, Bl. 135/136	275 × 389	Wz 1.
IX F, Bl. 137/138	275 × 388	Wz 1b/1a.
IX F, Bl. 139	275 × 189	Wz 1a.
IX F, Bl. 140/141	275 × 389	Wz 1.
IX F, Bl. 142	265 × 185	Wz 2b.
IX F, Bl. 143	275 × 194	Wz 1b.
IX F, Bl. 144/145	275 × 385	Wz 1b/1a.
IX F, Bl. 146	275 × 192	Wz 1a.
IX F, Bl. 147/148	275 × 382	Wz 1b/1a.

Signatur	*Format*	*Wasserzeichen/Umfang*
IX F, Bl. 149	275 × 189	8 Stege, über 4–5 ein großes Posthorn, über 1–3 oben und unten zwei florale Formen.
IX F, Bl. 150	276 × 190	Wz 1b.
IX F, Bl. 151/152	275 × 387	Wz 1.
IX F, Bl. 153	275 × 194	Wz 1a.
IX F, Bl. 154/155	265 × 369	Wz 2.
IX F, Bl. 156/157	265 × 370	Wz 2.
IX F, Bl. 158/159	275 × 388	Wz 1.
IX F, Bl. 160	275 × 190	Wz 1b.
IX F, Bl. 161	275 × 194	Wz 1a.
IX F, Bl. 162	275 × 195	Wz 1b.
IX F, Bl. 163	275 × 195	Wz 1b.
IX F, Bl. 164	265 × 187	Wz 2a.
IX F, Bl. 165	265 × 187	Wz 2a.
IX F, Bl. 166/169	275 × 385	Wz 1.
IX F, Bl. 167	Scheibe, Radius 113	5 Stege, über 1–3 HCH
IX F, Bl. 168	265 × 185	Wz 2a.
IX F, Bl. 170	265 × 186	Wz 2b.
IX F, Bl. 171	265 × 186	Wz 2a.
IX F, Bl. 172	265 × 186	Wz 2a.
IX F, Bl. 173	265 × 186	Wz 2b.
IX F, Bl. 174	265 × 184	Wz 2b.
IX F, Bl. 175	275 × 191	Wz 1b.
IX F, Bl. 176/177	187 × 265	Wz 2b.
IX F, Bl. 178/209	265 × 375	Wz 2.
IX F, Bl. 179/180	275 × 390	Wz 1.
IX F, Bl. 181/182	275 × 387	Wz 1.
IX F, Bl. 183	265 × 184	Wz 2a.
IX F, Bl. 184/185	275 × 390	Wz 1b/1a.
IX F, Bl. 186	275 × 194	Wz 1b.
IX F, Bl. 187	275 × 195	Wz 1a.
IX F, Bl. 188/189	275 × 387	Wz 1b/1a.
XI F, Bl. 190/191	275 × 386	Wz 1.
IX F, Bl. 192	275 × 194	Wz 1b.
IX F, Bl. 193	275 × 192	Wz 1a.
IX F, Bl. 194/196	265 × 370	Wz 2.
IX F, Bl. 195	265 × 187	Wz 2b.
IX F, Bl. 197	275 × 193	Wz 1b.
IX F, Bl. 198	275 × 194	Wz 1a.
IX F, Bl. 199/201	275 × 375	Wz 2.
IX F, Bl. 202	265 × 186	Wz 2a.
IX F, Bl. 203/204	265 × 373	Wz 2b/2a.
IX F, Bl. 205/206	275 × 287	Wz 1.